BS 宝索（企业）集团

U0794446

宝索企业集团为您提供生活用纸设备整体解决方案：

BAOSUO ENTERPRISE WILL PROVIDE YOU THE OVERALL SOLUTION FOR TISSUE PRODUCTION:

宝进科技制造有限公司（包装设备）
Baojin Technology Co., Ltd.(Packing Machine)

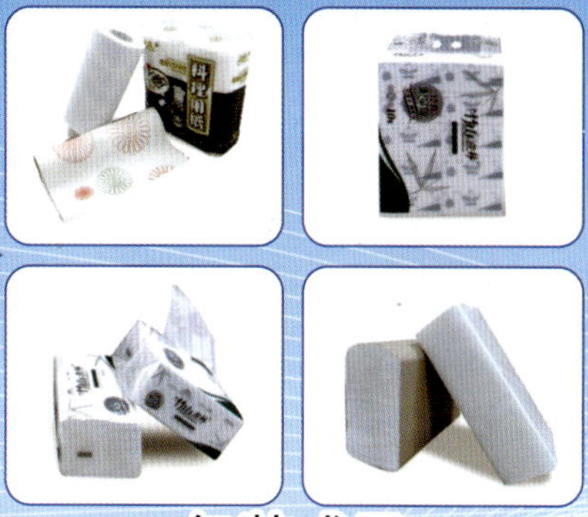

包装成品
Finished Product Packing

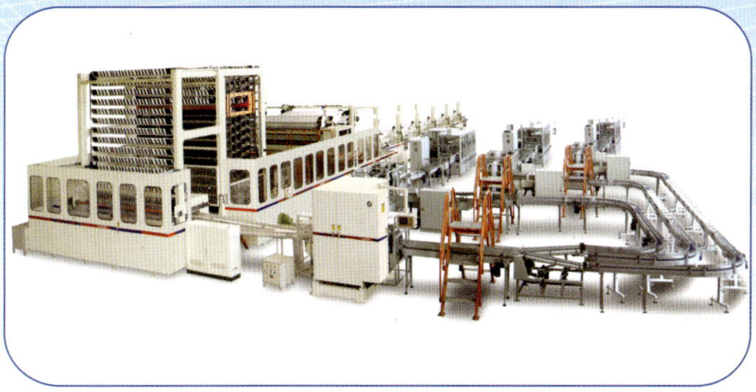

宝索机械制造有限公司（后加工设备）
Baosuo Paper Machinery Manufacture Co., Ltd.(Converting Machine)

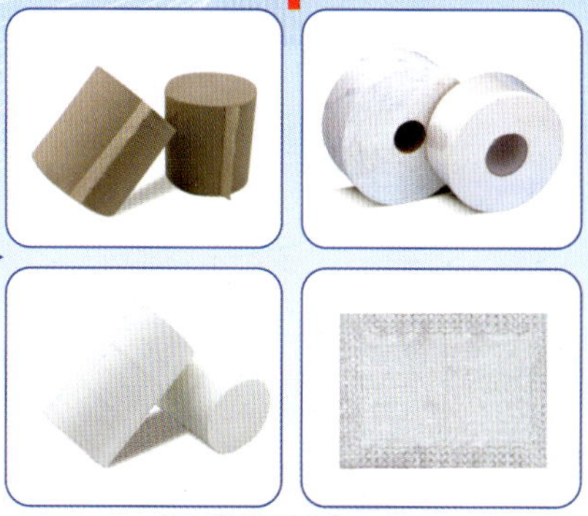

原纸后加工
Tissue Converting

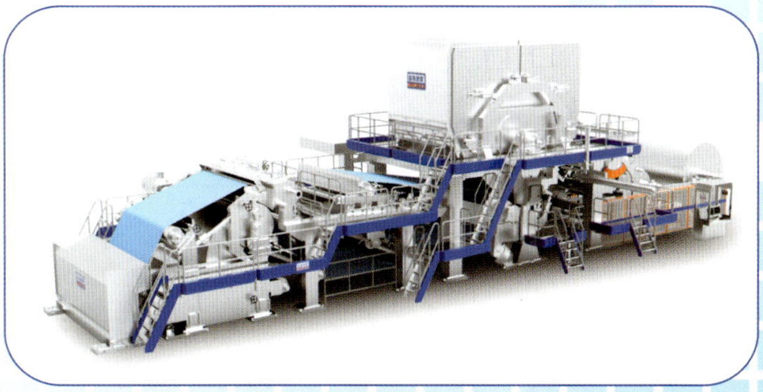

宝拓造纸设备有限公司（造纸设备）
Baotuo Paper Machinery Engineering Co., Ltd.(Tissue Machine)

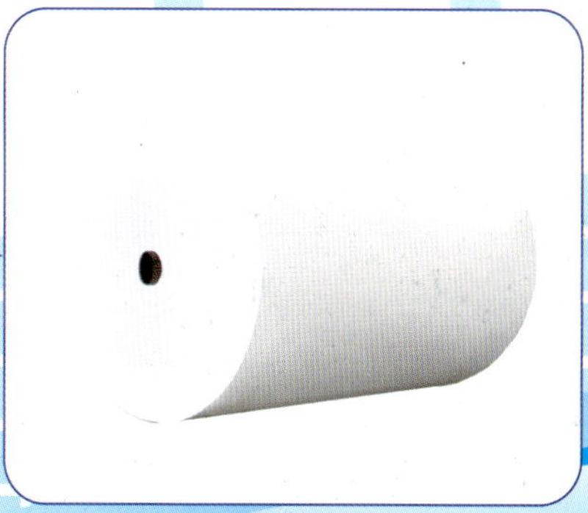

原纸生产
Tissue Parent Roll

佛山市宝索机械制造有限公司（BAOSUO）
Tel:+86-757-86777529 E-mail:master@baosuo.com Http://www.baosuo.com

佛山市南海区宝拓造纸设备有限公司（BAOTUO） 广东宝拓科技股份有限公司
Tel:+86-757-81273388 E-mail:master@baotuo.com.cn Http://www.baotuo.com.cn

广东宝进科技有限公司（包装设备）（BAOJIN）
Tel:+86-757-86702280 E-mail:master@gdbaojin.com Http://www.gdbaojin.com

扫一扫 关注微信

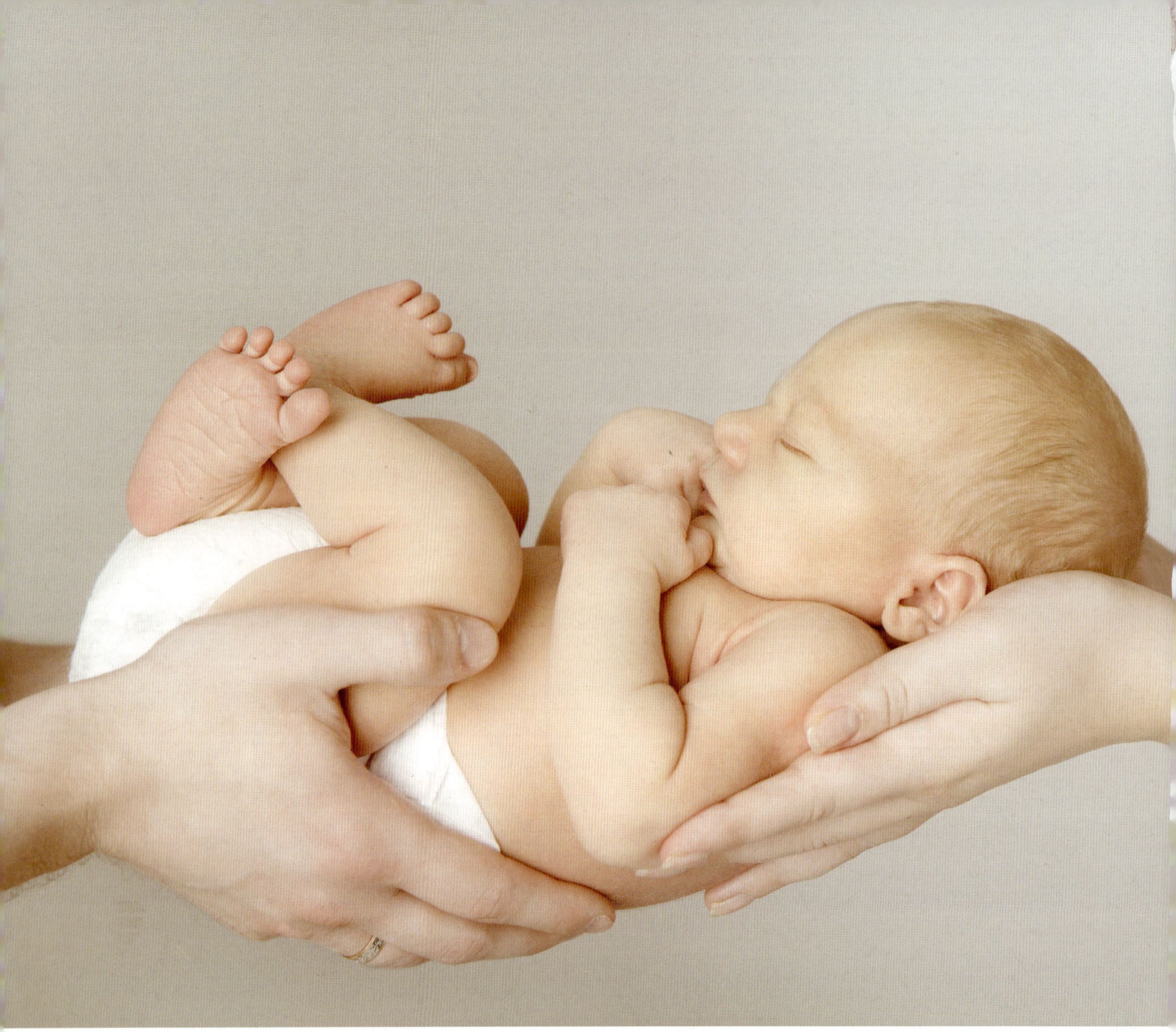

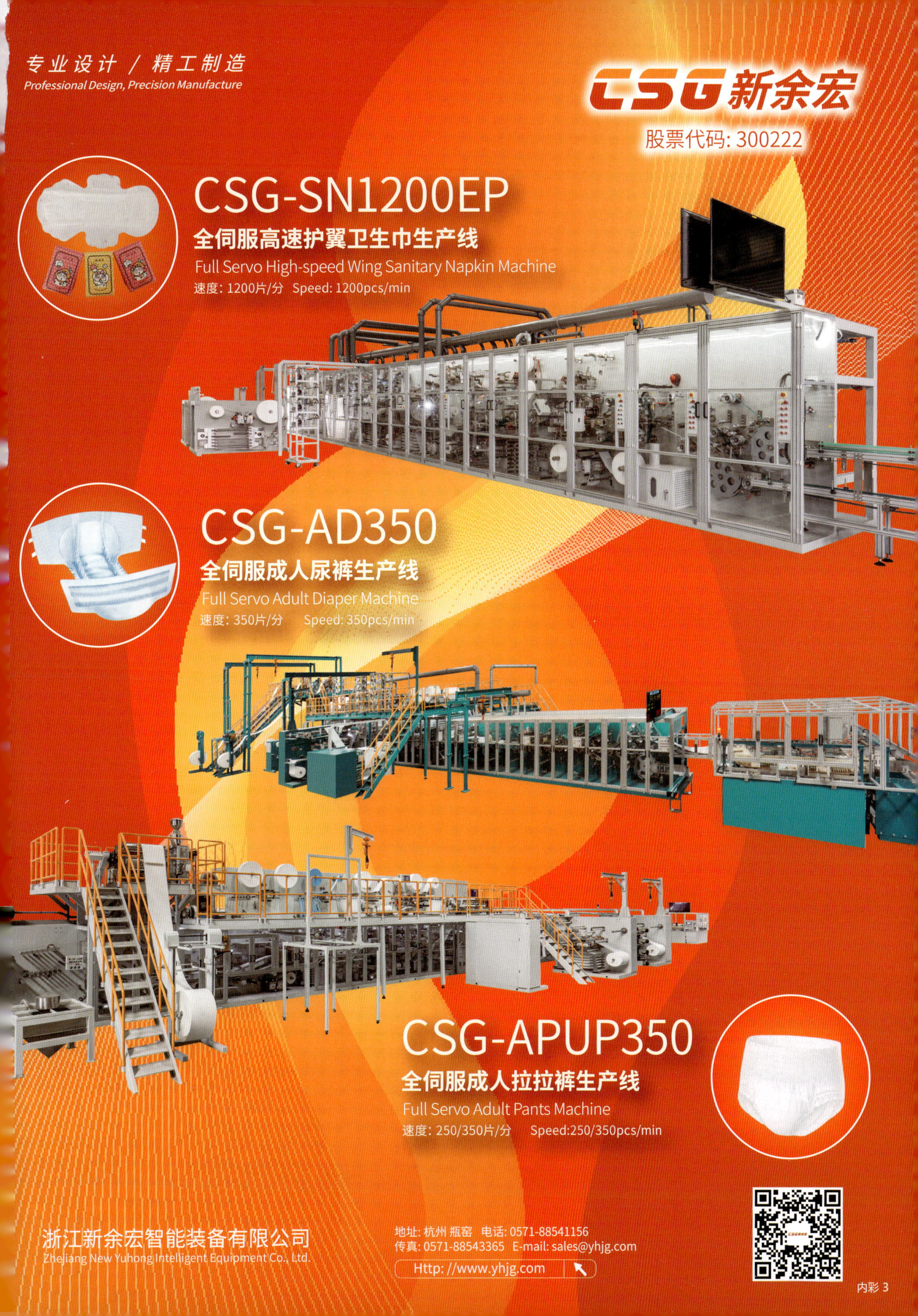
专业设计 / 精工制造
Professional Design, Precision Manufacture
CSG 新余宏
股票代码: 300222
CSG-SN1200EP
全伺服高速护翼卫生巾生产线
Full Servo High-speed Wing Sanitary Napkin Machine
速度: 1200片/分 Speed: 1200pcs/min
CSG-AD350
全伺服成人尿裤生产线
Full Servo Adult Diaper Machine
速度: 350片/分 Speed: 350pcs/min
CSG-APUP350
全伺服成人拉拉裤生产线
Full Servo Adult Pants Machine
速度: 250/350片/分 Speed:250/350pcs/min
浙江新余宏智能装备有限公司
Zhejiang New Yuhong Intelligent Equipment Co., Ltd.
地址: 杭州 瓶窑 电话: 0571-88541156
传真: 0571-88543365 E-mail: sales@yhjg.com
Http: //www.yhjg.com

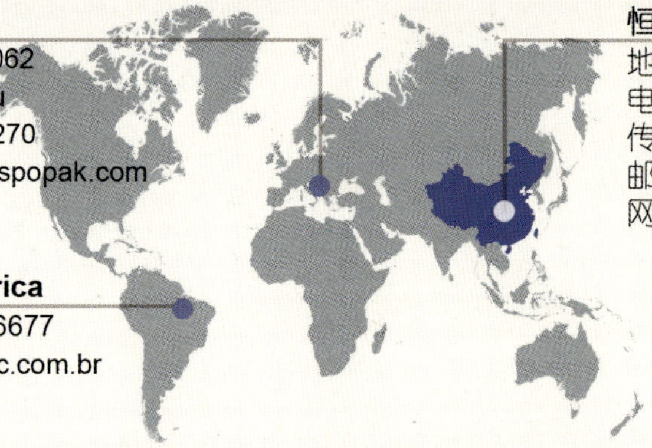

HengChang Turkey
Telephone: (90)(264)2914062
Contact: Murat Komurcu
Mobile: (90)(532)6091270
E-mail: mkomurcu@dispopak.com

HengChang Latin America
Telephone: (55)11 99410 6677
E-mail: contato@burtec.com.br

恒昌中国
地址：中国安徽省安庆市开发区兴业路
电话：(86)(556)5325888
传真：(86)(556)5357893
邮件：aqhch@aqhch.com.cn
网站：www.aqhch.com.cn

高速卫生巾系列
High Speed Sanitary Napkin Machine

GM-085WT高速卫生巾理片堆垛机
GM-085WT high speed sanitary napkin stacker
理片速度：1200片/分
Counting speed: 1200 pcs/min
GM-093W高速卫生巾中包机
GM-093W high speed sanitary napkin bundle-packing machine
单通道包装速度：120包/分
Single pass packing speed: 120 bags/min

中高速卫生巾系列
Medium-High Speed Sanitary Napkin Machine

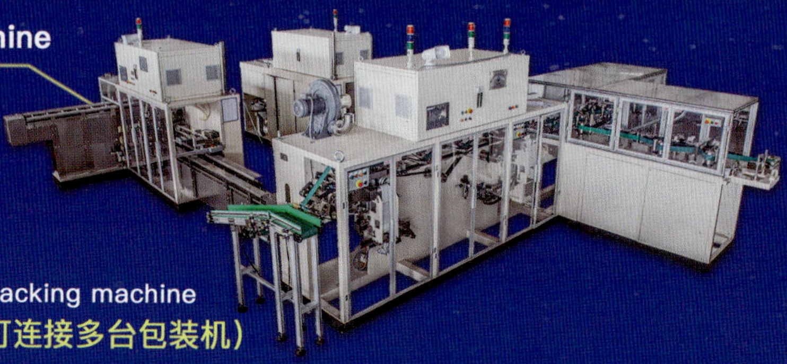

GM-085WP高速卫生巾理片堆垛机
GM-085WP high speed sanitary napkin stacker
理片速度：1500片/分
Counting speed: 1500 pcs/min
GM-088W中速卫生巾中包机
GM-088W medium speed sanitary napkin bundle-packing machine
单通道包装速度：70包/分（一台理片堆垛机可连接多台包装机）
Single pass packing speed: 70 bags/min
(one stacker can be connected to multiple machines)

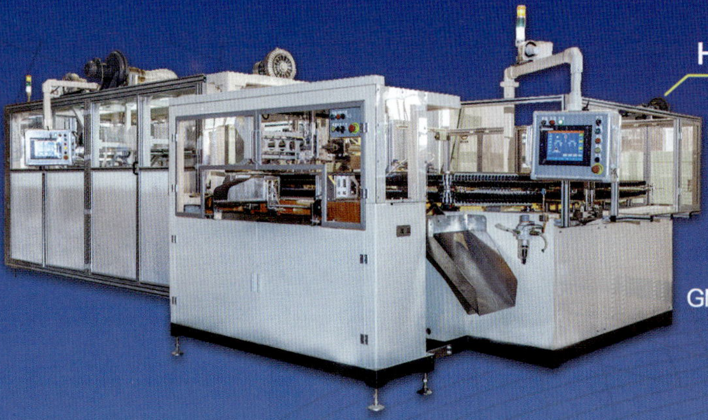

高速纸尿裤/拉拉裤系列
High Speed Diaper/Pant Type Diaper Machine

GM-089NL高速纸尿裤理片机
GM-089NL high speed baby diaper stacker
理片速度：800~1200片/分
Counting speed: 800-1200 pcs/min
GM-089NY高速纸尿裤中包机
GM-089NY high speed baby diaper bundle-packing machine
包装速度：50包/分
Packing speed: 50 bags/min

高速装箱机系列
High Speed Case Packer

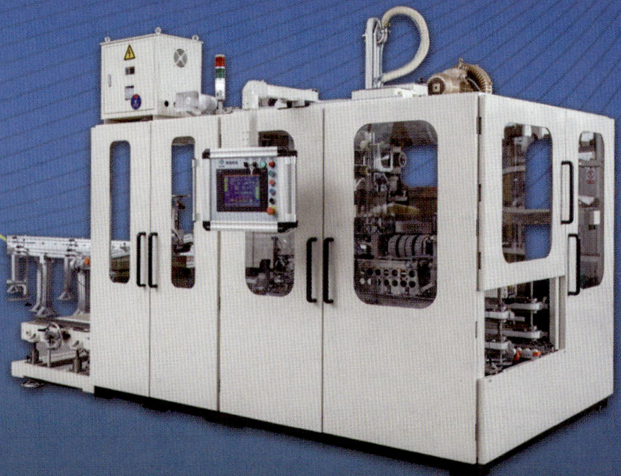

GM-091W高速立式装箱机
GM-091W high speed vertical type case packer
装箱速度：30层/分
Speed: 30 layers/min
GM-091N高速卧式装箱机
GM-091N high speed horizontal type case packer
装箱速度：30层/分
Speed: 30 layers/min

厦门佳创科技股份有限公司
XIAMEN GACHN TECHNOLOGY CO., LTD.
股票代码：832368
官方网站：www.gachn.com
地址：福建省厦门市同安区五显镇五显路1010号 电话：0592-7770518 传真：0592-7770538 邮箱：lym@gachn.com

东冠集团
ORIENT CHAMPION

吸水衬纸原纸

- 降低次品率，减少浪费；
- 开机更稳定，提升加工效率；
- 提高吸水材料效率，降低成本；
- 能让产品吸液均匀，提高产品品质。

● 护理垫

● 纸尿裤

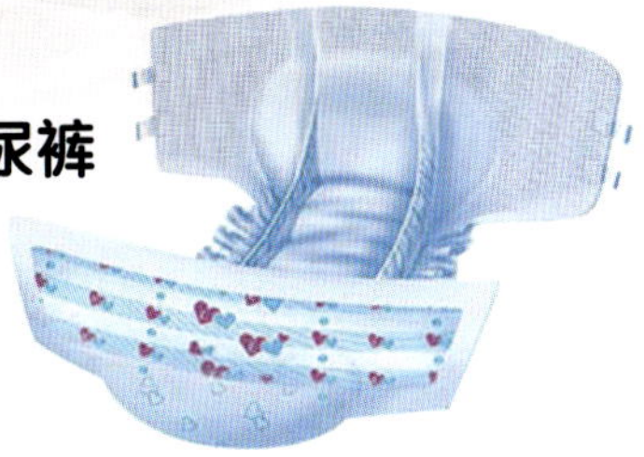

● 卫生巾

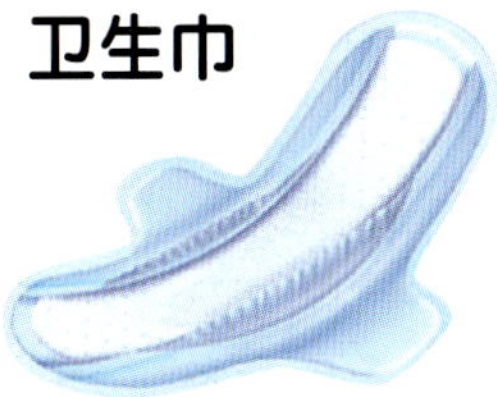

高透气性

走机稳定

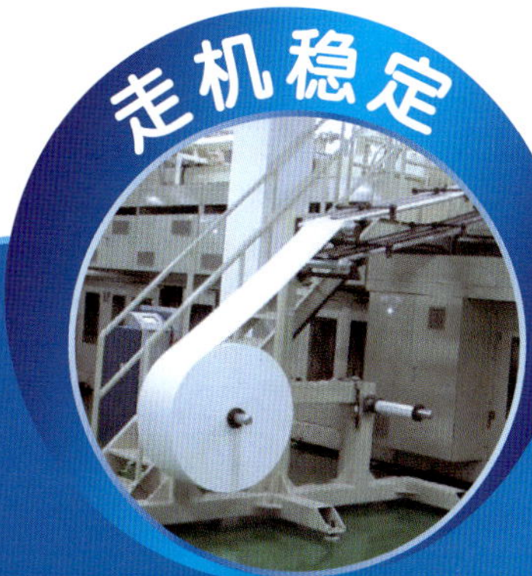

高强度

上海东冠纸业有限公司

原纸贸易 / OEM部联系人

杨臣君：021-57277193 13818704517

杨春：021-57277153 13916781098

传真：021-57277171

地址：上海市金山工业区林慧路1000号

网址：www. socpcn. com

洁云 Hygienix

洁云，聪明的选择！

米娅 卫生巾

棉爽两全 我的米娅

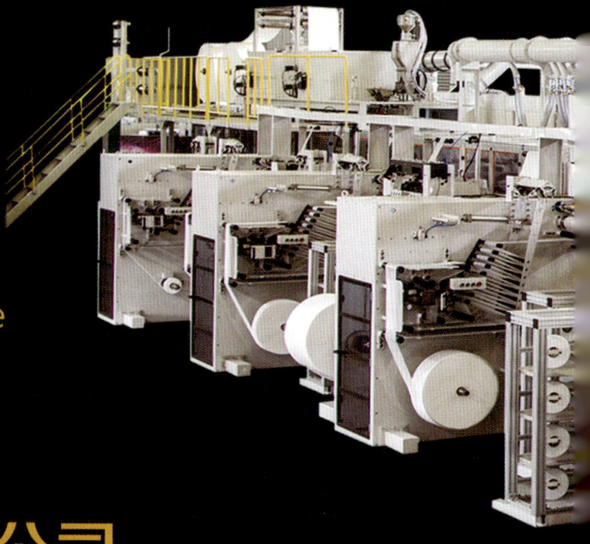

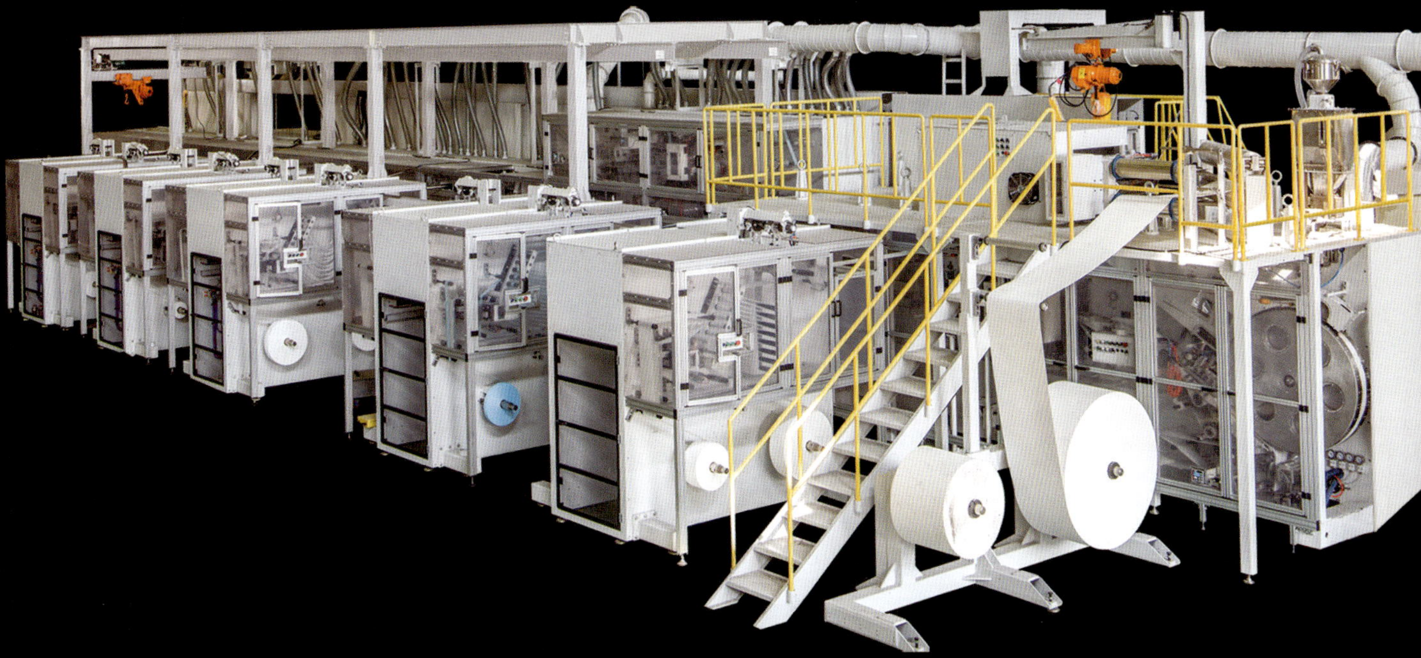

800PPM

环抱式弹性腰围高端婴儿纸尿裤设备

Full Width Waistband Baby Diaper Machine (Inline Laminating Waistband)

欢迎莅临指导！

全伺服妇女卫生裤生产线
SANITARY NAPKIN MACHINE

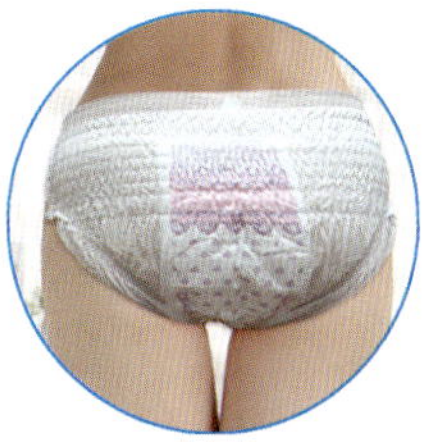

XE-2113-SV

稳定生产速度300片/分

Add: No.11 Zhonghan Road, Zhongcun, Panyu, Guangzhou, China
Tel: +8620-8451 5266 Fax: +8620-8477 6421
E-mail: xingshi@xingshi.com.cn

www.xingshi.com.cn

侨虹公司生产的干法纸是将天然木浆、双组分纤维、SAP等通过气流混合成网而成，干法纸生产采用恒温恒湿全密封车间及欧洲进口的Dan-web技术，成形均匀度好，蓬松度更好，产品柔软，具有良好的吸水性和保水性能。

Qiaohong airlaid is made of fluff pulp, bico fibers and SAP through airlaid technology. The workshop is completely sealed and has a constant temperature and humidity. The production line adopts DAN-WEB technology imported from Europe. The airlaid paper sheet has good performances in uniformity, bulkiness, softness, water absorption and water retention.

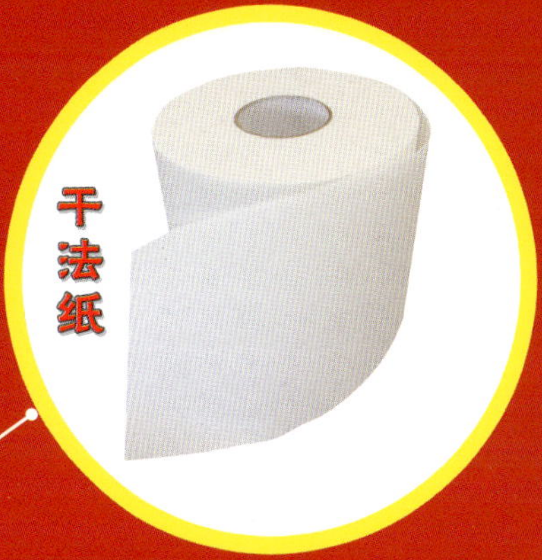

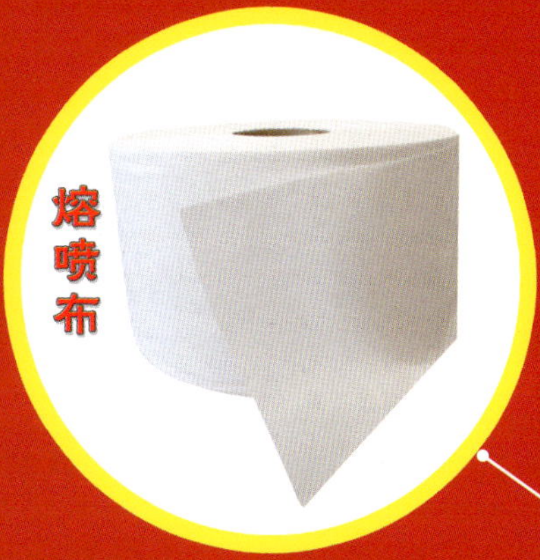

侨虹公司生产的熔喷布是通过熔喷生产工艺，以聚丙烯（PP）为主要原料通过气流成网而成的非织造材料。熔喷布具有很好的过滤性、屏蔽性和绝热性。

Qiaohong uses polypropylene (PP) as the main raw material and adopts melt-blown technology to produce melt-blown fabric, a nonwoven material. The melt-blown fabric features good filtration, shielding and thermal insulation.

地址：广西南宁东盟经济技术开发区致和路6号
电话：0086-771-6305648
传真：0086-771-6305649
邮编：530105
E-mail:salesdep@qiaohong-airlaid.com

No.6 Zhihe Road, Nanning Overseas Chinese Investment Zone, Guangxi, China.
Tel: +86-771-6305648
Fax: +86-771-6305649
Post Code: 530105

毅创设备®
Yekon Machine

AFTM-E(7T~11T)

全自动面巾纸生产线

Fully Automatic Facial Tissue Production Line

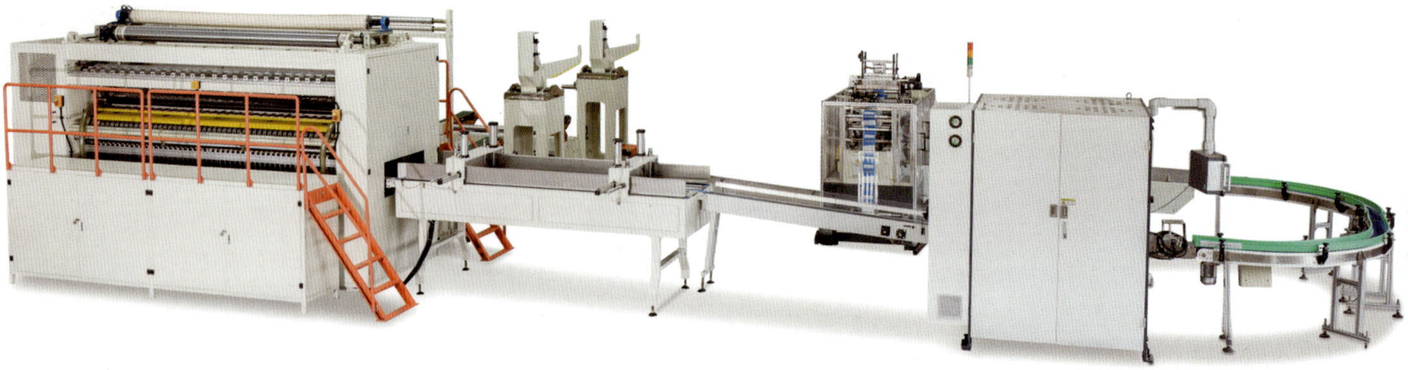

本面巾纸机采用了大屏幕真彩人机操作界面，PLC编程控制，中英文一键切换独立语言环境操作；
自动分叠系统采用“西门子”全伺服驱动控制（三套伺服），保证分叠准确、分叠速度稳定在8~10条/分；
主机、开卷纸架均为变频独立驱动同步；
机电光一体化控制等先进技术；
自动检测并调整面巾纸机的每个动作，具备完善的故障信息提示系统，使整台设备达到最佳工作状态。

FTM-W

抽取式棉柔巾（非织造布）折叠机

Draw-out Cotton Soft Towel (Nonwoven Fabric) Folding Machine

CTP-W 全自动棉柔巾单包机
Fully Automatic Cotton Soft Towel Single Packing Machine

LS-FT120 大回旋切断机
Log Saw Cutting Machine

FTW-W(5-10T) 棉柔巾（非织造布）折叠机
Cotton Soft Towel (Nonwoven Fabric) Folding Machine

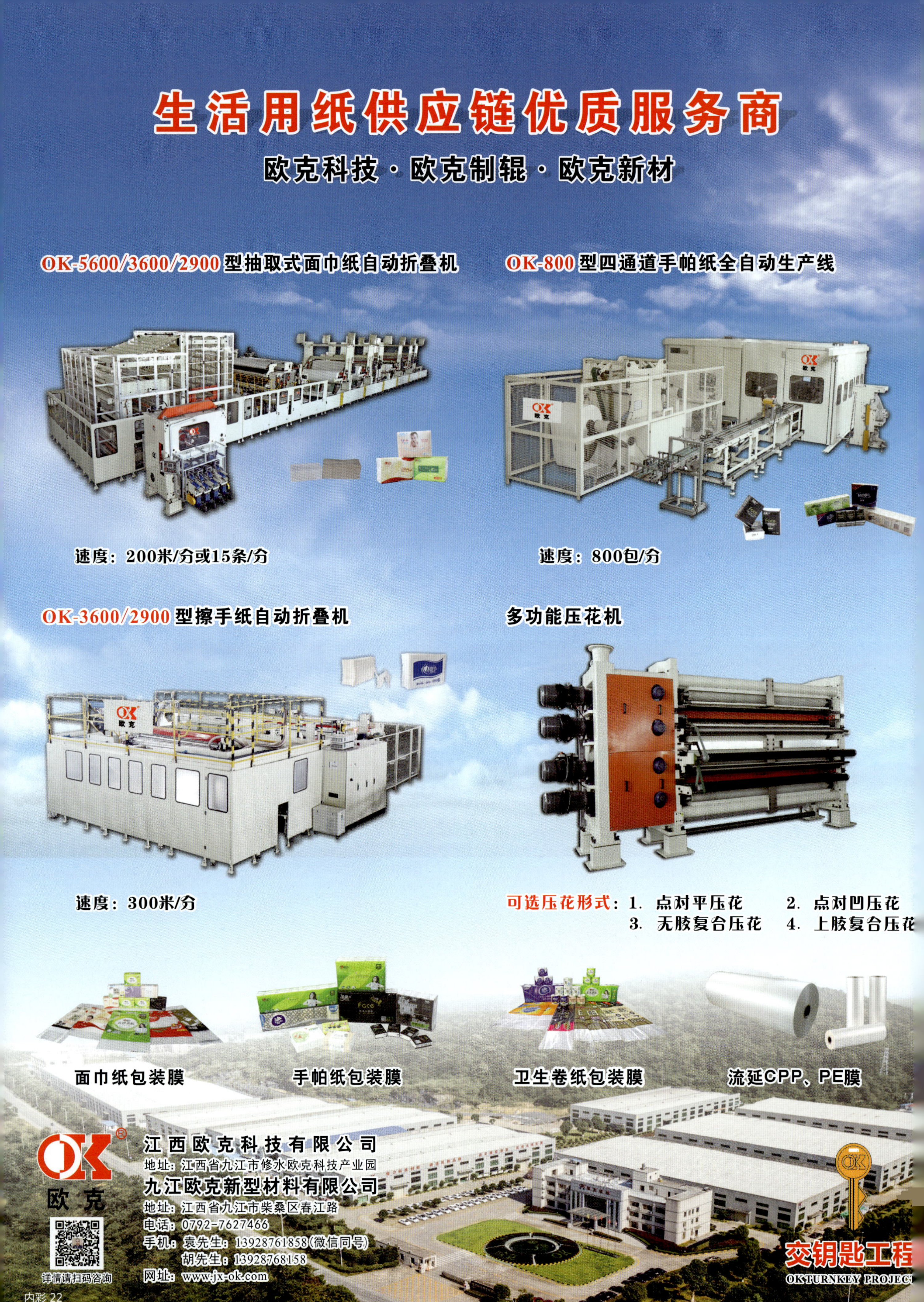
生活用纸供应链优质服务商
欧克科技·欧克制辊·欧克新材
OK-5600/3600/2900型抽取式面巾纸自动折叠机
速度：200米/分或15条/分
OK-800型四通道手帕纸全自动生产线
速度：800包/分
OK-3600/2900型擦手纸自动折叠机
速度：300米/分
多功能压花机
可选压花形式：1. 点对平压花 2. 点对凹压花
3. 无胶复合压花 4. 上胶复合压花
面巾纸包装膜
手帕纸包装膜
卫生卷纸包装膜
流延CPP、PE膜
欧克
详情请扫码咨询
江西欧克科技有限公司
地址：江西省九江市修水欧克科技产业园
九江欧克新型材料有限公司
地址：江西省九江市柴桑区春江路
电话：0792-7627466
手机：袁先生：13928761858(微信同号)
胡先生：13928768158
网址：www.jx-ok.com
交钥匙工程
OK TURNKEY PROJECT

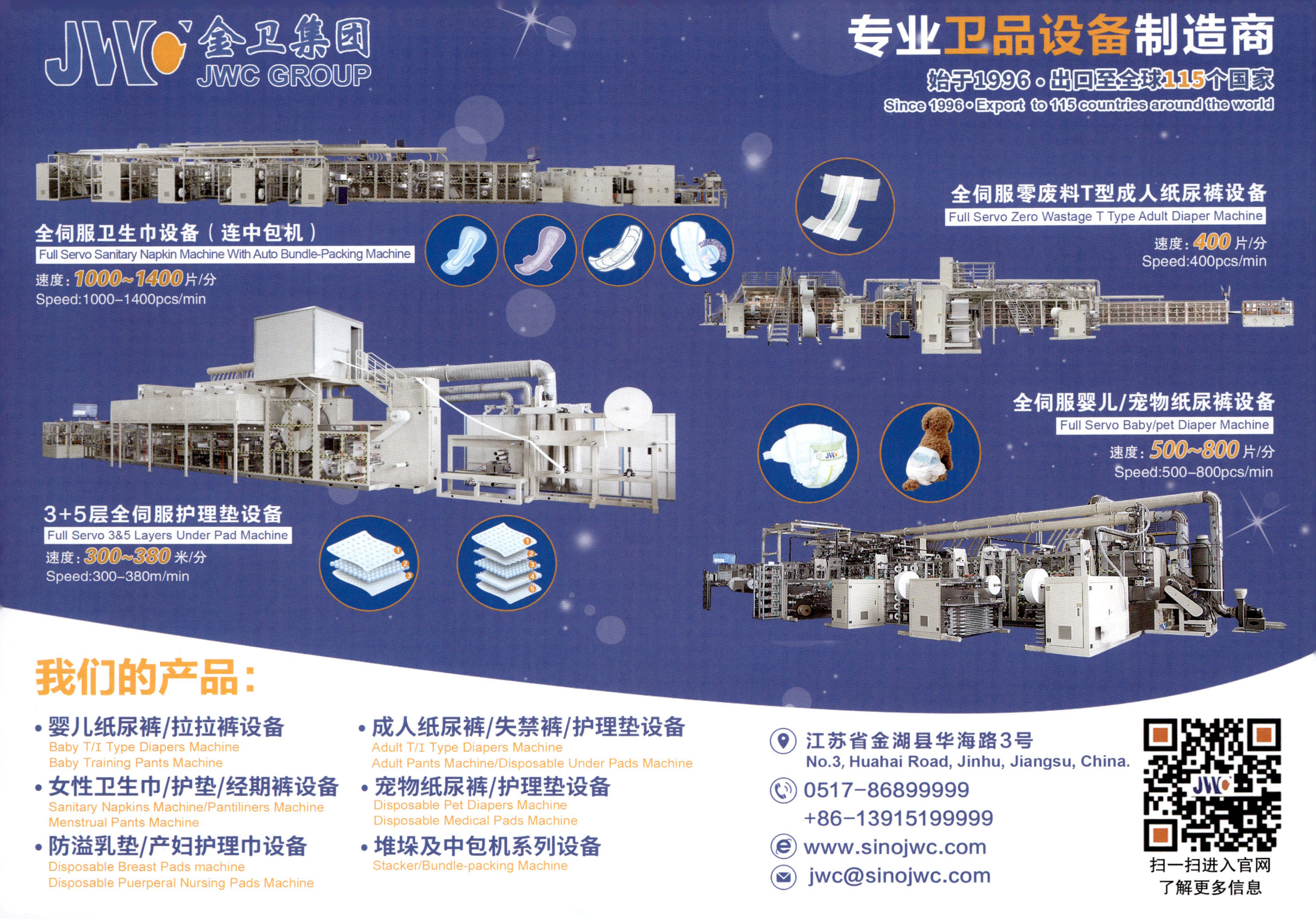

MAKO® 爱美高

自动包装 智能系统

爱美高自动化设备有限公司

IMAKO AUTOMATION EQUIPMENT CO., LTD.

TP-B40D 型婴儿纸尿裤 / 成人纸尿裤全自动中包机

最大稳定速度：35袋/分

Fully Automatic Baby/Adult Diaper Bundle-packing Machine.

Max. Stable Speed: 35 bags/min.

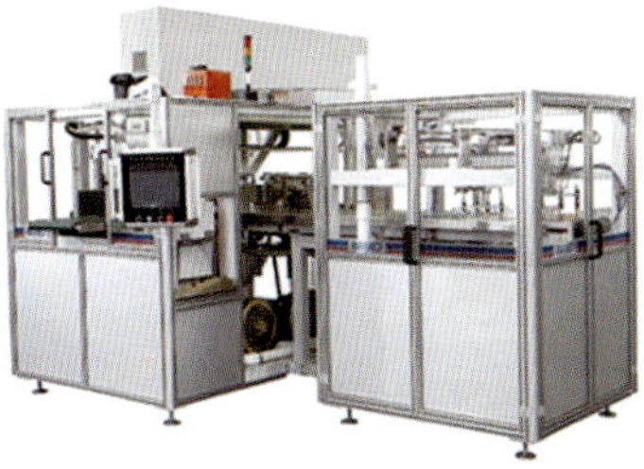

TP-T450 型软抽纸巾自动包装机

最大稳定速度：150包/分

Plastic-pack Tissue Automatic Packing Machine.

Max. Stable Speed: 150 bags/min.

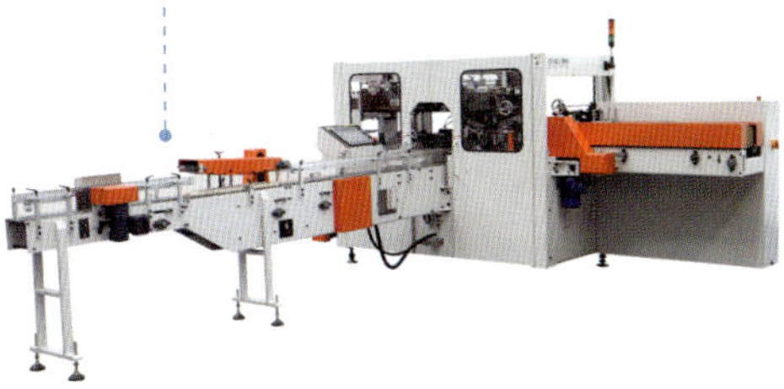

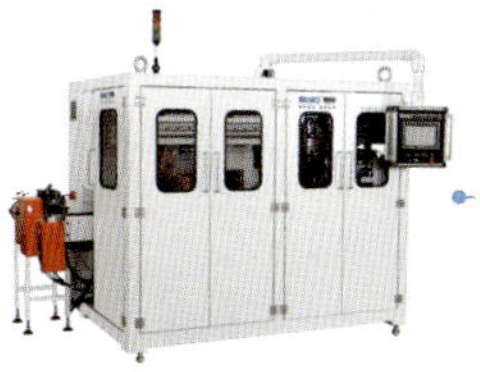

TP-B25T

全自动软抽纸巾中包机

最大稳定速度：25包/分

Fully Automatic Plastic-pack Tissue Bundle-packing Machine.

Max. Stable Speed: 25 bags/min

TP-B30T

型全自动软抽纸巾中包机

最大稳定速度：25包/分

Fully Automatic Plastic-pack Tissue Bundle-packing Machine.

Max. Stable Speed: 25 bags/min.

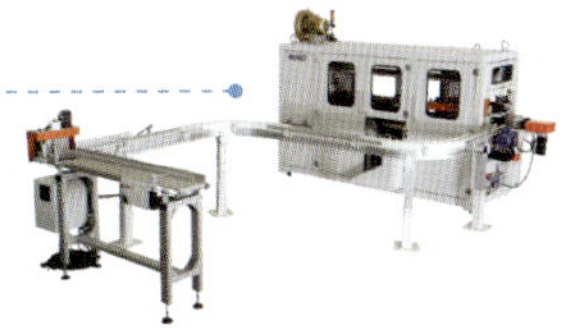

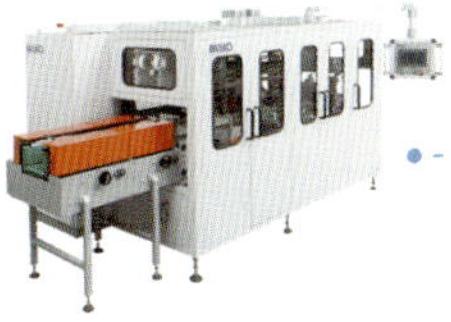

TP-35C

型全自动擦手纸单包机

最大稳定速度：35包/分

Fully Automatic Hand Towel Single Packing Machine.

Max. Stable Speed: 35 bags/min.

www.imakoautomation.com

址：广东省汕头市潮汕路西侧金平科技园金园工业城 邮编/Post Code：515021

dd: Jingping Tech. Industial Area, West of Chaoshan Rd, Shantou, Guangdong, China.

电话/Tel：+86 754 88850253/18688012169/13902735423

传真/ Fax：+86 754 88850263

邮箱/E-mail：master@imakoautomation.com

paper Team 王派企业

One paper · One world · One dream

一纸一世界 一机一梦想

国家高新技术企业

欧盟CE安全认证

知识产权贯标企业

"浙江制造"标准起草单位

ISO9001 / ISO18000 / ISO14000

十年来，我们从服务了十多年的制药装备行业走来，一直专注于生活用纸后加工设备的研发与生产，为众多生活用纸企业提供了高品质、高性价比的新技术、新产品，已成为中国盒抽纸包装生产线客户认可品牌和快速软抽纸包装机的先行者，产品得到广大用户的高度认可，特别是获得了金红叶、恒安、维达、铃兰、邦怡、嘉欣医疗等行业巨头的肯定和批量使用，并远销海外40多个国家和地区。

我们始终奉行"企业的目的是创造客户"和"商业是最大的公益"的理念，秉承"诚实正直、责任、贡献"的价值观，让创新成为企业的基因，不断为客户创造价值，为推动生活用纸后加工走向工业4.0而全力前行。

In the past ten years, we came from the pharmaceutical equipment industry lonverting, and have been focusing on the research and development and transformation of tissue paper converting equipment, providing many tissue paper companies with high-efficiency, high-quality, and cost-effective new technologies and new products. The product has become the customer-recognized brand of the Chinese boxed tissue packaging production line and the creator of the fast plastic-pack tissue packaging machine, and has been highly recognized and massively used by the majority of users, especially the Gold Hongye, Hengan, Vinda, Lily of the Valley, Bangyi and Jiaxin Medical, and exported to more than 40 countries and regions overseas. We have always pursued the concepts of "The purpose of the enterprise is to create customer" and "Business is the greatest public welfare", adhering to the universal values of "Honesty, Integrity, Responsibility, and Contribution", let innovation become the gene of the enterprise, and constantly create value for customers. Go all out to promote the post-processing of household paper to Industry 4.0.

MAXCESS®

提供卷材处理领域各个阶段的解决方案

让您的生产线跑得更好、更快、更智能

VALLEY ROLLER®(维立)

全球橡胶辊产品的大型供应商

包胶辊筒

COMPONEX®(康博)

WINertia™定轴惰辊，创新型精密辊筒的专家

惰辊

FIFE®(快复)

世界卷材纠偏和检验系统的先驱者，工业纠偏的发明者

纠偏和检验

MAGPOWR®(美博)

欧美工业领域大型的张力控制系统供应商

张力控制

TIDLAND®(特灵)

气胀轴的发明者，同时提供高效的分切产品

分切和卷取

ROTOMETRICS®(罗特曼)

设计并制造精密轮转模切刀具的专家

精密模切刀具

WEBEX®(维顺)

世界精密辊筒和定制专业卷取设备等相关行业制造者

精密辊筒和卷取设备

MAXCESS®

世界卷材处理领域七个品牌

关注美塞斯公众号

美塞斯（珠海）工业自动化设备有限公司

欢迎访问www.maxcessintl.com获取更多信息

产品名称
擦手纸原纸
擦手纸成品
湿强原纸
各类出口纸巾纸
精密仪器擦拭纸
浙江省诸暨造纸厂
产地：浙江省诸暨市暨阳工业园(江龙)
邮编：311800
联系人：何吉华
电话：0575-87320088
传真：0575-87320068
E-mail: hejihua105@163.net
规格：16~45g/m²
品牌：林林
参考报价：面议

in
头条
小红书
bilibili
搜狐
新浪微博
weibo.com
CNHPIA
拥抱新媒体
搜索
生活用纸杂志
敬请关注 更多精彩内容和直播
China National Household Paper Industry Association/中国造纸协会生活用纸专业委员会

生活用纸和卫生用品 云服务
打通 全球"纸""卫"产业链
行业新闻周报
云直播
·科普行动
·6·30"纸"、"卫"新品订货节
云展示
云培训
CLOUD EXPO
全球云展会
云会议
线上专访
线上发布会
CLOUD CIDPEX
移动端：
请扫描二维码
关注移动端中文站
PC端：yfw.cnhpia.org
Cloud Service
Http://cloud.cnhpia.org
It is the most efficient ways to connect world tissue & disposable hygiene products industry chains.
• CLOUD EXPO of TISSUE, AHPs, WIPEs and NONWOVENS
• Weekly Industry Newscast
• CLOUD CIDPEX (offline + online conference and exhibition)
• On-line Show and Live Streaming
• On-line Business Communication
中国造纸院 CNPPRI
中国制浆造纸研究院有限公司
中国造纸协会生活用纸专业委员会
电话：010-64778188/85/93
E-mail：cidpex@cnhpia.org

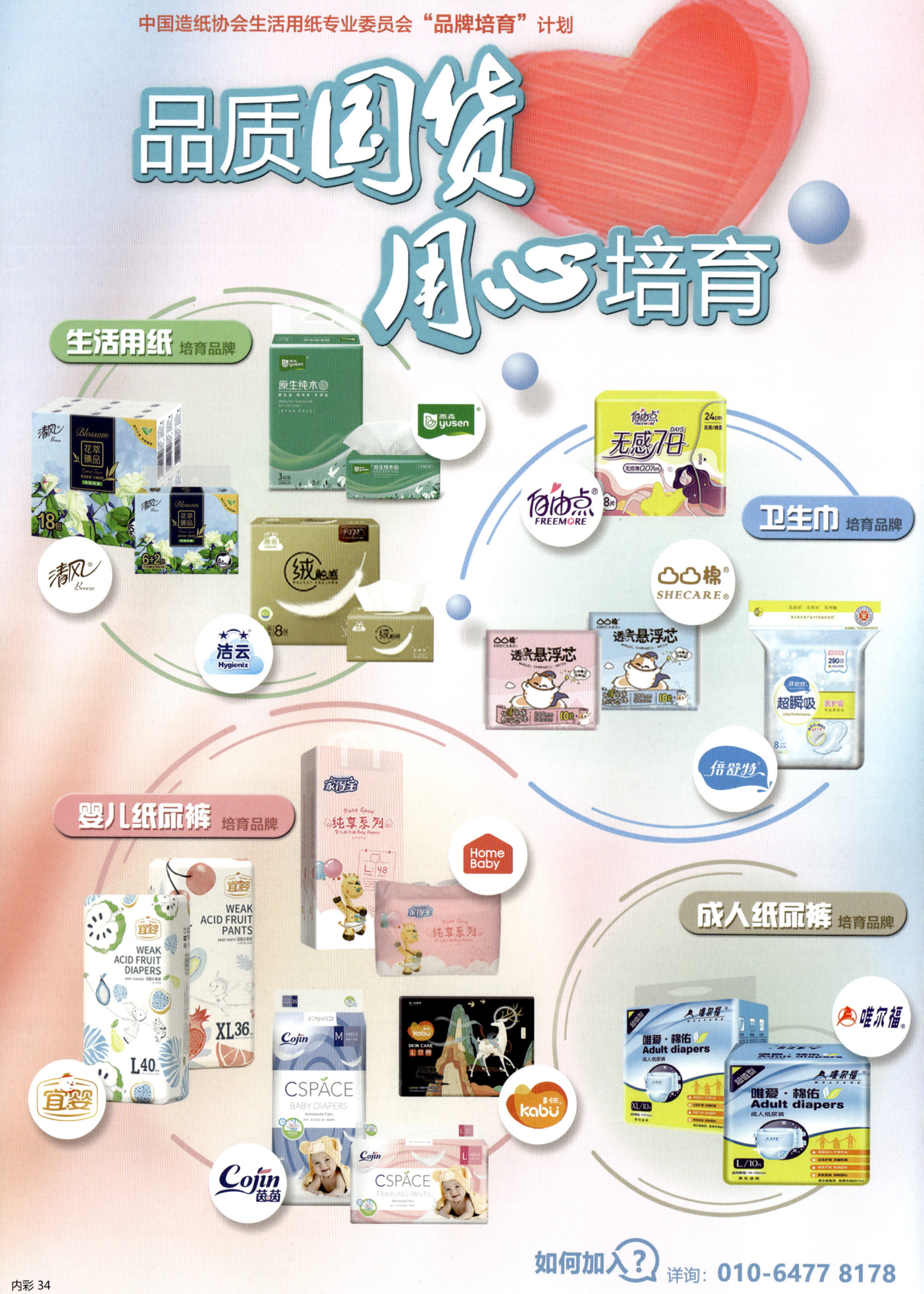
中国造纸协会生活用纸专业委员会“品牌培育”计划
品质国货
用心培育
生活用纸 培育品牌
清风
Breeze
Blossom
花萃臻品
18包
6+2包
原生纯木
yusen
洁云
Hygienix
绒毛感
卫生巾 培育品牌
自由点
FREEMORE
无感7日
24cm
SHECARE
透气悬浮芯
倍舒特
超瞬吸
290
婴儿纸尿裤 培育品牌
宜婴
WEAK ACID FRUIT DIAPERS
WEAK ACID FRUIT PANTS
L40
XL36
家得宝
Pure Love
纯享系列
Home Baby
Cojin
茵茵
CSPACE
BABY DIAPERS
CSPACE
TRAINING PANTS
kabu
成人纸尿裤 培育品牌
唯尔福
唯爱·棉佑
Adult diapers
成人纸尿裤
XL/10片
L/10片
如何加入？
详询：010-6477 8178

Directory of Tissue Paper & Disposable Products【China】

中国生活用纸年鉴

2022/2023

中国制浆造纸研究院有限公司
中国造纸协会生活用纸专业委员会　编

中国石化出版社

图书在版编目（CIP）数据

中国生活用纸年鉴. 2022~2023 / 中国制浆造纸研究院有限公司，中国造纸协会生活用纸专业委员会编. —北京：中国石化出版社，2022. 3
ISBN 978-7-5114-6589-4

Ⅰ. ①中… Ⅱ. ①中… ②中… Ⅲ. ①生活用纸-中国-2022-2023-年鉴 Ⅳ. ①TS761. 6-54

中国版本图书馆 CIP 数据核字（2022）第 029807 号

责任编辑　张正威
责任校对　李　伟

中国石化出版社出版发行
地址：北京市东城区安定门外大街 58 号
邮编：100011　电话：(010)57512500
发行部电话：(010)57512575
http://www.sinopec-press.com
E-mail:press@sinopec.com
北京科信印刷有限公司印刷
全国各地新华书店经销
*
889×1194 毫米 16 开本 48.5 印张 38 彩页 1369 千字
2022 年 4 月第 1 版　2022 年 4 月第 1 次印刷
定价：450.00 元

《中国生活用纸年鉴 2022/2023》编委会

对本书有关的各项业务与意见请与编委会直接联系。

地址：北京市朝阳区望京启阳路 4 号中轻大厦 6 楼
邮编：100102
电话：010-64778188　　官方 QQ 号：800081501
传真：010-64778199　　官方微信号：cnhpia

E-mail：info@ cnhpia. org，cidpex@ cnhpia. org，editor@ cnhpia. org
Http：// www. cnhpia. org

Any business refers to this book, please contact the editorial board.

Address: Floor 6, Sinolight Plaza, No.4, Qiyang Road, Wangjing, Chaoyang District, Beijing 100102

Tel: 010-64778188　　Offical QQ: 800081501

Fax: 010-64778199　　Offical WeChat: cnhpia

E-mail: info@ cnhpia.org, cidpex@ cnhpia.org, editor@ cnhpia.org

Http:// www.cnhpia.org

编 写 说 明

由中国制浆造纸研究院有限公司和中国造纸协会生活用纸专业委员会联合编写的《中国生活用纸年鉴》，作为委员会服务于行业企业的重要工作，从 1994 年开始编辑出版，已经出版发行了十五卷。从 2002 年的第六卷开始，每两年一卷逢双年出版。《中国生活用纸年鉴》是目前国内全面反映生活用纸、卫生用品及相关行业情况的资料性权威工具书，所收录的资料详实可靠，全面、准确地反映我国生活用纸、卫生用品行业的发展和变化。在引导资金投向，推动行业技术进步和促进企业间经贸活动中起着积极的作用。本卷为第十六卷即《中国生活用纸年鉴 2022/2023》。

《中国生活用纸年鉴 2022/2023》仍由中国石化出版社出版。2022/2023 年版生活用纸年鉴的编写继续秉持以往编写年鉴详尽务实、真实可靠的原则，扩大信息量，编入行业的最新和最适用资料，各章节的内容都进行了认真的核实和补充，根据行业发展变化的情况，本卷年鉴的第 2 章生产和市场中，继续汇总部分区域产业集群发展情况、部分原辅材料的生产市场情况，以及部分上市公司的运行情况的内容；继续汇总生活用纸和卫生用品行业历年生产、消费、进出口等数据。第 7 章行业标准，详细列出了生活用纸和卫生用品及相关的标准清单，供读者查阅。年鉴的整体编排形式也更便于读者查阅和检索。为便于外国人阅读，目录和主要内容有中英文对照。

Foreword

As an important part of the services provided by China National Household Paper Industry Association (CNHPIA) to the industry enterprises, *Directory of Tissue Paper & Disposable Products* (*China*), compiled by China National Pulp and Paper Research Institute Co., Ltd. (CNPPRI) and CNHPIA, has been published for 15 volumes since 1994. Since the 6th volume in 2002, it has been published biennially in the even years. It is currently the comprehensive and authoritative reference book in China presenting a panorama of tissue paper, hygiene products and related industries. The information included in it is complete and reliable, which enables a comprehensive and precise reflection of the development and changes of Chinese tissue paper, hygiene products and related industries. It plays an active role in guiding investment and promoting industry technological improvement and trade activities between enterprises. *2022/2023 Directory of Tissue Paper & Disposable Products* (*China*) (*the 16th volume*) is published this year to present related information of the industry.

2022/2023 Directory of Tissue Paper & Disposable Products (*China*) is published by the China Petrochemical Press. The compiling of the new directory follows the principles of previous editions: completeness and reliability. New information as well as the latest and most related information has been added. In addition, details of each chapter have undergone careful checking and supplementing. According to the development and changes in the industry, the development of some regional clusters, production and market of some materials and performance of some listed enterprises are included in the second chapter of the directory, which is Production and Market. The production, consumption, import and export data over the years are also included in this volume. For readers´ reference, a list of industry standards related to tissue paper and hygiene products is added in the seventh chapter, which is Industry Standards. The format of the directory is arranged in such a way in order to provide easy reader access and information retrieval. For the sake of foreigners, it is a bilingual version in both Chinese and English for the contents and the major parts.

目　　录

[1]中国造纸协会生活用纸专业委员会 …… (1)
简介 …… (2)
领导机构及秘书处成员(2022 年) …… (5)
工作条例(2015 年修订稿) …… (15)
生活用纸企业家高峰论坛章程 …… (16)
卫生用品企业家高峰论坛章程 …… (17)
生活用纸行业文明竞争公约 …… (18)
生活用纸行业加强质量管理倡议书 …… (20)
中国卫生用品行业自律倡议书 …… (21)
“双碳目标　卫品企业在行动”宣言 …… (22)
1992—2021 年重要活动 …… (23)
会员单位名单(2021 年) …… (52)
生活用纸企业家高峰论坛成员单位名单(2022 年) …… (62)
卫生用品企业家高峰论坛成员单位名单(2022 年) …… (63)
中国卫生用品行业专家库专家名单(2022 年) …… (66)

[2]生产和市场 …… (69)
生活用纸 …… (70)
中国生活用纸行业的概况和展望 …… (70)
2020 年中国投产的卫生纸机项目汇总表 …… (127)
2021 年中国投产的卫生纸机项目汇总表 …… (131)
历年中国生活用纸产能、产量、消费量(1990—2020 年) …… (135)
卫生用品 …… (136)
中国一次性卫生用品行业的概况和展望 …… (136)
历年中国卫生巾、护垫的产量、消费量(1993—2020 年) …… (199)
历年中国婴儿纸尿裤/片的产量、消费量(1993—2020 年) …… (200)
历年中国成人失禁用品的产量、消费量(1999—2020 年) …… (201)
历年中国擦拭巾的产量、消费量(2007—2020 年) …… (202)
卫生用品行业可持续发展报告 …… (203)
● 中国 …… (203)
● 欧盟 …… (208)
● 北美 …… (212)
● 日本 …… (217)

区域产业集群情况 …… (219)
● 河北保定满城区“华北纸都”发展概况与展望 …… (219)
● 山西省生活用纸产业概况 …… (223)
● 河南省生活用纸产业概况 …… (227)
● 湖北孝感孝南区生活用纸和卫生用品产业发展概况 …… (229)
● 广西生活用纸产业概况 …… (232)
● 西南地区生活用纸产业发展概况与展望 …… (234)
● 仙桃市非织造布产业发展概况 …… (237)
● 中国妇婴卫生用纺织品示范基地概况 …… (241)
● 中国先进医卫用非织造产业示范基地概况 …… (243)
原材料、设备的生产和市场 …… (244)
● 中国化学商品浆市场简析 …… (244)
● 卫生用品用高吸收性树脂(SAP)概述 …… (252)
● 生活用纸化学品的应用与发展趋势 …… (262)
● 卫生用品用热熔胶概述 …… (273)
● 一次性卫生用品抗菌抗病毒技术应用 …… (282)
● 热熔胶设备及维护 …… (287)

[3]主要生产企业 …… (291)
主要生产企业、品牌及地理位置分布图 …… (292)
生活用纸 …… (292)
卫生用品 …… (294)
● 卫生巾和护垫 …… (294)
● 婴儿纸尿裤/片 …… (296)
● 成人失禁用品 …… (298)
● 擦拭巾 …… (300)
按区域分的主要企业、产品及位置分布图 …… (302)
珠三角地区和福建省 …… (302)
长三角地区 …… (304)
京津冀地区 …… (306)
湖北省和湖南省 …… (308)

[4]生产企业名录(按产品和地区分列) …… (311)
分地区生活用纸生产企业数(2021 年) …… (312)
生活用纸 …… (313)
分地区卫生用品生产企业数(2021 年) …… (343)
卫生用品 …… (344)
● 女性卫生用品 …… (344)
● 婴儿纸尿裤/片 …… (351)

● 成人失禁用品 …… (358)
● 宠物卫生用品 …… (363)
● 擦拭巾 …… (364)
● 一次性医用非织造布制品 …… (374)

[5]生活用纸相关企业名录(原辅材料及设备器材采购指南)(按产品类别分列) …… (379)
原辅材料生产或供应 …… (380)
● 纸浆 …… (380)
● 绒毛浆 …… (382)
● 非织造布 …… (383)
——热轧、热风、纺粘 …… (383)
——水刺 …… (392)
——干法纸 …… (395)
● 打孔膜及打孔非织造布 …… (396)
● 导流层材料 …… (397)
● 流延膜及塑料母粒 …… (397)
● 高吸收性树脂 …… (402)
● 吸水衬纸及复合吸水纸 …… (404)
● 离型纸、离型膜 …… (404)
● 热熔胶 …… (405)
● 胶带、胶贴、魔术贴、标签 …… (407)
● 弹性非织造布材料、松紧带 …… (409)
● 造纸化学品 …… (410)
● 香精、表面处理剂及添加剂 …… (413)
● 包装及印刷 …… (416)
设备器材生产或供应 …… (427)
● 卫生纸机 …… (427)
● 废纸脱墨设备 …… (428)
● 造纸烘缸、网笼 …… (428)
● 造纸毛毯、造纸网 …… (428)
● 生活用纸加工设备 …… (429)
● 卫生纸机和加工设备的其他相关器材配件 …… (430)
● 吸收性卫生用品生产设备 …… (436)
● 热熔胶机 …… (436)
● 配套刀具 …… (437)
● 吸收性卫生用品生产设备的其他配件 …… (439)
● 包装设备、裹包设备及配件 …… (441)
● 湿巾设备 …… (446)
● 干法纸设备 …… (446)

● 非织造布设备 …… (446)
● 打孔膜机 …… (448)
● 自动化及控制系统 …… (448)
● 检测仪器 …… (454)
● 工业皮带 …… (455)
● 其他相关设备 …… (457)

[6]进出口情况 …… (463)
进口设备(2020—2021 年) …… (464)
出口设备(2020—2021 年) …… (466)
历年中国生活用纸进口数据(1990—2021 年) …… (481)
历年中国生活用纸出口数据(1990—2021 年) …… (482)
历年中国卫生用品进口数据(1990—2021 年) …… (483)
历年中国卫生用品出口数据(1990—2021 年) …… (485)

[7]行业标准 …… (487)
生活用纸和卫生用品行业相关标准情况汇总 …… (488)
产品及相关原材料标准 …… (494)
生活用纸 …… (494)
● 卫生纸(含卫生纸原纸)(GB/T 20810—2018) …… (494)
● 纸巾纸(GB/T 20808—2011) …… (505)
● 本色生活用纸(QB/T 4509—2013) …… (510)
● 擦手纸(GB/T 24455—2009) …… (515)
● 厨房纸巾(GB/T 26174—2010) …… (519)
卫生用品 …… (523)
● 卫生巾(护垫)(GB/T 8939—2018) …… (523)
● 女性卫生裤(GB/T 39391—2020) …… (532)
● 纸尿裤　第 1 部分：婴儿纸尿裤(GB/T 28004.1—2021) …… (541)
● 纸尿裤　第 2 部分：成人纸尿裤(GB/T 28004.2—2021) …… (555)
● 乳垫(QB/T 5049—2017) …… (567)
● 绒毛浆(GB/T 21331—2021) …… (574)
● 卫生用品用无尘纸(GB/T 24292—2009) …… (581)
● 纸尿裤和卫生巾用高吸收性树脂(GB/T 22875—2018) …… (586)
● 卫生巾用面层通用技术规范(GB/T 30133—2013) …… (598)
● 卫生用品用离型纸(GB/T 27731—2011) …… (605)
● 卫生用品用吸水衬纸(QB/T 4508—2013) …… (610)
擦拭巾 …… (613)
● 湿巾(GB/T 27728—2011) …… (613)
● 擦拭纸巾(QB/T 5296—2018) …… (623)

● 卫生湿巾卫生要求(WS 575—2017) …………………………………………………………… (630)
● 柔巾(GB/T 40276—2021) …………………………………………………………………… (634)
卫生、管理相关标准及规范 …………………………………………………………………… (640)
● 制浆造纸工业水污染物排放标准(GB 3544—2008) ……………………………………… (640)
● 工业用水定额：造纸 ……………………………………………………………………………… (644)
● 一次性使用卫生用品卫生标准(GB 15979—2002) ………………………………………… (646)
● 消毒产品标签说明书通用要求(GB 38598—2020) ………………………………………… (663)
● 一次性生活用纸生产加工企业监督整治规定(国质检执〔2003〕289 号附件 1) …………… (676)
● 生活用纸和纸制品　化学品及原料安全评价管理体系(GB/T 36420—2018) …………… (677)
● 绿色产品评价　纸和纸制品(GB/T 35613—2017) ………………………………………… (681)
● 进出口一次性使用纸制卫生用品检验规程(SN/T 2148—2008) ………………………… (706)
● 纸尿裤规格与尺寸(GB/T 33280—2016) ……………………………………………………… (708)
● 生活用纸　生产过程质量安全状态监测与评价指南(GB/T 40274—2021) ……………… (712)
● 吸收性卫生用纸制品　生产过程质量安全状态监测与评价指南(GB/T 40269—2021) … (725)

[8] 附录 ……………………………………………………………………………………………… (737)
中国人口、社会发展和经济背景的有关数据
● 人口数及构成 ……………………………………………………………………………………… (738)
● 人口出生率、死亡率和自然增长率 ……………………………………………………………… (739)
● 按年龄和性别分人口数(2020 年) ………………………………………………………………… (740)
● 分地区户数、人口数、性别比和户规模(2020 年) ……………………………………………… (741)
● 国民经济和社会发展总量与速度指标 …………………………………………………………… (742)
● 地区生产总值(2020 年) …………………………………………………………………………… (748)
● 居民消费水平 ……………………………………………………………………………………… (749)
● 全国居民人均收支情况 …………………………………………………………………………… (750)
● 居民人均可支配收入和指数 ……………………………………………………………………… (751)
● 分地区居民人均可支配收入 ……………………………………………………………………… (752)
● 分地区居民人均消费支出 ………………………………………………………………………… (753)
● 分地区居民人均可支配收入来源(2020 年) ……………………………………………………… (754)
● 分地区居民人均消费支出构成(2020 年) ………………………………………………………… (755)

TABLE OF CONTENTS

[1] **CHINA NATIONAL HOUSEHOLD PAPER INDUSTRY ASSOCIATION (CNHPIA)** ······ (1)

Brief introduction of the CNHPIA ······ (2)

Session board of directors and secretaries of the CNHPIA (2022) ······ (5)

Rules of the CNHPIA (2015 revised version) ······ (15)

Regulations of the China Tissue Paper Executives Summit (CTPES) ······ (16)

Regulations of the China Hygiene Products Executives Summit (CHPES) ······ (17)

Fair competition pledge of the China tissue paper and disposable products industry ······ (18)

Written proposal on strengthening quality management in the China tissue paper and disposable products industry ······ (20)

The self-discipline proposal of Chinese hygiene products industry ······ (21)

"Dual Carbon Target, Hygiene Products Enterprises in Action" declaration ······ (22)

Important activities of the CNHPIA (1992—2021) ······ (23)

List of the CNHPIA members (2021) ······ (52)

List of the China Tissue Paper Executives Summit members (2022) ······ (62)

List of the China Hygiene Products Executives Summit members (2022) ······ (63)

Expert team of China disposable hygiene products industry (2022) ······ (66)

[2] **PRODUCTION AND MARKET** ······ (69)

Tissue paper ······ (70)

Overview and prospects of the Chinese tissue paper industry ······ (94)

Tissue machines projects launched in China in 2020 ······ (127)

Tissue machines projects launched in China in 2021 ······ (131)

The capacity, production and consumption of tissue paper in China over the years (1990—2020) ······ (135)

Disposable hygiene products ······ (136)

Overview and prospects of the Chinese disposable hygiene products industry ······ (163)

The production and consumption of sanitary napkins and pantiliners in China over the years (1993—2020) ······ (199)

The production and consumption of baby diapers/diaper pads in China over the years (1993—2020) ······ (200)

The production and consumption of adult incontinent products in China over the years (1999—2020) ······ (201)

The production and consumption of wipes in China over the years (2007—2020) ······ (202)

Sustainability report of hygiene products industry ······ (203)

- China ······ (203)
- European Union ······ (208)

● North America ······ (212)
● Japan ······ (217)
Development of regional industry clusters ······ (219)
● Overview and prospect of "North China Paper Capital" in Mancheng, Baoding, Hebei province ······ (219)
● Overview of tissue paper industry in Shanxi province ······ (223)
● Overview of tissue paper industry in Henan province ······ (227)
● Overview of tissue paper and hygiene products industry in Xiaonan District, Xiaogan, Hubei province ······ (229)
● Overview of tissue paper industry in Guangxi ······ (232)
● Overview and prospect of tissue paper industry in Southwest China ······ (234)
● Overview of nonwovens industry in Xiantao ······ (237)
● Overview of China's demonstration base for maternal and infant hygiene textile ······ (241)
● Overview of China's advanced medical and hygiene nonwovens industry demonstration base ··· (243)
Production and market of raw materials and equipment ······ (244)
● Brief analysis of China's chemical market pulp market ······ (244)
● Overview of SAP for hygiene products ······ (252)
● Application and development trend of tissue paper chemicals ······ (262)
● Overview of hot melt adhesive for hygiene products ······ (273)
● Application of antibacterial and antiviral technology for disposable hygiene products ······ (282)
● Hot melt adhesive equipment and maintenance ······ (287)

[3] **MAJOR MANUFACTURERS OF TISSUE PAPER & DISPOSABLE PRODUCTS** ······ (291)
List of major manufacturers, brands and location maps of major manufacturers in China ······ (292)
● Tissue paper and converting products ······ (292)
● Disposable hygiene products ······ (294)
—Sanitary napkins and pantiliners ······ (294)
—Baby diapers/ diaper pads ······ (296)
—Adult incontinent products ······ (298)
—Wipes ······ (300)
Location maps of major manufacturers and products by regions ······ (302)
● Pearl River Delta area and Fujian province ······ (302)
● Yangtze River Delta area ······ (304)
● Beijing-Tianjin-Hebei area ······ (306)
● Hubei province and Hunan province ······ (308)

[4] **DIRECTORY OF TISSUE PAPER & DISPOSABLE PRODUCTS MANUFACTURERS IN CHINA (sorted by product and region)** ······ (311)
Number of tissue paper and converting products manufacturers by region (2021) ······ (312)
Tissue paper and converting products ······ (313)

Number of disposable hygiene products manufacturers by region (2021) …… (343)
Disposable hygiene products …… (344)
● Feminine hygiene products …… (344)
● Baby diapers/diaper pads …… (351)
● Adult incontinent products …… (358)
● Hygiene products for pets …… (363)
● Wipes …… (364)
● Disposable hygiene medical nonwoven products …… (374)

[5] **DIRECTORY OF SUPPLIERS RELATED TO TISSUE PAPER & DISPOSABLE PRODUCTS INDUSTRY (The purchasing guide of equipments and raw/auxiliary materials for tissue paper & disposable products industry) (sorted by product category)** …… (379)

Manufacturers and suppliers of raw/auxiliary materials …… (380)
● Pulp …… (380)
● Fluff pulp …… (382)
● Nonwovens …… (383)
—Thermalbond, airthrough, spunbonded …… (383)
—Spunlaced …… (392)
—Airlaid …… (395)
● Apertured film and apertured nonwovens …… (396)
● Acquisition distribution layer (ADL) …… (397)
● PE film and plastic masterbatch …… (397)
● Super absorbent polymer (SAP) …… (402)
● Liner tissue and laminated absorbent paper …… (404)
● Release paper and release film …… (404)
● Hot melt adhesive …… (405)
● Adhesive tape, adhesive label, magic tape, label …… (407)
● Elastic nonwovens, elastic band …… (409)
● Paper chemical …… (410)
● Balm, surfactant, additive …… (413)
● Packing and printing …… (416)

Manufacturers and suppliers of equipment …… (427)
● Tissue machine …… (427)
● Deinking machine …… (428)
● Cylinder and wire mould …… (428)
● Felt and wire cloth …… (428)
● Converting machinery for tissue products …… (429)
● Other related apparatus and fittings of tissue machine and converting machinery …… (430)
● Machinery for absorbent hygiene products …… (436)
● Hot melt adhesive machine …… (436)
● Blade …… (437)

● Other fittings of machinery for absorbent hygiene products ………… (439)
● Packaging and wrapping equipment & supplies ………… (441)
● Wet wipes machine ………… (446)
● Airlaid machine ………… (446)
● Nonwovens machine ………… (446)
● Apertured film machine ………… (448)
● Automation and control system ………… (448)
● Detecting instrument ………… (454)
● Industrial belt ………… (455)
● Other related equipment ………… (457)

[6] **IMPORT AND EXPORT** ………… (463)
Import equipment (2020—2021) ………… (464)
Export equipment (2020—2021) ………… (466)
Import of tissue paper in China over the years (1990—2021) ………… (481)
Export of tissue paper in China over the years (1990—2021) ………… (482)
Import of disposable products in China over the years (1990—2021) ………… (483)
Export of disposable products in China over the years (1990—2021) ………… (485)

[7] **INDUSTRY STANDARDS** ………… (487)
Related standards in tissue paper and disposable hygiene products industry ………… (488)
Standards for finished products and related raw materials ………… (494)
Tissue paper ………… (494)
● Toilet tissue paper (including toilet tissue base paper) (GB/T 20810—2018) ………… (494)
● Facial tissue (GB/T 20808—2011) ………… (505)
● Unbleached tissue paper (QB/T 4509—2013) ………… (510)
● Hand towel (GB/T 24455—2009) ………… (515)
● Kitchen towel (GB/T 26174—2010) ………… (519)
Disposable hygiene products ………… (523)
● Sanitary absorbent pads (panty liner) (GB/T 8939—2018) ………… (523)
● Sanitary absorbent pants for women (GB/T 39391—2020) ………… (532)
● Disposable diapers—part 1: disposable diapers for baby (GB/T 28004. 1—2021) ………… (541)
● Disposable diapers—part 2: disposable diapers for adult (GB/T 28004. 2—2021) ………… (555)
● Breast pads (QB/T 5049—2017) ………… (567)
● Fluff pulp (GB/T 21331—2021) ………… (574)
● Airlaid for hygiene products (GB/T 24292—2009) ………… (581)
● Super-absorbent polymer for sanitary towel and diapers (GB/T 22875—2018) ………… (586)
● General technology regulations of sanitary napkins top sheet (GB/T 30133—2013) ………… (598)
● Release paper for sanitary products (GB/T 27731—2011) ………… (605)
● Liner tissue (QB/T 4508—2013) ………… (610)
Wipes ………… (613)
● Wet wipes (GB/T 27728—2011) ………… (613)

● Wipe paper towel (QB/T 5296—2018) ······ (623)
● Hygiene requirements for wet wipes (WS 575—2017) ······ (630)
● Soft nonwoven towels (GB/T 40276—2021) ······ (634)
Hygiene and management related standards and rules ······ (640)
● Discharge standard of water pollutants for pulp and paper industry (GB 3544—2008) ······ (640)
● Norm of industrial water intake—papermaking ······ (644)
● Hygienic standard for disposable sanitary products (GB 15979—2002) ······ (646)
● General requirement for label and instruction book of disinfection products (GB 38598—2020) ······ (663)
● Supervising and reforming norm of tissue paper manufacturers and converters (document 1 by State Quality Supervision and Inspection Administration P. R. C. [2003]289) ······ (676)
● Tissue paper and products—safety assessment management system of chemicals and materials (GB/T 36420—2018) ······ (677)
● Green product assessment—paper and paper products (GB/T 35613—2017) ······ (681)
● Rules for inspection of disposable hygiene paper products for imports & exports (SN/T 2148—2008) ······ (706)
● Specification and size of diapers (GB/T 33280—2016) ······ (708)
● Tissue paper—Assessment and monitoring guidelines to quality safety condition of production process (GB/T 40274—2021) ······ (712)
● Absorbent sanitary paper products—Assessment and monitoring guidelines to quality safety condition of production process (GB/T 40269—2021) ······ (725)

[8] **APPENDIX** ······ (737)
The information of Chinese population, social development and economic background
● Population and its composition ······ (738)
● Birth rate, death rate and natural growth rate of population ······ (739)
● Population by age and gender (2020) ······ (740)
● Households, population, sex ratio and household size by region (2020) ······ (741)
● Aggregate indicators on national economic and social development and growth rates ······ (742)
● Gross regional product (2020) ······ (748)
● Household consumption expenditure ······ (749)
● Nationwide per capita income and consumption expenditure ······ (750)
● Per capita disposable income of households and index ······ (751)
● Per capita disposable income of households by region ······ (752)
● Per capita consumption expenditure of households by region ······ (753)
● Per capita disposable income of households by sources and region (2020) ······ (754)
● Per capita consumption expenditure of households by composition and region (2020) ······ (755)

广告目录

No.	企业名称	主要产品/业务	页码
1	江苏金卫机械设备有限公司	一次性卫生用品设备	封面，内彩 25
2	法比奥百利怡机械设备(上海)有限公司	生活用纸加工设备	封二
3	宝索(企业)集团	卫生纸机、生活用纸加工及包装设备	扉页(内彩 1)
4	诺信(中国)有限公司	热熔胶机	内彩 2
5	浙江新余宏智能装备有限公司	一次性卫生用品设备	内彩 3
6	恒昌机械制造有限责任公司	一次性卫生用品设备及包装设备	内彩 4~5，内彩 29
7	泉州市创达机械制造有限公司	湿巾设备	内彩 6，内彩 30
8	上海智联精工机械有限公司	一次性卫生用品设备	内彩 7
9	厦门佳创科技股份有限公司	一次性卫生用品设备(堆垛机、包装机)	内彩 8
10	上海东冠纸业有限公司	生活用纸，卫生用品	内彩 9
11	泉州市汉威机械制造有限公司	一次性卫生用品设备	内彩 10~11，内彩 28
12	广州市兴世机械制造有限公司	一次性卫生用品设备	内彩 12~13
13	南宁侨虹新材料股份有限公司	非织造布，干法纸	内彩 14~15
14	广东洁新卫生材料有限公司	吸水芯材	内彩 16
15	上海松川峰冠包装自动化有限公司	生活用纸包装设备	内彩 17
16	佛山市南海毅创设备有限公司	生活用纸/非织造布加工设备	内彩 18
17	福建省莆田市荔城纸业有限公司(凯达卫品)	卫生用品	内彩 19
18	三明市普诺维机械有限公司	旋切刀辊刀架	内彩 20
19	丹东市丰蕴机械厂	干法纸设备，木浆粉碎设备，干法纸	内彩 21
20	江西欧克科技有限公司	生活用纸加工设备及包装设备、包装材料	内彩 22
21	海纳智能装备国际控股有限公司	一次性卫生用品设备	内彩 23，内彩 26
22	爱美高自动化设备有限公司	生活用纸、卫生用品包装设备	内彩 24，内彩 27
23	北京大源非织造股份有限公司	非织造布	内彩 26
24	杭州美辰纸业技术有限公司	流浆箱	内彩 26
25	浙江王派智能装备有限公司	生活用纸包装设备	内彩 27
26	美塞斯(珠海)工业自动化设备有限公司	模切刀具，纠偏系统	内彩 27
27	芬欧汇川(中国)有限公司	纸浆贸易	内彩 28
28	重庆和泰润佳股份有限公司	透气膜，复合膜，流延膜	内彩 29
29	福建明禾新材料科技有限公司	包装印刷	内彩 29
30	重庆壮大包装材料有限公司	透气膜，复合膜，流延膜	内彩 30
31	低碳生活从我做起	公益广告	内彩 30
32	佛山市新飞妇幼用品材料营销服务中心	离型纸，离型膜，流延膜	内彩 31，内彩 28
33	浙江省诸暨造纸厂	生活用纸	内彩 32

No.	企业名称	主要产品/业务	页码
34	中国造纸协会生活用纸专业委员会	行业协会/媒体	内彩 32~34
35	广东宝拓科技股份有限公司	卫生纸机	与封三对开背面彩页(内彩 35)
36	实宜机械设备(佛山)有限公司	生活用纸/非织造布加工设备	与封三对开页(内彩 36)
37	佛山市南海区德昌誉机械制造有限公司	生活用纸加工设备	封三
38	兰精纤维(上海)有限公司	莱赛尔纤维	封底
39	上海联胜化工有限公司	造纸化学品	68
40	上海吉臣化工有限公司	造纸化学品	310

中国造纸协会生活用纸专业委员会

CHINA NATIONAL HOUSEHOLD PAPER INDUSTRY ASSOCIATION (CNHPIA)

[1]

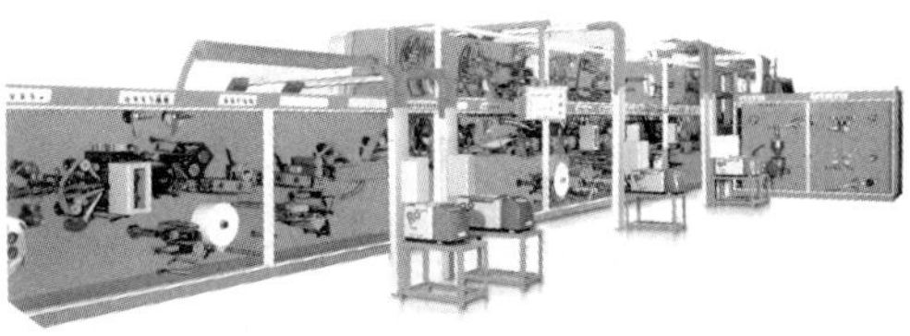

简　介

中国造纸协会生活用纸专业委员会(以下简称专委会)是在中国造纸协会领导下的全国性专业组织。英文名称 China National Household Paper Industry Association(CNHPIA)。会址设在北京，挂靠单位为中国制浆造纸研究院有限公司。

专委会于 1993 年 6 月 8 日正式成立。会员包括生活用纸、卫生用品生产企业，相关设备和原辅材料供应企业等，目前有国内会员单位 693 个，境外会员单位 42 个。通过其成员的积极工作，已在该领域做出了显著成绩。

专委会是跨部门、跨地区和不分所有制形式的全国性组织，是由生活用纸有关企业自愿组成的社会团体。其宗旨是促进生活用纸行业的技术进步和经济发展，加快现代化步伐。

专委会的主要任务是在企业与政府部门之间起桥梁和纽带作用，开展加强行业自律、倡导行业有序竞争、加强质量管理和品牌培育、践行国家“双碳”战略等工作，为企业提供多种形式的服务：开展技术咨询，发展与海外同行业的联系，加强本行业的国内外信息交流，建立行业数据库、信息网、微信和云服务平台，开展国际间技术、经济方面的合作与交流，组织会员单位参加国内外有关展览与技术考察活动，定期出版《生活用纸》期刊、《中国生活用纸年鉴》以及《中国生活用纸和卫生用品行业年度报告》，组建行业专家库，为行业提供技术指导和培训，提供国内外生活用纸发展的技术经济和市场信息，为国内外厂商的技术合作和合资经营牵线搭桥。

专委会的最高权力机构为会员代表大会、常委会。常委会下设秘书处、生活用纸分委会、卫生用品分委会、机械设备分委会和原辅材料分委会等分支机构。

随着工作的开展，根据行业的需要，专委会将坚持服务宗旨，维护行业合法权益，建立健全工作制度和行为准则，以便更好地协助政府部门完成行业管理、发展规划、组织协调和服务等各项工作。

☆ 委员会领导机构

主 任 委 员：曹振雷
副主任委员：曹春昱　许连捷　李朝旺　岳　勇　刘智清　张　泽　寺川琢己　陈树明　邓景衡　黄志源　西口徹　吴　跃　林　斌　金利伟　苏艺强
秘 书 长：张玉兰
副秘书长：曹宝萍

☆ 会员单位

国内企业 693 家
境外企业 42 家

☆出版物

《生活用纸》(月刊，国内外公开发行)
《中国生活用纸年鉴》(每两年出版一卷)
《中国生活用纸和卫生用品行业年度报告》

☆数字媒体

微信订阅号/微信视频号：生活用纸杂志
微信服务号：生活用纸和卫生用品云服务
抖音/快手/小红书/哔哩哔哩：生活用纸杂志
今日头条/新浪微博/搜狐新闻：生活用纸杂志

☆ 联络方式

地址：北京市朝阳区望京启阳路 4 号中轻大厦 6 楼
邮编：100102
电话：010-64778188
传真：010-64778199
E-mail：cidpex@ cnhpia. org
info@ cnhpia. org
editor@ cnhpia. org
Http://www.cnhpia.org
官方 QQ 号：800081501

Brief introduction of the CNHPIA

China National Household Paper Industry Association (CNHPIA) under China Paper Association is a nationwide organization in China. The site of the association is in Beijing, and the chairman member of the said association is China National Pulp & Paper Research Institute Co., Ltd.

CNHPIA was established on June 8, 1993. Members include manufacturers of tissue paper and disposable hygiene products, suppliers of related equipments and raw materials, etc. Up till now, there are 693 domestic members and 42 overseas members in the association. With the positive efforts of all the members, the association has achieved remarkable success in this field.

CNHPIA is a nationwide organization. Its members are from different departments, different regions, and of different ownerships, all the members are voluntary to join in the association. The aim of the association is to promote the technique improvement and economic development of the industry, and to quicken the modernization drive.

The main function of CNHPIA is to act as the bridge between the enterprises and the government, to strengthen industry self-discipline advocate orderly competition, strengthen quality management and brand cultivation, practice the Chinese "Carbon Peak and Carbon Neutralization" strategy, etc. It offers kinds of help for the industry. To provide technical consulting service, to keep in touch with the overseas enterprises, to enhance the communication of information from home and abroad, to set up the database, official website, WeChat, Cloud Service of tissue paper and disposable hygiene products industry, to undertake the international cooperation on technology and economy, to organize the members to take part in the exhibitions and technique investigations, to publish *Tissue Paper and Disposable Products* magazine, *Directory of Tissue Paper & Disposable Products (China)* and *Annual Report on Chinese Tissue Paper & Disposable Products Industry* periodically, set up expert team of China disposable hygiene products industry, to provide technical guidance and training to the industry, to provide the technical and market information of tissue paper and disposable hygiene products for overseas and domestic corporations and joint venture business of domestic and overseas manufacturers.

The highest organ of authority in the association is all member congress and standing council. There are secretariat, Tissue Paper Branch, Disposable Hygiene Products Branch, Equipment Branch, and Raw Material Branch under the Council.

Along with the expanding of the work and the requirement of the industry, CNHPIA will aim at service, defend the industry legitimate right, construct and perfect work system and code of conduct, in order to fulfill the functions of industry management, development planning, organization, coordination, service, etc.

* Leader of CNHPIA

Chairman:	Cao Zhenlei
Vice Chairman:	Cao Chunyu, Xu Lianjie, Li Chaowang, Yue Yong, Kevin Liu, Zhang Ze, Terakawa Takumi, Chen Shuming, William Tang, Huang Zhiyuan, Nishiguchi Tooru, Wu Yue, Lin Bin , Jin Liwei, Su Yiqiang
Secretary General:	Zhang Yulan
Vice Secretary General:	Cao Baoping

* Association Member

Domestic: 693

Overseas: 42

* Publication

Tissue Paper & Disposable Products (monthly)

Directory of Tissue Paper & Disposable Products (*China*) (publish every two years)

Annual Report on Chinese Tissue Paper & Disposable Products Industry

* Contact

Address: Floor 6, Sinolight Plaza, No.4, Qiyang Road, Wangjing, Chaoyang District, Beijing 100102, China

Tel: 8610-64778188

Fax: 8610-64778199

E-mail: cidpex@cnhpia.org   Http://www.cnhpia.org   Http://cloud.cnhpia.org

info@cnhpia.org   Offical WeChat: cnhpia

editor@cnhpia.org   Offical QQ: 800081501

领导机构及秘书处成员
(2022 年)

主任委员(1 人): 曹振雷

副主任委员(15 人): 许连捷(恒安(集团)有限公司)
李朝旺(维达纸业(中国)有限公司)
岳　勇(中顺洁柔纸业股份有限公司)
刘智清(北京宝洁技术有限公司)
张　泽(金佰利(中国)有限公司)
寺川琢己(尤妮佳生活用品(中国)有限公司)
陈树明(东顺集团股份有限公司)
邓景衡(广东景兴健康护理实业股份有限公司)
黄志源(金光纸业(中国)投资有限公司)
曹春昱(中国制浆造纸研究院有限公司)
西口徹(花王(中国)投资有限公司)
吴　跃(杭州千芝雅卫生用品有限公司)
林　斌(爹地宝贝股份有限公司)
金利伟(杭州可靠护理用品股份有限公司)
苏艺强(广东昱升个人护理用品股份有限公司)

秘书长: 张玉兰(中国制浆造纸研究院有限公司)

副秘书长: 曹宝萍(中国制浆造纸研究院有限公司)

常务委员(131 家,按省市排列):

北京市:	中国造纸协会生活用纸专业委员会	曹振雷
	中国轻工集团有限公司	曹春昱
	北京宝洁技术有限公司	刘智清
	北京倍舒特妇幼用品有限公司	李秋红
	北京桑普生物化学技术有限公司	刘洪生
	北京大源非织造股份有限公司	张志宇
	北京倍舒特科技发展有限公司	刘崇九
	北京爸爸的选择科技有限公司	王胜地
天津市:	天津市依依卫生用品股份有限公司	卢俊美
	小护士(天津)实业发展股份有限公司	杨印江
河北省:	河北义厚成日用品有限公司	白红敏
	保定市港兴纸业有限公司	张二牛
	河北雪松纸业有限公司	赵宝水
	河北金博士集团有限公司	张　涛
	保定雨森卫生用品有限公司	苏马力
上海市:	金佰利(中国)有限公司	张　泽

	上海唯尔福集团股份有限公司	何幼成
	尤妮佳生活用品(中国)有限公司	寺川琢己
	上海东冠纸业有限公司	莫建新
	花王(中国)投资有限公司	许　峥
	上海护理佳实业有限公司	夏双印
	上海紫华企业有限公司	王冬梅
	上海丰格无纺布有限公司	焦　勇
	法比奥百利怡机械设备(上海)有限公司	邢小平
	诺信(中国)有限公司	谭宗焕
	上海松川峰冠包装自动化有限公司	黄　松
	富乐(中国)粘合剂有限公司	韦广法
	波士胶(上海)管理有限公司	孙昭雯
	上海亿维实业有限公司	祁超训
	上海精发实业股份有限公司	陈立东
	康那香企业(上海)有限公司	戴秀玲
	泰盛科技(集团)股份有限公司	管洪斌
江苏省:	金红叶纸业集团有限公司	陈长明
	永丰余投资有限公司	李宗纯
	胜达集团江苏开胜纸业有限公司	赵　林
	贝里国际集团(Berry)	崔彦昭
	维顺(中国)无纺制品有限公司	邓福元
	宜兴丹森科技有限公司	孙　骁
	依工玳纳特胶粘设备(苏州)有限公司	吴坤泉
	莱芬豪舍塑料机械(苏州)有限公司	Bernd Reifenhauser
	南京松林刮刀锯有限公司	夏松林
	江苏有爱科技有限责任公司	任　用
	苏州市苏宁床垫有限公司	张俊武
	南京锦琪昶新材料有限公司	吴　勇
浙江省:	杭州千芝雅卫生用品有限公司	吴　跃
	杭州可靠护理用品股份有限公司	金利伟
	杭州珍琦卫生用品有限公司	俞飞英
	浙江新余宏智能装备有限公司	鲁　兵
	台塑工业(宁波)有限公司	吴政璋
	南六企业(平湖)有限公司	黄和村
	杭州余宏卫生用品有限公司	李新华
	浙江卫星新材料科技有限公司	沈晓炜
	浙江优全护理用品科技有限公司	严华荣
	杭州国光旅游用品有限公司	傅启才
	杭州豪悦护理用品股份有限公司	李志彪
	杭州可悦卫生用品有限公司	黄国权
	川田卫生用品(浙江)有限公司	周　平

	杭州淑洁卫生用品有限公司	丁桂兴
	杭州经安实业投资有限公司	庄海波
	浙江华章科技有限公司	朱根荣
安徽省：	安庆市恒昌机械制造有限责任公司	吕兆荣
	黄山富田精工制造有限公司	方安江
	芜湖悠派护理用品科技股份有限公司	程　岗
福建省：	恒安(集团)有限公司	许连捷，许文默
	爹地宝贝股份有限公司	林　斌
	福建恒利集团有限公司	吴家荣
	雀氏(福建)实业发展有限公司	郑佳明
	厦门延江新材料股份有限公司	谢继华
	泉州市汉威机械制造有限公司	林秉正
	邦丽达(福建)新材料股份有限公司	郑叙炎
	福建省乔东新型材料有限公司	丁　棋
	婴舒宝(中国)有限公司	颜培坤
	美佳爽(中国)有限公司	陈汉河
	福建利澳纸业有限公司	丁棋灿
	泉州市嘉华卫生用品有限公司	尤华山
	福建琦峰科技有限公司	高永康
	三明市普诺维机械有限公司	郭尚接
	泉州天娇妇幼卫生用品有限公司	俞晓铭
	福建满山红新材料科技有限公司	黄奕群
	泉州市洛江区汇丰妇幼用品有限公司	潘儒愿
	泉州市中森卫材有限公司	黄如木
	海纳智能装备国际控股有限公司	洪奕元
	福建明禾新材料科技有限公司	杨海金
	新合发包装集团	陈思红
江西省：	欧克科技股份有限公司	胡坚胜
山东省：	东顺集团股份有限公司	陈树明
	山东晨鸣纸业集团股份有限公司	杨东民
	山东诺尔生物科技有限公司	荣敏杰
	俊富非织造材料有限公司	赵民忠
	山东太阳生活用纸有限公司	李　娜
河南省：	漯河银鸽生活纸产有限公司	王奇峰
	河南舒莱卫生用品有限公司	杨桂海
湖北省：	湖北丝宝股份有限公司	陈　莺
	恒天嘉华非织造有限公司	邓连华
湖南省：	湖南舒比奇生活用品有限公司	彭　敏
	湖南爽洁卫生用品有限公司	张霞明
广东省：	维达纸业(中国)有限公司	李朝旺，张健
	中顺洁柔纸业股份有限公司	岳　勇

	广东景兴健康护理实业股份有限公司	邓锦明
	佛山市啟盛卫生用品有限公司	关锦添
	广东茵茵股份有限公司	谢锡佳
	广东昱升个人护理用品股份有限公司	苏艺强
	佛山市新飞卫生材料有限公司	穆范飞
	佛山市南海必得福无纺布有限公司	邓伟添
	佛山市宝索机械制造有限公司	彭锦铜
	佛山市南海区德昌誉机械制造有限公司	陆德昌
	佛山市兆广机械制造有限公司	吴兆广
	中山佳健生活用品有限公司	缪国兴
	广州市兴世机械制造有限公司	林颖宗
	广东比伦生活用纸有限公司	许亦南
	东莞市常兴纸业有限公司	王树杨
	深圳全棉时代科技有限公司	刘　华
	广东川田卫生用品有限公司	李宗霖
	广东美洁卫生用品有限公司	黎力冲
	新感觉卫生用品有限公司	黎汉凡
	广东康怡卫生用品有限公司	劳绍旗
	广东邦宝个人护理用品有限公司	黄荣祥
	广州市汉氏卫生用品有限公司	邱剑华
	东莞市天正纸业有限公司	吴柱威
	广东欧比个人护理用品有限公司	徐志明
	凯儿得乐(深圳)科技发展有限公司	刘妙锋
	广东聚胶粘合剂有限公司	陈曙光
	广州市粤盛工贸有限公司	孙星威
	腾科系统技术有限公司	周殿敏
重庆市：	重庆百亚卫生用品股份有限公司	冯永林
	重庆珍爱卫生用品有限责任公司	黄诗平
	重庆理文卫生用纸制造有限公司	李文俊
四川省：	四川环龙新材料有限公司	周　骏
	四川石化雅诗纸业有限公司	周　祥
贵州省：	贵州卡布国际生物科技有限公司	肖蜀黔
云南省：	云南白药清逸堂实业有限公司	张枝荣

分委会主任单位名单：

生活用纸：

维达纸业(中国)有限公司

卫生用品：

恒安(集团)有限公司

机械设备：

安庆市恒昌机械制造有限责任公司

佛山市宝索机械制造有限公司

原辅材料：

厦门延江新材料股份有限公司

秘书处成员名单：

张玉兰　曹宝萍　林　茹　周　杨　孙　静　张华彬　葛继明　张升友　邱文伦　王　潇
王　娟　韩　颖　邢婉娜　付显玲　郭凯原　漆小华　张　园　于淼萱

Session board of directors and secretaries of the CNHPIA (2022)

Chairman of Association: 1 person

Zhenlei Cao

Vice Chairman of Association: 15 persons

Lianjie Xu	Hengan International Group Co., Ltd.
Chaowang Li	Vinda International Holdings Limited
Yong Yue	C&S Paper Co., Ltd.
Kevin Liu	P&G Technology (Beijing) Co., Ltd.
Ze Zhang	Kimberly-Clark (China) Co., Ltd.
Terakawa Takumi	Unicharm Consumer Products (China) Co., Ltd.
Shuming Chen	Dongshun Group Co., Ltd.
William Tang	Kingdom Healthcare Holdings Limited Guangdong
Zhiyuan Huang	APP Investment (China) Co., Ltd.
Chunyu Cao	China National Pulp and Paper Research Institute Co., Ltd.
Nishiguchi Tooru	Kao (China) Holding Co., Ltd.
Yue Wu	Hangzhou Qianzhiya Sanitary Products Co., Ltd.
Bin Lin	Daddybaby Company Limited
Liwei Jin	Hangzhou Coco Healthcare Products Co., Ltd.
Yiqiang Su	GuangdongWinsun Personal Care Products Co., Ltd.

Secretary General:

Yulan Zhang	China National Pulp and Paper Research Institute Co., Ltd.

Deputy Secretary General:

Baoping Cao	China National Pulp and Paper Research Institute Co., Ltd.

Members of Standing Committee: 131 units(By Regions)

Beijing:

China National Household Paper Industry Association	Zhenlei Cao
Sinolight Corporation	Chunyu Cao
P&G Technology (Beijing) Co., Ltd.	Kevin Liu
Beijing Beishute Maternity & Child Articles Co., Ltd.	Qiuhong Li
Beijing Sunpu Biochem. Tech. Co., Ltd.	Hongsheng Liu
Beijing Dayuan Nonwoven Fabric Co., Ltd.	Zhiyu Zhang
Beijing Beishute Science & Technology Development Co., Ltd.	Chongjiu Liu
Beijing Daddy's Choice Science and Technology Co., Ltd.	Shengdi Wang

Tianjin:

Tianjin Yiyi Hygiene Products Co., Ltd.	Junmei Lu
Little Nurse (Tianjin) Industry & Commerce Development Co., Ltd.	Yinjiang Yang

Hebei:

Hebei Yihoucheng Commodity Co., Ltd.	Hongmin Bai
Baoding Gangxing Paper Co., Ltd.	Erniu Zhang
Hebei Xuesong Paper Co., Ltd.	Baoshui Zhao
Hebei Golden Doctor Group Co., Ltd.	Tao Zhang
Baoding Yusen Hygiene Products Co., Ltd.	Mali Su

Shanghai:

Kimberly-Clark (China) Co., Ltd.	Ze Zhang
Shanghai Welfare Group Co., Ltd.	Youcheng He
Unicharm Consumer Products (China) Co., Ltd.	Terakawa Takumi
Shanghai Orient Champion Tissue Co., Ltd.	Jianxin Mo
Kao (China) Holding Co., Ltd.	Zheng Xu
Shanghai Foliage Industry Co., Ltd.	Shuangyin Xia
Shanghai Zihua Enterprise Co., Ltd.	Dongmei Wang
Shanghai Fengge Nonwoven Co., Ltd.	Yong Jiao
Fabio Perini Shanghai Co., Ltd.	Xiaoping Xing
Nordson (China) Co., Ltd.	Zonghuan Tan
Shanghai Soontrue Fengguan Packaging Automation Co., Ltd.	Song Huang
H. B. Fuller (China) Adhesives Ltd.	Guangfa Wei
Bostik (Shanghai) Management Co., Ltd.	Jane Sun
Shanghai E-way Industry Co., Ltd.	Chaoxun Qi
Shanghai Kingfo Industrial Co., Ltd.	Lidong Chen
KNH Enterprise (Shanghai) Co., Ltd.	Xiuling Dai
Taison Technology Group Co., Ltd.	Hongbin Guan

Jiangsu:

Gold Hongye Paper Group Co., Ltd.	Changming Chen
Yuen Foong Yu Investment Co., Ltd.	Zongchun Li
Shengda Group Jiangsu Kaisheng Paper Industry Co., Ltd.	Lin Zhao
Berry Global, Inc.	Yanzhao Cui
FiberVisions (China) Textile Products Ltd.	Fuyuan Deng
Yixing Danson Science and Technology Co., Ltd.	Xiao Sun
ITW Dynatec Adhesive Equipment (Suzhou) Co., Ltd.	Kunquan Wu
Reifenhauser Plastic Machinery (Suzhou) Co., Ltd.	Bernd Reifenhauser
Nanjing Songlin Doctor Blade & Saw Manufacture Co., Ltd.	Songlin Xia
Jiangsu YOAI Technology Co., Ltd.	Yong Ren
Suzhou Suning Underpad Co., Ltd.	Junwu Zhang
King's Choice (Nanjing) New Material Co., Ltd.	Yong Wu

Zhejiang:

Hangzhou Qianzhiya Sanitary Products Co., Ltd.	Yue Wu
Hangzhou Coco Healthcare Products Co., Ltd.	Liwei Jin
Hangzhou Zhenqi Sanitary Products Co., Ltd.	Feiying Yu
Zhejiang New Yuhong Intelligent Equipment Co., Ltd.	Bing Lu
Formosa Industries (Ningbo) Co., Ltd.	Zhengzhang Wu
Nanliu Enterprise (Pinghu) Co., Ltd.	Hecun Huang
HangzhouYuhong Health Products Co., Ltd.	Xinhua Li
Satellite Science & Technology Co., Ltd.	Xiaowei Shen
Zhejiang Youquan Care Products Technology Co., Ltd.	Huarong Yan
Hangzhou Guoguang Touring Commodity Co., Ltd.	Qicai Fu
Hangzhou Haoyue Personal Care Co., Ltd.	Zhibiao Li
Hangzhou Credible Sanitary Products Co., Ltd.	Guoquan Huang
Kawada Sanitary Products(Zhejiang) Co., Ltd.	Ping Zhou

Hangzhou Shujie Hygiene Products Co., Ltd.	Guixing Ding
Hangzhou Jingan Industrial Investment Co., Ltd.	Haibo Zhuang
Zhejiang Huazhang Technology Co., Ltd.	Genrong Zhu
Anhui:	
Heng Chang Machinery Co., Ltd.	Zhaorong Lv
Futian Machinery Co., Ltd.	Anjiang Fang
U-play Corporation	Gang Cheng
Fujian:	
Hengan International Group Co., Ltd.	Lianjie Xu, Wenmo Xu
Daddybaby Corporation Ltd.	Bin Lin
Fujian Hengli Group Co., Ltd.	Jiarong Wu
Chiaus (Fujian) Industrial Development Co., Ltd.	Jiaming Zheng
Xiamen Yanjan New Material Co., Ltd.	Jihua Xie
Hanwei Machinery Manufacturing Co., Ltd.	Bingzheng Lin
Banglida(Fujian)New Materials Co., Ltd.	Xuyan Zheng
Fujian Qiaodong New Material Co., Ltd.	Qi Ding
Insoftb (China) Co., Ltd.	Peikun Yan
Megasoft (China) Co., Ltd.	Hanhe Chen
Fujian Liao Paper Co., Ltd.	Qican Ding
Quanzhou Jiahua Sanitary Articles Co., Ltd.	Huashan You
Fujian Qifeng Tech Co., Ltd.	Yongkang Gao
Sanming PNV Machinery Co., Ltd.	Shangjie Guo
Quanzhou Tianjiao Lady & Baby's Hygiene Supply Co., Ltd.	Xiaoming Yu
Fujian Manshanhong New Material Technology Co., Ltd.	Yiqun Huang
Quanzhou Huifeng Sanitary Articles Co., Ltd.	Ruyuan Pan
Quanzhou Zhongsen Hygiene Materials Co., Ltd.	Rumu Huang
Haina Intelligent Equipment International Holdings Limited	Yiyuan Hong
Fujian Minghe New Materials Co., Ltd.	Haijin Yang
Innova Packaging Group	Sihong Chen
Jiangxi:	
OK Science and Technology Co., Ltd.	Jiansheng Hu
Shandong:	
Dongshun Group Co., Ltd.	Shuming Chen
Shandong Chenming Paper Holdings Ltd.	Dongmin Yang
Shandong Nuoer Biological Technology Co., Ltd.	Minjie Rong
Jofo Nonwovens Co., Ltd.	Minzhong Zhao
Shandong Sun Household Paper Co., Ltd.	Na Li
Henan:	
Luohe Yinge Tissue Paper Industry Co., Ltd.	Qifeng Wang
Henan Simulect Health Products Co., Ltd.	Guihai Yang
Hubei:	
Hubei C-BONS Co., Ltd.	Ying Chen
CHTC Jiahua Nonwoven Co., Ltd.	Lianhua Deng
Hunan:	
Hunan Suitsky Household Products Co., Ltd.	Min Peng

Hunan Shajoy Sanitary Articles Co., Ltd.	Xiaming Zhang
Guangdong:	
Vinda International Holdings Limited	Chaowang Li, Jian Zhang
C&S Paper Co., Ltd.	Yong Yue
Kingdom Healthcare Holdings Limited Guangdong	Jinming Deng
Foshan Kayson Hygiene Products Co., Ltd.	Jintian Guan
Guangdong Yinyin Co., Ltd.	Xijia Xie
Guangdong Winsun Personal Care Products Co., Ltd.	Yiqiang Su
Foshan Xinfei Hygiene Materials Co., Ltd.	Fanfei Mu
Foshan Nanhai Beautiful Nonwoven Co., Ltd.	Weitian Deng
Baosuo Paper Machinery Manufacture Co., Ltd.	Jintong Peng
Nanhai Dechangyu Machinery Manufacture Co., Ltd.	Dechang Lu
Foshan Zhaoguang Paper Machinery Manufacture Co., Ltd.	Zhaoguang Wu
Zhongshan Jiajian Daily-use Products Co., Ltd.	Guoxing Miao
Guangzhou Xingshi Equipments Co., Ltd.	Yingzong Lin
Guangdong Bilun Household Paper Industry Co., Ltd.	Yinan Xu
Dongguan Changxing Paper Co., Ltd.	Shuyang Wang
PurCotton Era Science and Technology Co., Ltd.	Hua Liu
Guangdong Kawada Sanitary Products Co., Ltd.	Zonglin Li
Guangdong Magic Sanitary Articles Co., Ltd.	Lichong Li
New Sensation Sanitary Product Co., Ltd.	Hanfan Li
Guangdong Kangyi Hygiene Products Co., Ltd.	Shaoqi Lao
Guangdong Benbow Personal Care Products Co., Ltd.	Rongxiang Huang
Guangzhou H&C Sanitary Products Co., Ltd.	Jianhua Qiu
Dongguan Tianzheng Paper Co., Ltd.	Zhuwei Wu
Guangdong Obee Personal Care Products Co., Ltd.	Zhiming Xu
Care Daily(Shenzhen)Technology Development Co., Ltd.	Miaofeng Liu
Guangdong Focus Hotmelt Co., Ltd.	Shuguang Chen
Guangzhou Yuesheng Industry & Trade Co., Ltd.	Xingwei Sun
TechAdhesion Systems Ltd.	Dianmin Zhou
Chongqing:	
Chongqing Baiya Sanitary Products Co., Ltd.	Yonglin Feng
Treasure Health Co., Ltd.	Shiping Huang
Chongqing Lee & Man Tissue Manufacturing Limited	Wenjun Li
Sichuan:	
SichuanVanov New Material Co., Ltd.	Jun Zhou
Sichuan Petrochemical Yashi Paper Co., Ltd.	Xiang Zhou
Guizhou:	
Guizhou Capable International Sanitary Products Co., Ltd.	Shuqian Xiao
Yunnan:	
Yunnan Baiyao Qingyitang Co., Ltd.	Zhirong Zhang

Sub Committee of the Board

Tissue Paper Sub-committee

Chairman: Vinda International Holdings Limited

Hygiene Products Sub-committee

Chairman: Hengan International Group Co., Ltd.

Machinery Sub-committee

Chairman: Heng Chang Machinery Co., Ltd.
Baosuo Paper Machinery Manufacture Co., Ltd.

Raw Materials Sub-committee

Chairman: Xiamen Yanjan New Material Co., Ltd.

The Members of CNHPIA Secretariat:

Zhang Yulan, Cao Baoping, Lin Ru, Zhou Yang, Sun Jing, Zhang Huabin, Ge Jiming, Zhang Shengyou, Qiu Wenlun, Wang Xiao, Wang Juan, Han Ying, Xing Wanna, Fu Xianling, Guo Kaiyuan, Qi Xiaohua, Zhang Yuan, Yu Miaoxuan

工作条例

Rules of the CNHPIA

（2015 年修订稿）

第一章　总　则

第一条　中国造纸协会生活用纸专业委员会（以下简称专委会）是在中国造纸协会领导下的全国性专业组织，是有关生活用纸方面的企业家和科技工作者的群众团体。是中国造纸协会的组成部分，受中国造纸协会理事会的直接领导。

第二条　专委会的宗旨是：促进生活用纸行业的技术进步和经济发展，加快生活用纸技术的现代化。

第二章　任　务

第三条　专委会完成下列任务

1. 在企业与政府部门之间起桥梁和纽带作用，为企业提供多种形式的服务。

2. 组织开展生活用纸方面的学术及技术交流，组织技术协作。

3. 邀请专家、学者和有经验的人士讲学，举办培训班、组织国内外有关展览和技术考察活动。

4. 提出与生活用纸专业有关的技术经济政策和发展规划，做好行业统计与市场调查。为企业正确地进行决策提供依据，建立生活用纸行业信息网和数据库，定期出版生活用纸有关资料、刊物。

5. 开展信息反馈、技术咨询、企业诊断和技术改造等多种技术服务。

6. 参与制定、修订生活用纸行业各类标准的工作。

7. 为国内外厂商进行技术合作和合资经营牵线搭桥。

8. 根据需要，开展其他各项有利于提高生活用纸行业水平的活动。

第三章　会　员

第四条　凡是生活用纸生产企业同意专委会工作条例，向专委会提出申请，经专委会或常委会批准后即成为专委会会员单位，另外，根据发展情况和工作需要，与生活用纸有关的单位，亦可提出申请，其批准程序与上述相同。

第五条　会员单位的代表者，应为该单位的法人代表或法人代表委托的其他负责人，若人事更动，应及时将人员变更情况通知专委会。

第六条　对与本专业有关的专家、学者（包括已离退休者），经专委会同意可以作为本委员会特邀个人会员。

第七条　对与本专业有关的外国和港台地区厂家，经专委会同意可以作为专委会海外会员。

第四章　会员的权利与义务

第八条　权利

1. 有选举权和被选举权。

2. 对专委会有权提出意见和建议。

3. 有权参加专委会组织的学术交流和技术经贸活动及获得有关资料。

4. 有权要求专委会帮助组织技术协作。

第九条　义务

1. 遵守专委会条例。

2. 执行专委会的决议和委托的工作。

3. 受专委会的委托，派出人员参加有关单位的技术协作。

4. 按时交纳会费，会费在每年第三季度内（7 月—9 月）交清，无故拖欠者，经常委会通过取消会员资格。

第五章　机　构

第十条　专委会的组织原则实行民主集中制。

第十一条　专委会的最高权力机构为常务委员会议或会员大会。其主要职能是：

1. 讨论和修改专委会工作条例及有关文件。

2. 审议和批准专委会的工作报告及活动方案。

3. 按民主程序选举和产生专委会领导成员。

4. 审议批准专委会新成员。

5. 审议和决定其他重要事项。

第十二条　常务委员会设主任委员 1 人，副主任委员若干人，常务委员若干人，常务委员会每年召开 1 次会议。主任委员、副主任委员由常务委员会协商推选产生。任期 4 年，可连选连任。常委单位进入标准：纯生活用纸企业，年产能在 10 万吨以上；纯卫生用品企业，年销售额在5亿元以上；两种业务均有的企业，年销售额在7亿元以上；主要设备和原辅材料企业每大类选重要供应商进入。设秘书长1人、副秘书长4人以内，负责日常工作并与各副主任委员及常务委员单位做好联系工作。

第十三条 专委会的挂靠单位一般为当任的主任委员单位。秘书处设在挂靠单位。

第十四条 为了便于活动，专委会设1个办事机构(秘书处)和4个分委会，各分委会推选主任单位，负责各自分委会的联络、协调工作。

1. 生活用纸分委会。
2. 卫生用品分委会。
3. 机械设备分委会。
4. 原辅材料分委会。

第十五条 主任委员、副主任委员、秘书长、常委报中国造纸协会核准备案。

第六章 活动经费

第十六条 本专委会的活动经费有以下来源：

1. 会员单位交纳的会费。
2. 接收有关单位对部分专项活动的赞助费。
3. 挂靠单位对日常工作费用给予一定补贴。
4. 其他收入。

经费的收支情况定期向会员单位公布。

第七章 附 则

第十七条 本条例经常委扩大会讨论通过后执行，并报中国造纸协会备案，其解释权属于常务委员会。

第十八条 本条例如与上级规定有抵触时，按上级规定执行。

生活用纸企业家高峰论坛章程

Regulations of the China Tissue Paper Executives Summit (CTPES)

(2005年订立，2015年修订)

第一章 总 则

第一条 中国生活用纸企业家高峰论坛是由中国境内的生活用纸骨干企业自发成立的民间组织。

第二条 高峰论坛是生活用纸骨干企业之间交流联谊的平台，通过高峰论坛，成员企业的高层人士能及时沟通和得到各种行业共性化和针对本企业个性化的信息。

第二章 活动内容

第三条 高峰论坛的活动内容包括：

1. 无主题轻松的交流和联谊。

2. 对行业发展和市场开拓方面出现的新情况进行研讨，启发思路和寻找解决方案。

3. 针对企业发展规划、经营管理、市场培育、融资渠道、人力资源、原料采购、清洁生产、节能节水、质量管理、产品安全、环境友好等共性问题进行交流和沟通。

4. 就行业共性的有关问题，与政府部门、有关机构、主流媒体进行对话沟通，积极宣传行业发展情况，加强消费者教育工作。

5. 共同探讨如何把市场的蛋糕做大，开展企业之间多种形式的合作。

6. 邀请有关外国公司列席参加会议，加强国际合作。

第三章 会 员

第四条 高峰论坛采取会员制，遵循准入资格审查和企业自愿相结合的原则，控制会员数逐步增加并在一定的数量范围内。凡承认本高峰论坛章程，愿意履行会员义务并符合准入资格的企业，均可提出加入高峰论坛的申请。

第五条 会员准入资格

1. 中国境内注册的生活用纸企业。

2. 具有一定的高档生活用纸产品(修订前为生活用纸)生产规模，有较高的市场知名度和美誉度。

3. 入会申请经高峰论坛会员大会审核，并得到三分之二以上会员通过。

第六条 会员权利和义务

1. 由企业负责人参加会员活动，如负责人不能出席，可以派副总以上高层管理人员参加。

2. 遵守本高峰论坛的章程，承担会员活动经费。

3. 对高峰论坛的活动安排有参与和提出建议的权利和义务。

4. 高峰论坛会员不得利用高峰论坛进行价格协调等垄断、操纵市场的行为和活动。

第七条 退会

1. 入会企业可以申请自愿退会。

2. 连续三次不参加会员大会，需以书面报告形式，向秘书处说明情况，申请保留会籍，并经会员会议重新确认，否则视为自动退出。

3. 违反本章程第六条规定，不履行会员义务的，经三分之二以上会员通过，劝其退出。

4. 企业破产、被并购、出现重大经营或产品质量问题经会员大会同意作为退会处理。

第四章 组织机构

第八条 高峰论坛设会员大会，主席团和秘书处。

1. 会员大会为高峰论坛最高权力机构，会员大会每年举行一次。

2. 主席由各会员企业领导轮流担任，轮值主席人选在上一届会员大会上确定，主席负责高峰论坛的领导和决策。

3. 主席团由轮值主席、候任主席和秘书长组成。

4. 秘书长由中国造纸协会生活用纸专业委员会秘书长担任。秘书长在主席领导下负责高峰论坛的事务工作，贯彻落实会员大会的决议和决定。

5. 秘书处的日常事务工作(会议组织等)委托中国造纸协会生活用纸专业委员会秘书处代办。

第五章 经费来源及用途

第九条 高峰论坛为非营利组织。高峰论坛的会议或活动由会员企业轮流承办。

第十条 参加会议或活动的代表自付差旅费及住宿费，其他发生费用由承办企业负担。

承办企业可以委托秘书处代办会务和预付费用，并在会后按实际支出与秘书处结算和缴纳费用。

第十一条 本章程已于2005年2月25日获高峰论坛成立大会通过。并于2014年11月修订。

卫生用品企业家高峰论坛章程

Regulations of the China Hygiene Products Executives Summit (CHPES)

(2015年订立)

第一章 总 则

第一条 中国卫生用品企业家高峰论坛是由中国境内的卫生用品及相关原辅材料、机械设备骨干企业自发成立的民间组织。

第二条 高峰论坛是卫生用品及相关原辅材料、机械设备骨干企业之间交流联谊的平台，通过高峰论坛，成员企业的高层人士能及时沟通和得到各种行业共性化和针对本企业个性化的信息，并形成产业链上下游互动，推动技术进步和行业发展。

第二章 活动内容

第三条 高峰论坛的活动内容包括：

1. 无主题或设定主题轻松的交流和联谊。

2. 对行业发展和市场开拓方面出现的新情况进行研讨，启发思路和寻找解决方案。

3. 针对企业发展规划、经营管理、市场培育、融资渠道、人力资源、原料采购、节能降耗、质量管理、产品安全、环境友好等共性问题进行交流和沟通。

4. 就行业共性的有关问题，与政府部门、有关机构、主流媒体进行对话沟通，积极宣传行业发展情况，加强消费者教育和引导工作。

5. 共同探讨如何把市场做大做强，开展企业之间多种形式的合作。

6. 邀请有关外国公司列席参加会议，加强国际合作。

第三章 会 员

第四条 高峰论坛采取会员制，遵循准入资格审查和企业自愿相结合的原则，控制会员数逐步增加并在一定的数量范围内。凡承认本高峰论坛章程，愿意履行会员义务并符合准入资格的企业，均可提出加入俱乐部的申请。

第五条 会员准入资格

1. 中国境内注册的卫生用品及相关原辅材料、机械设备骨干企业。

2. 原则上：纯卫生用品企业，年销售额在5亿元以上，卫生用品和生活用纸两种业务兼有的企业，年销售额在7亿元以上生产规模，有较高的市场知名度和美誉度。常委单位中与卫生用品相关的原辅材料、机械设备企业。

3. 入会申请经高峰论坛会员大会审核，并得到三分之二以上会员通过。

第六条 会员权利和义务

1. 由企业负责人参加会员活动，如负责人不能出席，可以派副总以上高层管理人员参加。

2. 遵守本高峰论坛的章程，承担会员活动经费。

3. 对高峰论坛的活动安排有参与和提出建议的权利和义务。

4. 会员不得有利用高峰论坛会议进行价格协调等垄断、操纵市场的行为和活动。

第七条 退会

1. 入会企业可以申请自愿退会。

2. 连续三次不参加会员大会，需以书面报告形式，向秘书处说明情况，申请保留会籍，并经会员会议重新确认，否则视为自动退出。

3. 违反本章程第六条规定，不履行会员义务的，经三分之二以上会员通过，劝其退出。

4. 企业破产、被并购、出现重大经营或产品质量问题经会员大会同意作为退会处理。

第四章 组织机构

第八条 高峰论坛设会员大会，主席团和秘书处。

1. 会员大会为高峰论坛最高权力机构，会员大会每年的下半年举行一次。

2. 主席由各会员企业领导轮流担任，轮值主席人选在上一届会员大会上确定，主席负责高峰论坛的领导和决策。

3. 主席团由轮值主席、候任主席和秘书长组成。

4. 秘书长由中国造纸协会生活用纸专业委员会秘书长担任。秘书长在主席领导下负责高峰论坛的事务工作，贯彻落实会员大会的决议和决定。

5. 秘书处的日常事务工作(会议组织等)委托中国造纸协会生活用纸专业委员会秘书处代办。

第五章 经费来源及用途

第九条 高峰论坛为非营利组织。高峰论坛的会议或活动由会员企业(两家或两家以上)轮流承办，具体会务工作由承办企业和秘书处共同完成。

第十条 参加会议或活动的代表自付住宿费，其他发生费用(会议室租用费、餐费、代表接送站服务费、秘书处人员住宿费)由承办企业负担。

第十一条 本章程经2015年5月24日生活用纸委员会常委扩大会议讨论通过。

生活用纸行业文明竞争公约

Fair competition pledge of the China tissue paper and disposable products industry

(1998年订立)

近年来，我国生活用纸行业发展迅速，市场竞争日趋激烈，市场竞争推动了生活用纸企业乃至整个生活用纸行业的迅速发展，随着中国生活用纸行业的发展壮大，规范竞争行为，共创公平竞争环境，成为每个企业的迫切要求，也是我国生活用纸行业健康发展的需要。

第一章 总 则

第一条 为树立良好的行业风气，建立和维护公平、依法、有序的生活用纸竞争环境，保护经营者和消费者的正当权益，依照国家有关法律、法规特制订此中国生活用纸行业文明竞争公约(以下简称公约)。

第二条 本公约是行业内各企业自律性公约，是企业文明竞争、自我约束的基准。

第三条 现代企业不仅是社会物质的生产者、社会的服务者，同时也应是社会进步的推动者、现代文明的建设者。建立良好的竞争环境，树立文明竞争新风尚是每个生活用纸企业应肩负起的社会职责。

第二章 文明竞争道德规范

第四条 文明竞争道德规范的基本点即诚实、公平、守信用，互相尊重、平等相待、文明经营、以义生利、以德兴业。

第五条 每个企业都要把文明竞争观念作为企业文化的重要组成部分，提高文明竞争意识，正确处理竞争与协作、自主与监督、经济效益与社会效益等关系。

第六条 企业要依靠科学技术进步和科学管理，不断提高生产经营水平，用优质产品、满意的服务质量和良好信誉树立自己的企业形象。

第七条 企业在市场交易中要遵循自愿、平等、诚信的原则，遵守公认的商业道德和市场准则，自觉维护消费者合法权益并尊重其他经营者的正当权益，自觉接受市场和广大消费者的评价和监督。

第八条 企业应加强对职工进行职业责任、职业道德、法律及职业纪律教育，促使职工用道德信念支配自己的行为，树立职业责任感和职业荣誉感，更好地完成本职工作。

第九条 企业要有文明竞争、共同发展的胸襟。

——提倡在平等协商、互惠互利、优势互补的前提下，广泛开展合作、协作、联合，优化本行业产业结构。

——倡导企业间以各种形式向消费者提供联合服务，提高行业为社会及消费者服务的整体水平。

——发扬大事共议，协调发展的风气，树立良好的行业形象。

第三章 文明竞争准则

第十条 企业应严格执行《中华人民共和国产品质量法》、《中华人民共和国消费者权益保护法》、《中华人民共和国广告法》、《中华人民共和国反不正当竞争法》、国家颁布的各类生活用纸的产品标准和卫生标准，让购买生活用纸产品的消费者能够满意、放心和安心。

第十一条 企业销售人员和其他业务人员在任何场合都应避免发生损害其他企业的行为。营销人员为消费者介绍产品，不应借向消费者介绍产品之机，做有损其他企业同类产品的不恰当宣传。

第十二条 宣传自己的企业及产品、服务，不夸大其辞。不得在文章、广告、各种宣传品中有影射、贬低其他企业及其技术、产品和服务。不侵犯其他企业的商业信誉，不损害其他企业知识产权，不损害其他企业的合法权益。切实履行自己的广告承诺与义务。

第十三条 严格执行《中华人民共和国统计法》，按照有关规定，认真负责、客观地向国家主管部门、行业协会提供真实的统计数据，不得虚报或故意错报、漏报各类数据。

——向有关主管部门和行业协会如实上报各项经济指标的统计数据，为国家和行业提供准确的信息。

——不断章取义地利用某些统计资料，做有损于其他企业的宣传。

——企业的统计工作接受统计管理部门、行业协会和社会公众的监督。

第四章 公约实施及违约责任

第十四条 本公约由中国造纸协会生活用纸专业委员会常委会提出，向全国所有生活用纸企业倡议共同遵守。

第十五条 凡生活用纸专业委员会的成员单位都必须承诺、自觉遵守和维护本公约并接受社会各界对遵守公约情况做公正的监督、评议。

第十六条 凡违反第三章文明竞争准则的各项条款，视为违约。

第十七条 企业如果发生违约行为，将承担违约责任。违约企业及当事人(或代表)有责任向受到损害的单位或其代表，在受到损害的范围内，通过一定的形式公开赔礼道歉，对违约行为造成的直接经济损失，依照有关法规给予经济赔偿。

第十八条 企业有责任向全体职工进行遵守和维护本公约的宣传和教育，当发现有违约行为时，要严肃处理。

第十九条 严重违约的企业，应在行业内(会议、会刊)公开检讨。

第二十条 在竞争行为是否违约难以界定时，当事双方(或多方)应本着自觉遵守公约的态度解决矛盾。

第二十一条 在需要第三方对竞争行为是否违约进行界定时，可由中国造纸协会生活用纸专业委员会邀请国家有关部门组成临时机构进行界定。

第二十二条 严重违约，但又不承担违约责任者，中国造纸协会生活用纸专业委员会提请国家反不正当竞争主管部门处理，并向社会舆论曝光和清除出协会。

生活用纸行业加强质量管理倡议书

Written proposal on strengthening quality management in the China tissue paper and disposable products industry

中国造纸协会生活用纸专业委员会各会员单位：

为进一步提高生活用纸行业的产品质量水平，迎接入世挑战，以求共同得到发展，并使消费者利益得到进一步的保障，我们在秘书处的协助下，向全体会员单位发出倡议：

1. 认真学习和贯彻即将在2000年9月1日正式实施的《产品质量法》修正案，进一步完善和加强企业的质量控制体系，确保企业产品质量达到国家标准。

2. 坚决与假冒、伪劣现象作斗争。积极采集假冒品牌、伪劣产品的各种证据，查找制假、造伪的源头，一旦发现假冒伪劣产品，应立即向当地工商行政管理机构举报，为防止地方保护主义的干扰，也可向行业协会反映、举证，由秘书处统一协调，向中央新闻机构和有关工商管理机构反映，以保护我们各企业的合法权益。

3. 积极主动配合，认真接受各级技术监督部门、卫生监督部门的年度抽检和市场查验。如有异议，应当及时申诉，以求公正。在积极维护监督部门的权威性的同时，维护本行业的良好形象。逐步使企业向国际化迈进。

4. 企业要在一个公平、合理的竞争环境中以质量求生存，以品种求发展，从而满足不同消费层次的需求，以合理的价格参与市场竞争。反对低价倾销，正确把握各自的市场定位。

5. 各专业组应经常组织成员单位协商、研讨市场变化及应对措施，共谋行业发展，共商企业进步，为创建行业的精神文明、物质文明而共同努力。

2000年生活用纸企业高峰会议全体代表

二〇〇〇年八月十八日

中国卫生用品行业自律倡议书

The self-discipline proposal of Chinese hygiene products industry

中国卫生用品行业起步较晚，但是经过30多年的发展，已大大缩小了与发达国家和地区的差距，无论是产品、原材料还是设备，都逐渐走向成熟，不但满足国内市场的需求，还走出国门、走向世界。

但毋庸讳言，行业内还存在许多不足之处，浮躁之风仍然存在，有些企业追求短期利益所采取的不当行为，无形中伤害了中国品牌的形象和行业的整体利益。

为了加强行业自律，自觉规范企业行为，树立中国品牌的良好形象，促进卫生用品行业健康有序发展，在2018年10月19日长沙宁乡召开的第四届中国卫生用品高峰论坛会议上，与会企业共同向行业发出以下倡议：

(1) 以质量为本，以实力竞争，不以低于成本或低于正常利润水平的价格进行低价销售，营造公平正当竞争的市场秩序；

(2) 在出口和国际贸易中，遵守国际竞争规则，提升和维护中国卫生用品行业的国际信誉和形象；

(3) 营造行业尊重和保护知识产权的氛围，不断提升行业企业的自主研发和创新能力，提升行业的核心竞争力，推动行业技术进步和向高端发展；

(4) 诚信经营，对消费者不传播虚假和伪科学的误导性信息，加强品牌建设，增强国人对国产卫生用品的信心；

(5) 尊重同行，团结合作，不以任何方式损害竞争对手的利益和信誉；

(6) 践行环保节约，减少能源和物料的消耗，科学发展，做有社会责任的企业，推动行业可持续发展。

第四届中国卫生用品企业家高峰论坛全体代表
2018年10月19日长沙

“双碳目标　卫品企业在行动”宣言

“Dual Carbon Target, Hygiene Products Enterprises in Action” declaration

中国卫生用品行业企业，庄严承诺“我们将积极践行国家双碳战略，为实现双碳目标改善能源结构，减少碳排放，共同促进行业绿色、可持续发展”。

2021 年中国卫生用品行业发展大会全体代表

2021 年 9 月 2 日厦门

1992—2021 年重要活动
Important activities of the CNHPIA（1992—2021）

年份 Year	时间	month	活　动	activities
1992	12 月	December	创建生活用纸专业委员会的筹备会议	Preparatory Meeting for CNHPIA
1993	6 月	June	生活用纸专业委员会成立大会	Establishment Conference for CNHPIA
	6 月	June	出版《生活用纸信息》创刊号(试刊)(内部资料)	Household Paper Information Started Its Publication
1994	5 月	May	'94 生活用纸技术交流会在京举行	'94 China Household Paper Technology Exchange Seminar Held in Beijing
	11 月	November	出版《首届中国生活用纸专业委员会会刊》(内部资料)	Published the [First Annual Directory of Household Paper Industry (China)]
	11 月	November	首届生活用纸年会在广东新会举行	The First China International Household Paper Conference Held in Xinhui
1995	1 月	January	生活用纸专业委员会转为隶属中国造纸协会领导	CNHPIA Changed to Under China Paper Association
	6 月	June	第二届生活用纸年会(一次性卫生用品专题)在京举行	The Second China International Household Paper Conference (Disposable Hygiene Products) Held in Beijing
	11 月	November	第二届生活用纸年会(生活用纸专题)在京举行	The Second China International Household Paper Conference (Tissue Paper) Held in Beijing
1996	3 月	March	生活用纸代表团赴欧洲及香港考察	China Household Paper Delegation Visited Europe and HongKong for Investigation
	5 月	May	出版《'96 中国生活用纸指南》(内部资料)	Published ['96 Directory of Household Paper Industry (China)]
	5 月	May	第三届生活用纸年会在福建厦门举行	The Third China International Household Paper Conference Held in Xiamen, Fujian
	10 月	October	'96 一次性纸餐具研讨展示会在京举行	'96 Disposable Paper Tableware Seminar Held in Beijing
	12 月	December	国产护翼型卫生巾机研讨展示会在京举行	Domestic Wing Sanitary Machine Seminar Held in Beijing
1997	3 月	March	生活用纸代表团赴法国、德国、奥地利参观考察	China Household Paper Delegation Visited France, Germany and Austria
	4 月	April	第四届生活用纸年会在昆明举行	The Fourth China International Household Paper Conference Held in Kunming, Yunnan
	10 月	October	生活用纸专业委员会主任委员扩大会在京举行	The Chairmen of CNHPIA Conference Held in Beijing
	11 月	November	出版《97—98 中国生活用纸指南》	Published [97—98 Directory of Household Paper Industry (China)]
	11 月	November	生活用纸信息交流暨技贸洽谈会在沪召开	Household Paper Industry Technology & Trade Seminar Held in Shanghai
1998	4 月	April	第五届生活用纸年会在浙江杭州举行	The Fifth China International Household Paper Conference Held in Hangzhou, Zhejiang
	4 月	April	生活用纸代表团赴美国考察	China Household Paper Delegation Visited U.S. for Investigation
	8 月	August	生活用纸专业委员常委扩大会议在汕头举行	The Members of CNHPIA Conference Held in Shantou, Guangdong
	8 月	August	《生活用纸信息》更名为《生活用纸》	[Household Paper Information] Changed Name to [Tissue Paper & Disposable Products]

续表

年份 Year	时间	month	活　动	activities
1999	3 月	March	生活用纸代表团赴欧洲考察	China Household Paper Delegation Visited Europe for Investigation
	4 月	April	《中国生活用纸年鉴 1999》出版	The Publishing of [Tissue Paper and Hygiene Products (China) 1999 Annual Directory]
	5 月	May	第六届生活用纸年会在西安举行	The Sixth China International Household Paper Exhibition/Conference (CIHPEC'1999) Held in Xi'an, Shaanxi
	7 月	July	中国生活用纸信息网开通	The Launching of the Net of China Household Paper
	7 月	July	全国生活用纸行业反低价倾销专题会议在沪召开	The Tissue Paper Conference Held in Shanghai
	9 月	September	曹振雷继任生活用纸专业委员会主任委员	Dr.Cao Zhenlei Took the Chair of CNHPIA
	9 月	September	'99 生活用纸秋季信息交流暨展示交易会在沪举行	'99 China Household Paper Trade & Show Seminar Held in Shanghai
2000	2 月	February	江曼霞秘书长参加日本卫生材料工业联合会成立五十周年庆典	The Attendance of Secretary General Jiang Manxia at the Celebration of the 50th Anniversary of Japan Hygiene Products Industry Association
	4 月	April	第七届生活用纸年会在北京召开	The Seventh China International Household Paper Exhibition/Conference (CIHPEC'2000) Held in Beijing
	5 月	May	生活用纸代表团赴欧洲考察	China Household Paper Delegation Visited Europe for Investigation
	6 月	June	2000 年下半年《生活用纸》逢双月并入《造纸文摘》	Merging [Tissue Paper & Disposable Products] into [Paper Abstract] in No.51, No.53, No.55
	8 月	August	生活用纸企业高峰会议在京举行	The Summit Meeting of Household Paper Enterprises Held in Beijing
	10 月	October	《中国生活用纸和包装用纸年鉴 2000》出版	The Publishing of [2000 Directory of Household Paper & Packaging Paper/Paperboard Industry (China)]
2001	1 月	January	《生活用纸》杂志公开发行	Published [Tissue Paper & Disposable Products] in Public
	5 月	May	第八届生活用纸年会在珠海召开	The Eighth China International Household Paper Exhibition/Conference (CIHPEC'2001) Held in Zhuhai, Guangdong
	9 月	September	生活用纸研讨班和高峰会议在北京举办	The Conference and Summit Meeting of Household Paper Enterprises Held in Beijing
2002	4 月	April	《中国生活用纸年鉴 2002》出版	The Publishing of [2002 Directory of Household Paper Industry (China)]
	5 月	May	第九届生活用纸年会在福州举办	The Ninth China International Household Paper Exhibition/Conference (CIHPEC'2002) Held in Fuzhou, Fujian
	5 月	May	"纸尿裤与育儿健康专题研讨会"在北京举办	"Diaper and Baby-Rearing Healthy Seminar" Held in Beijing
	6 月	June	生活用纸代表团赴欧洲考察	China Household Paper Delegation Visited Europe for Investigation
	9 月	September	生活用纸代表团赴美国、加拿大考察	China Household Paper Delegation Visited U.S. and Canada for Investigation
	11 月	November	生活用纸秋季贸易洽谈会在上海举办	China Household Paper Trade Seminar Held in Shanghai

续表

年份 Year	时间	month	活　动	activities
2003	1月	January	《生活用纸》杂志改为半月刊	[Tissue Paper & Disposable Products] Became Semimonthly Magazine
	3月	March	曹振雷主任参加"2003 世界卫生纸会议"	Chairman Cao Zhenlei Attended "Tissue World 2003"
	3月	March	中国生活用纸信息网第一次升级改版	"www.cnhpia.org" Upgraded for the First Time
	4月	April	第十届生活用纸年会在南京召开	The 10th China International Household Paper Exhibition/Conference (CIHPEC'2003) Held in Nanjing, Jiangsu
	7月	July	2003 生活用纸常委扩大会议在上海举办	The Members of CNHPIA Conference Held in Shanghai
	12月	December	生活用纸代表团赴台湾考察	China Household Paper Delegation Visited Taiwan for Investigation
2004	3月	March	《中国生活用纸年鉴 2004》出版	The Publishing of [2004 Directory of Household Paper Industry (China)]
	4月	April	第十一届生活用纸年会在天津召开	The 11th China International Household Paper Exhibition/Conference (CIHPEC'2004) Held in Tianjin
	6月	June	第三届生活用纸专业委员会领导机构增补成员(2004 年)	The Supplementary Members of the Third Session Board of Directors (2004)
	10月	October	生活用纸企业家俱乐部筹备会议在恒安举行	The Preparatory Meeting of China Tissue Paper Executives Club (CTPEC) Held in Hengan Holding Co., Ltd.
	12月	December	首届世界卫生纸中国展览会在上海举办	The First Tissue World China Held in Shanghai
2005	2月	February	中国生活用纸企业家俱乐部成立会议在厦门举行	Establishment Conference of China Tissue Paper Executives Club (CTPEC) Held in Xiamen
	3月	March	第十二届生活用纸年会在南京召开	The 12th China International Tissue/Disposable Hygiene Products Exhibition/Conference (CIHPEC'2005) Held in Nanjing
	4月	April	曹振雷主任等参加在瑞士举办的 INDEX 05	Chairman Cao Zhenlei and His Colleagues Visited INDEX05
	8月	August	第三届生活用纸委员会领导机构增补成员(2005 年)	The Supplementary Members of the Third Session Board of Directors (2005)
	11月	November	第二届生活用纸企业家俱乐部会议在广东新会召开	The Second Meeting of China Tissue Paper Executives Club (CTPEC) Held in Xinhui
2006	1月	January	《中国生活用纸年鉴 2006/2007》出版	The Publishing of [2006/2007 Directory of Tissue Paper & Disposable Products (China)]
	1月	January	《消毒产品标签说明书管理规范》宣贯会在北京召开	Norm of Label Directions for Disinfectant Products Publicize Meeting Held in Beijing
	4月	April	第十三届生活用纸年会在昆明召开	The 13th China International Tissue/Disposable Hygiene Products Exhibition & Conference (CIHPEC'2006) Held in Kunming
	6月	June	第三届生活用纸企业家俱乐部会议在宁夏银川召开	The Third Meeting of China Tissue Paper Executives Club (CTPEC) Held in Yinchuan, Ningxia
	11月	November	2006 年世界卫生纸亚洲展览会在上海举办	Tissue World Asia 2006 Held in Shanghai
	11月	November	第四届生活用纸企业家俱乐部会议在上海召开	The Fourth Meeting of China Tissue Paper Executives Club (CTPEC) Held in Shanghai

续表

年份 Year	时间	month	活　动	activities
2007	2月	February	生活用纸企业家俱乐部增补2家会员单位	Two New Members Joined China Tissue Paper Executives Club (CTPEC)
	3月	March	曹振雷主任参加“2007年世界卫生纸大会”	Chairman Cao Zhenlei Attended “Tissue World 2007”
	3月	March	中国生活用纸信息网第二次改版	“www.cnhpia.org” Upgraded for the Second Time
	4月	April	第五届生活用纸企业家俱乐部会议在海口召开	The Fifth Meeting of China Tissue Paper Executives Club (CTPEC) Held in Haikou
	5月	May	第十四届生活用纸年会在青岛召开	The 14th China International Tissue/Disposable Hygiene Products Exhibition & Conference (CIHPEC' 2007) Held in Qingdao
	12月	December	第六届生活用纸企业家俱乐部会议在南宁召开	The Sixth Meeting of China Tissue Paper Executives Club (CTPEC) Held in Nanning
2008	1月	January	秘书处开通“企信通”手机短信服务	CNHPIA Started SMS (Short Message Service)
	2月	February	《中国生活用纸年鉴2008/2009》出版	The Publishing of [2008/2009 Directory of Tissue Paper & Disposable Products (China)]
	2月	February	江曼霞秘书长参加cinte欧洲推介会	Secretary General Jiang Manxia Attended cinte European Promotion Conference
	4月	April	第十五届生活用纸年会在厦门召开	The 15th China International Tissue/Disposable Hygiene Products Exhibition & Conference (CIHPEC' 2008) Held in Xiamen
	5月	May	生活用纸专业委员会组团参加INDEX08展览会	CNHPIA Organized Groups to Attend INDEX08
	5月	May	第七届生活用纸企业家俱乐部会议在苏州召开	The Seventh Meeting of China Tissue Paper Executives Club (CTPEC) Held in Suzhou
	10月	October	编写《纸尿裤、环境和可持续发展》报告	Publishing the Diapers, Environment and Sustainability Report
	10月	October	“纸尿裤、环境与可持续发展论坛”在上海举行	The Forum of Diapers, Environment and Sustainability Held in Shanghai
	11月	November	2008年世界卫生纸亚洲展览会在上海举办	Tissue World Asia 2008 Held in Shanghai
	11月	November	第八届生活用纸企业家俱乐部会议在东莞召开	The Eighth Meeting of China Tissue Paper Executives Club (CTPEC) Held in Dongguan
2009	4月	April	第十六届生活用纸年会在苏州召开	The 16th China International Tissue/Disposable Hygiene Products Exhibition & Conference (CIHPEC' 2009) Held in Suzhou
	5月	May	第九届生活用纸企业家俱乐部会议在上海召开	The Ninth Meeting of China Tissue Paper Executives Club (CTPEC) Held in Shanghai
	10月	October	组团参加“2009阿拉伯造纸、卫生纸及加工工业国际展览会”	CNHPIA Organized Group to Attend Paper Arabia 2009
	11月	November	第十届生活用纸企业家俱乐部会议在厦门召开	The 10th Meeting of China Tissue Paper Executives Club (CTPEC) Held in Xiamen
2010	2月	February	生活用纸企业家俱乐部增补5家会员单位	Five New Members Joined China Tissue Paper Executives Club (CTPEC)

续表

年份 Year	时间	month	活　动	activities
2010	3 月	March	《中国生活用纸年鉴 2010/2011》出版	The Publishing of [2010/2011 Directory of Tissue Paper & Disposable Products (China)]
	4 月	April	第十七届生活用纸年会在南京召开	The 17th China International Tissue/Disposable Hygiene Products Exhibition & Conference (CIHPEC' 2010) Held in Nanjing
	5 月	May	第十一届生活用纸企业家俱乐部会议在台北召开	The 11th Meeting of China Tissue Paper Executives Club (CTPEC) Held in Taipei
	9 月	September	组团参加"2010 阿拉伯造纸、卫生纸及加工工业国际展览会"	CNHPIA Organized Group to Attend Paper Arabia 2010
	11 月	November	2010 年世界卫生纸亚洲展览会在上海举办	Tissue World Asia 2010 Held in Shanghai
	12 月	December	"中国纸业可持续发展论坛 2010 之生活用纸系列"在苏州举办	China Paper Industry Sustainable Development Forum (Tissue Paper) Held in Suzhou
	12 月	December	第十二届生活用纸企业家俱乐部会议在东莞召开	The 12th Meeting of China Tissue Paper Executives Club (CTPEC) Held in Dongguan
2011	3 月	March	组团参加"2011 年世界卫生纸尼斯展览会"	CNHPIA Organized Group to Attend "Tissue World Nice 2011"
	4 月	April	"2011 年中国纸尿裤发展论坛"在北京举行	China Diapers Development Forum 2011 Held in Beijing
	5 月	May	第十八届生活用纸年会在青岛召开	The 18th China International Tissue/Disposable Hygiene Products Exhibition & Conference (CIHPEC' 2011) Held in Qingdao
	6 月	June	第十三届生活用纸企业家俱乐部会议在绍兴召开	The 13th Meeting of China Tissue Paper Executives Club (CTPEC) Held in Shaoxing
	7 月	July	组团参加"2011 非洲造纸、卫生纸及加工工业国际展览会"	CNHPIA Organized Group to Attend Paper Africa 2011
	9 月	September	组团参加"2011 年阿拉伯造纸、卫生纸及加工工业展览会"	CNHPIA Organized Group to Attend Paper Arabia 2011
	9 月	September	生活用纸企业家俱乐部增补 4 家会员单位	Four New Members Joined China Tissue Paper Executives Club (CTPEC)
	10 月	October	"2011 年中国湿巾发展论坛"在北京举行	China Wet Wipes Development Forum 2011 Held in Beijing
	11 月	November	"首届中日卫生用品企业交流会"在上海举办	First China - Japan Hygiene Products Entrepreneurs Joint Meeting Held in Shanghai
	11 月	November	第十四届生活用纸企业家俱乐部会议在江苏盐城召开	The 14th Meeting of China Tissue Paper Executives Club (CTPEC) Held in Yancheng
	12 月	December	组团参加"第十届印度国际纸浆纸业展览会"	CNHPIA Organized Group to Attend Paperex 2011
2012	3 月	March	组团参加"2012 年世界卫生纸美国展览会"	CNHPIA Organized Group to Attend "Tissue World Americas 2012"
	4 月	April	《中国生活用纸年鉴 2012/2013》出版	The Publishing of [2012/2013 Directory of Tissue Paper & Disposable Products (China)]
	4 月	April	第十五届生活用纸企业家俱乐部会议在晋江召开	The 15th Meeting of China Tissue Paper Executives Club (CTPEC) Held in Jinjiang

续表

年份 Year	时间	month	活 动	activities
2012	4月	April	第十九届生活用纸年会在厦门召开	The 19th China International Disposable Paper Expo (CIDPEX2012) Held in Xiamen
	4月	April	组团参加"2012 亚洲纸业展览会"	CNHPIA Organized Group to Attend "Asia Paper 2012"
	6月	June	生活用纸专业委员会派员出席 2012 GSPCS 会议	CNHPIA Attends 2012 GSPCS Conference
	9月	September	曹振雷主任参加"2012 世界个人护理用品大会"	Chairman Cao Zhenlei Attended Outlook 2012
	10月	October	组团参加"2012 年阿拉伯造纸、卫生纸及加工工业展览会"	CNHPIA Organized Group to Attend Paper Arabia 2012
	11月	November	举办"绿色承诺,绿色发展"——中国纸业可持续发展论坛 2012	Held "Green Commitment, Green Development"——China Paper Industry Sustainable Development Forum 2012
	11月	November	2012 年世界卫生纸亚洲展览会在上海举办	Tissue World Asia 2012 Held in Shanghai
	12月	December	第十六届生活用纸企业家俱乐部会议在潍坊召开	The 16th Meeting of China Tissue Paper Executives Club (CTPEC) Held in Weifang
2013	3月	March	江秘书长等参加"亚洲个人护理用品大会"	Ms. Jiang Manxia Attended Outlook Asia 2013
	5月	May	庆祝中国造纸协会生活用纸专业委员会创建 20 周年暨《生活用纸》杂志创刊 20 周年	The 20th Anniversary of the CNHPIA and [Tissue Paper & Disposable Products]
	5月	May	第十七届生活用纸企业家俱乐部会议在深圳召开	The 17th Meeting of China Tissue Paper Executives Club (CTPEC) Held in Shenzhen
	5月	May	第二十届生活用纸年会在深圳召开	The 20th China International Disposable Paper Expo (CIDPEX2013) Held in Shenzhen
	9月	September	组团参加"2013 年阿拉伯造纸、卫生纸及加工工业国际展览会"	CNHPIA Organized Group to Attend Paper Arabia 2013
	10月	October	组团参加第十一届印度国际造纸及造纸装备展览会	CNHPIA Organized Group to Attend Paperex 2013
	12月	December	第十八届生活用纸企业家俱乐部会议在苏州举行	The 18th Meeting of China Tissue Paper Executives Club (CTPEC) Held in Suzhou
2014	4月	April	《中国生活用纸年鉴 2014/2015》及《中国生活用纸行业企业名录大全 2014/2015》出版	The Publishing of [2014/2015 Directory of Tissue Paper & Disposable Products (China)] and [2014/2015 Directory of Tissue Paper & Disposable Products (China) (Volumed)]
	4月	April	第十九届生活用纸企业家俱乐部会议在济南召开	The 19th Meeting of China Tissue Paper Executives Club (CTPEC) Held in Jinan
	5月	May	第二十一届生活用纸年会在成都召开	The 21st China International Disposable Paper EXPO (CIDPEX2014) Held in Chengdu
	6月	June	生活用纸委员会开通官方微信	CNHPIA Opens Offical Wechat
	9月	September	"纸尿裤专业技能培训班(第一期)"在上海举办	Diapers Professional Skills Training Class (Ⅰ) Held in Shanghai
	9月	September	组团参加"2014 年阿拉伯造纸、卫生纸及加工工业国际展览会"	CNHPIA Organized Group to Attend Paper Arabia 2014
	10月	October	第二届中日卫生用品企业交流会在东京举办	The Second China-Japan Hygiene Products Entrepreneurs Joint Meeting Held in Tokyo
	11月	November	2014 年世界卫生纸亚洲展览会在上海举办	Tissue World Asia 2014 Held in Shanghai
	11月	November	第二十届生活用纸企业家高峰论坛会议在南宁召开	The 20th Meeting of China Tissue Paper Executives Summit (CTPES) Held in Nanning

续表

年份 Year	时间	month	活　动	activities
2014	12 月	December	组团参加“首届印尼纸浆和造纸行业国际展览会”	CNHPIA Organized Group to Attend Paperex Indonesia 2014
2015	1 月	January	《生活用纸》杂志由半月刊变更为月刊	[Tissue Paper & Disposable Products] Changed from Semi-monthly to Monthly Magazine
	3 月	March	生活用纸委员会领导机构调整	CNHPIA Board of Directors Change
	5 月	May	第二十一届生活用纸企业家高峰论坛会议在深圳召开	The 21st Meeting of China Tissue Paper Executives Summit (CTPES) Held in Shenzhen
	5 月	May	2015 年生活用纸委员会常委会议在深圳举行	The 2015 Conference of CNHPIA Standing Committee Members Held in Shenzhen
	5 月	May	第二十二届生活用纸年会在深圳召开	The 22nd China International Disposable Paper EXPO (CIDPEX2015) Held in Shenzhen
	9 月	September	组团参加“2015 年阿拉伯造纸、卫生纸及加工工业国际展览会”	CNHPIA Organized Group to Attend Paper Arabia 2015
	10 月	October	成立卫生用品企业家高峰论坛,召开首届卫生用品企业家高峰论坛会议	Set up the China Hygiene Products Executives Summit (CHPES), Held the First Meeting of China Hygiene Products Executives Summit
	11 月	November	组团参加“第十二届印度国际造纸及造纸装备展览会”	CNHPIA Organized Group to Attend Paperex 2015
2016	3 月	March	生活用纸委员会领导机构调整	CNHPIA Board of Directors Change
	4 月	April	第二十三届生活用纸年会在南京召开	The 23rd China International Disposable Paper EXPO (CIDPEX2016) Held in Nanjing
	6 月	June	《中国生活用纸年鉴 2016/2017》和《中国生活用纸行业企业名录大全 2016/2017》出版	The Publishing of [2016/2017 Directory of Tissue Paper & Disposable Products (China)] and [2016/2017 Directory of Tissue Paper & Disposable Products (China) (Volumed)]
	6 月	June	第二十二届生活用纸企业家高峰论坛会议在银川召开	The 22nd Meeting of China Tissue Paper Executive Club (CTPEC) Held in Yinchuan
	10 月	October	组团参加“俄罗斯国际纸浆造纸、林业、生活用纸及纸包装展览会”(PAP-FOR Russia 2016)	CNHPIA Organized Group to Attend PAP – FOR Russia 2016)
	11 月	November	第三届中日卫生用品企业交流会暨第二届卫生用品企业家高峰论坛在厦门举行	The Third China – Japan Hygiene Products Entrepreneurs Joint Meeting & The Second China Hygiene Products Executives Summit (CHPES) Held in Xiamen
2017	3 月	March	第二十四届生活用纸年会在武汉召开	The 24th China International Disposable Paper EXPO (CIDPEX2017) Held in Wuhan
	4 月	April	曹振雷主任等参加日内瓦 INDEX17 展会及 AHP Global 全球吸收性卫生用品行业协会联盟会议	Dr. Cao Attends INDEX17 in Geneva and AHP Global Meeting
	4 月	April	第 23 届生活用纸企业家高峰论坛在海口召开	The 23rd Meeting of China Tissue Paper Executive Summit (CTPES) Held in Haikou
	10 月	October	第三届中国卫生用品企业家高峰论坛在杭州召开	The Third China Hygiene Products Executives Summit (CHPES) Held in Hangzhou

续表

年份 Year	时间	month	活　动	activities
2017	10月	October	中国卫生用品行业专家库组建工作正式启动	The Establishment of Expert Team of China Disposable Hygiene Products Industry Started
	11月	November	组团参加"第十三届印度国际造纸及造纸装备展览会"	CNHPIA Organized Group to Attend Paperex 2017
	12月	December	中国生活用纸和卫生用品信息网站改版	The New Version of CNHPIA Official Website Launched
2018	3月	March	生活用纸委员会参加 Outlook 亚洲个人护理用品大会	CNHPIA Attended Outlook Asia 2018
	4月	April	中国造纸协会生活用纸专业委员会领导机构换届	CNHPIA Board of Directors Change upon Completion of a Term
	4月	April	第二十五届生活用纸年会在南京召开	The 25th China International Disposable Paper EXPO (CIDPEX2018) Held in Nanjing
	4月	April	"中国卫生用品行业专家库"正式组建成立	"The Expert Team of China Hygiene Products Industry" Officially Established
	5月	May	生活用纸专业委员会成功组织企业家高峰论坛成员单位赴欧洲考察	CNHPIA Successfully Organized the Members of China Tissue Paper Executives Summit (CTPES) to Visit Europe
	6月	June	生活用纸专业委员会出席第二届全球吸收性卫生用品行业协会联盟会议	CNHPIA Attended the Second AHP Global Meeting
	6月	June	生活用纸专业委员会参加第三届"iT's Tissue 意大利技术体验交流会"	CNHPIA Attended the Third iT's Tissue 2018
	10月	October	第四届中国卫生用品企业家高峰论坛在长沙宁乡举办	The Fourth China Hygiene Products Executives Summit (CHPES) Held in Ningxiang Changsha
	10月	October	"中国卫生用品行业自律倡议书"发布	"The Self-discipline Proposal of Chinese Hygiene Products Industry" Released
	10月	October	2018年第四届中日卫生用品企业交流会/参观考察活动于日本成功举办	The Fourth China-Japan Hygiene Products Entrepreneurs Joint Meeting and Visiting Activities Successfully Held in Japan
	10月	October	《中国生活用纸年鉴 2018/2019》和《中国生活用纸行业企业名录大全 2018/2019》出版	The Publishing of [2018/2019 Directory of Tissue Paper & Disposable Products (China)] and [2018/2019 Directory of Tissue Paper & Disposable Products (China) (Volumed)]
2019	4月	April	生活用纸专业委员会领导机构调整	CNHPIA Board of Directors Change
	4月	April	第二十六届生活用纸年会在武汉召开	The 26th China International Disposable Paper EXPO (CIDPEX2019) Held in Wuhan
	4月	April	许连捷、李朝旺、邓颖忠荣获"行业奠基人"奖	Lianjie Xu, Chaowang Li and Yingzhong Deng Got the "Industry Founders" Award
	4月	April	2018年度中国生活用纸和卫生用品行业10强企业诞生	Top 10 Enterprises in Chinese Tissue Paper and Hygiene Products Industry in 2018 Selected
	6月	June	第25届生活用纸企业家高峰论坛在山东寿光召开	The 25th China Tissue Paper Executives Summit (CTPES) Held in Shouguang, Shandong
	8月	August	清理"僵尸会员"、调整会员费	Clean up the "Zombie Member" and Membership Fee Adjustment
	11月	November	第五届中国卫生用品企业家高峰论坛在佛山成功举办	The Fifth China Hygiene Products Executives Summit (CHPES) Held in Foshan
	12月	December	2019年组团参加"第十四届印度国际纸浆造纸工业展览会"	CNHPIA Organized Group to Attend Paperex 2019

2020 年 2 月 生活用纸专业委员会发起爱心募捐——共抗疫情，共献爱心

February 2020 CNHPIA Launched a Charity Fund Raising Campaign to Fight COVID-19 and Offer Help Together

2020 年 1 月暴发的新冠病毒肺炎疫情，牵动着全国人民的心。广大医护人员不顾个人安危，坚守在防控疫情的第一线。医护人员非常辛苦，每天要长时间穿着防护服，又不能随意脱，无法吃饭、喝水、上厕所，为了防止中途上厕所，他们要穿纸尿裤，因此，对成人纸尿裤、经期裤有巨大的需求量。湖北省疫情防控用的成人纸尿裤、经期裤出现紧缺。

2020 年 2 月 11 日，生活用纸专业委员会向所有生活用纸和卫生用品行业人士发起募捐倡议，诚恳呼吁行业的爱心人士发扬“一方有难、八方支援”的守望互助精神，为疫区踊跃捐款，齐心协力抗击疫情。倡议书发出后，行业人士纷纷慷慨解囊，为抗击疫情捐献爱心。

为保证募捐活动的公开透明，捐赠由北京知行公益基金会的专用账户收取善款并开具捐赠凭证。从 2 月 11 日发出倡议到 2 月 13 日，共收到捐赠款 1696882.00 元，包含 22 家企业捐赠和 63 位个人捐赠。

2 月 12 日，生活用纸委员会成立的临时赈灾捐赠工作组，以邀标形式向有产品库存的卫生用品生产企业购买成人纸尿裤、成人拉拉裤、经期裤，在保证产品质量的同时，以低于市场售价的爱心出厂价购入，最大限度做到款尽其用。最终确定：成人纸尿裤产品由芜湖悠派护理用品科技股份有限公司、福建省诺美护理用品有限公司和杭州千芝雅卫生用品有限公司负责供应，经期裤由佛山市啟盛卫生用品有限公司、湖北丝宝股份有限公司和杭州余宏卫生用品有限公司负责供应。6 家企业共计供应：

（1）成人纸尿裤：6696 箱，62.208 万片（含成人纸尿裤 M 中码 2550 箱，L 大码 1686 箱，XL 加大码 1685 箱，成人拉拉裤 775 箱）；

（2）女性生理经期裤：4404 箱，28.992 万片。

6 家企业以最短的时间完成以上物资准备，并按照赈灾工作组总调度时间安排，准时高效地陆续将成人纸尿裤和经期裤产品分批次运达湖北指定接收点。赈灾工作组成员罗健、陈莺在与湖北志愿者联络物资接收和运输等具体落地工作中，不分昼夜地辛苦工作，精准调度每一辆货车、每一批次物资的接收、发放，并按照北京知行公益基金会流程要求妥善办理好各种手续，将急缺物资尽快送到一线医务人员手中。

以上物资购买后，募捐款还有剩余，2 月 27 日，经赈灾工作组讨论协调，决定向佛山市南海必得福无纺布有限公司购买医用防护服，必得福以大爱无私的奉献精神，以低于市场销售价格的爱心出厂价，3 月 3 日从必得福的江苏公司——江苏稳德福无纺布有限公司紧急调运发出 2190 套一次性医用防护服，送达武汉市妇联。

灾难无情，行业有爱！中国造纸协会生活用纸专业委员会以及行业企业家和科技工作者用实际行动践行社会责任，齐心协力驰援湖北、共克时艰，为打赢新冠疫情防控阻击战贡献力量。

2020 年 3 月 “生活用纸和卫生用品云服务”一期上线——CIDPEX 商贸“云”匹配服务：为业内企业“出海”打破疫情阻隔

March 2020 The First Phase of Tissue and Hygiene Products Cloud Service Platform Launched: CIDPEX Cloud Matching Service, Connecting Domestic and Overseas Industry Companies and Breaking The Barrier of COVID-19

新冠疫情给全球各行业企业带来了不利影响，为保持国际供应链畅通，促进生活用纸和卫生用品业内企业贸易和投资往来，生活用纸专业委员会于 2020 年 2 月 5 日启动建设“生活用纸和卫生用品云服务”，为全球生活用纸和卫生用品行业产业链企业搭建线上交互平台。

“生活用纸和卫生用品云服务”一期于 3 月上线，重点推出商贸“云”匹配服务功能。委员会秘书处根据海外买家的具体商贸诉求，已为 100 多家 CIDPEX2020 南京生活用纸年会展商成功与海外买家进行“一对一”线上交流匹配，并将定制化匹配服务持续推广至更多展商。

（1）供需匹配，云端交互。商贸“云”匹配服务以海外买家诉求为基础，与行业数据库中数千家海外买家逐一沟通业务需求，将买家诉求与CIDPEX年会展商业务相匹配。海外买家和国内卖家可通过“生活用纸和卫生用品云服务”平台直接一对一在线实时沟通，云端交互、快速对接。

（2）全球全行业覆盖，特殊时期精准对接。商贸“云”匹配服务覆盖全球生活用纸、卫生用品行业全产业链上下游，涵盖从原材料供应、设备制造到产品生产多个环节的相关企业，在疫情暴发特殊时期，减少因为信息不对称带来的商贸对接非必要环节，精准定位目标客户。

在国内企业逐步全面复工、复产，产能大幅提高，对外输出产品意愿强烈的形势下，高效、精准的商贸“云”匹配服务受到海内外客户的一致好评。

CIDPEX商贸“云”匹配服务是后续全面上线的“生活用纸和卫生用品云服务”中的众多行业服务功能之一。

2020年5月　成功举办湿巾科普直播活动——复学季湿巾挑选有讲究

May 2020　Live Broadcast on Knowledge of Wet Wipes Successfully Held: How to Choose Wet Wipes During Class Resumption Period

2020年5月29日，中国制浆造纸研究院有限公司及中国造纸协会生活用纸专业委员会成功举办了“科普行动：复学季，科学防疫——湿巾您选对了吗?”直播活动。

活动邀请了北京大学人民医院感染科主治医生孙春玲、爱乐恩幼儿园园长武欣、维达国际控股有限公司市场营销总裁汤海棠作为嘉宾参与，1万余名观众观看了本次直播。中国造纸协会生活用纸专业委员会主任曹振雷、中国制浆造纸研究院有限公司总经理孙波女士、中国造纸协会生活用纸专业委员会秘书长张玉兰女士出席了本次活动。

曹振雷主任在直播致辞中表示，2020年，突如其来的新冠肺炎疫情造成全球经济严重衰退，我国经济运行也面临巨大压力。口罩需求和产能的井喷式激增，严重影响了卫生用品行业的正常生产秩序，给卫品行业发展带来重创。面对行业遭遇的诸多困境，委员会逆势而上，为行业提升服务，包括组织企业爱心募捐、向国家有关政府部门反映原料价格暴涨情况、积极建设云服务平台等，与行业共克时艰。此次湿巾科普直播活动是疫情暴发以来委员会举办的首场对外活动，希望通过科普活动让消费者理性、科学地认识和使用湿巾这一防疫产品。同时也希望行业企业在后疫情时代，提升产业链供应链稳定性及竞争力，恪守行业准则，加强企业自律，以坚定的信心迎接正在到来的行业复苏的新阶段。

在活动中，嘉宾们围绕常态化防疫期间，“如何做好个人防护”“防疫期间，湿巾发挥哪些重要作用”“湿巾的安全性”“应如何挑选湿巾”，四大话题展开。

北大人民医院孙春玲医生从医学角度为消费者科普了复学阶段如何有效做好个人清洁，并介绍了不同功能湿巾的性能和使用范围。她建议返校后家长应为孩子们常备口罩、纸巾、湿巾等防护产品，但为了使用的安全性，湿巾在选择和使用上应严格按使用场景及人群的不同，选择相应的普通湿巾、卫生湿巾或消毒湿巾，另外消毒湿巾不应频繁使用。

针对低幼年龄段的学生群体自我防护能力较弱问题，爱乐恩幼儿园武欣园长介绍了教委针对复学阶段制定的防控政策及学校采取的防疫措施。她表示，学校已配备了包括湿巾在内的多种防疫消毒物品，全力保障幼儿入学安全。她建议家长们在选购湿巾时，通过看成分、看品牌、看体验，选择与幼儿娇嫩皮肤相适应的湿巾产品。

维达集团汤海棠总裁作为受邀参加本次湿巾科普活动的品牌方代表，向消费者介绍了湿巾的生产环境及要求、不同湿巾的特点及适用场景、人群，帮助消费者了解不同湿巾产品推出的目的及挑选时的注意事项。

活动中，针对观众们提出的湿巾擦拭物体和手部在方法上的区别、学生户外活动时使用湿巾的频次、湿巾包装上需要重点关注的指标等热点问题，三位嘉宾进行了详细地答疑解惑。

此次湿巾科普直播活动是生活用纸专业委员

会的直播首秀，后续还将推出更多紧扣行业热点话题的科普直播活动、行业在线会议，发挥行业协会桥梁纽带作用，助推行业健康、可持续发展。

2020 年 6 月　“生活用纸和卫生用品云服务”平台正式启动
June 2020　Tissue and Hygiene Products Cloud Service Platform Officially Launched

2020 年 6 月 30 日，中国制浆造纸研究院有限公司及中国造纸协会生活用纸专业委员会举办了“生活用纸和卫生用品云服务”平台启动仪式，平台正式开启，为行业带来了线上线下全渠道融合的服务新模式。中国造纸协会生活用纸专业委员会主任曹振雷、生活用纸专业委员会副主任/中国制浆造纸研究院有限公司董事长曹春昱、中国制浆造纸研究院有限公司总经理孙波、生活用纸专业委员会秘书长张玉兰出席活动并共同按下了平台启动键。

孙波总经理在启动仪式中致辞，她表示，新零售时代，传统渠道萎缩，社交电商等新兴渠道蓬勃发展，单一线下推广模式吸引客户的优势在逐年下降，行业企业对借助专业线上平台突破市场拓客瓶颈的需求日益迫切。“生活用纸和卫生用品云服务”平台的搭建，通过线上线下融合互补的企业推广新模式，借助互联网、行业大数据等技术及资源，将为行业企业创造更多发展新机遇。

“生活用纸和卫生用品云服务”平台的启动在全球行业内引起了巨大的反响，生活用纸委员会 14 位副主任委员及 121 家常委单位纷纷发来祝贺。北美非织造布协会、欧洲非织造布协会、日本卫生材料联合会等海外行业协会也对“云服务”平台的上线表示祝贺，为平台发来了跨洋祝福。

“生活用纸和卫生用品云服务”平台是覆盖全球全行业产业链，集商贸、直播、展示、实时交流、外商匹配、供需发布、云课堂于一体的线上智慧平台，设有国内站和海外站，将为行业提供有价值、关键、不可替代的服务。

在新零售、数字化经济时代，“云服务”平台将充分发挥打通渠道链路，实现国内、国外市场联动；主题活动内容赋能，提升品牌影响力；线上智能化互动、配对；线上线下双向引流，增加客户流量，增强客户黏性；提供多种线上热门营销手段等 5 大核心价值，力争成为生活用纸和卫生用品行业关键价值创造的服务者。

“生活用纸和卫生用品云服务”平台成功上线标志着中国造纸院及生活用纸委员会在线上服务方面的拓展进程又向前迈了一大步，行业服务逐步向多元化、精准化和深层次方向迈进。通过将互联网、大数据、云计算等新技术与原有全球产业链数据资源有效结合，助力行业企业线上线下精准营销，促进行业服务升级。

2020 年 7 月　《中国生活用纸年鉴 2020/2021》出版
July 2020　The Publishing of *2020/2021 Directory of Tissue Paper & Disposable Products* (*China*)

由中国制浆造纸研究院有限公司和中国造纸协会生活用纸专业委员会联合编写的《中国生活用纸年鉴》，作为委员会服务于行业企业的重要工作，从 1994 年开始编辑出版，已经出版发行了十四卷。

年鉴是目前国内全面反映生活用纸、卫生用品及相关行业情况的资料性权威工具书，所收录的资料详实可靠，全面、准确地反映我国生活用纸、卫生用品行业的发展和变化。年鉴在引导资金投向，推动行业技术进步和促进企业间经贸合作中起着积极的作用。同时年鉴也为企业展示形象、扩大宣传提供了重要平台。《中国生活用纸年鉴 2020/2021》为第十五卷，于 2020 年 7 月出版发行，由中国石化出版社出版，大 16 开本，共 120 多万字。

2020 年 9 月　第二十七届生活用纸年会在南京召开

September 2020　The 27th China International Disposable Paper EXPO（CIDPEX2020）Held in Nanjing

由中轻集团所属中国制浆造纸研究院有限公司(以下简称：中国纸院)主办，中国纸院和中国造纸协会生活用纸专业委员会(以下简称：生活用纸委员会)联合承办，恒安集团有限公司、泰盛科技(集团)股份有限公司、美国棉花公司、佛山市新飞卫生材料有限公司、江西欧克科技有限公司、国际纸业协办的第 27 届生活用纸国际科技展览会(CIDPEX2020 生活用纸年会暨国际妇婴童、成人卫生护理用品展会)于 2020 年 9 月 22—26 日(22—23 日国际论坛，24—26 日展览)在南京国际博览中心成功举办。

本届展会展出面积为 8 万 m^2，共有 868 家业内企业参展，近 3 万名专业观众再聚金陵，共赴这一年一度的行业之约。

9 月 23 日下午，CIDPEX2020 举办了“爱心汇聚力量·合作共赢发展”——第 27 届生活用纸年会开幕式。开幕式由生活用纸委员会张玉兰秘书长主持，主办单位中国纸院总经理孙波、生活用纸委员会副主任委员单位恒安集团运营副总裁许清池分别在开幕式上致辞。开幕式上，生活用纸委员会对在 2020 年上半年新冠肺炎疫情期间，积极参与抗疫、捐献爱心的企业和爱心人士进行了表彰，并向生活用纸年会的协办单位和赞助单位颁发牌匾、表示感谢。

9 月 24 日上午，在生活用纸委员会主任曹振雷、中国纸院董事长曹春昱和总经理孙波、生活用纸委员会秘书长张玉兰和副秘书长曹宝萍的陪同下，中轻集团领导郭建全总经理等中轻集团领导、中国造纸协会理事长赵伟和恒安、维达、中顺洁柔等委员会副主任委员单位领导参观了本届展会，并与部分参展企业进行了面对面交流。

1. 专注行业发展，聚焦行业动向

（1）打造全球业内知名专业型展会。27 年来，CIDPEX 展会借助国内生活用纸和卫生用品行业的发展势头，发挥自身在专业性方面的优势，为国内外企业搭建起了解中国市场、交流最新市场行情、洽谈国内外贸易的重要桥梁。

通过 CIDPEX2020，业内人士对生活用纸和卫生用品整个产业链的最新发展情况有了充分的了解，提供一站式观展体验。

（2）聚焦行业新动态、新产品、新技术。为期 3 天的展会共有千余个品牌的产品展出，数百台设备现场开机演示。作为行业年度风向标，众多企业将 CIDPEX 展会作为发布和展示最新成果的舞台，现场众多新产品、新技术、新设备展出，为前来订购新品的业内人士提供了多样化的选择。

2. FOCUS 国际论坛专业性、实用性广受好评

生活用纸年会的一大重头戏——FOCUS 生活用纸和卫生用品国际论坛于 9 月 22—23 日在南京国际博览会议中心举办，吸引了近 700 名业内专业人士参会。

本届国际论坛坚持一贯的专业性和实用性，议题征集历经半年多，以听众诉求为出发点，议题及内容更贴近企业实际需求。论坛设置了“生活用纸”“卫生用品”和“市场营销”3 大专题会场，分别围绕“营销创新、环境友好，赋能行业发展”“新材料、新技术；可冲散、可降解”“市场解析、智能化应用、节能降耗”等行业关注度较高的主题展开，为业内企业在实际生产、经营中遇到的困惑、困难答疑解惑，同时针对后疫情时代企业发展提供建设性方案和发展建议，为企业的未来规划指明方向。

除 37 场高水平主题演讲外，本届国际论坛还特设“营销创新增长”互动论坛，参会专家围绕后疫情时代的营销和管理创新展开探讨，为后疫情时代行业营销和管理提出更多建设性意见。

受到疫情影响，部分嘉宾和听众无法来到现场。生活用纸委员会将现场录制的演讲视频上传到“生活用纸和卫生用品云服务”平台，供听众线上学习，打破空间、时间的限制。

3. 科学防疫，创新服务，打通全球线上贸易链

面对 2020 年突如其来的新冠肺炎疫情，如何在展会期间科学防疫，保证展商和观众们的安全，并打破疫情带来的贸易阻隔，为海内外行业企业搭建通畅的交流桥梁，成为本届展会工作的重点。

（1）科学防疫，为每位参会者的健康保驾护航。生活用纸委员会严格遵守国家政府的防疫规定，制定了科学、详实的防疫策略，为每位参会者的健康护航。

（2）发挥“生活用纸和卫生用品云服务”平台线上优势，提供便捷服务。通过智能展位搜索、展位定位、云展台、云资料等数字化功能，为参会者带来更加便捷的“互联网+”展会新体验。

（3）打破疫情阻隔，组建全球线上贸易链。本届年会在“生活用纸和卫生用品云服务”平台PC端海外站推出商贸“云”匹配和Cloud CIDPEX线上云展会，为受疫情阻隔无法如期参会的海外客户搭建线上交流、接洽桥梁，组建全球线上贸易链，吸引了众多海外专业人士线上洽谈。

（4）提供人性化现场服务，让参会轻松无忧。馆内问讯处和指示系统随时为展商和观众答疑解惑；多家餐饮服务商提供中式、西式服务，不出展馆也能体验到“舌尖上的美食”；免费酒店接驳巴士及展区接驳电瓶车解决出行的后顾之忧，轻松惬意逛展会。

这些细致创新的服务，让CIDPEX2020的展商和观众能够在这一特殊时期收获更多客户、了解更多最新行情，受到了展商及业内人士的肯定。

2020年6月—12月　“生活用纸和卫生用品云服务”平台启动后的系列活动
June to December 2020　Series Activities Held on Tissue and Hygiene Products Cloud Service Platform

1.《2019生活用纸和卫生用品行业年度报告》全球线上发布会

Online Release of *Annual Report on Chinese Tissue Paper & Disposable Products Industry in 2019*

为了打破疫情阻隔，为全球产业链提供有价值的行业信息和市场数据，6月30日下午15：00—17：45，生活用纸专业委员会通过“云服务”平台国内移动端和海外PC端，向全球正式发布《2019生活用纸和卫生用品行业年度报告》。

《年度报告》是在汇总分析企业统计报表和大量科学调研的基础上，对行业一年来总体运行概况的系统总结，全面分析行业存在的问题，展望行业未来的发展趋势。经过20多年的不懈努力，《年度报告》已在业内享有广泛的影响，是海内外从业人员的重要参考资料，也为政府部门的宏观决策和企业的规划发展提供依据。

生活用纸专业委员会副主任/中国制浆造纸研究院有限公司董事长曹春昱在本次活动中致辞，他表示，在今年疫情全球蔓延的情况下，国内外市场环境发生重大变化。面对复杂严峻的形势，生活用纸专业委员会克服困难，按时完成了《2019生活用纸和卫生用品行业年度报告》的出版工作，并化危为机，勇于探索数字化行业服务新模式，创建了覆盖全球生活用纸和卫生用品产业链的“云服务”平台，切实引领行业的创新发展。

在中文直播活动中，生活用纸专业委员会秘书长张玉兰女士、副秘书长曹宝萍女士分别介绍了“2019年生活用纸行业的概况和展望”和“2019年一次性卫生用品行业的概况和展望”两篇报告的主要内容，内容涵盖行业概况、市场运行特点、主要生产企业、产品和原料结构、进出口情况以及市场展望。《生活用纸》杂志执行主编周杨女士和孙静女士用英文向国外观众进行了年度报告的发布。通过权威、详实的数据解读和专业分析，让更多的海内外从业人员对中国生活用纸和卫生用品运行状况有了进一步的深入了解，是生活用纸专业委员会加强行业国内外信息交流，促进行业健康发展提供信息依据的又一新举措。

2. 6·30“纸”“卫”新品订货节

6·30 Tissue and Hygiene New Products Ordering Festival

6·30“纸”“卫”新品订货节(时间：6月30日—7月2日)是“云服务”平台上线后的首场重磅活动，共吸引了2000余个生活用纸和卫生用品品牌在订货节中进行新品发布，并推出众多年中订货优惠活动。满足广大行业企业对于新产品的推广需求，为企业明星产品、订货优惠政策吸引更多客流。

“云服务”平台在新品订货节期间举办中国优秀民族品牌企业新品推广活动，分为生活用纸、婴童卫生用品、擦拭巾(干巾、湿巾)、成人护理用品、女性卫生用品和供应商6大专场，包括23场新品推介直播及6场年度新品秀，100余家行业大咖级企业在线为新品带货，邀请15万行业客户在线选品。同时，订货节也吸引了近万家经销商、电商参与。各大品牌使出浑身解数，纷纷推出差异化的特色新品和让人无法拒绝的优惠活动吸引人气，促进产品火热销售。

在2020年新冠肺炎疫情期间，“纸”“卫”新品订货节的适时举办，有如“久旱逢甘雨”，借助互联网直播技术推流，将招商引入到“云”端，有效应对行业企业订货困难、出差不便等不利因素，切实解决了生产商线下订货难的痛点。这也是生活用纸委员会行业服务优化提升的一项重大举措。

本次订货节还吸引了知名电商天猫的参与，天猫纸品和天猫个护分别发布了纸品、女性护理用品及成人失禁用品的消费趋势和平台选品方向。相信“云服务”平台能为天猫引流更多独特产品，实现天猫、“云服务”平台、行业企业的多方共赢。

为期3天的6·30“纸”“卫”新品订货节圆满收官，全国优秀品牌特色新品通过“云服务”平台集体亮相展示，经销商、母婴店和电商代表纷纷进行线上接洽、选品新融合，行业内生产企业表示收获颇丰。疫情虽然阻隔了生活用纸和卫生用品人线下相会，却在“云服务”平台上欢聚一堂。

新品订货节直播活动数据分析：

（1）观看人群分析

全国共有33个省市的客户观看了本次新品订货节直播活动，其中东部沿海发达省份是直播观看人群集中区域。

除中国外，澳大利亚、日本、美国、意大利、新加坡、芬兰、菲律宾等海外国家客户也参与了本次直播活动。

（2）直播分析

本次直播观看总人次达到23004，观看总人数9542，点赞总数12444次。

（3）互动分析

直播评论内容分析：代理政策和产品亮点是直播观众最希望咨询的问题，观众们对产品的细节也十分关注，如包装、尺寸、厚度、柔软性等都是观众提及最多的话题。

经销商互动分析：129人次经销商申请代理；131人次经销商申请产品样品。

参与直播的企业可在“云服务”平台PC端企业中心查看详细意向经销商数据，与客户及时精准对接。

3. 杭州希安达抗菌技术研究所有限公司技术讲座

Online Technical Lecture by Hangzhou Xianda Antibacterial Technology Research Institute Co., Ltd.

7月15日下午在“生活用纸和卫生用品云服务”平台直播，委员会重磅邀请了具有30年卫生用品开发经验的张富山博士，为行业内企业和用户进行精彩的“一次性使用卫生用品抗菌抗病毒技术应用”技术讲座。张富山博士分享了其最新研究成果，从抗菌抗病毒的定义及相关法规开始解读，并分别讲解了抗菌抗病毒技术在生活用纸、吸收性卫生用品、擦拭巾中的应用。

直播观看总人次达719人次，观看总人数为412人，平均观看时长超过26分钟。全国共有22个省市的客户观看直播，地域分布TOP5分别是广东、上海、北京、浙江和江苏。同时，受到了宝洁、尤妮佳、恒安、维达、中顺、景兴、丝宝、珍爱、上海丰格、珍琦、芜湖悠派、稳健医疗、太阳纸业、上海紫华等众多生活用纸和卫生用品企业的关注。直播现场企业提问踊跃，频频与主讲人互动，张富山博士针对大家关心的抗菌抗病毒技术问题做了专业解答，观众纷纷表示收获颇丰。

4. 第一期线上访谈

First Episode of Online Interviews

“生活用纸和卫生用品云服务”平台重磅开启线上访谈，邀请行业大咖，做客“云服务”平台直播间，倾情分享他们的新思维、新理念，以及企业的创新发展之道。

2020年，一场突如其来的疫情打乱了生活用纸行业的正常生产经营秩序。“侠之大者，为国为民”，面对危机，国内生活用纸设备制造领域的领军企业——宝索企业集团勇于担当，凭借其30多年的技术积淀，迅速转产口罩机和口罩产品，为抗击疫情做出突出贡献。

2020年8月7日，“生活用纸和卫生用品云服务”平台推出了第一期访谈，《生活用纸》杂志执行主编周杨以视频连线的方式专访了宝索企业集团“少帅”——助理总裁彭伟东先生，请他介绍了宝索企业集团的抗疫之路，及最新发展情况。

5. 海博锐材料科技（无锡）有限公司技术讲座

Online Technical Lecture by Hyperion Materials & Technologies（Wuxi）Co., Ltd.

8月28日和10月22日在云服务平台直播，海博锐大中华区资深销售工程师王思送先生分别以“硬质合金旋转切刀创新技术应用”和“卫品和非卫品行业旋转切割难题的解决方案和案例分享”为题进行了两场技术讲座。在直播中详尽讲解了硬质合金旋转切刀在卫生用品行业实际应用方面的经验，结合海博锐收到的用户反馈与自主创新，向直播间观众分享了创新设计IQUT智能切割单元、套筒式多用途切割单元、婴儿O切和成人O切单元的技术工艺，这些创新技术可以有效解决目前行业中的一些瓶颈，并介绍了硬质合金的回收等。并通过案例分析，让用户了解优化产品设计；从切刀切割的角度了解优化生产线的加工工艺；从生产应用的角度了解切刀的使用和维护，从而提升生产线的切割效率以及提高切刀的使用寿命。

该直播观两次观看总人数超过400人，受到了恒安、维达、中顺洁柔、丝宝、可靠、广东川田、全棉时代、瑞光、护理佳、美洁等众多生活用纸和卫生用品企业的关注。直播间中的观众就硬质合金旋转切刀的工艺和应用与王思送工程师积极互动，现场学习气氛浓烈。

6. 新零售“云培训”

“Cloud Training” Course on New Retail

“云服务”平台重磅邀请上海迈迪企业管理咨询有限公司新零售战略专家、华中事业部秦亚峰总经理带来首场“云培训”系列课程——赢在新零售的关键战场。系列课程共分为3讲，为业内观众解答3大困扰：①不知道新零售的发展目标是什么？②不确定新零售的关键战场在哪里？③不懂得新零售的营销路径怎么做？目的是帮助企业基于自身业务来真正理解新零售，做好新零售，找到关键战场，驱动业务的突破发展。

7月31日第一讲，“赢在新零售的关键战场——定义新零售的战略价值”，从大家对新零售的困惑开始分析，讲解新零售的战略价值，并与观众详细讨论了新零售中遇到的实际困难、如何解决，以及新零售的目标等。

8月19日第二讲，“赢在新零售的关键战场——界定新零售的关键战场”，从市场、用户、营销、破局等角度对新零售的关键战场进行了解读，分享了如何排除和锁定关键市场，并就关键市场对品牌的作用，以及关键市场对渠道、用户、城市的分类和定义与观众进行了探讨。

9月11日第三讲，“赢在新零售的关键战场——规划新零售的营销路径”，讲解了如何为关键战场定制营销策略，以及规划营销策略时的渠道切入策略、产品竞争策略和用户沟通策略，并通过具体案例进行阐释。

新零售“云培训”系列课程观看总人次达1230人次，观看总人数达到640人，受到了花王、恒安、维达、金红叶、丝宝、可靠、杭州淑洁、啟盛、倍舒特、上海丰格、护理佳、上海紫华、灯塔等众多生活用纸和卫生用品企业的关注。

7. 9·9公益日关注：湿巾与环境

9·9 Public Welfare Day Online Live Activity：Wipes and Environment

9月9日，生活用纸和卫生用品云服务平台播出了赛得利主办的“9·9公益日关注：湿巾与环境”在线直播活动。赛得利特邀到第三方公益组织商业生态工作室、仁渡海洋公益发展中心、湿巾品牌babycare和原材料企业赛得利，交流并探讨湿巾对环境的影响，以及从原料、成品到消费端如何协同解决当前环境问题等话题，共同倡导全民参与“绿色消费，守护自然”的公益理念。通过这次访谈直播，让更多人了解到湿巾背后的故事及湿巾与环境的故事。

8. 成功举办成人纸尿裤科普直播活动

Live Broadcast on Knowledge of Adult Diapers Successfully Held

2020年11月26日，成功举办“自由出行，品质生活——您所不知道的成人纸尿裤”科普直播活动。

活动邀请了武汉科技大学附属汉阳医院副主任护师肖玲玲、北京大学人民医院泌尿外科副主任医师张晓鹏、北京牛街民族敬老院护工周玉艳以及维达国际控股有限公司成人护理品类总监赵轶朋作为嘉宾参与，近1万名观众在线观看，人民网、新华网、腾讯网等30余家知名媒体参与报道。中国造纸协会生活用纸专业委员会主任曹振雷博士、中国制浆造纸研究院有限公司总经理孙波、中国造纸协会生活用纸专业委员会秘书长张玉兰出席活动。

曹振雷主任在直播致辞中指出，受制于传统观念和消费习惯，目前国内很多消费者并不知道成人纸尿裤这一便捷、舒适的安心护理产品，但随着我国人口老龄化的加剧以及经济收入水平的提高，成人纸尿裤市场将迎来进一步的发展。举办此次科普活动是为了让成人纸尿裤等失禁用品走进更多消费者的视野，帮助失禁群体有效提高生活品质，成为消费者心中的“安心裤”，真正造福广大消费者。

活动中，嘉宾们围绕“成人纸尿裤的使用场景”，“成人纸尿裤如何呵护轻微失禁人群”，“如何选择成人纸尿裤”，以及“自由出行、品质生活”，四大话题展开交流。

北大人民医院张晓鹏医生从医学角度为消费者科普了失禁的定义及发生人群，并倡导消费者正视失禁问题。尿失禁现象可发生在任何年龄段的人群中，如果遇到失禁问题应主动寻求医生帮助，并配合使用适合的成人失禁用品，可有效提升生活品质。

武汉科技大学附属汉阳医院肖玲玲护师在2020年年初疫情暴发期间，奋战在抗疫一线，她分享了她作为医护人员使用纸尿裤的感受，她表示，尽管他们穿着时间长达几个小时，但皮肤感觉很干爽，没有异味，也没有造成任何泌尿系统感染或者皮肤过敏等不良反应。在特殊时期，成人纸尿裤发挥了不可替代的作用。

北京牛街民族敬老院护工周玉艳女士拥有11年老人护理经验，她分享了自己多年来的老人护理经验。她认为，成人纸尿裤的使用极大地提高了老人们的生活质量，在让老人们重新回归社交活动、保障老人的睡眠质量，以及减轻老人的体味及居室异味方面发挥了重要作用。让老人生活更有尊严，同时还减轻了护理人员的工作强度。

作为成人失禁用品品牌方代表，维达国际赵铁朋总监向消费者介绍了不同失禁产品的区别，以及在适用场景及人群上的差异。

此次科普直播是生活用纸专业委员会在2020年度中举办的第二场面向全社会消费者的科普活动。利用互联网新技术，将科学、客观、专业的信息传递给社会大众的同时，也提高了行业品牌企业的影响力，实现消费者与品牌企业的双赢。

9. 2020年生活用纸和卫生用品行业年度盘点全球线上发布会

Online Release of Review 2020: Tissue Paper and Hygiene Products Industry

2020年12月31日，在辞旧迎新之际，中国制浆造纸研究院有限公司(CNPPRI)与中国造纸协会生活用纸专业委员会(CNHPIA)联合日本卫生材料工业联合会(JHPIA)、欧洲非织造布协会(EDANA)及北美非织造布协会(INDA)在“生活用纸和卫生用品云服务”平台，成功举办了“2020年生活用纸和卫生用品行业年度盘点全球线上发布会”直播活动，活动由海纳智能装备国际控股有限公司、河北入微能源科技有限公司赞助。年度盘点直播活动分为中文及英文两场，详细盘点了2020年中国、日本、欧洲及北美行业重要事件及走势，生活用纸委员会主任曹振雷、中国造纸院总经理孙波在活动中分别致新年辞和开场辞，活动共吸引近8,000人次国内观众、600人次海外观众在线收看。

孙波总经理在致辞中表示，2020年是不平凡的一年，在突如其来的疫情面前，纸品及卫品行业直面挑战，积极应对，思变求新，在逆境中尽显强劲韧性。中国造纸院及生活用纸委员会希望通过盘点过去一年行业重要事件的形式，帮助行业企业梳理本年度行业发展脉络，为企业适应经济双循环格局提供思路。

生活用纸专业委员会秘书长张玉兰女士、副秘书长曹宝萍女士及《生活用纸》杂志执行主编周杨女士和孙静女士分别用中英文向海内外观众对2020年中国生活用纸和卫生用品行业要闻进行了盘点。JHPIA、EDANA及INDA，分别介绍了日本、欧洲及北美的卫生用品行业情况。

活动最后，生活用纸委员会主任曹振雷为中国及海外行业同仁们送上了新年的问候，他祝愿行业企业在新的一年里携手并进，共赢未来，保持良性成长。

海外行业协会代表、本次盘点活动赞助企业及生活用纸委员会秘书处全体成员也为行业祝福，祝行业企业在新的一年乘风破浪，再创辉煌。

2021 年 1 月 《生活用纸》杂志增加电子期刊发行业务
January 2021 *Tissue Paper & Disposable Products* Magazine Increases E-Journal Publication

随着数字化媒体技术的快速发展，为满足读者个性化的订阅需求，提高杂志阅读的时效性和检索的便捷性，《生活用纸》杂志自 2021 年 1 月起，在原有纸版期刊的基础上，增加电子期刊发行业务。以进一步拓宽本刊的发行渠道，提升在行业的传播力和影响力，同时，也期待与各行业企业和读者加强交流互动。

2021 年 1 月 生活用纸委员会应邀出席第四届全球吸收性卫生用品行业协会联盟会议
January 2021 CNHPIA Attended the Fourth AHP Global Meeting

2021 年 1 月 26 日，第四届 AHP Global 全球吸收性卫生用品行业协会联盟会议以线上视频会议的形式成功举办。此次联盟会议是继在日内瓦、东京和弗吉尼亚召开后的第四次会议，共有来自欧洲、亚洲、北美等国家和地区的 4 家行业协会出席，包括欧洲非织造布协会（EDANA）、日本卫生材料工业联合会（JHPIA）、北美婴儿和成人卫生用品中心（BAHP）、中国造纸协会生活用纸专业委员会（CNHPIA）。生活用纸专业委员会受邀参加本次联盟会议，委员会主任曹振雷博士委派曹宝萍副秘书长参会，并在会上做主题发言和交流。

AHP Global 全球吸收性卫生用品行业协会联盟由欧洲非织造布协会（EDANA）于 2017 年倡议发起，联合欧洲、北美、亚洲国家和地区相关行业协会共同创建成立，旨在加强各国家和地区协会间信息交流，增加协会间合作机会，更为有效地协调和解决行业中共性问题，促进全球吸收性卫生用品行业健康、可持续发展。

会议期间，与会的协会代表分别就各自协会 2020 年组织开展的包括积极抗疫、引导行业健康发展方面的各种活动及 2021 年活动计划，女性卫生用品、婴儿/成人纸尿裤、湿巾产品市场变化特征，面临的挑战及发展趋势等方面内容进行分享，并针对卫生用品中痕量化学物质、微塑料限制提案（欧洲化学品管理局）、产品成分披露、消费者教育，以及限塑令政策影响下如何定义塑料、外包装标识要求、湿巾品类细分、产品用后处置等方面的话题展开交流讨论。其中，曹宝萍副秘书长介绍了生活用纸委员会在消费者教育、产业供应链价值重塑、行业法规、创建“云服务”交流平台、加强知识产权管理、举办生活用纸年会等方面所做的工作和努力，以及 2021 年“云服务”海外站计划举办的系列活动，包括行业新闻周报（Weekly Newscast）、云展会（Cloud CIDPEX）、630 订货节（CLOUD EXPO of TISSUE, AHPs, WIPEs and NONWOVENS）、年度盘点（Review 2021）等，“云服务”主题活动的举办，将为打破疫情阻隔、帮助海内外业内同仁重建联系和商贸交流发挥重要的作用。

会议最后，各协会代表对本次联盟会议的重要意义表示一致认同，均表示今后将继续深化协会间的沟通交流、加强国家和地区间的信息共享，通过各国协会间的密切合作，共促全球卫品行业健康发展。同时，会议还讨论了下一届联盟会议举办的方式和召开的频次。

2021 年 4 月 第 26 届生活用纸企业家高峰论坛在河南漯河召开
April 2021 The 26th China Tissue Paper Executives Summit（CTPES）Held in Luohe, Henan

2021 年 4 月 26 日上午，由中国造纸协会生活用纸专业委员会主办，轮值主席单位漯河银鸽生活纸产有限公司协办的第 26 届中国生活用纸企业家高峰论坛在漯河成功召开。生活用纸委员会主任曹振雷，生活用纸委员会秘书长张玉兰、副秘书长曹宝萍，河南省造纸工业协会理事长耿海燕、秘书长夏耀玲、副秘书长尹云鹏，河南省造纸学会生活用纸分会会长李尚武，河南银鸽实业投资股份有限公司常务副总经理王友贵、漯河银鸽生活纸产有限公司总经理王奇峰、漯河银鸽至臻卫生用品有限公司总经理杨登华，以及来自恒安、维达、金红叶、中顺、东顺、东冠、泰盛、永丰余、丽邦、太阳、晨鸣、护理佳、唯尔福等23家高峰论坛成员企业及特邀单位的代表40多人参加了会议。

会议由生活用纸委员会主任曹振雷主持，曹宝萍副秘书长介绍参会嘉宾，首先由漯河银鸽生活纸产有限公司王奇峰总经理致欢迎辞，并由下届轮值主席单位河南护理佳纸业有限公司夏国印执行总裁致邀请辞。

张玉兰秘书长代表生活用纸委员会秘书处做了"2020年中国生活用纸行业运行概况"报告。生活用纸委员会秘书处葛继明介绍了委员会行业服务能力提升工作。

与会代表围绕本次论坛"推动行业由量的积累向质的提升"的主题交流和讨论，并分别介绍了各自企业的最新发展情况、规划项目，以及各企业积极调整产品结构，拓展线上销售渠道，加强企业间合作，开发差异化产品，降低生产运营成本等方面的成功经验。

大家普遍认为，当前行业产能过剩，产品面临严重的同质化，竞争越来越激烈，价格竞争会使行业发展越来越困难、企业运营压力越来越大，所以今后应在以下几个方面努力提升，共同维护行业的发展秩序。包括：

（1）通过引进先进技术的TAD、类TAD纸机等开发高端和差异化产品，引领和推动行业新一轮产品升级和产品细分；

（2）练好内功，节能降耗，深挖潜力，提升企业在生产、销售各方面的管理能力；

（3）加强消费者调研和引导，精耕细作市场，加强传统渠道市场细分及新零售等新渠道的开发，创新营销模式，不断适应新的市场形势和消费需求；

（4）积极拓展市场领域，开发更多可替代非织造布的纸产品，并积极开拓海外市场，让更多特色产品走出国门；

（5）缩短供应链与消费者之间在物流、服务、成本等各方面的距离，打造产品的极致性价比，让产品更快捷、实惠地抵达消费者手中。

最后，曹振雷主任在总结讲话中向银鸽公司对本次会议的大力支持表示衷心感谢，并对未来行业的发展提出指导意见。曹振雷主任指出：

第一，各企业要做好市场定位，确定自身产品的目标消费人群，做到有的放矢。

第二，要注重新产品的新变化，关注在继本色纸、乳霜纸之后，高端市场对蓬松度高、吸水性好的结构型生活用纸的需求趋势，以及未来还将有哪些差异化产品的消费需求，企业应加强市场调研，积极开展新品研发工作。

第三，降低纸浆采购成本，特别是中小型企业应注重建立长期的纸浆采购合同，加强契约精神，避免现货纸浆高价时对企业运营的不利影响。

第四，加强企业间合作，在当前产能过剩时期，各企业应加强上下游合作，实现优势互补，互利共赢。

第五，密切关注国家"两碳"目标规划，目标的落地实施将对生活用纸行业具有非常重大的意义，各企业应做好准备，迎接这一新的发展机遇。

26日下午，曹振雷主任等领导及参会企业代表在漯河银鸽生活纸产有限公司王奇峰总经理等的陪同下参观了漯河银鸽生活纸产有限公司原纸生产及加工车间。

参会人员名单

单位名称	参会人员	职务
中国造纸协会生活用纸专业委员会	曹振雷	主任
河南省造纸工业协会	耿海燕	理事长
	夏耀玲	秘书长
	尹云鹏	副秘书长
河南省造纸学会生活用纸分会	李尚武	会长
福建恒安集团有限公司	张群富	总裁助理、纸业生产总监
维达国际控股有限公司	张健	副CEO
金红叶纸业集团有限公司	陈长明	COO
	李海欣	储备总经理
	马红益	技术中心处长
	纪福军	湖北纸业总经理

续表

单位名称	参会人员	职务
中顺洁柔纸业股份有限公司	岳勇	中顺洁柔投资总裁
河南银鸽实业投资股份有限公司	王友贵	常务副总经理
漯河银鸽生活纸产有限公司	王奇峰	总经理
漯河银鸽至臻卫生用品有限公司	杨登华	总经理
东顺集团	陈树法	常务副总裁
上海东冠纸业有限公司	何志明	总经理
	莫建新	常务副总经理
上海唯尔福集团股份有限公司	何幼成	集团董事长
	范兴苗	实业公司总经理
河南护理佳纸业有限公司	夏国印	执行总裁
	夏宇飞	董事长助理
四川环龙技术织物有限公司	周骏	董事长
永丰余投资有限公司	谢英才	副总经理
	林坤旭	总监
	赵强	总监
泰盛贸易	吴刚	常务副总
泰盛科技(集团)股份有限公司	范计刚	销售总经理
丽邦集团保定市港兴纸业有限公司	张博信	丽邦集团总经理
	张轩晨	副总经理
保定雨森卫生用品有限公司	赵占成	生产总经理
	吴长念	销售总监
河北金博士卫生用品有限公司	张涛	总经理
山东太阳生活用纸有限公司	罗士余	生产总监
	刘猛	工艺质量主管
山东晨鸣纸业集团生活纸产品公司	杨东民	总经理
	孙孟吉	总经理助理
江苏王子制纸有限公司	陈卫兵	董事总经理
	冯承平	副总经理
	吴金龙	顾问
胜达集团江苏开胜纸业有限公司	赵海东	销售副总
福建植护网络科技有限公司	林岳忠	供应链总经理
中国造纸协会生活用纸专业委员会	张玉兰	秘书长
	曹宝萍	副秘书长
	周杨	执行主编
	葛继明	广告部主任
	郭凯原	责任编辑

2021 年 4 月 生活用纸委员会参加 Outlook 亚洲个人护理用品大会
April 2021 CNHPIA Attended Outlook Asia 2021

2021 年 4 月 21—23 日，欧洲非织造布协会（EDANA）举办了 Outlook Asia 2021 亚洲个人护理用品大会。因全球新冠疫情的影响，本次会议以线上论坛的形式举办，共吸引了 173 家公司的 596 名代表参加。生活用纸专业委员会受邀参加本次大会，曹宝萍副秘书长在会上做了题为“AHP Market and the Consumer Trends in China”的报告。

2021 年 5 月 第二十八届生活用纸年会在南京召开
May 2021 The 28th China International Disposable Paper EXPO (CIDPEX2021) Held in Nanjing

由中轻集团所属中国制浆造纸研究院有限公司主办，中国造纸院和中国造纸协会生活用纸专业委员会联合承办，恒安国际集团有限公司、维达国际控股有限公司、佛山市宝索机械制造有限公司、佛山市新飞卫生材料有限公司、美国国际纸业公司、亚太森博集团、美国棉花公司协办的第 28 届生活用纸国际科技展览会(CIDPEX2021 生活用纸年会暨国际妇婴童、成人卫生护理用品展会)于 2021 年 5 月 24—28 日(24—25 日国际论坛，26—28 日展览)在南京国际博览中心成功举办。

经受住 2020 年新冠肺炎疫情冲击后，CIDPEX2021 展会恢复增长，本届展会首次使用南京国际博览中心 1—9 号馆全馆，共有 917 家业内企业参展，3 万余名专业观众再聚金陵。

5 月 25 日上午，CIDPEX2021 生活用纸年会颁奖暨 2020 年生活用纸和卫生用品行业年度报告发布仪式在南京国际博览会议中心盛大开启。活动由生活用纸专业委员会秘书长张玉兰主持，中国轻工集团总经理助理、中国造纸院总经理孙波致辞。颁奖仪式上，主办单位向本届生活用纸年会的协办单位和赞助单位颁发牌匾，表示感谢；并分别为 2019 年度/2020 年度中国生活用纸、女性卫生用品、婴儿纸尿裤、成人失禁用品和擦拭巾行业综合排名前 10 位的生产商企业颁奖表彰。颁奖后中国造纸院分别与天猫和京东签订战略合作协议并举办了《2020 年生活用纸和卫生用品行业年度报告》发布仪式。

5 月 26 日上午，在生活用纸委员会主任曹振雷、委员会副主任/中国造纸院董事长曹春昱、中国轻工集团总经理助理/造纸院总经理孙波、生活用纸委员会秘书长张玉兰和副秘书长曹宝萍的陪同下，中轻集团郭建全总经理等集团领导、中国造纸协会理事长赵伟和恒安、维达、中顺等委员会副主任委员单位领导参观了本届展会，并与部分参展企业进行了面对面交流。

聚焦行业发展新动向，布局大健康“蓝海”市场

28 年来，CIDPEX 展会借助国内生活用纸和卫生用品行业的发展势头，发挥自身在专业性方面的优势，为国内外企业搭建起了解中国市场、交流最新技术、洽谈国内外贸易的重要桥梁。CIDPEX2021 生活用纸年会进一步挖掘和展示行业新动向，延伸展品范围，助力行业企业挖掘及拓展业务潜力。

聚焦行业新动态、新产品、新技术

CIDPEX2021 展会分为生活用纸、卫生用品、原辅材料、设备器材 4 大主展区，覆盖生活用纸、卫生用品行业上下游全产业链，为业内人士提供一站式观展体验。

为期 3 天的展会共有千余个品牌的产品展出，数百台设备现场开机演示。作为行业年度风向标，众多企业将 CIDPEX 展会作为发布和展示最新成果的舞台，现场众多新产品、新技术、新设备展出，为前来订购新品的行业观众提供了多样化的选择。

新增“康养”子展会，瞄准大健康市场

在《健康中国》、《国民营养计划》等政策东风，以及新冠疫情带来的国家层面与市场层面的双重认可助推下，作为国家重点培育的、新旧动能转换的战略新兴产业之一，医疗及健康产业成为引领中国经济发展的新引擎。为了满足企业布局医疗及大健康行业的需求，CIDPEX

生活用纸年会首次增设了子展会——2021康养护理产业国际博览会，涵盖医疗护理、养老福祉、丽人美妆、母婴健康、绿色健康五大展出主题。

广东韶能绿洲、杭州可靠、湖北仙桃招商局、湖北吾众、佛山市南海区医卫用产品行业协会等企业和机构亮相本届康养护理博览会，积极挖掘、拓展业务潜力，布局大健康“蓝海”市场。

FOCUS论坛网罗行业热点，“擦拭巾大会”再立新章

在CIDPEX2021展会前两天（2021年5月24—25日），FOCUS生活用纸和卫生用品国际论坛在南京国际博览会议中心举办，吸引了近800名业内专业人士参会。

经过多年的精心培育，FOCUS国际论坛已成长为全球知名的行业新技术、新观点、新趋势开放共享的交流平台。本次国际论坛除“生活用纸”“卫生用品”“市场营销”三大会场外，针对后疫情时期，人们卫生清洁意识不断提高，对湿巾、棉柔巾、厨房纸巾等擦拭巾产品需求的井喷式增长，论坛首次设立了“擦拭巾大会”，围绕“擦拭巾让生活更美好”这一主题，深度解析全球及中国擦拭巾行业竞争格局和挑战，共同推动擦拭巾行业健康发展。

本届FOCUS论坛围绕行业关注度较高的主题展开，分享行业品类发展趋势、解读行业重要标准法规、解析行业市场形势变化、洞察消费趋势，为企业把握发展机遇及应对挑战提供指导，并为企业在实际生产、经营中遇到的困惑、困难答疑解惑。

除39场高水平主题演讲外，本届国际论坛还特设“卫生用品产业供应链价值重塑”和“擦拭产品让生活更美好”两场互动论坛，参会专家围绕后疫情时代行业供应链价值重构和擦拭巾行业的前景展开探讨，并提供建设性方案和思路建议。国际论坛现场讨论、交流氛围热烈，听众随时可在线提问，主持人挑选共性问题请演讲嘉宾现场解答，增强了互动性。参会听众对本次国际论坛的主题策划、演讲内容甄选及互动论坛设置给予了高度评价。

为顺应数字化体验趋势，本届国际论坛继续采用电子证件——领取会议资料、入场听课、午间用餐一证解决，方便快捷。同时，生活用纸委员会还将现场录制的演讲视频上传到“生活用纸和卫生用品云服务”平台，供听众线上学习，打破空间、时间的限制。

增强宣传，升级服务

为了进一步提升CIDPEX的展示效果，生活用纸专业委员会加强与知名电商和媒体平台的合作，全方位多层次宣传展会，全面提升曝光率，扩大展会受众群。同时，全新升级的配套服务，让参会企业能通过CIDPEX收获更多客户、了解更多最新行情的同时，也能获得专业、周到的参会体验，受到了展商及观众的肯定。

联合天猫共建趋势品类展示区，引领行业消费升级

近年来，电商渠道增势迅猛，已成为纸品及卫品行业的重要销售路径。为了帮助企业借势线下CIDPEX展会的影响力，同时进一步拓展线上电商渠道，获得线下专业观众和线上终端消费者双重流量，本届年会联合知名电商——天猫，共建趋势品类展示区，联动维达、多康、清风、植护、斑布、珍爱、心相印、全棉时代、洁柔等品牌方一起，为行业带来全场景的趋势新品展示。

主题场景展示活动在展会现场实景模拟消费者使用生活用纸的不同场景，共设计了包括客厅、开放式厨房、卫生间、卧室、居家外5个主题场景，以场景复现+产品展示+专家解读形式，利用直播、短视频、专题报道等形式，通过线上天猫平台及线下展会现场对消费者进行科普教育，同时利用天猫平台将海量流量转化为实际购买力。

加大与大众媒体深度合作，提升C端品牌产品影响力

CIDPEX2021合作的大众媒体超过30家，通过大众媒体的宣传，提升C端消费者对参展品牌的认知度，传递品牌价值，提高产品美誉度，进一步提升企业品牌影响力。

年会现场，凤凰网驻场，以消费者关心的话题或认知误区为切入点，利用凤凰网的传播渠道，为大众消费者进行科普，同时为品牌方扩大影响力、巩固品牌在消费者心中的品牌形象。

云端参会，打破时空阻隔

CIDPEX2021 年会利用“生活用纸和卫生用品云服务”这一创新数字化平台，在线下展会同期推出国内站及海外站 Cloud CIDPEX 线上云展会，融合企业活动直播、国际论坛线上观看、线上主题馆、线上交流、线上展台等多样化的功能，让线上参展成为线下展会参会效果提升的有力补充。

与此同时，CIDPEX2021 线上云展会还优化了线上预登记、电子参会证件、线上展前预览/会刊/参观指南、展位定位、现场资料线上订阅等展会配套服务功能，打造人性化、数字化、智能化展会服务新体验。

人性化现场服务，让参会轻松无忧

展会现场设立多个问讯处和详细的指示系统，随时为展商和观众答疑解惑；多家高品质餐饮服务商提供中式、西式餐食，不出展馆也能体验到“舌尖上的美食”；免费酒店接驳巴士及展区接驳电瓶车解决出行的后顾之忧，轻松惬意逛展会。

2021 年 5 月　2020 年度中国生活用纸和卫生用品行业 10 强企业诞生

May 2021　Top 10 Enterprises Selected in Different Categories of China Tissue Paper and Hygiene Products Industry in 2020

2021 年 5 月 25 日，CIDPEX2021 生活用纸年会颁奖暨 2020 年生活用纸和卫生用品行业年度报告发布仪式在南京国际博览会议中心盛大开启。

2020 年，中国生活用纸和卫生用品行业经受住了疫情的严峻考验，开拓进取，砥砺前行，行业优化升级，市场持续增长，同时，也涌现出一批推动行业发展的领军企业。他们树立了行业标杆，引领了行业发展的方向。

中国造纸协会生活用纸专业委员会对一年来各大企业的营销业绩、市场占有率及品牌影响力等多项指标进行了全面考察，优中选优，分别评选出 2020 年度中国生活用纸、女性卫生用品、婴儿纸尿裤、成人失禁用品、擦拭巾行业 10 强企业，并于本次仪式现场隆重颁奖。

2020 年度中国生活用纸行业 10 强企业
恒安国际集团有限公司
维达国际
金红叶纸业集团有限公司
中顺洁柔纸业股份有限公司
东顺集团股份有限公司
理文卫生纸制造有限公司
上海东冠纸业有限公司
保定市港兴纸业有限公司
保定雨森卫生用品有限公司
上海唯尔福集团股份有限公司

2020 年度中国婴儿纸尿裤行业 10 强企业
恒安国际集团有限公司
广东昱升个人护理用品股份有限公司
杭州千芝雅卫生用品有限公司
福建利澳纸业有限公司
杭州豪悦护理用品股份有限公司
杭州可靠护理用品股份有限公司
贵州卡布国际生物科技有限公司
湖南舒比奇生活用品有限公司
爹地宝贝股份有限公司
雀氏(福建)实业发展有限公司

2020 年度中国女性卫生用品行业 10 强企业
恒安国际集团有限公司
广东景兴健康护理实业股份有限公司
重庆百亚卫生用品股份有限公司
佛山市啟盛卫生用品有限公司
桂林洁伶工业有限公司
湖北丝宝股份有限公司
广东美洁卫生用品有限公司
云南白药清逸堂实业有限公司
河南舒莱卫生用品有限公司
深圳全棉时代科技有限公司

2020 年度中国成人失禁用品行业 10 强企业
杭州可靠护理用品股份有限公司
杭州千芝雅卫生用品有限公司
浙江珍琦护理用品有限公司
恒安国际集团有限公司
杭州淑洁卫生用品有限公司
上海亿维实业有限公司
北京倍舒特妇幼用品有限公司
山东爱舒乐卫生用品有限责任公司
福建省莆田市荔城纸业有限公司
杭州豪悦护理用品股份有限公司

2020 年度中国擦拭巾行业 10 强企业
深圳全棉时代科技有限公司
杭州国光旅游用品有限公司
恒安国际集团有限公司
上海美馨卫生用品有限公司
安徽汉邦日化有限公司
铜陵洁雅生物科技股份有限公司
维达国际
重庆珍爱卫生用品有限责任公司
南六企业(平湖)有限公司
金红叶纸业集团有限公司

2021 年 9 月 2021 年中国卫生用品行业发展大会在厦门成功举办
September 2021 China Hygiene Products Industry Development Conference 2021 Held successfully in Xiamen

2021 年 9 月 2 日，中国卫生用品行业发展大会(前“中国卫生用品企业家高峰论坛”)在福建厦门国际会议中心酒店成功举办，来自中国卫生用品行业的 260 名代表参加了大会。大会由中国制浆造纸研究院有限公司、中国造纸协会生活用纸专业委员会主办，恒安、维达、宝洁、金佰利、尤妮佳、广东景兴、金红叶、花王、千芝雅、爹地宝贝、可靠、昱升等公司协办，保定雨森、海纳智能和厦门建发公司赞助，天猫为本次大会提供支持。

9 月 1 日，“雨森之夜”欢迎晚宴拉开序幕，生活用纸专业委员会主任曹振雷和保定雨森卫生用品有限公司苏马力总经理致欢迎词，热烈欢迎参会的所有代表。

助力双碳目标，探索绿色转型

9 月 2 日的发展大会由生活用纸专业委员会张玉兰秘书长主持，曹宝萍副秘书长介绍到会领导和嘉宾，中国造纸院孙波总经理致欢迎词。

大会特邀工信部消费品司二级巡视员张军做权威政策解读、广东省社会科学院经济学研究员丁力教授进行宏观经济分析、上海迈迪企业管理咨询有限公司 OGSM 首席咨询师李钰晟为大家剖析营销痛点、天猫行业专家分享了最新的天猫棉柔巾、卫生巾和婴儿纸尿裤趋势报告，这些专题讲座为卫品行业企业把握市场动向、制定未来发展策略提供了重要的参考和依据。

为响应国家号召，助力实现双碳目标，推动卫生用品行业的健康可持续发展，生活用纸专业委员会组织副主任委员单位共同编写了《卫生用品行业可持续发展报告》，并将本次发展大会的论坛主题设定为“绿色低碳助力行业高质量转型升级”，引领行业企业探索可持续升级策略。

大会的专题论坛特邀上海丰格无纺布有限公司焦勇总经理主持，行业知名企业围绕“打造绿色健康的产业链和数字化”“智能化促进碳减排”两个主题展开热烈讨论。合理规划投资项目，减少资源浪费，促进产业链上下游、前后端企业长期共赢发展成为与会代表共识。代表们还表示要发展高技术含量和高生产率的智慧型绿色技术，减少排放或者努力实现零排放，实现绿色转型。

大会还举行了“双碳目标 卫品企业在行动”启动及宣言仪式。曹振雷主任携生活用纸专业委员会副主任委员单位及赞助单位代表共同启动宣言仪式，中国女性卫生用品、婴儿纸尿裤、成人失禁用品、擦拭巾行业的领军企业代表分别宣誓，庄严承诺将“积极践行国家双碳战略，为实现双碳目标改善能源结构，减少碳排放，共同促进行业绿色、可持续发展”。

发展大会上，宝洁中国、佛山新飞、重庆和泰润佳、上海紫华、重庆健翔嘉业、广东美云、阳光新能源等企业还介绍了各自的新技术、新材料、新设备，用创新产品推动行业的高质量转型。

中国造纸协会生活用纸专业委员会主任曹振雷在总结讲话中表示，卫生用品行业向绿色低碳转型，减量化是指导方针，节能降耗是永恒的主题，原材料是未来可能面临的巨大挑战，可降解、可再生是发展方向，但是，要衡量产品全生命周期的碳足迹，不能因为追求可降解、可再生，反而排放了更多的二氧化碳。

数字化转型是大势所趋，企业要从最基本的数据做起，在操作、运行、市场分析等多方面采集数据。卫生用品企业要夯实核心业务，不要盲目扩张，要加强合作，打造核心技术，树立品牌，抓住核心市场，精耕细作。在新时期抓住新机遇，实现更高质量的发展。

天猫、大众媒体加持，引爆热度

本次发展大会得到了天猫和多家大众媒体的大力支持。天猫为行业领军企业提供了线上资源，提高了企业和品牌的线上知名度。新华网、人民网、光明网、中国日报网等多家大众媒体对发展大会进行了重点报道，引发了公众的关注和讨论。

工厂参观

9 月 3 日，与会代表们参观了中轻(晋江)卫生用品研究有限公司和海纳智能装备国际控股有限公司。

2021 年 9 月　英文行业新闻月刊新鲜出炉
September 2021　CNHPIA Officially Launched Industry News Monthly Report in English

为了进一步提高中国生活用纸和卫生用品行业的国际化程度，生活用纸专业委员会从 9 月份开始，编辑英文行业新闻月刊 *Chinese Tissue and Hygiene Products Industry News*，为国际业内同仁提供全面、及时、权威的中国市场信息，并帮助中国生活用纸和卫生用品企业走出去、树立和提升国际知名度。新闻月刊面向全球业内人士、相关国际行业协会和专业媒体发行。

新闻月刊内容主要收录行业的新项目进展、上市公司业绩、标准更新、企业市场动态、技术进步等方面的行业新闻。

2021 年 3—12 月　“生活用纸和卫生用品云服务”平台系列活动
March to December 2021　Series Activities Held on Tissue and Hygiene Products Cloud Service Platform

中国制浆造纸研究院有限公司、中国造纸协会生活用纸专业委员会 2020 年 6 月创建了“生活用纸和卫生用品云服务”平台，借助互联网、行业大数据等技术手段和资源，为行业企业提供了多种形式的服务，包括科普直播、行业年度报告和年度盘点全球线上发布、新品订货节、技术讲座、线上专访、专题报道等等，受到了业内的广泛关注。

2021 年云服务平台继续创新，推出行业新闻周报、展前预览线上直播活动、卫生用品基础知识培训讲座、线上会议等多项精彩活动。为行业企业及从业人员带来了更多的数字化服务。

1. 走进“华北纸都”

A Visit to North China Paper Capital

2020 年 8 月，中国造纸协会生活用纸委员会一行 7 人走进“华北纸都”，与河北省保定市满城区政府和部分生活用纸企业交流座谈，并参观工厂，实地调研满城区生活用纸行业及主要企业的运行情况和发展规划，撰写调研报告。同时生活用纸委员会又精心制作了视频节目——《走进“华北纸都”》，于 2021 年 1 月 22 日在“生活用纸和卫生用品云服务”平台播出，让行业近距离感受满城区生活用纸产业的巨大变化。

2. 行业新闻周报

Weekly Newscast

2021 年 3 月 4 日，经过精心筹备，《行业新闻周报/Weekly Newscast》正式推出，固定于每周四播出。

随着人们生活节奏的加快，直播、短视频、听新闻等传播形式受到青睐，上下班路上、散步健身或临睡前等碎片时间和应用场景都是音频传播的最佳途径。为此，中国造纸院、生活用纸委员会精选国内外行业新闻、时事热点，每周四早8：30和下午16：30分别在云服务平台移动端和海外站进行中英文播报。

3. 展前预览线上直播活动

Cloud Preview

2021年3月12日、3月19日推出展前预览线上直播活动。

作为年度最重要的行业新品发布、订货盛会，2021年第28届生活用纸年会上有数百款年度生活用纸和卫生用品新品首发、数千个品牌的爆品集中展示，以及年度最具吸引力的订货优惠活动，为各个渠道经销商、贸易商提供一站式订货平台。展前预览线上直播活动以生活用纸、卫生用品、原辅材料和设备器材四大不同展区，介绍了年会即将亮相的部分新产品、新材料、新设备、新技术，帮助大家提前做足展前功课，提前挖掘新品、爆款。

4. 绒毛浆基础知识培训讲座

"Cloud Training" Courses on Basic Knowledge of Fluff Pulp

2021年3月26日和4月2日，推出"绒毛浆基础知识培训讲座"系列课程。

吸收性卫生用品是由多种原材料组成的产品，每种原材料都涉及了不同的专业领域，因此，对于吸收性卫生用品行业的从事者来说，学习和了解每种材料的组成成分、技术工艺、性能特点、应用范围等基本知识是非常重要的。委员会邀请卫生用品的业内专家，对卫生用品生产使用的各种原材料进行基础知识的培训和讲座，助力行业创新和发展。

首场讲座由中国造纸协会生活用纸专业委员会秘书长张玉兰女士作为主讲人，从绒毛浆的基本定义及用途、目前吸收性卫生用品的种类、吸收性卫生用品的发展历程、吸收性卫生用品的基本结构及主要原材料、绒毛浆的生产和应用、全球绒毛浆的主要供应商等方面对绒毛浆的基础知识进行了介绍。

5. 高端纸巾未来发展方向以及纸巾乳霜配方大揭秘

Future Direction of High End Tissue and the Secret of Tissue Lotion Formula

随着社会的进步、生活水平的提高，人们对生活用纸质量提出了更高的要求，市场对更高品质生活用纸有更多的需求。近几年市场上出现了一种乳霜纸新产品，受到了消费者的欢迎。

2021年5月18日，在生活用纸和卫生用品云服务平台，推出了由埃肯有机硅(上海)有限公司主办的"高端纸巾未来发展方向以及纸巾乳霜配方大揭秘"在线直播活动。埃肯有机硅特别邀请达森特集团产品总监宋海山、上海真略环保科技有限公司总经理杨兆恒、南京林业大学教授曹云峰与埃肯有机硅亚太商务发展经理孙忠凯一起，交流、探讨乳霜纸的配方和生活用纸的发展方向，为消费者答疑解惑，促进中国高端生活用纸的发展。

6. 6·30"纸""卫"新品订货节暨CLOUD EXPO of Tissue，AHPs，Wipes and Nonwovens全球云展会成功举办

6·30 Tissue and Hygiene New Products Ordering Festival & CLOUD EXPO of Tissue，AHPs，Wipes and Nonwovens Successfully Held

2021年6月30日—7月2日，中国制浆造纸研究院有限公司和中国造纸协会生活用纸专业委员会在"生活用纸和卫生用品云服务"平台中文站和海外站成功举办了第二届6·30"纸""卫"新品订货节暨CLOUD EXPO of Tissue，AHPs，Wipes and Nonwovens全球云展会。天猫作为活动的独家支持单位，为参与6·30活动的纸品企业提供线上专属资源。

本届6·30活动，包括线上国际论坛、新品直播、云洽谈等多种形式，企业通过企业形象展示、产品展示、企业直播、实时聊天、代理申请、样品申请等多样化的功能参与，实现了国内、国外市场联动，提高了商贸洽谈效率。活动共吸引了1000+行业优秀企业云端展示，10万+全球业内人士云端洽谈。为生活用纸和卫生用品行业企业开拓业务范围、获取行业信息提供了新的信息化平台，也标志着生活用纸委员会的行业服务向多元化、精准化和深层次方向继续迈进。

(1) 6·30线上国际论坛

生活用纸委员会联合了欧洲非织造布协会(EDANA)、北美非织造布协会(INDA)、北美婴儿和个人卫生用品中心(BAHP)和日本卫生材料工业联合会(JHPIA)等行业协会组织，围绕全球代表性国家和地区生活用纸、卫生用品和医疗防护行业有关法规、市场现状与发展趋势两大主题，策划安排了12场主旨报告。

BAHP、SGS、JHPIA、生活用纸委员会专家分别对北美、欧洲、日本和中国卫生用品及医疗防护用品法规及标准进行解读。生活用纸委员会、INDA、锐思、天猫、京东大数据等全方位、多角度解读了中国以及全球生活用纸市场概况与发展趋势，为企业未来发展提供参考依据。

（2）6·30“纸”“卫”新品直播

本届6.30新品订货节设有生活用纸、卫生用品、原辅材料/设备三大直播专场，满足广大行业企业对于新产品的推广需求，为企业明星产品、订货优惠政策吸引更多客流。维达、金红叶、可靠、倍舒特妇幼等14家全产业链知名企业进行线上新品推介直播，详细讲解新品特点，并带来丰富的订货优惠政策及福利。以优质、差异化的新品吸引了众多经销商、电商、母婴店和粉丝观看，并交流互动，促进产品火热销售。

除了新品直播外，千余家生活用纸、卫生用品、原辅材料、设备器材企业还以图片和视频结合的形式展示新产品、新技术、新设备。

（3）CLOUD EXPO全球云展会

在“生活用纸和卫生用品云服务”海外站举办的CLOUD EXPO全球云展会上，CNHPIA、JHPIA、INDA、EDANA、锐思等全球专家齐聚云端，通过线上论坛形式，全方位解读行业市场情况。同时，CNHPIA、JHPIA、BAHP、SGS、全国造纸工业标准化技术委员会等还对行业有关法规进行解读，开启全球业内知识交流盛宴，为企业开拓国际市场保驾护航。

CLOUD EXPO全球云展会上开设了海外直播专场，倍舒特科技、敔盛等知名企业面向海外观众进行了新品直播，面对面推介最新技术和产品。

7. 拥抱变化，坚持创新——线上专访维达国际控股有限公司副CEO张健先生

Embrace Change, Adhere to Innovation: Online Exclusive Interview with Zhang Jian, Vice CEO of Vinda International

自新冠肺炎疫情暴发以来，各行各业都受到了巨大的影响。2020年中国生活用纸市场尽管增速有所放缓，但仍继续保持了增长。增长的背后，行业也发生着巨大的改变，比如：行业阶段性产能过剩，市场竞争异常激烈，行业落后产能继续淘汰等。

7月28日，在生活用纸和卫生用品云服务平台，推出了第二期线上高端访谈，本期访谈就行业变化、维达的创新方式、新零售营销渠道变化、节能降耗等热点话题，《生活用纸》编辑郭凯原专访了维达国际控股有限公司副CEO张健先生，了解维达在市场变革中保持领先的“制胜秘诀”。

8. 卫材热熔胶基础知识讲座

“Cloud Training” Courses on Basic Knowledge of Hot Melt Adhesive Used in Hygiene Products

8月12日，云服务平台推出了“卫材热熔胶基础知识讲座”，邀请富乐（中国）粘合剂有限公司卫材部门中国区技术服务经理李晓勇先生，为行业企业和从业人员详细解析热熔胶的定义和组成、粘接机理、用途分类及区别等基础知识，并就胶机堵塞的原因、热熔胶的气味等问题与观众互动。

9. 热熔胶设备基础知识讲座

“Cloud Training” Courses on Basic Knowledge of Hot Melt Adhesive Machinery

云服务平台邀请诺信（中国）有限公司朱月明、洪学年、范之民三位产品应用专家，为业内观众进行热熔胶设备有关知识的系列讲座，共分为四讲：包括《热熔胶供胶系统介绍》《热熔胶施胶系统介绍》《胶机系统现场维护讲解》和《胶枪现场维护讲解》。分别于2021年8月19日、9月27日、10月26日、12月15日播出。

10. 擦拭巾科普直播

Live Broadcast on Knowledge of Wipes

新冠肺炎疫情，让更多人开始重视个人卫生，擦拭巾因便利清洁的特性，被广泛使用。为了让消费者深入了解，并正确使用、选购擦拭巾产品。2021年9月9日，中国制浆造纸研究院有限公司与中国造纸协会生活用纸专业委员会联合举办“擦拭巾创致美好生活”科普直播活动。

本次科普活动由维达国际控股有限公司、赛得利、上海德雁无纺布有限公司赞助，并在“生活用纸和卫生用品云服务”、委员会抖音号、微信视频号同步直播，共吸引了近5000人次观众在线观看，30余家知名大众及行业媒体报道。

直播嘉宾包括维达国际控股有限公司品牌总监赵生龙、赛得利战略营销总监陈捷、上海德雁无纺布有限公司副总经理张建新、全棉时代科技有限公司研发总监宋海波、北京大学人民医院感染科主治医生孙春玲、生活用纸专业委员会高级工程师邱文伦。

活动围绕“擦拭巾的种类、使用场景、卫生标准等生活常识，您了解多少?”“新产品会带来哪些不一样的体验?”“擦拭巾安全、环保吗?”和“如何选购擦拭巾产品?”四大话题展开。通过普及常识、介绍擦拭巾新产品、疏解误区、探讨热点问题和引导产品选用几大方面进行直播。

11. Bostik 一次性卫生用品“Responsibly for Hygiene”系列讲座直播

“Responsibly for Hygiene” Online Live Courses by Bostik

全球胶粘剂解决方案专家——Bostik(波士胶)围绕“Responsibly for Hygiene”系列活动与解决方案，为中国一次性卫生用品行业度身定制四场中文视频直播。在四场直播中，Bostik 主要分享和探讨：Bostik 企业社会责任方案，如何为中国和全球的卫生用品生产商带来更多的价值，旨在支持一次性卫生用品生产商实现可持续增长的目标，满足消费者对可持续未来的期望。四场直播分别于 2021 年 9 月 16 日、10 月 20 日、11 月 18 日和 12 月 9 日播出。

12. 第二期新零售云培训

“Cloud Training” Course on New Retail - Lecture Two

2020 年 7—9 月，生活用纸委员会联合上海迈迪在云服务平台成功举办了第一期新零售云培训“赢在新零售的关键战场”。

2021 年 9 月继续推出第二期新零售云培训“干好营销数字化，品牌实现新发展”系列课程。培训课程围绕营销数字化，推出四场直播，分别为《建立购物者数字化》、《多元场景下数字化全面触达用户》、《高成本下的数字化营销提效》和《新产品玩转数字营销》，助力企业实现品牌新发展。四场直播分别于 2021 年 9 月 18 日、9 月 29 日、10 月 21 日和 11 月 4 日播出，并在抖音和官微视频号同步直播。

13. “九九爱老日老年福祉产品”科普活动

“9·9 Seniors’ Day Welfare Products” Education Activity

根据国家统计局公布的第七次全国人口普查数据显示，我国已进入老龄化社会。如何让老年人生活更便捷、更舒适引发了社会的广泛关注和讨论。为了帮助老年人“享老、悦老”，度过美好的晚年生活，同时引导消费者“爱老、敬老”，更好地照料老人。10 月 14 日，在九九重阳节这一特殊日子里，中国制浆造纸研究院有限公司及中国造纸协会生活用纸专业委员成功举办“居家养老，快乐生活——老年福祉产品带给老年人更幸福的晚年生活”科普直播活动，本次科普由杭州可靠护理用品股份有限公司独家赞助播出。

中国老龄产业协会医养结合与健康管理委员会执行主任兼秘书长牟丽娜、可靠研究院福祉所研发总监李扬、天猫个护成人护理用品负责人有年、老年人消费者平水英参与了直播，约 4100 多人次观众在线观看，30 余家知名大众及行业媒体参与报道。精简后的科普短视频于 10 月 15 日至 11 月 30 日在北京地铁全线路多频次播放。

本次科普活动围绕老年人为什么需要关爱?福祉产品如何给老年人带来幸福生活?如何选购适老产品?如何更好地关爱老年人，让老年人安度晚年生活?四个话题展开。详细解析养老模式，分享养老产品消费趋势，老年人常见问题及生活经验分享以及指导消费者如何选购成人纸尿裤。并针对观众提出的如何能够改善轻失禁的运动，轻度失禁成人纸尿裤购买量，老年人需常备的养老产品，老年人不接受纸尿裤如何劝说等问题进行了详细的解答。

14. 走进中国生活用纸生产基地——孝感孝南

A Visit to China’s Tissue Paper Production Base: Xiaogan Xiaonan

2021 年 10 月 17—19 日，中国造纸协会生活用纸专业委员会主任曹振雷博士，以及中轻集团总经理助理/中国制浆造纸研究院有限公司董事长孙波女士等一行，调研了湖北省孝感市孝南区生活用纸和卫生用品生产基地，与孝南区委书记夏齐勇等区委、区政府相关领导，以及入驻孝南产业基地主要企业负责人就孝南区发展问题进行了深入探讨，期间参观了维达、中顺等代表企业的生产基地。

生活用纸专业委员会特别制作《走进生活用纸生产基地——湖北孝南》访谈节目，从发现机遇、筑巢引凤；辛勤耕耘、开枝散叶；披荆斩棘、逆势突围；立足未来、长远规划这四个方面，全方位介绍孝南区生活用纸生产基地。于12月31日在生活用纸视频号、抖音号、“生活用纸和卫生用品云服务”平台同步播出。

2021年 生活用纸委员会打造融媒体全渠道传播新方式
2021 CNHPIA created a New Way for All Channel Communication of Convergence Media

新冠疫情对人们的生活方式、消费观念和消费习惯产生了深远的影响，人们逐渐形成了线上消费的习惯，行业企业也纷纷拓展线上销售渠道，探索线上营销的新方式。

为帮助行业企业实现“数字化发展转型”，生活用纸委员会积极拓展新媒体传播路径，强化数字化行业服务能力，打造融媒体全渠道传播新方式。

从2020年6月开始，委员会在抖音、快手、微信视频号、领英、新浪微博、搜狐新闻、今日头条、哔哩哔哩、小红书等各大社交媒体平台陆续开通了生活用纸官方账号，以消费者最关注的话题为切入点，例如“湿厕纸可以扔马桶吗”“压花纸巾是否比普通纸巾更柔软”“湿巾的功能、用途、标准，您知道哪些”等问题，推出科普视频，通过短视频的形式，为消费者提供最权威、有效的科普知识。

同时，委员会联合品牌企业年度“UP服务”计划、品牌培育计划的知名企业——维达、重庆百亚、北京倍舒特科技、河南舒莱、杭州国光、泉州嘉华、天娇等，共同面向全社会消费者科普。通过生动形象的小剧场形式，清晰明了地帮助消费者了解卫生巾、纸尿裤、湿巾等卫生用品常识，引导消费者正确选品。科普视频通过委员会融媒体平台向全社会传播，直达近百万受众。

2021年 生活用纸委员会开展行业“品牌培育”工作
2021 CNHPIA carried out Brand Cultivation Plan in the industry

为贯彻落实工信部“三品”战略，引导中国生活用纸和卫生用品行业企业提品质、创品牌，中国造纸协会生活用纸专业委员会从2021年8月开始，在行业内开展了“品牌培育”的工作。在开展此项工作中，委员会充分发挥了行业协会熟悉行业、贴近企业的专业背书优势，通过融媒体内容定制、整合传播的服务模式，联合知名电商、大众媒体等合作伙伴，共同扶持品质优良的新锐品牌，提升品牌影响力和营销力，助力品牌稳健发展。

2021年 生活用纸委员会开展助力行业“供应商成长”工作
2021 CNHPIA carried out Supplier Growth Plan in the industry

为响应《“十四五”智能制造发展规划》(征求意见稿)以及国家“碳中和、碳达峰”的战略发展要求，加快推动中国生活用纸和卫生用品行业智能制造、绿色低碳发展。中国造纸协会生活用纸专业委员会于2021年8月开始，在行业内开展了助力行业“供应商成长”的工作。在开展此项目工作中，委员会充分发挥了行业协会专业优势，通过整合传播的服务模式，联动全球有代表性的国家和地区行业协会、商会、专业媒体资源，全方位提升供应商的行业影响力，助力供应商业务发展。

2021年 生活用纸委员会开展征集“中国卫生用品行业培训”师资力量和筹备开展行业技能培训工作
2021 CNHPIA sought teachers for the “China Hygiene Products Industry Training Course” and prepared for the industry skill training

中国卫生用品行业经过30多年的蓬勃发展，生产技术和装备水平得到了极大的提高。但由于吸收性卫生用品所采用的多种原材料涉及不同的专业领域，属于交叉学科，国内大专院校也没有设置卫材专业，因此，中国卫品企业要提高自主研发能力和基础工艺水平，在激烈的市场竞争中立于不败之地，实现高质量发展，就需要加强高水平的专业技术技能人才队伍建设，因此，卫品行业技能人才培养工作迫在眉睫。

为响应国家大力发展现代职业教育的重要指示精神，同时应广大会员企业人才培养诉求，生活用纸专业委员会已向国家人力资源和社会保障部主管部门进行汇报并申请立项，拟组建"中国生活用纸和卫生用品行业培训工作委员会"，筹备组织开展行业系统的专业技能培训工作。并从2021年8月份开始，面向行业企业、大专院校、职业培训机构等，进行师资力量和培训内容的征集，截至2021年12月底，已征集讲师28人。

2021年 《生活用纸》杂志组建特约通讯员和特约撰稿人队伍
2021 *Tissue Paper & Disposable Products* magazine set up a team of special correspondents and special contributors

为更广泛、更全面地宣传和报道生活用纸和卫生用品行业的发展动态和发展趋势，展示企业新技术、新产品、新项目以及科学管理、市场营销等方面的成功经验，促进企业间和行业间的经验交流与相互学习，《生活用纸》杂志(国内统一刊号为CN 11－4571/TS)于2021年10月开始，在行业内广泛邀请相关人士，组建特约通讯员队伍和特约撰稿人队伍，截至2021年12月底，已经邀请到特约通讯员35人，特约撰稿人23人。

会员单位名单(2021 年)
List of the CNHPIA members (2021)

国内会员单位

省市	会员名称
北京市	金佰利(中国)有限公司
	北京爱华中兴纸业有限公司
	北京倍舒特妇幼用品有限公司
	北京倍舒特科技发展有限公司
	北京宝洁技术有限公司
	北京桑普生物化学技术有限公司
	钛玛科(北京)工业科技有限公司
	北京大森包装机械有限公司
	芬欧汇川(中国)有限公司
	北京韶能本色科技有限公司
	北京大源非织造股份有限公司
	乐金化学(中国)投资有限公司
	深圳山成丰盈企业管理谘询有限公司北京分公司
	北京纯粹主义科技有限公司
	北京五洲林海贸易有限公司
	北京海格瑞净化设备有限公司
天津市	天津市依依卫生用品股份有限公司
	博爱(中国)膨化芯材有限公司
	天津骏发森达卫生用品有限公司
	天津天辉机械有限公司
	天津市中科健新材料技术有限公司
	天津比朗德机械制造有限公司
	天津莫莱斯柯科技有限公司
	天津博真卫生用品限公司
	天津市德利塑料制品有限公司
	天津市康怡生纸业有限公司
	天津市宝坻区美洁卫生制品有限公司
	天津康康纸业有限公司
	小护士(天津)实业科技有限公司
	天津沐森机器人科技有限公司
河北省	河北义厚成日用品有限公司
	雄县鹏程彩印有限公司
	保定市港兴纸业有限公司
	保定市中信纸业有限公司
	保定市东升卫生用品有限公司
	保定市新宇纸业有限公司
	雄县凯宇塑料包装有限公司

续表

省市	会员名称
河北省	保定市鹏达彩印有限公司
	保定雨森卫生用品有限公司
	保定市绿纯卫生用品有限公司
	保定市立发纸业有限公司
	广润机械制造有限公司
	河北威廉无纺制品有限公司
	河北金博士卫生用品有限公司
	保定市信捷纸业有限公司
	河北金洁卫生科技有限公司
	石家庄华纳塑料包装有限公司
	新乐华宝塑料薄膜有限公司
	新乐华宝塑料机械有限公司
	河北维嘉无纺布有限公司
	石家庄顺美生活用纸科技有限公司
	唐山博亚树脂有限公司
	邢台北人印刷有限公司
	河北金友新材料科技有限公司
	河北雪松纸业有限公司
	保定市维拓造纸机械有限公司
	唐山美特好卫生用品有限公司
	保定达亿纸业有限公司
	河北棉品科技有限公司
	金利德卫生用品(河北)有限责任公司
山西省	山西云冈纸业有限公司
	太原福莱瑞达物流设备科技有限公司
	怀仁市森达医疗器械有限责任公司
辽宁省	大连欧派科技有限公司
	丹东市丰蕴机械厂(丹东市天和纸制品有限公司)
	丹东北方机械有限公司
	沈阳东联日用品有限公司
	大连双迪桃花卫生用品有限公司
吉林省	白城福佳科技有限公司
	吉林坤刚化学有限公司
	四平圣雅卫生用品有限公司
上海市	奥普蒂玛包装机械(上海)有限公司
	上海盈兹无纺布有限公司
	上海森明工业设备有限公司

续表

省市	会员名称
上海市	尤妮佳生活用品(中国)有限公司
	上海沛龙特种胶粘材料有限公司
	上海唯尔福集团股份有限公司
	3M 中国有限公司
	上海紫华企业有限公司
	上海联胜化工有限公司
	上海东冠纸业有限公司
	上海月月舒妇女用品有限公司
	康那香企业(上海)有限公司
	上海护理佳实业有限公司
	花王(中国)投资有限公司
	意大利亚赛利纸业设备有限公司上海代表处
	上海申欧企业发展有限公司
	巴斯夫(中国)有限公司
	亿利德纸业(上海)有限公司
	伊士曼(中国)投资管理有限公司
	上海唯爱纸业有限公司
	上海亿维实业有限公司
	霓达(上海)企业管理有限公司
	德固赛(中国)投资有限公司上海分公司
	上海智联精工机械有限公司
	上海高聚生物科技有限公司
	上海林岑石油机械有限公司
	上海精发实业股份有限公司
	上海德山塑料有限公司
	上海丰格无纺布有限公司
	汉高股份有限公司
	上海美馨卫生用品有限公司
	上海富永包装科技有限公司
	上海汉合纸业有限公司
	中丝(上海)新材料科技有限公司
	上海松川峰冠包装自动化有限公司
	媛贝新材料科技(上海)有限公司
	明答克商贸(上海)有限公司
	上海柔亚尔卫生材料有限公司
	上海迪凯标识科技有限公司
	上海庄生实业有限公司
	上海黛龙生物工程科技有限公司
	晓星国际贸易(嘉兴)有限公司上海处
	雅柏利(上海)粘扣带有限公司
	纳尔科(中国)环保技术服务有限公司

续表

省市	会员名称
上海市	上海恒意得信息科技有限公司
	上海吉臣化工有限公司
	上海市松江印刷厂有限公司
	上海嘉好胶粘制品有限公司
	上海善实机械有限公司
	知为(上海)实业有限公司(BPI CHINA 上海代表处)
	帝化国际贸易(上海)有限公司
	远纺工业(上海)有限公司
	上海路嘉胶粘剂有限公司
	泰盛科技(集团)股份有限公司
	上海贝睿斯生物科技有限公司
	上海舒晓实业有限公司
	上海星旭自动化设备有限公司
	上海新标工业皮带有限公司
	上海华测品标检测技术有限公司
	上海恩悌三义实业发展有限公司
	三菱电机自动化(中国)有限公司
	泽积(上海)实业有限公司
	上海林帕香料有限公司
	莱卡公司
	华威粘结材料(上海)股份有限公司
	王子制纸管理(上海)有限公司
	意特安(上海)贸易有限公司
	书赞按诺(上海)贸易有限公司
	上海帅芯科技有限公司
	上海舒友橡胶制辊有限公司
	上海品相实业有限公司
	品创浆纸(上海)有限公司
	纪州喷码技术(上海)有限公司
	上海轻良实业有限公司
江苏省	常州维盛无纺科技有限公司
	常州市铸龙机械有限公司
	溧阳市江南烘缸制造有限公司
	常州盖亚材料科技有限公司
	常州卡瑞斯特花辊机械有限公司
	江苏省健尔康医用敷料有限公司
	江苏超月无纺布有限公司
	北自所(常州)科技发展有限公司
	江苏金卫机械设备有限公司
	金湖三木机械制造实业有限公司
	江苏德邦卫生用品有限公司

续表

省市	会员名称
江苏省	淮安金华纸尿裤设备有限公司
	江苏昇瑞机械制造有限公司
	江苏斯尔邦石化有限公司
	南京华松纸业有限公司
	南京松林刮刀锯有限公司
	南京森和纸业有限公司
	江苏米咔婴童用品有限公司
	江苏锦琪昶新材料有限公司
	南京金牌机械制造有限公司
	东丽高新聚化(南通)有限公司
	如东县宝利造纸厂
	南通通机股份有限公司
	江苏妙卫纸业有限公司
	上海通贝吸水材料有限公司
	南通海发水处理工程有限公司
	启东春鼎机械有限公司
	苏州丰宝新材料系统科技有限公司
	南通佳宝机械有限公司
	维顺(中国)无纺制品有限公司
	王子制纸妮飘(苏州)有限公司
	金红叶纸业集团有限公司
	永丰余家品(昆山)有限公司
	顺昶塑胶(昆山)有限公司
	艾利(昆山)有限公司
	金王(苏州工业园区)卫生用品有限公司
	日触化工(张家港)有限公司
	盟迪(中国)薄膜科技有限公司
	贝里国际集团
	莱芬豪舍塑料机械(苏州)有限公司
	苏州市苏宁床垫有限公司
	苏州龙邦贸易有限公司
	昆山尚威包装科技有限公司
	恒天长江生物材料有限公司
	张家港市春秋科技发展有限公司
	苏州先蚕丝绸生物科技有限公司
	研茂智能装备(苏州)有限公司
	苏州聚盛信自动化设备有限公司
	苏州远界工业技术服务有限公司
	泰州远东纸业有限公司
	宜兴丹森科技有限公司
	江苏华西村股份有限公司特种化纤厂

续表

省市	会员名称
江苏省	无锡优佳无纺科技有限公司
	江苏朵拉无纺科技有限公司
	阳光卫生医疗新材料江阴有限公司
	宜兴市鸿大高创科技有限公司
	江苏永福康卫生用品科技有限公司
	胜达集团江苏开胜纸业有限公司
	江苏美灯纸业有限公司
	江苏贝斯特数控机械有限公司
	盐城天盛卫生用品有限公司
	江苏正伟机械有限公司
	江苏三笑集团有限公司
	江苏奥特隆新材料有限公司
	江苏麒浩精密机械股份有限公司
	金顺重机(江苏)有限公司
	江苏好健康新材料有限公司
	江苏旭田环保机械有限公司
	新裕恒(苏州)自动化科技有限公司
	江苏有爱科技有限责任公司
	江苏省金荣泰新材料科技有限公司
	江苏四新科技应用研究所股份有限公司
	江苏邦业护理用品有限公司
	昆山迈格金相机械设备有限公司
	常州鑫昇隆无纺科技有限公司
浙江省	浙江新余宏智能装备有限公司
	杭州可悦卫生用品有限公司
	杭州小姐妹卫生用品有限公司
	杭州原创广告设计有限公司
	杭州珂瑞特新机械制造有限公司
	杭州珍琦卫生用品有限公司
	杭州品享科技有限公司
	杭州纸邦自动化技术有限公司
	杭州可靠护理用品股份有限公司
	杭州大路装备有限公司
	杭州千芝雅卫生用品有限公司
	杭州豪悦护理用品股份有限公司
	中建材轻工业自动化研究所有限公司
	浙江珍琦护理用品有限公司
	杭州嘉杰实业有限公司
	浙江英凯莫卫生用品有限公司
	俐特尔(杭州)包装材料有限公司
	杭州余宏卫生用品有限公司

续表

省市	会员名称
浙江省	浙江她说生物科技有限公司
	浙江省保健品化妆品行业协会/浙江省消毒产品标准化技术委员会
	浙江晶岛实业有限公司
	浙江欣富无纺布科技有限公司
	浙江金亿乐无纺布科技有限公司
	杭州比因美特实业有限公司
	杭州国光旅游用品有限公司
	浙江传化华洋化工有限公司
	浙江辉凯新材料科技有限公司
	浙江万鹏实业有限公司
	杭州希安达抗菌技术研究所有限公司
	浙江安顺化纤有限公司
	杭州经安实业投资有限公司
	浙江华章科技有限公司
	杭州淑洁卫生用品有限公司
	川田卫生用品(浙江)有限公司
	湖州唯可新材料科技有限公司
	浙江优全护理用品科技有限公司
	湖州东日环保科技有限公司
	浙江华晨非织造布有限公司
	浙江千柔凡护理用品有限公司
	嘉兴申新科技有限公司
	浙江富瑞森水刺无纺布有限公司
	浙江新合发联宾包装科技有限责任公司
	浙江新维狮合纤股份有限公司
	浙江卫星新材料科技有限公司
	嘉兴南华无纺材料有限公司
	浙江弘安纸业有限公司
	浙江正华纸业有限公司
	海宁市粤海彩印有限公司
	浙江诚信包装有限公司
	浙江金通纸业有限公司
	义乌市广鸿无纺布有限公司
	浙江武义浩伟机械有限公司
	龙泉鸿业塑料有限公司
	宁波东誉无纺布有限公司
	台塑工业(宁波)有限公司
	浙江双熊猫纸业有限公司
	浙江佳尔彩包装有限公司
	浙江冠诚科技有限公司

续表

省市	会员名称
浙江省	浙江诸暨造纸厂
	浙江庄生新材料科技有限公司
	浙江舒氏生物科技有限公司
	浙江商林科技股份有限公司
	绍兴佰迅卫生用品有限公司
	浙江瑞康日用品有限公司
	瑞安市瑞乐卫生巾设备有限公司
	温州市伟牌机械有限公司
	浙江鼎业机械设备有限公司
	浙江王派智能装备有限公司
	温州启扬机械有限公司
	温州市天铭印刷机械有限公司
	温州胜泰机械有限公司
	台邦电机工业集团有限公司
	瑞安市俊鼎达机械有限公司
	浙江易乐护理用品有限公司
	华昊无纺布有限公司
	华峰化学股份有限公司
	浙江百联无纺科技有限责任公司
	比芭(浙江)护理用品有限公司
	南六企业(平湖)有限公司
	亲宝优品(杭州)科技有限公司
	浙江天晴制造科技集团有限公司
	浙江启美日用品有限公司
	浙江德康环保科技有限公司
	温州国仕邦高分子材料有限公司
	瑞安市华东包装机械有限公司
安徽省	安庆市恒昌机械制造有限责任公司
	安庆市新宜纸业有限公司
	马鞍山市富源机械有限公司
	黄山富田精工智造股份有限公司
	安徽宏泰纸业有限公司
	安徽格义循环经济产业园有限公司
	铜陵洁雅生物科技股份有限公司
	铜陵麟安生物科技有限公司
	芜湖悠派护理用品科技股份有限公司
	旌德县万方日用品有限公司
	安徽御流包装机械有限公司
	安徽瑞程机械设备有限公司
	安徽雪龙纤维科技股份有限公司
	安徽松泰包装材料有限公司
	阳光新能源开发有限公司

续表

省市	会员名称
福建省	爹地宝贝股份有限公司
	长汀县天乐卫生用品有限公司
	福建闽瑞新合纤股份有限公司
	福建莆田佳通纸制品有限公司
	福建省莆田市荔城纸业有限公司
	福建新亿发集团有限公司
	福建东南艺术纸品股份有限公司
	福建培新机械制造实业有限公司
	泉州市汉威机械制造有限公司
	泉州市瑞东机械制造有限公司
	泉州大昌纸品机械制造有限公司
	恒安(集团)有限公司
	福建恒利集团有限公司
	泉州新日成热熔胶设备有限公司
	福建省明辉机械制造有限公司
	邦丽达(福建)新材料股份有限公司
	南安长利塑胶有限公司
	福建省泉州市东方机械有限公司
	中天(中国)工业有限公司
	福建省乔东新型材料有限公司
	雀氏(福建)实业发展有限公司
	泉州立克电气科技有限公司
	福建满山红新材料科技有限公司
	南安市欢益塑胶制品有限公司
	美佳爽(中国)有限公司
	泉州市创达机械制造有限公司
	泉州市嘉华卫生用品有限公司
	福建省昌德胶业科技有限公司
	松嘉(泉州)机械有限公司
	晋江市新合发塑胶印刷有限公司
	泉州天娇妇幼卫生用品有限公司
	晋江市兴泰无纺制品有限公司
	晋江市顺昌机械制造有限公司
	海纳智能装备国际控股有限公司
	福建冠泓工业有限公司
	泉州恩加品牌策划有限公司
	泉州恒新纸品机械制造有限公司
	晋江市德豪机械有限公司
	长城崛起(福建)新材料科技股份公司
	泉州市茂源石油机械设备制造有限公司
	泉州市肯能自动化机械有限公司

续表

省市	会员名称
福建省	福建省诺美护理用品有限公司
	泉州诺达机械有限公司
	泉州市纽百司进出口有限公司
	福建省健为医疗用品有限公司
	福建琦峰科技有限公司
	福建省福地化纤科技有限公司
	泉州世茂威腾进出口贸易有限责任公司
	泉州市泰迪新材料科技有限公司
	泉州市洛江区汇丰妇幼用品有限公司
	泉州市智高机械制造有限公司
	三明市普诺维机械有限公司
	厦门延江新材料股份有限公司
	建亚保达(厦门)卫生器材有限公司
	厦门安德立科技有限公司
	厦门悠派无纺布制品有限公司
	厦门祺星新材料有限公司
	厦门佳创科技股份有限公司
	厦门力和行自动化有限公司
	厦门翃科商贸有限公司
	厦门聚富塑胶制品有限公司
	厦门晋罡机械制造有限公司
	厦门金泰生物科技有限公司
	厦门港之龙商贸有限公司
	厦门海精机械有限公司
	福建溢泰科技有限公司
	福建妙雅卫生用品有限公司
	福建明禾新材料科技有限公司
	漳州市芗城晓莉卫生用品有限公司
	福建漳州智光纸业有限公司
	中南纸业(福建)有限公司
	泉州市爱丽诗卫生用品有限公司
	福建利澳纸业有限公司
	福建莱晋德供应链管理有限公司
	婴舒宝(中国)有限公司
	泉州市中森卫材有限公司
	泉州雀儿喜生活用品有限公司
	通标标准技术服务有限公司厦门分公司
	迈维库(厦门)科技有限公司
	三明市宏立机械制造有限公司

续表

省市	会员名称
江西省	九江纯木植护卫生用品有限公司
	江西省美满生活用品有限公司
	赣州华鑫卫生用品有限公司
	江西康雅医疗用品有限公司
	欧克科技股份有限公司
	江西优禾科技有限公司
	江西康琪实业有限公司
	江西省源品卫生用品有限公司
	江西美润环保制品有限公司
山东省	邹平新昊高分子材料有限公司
	山东德润新材料科技有限公司
	山东洁雅卫生用品有限公司
	山东胜安卫生用品有限公司
	山东诺尔生物科技有限公司
	山东中科博源新材料科技有限公司
	山东恒鹏卫生用品有限公司
	山东昊月新材料股份有限公司
	山东蓝孚高能物理技术股份有限公司
	山东信成纸业有限公司
	山东华林机械有限公司
	山东泉林纸业销售分公司
	山东恒发卫生用品有限公司
	山东信和造纸工程股份有限公司
	山东聊威纸业有限公司
	山东顺霸化妆品有限公司
	郯城县鹏程印务有限公司
	山东爱舒乐卫生用品有限责任公司
	山东和悦非织造材料有限公司
	山东鑫乐护理用品有限公司
	青岛瑞利达机械制造有限公司
	青岛优佳卫生科技有限公司
	亚太森博(山东)浆纸有限公司
	山东太阳生活用纸有限公司
	东顺集团股份有限公司
	威海威高医用材料有限公司
	潍坊恒联美林生活用纸有限公司
	山东福佳大正机械科技有限公司
	潍坊含羞草护理科技股份有限公司
	诸城市金隆机械制造有限责任公司
	俊富非织造材料有限公司
	潍坊中顺机械科技有限公司

续表

省市	会员名称
山东省	潍坊市同邦自动化设备有限公司
	诸城市格林纸业有限公司
	潍坊鑫鸿达卫生科技有限公司
	潍坊泓博无纺布材料有限公司
	山东精诺机械股份有限公司
	万华化学集团股份有限公司
	山东赛特新材料股份有限公司
	山东晨鸣纸业集团股份有限公司
	济南圣泉集团股份有限公司
	青岛欣欣向荣智能设备有限公司
	爱拉森医用品有限公司
	山东希瑞新材料有限公司
	山东昊星洁士新材料科技有限公司
	济南卡尼尔科技有限公司
河南省	河南派尼尔精密机械制造有限公司
	河南华洁卫生用品有限公司
	漯河银鸽生活纸产有限公司
	河南优沃特实业有限公司
	河南舒莱卫生用品有限公司
	陆丰机械(郑州)有限公司
	郑州智联机械设备有限公司
	河南宝汇机械设备有限公司
	郑州陆创机械设备有限公司
	郑州永益达机械设备有限公司
	郑州润华智能设备有限公司
	河南逸祥卫生科技有限公司
	郑州磊展科技造纸机械有限公司
	河南省百蓓佳卫生用品有限公司
	平舆中南纸业有限公司
	郑州瑞盛德智能装备有限公司
	郑州利之创机械设备有限公司
	郑州海德晟机械设备有限公司
湖北省	湖北中雅新材料股份有限公司
	湖北世纪雅瑞纸业有限公司
	湖北丝宝股份有限公司
	湖北马应龙护理品有限公司
	武汉八斗供应链管理有限公司
	镭德杰标识科技武汉有限公司
	湖北佰斯特卫生用品有限公司
	湖北乾峰新材料科技有限公司
	湖北欣柔卫生用品股份有限公司

续表

省市	会员名称
湖北省	武汉环泰包装印务有限公司
	湖北宏裕新型包材股份有限公司
	恒天嘉华非织造有限公司
	湖北金龙非织造布有限公司
	孝感市孝南区商务局
湖南省	湖南花香实业有限公司
	湖南爽洁卫生用品有限公司
	长沙正达轻科纸业设备有限公司
	长沙长泰智能装备有限公司
	湖南康程护理用品有限公司
	湖南千金卫生用品股份有限公司
	竹妃纸业有限公司
广东省	广东茵茵股份有限公司
	东莞市宝盈妇幼用品有限公司
	东莞利良纸巾制品有限公司
	东莞市常兴纸业有限公司
	东莞嘉米敦婴儿护理用品有限公司
	东莞市达林纸业有限公司
	东莞瑞麒婴儿用品有限公司
	广州博瑞医药包装印刷有限公司
	东莞市科环机械设备有限公司
	东莞市成铭胶粘剂有限公司
	东莞市程富实业有限公司
	东莞市佛而盛智能机电股份有限公司
	东莞市自成机械设备有限公司
	东莞市神点纳米喷涂科技有限公司
	东莞市润丽华实业有限公司
	东莞市嘉宏有机硅科技有限公司
	东莞市勤达仪器有限公司
	佛山华韩卫生材料有限公司
	佛山市联塑万嘉新卫材有限公司
	佛山市啟盛卫生用品有限公司
	广东景兴健康护理实业股份有限公司
	佛山市兆广机械制造有限公司
	佛山佩安婷卫生用品实业有限公司
	佛山市宝索机械制造有限公司
	佛山市顺德区新感觉卫生用品有限公司
	佛山市南海区德昌誉机械制造有限公司
	佛山市南海置恩机械制造有限公司
	广东必得福医卫科技股份有限公司
	佛山市新飞卫生材料有限公司

续表

省市	会员名称
广东省	广东妇健企业有限公司
	佛山市南海毅创设备有限公司
	佛山南宝高盛高新材料有限公司
	佛山市南海区德利劲包装机械制造有限公司
	佛山市鹏轩机械制造有限公司
	佛山市南海区宝拓造纸设备有限公司
	佛山市泰信达自动化设备有限公司
	广东昱升个人护理用品股份有限公司
	佛山市协合成机械设备有限公司
	佛山市精拓机械设备有限公司
	佛山市南海铭阳机械制造有限公司
	广东志德胜科技有限公司
	佛山市南海区邦贝机械制造有限公司
	佛山市今飞机械制造有限公司
	广东佰分爱卫生用品有限公司
	广东康怡卫生用品有限公司
	佛山市科牛机械有限公司
	广东中科鑫雁科技有限公司
	佛山市嘉和机械制造有限公司
	佛山市顺德区康儿健母婴用品有限公司
	实宜机械设备(佛山)有限公司
	广东美登新材料科技有限公司
	佛山市洁邦卫生用品有限公司
	佛山市鼎天保护膜有限公司
	佛山市索玛机械有限公司
	佛山市顺德区精卫科技有限公司
	广东欧比个人护理用品有限公司
	广东贝禧护理用品有限公司
	佛山市南海区医卫用产品行业协会
	佛山联控新材料有限公司
	佛山景慕无纺布科技有限公司
	广东强的卫材科技有限公司
	广东荣嘉新材料科技有限公司
	佛山市天骅科技有限公司
	佛山达健实验设备有限公司
	广州市兴世机械制造有限公司
	耐恒(广州)纸品有限公司
	广州贝晓德智能科技有限公司
	广东一洲新材料科技有限公司
	广州市顶丰自动化设备有限公司
	广州德渊精细化工有限公司

续表

省市	会员名称
广东省	聚胶新材料股份有限公司
	广州市汉氏卫生用品有限公司
	广州市粤盛工贸有限公司
	广州卓德嘉薄膜有限公司
	广州艾泽尔机械设备有限公司
	广州市新辉联无纺布有限公司
	金发科技股份有限公司
	广州市鑫源纸业有限公司
	广州爱科琪盛塑料有限公司
	滨海昌正企业管理有限公司
	露乐健康科技(广州)有限公司
	广州斯普莱技术有限公司
	广州市桑格喷涂设备有限公司
	广州健朗医用科技有限公司
	广州探索技术有限公司
	惠州市汇德宝护理用品有限公司
	广东艾伯森聚合物技术有限公司
	维达纸业(中国)有限公司
	江门市新龙纸业有限公司
	江门市新会区园达工具有限公司
	江门市安德宝特种润滑剂有限公司
	江门旺佳纸业有限公司
	广东冰冰护理用品有限公司
	广东洁新卫生材料有限公司
	清远市腾科机械设备有限公司
	英德市捷成化工有限公司
	汕头市集诚妇幼用品厂有限公司
	广东万安纸业有限公司
	广东美联新材料股份有限公司
	汕头市利华杰机械实业有限公司
	汕头市在水一方品牌策划有限公司
	国桥实业(深圳)有限公司
	深圳金皇尚热熔胶机喷涂设备有限公司
	金旭环保制品(深圳)有限公司
	深圳市亿宝纸业有限公司
	深圳市鑫冠臣机电有限公司
	深圳市宜丽环保科技股份有限公司
	西朗纸业(深圳)有限公司
	深圳市轩泰机械设备有限公司
	江门市蓬江区跨海工贸有限公司
	深圳市御品坊日用品有限公司

续表

省市	会员名称
广东省	深圳全棉时代科技有限公司
	心丽卫生用品(深圳)有限公司
	深圳市嘉美高科系统技术有限公司
	深圳市爱普克流体技术有限公司
	深圳市哈德胜精密科技有限公司
	深圳市蓝月亮纸业有限公司
	凯儿得乐(深圳)科技发展有限公司
	深圳市琳玺机电科技有限公司
	深圳市华夏龙供应链管理有限公司
	深圳市凯石精密模具有限公司
	肇庆长实纸业有限公司
	广东川田卫生用品有限公司
	中顺洁柔纸业股份有限公司
	诺斯贝尔化妆品股份有限公司
	中山瑞德卫生纸品有限公司
	中山市富田机械有限公司
	珠海得米新材料有限公司
	美塞斯(珠海)工业自动化设备有限公司
	珠海市健朗生活用品有限公司
	盈家(珠海保税区)卫生用品有限公司
	中山佳健生活用品有限公司
	广东美洁卫生用品有限公司
	广东比伦生活用纸有限公司
	佛山市邦宝卫生用品有限公司
	广州德昌化工有限公司
	广东达森特科技有限公司
	广州检验检测认证集团有限公司
	广东宝德利新材料科技股份有限公司
	深圳爱贝港实业有限公司
	维尼健康(深圳)股份有限公司
	东莞市天正纸业有限公司
	英创科技(广州)有限公司
	广东诺鼎智能科技有限公司
	中山市德乐生物科技有限公司
	广东美云智数科技有限公司
	广东乐派生物科技有限公司
	佛山传越自动化设备有限公司
	旭川新材料(广东)股份有限公司
	汕头市爱美高自动化设备有限公司

续表

省市	会员名称
广西壮族自治区	广西广业贵糖糖业集团有限公司
	柳州两面针纸业有限公司
	柳州市卓德机械科技股份有限公司
	广西舒雅护理用品有限公司
	广西洁宝纸业投资股份有限公司
	南宁侨虹新材料股份有限公司
	南宁市佳达纸业有限责任公司
	广西横县江南纸业有限公司
重庆市	重庆盛丰纸业有限公司
	重庆百亚卫生用品股份有限公司
	重庆珍爱卫生用品有限责任公司
	重庆理文卫生用纸制造有限公司
	重庆久吉纸业有限公司
	重庆和泰润佳股份有限公司
	重庆海明卫生用品有限公司
	重庆市哲曦塑料制品有限公司
	重庆东实纸业股份有限公司
	重庆壮大包装材料有限公司
四川省	成都市豪盛华达纸业有限公司
	成都市家家洁纸业有限公司
	成都百信纸业有限公司
	四川兴睿龙实业有限公司
	成都居家生活造纸有限责任公司
	四川永丰纸业股份有限公司
	四川蓝漂日用品有限公司
	成都新利精密刀具有限公司
	四川友邦纸业有限公司
	四川犍为凤生纸业有限公司
	四川环龙新材料有限公司
	四川佳益卫生用品有限公司
	四川省绵阳市超兰卫生用品有限公司
	四川竹印良品新材料科技有限公司
	绵阳同成智能装备股份有限公司
	四川汇维仕化纤有限公司
	宜宾纸业股份有限公司
	重庆彼特福纸业有限公司
	四川石化雅诗纸业有限公司
	四川佑盾优品医疗科技有限公司
贵州省	贵州盛泰源精工装备有限责任公司
	贵州卡布国际生物科技有限公司

续表

省市	会员名称
云南省	云南嘉信和纸业有限公司
	云南万达纸业有限公司
	云南云景林纸股份有限公司
	云南白药清逸堂实业有限公司
西藏自治区	西藏坎巴嘎布卫生用品有限公司
陕西省	陕西理工机电科技有限公司
	西安兴晟生态环境有限公司
	西安维亚造纸机械有限公司
甘肃省	平凉市宝马纸业有限责任公司

注：排名不分先后。以上会员申请截至2022年01月06日，共693家。

境外会员单位

国家或地区	会员名称
日本	日本卫生材料工业连合会（JHPIA）
	日本池上交易株式会社(IKEGAMI KOEKI)
	瑞光(上海)电气设备有限公司
	川之江造纸机械(嘉兴)有限公司(KAWANOE)
	上海伊藤忠商事有限公司(ITOCHU)
	住友精化贸易(上海)有限公司(SUMITOMO)
	贝亲母婴用品(常州)有限公司(PIGEON)
	善持乐喷涂设备(上海)有限公司
	三大雅精细化学品(南通)有限公司
美国	诺信(中国)有限公司(NORDSON)
	国际纸业（亚洲)有限公司(INTERNATIONAL PAPER)
	乔治亚太平洋吉平(上海)贸易有限公司
	依工玳纳特胶粘设备(苏州)有限公司(ITW DYNATEC)
	致优无纺布(无锡)有限公司(First Quality)
	富乐(中国)粘合剂有限公司(H. B. FULLER)
	TTO，LLC
意大利	法麦凯尼柯机械(上海)有限公司(FAMECCANICA)
	意大利法比奥百利怡机械（上海）有限公司(KÖRBER)
	意大利拓斯克公司(Toscotec)
	Tissue Machinery Company S. P. A.（TMC）
芬兰	维美德集团(Valmet)
中国香港	特艺佳国际有限公司(TECH VANTAGE)
	灯塔亚洲有限公司(DOMTAR)
	上海宝丽斯工程有限公司(Pulsar)
	Central National Asia Ltd.
	嗨宝贝科技有限公司

续表

国家或地区	会员名称
中国台湾	台湾百和工业股份有限公司(PAIHO)
德国	恩格利特公司(UNGRICHT Roller + Engraving Technology)
	德国 TKM 集团(TKM)
	费斯托(中国)有限公司
	盛威科(上海)油墨有限公司
	德沃尔无纺布(杭州)有限公司
	佳乐博检测技术服务(大连)有限公司
法国	波士胶(上海)管理有限公司(Bostik)
	罗盖特管理(上海)有限公司

续表

国家或地区	会员名称
波兰	PMPoland S. A. 造纸设备有限公司(PMP)
奥地利	兰精纤维(上海)有限公司
	安德里茨(中国)有限公司
新加坡	赛得利(上海)企业管理有限公司
挪威	埃肯有机硅(上海)有限公司
智利	智利智美浆纸公司上海代表处
加拿大	Mercer International Inc.

注：排名不分先后。以上会员申请截至 2022 年 01 月 06 日，共 42 家。

生活用纸企业家高峰论坛成员单位名单(2022年)

List of the China Tissue Paper Executives Summit members(2022)

省市	公司名称	会员人选
北京市	中国造纸协会生活用纸专业委员会	曹振雷
河北省	保定雨森卫生用品有限公司	苏马力
	保定市港兴纸业有限公司	张二牛
	河北金博士卫生用品有限公司	张涛
上海市	上海东冠纸业有限公司	莫建新
	上海唯尔福集团股份有限公司	何幼成
	上海护理佳实业有限公司	夏双印
	泰盛科技(集团)股份有限公司	吴明希
江苏省	金红叶纸业集团有限公司	陈长明
	永丰余投资有限公司	李宗纯
	胜达集团江苏开胜纸业有限公司	赵林
	江苏王子制纸有限公司	陈卫兵
福建省	恒安(集团)有限公司	许连捷
	福建恒利集团有限公司	吴家荣
山东省	东顺集团股份有限公司	陈树明
	山东晨鸣纸业集团股份有限公司	杨东民
	山东太阳生活用纸有限公司	李娜
河南省	漯河银鸽生活纸产有限公司	王奇峰
广东省	维达纸业(中国)有限公司	李朝旺
	中顺洁柔纸业股份有限公司	岳勇
重庆市	重庆理文卫生用纸制造有限公司	李文俊
四川省	四川环龙新材料有限公司	周骏
	四川石化雅诗纸业有限公司	周祥

卫生用品企业家高峰论坛成员单位名单(2022 年)

List of the China Hygiene Products Executives Summit members (2022)

省市	公司名称	会员人选
北京市	中国造纸协会生活用纸专业委员会	曹振雷
	中国轻工集团有限公司	曹春昱
	北京倍舒特妇幼用品有限公司	李秋红
	北京倍舒特科技发展有限公司	刘崇九
	北京爸爸的选择科技有限公司	王胜地
	北京桑普生物化学技术有限公司	刘洪生
	北京大源非织造股份有限公司	张志宇
天津市	天津市依依卫生用品股份有限公司	卢俊美
	小护士(天津)实业发展股份有限公司	杨印江
河北省	河北义厚成日用品有限公司	白红敏
上海市	上海唯尔福集团股份有限公司	何幼成
	上海东冠纸业有限公司	莫建新
	上海护理佳实业有限公司	夏双印
	康那香企业(上海)有限公司	戴秀玲
	上海紫华企业有限公司	王冬梅
	上海丰格无纺布有限公司	焦勇
	诺信(中国)有限公司	谭宗焕
	富乐(中国)粘合剂有限公司	韦广法
	波士胶(上海)管理有限公司	孙昭雯
	上海亿维实业有限公司	祁超训
	上海精发实业股份有限公司	陈立东
江苏省	金红叶纸业集团有限公司	陈长明
	贝里国际集团(Berry)	崔彦昭
	维顺(中国)无纺制品有限公司	邓福元
	宜兴丹森科技有限公司	孙骁
	依工玳纳特胶粘设备(苏州)有限公司	吴坤泉
	莱芬豪舍塑料机械(苏州)有限公司	Bernd Reifenhauser
	江苏有爱科技有限责任公司	任用
	苏州市苏宁床垫有限公司	张俊武
	南京锦琪昶新材料有限公司	吴勇

续表

省市	公司名称	会员人选
浙江省	杭州千芝雅卫生用品有限公司	吴跃
	杭州可靠护理用品股份有限公司	金利伟
	杭州豪悦护理用品股份有限公司	李志彪
	杭州珍琦卫生用品有限公司	俞飞英
	浙江新余宏智能装备有限公司	鲁兵
	台塑工业(宁波)有限公司	吴政璋
	南六企业(平湖)有限公司	黄和村
	浙江卫星新材料科技有限公司	沈晓炜
	浙江优全护理用品科技有限公司	严华荣
	杭州国光旅游用品有限公司	傅启才
	杭州可悦卫生用品有限公司	黄国权
	川田卫生用品(浙江)有限公司	周 平
	杭州淑洁卫生用品有限公司	丁桂兴
	杭州经安实业投资有限公司	庄海波
安徽省	安庆市恒昌机械制造有限责任公司	吕兆荣
	黄山富田精工制造有限公司	方安江
	芜湖悠派护理用品科技股份有限公司	程岗
福建省	恒安(集团)有限公司	许连捷，许文默
	爹地宝贝股份有限公司	林斌
	福建恒利集团有限公司	吴家荣
	厦门延江新材料股份有限公司	谢继华
	雀氏(福建)实业发展有限公司	郑佳明
	泉州市汉威机械制造有限公司	林秉正
	邦丽达(福建)新材料股份有限公司	郑叙炎
	福建省乔东新型材料有限公司	丁棋
	婴舒宝(中国)有限公司	颜培坤
	美佳爽(中国)有限公司	陈汉河
	福建利澳纸业有限公司	丁棋灿
	泉州市嘉华卫生用品有限公司	尤华山
	福建琦峰科技有限公司	高永康
	三明市普诺维机械有限公司	郭尚接
	泉州天娇妇幼卫生用品有限公司	俞晓铭
	福建满山红新材料科技有限公司	黄奕群
	泉州市洛江区汇丰妇幼用品有限公司	潘儒愿
	泉州市中森卫材有限公司	黄如木
	海纳智能装备国际控股有限公司	洪奕元
	福建明禾新材料科技有限公司	杨海金
	新合发包装集团	陈思红

续表

省市	公司名称	会员人选
山东省	东顺集团股份有限公司	陈树明
	山东诺尔生物科技有限公司	荣敏杰
	俊富非织造材料有限公司	赵民忠
河南省	河南舒莱卫生用品有限公司	杨桂海
湖北省	湖北丝宝卫生用品有限公司	陈莺
	恒天嘉华非织造有限公司	邓连华
湖南省	湖南舒比奇生活用品有限公司	彭敏
	湖南爽洁卫生用品有限公司	张霞明
广东省	维达纸业(中国)有限公司	李朝旺，张健
	广东景兴健康护理实业股份有限公司	邓锦明
	广东昱升个人护理用品股份有限公司	苏艺强
	佛山市啟盛卫生用品有限公司	关锦添
	广东茵茵股份有限公司	谢锡佳
	佛山市新飞卫生材料有限公司	穆范飞
	佛山市南海必得福无纺布有限公司	邓伟添
	中山佳健生活用品有限公司	缪国兴
	广州市兴世机械制造有限公司	林颖宗
	东莞市常兴纸业有限公司	王树杨
	深圳全棉时代科技有限公司	刘华
	广东川田卫生用品有限公司	李宗霖
	广东美洁卫生用品有限公司	黎力冲
	新感觉卫生用品有限公司	黎汉凡
	广东康怡卫生用品有限公司	劳绍旗
	广东邦宝个人护理用品有限公司	黄荣祥
	广州市汉氏卫生用品有限公司	邱剑华
	东莞市天正纸业有限公司	吴柱威
	广东欧比个人护理用品有限公司	徐志明
	凯儿得乐(深圳)科技发展有限公司	刘妙锋
	广东聚胶粘合剂有限公司	陈曙光
	广州市粤盛工贸有限公司	孙星威
	腾科系统技术有限公司	周殿敏
重庆市	重庆百亚卫生用品股份有限公司	冯永林
	重庆珍爱卫生用品有限责任公司	黄诗平
贵州省	贵州卡布国际生物科技有限公司	肖蜀黔
云南省	云南白药清逸堂实业有限公司	张枝荣

中国卫生用品行业专家库专家名单(2022 年)

Expert team of the China disposable hygiene products industry (2022)

类别	省市	专家姓名	性别	擅长领域	职称	工作单位	职务
产品类(22 人)	北京	李秋红	女	卫生巾产品	工程师	北京倍舒特妇幼用品有限公司	董事长兼总经理
		王胜地	男	纸尿裤产品		北京爸爸的选择科技有限公司	CEO
	上海	王嘉俊	男	卫生巾、纸尿裤产品标准	工程师	尤妮佳生活用品(中国)有限公司	公共关系部高级经理
		夏双印	男	卫生巾,乳垫	高级工程师	上海护理佳实业有限公司	董事长
		陈广岩	男	卫生巾,乳垫	电气工程师	上海护理佳实业有限公司	总工程师
		蒋庆杰	男	卫生巾,乳垫	高级工程师	上海护理佳实业有限公司	总经理
	浙江	金利伟	男	纸尿裤产品	高级工程师	杭州可靠护理用品股份有限公司	董事长兼总经理
		唐伟	男	纸尿裤产品	高级工程师	杭州可靠护理用品股份有限公司	研究院副院长
		俞小英	女	纸尿裤产品	工程师	浙江珍琦护理用品有限公司	副总经理
		KIM HYONG BOM	男	纸尿裤产品		浙江珍琦护理用品有限公司	研发总监
	安徽	程岗	男	宠物垫,护理垫,成人纸尿裤	工程师	芜湖悠派护理用品科技股份有限公司	董事长兼总经理
	福建	林斌	男	纸尿裤产品	助理工程师	爹地宝贝股份有限公司	董事长
	河南	杨桂海	男	卫生巾产品		河南舒莱卫生用品有限公司	总经理
		张小俊	女	卫生巾产品		河南护理佳实业有限公司	厂长
	湖北	李银琪	男	卫生巾产品		湖北丝宝股份有限公司	技术开发经理
	湖南	覃叙钧	男	纸尿裤产品			
	广东	关锦添	男	卫生巾产品	工程师,政工师	佛山市啟盛卫生用品有限公司	董事长
		房雨	男	纸尿裤产品		广东贝禧护理用品有限公司	总经理
		金彤	男	卫生巾产品		广东川田卫生用品有限公司	研发总监
		王添辉	男	纸尿裤产品	高级工程师	广东茵茵股份有限公司	研发总监
		麦庆枚	男	纸尿裤产品	工程师	广东格菲林卫材科技有限公司	生产技术副经理
	日本	宫泽清	男	卫生用品	教授		
材料类(17 人)	北京	张静峰	女	非织造布	高级工程师	北京大源非织造股份有限公司	副总经理
	上海	何厚康	男	透气膜	高级工程师	上海德山塑料有限公司	副总经理/厂长
		张维军	男	热风和水刺非织造布开发应用、工艺管理和质量管理;卫生用品开发、工艺和质量管理	高级工程师	上海抬基企业管理咨询有限公司	CEO
		时海斌	男	热熔胶		波士胶(上海)管理有限公司	技术服务经理
		焦勇	男	非织造布		上海丰格无纺布有限公司	总经理
		汤彦斐	男	SAP,化学分析		赛得利(中国)纤维有限公司	商务总监

续表

类别	省市	专家姓名	性别	擅长领域	职称	工作单位	职务
材料类（17人）	江苏	田雨	男	非织造布		俊富非织造材料有限公司	首席执行官
		宋逸	男	非织造布，热熔胶		斐罗塔新材料科技(苏州)有限公司	创始人
		张国华	男	非织造布		贝里国际集团	亚洲区卫材高级销售总监
	浙江	詹卫东	男	非织造布		湖州唯可新材料科技有限公司	总经理
	福建	黄奕群	男	包装袋		福建满山红包装股份有限公司	董事长
		杨海金	男	包装袋		福建明禾新材料科技有限公司	总经理
	广东	韦广法	男	热熔胶	工程师	富乐(中国)粘合剂有限公司	总监
		李晓勇	男	热熔胶		富乐(中国)粘合剂有限公司	技术服务经理
		方昌琴	女	热熔胶，纸尿裤闭合系统		广州德渊精细化工有限公司	研发协理
		陈康振	男	非织造布	高级工程师	贝里国际集团南海南新无纺布有限公司	亚洲区卫材产品开发和技术服务总监
	台湾	谢绍明	男	绒毛浆，卫生巾、纸尿裤产品		灯塔亚洲有限公司	技术服务经理
设备类（14人）	上海	蒋涛涛	男	输送带		霓达(上海)企业管理有限公司	副课长
		傅炯	男	卫生用品设备		上海智联精工机械有限公司	总经理
		谭宗焕	男	热熔胶机		诺信(中国)有限公司	亚洲中国区无纺布部门总经理
	浙江	黄伟	男	设备设计、产品(卫生巾/纸尿裤/湿巾)设计	高级工程师	杭州嘉杰实业有限公司	董事长
	安徽	吕兆荣	男	卫生用品设备	高级工程师	安庆市恒昌机械制造有限责任公司	董事长
		吕庆	男	卫生用品设备	副研究员	安庆市恒昌机械制造有限责任公司	副总经理
		金昌飞	男	卫生用品设备	副研究员	安庆市恒昌机械制造有限责任公司	副总经理
		朱振良	男	卫生用品设备	工程师	安庆市恒昌机械制造有限责任公司	设计开发部主任
		丁卫星	男	卫生用品设备	副研究员	安庆市恒昌机械制造有限责任公司	设计开发部副主任
	福建	郭尚接	男	旋转模切刀具	高级工程师	三明市普诺维机械有限公司	董事长
		林秉正	男	卫生用品设备		泉州市汉威机械制造有限公司	董事长兼总经理
	广东	黄葆钧	男	纠偏器		广州贝晓德传动配套有限公司	总经理
		林颖宗	男	卫生用品设备	高级工程师	广州市兴世机械制造有限公司	总经理
	江西	胡坚胜	男	包装设备、生活用纸加工设备	高级工程师	江西欧克科技有限公司	董事长

生产和市场

PRODUCTION AND MARKET

[2]

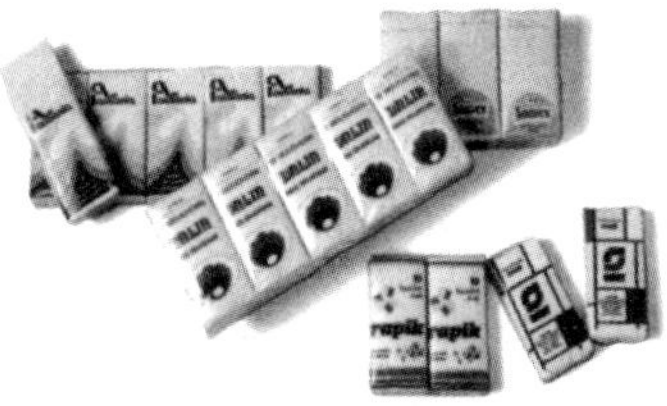

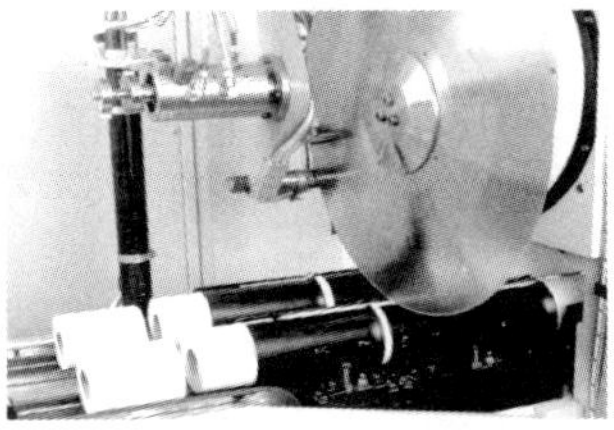

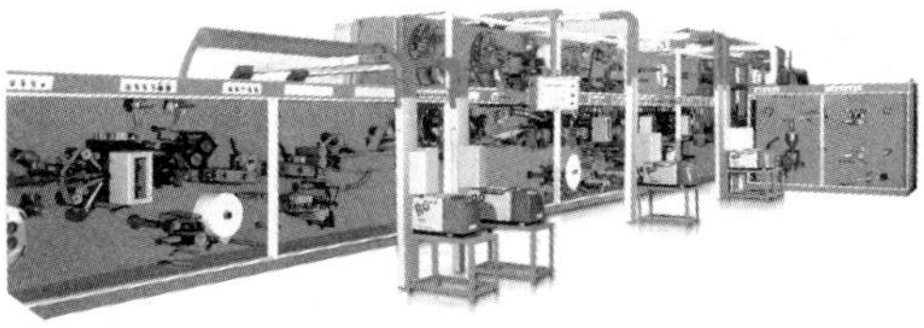

生活用纸 Tissue paper

中国生活用纸行业的概况和展望

周　杨　郭凯原　曹宝萍　张玉兰

中国生活用纸行业近些年来一直保持增长态势，同时在市场竞争的推动下，行业落后产能继续淘汰，落后产能占比进一步减少，但整个行业现阶段产能过剩，市场竞争异常激烈。

1　市场规模

根据中国造纸协会生活用纸专业委员会(以下简称生活用纸委员会)的统计，2020 年生活用纸总产能达到1614 万吨，总产量约 1129.8 万吨，行业平均设备开工率为 70%，销售量约 1133.2 万吨，工厂总销售额约 1014.2 亿元，全行业产品的平均出厂价 8950 元/吨(含出口)。消费量约 1049.4 万吨，人均年消费量约 7.5 千克。国内市场规模约 1221.0 亿元。

目前，中国人均消费量已明显超过 FASTMARKETS RISI 估计的 2020 年世界人均 5.6 千克的消费量水平，并且中国由于巨大的人口基数，成为全球最大的生活用纸生产国和消费国。

表 1　2020 年中国生活用纸行业的总规模

	2020 年	2019 年	同比增长/%
产能/万吨	1614.0	1445.0	11.7
产量/万吨	1129.8	1040.4	8.6
销售量/万吨	1133.2	1035.4	9.4
进口量/万吨	2.77	3.17	-12.7
出口量/万吨	86.57	77.91	11.1
净出口量/万吨	83.80	74.74	12.1
消费量/万吨	1049.4	960.7	9.2
人均消费量/千克	7.5	6.9	8.7
出厂均价/(元/吨)	8950	9600	-6.8
工厂销售总额/亿元	1014.2	994.0	2.0
国内市场规模/亿元	1221.0	1198.9	1.8

注：2020 年、2019 年市场零售均价按出厂均价加价率 30%计来计算国内市场规模。

2　主要生产商和品牌

中国目前的生活用纸行业仍是由多个生产商组成，近两年来，原纸的生产企业维持在 200 多家。据生活用纸专业委员会统计，2020 年原纸生产企业是 240 家(注：有多家生产基地的集团公司算作 1 家，因此全国的生产工厂约 280 家)，主要分布区域见表 2。

表 2　2020 年全国原纸生产企业数量按地区分布情况(集团省份)

地区	企业数/家	地区	企业数/家	地区	企业数/家
河北	68	浙江	8	山西	2
广西	38	辽宁	6	上海	2
四川	23	江西	6	湖北	2
广东	18	安徽	4	重庆	2
福建	13	贵州	4	黑龙江	1

续表

地区	企业数/家	地区	企业数/家	地区	企业数/家
山东	13	云南	4	湖南	1
江苏	9	陕西	3	甘肃	1
河南	9	新疆	3		
总计/家			240		

其中年产5万吨以上(含5万吨)的企业有76家，比2019年增加10家，这76家企业合计产能占行业总产能的83.8%。全国性的四大品牌仍然是心相印、维达、清风、洁柔。

规模在2万吨以下的小型企业有69家，这些企业能够生存的主要原因是中国地域广大、消费梯度层次多，小型企业的生产运行更灵活，产品推广能深入到更偏远的乡镇农村市场，满足这些市场的需求。另外四川、河北和广西以中小型企业为主。

表3 2020年全国原纸生产企业产能、数量分布情况

产能范围/(万吨/年)	>100	50(不含)—100(含)	10(不含)—50(含)	5(含)—10(含)	2(含)—5(不含)	<2
企业数量/家	3	3	20	50	95	69

2020年现代化产能在50万吨以上的省级地区主要包括河北、广东、山东、四川、重庆、海南等，详见表4。

表4 2020年现代化产能分布地区排序(50万吨以上)

序号	省区市	总产能/万吨	纸机数量/台	序号	省区市	总产能/万吨	纸机数量/台
1	河北	330.3	188	8	江苏	67.0	20
2	广东	131.0	53	9	浙江	63.8	34
3	山东	114.0	41	10	广西	63.6	39
4	四川	102.9	66	11	江西	63.2	19
5	重庆	94.8	21	12	河南	55.5	28
6	海南	84.0	28	13	福建	52.3	16
7	湖北	83.6	35		合计	1306	588

2020年综合排名前17位的生产商见表5，合计产能占总产能的54.5%(2019年：58.0%)，较2019年下降3.5个百分点，领先企业投资速度放缓；销售额合计约占总销售额的58.9%(2019年：59.0%)，销售额占比较2019年下降0.1个百分点。

表5 2020年综合排名前17位的生活用纸生产商

序号	公司名称	品牌	生产能力/(万吨/年)
1	福建恒安集团有限公司	心相印，柔影	148.2
2	维达纸业(中国)有限公司	维达，花之韵	125
3	金红叶纸业集团有限公司	唯洁雅，清风，真真	166
4	中顺洁柔纸业股份有限公司	洁柔，太阳	76
5	东顺集团股份有限公司	顺清柔	42.8
6	理文卫生纸制造有限公司	亨奇，理文，理文原色	96.5(含竹浆纸)
7	上海东冠纸业有限公司	洁云，丝柔	14
8	丽邦集团	丽邦	21
9	保定雨森卫生用品有限公司	雨森，百丽	26

续表

序号	公司名称	品牌	生产能力/(万吨/年)
10	上海唯尔福集团股份有限公司	纸音	10
11	永丰余家品(昆山)有限公司	五月花	15
12	四川环龙新材料有限公司	斑布	13.6(竹浆纸)
13	河北雪松纸业有限公司	雪松	19
14	银鸽集团	银鸽，舒蕾	16
15	泰盛科技(集团)股份有限公司	维尔美，纤纯，竹态	61(含竹浆纸)
16	山东太阳生活用纸有限公司	幸福阳光	17
17	山东晨鸣纸业集团股份有限公司	星之恋，森爱之心	12
	合计产能		879.1

据 FASTMARKETS RISI 数据显示，2020 年金红叶(APP 在中国大陆的产能)、恒安、维达 3 家企业产能在全球分别排在第 4、第 6、第 9，在亚洲分别排在第 1、第 3、第 4。3 家企业生活用纸原纸产能都超过 125 万吨，合计产能约为 439.2 万吨，约占行业总产能的 27.2%(2019 年：30.4%)，销售额合计约 294.5 亿元，约占行业总销售额的 29.0%(2019 年：31.1%)。

• 恒安是居中国第 1 位的生活用纸生产商，也是目前中国生活用纸行业产量最大的生产商。根据恒安国际年报，2020 年，恒安生活用纸业务(含湿巾)销售额为 103.8 亿元，比 2019 年下降约 9.6%，销售额下降的原因为：①增加在市场推广方面的投入；②国内商业及企业活动受疫情影响，减少对纸巾的需求。2020 年，恒安生活用纸业务(含湿巾)占集团总销售额的约 46.4%(2019 年：51.1%)。由于商品木浆价格仍然处于低位，使毛利率显著增长至约 33.5%(2019 年：27.7%)[1]。

2021 年上半年，恒安生活用纸业务(含湿巾)销售收入下跌约 12.2%至约 46.97 亿元(2020 年上半年：53.49 亿元)，占集团总体收入约 47.1%(2020 年上半年：48.9%)。由于集团于上半年大部分时间仍持有低价格的木浆库存，市场上木浆价格上升的趋势并未对集团上半年的毛利构成重大压力。但集团 2021 年加大促销费用，以保持市场竞争力以致毛利率跌至约 29.2%(2020 年上半年：35.0%)[1]。

• 维达是中国最早的生活用纸专业生产商之一，多年来保持平稳发展的领先地位，目前是居第 2 位的生活用纸生产商。根据维达国际年报，2020 年维达国际生活用纸业务(含湿巾)实现营业收入 136.08 亿港元，同比增长 2.7%，按固定汇率换算的同比增长 3.6%，占集团总销售额的 82%(2019 年：82%)；受益于高端产品组合占比继续提升，生活用纸业务(含湿巾)的毛利率及业绩溢利率分别增长至 38.3%和 16.5%(2019 年：分别为 31.4%和 11.6%)[2]。

2021 年，维达生活用纸(含湿巾)业务收益增长 13.9%至 155.01 亿港元，增幅按固定汇率换算为 7.2%，占集团总收益的 83%(2020 年：82%)。高端市场为维达业务拓展带来商机，高端产品组合占比实现稳步递增，进一步巩固维达在中国内地生活用纸行业的领先地位。但因原料成本大幅上涨及业内促销压力加大，生活用纸(含湿巾)业务的毛利率及分部业绩溢利分别下降 2.9 个百分点及 4.1 个百分点至 35.4%及 12.4%[2]。

• 金红叶是 APP 在中国的生活用纸集团，是位居中国第 3 位的生活用纸生产商。2021 年产能 202 万吨/年，目前为中国生活用纸行业产能最大的生产商。

• 中顺洁柔目前是居第 4 位的生活用纸生产商，根据中顺洁柔业绩快报，2020 年，中顺洁柔营业总收入(主要为生活用纸业务销售额)达 78.50 亿元，同比增长 18.31%；净利润为 9.05 亿元，同比上升 49.82%。2020 年公司业绩上升的主要原因为：①国际木浆价格下跌，公司生产成本降低，有效提升产品毛利率，促进盈利增长；②优化产品结构，提升高端、高毛利产品占比、开发高端新品投入市场；③销售团队加强 KA、GT、AFH、EC、SC、RC 六大渠道的建设，加快网络平台布局；④湖北中顺工程项目一期产能有效释放[3]。

2021年上半年，中顺洁柔营业收入约42.48亿元，同比增长17.46%；归属于上市公司股东的净利润约4.07亿元，同比减少10.06%[3]。

2021年前三季度，中顺洁柔营业收入约62.75亿元，同比增长12.95%；归属于上市公司股东的净利润约4.84亿元，同比减少27.88%[3]。

• 位居第5名的是山东东顺，2020年产能42.8万吨。目前，东顺集团有2个原纸生产基地(山东东平、黑龙江肇东)。2020年，山东东平基地投产1台宝拓的新月型卫生纸机，新增产能2万吨/年。

• 目前理文在中国大陆有3个生活用纸原纸生产基地，2020年，总产能96.5万吨/年，包括重庆62.5万吨/年，江西九江22万吨/年，广东东莞12万吨/年。2020年，理文没有新增产能。2021年，理文在江西投产2台宝拓和1台信诺卫生纸机，合计增加产能5.4万吨/年，使总产能达到101.9万吨/年。理文继续以“产业链条集群发展”的模式，为生活用纸加工企业供应原纸，公司仍以销售原纸为主，自主品牌产品占较小份额。

• 上海东冠集团是长三角地区重要的生活用纸生产企业，也是上海市目前唯一一家有原纸生产的生活用纸企业，近年来平稳发展，2020年产能14万吨，包括5台日本川之江BF纸机、2台维美德新月型卫生纸机，及1台国产斜网擦手纸机。

2021年3月8日，东冠集团投资的36万吨高档生活用纸项目签约暨推进长三角一体化项目签约开工仪式在安徽省马鞍山市当涂经济开发区举行，标志着东冠集团在生活用纸领域将更进一步，集团将进入一个新的发展阶段。

2021年3月25日，上海证监局官网公示了海通证券股份有限公司关于上海东冠健康用品股份有限公司首次公开发行股票并上市辅导备案情况报告。

• 丽邦集团保定港兴纸业是保定满城地区代表性企业，是保定地区最早淘汰落后产能、更新换代设备的企业。2020年，港兴纸业新增产能7.5万吨，包括保定基地的1台产能2.5万吨/年的宝拓新月型卫生纸机，于2020年5月投产，以及湖北孝感基地一期首批于2020年10—11月投产的2台2.5万吨/年的宝拓新月型卫生纸机，使集团总产能达到21万吨。

2021年，丽邦集团继续在孝感基地投产一期项目的另2台2.5万吨/年宝拓新月型卫生纸机，并通过将保定基地原有真空圆网纸机改造为新月型，提速增产，使总产能达到28万吨/年。

• 雨森也是保定地区近年来发展较快的生产企业，2020年，雨森在辽宁台安新建生产基地，项目规划年产能36万吨。分三期建设，一期已于2020年10月投产2台维美德(PMP)的3万吨/年新月型卫生纸机，使公司总年产能达到26万吨。

2021年，辽宁雨森二期生活用纸项目再次签约4台维美德(PMP)的新月型卫生纸机，投产后将使公司总年产能达到36万吨。

此外，全国各地区有原纸生产的代表性生活用纸生产商见表6。

表6 2020年各地区重点生活用纸生产商

序号	地区	省份	公司名称	品牌
1	华北	河北	河北金博士集团有限公司	金博仕
2			保定达亿纸业有限公司	达意，百慧
3			河北中信纸业有限公司	悠雅
4			河北姬发纸业有限公司	姬发，惠尔特，万佳
5			保定市满城金光纸业有限公司	猫王
6			保定诚信纸业有限公司	雪亮，雪驰
7			保定恒信纸业有限公司	臻木
8			保定市聚润纸业有限公司	丽姿，云梦
9	东北	辽宁	琥珀纸业有限责任公司	琥珀

续表

序号	地区	省份	公司名称	品牌
10	华东	江苏	胜达集团江苏开胜纸业有限公司	双灯，蓝雅，欧风，老好
11			江苏王子制纸有限公司	妮飘
12		浙江	浙江弘安纸业有限公司	可心柔
13			浙江景兴纸业股份有限公司	品萱
14			浙江家家发纸业有限公司	冰欣
15			龙游旭荣纸业有限公司	
16		江西	华劲集团赣州纸品有限公司	予悦，娇手
17		山东	潍坊恒联美林生活用纸有限公司	玉牌，风筝，格外丽
18		福建	福建恒利集团有限公司	好吉利
19	华中	河南	河南护理佳纸业有限公司	品秀
20			河南省沁阳市宏涛纸业有限公司	心恋心
21	华南	广东	东莞市达林纸业有限公司	达林
22			广东比伦生活用纸有限公司	好家风
23			韶能集团广东绿洲生态科技有限公司韶能本色分公司	韶能本色
24			广东信达纸业有限公司	信达，熊宝贝，红金钻
25			江门旺佳纸业有限公司	欧杨
26		广西	福建植护网络科技有限公司(广西植护)	植护
27			柳州两面针纸业有限公司	两面针
28			广西横县江南纸业有限公司	桂纤、爽手
29			广西天力丰生态材料有限公司	婉庭，天力丰，爱家
30			南宁香兰纸业有限公司	节节高
31			广西田东劲宝纸业有限公司	优影，聊威
32	西南	四川	四川省犍为凤生纸业有限责任公司	山丘
33			宜宾纸业股份有限公司	金竹
34			四川圆周实业有限公司	U&U，千唯
35			四川省金福纸品有限责任公司	良布，原色物语
36			四川友邦纸业有限公司	蓓安适，顶好面子，可洁可
37			四川省绵阳超兰卫生用品有限公司	缘点
38	西北	山西	山西云冈纸业有限公司	云冈，花之都，汉舒
39			山西力达纸业集团有限公司	益宝
40		陕西	陕西法门寺纸业有限公司	法门寺
	合计产能/(万吨/年)			337.2

2020 年，生活用纸委员会开展了对行业加工型生活用纸企业的运行情况调研，其中，加工产能、产量领先的企业主要包括：福建植护网络科技有限公司、四川石化雅诗纸业有限公司、四川蓝漂日用品有限公司、重庆维邦纸业有限公司。

3 进出口情况

表 7 2019—2020 年各类生活用纸进出口情况

商品编号	商品名称	数量/吨			金额/美元		
		2020 年	2019 年	同比增长/%	2020 年	2019 年	同比增长/%
进　口		27725.370	31749.218	−12.67	46470472	55225749	−15.85
48030000	原纸	20639.683	22412.621	−7.91	27201960	31691570	−14.17

续表

商品编号	商品名称	数量/吨			金额/美元		
		2020 年	2019 年	同比增长/%	2020 年	2019 年	同比增长/%
48181000	卫生纸	2405. 186	2848. 851	-15. 57	6949830	6568025	5. 81
48182000	手帕纸、面巾纸	3666. 054	5343. 494	-31. 39	9628103	13715693	-29. 80
48183000	纸台布、餐巾纸	1014. 444	1144. 252	-11. 34	2690579	3250461	-17. 22
出　口		865697. 053	779088. 895	11. 12	2255669499	2601562961	-13. 30
48030000	原纸	232676. 296	194634. 886	19. 55	390527133	315453996	23. 80
48181000	卫生纸	333466. 644	272413. 748	22. 41	921179373	1048563415	-12. 15
48182000	手帕纸、面巾纸	246884. 588	253052. 766	-2. 44	762564235	959751794	-20. 55
48183000	纸台布、餐巾纸	52669. 525	58987. 495	-10. 71	181398758	277793756	-34. 70

2020 年突如其来的新冠肺炎疫情，对全球各行各业都产生了重要影响，消费者卫生安全意识的提高，拉动了包括生活用纸在内的日常清洁用品消费量的提升。也反映在生活用纸进出口情况上，统计数据显示 2020 年中国生活用纸出口量为 86. 57 万吨，同比增长 11. 12%；但出口金额为 225567 万美元(按 1：6. 8974 汇率，约合人民币 155. 58 亿元)，比上年下降 13. 30%。生活用纸产品出口整体呈现了量升价跌的趋势，价格下跌的主要原因是卫生纸产品出口的平均价格较 2019 年下降 28. 23%，因而生活用纸总体出口平均价格对比 2019 年下降 21. 97%。

从 2011 年开始，中国生活用纸市场进口量基本是持续降低的趋势，到 2020 年，生活用纸全年进口量仅有 2. 77 万吨，比 2019 年下降 12. 67%，近几年，国内生活用纸产能产量持续增长，产品种类愈加丰富，已能充分满足消费者的需求，预测未来生活用纸进口量将持续保持较低水平。

美国作为中国生活用纸产品出口的主要国家之一，中美贸易战以来，中国出口到美国的生活用纸量明显下滑，2020 年出口到美国的生活用纸总量约为 13. 24 万吨，较 2019 年小幅度增长 10959. 944 吨。2020 出口到美国的生活用纸占中国生活用纸出口总量的 15. 20%(2019 年占出口总量的 15. 59%，2018 年占出口总量的 21%)。受中美贸易战的持续影响，2020 年中国生活用纸出口目的地国家和地区中，美国排名第三位(2019 年排名第三，2018 年排名第一)。

表 8　进出口的各类生活用纸产品占比情况　　单位:%

商品名称	进口		出口	
	2020	2019	2020	2019
原　纸	74. 44	70. 59	17. 31	24. 98
卫生纸	8. 68	8. 97	40. 84	34. 97
手帕纸、面巾纸	13. 22	16. 83	33. 81	32. 48
纸台布、餐巾纸	3. 66	3. 60	8. 04	7. 57

进口生活用纸中，仍然是以原纸为主，占比为 74. 44%。但进口总量较少，对国内市场影响较小。

出口生活用纸中，原纸和卫生纸产品的出口量明显增加，原纸的出口量较 2019 年增加 19. 55%，达到约 23. 268 万吨，卫生纸出口量增加 22. 41%，达到约 33. 347 万吨。原纸在生活用纸出口产品中的占比 26. 88%，比 2019 年的 24. 98%增加了 1. 9 个百分点。卫生纸出口占比 38. 52%，比 2019 年的 34. 97%增加 3. 55 个百分点。可能的原因是受疫情影响，国外短期内出现的卫生纸囤货抢购风潮拉动了原纸和卫生纸成品的出口，而手帕纸、面巾纸、纸台布、纸餐巾的出口呈现量价齐跌的趋势。

表 9　2019—2020 年各类生活用纸产品进出口平均价格

商品名称	出口			进口		
	2020 年平均单价/(美元/吨)	2019 年平均单价/(美元/吨)	同比增长/%	2020 年平均单价/(美元/吨)	2019 年平均单价/(美元/吨)	同比增长/%
总　量	2605.61	3339.24	−21.97	1676.10	1739.44	−3.64
原　纸	1678.41	1620.75	3.56	1317.94	1414.01	−6.79
卫生纸	2762.43	3849.16	−28.23	2889.52	2305.50	25.33
手帕纸、面巾纸	3088.75	3792.69	−18.56	2626.29	2566.80	2.32
纸台布、餐巾纸	3444.09	4709.37	−26.87	2652.27	2840.69	−6.63

对比 2019 年各类生活用纸产品进出口平均价格，2020 年进出口价格总体有所降低。出口产品方面仅原纸出口价格小幅度提升，总体来看各类生活用纸产品出口价格均高于进口价格。

根据海关的统计数据，2020 年按出口量排序，商品编号 48030000（原纸）、48181000（卫生纸）、48182000（手帕纸、面巾纸）、48183000（纸台布、餐巾纸）四项分项及总计前 10 位的出口目的地国家和地区见附表 1。

2021 年生活用纸进口量和进口额均有增加，但总量仍然较少，进口量约 5.02 万吨，其中原纸占比为 86.3%。

2021 年生活用纸的出口量和出口额都出现双位数下降，出口量约 63.94 万吨，比 2020 年下降 26.14%，比 2019 年出口量下降约 17.9%。出口量下降的原因很多，但新冠疫情导致的海运货柜紧张、运费价格上涨应该是重要的因素之一。下降幅度最大的为原纸，出口额和出口量分别下降 52.83%和 51.25%，成品在出口产品中的占比进一步提高，占总出口量的 82.26%。从出口额来看，2021 年出口额占比最高的产品为手帕纸、面巾纸，而 2019 年、2020 年为卫生纸，出口产品的结构正在逐渐向高端产品发展，但各类产品出口金额均下降明显，其中原纸的出口额降幅最高，除出口数量下降以外，平均出口价格下降也是重要原因。

4　进口木浆价格及产品平均出厂价格经历大幅波动

4.1　木浆

我国生活用纸特别是中高档生活用纸普遍以商品木浆为原料，对进口纸浆的依存度大，生活用纸除投资成本外的生产总成本中，纸浆大约占 75%左右，因此产品成本受国际纸浆市场价格波动的影响大。2020 年生活用纸消耗的进口木浆量占纸浆进口总量的较大份额，在漂白阔叶木浆总量中的占比更大。

根据海关统计数据，2020 年我国纸浆进口总量约 3063 万吨，同比增长 12.6%。进口金额为 157.0 亿美元，同比下降 8.3%，纸浆月度进口情况详见附图 1。2020 年 1 月—2021 年 10 月，漂白针叶木浆和漂白阔叶木浆的进口量和均价见表 10a、表 10b、图 1。漂白针叶木浆主要进口自加拿大、芬兰、美国、智利、俄罗斯联邦等国家，漂白阔叶木浆主要进口自巴西、印度尼西亚、智利、乌拉圭、加拿大等国家。

表 10a　2020 年我国木浆进口量和月度均价

月　份	漂白针叶木浆		漂白阔叶木浆	
	进口量/万吨	均价/(美元/吨)	进口量/万吨	均价/(美元/吨)
2020 年 1-2 月	143.16	569.89	207.16	464.44
2020 年 3 月	79.44	569.37	114.41	465.34
2020 年 4 月	74.68	572.41	95.97	469.94
2020 年 5 月	66.38	576.14	95.50	472.44
2020 年 6 月	76.12	585.41	111.08	472.98
2020 年 7 月	69.44	592.74	118.37	471.42

续表

月　份	漂白针叶木浆		漂白阔叶木浆	
	进口量/万吨	均价/(美元/吨)	进口量/万吨	均价/(美元/吨)
2020 年 8 月	67.58	581.65	123.77	462.88
2020 年 9 月	77.41	569.58	134.66	450.09
2020 年 10 月	73.07	567.57	126.90	444.67
2020 年 11 月	80.23	574.26	133.86	449.97
2020 年 12 月	78.71	592.14	112.78	452.91
2020 年合计	886.23	576.70	1374.46	461.02
同比增长/%	-0.55	-12.34	16.67	-21.16

表 10b　2021 年 1-10 月我国木浆进口量和月度均价

月　份	漂白针叶木浆		漂白阔叶木浆	
	进口量/万吨	均价/(美元/吨)	进口量/万吨	均价/(美元/吨)
2021 年 1 月	78.98	616.18	133.28	464.41
2021 年 2 月	64.27	630.17	108.90	474.35
2021 年 3 月	75.95	679.23	119.97	507.58
2021 年 4 月	73.60	727.10	111.98	546.12
2021 年 5 月	76.76	808.29	112.25	600.09
2021 年 6 月	73.08	879.32	99.65	654.70
2021 年 7 月	70.50	923.33	83.61	689.53
2021 年 8 月	65.25	914.52	104.01	687.15
2021 年 9 月	70.61	894.20	87.87	663.69
2021 年 10 月	64.50	859.74	91.26	638.70
2021 年 1-10 月合计	713.49	790.38	1052.77	583.16
同比增长/%	-1.90	37.39	-6.65	25.91

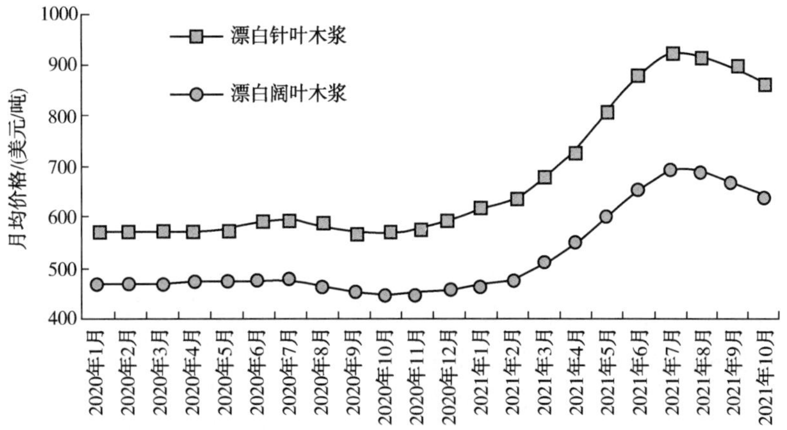

图 1　2020 年 1 月—2021 年 10 月我国木浆进口月度均价

2020 年受新冠疫情席卷全球、中美贸易摩擦持续、汇率变动等因素影响，中国市场进口木浆价格延续了 2019 年下降的趋势，总体处于低位。这虽然对于以进口木浆为主要原料的生活用纸企业形成利好，可以使生产成本降低，但从2020年4月中旬开始，生活用纸价格也持续下降，并延续到12月的中旬，生活用纸原纸的出厂价格下降到2012年以来的历史最低点，其中河北地区的木浆原纸出厂价格低至5150元/吨，四川本色竹浆原纸5550元/吨，广西地区蔗渣浆原纸4700元/吨等。所以，低价木浆也只是部分缓解了由于产品低价造成的毛利率下降。

2020年12月中旬之后，进口木浆价格开始反弹，迅速大幅上扬，带动国产木浆及非木浆价格持续上涨，并传递使生活用原纸出厂价格也快速提升。

受到国外浆厂持续减产或停机维修、中国市场需求回温、国际物流运输突发状况，以及国际经济形势等多种因素的影响，2021年前三季度，进口商品木浆价格持续处于高位。

海关数据显示，2021年1—7月，进口商品木浆的价格整体呈现快速上涨的情况，到2021年7月进口漂白针叶木浆平均价格涨至923.33美元/吨、阔叶木浆平均价格涨至689.53美元/吨，达到2012年以来最高水平；8月起开始回落，对比2020年10月波谷时分别为567.57美元/吨、444.67美元/吨的平均价格，涨幅达到62.68%、55.07%。国内生活用纸企业主要以进口木浆为原料，2021年原材料价格的大幅上涨，使生产成本大幅增高，压缩了企业的利润空间，尤其对于中小企业，竞争压力增大。

2021年前三季度，生活用纸原纸价格受到原材料价格上涨、产能过剩、市场竞争加剧等多种因素的影响，呈现先涨后回落的情况。以2020年10月和2021年10月为例，2020年10月河北原纸平均价格为5289.17元/吨，2021年10月平均价格6202.50元/吨，价格上涨17.27%，低于进口商品木浆的上涨幅度，原纸企业在经营过程中必将会承受更大的压力。

据卓创资讯数据显示，国内4个主要省份的生活用纸原纸和国产浆主流出厂报价走势详见图2、附图2。

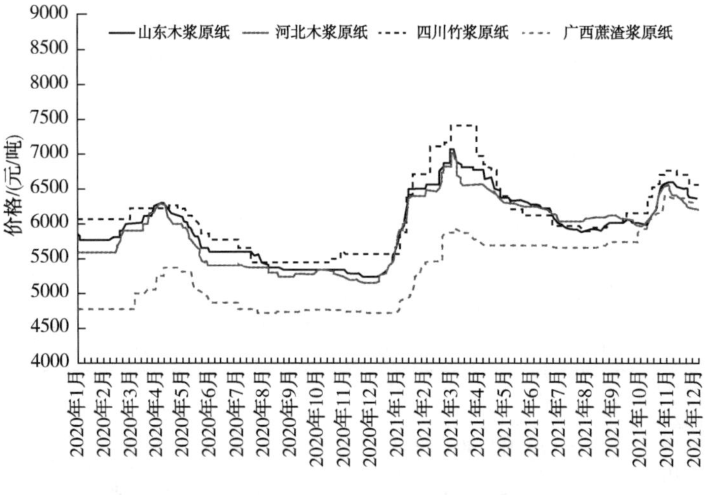

图2　2020年1月—2021年12月国内生活用纸原纸出厂平均价格

4.2　非木浆

以非木浆麦草为原料的生活用纸生产企业，近些年来由于人工成本、运输成本的增加，造成麦草收购困难和成本提高，加上环保压力增大以及最终产品品质不及木浆产品等，导致宁夏、陕西及河南等地区走中低端路线的麦草浆生活用纸产品已不具备成本优势和市场优势，目前这些企业基本停产关闭或转产木浆产品，仅剩泉林一家草浆企业。

（1）竹浆

2020年商品木浆价格维持在低价位，给竹浆发展造成较大压力，由于木浆生活用纸产品价格的下降，使竹浆纸价格也持续下降。而竹子的砍伐、运输及竹浆制浆成本仍居平稳的高位，在疫情、洪涝灾害等不利因素叠加影响下，竹浆产品生产、加工企业经营困难加剧。据四川造纸协会统计，2020年，四川竹浆原纸产量比上年下降。

2021年上半年，受国际浆价大幅上涨的带动，四川竹浆企业产销较好；但随着第三季度，能源价格不断攀升，制浆企业生产成本明显增大，加上商品浆价又开始下滑，所以企业利润空间被大幅度压缩，因此出现企业限产或提前停产检修的情况；第四季度开始，形势有所好转，市场相对稳定，开工率不断提升，产量逐步得以恢复。

2021 年以来，以商品竹浆为原料的原纸生产企业受国际木浆价格高位运行、国内产能过剩、能源成本增长过快过大等多重因素影响，出现了原纸生产成本高于产品市场价格的倒挂局面，使企业亏损面增大，开工率降低，部分企业处于限产、停产状态。面对此行业形势，企业之间加强了拓展渠道、整合资源、抱团合作；部分企业调整产品结构，生产定制化、差异化产品，满足不同客户群体的需求；淘汰或升级改造落后卫生纸机，新增高速卫生纸机，增强市场竞争力，确保竹浆生活用纸行业稳定健康持续发展。

2021 年 2 月 5 日，四川省造纸行业协会发布了 T/SCSZX 002—2021《竹浆生活用纸》团体标准，2021 年 3 月 1 日起实施。该标准也将助推和规范四川省竹浆生活用纸的发展。

（2）蔗渣浆

2020 年，在木浆价格回落的影响下，广西蔗渣浆及原纸价格总体处于下滑趋势，且由于蔗渣浆纸的品质较木浆纸仍存在差距，部分蔗渣浆用于生产利润高于生活用纸的纸浆模塑产品等因素影响，使蔗渣浆在广西生活用纸产品中的使用比例继续降低，木浆比例增加。据广西造纸协会统计，2020 年，广西蔗渣浆及蔗渣浆纸产量均比上年下降。

2021 年，蔗渣浆的价格在第一季度快速上涨后，第二季度有所回调，第三季度以来呈持续上涨趋势，价格总体高于 2020 年水平。

据广西造纸行业协会统计，由于近年广西地区纸浆模塑制品的较快发展，因此加大了对蔗渣浆的需求量，带动了蔗渣浆价格节节攀升。2021 年下半年以来，广西蔗渣浆价格与木浆价格出现倒挂，导致以蔗渣浆生产生活用纸的企业生存空间被挤压，且蔗渣浆纸的品质不如木浆纸，近一年来，受市场竞争影响，企业加快了淘汰低速圆网纸机步伐，以蔗渣浆为主要原料的生活用纸产量急剧下降，2021 年，广西蔗渣浆生活用纸原纸产量缩减至约 16 万吨。

5 行业优化升级加速

随着国家节能减排和强制淘汰落后产能政策实施，以及国产现代化卫生纸机技术进步和制造成本优势，近年来新增产能均是现代化产能；另外，低速落后产能在生产成本和产品品质方面都不具备优势，市场竞争力弱，因此加速淘汰，也促使中国生活用纸行业现代化产能的比例持续提高。据生活用纸委员会统计，2020 年，现代化产能约为 1506 万吨，占行业总产能的 93.3%，比 2019 年提升 1.2 个百分点。另外，2020 年全国新增约 185 万吨的现代化产能，全部为现代化卫生纸机，也进一步推动了行业的优化升级。

表 11 2013—2022 年新增现代化产能情况

年份	2013	2014	2015	2016	2017	2018	2019	2020	2021	2022 及之后计划
新增产能/万吨	83.15	124.3	103.92	134.19	221.58	182.5	178.1	184.8	278.6	超过 1000

从国外引进先进卫生纸生产线一直是提高生活用纸行业现代化产能占比的重要手段，据生活用纸委员会统计，截至 2021 年年底，我国已投产的进口新月型卫生纸机累计达 202 台，产能合计 790.1 万吨；真空圆网型卫生纸机累计达 103 台，产能合计 146.8 万吨/年；斜网卫生纸机 1 台，产能 1 万吨/年；另有 4 台复合型卫生纸机，产能合计 14 万吨/年。以上进口卫生纸机产能总计为 951.9 万吨/年（2020 年为 864.7 万吨/年）。进口卫生纸机制造商主要包括维美德（PMP）、安德里茨、川之江、亚赛利、拓斯克、福伊特等。

但随着国产卫生纸生产线的制造技术进步，在每年投产的现代化卫生纸机中，引进设备占比逐渐减少，国产设备占比逐渐增加。

随着产品差异化需求的增加，单台 6 万吨/年的大型卫生纸机改变品种的灵活性和成本消耗不具备优势，因此需求减少，2020 年仅投产 2 台，为日本王子制纸在江苏工厂的 2 台安德里茨卫生纸机。截至 2021 年底，全国共已投产 79 台，合计产能 475 万吨/年，预计未来 6 万吨/年的卫生纸机仍将以极少数的大企业投资为主。

表 12　2013—2022 年新增单机产能为 6 万吨/年及以上的卫生纸机数量

年份	2013	2014	2015	2016	2017	2018	2019	2020	2021	2022 及之后计划
数量/台	3	9	7	7	8	10	0	2	6	8

6　过度投资，导致现阶段产能过剩

虽然近些年来新增的产能主要集中在已有的企业，但产能增速过快，而且中小企业的设备升级大部分是在原产能基础上扩大产能，造成产能的增长超过消费量的增长，累积的过剩产能越来越多，所以整个行业目前产能明显过剩，因此，部分投资项目在原计划基础上延期，整个行业市场竞争激烈。

跨界进入生活用纸行业趋于理性，新进入生活用纸行业的大型企业很少，2020 年新进入生活用纸行业的企业为济南圣泉集团和福建联盛纸业。2021 年，新进入生活用纸行业的企业为亚太森博。

2020 年宣布进入生活用纸行业的福建联盛纸业，项目一期已签订 2 台安德里茨的 6 万吨/年新月型卫生纸机，计划于 2022 年投产。

2020 年，致力于植物秸秆与高分子树脂材料研发应用的济南圣泉集团大力推进向生活用纸领域发展，2021 年，集团在济南总部投产 2 台大正的新月型纸机，合计产能 5 万吨。此外，集团还在黑龙江省大庆市建设生物质精炼一体化项目，计划 2022 年投产山东信和的 4 台新月型卫生纸机和 2 台擦手纸机，以及大正的 6 台新月型卫生纸机，合计年产能 28 万吨。

前些年进入生活用纸行业的大型企业正在逐步形成产能，包括：

（1）位于江苏省南通市经济技术开发区的江苏王子制纸有限公司一期工程签订的 2 台安德里茨 6 万吨/年新月型卫生纸机，已分别于 2020 年 6 月、9 月投产。

（2）日本大王制纸增加在中国的面巾纸、卫生纸、厨房纸巾等生活用纸生产加工设备，于 2021 年 9 月投产运行。

（3）2022 年，亚太森博计划在广东江门投产 2 台安德里茨的新月型纸机，合计产能 5 万吨。

表 13　2014—2021 年计划投产和实际投产的新增现代化产能对比

年份	2014	2015	2016	2017	2018	2019	2020	2021	2022 及之后
计划新增产能/万吨	244.6	213.4	182.3	307.5	315.5	208.4	266.2	433.6	大于 1000
实际新增产能/万吨	124.3	103.92	134.19	221.58	182.5	178.1	184.8	278.6	

从表 13 可以看出，近些年来，每年实际投产的产能都低于计划要投产的产能，市场竞争激烈。估计未来仍将有项目后延，或不能达产的情况普遍出现。

重点企业产能关闭情况：

（1）永丰余家品(昆山)有限公司是永丰余在中国大陆的生活用纸企业，目前总产能为 15 万吨，比 2019 年减少 2 万吨，原因是永丰余原位于北京的原纸生产基地，因成本高、环保压力大，于 2020 年 6 月关闭。此前，永丰余还于 2019 年减少 3 万吨产能，原因是永丰余原位于江苏昆山的原纸生产基地，纸机停产待拆迁。目前，永丰余在大陆还有 2 个原纸生产基地，分别在江苏扬州、广东肇庆。

（2）上海金佰利纸业有限公司是美国金佰利在中国的生活用纸企业。由于市场条件和经营环境的客观变化，金佰利上海工厂已于 2020 年 10 月停产，相关设备已处置。

7　主要企业新增产能项目

7.1　金红叶纸业

2020 年，金红叶无新增产能，总产能仍为 166 万吨/年。

2021 年，金红叶江苏南通基地投产 8 台维美德(PMP)的 3 万吨/年新月型卫生纸机；湖北孝感基地计划投产 2 台维美德的 6 万吨/年新月型卫生纸机，合计新增产能 36 万吨/年。另外，按照2019年1月苏州工业园区管委会与金光集团签署的动迁回购协议，金红叶苏州工厂逐步搬迁腾退至停产。

2022年，金红叶江苏南通基地计划再新增12台PMP的3万吨/年新月型卫生纸机、2台维美德6万吨/年新月型卫生纸机、2台金顺的2.5万吨/年擦手纸机，合计新增产能53万吨/年。

项目地点	产能/(万吨/年)	投产时间
湖北孝感	12	2021年
江苏南通	24	2021年
江苏南通	53	2022年
总计	89	

另外，金光公司旗下广西金桂浆纸业有限公司公开的三期项目，规划有100万吨生活用纸原纸生产能力。

7.2 恒安纸业

2020年，恒安无新增产能，总产能仍为148.2万吨/年(其中含擦手纸产能4.2万吨/年)。

2021年，恒安在福建晋江增加产能1.5万吨/年，用于生产集团自用的卫生用品衬纸，使总产能达到149.7万吨/年。

2023年，恒安计划在福建晋江、湖北孝感分别投产1台拓斯克的3.5万吨/年TAD型卫生纸机，在湖北孝感，湖南常德分别投产1台维美德的3.5万吨/年复合型卫生纸机，在广东云浮新建基地投产4台安德里茨3万吨/年的新月型卫生纸机，合计新增产能26万吨/年，使总产能达到175.7万吨/年。

项目地点	产能/(万吨/年)	投产时间
福建晋江	1.5	2021年
湖南常德	3.5	2023年
福建晋江	3.5	2023年
广东云浮	12	2023年
湖北孝感	7	2023年
总计	27.5	

7.3 维达纸业

2020年，维达无新增产能，总产能仍为125万吨/年。

2021年1月27日，维达发布2020年报称，预期于2021年完成于华南、华东及华中的造纸产能拓展计划，详细情况未对外公布。

维达护理用品(广东)有限公司在阳江高新区主要建设年产50万吨高档生活用纸的现代化生产基地，总投资70亿港元。首期19万吨生活用纸生产线分三阶段建设，第一阶段已于2018年建成投产，年产能6万吨。维达纸业阳江基地第二阶段项目已于2021年底前正式投产。

7.4 中顺洁柔纸业

2020年，中顺洁柔无新增产能，总产能仍为76万吨/年。

2021年，中顺洁柔按2020年计划继续完成了在湖北孝感增加10万吨/年产能的项目，使总产能达到86万吨/年，包括4台维美德(PMP)的2.5万吨/年的新月型卫生纸机。

2021年1月13日，中顺洁柔发布公告称，为进一步扩大产能，满足华东市场未来销售增长的需求，增加公司的利润增长点，公司拟新建40万吨高档生活用纸项目，项目总投资额约25.5亿元。项目将分期实施，第一期工程拟投资约6亿元，年产约10万吨高档生活用纸。项目实施地点为江苏省宿迁市宿城区运河宿迁港产业园内。

2022年，中顺洁柔将在河北唐山投产1台维美德(PMP)的2.5万吨/年的新月型卫生纸机和1台宝拓的3万吨/年的新月型卫生纸机。

7.5 理文集团

2020年，理文无新增产能，总产能仍为96.5万吨/年。

2021年，理文在江西增加5.4万吨/年产能，包括2台宝拓的1.7万吨/年的新月型卫生纸机、1台信诺的2万吨/年的新月型卫生纸机，使总产能达到101.9万吨/年。

2020年底，投资320亿元的理文广西林浆纸一体化项目落地。新成立的广西理文浆制造有限公司将新建年产620万吨林浆纸一体化全产业链项目。项目规划总占地4710亩，分两期建设，其中一期建设年产120万吨化学浆、年产100万吨化机浆、年产40万吨半化学浆、年产60万吨生活用纸、年产160万吨白卡纸、年产30万吨牛卡纸生产线，二期建设年产50万吨生活用纸、年产60万吨牛卡纸生产线。

7.6 泰盛集团

2020年，泰盛总产能增加到61万吨/年。新增项目为在贵州赤水增加10万吨/年产能，包括

6 台宝拓的 1.67 万吨/年的真空圆网型卫生纸机。

2021 年，泰盛总产能达到 97 万吨/年。新增项目为在安徽宿州增加 28 万吨/年产能、在江西九江增加 8 万吨/年产能。

2022 年，泰盛计划在江西九江增加 14 万吨/年产能，在四川乐山、安徽宿州、贵州赤水分别增加 4 万吨/年产能，使总产能达到 123 万吨/年。

项目地点	产能/(万吨/年)	投产时间
贵州赤水	10	2020 年
安徽宿州	28	2021 年
江西九江	8	2021 年
江西九江	14	2022 年
四川乐山	4	2022 年
安徽宿州	4	2022 年
贵州赤水	4	2022 年
总计	72	

2020 年 12 月，泰盛集团旗下控股公司山鹰国际控股股份公司山鹰华中纸业 120 万吨扩建项目在湖北荆州市公安经济开发区开工建设。该扩建项目拟建设 2 条总产能达 120 万吨的造纸生产线、年产 10 亿平方米纸箱的华中智能包装产业园和年产 50 万吨生活用纸、食品卡纸精加工、纸浆模塑产品的生活用品电商产业园。项目占地 943 亩，总投资 100 亿元。

目前，泰盛集团已经在重庆(收购维尔美)、贵州(收购赤天化)、湖北荆州(收购真诚)、湖北荆州(扩建山鹰)、四川乐山(收购永丰)、四川雅安(新建)、江西(新建)、安徽(新建)、福建(新建)陆续布局生产基地。

8 产品结构

8.1 国内情况

根据生活用纸委员会对 2020 年企业调查样本的推算，国内消费的生活用纸产品中，卫生纸依然占主导地位，约占 51.5%的市场份额，其他品类依次是面巾纸(31.9%)、手帕纸(4.9%)、餐巾纸(4.0%)、厨房纸巾(1.4%)、擦手纸(5.2%)、卫生用品用吸水衬纸(1.1%)等，见表 14。

从各生产商的产品结构来看，一般领先企业的产品结构中，卫生纸的份额低于平均水平；在本次调研的加工型企业的产品结构中，由于卫生纸的产品附加值低，所以份额也普遍低于平均水平；此外，由于竹浆纸生产企业多年来对竹浆产品的有效宣传和推广，促进了竹浆纸产品结构优化，目前竹浆纸产量中，软抽面巾纸等高附加值产品比例高于平均水平。但仍有部分中小企业，或使用其他非木浆、废纸浆的企业，卫生纸的份额高于平均水平，有些甚至达 90%以上。

2020 年面巾纸在生活用纸中的份额继续提高，增长明显，比 2019 年增长 3 个百分点，原因一是面巾纸产品进一步向三、四线城市和农村市场普及，销售量有较大的提高；二是由低包装成本的软抽纸主导的面巾纸的应用场景增加，有可能替代了其他类别产品，如餐饮用的餐巾纸，消费者用于居家擦拭，替代了部分擦拭纸等等。

“随身包”型小规格尺寸包装面巾纸的出现，及公共场所卫生纸和擦手纸的配给量增加，使手帕纸的消费量和在生活用纸的占比，从 2016 年起逐年下降，2020 年占比与 2019 年相比，减少 1 个百分点。

2020 年公共场所卫生间配备擦手纸的情况进一步普及，疫情促使消费者更加注意个人卫生，推动擦手纸占比提高。

厨房纸巾占比增长 0.3 个百分点，推动持续增长的因素，一是生活水平的提高，购买力增加；二是人们卫生和健康意识的提高；三是 2020 年暴发的新冠肺炎疫情，居家烹饪增加；四是行业企业的持续推广和宣传等。

表 14 2020 年生活用纸的产品结构及与 2019 年对比

产品	2020 年		2019 年	
	消费量/万吨	市场份额/%	消费量/万吨	市场份额/%
卫生纸	540.2	51.5	514.4	53.5
面巾纸	334.8	31.9	277.3	28.9
手帕纸	51.4	4.9	56.3	5.9
餐巾纸	42.0	4.0	44.5	4.6

续表

产　品	2020 年		2019 年	
	消费量/万吨	市场份额/%	消费量/万吨	市场份额/%
厨房纸巾	14.7	1.4	10.7	1.1
擦手纸	54.6	5.2	46.4	4.8
卫生用品用吸水衬纸	11.8	1.1	11.1	1.2
生活用纸合计	1049.4	100.0	960.7	100.0

8.2　与发达国家和地区对比情况

中国目前生活用纸的产品类别与日本、美国、西欧等发达国家和地区的情况基本一致；但由于与发达国家和地区的消费习惯不同、公共场所配备生活用纸的情况不同，因此造成中国各类生活用纸消费量的占比与发达国家和地区有着明显的差别，见表 15。

中国市场的擦拭纸(包括擦手纸和厨房纸巾)的占比较少，未来增长空间明显；另外，随着 TAD、类 TAD 等新型卫生纸机在中国市场的推广和应用，这些类型的卫生纸机生产的产品蓬松度、吸水性高，生产厨房纸巾、擦手纸等产品具有更高的性价比，也将会推动厨房纸巾消费量的增长；手帕纸占比相对较多，未来还有继续减少的趋势。

表 15　2020 年美国、西欧、日本、中国香港、中国台湾的生活用纸产品结构估计(消费量)

产　品	日本	产　品	美国	西欧	中国香港	中国台湾
卫生纸	58%	卫生纸	45%	56%	51%	71%
面巾纸(含手帕纸、餐巾纸)	26%	面巾纸/手帕纸	5%	5%	32%	12%
擦拭纸(擦手纸、厨房纸巾)	12%	擦拭纸(擦手纸、厨房纸巾)	38%	30%	12%	12%
		餐巾纸	11%	7%	2%	3%
卫生用品用吸水衬纸及其他	4%	卫生用品用吸水衬纸及其他	1%	2%	3%	2%

数据来源：FASTMARKETS RISI。

9　原料结构

2020 年，生活用纸委员会对生活用纸原纸生产企业所使用的纤维原料种类进行了调查，由调查结果推算出生活用纸行业使用纤维原料的结构及与 2019 年的对比情况如表 16。

表 16　2020 年生活用纸纤维原料结构及与 2019 年对比

纤维原料	2020 年比例/%	2019 年比例/%
木　浆	84.6	83.3
竹　浆	9.7	10.5
蔗渣浆	2.9	3.9
苇浆+麦草浆	1.0	1.1
废纸浆	1.8	1.2

生活用纸使用木浆原料的比例远高于造纸行业平均水平(40%[4])。2020 年与 2019 年相比，生活用纸使用木浆原料的比例继续提高(2019 年：83.3%)；2020 年，由于木浆价格总体处于低位，给非木浆企业造成较大压力。竹浆纸总产量没有增长，市场份额有所下降；蔗渣浆纸的市场份额进一步萎缩。2020 年，生产麦草浆纸的企业仅有泉林一家，生产苇浆纸的企业包括：新疆中泰兴苇、陕西蔡伦纸业、河南宏涛纸业、胜达集团江苏开胜纸业等，但苇浆产品仍属于非常小的品类。

以废纸为原料生产生活用纸，受国家政策、废纸原料供应、产品的市场接受程度等因素影响，目前，国内仅有包括胜达集团江苏开胜纸业、广东东莞达林纸业等为数不多的生活用纸企业以脱墨废纸为原料。2020 年，使用食品包装卡纸废纸、印刷厂纸边等为原料的非脱墨类废纸浆量有所增长，使废纸浆总体市场份额高于上年水平。而在美国、欧洲、日本等发达国家，有着成熟的废纸分类回收和利用技术，能够利用回收纤维原料生产高品质的各种生活用纸产品，废纸浆已成为经济、环保的生活用纸主要纤维原料之一。从长期发展的角度来看，我国生活用纸行业在厕用卫生纸、擦手纸生产中，应加大回收纤维的使用比例，这不仅具备成本优势，还有利于资源的循环利用和行业的可持续发展。因此需要国内有条件的大型生活用纸企业引起重视，引领行业提高废纸浆在卫生纸、擦手纸原料中的使用比例。

10 技术进展

10.1 引进最新技术设备，开发差异化产品

2021年2月恒安宣布，拓斯克公司将向其山东和湖南的工厂提供两台TADVISION®热风穿透干燥卫生纸机，计划2022年开机运行。TAD或类TAD卫生纸机的引进，进一步提高了中国生活用纸企业的装备水平，同时也推动了高松厚度、高吸收性和高柔软度的差异化生活用纸产品的开发。

另外，还有未公开的类TAD卫生纸机项目也在进行中。

10.2 生产设备的国产化

10.2.1 国产纸机技术进步明显

国产纸机的高性价比使其在新项目中的占比持续高于进口纸机，见表17。

表17 2011—2020年投产纸机中，进口、国产占比情况

年份/年	2011	2012	2013	2014	2015	2016	2017	2018	2019	2020
投产产能/万吨	57.4	110.5	83.15	124.3	103.92	134.19	221.58	182.5	178.1	184.8
其中：进口纸机/万吨	52.9	101.9	61.15	100	72.8	68.5	90.8	82.3	22.5	18
国产纸机/万吨	4.5	8.6	22	24.3	31.12	65.69	130.78	100.2	155.6	166.8
投产纸机数/台	27	33	35	41	42	66	111	84	95	95
其中：进口纸机/台	24	26	23	28	18	18	25	19	9	4
国产纸机/台	3	7	12	13	24	48	86	65	86	91

2020年，国产(含中外合作)卫生纸机制造商合计在中国大陆投产中高速卫生纸机91台，合计产能166.8万吨/年，占大陆全年投产现代化总产能的约九成。其中表现突出的包括：宝拓24台、轻良14台、昌达13台、维亚12台等。2021年投产国产中高速卫生纸机94台，合计产能193.4万吨/年。

宝索企业集团近几年取得突出业绩。2020年全年，宝拓签约卫生纸机超70台。

山东信和公司全部国产化的幅宽5600mm、车速1300m/min的新月型卫生纸机和幅宽5600mm、车速800 m/min的短长网型擦手纸机，计划于2021年投产。

上海轻良公司开发的智能化系统——“天眼”智能装备管家系统，可以完成设备的运行管理、信息可视化、巡检管理等功能。该套智能系统还可以提供远程技术支持解决方案，实现现场实时数据远程传输，为客户提供更高效的服务。

2020年，中高速卫生纸机的钢制烘缸制造及烘缸喷涂国产化进程进一步加强，国内专业配套企业取得新的突破：

(1) 江南烘缸公司钢制扬克缸业绩显著

江南烘缸公司专业设计研发、制造用于生活用纸、特种纸、纸板行业的钢制扬克烘缸、MG钢制扬克烘缸、钢制烘缸。截至2020年底，公司与维美德(含PMP)、亚赛利、川之江、APP、宝索集团、上海轻良、西安维亚、玖龙集团、维达集团、恒安集团、中顺洁柔、太阳纸业、理文纸业、雨森纸业等多家知名卫生纸机制造商及生活用纸、特种纸生产企业达成长期合作协议，已出厂钢制扬克缸438台/套。截至2021年2月底，公司已出厂钢制扬克缸460台/套。

2021年3月底，江南烘缸按照欧洲最高标准制造的两台21英尺(直径6400mm，面宽4160mm)钢制扬克烘缸将配套于全球领先的进口卫生纸机，这两台烘缸也是最大直径的国产钢制扬克缸。

2021年初，江南烘缸已开始动工钢制烘缸生产线新厂房扩建项目。江南烘缸致力于高质量发展路线，坚持创新升级，铸造精品，正在全力打造全球一流的“钢制扬克缸、钢制烘缸生产基地”。

(2) 东莞神点科技喷涂技术升级

2021年2月23日，由神点科技承接其表面金属喷涂的中顺洁柔(云浮公司)TM1卫生纸机顺利开机。该纸机烘缸直径5486mm、面宽

6180mm，是神点科技首台5600烘缸喷涂工程，采用了神点科技自主研发的第四代喷涂装备和喷涂技术。

10.2.2 国产现代化卫生纸机出口增长

生活用纸委员会统计显示，2007—2021年，以宝拓、信和、凯信、轻良、华林、金顺、炳智、大正、方源众和、维拓等为代表的国内知名纸机制造商出口海外的新月型及真空圆网型卫生纸机共42台，产能合计约72.5万吨/年，出口地区为亚洲、非洲、欧洲。

10.2.3 进口纸机供应商积极推动本土化进程并推广最新技术

(1) 2020年初暴发的新冠肺炎疫情加速了维美德产品和运营的数字化进程，为世界各地的客户提供远程服务和解决方案，特别是利用数字工具和远程协作，改变了以往现场动手的工作方式，为客户新的卫生纸机实现远程调试和启动。

维美德的生活用纸专家分布在欧洲、北美等多个国家，可以经由位于瑞典的维美德生活用纸大数据运行中心统一协调，通过建立远程连接、AR眼镜等工具和应用实时监控纸机现场，第一时间获得专家的工程设计和自动化等的支持。出色的团队协作，使卫生纸机得以按计划顺利开机。

2020年4月，维美德中国地区总部在上海正式设立。此次维美德集团对中国业务重新整合后，维美德(中国)有限公司作为业务模式集中调整后的载体，将充分发掘和运用中国巨大的市场潜力，并将更大程度发挥地区总部的地理优势和人才聚集优势。

2020年10月，维美德完成对PMP集团的并购，交易金额近6400万欧元，PMP归入维美德造纸业务线，PMP在波兰、美国、中国和意大利的约650名员工正式加入维美德。PMP集团主要业务集中在中小型卫生纸机和纸机、纸板机领域，此项收购可以进一步扩展维美德的业务范围，实现优势互补。

(2) 安德里茨继续增强本土科技和制造实力。2020年4月，安德里茨中国佛山制造中心顺利为一欧洲项目生产了一台PrimeFlow流浆箱。此次出厂的PrimeFlow流浆箱采用了创新的优化设计，是继另一亚洲类似项目后顺利出产的第二台流浆箱。同期，安德里茨中国佛山制造中心为北美项目生产了一台PrimeDry钢制烘缸，为烘缸生产的最大规格，也是安德里茨在佛山出厂的首台钢制烘缸。

疫情期间，安德里茨以本地团队力量为主，欧洲团队通过Metris智能生产系统结合AR眼镜进行远程指导为辅，先后在6月、9月实现了江苏王子生活用纸项目的出纸投产。

2020年10月底，安德里茨中国向越南Xuan Mai纸业提供的PrimeLine COMPACT紧凑型卫生纸机成功投产。该台幅宽为2.85m、设计车速为1300m/min的高效能纸机由佛山团队针对新兴市场需求而研发。

2021年，安德里茨推出的新型卫生纸机采用了Metris——安德里茨数字工艺优化解决方案，可在调试和开机阶段提供远程协助，并优化生产。新型卫生纸机的设计车速可达到2200m/min。

(3) 2020年上半年，福伊特集团正式完成对拓斯克的收购。拓斯克将继续提供其原有的产品系列。该公司将保持其企业性质，并将继续以拓斯克品牌运作。在生活用纸领域，拓斯克将为整个福伊特集团提供新生产线以及重大改造业务。福伊特造纸将继续为其已经交付的卫生纸机提供服务。

拓斯克十分重视中国市场，并不断拓展其业务范围。截止到2020年，拓斯克在中国大陆市场已经销售了42台新月型卫生纸机、2台TAD型卫生纸机。

2020年，拓斯克在全球累计销售了超过220台钢制扬克缸，其中，在亚洲市场销售的钢制扬克缸超过110台。

2021年，拓斯克升级了拓斯克增强现实YES-连接-可视系统，以提供更快、更有效的远程服务，并推出了扬克缸内壁保护涂层，即拓斯克钢制扬克缸内表面的可防止腐蚀性蒸汽的特殊涂层。

拓斯克还通过其气罩自动平衡系统提高了扬克缸气罩效率，纸机的干燥效率进一步提升。该系统可测量进出气罩的空气的多种属性，并自动调整系统以确保最高的生产率和能效。卫生纸厂可以通过远程连接，轻松地访问设备运行的数据。技术人员可以随时检查产品的生产效率，并进行预防性维护。

(4) 亚赛利高速复卷机处于国际领先水平。

2019年底，金光集团向亚赛利订购了6台E-WIND®T200S型无轴卫生纸复卷机，其中3台将安装于金红叶在湖北孝感的工厂，另外3台将安装在江苏南通工厂。根据生产需要，复卷机配置了4个退纸架或3个退纸架以及压光机，原纸直径3000mm，幅宽5630mm，设计车速1100m/min；2020年10月，亚赛利宣布将向太阳纸业广西北海工厂提供3台E-WIND生活用纸复卷机。其中1台为T200型有轴复卷机，设计车速1800m/min，配置压光机及4个退纸架；两台为T200S型无轴复卷机，设计车速1100m/min，一台配置压光机及4个退纸架，另一台配置3个退纸架。2020年底，联盛浆纸（漳州）向亚赛利订购6台E-WIND® T200S型无轴卫生纸复卷机，幅宽5650mm，根据生产需要，复卷机配置了配备4个退纸架或3个退纸架以及压光机，设计车速1100m/min。

2020年，意大利亚赛利纸业设备有限公司宣布收购意大利PMT公司。PMT公司是一家专业从事卫生纸和其他纸/纸板设备制造的公司，是Beloit公司的前子公司。

此项收购使PMT的产品融入亚赛利的组织架构和专业技术。在包装纸、纸板、印刷纸等领域研发的独特尖端技术将提供于亚赛利集团全球客户，售后服务部门亦将重组加强，以保证客户使用前Beloit/PMT设备的连续性和可靠性。

（5）川之江BF卫生纸机配置日本制造的高精度流浆箱、真空网笼以及多功能控制系统，具有高品质、低耗能、操作简单等特点，且适用于非木浆原料生产。2台新型BF-1000S已于2021年初在中国正式投产。

10.3 国产加工和包装设备升级，大规模替代进口

随着我国人口老龄化加剧，意味着用工人数减少和劳动力成本将继续上升。因此企业对全自动化加工设备和包装设备的需求增加，及加强加工生产线智能化、远程操控等方面的研发创新，已成为国内企业发展的大势所趋。

2020年，国内后加工设备企业加大研发力度，设备不断升级，车速和效率以及设备运行稳定性等大幅提高，设备的智能化成为了技术发展的新趋势，普遍满足国内市场需求并大规模替代进口。

（1）2020年宝索公司采用物联网与大数据云平台服务，可以24h远程服务（远程维修），平台服务可以有效支撑生产计划安排，随时掌握产品的种类和数量。设备预警，提前预知设备亚健康；设备运行保障，降低故障率，保障生产的连续性、减少故障停机导致的生产损失。

2020年底，宝索企业集团向泰盛集团交付的国产第一台5.6米PF-EG高速盘纸分切机顺利开机。

2021年，宝索推出的YH-FD自动抽取式面巾纸加工生产线，配无胶复合、点对点压花及定位压花功能，成品手感柔厚，使每节纸、每抽纸都呈现一个独立完整的花形。

（2）2020年，德昌誉推出用于生产“无胶复合四边压花面巾纸”的高速全自动面巾纸生产线，设备特点有：①生产速度可达120m/min，产能大幅提升；②压花单元采用大辊径钢辊制作，具有精度高、稳定性高的特点，保证花辊经久耐用，压花质量清晰稳定。

生产线用于生产四边压花面巾纸，该产品特点有：①花边环绕四周，典雅时尚；②同一包产品拥有多个不同设计，创意无限；③中间的纸层可选用压花工艺，可根据需求调节产品蓬松度，使产品拥有柔滑、松软、弹性的复合触感；④使用无胶复合方式，不需要胶水。

2021年，德昌誉的定格式立体无胶复合卫生纸生产线，加工过程中不需要胶水粘合，每一节纸有独立的花纹设计，总共拥有超过200个独立的设计，通过丰富的工艺方案，可以给客户更多的选择。在第二十二届中国专利奖评选中，德昌誉机械荣获中国专利优秀奖。获奖专利“一种卷筒无胶封尾装置”（专利号：ZL201710022170.3）。

（3）欧克公司凭借多年来在生活用纸折叠及手帕类自动化设备的研发与制造经验，该领域内的多款自动化设备于2020年取得跨越式的发展，领先于行业同类设备。

自2014年推出首台幅宽2.8米软抽纸自动折叠机以来，旗下的软抽纸自动折叠机生产速度及幅宽得到持续升级，欧克公司自主研发的幅宽5.6米软抽纸自动折叠机于2020年开始试产。OK-5600型软抽纸自动折叠机可直接对5.6米大幅宽的原纸进行加工生产，满足5.6米大幅宽纸机客户抄造、加工一体化的生产需求，大大提高了生产效率及原纸利用率，降低了软抽纸的生产

成本。OK-5600 型软抽纸自动折叠机投产后，将是全球范围内第一台 5.6 米大幅宽的软抽纸自动折叠机，属于全球首创。

同时，欧克公司还完成了 3.1 米幅宽 N 折擦手纸自动折叠机的开发，生产速度可达 300m/min，该设备的投产结束了中国 N 折擦手纸小幅宽生产的历史，为中国擦拭纸的未来增速提供了有力保障。

此外，欧克公司还完成了全国首台四通道手帕纸全自动生产线的开发，包装速度可达 800 包/min，显著提高了手帕纸生产线的生产速度及运行效率，降低了手帕纸的生产成本，填补了国内自主生产高速手帕纸生产线的空白。

（4）上海松川峰冠可提供从生活用纸单包到中包、大包、装箱、码垛等各环节设备及整线解决方案，并正向包装设备在线自动检测、物联、远程监控及维修等智能化方向发展。特别是随着电商的蓬勃兴起，松川针对性地研发了适合电商渠道的软抽纸、卫生卷纸、厨房用纸、湿巾、卫生巾、棉柔巾、纸尿裤等机械手全自动装箱机。同时，也研发了采用“拷贝”纸包装的有芯卷纸单包机、140 包/min 的高速软抽全伺服单粒包装机，以及棉柔巾、乳霜纸单包机等多款高端产品的包装设备。

2020 年，松川推出生活用纸包装整线解决方案，涵盖了后端单包、中包、多包、装箱（装大袋）、码垛等包装工序的每一个环节，整线生产流畅、高效，节省人工成本。

（5）实宜推出 SF1-1500 双幅宽面巾纸加工生产线。设备针对企业产品种类繁多、生产效率低等问题，可适用于幅宽 1.4m 和 2.8m 纸卷加工，具有投资低、产量高、换产方便、节能高效等特点，加工速度为 15 条/min，尤其适合加工电商小包装产品。实宜除了专注于生活用纸后加工的卫生卷纸和抽纸生产设备外，还为非织造布行业提供高性能全自动棉柔巾生产线。

2020 年，实宜全球首发的全自动棉柔巾折叠线，解决行业痛点，为行业未来增添更多想象，以传统棉柔巾折叠机 4 倍的生产能力满足生产需求。同时，SNW1 生产的产品方正整齐；生产全程产品与人员无接触，提升产品卫生等级；降低生产过程的材料耗损。SNW1 棉柔巾生产线已经入驻“全棉时代”等多家棉柔巾生产领军生产企业并为其服务。

（6）毅创公司推出 AFTM-E 系列全自动分叠抽取式面巾纸折叠生产线，设备采用大屏幕真彩人机操作界面、PLC 编程控制；自动分叠系统采用西门子全伺服驱动控制（三套伺服），确保分叠准确，稳定分叠速度为 8—10 条/min；主机、开卷纸架均为变频独立驱动同步；可自动检测并调整面巾纸机的每个加工动作，具备完善的故障信息提示系统，使整台设备达到最佳工作状态；设备运行速度更快，稳定性更高，操作更人性化，可快速更换产品规格。

（7）佛山科牛推出全自动分叠抽式面巾纸折叠机，高效、稳定，机内分叠速度为 10—12 条/min；自动抽式四边花面巾纸折叠机，压花清晰均匀，压花轴耐用。

10.4 最新进口加工设备和技术

国外后加工设备供应商加大向中国市场推广力度，在提升生产速度的同时，积极推动加工生产线的智能化发展，其推出的智能化等最新技术包括：

（1）意大利宝丽斯（Pulsar）推出智能化和工业 4.0 等最新技术，包括 Quatis 系列纸品外观质量检测器、Reds System 后加工生产线中央控制协调器、Polaris 装袋机以及 PLS 动态三维生产线模拟软件及各种最新输送系统等等，目前以设备国内组装为主，并逐步提高设备本土化制造比例。

（2）百利怡 2020 年在中国推出了 AQUABOND 水压花技术。这项技术可以使用一般的水替代胶水来层压卫生卷纸，节省了胶水使用成本。对于生活用纸生产厂家来说，在生产过程中压花机将省去停机清理的过程，大大减少维护保养的工作，减少工人的劳动强度。压花机中的纸幅路径保持不变，产品无需胶水层压，将变得更加柔软。产品也更加绿色环保。

该技术配合百利怡 X 系列复卷机生产无芯产品时再加上 XTS4GF 无胶封尾机的应用，可实现卷纸加工线的全面无胶生产，符合目前消费者对环保产品日益增长的需求。

2020 年 10 月 14 日起，法比奥百利怡有限公司及其全球子公司和 MTC 公司将各自使用的 Fabio Perini、Casmatic 和 MTC 品牌合并成一个新的联合品牌柯尔柏。作为全球生活用纸技术领域的领先者，新的联合品牌柯尔柏仍将专注提供一系列完善的生活用纸解决方案。柯尔柏生活用纸业务部是柯尔柏(Körber AG)集团的一员，集团业务涵盖数字化、医药科技、供应链、纸业科技和烟草等多个领域。

2021年，百利怡新推出的X11PRO复卷机和XDEC/8压花单元。X11PRO复卷机配置双打孔刀，可减少产品切换时停换刀时间，而XDEC/8是国内第一款无需停机即可自动更换两个钢辊的压花机，设备的自动化程度进一步提高。

(3) 意大利Gambini复卷机制造公司近年不断研发创新技术。公司推出AirMill加湿热压设备，是一台模拟结构纸抄纸机安装在加工机的新技术。AirMill是安装于退纸架和压花机之间的独立加湿热压设备，可使普通的2/3/4层平纹原纸经AirMill的钢辊与胶辊组合加湿热压处理再经复合后，使纸品最终呈现与类TAD型纸的结构化纸产品相类似的立体结构和性能。实现高吸水性、高强度、高蓬松度，节省纸浆中纤维的使用，提升成本效益。

此外，公司还推出全新复卷概念的G1型复卷机。G1复卷机速度可达每分钟700米，宽度最宽为3600mm。采用3辊复卷技术，适用不同原材料纸的复卷，其中双主辊可调开合，复卷直径90—250mm，纸管直径38—60mm。使用喷枪进行纸管上胶，大量减少胶量的使用。可伸缩的刀片，使上胶尾巴长度仅为76mm。人机界面，操作方便。骑辊双枢设计，便利卷条复卷完成后退出。复卷过程中张力控制一致，特别对TAD、类TAD纸，其均匀复卷的功能更具优势。

10.5 推动实现双碳目标，促进行业绿色发展

气候变化是当今人类面临的重大全球性挑战。2020年9月，国家提出二氧化碳排放量力争于2030年前达到峰值，于2060年前实现碳中和的发展战略。在双碳目标提出的背景下，国家和政府相继出台了相关的政策和举措。

全国碳排放权交易市场于2021年7月16日上线，作为市场机制控制和减少温室气体排放、推动绿色低碳发展的一项重大制度创新，碳排放权交易持续引发市场关注；海南宣布将在造纸等行业试行碳排放环评。

行业内的企业也纷纷行动起来，开始布局绿色高质量发展：

2021年5月20日，金红叶“碳中和”产品研讨会暨核心经销商峰会在海南省成功举办。会上公司介绍了在碳中和方面的举措。

维美德推出“向碳中和未来迈进”的发展规划，计划包括二氧化碳减排目标和具体措施。目标是到2030年，将自身经营和供应链中二氧化碳的排放量分别降低80%和20%。

相信未来将会有越来越多的企业通过各种形式，参与到双碳目标发展战略的推进中。

10.6 产品创新

生活用纸属于同质化较强的快消品，在日渐激烈的市场竞争中，企业也不断进行产品创新、打造品牌，来获得更高的利润。创新主要体现在两个方面：

一方面是企业通过与文化IP的结合，设计新的包装，来突出强化自己的品牌形象。另一方面，更多的企业通过开发差异化的产品，例如：抑菌性产品、高端压花型产品等，针对特定市场，提高品牌的市场竞争力。

另外，雨森、东冠、开胜等企业也在持续推广易冲散产品；弘安、清风、护理佳等品牌深耕乳霜纸产品，扩大其市场份额。

(1) 产品包装设计与文化IP相结合，突出品牌定位

维达与中国航天·太空创想官方合作，新产品包装精选了“遨游太空”“问天征途”两款航天元素，致敬中国航天飞天梦实现的重大突破。

得宝品牌推出多款艺术纸巾，联名V&A博物馆，将世界名画与得宝纸巾的包装结合，让消费者感受到更多的艺术气息。

中顺洁柔推出油画系列的产品，通过与艺术家合作，将油画元素融入产品包装，提升消费者的文化艺术体验，打造高端的品牌定位。

金红叶旗下品牌“清风”特别推出“城市热爱之复兴”系列，迎接建党100周年，精选具有纪念意义的城市地标来纪念这一伟大节日。此外，清风还推出Young系列双色纸巾，新颖的包装形式，使一包面巾纸内抽纸颜色为双色，交替抽出不同颜色纸巾，外包装也运用粉蓝、粉红双色混搭，凸显Z世代缤纷独特的life style。

植护全新推出“东东抢”系列生活用纸，产品以荔枝红为主色调，取唐代国风精髓，演绎国潮新时尚。

环龙的“斑布”推出狂浪敦煌系列和厨下生活

系列。

(2) 开发特色产品，探索差异化竞争优势

• 抑菌、杀菌型卫生纸

清风抑菌 Lotion 系列面巾纸结合了护肤和抑菌功能，抑菌效果可达到99%。

斑布推出抑菌系列润柔纸巾，产品蕴含护肤保湿因子，触感更丝滑，通过天然植物萃取复合配方，长效消灭细菌。

浙江景兴推出杀菌系列生活用纸新品。产品可多场景使用，满足各种场合杀菌需求。

• 高端压花产品

得宝推出 Flash 闪吸厨房用纸，采用全新 Air-Flash 风窝穿梭技术，吸收性更强，通过 3D 立体压花，加倍紧实。

丽邦集团于 2021 年新推出了甄选系列软抽纸新品。该产品采用四边压花加工工艺，不分层、超柔、超韧、超滑、耐湿水。

雨森集团全新推出泡泡摩粒压花纸巾，产品的平面柔滑又亲肤，凸面“摩粒”擦拭更干净。

此外，更多企业在各自的领域继续深耕，东冠“洁云”4D 溶+卫生纸，升级采用纸包装材料，践行环保和可持续发展理念。

10.7 线上销量继续增长

根据国家统计局数据，2020 年全国网上零售额达 11.76 万亿元，同比增长 10.9%，实物商品网上零售额达 9.76 万亿元，同比增长 14.8%，占社会消费品零售总额的比重为 24.9%，比 2019 年大幅提高 4.2 个百分点。

生活用纸产品作为一种日常快消品，传统的经销商渠道、商超渠道依然是目前行业主流的营销模式。但随着互联网的高速发展，线上渠道反应市场变化更加迅速，为中小企业提供了更直接的发展机会，并且线上销售的产品通常具有更好的价格优势，越来越多的企业开始针对网络渠道的营销创新加速，网络渠道销售份额稳步增加。以天猫平台为例，生活用纸产品销售额较 2019 年增长 8%。

作为生活用纸行业的头部领先企业的维达集团，2020 年公司纸巾业务来自传统经销商、重点客户超市大卖场、商用客户和电商的收益分别占 27%、24%、13%及 36%，电商渠道取得 29%的自然增长。

在 2020 年双 11 期间，维达集团试水新零售，与京东到家、阿里饿了么等平台强强联手，实现线下库存、线上超市的全面打通，双 11 期间新零售业务同比增长 343%，环比增长 358%。

恒安集团的电商业务保持稳定发展，2020 年电商渠道(包括零售通及新通路)销售收入约人民币 43 亿元，占集团整体销售的比例约 19.1%。集团 2020 年与阿里巴巴签署数据分析(数据中台)合作协议，利用平台对终端客户的数据分析，精准投入费用和设计相关的销售策略。

另外，2020 年拼多多平台快速发展，使电商渠道更深入下沉到三四线城市，以及农村市场。植护、可心柔等品牌通过提供更具性价比的产品，打造渠道“爆款”商品，获得了快速发展。

生活用纸委员会 2020 年统计调研也了解到，部分中小企业在 2020 年也在逐步拓展电商渠道。相信未来几年，生活用纸行业电商渠道仍会持续发展，也会有更多的企业拓展电商渠道业务，提升产品利润，扩大自己的品牌影响力。

10.8 渠道创新，拓展更多新营销方式

维达通过热播剧《理想之城》产品植入的形式，明星+影视双 IP 齐下，全面覆盖网络平台(爱奇艺)和传统电视台(央视、东方卫视)收视人群。从单纯的产品露出到沉浸式推动剧情发展，明星代言与影视植入完美衔接，达到了理想的营销推广结果。

恒安集团与有赞新零售升级合作，双方共同推动恒安经销商的数字化转型，实现线上、线下经营一体化。有赞将帮助恒安集团深度运营会员用户，深挖单客价值，并基于数据不断优化迭代会员运营的策略。

此外，恒安集团还与灵狐科技在厦门恒安国际广场启动“厦门影视直播基地”共建项目。通过合作，打造恒安内部直播中台，加速集团品牌化建设，另外赋能抖音、快手达人矩阵，通过短视频、直播赋能品牌高效传播。

斑布与分众传媒进行战略合作启动了“百城战略”，以“双微一抖”为代表的社交媒体平台，实现品牌的全面赋能。

重庆理文卫生用纸制造有限公司与云集、“+的意义”签署战略合作协议，推出本色竹浆柔肤纸。

金红叶纸业与苏宁家乐福达成战略合作，未来将在商品规划、全渠道合作等方面展开深度合

作，寻求销售新突破。

中顺洁柔与国内柔性供应链服务商纷来签署战略合作协议。在社区电商的差异化商品创新领域建立长期战略合作关系，与社区电商平台一起实现多赢，引领数字化升级。

厦门建发股份有限公司与深圳市腾讯计算机系统有限公司合作，双方将共同打造建发浆纸产业互联网平台，为浆纸行业上下游企业提供全方位、高品质的供应链服务。

10.9 生活用纸企业加强与科研院所的合作，提高核心竞争力

恒安、维达、理文、中顺与中国制浆造纸研究院有限公司开展深度合作。中国纸院已建立生活用纸纤维原料特征数据库，在非木材纤维原料开发及应用、差异化产品开发、高效环保化学助剂、降长纤技术、高浓磨浆技术、产品轻量化技术等方面与行业企业保持密切合作。

11 市场展望

11.1 行业仍有增长空间，但增速放缓

（1）中国生活用纸人均消费量与 Fastmarkets RISI 估计的 2020 年美国(29 千克)、西欧和日本(16—17 千克)等发达国家和地区的人均消费量相比，仍然较低。长期来看，行业仍有继续增长的空间。

（2）近几年的快速增长形成的产能现阶段已相对过剩，另外整个行业累计的总产能基数加大，使得行业增速放缓；生活用纸行业已走过了高速增长时代，但预测增长速度仍会高于全球平均水平。中国由于人口数量巨大的优势，所以仍将是全球生活用纸市场增长的最大驱动力，是全球增长量最高的地区。

11.2 竞争更加激烈，加速整合，向高质量发展转型

（1）从宣布的 2022 年及以后计划投产的项目总产能看，新增产能依然大于新增市场容量，现阶段行业继续延续产能过剩的状况，所以预测未来市场竞争会更加激烈，估计有些项目还会后延，或者不能达产；整个行业的平均开工率依然会较低；为争取市场份额，仍有可能存在价格战。

（2）从宣布的 2022 年及以后计划投产的项目企业看，仍然是现有企业的设备升级换代及扩产，未来落后产能及不具备规模优势的中小型原纸生产企业的淘汰会加速，原纸的生产集中度会进一步提升，行业结构将继续优化，行业从高速增长向高质量发展转型。

（3）随着行业增速放缓，生活用纸生产商竞争加剧，价格战压力已波及上游的设备供应商，尤其是资金实力相对较弱的部分国产设备供应商面临被淘汰出局的风险。设备行业将重新洗牌和整合。

（4）中国生活用纸行业主要原材料纸浆依靠进口程度高，企业面临浆价波动及汇率波动风险，尤其 2020 年底开始浆价大幅快速提升，使木浆纸及加工企业的成本压力增强。非木浆纸企业受进口木浆价格波动的影响也较大，虽现阶段非木浆在木浆价格上涨的带动下也跟随上涨，非木浆制浆企业运行压力有所缓解，但非木浆纸及加工企业的经营风险仍然较大。

中国自 2021 年起，全面禁止废纸进口，这推动了国内一些企业在海外建设以废纸为原料生产再生纤维浆的工厂，所生产的再生纤维浆，未来有可能以商品浆的形式进入中国，再生纤维浆会是生产厕用卫生纸和擦手纸具有成本优势的原材料，值得生产企业关注。

11.3 新冠疫情对行业的影响

2020 年初以来，突发的新冠肺炎疫情对生活用纸行业来说，既是挑战也是机遇。虽短期来看，影响了全国 2020 年第一季度生活用纸总产量，提升了企业复工、人工、物流等成本，降低了全年餐巾纸的消费量。但长期来看，疫情使得全民的健康意识显著增强，健康消费也将随之提升。这有助于面巾纸、擦手纸、厨房纸巾等生活用纸产品消费量开启新一轮的增长，也将进一步推动生活用纸产品线上销售量占比的增加。

疫情促使企业数字化转型的意识增强、设备远程开机的需求提升，推动行业加速向自动化、智能化方向发展。

11.4 发展主题

随着生产技术、设备的不断成熟，行业面临着较为突出的同质化问题，企业应提升市场营销能力特别是销售渠道建设；加强品牌的培育；注重新产品开发特别是功能性设计；以新的生产和设备技术开发差异化产品。

加强内部管理，实施精细化的生产、运营管理；另外通过能量回收、自动化、智能化等新技术、新设备的应用，达到设备的高效利用，降低单位产品能源和物料的消耗，以此来降低生产成本，推动企业的高质量发展，提升产品的市场竞争力，这是企业发展的核心和行业发展的主题。

11.5 规模和容量预测

基于比较保守的预测，到2021年，产能在2020年1614万吨的基础上新增产能150万吨，淘汰和停产产能50万吨，总产能达到1714万吨。按行业设备平均开工率70%计，2021年产量达到1200万吨，销售量1185万吨，净出口量85万吨，消费量1100万吨(按同比增长约5%计)，年人均消费量7.9千克。

表18 生活用纸的市场预测

年份	生产量/万吨	消费量/万吨	人口/万人	人均消费量/(千克/人·年)
2011	582.1	540.2	134735	4.0
2012	627.3	577.5	135404	4.3
2013	680.8	618.9	136072	4.5
2014	736.3	660.1	136782	4.8
2015	802.4	736.0	137462	5.4
2016	855.2	787.6	138271	5.7
2017	923.4	851.1	139008	6.1
2018	956.3	889.6	139538	6.4
2019	1040.4	960.7	140005	6.9
2020	1129.8	1049.4	140005	7.5
2021	1200	1100	140005	7.9

参 考 文 献

[1] 恒安国际集团有限公司2020年年报、2021年半年报.
[2] 维达国际控股有限公司2020年年报、2021年年报.
[3] 中顺洁柔纸业股份有限公司2020年快报、2021年半年报、2021年三季报.
[4] 中国造纸工业2020年度报告.

附　录

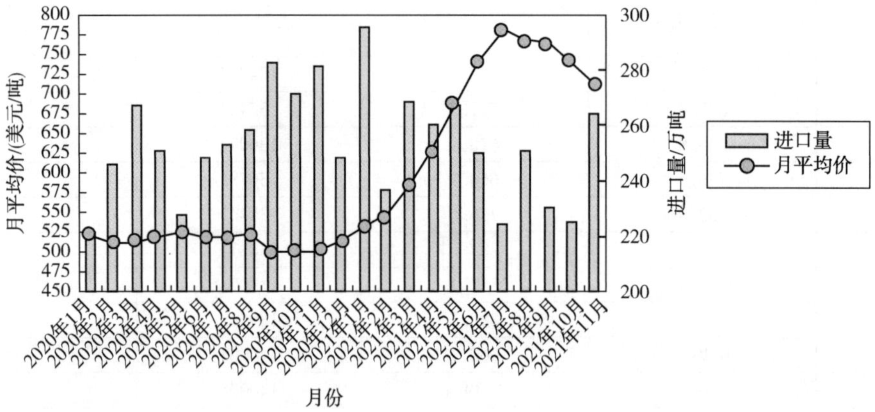

附图 1　2020 年 1 月—2021 年 11 月纸浆进口情况

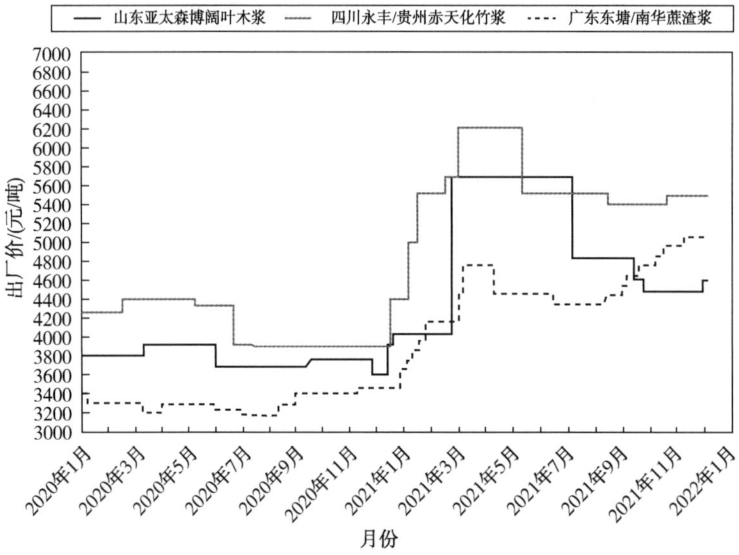

附图 2　2020 年 1 月—2021 年 12 月亚太森博阔叶木浆、永丰/赤天化竹浆、东糖/南华蔗渣浆出厂价

附表1　2020年生活用纸出口量分项及总计排名前10位的出口目的地国家和地区

商品编号	商品名称	排名	出口目的地国家和地区	出口量/吨	商品编号	商品名称	排名	出口目的地国家和地区	出口量/吨
48030000	原纸	1	澳大利亚	81160.880	48181000	卫生纸	1	中国香港	75933.260
		2	韩国	17021.731			2	美国	75084.389
		3	马来西亚	16894.666			3	澳大利亚	38346.984
		4	日本	11621.727			4	日本	32863.006
		5	新西兰	9154.939			5	新加坡	15217.211
		6	英国	7421.039			6	英国	9708.381
		7	智利	6797.373			7	马来西亚	7250.753
		8	美国	6054.274			8	菲律宾	6889.350
		9	卡塔尔	5776.791			9	越南	5608.954
		10	中国台湾	5350.271			10	中国澳门	5435.426
48182000	手帕纸、面巾纸	1	日本	77686.427	48183000	纸台布、餐巾纸	1	美国	17684.523
		2	中国香港	46888.450			2	日本	12041.334
		3	美国	33606.420			3	中国香港	3000.912
		4	澳大利亚	19065.022			4	澳大利亚	2636.146
		5	泰国	13900.414			5	加拿大	2094.614
		6	马来西亚	5584.397			6	英国	942.788
		7	中国澳门	4427.362			7	加纳	941.119
		8	菲律宾	4161.628			8	菲律宾	583.418
		9	越南	3650.000			9	马来西亚	581.280
		10	俄罗斯联邦	3022.439			10	新加坡	544.468

商品编号	商品名称	排名	出口目的地国家和地区	出口量/吨
48030000、48181000、48182000、48183000	生活用纸总计	1	澳大利亚	141209.032
		2	日本	134212.494
		3	美国	132429.606
		4	中国香港	126711.648
		5	马来西亚	30311.096
		6	英国	20704.672
		7	韩国	19357.716
		8	新加坡	19343.589
		9	泰国	18303.678
		10	新西兰	14873.417

Overview and prospects of the Chinese tissue paper industry

Zhou Yang, Guo Kaiyuan, Cao Baoping, Zhang Yulan

In recent years, the Chinese tissue paper industry has maintained a growth trend. At the same time, driven by fierce competition in the market, the backward production capacity of the industry continues to be eliminated, and its proportion is further reduced. However, the industry still suffers overcapacity at this stage, and the competition is extremely fierce.

1 Market Size

According to the statistics by the China National Household Paper Industry Association (CNHPIA), in 2020, the total production capacity of tissue paper was 16.14 million tons and the total output was about 11.298 million tons (calculated with the equipment operating rate at 70%). The sales volume was about 11.332 million tons, the aggregate plant sales revenue reached about 101.42 billion yuan, and the average ex-factory price was 8950 yuan/ton (including the exports). The consumption was about 10.494 million tons. The annual per capita consumption was about 7.5kg. The domestic market size was about 122.1 billion yuan.

At present, the annual per capita consumption of tissue paper in China has significantly exceeded the world per capita consumption level of 5.6kg in 2020 according to FASTMARKET RISI's statistics. Thanks to the huge population base, China had become the largest country in the world in terms of tissue production and consumption.

Table 1 Total Scale of Tissue Paper Industry in China in 2020

	2020	2019	Year-on-year growth/%
Capacity/10000t	1614.0	1445.0	11.7
Output/10000t	1129.8	1040.4	8.6
Sales volume/10000t	1133.2	1035.4	9.4
Import/10000t	2.77	3.17	-12.7
Export/10000t	86.57	77.91	11.1
Net export/10000t	83.80	74.74	12.1
Consumption/10000t	1049.4	960.7	9.2
Per capita consumption/kg	7.5	6.9	8.7
Average ex-factory price/(yuan/t)	8950	9600	-6.8
Factory sales revenue/100 million yuan	1014.2	994.0	2.0
Domestic market size/100 million yuan	1221.0	1198.9	1.8

Note: In 2020 and 2019, the average market retail price is based on the 30% increase rate of the average ex-factory price.

2 Major Manufacturers and Brands

Nowadays, the tissue paper market in China is still composed of a number of manufacturers. In recent two years, the number of tissue parent roll manufacturers in China remained at about 200. According to CNHPIA, the number of tissue parent roll manufacturers was 240 in 2020 (the group company with several production bases is accounted as 1 manufacturer; therefore, there are 280 production plants nationwide). Table2 shows the main location of manufacturers.

Table 2 Distribution of Tissue Parent Roll Manufacturers in China in 2020 (Based on Provinces)

Province	Number of Manufacturers	Province	Number of Manufacturers	Province	Number of Manufacturers
Hebei	68	Zhejiang	8	Shanxi	2
Guangxi	38	Liaoning	6	Shanghai	2
Sichuan	23	Jiangxi	6	Hubei	2
Guangdong	18	Anhui	4	Chongqing	2
Fujian	13	Guizhou	4	Heilongjiang	1
Shandong	13	Yunnan	4	Hunan	1
Jiangsu	9	Shaanxi	3	Gansu	1
Henan	9	Xinjiang	3		
Total number			240		

In 2020, 76 tissue parent roll manufacturers had an annual capacity of above 50000 tons (including 50000 tons), 10 more than the previous year. The total capacity of these 76 enterprises accounted for 83.8% of that in the whole industry. The four leading national brands are still Mind Act Upon Mind, Vinda, Breeze and C&S.

In 2020, 69 tissue parent roll manufacturers had an annual capacity of below 20000 tons. China has a vast territory and consumers with different consumption levels. The small-sized enterprises operate flexibly and their products can reach remote rural areas to meet the market demand. As a result, they can survive in China. In addition, the enterprises in the province of Sichuan, Hebei and Guangxi were mainly medium and small-sized enterprises.

Table 3 Capacity and Number of Chinese Tissue Parent Roll Manufacturers in 2020

Capacity/10000tpy	>100	50 (not including 50) ~ 100 (including 100)	10 (not including 10) ~ 50 (including 50)	5 (including 5) ~ 10 (including 10)	2 (including 2) ~ 5 (not including 5)	<2
Number of enterprises	3	3	20	50	95	69

In 2020, the provinces that had modern tissue capacity over 500000 tpy mainly included Hebei, Guangdong, Shandong, Sichuan, Chongqing and Henan (see Table 4).

Table 4 Ranking of Provinces with Modern Capacity Distribution in 2020 (more than 0.5 million tons)

No.	Province	Capacity/10000 tons	Number of TMs	No.	Province	Capacity/10000 tons	Number of TMs
1	Hebei	330.3	188	8	Jiangsu	67.0	20
2	Guangdong	131.0	53	9	Zhejiang	63.8	34
3	Shandong	114.0	41	10	Guangxi	63.6	39
4	Sichuan	102.9	66	11	Jiangxi	63.2	19
5	Chongqing	94.8	21	12	Henan	55.5	28
6	Hainan	84.0	28	13	Fujian	52.3	16
7	Hubei	83.6	35		Total	1306	588

Table 5 shows the top 17 tissue paper manufacturers in 2020. In 2020, the production capacity of top 17 manufacturers accounted for 54.5% (2019: 58%) of the total, reduced by 3.5 percentage points over the last year. The leading enterprises slowed down the speed of investment. The proportion of their sales revenue was 58.9% (2019: 59%), decreasing by 0.1 percentage points over the previous year.

Table 5　Top 17 Tissue Paper Manufacturers in 2020

No.	Company	Brand	Capacity /10000tpy
1	Fujian Hengan Group Co., Ltd.	Mind Act Upon Mind, Softclear	148.2
2	Vinda Paper (China) Co., Ltd.	Vinda, Huazhiyun	125
3	Gold Hongye Paper Group Co., Ltd.	Virjoy, Breeze, Zhenzhen	166
4	C&S Paper Co., Ltd.	C&S, Sun	76
5	Dongshun Group Co., Ltd.	Softest	42.8
6	Lee & Man Tissue Manufacturing Limited	Hanky, Lee &Man, Lee & Man Unbleached	96.5 (including bamboo pulp tissue)
7	Shanghai Orient Champion Paper Co., Ltd.	Hygienix, Silk'n Soft	14
8	Libang Group	Libang	21
9	Baoding Yusen Hygiene Products Co., Ltd.	Yusen, Baili	26
10	Shanghai Welfare Group Co., Ltd.	Zhiyin	10
11	Yuen Foong Yu Family Care (Kunshan) Co., Ltd.	May Flower	15
12	Sichuan Vanov New Material Co., Ltd.	BABO	13.6 (bamboo pulp tissue)
13	Hebei Xuesong Paper Co., Ltd.	Xuesong	19
14	Yinge Group	Yinge, Shulei	16
15	Taison Technology (Group) Co., Ltd.	Well Mind, Skin 2 Skin, Bamtime	61 (including bamboo pulp tissue)
16	Shandong Sun Household Paper Co., Ltd.	Sun Elements	17
17	Shandong Chenming Paper Group Co., Ltd.	Xingzhilian, Forestlove	12
	Total capacity		879.1

Gold Hongye (capacity of APP in mainland China), Hengan and Vinda are the three leading tissue paper companies in China. According to the statistics of FASTMARKETS RISI, their capacity ranked the 4th, 6th, and 9th respectively in the world and ranked the 1st, 3rd and 4th respectively in Asia in 2020. The capacity of the three companies has all exceeded 1.25 million tpy in 2020. Their total capacity was still 4.392 million tpy with no newly-added capacity in 2020, accounting for 27.2% of the total tissue capacity in China (2019: 30.4%). The top 3 enterprises slowed down their speed of investments. Their aggregate sales revenue reached about 29.45 billion yuan, down about 4.8% than 2019, accounting for 29% of the total sales revenue (31.1% in 2019).

● Hengan is the top 1 tissue paper manufacturer and the manufacturer with the largest output in China. According to Hengan's 2020 annual report, the sales revenue from the Group's tissue paper (including wet wipes) segment reached 10.38 billion yuan, down by about 9.6%. The reasons of the decline are as follows: (1) the increase of market investment. (2) the commercial and corporate activities in mainland China were greatly affected by the pandemic, which in turn, reduced the demand for tissue paper. In 2020, the revenue from tissue paper (including wet wipes) segment accounted for approximately 46.4% (2019: 51.1%) of the Group's overall revenue. Nevertheless, benefiting from the low cost of wood pulp, the gross profit margin of the tissue paper business increased significantly to approximately 33.5% (2019: 27.7%)[1].

In the first half of 2021, the business revenue of Hengan's tissue paper business (including wet wipes) decreased by about 12.2% to about 4.697 billion yuan (first half of 2020: 5.349 billion yuan), accounting for about 47.1% of the Group's total revenue (first half of 2020: 48.9%). As the Group still held low-priced wood pulp stocks for most of the first half of the year, the upward trend of wood pulp prices in the market did not exert significant pressure on the Group's gross profit in the first half of the year. However, in 2021, the Group increased promotional expenses to maintain market competitiveness, resulting in a drop in gross profit margin to about 29.2% (first half of 2020:35.0%)[1].

• Vinda is one of the earliest professional manufacturers of tissue paper in China. It maintained steady development and leading position in the past years. It is now the No. 2 tissue paper manufacturer in China. According to the annual report of Vinda International in 2020, the revenue from the tissue segment (including wet wipes) amounted to HK$13.608 billion, representing a year-on-year growth of 2.7% (3.6% on constant exchange rate), accounting for 82% of the Group's total revenue (2019: 82%). Thanks to the growing momentum of premium products portfolio, its gross margin and segment result margin of the tissue segment (including wet wipes) increased to 38.3% and 16.5% respectively (31.4% and 11.6% in 2019 respectively)[2].

In 2021, the business revenue of Vinda's tissue paper business (including wet wipes) increased by 13.9% to HK$15501 million, an increase of 7.2% on a constant-exchange-rate basis, accounting for 83% of the Group's total revenue (2020: 82%). The high-end market has brought business opportunities to Vinda's business expansion. And the proportion of the high-end product portfolio has steadily increased, which further consolidated Vinda's leading position in the tissue paper industry in the Chinese mainland. However, due to the high cost of wood pulp and increased promotional pressure in the industry, its gross margin and segment result margin of the tissue segment (including wet wipes) decreased by 2.9 percentage points and 4.1 percentage points to 35.4% and 12.4%[2].

• Gold Hongye is the tissue paper company under APP group in China. It is the No. 3 tissue paper manufacturer in China. Its production capacity reached 2.02 million tpy in 2021. It is now the largest tissue paper manufacturer in China in terms of capacity.

• C&S is the fourth largest tissue paper enterprise in China. According to performance express of C&S, its revenue (mainly sales revenue of tissue paper) in 2020 reached 7.85 billion yuan, up 18.31% than 2019. The net profit was 905 million yuan, up 49.82% than 2019. The main reasons for the growth of business revenue in 2020 include: (1) International market wood pulp price decreased, reducing the company's production costs, effectively improving the product gross profit margin and promoting profit growth. (2) The product structure has been optimized with increasing proportion of premium and high-value added products. Newly developed premium products have been launched on the market. (3) The marketing team strengthened the building of six-channels including KA, GT, AFH, EC, SC and RC, and accelerated the online platform construction. (4) The first-phase production capacity of C&S Hubei project is released[3].

In the first half of 2021, the business revenue of C&S was about 4.248 billion yuan, an increase of 17.46% over the same period last year. The net profit attributable to shareholders of listed companies was about 407 million yuan, a decrease of 10.06% over the same period last year[3].

In the first three quarters of 2021, the business revenue of C&S was about 6.275 billion yuan, an increase of 12.95% over the same period last year. The net profit attributable to shareholders of listed companies was about 484 million yuan, a decrease of 27.88% over the same period last year[3].

• Shandong Dongshun is the fifth largest tissue paper manufacturer with the capacity of 428000 tons in 2020. At present, Dongshun has two tissue parent roll production bases (Dongping, Shandong and Zhaodong, Heilongjiang). In 2020, Dongshun launched one Baotuo new crescent tissue machine, with annual capacity of 20000 tons.

• Lee & Man Group has three tissue parent roll production bases in mainland China. In 2020, Lee & Man Group had a total capacity of 965000 tons, with 625000 in Chongqing base, 220000 tons in Jiujiang Jiangxi base and 120000 tons in Dongguan Guangdong base respectively. Lee & Man had no newly-added capacity in 2020. In 2021, it started up two Baotuo tissue machines and one Xinnuo tissue machine, with an increased capacity of 54000tpy and a total capacity of 1.019 million tpy. Lee & Man follows the principle of "cluster development along the industrial chain", providing tissue parent roll for tissue paper converting enterprises. The company still focuses on selling tissue parent roll, with self-owned brand products taking a relatively small proportion.

• Shanghai Orient Champion Group is an important tissue paper manufacturer in the Yangtze River delta region and the only one that produces tissue parent roll in Shanghai. In recent years, the company develops stably. In 2020, its production capacity reached 140000 tons, with five Japan Kawanoe Zoki Best Former tissue machines, two Valmet new crescent tissue machines and one home-made oblique and towel machine.

On March 8, 2021, the signing ceremony of the 360000 tpy premium tissue project (Yangtze River Delta integration project) invested by Shanghai Oriented Champion was held in Dangtu Economic Development Zone, Ma'anshan, Anhui, which marks the new development stage of the Group in tissue paper industry.

On March 25, 2021, Shanghai Securities Regulatory Bureau published the report on Shanghai Orient Champion Health Products Co., Ltd.'s IPO guidance issued by Haitong Securities Co., Ltd. on its official website.

• Baoding Gangxing Paper of Libang Group is a representative enterprise in Mancheng, Baoding. It is among the first enterprises to eliminate backward capacity and upgrade equipment in Baoding. In 2020, Gangxing Paper had an increased capacity of 75000 tons, including one Baotuo new crescent tissue machine with the capacity of 25000 tpy which was launched in May 2020 in Baoding, and two Baotuo new crescent tissue machines with the capacity of 25000 tpy, which was launched during October and November 2020 in the first phase project of Xiaogan Hubei base, thus making the total capacity of the Group reaching 210000 tpy.

In 2021, Libang Group plans to put other two Baotuo new crescent tissue machines with a capacity of 25000 tpy into operation in the first phase project at the Xiaogan base. At the same time, the group transformed original vacuum cylinder tissue machines at the Baoding base into crescent tissue machines to achieve higher speed and capacity. This would make its total production capacity amount to 280000 tpy.

• Yusen is also one of the tissue manufacturers that develop fast in Baoding. In 2020, Yusen built a new production base in Tai'an Liaoning. The project plans to have a capacity of 360000 tpy and be divided into three phases. In the first phase, two Valmet (PMP) new crescent tissue machines with the capacity of 30000 tpy were put into operation in Oct. 2020, making its total production capacity 260000 tpy.

In 2021, Liaoning Yusen signed four Valmet (PMP) crescent tissue machines for its second phase tissue paper project, which will make the company's total capacity reach 360000 tpy.

Table 6 Key Tissue Paper Manufacturers in Various Regions in 2020

No.	Region	Province	Company	Brand
1	North China	Hebei	Hebei Golden Doctor Group Co., Ltd.	Golden Doctor
2			Baoding Dayi Paper Co., Ltd.	Dayi, Baihui
3			Hebei Zhongxin Paper Co., Ltd.	Elegance
4			Hebei Jifa Paper Co., Ltd.	Jifa, Huierte, Wanjia
5			Mancheng Jinguang Paper Co., Ltd.	Cat King
6			Baoding Chengxin Paper Co., Ltd.	Xueliang, Xuechi
7			Baoding Hengxin Paper Co., Ltd.	Zhenmu
8			Baoding Jurun Paper Co., Ltd.	Lizi, Yunmeng

续表

No.	Region	Province	Company	Brand
9	Northeast China	Liaoning	Hupo Paper Co., Ltd.	Hupo
10	East China	Jiangsu	Jiangsu Kaisheng Paper Industry Co., Ltd. of Shengda Group	Sund, Lanya, Ofeng, Laohao
11			Jiangsu Oji Paper Co., Ltd.	Nepia
12		Zhejiang	Zhejiang Hongan Paper Co., Ltd.	CoRou
13			Zhejiang Jingxing Paper Joint Stock Co., Ltd.	Pinse
14			Zhejiang Jiajiafa Paper Co., Ltd.	Bingxin
15			Longyou Xurong Paper Co., Ltd.	
16		Jiangxi	Huajin Group Ganzhou Paper Co., Ltd.	SPRY, GENTLE RELAX
17		Shandong	Weifang Lancel Hygiene Products Co., Ltd.	Jade Label, Fengzheng, Gewaili
18		Fujian	Fujian Hengli Group Co., Ltd.	HodoRine
19	Central China	Henan	Henan Foliage Paper Co., Ltd.	GQ-Show
20			Qinyang Hongtao Paper Co., Ltd.	Xinlianxin
21	South China	Guangdong	Dongguan Dalin Paper Co., Ltd.	Dalin
22			Guangdong Beilun Household Paper Industry Co., Ltd.	HO-COMFORT
23			Shaoneng Group Guangdong Luzhou Eco Technology Ecru Paper Manufacturing Co., Ltd.	Shaoneng Unbleached
24			Guangdong Xinda Paper Industry Co., Ltd.	Xinda, XiongBaobei, Hongjinzuan
25			Jiangmen Wangjia Paper Co., Ltd.	OUYANG
26		Guangxi	Fujian Botare Network Technology Co., Ltd. (Guang xi Botare)	Botare
27			Liuzhou Liangmianzhen Paper Co., Ltd.	Liangmianzhen
28			Guangxi Hengxian Jiangnan Paper Co., Ltd.	Green Change, Sanso
29			Guangxi Sky Power Natural Material Co., Ltd.	Wanting, Sky Power, Aijia
30			Nanning Xianglan Paper Co., Ltd.	JieJieGao
31			Guangxi Tiandong Jinbao Paper Co., Ltd.	Youying, Liaowei
32	Southwest China	Sichuan	Sichuan Jianwei Fengsheng Paper Co., Ltd.	Hill Side
33			Yibin Paper Industry Co., Ltd.	Golden Bamboo
34			Sichuan Yuanzhou Industrial Co., Ltd.	U&U, Qianwei
35			Sichuan Jinfu Paper Co., Ltd.	DELLBOO, Yuansewuyu
36			Sichuan Eupon Paper Co., Ltd.	Briars, Dinghaomianzi, Kejieke
37			Sichuan Mianyang Chaolan Sanitary Articles Co., Ltd.	Yuandian
38	Northwest China	Shanxi	Shanxi Yungang Paper Co., Ltd.	Yungang, Huazhidu, Hanshu
39			Shanxi Lida Paper Co., Ltd.	Yibao
40		Shaanxi	Shaanxi Famensi Paper Co., Ltd.	Famensi
	Total capacity/ (10000 tpy)			337.2

In 2020, CNHPIA conducted researches on the tissue paper converting enterprises. Leading companies in terms of converting capacity and output include: Fujian Botare Network Technology Co., Ltd., Sichuan Petrochemical Yashi Paper Co., Ltd., Sichuan Lam PureDaily Products Co., Ltd., and Chongqing V. Poon Paper Co., Ltd.

3 Import and Export

Table 7 Imports and Exports of Various Tissue Paper in 2019-2020

Commodity Number	Commodity Name	Volume/tons			Value/US $		
		2020	2019	Y-o-Y Growth rate/%	2020	2019	Y-o-Y Growth rate/%
Import		27725.370	31749.218	-12.67	46470472	55225749	-15.85
48030000	Tissue parent roll	20639.683	22412.621	-7.91	27201960	31691570	-14.17
48181000	Toilet tissue	2405.186	2848.851	-15.57	6949830	6568025	5.81
48182000	Handkerchief tissue, facial tissue	3666.054	5343.494	-31.39	9628103	13715693	-29.80
48183000	Table tissue and paper napkin	1014.444	1144.252	-11.34	2690579	3250461	-17.22
Export		865697.053	779088.895	11.12	2255669499	2601562961	-13.30
48030000	Tissue parent roll	232676.296	194634.886	19.55	390527133	315453996	23.80
48181000	Toilet tissue	333466.644	272413.748	22.41	921179373	1048563415	-12.15
48182000	Handkerchief tissue, facial tissue	246884.588	253052.766	-2.44	762564235	959751794	-20.55
48183000	Table tissue and paper napkin	52669.525	58987.495	-10.71	181398758	277793756	-34.70

The sudden outbreak of COVID-19 pandemic has a great impact on all industries globally. The safety awareness of consumers improved, leading to the boost of daily hygiene products consumption, including tissue paper. This is reflected in the import and export of tissue products. According to statistics, the export volume of tissue paper in 2020 was 865700 tons, up 11.12% than the previous year; the export value, however, was 2255.67 million US dollars (according to the exchange rate of 1:6.8974, about 15.558 billion yuan), down by 13.30%. The export of tissue paper has taken on a trend of volume increase and price decrease. The main reason is that the average price of the exported toilet tissue declined by 28.23% compared with 2019, making the average price of exported tissue paper drop by 21.97%.

Since 2011, the import of tissue paper in China has taken on a trend of a constant decline. In 2020, the import volume was only 27700 tons, down 12.67% than that of 2019. In recent years, the capacity and output of tissue paper in China have been on a constant rise with various products to meet consumers' demand. It is expected that the import would maintain at a low level in the future.

The United States has been one of the major export destinations of Chinese tissue paper. Since the trade war between China and the U.S., the volume of tissue paper exported to the United States dropped significantly. In 2020, the volume was about 132400 tons, a slight increase compared with 2019 (up 10959.944 tons). In 2020, the volume of tissue paper exported to the United States accounted for 15.20% of the total exports (15.59% in 2019 and 21% in 2018). Due to the continuous impact of China-US trade war, the United States became the number three export destination of the Chinese tissue paper in 2020 (number three in 2019 and number one in 2018).

Table 8 Proportions of Various Imported and Exported Tissue Papers (%)

Year	Import		Export	
	2020	2019	2020	2019
Tissue parent roll	74.44	70.59	17.31	24.98
Toilet tissue	8.68	8.97	40.84	34.97
Handkerchief tissue, facial tissue	13.22	16.83	33.81	32.48
Table tissue and paper napkin	3.66	3.60	8.04	7.57

In the imports, tissue parent roll still dominates, accounting for 74.44% of the total imports. However, the total import volume of tissue paper is small, which has relatively limited impacts on domestic market.

Among exported tissue paper, the export volume of tissue parent roll and toilet tissue has increased significantly. The export volume of tissue parent roll increased by 19.55% year-on-year, reaching 232680 tons. The export volume of toilet tissue increased by 22.41%, reaching 333470 tons. The proportion of tissue parent roll in exported tissue paper was 26.88%, an increase of 1.9 percentage points compared with 24.98% in 2019. The exported toilet tissue took up 38.52%, an increase of 3.55 percentage points compared with 34.97% in 2019. The possible reason is that the short-term tissue panic-shopping abroad due to COVID-19 drives up the export of tissue parent roll and toilet tissue, while the export volume and price of handkerchief tissue, facial tissue, table cloth and paper napkin showed a trend of decline.

Table 9 Average Price of Various Imported and Exported Tissue Papers in 2018-2019

Commodity Name	Export			Import		
	Unit Price in 2020 / (USD/ton)	Unit Price in 2019 / (USD/ton)	Y-o-Y Growth rate/ %	Unit Price in 2020 / (USD/ton)	Unit Price in 2019 / (USD/ton)	Y-o-Y Growth rate/ %
Total	2605.61	3339.24	-21.97	1676.10	1739.44	-3.64
Tissue parent roll	1678.41	1620.75	3.56	1317.94	1414.01	-6.79
Toilet tissue	2762.43	3849.16	-28.23	2889.52	2305.50	25.33
Handkerchief tissue, facial tissue	3088.75	3792.69	-18.56	2626.29	2566.80	2.32
Table tissue and paper napkin	3444.09	4709.37	-26.87	2652.27	2840.69	-6.63

The average price of imported and exported tissue paper in 2020 generally decreased than that of 2019. Among the exported products, only the price of tissue parent roll saw a slight increase. In general, the price of exports is higher than that of imports.

According to the Customs, in 2020, based on the export volume, the top 10 export destinations of the products with commodity number of 48030000 (tissue parent roll), 48181000 (toilet tissue), 48182000 (handkerchief tissue, facial tissue), 48183000 (table cloth, paper napkin) in separate items and in total are listed in Attached Table 1.

In 2021, the import volume and import value of tissue paper increased, but the total amount was still small. The import volume was about 50200 tons, and tissue parent roll accounts for 86.3%.

In 2021, the export volume and export value of tissue paper declined by double digits. The export volume was about 639400 tons, 26.14% lower than that in 2020, and about 17.9% lower than that in 2019 . There are many reasons for the decline in export volume, but limited shipping containers and the rise in freight prices caused by the COVID-19 pandemic should be one of the important factors. The largest decline was in tissue parent roll, with export value and export volume falling by 52.83% and

51.25% respectively. The proportion of finished products in export products further increased, accounting for 82.26% of the total export volume. From the export value, handkerchief tissue and facial tissue took up the highest proportions in 2021, while toilet tissue took up the highest proportion in 2019 and 2020. The structure of export products is gradually developing to high-end products, but the export values of all kinds of products have declined significantly. Among them, the export value of tissue parent roll has declined the most. Besides the decline in export value, the decline in average export price is also an important reason.

4 The Price of Imported Wood Pulp and the Average Ex-factory Price of Products Experienced Significant Fluctuations

4.1 Wood Pulp

In China, tissue paper, especially middle- and high-end tissue paper, mainly uses market wood pulp as raw material. As a result, the industry relies greatly on the imported pulp. In the total production cost of tissue paper except for the investment cost, pulp accounted for about 75%. So, the production cost is greatly influenced by the fluctuation of international market pulp price. In 2020, imported wood pulp used in tissue paper accounted for a large proportion of the total imported pulp, and the percentage was higher for the bleached hardwood pulp.

According to the customs, in 2020, the total imported pulp volume in China was 30.63 million tons, up 12.6% than 2019. The total import value was 15.7 billion US dollars, down 8.3% than 2019. See Attached Figure 1 for the monthly import of pulp. From January 2020 to October 2021, the import volume and average price of bleached softwood pulp and bleached hardwood pulp are listed in Table 10a, 10b and Figure 1. The bleached softwood pulp was mainly imported from Canada, Finland, the United States, Chile, Russia, etc. The bleached hardwood pulp was mainly imported from Brazil, Indonesia, Chile, Uruguay, Canada, etc.

Table 10a Imports and Monthly Average Price of Wood Pulp in China in 2020

Month	Bleached softwood pulp		Bleached hardwood pulp	
	Import/10000t	Average price/(USD/ton)	Import/10000t	Average price/(USD/ton)
Jan.-Feb. 2020	143.16	569.89	207.16	464.44
Mar. 2020	79.44	569.37	114.41	465.34
Apr. 2020	74.68	572.41	95.97	469.94
May 2020	66.38	576.14	95.50	472.44
Jun. 2020	76.12	585.41	111.08	472.98
Jul. 2020	69.44	592.74	118.37	471.42
Aug. 2020	67.58	581.65	123.77	462.88
Sept. 2020	77.41	569.58	134.66	450.09
Oct. 2020	73.07	567.57	126.90	444.67
Nov. 2020	80.23	574.26	133.86	449.97
Dec. 2020	78.71	592.14	112.78	452.91
Total	886.23	576.70	1374.46	461.02
Y-o-Y Growth rate/%	-0.55	-12.34	16.67	-21.16

Table 10b Imports and Monthly Average Price of Wood Pulp in China from January to October 2021

Month	Bleached softwood pulp		Bleached hardwood pulp	
	Import/10000t	Average price/(USD/ton)	Import/10000t	Average price/(USD/ton)
Jan. 2021	78.98	616.18	133.28	464.41
Feb. 2021	64.27	630.17	108.90	474.35
Mar. 2021	75.95	679.23	119.97	507.58
Apr. 2021	73.60	727.10	111.98	546.12
May 2021	76.76	808.29	112.25	600.09
Jun. 2021	73.08	879.32	99.65	654.70
Jul. 2021	70.50	923.33	83.61	689.53
Aug. 2021	65.25	914.52	104.01	687.15
Sept. 2021	70.61	894.20	87.87	663.69
Oct. 2021	64.50	859.74	91.26	638.70
Total(January-October 2021)	713.49	790.38	1052.77	583.16
Y-o-Y Growth rate/%	-1.90	37.39	-6.65	25.91

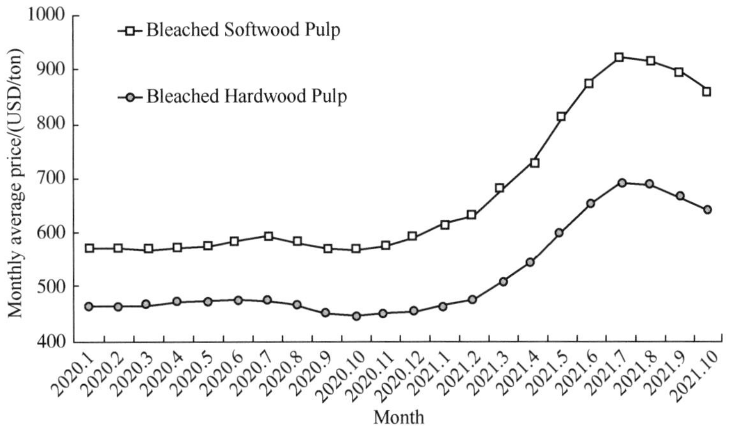

Fig. 1 Monthly Average Price of Imported Wood Pulp in China from Jan. 2020 to Oct. 2021

Affected by factors such as COVID-19, the continued trade friction between China and the United States, and exchange rates fluctuation, the price of imported wood pulp in China in 2020 was generally at a low level, continuing the downward trend in 2019. This was beneficial to tissue paper enterprises that use imported wood pulp as the main raw material, thereby reducing production costs. However, the price of tissue paper also continued to decrease from mid-April to mid-December 2020. The ex-factory price of tissue parent roll hit a record low since 2012. The price of wood pulp tissue parent roll dropped to 5150 yuan per ton in Hebei province, with price of Sichuan unbleached bamboo pulp tissue parent roll 5550 yuan per ton and Guangxi bagasse pulp tissue parent roll 4700 yuan per ton. Therefore, cheap wood pulp only partially reduced the margin profit rate drop caused by low-price products.

After the mid-December, 2020, the price of imported wood pulp started to rebound, increasing sharply, which made the price of home-made wood pulp and non-wood pulp continue to increase and the ex-factory price of tissue parent roll go up rapidly.

Influenced by many factors, such as the continuous reduction of production or shutdown for maintenance of foreign pulp mills, increased demands in China, unexpected situations of international logistics and transportation, and the international economy, the price of imported market wood pulp continued to be at a high level in the first three quarters of 2021.

China Customs data show that from January to July 2021, the overall price of imported market wood pulp showed a rapid rise. In July 2021, the average price of imported bleached softwood pulp rose to $ 923. 33 per ton, and the average price of hardwood pulp rose to $ 689. 53 per ton, reaching the highest level since 2012. In August, the prices began to fall. Compared with the lowest average prices of $ 567. 57 per ton and $ 444. 67 per ton in October 2020, the prices of softwood and hardwood pulp had increased by 62. 68% and 55. 07% respectively. Tissue paper enterprises in China mainly use the imported wood pulp as raw material. The sharp rise in raw material prices in 2021 has greatly increased production costs and reduced the profit of enterprises. Especially for small and medium-sized enterprises, the competitive pressure has increased.

In the first three quarters of 2021, the price of tissue parent roll was affected by many factors, such as rising prices of raw materials, overcapacity, intensified market competition and so on, showing the trend of rising first and then declining. Taking prices in October 2020 and October 2021 as examples, the average price of tissue parent roll in Hebei in October 2020 was 5289. 17 yuan/t, and the average price in October 2021 was 6202. 50 yuan/t, showing an increase of 17. 27%. The increase was lower than that of imported wood pulp, therefore, the tissue parent roll enterprises would bear greater pressure in the operation.

According to the data by SCI (Sublime China Information Group), the ex-factory prices trend of tissue parent roll in the four major provinces and mainstream home-made pulp in China are shown in Figure 2 and Attached Figure 2.

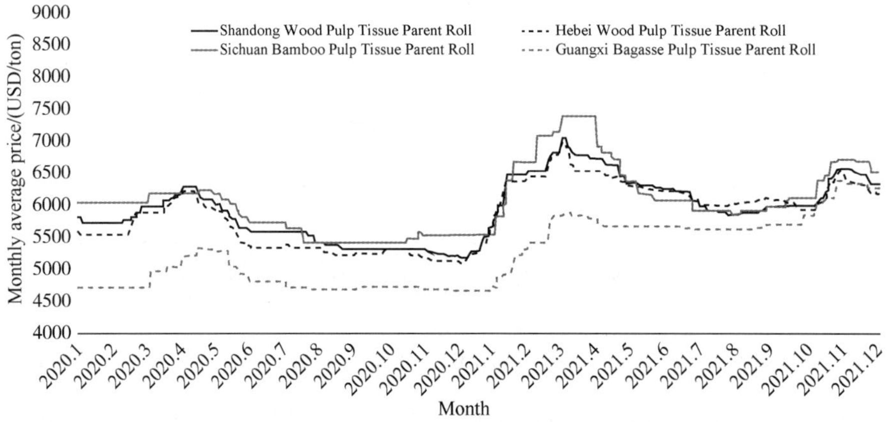

Fig. 2 Average Ex-factory Price of China Tissue Parent Roll from Jan. 2020 to Dec. 2021

4. 2 Non-wood Pulp

As to tissue paper manufacturers using straw, rather than wood pulp, as raw materials, the increase in labor costs and transportation costs has made it difficult to acquire straw and caused the purchasing cost to rise. What's more, greater environmental protection pressure and the quality of final product inferior to that of wood pulp products and other factors have caused the low-end and mid-end tissue paper products made from straw pulp in Ningxia, Shaanxi, Henan and other regions to lose cost and market advantages. At present, most of them have been closed or converted to wood pulp products with only Shandong Tranlin Group left.

• Bamboo Pulp

In 2020, the price of market wood pulp was at a low level, which caused great pressure on the development of bamboo pulp. The reduction of wood pulp tissue paper prices led to the continued decrease of the bamboo pulp tissue paper prices. However, the cost of cutting, transporting bamboo and that of making bamboo pulp still remained at a high level. Affected by the COVID-19 pandemic, floods and other adverse factors, the bamboo pulp products production and converting enterprises are faced with severe difficulties. According to statistics of Sichuan Paper Association, production of Sichuan bamboo pulp tissue parent roll declined compared with that of last year.

In the first half of 2021, driven by the sharp rise in international pulp prices, Sichuan bamboo pulp enterprises did well in production and sales. However, with the rising energy prices in the third quarter, the production costs of pulping enterprises increased significantly. At the same time, the price of market pulp began to decline, the profit of enterprises was greatly reduced, resulting in limited production or suspended production in advance for maintenance. The situation has improved since the fourth quarter, so the market has been relatively stable, the operating rate has been rising, and the output has gradually recovered.

Since 2021, the tissue parent roll production enterprises with market bamboo pulp as the raw material have been affected by multiple factors, such as higher international wood pulp price, overcapacity, rapidly increased energy costs and so on. As a result, the production cost of tissue parent roll has been higher than the market price of products, which has increased the loss of enterprises and reduced the start-up rate. Some enterprises restricted or suspended their production. Faced with the negative industry situation, enterprises expanded marketing channels, integrated resources and strengthened cooperation. Some enterprises adjusted product structure to produce customized and differentiated products, meeting various needs of customer groups. Others eliminated or upgraded backward tissue machines and started up new high-speed tissue machines to enhance market competitiveness and ensure the stable, sound and sustainable development of bamboo pulp tissue paper industry.

On February 5, 2021, the Sichuan Paper Association released group standard: *Bamboo Pulp Tissue Paper*, with the number of T/SCSZX 002-2021. The standard was implemented on March 1, 2021. It helps promote and manage the development of bamboo pulp tissue paper in Sichuan.

● Bagasse Pulp

In 2020, due to the decreasing price of wood pulp, the price of Guangxi bagasse pulp and tissue parent roll declined in general. Besides, the quality of bagasse pulp paper still lagged behind that of wood pulp paper. Some of the bagasse pulp was used to produce pulp molding products with profit higher than tissue paper. As a result, the proportion of bagasse pulp used as tissue paper raw material continued to decrease in Guangxi, while the proportion of wood pulp increased. According to the statistics of Guangxi Paper Association, the production of Guangxi bagasse pulp and bagasse pulp tissue paper all decreased over that of the previous year.

In 2021, the price of bagasse pulp saw rapid rise in the first quarter, decrease in the second quarter, and rise in the third quarter. The overall price was higher than that in 2020.

According to the statistics of Guangxi Paper Industry Association, the rapid development of molded pulp products in Guangxi in recent years increased the demand for bagasse pulp, resulting in the rising prices of bagasse pulp. Since the second half of 2021, the price of Guangxi bagasse pulp has been higher than wood pulp. Therefore, the profit of bagasse pulp tissue paper enterprises is squeezed and the quality of bagasse pulp tissue paper is not as good as wood pulp tissue paper. In the past year, affected by the fierce market competition, enterprises have accelerated the elimination of low-speed cylinder tissue machines and the production of bagasse pulp based tissue paper sharply decreased. In 2021, the production of bagasse pulp tissue parent roll in Guangxi was reduced to about 160000tons.

5 Accelerated Industrial Optimization and Upgrade

With the implementation of national policies on

energy-saving, emission reduction and mandatory elimination of backward production capacity, progress in home-made tissue machine technology as well as advantages of production costs, all the newly-added production capacity in recent years are modern capacity. In addition, the low-speed backward production capacity does not have advantages in production costs and quality, which leads to weak market competitiveness and faster elimination. As a result, the proportion of modern production capacity in China's tissue paper industry continues to improve. According to the statistics of CNHPIA, in 2020, the modern capacity totaled 15.06 million tons, accounting for 93.3% of the total capacity of tissue paper, an increase of 1.2 percentage points year-on-year. Besides, all 1.85 million tons of new production capacity in 2020 was generated by modern tissue machines, promoting the industry to optimize and upgrade.

Table 11 Modern New Capacity During 2013-2022

Year	2013	2014	2015	2016	2017	2018	2019	2020	2021	Plan in and after 2022
New capacity/10000t	83.15	124.3	103.92	134.19	221.58	182.5	178.1	184.8	278.6	>1000

The introduction of advanced tissue production lines abroad has always been an important way of increasing the ratio of modern capacity in Chinese tissue paper industry. According to CNHPIA, by the end of 2021, there had been 202 imported new crescent tissue machines launched in China with a total capacity of 7.901 million tpy, 103 vacuum cylinder tissue machines with a total capacity of 1.468 million tpy, one oblique net tissue machine a total capacity of 10000 tpy, and 4 Hybrid concept tissue machines with a total capacity of 140000 tpy. The total capacity of imported tissue machines mentioned above reached 9.519 million tpy (8.647 million tpy in 2020). Imported tissue machine manufacturers mainly include Valmet (PMP), Andritz, Kawanoe, A. Celli, Toscotec, Voith and so on.

With the progress of technology in home-made tissue production lines, the proportion of imported machines is declining while that of home-made machine increased step by step.

With the increase in demand for product differentiation, the large tissue machine with the capacity of 60000 tpy does not have advantages in the flexibility to change product varieties and cost consumption. Therefore, the demand for such tissue machine decreased, with only two Andritz tissue machines which were put into operation by Oji Paper in its Jiangsu factory in 2020. By the end of 2021, a total of 79 tissue machines were put into operation. Their total capacity reached 4.75 million tpy. It is expected that the investments in tissue machines with the capacity of 60000 tpy would still be dominated by few large-scale enterprises.

Table 12 Number of New Tissue Machines with Capacity Above 60000 tpy During 2013-2022

Year	2013	2014	2015	2016	2017	2018	2019	2020	2021	Plan in and after 2022
Number	3	9	7	7	8	10	0	2	6	8

6 Overheated Investments Led to Overcapacity at Current Stage

Although the new production capacity was mainly concentrated in existing enterprises in recent years, the growth rate of capacity is still too high. The small and medium-sized enterprises mainly chose to upgrade existing equipment for capacity expansion, making the growth of capacity exceeds that of consumption. Therefore, overcapacity is obvious in the industry at current stage. Therefore, some investment projects were postponed on the basis of the original plan, and market competition in the entire industry was fierce.

Enterprises from other industries become more

cautious in entering the tissue industry, with very few big enterprises. In 2020, enterprises entering the tissue industry are Jinan Shengquan Group and Fujian Liansheng Paper. In 2021, Asia Symbol entered the industry.

Fujian Liansheng Paper announced to enter tissue paper industry in 2020. It has ordered two Andritz new crescent tissue machines with the capacity of 60000 tpy for the first phase project, which would be put into operation in 2022.

Jinan Shengquan Group is a company committed to the development and research of the plant straw and polymer resin material. In 2020, the company stepped up its development towards tissue paper industry. In 2021, Shengquan Group started up two Dazheng crescent tissue machines at its headquarters in Jinan, with a total capacity of 50000 tons. In addition, the group built an integrated biomass refining project in Daqing City, Heilongjiang Province. It plans to start up four new crescent tissue machines and two hand towel machines supplied by Shandong Xinhe and six crescent tissue machines supplied by Dazheng in 2022, with a total capacity of 280,000 tons.

Large enterprises entered in the tissue paper industry in early years are gradually releasing their production capacity:

Jiangsu Oji Paper Co., Ltd., based in Nantong Economic and Technical Development Zone, put two Andritz new crescent tissue machines into operation for its first phase project in June and September 2020 respectively, each with the capacity of 60000 tpy.

Japan Daio Paper increased the tissue paper (including facial tissue, toilet tissue, and kitchen towels) production and converting machines in China, which is expected to be put into operation in September 2021.

In 2022, Asia Symbol plans to start up two Andritz crescent tissue machines in Jiangmen, Guangdong Province, with a total capacity of 50000 tons.

Table 13 Comparison of Planned New Modern Capacity and Actual New Modern Capacity During 2014-2021

Year	2014	2015	2016	2017	2018	2019	2020	2021	Plan in and after 2022
Planned new capacity/10000t	244.6	213.4	182.3	307.5	315.5	208.4	266.2	433.6	>1000
Actual new capacity/10000t	124.3	103.92	134.19	221.58	182.5	178.1	184.8	278.6	

Postponed projects: It can be seen from Table 13 that in recent years, the actually launched capacity every year is lower than the planned production capacity, and the market competition is fierce. Some projects are expected to be postponed or generally cannot reach design capacity.

Shutdown of production capacity in main enterprises:

• Yuen Foong Yu Family Care (Kunshan) Co., Ltd. is the tissue paper enterprise of Yuen Foong Yu Group in mainland China. At present, its total production capacity reaches 150000 tons, with 20000 tons less than that in 2019. The reason for the reduction is the shutdown of its Beijing tissue parent roll base in June 2020 due to rising costs and increasing pressure on environment protection. In 2019, its tissue capacity was also reduced by 30000 tons due to the shutdown and demolition of its tissue machines in Kunshan Jiangsu tissue parent roll base. At present, there are two tissue parent roll production bases of Yuen Foong Yu (located in Yangzhou, Jiangsu and Zhaoqing, Guangdong) in main land China.

• Kimberly-Clark (Shanghai) is the tissue paper company of Kimberly-Clark (U. S.) in China. With the changes of markets and operating environment, Kimberly-Clark has shut down its plant in Shanghai since October 2020 and disposed relative equipment.

7 Capacity Expansion Projects of Main Enterprises

7.1 Gold Hongye Paper

In 2020, its total capacity was still 1.66 million tpy, with no new capacity.

In 2021, At its production base in Nantong, Jiangsu, Gold Hongye started up eight Valmet (PMP) new crescent tissue machines with the capacity of 30000 tpy. At its production base in Xiaogan Hubei, Gold Hongye started up two Valmet crescent tissue machines with the capacity of 60000 tpy. The total capacity in 2021 reached 360000 tpy. In addition, according to relocation and purchasing agreement signed by Suzhou Industrial Park Committee and APP Group in Jan. 2019, the Suzhou plant of Gold Hongye Paper is gradually relocating and is expected to cease operation by the end of 2021.

In 2022, Gold Hongye plans to launch twelve PMP crescent tissue machines with a capacity of 30000 tpy, two Valmet crescent tissue machines with a capacity of 60000 tpy, two Goldsun hand towel machines with a capacity of 25000 tpy at its production base in Nantong Jiangsu. The production capacity added in 2022 will amount to 530000 tpy.

Project Location	Capacity/(10000 tpy)	Launch Time
Xiaogan Hubei	12	2021
Nantong Jiangsu	24	2021
Nantong Jiangsu	53	2022
Total	89	

In addition, the third phase project of Guangxi Jingui Pulp & Paper Co., Ltd., a subsidiary of APP, is planned to have a capacity of 1 million tons of tissue parent roll.

7.2 Hengan Paper

In 2020, the total production capacity of Hengan Paper remained at 1.482 million tpy (including 42000 tpy of hand towel) with no new production capacity added.

In 2021, Hengan added liner tissue capacity of 15000 tpy (to be used by itself) in Jinjiang Fujian, making its total production capacity reach 1.497 million tpy.

In 2023, Hengan plans to launch one Toscotec TAD tissue machine with the capacity of 35000 tpy in Jinjiang, Fujian and xiaogan, Hubei respectively. It plans to launch one Valmet Hybrid concept tissue machine with capacity of 35000 tpy in xiaogan, Hubei and Changde, Hunan respectively. It also plans to launch four Andritz new crescent tissue machines with the capacity of 30000 tpy in Yunfu Guangdong. The production capacity added in 2023 would reach 260000 tpy, making its total production capacity amount to 1.757 million tpy.

Project Location	Capacity/(10000 tpy)	Launch Time
Jinjiang Fujian	1.5	2021
Changde Hunan	3.5	2023
Jinjiang Fujian	3.5	2023
Yunfu Guangdong	12	2023
Xiaogan Hubei	7	2023
Total	27.5	

7.3 Vinda Paper

In 2020, the total production capacity of Vinda Paper was still 1.25 million tpy, with no new capacity added.

On January 27, 2021, Vinda released its 2020 annual financial report. According to the report, it planned to complete the tissue capacity expansion project in South China, East China and Central China. The details were not revealed.

Vinda Care Products (Guangdong) Co., Ltd. invested 7 billion HK dollars to build its modern production base in Yangjiang High and New Technology Development Zone, with 500000 tpy capacity of high-end tissue paper. The construction of first phase project with 190000 tpy tissue capacity is divided into three stages. The first stage was put into operation in 2018 with the current capacity of 60000 tpy. The second phase project of Vinda was put into operation before the end of 2021 at its Yangjiang production base.

7.4 C&S Paper

In 2020, the total production capacity of C&S Paper continued to be 760000 tpy, with no new capacity added.

In 2021, C&S Paper will follow its plan in 2020 to complete the project that adds 100000 tpy capacity in Xiaogan, Hubei, making its total capacity reach 860000 tpy. The project includes four Valmet (PMP) new crescent tissue machines with the capacity of 25000 tpy.

On January 13, 2021, C&S Paper announced that it was planning to launch a 400000 tpy high-end tissue paper project, with a total investment of 2.55 billion yuan, in order to expand production capacity, meet the growing demand in the Eastern China market and add profits growth drivers. The project would be implemented by phases. In the first phase, the investment would amount to 600 million yuan and the capacity of high-end tissue paper will be about 100000 tpy. The project would be implemented at the Canal Suqian Port Industrial Park, Sucheng District, Suqian City of Jiangsu Province.

In 2022, C&S will start up a Valmet (PMP) crescent tissue machine with a capacity of 25000 tpy and a Baotuo crescent tissue machine with a capacity of 30000 tpy in Tangshan, Hebei Province.

7.5 Lee & Man Group

In 2020, the total production capacity of Lee & Man remained at 965000 tpy with no newly added capacity.

In 2021, Lee & Man increased its capacity by 54000 tpy in Jiangxi, including two new Baotuo crescent tissue machines with a capacity of 17000 tpy and one Xinnuo crescent tissue machine with a capacity of 20000 tpy. Its total capacity reached 1.019 million tpy.

At the end of 2020, Lee & Man started its forestry-pulp-paper integration project with the investment of 32 billion yuan in Guangxi. This newly-established Lee & Man (Guangxi) Pulp Co., Ltd. would build a new forestry-pulp-paper full-industry-chain project, with the capacity of 6.2 million tpy. The project plans to cover an area of 4710 mu and would be built in two phases. The first phase project would include capacity of 1.2 million tpy chemical pulp, 1 million tpy chemi-mechanical pulp, 400000 tpy semi-chemical pulp, 600000 tpy tissue paper, 1.6 million tpy ivory board, and 300000 tpy kraft paper. The second phase project would include capacity of 500000 tpy tissue paper and 600000 tpy kraft paper.

7.6 Taison Group

In 2020, its total production capacity increased to 610000 tpy, with 100000 tpy newly added capacity in Chishui Guizhou, including six Baotuo vacuum cylinder tissue machines with a capacity of 16700 tpy.

In 2021, the total capacity of Taison reached 0.97 million tpy, with 280000 tpy new capacity in Suzhou, Anhui and 80000 tpy new capacity in Jiujiang, Jiangxi.

In 2022, Taison plans to increase its capacity by 140000 tpy in Jiujiang, Jiangxi, 40000 tpy in Leshan, Sichuan, Suzhou, Anhui and Chishui, Guizhou respectively, bringing the total capacity to 1.23 million tpy.

Project Location	Capacity/(10000 tpy)	Launch Time
Chishui Guizhou	10	2020
Suzhou Anhui	28	2021
Jiujiang Jiangxi	8	2021
Jiujiang Jiangxi	14	2022
Leshan Sichuan	4	2022
Suzhou Anhui	4	2022
Chishui Guizhou	4	2022
Total	72	

In December 2020, Shanying Central China Paper of Shanying International Holdings Co., Ltd. affiliated with Taison Group, launched the 1.2 million tons of expansion project in Gongan Economic Development Zone, Jingzhou, Hubei. This project includes two paper production lines with the total capacity of 1.2 million tons, the Central China Intelligent Packaging Industrial Park with an annual carton capacity of 1 billion square meters and an E-commerce Industrial Park with 500000 tpy capacity of tissue paper, refined food paper board and paper pulp moulds. This project covers an area of 943 mu, with a total investment of 10 billion yuan.

At present, Taison Group has production bases in Chongqing (acquire Well Mind), Guizhou (acquire Chitianhua), Jingzhou Hubei (acquire Zhencheng), Jingzhou Hubei (expand capacity of Shanying), Leshan Sichuan (acquire Yongfeng), Ya'an Sichuan (newly built), Jiangxi (newly built), Anhui (newly built), and Fujian (newly built).

See Attached Table 7 for capacity and the number of tissue machines of Taison Group during 2015—2021.

8 Product Structure

8.1 Product Structure in China

According to the research into enterprises samples by CNHPIA in 2020, among the tissue paper products consumed in China, toilet tissue continued to take the dominant position and accounted for about 51.5% of market share. The next were in turn facial tissue (31.9%), handkerchief tissue (4.9%), paper napkins (4.0%), kitchen towel (1.4%), hand towel (5.2%) and liner tissue of hygiene products (1.1%), etc. See Table 14 for the details.

In view of the product structure of different manufacturers, the share of toilet tissue of leading enterprises is lower than the average level. The share of toilet tissue is also lower than the average in the product structure of the converting enterprises involved in the research, mainly because of the low add-value of toilet tissue. Besides, due to the effective publicity and promotion of bamboo pulp products by corresponding manufacturers in past years, the product structure of bamboo pulp paper was further optimized. At present, the proportion of high value-added bamboo pulp products such as plastic-pack facial tissue is higher than the average. But for some small- and medium-sized enterprises, or enterprises that use non-wood pulp and waste paper as raw materials, the share of toilet tissue is higher than the average level, even more than 90% in some enterprises.

In 2020, the share of facial tissue in tissue products continued to increase significantly. It rose by three percentage points compared with 2019. One reason is that facial tissue was further spread to the third and fourth tier cities and rural markets. The sales volume of facial tissue had greatly increased. The second reason is that the plastic-pack facial tissue with low-packing costs has more usage scenarios, replacing other products categories, including paper napkins for dining, and some paper towels since consumers use facial tissue for household cleansing.

As the small-sized portable facial tissue emerged and more toilet issue and hand towels were supplied in the public places, the consumption and the proportion of handkerchief tissue in tissue paper has been decreasing since 2016. Its proportion decreased by 1 percentage point in 2020, compared with 2019.

Hand towels in public restrooms were further popularized in 2020. The pandemic made consumers become more aware of personal hygiene, increasing the share of hand towels.

The share of kitchen towels increased by 0.3 percentage points. Factors behind the continued increase included: (1) the improvement of people's living standard and their purchasing power; (2) the improvement of people's awareness on hygiene and health; (3) the outbreak of the COVID-19 in 2020 makes more people cook at home; (4) the continued publicity and promotion of enterprises in the industry.

Table 14 Tissue Paper Product Structure in 2020 and Comparison with That in 2019

Products	2020		2019	
	Consumption/10000t	Market Share/%	Consumption/10000t	Market Share/%
Toilet tissue	540.2	51.5	514.4	53.5
Facial tissue	334.8	31.9	277.3	28.9

Continued

Products	2020		2019	
	Consumption/10000t	Market Share/%	Consumption/10000t	Market Share/%
Handkerchief tissue	51.4	4.9	56.3	5.9
Paper napkin	42.0	4.0	44.5	4.6
Kitchen towel	14.7	1.4	10.7	1.1
Hand towel	54.6	5.2	46.4	4.8
Liner tissue of hygiene products	11.8	1.1	11.1	1.2
Total	1049.4	100.0	960.7	100.0

8.2 Comparisons with Developed Countries and Regions

At present, the tissue product categories of China are basically the same as those of developed countries and regions such as Japan, the United States and Western Europe. However, because of the difference in the consumption habits and tissue paper supplied in public places between China and developed countries and regions, the proportion of various types of tissue paper consumed in China is apparently different from that of developed countries and regions. See Table 15 for details.

The share of paper towel (including hand towel and kitchen towel) is relatively small in China and has large room for growth in the future. In addition, the new type tissue machines such as TAD and TAD-like machines got popularized and applied in the Chinese market, and the products made by these machines have higher bulkiness and water absorbency. They can be used to produce kitchen towel and hand towel with higher cost performance, which will boost the growing consumption of kitchen towel. The share of handkerchief tissue is relatively large and shows a sign of declining.

Table 15 Tissue Paper Product Structure in the USA, Western Europe, Japan, Hong Kong China, Taiwan China (2020) (Based on Consumption)

Product	Japan	Product	USA	Western Europe	Hong Kong China	Taiwan China
Toilet tissue	58%	Toilet tissue	45%	56%	51%	71%
Facial tissue (including handkerchief tissue, paper napkin)	26%	Facial tissue/ handkerchief tissue	5%	5%	32%	12%
Paper towel (hand towel, kitchen towel)	12%	Paper towel (hand towel, kitchen towel)	38%	30%	12%	12%
		Paper napkin	11%	7%	2%	3%
Liner tissue of hygiene products and others	4%	Liner tissue of hygiene products and others	1%	2%	3%	2%

Source: FASTMARKETS RISI.

9 Structures of Raw Materials

In 2020, CNHPIA conducted a survey on the variety of fibers used by tissue parent roll manufacturers. According to the results of the survey, the structure of fibers used in China tissue paper industry and comparisons with that in 2019 are as follows.

Table 16 Structure of Fibers Used in China Tissue Paper Industry in 2020 and Comparison with That in 2019

Fiber Materials	2020 Proportion /%	2019 Proportion /%
Wood pulp	84.6	83.3
Bamboo pulp	9.7	10.5
Bagasse pulp	2.9	3.9
Reed pulp + Wheat straw pulp	1.0	1.1
Waste paper pulp	1.8	1.2

The proportion of wood pulp used in tissue paper industry is far higher than the average 40%[4] of paper industry. Compared with 2019 (83.3%), the proportion of wood pulp used in tissue paper continued to increase in 2020. The low price of wood pulp in 2020 caused great pressure on tissue enterprises using non-wood pulp. The total output of bamboo pulp paper did not increase, and its market share decreased. The market share of bagasse pulp paper further shrunk. In 2020, the only enterprise left that produces wheat straw pulp paper was Tranlin. Companies producing reed pulp paper included Xinjiang Zhongtai Xingwei, Shaanxi Cailun Paper, Henan Hongtao Paper, and Jiangsu Kaisheng affiliated with Shengda Group. The reed pulp paper, however, was still a very small category.

The production of tissue paper with waste paper pulp is affected by national policies, waste paper supplies, market acceptance and other factors. At present, only a few tissue enterprises in China take deinked waste paper as raw material, including Kaisheng Paper of Shengda Group and Dongguan Dalin Paper. In 2020, the volume of non-deinked waste paper pulp made from waste food packaging cardboard and paper edge of printing factory increased, which made the overall market share of waste paper pulp higher than the previous year. By contrast, developed countries and regions, such as the USA, Europe and Japan, have mature technologies in recycling and utilizing waste paper and are capable of making high-class tissue products from recycled fibers. Therefore, waste paper pulp has become one of major fiber materials for economical and environmental tissue paper in these markets. In the long run, in the Chinese tissue industry, the proportion of recycled fibers used in toilet tissue and hand towel should be further increased. This not only has cost advantages, but also is good for recycling of resources as well as sustainable development of the industry. For the above reasons, well-equipped large tissue manufacturers in China should attach importance to the issue and lead the whole industry to increase the use of waste paper pulp in toilet tissue and hand towel.

10 Technology Advances

10.1 Introduce the Latest Technology and Equipment and Develop Differentiated Products

In Feb. 2021, Hengan announced that Toscotec would provide two TADVISION® air-through drying tissue machines to its Shandong and Hunan plants and plan to put them into operation in 2022. The introduction of TAD or TAD-like tissue machines has further improved the equipment level of Chinese tissue paper industry while promoting the development of differentiated tissue paper products with better bulkiness, absorbency and softness.

Besides, there are also some projects with TAD-like tissue machines that have not been disclosed.

10.2 Localization of Production Lines

10.2.1 Remarkable Progress of Tissue Machine Made by Chinese Suppliers

The high cost-effectiveness of home-made tissue machines makes its share continue to be higher than imported tissue machines in new projects. See Table 17 for details.

Table 17 Proportion of Imported and Domestic Tissue Machines launched During 2011-2020

Year	2011	2012	2013	2014	2015	2016	2017	2018	2019	2020
Capacity Launched/10000t	57.4	110.5	83.15	124.3	103.92	134.19	221.58	182.5	178.1	184.8
Among which: Imported TM/10000t	52.9	101.9	61.15	100	72.8	68.5	90.8	82.3	22.5	18

Continued

Year	2011	2012	2013	2014	2015	2016	2017	2018	2019	2020
Domestic TM/10000t	4. 5	8. 6	22	24. 3	31. 12	65. 69	130. 78	100. 2	155. 6	166. 8
Number of Launched TM	27	33	35	41	42	66	111	84	95	95
Among which: Imported TM	24	26	23	28	18	18	25	19	9	4
Domestic TM	3	7	12	13	24	48	86	65	86	91

In 2020, the Chinese suppliers put into operation 91 medium-and high-speed tissue machines (including those made through China-foreign cooperation) in mainland China with a total capacity of 1. 668 million tpy, accounting for about 90% of the mainland's total modern capacity launched in the year. The suppliers with outstanding performance include: Baotuo with 24 launched tissue machines, Qingliang with 14 launched tissue machines, Changda with 13 launched tissue machines, Weiya with 12 launched tissue machines, etc. In 2021, 94 home-made medium-and high-speed tissue machines were put into operation, with a total capacity of 1. 934 million tpy.

Baosuo Group has achieved good performance in recent years. In 2020, Baotuo signed supply contracts of over 70 tissue machines.

Shandong Xinhe plans to put its fully homemade new crescent tissue machine with a trimmed width of 5600 mm and design speed of 1300 m/min and a short fourdrinier hand towel machine with a trimmed width of 5600 mm and design speed of 800 m/min into operation in 2021.

The "Tianyan" intelligent equipment management system developed by Shanghai Qingliang, can undertake functions such as the equipment operation management, information visualization and inspection management. This intelligent system can also provide remote technical support, on-site and real-time data transmission to provide more effective services to customers.

In 2020, the localization of steel drying cylinder manufacturing and spraying for medium-high-speed tissue machines was further accelerated, and fruitful results were obtained by domestic professional supporting enterprises:

(1) The steel Yankee cylinder business of Jiangnan Dryer has made remarkable achievements.

Jiangnan Dryer specializes in the design, R&D and manufacture of steel Yankee cylinders, MG steel Yankee cylinders and steel cylinders for tissue paper, special paper and paper board industries. By the end of 2020, Jiangnan Dryer has reached long-term cooperation agreements with many famous tissue machine suppliers and tissue paper and special paper manufacturers, such as Valmet (including PMP), A. Celli, Kawanoe Zoki, APP, Baosuo Group, Shanghai Qingliang, Xi'an Weiya, Nine Dragons, Vinda Group, Hengan Group, C&S, Sun Paper, Lee & Man Paper, and Yusen Paper. It has delivered 438 sets of steel Yankee cylinders. As of Feb 2021, the total number stood at 460 sets.

At the end of March 2021, Jiangnan Dryer's two 21-feet steel Yankee cylinders (diameter: 6400mm, width: 4160mm) manufactured by the highest European standard will be equipped with advanced imported tissue machines. These two cylinders are also home-made steel Yankee cylinders with the largest diameter.

In early 2021, Jiangnan Dryer has started the expansion project of the steel cylinder manufacturing plant. Jiangnan Dryer is committed to high-quality development, and insists on innovation and upgrade for competitive products so as to build the world-class production base of steel Yankee cylinders and steel cylinders.

(2) Spray Technology Upgrade of Dongguan Senten

On February 23, 2021, C&S' (Yunfu) TM1 whose surface metal spraying was undertaken by Senten Technology was put into operation successfully. The cylinder for TM1 has a diameter of 5486 mm and width of 6180 mm. It is the first 5600-cylinder spray project for Senten Technology. Senten used the fourth-generation spray equipment and technology which is researched and developed independently by itself.

10.2.2 Export Growth of Modern Tissue Machines Made by Chinese Suppliers

According to the statistics of the CNHPIA, from 2007 to 2021, famous Chinese tissue machine manufacturers represented by Baotuo, Xinhe, Hicredit, Qingliang, Hualin, Gold Sun, Bingzhi, Dazheng, Fangyuanzhonghe and Weituo exported 42 new crescent and vacuum cylinder tissue machines with a total capacity of 725000 tpy. The export destinations were Asia, Africa and Europe.

10.2.3 Imported Tissue Machine Suppliers Actively Promote the Localization Progress and Latest Technology

(1) The outbreak of COVID-19 in early 2020 accelerated the digitalization of the Valmet's product and operation. Valmet offers remote services and solutions to customers all over the world, especially the use of digital tools and online collaboration, which changed the previous onsite work format and realized remote debugging and starting of customers' new tissue machines.

Valmet's tissue paper experts are distributed in Europe, North America and other countries. These experts can achieve collaboration through Valmet's Big Data Operation Centerin Sweden, monitor tissue machines in a timely manner through remote connection and AR glasses and other tools and application. As a result, experts' help such as engineering design and automation can be available immediately. Excellent group collaboration ensures the smooth launch of tissue machines as planned.

In April 2020, Valmet's China regional headquarters was officially established in Shanghai. After the re-integration of businesses in China, Valmet (China) Co., Ltd., as the carrier of the business model after centralized adjustment, would fully dig and utilize China's huge market potential, and maximize the geographical and talent aggregation advantages of the regional headquarters.

In October 2020, Valmet completed the acquisition of PMP Group, with a transaction value of nearly EUR 64 million. PMP became a part of Valmet's paper-making business. About 650 PMP employees in Poland, the United States, China and Italy officially joined Valmet. PMP focuses on the business of small- and medium-sized tissue machines, paper machines and paper board machines. This acquisition would further expand Valmet's business and realize complementary advantages.

(2) Andritz continues to strengthen technology and manufacturing ability in China. In April 2020, Andritz successfully manufactured one Prime Flow head box for a European project in its Foshan Manufacturing Center. It is the second head box made in Foshan with innovative upgrading design after a similar project launched in Asia. At the same time, Andritz produced a Prime Dry steel cylinder for a North America project in its Foshan manufacturing center. This steel cylinder, with the highest specification, is also the first one made by Andritz in Foshan.

During the pandemic, Andritz relied mainly on local team, with its European team conducting remote guidance with Metris intelligent production system and AR glasses as assistance. It put tissue machines into operation in Jiangsu Oji Paper in June and September 2020.

At the end of October 2020, Andritz (China) successfully launched its Prime Line COMPACT tissue machine in Vietnam Xuan Mai Paper. This highly-efficient tissue machine has the trimmed width of 2.85m and designed speed of 1300 m/min and was researched and developed by its Foshan team targeting at the emerging markets.

In 2021, Andritz launched a new tissue machine. The machine applied Metris, Andritz's digital process optimization solution, providing remote assistance in the commissioning and start-up stages and optimizing the production. The new tissue machine has a design speed of 2200 m/min.

(3) In the first half of 2020, Voith Group successfully completed the acquisition of Toscotec. Toscotec

would continue to supply its original production and operate as a company under the brand of Toscotec. In the field of tissue paper, Toscotec would provide new production lines and major rebuild business for the Voith Group. Voith Paper would continue to provide services for tissue machines supplied.

Toscotec attaches great importance to the Chinese market and expands its businesses continuously. By the year 2020, Toscotec has sold 42 new crescent tissue machines and two TAD tissue machines in the Chinese market.

In 2020, Toscotec sold over 220 steel Yankee cylinders in the world, including more than 110 steel Yankee cylinders in the Asian market.

In 2021, Toscotec updated its augmented reality "YES-connection-visualization" system for faster and more effective remote services and launched protective coating for inner side of Yankee cylinder, a special coating applied on the inner surface of Toscotec steel Yankee cylinder to resist the erosive steam.

Toscotec has also improved the efficiency of Yankee cylinder hood through its automatic hood balancing system, further improving the drying efficiency of the tissue machine. The system measures multiple properties of the air entering and leaving the hood and automatically adjusts the system to ensure maximum productivity and energy efficiency. The tissue factory can easily access the data of equipment operation through remote connection. Technicians can check the production efficiency of products at any time and carry out preventive maintenance.

(4) A. Celli's high-speed rewinder is at the leading level in the world. At the end of 2019, APP ordered six E-WIND® T200S shaftless tissue rewinders from A. Celli, three of which would be installed at the plant of Gold Hongye Paper in Xiaogan, Hubei, China and the other three would be installed at the plant in Nantong, Jiangsu. According to the need of production, the rewinders are equipped with four or three unreeling stands and calendars. The rewinders have design speed of 1100 m/min, and can be used to handle tissue parent roll with the diameter of 3000 mm and trimmed width of 5630 mm. In October 2020, A. Celli announced to supply three E-WIND tissue rewinders to Beihai Guangxi plant of Sun Paper. One of them is T200 shafted tissue rewinder with a designed speed of 1800 m/min and is equipped with one calendar and 4 unreeling stands. Two of them are T200S shaftless rewinders with a design speed of 1100 m/min, one of which is equipped with calendar and four unreeling stands and the other equipped with three unreeling stands. At the end of 2020, Liansheng Pulp and Paper ordered six E-Wind® T200S shaftless tissue rewinders from A. Celli, with the trimmed width of 5650 mm. According to the need of production, these rewinders are equipped with four or three unreeling stands and calendar. The designed speed is 1100 m/min.

In 2020, A. Celli (Italy) announced its acquisition of Italy PMT, a company specialized in tissue machine and other paper/paper board machine manufacturing and also a subsidiary of the former Beloit.

After acquisition, PMT's business is integrated into A. Celli's organizational structure and expertise, providing unique high-end technologies in packaging paper, paper boards and printing paper to global customers of A. Celli. Meanwhile, the after-sale department is restructured and strengthened. In this way, the continuity and reliability of Beloit/PMT equipment are ensured for customers.

(5) KawanoeZoki BF tissue machine is equipped with high precision head box, suction cylinder and multi-functional controlling system. Its features include high quality, low energy-consuming and easy operation. Besides, it can fit into the production of non-wood pulp paper. In China, two new BF-1000S tissue machines were successfully put into operation in early 2021.

10.3 Home-made Converting and Packaging Machine Upgraded, Replacing Imported Equipment Massively

The increasing aging people in China means the reduction of labor force and the increase of labor costs. As a result, enterprises have greater demand for fully automatic converting and packaging equipment, and R&D innovation of intelligent and remote control of converting lines, which represented the general trend for the Chinese enterprises.

In 2020, Chinese tissue converting machine enterprises made more efforts on R&D, and continuously upgraded equipment, which greatly improved equipment speed and efficiency, as well as operation stability. Intelligent equipment has become a new trend in the technological development. The home-made converting and packaging machines can generally meet domestic demand and imported equipment has been replaced on a large scale.

● In 2020, Baosuo adopted the Internet of Things and big data cloud platform services to provide 24h remote services (remote maintenance). The platform services can effectively support production planning and arrangement, and get the information of product types and quantities at any time. Through early warning, the sub-health of equipment can be predicted in advance. The equipment operation can be guaranteed to reduce failure rate, ensure the continuity of production, and reduce production losses caused by downtime.

At the end of 2020, the first home-made 5.6 meter PF-EG high-speed jumbo tissue roll cutting machine, provided by Baosuo Group to Taison Group, was put into operation successfully.

In 2021, Baosuo launched YH-FD automatic draw-out facial tissue converting line, with glueless bond, point-to-point embossing and positioning embossing functions. Finished products feel soft, and each section/draw of tissue presents an independent and complete embossing shape.

● Dechangyu launched high-speed full-auto facial tissue converting machine, producing "glueless-bonded facial tissue with four edges embossed". Its features are as follows: (1) the production capacity improved significantly with a production speed of 120 m/min; (2) the embossing units are made by big-diameter steel roller with high accuracy and stability, which can ensure its durability and make sure the embossing pattern clear and stable.

The machine is used for producing facial tissue with four edges embossed. The features of products are as follows: (1) classic and fashion with embossing patterns surrounded; (2) different patterns for products in one package; (3) embossing pattern can be chosen for the middle ply. The product's bulkiness can be adjusted so as to make it have a combination feel of smooth, soft and elastic. (4) glueless bonding.

In 2021, Dechangyu launched the fixed-format, three-dimensional and glueless bonding tissue converting machine, which does not need glue bonding in the converting process. Each section of tissue has an independent embossing design, totaling more than 200 independent designs. Various designs can give customers more choices. In the 22nd China Patent Award, Dechangyu won the China Patent Excellence Award. The award-winning patent is "a tissue roll glueless tail sealing device" (patent number: ZL201710022170.3).

● In 2020, OK company achieved rapid development in numerous automatic machines through experience accumulated in researching and developing tissue folding machine and handkerchief tissue converting machine all these years. It is taking the lead in this area.

It launched the first plastic-pack facial tissue automatic folding machine with the trimmed width of 2.8 meters in 2014 and continued to upgrade the production speed and trimmed width of plastic-pack facial tissue automatic folding machine. The plastic-pack facial tissue automatic folding machine with the trimmed width 5.6 meters independently researched and developed by OK went to trial production in 2020. OK-5600 automatic plastic-pack facial tissue folding machine can process tissue parent roll with the trimmed width of 5.6 meters directly to meet the combined paper making and converting demand of corresponding customers. This would help increase the production efficiency and the utilization ratio of tissue parent roll, and decrease production costs of plastic-pack facial tissue. The OK-5600 plastic-pack facial tissue automatic folding machine, after being put into operation, would be the first one with the trimmed width of 5. 6 meters in the world.

At the same time, OK completed its R&D of N-fold hand towel automatic folding machine with the trimmed width of 3. 1 meters and production speed of 300 m/min. The launch of this machine ends the history of producing N-fold hand towel with only small-width folding machine in China, and provides a strong guarantee for the future growth of China's hand towel market.

In addition, OK has also completed the development of the first four channel automatic handkerchief tissue production line in China. Its packaging speed can reach 800 packs/min, which significantly improves the production speed and operation efficiency of handkerchief tissue production line, reduces the production cost of handkerchief tissue, and fills the gap of high-speed handkerchief tissue production line independently manufactured by Chinese suppliers.

• Shanghai Soontrue Fengguan can provide complete-lines and equipment for all sections from single package of tissue paper to bundle package, boxing and stacking, and is developing towards intelligent directions such as packaging machine online automatic detection, Internet of Things, remote monitoring and maintenance. In particular, with the booming of e-commerce, Soontrue has developed automatic boxing machines operated by mechanic devices for plastic-pack facial tissue, toilet tissue roll, kitchen towel, wet wipes, sanitary napkins, cotton soft towel, and diapers. At the same time, Soontrue researched and developed tissue roll single packing machine using "copy" paper, full-servo plastic-pack facial tissue single packing machine with a speed of 140 packs per minute as well as other high-end products packing machines, such as cotton soft towel and lotion tissue single packing machine.

In 2020, Soontrue launched complete tissue paper packing solution covering every step including single packing, bundle packing, boxing and stacking, which is quite effective and can save labor costs.

• Sheer launched SF1-1500 facial tissue converting line with two different trimmed width. Targeting on problems such as varied products categories and low-efficiency of manufacturers, the equipment can process tissue rolls with the trimmed width of 1. 4 m and 2. 8 m, characterized by low investment, high output, easy changeover, energy saving, high efficiency and other advantages. Its converting speed reaches 15 logs per minute, especially suitable for producing e-commerce products with small packages. Apart from toilet tissue roll and draw-out facial tissue converting machine, Sheer also provides full-auto cotton soft towel production line with fabulous performance for the nonwovens industry.

In 2020, Sheer launched full-auto cotton soft towel folding line, the first of its kind across the globe, which can solve the major problem for the industry and add more visionary for the industry future. It met the production demand with a capacity four times as the traditional cotton soft towel folding line. In the meantime, products made by SNW1 were neatly arrayed and nicely-shaped. During the production, products were denied any direct contact with staff, which brought the hygienic grade of the products to the new level. What's more, it can reduce the materials consumption during production. Up until now, SNW1 cotton soft towel production line has successfully installed and put into operation in many leading cotton soft towel companies, including Purcotton.

• Yekon launched the AFTM-E full-auto separate draw-out facial tissue folding machine. The machine adopts large screen true color man-machine operation interface and PLC programming control. Its automatic separating system, adopting Siemens full-servo drive control (three sets of servos), can ensure accuracy of separating, with stable speed at 8-10 logs/min. The main machine and unwinding paper holder are independently driven with variable frequency to ensure the same pace. It can automatically detect and adjust each processing action of facial tissue converting machine, and has perfect fault alarm system to make the whole equipment reach the best working state. The machine runs faster with higher stability, operates in a friend way, and can quickly change product specifications.

- Foshan Keniu launched full-auto separate draw-out facial tissue folding machine. It runs efficiently and stably. The separating speed is 10-12 logs/min. It also launched automatic folding machine for draw-out facial tissue with four edges embossed, which can give even and clear embossed patterns and have endurable embossing roller.

10.4 Latest Imported Converting Machine and Technology

International suppliers of converting machine have stepped up their promotion efforts to the Chinese market. While increasing the production speed, they have actively promoted the intelligent development of converting lines. The latest technologies such as intelligent functions include:

- Pulsar(Italy) adopted new technologies such as intelligence and industry 4.0, which include Quatis paper surface quality detectors, Reds System converting lines central coordinators, Polaris bagging machines, PLS dynamic 3D production line simulation software and various conveying systems. Its subsidiary in China currently focuses on equipment assembly, and gradually increases the proportion of localized manufacturing of equipment.

- Fabio Perini introduced the AQUABOND water-bonding embossing technology, which uses water to bond tissue roll instead of glue, reducing the cost of glue usage. For tissue paper manufacturers, this can save them the trouble of cleaning up embossing machines in downtime. As a result, maintenance work and manual work can be largely reduced. The route of sheet in the embossing machines remain the same and the products are bonded without glue. As a result, the products are softer and more eco-friendly.

This technology can be applied with "X series" rewinding machines that produce coreless products. Coupled with the application of XTS4GF glueless tail sealer, it can achieve a comprehensive glueless production in tissue roll converting, which is in line with consumers' growing demand for eco-friendly products.

On Oct 14 2020, Fabio Perini Co., Ltd. and its subsidiary corporations around the world, together with MTC Company, merged their respective brands (Fabio Perini, Casmatic and MTC) into Körber, a joined brand. As a pioneer in tissue converting technology around the world, Körber will continue to focus on providing a series of complete solutions for tissue paper. Körber tissue paper division is a part of Körber AG whose lines of business cover digitalization, medical technology, supply chain, paper technology and tobacco, etc.

In 2021, Fabio Perini launched an X11PRO rewinder and an XDEC/8 embossing unit. X11PRO rewinder is equipped with double perforating blades, reducing the time of stopping and changing blades when switching products. While XDEC/8 is the first embossing machine in China that can automatically change two steel rollers without stopping, further improving the automation degree of the equipment.

- Gambini, a rewinder manufacturer in Italy, stepped up its efforts in developing innovative technology in recent years. The company introduced AirMill humidifying and hot-pressing equipment, which adopted a new technology in converting machine that simulates how structured tissue machines work. AirMill is an independent humidifying and hot-pressing equipment installed between the unwinding stand and the embossing machine, which can be used to make the common 2/3/4-ply plain tissue parent roll show a three-dimensional structure and performance similar to the structure products produce by TAD tissue machine after humidifying, hot-pressing and bonding by the combination of AirMill steel roller and rubber roller. This can make strong water absorbency, high strength and bulkiness, so as to reduce the use of fiber in paper pulp and increase cost-effectiveness.

In addition, the company also launched G1 rewinding machine with a brand-new rewinding concept. Its rewinding speed can reach 700 meters per minute, with the widest width at 3600mm. It employed 3-roller rewinding technology that can be applied in rewinding paper made from different raw materials. Moreover, the two major rollers' structure can be adjusted, and the diameter of rewinding is between 90mm and 250mm, and that of paper tube is from 38mm to 60mm. It uses spray gun to add glue to the paper tube which reduces the use of glue. Stretchable blade makes its tail of glue as short as 76 mm. Its human-machine interface setting is user-friendly. Its riding roller and two-pivot design makes the paper roll easily get out of the equipment after rewinding process. The tension is kept the same during the rewinding, which is especially advantageous for converting tissue parent roll made by TAD or TAD-like tissue machine.

10.5 Promote the Realization of the "DualCarbon" Goal and Promote the Green Development of the Industry

Climate change is a major global challenge facing mankind today. In September 2020, China put forward the development strategy of striving to peak CO_2 emissions by 2030 and achieve carbon neutrality by 2060. In the context of the "Dual Carbon" Goal, China has introduced relevant policies and initiatives.

China's national carbon market started online trading on July 16, 2021. As a major institutional innovation of market mechanisms to control and reduce greenhouse gas emissions and promote green low-carbon development, carbon trading continues to arouse market concern. Hainan announced that it would try out carbon emission assessment in papermaking and other industries.

The enterprises in the industry took actions one after another and began to make overall arrangements of green and high-quality development.

On May 20, 2021, Gold Hongye successfully held the "Carbon Neutrality" Product Seminar and Core Distributor Summit in Hainan Province. At the meeting, the company introduced its moves in carbon neutrality.

Valmet brought out the development plan of "moving toward the future of carbon neutrality", including reducing carbon dioxide emission targets and specific measures. The goal is to reduce carbon dioxide emissions in its operations and supply chain by 80% and 20% respectively by 2030.

It is believed that more enterprises will participate in the promotion of the "DualCarbon" Goal in various ways in the future.

10.6 Product Innovation

Tissue paper is one of the fast-moving consumer goods with strong homogeneity. In the increasingly fierce market competition, enterprises are constantly innovating products and building brands to obtain higher profits. Product innovation mainly reflects in two aspects:

On the one hand, enterprises design new packaging by integrating cultural IP to highlight and strengthen their brand images. On the other hand, more enterprises developed differentiated products, including antibacterial products and high-end embossing products, to tailor products to specific markets and improve the market competitiveness of brands.

In addition, Yusen, Orient Champion, Kaisheng and other enterprises also continued to promote flushable products. Hongan, Breeze, Foliage and other brands explored lotion tissue products to expand their market share.

(1) Combination of Product Package Design and Cultural IP to Highlight Brand Positioning

Vinda cooperated with China Aerospace: Innovation Center in product packaging. The packaging features two aerospace elements, "Travel in Space" and "Space Exploration Journey", to pay tribute to major breakthroughs in the realization of China's space dream.

Tempo, a brand of Vinda, introduced a number of art tissues. With V&A Museum, Tempo combined world-famous paintings and the packaging of tissues, delivering more artistic flavor to consumers.

C&S introduced oil painting series products. Through cooperation with artists, C&S integrated oil painting elements into product packaging, enhancing consumers' cultural and artistic experience and creating high-end brand positioning.

Breeze, a brand of Gold Hongye, specially introduced the "City Love: Renaissance" series to celebrate the 100th anniversary of the founding of the CPC, and selected commemorative city landmarks to commemorate this great festival. In addition, Breeze also introduced the "Young" series, featuring two-color tissue. This tissue adopts a new packaging form so that two colors of tissue are pulled out alternately. The outer packaging also uses a two-color mix, including pink-and-blue and pink, highlighting the Z generation's colorful and unique lifestyle.

Botare introduced the "Dongdongqiang" series of tissue papers. Products use lychee red as the main color and blend the national customs element of the Tang Dynasty to show the new trend of the Chinese traditional style.

Babo, a brand of Vanov, introduced new products of high wave Dunhuang series and kitchen life series.

(2) Developing Featured Products and Exploring Differentiated Competitive Advantage

① Anti-bacteria and sterilization toilet tissue

Breeze's Lotion series anti-bacteria facial tissue combines skincare and anti-bacteria functions, with a bacteriostatic effect of 99%.

Babo introduced anti-bacteria series soft tissue. The product contains skin care and moisturizing factors and has a silky touch. It has a long-acting antibacterial effect through the complex formula of natural plant extracts.

Zhejiang Jingxing introduced sterilization series tissue paper. The product can be used in multiple scenes and meet the sterilization needs of various occasions.

② High-end embossed product

Tempo introduced a "Flash" kitchen towel, using the new Air-Flash wind nest shuttle technology to achieve higher absorbency. It applied 3D embossing to achieve double compactness.

In 2021, Libang Group introduced a selected series of plastic pack facial tissue. The product adopts four-side embossing technology to keep it compact. It is super soft, flexible, smooth, with high wet strength.

Yusen Group introduced a new facial tissue with bubble and convex embossing. This product has a smooth and skin-friendly surface, and the embossed convex side ensures a better wiping effect.

In addition, more enterprises continue to explore their respective fields. Orient Champion introduced "Hygienix" 4D+ toilet tissue, applying paper packaging materials to practice the concept of environmental protection and sustainable development.

10.7 Online Sales Continue to Grow

According to the data of National Bureau of statistics, the national online retail sales in 2020 reached 11.76 trillion yuan, a year-on-year increase of 10.9%. Online retail sales of physical goods reached 9.76 trillion yuan, up 14.8% year on year, accounting for 24.9% of total retail sales of social consumer goods, which was 4.2 percentage points higher than that in 2019.

As a FMCG for daily use, tissue paper is still mainly sold through traditional channels such as dealers and supermarkets. However, with the rapid development of the Internet, online channels can respond to market changes more quickly and provide more direct opportunities for small- and medium-sized enterprises. Besides, products sold online have comparative advantages in price. More and more enterprises begin to accelerate the marketing innovation of online channels and expand the market share of online selling steadily. For example, the sales revenue of tissue paper on Tmall in 2020 increased by 8% than that in 2019.

As a leading enterprise in the tissue paper industry, Vinda Group's sales revenue of tissue business in 2020 were mainly conducted through four channels, namely traditional dealers, key supermarkets, AFH customers and e-commerce platforms. These four channels took up 27%, 24%, 13% and 36% of the total respectively. Noteworthy is that sales revenue from e-commerce platforms experienced a natural growth of 29%.

During the Double 11 Shopping Festival in 2020, Vinda Group tried new retailing mode to join hands with JD Daojia and Alibaba's Eleme. Together they built a new mode connecting off-line storage and online supermarket. During the Shopping Festival, Vinda's new retail business achieved a year-on-year increase of 343% and a month-on-month increase of 358%.

Hengan Group's e-commerce business maintains a stable development. In 2020, sales revenue of the Group's e-commerce channels (including Retail Integrated and New Channel) was approximately RMB 4.3 billion, accounting for about 19.1% of the total sales revenue of the Group. During the year, Hengan signed a data analysis (data centralization platform) cooperation agreement with Alibaba. In the future, the Group will use the platform to analyze data from end customers, precisely allocate expenses and design related sales strategies.

In addition, the rapid development of Pinduoduo platform in 2020 makes the e-commerce channels expand deeper into the third and fourth tier cities and the rural market. Brands like Botare and Corou introduced cost-effective commodities and best-selling products in e-commerce channels, which in turn have won them rapid development.

According to researches carried out by CNHPIA, some small- and medium-sized enterprises also gradually expanded the sales in e-commerce channels in 2020. It is expected that there will be more enterprises expanding their e-commerce businesses to drive up their profits and enhance brands influence as we see a promising future of e-commerce in tissue paper industry.

10.8 Channel Innovation to Explore Various Marketing Ways

Through product placement in a hit teleplay, "Ideal City", Vinda's products reached audiences on the network platform (iQIYI) and traditional TV stations (CCTV, DragonTV). From simple product exposure to the immersive promotion of plots, star endorsement and placement in film and television were connected perfectly, achieving the ideal marketing results.

Hengan Group and Youzan New Retail upgraded their cooperation, to jointly promote the digital transformation of Hengan distributors and achieve online and offline business integration. Youzan will help Hengan Group deeply serve member users, explore the value of single customers, and constantly optimize the service strategy of iterative members based on data.

In addition, Hengan Group and a Focus launched the "Xiamen Film and Television Live Broadcasting Base" co-construction project in Xiamen Hengan International Plaza. Through cooperation, they will build Hengan internal live broadcasting platform, accelerate the brand construction of the group, enable douyin and kuaishou celebrities and effectively disseminate the brand through short video and live broadcasting.

Babo and Focus Media have launched the "Hundred Cities Strategy" in their strategic cooperation, to comprehensively enable brands on social media platforms represented by Weibo, Wechat and douyin.

Chongqing Lee & Man Paper has signed a strategic cooperation agreement with Yunji to launch the unbleached bamboo pulp soft tissue.

Gold Hongye Paper and Suning Carrefour have reached strategic cooperation. They will carry out in-depth cooperation in product planning and all-channel cooperation in the future to seek new breakthroughs in sales.

C&S has signed a strategic cooperation agreement with a domestic flexible supply chain service provider, Funlike. They will establish a long-term strategic cooperative relationship in differentiated product innovation of community e-commerce, to achieve a win-win situation with community e-commerce platform, and lead digital upgrading.

Xiamen C&D Inc. and Shenzhen Tencent Computer System Co., Ltd. will jointly build an Internet platform for the pulp and paper industry to provide comprehensive and high-quality supply chain services for upstream and downstream enterprises in the pulp and paper industry.

10.9 Tissue Paper Enterprises Strengthen Co-operation with Scientific Research Institutes to Improve Core Competitiveness

Hengan, Vinda, Lee & Man and C&S conducted deep cooperation with China National Pulp and Paper Research Institute. CNPPRI has established a database gathering the characteristics of tissue paper's fiber materials. It forges a close tie with relevant enterprises in the following aspects like the development and application of non-wood fiber materials, differentiated products, effective and environment-friendly chemical additives, fiber length reduction technology, high consistency pulping technology, and lightweight product technology.

11 Market Prospects

11.1 The Industry Still Has Room to Grow at a Slowing Pace

- The per capita tissue consumption in China in 2020 is still less than that in some developed countries and regions like, the USA (29 kilograms), Western Europe and Japan (16 to 17 kilograms), according to the data of Fastmarkets RISI. There is still plenty of room for this industry's growth in the long run.

- The comparatively excess capacity at current stage caused by rapid expansion in recent years and the increasing total production capacity of the whole industry contribute to a slowdown in growth rate. Tissue industry in China has passed the age of rapid growth, but the growth speed is still estimated to be higher than the global average in the future. With the advantage of huge population, China is still the biggest driven force for growth of global tissue markets with the largest growing volume.

11.2 More Intense Competition, Accelerated Integration, and Development towards the High Quality

- From the announced total production capacity of projects planned to launch in 2022 and later, it can be seen that the new production capacity is still greater than the new market capacity. So it is forecasted that market competition will be much fiercer, and it is estimated that some projects will be delayed, or cannot hit production targets. The average operating rate of the industry will still be low. In order to seize more market share, some enterprises may choose price war.

- From the announcement of the projects to be put into operation in 2022 and later, the upgrading and capacity expanding projects are concentrated in the existing tissue enterprises. In the future, backward capacity and small- and medium-sized tissue parent roll production enterprises that do not have the scale advantages will be eliminated at a faster pace. The concentration rate of tissue parent roll production will be further raised up, and the industry structure will be optimized continually to realize the transformation from high speed development to high quality development.

- With the slowdown of industry growth, competition among tissue paper manufacturers has intensified, and the price war pressure has spread to the upstream equipment suppliers. Particularly some domestic equipment suppliers with the relatively weak financial strength are faced with the risk of being eliminated. The equipment industry will witness re-shuffling and integration.

- In China's tissue paper industry, the major raw material, paper pulp, is highly dependent on imports. Therefore tissue paper companies are confronted with the risk of the price volatility of pulp and exchange rate. Cost pressure of wood pulp paper manufacturers and converters was intensified especially when pulp price saw a great increase at the end of 2020. Non-wood pulp paper enterprises are also greatly affected by fluctuations in the price of imported wood pulp. The price of non-wood pulp is rising with the increase of wood pulp prices at present, and the operating pressure of non-wood pulping enterprises is, to some extent, relived. However, the non-wood pulp paper manufacturers and converters are still facing operational risks.

- China has completely prohibited the import of waste paper since 2021. It drives some domestic enterprises to establish factories abroad that take waste paper as the raw material to produce regenerated fiber, which are likely to be imported to Chinese market in the form of market pulp. Regenerated cellulose fiber pulp is supposed to be the raw material for toilet tissue and hand towel with cost advantage, which is worthy of more attention from enterprises.

11.3 Influence of COVID-19 on Tissue Industry

Since the beginning of 2020, the sudden outbreak of COVID-19 has been both a challenge and an opportunity for the tissue paper industry. In the short term, it has affected the total output of tissue paper in the first quarter of the country, increased the enterprises' costs of work resumption, labor, logistics, etc., and reduced the consumption of paper napkin in 2020. But in the long run, the pandemic has greatly enhanced the health awareness of the people, and health consumption will also increase. This will help the consumption of tissue paper products such as facial tissue, hand towel, and kitchen towel to start a new round of growth, and further promote the increase in the proportion of online sales of tissue paper products.

COVID-19 pandemic has made enterprises speed up the digital transformation and increased the demand of remote startup of equipment, promoting the industry to develop toward automation and intelligence.

11.4 Development Theme

With the maturity of production technology and equipment, the industry is confronted with the problem of homogenization. The enterprises should improve the marketing ability, especially the construction of sales channels, strengthen the brand cultivation, emphasize the development of new products, especially functional design, and develop differentiated products with new technology and equipment.

The enterprises should also strengthen inner management, implement refined production and operation management, efficiently utilize equipment and reduce energy and material consumption of unit product by using energy recovery, automatic and intelligent technology and equipment, so as to reduce production cost, promote high-quality development of enterprises, and enhance the market competitiveness of products. This is the core of enterprise development and theme of industrial development.

11.5 Forecast on Market Size and Capacity

Based on conservative estimates, in 2021, the new production capacity will be 1.5 million tons based on the existing capacity of 16.14 million tons in 2020. With the elimination of 500000 tons laggard and stopped production capacity, the total production capacity will reach 17.14 million tons. In 2021, calculated on 70% machinery utilization rate, the output will be 12 million tons, sales will be 11.85 million tons, net export will be 0.85 million tons, and consumption will be 11.00 million tons (calculated on annual growth rate of 5%) and the annual per capita consumption will be 7.9kg.

Table 18 Forecast on Tissue Paper Market

Year	Output/10000t	Consumption/ 10000t	Population/ million people	Per capita consumption/ (kg/person-year)
2011	582.1	540.2	1347.35	4.0
2012	627.3	577.5	1354.04	4.3
2013	680.8	618.9	1360.72	4.5
2014	736.3	660.1	1367.82	4.8
2015	802.4	736.0	1374.62	5.4
2016	855.2	787.6	1382.71	5.7

Continued

Year	Output/10000t	Consumption/ 10000t	Population/ million people	Per capita consumption/ (kg/person-year)
2017	923. 4	851. 1	1390. 08	6. 1
2018	956. 3	889. 6	1395. 38	6. 4
2019	1040. 4	960. 7	1400. 05	6. 9
2020	1129. 8	1049. 4	1400. 05	7. 5
2021	1200	1100	1400. 05	7. 9

References

[1] The 2020 Annual Report and 2021 Interim Report of Hengan International Holdings Limited.
[2] The 2020 Annual Report and 2021 Annual Report of Vinda International Holdings Limited.
[3] The 2020 Performance express, 2021 Interim Report and 2021 Third Quarter Report of C&S Paper Co., Ltd.
[4] The 2020 Annual Report of China Paper Industry.

Appendix：

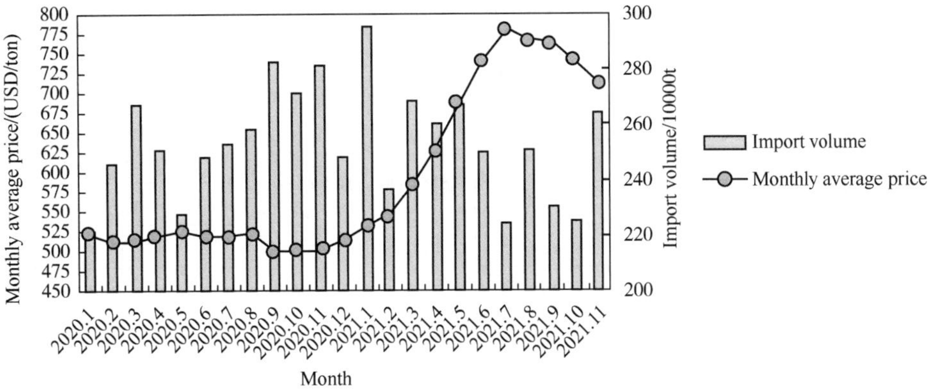

Attached Figure 1 Imported Pulp from Jan. 2020 to Nov. 2021

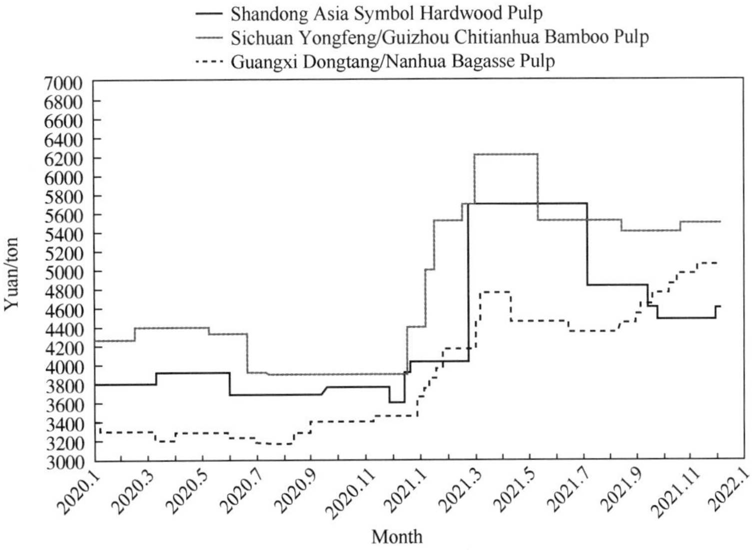

Attached Figure 2 Ex-factory Prices of Asia Symbol Hardwood Pulp, Yongfeng/Chitianhua Bamboo Pulp, and Dongtang Bagasse Pulp from Jan. 2020 to Dec. 2021

Attached Table 1 Top 10 Export Destination Countries and Regions by Different Tissue Paper Export Volume and Total Export Volume in 2020

Commodity Number	Commodity Name	Num	Export destination countries and regions	Export volume/t	Commodity Number	Commodity Name	Num	Export destination countries and regions	Export volume/t
48030000	Tissue parent roll	1	Australia	81160.880	48181000	Toilet tissue	1	Hong Kong, China	75933.260
		2	South Korea	17021.731			2	USA	75084.389
		3	Malaysia	16894.666			3	Australia	38346.984
		4	Japan	11621.727			4	Japan	32863.006
		5	New Zealand	9154.939			5	Singapore	15217.211
		6	UK	7421.039			6	UK	9708.381
		7	Chile	6797.373			7	Malaysia	7250.753
		8	USA	6054.274			8	The Philippines	6889.350
		9	Qatar	5776.791			9	Vietnam	5608.954
		10	Taiwan, China	5350.271			10	Macao, China	5435.426
48182000	Handkerchief tissue, facial tissue	1	Japan	77686.427	48183000	Table tissue and paper napkin	1	USA	17684.523
		2	Hong Kong, China	46888.450			2	Japan	12041.334
		3	USA	33606.420			3	Hong Kong, China	3000.912
		4	Australia	19065.022			4	Australia	2636.146
		5	Thailand	13900.414			5	Canada	2094.614
		6	Malaysia	5584.397			6	UK	942.788
		7	Macao, China	4427.362			7	Ghana	941.119
		8	The Philippines	4161.628			8	The Philippines	583.418
		9	Vietnam	3650.000			9	Malaysia	581.280
		10	Russia	3022.439			10	Singapore	544.468

Commodity Number	Commodity Name	Num	Export destination countries and regions	Export volume/t
48030000、48181000、48182000、48183000	Total	1	Australia	141209.032
		2	Japan	134212.494
		3	USA	132429.606
		4	Hong Kong, China	126711.648
		5	Malaysia	30311.096
		6	UK	20704.672
		7	South Korea	19357.716
		8	Singapore	19343.589
		9	Thailand	18303.678
		10	New Zealand	14873.417

2020 年中国投产的卫生纸机项目汇总表
Tissue machines projects launched in China in 2020

集团省份	公司名称	项目地点	阶段	规模/（万吨/年）	纸机 型式	纸机 型号	纸机 数量/台	纸机 幅宽/mm	纸机 车速/（m/min）	投产时间	供应商	备注
河北	保定港兴	河北保定	新增	2.5	新月型	BT1300-3550	1	3550	1300	2020 年 5 月	宝拓	国产
		湖北孝感	新建	4	新月型	BT1300-2850	2	2850	1500	2020 年 10 月、11 月	宝拓	国产
	河北瑞丰纸业	河北保定	新增	1.6	新月型	BC1300-2850	1	2850	1300	2020 年 6 月	宝拓	国产
	永兴纸业	河北保定	新增	1.5	新月型	BC1100-3550	1	3550	1100	2020 年 7 月	宝拓	国产
	保定华邦日用品	河北保定	新增	2.5	新月型	BC1300-3550	1	3550	1300	2020 年 8 月	宝拓	国产
	保定金光纸业	河北保定	新增	2	新月型	BC1300-3550	1	3550	1300	2020 年 11 月	宝拓	国产
	满城聚润纸业	河北保定	新增	2	新月型	BC1300-3550	1	3550	1300	2020 年 12 月	宝拓	国产
	保定跃兴	河北保定	新增	1.5	新月型		1	3550	900	2020 年 6 月	保定昌达	国产
	保定豪峰纸业	河北保定	新增	2	新月型		1	2850	1500	2020 年 11 月	保定昌达	国产
	保定诚康纸业	河北保定	新增	2	新月型		1	3550	1300	2020 年 12 月	保定昌达	国产
		河北保定	新增	3	新月型		2	3600	1200	2020 年	西安维亚	国产
	益源纸业	河北保定	新增	2	新月型		1	3500	1100	2020 年 3 月	保定维拓	国产
	正浩纸业	河北保定	新增	2	新月型		1	3500	1000	2020 年 3 月	保定维拓	国产
	顺通纸业	河北保定	新增	2	新月型		1	2850	1400	2020 年 6 月	保定维拓	国产
	立新纸业	河北保定	新增	2	新月型		1	2850	1400	2020 年 10 月	保定维拓	国产
	保定绿纯纸业	河北保定	新建	2	新月型		1	2850	1400	2020 年 12 月	保定维拓	国产
	保定雨森	辽宁台安	新建	6	新月型	Intelli-Tissue® EcoEc Premium 1600	2	3500	1600	2020 年 10 月	维美德（PMP）	进口
	保定泽裕纸业	河北保定	新增	5	新月型	HC-1300CS	2	3550	1300	2020 年 9 月、11 月	凯信	国产
	保定晨松纸业	河北保定	新增	1.5	新月型	BZ3500-I	1	3500	900	2020 年 2 月	陕西炳智	国产
	保定恒信纸业	河北保定	新增	2.2	新月型	BZ3500-I	1	3500	1300	2020 年 4 月	陕西炳智	国产
	保定汇丰纸业	河北保定	新增	1.5	新月型	BZ3500-I	1	3500	900	2020 年 6 月	陕西炳智	国产

续表

集团省份	公司名称	项目地点	阶段	规模/（万吨/年）	纸机					投产时间	供应商	备注
					型式	型号	数量/台	幅宽/mm	车速/（m/min）			
河北	保定新宇纸业	河北保定	新增	2.2	新月型	BZ3500-I	1	3500	1300	2020年9月	陕西炳智	国产
	辛集化二公司（福德纸业）	河北辛集	新增	1.5	新月型	BZ3500-I	1	3500	900	2020年10月	陕西炳智	国产
	河北姬发纸业	河北保定	新增	2.5	新月型		1	3550	1400	2020年4月	上海轻良	国产
	保定中信纸业	河北保定	新增	2.5	新月型		1	3550	1400	2020年9月	上海轻良	国产
	河北雪松纸业	河北保定	新增	3	新月型		1	2850	1600	2020年9月	西安维亚	国产
	保定富民纸业	河北保定	新增	1.8	新月型		1	3600	1000	2020年11月	西安维亚	国产
	保定华奥纸业有限公司	河北保定	新增	3	新月型		2	3600	1300	2020年12月	西安维亚	国产
	保定市满城纸业有限公司	河北保定	新增	2.4	新月型		2	2850	1200	2020年	西安维亚	国产
	保定群冠纸业	河北保定	新增	1.5	新月型		1	2850	1000	2020年8月		国产
山西	大同云冈纸业	山西大同	新增	1.7	新月型	BZ3500-I	1	3500	900	2020年5月	陕西炳智	国产
		山西大同	新增	5	新月型		2	2850	1400	2020年10月	上海轻良	国产
	力达纸业	山西运城	新增	6	新月型		3	2850	1300	2020年10月	上海轻良	国产
辽宁	阜新浩博纸业	辽宁阜新	新建	1.5	新月型		1	2850	900	2020年9月	保定昌达	国产
	辽宁森林木纸业有限公司（原锦州女儿河）	辽宁锦州	新增	1	新月型		1	2850	800	2020年		国产
上海	赤天化纸业（泰盛集团）	贵州赤水	新增	10	真空圆网型	SF-12-1200B	6	2850	1200	2020年8-9月	宝拓	中外合作
江苏	王子纸业	江苏南通	新建	12	新月型	PrimeLineST W22	2	5600	2000	2020年6月、9月	安德里茨	进口

续表

集团省份	公司名称	项目地点	阶段	规模/（万吨/年）	纸机					投产时间	供应商	备注
					型式	型号	数量/台	幅宽/mm	车速/（m/min）			
浙江	浙江弘安纸业	浙江嘉兴	新增	3	新月型	软靴压	1	4000	1600	2020年5月	江苏信诺	国产
	浙江旭荣纸业	浙江龙游	新增	2	新月型	BC1300-2850	1	2850	1300	2020年6月	宝拓	国产
	浙江金通纸业	浙江金华	新增	4	新月型		2	3950	1200	2020年	西安维亚	国产
安徽	安徽宏泰纸业	安徽六安	新增	1.5	新月型		1	3500	900	2020年3月	保定昌达	国产
福建	福建聚辉纸业有限公司	福建福清	新增	1.8	新月型		1	3660	1200	2020年4月	西安维亚	国产
	福建凤竹纸业	福建晋江	新增	1.5	新月型	BC1300-2850	1	2850	1300	2020年6月	宝拓	国产
	广西植护	广西来宾	新建	5	新月型		2	4200	1500	2020年6月	诸城大正	国产
	武平顺发纸业	福建武平	新增	1.5	真空圆网型		1	3900	700	2020年7月	贵州盛泰源（恒瑞辰）	国产
	尤溪永丰茂纸业	福建三明	新增	1	真空圆网型		1	2850	800	2020年7月	贵州盛泰源（恒瑞辰）	国产
江西	江西宜生科技有限责任公司	江西抚州	新建	1.2	新月型		1	2850	1000	2020年		国产
山东	山东庆云胜港纸业	山东德州	新建	2	新月型		1	2850	1400	2020年1月	上海轻良	国产
	山东太阳纸业	山东兖州	新增	5	新月型		2	2850	1600	2020年8月、9月	上海轻良	国产
	潍坊恒联美林	山东潍坊	新增	1.5	新月型	BC1300-2850	1	2850	1300	2020年3月	宝拓	国产
	山东东顺集团	山东东平	新增	2	新月型	BC1400-2850	1	2850	1400	2020年6月	宝拓	国产
	聊城坤昇环保科技	山东聊城	新增	2.5	新月型		1	3600	1200	2020年3月	山东信和	国产

续表

集团省份	公司名称	项目地点	阶段	规模/（万吨/年）	纸机					投产时间	供应商	备注
					型式	型号	数量/台	幅宽/mm	车速/（m/min）			
河南	洛阳洁达纸业（华洁卫生用品）	河南洛阳	新增	1.5	新月型	BC1300-2850	1	2850	1300	2020年3月	宝拓	国产
	护理佳纸业	河南鹿邑	新增	4	新月型		2	2850	1300	2020年5月	上海轻良	国产
	河南聚源纸业	河南漯河	新增	2	新月型		1	2850	1400	2020年5月	上海轻良	国产
	华兴纸业	河南西平	新增	2	新月型		1	2850	1400	2020年5月	上海轻良	国产
	沁阳市宏都纸业有限公司	河南沁阳	新增	3	新月型	3980/1200	1	3980	1200	2020年11月	山东信和	国产
湖南	常德德馨纸业	湖南常德	新增	1.8	新月型		1	3500	1000	2020年下半年	西安维亚	国产
广西	广西莲桂纸业	广西来宾	新增	1	真空圆网型		1	2850	700	2020年1月	天津天轻	国产
	来宾华胜纸业	广西来宾	新增	1.5	新月型		1	2850	1000	2020年1月	自主组装	国产
	圣大纸业	广西南宁	新增	1.5	新月型		1	2850	1500	2020年3月	诸城大正	国产
	广西来宾曙辉纸业	广西来宾	新增	4	新月型		4	2850	800	2020年6月	保定昌达	国产
	宏源纸业	广西防城港	新增	4	新月型	BC1400-2850	2	2850	1400	2020年6月、9月	宝拓	国产
	南宁香兰纸业（南宁上峰纸业）	广西南宁	新增	5	新月型	BC1500-2850	2	2850	1500	2020年7月、8月	宝拓	国产
	广西天力丰	广西南宁	新增	2.3	短长网型	擦手纸机	1	3500	600	2020年7月	江苏信诺	国产
四川	成都大良纸业	四川彭州	新增	1.8	新月型	BC1300-2850	1	2850	1300	2020年7月	宝拓	国产
	四川鑫业纸业	四川雅安	新增	1.5	新月型		1	2850	1200	2020年9月	保定昌达	国产
云南	云南金晨纸业	云南玉溪	新增	1.5	新月型		1	2850	1200	2020年3月	诸城大正	国产
陕西	大荔蔡伦纸业	陕西渭南	新增	3	新月型		3	2850	800	2020年3月	保定昌达	国产
总计				184.8			95					

注：（1）集团企业在不同省区有生产工厂的，该集团的所有生产工厂的投产项目列在总部所在省份。
（2）2020年，北京、天津、内蒙古、吉林、黑龙江、上海、广东、海南、重庆、西藏、甘肃、青海、宁夏、新疆没有新项目投产。

2021 年中国投产的卫生纸机项目汇总表
Tissue machines projects launched in China in 2021

集团省份	公司名称	项目地点	阶段	规模/(万吨/年)	纸机					投产时间	供应商	备注
					型式	型号	数量/台	幅宽/mm	车速/(m/min)			
河北	唐山美特好卫生用品有限公司	河北迁安	新建	2.5	新月型	BC1300-3550	1	3550	1300	2021 年 6 月	宝拓	国产
	亚光纸业	河北保定	新增	2.5	新月型	BC1300-3550	1	3550	1300	2021 年 1 月	宝拓	国产
	丽邦集团(港兴)	湖北孝感	新建	5	新月型	BT1500-2850	2	2850	1500	2021 年 3 月、4 月	宝拓	国产
	保定华邦日用品	河北保定	新增	2.5	新月型	BC1300-3550	1	3550	1300	2021 年 8 月	宝拓	国产
	河北瑞丰纸业	河北保定	新增	2	新月型	BC1300-2850	1	2850	1300	2021 年上半年	宝拓	国产
	保定明月纸业(顺发卫生用品)	河北保定	新增	2	新月型	BC1300-3550	1	3550	1300	2021 年 10 月	宝拓	国产
	保定达亿纸业	河北保定	新增	5	新月型		2	3600	1400	2021 年 1 月	上海轻良	国产
	满城眺山营纸业	河北保定	新增	2	新月型		1	2850	1400	2021 年 3 月	上海轻良	国产
		河北保定	新增	2.5	新月型		1	3550	1400	2021 年 3 月	上海轻良	国产
	河北金博士集团	河北保定	新增	5.2	新月型		2	3650	1400	2021 年 1 月	上海轻良	国产
	保定旭冉纸业	河北保定	新增	2	新月型		1	3500	1100	2021 年 4 月	保定维拓	国产
	保定兴荣纸业有限公司	河北保定	新增	3	新月型		1	3500	1400	2021 年 9 月	保定维拓	国产
	保定雄飞纸业	河北保定	新增	1.9	新月型		1	3500	900	2021 年 2 月	保定维拓	国产
	保定正大纸业	河北保定	新增	2.1	新月型		1	3550	1100	2021 年 10 月	保定维拓	国产
	益康纸业	河北保定	新增	2.1	新月型		1	2850	1400	2021 年 10 月	保定维拓	国产
	四海纸业	河北保定	新增	3	新月型		1	3550	1400	2021 年 3 月	保定维拓	国产
	新平纸业	河北保定	新增	2.3	新月型		1	3550	1200	2021 年 10 月	保定维拓	国产
	正森纸业	河北保定	新增	2.3	新月型		1	3550	1200	2021 年 11 月	保定维拓	国产
	保定晨松纸业	河北保定	新增	3	新月型	BZ3500-I	2	3500	900	2021 年 2 月、4 月	陕西炳智	国产
	国利纸业	河北保定	新增	1.5	新月型	BZ2850-I	1	2850	900	2021 年 6 月	陕西炳智	国产
	河北聚兴纸业	河北保定	新增	1.5	新月型	BZ3500-I	1	3500	900	2021 年 12 月	陕西炳智	国产

续表

集团省份	公司名称	项目地点	阶段	规模/（万吨/年）	纸机					投产时间	供应商	备注
					型式	型号	数量/台	幅宽/mm	车速/（m/min）			
河北	保定市红升纸业	河北保定	新增	2.5	新月型		1	3550	1300	2021年5月	保定昌达	国产
	保定永利纸业	河北保定	新增	2.5	新月型		1	3550	1400	2021年11月	保定昌达	国产
	诚信纸业	河北保定	新增	4	新月型		2	2850	1400	2021年8月	保定昌达	国产
	满城纸业（天天纸业）	河北保定	新增	2	新月型		1	2850	1300	2021年12月	西安维亚	国产
山西	力达纸业	山西运城	新增	5	新月型		2	3600	1400	2021年1月、11月	上海轻良	国产
		山西运城	新增	2	新月型		1	2850	1400	2021年11月	上海轻良	国产
	大同云冈纸业	山西大同	新增	5	新月型		2	2850	1400	2021年1月	上海轻良	国产
辽宁	辽宁和合卫生用品有限公司	辽宁铁岭	新增	1.5	新月型		1	2850	1100	2021年10月	保定昌达	国产
上海	安徽泰盛纸业（泰盛集团）	安徽宿州	新建	12	新月型	PrimeLine STW8	2	5600	1900	2021年1月、2月	安德里茨	进口
		安徽宿州	新增	16	新月型		8	2850	1300	2021年4-6月	山东信和	国产
	江西泰盛纸业（泰盛集团）	江西九江	新增	8	新月型		4	2850	1300	2021年12月	上海轻良	国产
江苏	金红叶纸业	湖北孝感	新增	12	新月型	DCT200，软靴压	2	5600	2000	2021年6月、9月	维美德	进口
		江苏如东	新增	24	新月型	Intelli-Tissue® EcoEc 1600 Premium	8	3600	1600	2021年6-11月	维美德（PMP）	进口
	江苏洪泽湖纸业	江苏淮安	新增	2	新月型	BTC1400-2850	1	2850	1400	2021年2月	宝拓	国产
福建	恒安集团	福建晋江	新增	1.5	真空圆网型	SF12-1100	1	2800	1000	2021年12月	宝拓	国产
	福建永峰	福建龙岩	新建	2.5	新月型	BT1300-3550	1	3550	1300	2021年1月	宝拓	国产
	佳亿纸业	福建漳州	新增	1.5	新月型	BC1100—3650	1	3650	1100	2021年底	宝拓	国产
	广西植护	广西来宾	新建	6	新月型	BC1500-4200	2	4200	1500	2021年10月、12月	宝拓	国产

续表

集团省份	公司名称	项目地点	阶段	规模/（万吨/年）	纸机					投产时间	供应商	备注
					型式	型号	数量/台	幅宽/mm	车速/（m/min）			
山东	广西太阳纸业	广西北海	新建	12	新月型	PrimeLine W2000	2	5650	2000	2021 年 10 月、12 月	安德里茨	进口
	山东庆云胜港纸业	山东德州	新增	2.5	新月型		1	3600	1300	2021 年 9 月	宝拓	国产
		山东德州	新建	4	新月型		2	2850	1400	2021 年 2 月、4 月	上海轻良	国产
	山东牡丹纸业	山东菏泽	新增	2	新月型		1	2850	1300	2021 年 3 月	上海轻良	国产
	圣泉集团	山东济南	新建	5	新月型	FD1500-2850	2	2850	1500	2021 年 5 月	大正	国产
河南	洛阳洁达纸业（华洁卫生用品）	河南洛阳	新增	2	新月型	BC1300-2850	1	2850	1300	2021 年 1 月	宝拓	国产
	中南纸业	河南驻马店	新建	4	新月型	BC1300-3550	2	3550	1300	2021 年 7 月、11 月	宝拓	国产
湖北	超维新材	湖北荆州	新增	1.5	真空圆网型	BT1100-2860	1	2860	1100	2021 年上半年	宝拓	中外合作
广东	韶能集团	湖南耒阳	新建	8	新月型		4	2850	1600	2021 年 11-12 月	宝拓	国产
		湖南耒阳	新建	3	新月型		1	3900	1400	2021 年 11 月	宝拓	国产
		湖南耒阳	新建	3	真空圆网型		2	2850	1100	2021 年 11 月	宝拓	国产
		湖南耒阳	新建	2	短长网型		1	2850	1200	2021 年 12 月	宝拓	国产
	中顺洁柔	湖北孝感	新增	10	新月型	Intelli-Tissue® EcoEcPremium 1600，钢制烘缸	4	3500	1600	2021 年 1-7 月	维美德（PMP）	进口
	维达纸业	保密	新增	14	复合型		4	保密	保密	2021 年	维美德	进口
	香港理文集团	江西九江	新增	3.4	新月型	BC1300-2850	2	2850	1300	2021 年 11 月、12 月	宝拓	国产
		江西九江	新增	2	新月型		1	2850	1300	2021 年 12 月	江苏信诺	国产
	澳威纸业	广东江门	新建	1.6	真空圆网型	BF-1000S	1	2850	1100	2021 年 1 月	日本川之江	进口
	广东联进纸业	广东韶关	新增	1.2	新月型	BZ2850-I	1	2850	900	2021 年 8 月	陕西炳智	国产
	旺佳纸业	广东江门	新增	2	新月型	1000-2850	1	2850	1000	2021 年 10 月	大正	国产

续表

集团省份	公司名称	项目地点	阶段	规模/（万吨/年）	纸机					投产时间	供应商	备注
					型式	型号	数量/台	幅宽/mm	车速/（m/min）			
广西	圣大纸业	广西南宁	新增	2.5	新月型	1800-2850	1	2850	1800	2021 年 7 月	大正	国产
	广西嘉盛纸业	广西贵港	新增	2.5	新月型	1500-2850	1	2850	1500	2021 年 11 月	大正	国产
	来宾桂宾纸业（桂诚纸业）	广西来宾	新增	2.5	新月型	1500-2850	1	2850	1500	2021 年 1 月	大正	国产
	柳州柳林纸业	广西柳州	新增	2	新月型		1	2850	1500	2021 年 9 月	西安维亚	国产
	江南纸业	广西横县	新增	2.5	新月型		1	2850	1600	2021 年 1 月	凯信	国产
	广西莲桂纸业	广西来宾	新增	2	真空圆网型		2	2850	700	2021 年 1 月	天津天轻	国产
	崇左品源纸业	广西崇左	新增	1	新月型		1	2880	800	2021 年 1 月	天津天轻	国产
	马山和发强	广西南宁	新增	1	新月型		1	2850	800	2021 年上半年	鼎昌机械	国产
	广西来宾桥宏纸业	广西来宾	新建	2	新月型		1	2850	1300	2021 年 7 月	贵州盛泰源（恒瑞辰）	国产
四川	四川圆周实业	四川成都	新增	2.6	新月型		1	3980	1300	2021 年 4 月	贵州盛泰源（恒瑞辰）	国产
	崇州市倪氏纸业	四川成都	新增	1.5	新月型		1	2850	1000	2021 年	井研	国产
云南	云南弘源纸业	云南昆明	新建	1.6	真空圆网型	BF-1000S	1	2850	1100	2021 年 1 月	日本川之江	进口
	云南南恩	云南玉溪	新增	3.4	新月型	BC1300-2850	2	2850	1300	2021 年 1 月、7 月	宝拓	国产
新疆	新疆巨兆辉森（芳菲达纸业）	新疆阜康	新增	1.2	真空圆网型	SF900-2860	1	2860	800	2021 年 1 月	宝拓	中外合作
	新疆中泰集团（程品纸业）	新疆库尔勒	新增	1.2	新月型		1	2850	900	2021 年 1 月	贵州盛泰源（恒瑞辰）	国产
总计				278.6			117					

历年中国生活用纸产能、产量、消费量(1990—2020年)

The capacity, production and consumption of tissue paper in China over the years (1990—2020)

年份	产能/万吨	产量/万吨	消费量/万吨	年人均消费量/千克	出厂均价/(元/吨)	国内市场规模/亿元
1990		67.89				
1991		75.00				
1992		96.08				
1993		112.1	108.85	0.91		
1994		135.85	133.15	1.11		
1995		183.6	180.64	1.49		
1996		194.6	191.81	1.57		
1997		208.1	206.46	1.67		
1998		220	219.22	1.76		
1999		232	229.9	1.83		
2000		250	245.89	1.94		
2001		275	266.1	2.15		
2002		298.4	286.8	2.23		200
2003		327	310	2.4		210
2004		362	343	2.65		235
2005		391	368.2	2.82		283
2006(3)	446.24	379.3	332.8	2.53	7300	294.6
2007	482.35	410	375.7	2.8	7800	356.9
2008	522	443.7	407.5	3.1	8700	425.8
2009	563.65	479.1	433	3.2	9000	468.1
2010	617.45	524.8	483.5	3.6	9700	563.3
2011	684.85	582.1	540.2	4	10491	680.7
2012	784	627.3	577.5	4.3	10200	765.7(2)
2013	851	680.8	618.9	4.5	9900	796.6
2014	944	736.3	660.1	4.8	9700	832.4
2015	1028.7	802.4	736(1)	5.4(1)	9500	909(1)
2016	1125.3	855.2	787.6	5.7	9650	988
2017	1215	923.4	851.1	6.1	10000	1106.4
2018	1310	956.3	889.6	6.4	10100	1168
2019	1445	1040.4	960.7	6.9	9600	1198.9
2020	1614	1129.8	1049.4	7.5	8950	1221

注：(1)由于一般情况下销售滞后于生产，所以每年都应有产品库存量，因此从2016年开始，销售量增加了上年的库存量，为便于比较，将2015年数据也增加了库存量进行了重新调整。

(2)从2013年开始，在市场规模计算中，其产品市场平均价是按照平均出厂价加价率30%计，为便于比较，将2012年市场平均价由按平均出厂价20%加价率提高为30%，市场规模数据也做了相应调整。

(3)生活用纸委员会秘书处通过2007年底对企业情况的调查，对2006年的数据进行了调整。

卫生用品 Disposable hygiene products

中国一次性卫生用品行业的概况和展望

孙 静 邢婉娜 王 娟 曹宝萍 张玉兰

2020年，国内一次性卫生用品(包括吸收性卫生用品和擦拭巾)市场继续增长，市场规模达到1438.6亿元。其中吸收性卫生用品的市场规模(市场总销售额)达到约1214.0亿元，比2019年增长4.2%。擦拭巾市场规模224.6亿元，比2019年增长16.4%。吸收性卫生用品中，经期裤、成人失禁用品的消费量比2019年显著增长，但婴儿纸尿裤的消费量首次出现下降。

吸收性卫生用品市场总规模中，女性卫生用品、婴儿纸尿裤/片和成人失禁用品的占比情况见表1。

表1 2015—2020年吸收性卫生用品市场规模中各类产品占比/%

产品	2020年	2019年	2018年	2017年	2016年	2015年
女性卫生用品	50.5	49.1	50.0	46.3	48.9	49.7
婴儿纸尿裤/片	40.0	42.8	43.8	48.2	46.4	44.0
成人失禁用品	9.5	8.1	6.2	5.5	4.7	6.3

2017—2020年，一次性卫生用品中各类产品的市场规模和消费量复合年均增长率见表2。

表2 2017—2020年一次性卫生用品的市场规模和消费量及复合年均增长率

项目	年份	女性卫生用品	婴儿纸尿裤/片	成人失禁用品	擦拭巾
市场规模/亿元	2020	613.0	486.0	115.0	224.6
	2019	572.4	499.0	93.9	192.9
	2018	563.0	493.7	70.3	189.5
	2017	527.4	548.6	62.9	82.1
2017—2020年市场规模复合年均增长率/%		5.1	-4.0	22.3	39.9
消费量/亿片	2020	1220.9	375.8	63.0	59.6
	2019	1199.0	393.6	53.5	41.0
	2018	1193.4	378.7	44.1	29.3
	2017	1200.1	381.8	44.9	23.3
2017—2020年消费量复合年均增长率/%		0.6	-0.5	12.0	36.8

注：表中擦拭巾消费量以“非织造布用量/吨”计。

1 市场规模

1.1 女性卫生用品

2020年，女性卫生用品市场平稳发展，市场规模继续增长且增长率高于上年。根据中国造纸协会生活用纸专业委员会(以下简称生活用纸委员会)统计，卫生巾的产量约945.1亿片，比上年增加1.7%；工厂销售量约957.9亿片，工厂销售额约310.4亿元，分别比上年增长3.3%和7.0%；消费量约890.3亿片，比上年增长2.3%。参加统计的企业中，经期裤产量约7.9亿片，比上年增长38.6%；工厂销售量约7.1亿片，工厂销售额约13.0亿元，分别比上年增长54.3%和58.5%。卫生巾和经期裤平均出厂价提高，使其工厂销售额的增长高于工厂销售量的增长。卫生巾和经期裤合计市场规模约555.4亿元，比上年增长8.3%。卫生护垫产量约340.7亿片，工厂销售量约343.5亿片，工厂销售额约34.0亿元，分别比上年下降8.2%，2.5%和5.3%；卫生护垫平均出厂价下降2.9%，导致工厂销售额下降幅度大于工厂销售量的下降；消费量约323.5亿片，市场规模约 57.6 亿元，分别比上年下降 0.1% 和 3.2%。女性卫生用品合计市场规模 613.0 亿元，比上年增长 7.1%。

表 3　2020 年女性卫生用品的产量和消费量

	2020 年	2019 年	同比增长/%
卫生巾			
产量/亿片	945.1	929.3	1.7
工厂销售量/亿片	957.9	927.3	3.3
工厂销售额/亿元	310.4	290.2	7.0
平均出厂价/(元/片)	0.324	0.313	3.5
消费量/亿片	890.3	870.5	2.3
经期裤(仅参加统计企业)			
产量/亿片	7.9	5.7	38.6
工厂销售量/亿片	7.1	4.6	54.3
工厂销售额/亿元	13.0	8.2	58.5
平均出厂价/(元/片)	1.83	1.78	2.8
平均零售价/(元/片)	5.09	4.89	4.1
卫生巾和经期裤合计			
市场规模/亿元	555.4	512.9	8.3
市场渗透率/%	基本饱和		
卫生护垫			
产量/亿片	340.7	371.1	-8.2
工厂销售量/亿片	343.5	352.3	-2.5
工厂销售额/亿元	34.0	35.9	-5.3
平均出厂价/(元/片)	0.099	0.102	-2.9
消费量/亿片	323.5	323.9	-0.1
市场规模/亿元	57.6	59.5	-3.2
女性卫生用品合计			
净出口额/亿元	23.9	20.7	15.5
市场规模/亿元	613.0	572.4	7.1

注：1. 关于市场渗透率计算基础的说明：根据国家统计局公布的数据，2019 年适龄女性(15—49 岁)人数为 3.38 亿人，本报告编写时，2020 年适龄女性人数尚未公布，因此本报告暂用估算数 3.32 亿人，下年度报告中将以国家统计局公布的适龄女性人数予以更新。卫生巾人均使用量为 240 片/人·年。
2. 经期裤数据仅涵盖参加统计的企业，因海关数据中未列出经期裤产品，所以假定全部在国内市场消费，即消费量等于工厂销售量。
3. 卫生巾、卫生护垫产品零售加价率按 80%计。

2020 年，虽然 15—49 岁(适龄女性)人口继续减少(图 1)，但实际上，女性初经低龄化和行经时间延长，为卫生巾市场容量扩充提供了空间。同时，人均可支配收入和女性消费者卫生意识的提高，使女性卫生用品的消费量略有增长，尤其是经期裤产品的工厂销售量增长率达到 54.3%。卫生巾平均出厂价比上年提高 3.5%，进口卫生巾虽然数量减少但金额增长，且平均价格有所提高，产品优化升级，高端化趋势延续，高端产品的市场占有率持续上升。高端化趋势还表现在出口卫生巾平均价格比上年提高 8.43%。

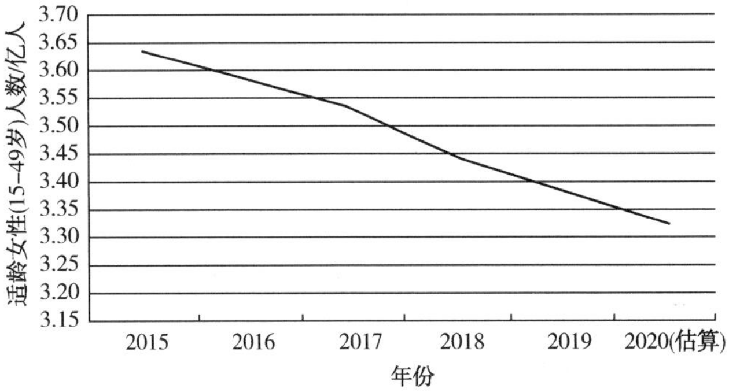

图 1　2015—2020 年适龄女性(15—49 岁)人数

卫生护垫延续了前两年的趋势，产量、工厂销售量、工厂销售额、平均出厂价、消费量、市场规模都出现不同程度的下降，显示卫生护垫的市场体量持续萎缩。分析原因：一是女性对自身健康意识的提高，在非经期时，减少护垫的使用量；二是消费者用迷你巾取代部分卫生护垫，作为经期前后的护理用品。

1.2　婴儿纸尿裤/片

2020 年，婴儿纸尿裤/片整体市场规模较上年稍有下降。根据生活用纸委员会统计，婴儿纸尿裤/片总产量约 423.8 亿片，工厂总销售量约 414.4 亿片，分别比上年增长 4.0% 和 2.5%；总消费量约 375.8 亿片，比上年下降 4.5%。婴儿纸尿裤/片的工厂销售额合计约 335.9 亿元，较上年提高 4.8%；市场规模为 486.0 亿元，比上年微降 2.6%。市场渗透率由 2019 年的 72.2%上升到 77.1%，提高了 4.9 个百分点。

其中，2020 年婴儿纸尿裤的工厂销售量和销售额同比均有增长，出厂价提高，使销售额增长高于销售量增长。2019 年，婴儿纸尿裤/片出口量首次超过进口量，转变为净出口市场，2020 年出口量和出口额继续增长，分别增长 8.1% 和

7.4%，高于工厂销售量和销售额的增长，同时，中国0—2岁婴儿人数持续下降，使得国内婴儿纸尿裤市场规模同比微降1.3%。另外，新冠疫情深重的危机产生的不确定性，使得许多人决定推迟或直接放弃生育计划，对国内婴儿纸尿裤的消费量和市场规模也造成一定的影响。婴儿纸尿裤的销售量中，内裤式产品占比约为35.6%，胶贴型占比约为64.4%，内裤式产品占比逐年提高（图2）。婴儿纸尿片的工厂销售量和销售额同比继续明显下降，该类产品在中国消费者中的使用量正在逐步降低。

表4 2020年婴儿纸尿裤/片的产量和消费量

	2020年	2019年	同比增长/%
婴儿纸尿裤			
产量/亿片	396.8	370.8	7.0
工厂销售量/亿片	382.8	364.7	5.0
工厂销售额/亿元	318.7	299.1	6.6
平均出厂价/(元/片)	0.83	0.82	1.5
消费量/亿片	344.2	354.0	-2.8
市场规模/亿元	458.5	464.5	-1.3
婴儿纸尿片			
产量/亿片	27.0	36.8	-26.6
工厂销售量/亿片	31.6	39.5	-20.1
工厂销售额/亿元	17.2	21.5	-20.2
平均出厂价/(元/片)	0.54	0.55	-1.1
消费量/亿片	31.6	39.5	-20.1
市场规模/亿元	27.5	34.5	-20.4
婴儿纸尿裤/片合计			
产量/亿片	423.8	407.6	4.0
工厂销售量/亿片	414.4	404.2	2.5
工厂销售额/亿元	335.9	320.6	4.8
净出口额/亿元	32.2	8.8	265.9
消费量/亿片	375.8	393.6	-4.5
市场渗透率/%	77.1	72.2	4.9个百分点
市场规模/亿元	486.0	499.0	-2.6

注：1. 关于市场渗透率计算基础的说明：根据国家统计局公布的数据，2019年0—2岁婴儿人数约为2988万人，本报告编写时，2020年新生儿人数尚未公布，因此本报告暂估算2020年0—2岁婴儿人数为2669万人，下年度报告中将以国家统计局公布的出生人口数予以更新。人均纸尿裤/片用量：5片/人·天。
2. 婴儿纸尿裤/片产品零售加价率按60%计。

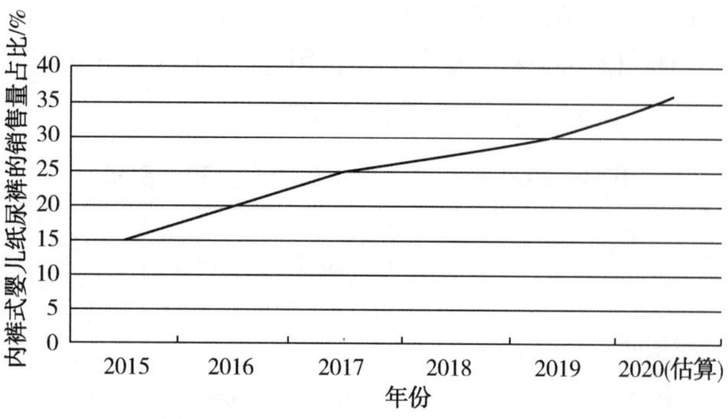

图2 2015—2020年内裤式婴儿纸尿裤的销售量占比

1.3 成人失禁用品

2020年，成人失禁用品市场继续保持两位数增长，其中成人纸尿裤和护理垫的消费量和市场规模显著增长，成人纸尿裤平均出厂价格与2019年持平，护理垫平均出厂价格则明显提高，使工厂销售额的涨幅高于销售量涨幅，市场规模的涨幅高于消费量增长。成人纸尿裤销售量中，胶贴式约占81.5%，内裤式约占18.5%，表明成人纸尿裤主要还是满足重度失禁人群使用，轻度失禁用品尚处于初级推广阶段。成人纸尿片的产量虽然有所增加，但是国内消费量持续萎缩，大部分产品出口海外市场，且平均出厂价格有所下降导致市场规模下降。此外，受2020年新冠肺炎疫情影响，成人纸尿裤为身着防护服的医护人员以及需要医疗护理的患者带来极大便利，促使成人失禁用品的使用量有所增长。

根据生活用纸委员会统计，成人纸尿裤产量约59.2亿片，工厂销售量约61.1亿片，工厂销售额约91.7亿元。成人纸尿片产量约11.1亿片，工厂销售量约8.9亿片，工厂销售额约5.5亿元。护理垫的产量约31.0亿片，工厂销售量约25.7亿片，工厂销售额约22.8亿元。成人失禁用品合计的工厂销售额约120.0亿元，市场规模约115.0亿元，比2019年增长22.5%。

成人失禁用品在按片计的总消费量中，纸尿裤占71.3%，比上年增加1.8个百分点；纸尿片占7.3%，比上年减少3.5个百分点；护理垫占21.4%，比上年增加1.8个百分点。中国市场对成人失禁用品的认知和消费观念正在发生变化，此类产品正进入发展的上升期。

2020年，突如其来的新冠肺炎疫情导致全球接受医疗护理的患者激增，在医疗救助或居家康复护理阶段，都需要用到护理垫，促进了护理垫市场的增长。根据统计数据来看，一是国内护理垫消费量和市场规模涨幅明显高于2019年，二是护理垫产品的出口量和出口金额相较于2019年均有所增长。

表5 2020年成人失禁用品的产量和消费量

	2020年	2019年	同比增长/%
成人纸尿裤			
产量/亿片	59.2	52.8	12.1
工厂销售量/亿片	61.1	53.1	15.1
工厂销售额/亿元	91.7	79.6	15.2
平均出厂价/(元/片)	1.50	1.50	0.0
消费量/亿片	44.9	37.2	20.7
市场规模/亿元	94.2	78.1	20.6
成人纸尿片			
产量/亿片	11.1	9.9	12.1
工厂销售量/亿片	8.9	7.6	17.1
工厂销售额/亿元	5.5	4.8	14.6
平均出厂价/(元/片)	0.62	0.64	-3.1
消费量/亿片	4.6	5.8	-20.7
市场规模/亿元	4.0	5.2	-23.1
护理垫			
产量/亿片	31.0	23.4	32.5
工厂销售量/亿片	25.7	18.8	36.7
工厂销售额/亿元	22.8	13.7	66.4
平均出厂价/(元/片)	0.89	0.73	21.9
消费量/亿片	13.5	10.5	28.6
市场规模/亿元	16.8	10.7	57.0
成人失禁用品合计			
产量/亿片	101.4	86.1	17.8
工厂销售量/亿片	95.7	79.5	20.4
工厂销售额/亿元	120.0	98.1	22.3
净出口额/亿元	37.9	31.0	22.3
消费量/亿片	63.0	53.5	17.8
市场规模/亿元	115.0	93.9	22.5

注：成人失禁用品零售加价率按40%计。

1.4 擦拭巾

从2017年度开始，生活用纸委员会以非织造布用量为依据对擦拭巾的生产情况进行统计。擦拭巾包括干巾和湿巾，根据企业填报数据推算，2020年擦拭巾行业总计消耗非织造布约59.6万吨，擦拭巾工厂销售额总计约226.4亿元，市场规模约为224.6亿元。

2020年，全球新冠肺炎疫情暴发，使卫生消毒产品需求激增，带动了卫生湿巾和消毒湿巾的消费量大幅增长。国内擦拭巾生产企业一方面满足国内市场的需求，另一方面还积极出口满足国外市场的需求。2020年，国内擦拭巾市场规模比2019年增长16.4%(2019年增幅为1.8%)，净出口额也实现了151.9%的高增长(2019年增幅为31.6%)，国内外市场的双双增长使工厂销售额的增幅达到38.0%(2019年增幅为5.6%)，明显高于上年。

表6 2020年擦拭巾的产量和消费量

	2020年	2019年	增长率/%
湿巾			
非织造布用量/万吨	56.3	38.3	47.0
工厂销售额/亿元	210.1	149.5	40.5
干巾(仅参加统计企业)			
非织造布用量/万吨	3.3	2.7	22.2
工厂销售额/亿元	16.3	14.5	12.4
擦拭巾合计			
非织造布用量/万吨	59.6	41.0	45.4
工厂销售额/亿元	226.4	164.0	38.0
净出口额/亿元	66.0	26.2	151.9
市场规模/亿元	224.6	192.9	16.4

注：1. 2020年度湿巾工厂销售额计算方法说明：取参加统计企业每吨非织造布对应的湿巾工厂销售额的平均值，以此作为依据，计算得到湿巾全行业工厂销售额。
2. 干巾数据仅涵盖参加统计企业。
3. 擦拭巾产品零售加价率按40%计。

2 主要生产商和品牌

2.1 女性卫生用品

经过多年的发展，女性卫生用品市场已基本饱和，没有大型企业进入。2020年，生活用纸委员会统计在册的女性卫生用品生产企业约684家，比2019年度增加69家，总体集中度仍然较低，市场竞争者仍由多个生产商组成。领先生产商分布在北京、天津、上海、江苏、浙江、福建、河南、湖北、广东、广西、重庆、云南等地，包括本土生产商/品牌：恒安、景兴、百亚、啟盛、洁伶、丝宝、美洁、清逸堂、舒莱、全棉时代、佳健、倍舒特、护理佳、余宏、可悦、恒利、康那香、杭州川田、广东川田、小护士等，国际生产商：宝洁、尤妮佳、金佰利、花王。高端市场的品牌集中度很高，国际性品牌有：苏菲、护舒宝、高洁丝、乐而雅等，本土企业全国性品牌有七度空间、ABC、自由点、U适、洁婷、奈丝公主等，区域性品牌有小妮、洁伶、美洁、日子、舒莱、佳期、倍舒特、护理佳、安琦、月满好、好舒爽、康乃馨、小护士等。

表7a所列是2020年综合排名前20位国内女性卫生用品生产商和品牌，排序仅供参考，表7b所列是在国内设有工厂的国际女性卫生用品生产商和品牌。表7c所列是除综合排名前20位以外的各地区重点女性卫生用品生产商和品牌。

表7a　2020年综合排名前20位国内女性卫生用品生产商/品牌

（主要按销售额指标综合排序）

序号	公司名称	品牌	产能（卫生巾+卫生护垫）/（亿片/年）
1	福建恒安集团有限公司	七度空间，安尔乐	193.0+53.5
2	广东景兴健康护理实业股份有限公司	ABC，Free	OEM加工
3	重庆百亚卫生用品股份有限公司	自由点，妮爽	30.8+7.36
4	佛山市啟盛卫生用品有限公司	U适，小妮	79.0+28.0
5	桂林洁伶工业有限公司	洁伶，淘淘氧棉	28.0+15.0
6	湖北丝宝股份有限公司	洁婷	26.0+6.9
7	广东美洁卫生用品有限公司	美洁，美宜洁，美月爽	30.0（巾）
8	云南白药清逸堂实业有限公司	日子	7.66+2.16
9	河南舒莱卫生用品有限公司	舒莱	48.0+1.0
10	深圳全棉时代科技有限公司	奈丝公主	6.0（巾）
11	中山佳健生活用品有限公司	佳期	19.0+3.8
12	北京倍舒特科技有限公司	倍舒特	OEM加工
13	上海护理佳实业有限公司	护理佳	15.0+10.0
14	杭州余宏卫生用品有限公司	安琦，布知布觉，OEM	20.0+4.5
15	杭州可悦卫生用品有限公司	月满好，OEM	16.0+34.0
16	福建恒利集团有限公司	好舒爽，舒爽	85.0+27.0
17	康那香企业（上海）有限公司	康乃馨，御守棉，就爱纯棉	14.7+9.6
18	杭州川田卫生用品有限公司	OEM为主	16.0+8.0
19	广东川田卫生用品有限公司	OEM为主	35.0+4.4
20	小护士（天津）科技股份有限公司	小护士	30.6+13.8

表7b　在国内设有工厂的国际女性卫生用品生产商/品牌

公司名称	品牌
宝洁（中国）有限公司	护舒宝
尤妮佳生活用品（中国）有限公司	苏菲
金佰利（中国）有限公司	高洁丝
上海花王有限公司	乐而雅

表 7c　2020 年各地区重点女性卫生用品生产商/品牌

省市	公司名称	品牌
北京	北京倍舒特妇幼用品有限公司	月自在
天津	天津市依依卫生用品股份有限公司	依依，阳光姊妹
	天津骏发森达卫生用品有限公司	雅格，银爽
	天津市韩东纸业有限公司	美千草，挚爱
	天津博真卫生用品有限公司	月如意
	天津市娇柔卫生制品科技有限公司	真芳，娇柔
	天津市宝坻区美洁卫生制品有限公司	乐丝妮，蓓婷
河北	河北义厚成日用品有限公司	女主角
	保定市港兴纸业有限公司	丽邦，港兴
	石家庄市宏大卫生用品厂	邦尔舒
	石家庄顺美生活用纸科技有限公司	佳宝仕
辽宁	沈阳东联日用品有限公司	柔柔
	锦州东方卫生用品有限公司	欣羽丝，一滴不漏
上海	上海唯尔福集团股份有限公司	唯尔福，美丽约会
	上海月月舒妇女用品有限公司	月月舒
	上海申欧企业发展有限公司	555，悠 U
江苏	苏州冠洁生活制品有限公司	米娅
	江苏三笑集团有限公司	笑爽，一点点
	泰州远东纸业有限公司	安洁尔
	江苏有爱科技有限责任公司	非秘
浙江	维达纸业(浙江)有限公司	Libresse 薇尔
	杭州小姐妹卫生用品有限公司	非常小姐妹，佳人有约
	浙江千柔凡护理用品有限公司	千柔凡
福建	中天(中国)工业有限公司	丝婷
	泉州市爱丽诗卫生用品有限公司	少女空间
	泉州市祥禾卫生用品有限公司	安期，美丽人生
	泉州洛江兴利卫生用品有限公司	佳约
江西	赣州港都卫生制品有限公司	了解
山东	潍坊含羞草护理科技股份有限公司	知否
	山东永芳卫生用品有限公司	A&S
	山东云豪卫生用品股份有限公司	洁来
	青岛优佳卫生科技有限公司	BiuBiu
湖北	维达护理用品(中国)有限公司	Libresse 薇尔
湖南	湖南千金卫生用品有限公司	千金净雅

续表

省市	公司名称	品牌
广东	佛山市佩安婷卫生用品实业有限公司	佩安婷，珮夫人
	东莞市金保利卫生用品有限公司	植物物语
	广东妇健企业有限公司	妇健
	惠州市汇德宝护理用品有限公司	清爽
	珠海市健朗生活用品有限公司	美茵，健妮，可采
	广东珠海市金能纸品有限公司	秋花
	广东娜菲实业股份有限公司	娜菲
	耐思得卫生用品有限公司	耐思得
	广东冰冰护理用品有限公司	全部出口
	广东邦洁日用品有限公司	邦洁
陕西	陕西魔妮卫生用品有限责任公司	魔妮
海南	欣龙控股(集团)股份有限公司	恩兰

2020年，适龄女性(15—49岁)人口持续减少，女性卫生用品的消费人群基数继续缩小。另外，卫生巾(海关商品编号96190020下的进口商品)进口数量首次出现下降，国内生产的卫生巾产品基本可以满足消费者需求，只有少部分高端产品需要进口。

新冠疫情的暴发使卫生用品产业供应链受到前所未有的挑战，国内领先品牌和国际品牌凭借供应链优势和及时有效的应对措施克服重重困难，获得稳定增长。但是，部分区域性品牌暴露出管理方面的短板，如缺乏应急机制、应对突发紧急事件能力不足等，导致业绩出现下滑。还有一些以出口代工为主要业务的企业，面对原材料涨价、海外疫情暴发、物流受阻、运费上涨等诸多不利因素，业绩下降较多。

恒安集团卫生巾业务销售额比上年增长3.0%至66.55亿元，占集团收入接近30.0%(2019年：28.8%)，卫生巾业务的毛利率增长至约71.4%(2019年：70.3%)。年内，集团推出针对成熟白领市场的高端产品“Space 7”，销售反应十分热烈，集团签约明星代言，大幅提升“Space 7”品牌形象，增添品牌时尚感，借助明星对年轻消费客群的影响力，全面接触95后年轻女性群体，进一步将品牌定位年轻化[1]。

维达个人护理业务(含女性护理、婴儿护理和成人失禁护理)收益增加3.0%至29.04亿港元，增幅按固定汇率换算为4.3%，占集团总收益的18%(2019年：18%)，毛利率提升至34.7%(2019年：29.1%)。女性护理方面，“Libresse薇尔”品牌通过代言和主题活动提高了认知度并建立了鲜明的品牌形象，获得消费者的持续关注，在国内的增长势头强劲[2]。

2020年9月，重庆百亚卫生用品股份有限公司成功登陆深交所中小板。面对新冠肺炎疫情的影响和市场竞争加剧的情况，公司始终聚焦主业，精耕核心优势区域，有序全国拓展，积极开拓电商和新零售渠道，并持续优化产品结构，加快产品更新迭代。报告期内，公司实现营业收入12.5亿元，较2019年同期增长8.82%；利润总额较2019年同期增长43.70%[3]。

2020年7月，小护士(天津)科技股份有限公司在新三板上市。其2020年度业绩预告显示，归属于挂牌公司股东的净利润将达2100万—2500万元，比上年增长388.50%—481.54%。增长的主要原因：一是为应对国内外新冠肺炎疫情，公司积极拓展防疫类产品生产线，大批量生产一次性医用口罩；二是2020年下半年全国市场回暖，公司优化市场布局，提升服务能力，优质客户进一步增多和稳定；三是公司积极开发新产品，同时加强媒体平台宣传，辐射全国客户[4]。

2020财年，宝洁公司女性护理用品业务(含成人失禁用品)，在大中华地区的销售量获得了低一位百分数的增长，主要源于产品创新、营销投入增加、成人失禁用品增长以及某些市场疫情造成的产品囤积[5]。

金佰利公司在发展中地区和新兴市场的个人

护理用品净销售额下降了1%。主要影响因素：一是汇率变化使销售额下降9%，主要是拉丁美洲市场和中国市场；二是销售量扩大使销售额增长了4%，主要是在中国、东欧、巴西和印度等市场；三是产品组合的改进和收购印尼Softex公司，分别使销售额增长2%，产品组合的改进主要是在中国市场[6]。

花王乐而雅卫生巾产品在亚洲市场的销售额获得大幅增长，主要得益于中国市场电商项目的稳步推进[7]。

尤妮佳苏菲女性卫生用品在中国市场仍然保持良好的销售业绩，为满足中国消费者缓解痛经症状的需求，推出了含有中药成分的热感卫生巾[8]。

女性卫生用品销售额增长显著的其他企业主要有：芗城晓莉增长56.7%，漳州智光增长12.2%，天津骏发森达增长12.2%，苏州冠洁增长10.4%，杭州余宏增长33.2%，杭州小姐妹增长81.4%，杭州川田增长33.3%，桂林洁伶增长11%，啟盛增长23.4%，东莞金保利增长12.4%。

2.2 婴儿纸尿裤/片

婴儿纸尿裤/片行业仍处于调整期，市场竞争激烈。2020年，生活用纸委员会统计在册的婴儿纸尿裤/片生产企业716家，比上年增加65家，市场竞争者仍由多个生产商组成。领先生产商主要集中在天津、上海、江苏、浙江、安徽、福建、湖南、广东、贵州等地，包括本土生产商/品牌：恒安、昱升、千芝雅、利澳、豪悦、可靠、卡布、舒比奇、爹地宝贝、雀氏、凯儿得乐、茵茵、常兴、欧比、天娇等，国际生产商：宝洁、尤妮佳、金佰利、花王、大王等。高端市场的品牌集中度很高，国际性品牌有：帮宝适、妈咪宝贝、Moony、好奇、妙而舒、GOO.N等，全国性品牌有安儿乐，区域性品牌有：吉氏、名人宝宝、乐贝、希望宝宝、酷特适、卡比布、舒比奇、爹地宝贝、雀氏、凯儿得乐、茵茵、一片爽、宾比、妈咪亲等。

表8a所列是2020年综合排名前15位国内婴儿纸尿裤/片生产商和品牌，排序仅供参考，表8b所列是在国内设有工厂的国际婴儿纸尿裤/片生产商和品牌。表8c所列是除综合排名前15位以外的各地区重点婴儿纸尿裤/片生产商和品牌。

2020年，新冠肺炎疫情为中国婴儿纸尿裤生产商带来了挑战。上半年，原材料供应一度非常紧张，导致市场价格大幅上涨，企业生产成本显著上升。同时，终端产品价格却难以相应上涨，造成利润空间被压缩，市场竞争激烈。

跨国品牌因为材料供应稳定，在此次疫情中巩固和扩大了优势，一方面不断扩大高附加值优质产品的份额，夯实高端产品线，另一方面通过电商等渠道不断进行市场下沉，布局三、四线市场。

同时，中国本土的婴儿纸尿裤生产商们也在积极调整战略，应对挑战。部分婴儿纸尿裤生产企业转产一次性口罩，弥补了原有业务销售额下降的不足。婴儿纸尿裤品牌中的后起之秀不断崭露头角，他们通过新的营销策略(如微商、社群营销等)和特定的品牌定位，获得了大批消费者的认可，如凯儿得乐、露安适等，在2020年其自有生产能力都得到了大幅提高，增强了品牌影响力。

新冠疫情还加快了婴儿纸尿裤电商渠道的发展，电商方便快捷的购买方式以及促销活动符合年轻父母的消费习惯，催生了一批互联网婴儿纸尿裤品牌。领先婴儿纸尿裤生产商也加快了电商渠道的布局，适应新时期的营销模式，争取多渠道发展。

随着近几年中国婴儿出生人数连续降低和市场渗透率的提高，婴儿纸尿裤市场之前的高增长率已经难以再现，而新增品牌还在不断出现，市场未来竞争将更加激烈。企业可能更多需要在产品创新，高端化、高附加值产品的研发以及营销创新方面进行破局。

表8a 2020年综合排名前15位国内婴儿纸尿裤/片生产商和品牌

(主要按销售额指标综合排序)

序号	公司名称	品牌	产能(纸尿裤+纸尿片)/(亿片/年)
1	福建恒安集团有限公司	Q·MO，安儿乐	32.6+1.5
2	广东昱升个人护理用品股份有限公司	吉氏，舒氏宝贝	27.6+1.2
3	杭州千芝雅卫生用品有限公司	名人宝宝	17.0+0.9

续表

序号	公司名称	品牌	产能(纸尿裤+纸尿片)/(亿片/年)
4	福建利澳纸业有限公司	乐贝，龙猫博士，倍爱宁	31+2
5	杭州豪悦护理用品股份有限公司	妈妈咪呀	15.3+0.5
6	杭州可靠护理用品股份有限公司	酷特适	22.4(总)
7	贵州卡布国际生物科技有限公司	卡比布，婴之道	9.4+2.2
8	湖南舒比奇生活用品有限公司	舒比奇	6.9+3.3
9	爹地宝贝股份有限公司	爹地宝贝	14.1(裤)
10	雀氏(福建)实业发展有限公司	雀氏	15(裤)
11	凯儿得乐(深圳)科技发展有限公司	凯儿得乐	5.5(裤)
12	广东茵茵股份有限公司	茵茵 Cojin	10.3+4.3
13	东莞市常兴纸业有限公司	一片爽，片片爽	14.4+3.2
14	广东欧比个人护理用品有限公司	宾比，小天王，欧贝比	9.3+0.6
15	泉州天娇妇幼卫生用品有限公司	妈咪亲，欢乐贝比，家得宝	

表 8b　在国内设有工厂的国际婴儿纸尿裤/片生产商和品牌

公司名称	品牌
宝洁(中国)有限公司	帮宝适
尤妮佳生活用品(中国)有限公司	妈咪宝贝，Moony
金佰利(中国)有限公司	好奇
花王(合肥)有限公司	妙而舒
大王(南通)生活用品有限公司	GOO.N

表 8c　2020 年各地区重点婴儿纸尿裤/片生产商和品牌

省市	公司名称	品牌
北京	北京纯粹主义科技有限公司	爸爸的选择
江苏	江苏嘉萱智慧健康品有限公司	幼悠悠，初新
	好孩子百瑞康卫生用品有限公司	好孩子，奇妙鸭
	江苏德邦卫生用品有限公司	爱琪 Baby，守护 Baby
浙江	杭州淑洁卫生用品有限公司	爱格玛，哈昵哈昵，巴比酷
	杭州比因美特孕婴童用品有限公司	贝因美
	浙江优全护理用品科技有限公司	贝能，壹裤
	浙江中美日化有限公司	快乐贝贝
	杭州嘉杰实业有限公司	蓝精灵，米酷
福建	美佳爽(中国)有限公司	奇酷，强臣
	百润(中国)有限公司	贝舒乐
	泉州市嘉华卫生用品有限公司	宜婴
	福建新亿发集团有限公司	手心宝贝，美弗儿
	南安市远大卫生用品厂	好省新，帮爽，贝趣
	婴舒宝(中国)有限公司	婴舒宝
	福建惠安和成日用品有限公司	雅格，欧诗雅
江西	江西省安秀实业发展有限公司	安秀儿，蓓秀，米可，卡尼鹿
	江西省美满生活用品有限公司	妙然宝贝
	南昌爱乐科技发展有限公司	艾叶草

续表

省市	公司名称	品牌
湖北	武汉永怡纸业有限公司	小能人，丽可，小萌人
	湖北马应龙护理品有限公司	马应龙
	湖北宝灿卫生用品有限公司	艾柔，茵奇，妈氏宝
湖南	湖南爽洁卫生用品有限公司	爽然，爱心妈妈
	湖南洁韵生活用品有限公司	贝婴爽，婴童之星，宝必备
	湖南省倍茵卫生用品有限公司	倍茵，奥怡爽，奥贝爽
	湖南小贝婴童用品制造有限公司	小贝婴童，优比奇
广东	广东康怡卫生用品有限公司	康怡宝宝
	广东邦宝个人护理用品有限公司	悦儿宝，米其诺，成长传奇
	广州市汉氏卫生用品有限公司	泰迪熊
	东莞天正纸业有限公司	祺安，淘气宝贝，御婴堂
	广东佰分爱卫生用品有限公司	立爱，优吉儿
	广东贝禧护理用品有限公司	嘘嘘熊，宝乐熊
	鹤山市嘉美诗保健用品有限公司	恩氏，贝安奇，乐儿朗
	盈家(珠海保税区)卫生用品有限公司	康之良品，康氏，阿葆
	露乐健康科技(广州)有限公司	露安适
	东莞市宝适卫生用品有限公司	帮爱宝，英维氏，非常伴侣

恒安集团纸尿裤业务收入 14.26 亿元，跌幅大幅收窄至约 0.9%(2019 年下降 6.3%)，约占集团整体收入的 6.4%(2019 年：6.4%)，其中，高档产品“Q · MO”的销售增幅超过 70.0%，占整体纸尿裤销售约 18.9%。纸尿裤毛利率轻微回落至约 39.6%(2019 年：40.5%)。纸尿裤业务的改善得益于集团把握机遇，深入发展高档产品市场及理顺产品组合[1]。

2020 年 9 月，杭州豪悦护理正式登陆上海证券交易所主板。公司加大市场开拓、产能提升以及研发投入，婴儿卫生用品继续稳健发展，2020 年婴儿卫生用品营业收入为 16.67 亿元，较 2019 年的 13.63 亿元，同比增长 22.29%。公司根据客户需求以销定产，因业务增加使婴儿卫生用品产量和销售量分别同比增长 10.83% 和 14.78%[9]。

2020 财年，宝洁公司婴儿护理用品销售量在大中华和亚太地区市场出现低一位百分数的下降，主要是由于市场竞争，货币汇率变化以及中国婴儿出生率下降造成的[5]。

花王妙而舒 Merries 婴儿纸尿裤在日本和中国的销售量均出现下降，同时，在印度尼西亚市场稳步上升[7]。

尤妮佳在中国市场推出了 Moony 致皇家高端婴儿纸尿裤，用高附加值的 Moony 系列产品，满足消费者对安全性和高品质的需求，使得公司在中国市场的婴儿纸尿裤销售明显增长[8]。

婴儿纸尿裤/片销售额有明显增长的企业有：福建荔城纸业增长 1 倍多，福建诺美增长 88.6%，贵州卡布增长 60.3%，广东欧比增长 50%，雀氏增长 36.5%，桂林洁伶增长 33.7%，杭州可靠增长 26%，利澳纸业增长 25%，舒比奇增长 21.9%，广东邦宝增长 20%。

2.3 成人失禁用品

2020 年，生活用纸委员会统计在册的成人失禁用品生产商 449 家，比上年增加 36 家，领先企业主要分布在北京、河北、辽宁、上海、江苏、浙江、福建、山东等地。本土领先生产商主要有可靠、恒安、千芝雅、珍琦、淑洁、豪悦、倍舒特、苏宁、亿维、爱舒乐、唯尔福、般舟、永福康、荔城纸业、金洁等，国际生产商有维达、金佰利、尤妮佳等。国际性品牌有添宁、得伴、乐互宜等，全国性品牌有可靠、安而康，区域性品牌有千芝雅、自由生活、益年康、汇泉、捷护佳、安帕、宝莱、爱舒乐、唯尔福、会好、永福康、佳爽爱康、一把手等。

表 9a　2020 年综合排名前 15 位国内成人失禁用品生产商和品牌
（主要按销售额指标综合排序）

序号	公司名称	品牌	生产能力/(亿片/年)
1	杭州可靠护理用品股份有限公司	可靠	14.5(总)
2	杭州千芝雅卫生用品有限公司	千芝雅，千年舟	11.0(裤)+0.15(片)+1.9(垫)
3	浙江珍琦护理用品有限公司	珍琦，自由生活	3.58(裤)+2.94(片)+3.2(垫)
4	福建恒安集团有限公司	安而康	2.22(裤)+0.73(片)+0.75(垫)
5	杭州淑洁卫生用品有限公司	益年康，淑洁康	1.86(裤)+1.2(垫)
6	上海亿维实业有限公司	宝莱	1.08(裤)+2.85(片)+2.58(垫)
7	北京倍舒特妇幼用品有限公司	捷护佳	10.83(片)+2.0(垫)
8	山东爱舒乐卫生用品有限责任公司	爱舒乐	3.4(裤)+1.08(片)+9.0(垫)
9	福建省莆田市荔城纸业有限公司	佳爽爱康	1.61(裤)+0.12(片)+0.62(垫)
10	杭州豪悦护理用品股份有限公司	白十字，汇泉，好年，康福瑞	0.76(裤)+0.23(片)+0.5(垫)
11	河北金洁卫生科技有限公司	一把手，静中净	3.1(裤)+2.4(片)+1.25(垫)
12	江苏永福康卫生用品科技有限公司	旅伴，永福康	1.87(裤)+1.32(片)+0.66(垫)
13	上海唯尔福集团股份有限公司	唯尔福	0.7(裤)+0.3(片)+0.8(垫)
14	苏州市苏宁床垫有限公司	安帕	0.35(裤)+2.52(垫)
15	辽宁汇英般舟医用材料有限公司	会好	0.24(裤)+0.3(片)+0.3(垫)

表 9b　在国内设有工厂的国际成人失禁用品生产商和品牌

公司名称	品牌
尤妮佳生活用品(中国)有限公司	乐互宜
金佰利(中国)有限公司	得伴

表 9c　2020 年各地区重点成人失禁用品生产商和品牌

省市	公司名称	品牌
天津	天津市逸飞卫生用品有限公司	太阳雨，邦一把
	天津杏林白十字(中日合资)医疗卫生材料用品有限公司	洒露把，可雅
河北	河北宏达卫生用品有限公司	老来福
	河北义厚成日用品有限公司	喜尔健
	石家庄顺美生活用纸科技有限公司	佳宝仕
上海	上海必有福生活用品有限公司	必有福，保尔康，孝心
浙江	维达纸业(浙江)有限公司	添宁，包大人
安徽	芜湖悠派护理用品科技股份有限公司	悠派，福派
福建	福建新亿发集团有限公司	手心呵护，幸福康
	福建莆田佳通纸制品有限公司	舒宝
	韩顺(厦门)卫生用品有限公司	OEM
山东	山东云豪卫生用品股份有限公司	洁来
	山东临沂图艾丘护理用品有限公司	图艾丘
	山东坤元堂护理用品有限公司	益佳，老人福
	威海威高医用材料有限公司	威乐
河南	郑州啓福卫生用品有限公司	啟福
广东	佛山市南海必得福无纺布有限公司	稳德福，老夫子
	广东互爱健康产业科技有限公司	互爱

表9a所列是2020年综合排名前15位成人失禁用品生产商和品牌，排序仅供参考。表9b所列是在国内设有工厂的国际成人失禁用品生产商和品牌。表9c所列是除综合排名前15位以外各地区重点成人失禁用品生产商和品牌。

2020年，恒安集团“安而康”成人纸尿裤市场渗透率逐渐提高，高端成人纸尿裤产品占比提高，促进集团纸尿裤业务的改善。随着国家更加重视老年护理产业的发展，国内成人健康护理用品这一领域将有更大市场空间。集团会加大力度投放更多资源发展成人健康护理用品，使“安而康”品牌及其产品持续渗透国内市场的同时，提升在东南亚市场的占有率[1]。

豪悦护理成人卫生用品(包括女性卫生用品)保持良好的发展，2020年营业收入为6.16亿元，较2019年的5.23亿元，同比增长17.84%。公司卫生巾及成人纸尿裤出口业务，因海外疫情、海运费上涨、原材料涨价、汇率波动等因素影响，使成人卫生用品产量和销售量同比仅增长1.33%和5.10%[9]。

成人失禁用品销售额增长较多的企业有：上海亿维增长89.8%，山东爱舒乐增长44.9%，山东云豪增长41.9%，上海唯尔福增长19.4%，汇英般舟增长29%，常兴增长18.3%。

2.4 宠物卫生用品

2020年，生活用纸委员会统计在册的宠物卫生用品生产企业共68家，比上年增加7家，主要分布在天津、河北、辽宁、上海、江苏、浙江、安徽、福建、山东、广东等省市。宠物卫生用品仍以出口为主，2020年出口额占工厂销售额的74.6%。

近年来，受中国经济的发展和传统家庭结构的改变等因素影响，宠物饲养者人数逐渐增多。越来越多的中国家庭将感情投注于宠物身上，愿意为宠物进行消费。国内宠物卫生用品生产商逐渐开始布局宠物产业，尽管总体市场规模仍然较小，但仍为未来的一大发展趋势。

表10 2020年宠物卫生用品的主要生产商(排名不分先后)

省市	公司名称	生产能力/(亿片/年)
天津	天津市依依卫生用品股份有限公司	1.87(裤)+27.0(垫)
河北	河北义厚成日用品有限公司	3.6(垫)
辽宁	大连爱丽思生活用品有限公司	6.0(裤)+2.0(垫)
上海	上海唯尔福(集团)有限公司	0.8(垫)
	上海亿维实业有限公司	0.13(垫)
江苏	江苏中恒宠物用品股份有限公司	2.0(垫)
	泰州远东纸业有限公司	0.85(垫)
	苏州市苏宁床垫有限公司	0.8(垫)
浙江	杭州可靠护理用品股份有限公司	1.49(总)
安徽	芜湖悠派护理用品科技股份有限公司	4.0(裤)+16.0(垫)
福建	福建省莆田市荔城纸业有限公司	0.16(裤)+0.07(垫)
	中天(中国)工业有限公司	0.008(垫)
山东	山东爱舒乐卫生用品有限责任公司	2.7(裤)+12.6(垫)
	山东日康卫生用品有限公司	0.5(垫)
	山东坤元堂护理用品有限公司	0.43(垫)
广东	珠海市健朗生活用品有限公司	0.12(裤)+0.12(垫)

2.5 擦拭巾

2020年，生活用纸委员会统计在册的擦拭巾(包括干、湿巾)生产企业848家，比上年增加178家，主要分布在北京、天津、河北、辽宁、吉林、上海、江苏、浙江、安徽、福建、山东、湖北、广东、重庆等地，但全国性品牌不多，还有很多企业是为国内外客户加工OEM产品。

表 11a　2020 年前 10 位擦拭巾生产商和品牌(主要按销售额综合排序)

序号	公司名称	品牌
1	深圳全棉时代科技有限公司	Purcotton 全棉时代
2	杭州国光旅游用品有限公司	全棉爸爸，OEM 加工
3	福建恒安集团有限公司	心相印
4	上海美馨卫生用品有限公司	Dr. Parmar 帕玛医生
5	安徽汉邦日化有限公司	憨贝洁
6	铜陵洁雅生物科技股份有限公司	艾妮，喜擦擦，哈哈
7	维达纸业(中国)有限公司	维达
8	重庆珍爱卫生用品有限责任公司	珍爱
9	南六企业(平湖)有限公司	OEM 加工
10	金红叶纸业集团有限公司	清风

表 11a 所列是 2020 年排名前 10 位擦拭巾生产商和品牌，排序仅供参考。排名前 10 位擦拭巾生产商的销售额约占总销售额的 36.8%(2019 年约为 30.2%)，市场集中度比上年有所提高。表 11b 所列是除排名前 10 位以外的各地区重点擦拭巾生产商和品牌。

表 11b　2020 年各地区重点擦拭巾生产商和品牌

省市	公司名称	品牌
北京	金佰利(中国)有限公司	舒洁 Kleenex
	创意欧派(北京)科技有限公司	慕风，健康宝宝，相约
天津	天津康森生物科技有限公司	OEM
	天津市艳胜工贸有限公司	科灵，贝滋娃娃
河北	河北义厚成日用品有限公司	妮好
	保定雨森卫生用品有限公司	百丽，雨森
辽宁	大连欧派科技有限公司	欧派，优普爱，水优，莎尼
	大连大鑫卫生护理用品有限公司	娇点，黑白猪，猪猪宝贝，鸭子舰队，斑马森林
	凌海市展望生物科技有限公司	可爱多，兰月亮，漂亮宝贝
	沈阳纳尔实业有限责任公司	丝柏，书米，香柏儿
吉林	四平圣雅卫生用品有限公司	圣雅，丫雅，水无痕，维妮嘉
	四平佳尔生活用品有限公司	佳尔，优佳尔，益安宁
黑龙江	哈尔滨金宵医疗卫生用品厂	双骄，冰哥雪妹，酷族，悦爽宁
上海	强生(中国)有限公司	强生，嗳呵
	上海三君生活用品有限公司	楚牌
	康那香企业(上海)有限公司	康乃馨，OEM
	贝亲婴儿用品(上海)有限公司	贝亲
江苏	扬州倍加洁日化有限公司	倍加洁
	奈森克林(苏州)日用品有限公司	奈森克林
	苏州宝丽洁日化有限公司	OEM

续表

省市	公司名称	品牌
浙江	杭州邦怡日用品科技有限公司	邦怡
	浙江启美日用品有限公司	启美
	绍兴欧尔派卫生用品有限公司	优普爱，莎尼
	浙江众仁电子科技有限公司	OEM
	绍兴佰迅卫生用品有限公司	佰迅
安徽	铜陵麟安生物科技有限公司	OEM
福建	福建新亿发集团有限公司	手心缘
	福建省健为医疗用品有限公司	花棉意
	婴舒宝(中国)有限公司	婴舒宝
	漳州市中南护理用品有限公司	淘淘熊
江西	江西生成卫生用品有限公司	棉新
山东	山东省润荷卫生材料有限公司	润荷
	济南卡尼尔科技有限公司	卡尼尔，慧心
湖北	武汉创新欧派科技有限公司	优普爱
	湖北怡和亚太卫生用品有限公司	芳洁
湖南	湘潭金诚纸业有限公司	纤雨度
广东	深圳市御品坊日用品有限公司	水亲亲，水肌肤，水精灵
	金旭环保制品(深圳)有限公司	美歌丽
	维尼健康(深圳)股份有限公司	ODM，OEM 为主
	诺斯贝尔化妆品股份有限公司	OEM
	中顺洁柔纸业股份有限公司	洁柔，C&S
重庆	重庆市海洁消毒卫生用品有限责任公司	雅润，静香，雅沁
	重庆海明卫生用品有限公司	神盾，美禾爱
四川	四川石化雅诗纸业有限公司	鸥露
西藏	西藏坎巴嘎布卫生用品有限公司	坎巴嘎布，梅朵嘎布

据生活用纸委员会统计，通用型湿巾和婴儿专用湿巾仍是占比最大的类别，其他类别的湿巾占比相对较小。卸妆用湿巾占比显著减小，可能是由于疫情期间人们佩戴口罩，上妆的机会减少，卸妆湿巾的需求也随之减少。而厨房清洁湿巾和厕用湿巾(湿厕纸)占比都有明显增长。由于居家清洁湿巾在用途的划分上界线不明确，所以2020年度统计时不再单列。干巾的应用，除了婴儿使用的干巾和代替毛巾的洗脸巾外，厨房场景中干擦拭巾(懒人抹布)搭配厨房湿巾使用，已经被消费者广为接受，地板清洁用的静电擦拭巾也悄然进入了普通家庭，新的用途和应用场景的开发使干巾的占比略有提升。

表 12a 按用途分类各品类擦拭巾的产量占比(以非织造布用量计)/%

品类	2020 年	2019 年
湿巾	94.5	94.7
其中：通用型	35.8	25.4
婴儿专用	34.8	33.3
女性卫生专用	9.4	10.3
卸妆用	4.2	16.1
居家清洁用		5.8
厨房用	6.9	1.6
厕用	3.0	1.9
其他用途	0.4	0.3
干巾	5.5	5.3

2020年，新冠疫情的暴发使消毒湿巾、卫生湿巾成了必备的防疫用品。为了解这两类湿巾的市场情况，本年度统计工作特别增加了按产品功能分类的统计方式，表12b所示为清洁湿巾、卫生湿巾、消毒湿巾的占比情况。可以看出，消毒湿巾在干湿擦拭巾中占比达到42.0%，占据绝对优势。

表12b　按功能分类各品类擦拭巾的产量占比（以非织造布用量计）/%

品　类	2020年
湿巾	94.5
其中：清洁湿巾	28.6
卫生湿巾	23.9
消毒湿巾	42.0
干巾	5.5

3　进出口情况

3.1　出口保持增长

2020年，虽然行业受到疫情影响，吸收性卫生用品出口整体仍呈现良好的增长趋势，出口量保持中高个位百分数增长，达到94.79万吨，增速较2019年放缓。消费者对个人清洁产品的需求激增，湿巾出口贸易呈现暴发式增长态势，并且出口平均价格一改自2014年以来的下降趋势，比2019年增长6.11%。

吸收性卫生用品出口总额占行业总体工厂销售额的22.9%，与2019年持平，据海关统计数据（表13a），2020年吸收性卫生用品的出口量比2019年增长7.74%（2019年比2018年增长16.85%），出口额增长8.14%（2019年比2018年增长14.89%），出口产品中占比最大的是成人失禁用品（含宠物垫，包括出口商品编码48189000，96190019和96190090），占总出口量的53.31%。其次为婴儿纸尿裤产品（出口商品编码96190011），占总出口量35.19%，卫生巾（出口商品编码96190020）占总出口量的11.5%。

湿巾出口总额占擦拭巾行业总体工厂销售额的29.9%，比2019年提高13.1个百分点。

表13a　2020年一次性卫生用品出口情况

商品编码	商品名称	金额/美元	数量/吨	平均价格/（美元/吨）	与2019年同期相比/%		
					金额	数量	平均价格
吸收性卫生用品合计		2698620455	947877.878	2847.01	8.14	7.74	0.37
48189000	纸浆、纸等制的其他家庭、卫生或医院用品	433388398	222272.728	1949.80	5.80	8.65	-2.63
96190011	供婴儿使用的尿裤及尿布，任何材料制	1087484333	333553.140	3260.30	7.43	8.08	-0.60
96190019	其他任何材料制的尿裤及尿布	358409094	158089.664	2267.13	2.75	0.28	2.46
96190020	任何材料制的卫生巾（护垫）及止血塞	521312770	109055.736	4780.24	11.77	3.08	8.43
96190090	任何材料制的尿布衬里及本品目所列货品的类似品	298025860	124906.610	2385.99	15.36	21.06	-4.72
湿巾合计		979430843	573288.215	1708.44	145.56	131.42	6.11
34011990	湿巾	979430843	573288.215	1708.44	145.56	131.42	6.11

卫生巾/卫生护垫出口量增长较多的企业有：河南舒莱增长2倍多，杭州川田增长33.3%，康那香增长24.0%，福建恒利增长22.5%，上海亿维增长19.8%，漳州智光增长12.2%。

婴儿纸尿裤/片出口量增长较多的企业有：雀氏增长4倍多，广东邦宝增长1倍，杭州可靠增长 40.7%，盈丰增长 27.2%，浙江珍琦增长 18.2%，广东佰分爱增长 17.5%，重庆百亚增长 15.1%，百润增长 10.9%。

成人失禁用品出口量增长较多的企业有：河北金洁增长 1 倍多，上海亿维增长 82.4%，山东日康增长 75%，浙江英凯莫增长 55.6%。另外，天津依依的宠物卫生用品出口量较大，且有 21.0%的增长。

海关数据显示，2020 年我国吸收性卫生用品出口量排名前 10 位的出口目的地国家和地区（表 13b）依次为：美国、菲律宾、日本、韩国、澳大利亚、越南、俄罗斯联邦、英国、印度、中国香港。各类产品出口量排名前 10 位的出口目的地国家和地区见表 13c。出口量排名前 5 位的省市分别为福建、江苏、浙江、天津、山东。

表 13b 2020 年吸收性卫生用品总出口量排名前 10 位的出口目的地国家和地区

排名	出口目的地国家和地区	吸收性卫生用品总出口量/吨
1	美国	227892.208
2	菲律宾	92405.387
3	日本	65439.461
4	韩国	60178.038
5	澳大利亚	47452.372
6	越南	29948.826
7	俄罗斯联邦	25710.255
8	英国	19614.813
9	印度	18529.330
10	中国香港	17612.949

表 13c 2020 年各类吸收性卫生用品出口量排名前 10 位的出口目的地国家和地区

商品编码	商品名称	排名	出口目的地国家和地区	出口量/吨
48189000	纸浆、纸等制的其他家庭、卫生或医院用品	1	美国	80714.766
		2	日本	48204.913
		3	韩国	23141.492
		4	英国	9108.144
		5	印度	7280.260
		6	意大利	5413.343
		7	巴西	3699.418
		8	德国	3602.265
		9	加拿大	3143.308
		10	中国台湾	3079.247
96190011	供婴儿使用的尿裤及尿布，任何材料制	1	菲律宾	56985.543
		2	澳大利亚	39230.881
		3	越南	25931.524
		4	俄罗斯联邦	18719.810
		5	委内瑞拉	10613.735
		6	韩国	10487.820
		7	智利	10268.023
		8	南非	8559.574
		9	秘鲁	8235.885
		10	海地	7624.497

续表

商品编码	商品名称	排名	出口目的地国家和地区	出口量/吨
96190019	其他任何材料制的尿裤及尿布	1	美国	42215.501
		2	菲律宾	23965.241
		3	韩国	18613.890
		4	日本	12054.398
		5	中国香港	9825.293
		6	印度	4512.535
		7	中国台湾	4077.278
		8	马来西亚	3807.920
		9	俄罗斯联邦	3157.664
		10	澳大利亚	2457.023
96190020	任何材料制的卫生巾(护垫)及止血塞	1	美国	29772.512
		2	菲律宾	7566.626
		3	肯尼亚	4610.002
		4	委内瑞拉	4472.644
		5	加纳	3740.762
		6	坦桑尼亚	3498.568
		7	缅甸	2931.186
		8	英国	2536.545
		9	中国台湾	2496.048
		10	中国香港	2489.730
96190090	任何材料制的尿布衬里及本品目所列货品的类似品	1	美国	69865.492
		2	意大利	6046.361
		3	韩国	5466.062
		4	英国	4657.820
		5	荷兰	2584.067
		6	加拿大	2424.182
		7	中国台湾	2361.570
		8	日本	2173.219
		9	俄罗斯联邦	2165.924
		10	德国	2036.141

表13a显示，“商品编码34011990(湿巾)”一项，出口量比2019年大幅上涨131.42%(2019年比2018年增长23.18%)，出口金额增长145.56%(2019年比2018年增长27.08%)，均达到了翻倍增长，出口湿巾产品平均价格上涨。湿巾出口量排名前10位的出口目的地国家和地区是：美国、澳大利亚、日本、智利、加拿大、英国、秘鲁、菲律宾、丹麦、中国香港。湿巾出口量排名前5位的省市分别为浙江、广东、江苏、安徽、上海。

3.2 进口明显减少

2020年吸收性卫生用品总进口量13.64万吨，同比下降27.71%(表14a)，进口总额占行业工厂总销售额的7.0%，比2019年减少2.9个百分点，自2018年以来持续下降，2018年、2019年分别同比下降16.71%和11.10%，其中婴儿纸尿裤进口量和进口额仍然延续了两位数下降。进口产品仍以婴儿纸尿裤为主，占总进口量的85.38%。进口婴儿纸尿裤产地主要是日本，进口量和进口额分别占婴儿纸尿裤总进口量和进口额的98.0%和97.8%(2019年为98.2%和97.9%)。

表 14a 2020 年一次性卫生用品进口情况

商品编码	商品名称	金额/美元	数量/吨	平均价格/(美元/吨)	与2019年同期相比/%		
					金额	数量	平均价格
吸收性卫生用品合计		826050614	136432.757	6054.64	-23.54	-27.71	5.76
48189000	纸浆、纸等制的其他家庭、卫生或医院用品	22223829	6063.716	3665.05	25.42	28.66	-2.52
96190011	供婴儿使用的尿裤及尿布，任何材料制	621475050	116487.236	5335.13	-29.81	-31.19	2.00
96190019	其他任何材料制的尿裤及尿布	4325889	867.380	4987.31	37.53	-12.42	57.05
96190020	任何材料制的卫生巾(护垫)及止血塞	175216707	12315.935	14226.83	5.13	-1.77	7.02
96190090	任何材料制的尿布衬里及本品目所列货品的类似品	2809139	698.490	4021.73	-61.82	-41.35	-34.90
湿巾合计		22217948	8811.231	2521.55	15.82	10.93	4.41
34011990	湿巾	22217948	8811.231	2521.55	15.82	10.93	4.41

卫生巾类(含卫生棉条)产品进口量近3年首次出现下降，同比下降1.77%。进口的卫生巾类(含卫生棉条)产品主要来自日本、匈牙利、韩国、加拿大、美国等国，其中从日本进口最多，进口量和进口额占比分别为43.2%和34.5%。

2020年湿巾进口量从2018年、2019年的降低转为增长10.93%。但由于国内擦拭巾行业大幅增长，湿巾进口总额仅占擦拭巾行业工厂总销售额的0.67%，比2019年下降0.14个百分点。主要来自印度尼西亚、新加坡、日本、美国、韩国、中国台湾、马来西亚等国家和地区。

各类产品进口量排名前10位的国家和地区见表14b。

表 14b 2020 年各类吸收性卫生用品进口量排名前 10 位的国家和地区

商品编码	商品名称	排名	进口国家和地区	进口量/吨
48189000	纸浆、纸等制的其他家庭、卫生或医院用品	1	日本	1823.313
		2	韩国	1367.464
		3	美国	1288.382
		4	德国	971.058
		5	中国台湾	288.301
		6	马来西亚	93.692
		7	泰国	74.766
		8	法国	46.271
		9	意大利	34.127
		10	英国	32.209
96190011	供婴儿使用的尿裤及尿布，任何材料制	1	日本	114159.170
		2	韩国	605.034
		3	泰国	524.992
		4	中国台湾	328.489
		5	中国	283.676
		6	印度尼西亚	272.585
		7	德国	121.937
		8	比利时	72.759
		9	马来西亚	31.169
		10	荷兰	14.543

续表

商品编码	商品名称	排名	进口国家和地区	进口量/吨
96190019	其他任何材料制的尿裤及尿布	1	日本	616.345
		2	马来西亚	110.531
		3	德国	48.338
		4	丹麦	24.908
		5	中国台湾	21.930
		6	缅甸	12.361
		7	美国	9.077
		8	中国	7.048
		9	荷兰	6.848
		10	法国	4.203
96190020	任何材料制的卫生巾（护垫）及止血塞	1	日本	5323.176
		2	匈牙利	3152.904
		3	韩国	920.910
		4	加拿大	811.812
		5	美国	449.622
		6	德国	384.944
		7	泰国	267.652
		8	斯洛文尼亚	256.248
		9	越南	148.812
		10	中国	117.408
96190090	任何材料制的尿布衬里及本品目所列货品的类似品	1	日本	264.709
		2	泰国	200.336
		3	中国	68.131
		4	丹麦	55.955
		5	美国	43.912
		6	韩国	21.775
		7	中国台湾	18.904
		8	印度尼西亚	10.800
		9	德国	9.005
		10	中国香港	4.323

注：表中进口国为“中国”，表示企业之间的“转厂”。由于中国对进出口加工贸易实施优惠的税率政策，加工贸易企业进口原材料可以免交纳增值税，所以企业都在海外采购原材料，原材料所生产的成品必须离境销售，出口核销后享受退税优惠政策。企业之间，一个企业的加工成品是另一个企业的成品的加工料件，双方持各自的加工手册，分别填报出口和进口报关单，在海关办理进出口手续，这种一出一进的结转情形称为“转厂”。“转厂”有两种形式：(1)加工贸易企业之间的转厂，即深加工结转；(2)一般贸易企业与加工贸易企业的转厂，即保税区转厂(出口转内销)。

4 2021年市场变化和发展特征

中国疫情防控进入常态化阶段，但国外形势仍然严峻，出口贸易受阻，加上原材料价格飙升和节能减排的压力，卫生用品行业发展继续承压。但是业内企业认真践行国家双碳战略，积极承担社会责任，努力发展智慧型绿色技术，促进行业可持续健康发展。

4.1 卫生用品行业企业践行国家双碳战略，发展智慧型绿色技术；积极承担社会责任；共同促进行业绿色、可持续发展

为实现国家碳达峰和碳中和战略目标，卫品行业企业特别是领先企业正在积极寻找减少碳排放的途径，提高技术含量和生产率，实现绿色转型。与消费者一起，为改善生态环境而努力。

恒安、维达等积极展开一系列节能减排、绿色生产活动，通过使用太阳能光伏发电，推动可再生能源使用。宝洁计划到2030年，中国全部生产工厂将使用100%可再生能源。爹地宝贝提高建筑的保温功能、建立无人智能仓库、采用光伏发电并开发持续清洁生产技术，降能降耗。千芝雅投入大量智能设备，优化整合生产、包装流程，实现智能运输、智能仓储，同时，积极使用清洁低碳电力。重庆百亚与甄云科技合作打造全新的数字化采购平台。

卫品行业企业在发展自身业务的同时，也积极履行社会责任，树立负责任的行业形象。为了保证防疫的顺利进行，卫品行业企业持续捐款、捐物，与疫区人民共克时艰。7月中下旬，河南省遭遇暴雨灾害，卫生用品行业企业迅速行动，捐款捐物，共助救灾工作。

可靠股份、广东互爱等积极开展敬老爱老活动，普及成人失禁护理用品。

恒安、重庆百亚、金佰利等通过各类公益活动，向青春期女生传授生理健康、心理健康与青春期保健等相关知识，帮助她们安全、健康和自信地度过青春期。

4.2 卫生用品企业加入资本市场，寻求资金支持和长期规范发展

天津依依、杭州可靠、铜陵洁雅正式登陆深交所，上海东冠、广东景兴健护、聚胶新材料等也进入上市程序。

4.3 卫生用品生产企业及原材料企业新投产项目

(1) 恒安集团孝感卫品产业园正式开工建设，项目总投资50亿元，是恒安集团投资规模最大、上下游协作最紧密以及现代化自动化程度最高的卫品产业园项目。

(2) 千芝雅全球研发中心及智能制造产业基地引进2条日本瑞光全智能婴儿纸尿裤高速生产线。

(3) 豪悦股份的全资子公司豪悦护理(湖北)有限公司正式成立，经营范围包含卫生用品和一次性使用医疗用品的生产和销售；纸制品生产和销售等。

(4) 四川淑洁引进首条成人失禁拉拉裤、女性经期裤一体生产设备。

(5) 金三发(湖北)产业园项目动工建设，规划年产18万吨水刺非织造布和2000亿片干湿巾。

(6) 依依股份及其他合伙人约定共同投资设立宿迁拓博资产管理合伙企业(有限合伙)，并设立产业基金，重点关注宠物用品相关领域。

(7) 宝洁大中华区智能技术创新中心在广州正式启用，这是宝洁全球三大智能技术创新中心之一，也是宝洁在亚洲第一个专门从事智能制造和供应链全链路技术创新的研发机构。

(8) 花王(合肥)有限公司的二期新厂房建设完成。

原材料企业通过投资、收购等方式扩大生产规模，并引进先进设备，满足对材料的新要求。

(1) 恒安集团入股福建省健为医疗用品有限公司。

(2) 南海必得福收购三井化学非织造布(天津)有限公司。

(3) 延江股份计划投资纺粘热风非织造布和擦拭非织造布项目。

(4) 山东爱舒乐公司可降解生物科技材料孖纺非织造布及医疗卫生护理用品生产项目正式开工建设。

(5) 汉高计划将其现有的张江办公园区打造成中国和亚太地区的创新中心。

(6) 北京美科兴业(改制重组自桑普生化集团旗下的精细化学事业部)位于安徽明光市的湿巾、化妆品专用防腐剂、添加剂生产基地投入运营。

(7) 俊富完成了对沙特阿拉伯SAAF的收购。

(8) 福建明禾新投产一台德国W&H 10色柔版印刷机。

(9) 新合发包装集团引进德国W&H新型吹膜机。

(10) 浙江金三发订购1条安德里茨neXline水刺非织造布生产线，能处理100%可生物降解

纤维或涤纶与粘胶的混合纤维。

（11）浙江宝仁和中订购1条安德里茨neXline水刺非织造布生产线。

4.4 卫生用品企业加强与上下游企业及科研院所的合作，开展研发和创新，推动高质量发展

（1）恒安、维达、金红叶、中顺、宝洁、倍舒特、通用新材、湖北省孝感市孝南区人民政府等与中国制浆造纸研究院有限公司开展技术开发等领域的深度合作。

（2）雀氏集团与清华大学化学工程系围绕纸尿裤产品力升级、研发技术创新、生产设备改良等方面展开研发合作。

（3）青蛙王子和福州大学生物科学与工程学院签约成立“婴童护肤品科研基地”。

（4）浙江珍琦与东华大学共同创立个人护理用品创新研发中心。

（5）仙桃市非织造布技术创新中心与10家非织造布企业发起成立仙桃市非织造布产业技术创新联盟。

4.5 创新产品 提升功能性和使用体验

卫生巾的薄、贴合、干爽等结构方面的创新升级受到重视。如，维达Libresse薇尔小V巾，采用独创SECURE Fit贴合技术，动态贴合女性身体曲线。重庆百亚全新上市的自由点无感7日卫生巾，更加聚焦新时代的少女人群。护舒宝奢柔气垫卫生巾，更加干爽，不黏腻。

纯棉、竹纤维卫生巾及暖宫、中药成分等功能性产品满足女性消费者的差异化需求。经期裤成为夜用卫生巾的延伸产品，受到市场欢迎。

婴儿纸尿裤追求超薄、透气性、贴身包裹性，面层图案及包装设计富有童趣。

成人纸尿裤产品升级，尿显、魔术扣、透气复合膜、复合芯体、超声波粘合等在婴儿纸尿裤上普遍应用的部件和技术开始应用到高端成人纸尿裤上。轻度失禁用品更加细分化，针对不同漏尿程度及场景设计产品。

擦拭巾品类中消毒湿巾成必备品，产品功能多元化、材料天然化。众多湿巾企业推出消毒湿巾、卫生湿巾，满足消费者常态化防疫需求。湿巾产品功能更加多样化、差异化。更多擦拭巾产品采用木浆、植物提取物等天然材料，保证安全及可降解、可冲散的功效。

随着中国养宠热潮的兴起，国内城镇养宠家庭比例不断提升，国内宠物用品市场不断扩大。加上新冠肺炎疫情的传播增加了居家的时间，人们饲养宠物和与宠物接触的机会增加了。在这种情况下，宠物卫生用品需求大增。尤妮佳、天津依依等宠物卫生用品业务获得了显著增长。

4.6 多样化拓宽营销渠道，加大新零售、数字营销战略合作，赋能国货品牌，培育品牌影响力

行业企业加大与电商、新零售和数字营销平台的战略合作。恒安携手灵狐共建直播基地并加入有赞K100战略合作计划，加强数字营销服务。可靠股份和上海华与华营销咨询有限公司战略合作，开启自有品牌营销升级之路。

国货品牌增强品牌曝光度进行精准营销。恒安七度空间签约刘浩存，为品牌灌注新鲜活力，并与动画《百妖谱》合作贴片广告在哔哩哔哩平台上线，还通过芒果TV综艺《理想家》增强品牌曝光度。维达植入代言人孙俪主演的电视剧《理想之城》，“明星+影视”双IP齐下，开展植入营销。Free品牌签约代言人张子枫，在微博、抖音、天猫、京东等全网开启“由我肆放”话题活动，为品牌赋能。

加强社交传播媒体宣传，开展品牌推广与直播带货。恒安在微博发起话题#Space7天然理想+#，并在小红书平台开展推广，通过头部主播直播进行带货，提升消费者对品牌的认知和好感。“生活用纸和卫生用品云服务”平台中文站和海外站举办第二届6·30“纸”“卫”新品订货节暨CLOUD EXPO全球云展会，吸引1000+行业优秀企业云端展示，5000多名全球业内人士云端洽谈。生活用纸委员会加大社交传播媒体：微信视频号、抖音、快手、微博、今日头条、搜狐新闻、哔哩哔哩、小红书领英等渠道的宣传推广。

4.7 产品升级需求推动原材料企业改进生产技术，加快产能布局

随着行业高质量和可持续发展的需求逐渐凸显，上游原材料供应商积极响应市场需求，进行差异化功能性材料创新，并积极开发可持续、天然材料，如可降解的纯棉水刺非织造布、PLA非织造布、可降解PE膜等，推动行业上下游的可持续发展。

非织造布供应商结合市场需求，不断研发新工艺，开发出抑菌、防螨、淡化经血、极致柔软等差异化非织造布材料，为消费者提供多种使用体验。天然纤维的应用逐渐增多，例如棉花、木浆纤维、蚕丝纤维、竹纤维、玉米纤维和壳聚糖纤维等，减少化石原料的使用，降低对环境的影响。高吸收性树脂企业开发吸液快、保水倍率高、回渗率低的产品，给使用者带来长期干爽的舒适体验。热熔胶企业开发的零位移胶粘剂、生物基结构胶，为卫生用品性能改善保驾护航。薄膜材料向降低溶剂残留、更环保的方向发展。产品包装在印刷油墨和所用材料方面进行创新，逐渐向着更安全、环保、无异味、残留物低的方向发展。

5 绒毛浆和高吸收性树脂等原材料供应情况

5.1 绒毛浆

中国吸收性卫生用品行业使用的绒毛浆绝大部分一直是进口，进口国主要是美国，美国国际纸业公司是目前全球最大的绒毛浆供应商。2020年，中国进口绒毛浆总量在80万—90万吨左右。

由于中国缺少南方松木材原料，所以国产绒毛浆的数量非常少，只有福建腾荣达制浆有限公司以杉木为原料，生产BCTMP(漂白化学热磨机械浆)绒毛浆，生产能力4万吨/年。全球绒毛浆的主要生产商及品牌见表15。

表15 全球绒毛浆的主要生产商及品牌

国家	序号	公司名称	品牌
美国	1	美国国际纸业公司(International Paper)	超柔(Supersoft)
	2	乔治亚-太平洋公司(GP Cellulose)	金岛(Golden Isles)
	3	灯塔亚洲有限公司(Domtar)	灯塔(Lighthouse)
	4	WestRock Company 公司	石头(Stone)
	5	美国 Resolute Forest Products 公司	宝水(Bowater)
	6	瑞安先进材料有限公司(Rayonier)	白玉(Rayfloc)
芬兰	7	芬兰斯道拉恩索公司(Stora Enso)	女神(Stora Prime)
巴西	8	巴西 Klabin 公司	Pine Fluff(原料：南方松)
	9	巴西 Suzano 公司	桉木绒毛浆(硫酸盐浆)
中国	10	福建腾荣达制浆有限公司	杉木 BCTMP 绒毛浆

5.2 高吸收性树脂

表16 2020年中国大陆主要的高吸收性树脂生产商

序号	公司名称	生产能力/(万吨/年)
1	三大雅精细化学品(南通)有限公司	23
2	宜兴丹森科技有限公司	21
3	山东诺尔生物科技有限公司	20
4	浙江卫星新材料科技有限公司	12
5	邦丽达(福建)新材料股份有限公司	11.5
6	台塑吸水树脂(宁波)有限公司	9
7	万华化学集团股份有限公司	8
8	扬子石化—巴斯夫有限责任公司	6
9	江苏斯尔邦石化有限公司	3.6
10	日触化工(张家港)有限公司	3
11	上海华谊丙烯酸有限公司	3
12	珠海得米新材料有限公司	2.5
13	济南昊月吸水材料有限公司	2.2
14	唐山博亚树脂有限公司	1

2020年，生活用纸委员会统计到的中国大陆包括外商独资企业在内的高吸收性树脂生产商的生产能力约为125.8万吨/年(见表16)。浙江卫星新增3万吨/年产能，总产能达到12万吨/年。万华化学通过技改提升单线产能，使总产能达到8万吨/年。宜兴丹森通过技改减少无效产能2万吨/年，目前的总产能为21万吨/年。

未来发展规划方面，浙江卫星计划2021年再上一条3万吨/年的新生产线，唐山博亚新增4万吨/年产能项目已通过环评。

一直以来，国内高吸收性树脂行业都存在产能过剩问题，2020年又受到新冠疫情的影响，市场竞争更加激烈。同时，高吸收性树脂的价格也受到上游化工原料价格波动的影响，2020年1—4月价格上涨，5—10月价格持续回落，11—12月又有所回调，全年来看，高吸收性树脂的平均价格与2019年总体持平。

6 卫生用品设备行业发展情况

6.1 设备制造加速迈入智能定制化，精度提升，最大化满足客户需求

卫生用品生产和包装设备智能升级、互联互通，积极拥抱工业4.0时代。定制化设计，灵活多样，应用范围广。设备精准度提升，最大化满足生产效率及客户需求。

2020年新冠肺炎疫情暴发，疫情期间卫品设备企业响应政府号召，勇于担当，迅速转产制造口罩机。2021年，在中国的有效防控下，新冠肺炎疫情得以缓解，生产恢复正常，对口罩机的需求下降，设备制造商恢复主业。

根据海关统计数据，2020年，海关编码为84418090的设备类(包括卫生纸机、卫生纸加工设备、卫生巾设备、婴儿/成人纸尿裤设备、湿巾设备等)的进口数量为366台，进口金额为21457821美元，同比分别增长10.91%和21.02%。出口数量为46817台，出口金额为286340232美元，同比分别下降42.84%和17.12%。

6.2 国产设备在国际市场上的竞争力不断提升

国产卫生用品设备和湿巾设备在国际市场上的竞争力不断提高，除亚洲市场外，还远销到欧洲、非洲、北美洲、南美洲的众多国家和地区。其中一带一路国家成为重要的出口市场，主要包括：印度尼西亚、泰国、越南、土耳其、叙利亚、埃及、印度、巴基斯坦、乌兹别克斯坦、俄罗斯、白俄罗斯等。同时，印度尼西亚和泰国还是《区域全面经济伙伴关系协定》(RCEP)的成员国。2020年统计到的设备企业共出口卫生用品生产线(设备)179条(台)，其中卫生巾/经期裤/护垫生产线22条，婴儿纸尿裤/片生产线49条，成人失禁用品生产线11条，湿巾设备44台，口罩设备53台。

6.3 新投产内裤式纸尿裤生产线明显增多

2020年，内裤式婴儿纸尿裤市场份额继续扩大，在统计涵盖的企业中，婴儿纸尿裤的销售量中内裤式占比达到35.6%，比2019年增长5.4个百分点，且增长率远高于纸尿裤行业平均增长水平。内裤式婴儿纸尿裤的主要生产企业集中在广东、福建、浙江和湖南等地区，参加统计的企业中，2020—2021年新上和计划新上内裤式婴儿纸尿裤生产线共计34条。大部分为国产设备，进口生产线只有3条，国产设备水平已经进入国际先进行列。

成人纸尿裤的销售量中内裤式占比为18.5%，仍以胶贴式为主。内裤式成人纸尿裤的主要生产企业集中在河北、上海、江苏、浙江、福建、江西、山东和贵州等地区，参加统计的企业中，2020—2021年新上和计划新上内裤式成人纸尿裤生产线共计12条。

表17 2020—2021年新增内裤式纸尿裤生产线(仅参加统计企业)

省市	公司名称	数量	投产时间
婴儿			
浙江	杭州余宏卫生用品有限公司	1	2020.3
	浙江珍琦护理用品有限公司	1	2021.2
	杭州可靠护理用品股份有限公司	1	2020.1
		1	2020.2
		1	2020.10
		1	2021.3
		1	2021.6

续表

省市	公司名称	数量	投产时间
福建	福建安琪儿卫生用品有限公司	4	2020. 10
		1	2021
	福建省诺美卫生用品有限公司	2	2021
	福建新亿发集团有限公司	1	2021
	泉州市爱乐卫生用品有限公司	1	2020. 11
	泉州市嘉华卫生用品有限公司	2	2020. 2
		4	2021. 10
	中天(中国)工业有限公司	1	2021. 10
湖南	湖南爽洁卫生用品有限公司	1	2020. 5
		1	2021
广东	广东邦宝个人护理用品有限公司	1	2020. 12
	东莞市常兴纸业有限公司	1	2021. 4
	广东贝禧护理用品有限公司	1	2020. 4
	广东昱升个人护理用品股份有限公司	1	2020. 12
		1	2021. 3
	露乐健康科技(广州)股份有限公司	2	2020
	凯儿得乐(深圳)科技发展有限公司	2	2021. 4
成人			
河北	河北金洁卫生科技有限公司	1	2020. 7
		1	2021. 3
上海	上海护理佳实业有限公司	1	2020. 8
江苏	江苏永福康卫生用品科技有限公司	1	2021. 6
浙江	杭州淑洁卫生用品有限公司	1	2020. 10
	杭州可靠护理用品股份有限公司	1	2020. 2
		1	2021. 7
福建	福建省莆田市荔城纸业有限公司	1	2020. 11
	中天(中国)工业有限公司	1	2021. 10
江西	江西优禾科技有限公司	1	2021. 5
山东	山东爱舒乐卫生用品有限责任公司	1	2020. 9
贵州	贵州卡布国际生物科技有限公司	1	2021. 8

7 市场展望

中国卫生用品行业持续增长，吸收性卫生用品(包括女性卫生用品、婴儿纸尿裤/片和成人失禁用品)市场规模从2015年的800.8亿元，增长到2020年的1214.0亿元，复合年均增长率达到8.7%。擦拭巾市场规模从2017年的82.1亿元，增长到2020年的224.6亿元，复合年均增长率达到39.9%。预计未来行业仍将保持增长态势，但增速放缓。卫生用品行业企业除了满足国内市场的需求外，还努力开拓海外市场，在消化过剩产能的同时，努力减缓国内市场压力。

2020年11月15日，《区域全面经济伙伴关系协定》(RCEP)正式签署，成员国包括东盟10国：文莱、柬埔寨、印度尼西亚、老挝、马来西亚、缅甸、菲律宾、新加坡、泰国、越南，以及中国、日本、韩国、澳大利亚、新西兰，共15个国家。此前，中国已经与东盟10国组建了自由贸易区，中国-东盟自贸区零关税已经覆盖了双方90%以上的税目产品。有关专家表示，RCEP谈判无疑会在降低关税壁垒方面迈出更大步伐，未来不排除95%甚至更多税目产品被纳入零关税范围。

2020年，我国吸收性卫生用品出口额占工厂销售额的22.9%，排名前10位出口目的地国家和地区中有5个是RCEP成员国，即菲律宾、日本、韩国、澳大利亚和越南。RCEP的签署将给外贸企业带来更大的市场空间，是一次重大政策利好。

7.1 女性卫生用品

中国是全球最大的女性卫生护理用品市场，2017—2020年，中国女性卫生用品市场规模从527.4亿元提升至613.0亿元，复合年均增长率达5.1%。预计，随着中国女性健康护理意识和消费能力不断提升，卫生巾高端化、个性化，经期裤、迷你巾等品类的普及，以及卫生棉条初步认知的范围逐步扩大、仍将继续促进市场规模的扩大。

2020年新冠疫情期间，女性医护人员奋斗在抗疫第一线，由于当时防护服紧缺，致使她们经期不能及时更换卫生巾，行业企业捐赠的经期裤解决了她们的燃眉之急，同时，也让经期裤这款产品走进了大众的视野。2020年经期裤市场高速增长，预计未来几年这一增长势头仍将保持。

中国女性消费者教育水平、社会地位和消费能力的提升，使消费观念和消费习惯不断发生变化，越来越注重产品品质，对功能性、材料安全性、产品体验感的要求越来越高，有利于推动女性卫生用品的消费升级。各种高端、超高端的新品，只要能解决消费者的痛点，都会获得追捧。近年来主攻中高端市场的新兴卫生巾品牌在互联网和高端线下超市的加持下都有不错的表现，未来中高端卫生巾的消费比例将持续提升。

海外疫情严重，许多白领都不再海淘境外卫生巾，国产品牌应抓住机遇，加强推广，巩固在中高端市场的地位。

此外，90后和00后等新生代的消费群体，对于新鲜事物的接受程度更高，她们不会盲目崇拜进口品牌，国潮精品更容易受到青睐。而且她们对于价格不敏感，更注重颜值，针对年轻群体的个性化包装设计和独具特色的品牌口号，将助力品牌获得成功。

适龄女性（15—49岁）人口数量连年下降，这对卫生巾市场的发展是一个负面影响因素，但是我们应该看到，在偏远乡镇农村地区，仍有女生用不起卫生巾，甚至还有女生没穿过内裤。中国社会福利基金会爱小丫基金就曾经在甘南藏族自治州、临夏回族自治州、宁夏回族自治区、云南省、重庆市、黑龙江省等十余个地区开展“女生加油计划”，为贫困地区女生发放内衣裤与生理卫生用品，帮助她们健康成长。中国地域辽阔，消费水平参差不齐，发达地区消费升级高端化需求存在，偏远农村地区最基本的需求也存在，下沉市场的开发也许是未来卫生巾市场增长的引擎之一。

7.2 婴儿纸尿裤/片

根据公安部发布的消息，2020年出生并已到公安机关进行户籍登记的新生儿人数为1003.5万人，比2019年1179万人下降15%（考虑到因各种原因未及时到公安部户籍部门登记，实际新生儿人数可能略高于公安部发布数据）。

据生活用纸委员会估算，2020年0—2岁婴儿人数约为2669万人，比2019年减少319万人（2019年比2018年减少258万人），且预计未来几年，育龄女性人数下降以及出生人口减少的趋势仍将延续，这对婴儿纸尿裤/片市场是一个非常不利的因素。

2020年，我国城镇化进程继续加快，年末常住人口城镇化率超过60%。农村居民人均可支配收入17,131元，比上年增长6.9%，扣除价格因素，实际增长3.8%。脱贫攻坚战取得胜利，贫困地区农村居民人均可支配收入12,588元，比上年增长8.8%，扣除价格因素，实际增长5.6%。城镇化的推进和农村居民人均可支配收入的提高将进一步提升婴儿纸尿裤/片在下沉市场中的渗透率，促进整体的消费升级。

以上是宏观因素可能对婴儿纸尿裤/片市场产生的影响。回顾2020年婴儿纸尿裤/片行业，阶段性产能过剩、产品同质化、低端价格战等问题依然严峻，再加上突然暴发的新冠疫情，更暴露出行业供应链建设和管理方面存在严重短板，亟待提升和完善。

婴儿纸尿裤/片的市场需求方面已经显现出两极分化的趋势。高消费人群追求大品牌，关注品质提升和健康、安全、亲肤、环保等特性。而消费能力较弱的人群，尤其是受到疫情影响收入减少的人群，不得不降级消费，在保证基本性能的同时追求低价，这从不断涌现出的网络暴款可见一斑。

面对不利的宏观因素和复杂的市场需求，行业企业只有选择适合自己的道路才能在竞争中生存与发展。头部企业研发实力强，产品更新换代快，具有核心竞争力，并且具有资本优势和供应链优势，市场将逐步扩张，从经济发达地区进一步渗透到下沉市场，抢占广大的二三线城市和农村市场。那些实实在在做产品的区域性品牌，凭借在当地市场积累的影响力和知名度，充分利用互联网的力量，实现线上线下渠道相结合，将有机会走向更广阔的市场，发展成为全国性品牌。而走低端路线和靠价格战的小品牌生存愈发艰难，将在行业洗牌中逐渐被淘汰。

7.3 成人失禁用品

2020 年 6 月 11 日，中国发展研究基金会发布《中国发展报告 2020：中国人口老龄化的发展趋势和政策》，中国人口老龄化程度正持续加深，老龄化趋势不可逆转。报告预测，到 2025 年，中国 65 岁及以上的老年人口将超过 2 亿人。2050 年，中国老年人口将接近 4 亿人。国务院 2017 年发布的《"十三五"国家老龄事业发展和养老体系建设规划》中曾预计，到 2020 年，全国 60 岁以上老年人口将增加到 2.55 亿人左右。中国社会老龄化趋势十分严峻，同时也为成人失禁用品提供了广阔的市场。

2020 年，我国全年人均 GDP 继续提升，达 72,447 元（约合 10,499 美元），比上年增长 2.0%，完全满足形成相当规模的失禁用品消费群体的必要条件，即人均 GDP 达到8000—10000 美元，为成人失禁用品市场的发展提供了经济基础。

2019 年 12 月 31 日，工业和信息化部、民政部、国家卫生健康委员会、国家市场监督管理总局、全国老龄工作委员会办公室联合印发了《关于促进老年用品产业发展的指导意见》，要求实施创新驱动发展战略，培育龙头骨干企业，激发产业发展内生动力，丰富产品品种、提升产品品质、创建产品品牌，深化互联网、大数据、人工智能、5G 等信息技术与老年用品产业融合发展，逐步构建完善的老年用品产业体系，增强适应老龄化社会的产业供给能力，不断满足老年人多样化、多层次消费需求。《意见》提出到 2025 年的发展目标：老年用品产业总体规模超过 5 万亿元，形成技术、产品、服务和应用协调发展的良好格局。

为贯彻落实党中央、国务院关于加快发展养老服务业的一系列决策部署，2020 年 12 月 3 日，住建部、发改委、民政部、卫健委、医保局、老龄办等六部门发布《关于推动物业服务企业发展居家社区养老服务的意见》，推行"物业服务+养老服务"居家社区养老模式，丰富居家社区养老服务内容，积极推进智慧居家社区养老服务。这一系列的决策部署和指导意见为成人失禁用品行业的发展提供了政策保障。

一直以来，产品认知度、消费心理和收入水平都是制约成人失禁用品发展的重要因素。近两年，在中国造纸协会生活用纸专业委员会和各大品牌商的共同努力下，人们的消费观念已有所转变，对于成人失禁用品的接受度逐步提升。特别是 2020 年新冠疫情暴发初期，生活用纸委员会组织行业企业向抗疫一线的医护人员捐赠成人纸尿裤，后期又举办成人纸尿裤科普活动，更详细地介绍了轻度、中度、重度失禁的护理用品，大大提高了产品的认知度。

综合以上种种有利因素，市场基础、经济基础、政策保障、产品认知度都已具备，预测成人失禁用品市场将迎来高速增长期。

7.4 擦拭巾

国内湿巾市场仍以婴儿用湿巾、通用型湿巾为主，厕用湿巾、厨房湿巾增长较快，疫情之后，消毒湿巾、卫生湿巾成为必备的防护用品。随着我国居民可支配收入逐年提高，中产阶级群体不断壮大，这一增长趋势将继续保持，但是，随着出生人口的逐年下降，预计婴儿湿巾增速将逐渐放缓。

无论是湿巾还是干巾，都是为了满足人们追求生活舒适、便捷、轻松的需求，随着 90 后、00 后逐渐成为消费的主力军，他们的消费观念更前卫，更容易接受新产品。未来，手机、电脑等电子产品消毒湿巾，擦鞋湿巾，地板清洁湿巾和地板静电干擦拭巾，医疗保健机构用的消毒擦拭巾，老年人护理湿巾等差异化、功能性产品需求将越来越多。正因看到良好的发展前景，很多企业涌入，使得市场上擦拭巾产品良莠不齐，可以预见未来的竞争将更加激烈。

2020年的新冠疫情使消毒湿巾和卫生湿巾的生产和消费大幅增长，但随着疫情不断得到控制，湿巾的需求也将回归常态。疫情期间迅速扩张的产能必然会造成行业阶段性产能过剩、价格恶性竞争。

目前，湿巾行业还处在初级竞争阶段，品牌集中度不高，绝对优势的领导品牌还未形成，加之疫情唤醒了消费者的意识，可以预见湿巾市场将迎来强势增长，这对广大的湿巾企业来说无疑是一个机遇。生活用纸委员会看到了这个机遇，及时举办了开学季湿巾科普活动，希望引导消费，推动湿巾行业的发展。未来湿巾生产企业将研发更多功能性、差异化湿巾产品，满足消费者的个性化需求。

作为企业来说，要理性地看待未来市场，要加大研发和创新投入，细分品类的差异化产品以及可靠的产品品质才是市场增长的动力，才能避免低级的价格战。同时企业更应注重湿巾原料的天然、环保，以及湿巾药液的安全性，要正确引导消费者，才能推动整个湿巾行业的可持续发展。

湿巾、干巾用量越来越多，废弃物处理引发关注，随着国家和各级地方政府纷纷发布限塑令，政策监管趋于严格，开发可降解材料和制定可行的废弃物处理方案迫在眉睫。

7.5 行业面临的问题及发展建议

7.5.1 面临的问题

2020年新冠疫情肆虐，卫生用品行业企业积极复工复产，边生产边防疫，迅速恢复主业，在百年不遇的灾难中，仍然使行业保持增长，交出了亮丽的答卷。但是，这次的疫情也暴露出卫生用品产业供应链存在的问题和短板，未来的经营中，行业企业应思考如何建立有效的统筹和决策机制、建立风险管控和预警机制、与供应链上下游企业建立战略合作机制，以及如何遵守契约精神，诚信经营，重塑一个具有核心竞争力的、稳定的产业供应链。

卫生用品企业面临行业洗牌和产业升级加速的新形势，需要致力于提升企业核心竞争力，包括研发能力、产品及工艺创新能力、全方位的管理能力、倡导共同价值观的能力等等，只有不断完善自我，适应新的形势，跟上时代的步伐，才能实现可持续发展。

7.5.2 发展建议

（1）以优质、差异化产品为本

在竞争激烈的市场环境下，企业要加强与国家级科研院所的技术合作，深度挖掘用户需求，生产出能打动消费者心智的、质量过硬的差异化产品，提高核心竞争力。

（2）品牌定位精准，精耕自己的赛道

新中产、95后为代表的“Z世代”以及小镇青年，成为了主流消费群体和潜力股，他们对文化、审美都提出了更高的要求。企业要紧抓自己产品的优势点、竞争对手的差异点和消费者的痛点，找到抢占消费者心智的独特打法。

（3）坚持绿色发展之路

绿色可持续发展已成为未来基调，如何更好地节能减排是卫品行业企业必须要思考的问题。企业应该积极调整能源结构，减少化石能源使用，增加绿色能源和生物质能源的比例；同时通过智能化和数字化改造，发展智慧型绿色技术，实现绿色可持续发展。

参考文献

[1] 恒安国际集团有限公司2020年年报.
[2] 维达国际控股有限公司2020年年报.
[3] 重庆百亚卫生用品股份有限公司2020年年报.
[4] 小护士(天津)科技股份有限公司2020年度业绩预告.
[5] 宝洁公司2020年年报.
[6] 金佰利公司2020年年报.
[7] 花王公司2020年年报.
[8] 尤妮佳集团公司2020年年报.
[9] 杭州豪悦护理用品股份有限公司2020年年报.

Overview and prospects of the Chinese disposable hygiene products industry

Sun Jing, Xing Wanna, Wang Juan, Cao Baoping, Zhang Yulan

China's disposable hygiene products market (including absorbent hygiene products and wipes) kept growing in 2020. The total market size (total market sales revenue) reached 143.86 billion yuan. The market size of absorbent hygiene products was about 121.4 billion yuan, up 4.2% than 2019. And the market size of wipes reached 22.46 billion yuan, up 16.4% than 2019. Among the absorbent hygiene products, the consumption of menstrual pants and adult incontinences obviously increased over the previous year, while that of baby diapers witnessed a decrease for the first time.

Table 1 shows the market size share of feminine hygiene products, baby diapers/diaper pads and adult incontinent products among the total market size of absorbent hygiene products.

Table 1 Market Size Share of Various Absorbent Hygiene Products during 2015-2020: %

Category	2020	2019	2018	2017	2016	2015
Feminine Hygiene Products	50.5	49.1	50.0	46.3	48.9	49.7
Baby Diapers/Diaper Pads	40.0	42.8	43.8	48.2	46.4	44.0
Adult Incontinences	9.5	8.1	6.2	5.5	4.7	6.3

See Table 2 for the market size & consumption CAGR of different absorbent hygiene products during 2017-2020.

Table 2 Market Size & Consumption and CAGR of Absorbent Hygiene Products during 2017-2020

Items	Year	Feminine Hygiene Products	Baby Diapers/ Diaper Pads	Adult Incontinences	Wipes
Market size/100 million yuan	2020	613.0	486.0	115.0	224.6
	2019	572.4	499.0	93.9	192.9
	2018	563.0	493.7	70.3	189.5
	2017	527.4	548.6	62.9	82.1
2017-2020 Market size CAGR/%		5.1	-4.0	22.3	39.9
Consumption/ 100 million pieces	2020	1220.9	375.8	63.0	59.6
	2019	1199.0	393.6	53.5	41.0
	2018	1193.4	378.7	44.1	29.3
	2017	1200.1	381.8	44.9	23.3
2017-2020 Consumption CAGR/%		0.6	-0.5	12.0	36.8

Note: The consumption of the wipes is categorized as the nonwovens consumption and measured by the ton.

1 Market Size

1.1 Feminine Hygiene Products

In 2020, feminine hygiene products market developed steadily and the market size kept increasing with a higher growth rate over the previous year. According to the statistics by China National Household Paper Industry Association (CNHPIA), the output of sanitary napkins was about 94.51 billion pieces, an increase of 1.7% over the previous year. The producers' sales volume was about 95.79 billion pieces and the sales revenue was about 31.04 billion yuan, increasing by 3.3% and 7.0% over the previous year, respectively. The consumption volume grew by 2.3% to about 89.03 billion pieces. According to the data from enterprises covered by statistics, the output of menstrual pants was about 0.79 billion pieces with an annual growth rate of 38.65%. The producers' sales volume was about 0.71 billion pieces and their sales revenue was about 1.3 billion yuan, with an annual increase of 54.3% and 58.5%, respectively. The fact that the latter grew faster than the former can be explained by an increase of average ex-factory prices of sanitary napkins and menstrual pants. The total market size of sanitary napkins and menstrual pants was approximately 55.54 billion yuan, an increase of 8.3% over the previous year. The output of pantiliners was about 34.07 billion pieces, while producers' sales volume was about 34.35 billion pieces and the sales revenue reached about 3.4 billion yuan, a decrease of 8.2%, 2.5% and 5.3% over the previous year respectively. The average ex-factory price of pantiliners fell by 2.9%, which led to a sharper drop in producers' sales revenue than sales volume. The consumption volume was 32.35 billion pieces, and the market size was approximately 5.76 billion yuan, a decrease of 0.1% and 3.2% over the previous year respectively. The total market size of feminine hygiene products was 61.3 billion yuan, an increase of 7.1% over the previous year.

Table 3 Output and Consumption of Feminine Hygiene Products in China in 2020

	2020	2019	Growth rate/%
Sanitary napkins			
Production/100 million pieces	945.1	929.3	1.7
Producers' sales volume/100 million pieces	957.9	927.3	3.3
Producers' sales revenue/100 million yuan	310.4	290.2	7.0
Average producer price/(yuan/pcs)	0.324	0.313	3.5
Consumption/100 million pieces	890.3	870.5	2.3
Menstrual pants (only enterprises covered by statistics)			
Production/100 million pieces	7.9	5.7	38.6
Producers' sales volume/100 million pieces	7.1	4.6	54.3
Producers' sales revenue/100 million yuan	13.0	8.2	58.5
Average producer price (yuan/pcs)	1.83	1.78	2.8
Average market retail price/(yuan/pcs)	5.09	4.89	4.1
Total of sanitary napkins and menstrual pants			
Market size/100 million yuan	555.4	512.9	8.3
Market penetration/%	Almost 100%		
Pantiliners			
Production/100 million pieces	340.7	371.1	-8.2
Producers' sales volume/100 million pieces	343.5	352.3	-2.5
Producers' sales revenue/100 million yuan	34.0	35.9	-5.3
Average producer price (yuan/pcs)	0.099	0.102	-2.9
Consumption/100 million pieces	323.5	323.9	-0.1
Market size/100 million yuan	57.6	59.5	-3.2
Total of feminine hygiene products			
Net export value/100 million yuan	23.9	20.7	15.5
Market size/100 million yuan	613.0	572.4	7.1

Note: 1. The calculation basis of market penetration rate is as follows: according to data released by the National Bureau of Statistics, the number of women aged 15-49 in 2019 was 338 million. By the time the report was written, the number of women aged 15-49 in 2020 had not been released. The provisional estimate of 332 million is used here, which will be updated in the next annual report according to the data released by the National Bureau of Statistics. The number of sanitary napkins used by each person is 240 pcs/year.

2. The information of menstrual pants only included enterprises covered by statistics. Since such products are not listed in the data from Customs, it is assumed that they are all consumed in domestic market. That is to say, consumption is equal to producers' sales volumes.

3. Retail sales markup rate of sanitary napkins and pantiliners in 2020 is calculated based on 80%.

In 2020, although the female population of right age (15-49 years old) continued to decrease (Fig. 1), women experienced menophania at a younger age and their menstrual period became longer, which have actually provided growth space for sanitary napkin market. Meanwhile, with the improvement of per capita disposable income and female consumers' hygiene awareness, the consumption of feminine hygiene products slightly rose and particularly producers' sales volume of menstrual pants increased by 54.3%. The average ex-factory price of sanitary napkins grew by 3.5% over the previous year. The volume of imported sanitary napkins decreased, while the value and average price increased. With products upgrading, the high-end sanitary napkins continued to show momentum and market share of high-end products kept increasing. The trend was also reflected in an increase of 8.43% in the price of exported sanitary napkins over the previous year.

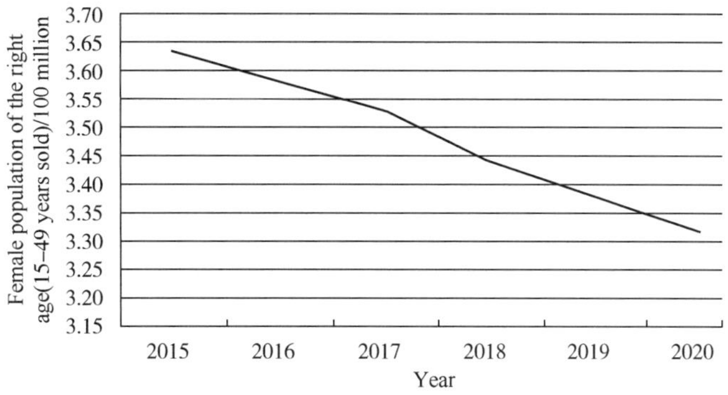

Fig. 1 Female Population of the Right Age (15-49 Years Old) During 2015-2020

The market of pantiliners continued the trend of the last two years. The output, producers' sales volume and sales revenue, average ex-factory price, consumption, market size all decreased to varying degrees, representing a shrinking pantiliner market. The reasons were as follows: on one hand, females' health consciousness was improving and they used pantiliners less frequently during non-menstrual period. On the other hand, they used mini sanitary napkins in replace of pantiliners as personal care products at the beginning and ending phase of their menstruation.

1.2 Baby Diapers/Diaper Pads

In 2020, the overall market of baby diapers/diaper pads witnessed a slight decrease over the previous year. According to the statistics by CNHPIA, the total output of baby diapers/diaper pads reached 42.38 billion pieces, and the producers' total sales volume was 41.44 billion pieces, with an increase of 4.0% and 2.5% over the previous year, respectively. The total consumption volume was 37.58 billion pieces, a decrease of 4.5% over the previous year. The producers' sales revenue of baby diapers/diaper pads was about 33.59 billion yuan, an increase of 4.8% over the previous year. The market size reached 48.60 billion yuan, a slight decrease of 2.6% over the previous year. The market penetration rate increased to 77.1% from 72.2% in 2019, up 4.9 percentage points.

In 2020, baby diapers saw an increase in producers' sales volume, sales revenue and ex-factory price over the previous year, leading to sales revenue growing faster than the sales volume. In 2019, the export of baby diapers/diaper pads surpassed the import for the first time, which transformed net import to net export, and 2020 witnessed a continued growth in export volume and value, up 8.1% and 7.4% respectively, higher than the growth rate of producers' sales volume and revenue. Besides, population of baby (0-2 years old) in China kept dropping, which resulted in a slight decrease of 1.3% in domestic market size of baby diapers/diaper pads. Moreover, the uncertainty resulted from severe crisis brought by COVID-19 made many people postpone or even cancel their plans for pregnancy, which to some degree exerted some impacts on the domestic consumption and market size of baby diapers/diaper pads. In the sales volume of baby diapers/diaper pads, pants products accounted for about 35.6% and tape-types for about 64.4%, with a growing proportion in terms of pants products year by year (Fig. 2). On the other hand, producers' sales volume and sales revenue of baby diaper pads maintained a significant drop, indicating a gradual decreasing amount of this type of product used by Chinese consumers.

Table 4 Output and Consumption of Baby Diapers/Diaper pads in 2020

	2020	2019	Growth rate/%
Baby diapers			
Production/100 million pieces	396.8	370.8	7.0
Producers' sales volume/100 million pieces	382.8	364.7	5.0
Producers' sales revenue/100 million yuan	318.7	299.1	6.6
Average producer price/(yuan/pcs)	0.83	0.82	1.5
Consumption/100 million pieces	344.2	354.0	-2.8
Market size/100 million yuan	458.5	464.5	-1.3
Baby diaper pads			
Production/100 million pieces	27.0	36.8	-26.6
Producers' sales volume/100 million pieces	31.6	39.5	-20.1
Producers' sales revenue/100 million yuan	17.2	21.5	-20.2
Average producer price/(yuan/pcs)	0.54	0.55	-1.1
Consumption/100 million pieces	31.6	39.5	-20.1
Market size/100 million yuan	27.5	34.5	-20.4
Baby diapers/diaper pads (in total)			
Production/100 million pieces	423.8	407.6	4.0
Producers' sales volume/100 million pieces	414.4	404.2	2.5
Producers' sales revenue/100 million yuan	335.9	320.6	4.8
Net exports value/100 million yuan	32.2	8.8	265.9
Consumption/100 million pieces	375.8	393.6	-4.5
Market penetration/%	77.1	72.2	4.9 percentage points
Market size/100 million yuan	486.0	499.0	-2.6

Note: 1. The calculation basis of market penetration rate is as follows: according to the statistics of National Statistics Bureau, in 2019, the number of children aged 0-2 was 29.88 million. By the time the report was written, the number of children aged 0-2 in 2020 had not been released. The provisional estimate of 26.69 million is used here, which will be updated in the next annual report according to the data released by the National Bureau of Statistics. The number of baby diapers/diaper pads used by each child aged 0-2 is 5 pcs/day.
2. The retail price markup rate is set to be 60%.

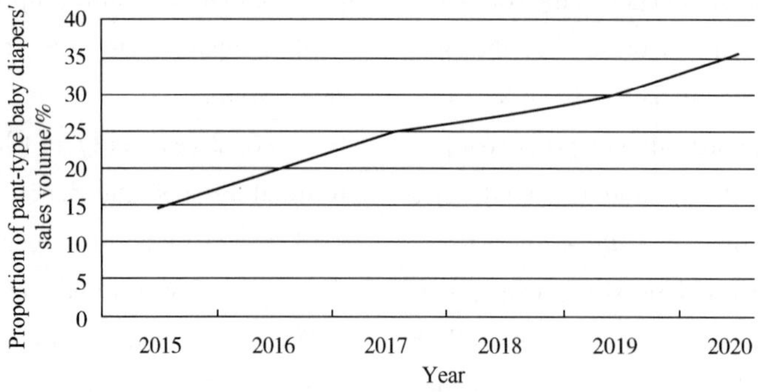

Fig. 2 Proportion of Pant-type Baby Diapers' Sales Volume During 2015-2020

1.3 Adult Incontinences

The adult incontinences market maintained a double-digit growth in 2020, in which the consumption and market size of adult diapers and under pads increased significantly. The average ex-factory price of adult diapers was almost the same with that of 2019, while that of under pads showed a remarkable increase, leading to higher growth rate of producers' sales revenue than sales volume, and a faster growth of market size than consumption. In the sales volume of adult diapers, tape-type accounted for about 81.5%, and the pant-type about 18.5%, indicating that adult diapers were mainly used people with heavy incontinence, and light incontinent products were still in their infantry. Despite an increase in the production of adult diaper pads, domestic consumption was still shrinking with a majority of products being exported to overseas market. In addition, a decrease in average ex-factory price led to a smaller market size. Furthermore, affected by corona virus pandemic in 2020, adult diapers provided great convenience for medical workers wearing protective suits and patients in need of medical care, which boosted the use of adult incontinences.

According to the statistics by CNHPIA, in 2020, the output of adult diapers was about 5.92 billion pieces. The producers' sales volume was about 6.11 billion pieces. The producers' sales revenue was about 9.17 billion yuan. The output of adult diaper pads was about 1.11 billion pieces. The producers' sales volume was about 890 million pieces, while the producers' sales revenue was about 550 million yuan. The output of under pads was about 3.1 billion pieces. The producers' sales volume was about 2.57 billion pieces, while the producers' sales revenue was about 2.28 billion yuan. The producers' aggregate sales revenue of adult incontinences was about 12 billion yuan. The market size was about 11.5 billion yuan, which is an increase of 22.5% than 2019.

Among the total consumption of adult incontinences calculated by piece, adult diapers accounted for 71.3%, up 1.8 percentage points than the previous year, diaper pads accounted for 7.3%, down 3.5 percentage points than the previous year, and under pads accounted for 21.4%, up 1.8 percentage points than the previous year. As Chinese people change their views and consumption perception on adult incontinences, its development in Chinese market begins to gain momentum.

In 2020, the sudden outbreak of COVID-19 resulted in a surge in patients receiving medical care across the globe. During medical assistance or home-based recovery and care, under pads were needed. This contributed to an expanding under pads market. According to the statistics, firstly, the growth of domestic consumption and market size of under pads in 2020 was significantly faster than 2019; secondly, both export volume and value of under pads increased compared with 2019.

Table 5 Output and Consumption of Adult Incontinences in 2020

	2020	2019	Growth rate/%
Adult Diapers			
Production/100 million pieces	59.2	52.8	12.1
Producers' sales volume/100 million pieces	61.1	53.1	15.1
Producers' sales revenue/100 million yuan	91.7	79.6	15.2
Average producer price/(yuan/pcs)	1.50	1.50	0.0
Consumption/100 million pieces	44.9	37.2	20.7
Market size/100 million yuan	94.2	78.1	20.6
Adult Diaper Pads			
Production/100 million pieces	11.1	9.9	12.1
Producers' sales volume/100 million pieces	8.9	7.6	17.1

Continued

	2020	2019	Growth rate/%
Producers' sales revenue/100 million yuan	5.5	4.8	14.6
Average producer price/(yuan/pcs)	0.62	0.64	-3.1
Consumption/100 million pieces	4.6	5.8	-20.7
Market size/100 million yuan	4.0	5.2	-23.1
Under pads			
Production/100 million pieces	31.0	23.4	32.5
Producers' sales volume/100 million pieces	25.7	18.8	36.7
Producers' sales revenue/100 million yuan	22.8	13.7	66.4
Average producer price/(yuan/pcs)	0.89	0.73	21.9
Consumption/100 million pieces	13.5	10.5	28.6
Market size/100 million yuan	16.8	10.7	57.0
Incontinences (total)			
Production/100 million pieces	101.4	86.1	17.8
Producers' sales volume/100 million pieces	95.7	79.5	20.4
Producers' sales revenue/100 million yuan	120.0	98.1	22.3
Net exports value/100 million yuan	37.9	31.0	22.3
Consumption/100 million pieces	63.0	53.5	17.8
Market Size /100 million yuan	115.0	93.9	22.5

Note: The retail price markup rate is calculated based on 40%.

1.4 Wipes

Since 2017, CNHPIA has collected data on the production of wipes base on the consumption volume of nonwovens. Wipes include dry wipes and wet wipes. According to the data provided by enterprises, in 2020, the wipes industry consumed a total of 596,000 tons of nonwovens. The producers' aggregate sales revenue of wipes reached approximately 22.64 billion yuan, and the market size stood at approximately 22.46 billion yuan.

In 2020, the COVID-19 pandemic across the globe brought a surge in the demand of hygiene and disinfectant products, leading to a significant increase in consumption of hygiene wet wipes and disinfectant wet wipes. Chinese wipes manufacturers strived to satisfy the need of domestic market, and at the same time, actively export products to meet the need of foreign market. In 2020, domestic market size of wipes increased by 16.4% than 2019 (2019 growth rate: 1.8%), and the net export value also registered a rapid increase of 151.9% (2019 growth rate: 31.6%). The growth in both domestic and foreign market contributed to a rise of 38.0% in producers' sales revenue (2019 growth rate: 5.6%), significantly higher than the previous year.

Table 6 Output and Consumption of Wipes in 2020

	2020	2019	Growth rate/%
Wet wipes			
Nonwoven consumption/10000 tons	56.3	38.3	47.0
Producers' sales revenue/100 million yuan	210.1	149.5	40.5
Dry wipes (only the enterprises covered by the statistics)			
Nonwoven consumption/10000 tons	3.3	2.7	22.2
Producers' sales revenue/100 million yuan	16.3	14.5	12.4

Continued

	2020	2019	Growth rate/%
Total of wipes			
Nonwoven consumption/10000 tons	59.6	41.0	45.4
Producers' sales revenue/100 million yuan	226.4	164.0	38.0
Net exports value/100 million yuan	66.0	26.2	151.9
Market size/100 million yuan	224.6	192.9	16.4

Note: 1. Description on the calculation method of producers' sales revenue for wet wipes in 2020: The producers' sales revenue for wet wipes enterprises covered by statistics corresponding to per ton nonwovens consumed are averaged, and on the basis, the producers' sales revenue of the whole wet wipes industry is calculated.

2. The data of dry wipes covers only the enterprises that participated in the statistics.

3. The retail price markup rate is calculated based on 40%.

2 Major Manufacturers and Brands

2.1 Feminine Hygiene Products

Feminine hygiene products market is basically saturated through years of development with no mega-size enterprises entering. In 2020, about 684 feminine hygiene products manufacturers have been registered by CNHPIA, 69 more than in 2019, but the overall concentration rate was still low. Market competitors include many manufacturers with leading manufacturers distributed in Beijing, Tianjin, Shanghai, Jiangsu, Zhejiang, Fujian, Henan, Hubei, Guangdong, Guangxi, Chongqing, Yunnan and other places. Domestic manufacturers/brands include Hengan, Kingdom Sanitary Products, Baiya, Kayson, Jieling, C-Bons, Magic, Qingyitang, Simulect, PurCotton Era, Jiajian, Beishute, Foliage, Yuhong, Credible, Hengli, Kang Na Hsiung, Hangzhou Kawada, Guangdong Kawada and Little Nurse. International manufacturers include P&G, Unicharm, Kimberly-Clark, and Kao. High-end brands have a high concentration, including international brands like Sofy, Whisper, Kotex, and Laurier, national brands like Space 7, ABC, Freemore, U. Style, Ladycare and Nice Princess, as well as regional brands like Xiaoni, Geron, Magic, Fine Day, Simulect, Goodcare, Bestee, Foliage, Anqi, Credible, So-soft, Carnation, Little Nurse, etc.

Table 7a displays top 20 Chinese manufacturers and brands of feminine hygiene products in 2020 with the ranking for reference only. Table 7b shows international manufacturers and brands of feminine hygiene products with factories built in China. Table 7c displays key manufacturers of feminine hygiene products in different regions besides the top 20 manufacturers.

Table 7a Top 20 Domestic Feminine Hygiene Products Manufacturers/Brands in 2020 (By Sales Revenue)

Num	Company	Brands	Capacity (sanitary napkins+pantiliners)/(100 million pieces/year)
1	Fujian Hengan Group Co., Ltd.	Space 7, An Erle	193.0+53.5
2	Kingdom Sanitary Products Co., Ltd. Guangdong	ABC, Free	OEM
3	Chongqing Baiya Sanitary Products Co., Ltd.	Freemore, Neat&soft	30.8+7.36
4	Foshan Kayson Hygiene Products Co., Ltd.	U. Style, Xiaoni	79.0+28.0
5	Guilin Jieling Industrial Co., Ltd.	Geron, Softfeeling	28.0+15.0
6	Hubei C-BONS Group Co., Ltd.	Ladycare	26.0+6.9
7	Guangdong Magic Sanitary Articles Co., Ltd.	Magic, Meiyijie, Merria	30.0(sanitary napkins)
8	Yunnan Baiyao Qingyitang Industry Co., Ltd.	Fine Day	7.66+2.16
9	Henan Simulect Hygiene Products Co., Ltd.	Simulect	48.0+1.0
10	PurCotton Era Science and Technology Co., Ltd.	Nice Princess	6.0(sanitary napkins)

Continued

Num	Company	Brands	Capacity (sanitary napkins+pantiliners)/(100 million pieces/year)
11	Zhongshan Jiajian Daily-use Products Co., Ltd.	Goodcare	19.0+3.8
12	Beijing Beishute Science & Technology Co., Ltd.	Bestee	OEM
13	Shanghai Foliage Industry Co., Ltd.	Foliage	15.0+10.0
14	Hangzhou Yuhong Health Products Co., Ltd.	Anqi, Oxymore, OEM	20.0+4.5
15	Hangzhou Credible Sanitary Products Co., Ltd.	Credible, OEM	16.0+34.0
16	Fujian Hengli Group Co., Ltd.	So-soft, so soft	85.0+27.0
17	Kang Na Hsiung Enterprises (Shanghai) Co., Ltd.	Carnation	14.7+9.6
18	Hangzhou Kawada Sanitary Products Co., Ltd.	OEM mainly	16.0+8.0
19	Guangdong Kawada Sanitary Products Co., Ltd.	OEM mainly	35.0+4.4
20	Little Nurse (Tianjin) Technology Co., Ltd.	Little Nurse	30.6+13.8

Table 7b International Feminine Hygiene Products Manufacturers/Brands with Factories in China

Company	Brands
Procter & Gamble (China) Co., Ltd.	Whisper
Unicharm Consumer Products (China) Co., Ltd.	Sofy
Kimberly-Clark (China) Co., Ltd.	Kotex
Kao Corporation Shanghai Co., Ltd.	Laurier

Table 7c Key Feminine Hygiene Products Manufacturers/Brands in 2020 (By District)

District	Company	Brands
Beijing	Beijing Beishute Women and Children Products Co., Ltd.	Yuezizai
Tianjin	Tianjin Yiyi Hygiene Products Co., Ltd.	Yiyi, Sun Sister
	Tianjin Junfasenda Hygiene Products Co., Ltd.	Yage, Yinshuang
	Tianjin Handong Paper Products Co., Ltd.	Meiqiancao, Love
	Tianjin Bozhen Hygiene Products Co., Ltd.	Yueruyi
	Tianjin Jiaorou Health Products Co., Ltd.	Zhenfang, Jiaorou
	Tianjin Baodi Magic Sanitary Products Co., Ltd.	Lesini, Beiting
Hebei	Hebei Yihoucheng Commodity Co., Ltd.	Ladystar
	Baoding Gangxing Paper Co., Ltd.	Libang, Gangxing
	Shijiazhuang Hongda Sanitary Products Factory	Bangershu
	Shijiazhuang Shunmei Tissue Paper Technology Co., Ltd.	Yiershu
Liaoning	ShenyangTonglian Daily-Use Goods Co., Ltd.	Soft
	Jinzhou Dongfang Hygiene Products Co., Ltd.	Xinyusi
Shanghai	Shanghai Welfare Group Co., Ltd.	Welfare, Pretty Date
	Shanghai Yueyueshu Women Products Co., Ltd.	Yueyueshu
	Shanghai Sun'o Development Co., Ltd.	555, U
Jiangsu	Suzhou Guanjie Hygiene Products Co., Ltd.	Mia
	Jiangsu Sanxiao Group Co., Ltd.	Xiaoshuang, Yidiandian
	Taizhou Far East Paper Co., Ltd.	Anjieer
	YOAI Technology Ltd.	FEMME

Continued

District	Company	Brands
Zhejiang	Vinda Paper (Zhejiang) Co., Ltd.	Libresse, Via
	Hangzhou Xiaojiemei Health-Care Products Co., Ltd.	Feichangxiaojiemei, Jiarenyouyue
	Zhejiang Chanevol Health-care Products Co., Ltd.	Chanevol
Fujian	AAB (China) Co., Ltd.	Si Ting
	Quanzhou Ailishi Hygiene Thing Co., Ltd.	Girl Space
	Quanzhou Xianghe HygieneProducts Co., Ltd.	Anqi, Meilirensheng
	Quanzhou Luojiang Xingli Hygiene Products Co., Ltd.	Jiayue
Jiangxi	Ganzhou Gangdu HygieneProducts Co., Ltd.	Liaojie
Shandong	Weifang MimosaHygienic Technology Co., Ltd.	Zhifou
	Shandong Yongfang Hygiene Products Co., Ltd.	A&S
	Shandong Yunhao Hygiene Products Co., Ltd.	Pure Future
	Qingdao Youjia Hygiene Technology Co., Ltd.	BiuBiu
Hubei	Vinda Personal Care (China) Limited	Libresse, Via
Hunan	Hunan Qianjin Hygienic Products Co., Ltd.	JAYA
Guangdong	Foshan Peianting Sanitary Articles Industrial Co., Ltd.	Peianting, Peifuren
	Dongguan Jinbaoli Sanitary Articles Co., Ltd.	Zhiwuwuyu
	Guangdong Fujian Enterprises Co., Ltd.	Fujian
	Huizhou Huidebao Daily Care Commodity Co., Ltd.	Qingshuang
	Zhuhai Jianlang Daily Necessities Co., Ltd.	Molouen, Clever, Kecai
	Zhuhai Jinneng Paper Co., Ltd.	Qiuhua
	Guangdong Nafei Industrial Co., Ltd.	Nafei
	Naiside Health Products Co., Ltd.	Naiside
	Guangdong Bingbing Care Products Co., Ltd.	All exports
	Guangdong Bangjie Daily-Use Products Co., Ltd.	Bangjie
Shaanxi	Shaanxi Moni Sanitary Articles Co., Ltd.	Moni
Hainan	Xinlong Holding (Group) Co., Ltd.	Enlang

In 2020, the population of age-appropriate females (15-49 years old) continued to decline, causing the consumer group of feminine hygiene products to shrink continuously. Meanwhile, imported sanitary napkins showed a decrease for the first time (imported goods under the customs commodity number of 96190020). The sanitary napkins made in China could basically meet Chinese consumers' demand, and only a few high-end products needed to be imported.

The outbreak of COVID-19 brought unprecedented challenges to hygiene products industry chain, and domestic leading brands and international counterparts overcame numerous difficulties by relying on their advantages in supply chain and timely and effective measures, registering steady growth. However, deficiency in management was exposed among some regional brands, such as the lack of emergency response mechanism and inadequacy in dealing with urgent events, which undermined their profits. There are also some companies whose main business is export OEM. Faced with many unfavorable factors such as rising prices of raw materials, outbreaks of COVID-19 overseas, hindered logistics, and rising freight rates, their performances have fallen a lot.

- During the year, Hengan Group's revenue of the sanitary napkins business rose by 3.0% to 6.655 billion yuan, which accounted for approximately 30.0% (2019: 28.8%) of its total revenue. The gross profit margin of the sanitary napkins business increased approximately to 71.4% (2019: 70.3%). Launched during the year, the premium product "Space 7" which aimed at the mature white-collar market received enthusiastic responses. The signing of stars as brand ambassador greatly enhanced the brand image of "Space 7" and rejuvenated the brand with a sense of style. Leveraging on the popular star's influence on young consumers, the Group reached out to more young consumers born after 1995 to further rejuvenate the brand[1].

- Revenue from Vinda's personal care business (including feminine care and adult incontinences) increased by 3.0% (4.3% based on fixed exchange rate) to HK $ 2.904 billion, accounting for 18% of the Group's total revenue (2019: 18%), with a gross profit margin of 34.7% (2019: 29.1%). As to feminine care, Libresse Via has increased its popularity and established a distinctive brand image through endorsements and theme activities, attracting continuous attention from consumers and maintaining a strong domestic growth momentum[2].

- In September 2020, Chongqing Baiya Sanitary Products Co., Ltd. was successfully listed on the SME board of the Shenzhen Stock Exchange. Facing the impact of COVID-19 pandemic and the fiercer market competition, the company has always focused on its main business, intensively cultivated core competitiveness, expanded in an orderly manner across the country, actively developed e-commerce and new retail channels, continued to optimize product structure and accelerated the update of product. During the reporting period, the company achieved operating revenue of 1.25 billion yuan, an increase of 8.82% over the same period in 2019; and total profit increased by 43.70% over the same period in 2019[3].

- In July 2020, Little Nurse (Tianjin) Technology Co., Ltd. was listed on the National Equities Exchange and Quotations. Its performance forecast in 2020 showed that the net profit attributed to shareholders of listed company would reach 21 million to 25 million yuan, an increase of 388.50% to 481.54% over the previous year. The main reasons for the growth: firstly, in response to the COVID-19 pandemic at home and abroad, the company actively expanded the production line of anti-pandemic products and mass-produced disposable medical masks. Secondly, the national market rebounded in the second half of 2020. The company optimized market layout and improved its service, thus bringing more stable high-quality customers. Thirdly, the company actively developed new products and at the same time strengthened publicity on media platform to reach customers across the country[4].

- In the fiscal year of 2020, Procter & Gamble's sales volume of feminine care segment (including adult incontinences) in the region of Greater China increased low-single digits due to product innovation, increased marketing spending, growth of adult incontinent products, and pantry loading caused by COVID-19 pandemics in certain markets[5].

- Kimberly-Clark's personal care products net sales revenue in developing regions and emerging market fellby 1%. Major factors at play were as follows: firstly, changes in foreign currency exchange rates decreased sales revenue by 9%, primarily in Latin America and China; secondly, the growth of sales volume has increased sales revenue by 4%, mainly in markets of China, Eastern Europe, Brazil and India; thirdly the improvement of product mix and the acquisition of Indonesia Softex increased sales revenue by 2% respectively. The improvements of product mix were primarily in China[6].

- The sales revenue of Kao's Laurier sanitary napkins in Asian market registered a significant rise, which was mainly attributed to e-commerce projects steadily advanced in Chinese market[7].

- In Chinese market, Unicharm's Sofy feminine hygiene products maintained good sales performances. To satisfy Chinese consumers' need of relieving menstrual pain, it introduced Sofy Hot sanitary napkins containing Chinese medicine ingredients [8].

Other enterprises with significant growth in sales

revenue of feminine hygiene products include: Xiangcheng Xiaoli increased by 56.7%, Zhangzhou Zhiguang increased by 12.2%, Tianjin Junfa Senda increased by 12.2%, Suzhou Guanjie increased by 10.4%, Hangzhou Yuhong increased by 33.2%, Hangzhou Little Sister increased by 81.4%, Hangzhou Kawada increased by 33.3%, Guilin Jieling grew by 11%, Kayson grew by 23.4%, and Dongguan Jinbaoli grew by 12.4%.

2.2 Baby Diapers/Diaper Pads

Baby diapers/diaper pads industry is still in a period of adjustment when the market is faced with fierce competition. In 2020, there were 716 baby diapers/diaper pads manufacturers registered in CNHPIA, 65 more than that of the previous year, while the market competitors consist of a large number of manufacturers. Leading manufacturers are mainly located in Tianjin, Shanghai, Jiangsu, Zhejiang, Anhui, Fujian, Hunan, Guangdong, Guizhou and other places, including domestic manufacturers/brands, such as Hengan, Winsun, Qianzhiya, Leo, Haoyue, Coco, Capable, Suitsky, Daddybaby, Chiaus, Care Daily, Yinyin, Changxing, Obee, Tianjiao, as well as international manufacturers, like P&G, Unicharm, Kimberly-Clark, Kao, and Elleair. Brand concentration is high in the high-end market, including international brands such as Pampers, Mamy Poko, Moony, Huggies, Merries, GOO.N, etc., as well as national brands like Anerle, and regional brands like Dress, Mingrenbaobao, Leby, Hope Baby, Quties, Capable, Suitsky, Daddybaby, Chiaus, Care Daily, Cojin, Yipianshuang, Binbe and Momcozy.

Table 8a shows the top 15 domestic baby diapers/diaper pads manufacturers and brands in 2020 with the ranking for reference only. Table 8b shows the international baby diapers/diaper pads manufacturers and brands with factories built in China. Table8c shows the key baby diapers/diaper pads manufacturers and brands in different regions besides the top 15 manufacturers.

In 2020, the COVID-19 pandemic has brought challenges to Chinese baby diapers manufacturers. The tight supply of raw materials in the first half of the year led to a sharp rise in market prices and a significant increase in production costs of enterprises. At the same time, it is difficult for the prices of final products to rise accordingly, resulting in reduced profit margins and fierce market competition.

Because of the stable supply of materials, multinational brands have consolidated and expanded their advantages in the pandemic. On the one hand, they continued to increase the share of high-value-added and high-quality products and consolidate the high-end product line. On the other hand, they continued to expand their presence in low-tier markets through e-commerce and other channels, exploring the third and fourth-tier markets.

At the same time, China's local baby diaper manufacturers were also actively adjusting their strategies to deal with challenges. Some baby diaper manufacturers switched to produce disposable masks to make up for the sales revenue reduction of original business. The up-and-coming stars of baby diaper brands, such as Care Daily, Lelch, etc., rose to prominence. They have gained recognition from a large number of consumers through new marketing strategies (such as WeChat business, community-based marketing, etc.) and specific brand positioning. In 2020, their own production capacity was greatly improved, thus enhancing brand influence.

The COVID-19 pandemic also accelerated the development of e-commerce channels for baby diapers. E-commerce's convenient and quick purchase methods and promotional activities were in line with young parents' consumption habits, giving rise to a number of Internet baby diaper brands. Leading baby diaper manufacturers also accelerated the deployment of e-commerce channels, adapted to the marketing model in the new era, and strived for multi-channel development.

With a declining baby births and rising market penetration in China in recent years, the previous high growth rate of the Chinese baby diaper market could hardly reappear. But new brands are still emerging, thus the market competition will be more intense. Companies may need to make breakthroughs in product innovation, research and development of high-end, high-value-added products, and marketing innovation.

Table 8a Top 15 Domestic Baby Diapers/Diaper Pads Manufacturers/ Brands in 2020 (By Sales Revenue)

Num	Company	Brands	Capacity (baby diapers+baby diaper pads)/ (100 million pieces/year)
1	Fujian Hengan Group Co., Ltd.	Q·MO, Anerle	32. 6+1. 5
2	Guangdong Winsun Personal Care Products Co., Ltd.	Dress, D-sleepbaby	27. 6+1. 2
3	Hangzhou Qianzhiya Sanitary Products Co., Ltd.	Mingrenbaobao	17. 0+0. 9
4	Fujian Leo Paper Co., Ltd.	Leby, Dr. Totoro, Beloving	31+2
5	Hangzhou Haoyue Healthcare Products Co., Ltd.	Hope Baby	15. 3+0. 5
6	Hangzhou Coco Healthcare Products Co., Ltd.	Quties	22. 4(total)
7	Guizhou Capable International Sanitary Products Co., Ltd.	Capable, Instead	9. 4+2. 2
8	Hunan Suitsky Household Products Co., Ltd.	Suitsky	6. 9+3. 3
9	Daddybaby Co., Ltd.	Daddybaby	14. 1(diapers)
10	Chiaus (Fujian) Industrial Development Co., Ltd.	Chiaus	15(diapers)
11	Care Daily (Shenzhen) Technology Development Co., Ltd.	Care Daily	5. 5(diapers)
12	Guangdong Yinyin Co., Ltd.	Cojin	10. 3+4. 3
13	Dongguan Changxing Paper Co., Ltd.	Yipianshuang, Pianpianshuang	14. 4+3. 2
14	Guangdong Obee Personal Care Products Co., Ltd.	Binbe, Small Kings, Ohbaby	9. 3+0. 6
15	Quanzhou Tianjiao Lady & Baby's Hygiene Supply Co., Ltd.	Momcozy, Joyous Baby, Homebaby	

Table 8b International Baby Diapers/ Diaper Pads Manufacturers/Brands with Factories in China

Company	Brands
Procter & Gamble (China) Co., Ltd.	Pampers
Unicharm Consumer Products (China) Co., Ltd.	MamyPoko, Moony
Kimberly-Clark (China) Co., Ltd.	Huggies
Kao (Hefei) Co., Ltd.	Merries
Elleair International China (Nantong) Co., Ltd.	GOO. N

Table 8c Key Baby Diapers/Diaper Pads Manufacturers/Brands in 2020 (By District)

District	Company	Brands
Beijing	Beijing Purism Technology Co., Ltd.	Daddy's choice
Jiangsu	Jiangsu Jiaxuan Intelligent Health Products Co., Ltd.	Yoyoair, Chuxin
	Goodbaby Bairuikang Hygiene Products Co., Ltd.	Good Baby, Qimiaoya
	Jiangsu Debang Hygiene Products Co., Ltd.	AiqiBaby, ShouhuBaby
Zhejiang	Hangzhou Shujie Hygiene Products Co., Ltd.	Aigema, HaniHani, Babiku
	Hangzhou Beingmate Parent-child Articles Co., Ltd.	Beingmate
	Zhejiang Youquan Care Products Technology Co., Ltd.	Baby Energy, Yiku
	Zhejiang Wharney Daily Chemical Co., Ltd.	Happy Baby
	Hangzhou Jiajie Industrial Co., Ltd.	Lanjingling, Miku

Continued

District	Company	Brands
Fujian	Megasoft (China) Co., Ltd.	Chikool, Transcend
	Baron (China) Co., Ltd.	Besuper
	Quanzhou Jiahua Sanitary Products Co., Ltd.	Yiying
	Fujian New Yifa Group Co., Ltd.	Palm Baby, Meifuer
	Nanan Yuanda Hygiene Products Factory	Super Comfort, Pum Sun, Becute
	Insoftb (China) Co., Ltd.	Insoftb
	Fujian Huian Hecheng Household Products Co., Ltd.	Yage, Oushiya
Jiangxi	Jiangxi Anxiu Science & Technology Development Co., Ltd.	Ansue, Besoo, Mico, Cani Deer
	Jiangxi Marvel ConsumerProducts Co., Ltd.	Wonder Wraps
	Nanchang Aile Technology Development Co., Ltd.	Aiyecao
Hubei	Wuhan Yongyi Paper Co., Ltd.	Xiaonengren, Like, Xiaomengren
	Hubei Mayinglong Care Products Co., Ltd.	Mayinglong
	Hubei Baocan Hygiene Products Co., Ltd.	Airou, Yinqi, Mosbot
Hunan	Hunan Shajoy SanitaryArticles Co., Ltd.	Shinrea, Love Mom
	Hunan Jieyun Sanitary Products Co., Ltd.	Beiyingshuang, Yingtongzhixing, Baobibei
	Hunan Beiyin Hygiene Supplies Co., Ltd.	Beiyin, Aoyishuang, Aobeishuang
	Hunan Xiaobei Carebaby Supplies Co., Ltd.	Genius Baby, Youbest
Guangdong	Guangdong Kangyi Hygiene Products Co., Ltd.	Kangyi Baby
	Guangdong Bangbao Personal Care Products Co., Ltd.	Yeebo, Maggino, Growth Story
	Guangzhou H&C Sanitary Products Co., Ltd.	Teddy Bear
	Dongguan Tianzheng Paper Co., Ltd.	Qian, Naughty Baby, Yuyingtang
	Guangdong Alloves Hygiene Products Co., Ltd.	Lioves, Ugeer
	Guangdong Bestseller Care Products Co., Ltd.	Xuxuxiong, Polar Bear
	Jiameis Sanitary Products Co., Ltd.	Enshi, Beianqi, Leerlang
	YINKA (Group) Health Supplies Ltd.	Comfort and Good, Kangshi, Abob
	Lunaler Health Technology (Guangzhou) Co., Ltd.	Lelch
	Dongguan Baoshi Health Supplies Co., Ltd.	Bangaibao, Yingweishi, Feichang Banli

• The revenue of Hengan Group's diaper segment amounted to approximately 1.426 billion yuan and the decline greatly narrowed to approximately 0.9% (2019: a decrease of 6.3%), accounting for approximately 6.4% of the Group's overall revenue (2019: 6.4%). Among them, sales growth of premium "Q·MO" products exceeded approximately 70.0%, accounting for approximately 18.9% of the overall diaper sales. The gross profit of the diaper business dropped slightly to approximately 39.6% (2019: 40.5%). The main reasons for the diapers business performance improvement include: Hengan Group seized the opportunity to further develop the premium product market and rationalize its product portfolio[1].

• In September 2020, Hangzhou Haoyue was officially listed on the main board of Shanghai Stock Exchange. Through expanding market presence, increasing capacity and R&D investment, its baby hygiene products segment continued to develop steadily. The revenue of this segment reached 1.667 billion yuan in 2020, a year-on-year increase of 22.29% compared with 1.363 billion yuan in 2019. Moreover, it set production in accordance with customers' demand. As a result of increased needs, the production and sales of baby hygiene products increased by 10.83% and 14.78% respectively on year-on-year basis[9].

● In fiscal year 2020, the sales volume of Procter & Gamble's baby care products in the Greater China and Asia-Pacific markets was down by low-single digits, which was mainly due to market competition, changes in currency exchange rates, and the decline in China's baby birth rate [5].

● The sales volume of Kao's Merries baby diapers in Japan and China both declined, and at the same time, the sales steadily increased in the Indonesian market [7].

● In 2020, Unicharm Corporation introduced Moony "Super Royal" premium baby diapers in the Chinese market, in order to meet consumer's demand for safety and high quality with high value-added products, which made the company's baby diapers sales increase significantly in the Chinese market[8].

Enterprises with obvious growth in sales revenue of baby diapers/diaper pads include: Fujian Licheng Paper Industry has more than doubled, Fujian Nuomi increased by 88.6%, Guizhou Capable increased by 60.3%, Guangdong Obee increased by 50%, Chiaus increased by 36.5%, Guilin Jieling increased by 33.7%, Hangzhou Coco increased by 26%, Leo Paper grew by 25%, Suitsky grew by 21.9%, and Guangdong Bangbao grew by 20%.

2.3 Adult Incontinences

In 2020, there were 449 adult incontinences manufacturers registered by CNHPIA, 36 more than that in 2019, with leading manufacturers mainly located in Beijing, Hebei, Liaoning, Shanghai, Jiangsu, Zhejiang, Fujian, Shandong and other places. The domestic leading manufacturers mainly include Coco, Hengan, Qianzhiya, Sunkiss, Shujie, Haoyue, Beishute, Suning, E-Way, Aishule, Welfare, Banzhou, Yofoke, Licheng Paper, Jinjie, etc., while the international manufacturers include Vinda, Kimberly-Clark, Unicharm, etc. International brands include Tena, Depend, Lifree, etc., and national brands include COCO and ElderJoy, while local brands include Kidsyard, For Life, Yiniankang, Huiquan, Jefcare, Anpa, Baolai, Aishule, Welfare, Huihao, Yofoke, Casoft, Yibashou, etc.

Table 9a Top 15 Domestic Adult Incontinences Manufacturers/Brands in 2020 (By Sales Revenue)

Num	Company	Brands	Capacity/(100 million pieces/year)
1	Hangzhou Coco Healthcare Products Co., Ltd.	COCO	14.5(total)
2	Hangzhou Qianzhiya Sanitary Products Co., Ltd.	Kidsyard, Kindsure	11.0(diapers)+0.15(diaper pads)+1.9(under pads)
3	Sunkiss Healthcare (Zhejiang) Co., Ltd.	Sunkiss, For Life	3.58(diapers)+2.94(diaper pads)+3.2(under pads)
4	Fujian Hengan Group Co., Ltd.	ElderJoy	2.22(diapers)+0.73(diaper pads)+0.75(under pads)
5	Hangzhou Shujie Hygiene Products Co., Ltd.	Yiniankang, Shujiekang	1.86(diapers)+1.2(under pads)
6	Shanghai E-Way Industry Co., Ltd.	Baolai	1.08(diapers)+2.85(diaper pads)+2.58(under pads)
7	Beijing Beishute Women and Children Products Co., Ltd.	Jefcare	10.83(diaper pads)+2.0(under pads)
8	Shandong Aishule Hygiene Products Co., Ltd.	Aishule	3.4(diapers)+1.08(diaper pads)+9.0(under pads)
9	Fujian Licheng Paper Co., Ltd.	Casoft	1.61(diapers)+0.12(diaper pads)+0.62(under pads)
10	Hangzhou Haoyue Healthcare Products Co., Ltd.	White Cross, Huiquan, Good Year, Comfrey	0.76(diapers)+0.23(diaper pads)+0.5(under pads)

Continued

Num	Company	Brands	Capacity/(100 million pieces/year)
11	Hebei Jinjie Health Technology Co., Ltd.	Yibashou, Jingzhongjing	3.1(diapers)+2.4 (diaper pads)+1.25(under pads)
12	Jiangsu Yofoke Healthcare Technology Co., Ltd.	Luban, Yofoke	1.87(diapers)+1.32 (diaper pads)+0.66(under pads)
13	Shanghai Welfare Group Co., Ltd.	Welfare	0.7(diapers)+0.3 (diaper pads)+0.8(under pads)
14	Suzhou Suning Mattress Co., Ltd.	Anpa	0.35(diapers)+2.52(under pads)
15	Liaoning Huiying Banzhou Medical Material Co., Ltd.	Huihao	0.24(diapers)+0.3 (diaper pads)+0.3(under pads)

Table 9b International Adult Incontinences Manufacturers/Brands with Factories in China

Company	Brands
Unicharm Consumer Products (China) Co., Ltd.	Lifree
Kimberly-Clark (China) Co., Ltd.	Depend

Table 9c Key Adult Incontinences Manufacturers/Brands in 2020 (By District)

District	Company	Brands
Tianjin	Tianjin Yifei Hygiene Products Co., Ltd.	Taiyangyu, Bangyiba
	Tianjin Xinglin White Cross Surgical Dressing Co., Ltd.	Saluba, Keya
Hebei	Hebei Hongda Hygiene Products Co., Ltd.	Laolaifu
	Hebei Yihoucheng Commodity Co., Ltd.	Xierjian
	Shijiazhuang Shunmei Tissue Paper Technology Co., Ltd.	Jiabaoshi
Shanghai	Shanghai Biyoufu Daily Appliances Co., Ltd.	Biyoufu, Baoerkang, Xiaoxin
Zhejiang	Vinda Paper (Zhejiang) Co., Ltd.	Tena, Dr. P
Anhui	Wuhu U-Play Corporation	U-Play, Fupai
Fujian	Fujian New Yifa Group Co., Ltd.	PalmJoy, HappyJoy
	G. T. Paper Co., Ltd. Putian Fujian	Shubao
	Hansoms Global Hygiene Products Co., Ltd.	OEM
Shandong	Shandong Yunhao Hygiene Products Co., Ltd.	Jielai
	Shandong 2H Healthcare Products Co., Ltd.	2H
	Shandong Kunyuantang Hygiene Products Co., Ltd.	Yijia, Laorenfu
	Weihai Weigao Medical Material Co., Ltd.	Weile
Henan	Zhengzhou Qifu Hygiene Products Co., Ltd.	Qifu
Guangdong	Foshan Nanhai Beautiful Nonwoven Co., Ltd.	Wonderful, Laofuzi
	Guangdong Carelder Health Industry Technology Co., Ltd.	Carelder

Table 9a shows the top 15 adult incontinences manufacturers and brands in 2020 with the ranking only for reference. Table 9b shows the international adult incontinences manufacturers and brands with factories built in China. Table 9c shows the key adult incontinences manufacturers/brands in different regions besides the top 15 manufacturers.

In 2020, market penetration rate of Hengan Group's "ElderJoy" adult diapers gradually increased with a higher proportion of premium adult diapers, which promoted the improvement of the Group's diaper business. As China puts more emphasis on the development of the elderly care industry, there will be more market potential in the field of domestic adult care products. Hengan Group will step up its efforts to invest more in the development of adult care products, thereby increasing the domestic market penetration rate of the "ElderJoy" adult diapers and increasing its market share in Southeast Asia at the same time [1].

Haoyue's adult hygiene products segment (including feminine hygiene products) maintained a sound growth, with revenue in 2020 reaching 616 million yuan. This is a year-on-year increase of 17.84% compared with 523 million yuan in 2019. Its export business of sanitary napkins and adult diapers was greatly influenced by overseas pandemic, rising cost of shipment and raw materials as well as disruptions in foreign currency rate. As a result, the production and sales volume of adult hygiene products only increased by 1.33% and 5.10% respectively over the previous year.

The sales revenue of adult incontinences has undergone significant increasein such enterprises as: Shanghai E-Way increased by 89.8%, Shandong Aishule increased by 44.9%, Shandong Yunhao increased by 41.9%, Shanghai Welfare increased by 19.4%, Huiying Banzhou increased by 29% and Changxing increased by 18.3%.

2.4 Hygiene Products for Pets

In 2020, there were 68 pet hygiene products manufacturers registered by CNHPIA, 7 more than in 2019, mainly located in Tianjin, Hebei, Liaoning, Shanghai, Jiangsu, Zhejiang, Anhui, Fujian, Shandong, Guangzhou, etc. Pet hygiene products are mainly produced for export, with export value accounting for 74.6% of the factories' total sales revenue in 2020.

In recent years, with the development of China's economy and changes in the traditional family structure, the number of pet owners has gradually increased. More and more Chinese families are spending time and energy on their pets and are willing to consume for the sake of their pets. Domestic pet hygiene products manufacturers have gradually begun to deploy the pet industry. Although the overall market size is still small, it emerges as a major development trend in the future.

Table 10 Key Manufacturers of the Hygiene Products for Pets in 2020 (No Ranks)

District	Company	Capacity/(100 million pieces/year)
Tianjin	Tianjin Yiyi Hygiene Products Co., Ltd.	1.87(diapers)+27.0(under pads)
Hebei	Hebei Yihoucheng Commodity Co., Ltd.	3.6(under pads)
Liaoning	Dalian Iris Commodity Co., Ltd.	6.0(diapers)+2.0(under pads)
Shanghai	Shanghai Welfare Group Co., Ltd.	0.8(under pads)
	Shanghai E-Way Industry Co., Ltd.	0.13(under pads)
Jiangsu	Jiangsu Zhongheng Pet Articles Co., Ltd.	2.0(under pads)
	Taizhou Far East Paper Co., Ltd.	0.85(under pads)
	Suzhou Suning Mattress Co., Ltd.	0.8(under pads)
Zhejiang	Hangzhou Coco Healthcare Products Co., Ltd.	1.49(total)
Anhui	Wuhu U-Play Corporation	4.0(diapers)+16.0(under pads)
Fujian	Fujian Licheng Paper Co., Ltd.	0.16(diapers)+0.07(under pads)
	AAB (China) Co., Ltd.	0.008(under pads)
Shandong	Shandong Aishule Hygiene Products Co., Ltd.	2.7(diapers)+12.6(under pads)
	Shandong Rikang Hygiene Products Co., Ltd.	0.5(under pads)
	Shandong Kunyuantang Hygiene Products Co., Ltd.	0.43(under pads)
Guangdong	Zhuhai Jianlang Hygiene Products Co., Ltd.	0.12(diapers)+0.12(under pads)

2.5 Wipes

In 2020, there were 848 wipes (including dry wipes and wet wipes) manufacturers registered by CNHPIA, 178 more than that in 2019, mainly located in Beijing, Tianjin, Hebei, Liaoning, Jilin, Shanghai, Jiangsu, Zhejiang, Anhui, Fujian, Shandong, Hubei, Guangdong, Chongqing, etc. However, there were only a few national brands. Many companies provide OEM service for clients at home and abroad.

Table 11a shows the top 10 manufacturers and brands of wipes in 2020 with the ranking only for reference. The sales revenue of top 10 wipes manufacturers accounted for about 36.8% of the total (about 30.2% in 2019), with relatively higher market concentration than previous year. Table 11b shows the key wipes manufacturers/brands in different regions besides the top 10 manufacturers.

Table 11a Top 10 Wipes Manufacturers/Brands in 2020 (By Sales Revenue)

Num	Company	Brands
1	Shenzhen PurCotton Era Science and Technology Co., Ltd.	Purcotton
2	Hangzhou Guoguang Touring Commodity Co., Ltd.	Cotton Papa, OEM
3	Fujian Hengan Group Co., Ltd.	Mind Act Upon Mind
4	Shanghai American Hygienics Co., Ltd	Dr. Parmar
5	Anhui Hanbon Daily Chemical Co., Ltd.	Kidclean
6	Tongling Jyair Bio-Tech Co., Ltd.	Aini, Xicaca, Haha
7	Vinda Paper (China) Co., Ltd.	Vinda
8	Chongqing Treasure Hygiene Products Co., Ltd.	Treasure
9	Nan Liu Enterprise (Pinghu) Co., Ltd.	OEM
10	Gold Hongye Paper Group Co., Ltd.	Breeze

Table 11b Key Wipes Manufacturers/Brands in 2020 (By District)

District	Company	Brands
Beijing	Kimberly-Clark (China) Co., Ltd.	Kleenex
	Creations Oupai (Beijing) Technology Co., Ltd.	Mufo, Jiankangbaobao, Engagement
Tianjin	Tianjin Concept Biologic Technology Co., Ltd.	OEM
	Tianjin Yansheng Industry & Trade Co., Ltd.	Clean Kidz, Beiziwawa
Hebei	Hebei Yihoucheng Commodity Co., Ltd.	Nihao
	Baoding Yusen Sanitary Products Co., Ltd.	Baili, Yusen
Liaoning	Dalian Oupai Technological Co., Ltd.	Oupai, Shuiyou, Sunny
	Dalian Daxin Health Nursing Products Co., Ltd.	Jodea, B&W Pig, Duck Fleet, Zebra Forest
	Linghai Zhanwang Biological Technology Co., Ltd.	Keaiduo, Lanyueliang, Piaoliangbaobei
	Shenyang Naer Industry Co., Ltd.	Sibai, Shumi, Xiangbaier
Jilin	Siping Shengya Hygienic Products Co., Ltd.	Shengya, Yaya, Shuiwuhen, Vinijia
	Siping Jiaer Household Articles Co., Ltd.	Jer, UJer, Yianning
Heilongjiang	Harbin Jinxiao Medicine Sanitary Products Factory	Shjiao, Bing Ge Xue Mei, Cool Minority, Yueshuangning
Shanghai	Johnson & Johnson (China) Ltd.	Johnson, elsker
	Shanghai Sanjun Living Products Co., Ltd.	Chupai
	Kang Na Hsiung Enterprises (Shanghai) Co., Ltd.	Carnation, OEM
	Pigeon (Shanghai) Co., Ltd.	Pigeon

Continued

District	Company	Brands
Jiangsu	Yangzhou Perfect Daily Chemicals Co., Ltd.	Perfect
	Naisenkelin Daily-Use Articles (Suzhou) Co., Ltd.	Naisenkelin
	Suzhou Borage Daily Chemical Co., Ltd.	OEM
Zhejiang	Hangzhou Bonyee Daily Necessity Technology Co., Ltd.	Bonyée
	Zhejiang Qimei Commodity Co., Ltd.	Qimei
	Shaoxing Ouerpai Hygiene Products Co., Ltd.	Oupai, Sunny
	Zhejiang Zhongren Electronic Technology Co., Ltd.	OEM
	Shaoxing Baixun Hygiene Products Co., Ltd.	Baixun
Anhui	Tongling Linan Biology Technology Co., Ltd.	OEM
Fujian	Fujian New Yifa Group Co., Ltd.	Palmlove
	Fujian Jianwei Medical Products Co., Ltd.	Huamianyi
	Insoftb (China) Co., Ltd.	Insoftb
	Zhangzhou Zhongnan Nursing Products Co., Ltd.	Taotao Bear
Jiangxi	Jiangxi Sencen Hygienic Products Co., Ltd.	M-infant
Shandong	Shandong Runhe Health Materials Co., Ltd.	Runhe
	Jinan Kanier Science & Technology Co., Ltd.	Kanier, Huixin
Hubei	Wuhan Innovation Oupai Technology Co., Ltd.	Oupai
	Hubei Amicus Asia Pacific Pte Ltd.	Fangjie
Hunan	Xiangtan Jincheng Paper Co., Ltd.	Xianyudu
Guangdong	Imperial Palace Commodity (Shenzhen) Co., Ltd.	Water Kissing, Sweet Carefor, Water Elf
	Golden Starry Environmental Products Co., Ltd.	Meigeli
	Vinner (Shenzhen) Health Products Co., Ltd.	ODM,OEM
	Nox Bellcow Cosmetics Co., Ltd.	OEM
	C&S Paper Co., Ltd.	C&S
Chongqing	Chongqing Haijie Sanitation Products Co., Ltd.	Yarun, Jingxiang, Yaqin
	Chongqing Seastar Health Care Co., Ltd.	Shendun, Meiheai
Sichuan	Sichuan Petrochemical Yashi Paper Co., Ltd.	Oulu
Tibet	Tibet Kanba Garpo Hygienic Products Co., Ltd.	Kanba Garpo, Metok Garpo

According to the statistics of CNHPIA, general-purpose wet wipes and baby wet wipes were still the largest categories, while other categories accounted for a small proportion. The percentage of makeup removal wipes decreased significantly. This may be due to the fact that people wearing masks during the COVID-19 pandemic had few opportunities to wear make-up, thus leading to declining demand for makeup removal wipes. However, the proportion of kitchen cleaning wet wipes and toilet wet wipes (moist toilet tissue) increased significantly. Due to the unclear definition of household cleaning wipes, it is no longer listed separately in the 2020 statistics. With regard to the application of dry wipes, in addition to dry wipes for babies and facial cleansing wipes alternative to towels, the combination of dry wipes (cleaning towel for "lazy people") and kitchen wet wipes in the context of kitchen cleaning was widely accepted by consumers. Antistatic wipes for floor cleaning have also quietly entered ordinary households. The development of new uses and application contexts has slightly increased the proportion of dry wipes.

Table 12a Production Share of Various Wipes According to Uses (By Nonwoven Consumption) (%)

Category	2020	2019
Wet wipes	94.5	94.7
Including: General-purpose wet wipes	35.8	25.4
Wet wipes for babies	34.8	33.3
Wet wipes for feminine sanitation	9.4	10.3
Wet wipes for make-up removal	4.2	16.1
Wet wipes for household cleaning		5.8
Wet wipes for kitchen cleaning	6.9	1.6
Wet wipes for toilet	3.0	1.9
Others	0.4	0.3
Dry wipes	5.5	5.3

In 2020, the outbreak of COVID-19 pandemic has made disinfectant wet wipes and hygiene wet wipes become essential anti-pandemic supplies. In order to get a sense of the market situation of these two types of wet wipes, CNHPIA has added a new statistical method in this report, which is to classify products based on their functions. Table 12b shows the proportion of cleaning wet wipes, hygiene wet wipes, and disinfectant wet wipes. It can be seen that disinfectant wet wipes accounts for 42.0% among wet and dry wipes, occupying a dominant position.

Table 12b Production Share of Various Wipes According to Functions (By Nonwoven Consumption) (%)

Category	2020
Wet wipes	94.5
Including: Cleaning wet wipes	28.6
Hygiene wet wipes	23.9
Disinfectant wet wipes	42.0
Dry wipes	5.5

3 Import and Export

3.1 Continued Growth in Exports

Though affected by COVID-19 pandemic in 2020, the export of absorbent hygiene products maintained a sound growth overall. The export volume reached 946900 tons, with a mid-to-high single-digit growth and the growth rate slowed down compared with that of 2019. Consumers' demand for personal cleaning products soared, and the export of wet wipes demonstrated an explosive growth momentum. Besides, the average export price reversed from the downward trend since 2014, increasing by 6.11% over 2019.

Exported absorbent hygiene products accounted for 22.9% of the total producers' sales revenue in the industry, which was relatively the same as in 2019. According to statistics by the Customs (Table 13a), the export volume of absorbent hygiene products in 2020 increased by 7.74% compared to 2019 (2019 annual growth: 16.85%), while the export value grew by 8.14% (2019 annual growth: 14.89%). Adult incontinent products (export commodity number 48189000, 9619019 and 9619090, including pet pads) took the largest proportion of export products, accounting for 53.31% of the total export volume. Next was baby diapers (export commodity number 96190111), accounting for 35.19% of total exports, and then sanitary napkins (export commodity number 9619020), accounting for 11.5% of the total.

Exported wet wipes accounted for 29.9% of the industry's total producers' sales revenue, an increase of 13.1 percentage points from 2019.

Table 13a Exports of Disposable Hygiene Products in 2020

Commodity Number	Commodity Name	Value/USD	Volume/ton	Average Price/ (USD/ton)	Compared with the same time of 2019/%		
					Value	Volume	Average Price
Absorbent hygiene products total		2698620455	947877.878	2847.01	8.14	7.74	0.37
48189000	Other family, hygiene or hospital products made from pulp, paper, etc.	433388398	222272.728	1949.80	5.80	8.65	-2.63

Continued

Commodity Number	Commodity Name	Value/USD	Volume/ton	Average Price/ (USD/ton)	Compared with the same time of 2019/%		
					Value	Volume	Average Price
96190011	Diapers and cloth nappies for babies, made from any materials	1087484333	333553. 140	3260. 30	7. 43	8. 08	-0. 60
96190019	Other diapers and cloth nappies made from any materials	358409094	158089. 664	2267. 13	2. 75	0. 28	2. 46
96190020	Sanitary napkins (pantiliners) and tampons made from any materials	521312770	109055. 736	4780. 24	11. 77	3. 08	8. 43
96190090	Diaper liners made from any materials and similar products	298025860	124906. 610	2385. 99	15. 36	21. 06	-4. 72
Wet wipes total		979430843	573288. 215	1708. 44	145. 56	131. 42	6. 11
34011990	Wet Wipes	979430843	573288. 215	1708. 44	145. 56	131. 42	6. 11

The enterprises whose export volume of sanitary napkins/pantiliners increased a lot include: Henan Simulect (over 200%), Hangzhou Kawada (33. 3%), KNH (24. 0%), Fujian Hengli (22. 5%), Shanghai E-way (19. 8%), Zhangzhou Zhiguang (12. 2%).

The enterprises whose export volume of baby diapers/diaper pads increased a lot include: Chiaus (over 400%), Guangdong Bangbao (over 100%), Hangzhou Coco (40. 7%), Yingfeng (27. 2%), Zhejiang Sunkiss (18. 2%), Guangdong Alloves (17. 5%), Chongqing Baiya (15. 1%), Baron (10. 9%).

The enterprises whose export volume of adult incontinent products increased a lot include: Hebei Jinjie (over 100%), Shanghai E-way (82. 4%), Shandong Rikang (75%), Zhejiang Ecocom (55. 6%). In addition, Tianjin Yiyi registered a large number of pet hygiene products exports, accompanied by 21% year-on-year increase.

According to the data released by China Customs (Table 13b), the United States is the biggest importer of absorbent hygiene products from China in the year 2020, followed by other 9 countries and regions as Philippines, Japan, South Korea, Australia, Vietnam, Russian Federation, the United Kingdom, India, and China Hong Kong. See Table 13c for the top 10 destinations of various absorbent hygiene products exported from China in 2020. The top 5 provinces/cities in the export volume are: Fujian, Jiangsu, Zhejiang, Tianjin and Shandong.

Table 13b Top 10 Exporting Countries and Regions Based on the Export Volume of Absorbent Hygiene Products in 2020

Ranking	Countries and Regions	Export Volume/ton
1	USA	227892. 208
2	Philippines	92405. 387
3	Japan	65439. 461
4	South Korea	60178. 038
5	Australia	47452. 372
6	Vietnam	29948. 826
7	Russian Federation	25710. 255
8	UK	19614. 813
9	India	18529. 330
10	Hong Kong, China	17612. 949

Table 13c Top 10 Exporting Countries and Regions Based on Export Volume of All Kinds of Absorbent Hygiene Products in 2020

Commodity Number	Commodity Name	Ranking	Countries and Regions	Export Volume/ton
48189000	Other family, hygiene or hospital products made from pulp, paper, etc.	1	USA	80714. 766
		2	Japan	48204. 913
		3	South Korea	23141. 492
		4	UK	9108. 144
		5	India	7280. 260
		6	Italy	5413. 343
		7	Brazil	3699. 418
		8	Germany	3602. 265
		9	Canada	3143. 308
		10	Taiwan, China	3079. 247
96190011	Diapers and cloth nappies for babies, made from any materials	1	Philippines	56985. 543
		2	Australia	39230. 881
		3	Vietnam	25931. 524
		4	Russian Federation	18719. 810
		5	Venezuela	10613. 735
		6	South Korea	10487. 820
		7	Chile	10268. 023
		8	South Africa	8559. 574
		9	Peru	8235. 885
		10	Haiti	7624. 497
96190019	Other diapers and cloth nappies made from any materials	1	USA	42215. 501
		2	Philippines	23965. 241
		3	South Korea	18613. 890
		4	Japan	12054. 398
		5	Hong Kong, China	9825. 293
		6	India	4512. 535
		7	Taiwan, China	4077. 278
		8	Malaysia	3807. 920
		9	Russian Federation	3157. 664
		10	Australia	2457. 023
96190020	Sanitary napkins (pantiliners) and tampons made from any materials	1	USA	29772. 512
		2	Philippines	7566. 626
		3	Kenya	4610. 002
		4	Venezuela	4472. 644
		5	Ghana	3740. 762
		6	Tanzania	3498. 568
		7	Myanmar	2931. 186
		8	UK	2536. 545
		9	Taiwan, China	2496. 048
		10	Hong Kong, China	2489. 730

Continued

Commodity Number	Commodity Name	Ranking	Countries and Regions	Export Volume/ton
96190090	Diaper liners made from any materials and similar products	1	USA	69865. 492
		2	Italy	6046. 361
		3	South Korea	5466. 062
		4	UK	4657. 820
		5	Netherlands	2584. 067
		6	Canada	2424. 182
		7	Taiwan, China	2361. 570
		8	Japan	2173. 219
		9	Russian Federation	2165. 924
		10	Germany	2036. 141

Table 13a indicates that the export volume of "Commodity No. 34011990 (wet wipes)" significantly increased by 131. 42% than that of 2019 (2019 annual growth: 23. 18%), and the export value increased by 145. 56% than that of 2019 (2019 annual growth: 27. 08%), both of which have doubled. And the average price of exported wet wipes rose. The top 10 destination countries and regions for wet wipes exports are: the United States, Australia, Japan, Chile, Canada, the United Kingdom, Peru, the Philippines, Denmark and China Hong Kong. The top 5 provinces/cities in the exports of wet wipes are: Zhejiang, Guangdong, Jiangsu, Anhui, and Shanghai.

3. 2 Significant Decrease in Imports

In 2020, the total import volume of absorbent hygiene products was 136400 tons, a year-on-year decrease of 27. 71% (Table 14a). The total import value accounted for 7. 0% of the industry producers' total sales revenue, a year-on-year decrease of 2. 9 percentage points, and a continuous decline since 2018 (a year-on-year decrease of 16. 71% and 11. 10% in 2018 and 2019 respectively). Import volume and value of baby diapers continued with a double-digit drop. Imported products are still mainly baby diapers, accounting for 85. 38% of the total imports. Japan is the main source of imported baby diapers, accounting for 98. 0% of import volume and 97. 8% of import value (98. 2% and 97. 9% in 2019) respectively.

Table 14a Imports of Disposable Hygiene Products in 2020

Commodity Number	Commodity Name	Value/USD	Volume/ton	Average Price (USD/ton)	Compared with the same time of 2019/%		
					Value	Volume	Average Price
Absorbent hygiene products in total		826050614	136432. 757	6054. 64	-23. 54	-27. 71	5. 76
48189000	Other family, hygiene or hospital products made from pulp, paper, etc.	22223829	6063. 716	3665. 05	25. 42	28. 66	-2. 52
96190011	Diapers and cloth nappies for babies, made from any materials	621475050	116487. 236	5335. 13	-29. 81	-31. 19	2. 00
96190019	Other diapers and cloth nappies made from any materials	4325889	867. 380	4987. 31	37. 53	-12. 42	57. 05
96190020	Sanitary napkins (panty liners) and tampons made from any materials	175216707	12315. 935	14226. 83	5. 13	-1. 77	7. 02

Continued

Commodity Number	Commodity Name	Value/USD	Volume/ton	Average Price (USD/ton)	Compared with the same time of 2019/%		
					Value	Volume	Average Price
96190090	Diaper liners made from any materials and similar products	2809139	698.490	4021.73	-61.82	-41.35	-34.90
Wet wipes in total		22217948	8811.231	2521.55	15.82	10.93	4.41
34011990	Wet Wipes	22217948	8811.231	2521.55	15.82	10.93	4.41

In 2020, imports of sanitary napkins (including tampons) declined for the first time in the nearly three years (declining 1.77% year-on-year). The imported sanitary napkins (including tampons) are mainly from Japan, Hungary, South Korea, Canada, the United States and other countries, among which the largest imports are from Japan, accounting for 43.2% of the import volume and 34.5% of the import value.

In 2020, imports of wet wipes increased by 10.93%, a shift from the decrease in 2018 and 2019. The import value of wet wipes accounted for 0.67% of the industry producers' total sales revenue, down 0.14 percentage points from 2019. The products were mainly imported from Indonesia, Singapore, Japan, the United States, South Korea, Taiwan (China), Malaysia, etc.

Top 14b Top 10 Countries and Regions Based on Import Volume of All Kinds of Absorbent Hygiene Products in 2020

Commodity Number	Commodity Name	Ranking	Countries and Regions	Import Volume/ton
48189000	Other family, hygiene or hospital products made from pulp, paper, etc.	1	Japan	1823.313
		2	South Korea	1367.464
		3	USA	1288.382
		4	Germany	971.058
		5	Taiwan, China	288.301
		6	Malaysia	93.692
		7	Thailand	74.766
		8	France	46.271
		9	Italy	34.127
		10	UK	32.209
96190011	Diapers and cloth nappies for babies, made from any materials	1	Japan	114159.170
		2	South Korea	605.034
		3	Thailand	524.992
		4	Taiwan, China	328.489
		5	China	283.676
		6	Indonesia	272.585
		7	Germany	121.937
		8	Belgium	72.759
		9	Malaysia	31.169
		10	Netherlands	14.543

Continued

Commodity Number	Commodity Name	Ranking	Countries and Regions	Import Volume/ton
96190019	Other diapers and cloth nappies made from any materials	1	Japan	616. 345
		2	Malaysia	110. 531
		3	Germany	48. 338
		4	Denmark	24. 908
		5	Taiwan, China	21. 930
		6	Myanmar	12. 361
		7	USA	9. 077
		8	China	7. 048
		9	Netherlands	6. 848
		10	France	4. 203
96190020	Sanitary napkins (panty liners) and tampons made from any materials	1	Japan	5323. 176
		2	Hungary	3152. 904
		3	South Korea	920. 910
		4	Canada	811. 812
		5	USA	449. 622
		6	Germany	384. 944
		7	Thailand	267. 652
		8	Slovenia	256. 248
		9	Vietnam	148. 812
		10	China	117. 408
96190090	Diaper liners made from any materials and similar products	1	Japan	264. 709
		2	Thailand	200. 336
		3	China	68. 131
		4	Denmark	55. 955
		5	USA	43. 912
		6	South Korea	21. 775
		7	Taiwan, China	18. 904
		8	Indonesia	10. 800
		9	Germany	9. 005
		10	Hong Kong, China	4. 323

Note: "China" in the countries and regions column means "interplant transfer" between enterprises. China implements preferable tax policies for processing products import and export, and raw materials imported by processing trade enterprises are exempted from value-added tax. As a result, enterprises purchase raw materials overseas, and finished products made of such raw materials must be sold after departure, and may enjoy tax rebate policy after export verification. Among such enterprises, converted products of one enterprise are the materials for finished products of another enterprise. The two parties fill in export and import declarations respectively with their own converting manuals, and complete import and export procedures at the Customs, and such transit is called "interplant transfer". "Interplant transfer" has two forms: (1) interplant transfer among processing trade enterprises namely further-process transfer; (2) interplant transfer between general trade enterprises and processing trade enterprises, namely interplant transfer in bonded areas (sell export-oriented products to its home market).

4 Market Change and Development Characteristics in 2021

In 2021, China's prevention and control of COVID-19 pandemic were conducted on a continuing basis, but the international landscape is still changing, the export trade is stagnant, raw material prices are soaring, and the pressure from energy conservation and emission reduction is mounting. As a result, the development of the disposable hygiene products industry continues to be under pressure. However, the industry players earnestly practiced the carbon peaking and carbon neutrality strategies, actively assumed their social responsibilities, and strived to develop smart green technologies to promote the sustainable and healthy development of the industry.

4.1 Players in the Disposable Hygiene Products Industry Practiced the Carbon Peaking and Carbon Neutrality Strategies, Developed Smart Green Technologies, Actively Assumed Social Responsibilities, and Jointly Promoted Green and Sustainable Development of the Industry

In order to achieve the carbon peaking and carbon neutrality strategic goals of China, the industry players, especially leading players, are actively looking for ways to reduce carbon emissions, and improving technological qualities and productivity to realize green transformation. They work with consumers to improve the ecological environment.

Hengan, Vinda and other industry leaders launched a series of activities to realize energy conservation, emission reduction and green production. They promoted the use of renewable energy through solar power generation. P&G plans to use 100% renewable energy in all its production plants in China by 2030. Daddy Baby improved the heat preservation function of the building, established an unmanned intelligent warehouse, used solar power generation and developed sustainable and clean production technology to reduce energy consumption. Qianzhiya invested a lot of intelligent equipment, optimized and integrated production and packaging processes, realized intelligent transportation and intelligent storage, and actively used clean and low-carbon electricity. Chongqing Baiya and Going-Link cooperated to build a new digital procurement platform.

While focusing on their own businesses, the industry players also actively fulfilled their social responsibilities, devoted to establishing a responsible image of the industry. To ensure pandemic prevention, the hygiene products enterprises continued to donate money and goods. In mid-late July, Henan Province was hit by a heavy rainstorm, and the enterprises acted decisively to donate money and goods to help disaster relief.

COCO and Carelder actively carried out activities to pay respect to the elderly, popularizing adult incontinent products.

Through various public welfare activities, Hengan, Chongqing Baiya, Kimberly-Clark and other hygiene products enterprises helped girls lead a safe, healthy and confident life in their adolescence.

4.2 Players in the Disposable Hygiene Products Industry Joined the Capital Market to Seek Financial Support and Long-Term Standardized Development

Tianjin Yiyi Hygiene Products Co., Ltd., Hangzhou Coco Healthcare Products Co., Ltd., and Tongling Jyair Biologic Technology Co., Ltd. were successfully listed on the Shenzhen Stock Exchange. Shanghai Orient Champion Paper Co., Ltd., Kingdom Healthcare Holdings Co., Ltd. Guangdong and Focus Hotmelt Company Ltd. have entered the listing process.

4.3 New Projects of Disposable Hygiene Products Manufacturers and Raw Material Suppliers

- Hengan Group's Xiaogan Industrial Park for disposable hygiene products (with a total investment of 5 billion yuan) officially started construction, a project with the largest investment scale, the closest upstream and downstream cooperation and the highest degree of modernization and automation by Hengan.
- Qianzhiya global R&D Center and Intelligent Manufacturing Industry Base introduced two fully-intelligent high-speed baby diaper lines from Zuiko.
- Haoyue Nursing (Hubei) Co., Ltd., a wholly-owned subsidiary of Hangzhou Haoyue Personal Care Co. Ltd., was officially established, covering business scopes including hygiene products, disposable medical products and paper products.
- Sichuan Shujie Care Products Co., Ltd. introduced China's first integrated production equipment for adult incontinent pants and menstrual pants.

• Kingsafe (Hubei) Industrial Park project started the construction, with a projected annual output of 180000 tons of spunlaced nonwovens and 200 billion pieces of dry wipes.

• Tianjin Yiyi and other partners agreed to invest jointly to set up Suqian Tuobo Asset Management Partnership (limited partnership), and set up an industrial fund with focus on pet products related fields.

• P&G officially opened its Smart Technology Innovation Center in Guangzhou, one of the Group's three global smart technology innovation centers. It is also the first R & D institution of P&G in Asia specializing in intelligent manufacturing and full link technological innovation of supply chain.

• Kao (Hefei) Co., Ltd. completed the construction of new factory at the second phase of the project.

Raw material suppliers expanded production scale through investment, acquisition and other means, and introduced advanced equipment to meet the new requirements for materials.

• Hengan Group became a shareholder of Fujian Jianwei Medical supplies.

• Nanhai Beautiful Health acquires Mitsui Chemicals Nonwovens (Tianjin).

• Yanjan plans to invest in the air through and spunbonded nonwovens project.

• Shandong Aishule started up its biodegradable multiform nonwovens and medical care products project.

• Henkel announced plans to build its Zhangjiang office park into an innovation center in China and Asia-Pacific area.

• Beijing Meikexingye Co., Ltd., the production base of Beijing Sunpu, was put into operation in Mingguang Anhui, producing preservatives and additives for wet wipes and cosmetics.

• JOFO completely acquired SAAF.

• Fujian Minghe imported W&H ten-color flexographic printing machine from Germany.

• Innova Packing Group imported W&H film-blowing machine.

• Zhejiang Kingsafe ordered an Andritz nexline spunlaced nonwovens production line, which can process 100% biodegradable fiber or mixed fiber of polyester and viscose.

• Zhejiang Baoren Hezhong ordered an Andritz neXline spunlaced nonwovens production line.

4.4 Players in the Disposable Hygiene Products Industry Strengthened Cooperation with Upstream and Downstream Enterprises and Research Institutes, and Carried Out R&D and Innovation to Promote High-Quality Development

• Hengan, Vinda, Gold Hongye Paper, C&S, P&G, Bestee, Genertec Advanced Materials, and Xiaonan District People's Government of Xiaogan City, Hubei Province, carried out in-depth cooperation with China National Pulp and Paper Research Institute Co., Ltd. in technology development.

• Chiaus carried out R&D cooperation with Department of Chemical Engineering, Tsinghua University on the upgrading of diaper products, technology innovation, production equipment improvement and so on.

• Frog Prince signed a deal with College of Biological Science and Engineering, Fuzhou University to set up a "scientific research base for baby skincare products".

• Zhejiang Sunkiss and Donghua University jointly established an innovation R&D center for personal care products.

• Nonwovens Technology Innovation Center in Xiantao City and 10 nonwovens companies launched and set up a technological innovation alliance for Xiantao nonwovens industry.

4.5 Innovative Products with Improved Functionality and Use Experience

Importance was given to innovation and upgrading of thinness, fitness and dryness of sanitary napkins. For example, Vinda Libresse V sanitary napkin adopts the original SECURE Fit technology to dynamically fit the female body curve. Chongqing Baiya's new Freemore senseless 7 days sanitary napkins focuses more on girls in the new era. Whisper luxury soft air cushion sanitary napkin is drier and not greasy.

Pure cotton and bamboo fiber sanitary napkins as well as products with a function of warming uterus and traditional Chinese medicine ingredients satisfied the differentiated demands of female consumers. Menstrual pants turned into a popular extension of night-use sanitary napkins.

The ultra-thin, breathable and close-fitting products became the trend of baby diapers. The patterns on the top surface and packaging design are more childlike.

Adult diapers were upgraded. The components and technologies commonly used in baby diapers, including urine indicator tape, magic tape, breathable composite film, composite core and ultrasonic bonding, were applied to high-end adult diapers. Light incontinent products are more differentiated, with products designed for different degrees of urinary leakage and scenes.

Among the categories of wipes, disinfecting wipes became a necessity, with diversified functions and natural materials. Many wipe companies launched disinfecting and hygiene wipes to meet consumers' demands for regular pandemic prevention. Wipes offer diversified and differentiated functions. More wipe products are made of natural materials such as wood pulp and plant extracts to ensure they are safe, biodegradable and flushable.

With the increasing enthusiasm of pet-raising in China, the proportion of urban families with pets is rising, and pet hygiene products market continues to expand. In addition, the time of staying at home increased due to COVID-19, with more opportunities for people to raise pets and stay with pets. In this case, the demand for pet hygiene products has increased greatly. The pet hygiene products business of Unicharm, Tianjin Yiyi and other enterprises has achieved significant growth.

4.6 Efforts Were Made to Diversify and Broaden Marketing Channels, Increase Strategic Cooperation in New Retail and Digital Marketing, Empower Domestic Brands, and Cultivate Brand Influence

The industry players increased their strategic cooperation with e-commerce, new retail and digital marketing platforms. Hengan joined hands with aFocus to build live broadcasting base and join Youzan K100 strategic cooperation plan. COCO and Shanghai Huayuhua Marketing Consulting reached strategic cooperation to start brand marketing and upgrading.

Efforts were made to empower domestic brands, enhance brand exposure, and add vitality to precision marketing. Hengan Space7 cooperated with Liu Haocun to add new life to the brand. It also cooperated with the animation "Hundred Demons Spectrum" to launch pre-roll ads on bilibili and enhance brand exposure by cooperating with the variety show *Ideal Home*. Vinda achieved its marketing goal through the "Star + Film" implant advertising mode. Kingdom Free signed with Zhang Zifeng as new spokesperson and launched "Free to Be Me" topic activities on Weibo, Douyin, Tmall, JD and other online platforms.

Efforts were redoubled to strengthen social media publicity, carry out brand promotion and live streaming marketing. Hengan launched the topic "space7 natural ideal +" on Weibo, promoted it on Xiaohongshu platform, and sold goods through top live stream shopping influencer to improve consumers' awareness and favor of the brand. CNHPIA launched the second CLOUD EXPO of Tissue, AHPs, Wipes and Nonwovens on the Tissue and Hygiene Products Cloud Service platform, attracting more than 1000 leading enterprises in the industry to show their products online, and more than 5000 global visitors to negotiate online. CNHPIA has increased the publicity and promotion of social media: WeChat video Channel, douyin, Kuaishou, Weibo, Toutiao, Sohu News, bilibili, Xiaohongshu, LinkedIn and other channels.

4.7 The Demand for Product Upgrading Pushed Raw Material Suppliers to Improve Production Technology and Speed up Production Capacity Layout

As the demand for high quality and sustainable development in the industry became increasingly prominent, raw material suppliers actively responded to market demand, innovated differentiated functional materials, and actively developed sustainable and natural materials such as pure cotton spunlaced nonwovens, PLA nonwovens, and biodegradable PE film to promote the sustainable development of the upstream and downstream of the industry.

Nonwovens suppliers developed differentiated nonwovens which are bacteriostatic, anti-mite, capable of diluting menstrual blood and divinely soft. Natural fibers such as cotton, wood pulp fiber, silk fiber, bamboo fiber, corn fiber and chitosan fiber were used to reduce the use of fossil materials and reduce environmental impact. SAP suppliers developed highly-absorbent resin with fast liquid absorption, high water retention rate and low infiltration rate. Adhesive suppliers developed zero-displacement adhesives and bio-based structural adhesives. More environmentally-friendly films were made to reduce residual solvent. Packaging materials are more safe and environmentally-friendly with no odor and low residue.

5 Fluff Pulp and SAP Supply

5.1 Fluff Pulp

The fluff pulp used in China's absorbent hygiene industry has been dominated by imported pulp mainly from the United States. International Paper in the USA is the world's largest fluff pulp supplier at present. In 2020, the total volume of fluff pulp imported by China stands at around 800000 to 900000 tons.

There is very little fluff pulp made in China due to the shortage of southern pine as its raw material. The only fluff pulp producer is Fujian Tengrongda Pulping Co., Ltd., who uses fir wood as raw material, with the BCTMP fluff pulp capacity of 40000 tpy. See Table 15 for global major manufacturers and brands of fluff pulp.

Table 15 Major Manufacturers and Brands of Fluff Pulp

Country	Num	Company	Brands
U. S. A.	1	International Paper Co., Ltd.	Supersoft
	2	GP Cellulose Co., Ltd.	Golden Isles
	3	Domtar Co., Ltd.	Lighthouse
	4	West Rock Company	Stone
	5	Resolute Forest Products Co.	Bowater
	6	Rayonier Advanced Materials Inc., Ltd.	Rayfloc
Finland	7	Stora Enso Co., Ltd.	Stora Prime
Brazil	8	Klabin S. A.	Pine Fluff (Raw material: Southern Pine)
	9	Suzano S. A.	Eucafluff Pulp (Sulfate Pulp)
China	10	Fujian Tengrongda Pulping Co., Ltd.	BCTMP Fir Fluff Pulp

5.2 Super Absorbent Polymer

Table 16 Major SAP Manufacturers in Mainland China in 2020

Num	Company	Capacity/10000tpy
1	San-Dia Polymers (Nantong) Co., Ltd.	23
2	Yixing Danson Science & Technology Co., Ltd.	21
3	Shandong Nuoer Biological Technology Co., Ltd.	20

Continued

Num	Company	Capacity/10000tpy
4	Zhejiang Satellite New Material Technology Co., Ltd.	12
5	Banglida (Fujian) New Materials Co., Ltd.	11.5
6	Formosa Plastics Corporation(Ningbo)	9
7	Wanhua Chemical Group Co., Ltd.	8
8	BASF-YPC Co., Ltd.	6
9	Jiangsu Sierbang Petrochemical Co.,Ltd.	3.6
10	Nisshoku Chemical Industry (Zhangjiagang) Co., Ltd.	3
11	Shanghai Huayi Acrylic Acid Co., Ltd.	3
12	Zhuhai Demi New Material Co., Ltd.	2.5
13	Jinan Haoyue New Materials Co., Ltd.	2.2
14	Tangshan Boya Resin Co., Ltd.	1

According to the statistics by CNHPIA, in 2020, the SAP capacity in mainland China, including those of exclusively foreign-owned enterprises, was about 1.258 million tpy (Table 16). Zhejiang Satellite added 30000 tpy new capacity, making the total capacity 120000 tpy. Wanhua Chemical improves the single line capacity through technical upgrading, so that the total production capacity can reach 80000 tpy. Yixing Danson has reduced the ineffective capacity by 20000 tpy through technical upgrading, and the current total production capacity is 210000 tpy.

In the future, Zhejiang Satellite plans to add a new production line of 30000 tpy in 2021, and Tangshan Boya's project of adding 40000 tpy capacity has passed the EIA.

For a long time, the domestic super absorbent polymer industry has the problem of excess capacity. Affected by COVID-19, the market became more competitive in 2020. At the same time, the price of super absorbent polymer is also affected by the price fluctuations of upstream chemical raw materials. From January to April 2020, the price rose, from May to October, the price kept falling, and from November to December, the price rose again. Generally, the average price of super absorbent polymer in 2020 remained the same as that of 2019.

6 Development of Hygiene Products Equipment

6.1 Intelligence, Precision and Customization of the Equipment is Continuously Improved

Hygiene production and packaging equipment is moving toward intellectualization, and the "Internet +" technology is widely applied. Domestic suppliers independently innovate equipment, optimize equipmentprecision to meet different market demands. At the same time, they carry out customized design to meet customers' personalized needs. During COVID-19 outbreak, to answer the call of the government, the hygiene products equipment enterprises had the courage to take responsibility and quickly turned to the manufacturing of mask machines and accessories, to guarantee the timely and effective prevention and control of the pandemic.

Due to the demand caused by COVID-19 in the first half of the year, equipment manufacturers supplied more mask machines, and the supply of hygiene products equipment slowed down accordingly. Starting from the second half of the year, they gradually resumed normal supply of hygiene products machinery, and cooperated with enterprise customers to develop new equipment and new features. As for wet wipes equipment, the demand for disinfectant and hygiene wet wipes equipment has shown an explosive growth.

According to statistics by Chinese Customs, in 2020, the import volume of equipment with customs number 84418090 (include tissue machine, tissue converting machine, sanitary napkins machine, baby/adult diapers machine, wet wipes machine) was 366 units, and the import value was USD 21457821, with year-on-year growth of 10.91% and 21.02% respectively. The export volume was 46817 units and the export value was USD 286340232, down by 42.84% and 17.12% respectively year-on-year.

6.2 Competitiveness of Equipment made by Chinese Manufacturers Constantly Improves in the International Market

The competitiveness of domestic hygiene products equipment and wet wipes equipment is constantly improving in the international market. Not only were they sold in the Asian market, but also exported to many countries and regions in Europe, Africa, North America, and South America. Among them, countries under the Belt and Road initiative have become important export markets, mainly including: Indonesia, Thailand, Vietnam, Turkey, Syria, Egypt, India, Pakistan, Uzbekistan, Russia, Belarus and so on. Indonesia and Thailand are also members of *Regional Comprehensive Economic Partnership* (RCEP). In 2020, a total of 179 hygiene products production lines (equipment) were exported, including 22 production lines of sanitary napkins/menstrual pants/pantiliners, 49 production lines of baby diapers/diaper pads, 11 production lines of adult incontinences, 44 sets of wet wipes machine and 53 sets of mask machine.

6.3 New Production Lines for Pant-Type Diapers Sharply Increased

Table 17 New Production Lines of Pant-type Diapers in 2020-2021
(Enterprises Covered by Statistics)

Province	Company	Number	Launch Time
Baby Diapers			
Zhejiang	Hangzhou Yuhong Health Products Co., Ltd.	1	2020.3
	Sunkiss Healthcare (Zhejiang) Co., Ltd.	1	2021.2
	Hangzhou Coco Healthcare Products Co., Ltd.	1	2020.1
		1	2020.2
		1	2020.10
		1	2021.3
		1	2021.6
Fujian	Fujian Anqier Hygiene Products Co., Ltd.	4	2020.10
		1	2021
	Fujian Lome Hygiene Products Co., Ltd.	2	2021
	Fujian New Yifa Group Co., Ltd.	1	2021
		1	2020.11
	Quanzhou Aile Sanitary Products Co., Ltd.	2	2020.2
	Quanzhou Jiahua Sanitary Articles Co., Ltd.	4	2021.10
	AAB (China) Co., Ltd.	1	2021.10
Hunan	Hunan Shajoy Sanitary Articles Co., Ltd.	1	2020.5
		1	2021

Continued

Province	Company	Number	Launch Time
Guangdong	Guangdong Bangbao Personal Care Products Co., Ltd.	1	2020. 12
	Dongguan Changxing Paper Co., Ltd.	1	2021. 4
	Guangdong Bestseller Care Products Co., Ltd.	1	2020. 4
	Guangdong Winsun Personal Care Products Co., Ltd.	1	2020. 12
	Lunaler Healthcare Technology (Guangdong) Co., Ltd.	1	2021. 3
	Care Daily (Shenzhen) Technology Development Co., Ltd.	2	2020
		2	2021. 4
Adult Diapers			
Hebei	Hebei Jinjie Health Technology Co., Ltd.	1	2020. 7
		1	2021. 3
Shanghai	Shanghai Foliage Industry Co., Ltd.	1	2020. 8
Jiangsu	Jiangsu Yofoke Healthcare Technology Co., Ltd.	1	2021. 6
Zhejiang	Hangzhou Shujie Hygiene Products Co., Ltd.	1	2020. 10
	Hangzhou Coco Healthcare Products Co., Ltd.	1	2020. 2
		1	2021. 7
Fujian	Fujian Licheng Paper Co., Ltd.	1	2020. 11
	AAB (China) Co., Ltd.	1	2021. 10
Jiangxi	Jiangxi YOHO Technology Co., Ltd.	1	2021. 5
Shandong	Shandong Aishule Hygiene Products Co., Ltd.	1	2020. 9
Guizhou	Guizhou Capable International Sanitary Products Co., Ltd.	1	2021. 8

In 2020, the market share of pant-type baby diapers continued to expand. In the enterprises covered by statistics, the sales volume of pant-type baby diapers accounted for 35.6% of all baby diapers, an increase of 5.4 percentage points over the previous year, and its growth rate is much higher than the average growth of the baby diapers industry. The major manufacturers of pant-type baby diapers are concentrated in Guangdong, Fujian, Zhejiang and Hunan. According to the statistics of CNHPIA, a total of 34 pant-type baby diapers production lines have been or will be installed during 2020 to 2021. Most of them are provided by Chinese equipment suppliers, and only 3 of them are imported. The production lines provided by Chinese equipment suppliers have achieved internationally advanced level.

In the sales volume of adult diapers, pant-type accounted for 18.5%, while tape-type still occupied a dominant position. The major manufacturers of pant-type adult diapers are concentrated in Hebei, Shanghai, Jiangsu, Zhejiang, Fujian, Jiangxi, Shandong and Guizhou. According to the statistics by CNHPIA, a total of 12 pant-type adult diapers production lines have been or will be installed during 2020 to 2021.

7 Market Prospects

China's hygiene products industry continues to grow, with the market size of absorbent hygiene products (including feminine hygiene products, baby diapers/diaper pads and adult incontinences) growing from 80.08 billion yuan in 2015 to 121.40 billion yuan in 2020, with a CAGR of 8.7%. Wipes market size increased to 22.46 billion yuan in 2020 from 8.21 billion yuan in 2017, with a CAGR of 39.9%. The industry is expected to maintain growth in the future, but at a slower pace. In addition to meeting the demand of the domestic market, enterprises in the hygiene products industry also strive to develop overseas markets, making use of excess capacity and alleviating the pressure of the domestic market.

On November 15, 2020, *Regional Comprehensive Economic Partnership* (RCEP) was officially signed. Its member states consist of 15 countries, including 10 ASEAN countries of Brunei, Cambodia, Indonesia, Laos, Malaysia, Myanmar, Philippines, Singapore, Thailand, Vietnam, and China, Japan, South Korea, Australia, and New Zealand. Not so long ago, China had already established free trade areas with the 10 ASEAN countries, which covered more than 90% of the taxable items of the two sides. Experts said that the RCEP negotiations will undoubtedly make greater efforts in reducing tariff barriers, and 95% or more products under tax categories will be included in the zero-tariff scope in the future.

In 2020, the export value of absorbent hygiene products in China accounted for 22.9% of the factory's sales revenue. Among the top 10 export destination countries and regions, 5 are RCEP member countries, namely, the Philippines, Japan, South Korea, Australia and Vietnam. The signing of RCEP will bring greater market space to foreign trade enterprises, which is a major policy benefit.

7.1 Feminine Hygiene Products

China is the largest market of feminine hygiene products in the world. From 2017 to 2020, the market size of Chinese feminine hygiene products increased from 52.74 billion yuan to 61.30 billion yuan, with a CAGR of 5.1%. It is expected that with the continuous improvement of Chinese women's awareness of health care and consumption power, the high-end and personalized sanitary napkins, the popularity of menstrual pants and mini napkins, as well as the gradually increasing acceptance of tampons will continue to promote the expansion of feminine hygiene products market size.

During the COVID-19 pandemic in 2020, female medical workers were on the frontline of the fight against the virus. Due to the shortage of protective suits at that time, they could hardly change sanitary napkins on time during their menstrual period. The menstrual pants donated by the industry enterprises satisfied their urgent need, and at the same time, the product came to the public's attention. The menstrual pants market grew rapidly in 2020, and this growth is expected to continue in the coming years.

The improvement of the Chinese female's educational level, social status and purchasing power make their consumption concept and consumption habits change constantly. They pay more and more attention to the product quality, the function, material safety, and user-friendliness, which is conducive to boosting the consumption upgrading of feminine hygiene products. A variety of high-end and ultra-high-end new products, as long as they can capture consumers' preference, will be sought after. In recent years, emerging sanitary napkins brands that focus on the middle and high-end market have performed well under the support of the Internet and high-end offline supermarkets. In the future, the consumption proportion of mid- and high-end sanitary napkins will continue to increase.

The COVID-19 pandemic is serious abroad, and many white-collar workers are no longer purchasing sanitary napkins from other countries. Domestic brands should seize the opportunity to strengthen promotion and consolidate their position in the mid- and high-end market.

In addition, the new generation of consumers born in the 1990s and 2000s, are more receptive to new things. They will not blindly worship imported brands, and national fashion products are more likely to be favored. Moreover, they are not sensitive to the price and pay more attention to the appearance. Personalized packaging design and unique brand slogan specially designed for the young group will help the brand to succeed.

The population of women of the right age (15-49 years old) has been declining year after year, which is a negative factor for the development of the sanitary napkins market. However, we should see that in remote towns and rural areas, there are still girls who cannot afford sanitary napkins, and there are even girls who do not wear underwear.

The Aixiaoya Foundation of China Social

Welfare Foundation has carried out the "Be StronGirl" project in more than a dozen areas, including Gannan Tibetan Autonomous Prefecture, Linxia Hui Autonomous Prefecture, Ningxia Hui Autonomous Region, Yunnan Province, Chongqing Municipality and Heilongjiang Province, providing undergarments and menstrual hygiene products to girls in poor areas to help them grow up healthily. China has a vast territory and uneven consumption levels in different areas. The demands for high-end consumption upgrading in developed areas and the most basic demands in remote rural areas both exist. The development of the markets in lower-tier cities may be one of the engines for the growth of the sanitary napkins market in the future.

7.2 Baby Diapers/Diaper Pads

According to the Ministry of Public Security, the number of newborns registered with public security authorities in 2020 is 10.035 million, down 15% from 11.79 million in 2019 (considering some of them have not registered for all kinds of reasons, the actual number of newborns may be slightly higher than the number published by the Ministry of Public Security).

According to the estimates of CNHPIA, the number of babies aged 0-2 in 2020 is 26.69 million, 3.19 million less than that in 2019 (2019: 2.58 million less than that in 2018). It is expected that the decreasing trend of the population of childbearing-age women and newborns will continue in the coming years. This will exert negative influence on the baby diapers/diaper pads market.

In 2020, China's urbanization process continued to accelerate, with the urbanization rate of permanent residents exceeding 60% at the end of the year. The per capita disposable income of rural residents was 17131 yuan, an increase of 6.9% over the previous year, or 3.8% in real terms after deducting price factors. The battle against poverty was won. The per capita disposable income of rural residents in poor areas was 12588 yuan, an increase of 8.8% over the previous year, or 5.6% in real terms after adjusting for inflation. The development of urbanization and the increase of rural residents' per capita disposable income will further enhance the penetration rate of baby diapers/diaper pads in the low-tier market and promote the overall consumption upgrade.

These are the macro factors that may have an impact on the baby diapers/diaper pads industry. Looking back at this industry in 2020, problems such as periodic overcapacity, product homogenization and low-end price war are still severe. In addition, the sudden outbreak of COVID-19 has exposed serious shortcomings in the construction and management of the industry supply chain, which need to be improved and addressed urgently.

The market demand for baby diapers/diaper pads has shown a trend of polarization. High-end consumption groups pursue big brands, pay attention to quality improvement and health, safety, skin-friendliness, environmental protection and other characteristics. People with weaker consumption power, especially those whose income suffered a loss due to the pandemic, have to downgrade their consumption and pursue low prices while ensuring basic performance, which can be seen from the continuous emerging products in vogue on thee-commerce platform.

In the face of adverse macro factors and complex market demand, industry enterprises can survive and develop in the competition only by choosing the right way. The leading enterprises have strong research and development strength, fast product upgrading, core competitiveness, and capital and supply chain advantages. Their market will gradually expand, further penetrate into the sinking market from the economically developed areas, and seize the vast second- and third-tier cities and rural markets. Those regional brands that actually focusing on making good products, by virtue of the influence and popularity accumulated in the local market, can make full use of the power of the Internet, and realize the combination of online and offline channels. They will have the opportunity to reach a broader market and develop into national brands. And the low-end small brands that rely on the price war will find it more difficult to survive, and gradually got knocked out in the industry reshuffle.

7.3 Adult Incontinences

On June 11, 2020, China Development Research Foundation published *Aging Population 2020: China's Development Trend and Policy Options*, showing that the degree of China's aging problem is deepening. The report predicts that by 2025, China will have more than 200 million people aged 65 and above. By 2050, China's elderly population will be close to 400 million. According to the *National Plan for the Development of Aging Undertaking and the Construction of the Elderly Care System during the 13th Five-Year Plan Period* released by the State Council in 2017, the number of people aged 60 or above in China will increase to about 255 million by 2020. China's aging society is becoming more obvious, which also provides a broad market for adult incontinent products.

In 2020, China's per capita GDP increased by 20% to 72447 yuan (about USD 10274), which fully meets the necessary conditions for the formation of a considerable incontinence consumer group, that is the per capita GDP reaching USD 8000 to 10000, and provides economic basis for the development of adult incontinences market.

On December 31, 2019, the Ministry of Industry and Information Technology, the Ministry of Civil Affairs, National Health Commission, State Administration for Market Regulation and the National Working Commission on Aging Office jointly posted *Guiding Opinions on Promoting the Development of the Elderly Products Industry*, which requires to implement the strategy of innovation-driven development, encourage leading backbone enterprises, stimulate endogenous dynamic of industrial development, rich product variety, improve product quality, create brand effect, promote the integration development of the Internet, big data, artificial intelligence, 5G information technology and the elderly products industry, gradually build perfect system of the elderly products industry, enhance supply ability that adapts to an ageing society, to constantly meet the diversified, multi-level demands of the elderly. The *Opinions* puts forward the development goal by 2025: the overall market size of the elderly products industry exceeds 5 trillion yuan, forming a good pattern of coordinated development of technology, products, services and applications.

In order to implement the CPC Central Committee and the State Council's decision on developingthe elderly care service industry, on December 3, 2020, Ministry of Housing and Urban-Rural Development, National Development and Reform Commission, Ministry of Civil Affairs, National Health Commission, National Healthcare Security Administration and China National Committee on Ageing jointly posted *Opinions on Promoting the Development of Home-based Community Elderly Care Services by Property Service Enterprises*, which advocates "Property service + elderly care service" model, enriches the services covered by home-based community elderly-care services system and promotes its intelligent development. The series of policies and guidelines provide policy guarantees for the development of the adult incontinent products industry.

Product awareness, consumer psychology and income level are all importantfactors that restrict the development of adult incontinent products for a long time. In the past two years, under the joint efforts of CNHPIA and major brands, people's consumption concept has been changed, and the acceptance of adult incontinent products has been gradually improved. In particular, at the beginning of the COVID-19 outbreak in 2020, CNHPIA organized enterprises to donate adult diapers to medical workers on the front line of fighting the pandemic. Later, an activity was held by CNHPIA to popularize adult diapers, and introduce light, moderate and heavy incontinent products in details, which greatly improved the awareness of the products.

Combined with the above favorable factors, the market foundation, economic foundation, policy guarantee and product awareness are all in place, and it is predicted that the adult incontinent products market will embrace a period of rapid growth.

7.4 Wipes

The wet wipes market in China was still dominated by baby wet wipes and general-purpose wet wipes, while toilet wet wipes and kitchen wet wipes are growing rapidly. After COVID-19, disinfectant wet wipes and hygiene wet wipes have become necessary protective supplies. With the increasing disposable income of Chinese residents and the growing middle-class group, this growth trend will continue. However, with the decline of the newborns year by year, the growth rate of baby wet wipes is expected to slow down gradually.

Both wet wipes and dry wipes reflect people's demand for comfortable, convenient and relax life. With the growing of young generation who were born in 1990s and 2000s, they will become the main consumers group, with more fashionable consumption concepts and easier acceptance of new products. In the nearly future, there will be more and more demands for differentiated and functional products such as disinfectant wipes for mobile phones, computers and other electronic products, shoe wipes, floor cleaning wipes and floor antistatic dry wipes, disinfectant wipes for medical and health institutions, and elderly care wipes. Because of the good prospects, many enterprises poured into the market, bring products to the market with different qualities. It can be predicted that the competition in the future will be more intense.

In 2020, the production and consumption of disinfectant and hygiene wet wipes substantially increased due to the influence of COVID-19. But as the pandemic is brought under control, demand for wet wipes will return to normal. The rapid expansion of production capacity during the pandemic period will inevitably lead to industrial overcapacity and vicious price competition.

At present, the wet wipes industry is still in the primary stage of competition, and brand concentration is not high. The absolute advantage of the leading brand has not been formed. Besides, the consumer awareness has been awakened. It can be forecasted that the wet wipes market will have strong growth, which is undoubtedly an opportunity for the wet wipes enterprises. China National Household Paper Industry Association saw this opportunity and held in time an activity for wet wipes popularization at school-opening season, hoping to guide consumption, and promote the development of the wet wipes industry. In the future, wet wipes manufacturers will develop more functional and differentiated wet wipes products to meet the personalized needs of consumers.

As an enterprise, it is necessary to look at the future market rationally, and increase investment in R&D and innovation. Differentiate products of subdivided categories and reliable product quality are the driving force of market growth, and the only way to avoid low-level price war. At the same time, enterprises should pay more attention to the natural and environmentally friendly wet wipes raw materials, as well as the safety of wet wipes solution. It's necessary to guide the consumers in a right way to promote the sustainable development of the whole wet wipes industry.

With the increasing use of wet wipes and dry wipes, waste disposal has attracted attention. As the national and local governments at all levels have issued restrictions on the use of plastics, and the policy and supervision have become stricter, it is urgent to develop biodegradable materials and develop feasible waste disposal programs.

7.5 Problems of the Industry and Some Thoughts

7.5.1 Problems with the Industry

In 2020, when the COVID-19 pandemic was raging, enterprises in the hygiene products industry actively resumed work and production, and quickly resumed their main business while preventing the pandemic. In spite of the once-in-a-century disaster, the industry still maintained growth and made a remarkable achievement. But the pandemic also exposed problems and weak links in the supply chain of hygiene products industry. In future's management, industry enterprises should consider how to establish an effective coordinating and decision-making system, the risk control and early warning mechanism, and strategic cooperation mechanism forged with upstream and downstream of the supply chain. They should also figure out how to stick to the contract spirit, to do business with integrity and to reshape a stabilized supply featured by core competitiveness.

Hygiene products enterprises are confronted with reshuffle and accelerate industrial upgrading and need to improve their core competitiveness, including research and development capabilities, products and technology innovation ability and comprehensive management level. Moreover, they should advocate shared values, etc. Only by constantly improving themselves, adapting to the new situation, and keeping pace with the times can they achieve sustainable development.

7.5.2 Considerations and Suggestions

- Put high-quality and differentiated products first

In the highly competitive market environment, enterprises should strengthen technical cooperation with national scientific research institutes, deeply tap user needs, produce differentiated products with excellent quality that canget consumers' minds, and improve the core competitiveness.

- Position brand precisely and cultivate own competitive fields

The new middle class, the "Z generation" represented by the post-95 generation and the town youth have become the mainstream and potential consumer groups. They have put forward higher requirements for culture and aesthetics. Enterprises should pay close attention to the advantages of their products, the differences of competitors and the pain points of consumers, and find their own unique playing method in the hearts of consumers.

- Adhere to the path of green development

Green and sustainable development has become the keynote of the future. How to better save energy and reduce emissions is a problem that hygiene products enterprises must think about. Enterprises should actively adjust the energy structure, reduce the use of fossil energy and increase the proportion of green energy and biomass energy. At the same time, enterprises should develop intelligent green technology to realize green sustainable development through intelligent and digital transformation.

References

[1] The 2020 Annual Report of Hengan International Group Co., Ltd.
[2] The 2020 Annual Report of Vinda International Holdings Limited.
[3] The 2020 Annual Report of Chongqing Baiya.
[4] The 2020 Annual Report of Little Nurse Technology Co., Ltd.
[5] The 2020 Annual Report of P&G.
[6] The 2020 Annual Report of Kimberly-Clark.
[7] The 2020 Annual Report of Kao.
[8] The 2020 Annual Report of Unicharm.
[9] The 2020 Annual Report of Hangzhou Haoyue.

历年中国卫生巾、护垫的产量、消费量(1993—2020年)

The production and consumption of sanitary napkins and pantiliners in China over the years (1993—2020)

年份(年)	卫生巾		护垫		市场规模/亿元
	产量/亿片	消费量/亿片	产量/亿片	消费量/亿片	
1993		125.0			
1994		180.0			
1995		186.0			
1996		230.0			
1997		255.0			
1998		275.0			
1999		295.0		40.0	
2000	315.0	315.0		65.0	
2001		334.0		95.0	
2002		351.0		120.0	
2003		368.0		144.0	
2004		384.0		165.0	110.0
2005		399.0		178.0	115.0
2006	480.0	415.0	230.0	190.0	
2007	532.0	443.0	245.0	219.0	305.0
2008	577.0	480.0	278.0	241.0	351.0
2009	628.0	514.0	301.0	262.0	381.0
2010	677.0	548.0	318.0	276.0	243.5(1)
2011	717.0	581.0	338.0	294.0	262.8
2012	758.1	614.1	343.8	298.3	285.5
2013	793.7	650.0	374.6	315.9	324.0
2014	843.0	691.0	400.0	337.2	348.5
2015	888.3	780.3(2)	426.9	367.1(2)	397.7(2)
2016	902.9	797.8	443.1	388.3	507.7(3)
2017	934.0	823.9	407.1	376.2	527.4
2018	920.1	868.1	403.4	325.3	563.0
2019	929.3+5.7(经期裤)	870.5+4.6(经期裤)	371.1	323.9	572.4
2020	945.1+7.9(经期裤)	890.3+7.1(经期裤)	340.7	323.5	613.0

注：(1) 从2011年开始，在市场规模计算中，其产品平均零售价是按照平均出厂价加价率40%计，为便于比较，将2010年的市场规模数据也按照40%的加价率做了相应调整。

(2) 由于一般情况下销售滞后于生产，所以每年都应有产品库存量，因此从2016年开始，销售量增加了上年的库存量，为便于比较，将2015年数据也增加了库存量进行了重新调整。

(3) 2017年度产品零售加价率按80%计，2016年以前是按40%计算的，为便于比较，将2016年数据也按照80%加价率做了相应调整。

历年中国婴儿纸尿裤/片的产量、消费量(1993—2020年)

The production and consumption of baby diapers/diaper pads in China over the years (1993—2020)

年份(年)	婴儿纸尿裤		婴儿纸尿片		市场规模/亿元
	产量/亿片	消费量/亿片	产量/亿片	消费量/亿片	
1993		0.4		—	
1994		1.0		—	
1995		1.5		—	
1996		2.8		—	
1997		4.0		—	
1998		5.0		—	
1999		7.5		—	
2000		9.5		—	
2001		11.0		4.0	
2002		11.5		4.8	
2003		14.0		5.5	
2004		23.5		6.0	26.5
2005	34.3	34.0		7.7	38.0
2006	48.2	43.5	10.7	10.1	64.4
2007	58.0	52.2	25.9	25.3	94.6
2008	72.8	65.9	32.1	29.8	117.8
2009	90.8	79.7	41.8	38.8	144.7
2010	117.8	105.0	44.9	41.7	144.6(1)
2011	148.4	135.0	47.1	43.7	184.6
2012	178.2	159.2	47.3	44.9	220.0
2013	196.2	180.6	51.6	46.5	240.4
2014	222.3	199.5	55.5	49.5	267.0
2015	239.5	259.9(2)	60.4	54.7(2)	352.4(2)
2016	256.3	289.0	65.0	60.1	480.9(3)
2017	289.7	322.8	60.3	59.0	548.6
2018	320.1	323.5	51.3	55.1	493.7(4)
2019	370.8	354.0	36.8	39.5	499.0
2020	396.8	344.2	27.0	31.6	486.0

注：(1)从2011年开始，在市场规模计算中，其产品平均零售价是按照平均出厂价加价率40%计，为便于比较，将2010年的市场规模数据也按照40%的加价率做了相应调整。

(2)由于一般情况下销售滞后于生产，所以每年都应有产品库存量，因此从2016年开始，销售量增加了上年的库存量，为便于比较，将2015年数据也增加了库存量进行了重新调整。

(3)2017年度产品零售加价率按80%计，2016年以前是按40%计算的，为便于比较，将2016年数据也按照80%加价率做了相应调整。

(4)2019年度产品零售加价率按60%计，为便于比较，将2018年数据也按照60%加价率做了相应调整。

历年中国成人失禁用品的产量、消费量(1999—2020年)

The production and consumption of adult incontinent products in China over the years (1999—2020)

年份(年)	成人纸尿裤		成人纸尿片		护理垫		市场规模/亿元
	产量/亿片	消费量/亿片	产量/亿片	消费量/亿片	产量/亿片	消费量/亿片	
1999		0.4(含纸尿片)				0.5	
2000		0.48(含纸尿片)				0.55	
2001		0.58(含纸尿片)				0.61	
2002		0.68(含纸尿片)				0.67	
2003		0.14		0.6		0.72	
2004		0.25		0.75		1.1	
2005		1.18(含纸尿片)				1.21	
2006	2(含纸尿片)	1.52(含纸尿片)			5.5	1.34	
2007	2.35	1.51(含纸尿片)	0.88		3.98	1.97	4.79
2008	2.54	1.85(含纸尿片)	1.28		3.78	2.22	5.9
2009	2.79	2.37(含纸尿片)	1.35		3.48	2.52	7.23
2010	4.56	3.02	2.02	1.79	5.92	2.63	12.22
2011	6.44	4.13	2.93	2.18	7.57	3.77	16.36
2012	8.92	5.54	3.86	2.43	7.26	4.14	22.05
2013	12.73	8.31	4.17	2.32	8.8	6.48	30.11
2014	19.2	14.2	5.8	2.6	11.1	7.9	43.4
2015	22.9	17.8(1)	6.3	2.9	12.1	8.5(1)	50.7(1)
2016	28.3	16.7(2)	7.6	4.2	16.1	12.2	48.8(2)
2017	40.4	24.1	11.1	5.9	20.3	14.9	62.9
2018	44.6	29.5	9.6	5.1	18.1	9.5	70.3
2019	52.8	37.2	9.9	5.8	23.4	10.5	93.9
2020	59.2	44.9	11.1	4.6	31.0	13.5	115.0

注：(1)由于一般情况下销售滞后于生产，所以每年都应有产品库存量，因此从2016年开始，销售量增加了上年的库存量，为便于比较，将2015年数据也增加了库存量进行了重新调整。

(2)2017年采用海关进出口数据计算消费量，为便于比较，将2016年数据重新调整。

历年中国擦拭巾的产量、消费量(2007—2020年)

The production and consumption of wipes in China over the years (2007—2020)

年份(年)	湿巾		市场规模/亿元
	产量/亿片	消费量/亿片	
2007	98	72	10
2008	145	94	13.2
2009	199	119	16.7
2010	213	124.8	15.0(1)
2011	256	136.3	13.6
2012	295.2	151.1	15.4
2013	344.8	185	18.5
2014	411.4	255.4	24.3
2015	484.9	337(2)	31.1(2)
2016	591.9	393	38.5

年份	湿巾		干巾		市场规模/亿元
	非织造布用量/万吨	工厂销售额/亿元	非织造布用量/万吨	工厂销售额/亿元	
2017(3)	22.2	66.6	1.1(4)	8.2(4)	82.1
2018	27.8	144.6(5)	1.5	10.7	189.5(5)
2019	38.3	149.5	2.7	14.5	192.9
2020	56.3	210.1	3.3	16.3	224.6

注：(1)从2011年开始，在市场规模计算中，其产品平均零售价是按照平均出厂价加价率40%计，为便于比较，将2010年的市场规模数据也按照40%的加价率做了相应调整。

(2) 由于一般情况下销售滞后于生产，所以每年都应有产品库存量，因此从2016年开始，销售量增加了上年的库存量，为便于比较，将2015年数据也增加了库存量进行了重新调整。

(3) 由于湿巾的品种、规格、包装形式繁多，难以统计片数，同时为与国际统计口径接轨，从2017年开始，以非织造布用量进行湿巾生产情况的统计。

(4) 随着近几年干巾产量、消费量的快速增长，从2018年开始，湿巾和干巾的生产情况分开统计，为便于比较，相应增加了2017年干巾的数据。

(5) 2019年度湿巾工厂销售额计算方法进行了更改：取参加统计企业每吨非织造布对应的湿巾工厂销售额的平均值，以此作为依据，计算得到湿巾全行业工厂销售额。为便于比较，将2018年度数据按照此方法进行了重新计算。

卫生用品行业可持续发展报告

Sustainability report of hygiene products industry

中 国 China

1 卫生用品与健康生活

1.1 婴儿纸尿裤与皮肤健康研究

皮肤的屏障功能关键是位于皮肤最外层的角质层，新生儿的肌肤厚度为 1.2mm，远小于成人(2.1mm)，在角质层下的表皮基底层厚度也只有成人的 80%。婴儿皮肤偏中性，成人为弱酸性。0~2 岁婴儿的真皮较薄，而且发育不完善，具有较少皮脂腺，皮肤屏障不健全，易受到损伤和感染。而尿液和粪便中含有大量细菌和尿素，细菌的繁殖产生氨气，在氨气和细菌的双重作用下，可能导致皮肤破损、感染，产生红疹、过敏现象。

因此，在婴儿穿纸尿裤时，大人们应该选择合适的产品并及时正确地护理婴儿的皮肤。虽然纸尿裤不是导致“红屁屁”的元凶，但选择干爽性好、透气性好、吸收量高、柔软的纸尿裤，也是减少、预防婴儿红屁屁的重要方法之一。

在使用纸尿裤的过程中，大人们应该多关注纸尿裤尿显变色或膨胀的情况，及时为婴儿更换，如排便还需进行必要的清洗。

花王联合上海皮肤病医院对尿布疹的诱发因素，以及如何改进纸尿裤设计来预防和改善尿布疹进行了专门的研究。表 1 总结了导致婴儿尿布疹的各项发病因素。

表 1 尿布疹各项诱发因素

发病因素	尿布疹原因
尿 液	通过肾脏排出的尿液中含有刺激皮肤的成分。排泄后随着时间的增加，由尿液转化而来的一些氨的氢氧化物使得 pH 值从 5.5 升高至 6.8~7.15，会对皮肤造成更大伤害
粪 便	粪便含有大量的大肠菌、酶等刺激成分，它们的改变会造成皮肤屏障损伤。拉肚子时的便便刺激性特别大，如不及时更换尿布，很快会引起尿布疹
潮 湿	婴儿出的汗，以及尿液，都会增加尿布内的湿气。皮肤湿度增加也会破坏皮肤屏障功能
摩 擦	婴儿的皮肤薄且敏感，尿布与潮湿皮肤之间的摩擦力也会带来刺激
微生物	不同类型的细菌也是引起尿布疹的原因
抗生素使用	广谱抗生素使用，会增加念珠菌感染机会
其他皮肤疾病	脂溢性皮炎，特应性皮炎，银屑病，接触性皮炎等等也会引起尿布疹

随着纸尿裤技术的不断改善，近年来纸尿裤的条质量和厚度逐渐下降，给婴儿带来了舒适的使用感，特别在中国市场上，妈妈们多给婴儿选择柔软透气的纸尿裤，尿布疹的出现概率也在逐步减少。

尿布疹的病理因素很多，涉及的纸尿裤方面，首先要让排泄物不轻易粘附到皮肤上，其次纸尿裤内环境的湿度不轻易增加。表 2 是纸尿裤在预防尿布疹方面的设计思路。

表 2 纸尿裤在预防尿布疹方面的设计思路

考虑因素		方法(纸尿裤)	设计思路
保持皮肤干爽	降低回渗	• 快速吸收尿液 • 改善表面材料 • 控制扩散区域	• 表面材料和导流层的亲水性➡表面添加剂 • 纤维的直径 • 表面材料与皮肤的接触面积(3D 表面材料)
	低湿度	• 透湿底膜 • 改善构造	• 控制扩散面积 • 高透气的底膜

续表

考虑因素	方法(纸尿裤)	设计思路
减少摩擦	• 柔软 • 薄的吸收芯体	• 使用好的纤维，柔软的材料 • 表面材料与皮肤的接触面积 • 复合芯体
减少大便对肌肤的刺激	• 改善结构 • 预防或减少接触➡减少扩散面积	• 软便的吸收能力 • 内部的空间 • 3D 表面材料

按照前文减少摩擦的思路设计，在婴儿纸尿裤中采用凹凸的立体面层材料，可以减少婴儿皮肤与表面材料的接触面积，对尿布疹有预防的作用。实验证明，这种立体面层材料纸尿裤在软便的扩散、皮肤的含水量和透气性这 3 项指标的表现上都比使用平面面层材料纸尿裤更好。并且在保持婴儿皮肤屏障功能、减少尿布疹发生率方面性能更优。

导致尿布疹的因素较多，因此抑制尿布疹发生并不容易。但本次花王公司的研究表明，通过部分改变纸尿裤的结构设计，可以有效预防尿布疹的发生率。

1.2 纸尿裤与睡眠

睡眠是人体生命的重要生理过程，良好的睡眠对促进儿童的生长发育、增强机体免疫功能和神经发育有重要意义。

婴儿夜醒也是家长担心的问题之一，专家称，在出生后 4~5 个月，几乎所有的婴儿每天晚上平均都要醒来 2~3 次，这是婴儿睡眠发展进程的正常表现，这个阶段的婴儿体格增长最快，因此婴儿夜里醒来大部分有喂奶的需求，以保障获得足够的营养供应，满足快速生长的需要。

夜醒最常见的另一个外在原因就是尿湿，因此选择高质量、高吸收量的纸尿裤对于婴儿夜间的睡眠来说就显得十分重要。干爽、舒适的纸尿裤能够给婴儿提供一个长时间且不间断的长睡眠。

低龄婴儿尚不具备一觉睡到天亮的能力，随着年龄的增长，婴儿夜晚觉醒的次数会逐渐减少，约 50%~60%的孩子在 6 个月以后夜晚最长能够连续睡眠 5 个小时以上，如发现普通纸尿裤已经不能满足需求时，应及时更换夜用纸尿裤或吸收量更大的纸尿裤，保证婴儿一整晚的长睡眠。

表 3 出生至 1 岁婴儿睡眠觉醒规律

年 龄	白天清醒/玩耍时间	白天小睡眠时间	夜晚睡眠时间	夜晚夜醒时间
0~4 周	约 1 小时	1.5~2.5 小时/次，4 次； 最长可一次小睡 3~4 小时	2 小时/段，4 段； 最长可连续睡眠 3.5 小时	30 分钟/次；3 次
4 周~3 月	2~2.5 小时	1.5 小时/次，4 次； 最长可一次小睡 2 小时	2~2.5 小时/段，4 段； 最长可连续睡眠 3.5~4 小时	30 分钟/次；3 次
3 月~6 月	2.5~3 小时	1.5 小时/次，3~4 次； 最长可一次小睡 2 小时	2.5~3.5 小时/次，3~4 段； 最长可连续睡眠 3.5~5 小时	20 分钟~30 分钟/次； 2~3 次
6 月~12 月	3~4 小时	1.5 小时/次，2~3 次； 最长可一次小睡 2 小时	3.5~4.5 小时/次，2~3 段； 最长一次小睡可达 5~6 小时	小于 20 分钟/次； 1~2 次

来源：《中国婴幼儿睡眠健康指南》

1.3 失禁用品为出行带来便利

作为泌尿外科较为常见的一种病症，失禁对患者的出行和社交都会带来障碍。失禁患者可能会刻意减少出行时间，减少运动，甚至有时候还需要刻意减少饮水量，给工作、生活、出行都带来极大的不便，而失禁后污染床品甚至衣物带来的异味也大大影响了生活和社交，造成失禁者的尴尬和心理阴影。久而久之，因为担心失禁而造成精神极度紧张焦躁，注意力分散，情绪敏感多变，进而影响出行、工作效率和人际交往，严重的甚至会逐渐发展成抑郁。

随着我国居民生活水平的提高以及家庭对于

成人失禁用品消费观念的转变，越来越多的家庭和专业护理机构开始选择成人失禁用品为老年人和失禁人群进行失禁护理。成人失禁用品的使用能够降低护理难度，减轻护理负担，提高失禁人群的生活质量和护理舒适度。

轻失禁人群对于自由出行的要求更加突出，轻失禁不是一种疾病，而是一种症状，可发生于任何年龄及性别的人群中，表现为在咳嗽、打喷嚏、举重物、跑步、上楼梯、行走、大笑时出现尿溢出的现象。专门为轻失禁者设计的男女士轻失禁用品根据男女士生理结构的不同而特殊设计，隐秘性极强，男士轻失禁一般为三角形状，能够贴合男士身体曲线，提升舒适感和隐秘性，而女士轻失禁一般呈双弧哑铃型，贴合女士身体曲线，舒适防漏。在出行或户外活动时也极方便携带和更换，不影响衣物的穿戴，不影响正常运动，也避免了因失禁带来的尴尬和异味，解决了出行的烦恼，提升出行幸福感。

1.4 卫生巾与女性健康

世界卫生组织的数据表明，我国女性的妇科发病率约达65%以上，影响了女性正常的工作生活。

经期卫生对女性身心健康非常重要，经血中有丰富的营养物质，易成为细菌滋生的“培养基”，而经期女性身体抵抗力却恰恰最差，宫颈口张开，细菌容易乘虚而入；且经血使阴道的酸性降低，抗菌功能下降。因此，在经期正确使用护理用品对女性健康至关重要。数据显示，27%的适龄女性每天更换卫生巾的次数少于两次，4%的适龄女性每天只更换一次。卫生用品长时间不更换会导致经血中有害细菌的滋生，进而分解成具有刺激性和腐蚀性的一氧化碳和氨气，接触皮肤后会导致异味、过敏、瘙痒等症状。

因此女性在生理期间要保持饮食清淡，选择舒适透气的内衣，调整卫生用品使用习惯，做好日常清洁。

2 卫生用品的安全

为了保证产品的安全，卫生用品生产商对使用的原材料进行严格审核，要求供应商拥有相关的资质证明，并保证产品符合相关法规标准要求。

2.1 恒安

恒安对所用的化学品采购、管理、使用都有严格的规定，参照国际标准建立了集团的《材料安全指针清单》和《添加物限度清单》，对原料和产品中的各种化学品进行严格的把关，加强检测：

(1) 生产过程严禁使用含有害物质的化学品；

(2) 使用的化学品应符合国家相关安全指标，并将《材料安全指针清单》等同要求上游供货商；

(3) 运输车辆应卫生、安全；

(4) 化学品添加均遵循《添加物限度清单》，杜绝使用对人体有害的化学品。

恒安还主动获取诸如行业标准、欧盟标准以及外部机构对危险化学品的淘汰情况等外部信息，形成和更新《危险化学品列表》，列明识别的剧毒化学品、具有强刺激性腐蚀性化学品、易燃易爆化学品、一般危险化学品等，同时基于这些信息对化学品进行适当淘汰，并寻找更安全的替代品。

当市场出现不符合安全标准或缺陷产品时，将立即执行《事故、事件、不符合控制程序》和《产品质量问题召回制度》等处理流程，主动及时向相关方披露信息，通知停止生产和销售该产品，并对流通领域中的质量缺陷产品进行召回。2020年，恒安集团未发生因安全或健康原因而召回产品的事件。

2.2 维达

维达要求所有中国内地的化学品供货商均拥有MSDS证明，以确保产品符合集团质量要求。自2020年开始，为满足最新《生活用纸和纸制品化学品及原料安全评价管理体系》(GB/T36420-2018)的要求，维达在中国全面采用DCP/MCPD/ECH含量更低的湿强剂，以及符合美国食品药品监督管理局(FDA)、德国联邦风险评估所(Bfr)、中国食品安全国家标准食品接触材料及制品用添加剂使用标准GB9685法规要求的水基剥离剂来取代传统油基剥离剂。以人工合成的水基剥离剂是生物可降解的，较少挥发，能减低对环境和人体的负面影响。

维达中国台湾的化学用品供货商均拥有安全数据表(SDS)证明。化学品管理与应用除了需符合《危害性化学品标识及通识规则》的法规要求外，更要符合《危害化学品评估及分级管理办法》

以及《新化学物质及既有化办法》的法规要求，并向员工提供适当的防护用具以及化学品与有机溶剂使用与认知的训练，保障员工安全，减少对环境的危害。同时，维达加强供应商源头管理，有效管控化学品的来源及采购。除了有完整的化学品列表、标示及安全数据表，还根据化学品的危害特性进行分级管控，有效降低化学品带来的产品安全风险。

维达还在产品和包装中采用环保油墨和无甲苯墨水，运输纸箱全都使用水性油墨印刷，确保产品和包装的安全。

3 可持续、天然材料的发展

近年来，行业可持续发展的需求逐渐凸显，上游原材料供应商积极响应市场需求，降低非织造布和薄膜等材料的定量，减少资源的消耗，并积极开发可持续、天然材料，如可降解的纯棉水刺非织造布、PLA 非织造布、可降解 PE 膜等，推动行业上下游的可持续发展。

3.1 非织造布

作为卫生用品的主要原材料之一，非织造布供应商结合市场需求，不断研发新工艺，促进产品在安全、环保、健康方面不断升级。

以前，非织造布一直以化学纤维为主要原料，为了实现更好的环境效益，天然纤维的应用逐渐增多，例如棉花、木浆纤维、蚕丝纤维、竹纤维、玉米纤维和壳聚糖纤维等，不仅减少了化石原料的使用，材料还可以生物降解，降低对环境的影响。

3.2 热熔胶

卫生用品热熔胶供应商在环保、可持续等方面也做了很多创新，并朝着气味低、熔点低、生物基材料等方向发展。

低温高性能的热熔胶，通过更低操作温度和更佳的粘结性能，减少生产过程中所需要的能源。生物基胶粘剂采用部分的生物聚合物，能够在使用后更好地降解；也有的胶粘剂采用天然气提取物代替石油基原材料，缓解了石油原料的供应压力，更好地实现资源可持续利用。

3.3 薄膜材料

薄膜材料向降低溶剂残留、更环保的方向发展。例如使用全降解聚乳酸树脂的薄膜材料，应用于用即弃产品中，可以简化垃圾处理的方式，降低对环境的污染。另外，还有些供应商在流延膜的生产过程中，直接压制条纹图形，以代替传统印刷图案，生产过程更加环保。

3.4 高吸收性树脂(SAP)

SAP 材料除了在安全、吸收性能方面的提升外，还努力向环保可持续方向发展。有些供应商研发出了生物基的环保型 SAP，能够被微生物自然分解，满足了消费者对绿色产品的需求。

3.5 包装材料

产品包装在印刷油墨和所用材料方面进行创新，逐渐向着更安全、环保、无异味、残留物低的方向发展。绿色包装必须满足包装减量化、尽可能使用循环再生材料、包装废弃物可降解、包装材料对人体和生物无毒无害等条件。

油墨是用于包装材料印刷的重要原材料，现在，很多供应商在包装材料中选用水性油墨、低溶剂型油墨印刷，并且使用无苯化工艺，无异味、无残留、更加安全环保。有些供应商使用玉米淀粉等天然材料生产包装薄膜，使材料达到天然可降解的效果。

3.6 其他

采用植物基材料的防腐杀菌剂，由植物提取物复合而成，天然安全。

卫生用品行业领先的生产企业也在与原料供应商一起，积极推进可持续、天然材料在产品中的应用。

恒安以产品的生态与环境性作为设计的出发点，将产品的安全健康、可回收及可重复利用性纳入考虑，开发天然植物纤维，如竹纤维、大豆纤维非织造布；开发水可冲散产品，并改进材料和工艺、提高木浆水刺非织造布湿巾的木浆含量；研究开发食品级药液，应用于婴儿湿巾等。

此外，为提高包装材料的环保性，恒安优先使用可降解、可回收的包装材料，并与供货商一同探讨和研发可降解生物材料、可持续包装材料等环保材料。2020 年，恒安 100%的纸质包装及 95%的塑料包装为可回收材料。

维达在 2021—2025 年可持续发展规划中指出，计划 90%以上包装材料使用可再生原料，并研究开发可降解塑料作为原材料，逐步提高可降解材料的比例。

在上游原材料采购上，可靠严格遵守绿色可持续发展要求，旗下成人纸尿裤、婴儿纸尿裤、宠物纸尿裤、护理垫使用的绒毛浆和卫生纸均来自可持续经营的森林木材，相关方均通过了 FSC 认证。可靠还联合上游供应商一起进行技术创新，研发可降解、绿色环保的新型材料。比如，由可靠股份承担的“生物可降解聚乳酸医疗卫生护理基材”“生物降解聚乳酸医疗卫生护理用品的研发与产业化”等，推动行业的可持续发展。

4 减少碳排放

为了实现国家双碳目标，行业企业特别是领先企业正在积极寻找减少碳排放的途径，与消费者一起，为改善生态环境而努力。

4.1 恒安

恒安集团在产品设计、生产、仓储、物流及供货商管理等维度展开一系列的节能减排、绿色生产活动，切实履行生态环境保护责任。

公司利用厂房和仓库的屋顶，运行绿色环保太阳能光伏发电，其中：恒安(中国)纸业有限公司已运行年发电量 200 万 kWh 光伏发电机组，目前在建项目分布于河南、陕西、芜湖、上虞、山东的子公司。

在仓储环节，恒安集团大力推进仓储数据化、可视化和信息化运行，以提高效率并降低能耗。此外，恒安的仓库所使用的 95%以上叉车都是电动叉车，从源头上减少了环境污染。

在物流环节，恒安不断提高物流效率，减少物流运输环节的温室气体排放；持续优化销售网络，整合物流中心，减少区域中转中心(RTC)数量，提高物流效率。在传统的工厂—RTC—仓库的基础上，不断提高客户直送或协同方式的比例，以缩减运输里程；鼓励物流供货商选择绿色环保的新能源汽车，以降低能耗减少二氧化碳排放量，构建绿色运输系统。2020 年，与恒安合作的物流供货商中有 21%采用了新能源汽车。

在供应链环节，恒安积极与践行环保低碳的伙伴开展合作，并将可持续发展理念传递给更多的合作伙伴。恒安优先选择在节能环保方面表现良好的供货商，并鼓励供货商多使用环保产品及服务。

4.2 维达

维达正在全国的生产工厂中推进可再生能源的使用，在厂房屋顶安装太阳能光伏发电面板(目前浙江工厂以及台湾工厂已经安装投入使用，北京工厂正在做项目评估)，用于工厂照明。工厂生产流程设计考虑上下道工序自动衔接，减少中间环节储存和运输，节省能源消耗。维达还持续改善产品设计，以减少产品的碳足迹。

4.3 宝洁

宝洁通过提高能效，使用可再生能源等方式来减少直接和间接的碳排放。

目前，宝洁全球 70%的运营工厂实现了购买 100%可再生能源供给电力，并在寻求更多风能、太阳能和地热能项目，加速向可再生能源过渡。根据宝洁 2030 年可持续发展目标，公司将在全球范围内购买 100%可再生电力资源，宝洁工厂减少一半的温室气体排放量，并在未来 10 年实现碳中和。

宝洁在江苏太仓的工厂使用 100%风电等可再生能源进行生产。到 2030 年，宝洁中国全部生产工厂将使用 100%可再生能源，在中国推进实施应对气候变化的基于自然解决方案，通过保护、改善和恢复自然生态而带来碳效益。

5 固体废弃物的处理及对环境的影响

5.1 城市生活垃圾处理总体状况

固体废弃物，是指人类在生产、消费、生活和其他活动中产生的固态、半固态废弃物质(国外的定义则更加广泛，动物活动产生的废弃物也属于此类)，通俗地说，就是“垃圾”。主要包括固体颗粒、城市生活垃圾、炉渣、污泥、废弃的制品、破损器皿、残次品、动物尸体、变质食品、人畜粪便等。有些国家把废酸、废碱、废油、废有机溶剂等高浓度的液体也归为固体废弃物。

城市生活垃圾是指在城市日常生活中或者为城市日常生活提供服务的活动中产生的固体废物以及法律、行政法规规定视为城市生活垃圾的固体废物，主要包括居民生活垃圾、商业垃圾、集贸市场垃圾、街道垃圾、公共场所垃圾、机关/学校/厂矿等单位的垃圾(工业废渣及特种垃圾等危险固体废物除外)。目前分类为：可回收物、有害垃圾、厨余垃圾和其他垃圾，其中卫生用品废弃物属于其他垃圾。根据《2019 中国城市建设统计年鉴》的数据，2019 年中国共处理城市生活垃圾 24012.81 万吨，其中卫生填埋 10948.03 万吨，焚烧 12174.17 万吨，其他方式处理 890.62 万吨；拥有垃圾无害化处理厂(场)1183 座，其中卫生填埋 652 座，焚烧 390 座，其他 141 座。

5.2 固体废弃物的处理方法及发展趋势

根据《中国城市建设统计年鉴》的数据，生活垃圾最常见的处理方式是卫生填埋和焚烧，2016—2019年卫生填埋处理的废弃物量占比逐渐下降，而焚烧和其他方式处理的占比上升。

表4 2016—2019年中国城市生活垃圾处理方式变化

	卫生填埋/%	焚烧/%	其他/%
2016年	60.3	37.5	2.2
2017年	57.2	40.2	2.5
2018年	51.9	45.1	3
2019年	45.6	50.7	3.7

（中国造纸协会生活用纸专业委员会秘书处 整理）

欧 盟 European Union

1 可持续发展需要产业链上下游企业的共同创新

行业的产业链包括产品生产商、原材料和设备供应商以及研究院/实验室/咨询公司等。生产商位于产业链的末端，对行业可持续发展影响重大。

1.1 原材料供应商

原材料供应商一直致力减少生产过程对环境带来的影响；降低生产及加工时的能耗，并提高材料的性能。例如，低温熔融的纤维，可消耗更少的能量进行热粘合；天然纤维、再生PET及生物材料逐渐被广泛使用，以实现产品的可持续性；原材料创新在提高现有产品性能的同时，也开发创造了新的产品。

- 非织造布

非织造布及其相关产品可分为耐用型及用即弃型。这两类产品的性能及可持续性方面有很大的不同。例如，用于道路或建筑的非织造布为耐用土工布，其主要目的是能长时间支撑基础设施，使用寿命和性能保持时间较长，并能回收再利用；而婴儿纸尿裤等一次性卫生用品为用即弃型，这类产品只使用一次，且使用时间较短，因此要尽量减少因原材料及废弃物而产生对环境影响。

- 高吸收性树脂(SAP)和粘合剂

在卫生用品向更轻薄、性能更优化发展的过程中，SAP和特定的粘合剂起着重要的作用，它们可以降低原材料的使用量，减少最终废弃物量。

- 绒毛浆

在欧洲，生产一次性卫生用品所使用的绒毛浆主要源自可持续开采的森林。在生产绒毛浆用的木材主要供应地美国、芬兰及瑞典，如今树木的数量超过100年前，因为森林所有者种植树木的数量超过其砍伐的数量。

- 薄膜

薄膜创新主要为透气性，这可以预防皮肤问题，同时提高卫生用品的舒适度。

1.2 设备供应商

设备供应商包括非织造布、薄膜及其他原材料的生产设备，产品生产设备和包装设备等供应商，其在供应链中起着重要的作用，并引领创新。设备供应商始终与客户紧密合作，以确保设备节能高效，生产的产品更轻薄、性能更优化。

1.3 研究院、实验室及咨询公司

研究院储备和提供创新所需的知识，在创新中起着重要的作用；实验室在评价及优化产品性能中发挥工具性作用。

2 产品的生命周期评估

2014年，EDANA对婴儿纸尿裤和成人失禁用品进行了第二次生命周期评估，并更新了2005年的趋势分析。对于婴儿纸尿裤而言，单片产品质量明显降低。由于评估中选择的失禁产品(通用型)受到政府采购政策和国家报销计划中测试方法的影响，单片产品质量减轻受到限制。但市场上销售的失禁产品有多种多样的类型，包括轻度失禁产品、环腰式和内裤式产品，这些产品确保了消费者可以根据不同的情况选择最合适的产品，从而有效地利用资源。

2.1 婴儿纸尿裤

对婴儿纸尿裤生命周期的研究表明，单片婴

儿纸尿裤的平均质量从1987年的65g降至2013年的33g，减少了近50%。这是通过多次改变产品设计，减少绒毛浆和PE(聚乙烯)膜等的使用而实现的。原料是所有环境指标的关键因素，因此可以通过减少原料的使用量，减轻产品条质量，来改善产品对环境的影响。

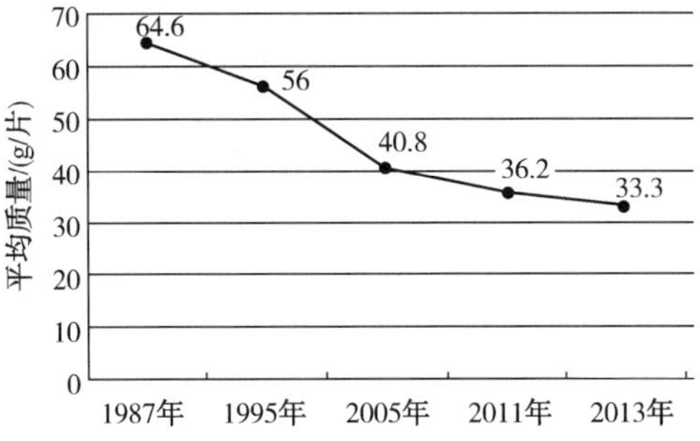

图1 1987—2013年单片婴儿纸尿裤平均质量变化

2.2 成人失禁用品

通过减少绒毛浆、PE薄膜和其他聚合材料的使用(如粘合剂和闭合系统)，成人失禁用品的条质量得以减轻。但在绒毛浆用量减少的情况下，需要添加SAP以保持甚至提高产品的吸收能力。所以非织造布和SAP用量的增加又加重了产品条质量。综合考虑各种材料对条质量的影响，1995—2013年，通用型失禁用品平均减重12%，环境综合改善幅度在10%~72%之间。

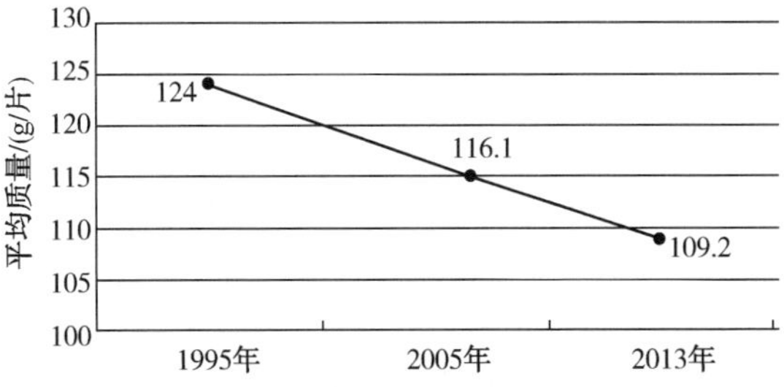

图2 1995—2013年通用型失禁用品平均质量变化

生命周期评估成功的关键是收集可靠数据的能力。这需要所有原材料供应商贡献相关数据，婴儿纸尿裤及其他产品的主要生产企业制定供应商标准时也采纳并使用了这些数据。通过努力，现在的欧洲吸收性卫生用品行业供应链实现了较高的透明度，并且对吸收性卫生用品给环境带来的影响有了深入全面的了解。

3 EDANA可持续发展2030年愿景

EDANA制订的2030年可持续发展愿景，包含4个关键领域，12个实质性主题，每个关键领域都有明确的目标。该愿景不是强制规定，而是一个指导方针，帮助会员企业确定发展中的优先事项，并明确各自的可持续发展战略。

3.1 可持续的供应链

目标：在供应链中建立公平、安全的工作环境，实现绿色采购

EDANA的大多数会员企业会设定行业供应链的可持续目标，并且要求供应链中的其他合作伙伴也达到相应的要求。

- 公平、安全的工作条件

公平、安全的工作环境在非织造布供应链中至关重要。这可以通过生产过程安全管理和道德守则来实现。

EDANA的会员企业通过各种实践努力创造良好的工作条件，大多数企业会选择执行下图中一个或多个质量安全标准和管理体系。此外，一些公司制定并执行了公平安全劳动行为守则，内容涉及结社自由、童工、不歧视和防止骚扰等规定。

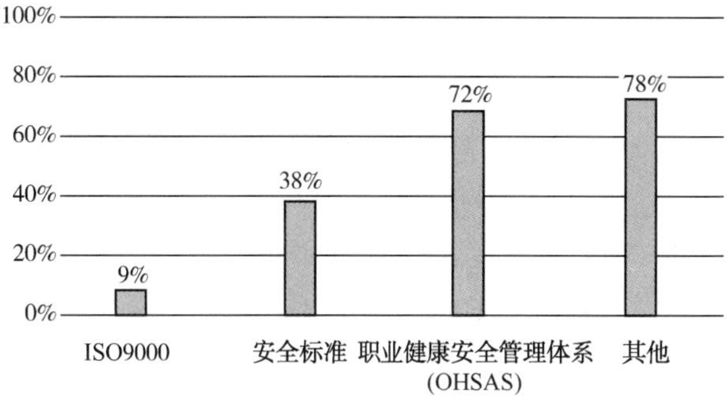

图3 EDANA会员企业执行的质量安全标准和管理体系

EDANA会员企业一直致力于改善员工的健康、安全和福祉，同时促进工作场所的公平性。企业的损时工伤(LTI)或损时工伤发生率(LTIFR)平均减少35%。EDANA会员企业的目标是零工伤。大约20%的会员企业设定了减少工伤的目标，近10%的会员企业可以自豪地称公司内工作环境不会导致工伤。

- 可持续性原材料

原材料是行业供应链的基础，选择可持续性原材料是创建及维护可持续供应链的必要条件。

非织造布行业所用的原材料中，石油基材约占70%，可再生原材料占30%左右。为了提高原材料使用的可持续性，行业进行了两方面的努力。

首先，降低单位产品的原材料用量，这对可持续性很重要，因为成品中约85%的碳排放来自

原材料生产。

尽管在过去10年中，非织造布按面积计的产量大幅增加，但按质量计产量却并未相应增加。通过不断创新，每平方米非织造布的平均质量持续下降。自2005年以来，非织造布的单位产品平均质量减少了7g/m²。

其次，天然材料或回收材料的使用量也明显增加。2017年，非织造布行业对纤维、聚合物和粘合剂的消费量为280万吨，其中约20%来源于天然材料，包括木浆(11%)。纤维素纤维(如粘胶纤维)的使用量越来越多(6%)。应用至非织造布领域的生物基塑料也在增加，可再生原材料最常用的认证标准是FSC®或PEFC™。此外，行业所用原材料有12%是回收的聚酯(再生涤纶)。

- 可持续采购

原材料是可持续供应链的基石，而可持续采购是构建供应链的基础，采购过程要充分考虑社会、道德和环境因素。

2017年，65%的EDANA会员企业将可持续性作为原材料采购决策的关键要素，使用不同的审核机制对供应商和供应链的可持续性进行评估，如图所示，最受欢迎的是协作平台(58%)，其次是内部审计行为准则(24%)。EcoVadis®和Sedex®是两个受到欢迎的平台，可以用于多个行业，最大限度地减少供应商提供信息的工作量。

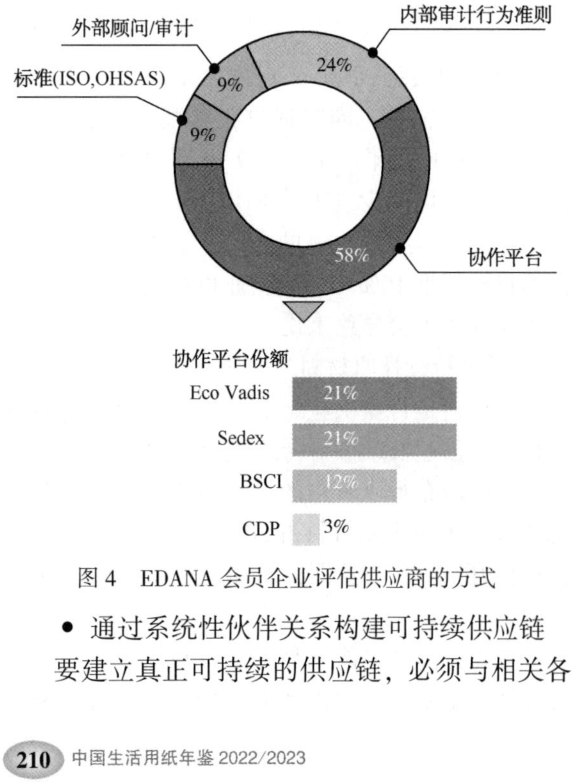

图4 EDANA会员企业评估供应商的方式

- 通过系统性伙伴关系构建可持续供应链

要建立真正可持续的供应链，必须与相关各方进行公开沟通并建立可持续伙伴关系。多年来，EDANA在行业会员企业、供应商、政府和其他行业协会之间建立了广泛的伙伴关系和网络。

3.2 生态效率

目标：高效利用资源，低碳生产

气候变化是当今世界的最大挑战之一，能源需求激增和全球消费不断增长给缓解气候变化带来了挑战。原材料用量和碳排放直接关联。因此，低碳生产和资源高效利用至关重要，也是新的机遇。

- 生命周期研究推动可持续创新

EDANA的会员企业将生命周期评估(LCA)作为可持续新产品开发的一部分，从原材料采购到生产、运输、使用、废弃物处理、回收和处置等方面进行环境影响分析，不断改善环境绩效，以减少产品造成的潜在环境负担和影响。对于90%的EDANA会员企业来说，可持续性因素已经成为产品开发的关键决策因素。

此外，EDANA还鼓励会员企业关注产品健康和安全性，从各方面改善用户的生活质量、舒适度、健康和卫生情况。

- 提高能源利用效率

非织造布行业不断评估其生产方法和资源使用情况，努力提高能源效率并减少其环境足迹。提高能源利用效率不仅对环境有利，还带来成本上的节约。因此，63%的EDANA会员企业都有降低能源消耗的目标，平均每年降低2%。

- 可再生能源

非织造布行业致力于生产中使用风能、太阳能或水能等可再生能源，从而减少能源足迹。70%的非织造布行业企业购买部分可再生能源来满足其需求。EDANA会员企业使用可再生电能的平均比例为31%。

使用可再生能源也有助于减少碳排放，并有助于实现公司设定的排放目标。58%的EDANA会员企业制定了减少碳足迹的年度目标，平均每年减少3.3%。

- 资源优化

非织造布行业正不断地为所有产品寻找可持续方案，以便更好地高效利用资源。开发新型可持续材料与高效利用资源相结合，大大降低了对环境的影响。例如卫生用品中使用生物塑料和其他可再生材料(例如纤维素纤维)。

- 尽可能减少生产废料

行业通过有效利用资源、改进生产工艺和提高副产物的使用率，减少生产废料。行业企业正在开发并推广使用了可降低原材料用量的生产工艺。2017 年，非织造布行业原材料使用利用率(纤维、聚合物和粘合剂)可达 92%，过去 10 年维持在相对稳定的水平。

非织造布行业还在不断努力提高生产效率。通过改进流程，减少甚至消除副产品和边角料，这对减少废弃物有很大的作用。此外，EDANA 会员企业一直寻求副产品的回收再利用，在不可能回收时，将其转化为有用的能源。EDANA 会员企业努力将其生产和消费后的废物解决方案从填埋和焚烧转向具有更高价值的有利方案，如回收和升级再利用。

3.3 建立信任

目标：保障质量，提高信息透明度，获取消费者信任

获得消费者信任对行业可持续发展至关重要，这涉及到深入的产品管理和第三方的参与。独立第三方可以监督和认证行业的可持续发展进程。

- 产品管理

行业企业不断寻求具有开创性和创新性的解决方案，最大限度地减少产品对社会和环境的负面影响，保护消费者的健康和安全，对他们的产品负责。企业注重化学品的使用，尽可能减少或不使用有危害的化学品。

消费者环保意识不断提高，也促使行业企业考虑产品在生命周期各个阶段可能产生的影响，包括对消费者的健康和安全、社会和环境的影响。

- 信息透明化和标签

可持续发展和信息透明度紧密相连。合作伙伴、消费者、投资者、非政府组织、监管机构和普通公众对产品信息的要求(例如产品构成和材料来源)都在逐步增加。EDANA 定期公开行业的可持续发展进程，与内部和外部利益相关方开展广泛合作，提高透明度。

89%的 EDANA 会员企业会公开其可持续发展的进程，主要是通过网站(69%)和可持续发展报告(61%)公开这些信息。大多数企业的可持续发展报告(90%)包括量化的成绩和未来发展承诺。EDANA 的多个会员企业积极通过环保产品声明(EPD)来传达产品对环境的影响。

另外，在产品包装上放置清晰的标签对可持续发展也非常重要，这可以为消费者选择合适的产品提供必要的依据。约 60%的 EDANA 会员企业在标签上使用产品可持续性声明，告知消费者相关信息。

- 自愿行为准则

要实现可持续发展，就要尽可能减少企业活动造成的直接和间接负面影响。非织造布行业致力于遵守环境保护、人权、工作条件和企业道德治理相关的规则、技术标准、监管规定和安全准则。这些自愿行为准则是对法律框架的补充，确保行业产品安全。

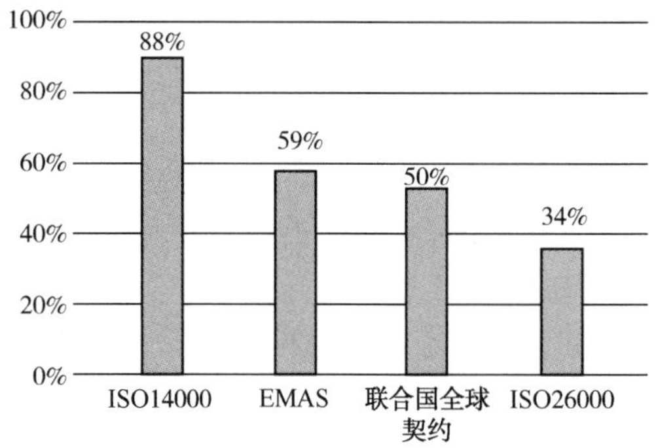

图 5 EDANA 会员企业引入的相关自愿行为准则

- 第三方认证

独立第三方认证是建立消费者信任和增加信息透明度的有效方式，可以展示企业对国内和国际产品标准和法规的重视和遵守情况，从而增强零售商、消费者和监管机构对企业的信任度和接受度。

EDANA 会员企业除了遵守一般安全标准(38%)、职业安全与卫生条例(72%)或 ISO50001(38%)之外，还寻求不同的可持续发展标准和认证体系，例如联合国全球契约和 ISO26000 社会责任准则。

3.4 用后废弃物的有效处理

目标：开发废物处理和循环经济最佳解决方案

由于行业的最终产品中有大量的一次性用品，用后废弃物的处理是非织造布行业在可持续发展方面面临的最大挑战。生产商对产品的责任必须延续到销售之后。认真设计产品，提高其生

命周期结束阶段的价值，才能让行业向着循环经济发展。

• 消费者教育活动

消费者教育活动是提供产品卫生、健康和安全信息的重要组成部分。企业有责任告知消费者商品和服务可能对环境和社会造成的影响，以确保产品的正确使用，最大限度地减少意外的社会或环境影响，并确保最佳的用户质量和价值。通过教育活动，帮助消费者和社区预测不当使用的相关风险，并改善用后废物的处理。

• 建立有效的废物处理伙伴关系

可持续发展需要各方的沟通和协作。66%的EDANA会员企业已经建立了专门针对可持续发展的合作伙伴关系，以改善用后废物处理、创建闭环流程并创新循环系统。

• 践行循环经济原则

在欧盟，吸收性卫生用品(婴儿纸尿裤、女性护理和失禁用品)约占城市固体废物的1.5%~6.3%(取决于国家或地区垃圾分类回收的实施情况)。要发展循环经济，关键是开发更加可持续的产品，提高产品和包装的可回收性或可生物降解性。行业企业正在努力打破现有的产业模式，从线性经济逐步向循环经济发展。

北　美 North America

1　纸尿裤

1.1　纸尿裤产品的安全与健康

(1) 产品安全

为了保证纸尿裤产品的安全性和亲肤性，北美婴儿和成人卫生用品中心(BAHP)的会员企业聘用产品安全专家，制定相关的安全审查流程，确保进入市场的材料和产品的安全性。

安全审查流程包括以下几个部分：

• 原材料的安全性

首先要检查纸尿裤生产所用的原材料，主要包括绒毛浆、聚乙烯、聚丙烯、高吸收性树脂(SAP)、弹性材料、粘合剂和其他一些少量成分，确认这些原料是否会刺激皮肤或引起过敏反应。如果产品上市后，材料改变，则需要对新采用的材料重新进行安全审查。

需特别注意那些直接或近距离接触婴儿皮肤的材料，如面层、腿部护围、腰围和乳霜添加剂。例如，纸尿裤面层需要在干爽时保持柔软舒适，潮湿时不会刺激皮肤。

自纸尿裤诞生以来，对使用的SAP材料进行了多次的安全测试，远远超过了美国食品药品监督管理局(FDA)批准医疗器械所需的测试数量。这些测试包括皮肤刺激性、过敏反应和与皮肤接触或被吞食时的毒性，证实了正规厂家生产纸尿裤用SAP是安全的。

• 纸尿裤结构的安全性

纸尿裤生产商需要专门研究适龄婴儿/学步儿童的行为，并在实际穿着时检查纸尿裤产品结构，确保其安全性，并满足婴童自由活动的需求。常见的研究领域是了解婴儿/学步儿童在穿着纸尿裤时的撕扯力度，以及哪些部分会引起窒息危险。

在确认产品结构安全时，通常需要考虑：避免会划伤皮肤的锋利边缘，避免可能会留下勒痕的过紧部分，避免可能被拉下并吃掉的胶贴，避免可以拉出的松紧带，纸尿裤各部分间的粘合强度应确保不容易被撕开，以及产品老化对结构的影响。

• 临床测试

当纸尿裤产品通过严格的原材料和结构安全审查程序后，进入临床测试阶段，即检验实际穿着时产品可能对婴儿皮肤造成的影响。已上市的纸尿裤产品如果整体重新设计时，也需要重新进行临床测试。测试时，婴儿穿着纸尿裤产品达到指定时长，然后测量和评估产品对皮肤的影响，主要观察皮肤潮湿/干爽情况以及pH值。

• 收集消费者数据

产品安全管理中的一个关键因素是密切关注从父母和护理人员那里收集的相关意见。各公司都应该有收集和回应消费者问题和意见的系统，全球数据库的发展使得企业有能力从中分析消费者需求的发展趋势并快速识别潜在的产品改进机会。

(2) 纸尿裤的颜色

为了有更好的穿着体验，纸尿裤中通常会用

到各种颜料，可以用来指示穿戴方向，突出功能区域，吸引消费者或儿童的兴趣，或指示纸尿裤的干湿程度。

消费者对纸尿裤颜色的担心主要在于是否使用了分散染料，因为有些分散染料会引起过敏。事实是：BAHP 会员企业生产的纸尿裤都不使用分散染料，而是使用无刺激性和非致敏性的颜料，并按照产品原材料安全评估的原则对其进行安全测试。大量的皮肤安全测试(例如皮肤斑贴试验)证实，这些颜料安全性良好，不会造成皮肤刺激或过敏现象，还广泛应用于纺织品、玩具、学校用的粉笔和蜡笔以及食品包装等产品中。生产商还要对颜料进行干湿两种状态下的测试，以确保色度能永久粘附于纸尿裤上，不会转移至皮肤上。

(3) 预防尿布疹

“尿布疹”指纸尿裤覆盖的皮肤大面积发红或出现炎症反应的现象，大多数穿纸尿裤的孩子都会有这样的经历。出现尿布疹的皮肤部位也容易出现继发性感染。

引起尿布疹有 3 个重要因素：

潮湿——长期潮湿会导致皮肤更易被磨损和擦伤。

pH 值升高——正常情况下，皮肤为微酸性，pH 值约为 4.5~6.0。但细菌可将尿液中的尿素分解成氨，从而使皮肤的 pH 值升高。pH 值升高会激活粪便里的酶，使皮肤受损。如皮肤此时正处潮湿状态，则更易受损。

尿液和粪便刺激是导致尿布疹的主要原因，尤其是排便或腹泻次数频繁的儿童。皮肤敏感的儿童和服用抗生素或患有病毒感染引起腹泻的儿童可能更易患严重尿布疹。及时更换纸尿裤，用水、软毛巾或无刺激性的湿巾清洁纸尿裤覆盖的皮肤，涂抹护臀膏，使用亲肤透气的纸尿裤等，均可降低患尿布疹的风险。

随着纸尿裤结构和材料的持续改进，可以快速吸收尿液并将其锁在芯层中，以确保尿液不会接触婴儿的皮肤。同时，产品更加亲肤透气，使皮肤更加干爽，皮肤 pH 值更稳定，从而降低尿布疹的严重程度和发生频率。

1.2 纸尿裤与环境

(1) 行业企业环境管理

BAHP 始终致力于减少行业对环境的影响，其会员企业也把环境管理看作生产优质产品不可或缺的一部分，并且承诺：

- 使用对消费者和环境都安全的原材料；
- 确保产品适用常见的固体废弃物处理方法；
- 使用生命周期评估(LCA)方法来改善产品的环境影响；
- 提供详细产品信息，以便消费者做出合适的选择。

(2) 通过 LCA 了解纸尿裤的环境影响

通过 LCA，可以全面了解和对比不同产品对环境的可能影响。在评估一类产品的环境影响时，应该关注它的整个生命周期，而不仅仅是选择某一个阶段，例如人们谈到选择纸尿裤还是布质尿片时，会主要关注用后的固体废物对环境带来的影响，而可能会忽略能源使用、空气和水污染等，而被忽略的这些方面可能会产生更大的影响。

自 20 世纪 80 年代以来，美国、德国、斯堪的纳维亚国家、荷兰、加拿大和英国的研究人员都对纸尿裤和布质尿片分别进行了生命周期评估，结果显示，由于需要清洗，布质尿片比较费水且会产生一定的污水排放，而纸尿裤会产生更多的固体废物，消耗更多的自然资源。

(3) 纸尿裤和固体废物处理

城市固体废物包括产品包装材料、食物残渣、庭院垃圾、家具、杂志和邮件、电器和纸尿裤等各种常见物品。

根据美国国家环境保护局(EPA)的相关数据，2010 年，美国产生的垃圾约达 2.5 亿吨，平均每人每天扔掉 4.5 磅垃圾，这个数字自 1990 年以来一直保持稳定。根据 EPA 的数据，2010 年美国用过的成人和婴儿纸尿裤约占城市固体废弃物总量的 1.5%。

纸尿裤在城市固体废物中的占比很小，可使用常见的固体废弃物处理方法进行安全处理。根据 EPA 的统计，美国的城市固体废弃物主要采用以下方式处理：填埋(54.2%)、焚烧(12.6%)、堆肥(8.8%)、回收(24.4%)。

- 填埋

人们对废弃纸尿裤处理的担忧主要集中在填埋后对环境的影响。事实上，美国现代化的垃圾填埋场在建设时就最大限度地减少其对周围环境的影响，防止污染地下水和地表水、释放甲烷气体或是影响土壤环境。大多数垃圾填埋场都会将垃圾层层堆积，并用厚厚的土壤覆盖，以防止水渗透或渗入地下水中。

与其他形式的固体垃圾一样，纸尿裤在填埋时很容易被压缩。在现代填埋场中，纸尿裤材料以及纸尿裤中的人体排泄物均不会渗出。

美国亚利桑那大学人类学教授 William Rathje 博士带领团队开展了一个与垃圾相关的项目，挖开了 20 多个垃圾填埋场，发现填埋后的所有废弃物(纸张、庭院垃圾，甚至食物)都需要很长时间才能分解。

Rathje 博士还指出，人们的一个普遍误区是，纸尿裤是垃圾填埋场中垃圾的主要组成部分。经过问卷调查发现，大家认为纸尿裤占据了垃圾填埋场 5%~40%的空间。但研究发现，在垃圾填埋场中，纸尿裤质量占比不到 1%，体积占比不到 1.5%。(Rathje，W.L. 和 C.Murphy，《垃圾!：垃圾的考古学》。纽约：HarperCollins 出版社，1992 年。)

人们还在研究如何从垃圾填埋场回收能源，并在一些垃圾填埋场中设计了促进生物降解和甲烷气体产生的设施，用于生产可再生能源。这些垃圾填埋场有特别设计的衬层以防渗水，还设有排水沟和水泵系统，保持水循环。在这些条件下，纸尿裤中的有机成分会像其他可生物降解的材料一样转化为甲烷。

- 焚烧

用后的纸尿裤不应该在不受控制的环境(如：后院)中焚烧，但可在经批准的受控环境中燃烧或焚化，例如可回收能量的焚化炉。生产纸尿裤所用材料为常用材料，燃烧时不会形成不寻常的或独特的有毒排放物。

- 堆肥和生物质气化

堆肥和生物质气化利用有机废物固有的生物降解能力，将庭院废物、食品废物和不可回收的废纸分解成二氧化碳、水和肥料(一种类似土壤的物质)。废弃纸尿裤可以在一些大规模的市政堆肥系统中处理，这些大型系统能够控制温度防止病原体滋生，并且可以移除废弃物中的塑料和其他不可堆肥的成分。纸尿裤不应该在家庭环境下堆肥。

- 回收利用

从技术上来说，将纸尿裤分解并对某些部分回收再利用是可行的。但一家公司或一个城市在回收吸收性卫生用品时，会面临一些问题：(a)在固体废弃物中占比较小，分开收集需要较高的成本；(b)确定回收产品中哪些材料具有足够的市场价值。

2 女性卫生用品

2.1 原材料安全

FDA 将所有经期护理用品作为医疗器械类进行监管，所以在美国销售的女性卫生用品必须遵守特定的安全评估指南和生产商责任，确保原材料和产品安全可靠。

- 棉纤维和人造丝

对用于卫生巾、护垫和卫生棉条中的原材料，生产商会专门采取措施确保其质量和安全。棉花和人造丝(纤维素纤维，通常是木浆纤维)用于生产女性卫生用品已有较长的历史。科学证据一再表明，如今的棉花和人造丝材料可安全用于卫生棉条等女性卫生用品。

在用于生产时，要对棉花和人造丝等材料进行严格的净化和清洁，去除农业中使用的杀虫剂和杂质等。目前的净化或漂白过程使用 FDA 认可的无元素氯或全无氯工艺，不会产生二噁英。根据 FDA 的建议，用于生产卫生棉条的材料要进行更加细致的净化，确保产品不含 TCDD(四氯二苯并二噁英)、TCDF(四氯二苯并呋喃)以及杀虫剂和除草剂残留物。

- 香料

许多女性都喜欢有香味的护理用品，在产品中添加香料，可以增加宜人的气味，或掩盖异味。

香型卫生巾、护垫和卫生棉条都需要经过测试，确保其引起皮肤刺激或过敏反应的可能性较低。女性卫生用品中使用的所有香料都要符合国际日用香精香料协会(IFRA)规定的安全使用限量，这是 IFRA 根据国际日用香料研究所(RIFM)专家小组的风险评估结果制定的标准。产品中使用的所有香料成分还要符合《IFRA 行为规范》。

女性卫生用品生产商要随时关注 IFRA 和 RIFM 的标准，熟悉相关科学文献和法规，以确保产品中使用香料的安全性。香型产品的包装上还应有清晰的标识，以便消费者根据自身需求和偏好做出选择。

• 粘合剂

女性卫生用品的吸收芯层中可能会使用粘合剂，卫生巾和护垫的外层也会使用粘合剂，使其能够粘附到内裤上，在设计时也限制了皮肤与粘合剂的直接接触。女性卫生产品中使用的粘合剂必须对人体安全，在极少数情况下与皮肤接触时不会造成刺激，且所含物质不会被身体吸收。

• 非织造布

非织造布是女性卫生用品常用的原材料，由高分子聚合物制成，不会被身体吸收，在个人护理产品以及食品包装和医疗用品中广泛使用。

• 颜料

女性卫生用品中使用的颜料与婴儿纸尿裤和许多其他常用家用品中使用的类似，有助于识别产品的不同功能区域，增加美感。这些颜料必须具有良好且稳定的安全性才能在产品中使用，且用量少，不接触皮肤。

• SAP(仅用于卫生巾和护垫)

卫生巾和护垫中通常使用 SAP 作为吸收材料。安全性测试结果表明，SAP 毒性低，不会引起皮肤刺激或过敏，20 多年来广泛应用于各类消费品。

2.2 FDA 对女性卫生用品的有关规定

FDA 将卫生棉条归为二类(非重大风险)医疗器械，将卫生巾归为一类医疗器械。这意味着，生产商需要向 FDA 提交一份详细的产品成分和设计风险评估以及相关测试结果。如 FDA 对产品安全性有疑问，生产商需提供额外的信息。

生产商需要向 FDA 提交的信息包括：产品(包括其成分)详细说明；详细的风险评估；根据国际公认标准对产品的人体安全性进行的评估，如导致刺激和过敏反应的可能性；卫生棉条微生物安全性的确认；标签信息设计，确保女性能够获得正确的使用和安全信息。

2.3 中毒性休克综合征(TSS)

中毒性休克综合征(TSS)是一种与卫生棉条使用相关的罕见但严重的疾病。男性、儿童和无月经的女性也可能患这种疾病。

1978 年，James Todd 博士根据 7 名儿童(其中 3 名是男孩)的病例首次对 TSS 进行了描述。这种疾病是由金黄色葡萄球菌特定菌株产生的毒素引起的，一旦产生毒素，大多数人的血液中都会产生相应的抗体，保护身体免受毒素伤害。TSS 症状为发热、低血压、皮疹和多器官机能障碍。

TSS 是一种罕见的疾病，美国经期女性的年发病率约为 10 万分之一，且如今美国市场上的所有卫生棉条引起 TSS 的风险都很低。绝大多数情况下，患有 TSS 的女性在治疗后均会康复。但重要的是，要让女性在月经来潮和使用棉条时了解这些病症，若有不适立即就医治疗。在美国和加拿大购买卫生棉条时，每位消费者都会收到 TSS 相关的重要安全信息，说明如何最大限度地降低患病的风险，以及发现相关症状时的处理建议。

• 风险因素和症状

研究表明，可能导致经期 TSS 的风险因素包括：使用卫生棉条，使用者较年轻，连续使用卫生棉条，卫生棉条的吸收性。

因此，女性在经期应不时用卫生巾代替卫生棉条，并使用能满足需求的吸收性最低的卫生棉条。

此外，研究表明，夜间使用卫生棉条和使用时长并不是引发 TSS 的危险因素。

尽管卫生棉条的使用是一个致病的风险因素，但卫生棉条既不是金黄色葡萄球菌(引发 TSS 的病菌)的来源，也不会增加女性阴道中存在这种病菌的可能性，也不会增加阴道中病菌的数量。

消费者应该注意 TSS 的症状，感到不适时，立即取出卫生棉条并就医。TSS 症状包括：类似流感症状，如发烧；呕吐、腹泻；晒伤样皮疹；头晕、肌肉疼痛；站立时晕倒/几乎晕倒。

• 棉花和人造丝纤维与 TSS

人们之前有一个错误的观点，即卫生棉条中含有人造丝纤维，会增加使用者患 TSS 的风险。但大量的研究表明，棉花和/或人造丝纤维制成的卫生棉条具有安全性，与其他成分制成的卫生棉条相比，引发 TSS 的风险相对最低。

微生物学和实验室研究也证实，棉花和人造丝纤维都不会增加使用者患 TSS 的风险。

FDA 的指南中指出：“与吸收性相近的棉花材质卫生棉条相比，人造丝卫生棉条引发 TSS 的风险并不会更高。”

2005 年，FDA 发布了消费者指南，确认人造丝、棉花或两种材料混合制成的卫生棉条都只有较低的中毒性休克综合征(TSS)风险。

3 擦拭巾

3.1 降低塑料用量

擦拭巾给人们的生活和工作带来了很大的便利，应用越来越多。由于近年来降低塑料用量被提上日程，擦拭巾中的塑料原料问题也受到人们的重视。

北美非织造布协会(INDA)指出，擦拭巾使用的塑料只占全球塑料使用总量的0.1%。但是不可否认，擦拭巾产品的主要原材料是非织造布，而目前非织造布的主要原料是PP/PET/PE等塑料。另外，擦拭巾的外包装目前仍以塑料材料为主。面对各地政府越来越严格的限塑令，以及对擦拭巾行业的关注，行业企业积极应对，找出相应的对策。

擦拭巾生产商应在包装上标明产品的塑料成分、对环境可能造成的影响及妥善处理废弃物的方法。另外，还要提示消费者市场上存在的可重复使用替代品，让他们认识到随意丢弃或不恰当处理废弃物对环境特别是海洋环境以及城市下水道系统造成的影响。

3.2 材料创新

为了节约成本，并使产品达到所需的性能，大部分擦拭巾基材都使用不可生物降解的合成纤维材料，且产品用完之后会被污染，回收难度较大。

要减少擦拭巾中塑料材料用量，实现可持续发展，就需要进行材料创新。这其中最重要的是非织造布基材的创新，一方面在非织造布的生产过程中就要尽量选择可再生原料，减少中间加工环节，有效利用能源，保证最小的碳足迹。另一方面，加工成的擦拭巾产品要具有较好的性价比，且使用后在正常环境条件下可生物降解。

要满足这些条件，在选择非织造布纤维原料时必须要考虑：其来源是否为经过认证的可持续来源；灭虫剂、肥料和水的使用情况；原料产地的生态系统兼容性(动物栖息地、生物多样性、生命周期长度)、与耕地的竞争关系；纤维制备的能源利用效率；非织造布生产工艺的兼容性，自然环境下可生物降解性等。综合以上选取标准，可供选择的纤维材料有：木浆纤维、棉纤维、竹纤维、亚麻纤维、粘胶纤维、天丝等。

除了非织造布外，包装材料的创新对擦拭巾行业也非常重要，减少包装材料中的塑料，增加可回收性材料的使用，对整个行业的可持续发展起到重要的推动作用。

3.3 行业协会起到引领作用

INDA和EDANA联合其会员企业，制定可冲散擦拭巾指南，严格规定可冲散产品的标准。对于不可冲散的产品，生产商在产品包装上标注不可冲散标识，并引导消费者正确处理废弃物，减少不恰当地处理废弃物对环境和城市下水系统的影响。

4 生态友好型原料使用情况

一次性卫生用品行业还在研发更加生态友好和可持续的原材料，以进一步降低产品对环境的影响，目前市场上的新型材料主要是用可再生基材代替石油基材料，特别是生长周期较短的天然植物基材，以及生物基材料制成的高分子材料等。

4.1 非织造布

新型的非织造布材料主要有聚乳酸非织造布、棉纤维非织造布、竹纤维非织造布和其他材料等。

聚乳酸是从玉米、小麦、甘蔗等植物淀粉中提取的新型材料，美国Earth's Best Tendercare婴儿纸尿裤的面层和底层材料都是采用聚乳酸非织造布。

棉纤维非织造布采用100%棉花，或者棉纤维含量大于15%的混合材料。棉纤维非织造布在婴儿纸尿裤产品中已经得到了较多的应用，如帮宝适的Pure Protection，亚马逊的Earth & Eden等品牌产品。

Fitesa公司使用两种生物基材料：Nature Works的Ingeo™聚乳酸和巴西Braskem公司从甘蔗中提取的I'm Green™聚乙烯来生产100%生物基的双组分纺粘非织造布。金佰利公司研发Algix技术，目的是实现藻类生物质的商业化生产，以用于纸尿裤非织造布的原料。

4.2 吸收芯层

吸收芯层是纸尿裤重要组成部分，其中材料的使用对整体产品的可持续性影响重大，环境友好型的芯层材料也在持续研发中。

- 绒毛浆目前的发展方向是来源可持续，经过FSC认证，并不使用氯漂白。如帮宝适的Pure Protection婴儿纸尿裤使用完全不含氯和来源可持续的绒毛浆材料。Naty by Nature Babycare 纸尿裤最重要的宣传点就是使用经过 FSC 认证的绒毛浆材料作为吸收材料。

• 生物基 SAP。随着卫生用品超薄趋势的发展，吸收芯层中 SAP 用量不断增加。但使用石油基 SAP 替代绒毛浆并不能减少产品对环境的影响，这是因为 SAP 在生产过程中需要消耗大量能源，并且不能生物降解。为了实现产品的环境友好性，生物基 SAP 正在研发中，并努力达到与石油基 SAP 相同的性能和成本。

Resolute Forest Products 公司正在研发一种纤维素基的超吸收材料，其基本性能与传统 SAP 类似。

Tethis Inc. 公司研发了一种以玉米淀粉为原料的 SAP，性能与传统 SAP 类似。2017 年 2 月，该公司融资 1760 万美元，用于新材料的测试和量产。

巴斯夫的 Hysorb™ SAP 添加了可再生的生物质原料，减少化石原料的使用，并减少温室气体排放。可再生原料主要是从有机废物和植物油中提取的，添加的比例经过精确计算，可以达到与传统 SAP 相同的性能。

4.3 薄膜

可再生的薄膜材料也在一次性卫生用品中得到了应用，如聚乳酸和玉米淀粉薄膜。Naty by Nature Babycare 纸尿裤就使用了玉米淀粉薄膜作为其防漏隔边材料。

4.4 胶粘剂及添加剂

帮宝适的 Pure Protection 婴儿纸尿裤使用安全、不会伤害婴儿皮肤的胶粘剂。Honest 纸尿裤则不使用氯处理，不添加芳香剂或乳液。

日　本 Japan

1 产品安全管理

日本卫生用品行业对产品安全有着严格的要求，产品中使用的化学物质需要经过风险评估。为更好地监管纸尿裤用 SAP 的品质，日本高吸收性树脂工业会还制定了《纸尿裤用 SAP 自主标准》，涉及项目包括 pH 值、残留单体、重金属等指标。

化学物质并不是存在就有风险，而是与人接触(暴露)才产生的风险，风险的程度是由化学物质的有害性(危害)程度和化学物质暴露量(人体吸食或接触到的量)决定的。科学的风险评估流程主要包括以下几个步骤：

(1) 收集相关信息。包括化学物质的种类、使用量、排放地点、排出量、有害性信息、法规信息等。

(2) 风险评估。根据不同化学物质的性质，设定评估方案，并进行有害性和暴露评估，确定化学物质有害性的类型和大小，以及预估的暴露量。根据评估的结果，对化学物质的风险进行判定。

(3) 风险管理和交流。根据风险判定的结果开展风险管理。如果风险在合理范围内，继续维持现状管理。如果风险超出合理范围就需要采取措施减少风险，可以通过减低危害性或者降低暴露量这两种方法来进行风险管理。

同时，企业还有义务公示所用化学物质风险相关信息，包括在产品包装标识上注明信息，提供详细的使用注意事项等。

以日本著名的卫生用品公司——尤妮佳公司的安全管理体制为例，公司针对供应链上下游使用的化学物质进行相应的信息收集，开展毒性调查，召开两次产品安全会议，评估特定化学物质的风险。产品销售时制作产品安全责任书，告知使用者如何预防危害，并提前做好化学物品的管理等。此外，通过顾客服务中心与客户取得联系。收集顾客、专家的意见，并且根据市场的反馈及时调整政策。

2 促进行业可持续发展的举措

日本卫生用品行业企业积极采取节约资源、减少碳排放等措施，减轻对环境的影响，促进可持续发展。

(1) 通过采用功能性材料、改良产品规格等措施，实现产品小型化和轻量化，从而减少资源使用和用后废弃物量。日本纸尿裤和女性卫生用品平均单片质量已经减为 25 年前的约 3/4。

(2) 采取节能降耗措施的生产工艺，提出充分考虑了可执行性、成本效果的措施方案。

(3) 开发环保型产品，降低环境负担，同时提高产品的方便性、舒适性。使用具有生物降解性、植物基的原材料，如从甘蔗加工副产品中提取出来的乙二醇做成的PET材料。

(4) 使用CO_2固化剂，将废弃物燃烧时所产生的CO_2固化。通常情况下，废弃物燃烧会生成CO_2，但CO_2固化剂(碳化促进剂)会让碳原子相互结合，不生成CO_2，而是作为碳化物固定下来，从而减少CO_2排放量。

3 减少废弃物

随着日本人口老龄化的加剧，纸尿裤消费量越来越大。日本卫生材料工业联合会(JHPIA)的数据显示，2020年日本国内婴儿纸尿裤和成人纸尿裤的合计产量为211亿片，比2011年增加了6成。其中，成人纸尿裤2020年产量为87亿片，比2011年增长5成，预计未来还会增长。据日本环境省推算，2015年纸尿裤在日本一般废弃物中的占比超过4%，到2030年将增至约7%。纸尿裤废弃物的处理已成为一个新的环境问题。

日本行业企业从三个方面减少废弃物数量：

首先，对生产过程中所产生的废弃物进行回收再利用，如用产品边角料(裁边)生产猫砂或者固体燃料等。

其次，通过改变使用方法减少废弃物的产生。例如成人纸尿裤搭配使用失禁垫，可以减少使用后的产品量。

第三，有效回收并利用使用后的产品废弃物。

以前，日本用后的纸尿裤以焚烧处理为主。现在出于环境保护和资源有效利用考虑，加强了用后产品的回收再利用。

Total Care System和尤妮佳公司的纸尿裤回收利用实例：

- 日本Total Care System废纸尿裤再利用工厂成立于2001年，主要业务是将废纸尿裤进行水溶化处理，处理能力为20吨/天(相当于约10万片纸尿裤)。

当地政府及企业委托清运公司将废纸尿裤从医院、老人福利机构和居民家庭中回收，运送到Total Care System工厂。回收处理过程中的水溶化处理系统是使用水和分离剂，将废纸尿裤分解成纸浆、塑料、污泥类物质。回收的纸浆可用于建筑材料，塑料用于RPF（固体燃料），污泥类物质用于土壤改良剂。未来最终目标是将回收的材料重新生产为纸尿裤产品。

- 尤妮佳公司是日本最大的纸尿裤生产商，公司一直致力于再生纸尿裤产品的研发，促进行业的循环发展。

出于卫生方面的考虑，此前纸尿裤一直以原生纸浆作为原料。尤妮佳开发的技术，可以从废弃纸尿裤中提取出纸浆，并用臭氧进行杀菌处理，使其恢复到原生浆同等的品质，并符合日本厚生劳动省的卫生标准，可以再用于生产纸尿裤。2016年起，尤妮佳在日本鹿儿岛县志布志市进行了纸尿裤回收的实证试验，将收集的废弃纸尿裤运至当地的再生利用中心，回收其中的纸浆等材料。

根据计划，尤妮佳使用再生浆生产的纸尿裤产品将在2022年推向市场，公司已经于2020年在东京都启动了纸尿裤回收试点项目，与养老院和儿童日托中心合作回收用后的纸尿裤产品，并计划在2030年之前在日本10多个地方安装纸尿裤回收设备。

对用后纸尿裤的回收利用，不仅减少了环境中的固体废弃物，还可以大幅降低产品生命周期内的CO_2排放量，是行业主要的可持续发展目标之一。数据显示，用后纸尿裤的再生处理CO_2排放量比焚烧处理减少85%。

区域产业集群情况 Development of regional industry clusters

河北保定满城区“华北纸都”发展概况与展望

Overview and prospect of “North China Paper Capital” in Mancheng Baoding, Hebei province

1 发展概况

河北保定市满城区大册营生活用纸产业起步于20世纪80年代，主要集中在大册营镇，历经麦草浆造纸、脱墨浆造纸、商品木浆造纸三个阶段，逐步形成了原纸生产、复卷加工、展示销售和纸品机械、物流、彩印包装等全产业链条，成为满城区工业经济的“半壁江山”，产品销售辐射大半个中国，尤其是在北方市场的占有率稳居行业前列。在长江以北乃至全国市场都具有重要的影响力。

自2012年起，满城区用5年时间完成了1575—3500型普通圆网型纸机等落后产能的全部淘汰，引进国际领先的安德里茨、PMP进口纸机，以及国内各大知名纸机供应商的先进设备，致力于产业升级和节能降耗。

2015年，满城被中国造纸协会生活用纸专业委员会授予“华北生活用纸产业基地”。

2021年，全区共有原纸生产企业61家，产能约360万吨，是我国最大的生活用纸产业集中区，深加工企业(摊点)270余家，产业相关从业人员5万余人。同时，拥有中国驰名商标1个、17个省级著名商标、7个省级优质产品和4个省级名牌产品，拥有高新技术企业10家，科技“小巨人”企业7家，市级工程技术研究中心2家，科技型中小企业84家，品牌效应和创新能力不断提升。

2 区位优势

2.1 地理区位得天独厚

满城大册营造纸工业区隶属河北满城经济开发区(省级)，紧邻京昆高速保北收费站(3.5千米)，津保北线(33省道)纵穿南北，神西线、张柔路横贯东西，距京、津、石150千米，距木浆进货主要港口——天津港200千米，路网密集，运费较低，原材料供应有保障。同时，紧邻国家南水北调工程，处于京津冀协同发展核心区和全国人口较密集区域的中心地带，500千米销售半径覆盖人口约3亿，消费市场潜力巨大。

2.2 产业链条成熟完善

历经30多年的发展与积累，该产业拥有熟练技术工人、市场营销和优秀管理人员等3万余人，人员本地化且队伍稳定，工资待遇不低于沿海地区。近年来，满城区生活用纸坚持绿色发展理念，国产低速高能耗纸机已基本淘汰完毕，并陆续投产先进的进口及国产高速卫生纸机及加工设备，实现节能减排，及产品质量、档次的全面提升，受到市场高度认可。

区内产业链配套完善，已逐渐发展起纸机制造企业2家、印刷制版企业10余家、包材企业上百家，并有多家设备、化学品企业在此开设办事处，形成了“一条龙”产业格局。

近年来，部分领先企业还增加了湿巾、卫生巾、成人失禁用品等卫生用品生产业务，实现多元化发展。

同时，河北省纸张检测站已落户满城，为产品检测出厂提供了方便快捷的条件。

2.3 环境治理规范健全

落实最严格的环保政策要求，全区生活用纸企业经历了全面停产整改、全线上档升级的洗礼，不断向科学化、规范化、绿色化迈进。在污水处理方面，在河北全省首创实施了“一厂一管、集中监管”，生活用纸工业区地下排污管网实现全覆盖，并设有5个集中监测站点，有效扼制了企业偷排偷放行为。

目前，企业在厂区内先对污水进行预处理，使COD降到100 mg/L以下，之后再统一进入大册营污水处理厂进行处理，处理后的水质达到一级A+标准。达标的水输送至长青集团，作为热蒸汽水源，为纸企提供热源，实现了纸企污水在污水处理厂、长青热电和纸企之间的产业内循环利用。

在供热方面，完成35蒸吨及以下工业燃煤锅炉取缔，引进长青热电项目。长青热电于2015年起步建设，规划5台260蒸吨的高温高压循环流化床锅炉和4台3.5万kW背压式发电机组，每年可供400万吨生活用纸产能供汽。其中，一期项目已于2017年落成，包括3台260蒸吨的高温高压循环流化床锅炉，配套2台3.5万kW背压式发电机组。在环保方面，厂区执行超低排放标准，氮氧化物排放量30mg/m^3、二氧化硫排放量为25mg/m^3、粉尘排放为5mg/m^3，达到国家最严格排放标准，有效地保障了区域内的空气环境。

目前全区90%的生活用纸企业实现集中供热，对一时不能集中供热的，采用天然气锅炉供热，实现了全行业清洁生产。

同时，正在实施智慧供水工程(南延至轨道交通产业园，北伸至京津冀生活用纸科技创新产业园)，争取南水北调江水早日引入园区，同步关停自备井，实现地下水零开采。

3 主要企业发展情况

近年来，以丽邦集团、雨森集团、雪松纸业、金博士集团等领先企业为代表的满城区生活用纸企业通过设备转型升级，大幅降低了各项生产成本。比如通过错峰用电，打浆机在晚上低谷电价时段打浆，并科学配比针、阔叶浆原料，以及通过工艺调整、设备改造、引进先进水处理技术等多方面措施，降本增效，提升产品品质。特别是这些企业的管理者注重深度挖潜，他们身先士卒，起到良好的示范带动作用。

目前，区内领先企业已实现吨纸水耗5m^{3}以内，汽耗2吨以内，电耗500kW·h，每吨原纸的生产成本控制在1000元左右，属于国内领先水平。先进的生产设备带来产品品质以及品牌竞争力的显著提升，真正实现“一线品质、二线价格”，企业根据市场需要，灵活调整产品规格，提升了自身市场竞争力。

同时，各企业也在积极地开拓线上销售渠道，电商专供产品可直接在工厂车间装箱、打包，通过便捷的物流，快速送到消费者手中。

四家领先企业的主要发展情况如下。

3.1 丽邦集团

丽邦集团保定港兴纸业是保定地区最早淘汰落后产能、更新换代进口高速卫生纸机的企业，于1991年建厂，2011年引进首台日本川之江的真空圆网型卫生纸机，河北总部目前拥有6台日本川之江真空圆网型纸机、1台川之江与维美德合作制造的新月型纸机，2台宝拓新月型纸机。孝感生产基地4台宝拓新月型纸机，并配套宝索等企业的加工设备近百台，原纸年总产能28万吨。集团的“丽邦”牌生活用纸是河北省唯一的生活用纸“中国驰名商标”，并被评为“河北省著名商标”“河北省名牌产品”。

公司于2000年引进首条高速卫生巾生产线，并于2013年引进全自动湿巾生产线，目前拥有卫生巾、护垫生产线6条，湿巾生产线3条，卫生用品业务实现年产值近9000万元。2020年3月，为抗击新冠疫情，公司投产医用口罩生产线，目前日产量30万片，并推出酒精湿巾、卫生杀菌湿巾等新产品。

近年来，集团加大新产品研发投资，开发差异化功能性新品，推出的本色竹浆纸系列产品，市场推广良好。公司还开发了丽邦蚕丝美肌系列卫生巾、樱花-零无感卫生巾、乳霜纸、湿厕纸、迷你湿巾、可湿水纸、甄选高湿水高超韧超顺滑系列抽纸等。产品已进驻天猫、淘宝、拼多多、京东等主流电商平台及直播平台，销量持续增长。

目前，丽邦已经建设投产了保定之外的第二个生产基地，项目位于湖北省孝感市孝南区，总投资17亿元，占地760余亩，规划生活用纸年产能30万吨。

湖北丽邦项目一期于2020年10月—2021年4月投产了4台宝拓新月型卫生纸机，合计年产能10万吨，并已投产卷纸及抽纸加工设备20余台。二期建设在2021年年底实施，再新增产能10万吨，包括建设两个造纸车间，两个纸加工车间，一个成品仓库，一个辅料仓库。

2021年4月底，湖北丽洁生活用纸后加工及护理用品产业园项目正式签约。该项目紧邻湖北丽邦纸业，占地170亩，总投资3亿元，将建设多层厂房，于2021年底前动工，2022年年底投产。

湖北丽洁项目由丽邦集团负责建设及招商，预计建成后，园区可吸纳30余家规模以上生活用纸后加工企业入驻，届时将实现年加工规模20

万吨。

3.2 雨森集团

雨森集团于2006年建厂，最初为生活用纸加工企业，2010年开始原纸生产，目前，保定雨森拥有7台国产真空圆网型卫生纸机，4台国产新月型卫生纸机，以及各类生活用纸加工生产线近30条，总年产能近20万吨。

2017年公司建成55蒸吨的自用锅炉，大大降低了蒸汽成本，并于2019年投资1000多万元，引入烟羽治理、热电除尘、超低排放等技术，实现锅炉无烟超低排放。锅炉通过DCS系统自动控制，运行更加安全稳定。

公司新建的水处理系统引入MBR真空纤维膜处理技术，经过气浮、膜处理后的污水COD含量低于50mg/L。

2020年，雨森在辽宁台安新建生产基地，项目规划年产能36万吨。分三期建设，一期已于2020年10月投产2台维美德(PMP)的3万吨/年新月型卫生纸机，使集团总年产能达到26万吨。

2021年，雨森二期项目又签约4台维美德(PMP)的4万吨/年新月型卫生纸机，合计产能16万吨/年。

集团品牌布局，包含两个主品牌：雨森、百丽，一个轻奢品牌“水轻柔”。“让品质渗透生活”的雨森/百丽产品属于品牌消费品，适宜家居、实惠大众，以产品性价比为卖点，在保证品质的前提下，树立口碑品牌，让老百姓得到实惠。轻奢品牌“水轻柔”是针对社会精英进行差异化营销的品牌，广告语“水轻柔——柔得很意外”，传递核心卖点的同时，在情感层面也能引起消费者的共鸣。

2019年，为了进一步提升品牌运营力度，雨森将集团办公总部迁至保定市区，目前，集团产品已涉及生活用纸、护理卫品及一次性医疗用品等三大品类。涵盖可湿水、妇婴、速溶、竹浆本色等系列纸品，突出产品的功能性，同时针对不同使用场景推出了特殊工艺纸巾，如：雨森/百丽品牌泡泡摩粒压花纸巾、4D双面压花纸巾，水轻柔品牌保湿纸、上胶复合压花纸巾等新品。2020年疫情暴发期间，雨森实现了向医疗用品行业的迈步，积极投产了4台口罩机，日产量30万片。后期将继续开发医用外科口罩、一次性使用医用口罩等产品。

雨森集团未来发展将以纸品为主，并不断拓展一次性卫生用品及医疗用品业务，逐步提高品牌影响力，实现可持续发展。

3.3 雪松纸业

河北雪松纸业有限公司成立于1986年，是满城区大册营镇最早的生活用纸生产企业之一，目前拥有2台进口PMP新月型卫生纸机、2台国产新月型卫生纸机、5台国产真空圆网型卫生纸机，以及近40台生活用纸加工设备，年总产能18万吨。2015年，雪松纸业在距离大册营的老厂3千米处的满城区华北纸都产业园(北外环的环路内侧)，建设了占地12万m^2的新厂。

公司旗下“雪松”“好人家”“佳贝”系列产品已销往全国20多个省、市、自治区，并远销蒙古、日本、美国等十几个国家。

2021年，公司已完成对山西朔州、河南洛阳、山东菏泽的新厂选址工作，准备视后续市场情况逐步在这三个地区投资建厂，计划在每个新生产基地分别投产2台1600m/min车速的卫生纸机，各新增年产能约5万—6万吨。

3.4 金博士集团

金博士集团成立于2000年，最初为生活用纸加工企业，2006年开始生产原纸。公司在2011年推出华北纸都网，率先通过网络平台宣传满城地区生活用纸产业。

2015年11月，集团占地200亩的卫生用品公司一期建设全面完工，共约6万m^2的综合办公楼、标准化生产车间及库房等投入使用，同时，坐落于金博士集团行政办公楼的华北首座“生活用纸文化馆”成功落成，并对外开放。“生活用纸文化馆”占地600m^2，从造纸术的历史、满城区造纸行业发展历程、金博士公司发展历程和发展情况等方面展示企业和行业文化。

目前公司生产的主要产品有“金博仕”“亲亲佳人”系列生活卫生用品，产品包含卫生纸、面巾纸、湿巾、成人护理系列，棉柔巾、女性卫生用品也在筹备生产中，计划于2022年1月份面市。与此同时，金博士也在逐步拓展线上渠道，打造线上自主品牌。

目前，公司拥有7台新月型高速卫生纸机，包括两台PMP进口纸机，以及3台信和、2台轻良国产纸机，达到年产能18万吨。公司也在积极推进“专精特新”企业、数字化车间、清洁生产等认证。

4 面临的挑战

满城生活用纸行业近年来产业面貌发生了巨大变化，取得了可喜的成绩。但同时也面临着一些发展问题与挑战，主要包括：

（1）近几年来在淘汰高能耗的老旧落后设备、更新升级新设备时，产能增长过快，2020年，保定地区原纸产能超过300万吨，2021年，又新增产能近62万吨，消化新增产能给地区企业带来了巨大压力。

（2）企业的产品同质化现象严重，低附加值的厕用卫生纸占比较高，导致市场价格竞争激烈，产品达不到正常、合理的利润水平，影响了区域企业的整体利益，也影响了后续的创新和持续发展。

（3）主要原材料纸浆依靠进口程度高，企业面临浆价波动及汇率波动风险，特别是2020年底以来，由于国际浆价快速上涨，使原纸生产成本大幅增高，压缩了企业的利润空间。据海关数据显示，2021年1—9月，我国针叶木浆进口均价同比增长36%；阔叶木浆进口均价同比增长24%。由于生活用纸上涨的原料成本很难在短期迅速传导至终端产品，且行业产能充足，市场供过于求，致使原纸及成品的涨幅不及纸浆涨幅大，纸企的成本压力增大。保定地区以中小企业为主，抗风险能力相对较低，很多企业已面临亏损，不得不停产观望，使该地区2021年全年的纸机开工率总体下降。

未来，希望保定地区的生活用纸企业在政府和相关协会、商会的管理和协调下，企业间抱团取暖、合作共赢，加强品牌建设，开发更多的差异化产品，提升管理水平，实现区域行业由数量型向质量效益型转变。

（周杨　郭凯原　张华彬）

山西省生活用纸产业概况

Overview of tissue paper industry in Shanxi provice

1 发展概况

1.1 原纸生产情况

随着生活用纸产业淘汰落后产能及环保趋严，2019年山西志峰农科贸有限公司停产卫生纸后，山西省的生活用纸原纸生产企业仅有两家，分布在山西的南部及北部，即运城市临猗县的山西力达纸业集团有限公司和大同市云州区的山西云冈纸业有限公司。2022年后将新增一家卫生纸原纸生产企业，即襄汾县宏峰林纸有限公司。

2019—2020年，力达纸业及云冈纸业实施建设生活用纸项目，生产机型全部是新月型卫生纸机。随着卫生纸机陆续投产，生活用纸总产能由2019年的18万吨增加至2020年的30万吨。

2021年新增4台卫生纸机，其中3台已投产，分别为云冈纸业1台和力达纸业2台，合计产能6万吨；1台在建，为襄汾县宏峰林纸引进上海金佰利纸业的1台二手维美德卫生纸机，预计2022年投产，产能2万吨。2022年云冈纸业预计投产3台纸机，产能6万吨。

2021年全省总产能达到36万吨，2022年产能估计达到44万吨。

山西生产生活用纸原纸所用原料主要为进口木浆。

1.2 纸制品加工情况

1.2.1 企业数量

根据从天眼查网站搜索经营状态为“存续”的山西生活用纸、卫生纸、抽纸、餐巾纸企业查询结果汇总统计，山西生活用纸加工企业在每个地区均有分布，共193家(注：有些企业行业类别登记不在造纸和纸制品业内)。按经济类型分，公司及个人独资类型的纸制品加工企业共有77家(含原纸生产企业)，个体工商户为116家。

1.2.2 企业分布

公司及个人独资类型企业数量以运城、临汾居多，其中运城18家，占23.4%，临汾12家，占15.6%，朔州、忻州各9家，占11.7%，其余地区在10%以下；个体工商户类运城仍为最多，占18.1%，其次为长治，占12.9%，晋中、临汾各占12.1%，吕梁占11.2%，其余在10%以下。见表1。

表1 山西省生活用纸加工企业地区分布情况

序号	所属城市	公司及个人独资类型		个体工商户		备注
		企业数量(个)	占比/%	企业数量(个)	占比/%	
1	大同市	5	6.5	5	4.3	含原纸生产企业1家
2	晋城市	1	1.3	6	5.2	
3	晋中市	4	5.2	14	12.1	
4	临汾市	12	15.6	14	12.1	
5	吕梁市	6	7.8	13	11.2	
6	朔州市	9	11.7	4	3.4	
7	太原市	4	5.2	7	6.0	
8	忻州市	9	11.7	10	8.6	
9	阳泉市	2	2.6	7	6.0	
10	运城市	18	23.4	21	18.1	含原纸生产企业1家
11	长治市	7	9.1	15	12.9	
	合计	77	100	116	100	

1.2.3 企业年龄结构

从企业年龄看，近5年内成立的企业占半数以上，说明“十三五”期间生活用纸加工行业发展较快。公司及个人独资类型企业数量以1—5年内成立的最多，占比达59.7%，在1年内成立的占11.7%，在5—10年内成立的占13.0%，10年以上的占15.6%；个体工商户类数量同样以1—5年内成立的最多，占比达60.3%，在1年内成立的占3.4%，在5—10年内成立的占20.7%，10年以上的占15.5%。见表2。

表2 山西省生活用纸加工企业年龄结构

序号	成立年限	公司及个人独资类型		个体工商户		备注
		企业数量(个)	占比/%	企业数量(个)	占比/%	
1	1年内	9	11.7	4	3.5	2021年注册成立
2	1—5年	46	59.7	70	60.3	2016—2020
3	5—10年	10	13.0	24	20.7	2011—2015
4	10年以上	12	15.6	18	15.5	2011年以前
	合计	77	100	116	100	

1.2.4 企业注册资金

对于公司及个人独资类型企业，注册资金>1000万元的企业有8家，占10.39%；在500万—1000万(含)元的企业有10家，占12.99%；100万—500万（含）元的企业有9家，占11.69%；100万元以下的有50家，占64.94%。见表3。

表3 山西省生活用纸加工企业注册资金结构

注册资本/万元	企业个数(个)	占比/%
>1000	8	10.39
500—1000(含)	10	12.99
100—500(含)	9	11.69
100以下	50	64.94
合计	77	100

1.2.5 加工产品品种

从产品品种和范围看，生活用纸加工产品主要有卫生卷纸、抽纸、餐巾纸、手帕纸，个体及小型企业以卫生卷纸较多，少量加工酒店、饭店商用餐巾纸；除生活用纸加工产品外，还有个别企业加工纸杯、纸碗、餐盒等纸质容器。

1.2.6 加工产能及产量

根据对力达纸业、云冈纸业及二十多家生活用纸加工企业的调研和估算，2020年山西全省生活用纸加工产能约33万吨，2021年新增产能约4万吨，达到37万吨。2020年产量约7.5万吨，2021年产量约9.8万吨。

1.3 面临问题

生活用纸主要根据订单生产，除力达、云冈纸业销售较好外，山西省其余市县加工厂由于原材料涨价、疫情波及酒店业、以及距离华北纸都保定较近等因素影响，卫生卷纸、餐巾纸等低端产品市场竞争激烈，规模较小的外购原纸加工企业，设备利用率较低，其加工后产品成本已经高于市场产品价格，因此不能满负荷生产，一些企业间断生产甚至停产数月，持观望态度，有些已萌生退意，还有一些企业注册后一直没有落地项目。

2 主要企业发展情况

2.1 山西力达纸业集团有限公司

山西力达纸业集团有限公司成立于1997年9月，位于山西省运城市临猗县城北环路与209国道交汇处，占地面积21万米^2，建筑面积8万米^2。2020年被评为诚信示范企业、复工复产税收工作先进单位。力达纸业集团公司集科研、设计、生产与销售为一体，主要经营业务有生活用纸、居民供暖、集中供汽等。

公司2019年开始实施年产20万吨高档生活用纸项目，在临猗县工业园建设了新厂区，配套先进智能的新月型高速卫生纸机和后加工设备，总投资4亿元。目前公司拥有新月型卫生纸机11台，产能达到20万吨。

目前生产的产品包括卫生卷纸、手帕纸、盒

抽纸等三大系列100多个规格品种，注册商标有“笨小鸭”“黄小鸭”“蓝小鸭”“益宝”等。产品主要销往家家利超市、百大超市、临汾万家福仓储超市以及山西、宁夏、陕西、河南等地区。

随着人们生活水平的提高，对生活用纸产品质量、功能性、细分化要求越来越高，公司一方面着力打造企业品牌，聘请专业机构从核心产品和市场定位去研究和设计企业的品牌文化和形象；另一方面增加研发力量，提高研发团队能力，着重发展厨房纸巾、擦手纸、母婴用纸、擦脸巾等功能性生活用纸。2022年计划依托集团热电联产的低成本、高质量优势，延伸产业链条，在临猗县工业园成立生活用纸深加工造纸小镇，引进大型、中型生活用纸深加工企业，力达纸业为其提供深加工原纸，强强联合共筑集聚发展高地。

2.2 山西云冈纸业有限公司

山西云冈纸业有限公司于2003年7月21日成立，经营范围包括研发、生产、销售高档生活用纸(含原纸、抽纸、手帕纸、卫生纸、厨房纸巾、擦手纸、湿巾)；热力生产和供应；纸浆、造纸设备销售；进出口业务。经过多年的发展，公司拥有雄厚的技术力量和先进的生产设备，集研发、生产、销售于一体。公司现有8台卫生纸机，原纸产能达16万吨，2022年底全部建设投产后将达到22万吨。公司拥有纸加工生产线17条，生产卫生卷纸、抽纸等产品，加工原纸量约占原纸产量的40%。注册品牌有“云冈”“花之都”“汉舒”。

2.3 山西翔云纸业有限公司

山西翔云纸业有限公司位于黄河文明的摇篮临汾市襄汾县，占地面积100亩，是一家集一流技术、一流设备、一流质量为一体的国际化造纸企业。2021年，公司引进上海金佰利纸业二手的进口加工生产线，目前拥有卫生卷纸、手帕纸、盒装面巾纸、实心卫生卷纸、软抽纸等10条生产线。公司主要生产技术人员均来自金佰利纸业的管理团队，质量管理体系达到国际领先水平，旨在打造全国高端生活用纸基地。公司拥有注册商标“玉翔云”“俏翔云”，生产能力5万吨/年，未来将不断开发湿巾、婴儿护理用品、个人防护用品等，生活用纸产品品类也会在民用和商用得到大幅度开发与发展，年产能计划在5年内达到20万吨以上。

2.4 山西阳阳纸业有限公司

山西阳阳纸业有限公司位于临猗县楚侯工业园，是一家加工、销售抽纸、卫生卷纸等生活用纸的企业。山西阳阳纸业的成立是临猗县充分利用本土企业力达纸业集团优势“延链”的成功典型，2020年经过县委、县政府协调，与力达纸业牵线搭桥，山西阳阳纸业的生活用纸后加工项目成功落户临猗。项目由具有20年纸品加工经验的彭州阳阳纸业有限公司投资建设，成熟的加工技术和销售网络，加上原材料的就地供应，使山西阳阳纸业具备先天的发展优势。

山西阳阳纸业项目分两期建设，第一期在2020年3月15日试投产，投产4条加工生产线，之后陆续增加到10条至12条生产线，预计年生产量达到10万余吨。随着项目的推进，该项目将为周边村镇提供上百个就业岗位，实现产值上亿元。阳阳纸业拥有“开心朵朵”“一生相伴”等多个自主品牌，采用线上+线下的销售模式。2020年，阳阳纸业线上销售2亿元，线下销售1.4亿元。

3 发展方向

根据第七次全国人口普查结果，山西全省常住人口为34915616人，按照《2020中国生活用纸和卫生用品行业年度报告》数据，以2021年我国生活用纸人均年消费量7.9kg估算，山西省生活用纸年消费量约为27.6万吨。

山西省生活用纸原纸生产要加强新技术、新设备、新工艺的应用，实行精细化管理，实现高效、节能、低碳、绿色可持续发展，以此来推动企业高质量发展。

山西具有能源及中部地理位置优势，销售市场可辐射西部、北部，可承接京津冀及东部省份部分造纸产能。山西省朔州经济开发区推出优化营商环境新十条，在企业开办、审批服务、用电、用汽、用热等方面给予优惠扶持政策，其中更规定新兴产业园区工业企业生产使用蒸汽享受90元/吨价格，欢迎全国造纸企业实地考察投资。

山西省临猗县在《临猗县“十四五”发展规划》中提出：纸业园达百亿。在强链上求突破，依托力达纸业，引进厦门建发集团，扩大企业生产规模，年内产值达到50亿元。在延链上求突破，招引植护科技、蓝飘日化、中顺股份等后加工企业，形成年产 50 万吨生活用纸加工生产规模，力争“十四五”末纸业园总产值达到 100 亿元。

山西生活用纸加工行业将以云冈纸业、力达纸业及宏峰林纸原纸生产基地为依托，逐渐形成生活用纸加工集群化，上下游企业融合发展。为避免同质化，企业应进行产品创新，提升产品档次，改善产品结构，注重品牌建设，创新营销渠道。

（山西省造纸行业协会　武乃玲）

河南省生活用纸产业概况

Overview of tissue paper industry in Henan provice

1 原纸生产

据河南省造纸工业协会生活用纸分会调查资料，河南省生活用纸原纸生产企业现有10家，主要分布在漯河、新乡、焦作、驻马店、周口、开封等地，2020年河南省生活用纸原纸总产量约为36.01万吨，比2019年增长14.1%；2021年生活用纸原纸产能约为69万吨，但预计2021年实际产量将减少。在全国产能相对过剩、环保要求严苛使中小企业经营压力加大、原材料价格大幅上涨、限电限产等因素的影响下，使得2021年开工率不足。

近几年，河南省的新项目投资与全国的情况基本一致，以领先企业扩产和企业设备升级为主，因此也促使生活用纸行业集中度和整体装备水平进一步提高。目前10家原纸生产企业的分布情况为：

豫北2家：新乡奥博纸业有限公司，沁阳宏涛纸业有限公司；

豫西1家：洛阳华洁纸业有限公司；

豫南5家：漯河聚源纸业有限公司，漯河银鸽生活纸产有限公司，西平华兴纸业有限公司，平舆中南纸业有限公司，遂平中南纸业有限公司；

豫东2家：开封美沙纸业有限公司，河南护理佳纸业有限公司。

企业目前的设备以幅宽2850mm新月型高速卫生纸机为主。其中河南护理佳纸业有限公司6台2850mm/1200m/min，沁阳宏涛纸业有限公司4台2850mm/800m/min、3台4000mm/1300m/min，平舆中南纸业有限公司2台2850mm/1200m/min，驻马店中南纸业有限公司2台3550mm/1300m/min，洛阳华洁纸业有限公司2台2850mm/1200m/min、1台2850mm/800m/min，漯河聚源纸业有限公司2台2850mm/1200m/min，西平华兴纸业有限公司2台2850mm/1200m/min，奥博纸业有限公司2台2850mm/1200m/min，漯河银鸽生活纸产有限公司2台5600mm/2000m/min、3台2850mm/1200m/min，开封美沙纸业有限公司1台2850mm/1200m/min。

2 后加工

目前河南省生活用纸后加工企业约有400多家，企业生产规模都较小，平均产能为200吨/月，规模较大的加工企业较少，仅有许昌林枫纸业、万戈纸业规模在1000吨/月，年产能1万吨以上；后加工企业主要集中在许昌、周口、濮阳、郑州、南阳等区域。

3 面临的问题

河南省生活用纸行业目前面临的主要问题，包括原料资源缺乏，原纸生产企业的原料对外依存度较高，造成原料结构单一；多数产品技术含量不足，产品同质化现象严重，增长方式粗放，造成产品结构不合理；技术创新能力不强，产品缺乏竞争力；加工企业规模偏小、数量偏多，行业集中度低，产品结构、区域结构不合理；产品品牌的知名度不高，高端市场占有率低；能源、原材料、人工、用地成本较高，企业盈利空间受限，部分企业经营困难加重。

2020年河南省的生活用纸总产量36.01万吨，生活用纸表观消费量为72万吨左右，因此河南省现阶段生活用纸仍为输入型省份。随着人们生活水平的提升，生活用纸消费量将呈现稳定增长态势。但周边的行业竞争环境对河南省来说并不乐观，北部传统的生活用纸产能大省河北2020年底产能已经达到330万吨，河南省黄河以北地区的市场几乎被河北产生活用纸长期占有；西边山西运城的力达纸业在加大产能，2021年底将达到30万吨；东边的泰盛集团安徽工厂和南边的孝感生活用纸生产基地的产能扩大，都给河南省生活用纸企业带来巨大压力，市场争夺战必然会非常激烈。

4 发展措施

（1）集中采购，降低成本

2022年河南省生活用纸产能预计将达到80万吨，按1：1.05计需木浆近84万吨，生产企业木浆原料90%依赖进口或省外供给，集中采购在数量上可以形成优势，从成本和风险上解决造纸企业的原料问题。

（2）加强交流、协作

纸企之间应该加强联系和沟通，建立互信机制，通过技术交流，市场信息交流，使信息有效共享，互相学习，取长补短，寻求企业间的合作机会，共同发展。

(3) 产品结构调整，力求差异化、个性化

河南省生活用纸产品以卫卷为主，产品同质化严重，产品品类比较单一，从我国生活用纸发展趋势来看，擦手纸、厨房纸巾、高档抽纸、餐巾纸消费量在不断提高，河南省生活用纸企业应调整产品结构，提高产品的附加值，争取加大利润空间，提升在市场上的竞争力。

(4) 提高产业集中度、降本增效

做好企业中长期发展规划，找准自身定位，结合资源、能源优势，围绕以区域骨干企业发展为中心(豫南漯河银鸽、豫北沁阳宏涛、豫东护理佳、豫西洛阳纸业)，培育集中供应、集中生产、集中加工、集中电商为一体的上、中、下游融合体，减少中间环节、降本增效，提高竞争力，推动生活用纸行业绿色、低碳、可持续发展。

(河南省造纸工业协会　夏耀玲)

湖北孝感孝南区生活用纸和卫生用品产业发展概况

Overview of tissue paper and hygiene products industry in Xiaonan District, Xiaogan, Hubei provice

湖北孝感孝南区地处江汉平原北部，居武汉城市圈核心圈层，是孝感市唯一的市辖区和全国“两型社会”（注：资源节约型、环境友好型）建设先行区。

以孝南为中心，半径500千米范围内，约有60多个大中城市、3.7亿多人口。107国道、316国道、京港澳高速公路、福银高速公路、京广电气化铁路均在孝南交汇。已经完工和即将完工的汉孝大道、汉孝城际高速铁路、孝硚高速公路将使孝南与武汉的“同城效应”更加彰显。中部最大机场武汉天河国际机场、中部“自由贸易港”武汉东西湖物流保税中心、中西部最快出海口武汉阳逻港，距孝南都不足35千米。孝南区基本形成了以公路、铁路为主，水陆空配套的立体交通网络。

1 产业基本情况

1.1 发展历史

恒安集团公司于1995年进入孝南，是最早进入孝南区进行卫生巾生产基地布点的企业。进驻孝南后，发展迅速，经历了一次搬迁、三次扩能的过程。

1997年，原孝感市卫生纸厂因经营不善，濒临倒闭，通过招商引资，引进维达公司，将原孝感市卫生纸厂拥有的进口意大利卫生纸机租赁给维达。维达将该纸机生产运营得良好，后买下了该卫生纸机。随后几年，维达在华中地区的业务量不断扩大，于是搬迁至孝南经济开发区，建设新厂，投资购进新的生产线，扩大生产规模。

随着这两家企业的引进，孝南生活用纸产业实现了从无到有的突破以及快速发展的转变。由于对纸品卫品行业发展趋势的精准分析和研判，孝南区委区政府将纸品卫品产业确定为孝南的支柱产业。在支持恒安、维达等企业发展的同时又大力引进中顺、金红叶、洁伶、金凤凰、新合发、金德、欣柔、雅都、丽邦、千芝雅、豪悦、金三发等行业龙头和重点配套企业，使得孝南纸品卫品产业规模不断壮大，产业质量不断提升。

1.2 地位和作用

历经20多年的培育发展，纸品卫品产业已成为孝南区首位支柱产业、首个百亿产业集群。2009年，孝南区“纸品卫品产业集群”被纳入“湖北省重点成长型产业集群”；2011年，孝南区被中国造纸协会生活用纸专业委员会授予“中国生活用纸生产基地”称号；孝南区成为“湖北省纸制品产品提升示范区”。

目前，孝南区聚集了位居全国前列的生活用纸企业金红叶、维达、恒安、中顺、丽邦和卫生用品企业千芝雅、洁伶、豪悦等，以及华中地区最大的包装用纸企业之一金凤凰纸业。到2020年底，产业内企业有60多家，其中规模企业18家。规模企业产值总量达120.1亿元，占全区规模工业总产值的48.3%左右；销售收入104.1亿元，占全区规模工业总销售收入的52.4%；税收超过6亿元，占全区规模工业税收的75%以上；从业人员7399人，占全区规模工业的42.2%。并基本形成链条完整、产品众多、配套齐全、特色明显的全产业链条、多元化发展纸业集群。

2 主要企业和重点项目

2.1 维达护理用品（中国）有限公司

主要产品为生活用纸和卫生用品，包括卫生卷纸、抽取式面巾纸、手帕纸、湿巾、纸尿裤等，现有卫生纸机17台，生活用纸产能30万吨，纸尿裤产能0.31亿片、湿巾140万箱。2020年实现销售收入23.61亿元，上缴税金8601.55万元，公司被省经信厅评为重大技术改造示范企业、智能制造示范企业、“两化融合”试点示范企业、首批上云标杆企业。公司建设的智能化立体仓库为全国同行业中第一家全智能化立体仓库，实现进出货全过程无人工操作。运用先进的节水和污水处理技术，减少了单位产品COD排放量，节约了用水。

目前，规划用地800亩的维达新城，正在加紧推进二期建设，建成后生活用纸产能将达到48万吨，将成为维达在全国的最大生产中心。

2.2 恒安(孝感)家庭用品有限公司

主要产品为卫生巾(品牌为七度空间)，恒安通过生产线的更新，使设备的生产效率提高了3倍，目前拥有更新后的高速卫生巾生产线14条，产能52.5亿片。2020年实现销售收入9.48亿元，上缴税金32810.13万元。

另外，拟投资50亿元、占地800亩的恒安卫生用品产业园项目正在加紧建设。该项目将建设护理用品生产线、生活用纸生产线、智能化物流配送中心。项目用地已解决，目前正在施工。

2.3 金红叶纸业(湖北)有限公司

主要产品为生活用纸，包括卫生卷纸、抽取式面巾纸、手帕纸等，通过三期的扩能，目前卫生纸机6台，产能36万吨。2020年实现销售收入10.14亿元。线上销售额超过1亿元。

公司积极运用先进的节水技术和污水处理技术，大大减少了单位产品的COD排放量和用水量。

2.4 中顺洁柔(湖北)纸业有限公司

主要产品为生活用纸，包括卫生卷纸、抽取式面巾纸、手帕纸等。占地700亩、总投资25.3亿元的扩能项目新厂区现有卫生纸机6台，第7台卫生纸机正在调试，调试投产后产能达到15万吨。扩能项目建成后总产能达到30万吨。2020年实现销售收入10.78亿元，上缴税金2610.89万元。公司被湖北省经信厅评为“两化融合”试点示范企业。

另外，中顺持续升级，推行智能化仓库，对生产的产品由电子系统统一“刷身份”认证后，再由智能机器人手臂自动传送进仓、码堆，提高了货物进出的效率。积极运用先进的节水技术和污水处理技术，大大减少了单位产品的COD排放量和用水量。

2.5 湖北丽邦纸业有限公司

主要产品为生活用纸，包括卫生卷纸、抽取式面巾纸、手帕纸等。丽邦纸业规划占地759亩，总投资17亿元，分三期建设，一期已建成投产，建有2.5万吨/年的卫生纸机4台，产能10万吨。二期10万吨生活用纸项目即将开工，三期全部建成后总产能30万吨。2020年实现销售收入0.29亿元。

2.6 湖北金德包装有限公司

主要产品为生活用纸配套的塑料印刷包装，产能约1万吨。公司采用德国设备和技术以及自主研发的新技术，开发出超薄包装膜，技术水平和产品质量行业领先。2020年实现销售收入1.89亿元，上缴税金142.50万元。

2.7 千芝雅卫生用品

总投资10.5亿元，占地380亩，已投产5条生产线，项目正在加紧建设中，全部投入运营后，预计年产值可达30亿元。

2.8 洁伶公司

完成一期17条卫生护理用品生产线的建设，形成年产卫生巾、纸尿裤22亿片的生产能力。

2.9 欣柔热风非织造布项目

占地115亩，计划投资5亿元，新上6条先进的智能全棉及多功能非织造布生产线，年产能3万吨。

2.10 医疗卫生非织造布材料项目

由金三发(湖北)医疗卫生材料科技有限公司投资兴建，占地167.59亩，总投资7亿元。将建设具有领先水平的年产18万吨非织造医疗卫生材料项目。

2.11 湖北优全年产2000亿片棉柔巾及湿巾项目

由优全(湖北)医疗卫生护理用品科技有限公司投资兴建，占地229.47亩，总投资3.5亿元。建设具有先进水平的年产2000亿片棉柔巾及湿巾项目。

2.12 贝皙妮卫生用品项目

由湖北贝皙妮科技有限公司投资建设，项目占地51.8亩，总投资1.5亿元。总建筑面积约5万米^2，包括研发楼、厂房、仓库、宿舍楼等。生产棉柔巾等相关产品。

2.13 豪悦新建吸收性卫生用品智能制造生产基地项目

由豪悦护理(湖北)有限公司投资兴建，总投资4.02亿元，用地面积77020米^2，拟建设厂房、仓库、办公楼、职工宿舍等，总建筑面积57855

米^2。购置成人纸尿裤、成人拉拉裤等生产设备。

2.14 佰福二期

计划投资3亿元，占地100亩，建设年产1.2万吨棉柔巾项目。

3 发展规划及举措

孝南区将继续引进国内知名生活用纸生产企业和一批中小型生活用纸后加工企业；大力引进卫生用品生产企业及产业链相关企业。力争到2025年，使孝南区纸品卫品及相关企业数量达到300家以上；到2030年，达到500家以上。同时持续推进行业的升级，提升产业发展的质量和核心竞争力；鼓励和支持企业科研投入，提高技术创新能力。

（湖北省孝感市孝南区商务局 程俊军）

广西生活用纸产业概况

Overview of tissue paper industry in Guangxi

1 行业概况

2021年，广西生活用纸原纸总产量约为82万吨，同比增长12.3%，其中：本色纸8.5万吨。广西多家生活用纸企业成功投产数台中高速卫生纸机，中高档生活用纸产量进一步提升，产量达66万吨，而以蔗渣浆为原料的低速卫生纸机则加快淘汰步伐，其产量缩减至约16万吨。

1.1 中高速卫生纸机数量激增

近几年来，广西生活用纸行业企业加快投产高速卫生纸机，截至2021年11月底，广西已投产的中高速卫生纸机合计有56台(套)。另外目前有15台(套)中高速卫生纸机正在安装，预计2022年上半年投产；还有已签约的中高速卫生纸机约30台(套)。未来两年内若按计划顺利建成投产的话，广西约有100台(套)中高速卫生纸机，将使广西生活用纸的总产能达到150万吨，也将成为全国重要的生活用纸生产基地。

1.2 低速卫生纸机加速淘汰

低速圆网卫生纸机以蔗渣浆为主要原料，单机产能小、车速低、幅宽小、能耗高、质量不稳定。近一年来，受市场竞争影响，企业加快了淘汰低速圆网卫生纸机的步伐，以蔗渣浆为主要原料的生活用纸产量急剧下降，如广西华怡纸业、广西东昇纸业、广西龙腾纸业(生活用纸厂)、广西春盛纸业、广西东糖纸业(生活用纸厂)、广西劲宝纸业、广西浩林纸业、广西贵糖(生活用纸厂)等蔗渣浆生活用纸企业纷纷停产。主要原因：第一，蔗渣浆生活用纸质量存在一些劣势，包括柔软度差、白度低、容易有异味等；第二，2021年下半年以来，出现了蔗渣浆与木浆价格倒挂的情况，主要原因是蔗渣浆的挺度高而非常适合用于生产纸浆模塑制品，加上近年纸浆模塑制品发展方兴未艾，因此加大了对蔗渣浆的需求量，由此带动了蔗渣浆价格节节攀升。短纤木浆比蔗渣浆价格(同样以湿浆、绝干计)高600元/吨以上时，蔗渣浆生活用纸企业还能有利润空间；如果蔗渣浆价格攀升导致生活用纸企业利润空间被挤占，那就会转用木浆原料。

1.3 下游纸制品总体规模较小

在广西市场，生活用纸消费的品种主要分为商用纸和家用纸。商用纸有擦手纸、小盘纸(珍宝纸)、盒装抽纸、餐巾纸等；家用纸有抽纸(软抽)、有芯卷纸、刀切方巾纸、抽取式方巾纸等。广西代表性的品牌包括“卡西雅”“婉婷”“节节高”“芯飞扬”“玉秀”“心意”等，仅为广西知名品牌，影响力无法溢出广西市场，销售量有限，也没能崛起有区域性影响力的线下品牌。

广西的卷纸品种与广东类似，是以有独立包装的有芯卷纸为主，由于独立包装和卷芯增加了成本以及卷纸没有抽纸使用方便，所以广西卷纸市场逐渐萎缩。随着消费者生活水平的提升，过去广西农村市场大量销售的刀切方巾纸(以蔗渣浆生产的高定量原纸)，逐渐被以木浆原纸生产的抽取式方巾纸所替代。

随着龙派纸业等有出口外销资源的企业进驻广西，纸制品出口量将逐步提升。凤派纸业、天力丰、盛誉嘉、大宠猫纸业等纸制品深加工企业，利用六景工业园区原纸优势以及快递费优势(与部分省份相比，快递费低20%—30%)，大力发展电商产品(以承接代工为主)，产量迎来高速增长。但因电商产品(主要是小包抽纸)单机产能低、代工费低，企业利润非常微薄。

广西众多纸制品小微深加工企业，受电商和社区团购的冲击、原纸价格高企等因素影响，已有的线下渠道的销售量萎缩严重，导致经营举步维艰，不少有多年经营经验的企业都无法维持正常运营而倒闭。

2 主要企业及生产设备

广西生活用纸原纸生产工厂46家，主要位于南宁、柳州、来宾、贵港、北海等地，主要企业有，南宁：佳达、天力丰、嵘兴中科、江南、圣大、香兰等；来宾：云商植护、桂宾、桥宏、同力兴达等；柳州：柳林、佳利等；贵港：龙派、嘉盛、金成、盛正、贵糖等；北海：金浦、太阳等。

除了北海太阳纸业选用进口安德里茨5.6米幅宽卫生纸机、北海金浦2台日本川之江卫生纸机、柳州两面针2台意大利特斯克纸机之外，广西目前在运行以及在安装的都是国产卫生纸机。

纸机幅宽大多是 2850mm，此外还有 4 台 3500mm、2 台 3900mm。其中，有 17 台源于宝拓，位居第一；大正次之，共 10 台；其他的纸机来源于西安维亚、河北昌达、天津天轻、江苏信诺、崇义轻工、四川同成、上海轻良、凯信、信和、恒瑞辰等，1 至 6 台不等。

3 存在问题

第一，高速卫生纸机增加过快，产能集中释放且产品同质化现象较为严重，而市场容量增长却有限，导致原纸企业之间的价格恶性竞争。三年前，高速卫生纸机生产的原纸价格与纸浆成本之间的差额最高时超过 3000 元/吨，而现在，部分企业的差额已不足 2000 元/吨。随着竞争的加剧，原纸生产企业的经营压力越来越大。

第二，为了迎合电商平台对成品张数的要求以及消费者贪图张数多的心理，原纸生产企业抄造的原纸定量越来越低，现已出现定量10.5 克/米^{2}的原纸。定量越低，吨纸张数越多，虽然张数多了，可是使用时因为纸太薄，用的张数就多了，这实际上消费者并不划算。而抄造低定量原纸，吨纸能耗高，对能源是无谓的浪费，与当前“能耗双控”“双碳”的国家大政方针背道而驰，同时还降低了设备的使用寿命。

第三，生活用纸成品规格不统一，带来深加工设备型号不统一，如抽纸的折宽，有 200mm、190mm、185mm、180mm、175mm、170mm 等多种规格，给深加工企业造成一定的经营困难。

第四，广西是祖国边陲，经济相对落后，生活用纸行业的生产管理、销售等方面人才都十分缺乏，导致广西生活用纸企业无法在产品品质、消耗控制、销售及品牌等方面有质的提升，难以做大做强，在区内外、国内外竞争中处于劣势。

第五，制浆厂、造纸厂、深加工厂、配套包装厂、快递物流企业等各自为战，尚未形成产业链协作优势。

4 展望

有关部门以及企业需针对存在的问题，对症下药。大力发挥广西作为东南亚桥头堡的区位优势、发挥广西原料和劳动力资源优势、发挥广西作为后发展省份的能耗指标、排放指标优势以及现已逐步形成的生活用纸集散地带来的快递费降低的优势，未来广西生活用纸的发展还是大有可为的。

（广西造纸行业协会 文天强 石美玲 黄显南）

西南地区生活用纸产业发展概况与展望

Overview and prospects of tissue paper industry in Southwest China

1 西南生活用纸产业发展总体情况

西南地区包括四川省、重庆市、贵州省、云南省，2021 年，合计制浆年产能 268.5 万吨(其中，竹浆年产能 240.5 万吨，木浆年产能 28 万吨)，生活用纸原纸(含木浆)年产能 342.5 万吨，生活用纸加工年产能 300 万吨。

1.1 四川省

2021 年，四川省共有包括四川永丰纸业集团、宜宾纸业股份有限公司、四川凤生纸业科技股份有限公司、四川环龙新材料有限公司等竹子制浆企业 13 家，竹浆年产能 153 万吨；竹浆、木浆生活用纸原纸年产能 158 万吨；生活用纸加工年产能 160 万吨。

其中，80%的竹浆用于生产生活用纸，部分生产文化用纸、食品包装原纸和牛皮纸。以竹浆为原料的生活用纸生产企业包括：四川环龙新材料有限公司、四川凤生纸业科技股份有限公司、宜宾纸业股份有限公司、沐川禾丰纸业有限责任公司、四川圆周实业有限公司等 55 家，竹浆生活用纸原纸年产能 113 万吨。

竹浆生活用纸加工企业包括：四川石化雅诗纸业有限公司、什邡竹浆生活用纸加工园区入驻企业等合计 250 余家，竹浆生活用纸年加工产能共计 133 万吨；中小规模企业居多。

另外，四川省的木浆生活用纸生产、加工企业包括：中顺洁柔(四川)纸业有限公司年生产、加工产能 13 万吨，维达纸业(四川)有限公司年生产、加工产能 8 万吨，四川遂宁/雅安金红叶纸业有限公司原纸年产能 24 万吨、加工年产能 6 万吨，其余还有少数本地企业生产、加工木浆生活用纸。

1.2 重庆市

重庆市的竹子制浆主要企业重庆理文纸业有限公司，年生产竹浆产能 38 万吨。生活用纸生产企业包括重庆理文生活用纸有限公司、重庆维尔美纸业有限公司等 7 家，以竹浆、木浆为原料生产生活用纸原纸，产能合计 116 万吨；生活用纸加工企业 128 家，包括重庆理文生活用纸加工园区入驻企业、恒安(重庆)、维尔美、龙璟等，年加工产能合计 75 万吨。

1.3 贵州省

贵州省的竹子制浆主要企业贵州赤天化纸业有限公司竹浆年产能 44.5 万吨；生活用纸生产企业主要包括贵州赤天化纸业有限公司、贵州汇景纸业有限公司等 5 家，使用竹浆、木浆生产生活用纸原纸，年产能合计 42.5 万吨；生活用纸加工企业包括贵州赤天化纸业园区入驻企业、贵州汇景纸业有限公司、贵阳花溪区顺兴纸品厂、贵阳雨娇纸品厂等 85 家，年加工产能合计 35 万吨。

1.4 云南省

云南省制浆主要企业云南云景林纸股份有限公司木浆年产能 23 万吨、竹浆年产能 5 万吨，云南新平南恩糖纸有限责任公司木浆年产能 5 万吨，纸浆共计年产能 33 万吨；生活用纸原纸生产企业主要包括云南云景林纸股份有限公司、云南新平南恩糖纸有限责任公司、云南汉光纸业有限公司、云南李好纸业有限公司等 10 家，竹浆、木浆生活用纸原纸年产能合计 26 万吨；生活用纸加工企业 60 家，年加工产能合计 30 万吨。

2 四川省竹浆生活用纸发展情况

据统计，截至 2020 年末，四川省拥有竹林面积 1800 万亩，可用于制浆造纸竹林面积 1225 万亩，可制竹浆 300 万吨，主要分布在泸州、宜宾、乐山、雅安、眉山、成都、达州、广安、资阳、内江、自贡、绵阳、遂宁等地。

四川生活用纸行业以竹子为原料、生产竹浆生活用纸为主，四川“竹浆纸”以“低碳生态绿色环保可再生”的特性，赢得市场的认可和消费者的青睐。

2.1 竹浆

2020 年，四川省竹浆产量 118.3 万吨，受新冠疫情影响，相较 2019 年减少 11.57 万吨，同比下降 8.9%。其中漂白竹浆 61.22 万吨，占 51.75%；本色竹浆 57.08 万吨，占 48.25%。

2021 年 1—9 月竹浆产量 98.87 万吨，相较 2020 年同期增长 8.37 万吨，同比增长 9.25%，其中漂白竹浆占比有明显的增长，而本色竹浆占比明显的下降。预计第四季度的产量增长明显，全年产量有望达 130 万吨，恢复到疫情前的水平。

2021 年上半年，受国际浆价大幅上涨的影响，制浆企业产销较好；但随着第三季度能源价格不断攀升，制浆企业生产成本明显增大，加上商品浆价又开始下滑，所以企业利润空间被大幅度压缩，因此出现企业限产或提前停产检修的情况；第四季度开始，形势有所好转，市场相对稳定，开工率不断提升，产量逐步得以恢复。

2.2 生活用纸原纸

2020 年四川竹木浆生活用纸原纸年产量共计 135 万吨，较 2019 年减少 3.6%，漂白原纸占比略高于本色原纸。其中以木浆为原料的生活用纸原纸生产企业主要有 4 家，产量 24.68 万吨；以竹浆为原料的生活用纸原纸生产企业 55 家，较 2019 年减少 5 家，产量 110.32 万吨，较 2019 年减少 2.37%。

2021 年 1—9 月，四川生活用纸原纸生产量 85 万吨，同比减少 8.87%，漂白原纸占比明显高于本色原纸。

2021 年以来，以商品浆为原料的原纸生产企业受国际木浆价格高位运行、国内产能过剩、能源成本增长过快过大等多重因素影响，出现了原纸生产成本高于产品市场价格的倒挂现象，使企业亏损面增大，开工率降低，部分企业处于限产、停产状态。面对此行业形势，企业之间加强了拓展渠道、整合资源、抱团合作；部分企业调整产品结构，生产定制化、差异化产品，满足不同客户群体的需求；淘汰或升级改造落后卫生纸机，新增高速卫生纸机，增强市场竞争力，确保竹浆生活用纸行业稳定健康持续发展。

2.3 生活用纸成品

四川生活用纸成品以竹浆生活用纸为主，2020 年四川竹、木浆生活用纸加工企业 250 余家，年产量 145 万吨，比 2019 年减少 4.6%。其中竹浆生活用纸成品年产量 124.32 万吨，本色竹浆纸的占比有所减少，略低于漂白竹浆纸；木浆生活用纸成品年产量 20.68 万吨。产品品种中卷纸和非卷纸各占 50%，擦手纸、厨房纸巾、易冲散型卫生纸、乳霜纸、竹柔巾等细分产品有所增长，竹浆生活用纸系列产品线上销售和出口增长较明显。

2021 年，受新冠疫情和产能过剩的持续影响，市场低价竞争越发明显；具有规模化、林浆纸一体化的企业优势凸显；少数企业抓住机会，在四川省内外扩建生产基地，蓄势待发；多数加工企业都在压缩规模，产销量双降，极少数小规模加工企业明确退出生活用纸市场。1—9 月，四川加工企业整体产销量下降，加工产量约为 86.13 万吨，同比减少 11.09%，从第四季度开始，市场情况有所好转，产销量不断恢复增长，预计全年达 132 万吨。

2.4 主要项目进展情况

（1）2021 年新建、在建项目和重点技改项目：

四川环龙新材料有限公司斑布健康竹产业园百万吨竹材生物质精炼项目，该项目分两期实施建设，建成后，全厂本色生活用纸原纸生产能力将新增 20.4 万吨/年；全厂将形成 22.44 万吨/年本色竹浆、27.6 万吨/年本色生活用纸原纸和 4 万吨/年本色生活用纸成品纸生产能力，一期项目于 2021 年底投产。

四川省金福纸品有限责任公司技改置换 10 万吨/年高档生活用纸项目正在建设中。

四川鑫业纸业有限公司第二台年产 1.5 万吨高档卫生纸机项目，计划 2022 年投产。

崇州市倪氏纸业有限公司技改年产 1.5 万吨高档卫生纸机项目完成投产。

四川友邦纸业有限公司技改 2 台年产 3 万吨高档卫生纸机项目完成投产。

四川省绵阳超兰卫生用品有限公司技改 1 台年产 1.5 万吨高档卫生纸机项目完成投产。

（2）2022 年四川竹子制浆造纸及生活用纸拟建项目：

根据竹子资源情况，按照国家及省相关产业政策和环保政策，重点新增化学竹浆和化学机械竹浆生产线，推动竹浆生活用纸有序发展，计划建设的主要项目有：

四川永丰纸业集团拟建：(a)四川永丰浆纸股份有限公司扩建 15 万吨/年本色浆生产线；(b)沐川禾丰纸业有限责任公司升级改造扩建 10 万吨/年生活用纸生产线及配套设施，扩能扩建 15 万吨/年高档生活用纸项目；(c)泸州永丰浆纸有限责任公司拟扩建 20 万吨/年本色浆生产线，10 万吨/年高档生活用纸和 10 万吨/年牛皮纸项目。

中顺洁柔(达州)有限公司新建30万吨竹浆纸一体化项目，目前已通过环评批复。

宜宾纸业股份有限公司拟扩建45万吨/年浆纸项目。

四川天竹竹资源开发有限公司拟扩建20万吨/年莱赛尔纤维竹浆项目。

夹江汇丰纸业有限公司拟搬迁扩建20万吨/年竹浆生产线及10万吨/年高档生活用纸项目。

四川凤生纸业科技股份有限公司拟扩建25万吨/年浆纸项目。

2.5 团体标准

四川省造纸行业协会牵头发起制定完成了《本色竹浆》和《竹浆生活用纸》团体标准，并先后于2020年3月、2021年2月发布实施。这是竹浆及竹浆生活用纸行业的首个团体标准，填补了行业空白，为推动竹浆生活用纸有序稳定健康发展起到了重要的作用。

2.6 发展目标

四川省竹浆及竹浆生活用纸行业2022年总体发展目标是：围绕“碳达峰、碳中和”，做好“转型升级、结构调整、狠抓重点、稳步发展”。

(四川省造纸行业协会　罗福刚
四川省造纸行业协会生活用纸分会　王仕兵)

仙桃市非织造布产业发展概况

Overview of nonwovens industry in Xiantao

湖北省仙桃市是全球知名的“中国非织造布产业名城”。2020年新冠肺炎疫情期间，仙桃市非织造布产业主动作为、克服困难，变不可能为可能，短短10天时间，医用防护服产能由日产2000件扩大到5万件，高峰期各类口罩日产达1亿片。为全国乃至全球疫情防控作出重要贡献，充分彰显了仙桃担当和仙桃作为。

同时，仙桃市政府也更加重视非织造布产业发展，成立了以市委书记为组长的促进非织造布产业高质量发展领导小组，全面统筹仙桃市非织造布产业发展。

1 产业发展概况

1.1 产业规模

2020年，仙桃市非织造布产业再次抢抓机遇、危中寻机，实现了历史性突破，全行业实现产值446.87亿元，其中出口193.12亿元，同比增长564.6%，入库税收20.35亿元。疫情以来，全行业集聚非织造布企业2000余家，其中规模以上企业145家，从业人员近10万人，非织造布生产线增加40多条，达到127条，年产能由60万吨扩大到90万吨，成为全国最大的非织造布生产、加工和出口基地。目前仙桃市的口罩日产能1.13亿片，防护服日产能260万件。

1.2 产业链条

非织造布制品涵盖鞋帽口罩、医用防护、土工建筑、航空航天等32大类130多个品种，同时仙桃市也形成了集产品开发、制品加工、原料供应、辅料配套、物流运输于一体的产业链条，已成为全国乃至全球具有影响的重要防护物资生产、储备、出口基地和全球知名医疗制品采购商的主要供应基地。

1.3 区域影响

仙桃市非织造布产业先后被授予“中国县域产业集群竞争力百强”和全国首个“中国非织造布产业名城”，被商务部授予“国家外贸产业转型升级基地”，被中国医药保健品进出口商会授予“中国医用非织造布生产/出口基地”。2021年仙桃市非织造布产业集群入围国家2021年创新型产业集群试点(培育)名单。

1.4 产业开放

仙桃拥有仙桃海关、汉江仙桃港、B型保税物流中心等众多开放型功能平台，具备“铁公机水”多式联运集疏运体系，为降低企业物流成本、支持企业融入双循环发展格局提供了坚实基础。

仙桃市现有出口实绩的非织造布企业202家，具有国内“医用两证”企业78家，获得CE、FDA资质认定并被列入“白名单”企业159家。市场辐射全球，产品远销欧、美、日、韩等150多个国家和地区。2020年仙桃市医疗防疫物资(口罩、防护服、隔离衣等)出口额193.1亿元，占湖北省医疗防疫物资出口48.35%。

1.5 平台建设

仙桃市目前正在重点推进“四基地两中心”建设，四基地包括中国非织造布制品生产基地、中国非织造材料供应基地、国家非织造布外贸转型升级基地、国家防护应急物资储备基地；两中心包括国家非织造产品质量监督检验中心(湖北)和非织造布技术创新中心。此外，还建设了中小企业孵化园，引导小微企业入园，到2021年已有20余家企业入园扩规。

2 推动产业“三个升级”

为推动仙桃市的非织造布产业补链、延链、强链，着力打造区域性特色经济板块，市政府提出了“产能升级、结构升级、品牌升级”的发展战略，进一步推进仙桃非织造布产业的高质量发展。

2.1 组织领导

仙桃市政府成立了“推进非织造布产业发展工作领导小组”，及时研究解决产业推进和企业发展中的困难问题。

政策扶持。着力完善产业政策，从土地、信贷、税收、奖补、办证、产业发展基金等方面统筹考虑，引导产业向高、纵、深、广方向转变。对新签约落户到仙桃的项目，优先安排用地、用水、用电等，并将所涉市级行政事业性收费全部实行零收费。

资金投入。市级计划设立10亿元非织造布产业发展基金，鼎力支持产业发展壮大；县域经济发展调度资金重点向非织造布产业倾斜；市财政每年设立1000万元专项资金，对实施技术改造的企业通过以奖代补方式进行奖励，增强企业发展信心；鼓励金融机构加大产业信贷投放力度，支持重点企业登陆新三板、四板上市融资，鼓励符合条件的企业通过集合债券、票据等方式直接融资。

2.2 项目支撑

实施招大引强、培优壮强的"双强"行动。一方面，全力引进优质大项目。2021年仙桃市非织造布计划建设项目61个，总投资130亿元，其中美国爱普拉斯、台湾地区企业宏昌等23个项目签约落户，总投资74.71亿元。锦盛辉煌、吾众健康、鼎成防护、万里防护、金士达、三羊非织造布等项目推进顺利。另一方面，培育壮大优势大企业。全力支持恒天嘉华、新发集团等优势企业技改扩规、上档升级、裂变发展。嘉华塑料与中国恒天集团实行战略重组，成立混合制企业，引进央企先进的管理模式和技术设备，新上全球顶尖莱芬非织造布生产线，全速向百亿企业进军，获评2020/2021中国非织造布行业10强企业。新发塑料经过30多年的发展，企业一厂变五厂，2020年产值过20亿元，成为全球知名的非织造布制品生产商。

2.3 增强核心竞争力

一是调整产业结构，推进产业链条从单一产品向完整链条转变。仙桃市非织造布产业起步阶段主要是单一制品加工，是典型的"两头在外"，在国际产业链中处于"加工车间"的地位。近几年来，仙桃市积极推进非织造布产业链条两端延伸、断层缝合和空白填补，打造全产业链板块，逐步形成了集产品研发、原料生产、制品加工、辅料配套、物流运输于一体的完整成熟的产业链条，可满足本地50%以上的原料需求和80%以上的辅料需求。

二是调整产品结构，推进产品档次从低端向高端转变。积极支持企业与高等院校、科研院所结成产学研共同体，加快新产品研发、新工艺使用、新成果转化，推进产品上档升级。由拓盈新材料牵头，武汉纺织大学、省级非织造布技术创新中心与仙桃市重点企业组建的非织造布技术创新联盟，引导和支持创新要素向企业集聚，促进科技成果向现实生产力转化。新鑫无纺布、万里防护、康寿防护等8家企业与武汉纺织大学等高校深化校企合作与产教融合，致力"可降解熔喷布"等新型原料制品研发。截至目前仙桃市非织造布企业已取得50多项国家专利，与高等院校、科研院所签订技术转让合同40多项，70%以上制品用于高端医疗卫生、建材家居、汽车等领域。

三是调整技术结构，积极引导企业不断通过新技术、新工艺、新设备，加快推动生产技术由简单手工操作向机械自动化加工升级，生产环境由普通车间向无菌车间升级。

2.4 产业生态环境

仙桃市建成国家级非织造布生产力促进中心、省级非织造布检验中心与非织造布新材料研发中心等科研技术平台，服务产业技术创新、产品创新以及行业质量标准制定。

引进仓储物流、会展中心与交易市场等新型服务平台，服务企业降低成本、提高效率。

开设全国首个非织造布产业学院，订单式培养全产业链专业人才队伍。

组建促进非织造布产业高质量发展服务专班，并设立服务专窗，建立月碰头会制，全程帮办代办服务制和督查制等工作机制，为非织造布产业的发展提供"一站式"服务。

组建非织造布技术创新联盟，联盟将联合企业、科研院所、高校智库的力量，建立以企业为主体、市场为导向、产学研相结合的技术创新体系，引导和支持创新要素向企业集聚，促进科技成果向现实生产力转化，引进资本投入，切实加强区域创新体系建设。

成立仙桃市非织造布行业协会，规范和指导行业健康有序发展，实现了企业间良性竞争、抱团发展、合作共赢的良好格局。

3 未来发展

历经40年不断发展，仙桃市非织造布产业正处于从量变到质变的重要关口，产业亟待全面进行供给侧结构性改革，重塑产业生态，于变局中寻育机遇。

(1) 引进和培育一批具有较强辐射力、带动力的"链长型"企业，形成国内最完备的非织造布产业链。力争"十四五"期末，形成知名品牌40个以上、规模以上企业200家、集群规模1000亿元的国内领先、世界一流的非织造布产业集群。

（2）构建一流的产业生态。加快“四基地两中心”建设，打造集检测、计量、研发、展示、交易于一体的完整产业平台，加快构建涵盖技术培训、市场营销、电子商务、创新孵化的全方位、多层次产业公共服务体系和产业配套体系。

（3）实施标准化战略和品牌化战略，完善产业品牌矩阵和标准体系。到 2025 年，成功创建一个公共品牌、支持 30 家重点企业打造知名品牌，实现 60%非织造布企业有商标注册。加强标准引入、标准创制和标准应用，主动对标北美、欧盟和日韩等非织造布产业发达经济体的产业标准，建立健全非织造布产业标准体系。

（4）创建国家级非织造布技术创新中心，加强与武汉纺织大学、东华大学、天津工业大学等高校的合作研发。建设华中非织造布实验室、非织造布产业技术研究院和非织造布专业化众创空间。

（5）充分利用外贸优势，积极申报建设综合保税区，拓展面向“一带一路”、新兴市场经济体和欠发达经济体的非织造布贸易，扩大欧美高端产品市场。支持企业开通“e 链网”，建设有影响的大型跨境电商平台。

（6）建设数字平台。采取企业主导、政府支持、第三方运营方式，建好用好国家非织造布产业大数据平台，开发面向终端用户、供应商、企业、投资者和政府的应用模块，强化数据收集、算法开发和场景建设，推动基地数字化建设、中心数字化运营和企业数字化发展。

4 主要企业情况

4.1 恒天嘉华非织造有限公司

恒天嘉华非织造有限公司成立于 2011 年 12 月，由中国恒天集团有限公司旗下中国纺织科学技术开发有限公司与仙桃市嘉华塑料制品有限公司共同出资组建。公司注册资金 4.3 亿元，占地面积近 13 万米^2，现有资产近 14 亿元，员工 400 余人，其中大专以上学历近 100 人，并拥有一支由博士、硕士和多年实践经验人员组成的技术研发团队，配备多台进口检测设备，通过与高校、客户、供应商密切合作，共同研究开发引领市场需求的新产品。公司通过 ISO9001、ISO13485 质量管理体系认证，获准使用 CE 标志。2019 年获批“中国医卫用非织造材料研发基地（湖北）”。

恒天嘉华专注于非织造布的研发、生产和销售，公司的技术装备水平和产能在国内处于领先地位，产品广泛应用于中高档医材、卫材等诸多领域。

公司有 16 条生产线，年产能达 6.6 万吨，分别为：9 条纺熔非织造材料生产线（包括 2 条德国莱芬双组分 RF4S 生产线，2 条邵阳纺机的 SMMS、SSMMS 生产线，1 条宏大研究院 SMMSS 生产线和 4 条单 S 生产线）、3 条德国恒天立信门富士三抗后处理生产线和 4 条全棉水刺生产线。

2016 年公司新建恒天非织造产业园项目，占地面积 33 万米^2，总投资 15 亿元，建设全棉水刺、SSS RF4S 等高端非织造布项目，其中，4 条全棉水刺线先后于 2016 年底、2017 年 2 月建成投产，SSS RF4S 线于 2017 年底建成投产。

4.2 仙桃新发塑料制品有限公司

仙桃新发塑料制品有限公司创办于 1992 年 4 月，总公司旗下共有仙桃新发塑料制品有限公司、立新非织造布有限公司、长埫口立新公司、太子湖新鑫非织造布有限公司 4 家子公司。公司共有全封闭式标准化厂房 30 万米^2，非织造布制品设备 6800 台，各类非织造布生产线 23 条，熟练生产员工 8000 多人。集非织造布原料生产、制品生产、自营出口为一体。

公司主要产品有高档 SMMS 非织造布、纺熔非织造布、纺粘非织造布、SF 复合非织造布，以及高档非织造布手术衣、实验服、防护服、鞋套、圆帽等 100 多个非织造布系列制品。产品现已远销欧、美、亚等 10 多个国家和地区，产、销、利、税在湖北省同行业中排名第一，属仙桃市龙头企业。2019 年公司销售收入 6.5 亿元，上缴税收 2261 万元。

4.3 湖北裕民防护用品有限公司

湖北裕民防护用品有限公司成立于 2007 年，是以生产非织造布、塑料制品和一次性纸制品为主的中外合资企业。拥有各种生产设备 3000 多台（套）。经国家经贸部批准，公司取得了自营出口经营权。2019 年公司销售收入 2.8 亿元，上缴税收 1304 万元。

4.4 仙桃瑞鑫防护用品有限公司

仙桃瑞鑫防护用品有限公司专业生产经营一次性防护用品，现有两个生产部门。其中生产 I 部占地面积 13200 米^2，生产面积 12570 米^2。生产 II 部占地面积 19314 米^2。公司现有员工 600

人，管理及技术人员56人。拥有完整的非织造布、塑料及棉质产品生产线。另外还有流延膜设备2台和吹膜设备4台，可生产塑料膜和PE淋膜。公司通过了ISO13485和CE等多种认证。2019年公司销售收入1.01亿元，税收322万元。

4.5 湖北慧狮塑业股份有限公司

湖北慧狮塑业股份有限公司主要生产和销售塑料薄膜。成立于2002年，位于湖北省仙桃市经济技术开发区，占地面积172亩，员工220人，其中大专以上学历占37%。2019年公司销售收入2.70亿元，税收616万元。

公司为国家高新技术企业，拥有资深的研发技术队伍，是湖北省认定的企业技术中心和校企共建研发中心，有独立的产品研发能力，配有先进的分析检测设备和研发设备，并参与起草、制订了中国包装产品质量认证标准。

公司现有流延膜生产线8条，主要生产线进口自德国莱芬豪舍公司、加拿大麦克罗公司、奥地利兰精公司、德国康普公司等世界一流企业，设备自动化程度高，生产的薄膜产品厚度均匀性好。公司产品种类齐全，产品适应性好，可满足电子产品表面保护、食品包装、纸巾制品包装、日化产品包装、特种胶带及医用包装等众多应用领域。

4.6 德兴公司

德兴公司建于2003年6月，位于仙桃彭场镇，厂区占地70亩。专业生产MB熔喷布和PE透气膜，拥有各类生产设备28台，各类检测仪器30套(其中血透仪和TSI-8130A检测仪均为美国升级版检测仪器)；技术人员170人，其中高级工程师10人(含高校兼职教授3人)；公司资产总值1亿元，是仙桃市最早获批的高新技术企业之一。2019年实现销售收入1.21亿元，2021年可望超过2亿元。公司已通过了ISO9001质量体系认证及欧美检测机构的认证。

MB熔喷布主要用于过滤领域。目前正在运行的3台设备日产20吨(其中3M头为国内首创)，2019年底另有3条3.2M进口设备投产，投产后全年产能为1.4万吨。公司一直致力于空气、水和油的净化过滤产品的研究，自主研发的用于HEPA级(欧标H10-H14)高效低阻材料生产线已进入实施阶段。

PE透气膜主要用于医疗、劳保、防护、卫生等领域。引进的全自动高速复合设备、高速PE透气膜生产线为仙桃市的非织造布产业升级和健康发展发挥了重要的引领作用，年产1.2万吨的高性价比透气膜非织造布复合线为下游厂家提供了全面优质的服务。

4.7 湖北拓盈新材料有限公司

公司成立于2016年，占地面积33000米^2，员工170余人，通过了CE和ISO等国际认证。是一家集研发、制造及营销于一体的现代化科技型企业。拓盈也与中国多家高校实验室合作，致力于功能性薄膜、非织造布复合材料及其他材料的开发与应用。公司是疫情期间湖北省唯一指定医用防护服原材料供应商。

公司拥有国际先进的全自动生产线，实现全过程在线控制，年生产能力近十万吨，设备分别从美国及德国进口。主打产品透气膜复合非织造布广泛应用于工业防护用途的防护服、防护罩，医疗一次性卫生用品，包括一次性手术衣、隔离服、医用床单、铺单和其他医疗用品等。

4.8 湖北三羊新科技股份有限公司

湖北三羊新科技股份有限公司位于湖北省仙桃市，起步于商贸、发展于生产、壮大于营销，目前已经成长为集生产、贸易和投资于一体，颇具实力的民营企业，是湖北省高新技术企业，公司在越南、孟加拉等国设有分公司。

公司主要生产、经营纺粘非织造布，现拥有现代化纺粘非织造布生产线6条，年产值可达3亿元。员工300余人，其中研发、技术人员16人。

(仙桃市招商服务中心　施玉泉)

中国妇婴卫生用纺织品示范基地概况

Overview of China's demonstration base for maternal and infant hygiene textile

1 西樵镇基本概况

佛山市南海区西樵镇位于佛山市南海区西南部，地处珠江三角洲腹地，是中国面料名镇、中国龙狮名镇、国家卫生镇、国家特色小镇、国家历史文化名镇、广东省教育强镇、广东省中心镇、广东省旅游名镇、广东省森林小镇。全镇面积176.63平方千米，常住人口31.93万人，是全国农村综合性改革试点试验地区之一。

西樵自然资源丰富，文化底蕴深厚，产业发展蓬勃，已形成了以文旅、陶瓷、纺织、卫生用品、酒店饮食业为主的多元化发展产业体系。西樵纺织素有“广纱甲天下、丝绸誉神州”之美名，广东西樵纺织产业基地是“广东省十大循环产业基地”，并获评“中国产业用纺织品行业优秀公共服务平台”。卫生用品产业加快集聚，西樵摘得“中国妇婴卫生用纺织品示范基地”国字招牌。

2 基地发展概况

近年来，西樵镇以科技创新、品牌建设、质量提升为核心，推动产业的高质量发展，引入卫生用品产业上下游配套企业，完善卫生用品产业链，打造卫生用品产业集聚区的产业经济新时代。以广东西樵纺织产业基地为重要园区载体，西樵镇成功引入以广东昱升个人护理用品股份有限公司和佛山市啟盛卫生用品有限公司为龙头的妇婴类卫生用品企业。并迅速完成了卫生用品行业建链工作。2017年3月，西樵镇联合镇内卫生用品企业成立了卫生用品行业协会，为行业建立一个政企互通互动的平台，加强了交流和联动。

2017年，经中国产业用纺织品行业协会批准同意，西樵纺织产业基地成功申报创建“中国妇婴卫生用纺织品示范基地”，并获颁示范基地的国字号牌匾。进一步吸引更多优质的卫生用品企业进驻西樵，不断提高西樵镇卫生用品行业的竞争力。

2018年，佛山市栢盈无纺布有限公司和佛山市福得佳新型材料科技有限公司等企业相继投产，本嘉新材料项目也正式落户，卫生用品行业集聚效应进一步凸显，行业体系得到进一步完善。

目前，西樵镇已集聚了30多家卫生用品及上下游企业，包括昱升、啟盛、啟丰、栢盈、福得佳、金三发、维盛科技、金桔科华和本嘉新材料等，产品涵盖妇婴卫生用纺织品、包装材料、机械装备等。其中重点卫生用品企业12家，高新技术企业5家，行业从业人员约3000多人。2016年到2020年，西樵镇卫生用品产值从15.41亿元增至40.28亿元，年均复合增长26.3%，税收从0.45亿元增至2.07亿元，增长了3.6倍。

3 相关企业及项目情况

3.1 佛山市啟盛卫生用品有限公司

佛山市啟盛卫生用品有限公司是一家专心专注研发、生产、销售妇女卫生巾、护垫、婴儿纸尿裤、纸尿片和隔尿垫巾的企业。企业位于示范基地内，工厂占地面积100亩，建筑面积12.6万米^2。公司拥有小妮、U适、U适宝宝、美适宝宝等自主品牌以及出口的“AGNES”品牌，其卫生巾、纸尿裤系列产品先后获得“广东省著名商标”“广东省名牌产品”“中国名优产品”等荣誉称号。目前，啟盛拥有7个生产车间，且拥有国内外先进设备近50条，其中包括卫生巾高速自动化生产线，护垫高速自动化生产线及高速婴儿纸尿裤生产线。2021年啟盛公司投资5000多万元，实施智能化生产线的改造，新增的3条卫生用品生产线(护垫生产设备)以及包装线均已投入使用。

3.2 广东昱升个人护理用品股份有限公司

广东昱升个人护理用品股份有限公司成立于2005年，在示范基地内占地面积350多亩，拥有24万平方米的现代厂房，引进全球先进的生产技术及生产设备，目前拥有全自动的婴儿拉拉裤、婴儿纸尿裤、婴儿纸尿片、成人纸尿裤、成人纸尿片、护理床垫等各类型设备20多条。公司产品获得2012—2017年全国纸尿裤行业质量领先品牌，全国产品和服务质量诚信示范单位，公司的吉氏、婴之良品和舒氏宝贝纸尿裤于2016年荣获广东省名牌产品称号。公司产品品种丰富，从传统型的婴儿纸尿裤/片、成人纸尿裤/片、护理垫，到现代型的婴儿拉拉裤、环抱型的婴儿纸尿裤。目前公司品牌有“DRESS 吉氏”“婴之良品”“舒氏宝贝”等。2021 年昱升公司计划引入 8 条医用手套生产线，已有 4 条生产线安装调试，全部建成后预计年产医用手套 7.5 亿只，项目有效推进企业增资扩产和智能化升级改造。

3.3 广东金三发科技有限公司

广东金三发科技有限公司创建于 2016 年，隶属浙江金三发集团，公司首期土地使用面积约 2 万米^2，计划投资人民币 2 亿元，项目达产后，预计每年生产非织造布 51000 吨，湿巾 2800 万包，年产值约 10 亿元人民币。公司现拥有纺熔复合非织造布生产线 2 条，年产能力达 12000 吨，产品主要应用于婴儿卫生用品、妇女卫生用品及医疗卫生用品等领域。

金三发集团公司创建于 1987 年，是国内非织造布行业的龙头企业，连续三年位居中国非织造布行业 10 强首位，公司先后被命名评定为中国驰名商标、全国守合同重信用单位，荣获中国纺织行业产品开发贡献奖、中国产业用纺织品行业贡献奖，中国产业用纺织品行业协会副会长单位。与东华大学、天津工业大学、华东理工、浙江理工、上海纺科院等大专院校和科研院所合作，开发新产品、新技术 32 项，公司拥有国家专利 14 项。由公司承担的项目多次被列入国家重点产业振兴技术改造项目和浙江省重大科技专项项目。

3.4 栢盈无纺布项目

佛山市栢盈无纺布有限公司，是继佛山市拓盈无纺布有限公司后再新成立的一家非织造布公司。新公司坐落在示范基地，总投资 12500 万元，占地面积 54 亩。继拓盈公司生产的 SMS 拒水/亲水非织造布、SSS 超柔复合非织造布等产品的基础上，公司规划设计安装 6 条高速非织造布生产设备，专业生产医卫用非织造布。栢盈项目已竣工验收，引入两条高速生产设备，设计年产能达 20000 吨；SSMMS 高速生产线已于 2018 年底正式投产；另一条 SSS 高速生产线已于 2019 年正式试产。

3.5 福得佳科技项目

佛山市福得佳新型材料科技有限公司占地面积 27 亩，规划建筑面积 23000 多平方米。公司以生产卫生用品专用透气膜为主。现租用约 2500 平方米厂房，引进 1 条韩国进口透气膜生产线，一条韩国六色柔版印刷生产线，已于 2017 年正式投产，项目已竣工验收。2019 年第三季度引入一条捷克印刷线，正常投产后年产值可达到 5000 万元。

3.6 本嘉新材料项目

项目为广东荣嘉新材料科技有限公司投资建设的扩产项目——佛山市本嘉新材料科技有限公司。该公司是专业从事环保高效型热熔胶产品研发、生产及销售的民营高新技术企业，产品广泛应用于一次性卫生用品、纸品包装、物流标签、汽车、家电等行业。项目总投资 1.6 亿元，占地面积约 40 亩，建筑总面积为 31000 平方米；其中办公及生产区 26000 平方米，科研测试展示区 2800 平方米，员工生活区 2200 平方米。项目主要研发、生产及销售热塑性复合新材料，计划安装 4 条生产线，形成年产 6 万吨环保热熔胶的能力，实现销售收入 10 亿元。现项目厂房已全面竣工。

3.7 维盛科技项目

广东维盛科技有限公司是江苏维盛企业在广东佛山开设的分厂，该公司专注非织造布材料的研发与生产。拥有德国托里等多条非织造布生产线，并在 3D 打孔等非织造布表面处理方面具有技术优势。产品主要用于生理及医疗护理用品，如：女性卫生巾、婴儿纸尿裤及医疗耗材等的表层。公司现拥有两条全球顶尖的生产设备，2017 年 8 月底正式投产，每条生产线年产能力 1200 吨。根据公司发展规划，还将再上一条双梳生产线，后续根据市场的需求增加生产设备，满足非织造布市场需求。

3.8 佛山市惠婴乐卫生用品有限公司

惠婴乐公司集生产、研发、营销为一体，专注于一次性卫生用品。目前拥有 2 条先进的婴儿纸尿裤、拉拉裤生产线，环腰裤生产线。

4 未来发展计划

实施精准招商，继续推动妇婴卫生用纺织品及上下游产业链的集聚和完善；加强品牌建设，积极塑造本区域妇婴卫生用纺织品的区域品牌；加强人才建设，培养包括适应新型工业化和信息化发展需要的新一代产业工人和高层次专业技术人才；同时营造良好的市场环境，打造良好的创新创业氛围。努力将西樵打造成中国的妇婴用产品示范名镇。

（佛山市南海区西樵镇经济发展办公室　张锦莹）

中国先进医卫用非织造产业示范基地概况

Overview of China's advanced medical and hygiene nonwovens industry demonstration base

1 九江镇基本概况

广东省佛山市南海区九江镇处于粤港澳大湾区腹地，是珠江三角洲典型的水乡、侨乡和龙舟名镇，全镇总面积94.75平方千米，下设20个社区居委会，7个行政村，常住人口超22万人；有港澳台同胞、海外侨胞20万人，遍布世界60多个国家和地区。九江镇先后获得"中国首个龙舟名镇""国家卫生镇""广东省教育强镇""全国综合实力百强镇"等荣誉称号。

九江镇自古文风兴盛，人杰地灵，有"儒林之乡"的美誉。九江镇有着得天独厚的地理优势，西江、北江环镇而过，水运交通便利，现有商业码头5个，其中包括两个6000吨级码头——南鲲码头和中外运码头。路网四通八达，沈海高速、广州环城高速、广佛地铁等5条高速公路、2条轨道交通在此汇聚，30分钟可达广州城市中心，1小时可达广州机场、深圳机场和正在筹建的珠三角枢纽(广州新)机场，一个半小时可达珠海、深圳等市，2小时可达港澳地区，尽享粤港澳大湾区城市资源。目前，九江镇正致力打造儒林湾示范片区，有机融入万亩连片的产业园区、省级特色小镇"南国酒镇"、西江沿线生态示范带等资源，推动产城人文融合发展，创造宜居宜商的投资环境。

近年来，九江镇作为佛山市重要一员，内提外引打造高质量产业体系，坚定不移走产业强镇之路。在产业发展上，围绕以高端医卫用非织造布及关联产品为核心的新材料、先进装备制造、泛家居等支柱产业，九江镇充分发挥龙头企业集聚的优势，深耕医卫下游产品、医用辅料耗材、医疗器械设备等大健康产业，引入一批新的关联性强、融合度高的重大项目，打造成为大湾区协同发展新坐标、珠江西岸智造新高地、佛山西发展新引擎。

2 中国先进医卫用非织造产业示范基地发展概况

自2011年开始，佛山市南海区九江镇提出大力培育医卫用非织造产业的发展思路，并成功申报"广东省医用无纺布生产基地"，被纳入广东省现代产业500强项目。2014年5月，九江镇获评"中国医卫用非织造产品示范基地"(以下简称"示范基地")。2020年6月，示范基地升级为"中国先进医卫用非织造产业示范基地"，同时获得"全国纺织行业防控新冠肺炎疫情先进单位"荣誉称号。

示范基地总规划面积约5000亩，按照"医卫用核心、生活用重点、工业用为辅"的思路，经过多年努力，示范基地的产业基础渐显扎实、发展势头强劲，已成为在全国具有重要影响的产业集聚基地。

目前示范基地已拥有卷材、吸收层、底膜、医用卫生产品等的非织造布全产业链企业，产品应用范围涵盖农业、工业、卫生、医疗等多领域。示范基地已成功搭建以美国贝里、日本东丽、必得福为代表的"全球第一、亚洲第一、全国十强"的医卫用新材料三级梯队，跻身成为全球顶尖医卫用无纺布产能最密集的区域之一。随着允迪薄膜建成投产，佛山市物资储备基地奠基动工，拥有新型医卫用材料产业优势的九江镇，产业集聚效应愈发明显。

示范基地现有医卫非织为核心的新材料关联企业约20家，并以"全产业链发展模式"不断扩展中。"十三五"期间，九江镇以医卫非织为核心的新材料产业总产值从2016年的66.2亿元增长至2020年的96.5亿元，增长45.8%。

3 产业发展目标

未来南海区九江镇将充分借力美国贝里、日本东丽等龙头在尖端新材料研发和生产的前沿优势，积极培育尖端新材料项目，逐步形成以高端医卫用非织造材料制品为领军的尖端新材料产业集群。争取用十年的时间，打造在全球具有影响力的尖端新材料产业集聚基地。

(佛山市南海区九江镇招商办　何荣坚)

原材料、设备的生产和市场
Production and market of raw materials and equipment

中国化学商品浆市场简析
Brief analysis of China's chemical market pulp market

1 中国化学商品浆市场2021年概况

2021年1—10月，全球化学商品浆需求量同比下降3.8%，约210万吨。除西欧需求稍有改善外，主要区域的需求量或维持2020年同期水平或有所下降。中国作为全球化学商品浆市场的风向标，2021年1—10月，化学商品浆累计需求同比下降9.1%，约190万吨。除本色浆同期表现稍好外，其他浆种需求量均有不同程度的下滑。其中漂白阔叶浆需求下降约12%，达155万吨，占全部需求量减少的75%。漂白针叶浆紧随其后，累计需求下降7.2%或55万吨。本色浆需求虽然上涨近16%，但由于基数较小，实际增加量仅有10万多吨。从月份来看，2021年1—10月，只有3月份需求量同比有小幅上扬，其他月份需求疲软，市场表现不佳。

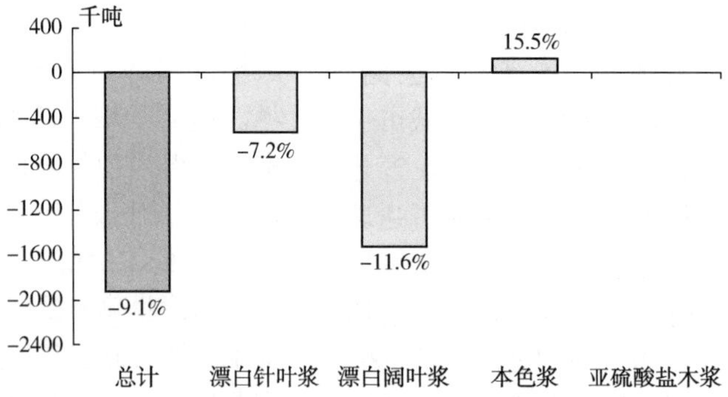

图1 2021年1—10月中国化学商品浆各浆种需求变化

由于木材原料匮乏，我国的原生化学商品浆需求对外依存度达85%，其中针叶浆的对外依存度更是达到了90%以上。化学商品浆进口量是国内化学商品浆表观消费量的体现。2021年1—10月，中国累计进口化学商品浆1900多万吨，其中漂白针叶浆、漂白阔叶浆和本色浆分别约占35%、60%和5%。

从供应区域和品种分析，欧洲和北美贡献了中国化学商品浆进口量的18%。2021年1—10月，到中国的发运量均减少约7.8%；拉丁美洲作为中国漂白阔叶浆的主要供给区域，1—10月到中国的发运量占中国化学商品浆进口量的42%，但累计总量较2020年同期下降了12%；印度尼西亚是中国主要的阔叶浆进口国之一，到中国的发运量占了中国化学商品浆进口量的15%，漂白阔叶浆进口量的近1/4；它同拉美贸易系的巴西、智利、乌拉圭及加拿大共同向中国提供了约95%的阔叶浆的需求量；2021年1—9月，印尼向中国的发运量同比上升0.8%，随着需求的下降加之10月份由于东南亚港口拥堵，其到中国的发运量锐减20%，致使1—10月累计发运量同比下降1.8%；俄罗斯是中国漂白针叶浆进口的主要来源国之一；中国约90%的漂白针叶浆需求由俄罗斯、加拿大、芬兰、美国和智利来满足；2021年1—10月，俄罗斯向中国提供了约13%的漂白针叶浆，但其累计发运量同比下降了17%。

尽管本色浆占化学商品浆需求的比例不大，但是近几年需求增长迅速。本色浆的发运量在2021年的第一季度同比激增50%，但第二季度随着废纸浆进口量的增多，环比有所下滑，同比仍增长17%以上。截至10月份，中国本色浆进口量累计94万吨，较2020年同期增加13万吨。智利、美国、俄罗斯、芬兰和法国占中国本色浆进口量的80%。据PPPC(百思咨询(北京)有限公司)统计，中国市场上2/3的本色浆用于生产箱纸板的面层，其余大部分用于生产牛皮纸、特种纸。废纸零进口叠加限塑令使得国内的很多包装用纸企业进口一定的本色浆以弥补国废品质的不足。同时食品包装用纸需求等的增加也导致本色浆进口量增加，并将在未来几年保持良好的势头。

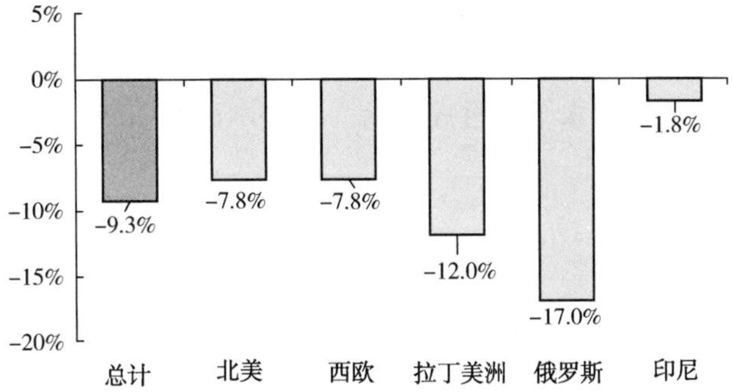

来源:PPPC

图2　2021年1—10月世界主要国家和地区到中国的化学商品浆发运量同比变化情况

2　中国化学商品浆需求波动的主要动因

2.1　去库存向基本面回归是需求波动的本质

受全球经济不景气、中美贸易摩擦和下游市场疲软等因素影响，中国市场进口化学商品浆到岸价自2019年4月一路下跌。2020年新冠疫情全球性暴发导致全球纸浆市场需求下降。经济复苏较快的中国市场成为了国外纸浆供应商纷纷抢占的目标，纸浆供应源源不断，致国内港口进口浆库存一直在历史高位上徘徊，本已低迷的浆价不得不继续维持在历史较低水平。随着中国疫情的有效控制，造纸行业全面复工复产，中国纸和纸板产量自2020年第二季度全面回暖，大幅上升，第四季度纸和纸板产量更是创历史新高。2020年全年，纸和纸板的产量同比增长了4.6%，是2012年以来造纸行业产量增长最快的一年。纸和纸板价格自2020年下半年起也开启了上行通道。国内成品纸产量激增的支撑、浆纸价格的联动、海外浆厂因疫情停产或减产、集装箱不均衡分派而导致的商品浆供应收紧、海运运力不足引起的运费暴涨以及人民币升值等诸多因素叠加，2020年8月起至2021年上半年，浆价反弹，一路飙升，连续10多个月的持续大涨使进口针、阔叶浆到岸价涨幅均达近75%。针阔叶浆价差也因价格增长幅度不同而逐渐增大，二者一改2017—2020年间需求量此消彼长的反向替代态势，2021年1—10月，需求量均出现了下降，阔叶浆需求量下降更为迅速。

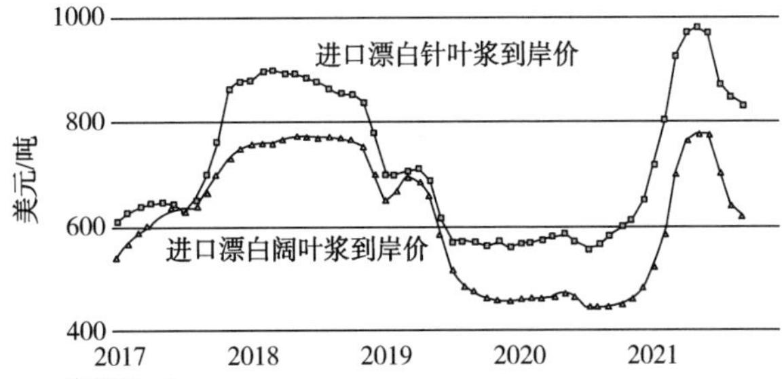

来源:Trade press

图3　中国进口针、阔叶浆到岸价

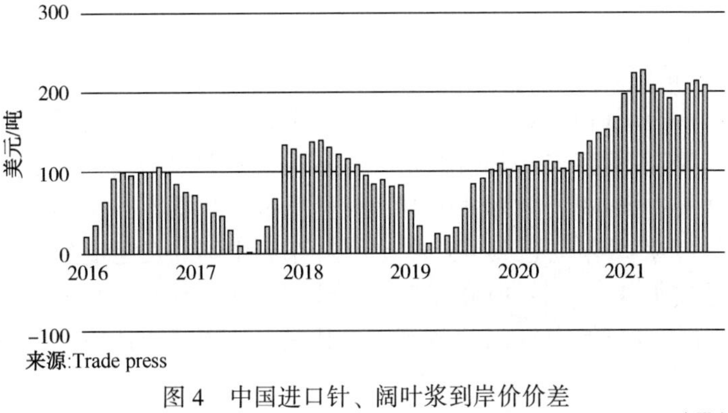

来源:Trade press

图4　中国进口针、阔叶浆到岸价价差

作为大宗商品的化学商品浆，其需求是具有弹性的，阔叶浆对价格的敏感度更高。2019—2020年浆价的持续低位，使得国内纸厂、期货投资者、贸易商等纷纷低价加仓，化学商品浆购买量连续两年超过平均趋势水平，需求激增25%以上。由于纸浆供应远远超过需求水平，过度加持的一部分纸浆转化为造纸产业上下游的库存，使得过去两年间中国国内整体纸浆的库存始终在历史高位徘徊。随着进口纸浆价格的不断攀升，纸厂或下游开始减少纸浆购买，主动减仓去库存，纸浆进口量减少，需求量不断下降，纸浆需求向基本面回归(见图5和图6)。

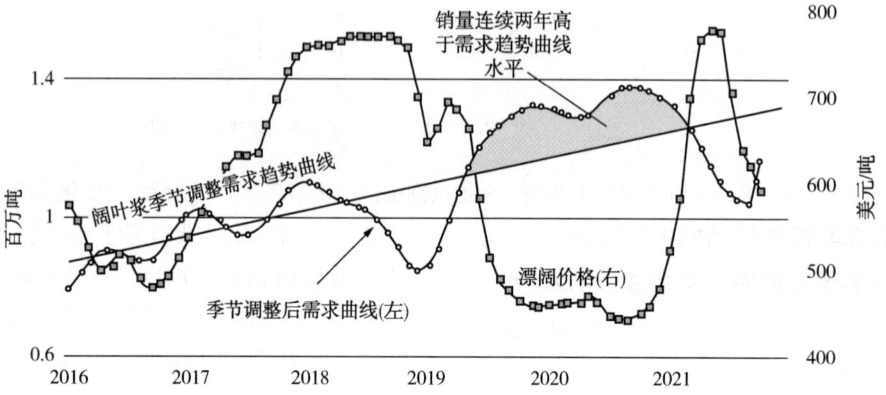

来源: PPPC, trade press

图5 漂白阔叶浆月度需求与价格关系

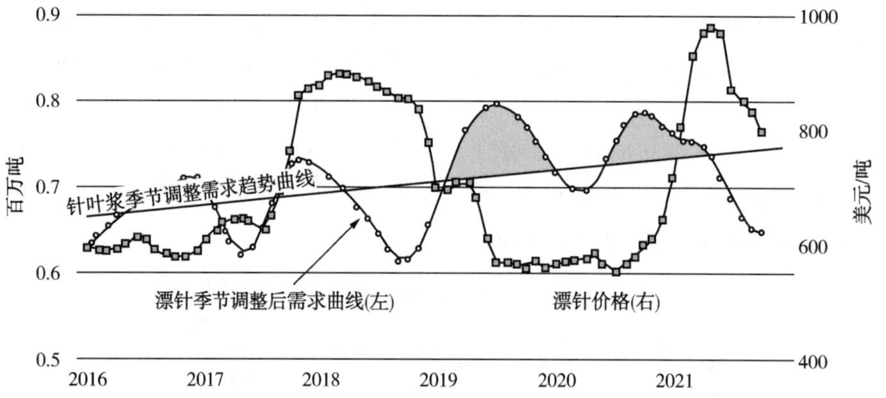

来源: PPPC, trade press

图6 漂白针叶浆月度需求与价格关系

中国纸浆进口的减少和全球其他地区纸浆需求的疲软直接导致国外浆厂的库存压力加大，进口纸浆价格不断下调，以期增加到中国的发运量。但由于纸浆下游需求不振，纸浆价格下跌的预期使得中国市场的采购情绪较低，浆厂主动降库存的行为收效不明显。根据PPPC统计，2021年10月，全球针叶浆生产者库存较9月份的历史最高位45天减少了2天达到43天，为过往10年来的次新高水平。阔叶浆库存也达到46天，较2020年同期库存天数增加4天，较2020年年底增加10天以上。10月份进口漂白针阔叶浆到岸价格比2021年5月历史高位价格分别下降约19%和24%。但二者价格较历年相比，仍处于价格高位。

2021年9月末，国内造纸行业受能耗双控政策的影响减少产出，纸厂和下游用户的库存仍在持续减持中。纸浆受下游需求走弱影响，降价走量的策略并没有有效提振中国市场。根据PPPC全球纸浆数据库，10月份全球产浆国漂白针、阔叶浆到中国的发运量分别锐减23%和13%。但持续减仓并没有完全改善国内目前商品浆高库存的状况。从国家统计局公布的数据来看，2020年下半年至2021年前三季度，造纸行业总库存和成品纸库存均在上升。10月份受能耗双控影响，总库存和成品纸库存有小幅减少，但非成品类库存同比、环比均没有出现下降。

2.2 终端需求支撑动力不足

纸浆供需变化受终端用户市场的影响。对中国市场来说主要表现为生活用纸、文化用纸、包装用纸以及特种纸四个方面。根据 PPPC 数据库，中国市场的商品浆近60%用于生产文化用纸和生活用纸。终端市场表现与纸浆需求高度关联。

文化用纸下游需求主要为书籍、教材教辅、社会出版物、画册单页等。通常每年春秋两季招标，纸张需求具有很强的季节性，教材教辅需求刚性。尽管2021年上半年表现整体好于2020年同期，但2021年整体文化用纸市场需求疲软。几大利好因素和刚性需求因国家政策调控而不及预期。建党100周年，党建类订单对文化纸市场和印刷市场的需求支撑自5月份开始回落；学生双减政策冲击课后辅导市场；铜版纸需求因电子化、广告行业不景气、疫情时有反复导致经济恢复放缓等表现更不尽人意；同时文化用纸原纸出口下降，进口激增，进一步加剧了对国内市场的冲击。行业公开报道显示2021年第三季度双胶纸和铜版纸现货价格均创出7年以来的新低，更有几家大的文化用纸生产商临时转产生产包装纸，以期应对市场低迷状况。未来3年新增文化用纸项目产能较大，但多为浆纸一体化项目，对进口化学商品浆的需求贡献可能有限。

生活用纸方面，2020年疫情影响带来的需求红利已逐渐消退，生活用纸需求增长速度放缓。行业公开信息显示2020年底浆价飙升直接导致2021年第一季度中国市场生活用纸原纸价格上涨1500元/吨以上，买涨不买跌的心理促使第一季度生活用纸市场无论是后加工厂还是终端消费者均大量囤货，但并不代表实际需求的增长。库存高企，市场消耗能力差。需求在没有利好因素刺激下，生活用纸市场很快进入去库存、降价格的营销策略。同时持续高涨的生产成本致小牌、杂牌品种出清、小厂停产，不断退出市场，市场份额向四大家集中。销售渠道的碎片化、捆绑销售等加剧了纸厂的竞争，不同企业不同的定价方式和优惠政策使得生活用纸价格一路狂跌。自2021年4月份以来，原纸价格比浆价低，成品纸价格比原纸低的倒挂现象频现。

随着纸浆价格的下降，国内生活用纸企业生产成本下降，一些小厂重新开工，企业开工率有了明显改善。受“双十一”影响，生活用纸市场又迎来需求高峰。叠加国家双控政策，国内电价、蒸汽、运费等成本上升，市场出现恐慌性囤货。生活用纸价格从2021年8月底止跌走高。但由于需求提前透支，又缺乏额外的需求刺激，生活用纸价格在11月止涨，并在下旬开始出现下滑趋势。可见，2020年因疫情带来的生活用纸需求激增已然结束，冲动型消费逐渐减少。过度囤货带来的持续减仓去库存是2021年生活用纸市场的基本表现，市场需求回归自然增速。

中国造纸协会生活用纸专业委员会数据显示，生活用纸的纤维原料结构中，化学商品浆占比持续上升，已由2019年的83.3%进一步提高到2020年的84.6%，随着人们可支配收入的提高、人均消费量增加而导致生活用纸需求/产量的增加，木浆比例也有望进一步提升。2021年中国生活用纸市场计划新增产能430多万吨。受供需关系影响，1—10月，累计投产只有不到50%。行业平均开工率只有70%。考虑到2022年及以后有多达800万吨的规划新增总产能，产能增速将超过产量和消费量的增速，中国市场竞争将愈演愈烈。预计后期，仍会有项目延后或不能达产。目前普遍认为生活用纸需求增长是中国纸浆需求增长的主要动因，但由于生活用纸整体消费量只有1000多万吨，远小于文化用纸和包装用纸的市场体量，自然增速下恐难对木浆需求有太大的提振作用。

包装纸和特种纸市场表现相对好一些，限塑，尤其是2021年开始全面禁废的实施，大大提高了中国市场对这两种纸需求增长的预期，直接带动了白卡纸价格的飙升。自2020年7月连续10个月，白卡纸价格暴涨速度远远超过商品浆、文化用纸和生活用纸，主要厂家涨价函频发。但政策红利很快消退，白卡纸价格自2021年春季以来连续下跌，仅6个月，跌回至2020年9月份的价格水平，较2021年年初价格跌落15%以上。9、10月份双控时期，部分纸机停机对缓解库存压力起到一定帮助，产能恢复后，很快市场再度饱和。目前中国市场白卡纸已经处于供大于求的局面。近期，又有太阳纸业、广西金桂浆纸和江西五星纸业年产共240万吨的白卡纸生产线投产。未来几年，规划还有近1400万吨的白卡纸产能计划投放市场，市场竞争将空前激烈。禁废限塑等政策对白卡纸市场支撑作用到底如何，对纸浆需求的贡献又有多少，我们拭目以待。

值得注意的是，漂针需求和价格的双降与本色浆需求的看涨使得纸浆供应商向本色浆方向倾斜。10月以来，国内外多家漂针浆厂转产生产本色针叶浆。如果后续漂白浆市场未回暖或回暖不够，国内本色浆供应有望增加，将会遏制本色浆进口，进口量下降概率加大。

2.3 宏观经济和环保政策对需求的影响

中国纸和纸板消费与GDP密切正相关。国家宏观经济的健康发展为国内造纸行业的前行提供了强大的经济保障和市场发展环境，进而为全球商品浆市场的发展注入了动力。国际货币基金组织(IMF)2021年10月发布的《世界经济展望报告》中对中国经济发展前景充满信心。预期2021年中国实际GDP增速8.0%。虽然2022年经济增速预期放缓至5.6%，仍高于全球平均预期0.7个百分点，领跑世界各国经济发展增速。未来5年，预期实际GDP平均增速为4.9%。经济发展的大环境下，中国人均纸和纸板的消费量将继续提高，造纸行业整体需求也将持续增长。

国家经济和环境发展均以可持续发展为目标。从耗能强度来说，造纸行业目前处于中耗能前列，并处于降级到高耗能产业的风险中。行业受政策面影响很大，国家的环保政策在行业发展中指导作用明显。我国主要推出的涉及或与造纸生产直接相关的政策法规，如《环境保护法》(2014年修正)、《固体废物污染环境防治法》(2016年修正)、《水污染防治法》(2017年修正)、《禁止洋垃圾入境推进固体废物进口管理制度改革实施方案》(2017年)、《大气污染防治法》(2018年修正)、《中华人民共和国环境影响评价法》(2018年修正)和《制浆造纸工业污染防治可行技术指南》(2018年)等，这些政策法规的推出和严格执行提高了我国造纸业的环保标准和生产标准，推动了我国造纸产业的转型升级。

以《禁止洋垃圾入境推进固体废物进口管理制度改革实施方案》(2017年)为起点的一系列与进口废纸相关的政策法规到2021年初有了最终的定论。中国目前废纸的零进口提高了国废的回收率，增加了成品纸中国废纸的使用量，同时也提升了废纸上下游链条的优化。但原材料供应受限增加了企业生产成本，同时增加了行业内的原材料竞争。木浆原料被认为是国废品质欠佳的弥补，对以废纸为原料的纸种起到了一定的纤维补充作用。自2018年以来，2700多万吨进口废纸将陆续被取消的政策导致原材料供应恐慌，引起纸浆需求看涨，并伴随着价格的大幅攀升。2017年11月，废纸进口新政的政策效应有效地将纸浆价格拉到了国内浆价的历史最高点。但是纸浆需求和价格变化受制于市场的基本面。供需博弈最终导致了在随后的将近3年时间里，纸浆价格一直处于下行通道。期间阔叶浆供需价格博弈、国内针叶浆期货上市等事件在主要时间点上都对漂浆价格波动产生了一定的影响，但对市场的震动效果不大。直到2020年8月纸浆价格因为国内纸和纸板产量激增开启了新一轮的上涨周期(见图7)。

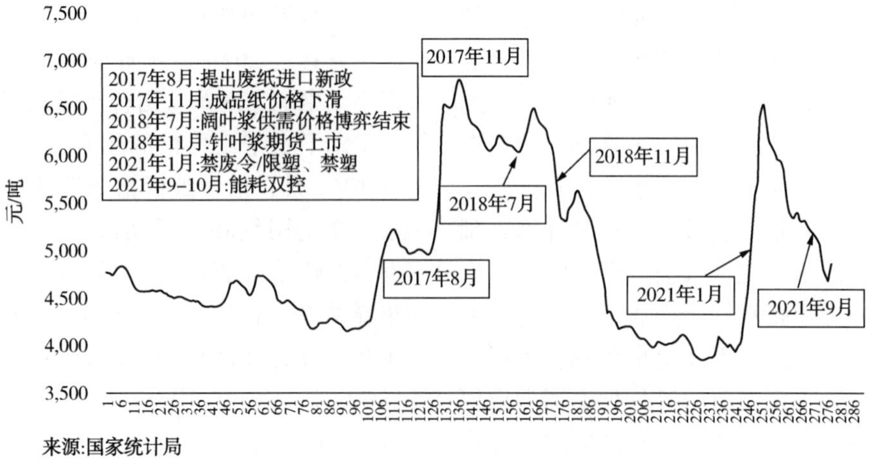

图7 中国漂白浆市场价格和环保政策关系

2020年1月国家发展改革委、生态环境部提出《关于进一步加强塑料污染治理的意见》被称为史上最严限塑令。作为一次性不可降解塑料的替代品之一，限塑、禁塑将利好整个制浆造纸行业产业链。替代塑料产品产生的额外需求将为整个行业的上下游企业带来新增的市场及利润空间。包装类纸种和特种纸品类受益更大。以原生浆为原料的诸如牛皮纸、防油纸等需求的增加将利好纸浆需求，尤其是针叶浆需求。同时禁塑令的进一步落实将减少塑料包装在物流运输中的使用，环保包装和纸制品包装的应用将更加广泛，用于生产瓦楞纸箱面层的本色浆市场份额或将增加。

禁废令的实施导致国废价格中枢上移，废纸系产品生产成本增加。国内造纸企业原材料不断调整，废纸浆进口数量逐渐增大。同时，中国企业近年来应对纤维短缺进行的废纸浆板海外投资项目也将能填补国内瓦楞箱纸板的纤维缺口。截至2021年第三季度，已知国内企业海外废纸浆板产能布局合计约600万吨，其中已经投产并发往中国的产能约300万吨。从国家统计局披露的漂白化学浆和瓦楞原纸价格可以看到，近期瓦楞原纸与以漂白浆为原材料的文化纸的成本面逐步缩小，从成本角度，纸浆供应商向本色浆方向倾斜更有利可图(图8)。这与目前中国市场上一些国产浆生产商的行为不谋而合。近两年瓦楞原纸价格超过木浆价的情况也曾经发生过，但并未引起市场发生重大变化。全面禁废后，造纸纤维原料的调整将如何驱动化学商品浆之间的需求转化，值得关注。

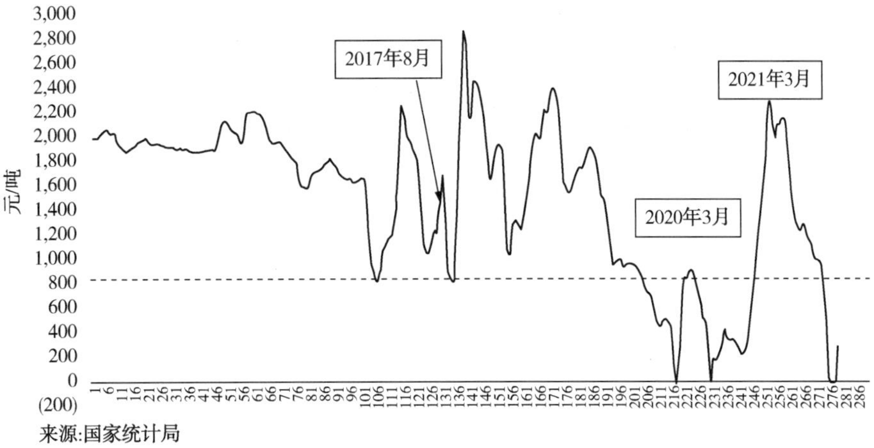

图8 漂白化学浆和瓦楞原纸的价格差

“十四五”循环经济对造纸行业的要求和2021年9月末实施的能耗双控政策及“双碳”目标的提出从本质上来说，都是造纸行业的供给侧改革。加速产能出清并优化行业格局，从成本端淘汰落后高耗能产能，提高行业的集中度。应“双控”政策要求，造纸行业部分企业停机，纸和纸板产量有所下降。根据国家统计局数据，2021年1—10月，全国累计纸和纸板产量11200万吨，同比增长9.3%。但受限电、双控政策影响，9月和10月两个月产量同比分别下降7%和6%(图9)，悖于2021年1—8月的同比增长趋势。9月纸和纸板产量环比下降6.5%，与前两年环比增长的情况也相反，政策效应显而易见。然而，始于9月的“双控”理论上说应该导致之后的月份产量均下降，这也是产业对纸及纸品的价格上升预期的基本逻辑，但结果是10月份产量环比竟然上升2.5%，这种现象至少与政策面在一定程度上走入了相反的方向。

从目前看，2021年中国纸和纸板1—10月的累计产量已接近2020年1—11月的产量总和(图10)。

2.4 纸浆期货的金融属性带来的价格关联作用明显

2018年11月纸浆期货上市已满3个年头。纸浆期货在赋予了纸浆商品金融属性后，多种期货金融衍生工具已灵活运用到纸浆市场，便于实体企业利用期货市场管理风险。目前的期货市场参与者广泛，大型国企、外资企业、大的纸浆贸易商、中小现货贸易商、投机商等均有参与。

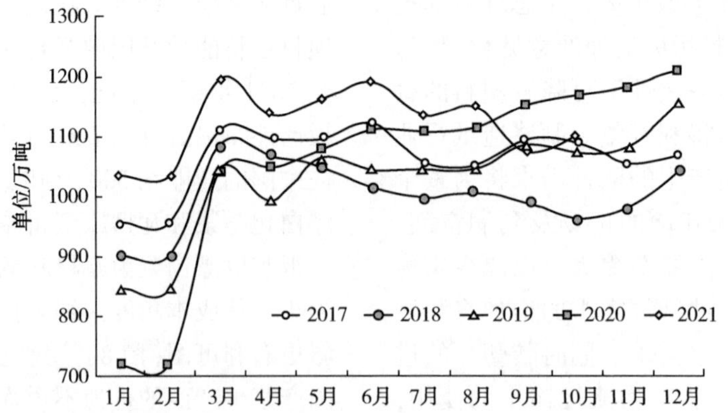

数据来源:国家统计局

图 9　2017—2021 年中国纸和纸板月度产量

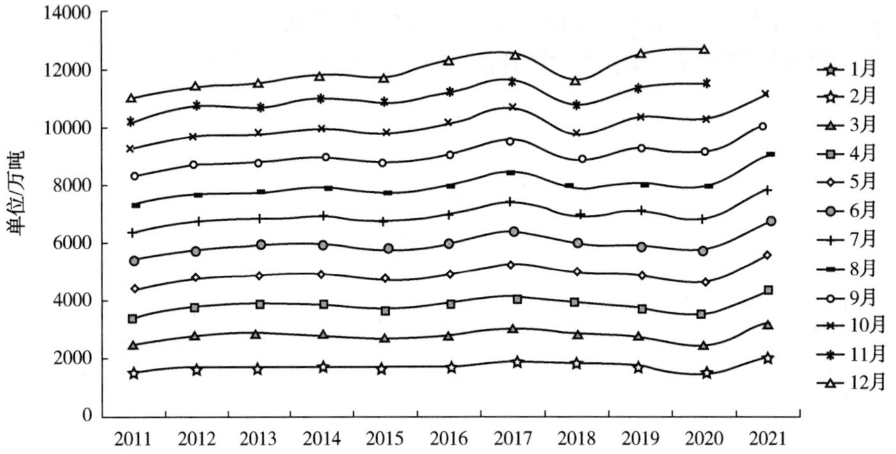

数据来源:国家统计局

图 10　2011—2021 年中国纸和纸板累计产量月度分析

纸浆期货和纸浆价格波动的关联作用体现在主力合约结算价与国内人民币浆市(基本面)的契合度越来越高，目前接近重合。期现价格联动性紧密。通过对上海期货交易所数据的研究表明，纸浆期货价格与漂白浆现货均价相关性超过 0.95，呈强相关性。纸浆期货的金融属性带来的价格关联作用明显，但期货价格波动性更大。

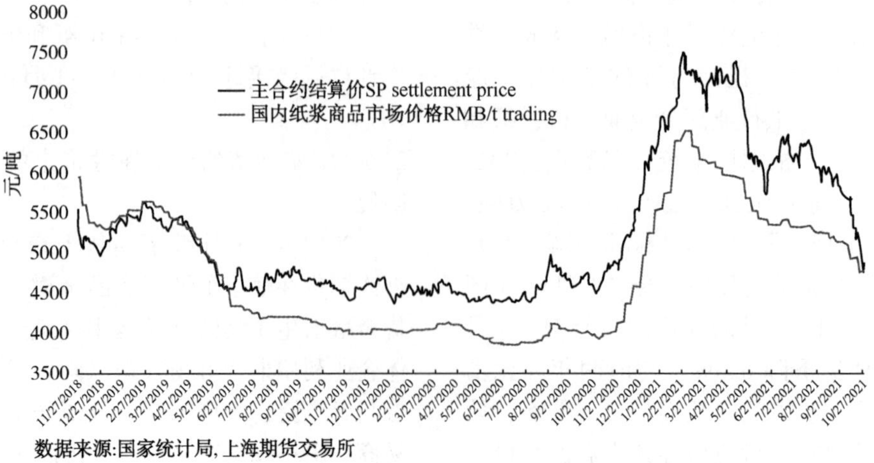

数据来源:国家统计局, 上海期货交易所

图 11　中国浆价与 SP 主力合约结算价

目前上海期货交易所正在研究推进瓦楞原纸期货、双胶纸期货等期货品种上市，以满足造纸产业链的风险管理要求。相信纸浆期货市场3年来发展的宝贵经验对整个行业的风险对冲将有积极的借鉴作用。

3 中国纸浆市场前景展望

根据PPPC最新预测，2021年全年中国化学商品浆需求将减少6.9%。其中针叶浆减少约55万吨，阔叶浆减少约140万吨。随着新冠疫情对经济和生活等各方面负面影响的减弱，宏观经济发展环境回暖，预计2022年中国化学商品浆需求有小幅改善。但目前全球疫苗接种率尚未达到40%。加上奥密克戎引发的疫情担忧也将给全球经济带来诸多不确定性。化学商品浆需求仍有下行的风险。

目前，国内各个纸种正在积极进行新一轮的产能扩张。根据公开信息整理，未来几年，中国市场上文化用纸、生活用纸、白卡纸、牛皮纸等预计新增产能近3000万吨。为了应对原材料紧缺，国内已公开宣布的原生浆新增产能已经超过2000万吨，其中化学浆产能近1000万吨，主要以自用为主。未来5年，中国市场的化学商品浆需求仍然是全球纸浆需求的最大亮点。根据PPPC的最新预测，阔叶浆需求将继续领跑化学商品浆在中国市场需求增长，年增长60万吨或3.4%；针叶浆需求年增长约20万吨或2.1%。

与需求趋势一致，阔叶浆产能也是未来化学商品浆产能增加的主要贡献者。仅巴西、智利和乌拉圭未来几年就有总计630万吨的产能将投产。到2025年，全球阔叶浆产能预计增加670万吨。同期，针叶浆产能也将增加160万吨。2021年全球针阔叶浆销量产能比分别为87.9%和89.4%，较2020年均下滑约4个百分点。由于刚需和新增产能较小，针叶浆市场竞争较阔叶浆稍平和。预计未来5年，如果中国造纸行业产量继续增加，针叶浆销量产能比有望回到90%，高出阔叶浆销量产能比2个百分点。

目前中国市场上各大纸种普遍产能过剩，供给侧改革、环保政策、禁废政策等将继续推动淘汰老旧无效产能，优化升级产能结构，提升造纸行业集中度。新一轮的造纸产业新项目潮意味着供给侧改革的持续推进。去库存、去产品同质化、提质增效都将面临新的挑战。未来随着中国原生浆项目的投产，中国对木片的需求将急剧增加。木片、商品浆以及成品纸的贸易流动将会发生怎样的变化，三者之间的相互驱动和引导关系如何，值得研究。

（百思咨询（北京）有限公司　李荔平　孟莉）

卫生用品用高吸收性树脂(SAP)概述

Overview of SAP for hygiene products

1 基本概念

1.1 定义

高吸收性树脂是具有较高吸水性能和保水性能的高分子聚合物(英文 Super Absorbent Polymer，简称 SAP)的总称。SAP 含有强亲水性基团，经适度交联而具有三维网络结构，可通过水合作用迅速吸收自身质量十几倍乃至上千倍的水而呈凝胶状。具有吸水容量大、吸水速度快、保水能力强且无毒无味等优越性能，是一般吸水材料难以比拟的，因而被称为高吸收性树脂、超吸水性树脂、高吸水性聚合物等。

1.2 吸液机理

SAP 是分子中含有极性基团并具有三维交联网络结构的功能高分子材料。其中的极性基团具有较强的亲水性，能够与水分子形成氢键结合，使极性基团电离，这种带电荷的基团相互排斥，使 SAP 的三维交联网络结构扩张，并在 SAP 内部溶液与外部水溶液之间形成渗透压差，同时，SAP 的三维交联网络结构扩张时产生毛细管作用，在这两种作用下，使水分子向 SAP 内部渗透和扩散，从而产生吸水现象。

从微观视角看，这是一个很复杂的过程，吸水前，SAP 的高分子网络是固态网束，未电离成离子对。当遇水时，水分子通过氢键与 SAP 中的树脂分子链上存在的大量亲水基团发生水合作用，亲水基团开始离解，阴离子数量不断增加，离子间的静电斥力使高分子网束张展；同时为了维持电中性，阳离子不能向外部溶剂扩散，导致可移动阳离子在树脂网络内的浓度增大，从而造成网络结构内外产生渗透压，水分子通过渗透压作用向网内渗透。在 SAP 吸水膨胀的过程中，其三维交联网络结构扩张也产生相应的弹性收缩力，随着吸水量的增大，网络内外的渗透压差趋向于零；而随着网络扩张其弹性收缩力也在增加，逐渐抵消阴离子的静电斥力，当这种弹性收缩力与阴离子的静电斥力相等时，SAP 达到吸水平衡，如图 1 所示。

因此，SAP 必须具备三个条件：①含有大量亲水基团；②有适当的交联度，交联密度越高，吸水能力越小，但保水能力则越强；③具有适当的立体网络结构，这种网络结构可使 SAP 内外形成离子浓度差，产生渗透压，使大量水分子进入网络内部，一部分水分子同网络中的亲水基团以氢键方式结合为“结合水”，这部分水不再具有普通水分子的某些性质，例如，在 0℃下不能冻结，称为“不冻结水”；另一部分水分子则以“自由水”形态存在，这种水的性质与普通水分子的性质完全相同，称为“可冻结水”；而介于二者之间，还有一部分水分子受到与“结合水”之间的氢键影响，称为“束缚水”，也可以称为“中间水”。由于 SAP 的三维交联网络结构限制了水分子的运动，因此吸收的水在加压下不会被挤出来，使 SAP 具有其他吸水材料所不具有的保水性。

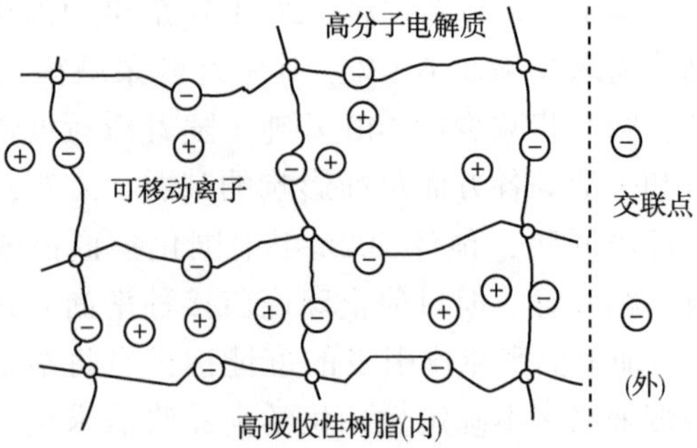

图 1　SAP 的离子网络结构

同理，被吸附的水中含有离子的时候，渗透压降低，SAP 的吸水能力降低。由此可见，高分子网络的亲水基是不可缺少的，它起着张开网络的作用，同时导致渗透压差的产生，亲水离子对是 SAP 能够完成吸水全过程的动力因素。高分子网络持有大量水合离子是 SAP 提高吸水能力、加快吸水速度的另一个因素。树脂网络是吸水能力强大的结构因素，三维空间网络的孔径越大，吸水倍率越高。吸水和保水是一个问题的两个方面，在一定温度和压力下，SAP 能自发吸水，水进入树脂后，使体系的自由能降低，直到满足平衡为止；如果水从树脂中逸出，则自由能升高，不利于体系稳定。

卫生用品行业用的 SAP 主要是聚丙烯酸盐类，属于离子型 SAP，其吸水能力受电解质浓度的影响比较大。外部溶液电解质的离子强度越大，则吸水能力降低越显著，同时受 pH 值的影响显著。这是由于离子型树脂带有离子，其与酸、碱及其他电解质盐的离子相互作用，由于等离子效应，使得高分子网络扩散膨胀受到了阻碍或使已膨胀的树脂网络收缩而与水分离。这就解释了离子型 SAP 吸盐水能力低于吸纯水能力的原因。

日本高吸收性树脂工业会(JASPIA)曾经针对卫生用品行业用的 SAP 做过相关研究，结果显示，随着 NaCl 浓度的增高，SAP 的吸液能力下降。图 2 表示 NaCl 水溶液浓度与 SAP 吸液能力的关系，表 1 是 SAP 对 5 种不同液体的吸收能力，可见，对蒸馏水的吸收能力最高，其余依次为饮用水、血液、尿液、海水。

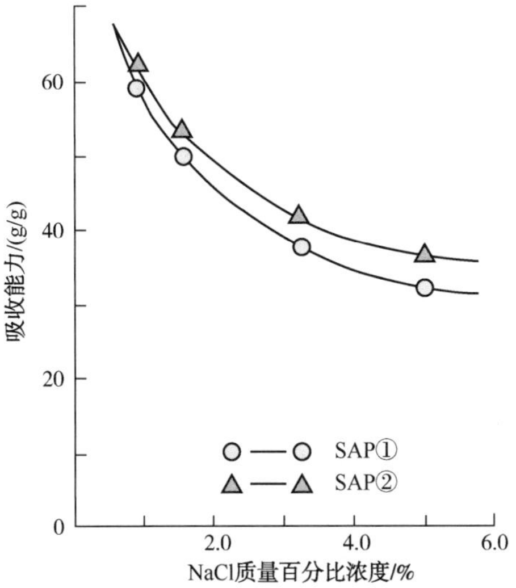

图 2 NaCl 水溶液浓度与 SAP 吸液能力的关系

表 1 SAP 对不同溶液的吸收能力

被吸收液	渗透压	吸收能力/(g/g)
蒸馏水	大	600
饮用水	大—中	300
血液	中	60
尿液	中	50
海水	小	10

1.3 性能特点

吸收性卫生用品用 SAP 一般具有如下特点。

(1) 吸水量大

常用的吸水材料如棉花、海绵、纸等，其吸水能力为自身质量的 20 倍左右，而 SAP 可吸收自身质量的数百倍至数千倍的水。

(2) 保水性好

普通吸水材料吸水后，受到压力，容易放出水，但 SAP 吸水后形成水凝胶，在自然条件下蒸发速度很慢，而且受压时水也不容易放出来，也就是说，SAP 在外加压力的情况下仍然具有良好的保水性。

(3) 对光和热的稳定性

把 SAP 贮存在密闭容器中，可贮存 3~4 年，其吸水能力不变。不同类型的 SAP 在吸水状态时，有不同的热稳定性。

(4) 吸氨性强

SAP 是含有羧基的聚合物，适当调节 pH 值，使部分羧基呈酸性，可吸收氨，有明显的防臭作用。

(5) 安全性

SAP 呈弱酸性或弱碱性，无刺激性。经大量动物试验和农业试验证明，用于食品、医药卫生等方面安全无毒。

现在，SAP 广泛应用于卫生材料领域，在该领域中已通过多项安全性认证：包括误吞时的安全性；直接接触皮肤时对皮肤的刺激性；直接接触皮肤时是否引致过敏反应等，可以保证使用安全。

1.4 分类

SAP 发展迅速，种类繁多，原料来源相当丰富，因此，从不同的角度出发，有多种分类方法。

按照原料来源，可分为三大类：天然高分子 SAP、合成高分子 SAP、SAP 共混物及复合物。

按亲水化方法，可分为两大类：亲水性单体直接聚合生成的 SAP、疏水性聚合物亲水化得到的 SAP。

按交联点形成方式即交联方式的不同，SAP 主要可分为：添加交联剂网状化反应、自交联网状化反应、辐射交联网状化反应以及向水溶性聚合物中引入疏水基团或结晶结构等。

按照不同的制备方法，SAP 可分为三类：合成高分子聚合交联类、羧甲基化类、接枝共聚类。

吸收性卫生用品用的聚丙烯酸盐类 SAP，按照上述分类方法，分别属于合成高分子、亲水性单体直接聚合、添加交联剂网状化反应、合成高分子聚合交联类SAP。

2 发展历程

2.1 国外的发展

最早研制和开发使用SAP的国家是美国，至今，SAP的开发与研究只有几十年的历史，发展过程中几个重要的节点如下。

(1) 1961年，为有效利用丰产玉米，美国农业部北方研究所首先从玉米淀粉与丙烯腈聚合开始研究，发现接枝产物加碱水解后具有优良的吸水性能，这种吸水性树脂最初在享克尔股份公司(Henkel Corporation)工业化成功。

(2) 1978年，日本厚生省批准SAP用于卫生用品，用它制得的卫生巾、纸尿裤/片等不仅质量轻、吸液量大、保水性能好，而且安全无毒，深受广大消费者的欢迎。

(3) 1978年，日本制铁化学工业、昭和电工、花王、触媒化学以及美国国民淀粉等公司利用水溶性的聚丙烯酸采取不同的交联方法制成SAP。

(4) 20世纪八九十年代，SAP需求量快速增长，平均年增长率高达30%—40%，品种、合成途径、性能及应用领域等方面的研究日趋成熟。

(5) 20世纪90年代初，英国Technical Absorbents Limited (TAL)公司开发出高吸收性纤维Oasis SAF®(Super Absorbent Fibre)，初期最大的应用领域是食品包装市场，用作吸水食品垫，后期大力开拓卫生用品市场并取得巨大进步。

2.2 国内的发展

我国SAP的研究起步较晚，始于20世纪80年代初。

最早研制成功的是吉林省石油化工设计研究院和河南省化学研究所，之后，湖南湘潭大学、兰州大学等也对SAP进行了系统研究。

1984—1985年保水剂的研制进入高峰时期，中科院化学所、中科院兰州化物所、北京化工研究所、重庆天然气化工研究所、北京化纤研究所、北京联合大学、天津大学、南开大学、湖南大学、上海工商管理学院、航天工业部101所等20多个单位进行研制，包括淀粉接枝丙烯腈皂化水解物，淀粉接枝丙烯酸、丙烯腈水解物，聚丙烯酸盐，聚乙烯醇衍生物等。

2000年以前，我国SAP的研究和生产主要集中在农林保水剂等方面，随着卫生用品行业的迅速发展，对SAP的需求日益增长，国内外企业纷纷投资建厂，满足卫生用品行业的需求。国外及中国港台地区企业投资包括：日本触媒在张家港保税区扬子江国际化学工业园投资建设日触化工(张家港)有限公司；日本三大雅高分子株式会社在江苏南通投资三大雅精细化学品(南通)有限公司；马来西亚Dansonpack Industries SDN BHD公司在江苏宜兴投资建立宜兴丹森科技有限公司；中国石化和巴斯夫合资成立扬子石化-巴斯夫有限责任公司；台塑工业(香港)有限公司在浙江宁波投资成立台塑工业(宁波)有限公司等。

国内企业投资SAP行业的包括：福建邦丽达、山东诺尔、山东昊月、浙江卫星、万华化学、上海华谊、江苏斯尔邦、唐山博亚等。

3 卫生用品用SAP介绍

卫生用品行业广泛应用的是聚丙烯酸盐系SAP。

3.1 制备方法

SAP的三大类制备方法中，合成法在工业化生产中占据主导地位，常见的有聚丙烯酸系、聚丙烯腈系、聚丙烯酰胺系、聚乙烯醇系等，其中效果最佳的是聚丙烯酸盐类SAP。

与其他SAP相比，聚丙烯酸盐类SAP具有吸水速度快、吸水倍率高、耐热性好等优点；较之淀粉系和纤维素系SAP，其在工业生产中后处理、储运和抗霉变等方面有着明显的优势。因此，聚丙烯酸盐类在SAP市场中占据主导地位，约占全球SAP总产量的80%以上。

合成SAP是从合成原料出发，先由水溶性单体聚合得到功能性高分子聚合物，然后经交联成为轻度网络结构的吸收性高分子材料。SAP主要的聚合方式有：本体聚合法、溶液聚合法、反相悬浮聚合法、反相乳液聚合法、辐射聚合法等。

溶液聚合法和反相悬浮聚合法是目前聚丙烯酸系SAP较常见的合成方法。

(1) 溶液聚合法：是以水为载体，在聚合工序中将反应单体和分子量调节剂等其他添加剂溶入适当的溶剂中，在引发剂和一定的物理条件共同作用下进行聚合反应的方法。与本体聚合法相比，溶液聚合法制备工艺流程短，操作简单，在反应过程中易散热、易控温、不易发生局部过热现象，因此反应体系稳定，引发效率高，将初产物进行提纯、干燥、粉碎后即可得到分子量均匀的产物。该产物不仅能制成多种形状，其黏度也较低，还具有较好的吸水性能和保水性能。溶液聚合法能耗较低、环境污染小，是使用最为广泛的一种方法，但该法生产的 SAP 也存在着一定的缺点，如产品的高亲水性导致干燥困难，在制备过程中，由于单体浓度较低会导致聚合速度缓慢，转化效率偏低等。

（2）反相悬浮聚合法：反相悬浮聚合法是把水溶性单体加入油相介质中，即以油相物质为载体，通过添加悬浮稳定剂和强烈的搅拌使水溶性单体分散，形成悬浮水相液滴，再加入水溶性引发剂，使水溶性单体发生聚合反应生成 SAP。与溶液聚合法相比，反相悬浮聚合法的聚合过程较稳定，更易控温和散热，聚合后产物不易形成块状凝胶。但油相一般采用有机溶剂，需进行回收处理，为后续的处理工序增加了一定难度。此外，反相悬浮聚合法只能用于间歇生产，生产效率较低，且存在生产成本高、设备投资大、环境影响等缺点。

溶液聚合法和反相悬浮聚合法的特点对比如表 2。通过对比 SAP 的显微镜扫描图像，见图 3，反相悬浮聚合法的产物是圆球状粒子，凝集成葡萄串形状；水溶液聚合法的产物是通过机械方式粉碎，呈块状物。

表 2　溶液聚合法与反相悬浮聚合法两种方法特点对比

	溶液聚合法	反相悬浮聚合法
生产方式	连续式	间歇式
辅助原料	少	多
聚合热控制	较难	较易
产物形状	不规则块状	球状
环境影响	无需回收溶剂	需回收溶剂

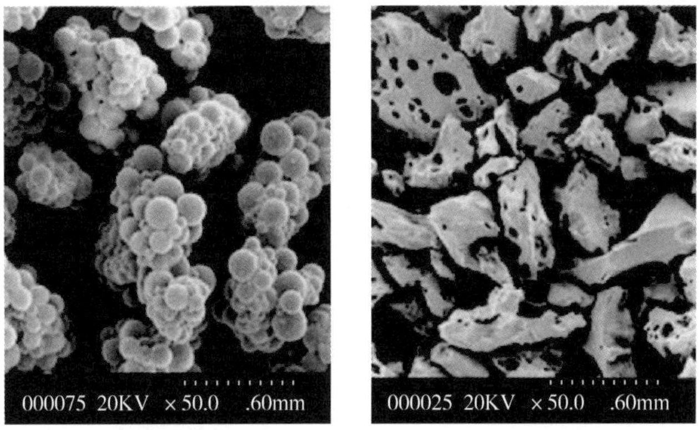

(a)反相悬浮聚合物　(b)水溶液聚合物

图 3　两种聚合方法的产物显微镜扫描图像

目前，90%聚丙烯酸盐系 SAP 产品都是采用水溶液聚合法生产，其产品呈不规则粉末状，易分布均匀，吸收速度快，在医疗和卫生用品中，使用效果较好。聚丙烯酸盐系 SAP 的主要原料为高纯丙烯酸、氢氧化钠、交联剂等，工艺流程如图 4 所示。

水溶液聚合法生产 SAP 的工艺流程主要包括中和反应、聚合反应、表面交联反应三个步骤，可细分为中和反应、除氧、聚合反应、切条造粒、干燥、粉碎筛分、表面处理、混合包装等工序。

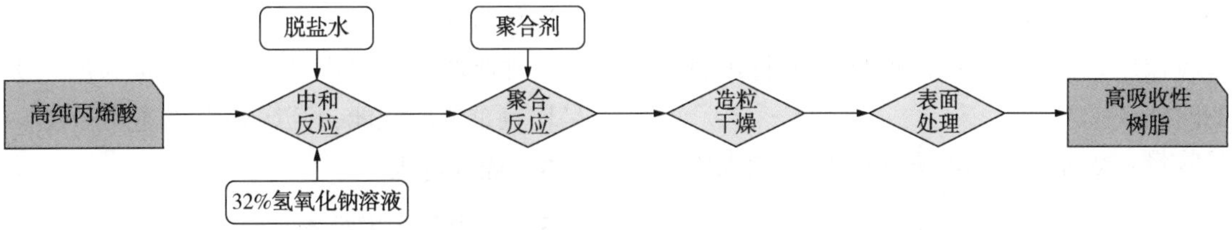

图 4　水溶液法合成 SAP 工艺流程

（1）中和反应：高纯丙烯酸、氢氧化钠溶液、水按一定比例进行配料后在常压、20—30℃下进行中和反应，在反应过程中用冷凝水移除中和反应产生的热量。配料及中和反应过程中会产生含有少量丙烯酸的废气，收集后送往废气吸收塔处理。

（2）除氧：中和反应后的物料压入通氮罐内，用氮气去除物料中的氧气，以保证后续聚合反应顺利进行。此过程产生的废气夹带有水汽和微量物料，收集后送往废气吸收塔处理。

（3）聚合反应：除氧工艺结束后，将丙烯酸钠溶液用氮气压入配料槽，并添加一定量的聚合添加剂进行混合，混合物在 50—100℃ 的条件下在反应器中进行 20—30min 聚合反应。聚合反应产生的含有丙烯酸的水蒸气经冷却后送往废气吸收塔处理。

（4）切条造粒：聚合反应得到的聚合物用切条机切条，条状聚合物送往绞碎机中绞碎成所需形状，然后将绞碎的聚合物颗粒送往干燥器中干燥处理。

（5）干燥：将绞碎后的聚合物在 150—180℃ 的干燥机中干燥。在此过程中，未反应的丙烯酸将会全部挥发出来，同时会有细小产品颗粒进入废气。该过程产生的废气进行除尘操作后进入洗涤塔进行处理。

（6）粉碎筛分：干燥后的产品颗粒在粉碎机中粉碎成所需的粒径后送往筛分装置进行筛分处理，获得规定的粒径。

（7）表面处理和混合包装：将粒径符合要求的颗粒与表面处理剂、无机盐水溶液在表面处理机中进行处理，以提高颗粒的表面强度，表面处理结束后将聚合物进行冷却，即为成品。检验分析合格即可对成品进行包装。

主要化学反应式为：

$$CH_2{=}CH{-}COOH + NaOH \longrightarrow CH_2{=}CH{-}COONa + H_2O$$

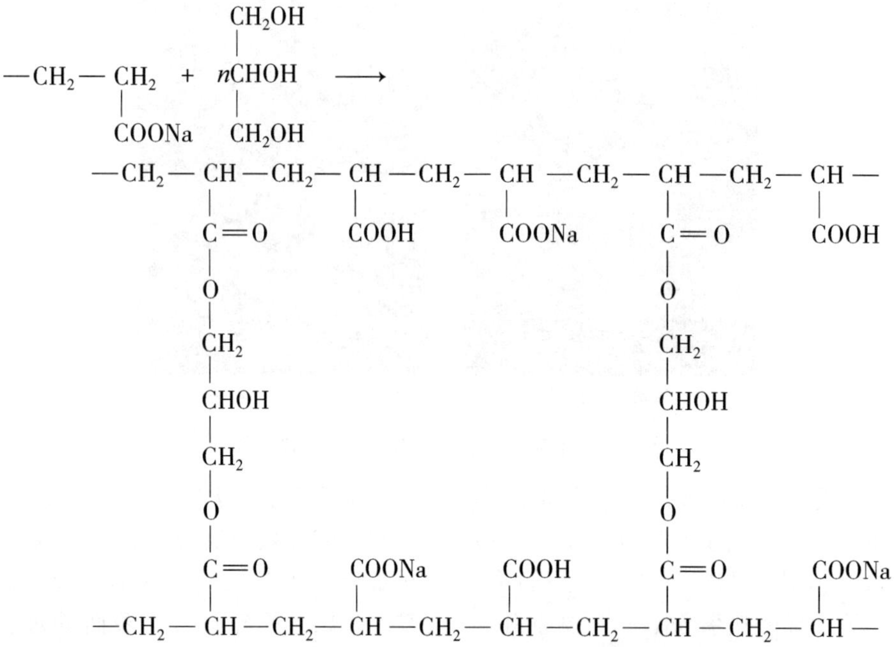

3.2 主要性能指标

SAP 的主要性能指标包括：吸收速度、吸收量、加压吸收量和保液量。国家标准中对这几个指标的表示方法如下：

吸收速度：表示 1g SAP 吸收 5mL 标准试液所需的时间 s。

吸收量：表示 1g SAP 所能吸收的最大液体量 g。

加压吸收量：表示 1g SAP 在 2068Pa 压力下（60min）吸收的最大液体量 g。

保液量：表示 1g SAP 在吸收最大液体量后，在 250g 离心力作用下脱水（3min）所能保有的最大液体量 g。

在吸收性卫生用品中，保液量和加压吸收量是比较重要的性能，其次是吸收速度和吸收量。

3.3 标准要求

3.3.1 中国国家标准

在我国，用于卫生用品的 SAP 有专门的国家标准，GB/T 22875—2018《纸尿裤和卫生巾用SAP》，其中的指标要求包括：吸收速度、吸收量、保水量、加压吸收量、粒度分布、密度等性能指标，以及残留单体、挥发物含量、pH 值、可萃取物含量、返黄值等安全性指标。

3.3.2 欧盟指令

欧盟指令 2014763 吸收性卫生用品生态标签中“5.3 高吸收性聚合物”要求：

（1）产品中不得故意添加丙烯酰胺；

（2）用于产品的高吸收性聚合物中残余单体含量最多不超过 1000ppm，对聚丙烯酸钠来说，指的是未反应的丙烯酸和残余交联剂的总量。

（3）用于产品的高吸收性聚合物中水溶性提取物的最大含量不超过 10%（质量/质量）。对聚丙烯酸钠来说，指的是单体和分子量较低的丙烯酸低聚物。

3.3.3 ISO 标准

国际标准化组织于 2001 年发布了 ISO 17190 系列试验方法标准，包括 SAP 的 pH 值、残留单体、粒径分布、水分、吸收量、加压吸收量、质量流量、堆积密度等指标的试验方法。

3.3.4 日本标准

日本 SAP 行业引入了 EDANA/IPA（Institute for Polyacrylate Absorbents）的“聚丙烯酸盐粉尘处理安全指南（2001.12）”定期对工作环境进行“SAP 粉尘测定”，以此作为自主管理中的一项工作，目的是确保工作环境的安全、消除消费者的顾虑。

2020 年，日本卫生材料工业联合会与日本高吸收性树脂工业会共同颁布了《纸尿裤用吸收性树脂》产品标准，主要指标包括吸收量、残余单体、pH 值、水分、粒径、密度、重金属等。

2021 年，日本卫生材料工业联合会制定了《纸尿裤用吸收性树脂抗菌性试验方法》标准，对 SAP 抗菌性的测试方法进行了规范，主要是对金黄色葡萄球菌和大肠杆菌的抗菌性。

3.4 在卫生用品中的应用

SAP 以其优良的吸水性和保水性，已广泛应用于卫生材料、农林园艺、脱水剂、化学蓄冷剂、蓄热剂、污泥固化剂、防露水用壁材、食品保鲜剂、水膨胀涂料和复合吸水材料等各个方面。

卫生用品行业是 SAP 的重要应用领域之一，主要用在卫生巾、经期裤的吸收芯体中吸收经血，用在婴儿纸尿裤、成人纸尿裤、护理垫、宠物纸尿裤、宠物垫的吸收芯体中吸收排泄物等。

目前，卫生用品的吸收芯体主要分为两类，一类是传统的绒毛浆芯体，分为均匀混合型、三明治型和分层撒粉型；另一类是复合芯体，分为复合吸水纸和多层复合芯体。这两类芯体的结构和生产工艺流程已在《2020/2021 中国生活用纸年鉴》中《婴儿纸尿裤芯体结构——传统芯体和复合芯体的对比分析》一文详细介绍，在此不再赘述。

3.5 现行主流卫生用品的芯体结构

虽然目前卫生用品的吸收芯体主要是绒毛浆芯体和复合芯体两种，但是不同的卫生用品其芯体结构设计是不同的。

3.5.1 卫生巾

传统卫生巾一般采用均匀混合型绒毛浆芯体，超薄卫生巾一般采用复合吸水纸结构(图 5)。

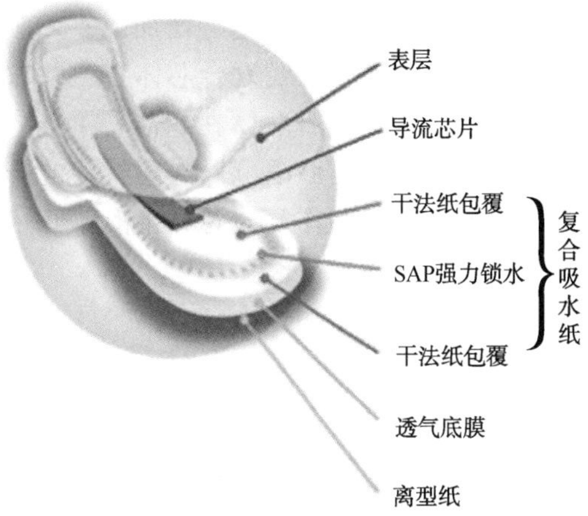

图 5 超薄卫生巾结构

另外，有企业利用高吸收性纤维 SAF 代替 SAP 生产复合吸水纸，在干法纸中加入 SAF，提高了干法纸的吸收性能，相比 SAP 干法纸，SAF 干法纸的柔软性和舒适性提高很多。SAF 干法纸可用于超薄卫生巾、卫生护垫，但由于成本较高，目前尚未普及。

近两年，已有企业把由非织造布、干法纸、SAP 等组成的多层结构复合芯体用于超薄卫生巾生产。

3.5.2 婴儿纸尿裤

传统婴儿纸尿裤一般采用分层撒粉型（分层铺棉）芯体结构，超薄婴儿纸尿裤采用多层复合芯体结构。

多层复合芯体在设计时可以选用 2—3 种不同类型的 SAP 混合搭配使用，上下层选用不同的 SAP，上层要求通液性和干爽性好，下层要求吸收速度快、吸收倍率高。上层使用通液性好的 SAP，解决了液体渗透和扩散的问题，提高了整体吸收速度和表层干爽性，同时可以不再使用导流层，起到减少材料用量和节约成本的效果。

除了上下层分层撒粉以外，还可以在芯体的前后方向上进行定位撒粉。比如男婴用的纸尿裤，可以在靠前的位置多加一些 SAP，后面少一些，女婴用的纸尿裤在中间的位置多一些，前后两端少一些。这样的定位撒粉既可以保证吸收效果，又可以节省材料，同时还可以保证在芯体切断的位置不会出现洒漏现象，充分利用材料，不浪费。

目前，多层复合芯体主要是离线制成的，然后再按照需要的宽度分切，存在的一个弊端就是 SAP 洒漏，估计损失的 SAP 会达到 8%—10%。虽然有的厂家分切后增加了一道工序，用非织造布把复合芯体包裹起来，但是会增加成本。领先的设备厂商已经在研发在线复合芯体技术并取得了突破，在线制成的复合芯体在超薄、干爽、柔软以及抗断层的效果方面都可以与离线做的产品相媲美。当然，在线制作复合芯体也离不开一项关键技术就是定位撒粉技术。

3.5.3 成人纸尿裤

成人纸尿裤一般采用双芯体结构(图 6)，即一大一小两个三明治芯体叠合在一起。因为成人纸尿裤尺寸比较大，需要的吸收量也比较大，为此设计了双芯体结构，既增加了纸尿裤中间部分的吸液量，又不会浪费材料，很好地控制了成本。

图 6 成人纸尿裤双芯体结构示意图

3.5.4 护理垫

护理垫的芯体结构基本都采用了均匀混合型绒毛浆芯体，上下用吸水衬纸包覆。

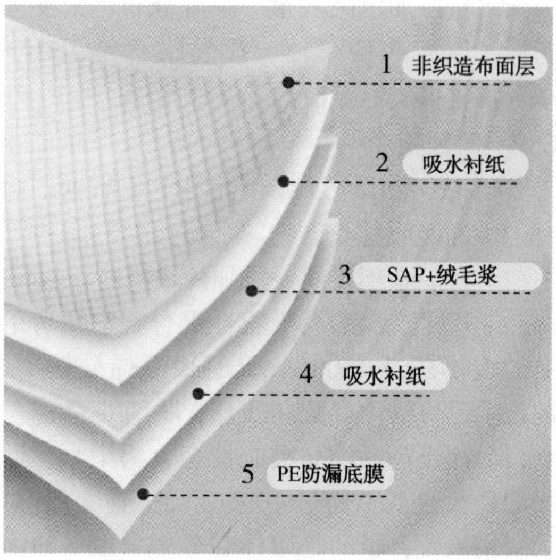

图 7 护理垫结构示意图

4 主要供应商及产能

4.1 全球主要供应商及产能

根据《Nonwovens Industry》的调研，截至 2020 年 10 月，全球主要的 SAP 供应商(不包括中国本土企业)，其总产能为 327.6 万吨/年。

表 3 全球主要的 SAP 供应商及产能
(至 2020 年 10 月)

公司名称	国家地区	产能/(万吨/年)
日本触媒株式会社	日本	37
	美国	6
	欧洲	16
	中国	3
	印度尼西亚	9
	小计	71
巴斯夫集团	美国	21.5
	欧洲	23.5
	泰国	2.5
	中国	6
	巴西	6
	小计	59.5
赢创工业集团	美国	24
	欧洲	18.6
	沙特阿拉伯	8
	小计	50.6

续表

公司名称	国家地区	产能/(万吨/年)
住友精化株式会社	日本	21
	欧洲	4.7
	韩国	11.8
	新加坡	7
	小计	44.5
三大雅株式会社	日本	11
	中国	23
	马来西亚	8
	小计	42
LG 化学	韩国	40
台湾塑胶工业股份有限公司	中国台湾	11
	中国浙江	9
	小计	20
合计		327.6

4.2 国内主要供应商及产能

2020 年，中国大陆包括外商独资企业在内的 SAP 生产商的生产能力约为 125.8 万吨/年。

表 4 2020 年中国大陆主要的 SAP 生产商及其产能

序号	公司名称	生产能力/(万吨/年)
1	三大雅精细化学品(南通)有限公司	23
2	宜兴丹森科技有限公司	21
3	山东诺尔生物科技有限公司	20
4	浙江卫星新材料科技有限公司	12
5	邦丽达(福建)新材料股份有限公司	11.5
6	台塑吸水树脂(宁波)有限公司	9
7	万华化学集团股份有限公司	8
8	扬子石化—巴斯夫有限责任公司	6
9	江苏斯尔邦石化有限公司	3.6
10	日触化工(张家港)有限公司	3
11	上海华谊丙烯酸有限公司	3
12	珠海得米新材料有限公司	2.5
13	山东昊月新材料股份有限公司	2.2
14	唐山博亚树脂有限公司	1
合计		125.8

5 卫生用品用 SAP 创新技术路线及产品介绍

近年来，随着 SAP 应用范围不断扩大，对产品性能的要求越来越高。尤其在卫生用品行业，消费者对产品薄型化、渗漏少、表面干爽及其他附加特性的需求日益增多。为了满足这些需求，SAP 需具备防止凝胶阻塞、高吸收能力、高吸收速度、高保水能力，以及防臭、抑菌等附加功能。

5.1 专利申请情况

我国 SAP 行业起步较晚，有关聚丙烯酸类 SAP 的专利申请自 1985 年才开始出现，2003 年以后，专利申请量有了明显的增长。从专利申请的角度可以了解聚丙烯酸类 SAP 技术路线和产品的创新情况。

通过对聚丙烯酸树脂的改性，可以进一步提高其吸水速度、保水性、吸湿性和耐盐性等性能。从技术方面，对聚丙烯酸树脂进行改性的专利申请主要分布在以下三个领域：生产工艺的改进、以天然可再生原料对树脂进行改性和树脂的复合化。目前的研发重点是对于生产工艺的改进，生产工艺中对于开发新的交联剂和分散剂等助剂以及改善生产设备的相关研究较为集中。同时，通过利用纤维素、淀粉等天然可再生资源进行接枝反应生产 SAP 是目前研究的热点之一。树脂的复合化是通过与无机物或有机聚合物复合，制备性能优良的 SAP，同时降低生产成本，目前树脂的复合化主要集中在添加高岭土和膨润土等无机物。

在我国专利申请量的分布中，生产工艺的改进占申请总量的 44%，使用天然可再生原料占申请总量的 30%，树脂的复合化占申请总量的 26%。见图 8。

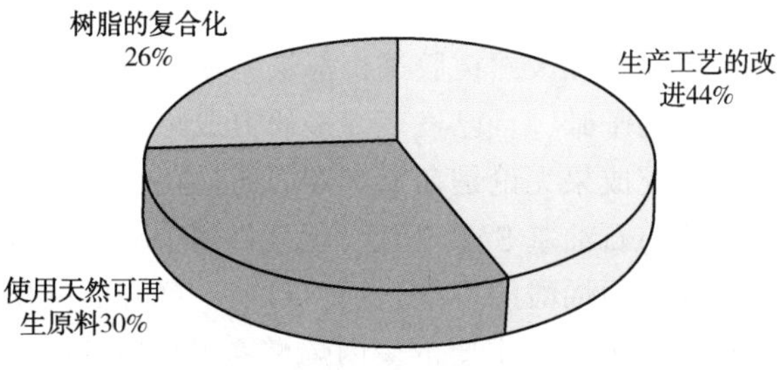

图 8 我国聚丙烯酸类 SAP 专利申请量分布情况

在中国的专利申请中，日本触媒、内蒙古大学、巴斯夫分别居前三位，其中内蒙古大学的专利主要是针对土壤保水剂方面。研究日本触媒和巴斯夫的专利申请情况可以掌握SAP行业的技术创新路线。

日本触媒公司最初的专利申请关注于聚合反应的基本条件，以及对于反应原料丙烯酸单体的纯化精制。从2009年开始，研究重点在于交联剂的开发。2011年以后，该公司的研究范围拓展到了对于交联、分级和干燥等具体生产工序的改进。

巴斯夫公司专利申请重点技术全部集中在对于生产工艺的改进，主要分为以下几个步骤：单体的中和，单体的聚合，凝胶的干燥、研磨以及凝胶的表面交联等。

5.2 产品创新

具体到SAP性能改善方面，形状控制、表面改性、纤维状化等都是创新的方向。

5.2.1 形状控制

2016年底，巴斯夫发布了新一代创新SAP，品牌为SAVIVA，是一种具有微孔的圆形颗粒。SAVIVA具备一种创新型液体导流机制，用于纸尿裤芯体中具有高效的吸收性。

5.2.2 纤维状化

Technical Absorbents公司生产高吸收性纤维(SAF)，采用独特的纺丝工艺将聚合物制成短纤维，用于生产面料或纱线。SAF纤维在舒适度和可验证性上具有明显的优势，而且在生产过程中可以减少工艺流程，降低原材料成本。SAF纤维可以用于制造梳理热粘合或热风穿透非织造布，不仅定量低、透气，而且具有良好的吸水性。由于纤维完全融合到面料中，在吸收液体时，不会产生泄漏的问题，且整体性更好。

5.2.3 生物基原料

环保和可持续发展，推动市场不断寻求石油基SAP替代品。各种天然材料，如纤维素、淀粉、甲壳素和天然树胶等，都被用作构成主要聚合物链的基础，且已发表许多研究成果。由于大多数研究成果无论是在成本方面还是在性能方面都无法与石油基SAP相比，促使许多公司探索制造生物基丙烯酸的可能途径。目前，这方面的研究和专利集中于主要的聚丙烯酸系SAP制造商，他们利用天然原料生产丙烯酸，进而生产高性能的SAP。

(1) 2012年，巴斯夫公司、Cargill(嘉吉)公司和诺维信集团携手合作，开发利用可再生资源生产丙烯酸的技术。他们宣布研究已经达到了一个重要阶段，3-羟基丙酸(3-HP)的中试取得了成功，这有可能成为生产丙烯酸的前体。

(2) 美国OPX生物技术公司和陶氏化学公司合作的项目也取得了成功。为了开发以可发酵糖为原料工业化生产生物基丙烯酸的工艺，他们使用OPX生物技术公司的高效导向性基因组工程(EDGE)技术平台，"设计"出一种微生物，用于发酵糖生产3-羟基丙酸(3-HP)，然后通过化工工艺，还原成丙烯酸。

(3) 巴斯夫的Hysorb™ SAP添加了可再生的生物质原料，减少化石原料的使用，并减少温室气体排放。可再生原料主要是从有机废物和植物油中提取的，添加的比例经过精确计算，可以达到与传统SAP相当的性能。

(4) 美国Tethis公司研发出一种淀粉基SAP材料，命名为Tethex，为目前在卫生用品行业使用的吸收性材料提供了一种可生物降解的可持续性选择。根据衡量生物降解性的初步研究，Tethex在82天内的完全生物降解率达到90%。

5.2.4 功能差异化

国内SAP企业开发出不同技术指标的产品用于卫生用品的不同部位，实现不同功能：加压吸收性和通液性好的产品适用于复合芯体上层；加压吸收性和保液性好的产品适用于复合芯体下层。还有能快速吸收血液的，具有除臭、抑菌功能的产品等。

新一代SAP产品对表面交联进行了优化，吸水膨胀时，不仅不会堵塞，而且还确保具有更高的通液性。

还有企业开发了一种以热熔胶为母体的高吸收性聚合物，其吸液方式与颗粒状SAP相同，但是因为它悬浮在聚合的热熔胶母体上，所以使用普通的热熔胶涂布设备就能够把它涂布在基材上。

综上所述，目前聚丙烯酸类SAP技术的研究重点集中于对生产工艺的改进、用天然可再生原料对树脂的改性和树脂的复合化、功能化。

6 SAP的发展趋势

SAP是一种功能性高分子材料，具有巨大的开发潜力、应用价值和经济效益，在生活和生产的各个领域具有广泛的应用。未来SAP的研究方向应集中在以下几方面：

（1）高性能　开发高性能化的 SAP。吸收量和吸收速度是 SAP 的主要性能指标，但二者似乎是冲突的，因此，需要开发研究二者性能均优的 SAP。

（2）复合化　研究 SAP 与无机物、有机物、高分子等复合。吸水性材料的复合化是发展的必然趋势。复合化能够改善凝胶的网络结构，是改善 SAP 综合性能较为直接、简单和高效的方法，同时由于复合化可以使生产成本降低，从而有利于扩大 SAP 的应用范围。目前比较引人关注的是高吸收性纤维 SAF，它兼有化工和纺织两个行业的特色，具有优越的性能，未来将有重大发展。

（3）可降解　随着高吸收性材料在各个领域日益广泛的应用，对其可生物降解性能的要求也逐渐被提上日程。目前已报道的含海藻酸盐、纤维素、聚乳酸的高吸收性材料虽具有一定的生物降解性，但在海藻酸盐、纤维素、聚乳酸组分被微生物降解后，接枝或交联的其他组分（如聚丙烯酸）仍然保留下来，不能达到 100%的降解。绿色环保是当今时代的主题，开展天然原料的综合利用，以天然可再生原料制备 SAP 将成为未来的研究热点之一。

（4）耐电解质　现有的 SAP 除了聚环氧乙烯系列等耐电解质外，绝大部分 SAP 分子链上均含有羧基等类似离子基团，耐电解质性能较差，因而限制了其在电解质浓度较高领域内的应用。未来，如何提高其抗电解质性能将是一个重要的研究方向。

（5）功能化　随着人们生活水平的提高，对材料的功能性提出了越来越高的要求，材料功能化可以拓宽 SAP 的应用领域。如果通过元素掺杂或表面改性，对 SAP 进行结构和性能改进，使其具有更多附加功能，也将成为该领域的主流研究方向。

（中国造纸协会生活用纸专业委员会秘书处
孙静整理）

生活用纸化学品的应用与发展趋势

Application and development trend of tissue paper chemicals

随着高速卫生纸机在中国的广泛应用，生活用纸生产所用的原材料逐步转向原生浆，同时消费者对生活用纸的品质和安全要求不断提升，也使生活用纸化学品在生活用纸抄造过程中的应用越来越谨慎和受到关注。

生活用纸化学品在生活用纸抄造过程中，就好比是我们炒菜过程中的“调味品”，不能多也不能少，既要“色香味”俱全，也要保证饮食健康。生活用纸化学品的“健康应用”对卫生纸机运行和产品品质控制同样至关重要，使用不当可能会对生产抄造设备和产品品质带来不必要的损失，其损失的价值远远超过生活用纸化学品的成本，因此，正确认识和了解生活用纸化学品及其应用是非常有必要的。

1 中国生活用纸市场情况

生活用纸指为照顾个人居家、外出等所使用的各类卫生擦拭用纸，包括卫生纸、面巾纸、手帕纸、餐巾纸、擦手纸、厨房纸巾等。近年来，随着我国居民生活水平的提升，生活用纸消费量呈现稳定增长态势，生活用纸市场规模不断扩大，2020 年《生活用纸和卫生用品行业年度报告》数据显示，2020 年中国生活用纸总产能达到 1614 万吨，总产量约 1129.8 万吨，市场规模达到 1221 亿元，中国人均生活用纸消费量 2020 年达到 7.5kg，人均消费量已明显超过 FASTMARKETS RISI 估计的 2020 年世界人均用纸量 5.6kg 的消费水平，加上人口基数大，中国已经成为全球最大的生活用纸生产国和消费国[1]。

2 生活用纸原纸抄造工艺及化学品使用需求

抄造工艺流程示意图见图 1。其中，从浆料到成形为湿部，从压榨到卷取为干部。

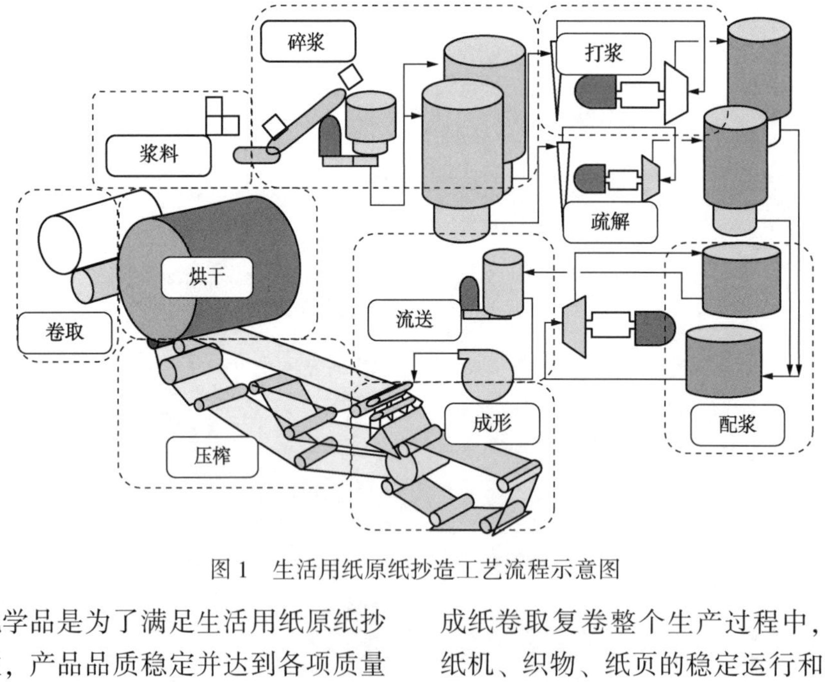

图 1 生活用纸原纸抄造工艺流程示意图

生活用纸化学品是为了满足生活用纸原纸抄造过程稳定有效，产品品质稳定并达到各项质量指标，且赋予产品各类擦拭功能，所添加的一系列化学助剂，从所起的作用和达到的功能来看，大致可以分为三大类：

第一类：湿部过程控制化学品

过程控制助剂指的是生活用纸从浆料碎解到成纸卷取复卷整个生产过程中，确保浆料、水、纸机、织物、纸页的稳定运行和质量安全的一类化学品，这类助剂一般是在湿部环境下使用，主要起过程控制作用，一般不直接关联成纸的相关属性，所以工厂通常称为湿部过程控制化学品，包括：

- 浆料的过程控制：分散、磨浆、泡沫、细菌、树脂、气味、颜色等；

● 水的过程控制：pH 值、电荷、气味、颜色、细菌、硬度等；

● 纸机的过程控制：清洁、磨损、腐蚀等；

● 织物的过程控制：清洁、透气度、损伤度等；

● 纸页的过程控制：成形、脱水、结合、留着等。

但并非所有生产过程点位都需要控制，纸机运行不存在问题时候，对这类化学品可以选择不使用，目前比较常用的湿部过程控制化学品包括浆料控制的分散剂（目前仅限圆网纸机使用）、消泡剂、树脂控制剂；浆料和水细菌控制的杀菌防腐剂；织物清洁控制的保洁/清洗剂；清水硬度控制的阻垢剂等，如果为了提升纸机的运行效率，也可以选择更多点位的湿部控制助剂，主要从应用的必要性和成本综合考虑选择。

第二类：干燥部烘缸涂层助剂

烘缸涂层助剂是卫生纸机运行使用的关键化学品，主要包括剥离剂、粘缸剂、改良剂，使用部位为卫生纸机的扬克烘缸，其作用是为了使纸页较好贴合在烘缸的表面，让纸页能够接受烘缸热量进行干燥，同时在烘缸表面形成一层涂层对烘缸进行保护，并且能让纸页较好的和刮刀进行撞击起皱剥离，从而获得均匀的纸页纹路外观和舒适的纸页手感。

第三类：功能性化学品

生活用纸主要用于生活居家或外出各种擦拭和吸液，不同应用场景对纸页所需要具备的功能和要求会有差异，主要功能需求如下：

● 强度功能：干强度、湿强度、硬挺度等；

● 手感功能：柔软、平滑等；

● 吸液擦拭功能：吸水、吸油、蓬松等。

目前常用的功能性生活用纸化学品有湿强剂、干强剂、柔软剂等，随着消费者需求变化和发展，未来对生活用纸功能的需求也将会更加细化，功能性化学品也将会伴随着消费者需求而诞生。

3 生活用纸化学品在生产过程中的应用

生活用纸化学品的安全问题，可以按照国家标准 GB/T 36420—2018《生活用纸和纸制品 化学品及原料安全评价管理体系》对生活用纸所用化学品进行管控，本标准规定了生活用纸和纸制品的化学品及原料安全评价管理体系建立的原则及相关要求，适用于生活用纸和纸制品生产企业化学品及原料的管理控制。

常用生活用纸化学品在应用过程中，需要关注的一些技术问题。

3.1 湿部过程控制化学品

3.1.1 分散剂

由于卫生纸定量低，上网流程较短，浆料在输送上网及脱水成形过程中容易发生纤维絮凝的情况，会影响纸的柔软度和外观，所以需要使用分散剂。分散剂目前主要在圆网卫生纸机上使用，通过加入一定黏度的分散剂溶液使纤维间互相缠绕的趋势受阻，从而分散纤维，抄造出匀度优良的纸页。

聚氧化乙烯（PEO）是目前国内外应用最多的纸浆分散剂，它是水溶性和热塑性的非离子型线性高分子聚合物，具有絮凝、增稠、缓释、润滑、分散、助留、保水等性能，溶于水后形成高黏度液体，在低添加量下能促进造纸纤维的良好分散和极佳的纸张成形效果[2]。

PEO 是一种白色粉末状颗粒，在实际生产过程中，由于分散剂本身超高的分子量（一般 600 万以上），其水溶液黏度很大，所以需要溶解稀释（图 2）后添加，溶解稀释使用时需要注意以下几点：

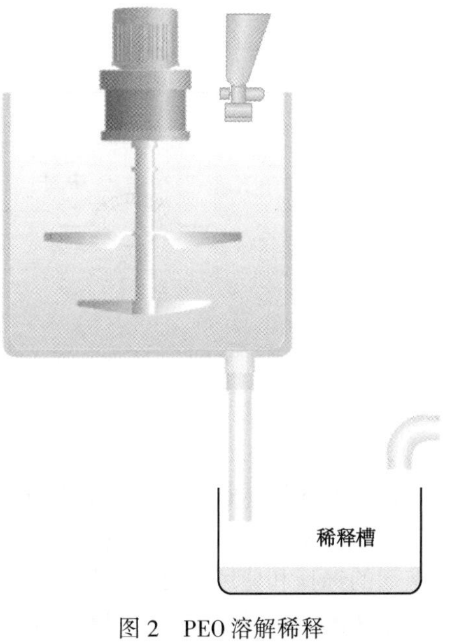

图 2 PEO 溶解稀释

（1）PEO 需充分溶解：影响 PEO 溶解的物理因素有溶解浓度、搅拌速度和搅拌溶解时间，溶解浓度越高(喂料方式不均匀也会出现局部浓度高，甚至高至成团等)，对搅拌速度和搅拌溶解时间要求也就越高，通常建议溶解浓度控制在<0.05%；搅拌速度和PEO产品特征有一定关系，不宜太低，也不宜太高，根据PEO的特征情况控制在5—50r/min，溶解搅拌时间通常大于1h，具体溶解工艺的选择结合实际工厂的溶解设备和使用产品特性设计(参考表1)，确保PEO溶解至澄清状态，如果出现有果冻或鼻涕状态，视为溶解不充分，将影响分散使用效果，严重者还会出现孔洞等纸病。

表1 分散剂溶解工艺设计参考

溶解工艺参数	参考数据
溶解浓度	<0.05%
溶解水温	冷水即可溶解
溶解加入方式	喂料器均匀加入
溶解搅拌转速	5~50r/min
溶解搅拌时间	>1h
搅拌后静置时间	>1h
存放时间	不超过24h
上网浓度	0.015%~0.05%

(2) 溶解水温和水质：PEO常温冷水即可溶解，溶解温度不宜太高，过高的温度会使PEO分解，影响效果，一般建议温度不高于30℃；搅拌溶解过程中使用清水溶解，不宜使用白水。

(3) 储存时间：溶解好的PEO存放时间不宜超过24h，过长会使其降解加剧，一般12h内用完为最佳。

(4) 添加使用：PEO以其稀溶液在抄纸机网前箱加入，不宜添加在较强剪切力位置，否则会大幅度降低PEO的使用效果。

此外，阴离子聚丙烯酰胺(PAM)与PEO结合使用(阴离子聚丙烯酰胺搭配少量比例，占比10%—60%不等比例)用于中高速圆网卫生纸机抄造，可以更好地节省生产成本，同时也能获得良好的纸页匀度和手感，且满足中高速圆网卫生纸机生产运行要求。

3.1.2 消泡剂

在生活用纸原纸抄造过程中，白水和浆料的流送受到机械设备的作用，不可避免会带入空气，在浆料系统和白水系统中产生泡沫，当系统中泡沫稳定不破出现堆积时，容易对纸机抄纸、纸幅成形带来一系列的问题，如纸浆流送不稳定，纸张定量波动，纸幅脱水能力降低，纸页匀度变差，成纸泡沫点、针眼等纸病等问题，这时候需要针对性的使用消泡剂。

目前应用在造纸上的消泡剂主要有聚醚型、高碳醇型、矿物油型和有机硅型。消泡剂的主要组成包括活性成分、乳化剂、载体和乳化助剂，其中活性成分为最主要的核心部分，起到破泡、减少表面张力的作用。消泡剂的表面张力很低，这使消泡剂很容易进入泡沫液膜当中，并且扩展，降低液膜的表面张力，使液膜逐渐变薄，内部受力不匀，从而导致泡沫破裂，泡沫破裂过程[3]如图3。

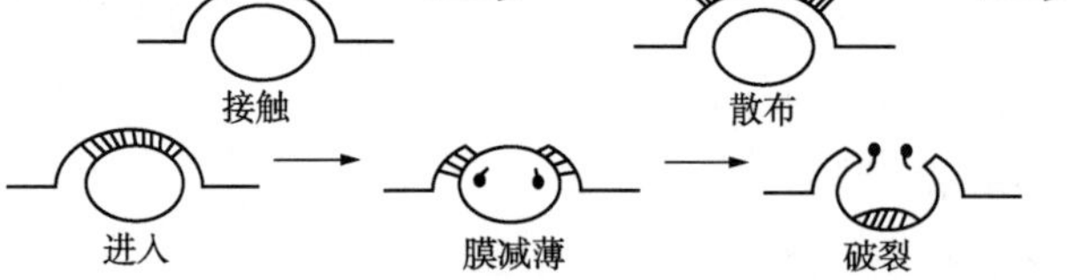

图3 泡沫破裂过程

消泡的机理是低表面张力的消泡剂进入了气泡膜的局部，破坏了气泡膜的力学平衡而导致破泡或抑制发泡，如果对泡沫的形成机理和消泡剂的组成等方面的知识认识不够，会造成消泡剂使用不当的现象，使生产不正常和造成浪费。

消泡剂的选择和使用需要关注的技术问题：

(1) 泡沫的产生及稳泡。抄纸体系泡沫主要来源于系统中添加大量的化学品所导致表面张力变化进而使得体系容易产生泡沫，还有混合液体黏度增稠导致体系黏度变大进而产生稳泡作用。例如在生活用纸抄造过程中，纸机系统加入了大量湿强剂所产生的泡沫，使用聚醚类的消泡剂，消抑效果明显。

(2) 系统中泡沫的存在形式。通常情况下，纸机系统中泡沫有三种存在形式：漂浮在液面上肉眼可见的泡沫、存在于浆料中的微小泡沫、吸附在纤维表面和纤维内部细微的泡沫。不同类型的消泡剂对不同状态泡沫的消泡能力有差异，例如高碳醇类消泡剂对吸附在纤维表面的泡沫具有很好的脱出效果，而聚醚类消泡剂对白水液面的泡沫有很好的消除作用。

(3) 泡沫所处环境的温度。泡沫体系温度对消泡剂的影响很明显，高碳醇类消泡剂对于泡沫问题的温度承受区间较宽，聚醚类消泡剂需要根据不同聚醚的浊点来选择对应温度下的聚醚消泡剂。

因此，不同的泡沫情况，所选用的消泡剂类型不同，呈现消泡和破泡的速度效果也有较大差异，如果选型不对，泡沫反而会越消越多。目前生活用纸生产企业常用的消泡剂包括聚醚类和高碳醇类两类，另外这两类消泡剂一般会根据实际情况和成本有一定的选择空间。

3.1.3 树脂控制剂

"树脂"一词意义非常广泛，在制浆造纸工业中"树脂"主要指的是植物纤维原料或纸浆中不溶于水的有机溶剂抽出物，也指制浆造纸过程中的一些树脂沉积物，同时它可以用来表示某些树脂类的化学品[4]。由于国内生活用纸生产一般采用原生化学浆料，系统中不可避免地会带入树脂，通常需要进行针对性处理。

树脂的沉积对生活用纸抄造的影响主要有两个方面，一是树脂的沉积降低制浆抄纸设备的运行性，出现诸如粘辊、网毯堵塞等问题，使得生产效率下降；二是影响最终成品纸的质量，如成纸表面的胶黏物斑点、不透明点、破洞等纸病增多，这些也是常见的树脂控制剂使用后的评估要点。因此，需要添加树脂控制剂，来控制和延缓系统中树脂的爆发，待系统清洗时，沉积的树脂可以被清洗干净。这样在一定的生产周期内，树脂障碍是可以通过添加树脂控制剂得到控制的。

生活用纸抄造中的树脂主要是来自原生浆中的纤维素、半纤维素和木素以外的抽出物有机成分，如脂肪酸甘油酯、树脂酸、松烯化合物等。抽提物树脂在纸浆悬浮液中存在形式主要有三种：粘附在纤维、细小纤维和薄壁细胞的表面；存在于细胞腔的内部；以胶体形式分散在浆料之中。其中前两种可能在打浆过程中部分转化成最后一种，而最后一种存在形式的树脂，最容易沉积产生树脂障碍，也是树脂控制剂针对的主要对象。树脂在浆料中时，由于其自身疏水性及黏性，容易在系统的疏水表面如桶槽壁、网毯等地方自动富集析出。有时候是因为系统电荷失衡，系统添加过多的强阳离子化学品，比如过量的湿强剂等，导致系统其他阳离子油性、脂肪酸类化学品无法与纤维结合，在系统中出现富集，并会把浆料中一些疏水亲油性的一类无机物(如滑石粉等)包裹析出，形成树脂沉积。在有些情况下也可能是因为系统微生物控制不佳，菌泥过多与树脂结合导致沉积。严格地说，树脂沉积是不可能完全避免的，树脂在整个制浆造纸过程中或多或少总会发生沉积，但只有当树脂沉积到一定程度或者沉积在比较关键的部位时才会爆发树脂障碍。流体剪切力、泡沫、蒸发、乳化和聚结、电荷失衡等因素的影响，都可以导致分散树脂的沉积[5]。因此工艺的调整、原料和化工辅料的切换等操作往往会带来树脂爆发的风险，树脂控制剂的使用可以降低这些风险。

常见的树脂控制剂包括"分散型""包裹型""固着型"三大类，主要的控制机理是通过将树脂润湿乳化、带电分散、脱粘、吸附固着在纤维上、增加其亲水性等方式对树脂进行控制，使得部分树脂通过纸页带走而不会使品质下降，系统内残留的树脂不会富集析出，从而在一定周期内保障纸机的生产运行，提高生产效率。合理的微生物控制、清洁的白水系统和规律的系统清洗对树脂控制也是非常关键的，可以有效降低树脂沉降的风险。

在纸机生产过程中针对不同的纸机系统需要选择不同类型的产品，对于较为复杂的系统往往需要多个产品配合使用。选择什么类型的树脂控制剂与系统树脂爆发产生的原因有关。需要详细了解纸机的原料结构、工艺条件、清洗周期等实际情况，结合具体诉求来综合出具树脂控制方案。实际造纸湿部会混有纤维、水里包含的磷、硅、钙、镁等无机灰分以及添加的其他化学品辅料，往往树脂沉积物的成分是非常复杂的，有时需要配合红外、元素分析等更高级的手段进行针对性分析。浙江传化华洋化工有限公司的自有分析设备比较齐全，经过多年的积累，在相关方面已经有不少成功案例可参考。

生活用纸相比其他纸种具有一些独有的特征，比如原料相对干净，以化学浆板为主，网部首程保留率较低，流程短，流转快。因此在实际使用中，固着型产品更为常见。而直接使用湿浆作原料的，特别是竹浆和草浆类的，因为成分的差异，常有特殊之处，尤其要注意树脂控制剂的搭配使用。近些年出现的本色浆料抄造本色纸，往往其中树脂和杂质含量要高于漂白浆，对树脂控制化学品供应商来说也带来了新的挑战和机遇。

树脂与纤维同源而生，无法完全去除，但是可以通过科学合理的针对性控制方案，在合理的成本下使树脂带来的负面作用降到最低，这也是树脂控制剂的最终目的。

3.1.4 杀菌剂

生活用纸抄造采用封闭循环上浆系统，尽管使用的是相对比较干净的原生浆，但由于采用白水封闭循环，同时也要添加一些化学品，这就不可避免在纸机网部、浆料流送系统各种管道及设备表面会聚集一些沉积物，这些沉积下来的一些有机营养物，容易使细菌、霉菌、藻类等微生物快速生长和繁殖。为此，目前造纸行业通常选用杀菌剂来抑制和消灭这些微生物及由这些微生物形成的生物膜，从而实现纸机的清洁生产。

杀菌剂分为氧化型和非氧化型：

（1）氧化型杀菌剂：包括次氯酸盐、双氧水、氯气、溴、二氧化氯以及氯胺等，其杀菌效果好，对所有微生物都起作用，但它是非选择性的，也就是说氧化型杀菌剂不仅能杀死有生命的微生物，也能与非活性的物质如金属管道、容器、纤维、添加剂等起反应，从而影响生产。

（2）非氧化型杀菌剂：包括异噻唑啉酮及其衍生物、有机溴类化合物、胺类化合物、酚类化合物等，其选择性好。目前市场上生活用纸使用的广谱杀菌剂通常是非氧化型杀菌剂，其杀菌机理是增加细胞膜的渗透，切断细胞营养物质的供应，破坏细胞内部新陈代谢，或者改变细胞蛋白质结构，阻止细胞内部能量产生和限制酶的合成。所以此类杀菌剂对浮游微生物和生物膜作用非常好，它不仅能限制生物膜的形成和消除现存的生物膜，而且还能渗透到生物膜内部与存留在生物膜内部的厌氧微生物起反应[6]。

但对非氧化型杀菌剂来说，它仅局限于对某些微生物起作用，这与氧化型杀菌剂不同，所以在生产中，要求同时混合使用几种非氧化型杀菌剂，或者局部地方适当结合氧化型杀菌剂，作用效果远远超过单一非氧化型杀菌剂的效果。

杀菌剂选择和使用应注意的技术问题：

（1）造纸杀菌剂的选择：应根据生产条件、浆料性质和 pH 值等因素来确定。如长期使用，应考虑两种或几种杀菌防腐剂交替使用，避免微生物产生耐药性；注意 pH 值的影响，一般对嗜碱性细菌，要选用酸性杀菌防腐剂，嗜酸性细菌要选用碱性杀菌防腐剂。非氧化型杀菌剂受生产条件(如 pH 值、温度等)的约束较小，而许多氧化型杀菌剂，如次氯酸盐、溴等，则对 pH 值、温度的变化相当敏感。

（2）杀菌剂添加位置：添加时机和部位要结合纸机系统的实际情况，首先对纸机系统的浆料、混合浆池、网下白水、超清白水、清滤液、清水等部位进行细菌检测，然后针对性的出具相应的杀菌剂添加方案。针对不同部位出现细菌的数量和种类不同，针对性选择杀菌剂和设置间歇式的添加量，杀菌防腐剂的浓度越高，杀菌和抑菌效果越好，如果浓度过低，则达不到杀菌或抑菌的目的，而使用浓度过高又会造成生产成本偏高。

（3）杀菌剂添加方法：连续加入法、一次加入法和间歇式加入法。纸浆防腐一般采用间歇式加入法，以控制微生物繁殖，并始终控制在一定水平，不致引起生产危害。连续加入法成本较高，很少采用。一次加入法冲击较大，控制力度差，目前也已很少采用。由于杀菌防腐剂药效有一定的时间性，故在连续生产中常常采用定时定量间歇加入的方法。

3.1.5 清洗/保洁剂

生活用纸生产运行过程中毛毯的有效保洁和清洗，对毛毯的使用寿命、生产的稳定运行、涂层的有效建立、真空泵能耗的控制以及成纸质量都至关重要。毛毯在运行过程中不间断的与湿纸幅接触，湿部系统带来的污染物、黏性物质颗粒，会不断沉积填充毛毯织物纤维空间和吸附在毛毯织物表面结皮结垢等，从而不断降低毛毯的脱水效率。使用毛毯保洁剂和毛毯清洗剂在线保洁和间歇停机清洗毛毯，对毛毯的维护起到非常好的作用，就好比我们穿过的衣服脏了，用洗衣液或肥皂清洗后，衣服可变得干净如新。

生活用纸生产过程中的毛毯沉积物主要来自四个方面[7]：

（1）浆料系统：纸浆中的天然树脂，后加工损纸中胶黏物和细小纤维。

(2) 水系统：细菌滋生产生的胶黏物，生产用水中的泥沙和水中钙镁离子在毛毯上的结垢等。

(3) 添加剂：湿强剂、干强剂、粘缸剂、剥离剂、消泡剂等，其中在生产高等级生活用纸过程中大量使用的湿强剂极易在毛毯上粘附并再交联，从而堵塞毛毯孔隙。

(4) 其他杂物：如泄漏的润滑油等。

毛毯保洁剂通常在线添加，使用比较温和的一类专用表面活性剂，在纸机运行中通过在线低浓度喷淋在毛毯上，延缓毛毯的污染速度。

毛毯清洗剂通常是强碱性物质，需要停机并高浓度的清洗，通过强烈的高浓度作用，清洗掉毛毯上沉积的污染物，如果误用强碱性清洗剂做在线保洁，对接触的涂层、系统 pH 值，以及毛毯的损伤(生活用纸的毛毯不同于文化纸和包装纸毛毯，其材质相对比较脆弱)都会产生较大的影响。

毛毯保洁清洗效果可以通过如下几个方面来综合评估：

(1) 毛毯通透性[8]：主要包括毛毯透气性、透水性和含水量等，毛毯的透气性和透水性表征毛毯的脱水能力，透气性和透水性越好，表明毛毯具备滤水的管道；毛毯的含水量，表征毛毯的脱水状态，含水量越高，表明毛毯的脱水状态越差，三个指标需要综合来考虑评估毛毯的变化，定期测量毛毯的透气性和透水性以及毛毯的含水量，可以及时监控到毛毯的使用周期状态变化。

(2) 毛毯的外观颜色：随着毛毯的使用时间延长，毛毯会因为脱水不均匀和残留在毛毯上沉积物量的差异，造成外观颜色变暗和变得不均匀，脱水差的地方会表现出来颜色较深，这是一种辅助的评估方法，颜色暗表明脱水变差，颜色亮也不能说明是脱水好，这个和沉积物的颜色有关，也和高压清洗的覆盖程度有关，此外，毛毯外观表面清洁，也不能等同于毛毯内部的透气和透水好。

(3) 纸机真空泵功率：毛毯脱水状态好的时候，真空泵抽吸会比较顺畅，功率消耗比较低，随着毛毯脱水状态的变差，透气性和透水率的下降，真空泵的抽吸会受到阻碍，真空泵的功率消耗会逐步增大。

(4) 烘缸涂层的均匀建立：涂层表征是间接反映毛毯脱水状况的一种方法，毛毯横幅脱水不匀，涂层会表现不均匀，甚至会引起成纸打折，毛毯含水量过大，会导致涂层建立困难，引起刮刀磨损。

(5) 成纸水分不匀：成纸水分不匀也是一个反映毛毯脱水状况变差的间接表现，毛毯的横幅脱水不匀或者含水量过大，会导致成纸横幅水分不匀或者成纸水分过大。

3.1.6 阻垢剂

生活用纸抄造过程中会使用大量的清水，绝大部分生活用纸企业都会使用地下水或者处理干净的河水作为清水补充，但比较少见生活用纸企业会对清水进行软化处理，南方水质相对硬度不高，而北方水质偏硬，清水或者系统白水循环使用过程中，容易在纸机的流浆箱、真空伏辊的孔眼处，以及纸机湿部的真空泵、循环冷却水等系统中出现结垢堵塞等情况：(1)流浆箱是白水循环必经之路，当流浆箱局部结垢现象出现时，会造成挂浆，纸面出现浆点，严重的直接造成断纸。(2)真空泵为造纸机网部和压榨部提供脱水动力，由于真空泵密封水循环使用，其中的钙、镁离子等易结垢的离子不断富集，当达到其饱和浓度时，就会析出结垢，一旦真空泵出现问题，将导致纸机停车，给生产带来很大的损失。(3)纸机真空伏辊上的小孔是纸页离开网部前的脱水通道，为了保证小孔的通畅，在真空伏辊内部还要用喷淋水对其进行在线清洗，当用水硬度较高时，真空伏辊的小孔很容易结垢堵塞影响纸幅脱水。因此，阻垢剂在生活用纸抄造中的应用主要是在高硬度水质的北方区域。

阻垢剂是具有分散水中的难溶性无机盐、阻止或干扰难溶性无机盐在金属表面的沉淀、结垢功能，并维持金属设备有良好的传热效果的一类药剂。目前生活用纸行业常用的阻垢剂是合成类聚合物阻垢剂，包括聚羧酸类聚合物、有机膦酸类聚合物、膦基聚羧酸类聚合物、磺酸基聚合物、膦磺酸基聚合物等。

阻垢剂的选择，主要考虑的因素包括：垢样组成(水质硬度受季节、雨水、温度等因素影响很大)、结垢控制目标、成本以及环境友好性等，纸厂中设备的结垢主要以碳酸钙垢为主[9]，抑制碳酸钙的沉积，有机膦酸类聚合物微量就可控制水中钙、镁等无机盐的沉积，是目前广泛使用的一种抑制碳酸钙垢沉积的阻垢剂，所以普通水质硬度的区域通常使用碱性配方的有机膦酸类阻垢剂，效果较好。

但需要注意的是有机膦酸对磷酸钙、锌盐和氧化铁等的抑制作用性能较差，尤其在高钙和高铁离子的水质中，其容易形成难溶于水的有机膦酸钙和有机膦酸铁胶体，产生二次沉积即膦酸钙（镁）沉积或其分解产生的正磷酸根而形成磷酸钙沉积，从而影响了有机膦酸的使用效果[10]。遇到这种情况需要合适的两种或两种以上阻垢剂同时使用，其效果比单独使用其中任何一种药剂要好得多，利用阻垢剂的阻垢原理螯合增溶、凝聚与分散[11]的阻垢剂产品特征，充分发挥阻垢剂之间的协同效应，才能有针对性地控制好不同成分特征的水垢。

3.2 干燥部烘缸涂层助剂

干燥部烘缸涂层助剂被认为是生活用纸独特性能获得的关键核心化学品，其不仅可提升卫生纸机的运行性能和产品质量，并可赋予纸页良好的质地与手感。烘缸涂层化学品通常指粘缸剂、剥离剂、改良剂（或 MAP）三种，三种助剂混合后通过喷淋管雾化喷涂在烘缸表面上，在烘缸表面形成一层均匀有效的涂层，涂层的作用有两方面：(1)避免刮刀与烘缸直接接触，延长刮刀使用寿命和保护烘缸表面，避免磨损。(2)让涂层与纸页间产生适当的黏结力，当刮刀与纸页发生撞击时，形成优良起皱效果[12]，赋予纸张蓬松柔软的手感。烘缸涂层形成示意图如图 4[13]。

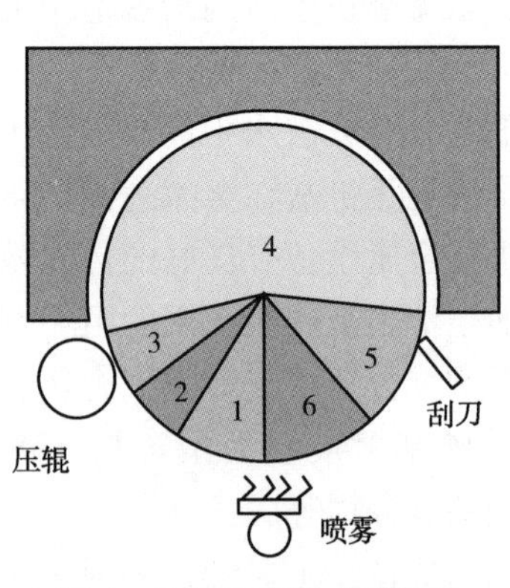

图 4　烘缸涂层形成示意图

粘缸剂、剥离剂、改良剂通过特定的设备装置雾化喷涂到烘缸表面，经历了涂层的 1-脱水、2-交联、3-再湿润、4-固化、5-硬涂层、6-老化过程，烘缸涂层助剂的使用是一道非常复杂的工序，不仅受烘缸涂层助剂产品特性和用量影响，而且要想获得适合纸机稳定运行生产、满足成纸手感质量的涂层，对涂层应用技术的全面了解必不可少。影响烘缸涂层的主要因素有以下三个部分：

（1）浆料系统因素：不同品牌的浆料表现出来的黏性不一样，阔叶木浆不同品牌间差别更大，比如，下列浆粘缸性由弱到强依次为：鹰牌、小叶相思、樱花、太平洋、明星[14]。短纤维浆种通常比长纤维浆种抽提物含量高，更容易被剥离，比如相思木浆有蜡质性抽提物，如果配浆比例超过 50%时，会大幅度增加浆料的剥离性能；灰分含量高的木浆，会引起烘缸涂层硬化[15]，容易产生纸粉纸毛。

（2）湿部系统因素：首先，湿部系统重点需要关注系统的有效留着率，当留着率出现问题时，细小纤维过剩（细小纤维过剩也受磨浆打浆质量的影响），不仅会导致系统电荷失衡，还会造成涂层吸附更多的细小纤维，使涂层变硬，严重时涂层甚至会失去黏性；其次，需要关注湿部助剂的添加，如添加剥离剂、消泡剂、柔软剂等油性或者表面活性剂一类助剂，有使纸页剥离烘缸的作用，添加干强剂、湿强剂、助留剂、树脂控制剂等一类增加纤维结合和提升细小纤维留着率的助剂，有促进纸页粘附的作用；再次，需要关注湿部系统 pH 值，目前生活用纸属于中性造纸，系统过酸或过碱都会对涂层造成影响，系统偏酸会影响涂层的建立，粘缸剂的用量会增加，系统过碱会加速涂层的建立，同时会增加浆料的黏性，容易导致涂层变硬。了解湿部系统这些因素特性可以有针对性对涂层进行平衡调节。

（3）干燥部系统因素：干燥部系统对涂层的性能是最直接的影响因素，系统中主要元素有：烘缸气罩、纸页、刮刀、化学品、压榨毛毯等五大方面，也是日常生产中最容易关注和对涂层做出调整的应用技术点位。

① 烘缸气罩：这里重要的因素就是温度，涂层对温度的反应比较敏感，温度过高、过低或者温度不均衡，都会对涂层均匀性建立产生影响，温度高，通常涂层容易建立，也容易硬化，温度低，涂层建立慢。干燥过程涉及到热能从扬克烘缸表面向纸张传导以及从热风气罩向纸张扩散，

应确保的扬克烘缸性能包括：良好的表面状态；冷凝水吸管不能堵塞或渗漏；冷凝水吸管应具有适宜的形状以保证烘缸内壁沟纹中冷凝水深度均匀一致；压力和蒸汽工作参数正常，确保纸页获得均匀温度的干燥效果。

② 纸页：纸页的影响因素除了前面提到的浆料以及从湿部系统带来的影响，这里一个重要的因素就是水分，纸页水分偏高或者纸页横幅水分不均衡，对涂层的建立都会产生重要的影响，纸页水分大，涂层不容易建立，纸页容易打折，还容易磨损刮刀；纸页横幅水分不均衡，涂层外观容易出现“车道”现象，会造成纸辊不平整现象。

③ 刮刀：刮刀的材质类型和刮刀对涂层的作用力角度不同，会导致刮刀接触涂层的作用效果不一样。过硬的刮刀材质，涂层容易被铲掉，从而影响烘缸表面涂层的性能发挥，但容易获得更加柔软的纸页手感；刮刀对涂层的作用角度与刮刀的研磨角度和刮刀的安装角度有关，研磨角度越大的刮刀越锋利，起皱皱纹越细腻，适合选用较厚较硬的涂层粘缸剂，尤其是刚上机的几分钟，甚至需停用剥离剂，刮刀架的安装角度大小的变化直接影响纸页剥离时纸页撞击刀刃的角度，安装角大，纸页剥离时对刀刃的撞击力大，起皱皱纹粗。

④ 化学品：化学品喷涂上烘缸的均匀性，化学品涂布量，稀释水的硬度、温度、pH 值，化学涂层的性能(包括粘缸剂的抗水性、涂层软硬、粘结力以及涂层材质性能等)都有较大的影响。生产中要求化学品烘缸涂层能在缸面建立厚度合适、均匀、软硬合适、粘着力合适的涂层。厚度的调节主要在于控制粘缸剂的用量及它与剥离剂的比例；厚度的调节必须保证有一个最小的粘缸剂用量，以保证在缸面形成必要的膜，来保护缸面，减少磨损，一般推荐粘缸剂使用量为 1.0mg/m^{2}以上，这样有助于保护烘缸[14]。化学品涂层对纸页皱纹的粗细、蓬松度有着重要的影响。如果它形成的涂层粘贴力低、较软，则起皱皱纹粗糙、纸松厚度高、手感粗糙；如果它形成的涂层粘贴力高、较硬，则起皱皱纹细密、纸松厚度低、手感光滑；如果它形成的涂层粘贴力高、较软，则起皱皱纹紧密、纸松厚度高、手感柔软。

⑤ 压榨毛毯：压榨毛毯的脱水能力直接影响进烘缸纸页水分，毛毯的含水量越高以及毛毯横幅脱水曲线越不匀，都会造成相对应位置纸页水分过高或不均衡问题，从而对涂层的建立和运行产生影响，其影响效果同上面纸页水分因素相同。

总之，烘缸涂层性能的调节并不是孤立操控的，是上述多方面因素调控的平衡，调整方法灵活，具有较高的操作技术含量，需要在生产中不断积累宝贵经验，具体问题具体分析，有针对性地做出调整方案。

3.3 功能性化学品

3.3.1 湿强剂

生活用纸如面巾纸、厨房纸巾、手帕纸、餐巾纸、擦手纸等一系列日常生活用纸，其应用环境会或多或少的面临潮湿或者湿润的场景，普通纸巾纸遇水后易溃烂成浆，在擦拭处留下浆团和纸沫，这就需要使用一种功能性化学品湿强剂，来提升生活用纸在遇湿后仍然保持一定的湿强度，才能满足应用需求。湿强剂作为造纸行业广泛使用的一类功能性助剂，按照其增加纤维湿强结合的机理来划分[16]，可以分为四类：①与纤维共价键合为主，如双醛淀粉等。②自交联聚合物，如热固型脲醛树脂、三聚氰胺缩甲醛树脂、酚醛树脂、聚酰胺多胺环氧氯丙烷、热固型丙烯酸树脂等。③外交联聚合物，如聚丙烯酰胺+乙二醛、干酪素+甲醛、热塑型酚醛树脂+六亚甲基四胺等。④纤维静电结合为主，如聚乙烯亚胺、阳离子淀粉、阳离子聚丙烯酰胺、聚丙烯酰胺接枝阳离子淀粉、聚酰胺等。

从环保健康和生活用纸使用抄造环境来考虑，目前广泛用于生活用纸行业的是自交联聚合物湿强剂聚酰胺多胺环氧氯丙烷树脂(PAE)，PAE 树脂具有适用范围广(pH 值 4—9 都可以)、效率高、强阳离子性、损纸回收方便等特点。

不同的生活用纸品类对湿抗张强度的要求不一样，湿强剂的用量也不同，从几千克/吨纸到几十千克/吨纸不等，尤其是在高湿强纸上，湿强剂的应用技术应特别关注，正确选择和应用好湿强剂，既可以提升纸机的运行效率，还能大幅度降低湿强剂的使用成本。通常，纸张的强度三要素主要受纤维自身强度、纤维结合能力、纤维交织能力影响，湿抗张强度也不例外，强度三要素可以转化为生产语言即与纤维基础强度、湿强剂产品性能、湿强剂的留着以及湿强剂的熟化速度有关。

(1) 纤维基础强度：纤维种类(长度等)、叩解度、系统 pH 值等都会影响纤维的强度性能，基础强度越高的浆料，同等湿强剂用量下，湿强度更高。

(2) 湿强剂产品性能：强酸、强碱、强烈的机械剪切作用、高温、冰冻、大量阴离子物质、强氧化性物质等会破坏湿强剂产品的稳定性，湿强剂会出现凝胶、析出分层，或在应用效果上大打折扣。

(3) 湿强剂留着：纤维电负性、系统阴离子垃圾、湿强剂阳离子电荷密度、湿强剂分子量、系统细小纤维的留着(首程留着)等指标失常会降低湿强剂的结合留着率，从而导致湿强剂用量大幅度增加；大量使用湿强剂又会对系统带来一系列的负面作用，比如泡沫多、系统过阳等问题，严重时还会导致其他阳离子化学品，如柔软剂无法与纤维结合而在系统析出，当在系统中富集到一定程度，就会结合一些疏水亲油的无机物形成胶黏物影响生产，因此湿强剂的用量并非越大越好，在不得已需要使用高用量湿强剂时，可以采取添加一些阴离子电荷调节剂，比如 CMC，保持系统的电荷处于正常状态。

(4) 湿强剂熟化速度：系统 pH 值、系统电导率、系统 Ca^{2+} 和 Mg^{2+} 浓度、系统温度等对湿强剂的熟化速度有较大的影响，比如湿强剂正常稳定储存 pH 值一般在 3—5 左右，pH 值处于中性有利于湿强剂的交联熟化，所以湿强剂正常情况下，建议使用前进行稀释激活，使用效果会更佳；系统的温度越高或者烘缸干燥的温度越高，也会越有利于湿强剂的熟化，合理的熟化速度有利于损纸的回用，熟化速度达不到要求，可能会导致纸张在常温状态下长期处于无湿强状态，不能满足消费者对湿强的使用要求。

目前市场上，湿强剂产品有 12.5%、15%、20%、25%不等固含量的产品，固含量越高其销售半径越远，需要做好产品的稳定性和拥有较长的产品保质期，随着国家对生活用纸绿色环保的呼声越来越高，低氯湿强剂的应用越来越受到行业的关注，目前在产品的应用效果和成本上，还不能完全被生活用纸企业所接受，目前仅用于有特殊低氯要求的一类生活用纸。

3.3.2 干强剂

干强剂定义为可与纤维表面形成羟基结合的水溶性高聚物，最常见的干强剂包括淀粉改性类、聚丙烯酰胺类、乙二醛聚丙烯酰胺类、聚乙烯醇类等，国内常见的干强剂有聚丙烯酰胺类和(改性)淀粉类。干强剂的作用机理主要是为纤维间提供更多的氢键结合。

干强剂在生活用纸使用情况不是很多，仅在一些特殊纸种或特殊需求时会有使用，有些厂家也会考虑使用干强剂来降低长纤浆的用量，目前使用的干强剂主要为聚丙烯酰胺，它可以在纤维之间形成牢固的氢键，提高纸张的强度。使用干强剂的同时，会改善滤水性能，提高留着，提高纸张的匀度，对强度有正面效果，但也要考虑干强剂使用会给生活用纸的手感带来挺硬的感觉。

3.3.3 柔软剂

柔软性指标是生活用纸一个重要的特征，主要与浆料种类、打浆及抄造工艺等因素有关，生活用纸抄造通常原料以短纤为主，为了保留纸张的弹性空间通常会使用一部分长纤，低打浆度降低纤维的结合强度和紧度，增加纸张的弹性及可塑性，从而使纸张的表观更加柔软；在生活用纸的生产工艺中还采用成纸起皱工艺，降低纤维的结合力，使纸张获得柔软性。但因为纤维分子链中含有很多羟基，且为直链大分子，分子间有很强的氢键及分子间作用力，具有较高结晶度，通过打浆、起皱等机械作用可使纤维分散、降低结晶度，可以使纸张柔软，但往往单靠机械作用难以达到想要的柔软度，且过度打浆会造成一系列其他的问题，因此需要用到柔软剂来满足生活用纸更高要求的柔软性。

柔软剂是一类分子结构中一端含有长链疏水基团，另一端含有可与纤维结合的极性或反应性基团的化合物，多数纸张柔软剂都具有 12—18 个碳的疏水性基团。这个长链疏水基团可以降低纤维分子间作用力，在纤维之间形成非极性隔离膜，从而使分子链易在应力下发生相互滑移和运动，柔软剂可在纤维表面形成疏水基向外的反向吸附，降低纤维物质的动、静摩擦因数，从而获得平滑柔软的手感。用于纸张的柔软剂，其作用之一在于降低纤维间的结合力，使纸张刚性下降，减少纸张对皮肤的摩擦；其二是减少纸张中纤维之间的静摩擦力，改善纤维的平滑性，使纸变得柔软并增加纸张滑腻的手感；其三是增加纸的可塑性[17]。柔软剂与纸浆纤维的作用机理，随着柔软剂亲水基离子性的不同而有差异。纸张柔软剂一般要求色浅、无臭、无毒、挥发性小、化学稳定性好等，柔软剂的分类一般按其极性或离子状态分为两类[18]：

一类为表面活性剂，有以下四种：

（1）非离子型柔软剂，如聚乙二醇酯类、硬脂酸酰胺类等；

（2）阴离子型柔软剂，如脂肪醇硫酸酯类、土耳其红油类；

（3）阳离子型柔软剂，如咪唑啉季铵盐类、二烷基二甲基季铵盐类；

（4）两性型柔软剂，如甜菜碱型类、咪唑啉类。

另一类为非表面活性剂，主要有以下两种：

（1）天然油脂、石蜡类柔软剂：是以天然油脂和石蜡为原料，在乳化剂作用下配制成的乳液；

（2）高分子聚合乳液类柔软剂：是聚乙烯、聚丙烯、有机硅、聚氨酯树脂等高分子聚合物制成的乳液。

目前生活用纸中使用的柔软剂类型主要集中在带有酰胺键、多羟基、烷氧基或其他亲水基团的具有酯功能可降解季铵盐化合物，以及硅氧键为骨架的有机硅类柔软剂等[19]。

（1）可降解季铵盐化合物

由于生活用纸是一次性使用，不应污染环境，所以要求纸中纤维及其他组分在使用后能快速分解或转化成其他物质，所用化学助剂能在使用后自行降解，季铵盐类柔软剂其分子结构中含有酯基［—O—C（O）—］、酰胺键［—NH—C（O）—］这些具有可降解性的基团，使季铵盐类柔软剂比其他柔软剂有更优良的降解性。既能大大改善纸张的柔软性，又能符合环保要求。

（2）普通长链脂肪烃季铵盐柔软剂与其他亲水性化合物的复配

由于普通长链烃季铵盐柔软剂存在乳液黏度较大、乳液放置稳定性差、易分层等缺点，要克服这些缺点的一个途径是在配方中添加适当的亲水性化合物，如甘油类多羟基化合物、聚乙二醇型非离子表面活性剂、含酰胺键物质等，适当提高柔软剂分子的亲水性。聚乙二醇可大部分渗透到纤维素纤维的内部，并由此增强了纤维柔软性；而长链脂肪烃季铵盐大部分处在纤维素纤维的表面，起着柔软纤维的作用。

（3）具有 Si—O 键的有机硅类化合物

聚硅氧烷化合物的主链是一种易扰曲的螺旋形直链结构，十分柔顺。通过与纤维之间的交联以及聚硅氧烷在纤维表面和内部生成高聚合度的弹性网状结构，使纤维之间的静摩擦力系数下降，仅用很小的力就能使纤维之间开始滑动，使人感到手感柔软平滑。其他不同的取代基如胺基能赋予吸附性和柔软性、聚醚能赋予吸湿性和柔软性、羟基能赋予柔软性和润滑性。各种基团的配合，就使产品具有极佳的柔软效果。这类柔软剂是非油性的润滑剂，能增加柔润、平滑、干爽、柔和的感觉。从环保方面看，聚硅氧类化合物与动物机体无排异现象，无毒性，不对环境产生有害影响，最适用于生活用纸类的一次性消费品。

浙江传化华洋化工有限公司的三种柔软剂型号 SR-818、SF-1124B、TF-468K 就分别属于上述三种类型，广泛用于生活用纸行业，并取得显著的柔软效果。

柔软剂的使用，其添加位置不同，表现出来的效果也不一样，生活用纸柔软剂目前主要有三种添加方式：浆内添加、喷淋添加、后加工涂布（乳霜）。浆内添加柔软剂可以降低纸张的柔软度，使纸张更柔软，添加的位置根据实际生产来选择，越往前端添加，柔软剂和纤维作用的时间越长，柔软剂效果越好，但也要注意纸页强度会过度损失；喷淋到烘缸表面添加可以提高纸张的平滑度，赋予纸张滑爽的手感，所以添加方式要结合纸张手感的需求、产品特性来选择，也可以采取浆内和喷淋结合的方式来获取更好的柔软手感，采用一种或者多种柔软剂组合添加，来满足日益高要求的纸张柔软性。

4 生活用纸化学品的发展趋势

生活用纸化学品的发展，离不开生活用纸纸机技术的发展和生活用纸市场需求的发展。纸机的发展不断呈现出高度自动化和智能化的趋势，生活用纸化学品也要不断满足自动化的添加和控制（如生产智能化、清洁生产、节能降耗方面等需求），市场需求的变化是随着社会发展，人们生活方式的改变产生的新需求（如疫情时代杀菌、消毒的需求，新生代宠物擦拭的需求等)，以及与全球局势(如中国复兴带动全球对中国生活物资的需求)和国家政策方向方面(如碳中和碳达峰、限塑令、三胎、垃圾分类、可降解、可冲散等政策)的变化都息息相关。

总之，生活用纸化学品一方面在生活用纸抄造过程中，随着企业清洁化生产管理水平越来越高，生产企业和消费者希望化学品越少用越好，其应用会受到谨慎和关注，另一方面又因为其具有少量高效性，且能有利于生活用纸抄造系统的稳定健康运行和成本的大量节省，赋予产品不同的指标功能，所以又不得不选择一些相对安全、绿色、环保的必需生活用纸化学品。综观现在的迫不得已，放眼未来的低碳健康，生活用纸化学品如何做好朝着健康、绿色、环保，符合国家政策法规规定的方向发展是未来发展的重要课题。

参 考 文 献

[1] 中国造纸协会生活用纸专业委员会．生活用纸和卫生用品行业年度报告[J]．生活用纸，2021，4.
[2] 唐杰斌，赵传山．聚氧化乙烯的性质及其作为分散剂在生活用纸中的应用[C]．2009(第八届)中国造纸化学品开发应用国际技术交流会论文集，2009.
[3] 朱天一，李茂，程亮，等．消泡剂的分类及其特点概述[J]．润滑油，2017，32(6)：23-25.
[4] 金星明．制浆造纸系统中树脂沉积物的控制[J]．上海造纸，2005，36(5)：28-34.
[5] 泰梦华，陈嘉翔．树脂沉积的影响因素及树脂控制剂的作用[J]．中国造纸学报，1996，11(C00)：91-96.
[6] 杨仁党，陈克复．应用杀菌剂解决造纸过程中的微生物污染[J]．中国造纸，2002(2)：49-51.
[7] 杨致富，王波，王军新，等．新型毛毯保洁清洗剂在高速卫生纸机上的应用[J]．中华纸业，2019，40(10)：20-23.
[8] 吕向阳，伍安国，刘一山．造纸毛毯透通性指标的测试及其发展趋势[J]．纸和造纸．2010，29(5)：12-16.
[9] 陈子成，张兰河，刘丽丹．阻垢剂在造纸生产中的应用[J]．湖南造纸，2009(2)：19-21.
[10] 徐晓东，孙俊田，潘一平，等．有机膦酸和共聚物在阻垢作用中的协同效应[J]．大氮肥，2001，24(3)：167-169.
[11] 刘丽娟，赵希林，刘继宁，等．水处理阻垢剂作用机理研究进展[J]．广东化工，2015，42(1)：68-69.
[12] 甘跃飞．高速卫生纸机起皱工艺的控制[J]．中国造纸，2003，22(11)：73-75.
[13] 黄房生．应用于高速卫生纸机的新型粘缸剂的性能[J]．纸和造纸，2018，37(3)：4-6.
[14] 游浩亮，黄玉莹．化学品在生活用纸中的应用的探讨[J]．湖南造纸，2005(1)：20-23.
[15] Nick Ince．烘缸涂层性能及优化方面的挑战[J]．生活用纸，2018(12)：59-62.
[16] 杨开吉，苏文强，沈静．造纸湿强剂的作用机理及进展[J]．造纸科学与技术，2006，25(2)：58-62.
[17] 徐存俭，黄菊洪．纸张柔软剂的机理与使用方法[J]．北方造纸，1997(3)：66-67.
[18] 杨秀芳．纸张柔软剂及其应用[J]．中国造纸，2005，24(9)：61-64.
[19] 彭洪安，陈中豪，李友明．纸用柔软剂的最新进展[J]．广东造纸，2000(5)：34-38.

(浙江传化华洋化工有限公司　谢慧平　肖鹏
李华杰　王魁江　齐泽锋)

卫生用品用热熔胶概述

Overview of hot melt adhesive for hygiene products

热熔胶是广泛应用于卫生用品行业的胶粘剂材料，是生产卫生用品重要的原材料之一，其性能对卫生用品产品的质量起着重要的作用。因此，对于卫生用品行业的从业者来说，学习和了解常用热熔胶的组成成分、粘结机理以及影响因素、性能特点、应用范围等专业基础知识是非常重要的。

1 卫生用品热熔胶定义和组成

1.1 粘合剂定义

粘合剂是一种能够通过表面接触使材料复合到一起，并具有一定粘接强度的物质，如图 1。

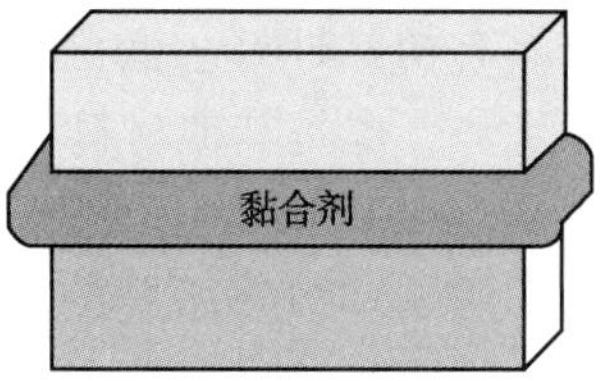

图 1 粘合剂

1.2 粘合剂的种类及应用的行业

粘合剂应用的行业非常的广泛，目前已涉及人们生活的方方面面。根据粘合剂形成粘接技术的差异，大致可以分为以下几类：

(1) 热熔胶：是通过加热熔融，再冷却成固态而形成粘接的。应用行业包括卫生用品、封箱、包装、标签等。

(2) 溶剂型和水性粘合剂：是通过挥发或干燥后而形成粘接的。应用行业包括纸品包装、木工等。

(3) 反应型粘合剂：是通过化学反应而形成粘接的。由于通过化学反应所产生的化学键可以提供非常高的粘接强度，所以反应型粘合剂大多都是应用于对粘接强度要求很高的行业，包括汽车、电子、建筑、木工等。

1.3 热熔胶的定义

热熔胶是一种 100 %的固体热塑性混合物，即热熔胶在室温下是固态，加热时可以熔融，而且还可以反复加热熔融。热熔胶的粘接力是在从熔融状态冷却到固态的过程中产生的。

1.4 热熔胶在卫生用品行业应用的优势

热熔胶作为生产卫生用品的重要原材料，在卫生用品行业应用了很多年，而且目前还在使用，主要有以下几种原因：

(1) 热熔胶的固化速度快，可满足自动化程度高的高速卫生用品设备的生产。

(2) 相对于其他类型的粘合剂，热熔胶的经济性好。

(3) 相对于其他类型的粘合剂，安全性好。目前在卫生用品行业使用的热熔胶，固含量为 100%，不含挥发性有机化合物，而且基本上都是非反应型热熔胶，在粘接过程中不发生化学反应，相对于其他类型的粘合剂，安全性是很高的。而且，卫生用品行业使用的热熔胶，所采用的主体材料，基本上为惰性材料，在生产、储存和使用过程中都是安全的，没有火灾和爆炸的危险。另外热熔胶主体材料也是环境友好型的材料，安全性也很好，对人体健康和生活环境没有任何危害。

(4) 由于热熔胶的固型物含量为 100%，其体积相对于溶剂胶和水性胶较小，因此运输和储存的空间较小。

1.5 热熔胶的主要组分及作用

(1) 聚合物

聚合物的作用相当于热熔胶的骨架，是热熔胶内聚力的主要影响因素。目前卫生用品行业热熔胶最常用的聚合物有橡胶和聚烯烃两种。橡胶最常见的有 SBS(苯乙烯-丁二烯-苯乙烯)、SIS(苯乙烯-异戊二烯-苯乙烯)等；聚烯烃最常见的包括 mPO(茂金属聚烯烃)、APAO(非晶态 α-烯烃共聚物)。

用橡胶制成的热熔胶具有内聚力好、弹性好、室温初黏性好等特点。由于橡胶体系热熔胶的热内聚力好，所以喷涂容易成型，因此对喷涂设备要求相对较低。同时，由于室温初黏性好，在辊轮压力下容易产生较好的粘接力，所以环境温度的波动对橡胶体系的热熔胶影响相对较小(图 2)。

用聚烯烃制成的热熔胶，其热稳定性好，开放时间可调范围大，热黏性好。但由于聚烯烃体系热熔胶的热内聚力偏弱，所以喷涂不易成型，因此对喷涂设备要求较高。同时，由于聚烯烃体系热熔胶室温初黏性较弱，在辊轮压力下不易产生理想的粘接力，所以环境温度的波动对热熔胶影响较大(图 3)。

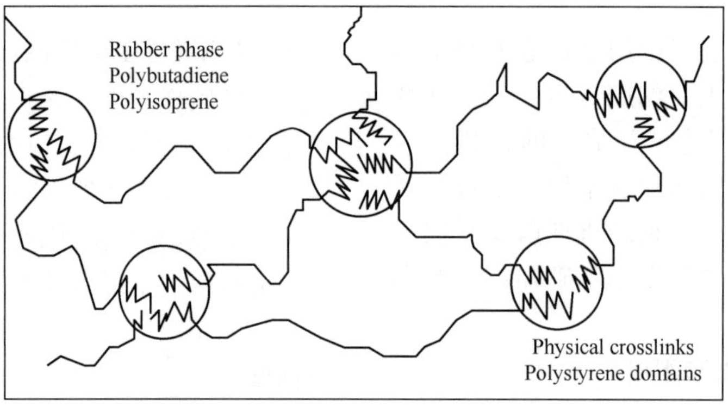

图 2　橡胶：SBS、SIS 等

图 3　聚烯烃：mPO、APAO 等

（2）增黏树脂

增黏树脂的作用是提供热熔胶的黏性。卫生用品热熔胶所使用的增黏树脂，最常见的有石油树脂和松香树脂等。

石油树脂属于合成树脂，包括氢化和非氢化的石油树脂。用石油树脂制成的热熔胶，其颜色浅、气味非常低。比如，对石油树脂进行全氢化处理并且将其中容易产生气味的小分子进行充分的去除后，其颜色浅、气味非常低。另外，石油树脂的结构非常稳定，所以用石油树脂制成的热熔胶，比松香树脂热熔胶具有更好的耐老化性能，更稳定的粘接性能，更好的热稳定性能。

松香树脂属于天然树脂，制成的热熔胶具有初黏性好和润湿性好的特点。这是因为松香树脂本身含有较多的小分子并且含有较多的极性物质，所以可以对基材产生较好的初黏性和良好的润湿性。同时，松香树脂主要来源于松树，属于可再生的资源。但是，由于卫生用品行业近些年来对热熔胶气味的要求越来越高，而松香树脂有明显的松香味，而且这些松香味即使经过氢化处理也难以去除。这也是目前在卫生用品行业松香树脂体系热熔胶的用量越来越小的原因。当然，松香树脂本身具有初黏性好、润湿性好、属于可再生资源等的优势，也是其他材料无可替代的。

（3）增塑剂

增塑剂的作用是调节热熔胶的稀稠度，即有效降低热熔胶的硬度和熔融黏度。最常用的是矿物油。

（4）助剂

助剂主要是对热熔胶提供辅助功能。比如抗氧化剂，其主要作用是提高热熔胶的热稳定性和储存稳定性。热熔胶在搅拌釜和胶缸里的温度高达 130℃—160℃，使用抗氧化剂，可以最大限度地避免高温对热熔胶的热稳定性及其他性能的影响。而且，抗氧化剂还可以有效终结长期储存时环境所产生的反应性自由基，提高热熔胶的储存稳定性。同时，抗氧化剂对热熔胶的粘接稳定性也有不小的帮助。见图 4。

1.6　热熔胶关键技术指标

（1）颜色

热熔胶的色度是指热熔胶的外观颜色，其主要与热熔胶成分中增黏树脂的颜色有关。色度会影响产品的外观。见图 5。

（2）黏度

热熔胶的黏度也就是热熔胶的稀稠度，用以表示热熔胶流动性的参数，单位为厘泊。热熔胶的黏度与温度有关，温度高则黏度小(稀)，温度低则黏度大(稠)。见图 6。

热熔胶的黏度主要为热熔胶的应用操作温度

提供依据，也就是说，卫生用品生产线上的胶机系统设置的温度，是根据热熔胶的黏度来设置的。

热熔胶的黏度和热熔胶的粘接力无关。

图 4　抗氧化剂应用的效果

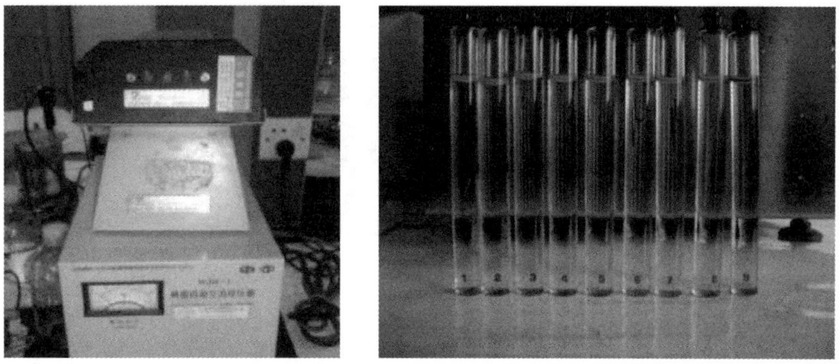

图 5　热熔胶的色度

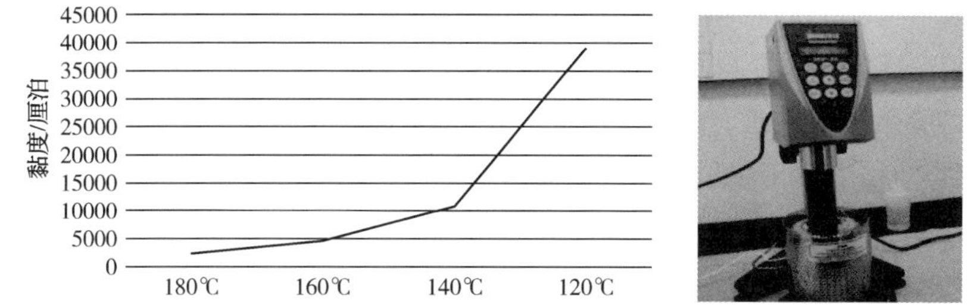

图 6　热熔胶黏度与温度的关系

（3）软化点

热熔胶的软化点是指热熔胶开始变软时的温度(软化的温度)，单位用℃表示。热熔胶的软化点可以显示热熔胶的耐热性能和熔胶速率。软化点高的热熔胶熔化慢，冷却固化快。通常结构胶的软化点比橡筋胶低，这是因为橡筋胶需要在生产线上快速对橡筋进行固定，避免橡筋回缩，所以，一般橡筋胶冷却的比结构胶快，软化点也相对要高一些。见图 7。

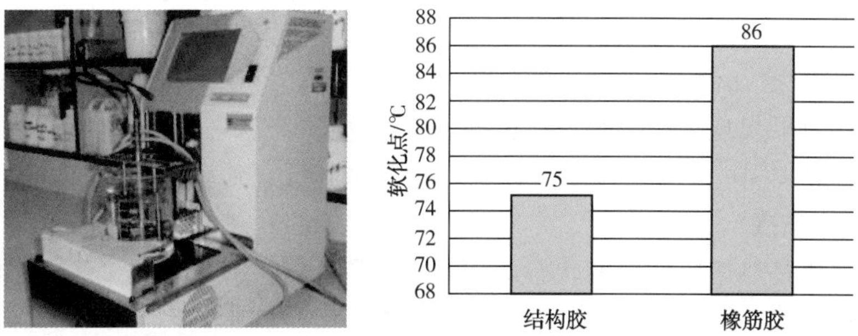

图 7　热熔胶的软化点

(4) 热稳定性

热熔胶的热稳定性是热熔胶非常重要的技术指标，一般的检测方法如下：

① 180℃(或 160℃)下对热熔胶进行 72 小时老化。

② 使用温度在 140℃—160℃的热熔胶，一般采用 180℃进行老化测试；使用温度在 120℃—140℃的热熔胶，一般采用 160℃进行老化测试。

老化测试完成后，检测热熔胶以下的性能：

① 外观：颜色变化。所有的热熔胶经过高温老化后，颜色都会加深，颜色的深浅可以一定程度上反映热稳定性的差异。

相对于颜色变化，我们更需要关注以下几个变化：是否碳化及程度；是否结皮及程度；是否分层及程度；是否凝胶及程度。其中，碳化和结皮容易堵塞胶机系统、滤网和喷嘴，会对卫生用品设备的生产效率产生影响。而分层和凝胶则意味着热熔胶配方中所使用的成分之间的相容性存在问题，有可能会影响粘接性能。见图 8。

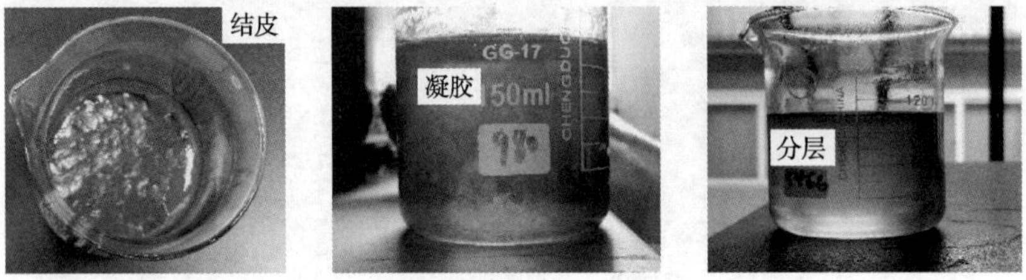

图 8　热熔胶的结皮、凝胶、分层

② 黏度变化：相对于橡胶体系的热熔胶，聚烯烃体系热熔胶老化后黏度变化非常小，这是因为聚烯烃本身的结构很稳定，热稳定性好，受高温的影响小。

2　卫生用品热熔胶粘接机理和影响因素

2.1　卫生用品热熔胶的粘接机理

卫生用品热熔胶的粘接属于物理粘接，主要是通过机械铆合、表面润湿、范德华力或氢键等来形成粘接力。热熔胶的粘接过程是：首先热熔胶和基材接触，然后热熔胶对基材进行润湿形成铆合结构，最后形成粘接力，见图 9。

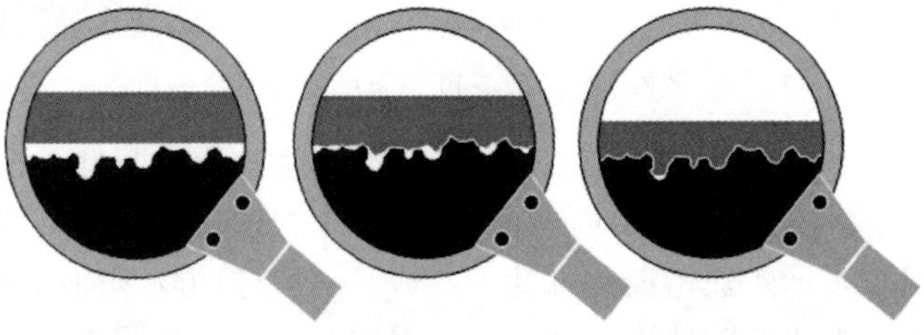

图 9　热熔胶的粘接过程

对于卫生用品热熔胶来说，热熔胶对基材的润湿非常重要。热熔胶只有涂布到基材上后，与基材形成良好的润湿效果，才能产生理想的粘接效果。而良好的润湿效果表现为热熔胶可以在基材上容易铺展开来，见图 10。

2.2　热熔胶如何形成粘接

热熔胶的粘接主要是热熔胶从熔融状态冷却到固态的过程中所形成的，见图 11。

图 11 是热熔胶涂布后形成粘接的简单示意图。首先，热熔胶从涂胶口出来涂布到第一层基材，然后走过一段距离以后与第二层基材进行复合，再经过压轮进行压合，冷却后形成粘接力。在这个过程中，热熔胶的黏度越来越高，而温度越来越低直到室温。

在整个过程中，有两个非常重要的时间，一个是开放时间，另一个是固化时间。其中，对于卫生用品行业所使用的热熔胶来说，开放时间非常重要。需要说明的是，通常所说的开放时间，

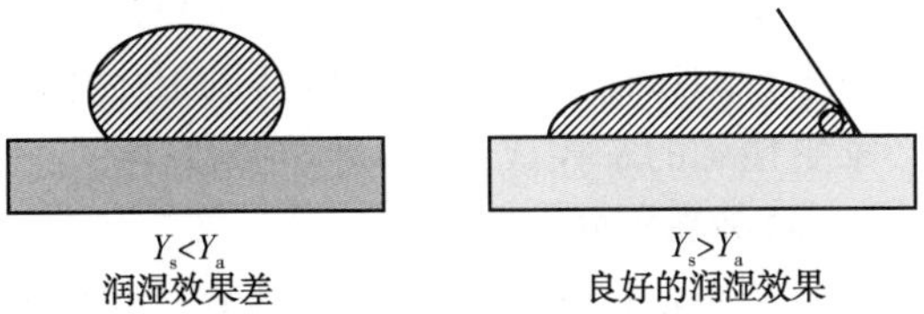

图 10　热熔胶湿润效果示意图

包括两种开放时间，一种是机器的开放时间，另一种是热熔胶的开放时间。机器的开放时间指的是从涂胶的位置到与第二层基材复合的位置所需要的时间，而热熔胶的开放时间则由其本身的配方决定，而且，还会受到环境温度变化的影响。

（1）机器的生产工艺和热熔胶配合的最理想情况是什么样的？应该是热熔胶的开放时间比机器的开放时间要适当长一些。当热熔胶的开放时间比机器的开放时间长的时候，热熔胶和涂布基材以及复合基材接触时，还处于熔融或部分熔融的状态，容易对基材形成比较好的润湿和渗透，从而形成比较理想的机械铆合结构，达到理想的粘接力。但热熔胶的开放时间也不是越长越好，因为当热熔胶的开放时间比机器的开放时间长很多的时候，热熔胶更容易渗透基材，从而产生渗胶现象，会对生产效率产生较大的影响。

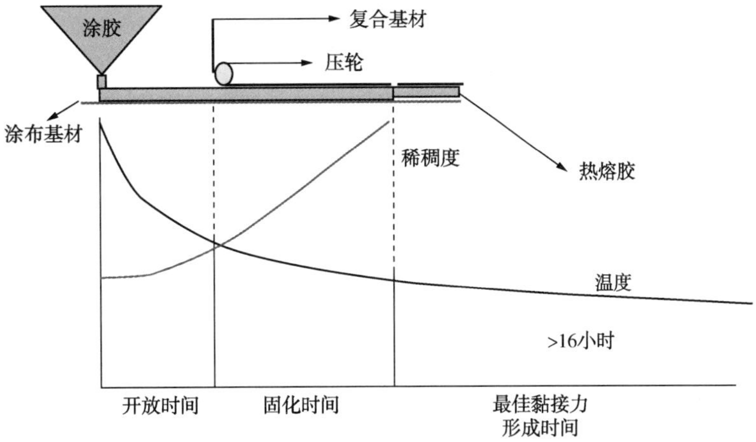

图 11　热熔胶涂布后形成粘接的示意图

（2）如何利用图 11 来帮助企业解决热熔胶应用过程中所遇到一些问题呢？举例说明，比如很多纸尿裤生产厂家每年都会遇到一个问题，就是冬天气温降低的时候，纸尿裤的粘接或多或少都会出现一些问题。尤其是前腰贴工位，在天冷的时候更容易遇到粘接问题。这主要是因为热熔胶受环境温度的影响，天冷温度降低会使热熔胶的开放时间变短，对基材的渗透变差，从而导致粘接力下降。

为什么前腰贴工位在冬天更容易遇到粘接问题呢？这和前腰贴工位的工艺特性息息相关。第一，前腰贴工位大多数采用的是刮胶方式，相对于喷胶，热熔胶更容易变冷。第二，前腰贴工位的线速度比生产速度是要慢很多，也更容易导致热熔胶温度下降。第三，前腰贴工位刮胶后，会经过一段距离的吸风，也容易导致热熔胶温度下降。

解决前腰贴天冷粘接不良的问题，具体方法如下：

第一，如果不改变工艺，那么机器的开放时间是没有变化的，但是气温降低后，热熔胶的开放时间却变短了，变得比机器的开放时间更短。这种情况就会导致热熔胶对基材尤其是第二层复合基材的浸润和渗透达不到理想效果，从而影响粘接效果。因此在不改变工艺的情况下，应选择开放时间更长一点的热熔胶，就可以解决问题。

第二，如果不改变热熔胶，也有以下几种解决的方法。

① 对前腰贴周围环境加热，就能够延长热熔胶的开放时间。

② 将刮胶改为喷胶，因为喷胶的胶丝比刮胶更厚，冷却的也更慢，可以延长开放时间。

③ 如果使用喷胶的话，可以将喷枪前移，缩短机器的开放时间，相当于变相延长了热熔胶的开放时间。

从上面的举例可以看出，热熔胶的开放时间和机器的开放时间的匹配度，对热熔胶的粘接具有很重要的作用。

除了开放时间外，图 11 中还有一个重要的指标，就是最佳粘接力。一般情况下，卫生用品行业热熔胶需要在 16 小时后才会达到最佳粘接力。有人可能会有疑问：热熔胶从涂布到冷却是很快的，一般一两个小时之内热熔胶就可以冷却下来，那为什么 16 小时后才会形成最佳粘接力呢？这是因为热熔胶从宏观的熔融状态到冷却成固态，通常一两个小时之内就可以完成。但热熔胶的微观状态，包括它的分子构象变化等，需要更长的时间才会完全的冷却和稳定下来。而且在 16 小时这段时间里，热熔胶本身对基材的渗透和浸润还一直在进行，所以在大约 16 小时后才会稳定并形成最佳的粘接力。因此热熔胶生产厂家一般会建议卫生用品生产厂家隔天再对热熔胶的粘接力进行测试评估，这样可以帮助卫生用品生产厂家更精确的掌控成品粘接性能的好坏。

2.3 粘接效果判断

热熔胶的粘接效果包括三种。第一种是界面破坏，就是把两层基材剥开后，所有的热熔胶只会保留在其中一面，在另外一面没有任何的残留。第二种是内聚破坏，就是把两层基材剥开后，热熔胶从内部断裂，在两层基材上都有较多的残留。第三种是基材破坏，就是把两层基材剥开后，一种或两种基材产生了破坏。见图 12。

图 12　热熔胶粘接效果

这三种粘接效果，哪种最好呢？这要站在不同的角度和立场去考虑这个问题。

首先，来看界面破坏。对于结构胶和橡筋胶等有结构粘接要求的部位，界面破坏肯定是不理想的效果，因为这意味着热熔胶对基材的渗透不够，粘接效果肯定也不理想。但对于卫生巾背胶来说，界面破坏却是理想的要求。当卫生巾的背胶和内衣粘接时，希望的粘接效果是界面破坏，这样既可以避免粘接力过大对内衣或卫生巾底膜造成破坏，又可以避免内聚破坏导致热熔胶残留到内衣上。

其次，来看基材破坏和内聚破坏。对于纸尿裤的一些工位，比如前腰贴、魔术扣、端封、边封等工位，是希望达到基材破坏的效果。因为这样可以避免纸尿裤出现大问题。而对于有些工位，比如面层、底膜、底膜复合等工位，并不一定要达到基材破坏。因为如果要达到基材破坏的效果，一般由两个因素决定，一个是热熔胶本身的粘接力，另一个是热熔胶的涂胶量。当热熔胶性能满足要求，涂胶量大到一定程度，肯定可以做到基材破坏。但是，当涂胶量过大时，在面层、底膜、底膜复合等这些工位，会影响纸尿裤的柔软性，手感不好。所以，在这些工位，只需要热熔胶达到内聚破坏的程度，粘接力满足粘接要求就足够了。这既可以节省成本，还可以最大限度地提升纸尿裤的柔软性。因此要根据不同应用的要求来达到所需要的粘接效果。

2.4 影响粘接效果的因素

（1）应用条件

① 温度：操作温度。操作温度过低，会影响热熔胶的开放时间，影响粘接力。不同的热熔胶都有其最合适的操作温度区间，当操作温度过高或过低时，都会影响热熔胶的喷涂效果，从而对粘接效果造成影响。

② 压力：辊轮间压力。从粘接力来讲，辊轮间的压力肯定是越大越好。但也要根据实际情况来选择合适的辊轮压力。比如，容易渗胶的工位，就需要考虑辊轮间的压力是否合适。而当面层材料有立体花纹时，辊轮压力也不易过大，因为有可能会破坏花纹的立体效果。

③ 时间：开放时间与固化时间。热熔胶的开放时间和机器的开放时间的匹配度是影响粘接效果的重要因素。而热熔胶需要经过 16 个小时的固化后，才会达到理想的粘接效果。

（2）喷涂方式及喷涂效果

喷涂方式和喷涂效果对粘接性能有较明显的影响，所以要根据不同工位的要求选择最合适的喷涂方式，达到最佳效果。

（3）基材

基材表面能，是否有污染(如油污)。基材表面能的大小直接影响热熔胶对基材的润湿效果。基材表面能越大，越有利于热熔胶对基材润湿，见图 13。比如，对 PE 膜的电晕处理，就是为了提高 PE 膜的表面能，从而有利于提升粘接力。

（4）环境

粉尘、化学品、溶剂等。比如，基材表面有粉尘时，肯定会影响热熔胶对基材的润湿效果，从而影响粘接效果。

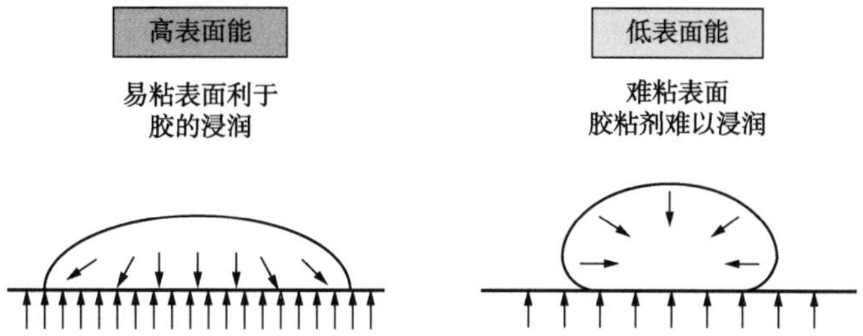

图 13　基材表面能

3　卫生用品热熔胶分类、用途及区别

3.1　纸尿裤

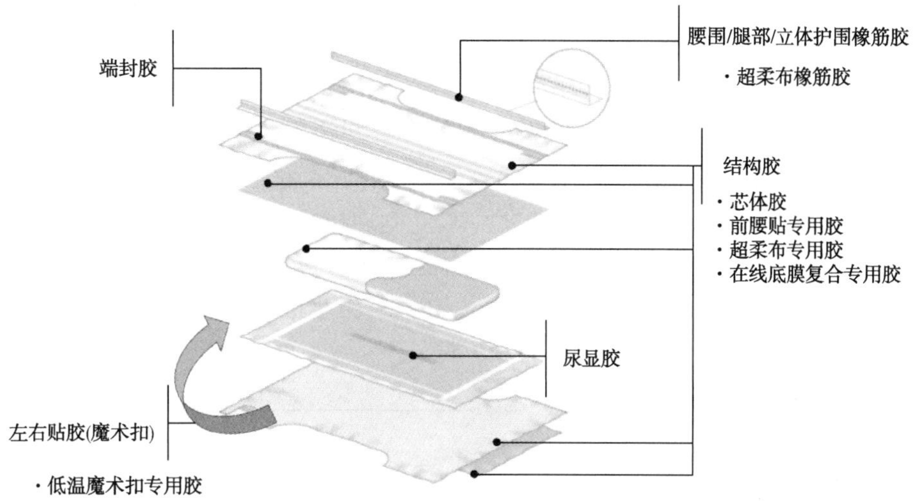

图 14　纸尿裤结构示意图及用胶类型

（1）结构胶主要是对纸尿裤的结构件进行粘接和固定，比如面层、底膜、底膜复合等。除了普通结构胶，还有以下几种特殊用胶：

① 芯体胶。芯体胶可以对木浆芯体进行抓着和固定，避免木浆芯体断裂和起坨。同时，还可以用在对湿强度有要求的工位，以达到理想的粘接要求。

② 前腰贴专用胶。如果底膜外覆布使用超柔非织造布或者是热风非织造布的时候，使用前腰贴专用胶，可以使用最少的胶量达到最理想的粘接效果。

③ 超柔非织造布专用胶。当面层等工位使用超柔非织造布时，普通结构胶难以形成理想的润湿效果，而超柔非织造布专用胶所使用的特殊材料以及特殊的配方工艺，可以对超柔非织造布产生非常好的效果。

④ 在线底膜复合专用胶。使用在线底膜复合专用胶，可以减少胶的用量，并且改善底膜的柔软度，手感更好。

（2）橡筋胶主要是对橡筋进行固定。除了普通橡筋胶，还有超柔非织造布专用橡筋胶。与超柔非织造布结构胶类似，当橡筋胶粘接的基材使用超柔非织造布时，普通橡筋胶很难形成良好的润湿效果，而超柔非织造布专用橡筋胶可以很好地解决这个问题。

（3）端封胶主要是对纸尿裤的端封工位进行粘接。

（4）尿显胶主要是对尿湿进行提示。

（5）左右贴胶主要是对魔术扣和S贴进行粘接。现在越来越多的卫生用品生产厂家尝试使用较薄的魔术扣基材，而目前市场上左右贴胶的使用温度基本上都在150℃以上，容易将这种薄的魔术扣烫伤或者烫变形，而低温魔术扣专用胶则可以解决这个问题。

3.2 拉拉裤

与纸尿裤一样，拉拉裤也用到结构胶、橡筋胶、端封胶和尿显胶。相对于纸尿裤，拉拉裤的橡筋更多，而且为了达到更好的皮肤触感，很多拉拉裤在腰围部位使用大量的超柔非织造布或棉柔非织造布，所以在拉拉裤上，超柔非织造布橡筋胶使用的量更大。

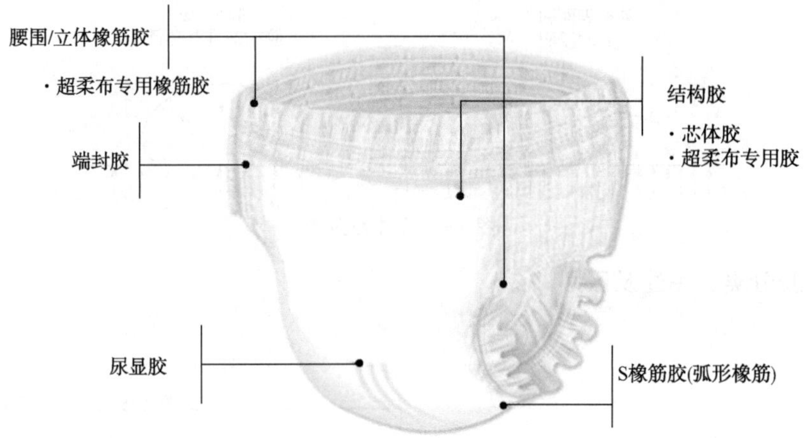

图15　拉拉裤结构示意图及用胶类型

另外，两片式拉拉裤有S橡筋工位，需要用到S橡筋胶。一般情况下，很多厂家在这个工位使用普通橡筋胶就可以达到使用要求。而对于一些特别的工艺以及对S橡筋工位有要求的厂家，则会使用S橡筋专用胶，使用较低的胶量就可以达到理想的粘接效果，同时可以改善柔软度，手感更柔软。

3.3 卫生巾

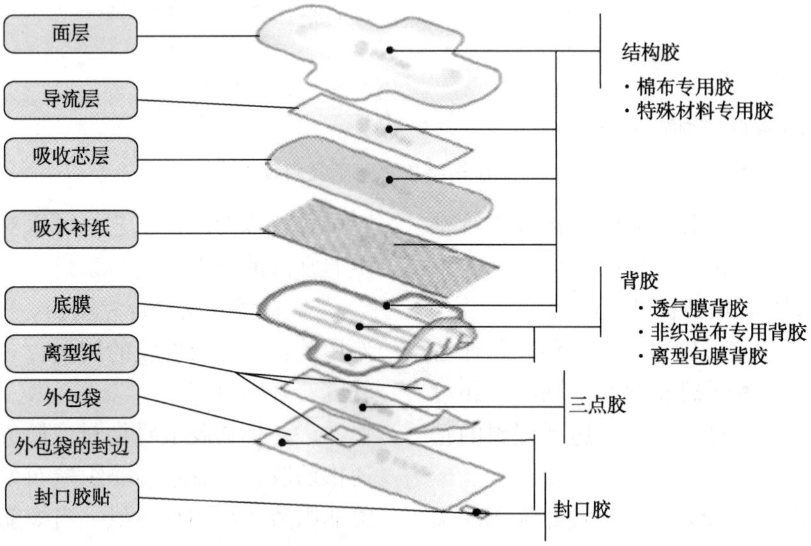

图16　卫生巾结构示意图及用胶类型

（1）卫生巾结构胶的功能和纸尿裤类似，也是对结构件进行粘接和固定。除了普通结构胶，还有以下几种特殊用胶：

① 棉布专用胶。当面层使用棉纤维材料时，普通结构胶在湿状态下容易鼓泡或离层。而棉布专用胶就可以很好地解决这个问题。

② 特殊材料专用胶。当面层使用蚕丝等特殊材料时，需要使用特殊材料专用胶，才可以形成

理想的粘接力。

(2) 卫生巾背胶主要是将卫生巾向内衣上固定粘接。除了普通背胶，还有以下几种特殊用胶：

① 透气膜背胶主要针对透气底膜使用。

② 非织造布专用背胶主要针对非织造布底膜使用。

③ 离型包膜背胶。当使用离型包膜时，普通背胶容易烫皱或烫破离型包膜，而离型包膜背胶则可以解决这个问题。

(3) 三点胶主要是对离型纸和外包袋进行固定和粘接。

(4) 封口胶主要是对外包袋进行封口使用的。

3.4 各类热熔胶的区别和要求

(1) 结构胶——面层、底膜、底膜复合等

- 低气味；
- 合适的开放时间；
- 对 PE 膜及非织造布粘接优良，良好的热稳定性，良好的上机性能。

(2) 端封胶——端封部位

- 低气味，低压敏性；
- 对基材粘接优良，良好的热稳定性，良好的上机性能。

(3) 橡筋胶——弹性腰围橡筋、腿部橡筋、立体护围橡筋、S 橡筋

- 低气味，良好的抗蠕变性；
- 对 PE 膜及非织造布粘接优良，良好的热稳定性。

(4) 芯层结构胶——芯层、导流层、上下吸水纸或非织造布等

- 低气味，良好的干湿强度；
- 良好的热稳定性，良好的上机性能。

(5) 尿显胶——底膜

- 低气味，变色速度快，防潮性能好，颜色保持效果好；
- 粘接性能良好，良好的热稳定性。

(6) 背胶——底膜

- 适中的棉布剥离力；
- 良好的抗转移性能；
- 良好的低温初黏性；
- 优良的老化稳定性，尤其是对于灰分含量高的透气膜产品，需要使用透气膜专用胶，可有效避免出现失黏的风险。

(7) 封口胶——包装袋

- 较低的剥离力，不易撕烂包装袋；
- 良好的抗转移性能；
- 优良的抗老化性能。

（富乐(中国)粘合剂有限公司　李晓勇）

一次性卫生用品抗菌抗病毒技术应用

Application of antibacterial and antiviral technology for disposable hygiene products

1 抗菌抗病毒定义及相关法规

1.1 定义

自然界的微生物大致可以分成两类：细胞型微生物、非细胞型微生物。

细胞型微生物可以分为原核细胞型微生物(细菌)和真核细胞型微生物(真菌)。原核细胞型微生物没有完整的细胞核，而真核细胞型微生物的细胞核较为完整，有细胞质、细胞膜、细胞器等。原核细胞型微生物可以根据外观形状分为球状和杆状两类，球状细菌有金黄色葡萄球菌，杆状细菌有大肠杆菌等。真核细胞型微生物也可以分成两类，单细胞型的酵母菌和多细胞型的霉菌。常见酵母菌有白色念珠菌，常见霉菌有黑曲霉菌。

非细胞型微生物可以分为病毒以及含衣原体在内的其他非细胞型微生物。根据核酸类型来看，病毒一般分为DNA病毒、RNA病毒两类；根据外部结构进行分类，可分成亲脂型病毒、亲水型病毒两大类，亲脂型病毒包括新冠病毒以及各种流感病毒等，亲水型病毒包括脊髓灰质炎病毒等。

根据《消毒技术规范》(卫生部，2002)、《化妆品安全技术规范》(食药监局，2015)、《消毒产品卫生安全评价技术要求》(WS 628—2018)、《抗菌和抑菌效果评价方法》(WS/T 650—2019)等法规依据，与抗菌抗病毒相关的定义如下：

• 消毒：杀灭病原微生物。

• 灭菌：杀灭一切微生物。包括致病微生物和非致病微生物。

• 抗菌：杀灭或妨碍细菌生长繁殖。抗菌是针对细菌而言的，而消毒和灭菌的对象实际上是所有微生物。

• 抑菌：抑制或妨碍细菌生长繁殖。试验过程中不使用中和剂(不终止其作用)。

• 杀菌：没有明确定义，可以理解为杀灭细菌。试验过程中使用中和剂(终止其作用)。

• 防腐：抑制微生物生长。

• 抗病毒：没有明确定义，可以理解为杀灭病毒或妨碍病毒复制。

• 消毒产品：消毒剂、消毒器械、抗(抑)菌制剂。市场监管时，生活用纸、吸收性卫生用品、擦拭巾被纳入其中。

1.2 相关法规

(1)《一次性使用卫生用品卫生标准》(GB 15979—2002)

• 强制性国标；

• 该标准中涉及了抗菌或抑菌的液体产品，定义比较模糊，没有明确提出技术指标及相应测试方法。

(2)《消毒技术规范》(卫生部，2002年版)

• 规定了具体的测试方法。比如杀菌或抑菌测试的染菌数、作用时间等；

• 规定了评价标准。比如溶出性抑菌率大于50%为有效抑菌，大于90%为较强抑菌；

• 规定了微生物代表，6个细菌，2个真菌，1个病毒。

(3)《特种洗手液》(GB 19877.1—2005)

明确规定了抗菌与抑菌的产品命名，抗菌即杀菌。1：1稀释后测试，作用时间2min，抗菌型杀菌率须≥90%，抑菌型抑菌率须≥50%。

(4)《卫生湿巾卫生要求》(WS 575—2017)

• 规定了杀菌剂的限用剂量；

• 拓展了杀灭微生物的范围(不限于菌类微生物)；

• 细化了毒理安全性的要求。即对皮肤刺激、黏膜刺激、眼睛刺激以及变态反应等做出了相应的细化要求。

(5)《载体消毒剂卫生要求》(T/WSJD 001—2019)

• 涵盖了消毒湿巾；

• 杀灭微生物指标要求等，远高于卫生湿巾。

(6)《绿色产品评价 纸和纸制品》(GB/T 35613—2017)

• 纸制品所用化学品，需经安全评价；

• 甲醛：婴儿产品禁用，非婴儿产品限用

(≤70mg/kg);

• 湿巾禁用 MIT 及凯松。

(7)《生活用纸和纸制品 化学品及原料安全评价管理体系》(GB/T 36420—2018)

• 与 GB/T 35613—2017 相比,内容更完善,要求更严格;

• 湿巾中甲醛:≤20mg/kg;

• 湿巾中 IPBC:≤0.01%;婴儿湿巾禁用。

(8)《消毒产品卫生安全评价技术要求》(WS 628—2018)

• 消毒剂、消毒器械、抗(抑)菌制剂等;

• 包括消毒湿巾、卫生湿巾;

• 产品上市前,需卫健委平台备案。消毒湿巾、卫生湿巾,目前不受理备案;

• 未经 CMA 认证的检验方法,应提供两家检测机构的检验报告。

(9)《抗菌和抑菌效果评价方法》(WS/T 650—2019)

• 再次规定了抗菌与抑菌之产品命名,抗菌即杀菌;

• 规定了滞留抑菌效果、持续抗菌作用的评价方法:

滞留抑菌效果试验:连续清洗 3 天后测试,染菌 2h,抑菌率须≥50%;

持续抗菌试验:一次涂抹,置室温,7—30 天后测试,染菌 2.5—20min,杀菌率须≥90%。

(10)《消毒产品标签说明书管理规范》(卫生部,2020)

• 涵盖了一次性使用卫生用品;

• 卫生湿巾禁止标注消毒及无检验依据的抑/杀微生物类别;

• 禁止标注疾病名称(疾病名称作为微生物名称一部分时除外,如"脊髓灰质炎病毒"等)。

(11)《化妆品安全技术规范》(食药监局,2015)

规定禁用组分 1383 项(其中动/植物组分 98 项)、限用组分 47 项、准用防腐剂 51 项,可供一次性使用卫生用品参照执行。

(12)《化妆品监督管理条例》(国务院,2020)

(13) 其他

• 欧标:《杀灭病毒要求》(BS EN1276—2009);《杀菌要求》(BS EN14476—2013);

• 美标:消毒剂必须注册。非人体用消毒剂归属 EPA,人体用消毒剂归属 FDA;

• 日标:抗菌测试的加菌量为 10^9cfu/mL。

2 抗菌抗病毒技术应用

2.1 生活用纸

抗菌抗病毒技术在生活用纸方面的应用主要是通过涂布的工艺来实施的,涂布包括喷涂和辊涂,OPU 一般可达 3%—30%。

如表 1 所示,生活用纸包括普通纸、保湿纸和超柔纸(含月子纸、产褥纸)。经过整理后具有保湿、超柔、平滑以及抑菌、杀菌、抗病毒功能。

表 1 生活用纸抗菌/抗病毒技术应用

品类	基础品质	保湿	超柔	平滑	抑菌	杀菌	抗病毒
普通纸	√	×	×	√	√	?	?
保湿纸	√	√	√	√	√	√	√
超柔纸	√	×	√	√	√	?	?

注:"√"表示已经产业化,"×"表示不会产业化,"?"表示尚未但有望产业化。

表 2 是生活用纸抗菌、抗病毒功能的具体表现,针对的微生物有金黄色葡萄球菌、大肠杆菌、白念珠球菌。如果想要标记"抑菌"或者"杀菌",必须对金黄色葡萄球菌、大肠杆菌有效,白念珠球菌不是强制性的。目前抗病毒方面只对亲脂病毒有效。

表 2 生活用纸抗菌/抗病毒技术应用具体表现

品类	抑菌(2—20min,抑菌率 50%—99%)			杀菌(2—20min,杀菌率 90%—99%)			抗病毒(2—20min,杀灭率 90%—99%)
	金葡	大肠	白念	金葡	大肠	白念	亲脂病毒
普通纸	√	√	非强制	?	?	?	?
保湿纸	√	√	非强制	√	√	非强制	√
超柔纸	√	√	非强制	?	?	非强制	?

注:"√"表示已经产业化,"?"表示尚未但有望产业化。

新冠疫情期间希安达推出的一款临时性终端产品——抗流感病毒乳霜纸。这个产品使用到两项专利技术，产品的 CMA 测试报告显示，在 5min 作用时间内对 H1N1 甲型流感病毒进行测试，产品抗病毒活性率为 99.99%。分别在 5min、20min 作用时间内对大肠杆菌、金黄色葡萄球菌这两类菌种进行测试，杀菌率分别为 99.0%、大于 99.9%。杀菌性能的稳定性试验结果为：该产品的杀菌作用在室温下至少保持两年。一次完整皮肤刺激试验结果则表明，该产品无刺激性。

2.2 吸收性卫生用品

如表 3 所示，吸收性卫生用品包括卫生巾、护理垫、成人纸尿裤以及婴儿纸尿裤。抗菌技术主要应用为抗菌 ES 纤维、抗菌纺粘非织造布或抗菌 SAP。抗菌技术在吸收性卫生用品方面具有重要的实际意义。对于卫生巾来说，抗菌意义在于除味、抑制炎症及瘙痒；对于护理垫来说，抗菌意义在于除臭、预防感染；对于成人纸尿裤来说，抗菌意义在于除臭、预防感染；对于婴儿纸尿裤来说，抗菌意义在于阻断尿氨生成，预防尿布疹。

表 3 吸收性卫生用品抗菌技术应用

品类	抗菌 ES/纺粘非织造布				抗菌 SAP	抗菌意义
	面层	导流层	芯体	包裹层		
卫生巾	√	√				除味，抑制炎症及瘙痒
护理垫	√					除臭，预防感染
成裤	√	√	√	√	√	除臭，预防感染
婴裤	√	√	√	√	√	阻断尿氨生成，预防尿布疹

注："√"表示已经产业化。

尿布疹一直是困扰婴儿纸尿裤行业的一个问题，图 1 为尿布疹发病机理。尿布疹是由过敏原引起的变态反应，属于过敏性疾病，不是感染性疾病。尿布疹过敏原是尿氨。

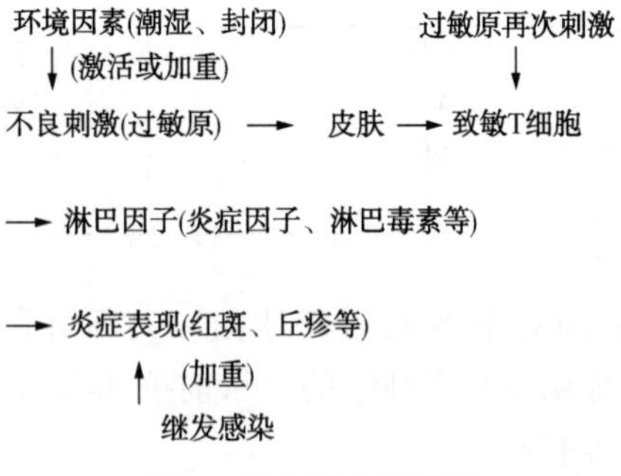

图 1 尿布疹发病机理

尿液中的尿素在尿酶的作用下分解为尿氨，尿氨主要以游离氨的形式存在，游离氨极易挥发且溶于水，所以纸尿裤的底膜必须透气，表层必须干爽。可以通过调酸、抗菌、抑酶的方式来控制游离氨的产生，采取透气措施来促使游离氨挥发，通过护肤来抗组胺、减轻过敏症状。

图 2 为人体尿液中氨的产生及控制措施，共四个环节，细菌、脲酶、游离氨、氨气，对应的四项控制措施为抗菌、抑酶、调酸、透气。

2.3 擦拭巾

(1) 抗病毒卫生湿巾(法规依据：卫生湿巾卫生要求 WS 575—2017，见表 4)

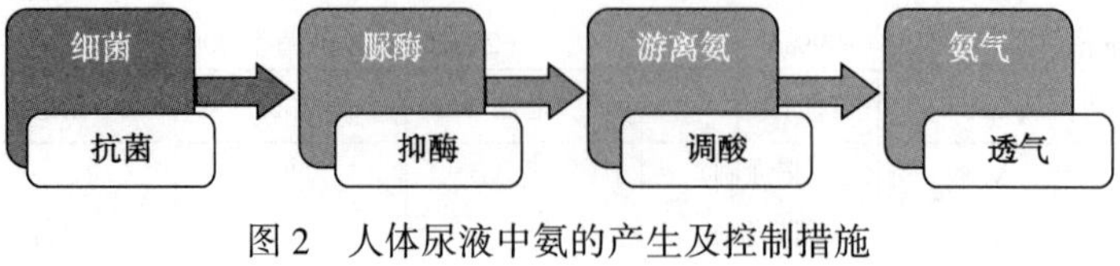

图 2 人体尿液中氨的产生及控制措施

表 4 抗病毒卫生湿巾技术要求

杀菌（1—20min，杀菌率 90%—99.99%）			抗病毒（1—20min，杀灭率 90%—99.99%）
金黄色葡萄球菌	大肠杆菌	白色念珠菌	亲脂性病毒
√	√	非强制	√

注："√"表示已经产业化。

在杀菌方面，抗病毒卫生湿巾要求对金黄色葡萄球菌、大肠杆菌有效，杀菌时间在 1—20min，杀菌率达到 90%—99.99%；在抗病毒方面，抗病毒卫生湿巾要求对亲脂性病毒有效，杀菌时间在 1—20min，杀菌率达到 90%—99.99%。

希安达公司在新冠疫情暴发后一个月之内推出的一款应急产品——卫生湿巾，可快速杀灭呼吸道传染病毒，杀灭率大于 99.99%。该产品有效成分为季铵盐消毒剂，对新冠病毒有效，这一款抗病毒卫生湿巾具有隐形成膜、持效防护的功能。擦拭固体表面 4h、8h 后再测试，杀菌率还能达到 90%以上。

该产品的冠状病毒测试分为 1min、2min、3min 3 个时间段，1min 杀灭率大约是 99.9%，2min、3min 都是大于 99.99%。

产品的 H1N1 甲型流感病毒的灭活测试报告显示，作用时间 1min，用湿巾挤出液进行测试，1min 内对 H1N1 甲型流感病毒的灭活率是 99.99%。

根据消毒湿巾的要求，对强制性的三个菌种，即大肠杆菌、金黄色葡萄球菌和铜绿假单胞菌，该产品的杀菌率都是大于 99.9%。该产品对手消毒现场试验显示，1min 内，杀菌率大于 99%，符合消毒湿巾的技术要求。

（2）抗菌/抗病毒棉柔巾：在线整理

表 6 抗菌/抗病毒棉柔巾

类别	超柔性	抑菌（2—20min，抑菌率 50%—99%）			抗病毒（2—20min，杀灭率 90%—99%）
		金黄色葡萄球菌	大肠杆菌	白色念珠菌	亲脂性病毒
纯棉水刺布	√	√	√	非强制	?
纯绵水刺布（全粘胶纤维水刺布）	√	√	√	非强制	?
粘涤水刺布	√	√	√	非强制	?

注："√"表示已经产业化，"?"表示尚未但有望产业化。

擦拭巾的第 2 类产品是抗菌/抗病毒棉柔巾整理剂。棉柔巾用的水刺布包括纯棉水刺布、纯绵水刺布、粘涤水刺布 3 类，都是通过在线整理的，在线整理是水刺完成后进入烘干前的步骤。在线整理可以赋予产品超柔性以及抑菌抗病毒的性能。

2.4 液体用品

液体用品主要有女性护理液以及抗菌/抗病毒洗手液两种。女性护理液的主要功能是清洁、杀菌或抑菌以及弱酸维护，而抗菌/抗病毒洗手液的主要功能是清洁，杀菌或抑菌/抗病毒。

3 希安达抗菌抗病毒技术产品

希安达抗菌抗病毒技术产品分为抗菌/抗病毒纸巾纸整理剂、抗菌/抗病毒非织造布整理剂、抗菌纺丝油剂及湿巾化学品 4 种。

抗菌抗病毒纸巾纸整理剂分为普通纸抗菌/抗病毒整理剂、保湿纸抗菌/抗病毒整理剂和超柔纸（含月子纸）抗菌/抗病毒整理剂；抗菌/抗病毒非织造布整理剂包括纺粘非织造布整理剂（多次亲水+抑菌/抗病毒）以及棉柔巾整理剂（超柔+抑菌/抗病毒）；如表 7 所示，抗菌纺丝油剂分为 ES 纺丝油剂和涤纶纺丝油剂，ES 纺丝油剂有单次亲水和多次亲水两种，而涤纶纺丝油剂只有单次亲水；湿巾化学品包含抗病毒卫生湿巾化学品、15s 杀菌率>99.9%卫生湿巾化学品、强效温和卸妆湿巾防腐体系、具有杀菌功能的厨房湿巾化学品、针对特种面料的特定防腐体系。

表 7　抗菌纺丝油剂

品类	单次亲水	多次亲水	抑菌（2—20min，抑菌率 50%—99%）			
			金葡	大肠	白念	枯草芽孢
ES 纺丝油剂	√	√	√	√	非强制	非强制
涤纶纺丝油剂	√	×	√	√	非强制	非强制

注："√"表示已经产业化，"×"表示尚未产业化。

（杭州希安达抗菌技术研究所有限公司　张富山）

热熔胶设备及维护

Hot melt adhesive equipment and maintenance

1 热熔胶供胶系统

1.1 卫生用品行业施胶应用

卫生用品行业应用热熔胶极为广泛，例如婴儿纸尿裤/拉拉裤、成人失禁用品、女性卫生用品等。

以婴儿纸尿裤为例，施胶工位如图1所示。

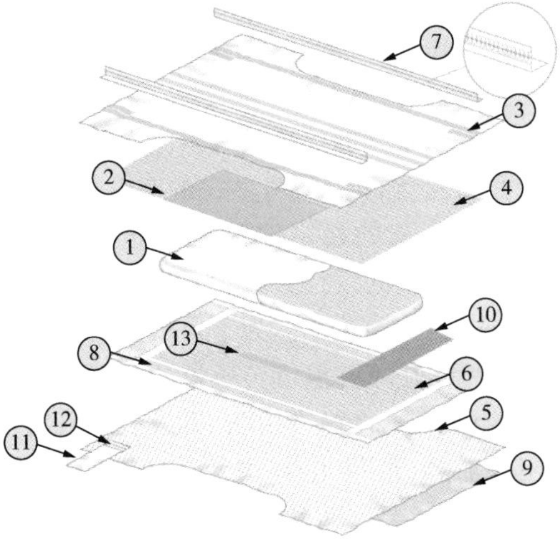

图1 婴儿纸尿裤的施胶工位

1—吸水衬纸固定；2—导流层固定；3—端封 & 边封；4—面层固定；5—PE膜与非织造布底膜复合；6—复合底膜与芯体 & 面层固定；7—立体护围橡筋固定；8—腿部橡筋固定；9—前腰贴固定；10—弹性腰围固定；11—魔术扣固定；12—左右耳贴固定；13—尿显

热熔胶系统分为两大系列：供胶设备和施胶设备。供胶设备包括桶胶机、箱式胶机、远程泵站；施胶设备包括喷枪、刮枪、喷嘴等。

1.2 热熔胶机分类及特点

热熔胶机是一种可以熔化固态热熔胶，并将热熔胶通过内部齿轮泵输送至远端喷枪或刮枪进行喷涂或刮涂的设备，广泛应用于吸收性卫生用品行业(纸尿裤、卫生巾、护理垫等)，汽车行业(内饰密封、空气滤芯等)，包装行业(纸箱包装、饮料包装等)，涂布复合行业(标签、胶带、手术衣、医用防护服等)。

热熔胶机由加热单元、驱动装置、控制系统和流量及安全回路四部分组成。加热单元由胶缸和熔胶槽组成，起到存储和熔化热熔胶的作用；驱动装置包括齿轮泵、电机和联轴器部分，起到输送热熔胶的作用；控制系统由PLC、触摸屏及其他电气元件构成，用于操作及设定热熔胶机各参数；流量及安全回路由流量回流阀和安全阀组成，安全阀可防止管路或装置中的热熔胶压力超过规定数值，流量回流阀可调节热熔胶的实时流量。

热熔胶机进入中国市场是在20世纪80年代中期，当时为按键式的齿轮泵胶机，只具备单一的输送热熔胶的功能。随着工业发展水平不断提高，触摸屏胶机应运而生，并且还附带压力控制与监测、低液位报警、流量控制等功能。在进入工业4.0时代，物联网应用越来越普遍，客户对集成控制与生产数据收集、管理的需求越来越多，因此热熔胶机又升级具备与主机联网通讯功能，以及可与闭环流量控制系统联机操作。

诺信热熔胶机分为VersaBlue系列、AltaBlue系列以及EZ系列。

诺信新一代触摸屏胶机AltaBlue Plus在联网通讯功能上再一次升级，全系胶机均配置PLC模块，在与主机联网通讯上，较上一代单片机的触摸屏胶机更为便捷。并且在闭环流量控制功能上，也进行了优化，使一台胶机可实现8路流量控制与数据的显示和存储。

AltaBlue Plus胶机有多项性能提升，包括：使用了10英寸触摸屏，响应速度提升，HMI控件全新升级、IOT工业4.0时代的智能化生产、提供更高功率的加热通道、多通道流量数据的显示和存储、全新压力传感器，实现远程校准和实时显示、全面提升安全性能。

VersaBlue N的优点包括：胶缸可额外扩容储胶槽、可定制化、高低液位控制可与桶胶机联动工作、可添加惰性气体隔绝热熔胶与空气的接触、外部压力显示、可连接控制ACM控制器，并可选配AB、西门子的PLC通讯模块。

Versablue XN双缸结构的箱式胶机可额外添加H/G加热通道、可额外添加外部马达控制及独立的I/O信号、最多可接8个单流泵或8个双流泵、Tank1 最大容量 20H、Tank2 最大容量 10H。

1.3 远程泵站

诺信 GP200 远程泵站可用于精确的计量，给远端的胶枪。主动马达驱动、热熔胶快速输送、适应最快 600m/min 生产速度、精确控制热熔胶的输出量、便捷的扩展施胶工位。

1.4 喉管

喉管应用在胶机与胶枪之间，起到输送热熔胶的作用。内管使用耐高温四氟乙烯材料，具有优良的耐温性及耐腐蚀性等特点。

喉管按传感器类型分为 Ni120 和 PT100 两种。喉管长度最短为 0.6m，最长为 19.8m。喉管内径根据用胶量及胶黏度的不同可选择 8mm/16mm(Ni120)和 8mm/13mm(PT100)。

诺信 PureFlow 喉管可降低热熔胶和流体降解效应，例如碳化、固化、褪色及异味。一般情况下，使用过程中输送的胶料会在喉管内部逐渐堆积，导致大多数热熔胶喉管都出现了使用寿命缩短的问题。而 PureFlow 喉管通过保持流体纯净和喉管内部清洁，可使喉管的平均使用寿命延长一倍。此外，RediFlex II 支架可改善布线和悬挂，进一步延长喉管的使用寿命。喉管内部的聚酰胺绝缘层可保持稳定的温度，从而提高热效率和热熔胶流量。

2 热熔胶施胶系统

2.1 热熔胶施胶基本介绍

在使用热熔胶施胶系统时应考虑：是否满足生产线速度、粘合强度、间断效果、边缘控制效果的要求，以及能否提高产品透气性与液体速渗性，是否有利于降低开机成本、应用广泛等问题。

精益生产需要将施胶方式的选择放在细节考虑范围内，从源头选择合适产品及生产工艺流程的施胶方式。粘结强度要求高的工位就要选择胶丝交叉的胶型，如螺旋喷嘴。粘结强度要求不高，但影响手感较明显的工位就要选择胶丝无交叉的胶型，如纤维喷嘴或柔性喷嘴。材料浸润要求高的工位选择胶丝较粗的喷嘴，但需保证胶水不透出材料。

2.2 喷枪

目前诺信喷枪分为四种：UA 万用喷枪、AltaSpray Plus 喷枪、AltaSpray-C 喷枪、AltaSpray-I 喷枪。

UA 万用喷枪具有斜面设计的枪体可以降低在高速运行中普遍存在的空气湍流现象，提高了喷胶形状的稳定性和优化进料路线的选择。

集成的空气加热器采用新式的空气流动设计，能够提高加热效率，保持一致的喷胶形状，而且能够降低电力消耗。均匀的热力分布和先进的液压特点带来更好的产品性能，提高效率。通用零件的使用有效降低库存，加快了产品的更新速度。可定制化程度高，如：模块间距、枪体尺寸、内部胶路或气路分段控制，耐腐蚀性的材料等。可配置多种模块，如：UM25、UM50、SpeedCoat、Bead Module。适应最高 650m/min 线速度的生产线。

AltaSpray-I 间断喷枪具有斜面设计的枪体可以降低在高速运行中普遍存在的空气湍流现象，提高了喷胶形状的稳定性和优化进料路线的选择。模块内插式的设计，减少了模块转接板，大幅度提升了热传导效率。为了提供更高的安全使用标准，枪体在原有温度传感器的基础上，加入防止过热的保护装置——Thermostat 恒温器。在胶枪不停加热(假设 RTD 失效，持续加热)情况时，Thermostat 会自动断开，以保护人员与设备安全。适应最高 350m/min 线速度的生产线。

AltaSpray-C 连续喷枪具有斜面设计的枪体可以降低在高速运行中普遍存在的空气湍流现象，提高了喷胶形状的稳定性和进料路线的选择。为了提供更高的安全使用标准，枪体在原有温度传感器的基础上，加入防止过热的保护装置——Thermostat 恒温器。在胶枪不停加热(假设 RTD 失效，持续加热)情况时，Thermostat 会自动断开，以保护人员与设备安全。优化了 ASC 枪体雾化气出气量，在同等的进气量条件下，ASC 枪体的出气量比上一代 ASP 枪体的出气量增加 20% 以上，使胶丝的成型更稳定。适应最高 350m/min 线速度的生产线。

AltaSpray Plus 连续喷枪，配置 UM50 模块，最大出胶宽度 1200mm，适应最高 350m/min 线速度的生产线，沿用 UA 枪雾化气孔保护槽设计。

2.3 刮枪

刮枪分为 AltaSlot-C 连续刮枪、TrueCoat 连续刮枪、Trio 刮枪、AltaSlot-I 间断刮枪、SpeedCoat 超高速间断反抽刮枪、HarpCoat 透气涂

刮枪。

2.4 Harmony 胶枪

Harmony 胶枪可满足连续喷胶/刮胶、间断喷胶/刮胶、超高速刮胶。Harmony 的特点是：专利的枪体外形设计、均匀的热传导性能和先进的胶道设计、专利的快速更换喷嘴夹紧设计，兼容 Universal™整系列喷嘴、备件通用性高，快速更换服务组件、Unison™插入式加热方式。

这些特点带来很多收益，例如：减少空气湍流，提高喷胶胶型的稳定性、优越的喷涂性能，提高效率，胶型更均匀、模块互换性，既可进行连续喷涂又可进行间断喷涂、减少投资成本、减少培训需求、通用模块底座支持重新配置及升级。

2.5 喷嘴

常用的喷嘴类型：大螺旋喷嘴 CF、小螺旋喷嘴 Summit、纤维喷嘴 Signature、Control Coat 喷嘴、橡筋喷嘴 SureWrap、橡筋刮嘴 Allegro、柔性喷嘴 Rhythm。

大螺旋 CF 喷嘴适用于 350m/min 以内的生产线，施胶宽度 20—25mm，粘接度高。

小螺旋 Summit 喷嘴适用于 400m/min 以内的生产线，施胶宽度 6.25—25mm，粘接度高，可以灵活地调节尺寸。

纤维 Signature 喷嘴适用于 650m/min 以内的生产线，施胶宽度 6.25—25mm，边缘控制好，灵活的尺寸调节。

Control Coat 喷嘴适用于 600m/min 以内的生产线，以喷涂的形式达到刮涂的效果，边缘控制好。

橡筋喷嘴 SureWrap 适用于 600m/min 以内的生产线，以喷涂的形式包裹橡筋，最小橡筋间距 2.5mm，良好的抗蠕变性，V 型卡槽设计便于安装橡筋。

橡筋刮嘴 Allegro 适用于 650m/min 以内的生产线，以刮涂的形式包裹橡筋，最小橡筋间距 2.5mm，导向柱设计便于安装橡筋，维护保养方便，较低的施胶定量，良好的抗蠕变性。

Rhythm 柔性喷嘴适用于 500m/min 以内的生产线，导向块设计便于安装橡筋，维护保养方便，较低的施胶定量，良好的抗蠕变性，提升产品手感柔软度。

3 热熔胶施胶系统维护

热熔胶系统长期在高温高压下工作可能会出现很多问题，例如产生碳化物、出胶量减少、喷嘴堵塞，造成喷胶(刮胶)不良、压力过高产生停机、过滤网爆裂等。所以定期维护会大大减少非计划停机时间、降低产品的次品率，还可延长胶机设备的使用寿命。

热熔胶施胶系统维护包括：胶机基本维护、喉管的正确摆放及维护、胶枪/喷嘴的清护及清洁。

3.1 胶机维护

胶机的基本维护一般在机器运行 500 小时后。

胶机基本维护分为四部分：胶机表面清洁、胶机电柜清洁、胶机过滤网清洁和胶缸清洁/翻新。

3.2 喉管使用和维护

正确使用和摆放喉管可以大大提升喉管的使用寿命。同时喉管的维护也涌现了很多新技术，例如防碳化技术。

3.3 胶枪维护

刮枪分为 AltaSlot-C 连续刮枪、TrueCoat 连续刮枪和 Trio 刮枪。

刮枪的维护包含模块观察孔渗胶的修复、刮枪过滤器及刮唇拆卸/更换过滤网、刮枪角度调整及刮唇磨损问题。

3.4 喷嘴清洗

进行喷嘴清洁时必须是经过专业培训的人员才可以进行操作或维护诺信热熔胶设备。喷嘴清洁必要的工具和相关材料包含扭力扳手/内六角扳手、喷嘴清洁组件、工业用电吹风、非金属耐高温毛刷、Citrus-Based 清洗水、Type-RFluid 超声波清洗仪、烘炉、排胶盘/抹布(一次性)、密封圈/喷嘴润滑剂。

拆除喷嘴时需要六个步骤：

(1) 将熔胶设备加热至胶水熔点；

(2) 停止胶机加热，关闭齿轮泵；

(3) 关闭枪的电磁阀供气；

(4) 喷枪需将雾化气压降低但不要完全关闭；

(5) 将胶机系统泄压；

(6) 拆除喷嘴。

喷嘴进行溶剂清洗时要注意加热盘必须可控制温度，加热温度高于胶的熔点，温度为 90℃左右，时间约为 10min。

溶剂清洗后还要烘烤，烘烤步骤包括：

（1）拆除被烘烤件的密封组件，将其放入烘炉中加热至385℃约4h；

（2）关闭烘炉，待烘烤件冷却后取出烘烤件；

（3）用软布擦去清洗件上的灰碳，用小量的压缩空气从固定面吹胶/气孔；

（4）针对卡在喷嘴孔中的炭化物可用通针或超声波清洗仪进行清洁。

烘烤时的注意事项包括：

（1）烘烤某些有机溶剂或热熔胶时可能会引起爆炸或产生有毒气体，使用前需根据相关溶剂/热熔胶及烘炉的相关参数进行操作。

（2）烘炉必须是可以进行温度控制并能调整到需要的温度，禁止使用温度不可调节的烘炉。

（3）加热温度需根据烘烤零件大小、数量及热熔胶的种类，烘炉的功率进行调节，诺信建议在烘烤零件时，先使用报废的零件进行烘烤测试。

4 胶枪现场维护保养

4.1 UM25模块清洗保养

UM25模块清洗保养，需要使用专用工具(零件号：PN1050081)，模块零件拆卸分解时必须在模块比较烫的状态进行。

清洗过程：

（1）将模块零件浸入Type-R溶剂煮；

（2）用专用清洗液，铜刷或软钢丝刷清洗；

（3）模块体放入烤箱(电阻炉)400℃、4h；

（4）用压缩空气清洁模块内部；

（5）放入专用清洗液再次清洗一遍，重点是模块内部。

清洗后的操作：

（1）进行安装前的内部检查；

（2）安装模块密封件前先在密封圈和螺纹上涂抹耐高温润滑油脂，然后使用专用工具将模块密封件顺时针拧紧；

（3）放入阀针，将阀针压入，留5—10mm间隙，套上阀针位置固定装置并定于模块中央，然后使用专用工具将阀针压至底部；

（4）检查阀针活塞片是否有翻边情况；

（5）安装模块密封圈。

4.2 EP11刮枪反抽模块的保养

使用的工具：0.3mm的塞片、10mm长颈梅花扳手、5.5mm套筒扳手、卡簧钳。

注意事项：(1)模块必须要在很烫的情况下进行；(2)气缸活塞装置使用10mm梅花扳手，顶针间隙固定螺帽，使用5.5mm套筒扳手；(3)梅花扳手和套筒扳手同时使用，先拆除5.5mm固定螺帽之后使用套筒扳手拆除顶针。

EP11顶针轴封的安装步骤：(1)有拉簧的一面，面向操作者；(2)用8mm的内六角扳手平面一侧，把顶针轴封压到底；(3)放入铜垫圈；(4)安装卡簧；(5)密封圈安装前都要涂抹耐高温油脂；(6)使用塞片检查顶针活动间隙0.3mm；(7)顶针固定螺帽涂抹螺纹胶。

4.3 SpeedCoat模块保养

装配时需要准备4mm内六角扳手和高温润滑油脂，还要检查顶针行程是否处于0.3±0.05mm范围内。

4.4 Summit喷嘴保养

清洗方法：放入碳化物清洗液中浸泡24h以上，再放入专用清洗液里，用铜刷或软钢丝刷刷干净、用通针清理干净每一个孔、用压缩空气吹干净、安装新的密封圈。

枪体上模块的拆卸注意事项：不能在胶枪较高温度时直接拆卸，会导致胶枪上出胶孔的胶溢出，少部分的胶倒流进螺旋气孔里，时间久了这些胶就会形成碳化物，影响喷嘴的施胶效果。

正确的方法是先打开胶枪的泄压阀，释放胶枪内部的胶压并且在喷枪温度加温或降温至80℃左右时进行；枪体内的胶成软化状态，但并没有至液体状态，胶就不会从胶孔里流出，从而减少枪体螺旋气孔里和模块螺旋气孔里碳化物的形成。

（诺信(中国)有限公司　朱月明　洪学军　范之民）

主要生产企业

MAJOR MANUFACTURERS OF TISSUE PAPER & DISPOSABLE PRODUCTS

[3]

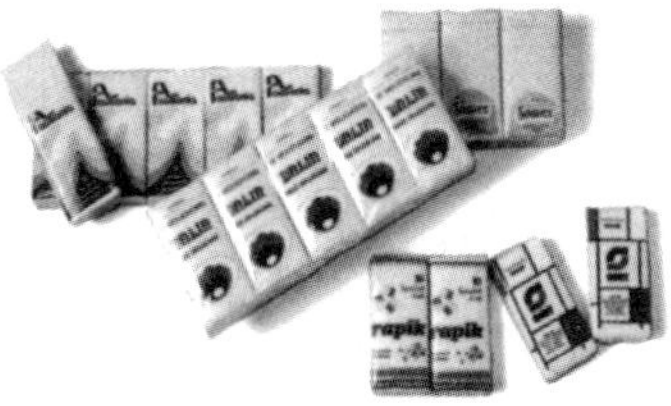

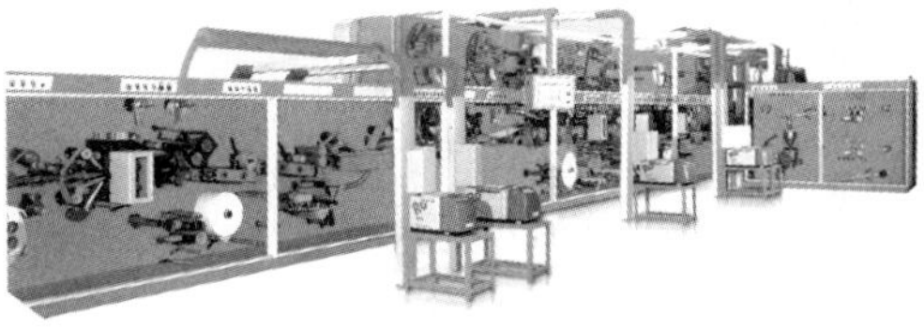

主要生产企业、品牌及地理位置分布图

List of major manufacturers, brands and location maps of major manufacturers in China

生活用纸

Tissue paper and converting products

编号	省市	公司名称	品牌
1	河北	丽邦集团(含河北保定、湖北孝感) Libang Group	丽邦，港兴
2		保定雨森卫生用品有限公司(含河北保定、辽宁) Baoding Yusen Health Supplies Co., Ltd.	雨森，百丽
3		河北金博士集团有限公司 Hebei Golden Doctor Group Co., Ltd.	金博仕
4		河北雪松纸业有限公司 Hebei Xuesong Paper Co., Ltd.	雪松，佳贝，好人家，真情
5	上海	上海东冠集团 Shanghai Orient Champion Group	洁云，丝柔，自由森林
6		泰盛科技(集团)股份有限公司(含重庆、贵州、江西、湖北、安徽、四川乐山) Taison Scientific and Technical Group Co., Ltd.	维尔美，纤纯，竹态
7	江苏	金红叶纸业集团有限公司(含江苏苏州、江苏南通、海南、湖北、辽宁、四川遂宁、四川雅安) Gold Hongye Paper Group Co., Ltd.	唯洁雅，清风，真真
8		永丰余家品(昆山)有限公司(含江苏扬州、广东肇庆) Yuen Foong Yu Family Care (Kunshan) Co., Ltd.	五月花
9		胜达集团江苏开胜纸业有限公司 Shengda Group Jiangsu Kaisheng Paper Industry Co., Ltd.	双灯，蓝雅，蓝欣，老好
10		江苏王子制纸有限公司 Jiangsu Oji Paper Co., Ltd.	妮飘
11	浙江	唯尔福集团股份有限公司 Welfare Group Co., Ltd.	纸音
12		浙江景兴纸业股份有限公司 Zhejiang Jingxing Paper Joint Stock Co., Ltd.	品萱
13	福建	恒安(中国)纸业有限公司(含福建晋江、湖南、山东、重庆、安徽、新疆、广东) Hengan (China) Paper Co., Ltd.	心相印，品诺
14		福建植护网络科技有限公司(含福建、广西、河北) Fujian Botare Network Technology Co., Ltd.	植护
15		福建恒利集团有限公司 Fujian Hengli Group Co., Ltd.	好吉利
16	山东	东顺集团股份有限公司(含山东、黑龙江) Dongshun Group Co., Ltd.	顺清柔
17		山东晨鸣纸业集团股份有限公司(含山东、湖北武汉) Shandong Chenming Paper Holding Co., Ltd.	星之恋，森爱之心
18		山东太阳生活用纸有限公司(含山东、广西) Shandong Sun Household Paper Co., Ltd.	幸福阳光
19	河南	银鸽集团 Yinge Group	银鸽，舒蕾
20		河南护理佳纸业有限公司 Henan Foliage Paper Co., Ltd.	品秀
21	广东	维达纸业(中国)有限公司(含广东新会会城、广东新会双水、广东新会三江、广东阳江、湖北、北京、四川、浙江、辽宁、山东) Vinda Paper (China) Co., Ltd.	维达，花之韵
22		中顺洁柔纸业股份有限公司(含广东江门、广东云浮、湖北、四川、浙江、河北唐山) C&S Paper Co., Ltd.	洁柔，太阳
23		韶能集团(含广东、湖南) Shaoneng Group	韶能本色
24	广西	广西华劲集团股份有限公司(含江西赣州、广西南宁) Guangxi Hwagain Group Co., Ltd.	华劲
25		广西横县江南纸业有限公司 Guangxi Hengxian Jiangnan Paper Co., Ltd.	桂纤，爽手
26	四川省	四川环龙新材料有限公司 Sichuan Vanov New Material Co., Ltd.	斑布
27		四川省犍为凤生纸业有限责任公司 Sichuan Jianwei Fengsheng Paper Co., Ltd.	山丘
28		宜宾纸业股份有限公司 Yinbin Paper Industry Co., Ltd.	金竹
29	重庆	重庆理文卫生用纸制造有限公司(含重庆、江西、广东) Chongqing Lee & Man Tissue Paper Manufacturing Limited.	亨奇
30	山西	山西云冈纸业有限公司 Shanxi Yungang Paper Co., Ltd.	云冈，花之都，汉舒
31		山西力达纸业集团有限公司 Shanxi Lida Paper Co., Ltd.	益宝
32	陕西	陕西法门寺纸业有限公司 Shaanxi Famensi Paper Co., Ltd.	法门寺

注：(1)表中只包含已投产企业；(2)表中只包含了有原纸的生产企业。

生活用纸
Tissue paper and converting products

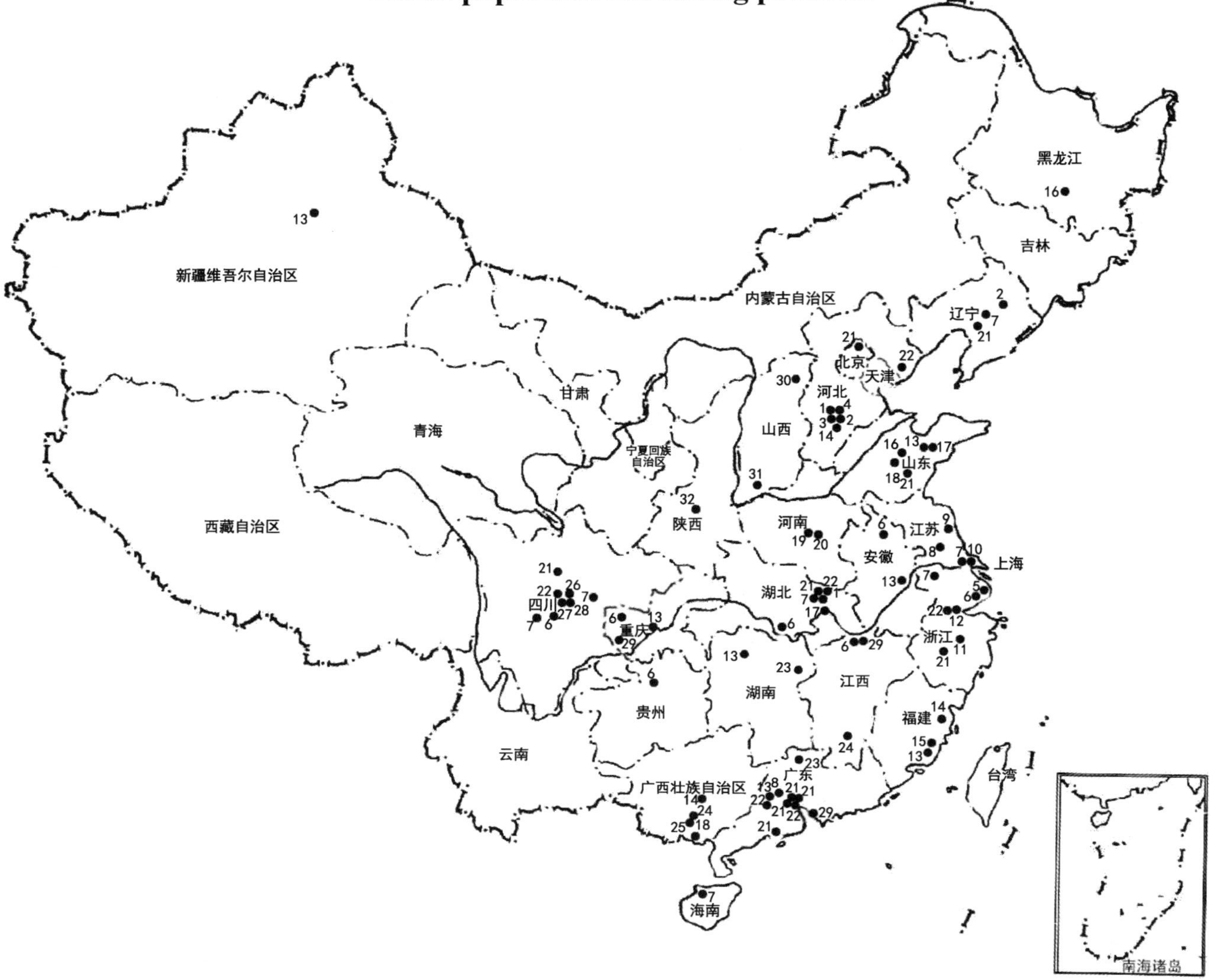

卫生用品——卫生巾和护垫

Disposable hygiene products——Sanitary napkins and pantiliners

编号	省市	公司名称	品牌
1	北京	金佰利(中国)有限公司(含北京、江苏) Kimberly-Clark (China) Co., Ltd.	高洁丝
2		北京倍舒特科技发展有限公司 Beijing Beishute Science & Technology Development Co., Ltd.	倍舒特
3		北京倍舒特妇幼用品有限公司 Beijing Beishute Maternity & Child Articles Co., Ltd.	月自在
4	天津	小护士(天津)科技股份有限公司 Little Nurse (Tianjin) Technology Co., Ltd.	小护士
5	上海	尤妮佳生活用品(中国)有限公司(含上海、天津、江苏) Unicharm Consumer Products (China) Co., Ltd.	苏菲
6		上海花王有限公司 Kao Corporation Shanghai Co., Ltd.	乐而雅
7		上海护理佳实业有限公司 Shanghai Hulijia Industry Co., Ltd.	护理佳
8		康那香企业(上海)有限公司 Kang Na Hsiung Enterprise (Shanghai) Co., Ltd.	康乃馨，御守棉，就爱纯棉
9		上海申欧企业发展有限公司 Shanghai Sun'o Development Co., Ltd.	555，悠 U
10		上海月月舒妇女用品有限公司 Shanghai Yueyueshu Women Products Co., Ltd.	月月舒
11	江苏	江苏三笑集团有限公司 Jiangsu Sanxiao Group Co., Ltd.	笑爽，一点点
12	浙江	唯尔福集团股份有限公司 Welfare Group Co., Ltd.	唯尔福，美丽约会
13		维达纸业(浙江)有限公司(含浙江、湖北) Vinda Paper (Zhejiang) Co., Ltd.	薇尔
14		杭州可悦卫生用品有限公司 Hangzhou Credible Sanitary Products Co., Ltd.	月满好，OEM
15		杭州余宏卫生用品有限公司 HangzhouYuhong Health Products Co., Ltd.	安琦，布知布觉，OEM
16		杭州川田卫生用品有限公司 Hangzhou Kawada Sanitary Products Co., Ltd.	OEM 为主
17	福建	福建恒安集团有限公司(含福建、天津、浙江、安徽、江西、山东、河南、湖北、广西、四川、陕西) Fujian Hengan Group Co., Ltd.	七度空间，安尔乐
18		福建恒利集团有限公司 Fujian Hengli Group Co., Ltd.	好舒爽，舒爽
19		中天(中国)工业有限公司 AAB (China) Co., Ltd.	丝婷
20	山东	山东永芳卫生用品有限公司 Shandong Yongfang Hygiene Products Co., Ltd.	A&S，永芳
21	河南	河南舒莱卫生用品有限公司 Henan Simulect Hygiene Products Co., Ltd.	舒莱
22	湖北	湖北丝宝股份有限公司 Hubei C-BONS Group Co., Ltd.	洁婷
23	湖南	湖南千金卫生用品股份有限公司 Hunan Qianjin Hygienic Products Co., Ltd.	千金净雅
24	广东	宝洁(中国)有限公司 Procter & Gamble (China) Co., Ltd.	护舒宝
25		广东景兴健康护理实业股份有限公司 Kingdom Sanitary Products Co., Ltd. Guangdong	ABC，Free
26		佛山市啟盛卫生用品有限公司 Foshan Kayson Hygiene Products Co., Ltd.	U 适，小妮
27		广东美洁卫生用品有限公司 Guangdong Magic Sanitary Articles Co., Ltd.	美洁，美宜洁，美月爽
28		中山佳健生活用品有限公司 Zhongshan Jiajian Daily-use Products Co., Ltd.	佳期
29		广东川田卫生用品有限公司 Guangdong Kawada Sanitary Products Co., Ltd.	OEM 为主
30		深圳全棉时代科技有限公司 PurCotton Era Science and Technology Co., Ltd.	奈丝公主
31		广东康怡卫生用品有限公司 Guangdong Kangyi Hygiene Products Co., Ltd.	康怡
32		佛山市佩安婷卫生用品实业有限公司 Foshan Peianting Sanitary Articles Industrial Co., Ltd.	佩安婷，珮夫人
33	广西	桂林洁伶工业有限公司(含广西、湖北) Guilin Jieling Industrial Co., Ltd.	洁伶，淘淘氧棉
34	重庆	重庆百亚卫生用品股份有限公司 Chongqing Baiya Sanitary Products Co., Ltd.	自由点，妮爽
35	云南	云南白药清逸堂实业有限公司 Yunnan Baiyao Qingyitang Industry Co., Ltd.	日子

卫生用品——卫生巾和护垫
Disposable hygiene products——Sanitary napkins and pantiliners

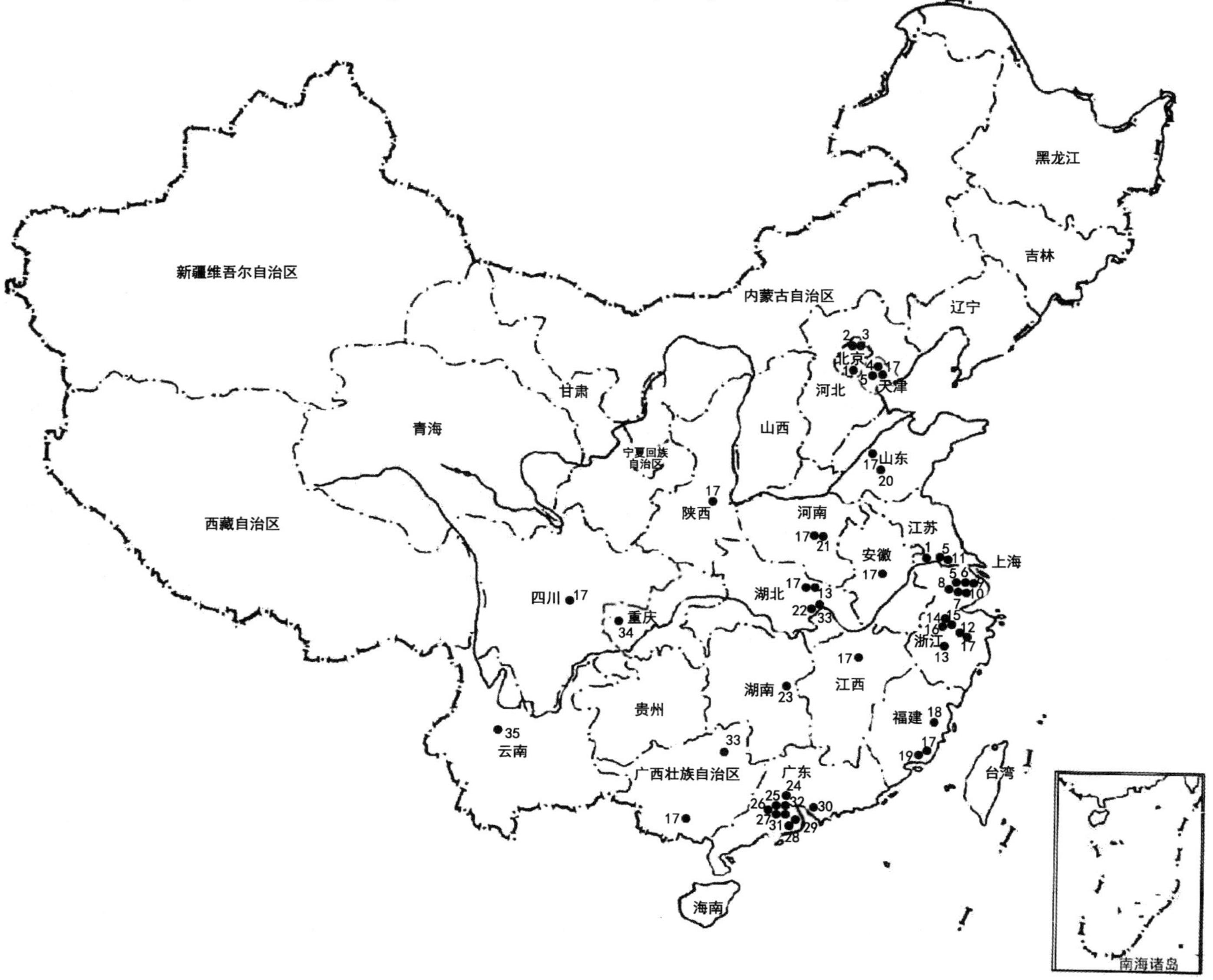

卫生用品——婴儿纸尿裤/片
Disposable hygiene products——Baby diapers/diaper pads

编号	省市	公司名称	品牌	编号	省市	公司名称	品牌
1	天津	金佰利(中国)有限公司(含天津、江苏) Kimberly-Clark (China) Co., Ltd.	好奇 Huggies	14		泉州天娇妇幼卫生用品有限公司 Quanzhou Tianjiao Lady & Baby's Hygiene Supply Co., Ltd.	妈咪亲，欢乐贝比，家得宝
2	上海	尤妮佳生活用品(中国)有限公司(含上海、天津、江苏) Unicharm Consumer Products (China) Co., Ltd.	妈咪宝贝，Moony	15		百润(中国)有限公司 Baron (China) Co., Ltd.	贝舒乐，百润
3	江苏	大王(南通)生活用品有限公司 Elleair International China (Nantong) Co., Ltd.	GOO. N	16	湖南	湖南舒比奇生活用品有限公司 Hunan Suitsky Household Products Co., Ltd.	舒比奇
4	浙江	杭州千芝雅卫生用品有限公司(含浙江、湖北) Hangzhou Qianzhiya Sanitary Products Co., Ltd.	名人宝宝	17		湖南爽洁卫生用品有限公司 Hunan Shajoy Sanitary Articles Co., Ltd.	爽然，爱心妈妈
5		杭州豪悦护理用品股份有限公司(含浙江、江苏、湖北) Hangzhou Haoyue Healthcare Products Co., Ltd.	妈妈咪呀	18	广东	宝洁(中国)有限公司 Procter & Gamble (China) Ltd.	帮宝适
6		杭州可靠护理用品股份有限公司 Hangzhou Coco Healthcare Products Co., Ltd.	酷特适	19		广东昱升个人护理用品股份有限公司(含广东、浙江、湖南) Guangdong Yusheng Sanitary Products Inc., Ltd.	吉氏，舒氏宝贝
7		杭州淑洁卫生用品有限公司(含浙江、四川) Hangzhou Shujie Hygiene Products Co., Ltd.	爱格玛，哈呢哈呢，巴比酷	20		凯儿得乐(深圳)科技发展有限公司 Caredaily (Shenzhen) Technology Development Co., Ltd.	凯儿得乐
8	安徽	花王(合肥)有限公司 Kao (Hefei) Co., Ltd.	妙而舒	21		广东欧比个人护理用品有限公司 Guangdong Obee Personal Care Products Co. , Ltd.	宾比，小天王，欧贝比
9	福建	福建恒安集团有限公司(含福建、安徽、江西、河南、四川) Fujian Hengan Group Co., Ltd.	奇莫 Q·MO，安儿乐	22		东莞市常兴纸业有限公司 Dongguan Changxing Paper Co., Ltd.	一片爽，片片爽
10		爹地宝贝股份有限公司 Daddybaby Corporation Ltd.	爹地宝贝	23		广东茵茵股份有限公司 Guangdong Yinyin Co., Ltd.	茵茵 Cojin
11		雀氏(福建)实业发展有限公司 Chiaus (China) Daily Necessities Co., Ltd.	雀氏	24		广东康怡卫生用品有限公司 Guangdong Kangyi Hygiene Products Co., Ltd.	康怡宝宝
12		福建利澳纸业有限公司 Fujian Liao Paper Co., Ltd.	乐贝，龙猫博士，倍爱宁	25	贵州	贵州卡布国际生物科技有限公司 Guizhou Clothe International Biotechnology Co., Ltd.	卡比布，婴之道
13		泉州市嘉华卫生用品有限公司 Quanzhou Jiahua Sanitary Articles Co., Ltd.	宜婴				

卫生用品——婴儿纸尿裤/片
Disposable hygiene products——Baby diapers/diaper pads

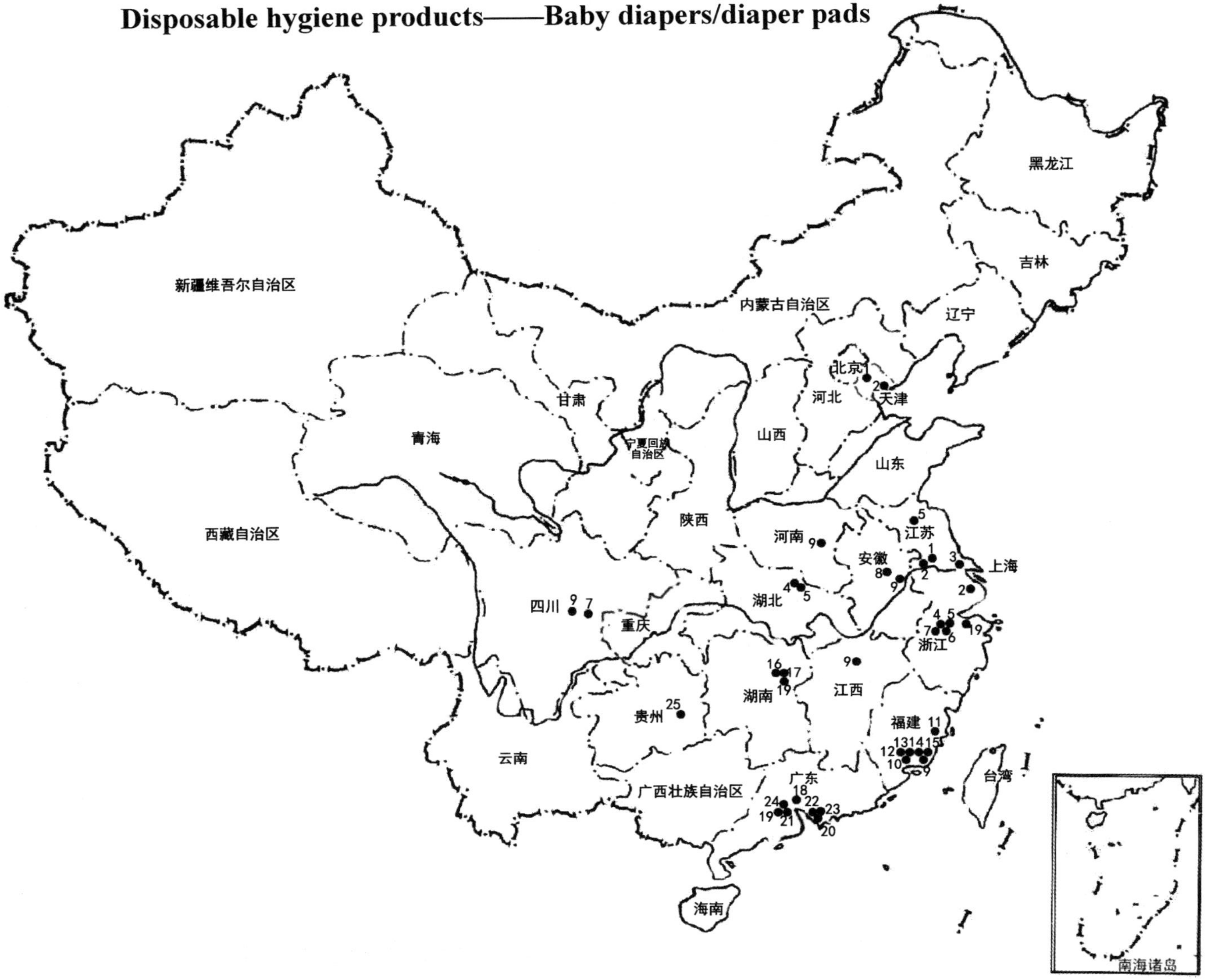

卫生用品——成人失禁用品
Disposable hygiene products——Adult incontinent products

编号	省市	公司名称	品牌	编号	省市	公司名称	品牌
1	北京	金佰利(中国)有限公司 Kimberly-Clark (China) Maternity & Child Articles Co., Ltd.	得伴	13		浙江珍琦护理用品有限公司 Zhejiang Sunkiss Healthcare Co., Ltd.	珍琦，自由生活
2		北京倍舒特妇幼用品有限公司 Beijing Beishute Maternity & Child Articles Co., Ltd.	捷护佳	14		维达纸业(浙江)有限公司 Vinda Paper (Zhejiang) Co., Ltd.	添宁，包大人
3	天津	天津市依依卫生用品股份有限公司(宠物垫为主) Tianjin Yiyi Hygiene Products Co., Ltd.	依依	15		杭州淑洁卫生用品有限公司 Hangzhou Shujie Hygiene Products Co., Ltd.	益年康，淑洁康
4	河北	河北金洁卫生科技有限公司 Hebei Jinjie Health Technology Co., Ltd.	一把手，静中净	16		唯尔福集团股份有限公司 Welfare Group Co., Ltd.	唯尔福
5	辽宁	辽宁汇英般舟医用材料有限公司 Liaoning Huiying Banzhou Medical Material Co., Ltd.	会好	17	安徽	芜湖悠派护理用品科技股份有限公司 U-play Corporation	悠派，福派
6	上海	尤妮佳生活用品(中国)有限公司(含上海、江苏) Unicharm Consumer Products (China) Co., Ltd.	乐互宜	18	福建	福建恒安集团有限公司(含福建、江西、四川) Fujian Hengan Group Co., Ltd.	安而康
7		上海亿维实业有限公司 Shanghai E-Way Industry Co., Ltd.	宝莱	19		福建省莆田市荔城纸业有限公司 Fujian Licheng Paper Co., Ltd.	佳爽爱康
8	江苏	苏州市苏宁床垫有限公司 Suzhou Suning Underpad Co., Ltd.	安帕	20	山东	山东爱舒乐卫生用品有限责任公司 Shandong Aishule Hygiene Products Co., Ltd.	爱舒乐
9		江苏永福康卫生用品科技有限公司 Jiangsu Yofoke Healthcare Technology Co., Ltd.	旅伴，永福康	21		山东云豪卫生用品股份有限公司 Shandong Yunhao Hygiene Products Co., Ltd.	洁来
10	浙江	杭州可靠护理用品股份有限公司 Hangzhou Coco Healthcare Products Co., Ltd.	可靠	22		山东日康卫生用品有限公司 Shandong Rikang Health Products Co., Ltd.	福露达，怡洁康
11		杭州千芝雅卫生用品有限公司 Hangzhou Qianzhiya Sanitary Products Co., Ltd.	千芝雅，千年舟	23	广东	东莞市常兴纸业有限公司 Dongguan Changxing Paper Co., Ltd.	雅康健，护理爽
12		杭州豪悦护理用品股份有限公司(含浙江、江苏、湖北) Hangzhou Haoyue Healthcare Products Co., Ltd.	白十字，汇泉，好年，康福瑞	24		广东茵茵股份有限公司 Guangdong Yinyin Co., Ltd.	茵茵 Cojin

卫生用品——成人失禁用品
Disposable hygiene products——Adult incontinent products

卫生用品——擦拭巾
Disposable hygiene products——Wipes

编号	省市	公司名称	品牌	编号	省市	公司名称	品牌
1	北京	金佰利(中国)有限公司 Kimberly-Clark (China) Co., Ltd.	舒洁 Kleenex	14	安徽	铜陵洁雅生物科技股份有限公司 Jyair Bio-Tech Co., Ltd.	艾妮，喜擦擦，哈哈
2	辽宁	大连欧派科技有限公司 Dalian Oupai Technological Co., Ltd.	优普爱	15		安徽汉邦日化有限公司 Anhui Hanbon Daily Chemical Co., Ltd.	憨贝洁
3		大连大鑫卫生护理用品有限公司 Dalian Daxin Health Nursing Products Co., Ltd.	娇点，黑白猪	16	福建	福建恒安集团有限公司(含福建、安徽、江西、新疆) Fujian Hengan Holding Co., Ltd.	心相印
4	上海	上海美馨卫生用品有限公司 Shanghai American Hygienics Co., Ltd.	Dr. Parmar 帕玛医生	17		漳州市中南护理用品有限公司 Zhangzhou Zhongnan Nursing Products Co., Ltd.	淘淘熊
5		强生(中国)有限公司 Johnson & Johnson (China) Ltd.	强生，暖呵	18		福建新亿发集团有限公司 Fujian New Yifa Group Co., Ltd.	手心缘
6		康那香企业(上海)有限公司 Kang Na Hsiung Enterprise (Shanghai) Co., Ltd.	康乃馨，OEM	19	山东	山东省润荷卫生材料有限公司 Shandong Runhe Health Materials Co., Ltd.	润荷
7		上海三君生活用品有限公司 Shanghai Sanjun General Merchandise Co., Ltd.	楚牌	20		济南卡尼尔科技有限公司 Jinan Kanier Science & Technology Co., Ltd.	卡尼尔
8		贝亲婴儿用品(上海)有限公司 Pigeon (Shanghai) Co., Ltd.	贝亲	21	广东	深圳全棉时代科技有限公司 PurCotton Era Science and Technology Co., Ltd.	Purcotton 全棉时代
9	江苏	金红叶纸业集团有限公司 Gold Hongye Paper Group Co., Ltd.	清风	22		维达纸业(中国)有限公司(含广东、北京、湖北) Vinda Paper (China) Co., Ltd.	维达
10		扬州倍加洁日化有限公司 Yangzhou Perfect Daily Chemicals Co., Ltd.	倍加洁	23		广东景兴健康护理实业股份有限公司 Kingdom Sanitary Products Co., Ltd. Guangdong	ABC，Free，EC
11	浙江	杭州国光旅游用品有限公司 Hangzhou Guoguang Touring Commodity Co., Ltd.	全棉爸爸，OEM 加工	24		深圳市御品坊日用品有限公司 Imperial Palace Commodity (Shenzhen) Co., Ltd.	水肌肤，水亲亲，御品坊
12		南六企业(平湖)有限公司 Nan Liu Enterprise (Pinghu) Co., Ltd.	OEM 加工	25		中顺洁柔纸业股份有限公司 C&S Paper Co., Ltd.	洁柔，新棉初白
13		浙江优全护理用品科技有限公司 Zhejiang Youquan Care Products Technology Co., Ltd.	淳净，优全猫，露尔	26	重庆	重庆珍爱卫生用品有限责任公司 Chongqing Treasure Hygiene Products Co., Ltd.	珍爱

卫生用品——擦拭巾
Disposable hygiene products——Wipes

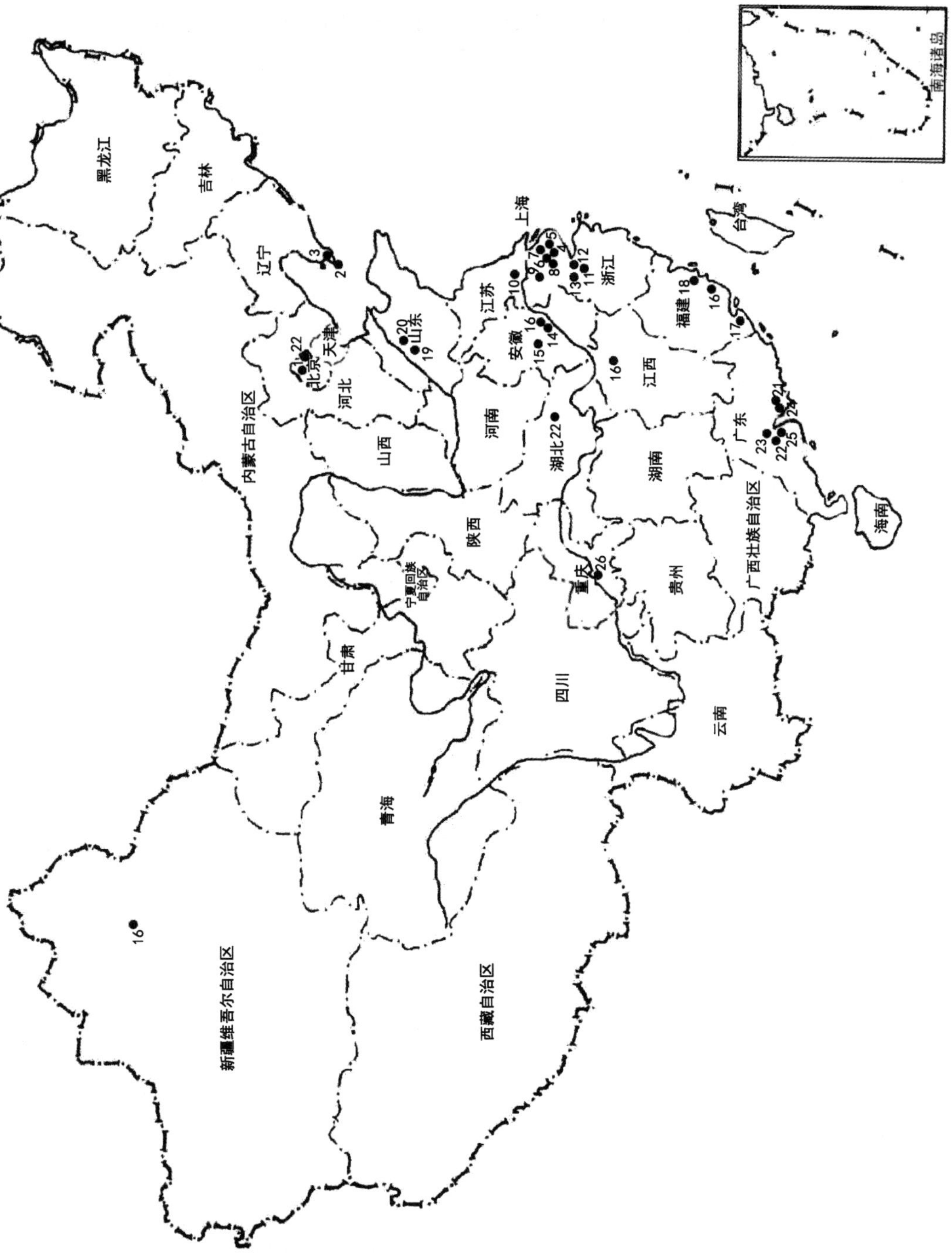

按区域分的主要企业、产品及位置分布图
Location maps of major manufacturers and products by regions

珠三角地区和福建省
Pearl River Delta area and Fujian province

广东省 Guangdong		
1	维达纸业(中国)有限公司(含广东新会会城、广东新会双水、广东新会三江、广东阳江) Vinda Paper (China) Co., Ltd.	△○
2	中顺洁柔纸业股份有限公司(含广东江门、广东云浮) C&S Paper Co., Ltd.	△○
3	韶能集团(广东) Shaoneng Group	△
4	广东理文造纸有限公司 Guangdong Lee & Man Paper Mfg. Ltd.	△
5	永丰余家品(昆山)有限公司(广东肇庆) Yuen Foong Yu Family Care (Kunshan) Co., Ltd.	△
6	恒安(中国)纸业有限公司(广东) Hengan (China) Paper Co., Ltd.	△
7	宝洁(中国)有限公司 Procter & Gamble (China) Co., Ltd.	▲★
8	广东景兴健康护理实业股份有限公司 Kingdom Sanitary Products Co., Ltd. Guangdong	▲○
9	佛山市啟盛卫生用品有限公司 Foshan Kayson Hygiene Products Co., Ltd.	▲
10	广东美洁卫生用品有限公司 Guangdong Magic Sanitary Articles Co., Ltd.	▲★
11	中山佳健生活用品有限公司 Zhongshan Jiajian Daily-use Products Co., Ltd.	▲
12	广东川田卫生用品有限公司 Guangdong Kawada Sanitary Products Co., Ltd.	▲
13	深圳全棉时代科技有限公司 PurCotton Era Science and Technology Co., Ltd.	▲○
14	广东康怡卫生用品有限公司 Guangdong Kangyi Hygiene Products Co., Ltd.	▲★
15	佛山市佩安婷卫生用品实业有限公司 Foshan Peianting Sanitary Articles Industrial Co., Ltd.	▲
16	广东昱升个人护理用品股份有限公司 Guangdong Yusheng Sanitary Products Inc., Ltd.	★
17	凯儿得乐(深圳)科技发展有限公司 Caredaily (Shenzhen) Technology Development Co., Ltd.	★
18	广东欧比个人护理用品有限公司 Guangdong Obee Personal Care Products Co., Ltd.	★
19	东莞市常兴纸业有限公司 Dongguan Changxing Paper Co., Ltd.	★☆
20	广东茵茵股份有限公司 Guangdong Yinyin Co., Ltd.	★☆
21	深圳市御品坊日用品有限公司 Imperial Palace Commodity (Shenzhen) Co., Ltd.	○

福建省 Fujian		
1	福建恒安集团有限公司 Fujian Hengan Group Co., Ltd.	△▲★☆○
2	福建植护网络科技有限公司(福建) Fujian Botare Network Technology Co., Ltd.	△
3	福建恒利集团有限公司 Fujian Hengli Group Co., Ltd.	△▲★
4	中天(中国)工业有限公司 AAB (China) Co., Ltd.	▲★
5	爹地宝贝股份有限公司 Daddybaby Corporation Ltd.	★▲☆
6	雀氏(福建)实业发展有限公司 Chiaus (China) Daily Necessities Co., Ltd.	★☆
7	福建利澳纸业有限公司 Fujian Liao Paper Co., Ltd.	★☆
8	泉州市嘉华卫生用品有限公司 Quanzhou Jiahua Sanitary Articles Co., Ltd.	★
9	泉州天娇妇幼卫生用品有限公司 Quanzhou Tianjiao Lady & Baby's Hygiene Supply Co., Ltd.	★☆
10	百润(中国)有限公司 Baron (China) Co., Ltd.	★
11	福建省莆田市荔城纸业有限公司 Fujian Licheng Paper Co., Ltd.	☆★
12	漳州市中南护理用品有限公司 Zhangzhou Zhongnan Nursing Products Co., Ltd.	○
13	福建新亿发集团有限公司 Fujian New Yifa Group Co., Ltd.	○

珠三角地区和福建省
Pearl River Delta area and Fujian province

△生活用纸生产商

Tissue paper and converting products manufacturers

▲卫生巾和护垫生产商

Sanitary napkins and pantiliners manufacturers

★婴儿纸尿裤/片生产商

Baby diapers/diaper pads manufacturers

☆成人失禁用品生产商

Adult incontinent products manufacturers

○ 擦拭巾生产商

Wipes manufacturers

长三角地区
Yangtze River Delta area

上海市 Shanghai		
1	上海东冠集团 Shanghai Orient Champion Group	△▲○
2	尤妮佳生活用品(中国)有限公司(上海) Unicharm Consumer Products (China) Co., Ltd.	▲★☆
3	上海花王有限公司 Kao Corporation Shanghai Co., Ltd.	▲
4	上海护理佳实业有限公司 Shanghai Hulijia Industry Co., Ltd.	▲
5	康那香企业(上海)有限公司 Kang Na Hsiung Enterprise (Shanghai) Co., Ltd.	▲○
6	上海申欧企业发展有限公司 Shanghai Sun' o Developement Co., Ltd.	▲
7	上海月月舒妇女用品有限公司 Shanghai Yueyueshu Women Products Co., Ltd.	▲
8	上海亿维实业有限公司 Shanghai E-Way Industry Co., Ltd.	☆
9	上海美馨卫生用品有限公司 Shanghai American Hygienics Co., Ltd.	○★
10	强生(中国)有限公司 Johnson & Johnson (China) Ltd.	○
11	上海三君生活用品有限公司 Shanghai Sanjun General Merchandise Co., Ltd.	○
12	贝亲婴儿用品(上海)有限公司 Pigeon (Shanghai) Co., Ltd.	○
江苏省 Jiangsu		
1	金红叶纸业集团有限公司(含江苏苏州、江苏南通) Gold Hongye Paper Group Co., Ltd.	△○
2	永丰余家品(昆山)有限公司(江苏扬州) Yuen Foong Yu Family Care (Kunshan) Co., Ltd.	△
3	胜达集团江苏开胜纸业有限公司 Shengda Group Jiangsu Kaisheng Paper Industry Co., Ltd.	△
4	江苏王子制纸有限公司 Jiangsu Oji Paper Co., Ltd.	△
5	尤妮佳生活用品(中国)有限公司(江苏扬州) Unicharm Consumer Products (China) Co., Ltd.	▲★☆
6	金佰利(中国)有限公司(江苏南京) Kimberly-Clark (China) Co., Ltd.	▲★
7	江苏三笑集团有限公司 Jiangsu Sanxiao Group Co., Ltd.	▲
8	大王(南通)生活用品有限公司 Elleair International China (Nantong) Co., Ltd.	★
9	江苏豪悦实业有限公司 Jiangsu Haoyue Industrial Co., Ltd.	★☆▲
10	苏州市苏宁床垫有限公司 Suzhou Suning Underpad Co., Ltd.	☆
11	江苏永福康卫生用品科技有限公司 Jiangsu Yofoke Healthcare Technology Co., Ltd.	☆
12	扬州倍加洁日化有限公司 Yangzhou Perfect Daily Chemicals Co., Ltd.	○
浙江省 Zhejiang		
1	维达纸业(浙江)有限公司 Vinda Paper (Zhejiang) Co., Ltd.	△▲☆
2	浙江中顺纸业有限公司 C&S Paper Zhejiang Co., Ltd.	△
3	浙江景兴纸业股份有限公司 Zhejiang Jingxing Paper Joint Stock Co., Ltd.	△
4	唯尔福集团股份有限公司 Welfare Group Co., Ltd.	△▲★☆○
5	福建恒安集团有限公司(浙江) Fujian Hengan Group Co., Ltd.	▲
6	杭州可悦卫生用品有限公司 Hangzhou Credible Sanitary Products Co., Ltd.	▲
7	杭州余宏卫生用品有限公司 Hangzhou Yuhong Health Products Co., Ltd.	▲
8	杭州川田卫生用品有限公司 Hangzhou Kawada Sanitary Products Co., Ltd.	▲
9	杭州千芝雅卫生用品有限公司 Hangzhou Qianzhiya Sanitary Products Co., Ltd.	★☆▲
10	杭州可靠护理用品股份有限公司 Hangzhou Coco Healthcare Products Co., Ltd.	☆★
11	杭州豪悦护理用品股份有限公司 Hangzhou Haoyue Healthcare Products Co., Ltd.	★☆▲
12	浙江珍琦护理用品有限公司 Zhejiang Sunkiss Healthcare Co., Ltd.	☆▲
13	杭州淑洁卫生用品有限公司 Hangzhou Shujie Hygiene Products Co., Ltd.	★☆▲
14	浙江昱升个人护理用品有限公司 Zhejiang Yusheng Sanitary Products Co., Ltd.	★
15	杭州国光旅游用品有限公司 Hangzhou Guoguang Touring Commodity Co., Ltd.	○
16	南六企业(平湖)有限公司 Nan Liu Enterprise (Pinghu) Co., Ltd.	○
17	浙江优全护理用品科技有限公司 Zhejiang Youquan Care Products Technology Co., Ltd.	○★

长三角地区
Yangtze River Delta area

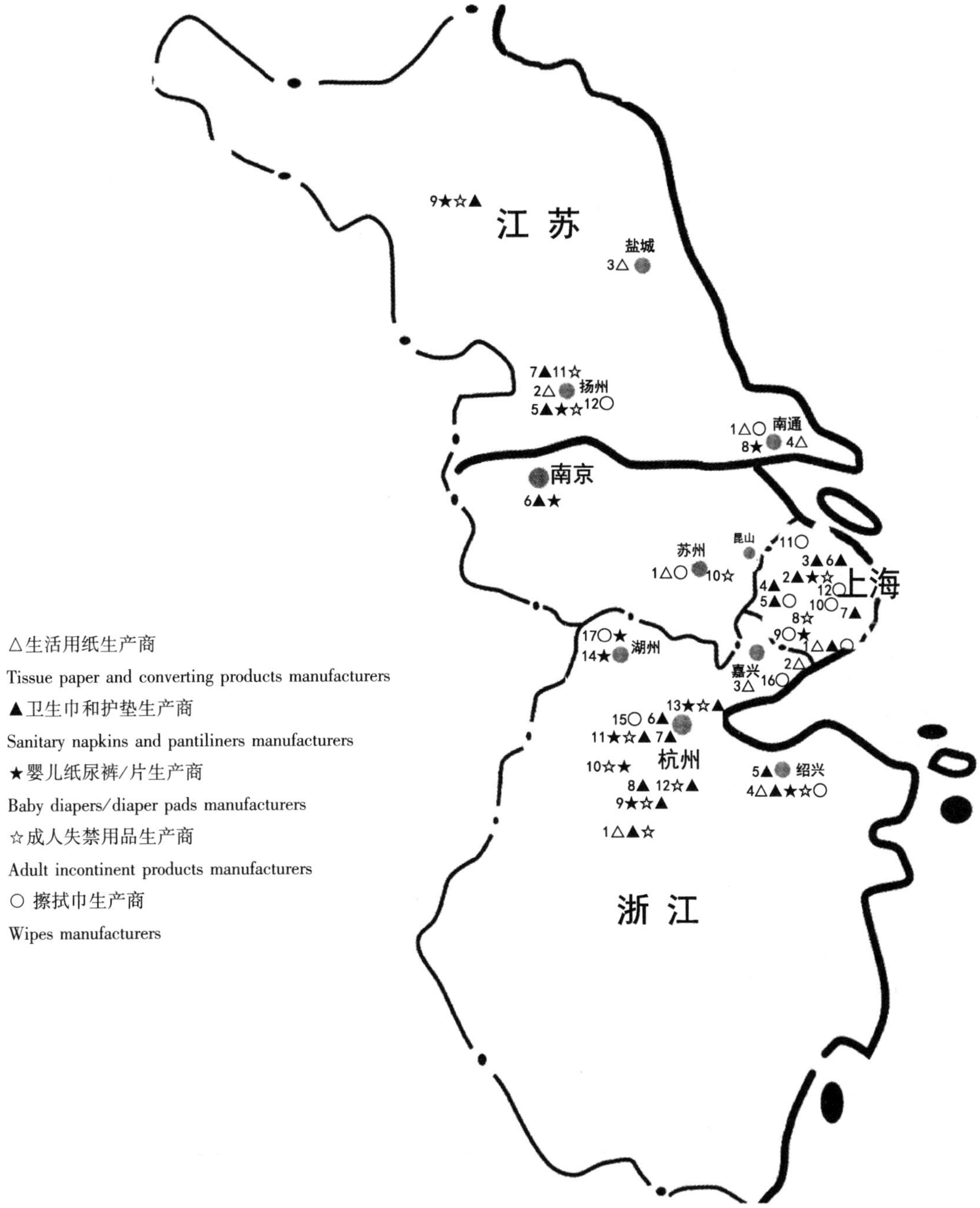

京津冀地区
Beijing-Tianjin-Hebei area

北京市 Beijing		
1	维达北方纸业(北京)有限公司 Vinda Paper North (Beijing) Co., Ltd.	△○
2	金佰利(中国)有限公司 Kimberly-Clark (China) Co., Ltd.	▲☆○
3	北京倍舒特科技发展有限公司 Beijing Beishute Science & Technology Development Co., Ltd.	▲○
4	北京倍舒特妇幼用品有限公司 Beijing Beishute Maternity & Child Articles Co., Ltd.	▲☆
天津市 Tianjin		
1	尤妮佳生活用品(中国)有限公司(天津) Unicharm Consumer Products (China) Co., Ltd.	▲★
2	福建恒安集团有限公司(天津) Fujian Hengan Group Co., Ltd.	▲
3	小护士(天津)科技股份有限公司 Little Nurse (Tianjin) Technology Co., Ltd.	▲
4	金佰利(中国)有限公司(天津) Kimberly-Clark (China) Co., Ltd.	★
5	天津市依依卫生用品股份有限公司 Tianjin Yiyi Hygiene Products Co., Ltd.	☆▲
河北省 Hebei		
1	中顺洁柔纸业股份有限公司(河北唐山) C&S Paper Co., Ltd.	△
2	福建植护网络科技有限公司(河北) Fujian Botare Network Technology Co., Ltd.	△
3	丽邦集团 Libang Group	△▲○
4	保定雨森卫生用品有限公司 Baoding Yusen Health Supplies Co., Ltd.	△○▲☆
5	河北金博士集团有限公司 Hebei Golden Doctor Group Co., Ltd.	△
6	河北雪松纸业有限公司 Hebei Xuesong Paper Co., Ltd.	△
7	河北金洁卫生科技有限公司 Hebei Jinjie Health Technology Co., Ltd.	☆

京津冀地区
Beijing-Tianjin-Hebei area

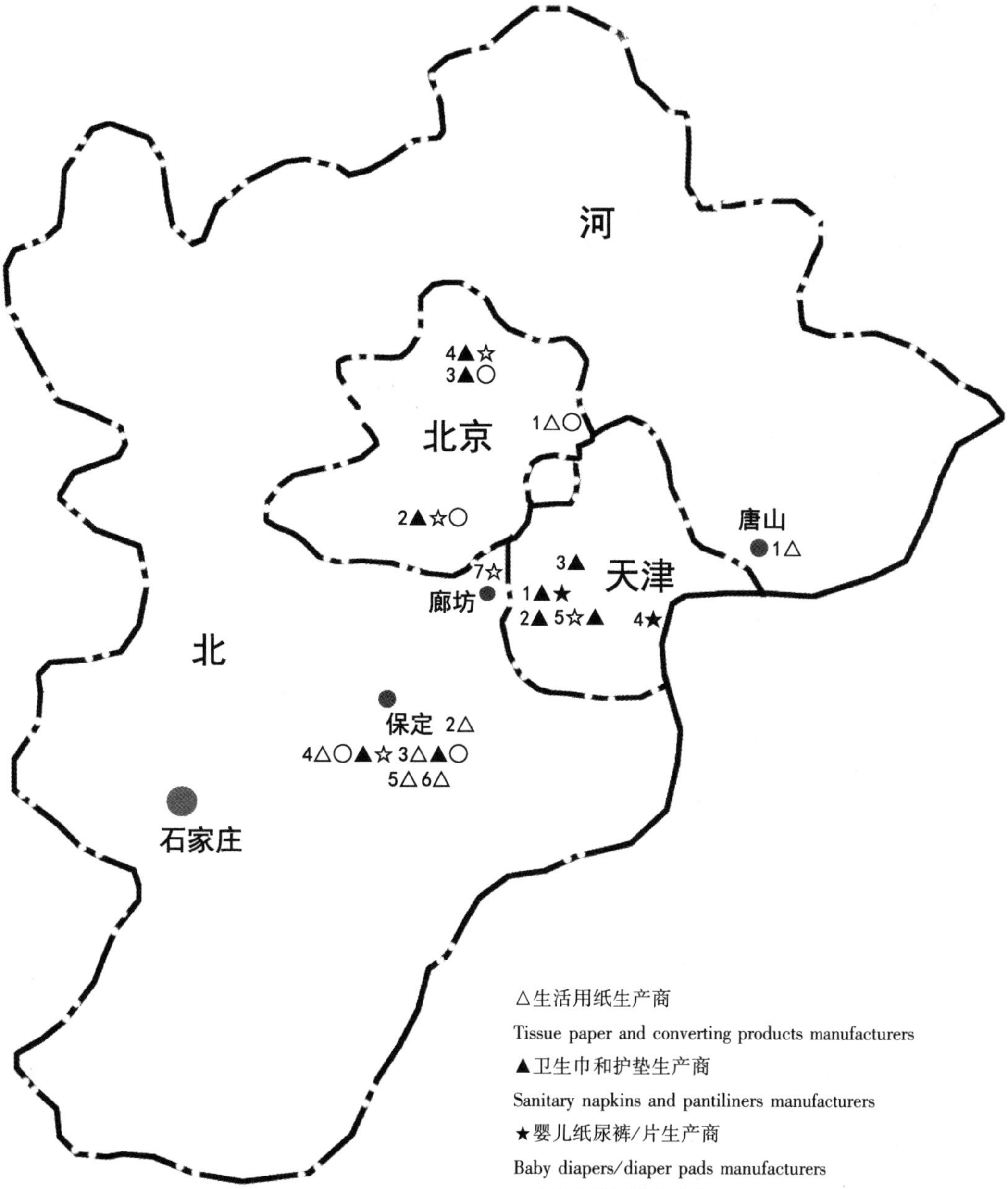

△生活用纸生产商

Tissue paper and converting products manufacturers

▲卫生巾和护垫生产商

Sanitary napkins and pantiliners manufacturers

★婴儿纸尿裤/片生产商

Baby diapers/diaper pads manufacturers

☆成人失禁用品生产商

Adult incontinent products manufacturers

○ 擦拭巾生产商

Wipes manufacturers

湖北省和湖南省
Hubei province and Hunan province

湖北省 Hubei		
1	金红叶纸业集团有限公司(湖北) Gold Hongye Paper Group Co., Ltd.	△
2	维达纸业(湖北)有限公司 Vinda Paper (Hubei) Co., Ltd.	△
3	中顺洁柔(湖北)纸业有限公司 C&S Paper (Hubei) Co., Ltd.	△
4	山东晨鸣纸业集团股份有限公司(湖北武汉) Shandong Chenming Paper Holding Co., Ltd.	△
5	泰盛科技(集团)股份有限公司(湖北) Taison Scientific and Technical Group Co., Ltd.	△
6	湖北丽邦纸业有限公司 Hubei Libang Paper Co., Ltd.	△
7	福建恒安集团有限公司(湖北) Fujian Hengan Group Co., Ltd.	▲
8	湖北丝宝股份有限公司 Hubei C-BONS Group Co., Ltd.	▲
9	维达(中国)有限公司(湖北) Vinda Paper (China) Co., Ltd.	▲★○
10	桂林洁伶工业有限公司(湖北) Guilin Jieling Industrial Co., Ltd.	▲
11	杭州千芝雅卫生用品有限公司(湖北) Hangzhou Qianzhiya Sanitary Products Co., Ltd.	★
12	豪悦护理(湖北)有限公司 Haoyue Healthcare (Hubei) Co., Ltd.	★☆
湖南省 Hunan		
1	湖南恒安纸业有限公司 Hunan Hengan Paper Co., Ltd.	△
2	韶能集团(湖南) Shaoneng Group	△
3	湖南千金卫生用品股份有限公司 Hunan Qianjin Hygienic Products Co., Ltd.	▲
4	湖南舒比奇生活用品有限公司 Hunan Suitsky Household Products Co., Ltd.	★
5	湖南爽洁卫生用品有限公司 Hunan Shajoy Sanitary Articles Co., Ltd.	★
6	湖南昱升个人护理用品有限公司 Hunan Yusheng Sanitary Products Inc., Ltd.	★

湖北省和湖南省
Hubei province and Hunan province

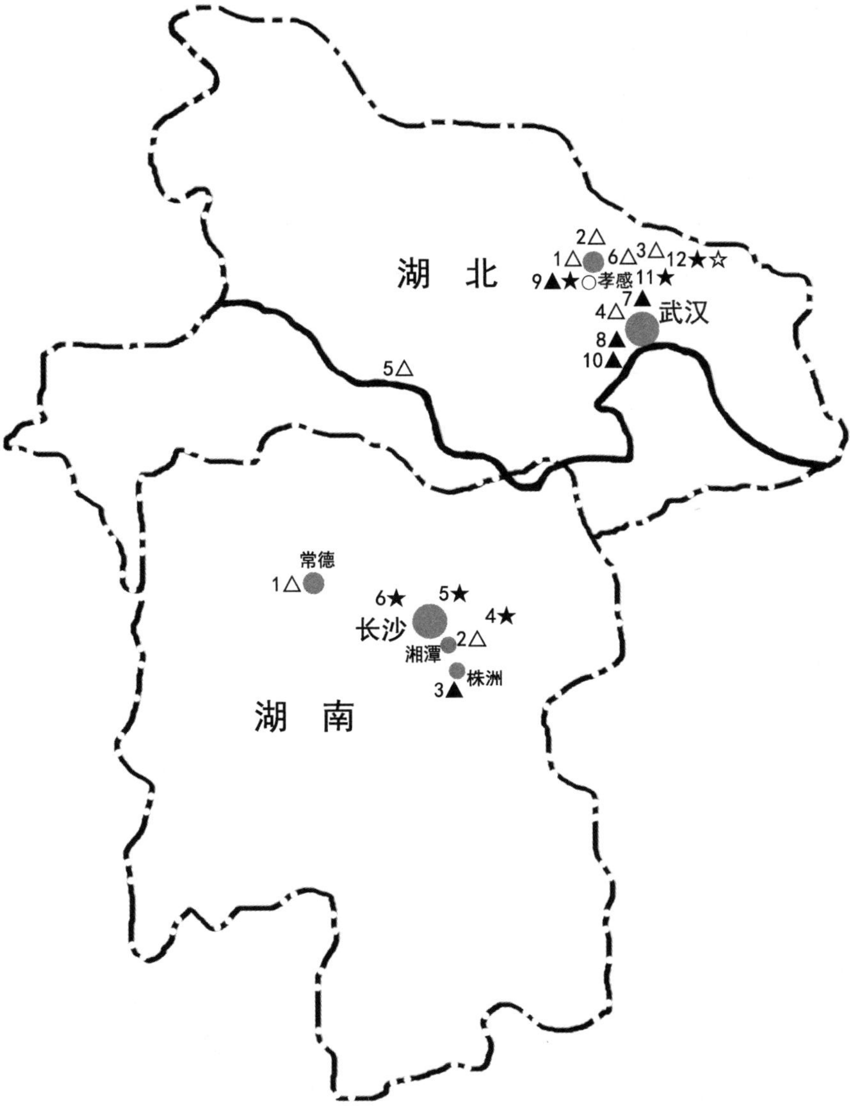

△生活用纸生产商
Tissue paper and converting products manufacturers
▲卫生巾和护垫生产商
Sanitary napkins and pantiliners manufacturers
★婴儿纸尿裤/片生产商
Baby diapers/diaper pads manufacturers
☆成人失禁用品生产商
Adult incontinent products manufacturers
○ 擦拭巾生产商
Wipes manufacturers

生产企业名录(按产品和地区分列)

DIRECTORY OF TISSUE PAPER & DISPOSABLE PRODUCTS MANUFACTURERS IN CHINA(sorted by product and region)

[4]

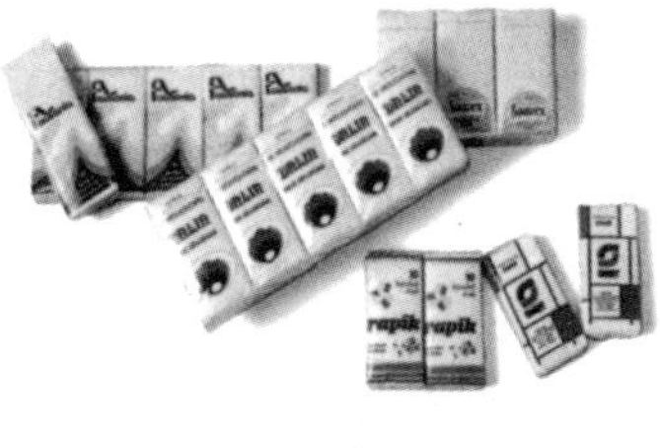

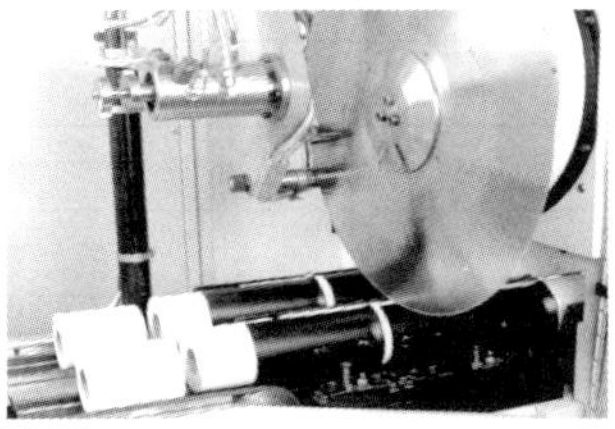

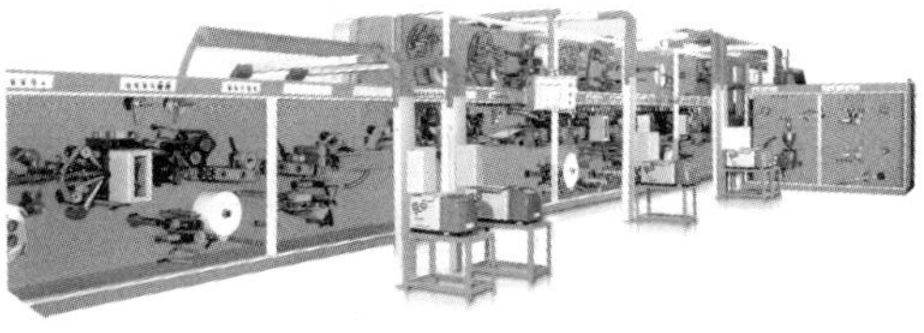

分地区生活用纸生产企业数(2021年)
Number of tissue paper and converting products manufacturers by region(2021)

地区	Region	企业数(家) Number of manufacturers	生产原纸企业数(家) Number of tissue parent roll manufacturers
总计	Total	2454	279
北京	Beijing	25	1
天津	Tianjin	19	0
河北	Hebei	260	74
山西	Shanxi	35	2
内蒙古	Inner Mongolia	5	0
辽宁	Liaoning	46	9
吉林	Jilin	15	0
黑龙江	Heilongjiang	15	2
上海	Shanghai	67	1
江苏	Jiangsu	206	9
浙江	Zhejiang	161	10
安徽	Anhui	122	9
福建	Fujian	122	12
江西	Jiangxi	83	8
山东	Shandong	248	14
河南	Henan	163	10
湖北	Hubei	89	8
湖南	Hunan	50	2
广东	Guangdong	273	22
广西	Guangxi	100	37
海南	Hainan	5	1
重庆	Chongqing	46	5
四川	Sichuan	140	26
贵州	Guizhou	35	5
云南	Yunnan	42	4
西藏	Tibet	1	0
陕西	Shaanxi	33	3
甘肃	Gansu	9	1
青海	Qinghai	5	0
宁夏	Ningxia	8	0
新疆	Xinjiang	26	4

生活用纸

Tissue paper and converting products

注：★表示生产原纸

● 北京 Beijing

北京康倍宝纸业有限公司
北京百云帆纸巾厂
北京宝爷科技有限公司
北京鼎鑫航空用品有限公司
北京派尼尔纸业有限公司
北京四诚纸业开发公司
北京松竹梅兰纸业有限公司
北京北方开来纸品有限公司
北京雅洁经典家居用品有限公司
北京中南纸业有限公司
北京安洁纸业有限公司
北京百姓裕德科技发展有限公司
北京创利达纸制品有限公司
北京金人利丰纸业有限公司
北京熙鑫纸业有限公司
北京众诚天通商贸有限公司
北京金鸿纸业有限公司
北京雨荷纸制品有限公司
北京宝润通科技开发有限责任公司
统汇生活用纸(北京)有限公司
维达北方纸业(北京)有限公司★
北京爱华中兴纸业有限公司
北京家家乐纸业有限公司
北京联航航空客舱用品有限公司
北京下一站酒店用品有限责任公司

● 天津 Tianjin

天津市中正源林纸业有限公司
天津市福美来纸业制品厂
天津市玖仟纸业有限公司
天津木兰巾纸制品有限公司
天津市滨海新区大港宏盛源纸制品厂
天津市凤翔达纸制品厂
天津市双杰纸制品有限公司
天津市欣洁纸制品厂
金红叶纸业(天津)有限公司
天津金秋丽之雨商贸有限公司
天津兰天碧水科技有限公司
天津市安洁纸业有限公司
天津市弗兰蒂尔科技发展有限公司
天津市麒麟造纸有限公司
天津市武清区碧泉餐巾纸厂
天津市武清区花蕊纸制品厂
天津忘忧草纸制品有限公司
津洁(天津)纸业有限公司
天津市瀚洋纸业有限公司

● 河北 Hebei

保定爱森卫生纸制品有限公司
保定白云山纸业有限公司★
保定贝石卫生用品有限公司
保定成功纸业有限公司★
保定川江卫生用品有限公司
保定达亿纸业有限公司★
保定东亮纸制品厂
保定高新区金杰纸制品厂
保定豪通纸业有限公司
保定合众卫生用品制造有限公司
保定恒清柔卫生用品有限公司
保定宏大纸业有限公司★
保定洁顺卫生用品制造有限公司
保定洁中洁卫生用品有限公司
保定金贝达卫生用品有限公司
保定君悦卫生用品制造有限公司
保定蓝尼纸制品加工有限公司
保定林海纸业有限公司
保定满城华奥纸业有限公司★
保定鹏润纸业有限公司
保定瑞克纸制品制造有限公司
保定润万纸制品厂
保定神荣卫生用品制造有限公司
保定市爱博瑞卫生用品有限公司
保定市安信纸业有限公司★

保定市奥达卫生用品有限公司
保定市佰邦卫生用品有限公司
保定市宝洁造纸厂★
保定市碧柔卫生用品有限公司
保定市昌业卫生用品有限公司
保定市辰宇纸业有限公司★
保定市晨风纸制品有限公司
保定市诚信纸业有限公司★
保定市纯中纯纸业有限公司
保定市第五造纸厂
保定市鼎洁日用品制造有限公司
保定市东奥纸业有限公司
保定市东方造纸有限公司
保定市东升卫生用品有限公司★
保定市东雨卫生用品有限公司
保定市帆翔纸制品制造有限公司
保定市福泽卫生用品有限公司★
保定市富国纸业有限公司
保定市富民纸业有限公司★
保定市港兴纸业有限公司★
保定市海森卫生用品有限公司
保定市豪峰纸业有限公司★
保定市豪通卫生用品有限公司
保定市浩鑫纸制品加工有限公司
保定市亨卓亨纸业有限公司
保定市恒升卫生用品有限公司
保定市恒泰纸业有限公司
保定市恒信纸业有限公司★
保定市汇丰卫生用品有限公司★
保定市吉多多卫生用品有限公司
保定市季森纸制品制造有限公司
保定市嘉禾卫生用品有限公司★
保定市健兴纸制品厂
保定市金利源纸业有限公司
保定市金铭达纸制品制造有限公司
保定市金升纸业有限公司
保定市金亿丰纸业有限公司
保定市竞秀区嘉铭纸制品厂
保定市竞秀区慕伦卫生纸厂
保定市九斗金卫生用品有限公司
保定市聚兴纸制品加工有限公司★
保定市康美纸业有限公司
保定市蓝猫卫生用品有限公司
保定市立发纸业有限公司★
保定市利昌纸制品有限公司
保定市莲池区精洁纸制品厂
保定市绿纯卫生用品有限公司★
保定市满城国利造纸有限公司★
保定市满城和信纸品有限公司
保定市满城红升纸业有限责任公司★
保定市满城金光纸业有限公司★
保定市满城立新造纸厂★
保定市满城利达纸业有限公司★
保定市满城明月造纸厂★
保定市满城区金三利纸制品厂
保定市满城区玖粤纸制品加工厂
保定市满城区萍聚纸制品厂
保定市满城区清纯纸制品厂
保定市满城区如意卫生纸复卷厂
保定市满城区汐妙纸制品加工厂
保定市满城区幸福洁纸制品加工厂
保定市满城区依洋纸制品厂
保定市满城区迎宾纸制品厂
保定市满城区玉池纸制品厂
保定市满城区泽市纸制品厂
保定市满城区中森纸制品厂
保定市满城区中兴卫生用品厂
保定市满城潇童纸业有限公司
保定市满城新秀纸制品厂
保定市满城永利纸业有限公司★
保定市满城永兴纸业有限公司★
保定市满城纸业有限公司★
保定市美华卫生用品厂
保定市美柔纸业有限公司
保定市梦晨卫生用品有限公司
保定市名特纸制品加工有限公司
保定市欧典卫生用品有限公司
保定市派克卫生用品有限公司
保定市品冠纸制品有限公司
保定市芊畅纸制品有限公司
保定市桥东纸制品制造有限公司
保定市全维纸制品有限责任公司
保定市群冠造纸厂★
保定市瑞丰纸业有限公司★
保定市尚兴卫生用品有限公司
保定市十三妹纸制品加工有限公司
保定市市北区鹏程纸制品厂
保定市舒雅卫生用品加工有限公司
保定市速闪日用品制造有限公司
保定市泰瑞达卫生用品有限公司
保定市西而曼能威纸业有限公司★

保定市新平纸业有限公司★
保定市新市区第六造纸厂附属餐巾纸厂
保定市新市区华欣餐巾纸厂
保定市新市区兴隆纸制品厂
保定市新宇纸业有限公司★
保定市鑫百合纸业有限公司
保定市鑫航卫生用品有限公司
保定市信合卫生用品有限公司
保定市信捷纸业有限公司★
保定市兴发纸业有限公司
保定市雄飞造纸厂★
保定市徐水县柔伊纸制品加工厂
保定市旭冉卫生用品有限公司★
保定市雪曼卫生用品有限公司
保定市雪美卫生用品有限公司
保定市雪森卫生用品有限公司
保定市雅姿纸业有限公司
保定市耀泰纸制品制造厂
保定市一立易纸制品加工厂
保定市伊恩卫生用品有限公司
保定市壹张纸业有限公司
保定市艺洋卫生用品有限公司
保定市益康造纸厂★
保定市印象卫生用品制造有限公司★
保定市悦爱洁纸制品加工有限公司
保定市跃兴纸业有限公司★
保定市云派卫生用品有限公司
保定市振中卫生用品有限公司
保定市正浩造纸有限公司★
保定市智华纸制品加工有限公司
保定市中储纸业有限公司
保定市中信纸业有限公司★
保定市众康纸业有限公司
保定万邦纸制品有限公司
保定物诚卫生用品有限公司
保定亿佳纸业有限公司
保定亿人卫生用品有限公司
保定盈辉卫生用品有限公司
保定友邦卫生用品有限公司
保定雨森卫生用品有限公司★
保定悦爱洁纸制品加工有限公司
保定泽裕新型材料有限公司★
保定诚康纸制品有限公司★
保定市鹏飞纸业有限公司★
保定市满城富达造纸有限责任公司★
保定市飞跃造纸有限公司★
保定市林泰卫生用品有限公司★
保定市日相伴卫生用品有限公司★
保定翔宇纸业有限公司★
保定市眺山营纸业有限公司★
保定市正大纸业有限公司★
保定市正森纸业有限公司★
保定市曙光卫生用品有限公司★
东港卫生用品有限公司
河北保定洁美卫生用品厂
河北布依斑卫生用品有限公司
河北晨松卫生用品有限公司★
河北大发纸业有限公司★
河北华邦卫生用品有限公司★
河北姬发造纸有限公司★
河北洁美卫生用品有限公司
河北金博士集团有限公司★
河北聚润卫生用品有限公司★
河北康弗特卫生用品有限公司
河北孔氏纸制品加工有限公司
河北坤峰纸业有限公司
河北全民纸制品销售有限公司
河北省保定市满城区赫洋纸制品厂
河北省保定市顺益德纸业
河北省保定市兴荣纸业有限公司★
河北省保定市轩华纸制品厂
河北省廊坊市霸州市云柔雅纸业有限公司
河北顺兴纸制品有限公司
河北小人国纸业有限公司★
河北鑫润纸业有限公司
河北雪松纸业有限公司★
河北亚光纸业有限公司★
河北义厚成日用品有限公司★
河北雨竹卫生用品有限公司
河北植护百洁卫生用品有限公司
满城美亚美亚纸制品厂
满城区满兴纸业有限公司
满城区美乐纸制品厂
满城县博兴纸制品厂

满城县花海纸制品加工厂
满城县家舒宝纸制品厂
满城县聚森源纸制品厂
满城县流云卫生用品加工有限公司
满城县四海纸业有限公司★
满城县祥柔纸制品厂
满城县欣畅纸制品厂
满城县兴发纸业有限公司
满城县悦利达纸制品厂
满城县卓强纸制品厂
满城益源造纸有限公司★
满城中兴卫生用品厂
尚霖纸制品加工有限公司
松源纸业有限公司
易县天成纸业有限公司
保定长山纸业有限公司★
沧州市肃宁县恒远纸制品厂
沧州远景纸业有限公司
肃宁县恒远纸制品厂
邯郸市顺柔纸业有限公司
邯郸志峰纸制品销售有限公司
河北巧菊卫生用品有限公司
河北双健卫生用品有限公司
河北雅诗曼纸制品科技有限公司
河北域硕新材料科技有限公司
临漳县倍儿柔纸业有限公司
魏县兴威贸易有限公司
武安市恒柔纸制品加工有限公司
河北益舒纸业科技有限公司
衡水市昌铭纸业有限公司
衡水市桃城区为民纸品加工厂
景县连镇宏达造纸厂
河北恒源实业集团有限公司
廊坊洁客达清洁用品有限公司
三河市开来包装有限公司
香河岸芷汀兰纸业有限公司
秦皇岛凡南纸业有限公司★
北京家婷卫生用品有限公司
河北晨海纸业有限公司
河北宇峰瑞达卫生用品有限公司
河北正定新区光大卫生用品厂
石家庄东胜纸业有限公司
石家庄和柔卫生用品有限公司
石家庄市美鑫包装有限公司
石家庄市胜利开拓工贸有限公司
石家庄顺美生活用纸科技有限公司
石家庄小布头儿纸业有限公司
石家庄宇峰纸制品有限公司
辛集市福德纸业有限公司★
辛集市普洁纸业有限公司
白之韵纸制品厂
迁安博达纸业有限公司
迁安市德林思特纸制品有限公司
唐山美特好卫生用品有限公司★
唐山市宏阔科技有限公司
唐山市金秋纸业有限公司
中顺洁柔(唐山)纸业股份有限公司★
河北柏隆卫生纸有限公司
河北堂阳卫生用品有限公司
河北腾盛纸业有限公司★

● 山西 Shanxi

湖北依柔纸业有限公司
山西云冈纸业有限公司★
山西左手纸业有限责任公司
辉县兆丰纸业有限公司
山西金恒纸业有限公司
文水崇凯厕用纸加工厂
山西霖涛纸业有限公司
山西华达纸业有限公司
山西晋韵纸业有限公司
山西名仁纸业有限公司
太原市晋美纸制品厂
太原五羊生活用纸厂
忻州市瑞隆纸业有限公司
稷山县翟店祈慧卫生纸厂
山西朵姿纸业有限公司
山西省力达纸业集团有限公司★
新绛县惠安纸业有限责任公司
运城市心心纸巾有限责任公司
壶关县集店工业园区小耕纸业制品厂
广灵县利康纸业有限公司

天镇县凯瑞纸业有限公司
大同市依柔商贸有限公司
平遥县卓若纸品加工有限公司
山西翔云纸业有限公司
山西慧涛纸制品有限公司
中阳县鑫恒纸业加工厂
山西欧泰纸塑制品有限公司
山西瀚鼎纸业有限公司
山西宝康纸业有限公司
运城鑫星纸业有限公司
稷山县青平生活用纸有限公司
山西贝妮优生活用纸有限公司
山西阳阳纸业有限公司
长治市潞城区晋宝纸业有限公司
山西森沐印象纸业有限公司

● 内蒙古 Inner Mongolia

内蒙古八神科技有限责任公司
内蒙古凯世嘉纸业科技有限公司
内蒙古三鑫纸业有限公司
内蒙古根河市鹏宇纸品厂
集宁区双宝纸业

● 辽宁 Liaoning

鞍山绿纳纸业有限公司
鞍山市佰洁餐巾纸厂
鞍山市德洁卫生用品厂
海城汇丰纸业有限公司
海城市响堂区新宏发纸制品厂
辽宁省海城市美洁纸品厂
维达纸业(辽宁)有限公司★
本溪众和纸业有限公司
大连崇霖卫生用品有限公司
大连谷歌卫生用品有限公司
大连名卉纸业有限公司
大连圣耀科技有限公司
大连市高洁纸制品有限公司
大连天泽纸业有限公司
大连雅洁纸业有限公司
大连羽丰纸业有限公司
抚顺市东洲圣佳民用纸厂
抚顺市好运纸业有限公司
抚顺市利嘉卫生用品有限公司
琥珀纸业有限责任公司★
阜新浩博纸业有限公司★
阜新天合纸业有限公司★
锦州东方卫生用品有限公司
辽宁森林木纸业有限公司★
凌海市金城秋实纸业有限公司
辽阳恒升实业有限公司
辽阳市兴隆纸制品制造有限公司
辽宁丽森纸业有限公司
辽宁百洋实业有限公司
辽宁金叶纸业有限公司★
辽宁雨森卫生用品有限公司★
美商实业(沈阳)有限公司
人杰纸业有限公司
沈阳女儿河纸业有限公司
沈阳市尚柏纸业有限公司
沈阳市腾源纸业加工厂
沈阳跃然纸制品有限公司
沈阳展春工贸有限公司
新民市再宽纸制品厂
辽宁柏吉卫生用品有限公司
辽宁广源卫生用品有限公司
辽宁和合卫生用品有限公司★
辽宁省铁岭市清河区福兴纸业有限公司★
辽宁银河纸业制造有限公司
铁岭市清河区隆福纸业有限责任公司
辽宁省营口安邦纸业有限公司

● 吉林 Jilin

白山市金辉福利纸业有限责任公司
白山市利生日化有限公司
松原市宁江区新城乡明鑫佰顺纸制品厂
吉林省梅河口市众成纸业
通化方正餐巾厂
延边韩吉制纸有限公司

吉林吉岩实业有限公司
吉林省集餐厨俩兄弟纸业有限公司
九台市南山宜家卫生制品厂
长春茜茜卫生用品厂
长春市二道雪婷纸制品厂
长春市绿园区天丽洁面巾厂
长春市茜茜卫生用品厂
长春市智强纸业有限公司
长春万隆纸业有限公司

● 黑龙江 Heilongjiang

大庆市新庆馨纸业有限公司★
哈尔滨创纪清洁用品有限公司
哈尔滨金北方旅游用品有限公司
哈尔滨女儿河纸制品有限公司
哈尔滨曙光纸业加工厂
哈尔滨鑫禾纸业有限责任公司
黑龙江省嘉圣洁卫生用品有限公司
黑龙江省嘉盛洁卫生用品有限公司
黑龙江新华卫生专用造纸有限责任公司
绥芬河市云帆海纸业有限公司
鹤岗市银鹤纸业有限公司
佳木斯市东风区博雅纸巾厂
黑龙江省福庆纸业有限责任公司
黑龙江省肇东市康嘉纸业有限公司
肇东东顺纸业有限公司★

● 上海 Shanghai

上海城峰纸业有限公司
上海存楷纸业有限公司
上海绿鸥日用品有限公司
上海闽佳纸业有限公司
上海相连实业有限公司
上海香化工贸有限公司
上海斐庭日用品有限公司
上海峰阔纸业有限公司
上海可林纸业有限公司
上海乐怡纸业有限公司
上海取晨纸业有限公司
上海玉洁纸业有限公司
上海乐采卫生用品有限公司
上海爱乐纸业有限公司
上海京品纸业有限公司
上海骑发纸业有限公司
上海沁柔实业有限公司
上海申馨纸业有限公司
上海饰涔实业有限公司
上海东冠集团★
上海汉合纸业有限公司
上海远翔清洁用品有限公司
上海爱妮梦纸业有限公司
上海安兴实业集团有限公司
上海静逸纸业有限公司
上海柚家科技有限公司
上海冠轩生活用品有限公司
上海汉生豪斯实业有限公司
上海豪仕发纸业有限公司
上海继海工贸有限公司
上海莉晨纸业有限公司
上海明佳卫生用品有限公司
上海南源永芳纸品有限公司
上海若缘纸业有限公司
上海若云纸业有限公司
上海舒康实业有限公司
上海轩洁卫生用品有限公司
上海正应纸业有限公司
上海亚日工贸有限公司
上海格森纸业有限责任公司
上海弓鑫实业有限公司
上海君典纸业有限公司
上海康奇实业有限公司
上海麓眠纸业有限公司
上海满福纸业包装有限公司
上海盟佳卫生用品有限公司
上海浦东新区月娇纸巾厂
上海奇丽纸业有限公司
上海森鑫浆纸有限公司
上海双芸纸业有限公司
上海唐年实业股份有限公司
上海铁路印刷有限公司
上海尾爱纸业有限公司
上海蔚厉纸业有限公司

上海欣屹纸业有限公司
上海旭耀纸业有限公司
上海雅臣纸业有限公司
上海亚聚纸业有限公司
上海海樱卫生用品有限公司
上海佳利佳日用品有限公司
上海沐河纸业有限公司
上海香诗伊卫生用品有限公司
上海馨茜卫生用品有限公司
上海杨氏纸业有限公司
上海曜颖餐饮用品有限公司
上海慕逸适纸业有限公司
上海悦佳生物科技有限公司

● 江苏 Jiangsu

常州美康纸塑制品有限公司
常州市恒惠纸业有限公司
常州市皇纲生活用品有限公司
常州市佳美卫生用品有限公司
常州市兴瑞酒店用品有限公司
常州市振兴宾馆用品有限公司
常州市钟楼华奥纸品厂
常州笑脸生活用品有限公司
常州雨迪纸业有限公司
江苏泉港纸业有限公司
溧阳市天宇纸业有限公司
洪泽金百德纸业有限公司
洪泽区黄集镇詹氏日用品厂
淮安区源美纸品厂
淮安市姿俐工贸有限公司
江苏洪泽湖纸业有限公司★
江苏金湖鑫胜纸业有限公司
江苏金莲纸业有限公司★
江苏炜博纸业有限公司
江苏鑫盛纸业有限公司
金湖县金蓬纸制品厂
盱眙县洁玉卫生纸巾厂
灌南县天缘纸业有限公司
灌云县伊山镇洁如纸品厂
江苏龙轩纸业有限公司
连云港爱森纸制品有限公司
连云港迪旭纸制品有限公司
连云港红苹果纸品有限公司
连云港市灌南县清柔纸品有限公司
连云港市面对面纸制品厂
连云港市苏云纸业有限公司
连云港市云之洁纸业有限公司
连云港市振航纸品厂
连云港市振明纸品厂
连云港舒特卫生用品有限公司
江苏敖广日化集团股份有限公司
江苏清沐纸业有限公司
南京冰清纸业有限公司
南京博洁卫生用品厂
南京华隆纸业有限公司
南京洁友纸业有限公司
南京金胜卫生纸厂
南京美家欣纸业有限公司
南京宁洁生活用纸厂
南京清吟纸业有限公司
南京市溧水区好心情纸业制品厂
南京市秦淮区金陵纸厂
南京霞飞纸业有限公司
南京中润酒店用品有限公司
大王(南通)生活用品有限公司
海门市恩惠纸制品厂
嘉兴市漫威纸业有限公司
江苏海安仁桥纸品厂
江苏华洁纸业有限公司
江苏妙卫纸业有限公司
江苏省海门市瑞丰纸品厂
江苏省南通鑫旺纸业有限公司
江苏王子制纸有限公司★
金红叶纸业(南通)有限公司★
南通安柏工贸有限公司
南通丰亨纸业有限公司
南通华瑞纸业有限公司
南通洁顺工贸发展有限公司
南通润缘纸制品有限公司
南通市宾王纸品有限公司
南通市崇川区人人纸品厂
南通市大众纸品有限公司
南通市富发纸业有限公司★
南通市港闸区舒馨生活用纸厂

南通市通州区舒雅纸品厂
南通市万利纸业有限公司
南通馨风纸业有限公司
启东市天意纸业有限公司
如皋市相约纸制品厂
如皋市鑫旺纸制品厂
常熟市诚赢纸业有限公司
常熟市段氏日用品有限公司
常熟市可达纸业有限公司
常熟市万利纸业有限公司
金红叶纸业集团有限公司★
昆山市依恩日用品有限公司
昆山亚芳纸业有限公司
苏州爱维诺纸业有限公司
苏州倍肯新材料科技有限公司
苏州创佳纸业有限公司
苏州东洋铝爱科日用品制造有限公司
苏州冠洁生活制品有限公司
苏州洁蔓纸业有限公司
苏州金天宇卫生用品有限公司
苏州蓝加白日用品有限公司
苏州欧泽新材料科技有限公司
苏州圣瑞特纸业有限公司
苏州市富永纸品厂
苏州市吉利雅纸业有限公司
苏州市相城区黄桥三和金卫生用品厂
苏州市相城区望亭镇康琪秀纸品加工厂
苏州市秀美纸业有限公司
苏州天秀纸业有限公司
苏州维柔纸业有限公司
苏州雅洁纸业有限公司
苏州源欐包装有限公司
苏州贞宝纸业有限公司
太仓市天顺纸业有限公司
亚青永葆生活用纸(苏州)有限公司
江苏省泗阳县卫民纸业有限公司
江苏宿迁优品纸抽定制厂
沭阳县白兔纸业加工厂
宿迁东泓加呈纸业有限公司
宿迁芳江纸业有限公司
宿迁恒升纸业有限公司
宿迁市湖滨新区佳意卫生纸加工厂
宿迁市清茹纸业有限公司
宿迁市玉竹纸业有限公司
宿迁香竹纸业有限公司
姜堰区枫叶纸业制品厂
姜堰市时代卫生用品有限公司
泰州远东纸业有限公司
兴化市友山纸品厂
惠山区洛社镇玮利奥纸品厂
江苏极棉科技有限公司
江苏熊猫纸业有限公司
江阴联航科技有限公司
江阴市恒大纸业有限公司
江阴市璜土永贞纸品厂
江阴市凯特隆纸业有限公司
江阴永旺纸品有限公司
无锡青盈纸业有限公司
无锡市宝利华卫生用品有限公司
无锡市好伴侣纸塑有限公司
无锡市惠山区名扬纸业有限公司
无锡市名扬纸业有限公司
无锡市一正纸业有限公司
无锡泰极纸业有限公司
无锡怡美纸塑有限公司
宜兴市高塍镇雅瑞纸制品厂
丰县鑫盛纸品加工厂
江苏给面纸业有限公司
江苏暖源卫生用品有限公司
江苏省新沂市冠荣纸品有限责任公司
邳州恒美纸业有限公司
新沂市冠荣纸品厂
新沂市华洁纸业有限公司
新沂市腾远纸品有限公司
新沂市欣悦五洲生活用纸有限公司
徐州艾雅制纸有限公司
徐州恒祥纸品有限公司
徐州金润明纸业有限公司
徐州良印纸业有限公司
徐州圣鑫纸业有限公司
徐州市菲凡纸业有限公司
徐州市鼓楼区忠良纸塑制品厂
徐州市牡丹花纸业有限公司
徐州市琪兴纸业科技有限公司
徐州市清新纸制品有限公司

徐州市荣惠纸业有限公司
徐州双兰纸业有限公司
徐州天强纸业有限公司
徐州熙源纸业有限公司
徐州湘元纸业有限公司
徐州耀泰纸业发展有限公司
徐州玉洁纸业有限公司
徐州玉兰纸业有限责任公司
徐州振宇卫生用品有限公司
徐州正康卫生纸分装厂
徐州至美旅游用品有限公司
滨海蓝星纸品有限公司
东台远东纸业有限公司
建湖县美德卫生用品厂
江苏宝象纸业有限公司
江苏纯伴纸业有限公司
江苏好洁纸业有限公司
江苏隆百世纸业有限公司
江苏美灯纸业有限公司★
江苏智秀纸业科技有限公司
胜达集团江苏开胜纸业有限公司★
盐城恩友纸制品有限公司
盐城龙骋纸业有限公司
盐城美洁纸业有限公司
盐城乾博纸品有限公司
盐城市红喜纸品加工厂
盐城市洁雅卫生纸品有限公司
盐城市妙悦纸业有限公司
盐城市双悦发纸业有限公司
盐城市亭湖区便仓镇红色玫瑰纸品厂
盐城市心连心纸品厂
高邮市日日顺纸制品厂
江都区吉强纸品厂
江苏千泽健康科技有限公司
江苏柔欣纸业有限公司
扬州博友高档纸品有限公司
扬州海星纸业有限公司
扬州柔欣纸业有限公司
扬州市鸿润酒店用品厂
扬州市佳人食品有限公司
扬州市鹊桥仙纸业有限公司
扬州喜诺生活用纸有限公司
永丰余生活用纸(扬州)有限公司★
丹阳市开发区恒瑞纸品厂
江苏句容市晶王纸品厂
镇江好想纸业有限公司
镇江健之源生活用品有限公司
镇江闽镇纸业有限公司
镇江蓉洁生活用品有限公司
镇江新区丁卯风影纸品厂
镇江原森纸业有限公司
宿迁艺蕙珑纸业有限公司

● 浙江 Zhejiang

杭州富阳艺顺纸塑有限公司
杭州比因美特实业有限公司
杭州宾乐清洁用品有限公司
杭州呈玄卫生用品有限公司
杭州春芽环保科技有限公司
杭州大久纸业有限公司
杭州蹬顶卫生用品有限公司
杭州菲露卫生用品有限公司
杭州富阳铭晨纸业有限公司
杭州富阳区场口镇飞俊纸管厂
杭州富阳区洪健纸制品有限公司
杭州富阳天裕纸制品有限公司
杭州汉海纸业有限公司
杭州洁可林实业有限公司
杭州捷报酒店用品有限公司
杭州快乐女孩卫生用品有限公司
杭州朗悦实业有限公司
杭州联伊纸业有限公司
杭州名轩卫生用品有限公司
杭州品悦纸塑品有限公司
杭州绮汐科技有限公司
杭州日臻纸制品有限公司
杭州嵩阳印刷实业有限公司
杭州相宜纸业有限公司
杭州萧山惠丽纸业有限公司
杭州萧山千叶红纸品厂
杭州萧山新河纸业有限公司
杭州绽放酒店管理有限公司
苏力实业(杭州)有限公司
萧山兴旺纸品有限公司

浙江东方纸业有限公司
浙江富元生物科技有限公司
安吉富元纸业有限公司
安吉华盈泰实业有限公司
湖州合家欢纸业有限公司
浙江湖州双洁纸业有限责任公司
海宁市许村镇大斌纸制品厂
海盐绅花纸业有限公司
嘉善家和纸制品有限公司
嘉兴宝洁纸业有限公司
嘉兴福鑫纸业有限公司
嘉兴金佰德日用品有限公司
嘉兴丽菲纸业有限公司
嘉兴市萱雨婷日用品有限公司
乐趣纸业(浙江)有限公司
嘉善县姚庄镇清柔日用纸品厂
森立纸业集团有限公司
桐乡市黛风纸业有限公司
浙江创洁纸业有限公司
浙江弘安纸业股份有限公司★
浙江景兴纸业股份有限公司★
浙江庞度环保科技有限公司
浙江省海宁市许村镇大斌纸制品厂
浙江正华纸业股份有限公司
中顺洁柔(浙江)纸业股份有限公司★
东阳市洁来雅新材料科技有限公司
东阳市康盛纸制品有限公司
东阳王氏纸品厂
金华唯实日洁纸业有限公司
金华永安纸业有限公司
磐安天娇纸品厂
全世爱纸业有限责任公司
义乌市安兰清洁用品厂
义乌市奥顿纸业有限公司
义乌市班布日用品有限公司
义乌市昌军纸制品有限公司
义乌市森吻环保科技有限公司
义乌市微尚纸业有限公司
义乌市香旭纸业有限公司
义乌市新地文具用品有限公司
浙江金通纸业有限公司★
浙江义乌阳阳纸业有限公司
缙云吉利纸业有限公司
丽水市华威纸业有限公司
丽水市洁美纸业制品厂
丽水市凯鹏纸业有限公司
丽水市怡顺纸业有限公司
龙泉鸿利日用品有限公司
广博集团股份有限公司
宁波倍欣纸业有限公司
宁波弘康环保科技有限公司
宁波锦卓纸品有限公司
宁波科斯达纸制品有限公司
宁波市佰福纸业有限公司
宁波市奉化区欣禾纸制品有限公司
宁波市奉化利波日用品厂
宁波市鄞州高悦悦纸有限公司
宁波鄞州姜山万家和日用品厂
宁海易隆家居用品有限公司
龙游恒杰纸业有限公司
龙游旭荣纸业有限公司★
衢州市春秋纸业有限公司
衢州双熊猫纸业有限公司★
衢州远成纸业有限公司
维达纸业(浙江)有限公司★
浙江春秋纸业有限公司
浙江华凯纸业有限公司
浙江家家发纸业有限公司★
浙江龙游南洋纸业有限公司
浙江飘合纸业有限公司
浙江壹品纸业有限公司
绍兴安纳杰日化科技有限公司
绍兴柔洁生活用品有限公司
天洁集团有限公司
新昌县舒洁美卫生用品有限公司
浙江锦悦纸业有限公司
浙江唯尔福纸业有限公司★
浙江诸暨造纸厂★
诸暨市汉草纸品有限公司
诸暨市叶蕾卫生用品有限公司
临海市贝尔卫生用品厂
临海市恒联纸业有限公司
临海市鹏远卫生用品厂
临海市永丰纸品厂
三门县森茂纸业有限公司
舒达纸业有限公司

台州市黄岩宪鸿纸制品加工厂
台州市亿森纸业有限公司
台州市易美卫生用品有限公司
台州永腾纸业有限公司
浙江舒达纸业有限公司
温岭市以便以谢卫生纸分切加工厂
玉环威斯达纸业有限公司
浙江瑞康日用品有限公司
浙江省温岭市创新纸业有限公司
浙江舒达纸业有限公司
苍南鸿顺纸业有限公司
苍南县晨锜纸制品有限公司
苍南县龙港清一色纸制品厂
苍南县尚洁纸制品厂
苍南县淘淘纸业有限公司
苍南县耀尚工艺礼品厂
平阳光议竹制品加工厂
平阳舒尔康卫生用品有限公司
平阳县洁芸纸制品加工厂
平阳县瑞鹏纸制品厂
平阳县善品纸制品厂
温州苍南新达纸品厂
温州冠尚纸业有限公司
温州鸿顺纸业有限公司
温州洁达纸业有限公司
温州洁缘纸业有限公司
温州翎怡日用品有限公司
温州清森纸业有限公司
温州世标纸业有限公司
温州市罗一纸塑制品有限公司
温州市瓯海区富宝纸业制品厂
温州市新羽纸品有限公司
温州市一佳卫生用品有限公司
温州市亿富纸业有限公司
温州思鼎纸制品有限公司
温州香约纸业有限公司
温州伊佳纸业有限公司
温州永顺纸业有限公司
温州纸路者纸业有限公司
温州众山酒店用品有限公司
浙江洁萱卫生用品科技有限公司
浙江省温州市平阳县华浩纸制品厂
浙江温州康洁纸业有限公司
浙江亚天科技股份有限公司
浙江益康纸业有限公司

● 安徽 Anhui

安徽高洁纸业有限公司
安徽美妮纸业有限责任公司★
安徽省潜山县华丰纸业有限公司
安徽省天柱纸业有限公司
安徽省欣秀纸业有限公司
安徽皖风情纸制品有限公司
安庆市恒达纸业有限公司
安庆市新宜造纸业有限公司★
宿松县千里香纸业有限公司
安徽宜瑞达纸业有限公司★
安徽霏羽纸业有限公司
安徽开来纸业有限公司
安徽明鑫纸业有限公司
安徽千青纸业有限公司
安徽省蚌埠市固镇县红光纸业
安徽省五河县银河纸厂
安徽远见纸业有限公司
安徽纸杯有限公司
蚌埠市清新纸业有限公司
固镇县城关镇杨庙乡美伦生活用纸厂
固镇县清伊纸业厂
固镇县顺柔纸业有限公司
安徽中盛德谷纸业有限公司
亳州市涡阳爱家纸业
亳州朝阳纸业有限公司
利辛县瑞丰纸品有限公司
谯城区牛集镇花语纸业
安徽合顺纸业有限公司
池州市映月卫生用品有限公司
东至县东尧纸品有限公司
青阳县健民纸业有限公司
安徽初么纸业有限公司
安徽华人纸业科技有限公司
安徽亲柔纸业有限公司
安徽荣盛纸品有限公司
安徽省天长市张洁卫生纸厂
滁州欧怡纸业有限公司

滁州银河纸业有限公司
天长市徽风纸业有限公司
天长市洁云卫生用品厂
安徽风清扬纸业有限公司
安徽林昊纸品有限公司
安徽清荷纸业有限公司
安徽瑞瀚纸业有限公司
安徽舒源妇幼用品有限公司
安徽太和鑫星纸业有限公司
安徽易佳美卫生用品科技有限公司
安徽颍上佳源纸业有限公司
安徽云秀生物科技有限公司
阜南县爽安纸业有限公司
阜阳金泰纸塑制品销售有限责任公司
阜阳益家纸业贸易有限公司
界首市百亨共赢小纸业厂
界首市一心纸业有限公司
临泉县高洁卫生用品有限公司
界首市鸥鹭纸业有限公司
太和县恒福纸品有限责任公司
颍上合宜纸业有限公司
安徽德众源纸业有限责任公司
安徽花帜纸品有限公司
安徽精诚纸业有限公司
安徽明秀纸业有限公司
安徽依依妇幼用品有限公司
安徽恰鸣纸业有限公司
安徽省巢湖市金利纸品厂
安徽省臣丰艺纸业有限公司
安徽圣雅纸业有限公司
安徽雅丽洁卫生用品有限公司
安徽羽柔纸业有限公司
安徽茁顺纸业有限公司
合肥冠群纸制品有限公司
合肥金红叶纸业有限公司
合肥康乐纸业有限公司
合肥立新纸品厂
合肥美之星纸品有限公司
合肥欣亚纸业有限公司
合肥依思达餐巾有限公司
合肥亿竹纸品包装有限公司
合肥雨荨纸业有限公司
合肥玉柔纸业有限公司
合肥长虹纸业有限公司
花王(合肥)有限公司
庐江康洁纸品有限公司
淮北圣仁生活用品有限公司
濉溪县唯鹏娜纸业有限公司
安徽省梵优纸品有限公司
安徽紫竹林有限公司
淮南伟联纸品厂
黄山家缘纸业有限公司
安徽宏泰纸业有限公司★
安徽霍山衡丰纸业公司
安徽省六安市华誉纸制品有限公司
安徽氧净纸业有限公司
寿县玉洁酒店用品有限公司
安徽比伦生活用纸有限公司★
安徽泰盛纸业有限公司
安徽佳佳纸业包装有限公司
安徽省吉美生活用品有限公司
安徽圣洁梨花纸业有限公司
安徽泗县嘉能利华实业有限公司
安徽泗县暖暖纸业有限公司
安徽泗县舒怡纸品有限公司
灵璧县楚汉风纸业有限公司
宿州朵印纸业有限公司
宿州佳公子纸业有限公司
泰盛(宿州)生活用品有限公司★
萧县七朵云纸品分装厂
萧县青松纸业有限公司
铜陵市铨天纸制品厂
铜陵天天纸品科技有限公司
安徽定发纸业有限公司
安徽金环宾馆酒店配套用品有限公司
恒安(芜湖)纸业有限公司★
芜湖博舒洁品有限公司
芜湖俊翔纸业有限公司
安徽省广德县宏程纸业有限公司
安徽省郎溪亿家净纸品有限公司
安徽省宁国市兆丰纸业有限公司★
广德市起新纸业有限公司
旌德县万方日用品有限公司
安徽省理文纸品有限公司
郎溪县福源纸品厂★

● 福建 Fujian

福建朵朵云日用品有限公司
福建福州华阳纸业有限公司
福建省福清市华丰纸业有限公司
福建省恒兴纸业有限公司★
福建省闽侯榕星纸品厂
福建潇远纸业有限公司
福建植护网络科技有限公司★
福清恒程纸业有限公司
福州保税区全顺泰纸制品有限公司
福州福美洁纸业有限公司
福州惠美家纸业有限公司
福州洁乐妇幼卫生用品有限公司
福州捷洁纸业有限公司
福州榕丰纸品厂
福州融达纸业有限公司
福州市仓山区顺丰纸品厂
福州市柯妮尔生活用纸有限公司
福州市马尾区君竹纸品厂
福州市意洁纸制品有限公司
福州唯美纸业有限公司
金红叶纸业(福州)有限公司
绿金纸业集团有限公司
闽侯帝辉纸业有限公司
喜运来(福州)纸制礼品有限公司
亿柔纸业(福州)有限公司
长乐市宏一达纸业有限公司
福建龙岩市家加旺纸业有限公司
龙岩市群龙日用制品有限公司
龙岩市永定区永峰再生纸品厂★
武平县顺发纸业有限公司★
永定海莲纸业有限公司
福建省建瓯市恒丰纸业有限公司
福安市辉鸿纸业有限公司
福鼎市南阳纸业有限公司★
福建省祥安纸业有限公司
福建东南艺术纸品股份有限公司
莆田凤翔纸品精制有限公司
莆田市丰悦纸业有限公司
莆田市涵江区福海纸品厂
莆田市涵江区朗格纸业有限公司
莆田市仙游县清清纸业有限公司
兆华实业(福建)有限公司
达森特(福建)生活用品有限公司
多宝莉(泉州)纸业有限公司
福建风新纸业有限公司
福建恒利集团有限公司★
福建华绿纸业有限公司
福建晖英纸业有限公司
福建惠安县和成日用品有限公司
福建晋江凤竹纸品实业有限公司
福建莱昂纸制品有限公司
福建南安市杰宝纸业有限公司
福建泉州市南安市绿达纸业有限公司
福建省晋江市莲屿纸类制品厂
福建省晋江优兰发纸业有限公司
福建省南安市天天纸业有限公司
福建省泉州恒源纸业有限公司
福建省天福纸业有限公司
福建信立纸业有限公司
富骊卫生用品(泉州市)有限公司
恒安国际集团有限公司★
惠儿康纸业(福建)有限公司
晋江安达纸业有限公司
晋江德信纸业有限公司
晋江恒泰纸品有限公司
晋江市安海镇新安纸巾厂
晋江市安宜卫生用品有限公司
晋江市绿之乡纸业有限公司
晋江市美家兴纸制品有限公司
晋江市实选纸制品有限责任公司
晋江市永和镇明翔纸制品加工厂
晋江泽特纸制品有限公司★
南安康美环宇纸品厂
南安市乐帮家纸品厂
泉州佰卓纸制品有限责任公司
泉州晨安纸业有限公司
泉州大宇纸塑制品有限公司
泉州鼎源纸业有限公司
泉州恒通纸业有限公司
泉州恒转纸制品有限责任公司
泉州洪濑爱美纸品厂
泉州环宇纸品有限公司
泉州来亚丝卫生用品有限公司
泉州荣旺纸业有限公司
泉州市宏信伊风纸制品有限公司
泉州市华龙纸品实业有限公司
泉州市君子兰日用品有限公司

泉州市天柔卫生用品有限公司
泉州市纸薇纸业有限公司
泉州嵩阳纸业有限公司
泉州尧盛纸品有限公司
泉州卓悦纸业有限公司
石狮市宝骊珑日用品有限公司
石狮市豪友纸品有限公司
姿艾妮生活用品有限公司
福建省三明嘉友纸业有限公司
福建省三明市宏源卫生用品有限公司
福建省尤溪永丰茂纸业有限公司★
福建省振鑫纸业有限公司
清流县龙津德丰纸品厂
三明市高元森纸业有限公司
三明市明溪县唯雅纸品加工厂
三明市廷荣纸业有限公司
尤溪县城关蓬莱纸制品厂
厦门航空用品有限公司
厦门金舒心工贸有限公司
厦门力丽纸制品有限公司
厦门鑫厦洁工贸有限公司
厦门耀健纸品有限公司
凤竹(漳州)纸业有限公司★
福建省真宝纸业有限公司
佳亿(漳州)纸业有限公司★
龙海市倍亲纸制品厂
龙海市诚龙纸业有限公司
漳浦县星航纸制品加工厂
漳州福之和纸品有限公司★
漳州隆盛纸品有限公司
漳州市福益卫生用品有限公司
漳州市芗城晓莉卫生用品有限公司
漳州市鑫鑫纸业有限公司
漳州市信义纸业有限公司
长泰县金明鑫纸品厂

● 江西 Jiangxi

抚州市兴业实业有限公司
抚州一纯纸业有限公司
江西抚州市临川区洪鑫纸品厂
江西南鑫纸业有限公司
江西启扬卫生用品有限公司
江西宜生科技有限责任公司★
大余县妙言纸业有限公司
丰城市维美家实业有限公司★
赣州华鑫卫生用品有限公司
赣州经济技术开发区鑫源纸业加工厂
赣州市晟意纸业有限公司
赣州市崇星实业有限公司
赣州市宏安纸业有限公司
赣州市香乃尔纸品有限公司
赣州市章贡区洁丽纸品厂
华劲集团赣州纸品有限公司★
江西宽竹纸业有限公司
江西省嘉利发纸品有限公司
江西素馨纸品有限公司
石城丰雨纸业有限公司
石城泉羽纸业有限公司
燕紫纸品有限公司
章贡区金岚卫生用品厂
吉安市吉州区旺达纸品厂
吉安县爱家纸业有限公司
江西白士洁纸业有限公司
江西协丰医用卫生用品有限公司
万安县荣辉纸品厂
峡江县金元纸业有限公司(原刘氏、旭亮造纸)★
峡江永辉纸业有限公司
景德镇市瓷都纸业有限公司
江西晨阳纸业有限公司★
江西华旺纸业有限公司
江西理文卫生用纸制造有限公司★
江西力天纸业有限公司
江西鹿鸣纸业有限公司
江西绮玉纸业有限公司
江西清晨纸业有限公司
江西悦竹风语科技股份有限公司
九江白洁实业有限公司
九江华沃纸健品有限公司
九江唯美生活用品有限公司
泰盛(江西)生活用品有限公司★
江西百致纸业有限公司
江西皓洁纸业有限公司
江西华航纸业有限公司
江西省凯丰纸业有限公司
江西省南昌市友爱纸品厂
江西新源纸业有限公司
进贤县钰洁纸品厂
南昌富森实业有限公司

南昌洁翅实业有限公司
南昌金红叶纸业有限公司
南昌聚通和纸业有限公司
南昌市好美家纸业有限公司
南昌市欣荣纸业有限公司
南昌市新源纸业有限公司
南昌市永发纸业有限公司
南昌泰洁纸品厂
南昌万家洁卫生制品厂
南昌鑫隆达纸业有限公司
南昌媄姐纸业有限公司
南昌长荣纸业有限公司
青山湖区向阳纸品厂
江西亮源纸业有限公司
江西黛安娜卫生用品有限公司
江西鼎冠纸业有限公司
江西省彩姿实业有限公司
江西省华丽达实业有限公司★
上饶市惠好纸业有限公司
上饶市信州区裕和纸业用品厂
上饶市玉丰纸业有限公司
江西仙湖纸业有限公司
奉新楠溪江实业有限公司
高安安隆纸品厂
高安市绿源宏纸品厂
江西京品纸业有限公司
江西美佰嘉纸业有限公司
江西省高安市安隆纸品厂
江西省优久实业有限公司
江西源品卫生用品有限公司
江西宜品纸业有限公司
鹰潭市创一卫生用品有限公司

● 山东 Shandong

滨州冰洁纸业有限公司
滨州航蔓纸制品有限公司
滨州市平安卫生用品厂
博兴县圣昊纸制品厂
惠民县好乐洁卫生用品厂
山东依派卫生用品有限公司
山东雨果纸业有限公司
沾化艺航纸业有限公司
德州华昕纸品有限公司
德州顺畅纸品厂
宁津力百合纸品厂
山东华珂纸业有限公司
山东临邑三维纸业有限公司
山东庆云胜港纸业有限公司★
夏津县舒洁纸制品加工厂
禹城市盛裕纸制品厂
东营区茂源纸业制品厂
东营市富兴纸品有限责任公司
东营市舒馨纸业有限公司
东营市万鑫纸制品厂
山东华泰纸业集团股份有限公司★
曹县辉煌纸业有限公司
成武县梦雪卫生纸分装厂
单县天艺日用品有限公司
东明柔美纸品有限公司
东明县汉庭纸品有限公司
菏泽开发区缘元卫生纸分装厂
菏泽开发区远景纸业有限公司
菏泽牡丹纸业有限公司★
菏泽奇雪纸业有限公司
菏泽市开发区清欣卫生纸分装厂
菏泽市牡丹区李村镇尚越纸制品加工厂
菏泽市喜群纸业有限公司
菏泽天香纸业有限公司
巨野汉腾纸制品有限公司
巨野县恒瑞福纸业有限公司
巨野县龙方纸业有限公司
巨野县新奇艺纸制品有限公司
山东菏泽群芳卫生用品有限公司
山东巨野舒欣纸品有限公司
山东鲁大造纸厂
山东鲁豫纸业有限公司
山东睿萱纸业有限公司
山东省巨野县恒瑞纸品厂
山东天艺日用品有限公司
郓城县面粉厂东仓库彩成纸品
济南超洁纸品厂
济南恒安纸业有限公司
济南华港纸业有限公司
济南锦佳利纸制品有限公司
济南润泽纸业有限公司
济南市历城区翰林纸品厂
济南市星河纸品厂
济南圣泉集团股份有限公司★

济南舒惠卫生用品有限公司
济南鑫瑞纸容器有限责任公司
济南雅纯酒店用品有限公司
济南亿华纸制品有限公司
山东八方成纸业有限公司
山东梅笛医疗用品有限公司
山东省济南君悦纸业有限公司
商河县宏达纸制品厂
济宁飞洋纸业有限公司
济宁沣泰纸业有限公司
济宁广丰纸业有限公司
济宁恒安纸业有限公司
济宁佳欣纸业有限公司
济宁欣康纸业有限公司
济宁昱泰生活用品有限公司
曲阜市发家纸业有限公司
山东京沪卫生用品有限公司
山东奇秀生活用品股份有限公司
山东泗水天缘纸业有限公司
山东太阳生活用纸有限公司★
山东旭臻纸业有限公司
济南市荣和纸业有限公司
莱芜市莱城区鑫宇纸制品厂
山东圣雅洁纸制品有限公司
山东怡家家纸业有限公司
维达纸业(山东)有限公司★
茌平初心纸业有限公司
高唐县嘉美纸业有限公司
聊城江北水城旅游度假区盛雪纸品分装厂
山东高唐泉洁纸业有限公司
山东高唐人和纸业有限公司
聊城市坤昇环保科技股份有限公司★
山东泉林纸业有限责任公司★
山东韶韵本色纸业有限公司
山东鑫星纸业有限公司
山东信成纸业有限公司
郯城县宝丽洁纸制品厂
莒南县向明造纸厂
临沂大华纸业有限公司
临沂高维新材料有限公司
临沂高新区未来纸制品厂
临沂坤洁纸业有限公司
临沂明辉纸业有限公司
临沂清水源纸业有限公司
临沂全成纸品有限公司
临沂市宝林卫生用品有限公司
临沂市超柔生活用纸有限公司
临沂市华鲁家佳美纸制品有限公司
临沂市罗庄区阳光卫生纸厂
临沂市新思路纸品有限公司
临沂硕菲雅纸制品有限公司
临沂学庆卫生纸厂
临沂雨洁纸品加工厂
临沂玉龙工贸有限公司
临沂质美纸制品有限公司
满城县京源家洁纸制品
山东好家庭日用品有限公司
山东虎歌纸业有限公司
山东恋明有限公司
山东融诚纸业有限公司
山东尚华纸制品有限公司
山东省临沂市兰山区顺洁美纸制品加工厂
山东省郯城县惠特纸制品厂
山东卫舒安卫生用品有限责任公司
山东欣洁月舒宝纸品有限公司
苏嫂纸制品有限公司
郯城青莲纸制品有限公司
郯城茹淇纸业加工厂
郯城县诺雅纸制品厂
郯城县天地仁纸制品厂
郯城县雅恩纸品加工厂
郯城县玉湖纸品加工厂
郯城县玉兰花生活用纸厂
郯城县众爱纸制品厂
雅洁(临沂)卫生用品有限公司
沂南县琨悦纸制品厂
沂南雨洁纸品加工厂
永得利纸制品有限公司
胶州市永恒纸制品厂
青岛北瑞纸制品有限公司
青岛春泽纸品厂
青岛格润纸业有限公司
青岛海澄纸业有限公司
青岛莱逸纸业有限公司
青岛莲宇卫生用品有限公司
青岛林木纸业有限公司
青岛柳燕环保科技有限公司
青岛青山纸业有限公司
青岛柔白纳纸品有限公司
青岛市城阳区维达福利厂

青岛舒洁纸制品有限公司
青岛顺洁纸业有限公司
青岛太阳花纸业有限公司
青岛鑫广宇日用品有限公司
青岛兄弟纸业有限公司
青岛雪利川卫生制品有限公司
青岛易达卫生用品有限公司
青岛益耐雅生活用纸有限公司
青岛雨中花卫生用品有限公司
青岛正利纸业有限公司
青岛众和兄弟纸业有限公司
宇昊卫生用品有限公司
日照市好乐星纸业有限公司
五莲县冠宏纸业有限公司
东平祥瑞纸业有限公司
东顺集团股份有限公司★
肥城东升纸业有限公司
肥城东盛工贸有限公司
肥城佳洁美纸制品有限公司
肥城市凯乐雅纸业有限公司
肥城市亮亮纸业有限公司
山东省泰安市泰山区黎明纸制品厂
泰安乐潮纸业有限公司
泰安市王子纸业有限公司
泰安思云纸业有限公司
泰安兄弟纸业有限公司
威海市美美涤酒店用品公司
安丘东华纸制品有限公司
昌乐县成龙纸品厂
昌邑市华坤纸业有限公司
高密市好易洁卫生用品有限公司
高密市晴格纸品厂
临朐华美纸制品厂
山东百合卫生用品有限公司
山东晨鸣纸业集团股份有限公司★
山东恒安纸业有限公司★
山东华汶实业股份有限公司
山东洁丰实业股份有限公司
山东凯缘纸业有限公司
山东柯润特生活用品有限公司
山东科林恩厨房用纸科技股份有限公司
山东聊城纸业有限公司
山东侨邦纸业科技有限公司
山东腾森纸业有限公司
山东蔚蓝纸业有限公司
山东众博纸业有限公司
山东竹蜻蜓纸业有限公司
寿光市红杉纸制品加工厂
寿光市上口镇金通纸制品厂
潍坊福山纸业有限公司
潍坊格瑞特纸业有限公司
潍坊冠霖纸业有限公司
潍坊恒联美林生活用纸有限公司★
潍坊弘盛茂卫生用品有限公司
潍坊含羞草护理科技股份有限公司★
潍坊佳和纸制品有限公司
潍坊玖盛纸业有限公司
潍坊凯乐卫生用品有限公司
潍坊柯林纸业有限公司
潍坊乐福纸业有限公司
潍坊三盛纸业有限公司
潍坊市坤峰纸品厂
潍坊市鹿森纸业有限公司
潍坊寿光瑞祥纸业有限公司
潍坊思拓纸业有限公司
潍坊心意达生活用品有限公司
潍坊新铭纸制品有限公司
诸城七仙子纸业有限公司
诸城市艾米纸业有限公司
诸城市东方奥诺工贸有限公司
诸城市格林纸业有限公司
诸城市丽洲纸业有限公司
诸城市鑫旺纸制品加工厂
诸城市元顺工贸有限公司★
诸城市远鸿纸业有限公司
诸城市运生纸业股份有限公司
诸城市中顺工贸有限公司
莱州市奥翔纸品厂
烟台彩星纸制品有限公司
烟台晟源纸业有限公司
烟台德远日用品有限公司
烟台贵糖纸业有限公司
烟台市恒达纸业有限公司
烟台市友诺纸业有限公司
烟台万睿纸制品有限公司
山东派信纸业有限公司
山东天亿得卫生用品有限公司
山东枣庄阳光卫生用品有限公司
枣庄市和佳生活用品有限公司
枣庄市市中区嘉誉纸品厂

枣庄市怡佳纸业有限公司
枣庄市永洁纸业有限公司
桓台康荣纸业有限公司
桓台天行健酒店用品厂
山东赛特新材料股份有限公司
山东亿佳缘纸业股份有限公司
淄博沣泰纸业有限公司
淄博恒柔纸业有限公司
淄博泓凯纸制品有限公司
淄博华品纸业有限公司
淄博吉祥纸业有限公司
淄博市沂源县万泰纸品厂
淄博新洁卫生用品厂
淄博旭日纸业有限公司

● 河南 Henan

安阳市汇丰卫生用品有限责任公司
安阳市森源纸业有限责任公司
安阳小鱼儿卫生用品有限公司
滑县崇鑫纸业有限公司
韶能集团汤阴豫佳纸品有限公司
鹤壁瑞洲纸业有限公司
河南省林泰卫生用品有限公司
河南省沁阳美洁纸制品有限公司
焦作美洁纸业有限公司
沁阳市宏都纸业有限公司★
沁阳市宏涛纸业有限公司★
沁阳市天元纸制品加工厂
沁阳市修远纸业有限公司
开封一晨纸业有限公司
舒鑫标优复卷纸加工厂
河南华洁卫生用品有限公司★
河南康煊实业有限公司
洛阳尚恩纸业有限公司
洛阳尚思纸业有限公司
洛阳市华宸纸业有限公司
洛阳市涧西华丰纸巾厂
洛阳市洁达纸业有限公司
洛阳市伊滨区李村镇天美纸品厂
洛阳市致远纸业有限公司
偃师市首阳山第二卫生纸厂
偃师市首阳山镇壹林生活用纸加工厂
临颍县十美纸制品有限公司
漯河宏晟纸业有限公司
漯河家乐比邻纸业有限公司
漯河临颍恒祥卫生用品有限公司
漯河市聚源纸业有限公司★
漯河市诗美格纸业有限公司
漯河市丝柔纸业有限公司
漯河银鸽生活纸产有限公司★
漯河银鸽至臻卫生用品有限公司★
漯河玉帛纸业有限公司
邓州市豪天纸品有限公司
邓州市华鑫纸业有限公司
河南汇美纸业有限公司
河南内乡县众发纸业有限公司
河南省西峡春风实业有限公司
河南新野方正纸业有限公司
南阳德盛纸业有限公司
南阳市晨梅纸业有限公司
南阳市宛城区兴美纸业有限公司
南阳市洋帆纸业有限公司
南阳市怡兰纸品厂
社旗县豫黔纸品加工厂
唐河县民康纸塑业精制厂
唐河县雪燕纸业有限公司
新乡县鸿森纸业有限公司
河南省汝州市磊发纸业有限公司
平顶山市林达纸业有限公司
舞钢市浉润卫生用品有限公司
重庆洁斯莱卫生用品公司鲁山分公司
东森生物科技有限公司
河南宝润纸业有限公司
河南省濮阳县庆祖镇祥隆纸制品厂
河南祥隆卫生用品有限公司
河南阳光卫生用品有限公司
濮阳青松纸业有限公司
濮阳市冰昊纸业有限公司
濮阳市同鑫纸业有限公司
濮阳县庆祖镇民兴纸业厂
濮阳县庆祖镇庆北纸业加工厂
濮阳县庆祖镇耀阳纸业厂
河南佳梦纸制品制造有限公司
森茂纸业有限公司商丘分公司
商丘嘉俊日化有限公司
商丘千翔纸制品厂
商丘市宏达纸业有限公司
商丘中柔卫生用品有限公司

商丘易尚卫生用品经营部/甄天然餐饮宾馆纸业
商丘众舒纸业有限公司
睢县恩泽纸制品厂
永城市达龙纸业有限公司
永城市森茂纸业有限公司
永城市允龙纸业有限公司
虞城县锦骅纸业有限公司
虞城县玖玖卫生纸分装厂
新乡经济开发区露凡纸业加工厂
新乡市凤泉区甲森纸制品加工厂
新乡市洁源纸品有限公司
新乡市新纤纸业有限责任公司
新乡市云龙纸业有限公司
河南利澳纸业有限公司
河南省信阳市信达纸品厂
河南许昌翊轩纸业有限公司
襄城县德兴隆纸业有限公司
许昌芳飞纸业有限公司
许昌宏业纸品有限公司
许昌丽妃纸业有限公司
许昌林风纸业有限公司
许昌市东城区益佰纸制品加工厂
许昌市东城区豫龙纸制品加工厂
许昌市浩森纸制品有限公司
许昌市吉兴纸制品有限公司
许昌市佳洁纸业有限公司
许昌市建安区慧轩纸业有限公司
许昌市建安区莲洁纸纸制品厂
许昌市建安区雍和工贸有限公司
许昌市芮琳纸业有限公司
许昌市中顺达纸业公司
许昌天力丰生态材料有限公司
许昌完美纸业有限公司
许昌魏都畅元纸品厂
许昌新元纸制品有限公司
许昌翊轩纸业有限公司
登封市颖河情纸业有限公司
河南佳铭酒店用品有限公司
河南洁之净纸业有限公司
河南景雅纸制品有限公司
河南乐在美途环保科技有限公司
河南沐欣纸业有限公司
河南省洁美纸业有限公司
河南省易丰达纸制品有限公司
河南省优坊纸业有限公司
河南庭欣包装科技有限公司
河南微笑纸业有限公司
河南豫嘉纸业有限公司
新密市正德元纸业有限公司
新郑市珊瑚纸业有限公司
郑州奥兴纸业有限公司
郑州程雨纸业有限公司
郑州东研纸业有限公司
郑州嘉和纸业有限公司
郑州洁良纸业有限公司
郑州玖龙纸业有限公司
郑州绿洁纸业有限公司
郑州鹏阳纸业有限公司
郑州尚美纸业有限公司
郑州市洁美餐巾纸加工厂
郑州市永兴纸业有限公司
郑州缇舒纸业有限公司
郑州婷风纸制品有限公司
郑州万戈免洗用品工贸有限公司
郑州悠萱纸业有限公司
郑州正青纸业有限公司
郸城县倾国倾城纸业
河南百辈康卫生用品有限公司
河南恒宝纸业有限公司
河南护理佳纸业有限公司★
河南花知花语纸业有限公司
河南轻扬纸业有限公司
河南省扶沟县锦瑞纸业
河南省花知花语纸业有限公司
河南省龙源纸业股份有限公司
河南五彩卫生用品有限公司
河南众兴纸业有限公司
淮阳可维纸品有限公司
淮阳颐莲坊纸制品厂
鹿邑县伊百氏纸业有限公司
沈丘嘉贝日用品有限公司
周口唯仁卫生用品有限公司
河南华兴纸业有限公司★
河南洁红纸业有限公司
河南省西平县超群纸业有限公司
济源市五龙纸业有限责任公司
泌阳县明珠纸业有限公司
驻马店中南纸业有限公司★
平舆中南纸业有限公司★
西平县经纬纸品厂

驻马店市方舟纸业有限公司

● 湖北 Hubei

湖北家好纸业有限公司
湖北顺心纸业有限公司
恩施州辰昇纸业有限公司
湖北楚焱纸业有限公司
湖北立欣纸业有限公司
湖北维洁纸业股份有限公司
湖北汇康纸业有限公司
湖北赛达利纸业有限公司
湖北省钦鑫纸制品有限公司
湖北省武穴市疏朗朗卫生用品有限公司
湖北鑫长胜纸业有限公司
罗田县福盈门纸业厂
蕲春县鑫安纸品厂
湖北万德福纸业有限公司
阳新县柏树纸业有限公司
湖北克拉弗特有限公司
美洁实业有限公司
湖北真诚纸业有限公司★
荆州开发区舒美纸品厂
荆州市福音纸业有限公司
荆州市启晨纸业有限公司
湖北超维新材科技有限公司★
松滋市特丽丝纸业有限公司
松滋市雅欣纸品厂
十堰成美纸业有限公司
湖北宝运纸业有限公司
湖北丁香花纸业有限公司
湖北金安格医疗用品有限公司
湖北武汉利发诚品纸业有限公司
尚美生活用品厂
武汉贝思特纸业有限公司
武汉多乐雅生活洁纸有限公司
武汉吉美纸业有限责任公司
武汉佳禾竹木日用品有限公司
武汉杰臣环保清洁用品有限公司
武汉今心纸业有限公司
武汉瑾泉纸业有限公司
武汉康乐洁纸制品有限公司
武汉黎世生活用品有限责任公司
武汉孟伟纸业有限公司
武汉倪初护理用品有限公司
武汉圣世联盟纸业有限公司
武汉盛世曙光纸业有限公司
武汉市百康纸业有限公司
武汉市蔡甸区红明纸品厂
武汉市春晖纸业有限责任公司
武汉市达力纸业有限公司
武汉市东西湖吴家山玉棉纸品厂
武汉市菲雅达纸业有限公司
武汉市国保康纸品加工有限公司
武汉市洪山区鑫丽源生活用品厂
武汉市江岸区尚成纸品厂
武汉市硚口区布莱特纸品厂
武汉市清晨纸业有限公司
武汉市诗华纸业有限公司
武汉市天天纸业有限公司
武汉市新洲区雅洁纸品厂
武汉市雅家达纸业有限公司
武汉统奕包装有限公司
武汉万德福纸业有限公司
武汉香约纸业有限公司
武汉新宜人纸业有限公司
武汉鑫惠然纸业科技有限公司
武汉鑫群芳纸业有限公司
武汉亦倾辰纸业有限公司
黄冈晨鸣浆纸有限公司★
湖北汉康工贸有限公司
湖北舒柔纸业有限公司
湖北襄阳宏福纸业有限公司★
襄阳瑞枫纸业有限公司
宜城市长风纸业有限公司
红灯笼纸业湖北有限公司
湖北丽邦纸业有限公司★
湖北众爱纸业有限公司
金红叶纸业(湖北)有限公司★
维达纸业(湖北)有限公司★
孝感亲爽纸业有限公司
孝感市枫腾纸业有限公司
孝感市峰源纸业有限责任公司
孝感市欧尚纸业有限公司
孝感市世丰纸业有限公司
孝感腾润纸业有限公司
中顺洁柔(湖北)纸业股份有限公司★
湖北舒云纸业有限公司
湖北枝江市佳洁纸品厂

宜昌弘洋集团纸业有限公司
宜都市雷迪森纸业有限公司
枝江市丽宝莱纸品厂
枝江市云丽纸品厂

● 湖南 Hunan

常德绿方纸业科技有限公司
常德市恒佳纸品有限公司
湖南恒安纸业有限公司★
湖南盛顺纸业有限公司
郴州佰福十点利纸品厂
郴州市北湖区金华丽造纸厂
衡阳市洁净纸制品有限公司
湖南蔡伦故里纸业有限公司
韶能集团耒阳蔡伦纸品有限公司★
湖南腾鸿纸业有限公司
湖南永鑫纸业有限公司
新邵县富源造纸厂
湘潭高新区翔鑫纸品厂
湖南东顺纸业有限公司
吉首市鹏程纸巾厂
益阳碧云风纸业有限公司
益阳市资阳区诚达纸业有限公司
永州市大生林纸业有限责任公司
永州市家鑫纸制品有限公司
湖南康泰日华纸业有限公司
湖南省家乐福纸业有限公司
湖南永航纸业有限公司
湖南岳阳市君山区优柔卫生纸厂
岳阳经济技术开发区鑫威纸品厂
岳阳市岳阳楼区华维纸品厂
岳阳市岳阳楼区金鹰纸业有限公司
张家界市永定区庸城纸业加工厂
湖南爱优优纸业有限责任公司
湖南步步升纸业有限公司
湖南诚品质造科技有限公司
湖南合泰纸业有限公司
湖南健兰纸业有限公司
湖南庐景纸业有限公司
湖南荣耀纸业有限公司
湖南省顺清扬纸业有限公司
湖南心语林纸品有限公司
湖南新净界纸业有限公司
浏阳市幸福纸品有限公司
长沙晨建纸业有限公司
长沙德之馨纸制品厂
长沙丰之裕纸业有限责任公司
长沙建益纸业有限公司
长沙金红叶纸业有限公司
长沙美时洁纸业有限公司
长沙市贝诺纸业有限公司
长沙维洁力纸制品有限公司
竹妃纸业有限公司
湖南株洲慧峰纸品厂
株洲市林一纸业有限公司
株洲市腾龙纸品厂

● 广东 Guangdong

潮州市潮安区东升纸厂
潮州市枫溪区新合纸艺厂
高明日用纸塑工艺厂
广东省饶平县国新纸业有限公司
饶平国新纸品厂
饶平兰奇纸品厂
东莞艾丽乐纸业有限公司
东莞彩鸿实业有限公司
东莞恒生纸品厂
东莞九九香纸业有限公司
东莞利良纸巾制品有限公司
东莞名威纸业有限公司
东莞市艾丽乐纸业有限公司
东莞市白天鹅纸业有限公司
东莞市宝荣纸业有限公司
东莞市贝柔纸业有限公司
东莞市财州纸制品有限公司
东莞市昌泰纸业有限公司
东莞市常平雪宝纸巾厂
东莞市成旺酒店用品有限公司
东莞市达林纸业有限公司★
东莞市大枫纸业有限公司
东莞市大莞家纸品有限公司
东莞市大海怪纸业有限公司
东莞市大朗久凤纸制品厂
东莞市大朗清辉纸制品厂
东莞市大岭山俊业纸制品厂
东莞市德宝纸业有限公司

东莞市滇丰纸品有限公司
东莞市东达纸品有限公司
东莞市东慧纸业有限公司
东莞市多林纸业有限公司
东莞市冠森纸业有限公司
东莞市恒华纸品厂
东莞市恒杰纸品有限公司
东莞市厚街华宝纸品厂
东莞市黄江骏鑫纸品厂
东莞市汇佳纸业有限公司
东莞市健兰纸业有限公司
东莞市金慧纸业有限公司
东莞市久凤纸制品厂
东莞市俊腾纸业有限公司
东莞市朗诣纸业有限公司
东莞市龙田纸业有限公司
东莞市蚂蚁纸业有限公司
东莞市美华纸业有限公司
东莞市明月纸业有限公司
东莞市品润纸业有限公司
东莞市清溪樱田纸制品厂
东莞市庆丰纸业有限公司
东莞市柔柔香纸业有限公司
东莞市润来纸业有限公司
东莞市胜和酒店用品有限公司
东莞市十六花纸业有限公司
东莞市石碣区程门纸品厂
东莞市石排斯卓纸制品厂
东莞市时和利造纸有限公司
东莞市思博纸业有限公司
东莞市涛鸿纸品包装有限公司
东莞市天勤纸业有限公司
东莞市天正纸业有限公司
东莞市万江德康纸品厂
东莞市万江国昌纸品加工店
东莞市万江惠兴纸品厂
东莞市万江洁雅特纸类制品加工店
东莞市万江书柔纸品厂
东莞市万江添柔纸品加工厂
东莞市万江宜乐纸品厂
东莞市万江莹荷纸品加工店
东莞市万江郑威纸品加工店
东莞市万景纸品厂
东莞市旺发纸业有限公司
东莞市唯得纸业有限公司
东莞市湘丽纸业有限公司
东莞市鑫浩纸业有限公司
东莞市旭利日用品有限公司
东莞市雅洁纸品有限公司
东莞市雅舒达纸品厂
东莞市宇衡纸业有限公司
东莞市展宏纸业有限公司
东莞市郑威纸业有限公司
东莞市中堂新星纸巾厂
东莞市众信纸业有限公司
东莞思灵纸品有限公司
东莞万江芬洁纸品厂
东莞鑫宝纸品厂
东莞悦华纳米材料有限公司
广东比伦生活用纸有限公司
广东光华纸制品有限公司
广东理文造纸有限公司★
广东美鸿卫生用品有限公司
广东三星乐百乐纸业有限公司
广东省东莞市十六花纸业有限公司
广东芯柔纸业有限公司
广东鑫宇纸业科技有限公司
佛山欧班卫生用品有限公司
佛山市安倍爽卫生用品有限公司
佛山市宝琏纸业有限公司
佛山市宏达纸品有限公司
佛山市南海洁达纸业有限公司
佛山市南海区平洲新奇丽日用品有限公司
佛山市南海塔吉美纸业有限公司
佛山市柔兰纸品有限公司
佛山市三水区永盛酒店用品加工厂
佛山市顺德区惠广纸业有限公司
佛山市顺德区杏坛镇荆广潜纸品加工厂
佛山市添芯意酒店用品有限公司
佛山市维森纸业有限公司
佛山市沃威纸业有限公司
佛山市卓岳纸业有限公司
佛山太美纸品有限公司
佛山兴颖盛纸业有限公司
广东省南海康洁香巾厂
广东金隆纸业有限公司
广东省顺威纸业科技有限公司
广东泽田纸塑实业有限公司
广州宝洁有限公司
广州华程纸业有限公司

广州京明家居用品有限公司
广州龙派纸业有限公司
广州品维纸业有限公司
广州森枫纸业有限公司
广州韶能本色纸品有限公司
广州市番禺区沙湾镇威奇纸品厂
广州市番禺区钟信餐具厂
广州市浩森环保科技有限公司
广州市恒轩纸业有限公司
广州市宏杰达纸业有限公司
广州市洁达纸业有限公司
广州市洁莲纸品有限公司
广州市美景纸业有限公司
广州市威奇纸品厂
广州市文定纸业有限公司
广州市馨悦纸业有限公司
广州市鑫源纸业有限公司
广州市阳兴纸业有限公司
广州市怡欣纸业有限公司
广州市盈辉纸业有限公司
广州舒馨纸业有限公司
广州天兴行生活用纸有限公司★
广州添进纸品制造有限公司
广州有全纸业有限公司
广州纵横纸业有限公司
亚太森博(广东)纸业公司
博罗县凤达纸业有限公司
惠阳区秋长金鑫纸品加工厂
惠州福新纸业有限公司★
惠州市惠城区惠润特纸厂
惠州市洁一雅实业有限公司
惠州市通用纸业有限公司
惠州泰美纸业有限公司
广东达森特科技有限公司
江门仁科绿洲纸业有限公司★
江门日佳纸业有限公司
江门市贝丽纸业有限公司
江门市晨采实业有限公司
江门市昊蕾纸业有限公司
江门市鸿祥纸业有限公司
江门市加多福纸业有限公司★
江门市建华纸业有限公司
江门市江海区明兴保洁纸品厂
江门市蓬江区天宝纸业有限公司
江门市蓬江区云鸥纸业有限公司
江门市千帆纸业有限公司
江门市新会区宝达造纸实业有限公司★
江门市新会区大泽天恒纸品厂
江门市新会区翔达纸业制品有限公司
江门市新龙纸业有限公司
江门市新腾纸业有限公司
江门市雅枫纸业有限公司
江门旺佳纸业有限公司★
开平市赤水镇顺洁纸品厂
开平市顺锋纸品加工厂
维达纸业(中国)有限公司★
广东维达纸业股份有限公司★
广东维达纸业股份有限公司江门分公司★
维达护理用品(广东)有限公司★
澳威纸业(江门)有限公司★
新会区大泽镇纯美纸业制品厂
中顺洁柔(江门)纸业股份有限公司★
广东蓓尔丽实业有限公司
广东信达纸业有限公司★
揭阳空港区渔湖诚源纸品厂
揭阳市揭东柏达纸制品厂
揭阳市揭东县锡场镇顺成纸品厂
揭阳市空港经济区骏荣纸品厂
揭阳市空港区嘉婷纸制品厂
揭阳市龙新实业有限公司
揭阳市榕城区榕东明发纸品厂
揭阳市维康达纸业有限公司
汕头市卡洛姿纸业有限公司
茂名市家和纸业有限公司
茂名市维美纸业有限公司
大埔县中兴纸业厂
梅州市鼎丰纸品有限公司
梅州市富和纸品厂
梅州市梅江区恒富纸制品厂
梅州市梅江区明达纸业加工厂
金钰(清远)卫生纸有限公司
广东骏宝实业有限公司
广东仁达纸业实业有限公司
广东省汕头市中洁纸业有限公司
广东万安纸业有限公司★
汕头市澄海区创达纸品工艺厂
汕头市澄海区恒康纸制品厂
汕头市澄海区佳楠纸类制品厂
汕头市澄海区莲下达明纸制品厂
汕头市大方纸业有限公司

汕头市豪发纸业有限公司
汕头市金誉工艺纸业有限公司
汕头市龙湖区英才纸制品厂
汕头市致远日用品有限公司
汕头市中洁纸业有限公司
汕头市中维纸业有限公司
海丰县康太纸业有限公司
海丰县龙臻日用纸品厂
韶关市联进纸业有限公司★
韶能集团广东绿洲生态科技有限公司韶能本色分公司★
始兴县鸿晟纸品加工有限公司
鸿源联合(深圳)实业有限公司
深圳蓓佳妮实业有限公司
深圳前海安兴实业有限公司
深圳市安健达实业发展有限责任公司
深圳市安美瑞纸业有限公司
深圳市宝德鸿纸业有限公司
深圳市宝盛纸业有限公司
深圳市博奥实业发展有限公司
深圳市富新隆日用品有限公司
深圳市广田纸业有限公司
深圳市恒圳实业有限公司
深圳市佳萱纸业有限公司
深圳市洁雅丽纸品有限公司
深圳市金宝利实业有限公司
深圳市金源禧实业有限公司
深圳市荆江纸制品有限公司
深圳市俊洁纸业有限公司
深圳市联合好柔日用品有限公司
深圳市龙岗区新达纸品厂
深圳市龙新纸业有限公司
深圳市美鸿卫生用品有限公司
深圳市牡丹纸品厂
深圳市南龙源纸品有限公司
深圳市欧雅纸业有限公司
深圳市鹏达纸业有限公司
深圳市三友纸业有限公司
深圳市舒尔雅纸品有限公司
深圳市特利洁环保科技有限公司
深圳市鑫亚华纸业有限公司
深圳市御品坊日用品有限公司
深圳特立生活用品有限公司
深圳沃林纸业有限公司
深圳亿宝纸业有限公司
西朗纸业(深圳)有限公司
心丽卫生用品(深圳)有限公司
星洲清星纸业(深圳)有限公司
中顺洁柔(云浮)纸业股份有限公司★
廉江市石城家莅纸品厂
吴川市大山江明兴日用品厂
湛江市麻章区宝盈纸品厂
湛江雅泰造纸有限公司
广东鼎丰纸业有限公司★
广宁县南宝纸业有限公司★
肇庆鼎纯卫生用品厂
肇庆万隆纸业有限公司★
肇庆长实纸业有限公司
中山榄菊日化实业有限公司
中山市三角镇泓裕纸类制品厂
中山市森宝纸业制造有限公司
中山市腾达纸品有限公司
中山市小榄镇远翔纸制品厂
中山市中美纸业实业有限公司
中顺洁柔(中山)纸业股份有限公司
珠海清岚纸业有限公司

● 广西 Guangxi

百色市合众纸业有限责任公司★
广西百色瑞达纸业有限公司
广西达力纸业有限公司
广西金荣纸业有限公司
广西纸友缘纸业有限公司
广西桂海金浦纸业有限公司★
崇左市品源纸业有限公司★
崇左市汇亿纸浆有限责任公司★
广西龙州曙辉纸业有限公司★
广西春南纸业有限公司
来宾市华欣纸业有限公司★
来宾华胜纸业有限公司★
来宾市桥宏纸业有限责任公司★
来宾市蓬莱洲纸业有限公司★
广西瑞彩纸业有限公司
贵港市三叶纸业有限公司
贵港龙派实业有限公司★
桂林福桂纸业有限公司
桂林钦点纸业有限责任公司
桂林市广嘉工贸有限公司

桂林市南林纸业有限责任公司
桂林市一生竹业有限责任公司
桂林市优博纸业有限公司
桂林喜夫人纸业有限公司
灵川县福源纸制品有限公司
灵川县红旺纸品加工厂
全州亿恒纸业制品厂
贺州市中盛浆纸有限公司
广西安平纸业有限公司
广西来宾桂宾纸业有限公司★
广西来宾金润纸业有限公司
广西来宾曙辉纸业有限公司★
广西来宾市同力兴达纸业有限责任公司★
广西象州莲桂纸业有限公司★
广西象州祥龙纸业有限公司★
广西象州县中联有限责任公司★
广西芯飞扬实业有限公司
广西植护云商实业有限公司★
广西芳泰纸业股份有限公司
柳州两面针纸业有限公司★
柳州美伊美纸业有限公司
柳州市柳江区枫叶卫生用品厂
柳州市柳江区桂龙纸品厂
柳州市柳林纸业有限公司★
柳州市太阳造纸厂
柳州市郑发纸业有限责任公司★
柳州迎丽纸业有限公司
柳州誉美纸业有限公司
柳州中迪纸业有限公司
柳州市鹿寨佳利造纸厂★
柳州市桂中纸业有限公司★
柳州市柳城县三星纸业有限责任公司★
宾阳县江南纸业有限公司★
广西安宁纸业有限公司
广西和发强纸业有限公司★
广西横县和顺纸业有限公司
广西横县江南纸业有限公司★
广西宏源纸业有限公司★
广西嘉盛纸业有限公司★
广西马山县盛圣纸业有限公司★
广西南宁凤派纸业有限公司
广西南宁国昌纸业有限公司
广西南宁恒业纸业有限责任公司
广西南宁金木瓜纸业有限公司
广西南宁市宾阳县新桥镇赢盈纸品厂
广西南宁香兰纸业有限责任公司★
广西嵘兴中科发展有限公司★
广西沙龙纸业有限责任公司
广西盛誉嘉纸业有限公司
广西舒雅护理用品有限公司
广西太阳纸业有限公司★
广西天力丰生态材料有限公司★
广西新佳士卫生用品有限公司
广西雪洁纸业有限公司
金红叶纸业(南宁)有限公司
南宁彩帕纸品制造有限公司
南宁美纳纸业有限公司
南宁梦来圆纸制品有限责任公司
南宁清柔纸业有限公司
南宁市迪雅日用纸品厂
南宁市丰裕纸业有限公司
南宁市好印象纸品厂
南宁市华征纸业有限公司
南宁市佳达纸业有限责任公司★
南宁市佳金纸业有限公司
南宁市家祥纸业有限责任公司
南宁市嘉宝纸业有限公司
南宁市金彩桐木瓜纸业有限公司
南宁市柔润纸业有限公司
南宁市圣大纸业有限公司★
南宁市盛成纸品加工厂
南宁市万达纸品厂
南宁天然纸业有限公司
南宁沱江纸业有限公司★
南宁雪宝纸业有限责任公司
广西东南光纸业有限公司
广西钦州叶诚纸业有限公司
广西金佰洁纸业有限公司
广西象州鑫龙纸业有限公司★
玉林市亲点纸业有限公司

● 海南 Hainan

海口秀英昌达纸业制品厂
海口秀英万利纸业制品厂
儋州那大豪冠纸品厂
海南嘉宝纸业有限公司

海南金红叶纸业有限公司★

● 重庆 Chongqing

重庆彼特福纸业有限公司
恒安(重庆)纸制品有限公司★
重庆盛丰纸业有限公司
重庆远帆纸业有限公司
重庆真妮丝纸业有限公司
重庆飞顺纸业有限公司
重庆市光承纸业有限公司
重庆龙璟纸业有限公司★
重庆博蔚纸业有限公司
重庆三好纸业有限公司
重庆纯点纸业有限公司
重庆广泰纸业有限公司
重庆汇广纸业有限公司
重庆靓光纸业有限公司
重庆市九龙坡区语柔纸制品厂
重庆特丽洁生活用纸有限责任公司
沙坪坝区俊杰纸制品加工厂
重庆阔天纸业有限公司
重庆香柔纸业有限公司
重庆星月纸业有限公司
重庆市飞龙纸业有限公司
潼南县合家欢纸业有限公司
维尔美纸业(重庆)有限公司★
重庆港奥佳祥纸业有限公司
重庆鸿泰纸业有限公司
重庆理文卫生用纸制造有限公司★
重庆市功夫本色卫生用品有限公司
重庆添福纸业有限公司
重庆维邦纸业有限公司
重庆渝成纸业有限公司
重庆玉红生活用纸有限公司
重庆东实纸业有限责任公司
重庆博大农牧产品进出口有限公司★
聚合汇(重庆)纸业有限公司
重庆峰城纸业有限公司
重庆洁黔纸制品有限公司
重庆九顺纸业有限责任公司
重庆露之香纸制品有限公司
重庆若禺纸制品有限公司
重庆市璧山区集美纸业有限公司
重庆市沙坪坝区耀发纸制品厂
重庆市泰盛纸业有限公司
重庆市雅洁纸业有限公司
重庆惟鸥纸业有限公司
重庆香姿柔纸业有限公司
重庆渝万家纸业有限公司

● 四川 Sichuan

成都安舒实业有限公司
成都百丽纸业有限责任公司
成都百顺纸业有限公司
成都百信纸业有限公司
成都彼特福纸品工艺有限公司
成都成良纸业有限责任公司
成都顶洁纸业有限公司
成都发利纸业有限公司
成都好柔洁纸业有限公司
成都洁仕生活用品有限公司
成都金堂怡乐纸品厂
成都金香城纸业有限公司
成都精华纸业有限公司★
成都景山纸业有限责任公司
成都居家生活造纸有限责任公司★
成都乐陈纸业有限公司
成都绿洲纸业有限责任公司★
成都清雅纸业有限公司
成都市阿尔纸业有限责任公司★
成都市芳菲乐纸业有限公司
成都市丰裕纸业制造有限公司
成都市豪盛华达纸业有限公司
成都市恒峰纸业有限公司
成都市红牛实业有限责任公司
成都市家家洁纸业有限公司
成都市金碧纸业有限公司
成都市康乐纸业有限公司
成都市龙泉驿区永顺卫生用品厂
成都市郫都区彩虹缘纸品厂
成都市青柠檬纸业有限公司

成都市苏氏兄弟纸业有限公司
成都市天娇纸业有限公司
成都市天垚纸业有限公司
成都市武侯区康洁酒店用品厂
成都市新都爱洁生活用品厂
成都市新都区吕氏纸制品厂
成都市鑫若纸制品有限公司
成都市星友纸制品有限公司
成都市在水一方纸业有限公司
成都市仲君纸制品厂
成都市竹缘纸业有限公司
成都卫洁纸业有限公司
成都纤姿纸业有限公司
成都鑫宏乙纸品厂
成都鑫宏纸品厂★
成都鑫盛洁纸制品厂
成都兴荣纸业有限公司
成都志豪纸业有限责任公司★
崇州市倪氏纸业有限公司★
崇州市天美纸业加工厂
大邑县西红叶纸业有限公司
都江堰市海腾纸业有限责任公司
都江堰市龙安纸制品厂
都江堰市能兴纸业有限公司
恒安(四川)生活用品有限公司
夹江汇丰纸业有限公司★
彭州市大良纸厂★
彭州市玖峰纸业有限公司
彭州市阳阳纸业有限公司
四川百乐生活用品有限责任公司
四川本色工坊纸业有限责任公司
四川橙十字科技有限责任公司
四川得布卫生用品有限公司
四川福布卫护科技有限公司
四川福华新材料科技有限公司
四川福华竹浆纸业集团有限公司★
四川恒邦远大纸业有限责任公司
四川红富士纸业有限公司
四川环龙新材料有限公司★
四川环龙生活用品有限公司★
四川唤初新材料有限公司
四川康利斯纸业有限公司
四川蓝漂日用品有限公司
四川若禺卫生用品有限责任公司
四川森之佳纸业有限公司
四川省津诚纸业有限公司★
四川石化雅诗纸业有限公司
四川蜀邦实业有限责任公司★
四川心语卫生用品有限公司
四川欣适运纸品有限责任公司
四川兴睿龙实业有限公司
四川怡君康福生物科技有限公司
四川芝宝堂工艺纸品有限公司
四川竹巾环能新材料有限公司
中顺洁柔(四川)纸业股份有限公司★
达州市浩然旅游用品有限公司
开江县欣鑫纸业有限责任公司
开江阳光纸品厂
成都来一卷纸业有限公司
成都市砂之船纸业有限公司
成都舒美姿卫生用品有限公司
德阳美妆庭纸业有限公司
德阳市旌阳区锦上花纸制品厂
德阳市美妆庭纸业有限公司
绵竹市剑枫纸制品有限公司
四川翠竹卫生用品有限公司
四川迪邦卫生用品有限公司
四川诺邦纸业有限公司
四川清爽纸业有限公司
四川什邡市恒达纸品厂
四川省天耀纸业有限公司
四川顺邦纸业有限公司
四川望风青苹果纸业有限公司
四川维邦优品科技有限公司
四川友邦纸业有限公司★
四川圆周实业有限公司★
四川纸老虎纸制品有限公司
维达纸业(四川)有限公司★
夹江县金达纸业有限公司
夹江县正方纸业彩印厂
乐山新达佳纸业有限公司
沐川禾丰纸业有限责任公司★
四川省夹江县雅洁纸厂
四川省凤生科技股份有限公司★
四川省万安纸业有限责任公司
四川清竹源纸业有限公司

眉山市东坡区先锋卫生制品厂
仁寿青青草纸制品有限公司
四川丹妮生态生活护理用品有限公司
四川佳益卫生用品有限公司
四川省龙野日用品有限公司
绵阳市涪城区均鸿纸业加工厂
四川美姿彩纸业有限公司
四川省绵阳超兰卫生用品有限公司★
四川盛世龙华纸业有限责任公司
四川纤纸洁纸业有限公司
四川亿达纸业有限公司
四川竹印良品新材料科技有限公司
南充市达江卫生用品厂
南充市开发区永成纸品厂
内江市东兴区绿源纸制品厂
威远诚峰纸业有限公司
四川玉洁纸业有限公司
四川金红叶纸业有限公司★
遂宁金红叶纸业有限公司★
四川省芦山县兴业造纸厂★
宜宾纸业股份有限公司★
富顺县诚邦纸制品厂
荣县旭阳镇洁美康纸制品厂
成都市川津纸业有限责任公司★

● 贵州 Guizhou

贵州汇景纸业有限公司★
贵州鑫融发纸业有限公司
贵州优沐纸业有限公司
毕节市富达纸业有限公司
贵州中柔纸业有限公司
植护百洁卫生用品有限公司
贵阳彩华恒丰纸业有限公司
贵阳市花溪环球卫生制品厂
贵阳顺兴纸品有限公司
贵阳添福纸制品厂
贵阳阳光生活用纸厂
贵州山河森纸业有限公司
贵州盛世宝竹纸业有限公司
贵州雨娇纸制品有限公司
贵州玉祥纸业有限公司
贵州凯里经济开发区冠凯纸业有限公司
贵州万华纸业有限公司
贵州瓮安大众纸业有限责任公司
惠水县佳宇造纸厂★
黔西南州伙儿晃日化有限公司
贵州德怀纸业有限公司
赤水飞顺纸业有限公司
赤水升翔纸业有限公司
赤水市天月纸业有限公司
赤水市鑫明洁明亮纸业有限责任公司
道真自治县顺豪纸业有限公司
贵州彩阳纸业有限公司
贵州赤河纸业有限公司
贵州赤天化纸业股份有限公司★
贵州冠华纸业有限公司★
贵州汇美佳源纸业有限公司
贵州省遵义迎阳卫生材料股份有限公司★
贵州中济恩鑫高新技术开发有限公司
贵州竹运纸业有限责任公司
遵义市原色食尚纸业有限责任公司

● 云南 Yunnan

大理滇丰纸业有限责任公司
云南白药清逸堂实业有限公司
官渡区丰达生活用纸厂
昆明爱华卫生制品有限责任公司
昆明东泰纸业有限公司
昆明国峰纸业有限公司
昆明华安美洁卫生用品有限公司
昆明家之品纸业有限责任公司
昆明洁典卫生用品有限公司
昆明经开区阿拉星胜纸制品厂
昆明卡拉丁纸业有限公司
昆明蓝欧纸业有限公司
昆明绿基纸业有限公司
昆明耐洁纸业有限公司
昆明市官渡区昆和纸品厂
昆明市官渡区胜达生活用纸厂
昆明市官渡区新生纸制品厂
昆明市官渡区鑫康纸品厂
昆明市社会福利院春城纸巾厂

昆明市拓翔纸业有限公司
昆明市正能博美纸业有限公司
昆明威宝纸制品厂
昆明长厚酒店用品有限公司
云南超柔纸业有限公司
云南弘源纸业有限公司★
云南嘉信和纸业有限公司
云南昆明鑫康纸品厂
云南龙银纸业有限公司
云南璐豪纸业有限公司
云南润竹纸业有限公司
云南万达纸业有限公司
云南新生纸业有限公司
云南兴亮实业有限公司
云南臻自然纸业有限公司
云南云景林纸股份有限公司★
宣威市康乐纸业有限公司
玉溪和润纸业有限公司
云南金晨纸业有限公司★
云南暖顺纸业有限公司
云南新平南恩糖纸有限责任公司★
云南尊丰纸业有限公司
昭通市邵阳区新世纪纸巾厂

● 西藏 Tibet

西藏洪瑞卫生用品有限公司

● 陕西 Shaanxi

宝鸡市海洋之恋酒店用品有限公司
陕西法门寺纸业有限责任公司★
陕西洁韵雅纸业有限公司
汉中青珊瑚卫生用品有限公司
汉中御纸坊日用品有限责任公司
商洛市柔馨宜纸业有限公司
陕西大拇指实业有限公司
陕西嘉洁丽纸业有限公司
陕西洁美佳纸制品有限公司
陕西凯瑞达科贸有限公司
陕西微风纸业有限公司
陕西维美纸业有限责任公司
陕西欣瑞晨工贸有限公司
陕西宜佳纸业有限公司
西安博凯卫生用品有限公司
西安福瑞德纸业有限责任公司
西安华源纸业卫生保健用品有限公司
西安清清纸制品有限公司
西安市点缀纸业有限公司
西安市丰悦纸品厂
西安市洁雅酒店用品有限责任公司
西安市未央区家合纸品厂
西安天娇纸品有限公司
西安香泽工贸有限公司
西安雅泉酒店用品有限公司
西安涌泉纸质容器有限公司
秦汉新城静瑄纸品厂
陕西欣雅纸业有限公司★
陕西旭呈纸业有限公司
延安姿爽纸制品有限公司
神木市益牌纸业有限公司
榆林市诚源纸品加工有限公司
大荔蔡伦纸业有限公司★

● 甘肃 Gansu

甘肃靖远银莲纸品厂
崔家崖添添纸制品加工厂
兰州奇洁纸业有限公司
兰州依帆卫生用品有限公司
甘肃洁而柔纸业有限公司
临夏伊和平鸽纸业有限责任公司
陇南市宏盛纸业有限责任公司
平凉市宝马纸业有限责任公司★
甘肃古浪惠思洁纸业有限公司

● 青海 Qinghai

青海晨曦纸业有限公司
青海聚鑫纸制品有限公司
青海润森纸塑制品有限公司
西宁城东隆盛达纸品厂

西宁花梦诗纸业有限公司

● 宁夏 Ningxia

宁夏佳美精细纸制品有限公司
吴忠市利通区佳佳纸制品厂
吴忠市智鑫纸业有限公司
贺兰县百隆纸制品厂
宁夏牵手缘纸业有限公司
银川市玉松纸制品厂
宁夏宏昌纸业科技有限公司
宁夏嘉通卫生用品有限公司

● 新疆 Xinjiang

库尔勒张氏纸业有限责任公司
新疆吉尔伽美什纸业有限公司
新疆洁康达纸业有限公司
新疆巨兆辉森卫生用品有限责任公司★
新疆龙云飞卫生用品有限公司
新疆天之阳卫生用品有限公司
石河子鑫天宏工贸有限公司
新疆祥盛铭隆纸制品有限公司
石河子市可柔纸品商行
沙依巴克区长胜大队展银纸制品加工厂
乌鲁木齐美多纸业有限公司
乌鲁木齐三立方纸业有限公司
乌鲁木齐市佳赫纸业有限公司
乌鲁木齐市柔奈尔纸业有限公司
乌鲁木齐市森林元素纸业有限公司
新疆玄武酒店用品餐巾纸厂
新疆芳菲达卫生用品有限公司
新疆环峰纸业有限公司
新疆锦上仁和纸业有限公司
新疆君和纸业有限公司
新疆龙云飞纸业有限公司
新疆特顺康纸业有限公司
新疆恒安纸业有限公司★
石河子市惠尔美纸业有限公司
巴州新名星纸业有限责任公司★
新疆中泰兴苇生物科技有限公司★

分地区卫生用品生产企业数(2021年)
Number of disposable hygiene products manufacturers by region (2021)

地区	Region	企业数(家) Number of manufacturers					
		女性卫生用品 Feminine hygiene products	婴儿纸尿裤/片 Baby diapers/diaper pads	成人失禁用品 Adult incontinent products	宠物卫生用品 Hygiene products for pets	擦拭巾 Wipes	一次性医用非织造布制品 Disposable hygiene medical nonwoven products
总计	Total	595	599	398	65	912	460
北京	Beijing	14	9	12	1	27	13
天津	Tianjin	45	15	35	2	20	7
河北	Hebei	40	27	35	3	55	14
山西	Shanxi	0	0	0	0	3	0
内蒙古	Inner Mongolia	0	0	0	0	1	0
辽宁	Liaoning	11	4	11	3	38	5
吉林	Jilin	2	0	1	0	13	0
黑龙江	Heilongjiang	2	2	0	0	9	0
上海	Shanghai	43	39	28	5	60	31
江苏	Jiangsu	45	34	54	21	94	67
浙江	Zhejiang	43	48	28	14	178	79
安徽	Anhui	5	9	5	3	25	32
福建	Fujian	104	136	47	0	48	17
江西	Jiangxi	9	15	2	1	18	11
山东	Shandong	35	17	41	6	67	23
河南	Henan	22	14	13	0	41	22
湖北	Hubei	23	15	12	1	35	78
湖南	Hunan	12	32	4	0	20	7
广东	Guangdong	116	149	59	5	103	43
广西	Guangxi	8	9	1	0	8	0
海南	Hainan	0	0	0	0	2	1
重庆	Chongqing	2	6	2	0	12	0
四川	Sichuan	8	6	4	0	12	2
贵州	Guizhou	1	6	2	0	3	0
云南	Yunnan	3	4	1	0	6	2
西藏	Tibet	0	0	0	0	1	1
陕西	Shaanxi	1	2	1	0	9	5
甘肃	Gansu	0	0	0	0	0	0
青海	Qinghai	1	0	0	0	2	0
宁夏	Ningxia	0	0	0	0	0	0
新疆	Xinjiang	0	1	0	0	2	0

女性卫生用品
Feminine hygiene products

● 北京 Beijing

北京雪莲生物科技有限公司
北京想象无限科技有限公司
北京倍舒特科技发展有限公司
北京恒源鸿业贸易有限公司
北京金佰利个人卫生用品有限公司
金佰利(中国)有限公司
北京百乐天科技发展有限公司
北京倍舒特妇幼用品有限公司
北京爱华中兴纸业有限公司
北京宝洁技术有限公司
北京舒尔雅妇婴卫生用品有限公司
北京舒美卫生用品有限公司
金河泰科(北京)科技有限公司
北京众生平安科技发展有限公司

● 天津 Tianjin

天津媛爱尚佳卫生用品有限公司
利发卫生用品(天津)有限公司
天津大雅卫生制品有限公司
天津骏发森达卫生用品有限公司
天津康康纸业有限公司
天津市安琪尔纸业有限公司
天津市宝坻区洁维卫生制品有限公司
天津市宝坻区美洁卫生制品有限公司
天津市好洁卫生用品有限公司
天津市娇柔卫生制品科技有限公司
天津市洁雅妇女卫生保健制品有限公司
天津市瑞达卫生用品厂
天津市舒爽卫生制品有限公司
天津市创亿金惠商贸有限公司
天津市韩东纸业有限公司
天津市先鹏纸业有限公司
小护士(天津)科技股份有限公司
天津市唯洁丝科技发展有限公司
沃德(天津)营养保健品有限公司
智邦(天津)卫生用品科技有限公司
天津市美商卫生用品有限公司
天津迅腾恒业生物科技有限公司
天津市康怡生纸业有限公司
天津市恒新纸业有限公司
天津市汇鑫森潮国际贸易有限公司
天津海华卫生制品有限公司
天津市康宝妇幼保健卫生制品有限公司
天津市妮娅卫生用品有限公司
权健自然医学科技发展有限公司
天津锦盛堂科技发展有限公司
天津市虹怡纸业有限公司
天津市康乃馨卫生用品厂
天津市七色羽卫生用品有限公司
天津市武清区唯美卫生用品厂
天津市亿利来科技卫生用品厂
天津忘忧草纸制品有限公司
天津雨柔卫生用品厂
天津誉康卫生用品有限公司
广州宝洁有限公司天津西青分公司
天津百邦卫生用品有限公司
天津宝洁工业有限公司
天津博真卫生用品有限公司
天津花王卫生用品有限公司
天津洁尔卫生用品有限公司
天津市依依卫生用品股份有限公司

● 河北 Hebei

保定市帆翔纸制品制造有限公司
保定市福泽卫生用品有限公司
保定市港兴纸业有限公司
保定市海森卫生用品有限公司
保定市美华卫生用品厂
保定正大阳光日用品有限公司
河北布依斑卫生用品有限公司
河北熙格日化用品销售有限公司
河北义厚成日用品有限公司
河北邯郸天宇卫生用品厂
河北宏达卫生用品有限公司
衡水亿嘉医疗卫生用品有限公司
廊坊恒洁纸制品有限公司
文安县安特卫生用品厂
香河天兴纸制品有限公司
北京家婷卫生用品有限公司(河北办)
河北宝诗乐科技有限公司
河北东泽卫生用品有限公司
河北美琪宝格科技有限公司
河北荣晨卫生用品有限公司
晋州市三合利卫生用品厂
石家庄宝洁卫生用品有限公司
石家庄美洁卫生用品厂
石家庄梦洁实业有限公司
石家庄市宏大卫生用品厂
石家庄市嘉赐福卫生用品有限公司

石家庄市顺美生活用纸科技有限公司
石家庄市贻成卫生用品有限公司
石家庄市裕华区爱佳卫生用品厂
石家庄夏兰纸业有限公司
石家庄小布头儿纸业有限公司
石家庄娅丽洁纸业有限公司
唐山市丰南区美洁卫生用品厂
唐山市玲达卫生用品厂
香港迷迷朵国际实业有限公司(河北办)
河北绿洁纸业有限公司
河北童泰贝康母婴用品有限公司
内丘舒美乐卫生用品有限责任公司
邢台市好美时卫生用品有限公司
邢台玉洁卫生用品有限公司

● 辽宁 Liaoning

大连双迪桃花卫生用品有限公司
葫芦岛舒康卫生用品有限公司
锦州东方卫生用品有限公司
锦州市维珍护理用品有限公司
美商实业(沈阳)有限公司
沈阳贝尔科技有限公司
沈阳东联日用品有限公司
沈阳恒泽卫生用品有限公司
沈阳天爱日化有限公司
辽宁和合卫生用品有限公司
铁岭小秘密卫生用品有限公司

● 吉林 Jilin

吉林省倪贝雅生活用品有限公司
吉林省琦鑫卫生日用品有限公司

● 黑龙江 Heilongjiang

哈尔滨市棉本贸易有限责任公司
哈尔滨医丰卫生用品技术开发有限公司

● 上海 Shanghai

上海惠生护理用品有限公司
金佰利(中国)有限公司上海办事处
北京爱华中兴纸业有限公司上海分公司
上海申欧企业发展有限公司
上海胜孚美卫生用品有限公司
上海东冠集团
上海利迪实业有限公司
上海舒晓实业有限公司
上海鑫贝源母婴用品有限公司
上海强生有限公司
上海优生婴儿用品有限公司
亨蚨源(上海)实业有限公司
上海迪硕母婴用品有限公司
上海弘生医疗科技有限公司
上海兰曼生物科技有限公司
媛赟(上海)生物科技股份有限公司
上海喜康盈母婴用品有限公司
安旭冠实业(上海)有限公司
康那香企业(上海)有限公司
上海护理佳实业有限公司
上海马拉宝商贸有限公司
上海唯尔福集团股份有限公司
上海亚日工贸有限公司
浙江天蚕生物科技有限公司(上海办)
优奈实业(上海)有限公司
上海白玉兰卫生洁品有限公司
上海菲伶卫生用品有限公司
上海惠雅医疗科技有限公司
上海美馨卫生用品有限公司
上海品相实业有限公司
上海馨茜卫生用品有限公司
上海亿维实业有限公司
上海益母妇女用品有限公司
上海月月舒妇女用品有限公司
丝缘(上海)生物科技有限公司
贝亲母婴用品(上海)有限公司
上海迎佳佰葳贸易有限公司
上海贝睿斯生物科技有限公司
上海同杰良生物材料有限公司
上海花王有限公司
上海悦佳生物科技有限公司
脱普日用化学品(中国)有限公司上海分公司
尤妮佳生活用品(中国)有限公司

● 江苏 Jiangsu

常州爱倍思特卫生用品有限公司
常州百仕嘉护理用品有限公司
常州德利斯护理用品有限公司
常州护佳卫生用品有限公司
常州家康纸业有限公司
常州康尔美护理用品有限公司
常州快高儿童卫生用品有限公司
常州美高美护理用品有限公司
常州市梦爽卫生用品有限公司
常州市武进亚星卫生用品有限公司
常州斯纳琪护理用品有限公司
江苏宝姿实业有限公司
连云港市东海彩虹卫生用品厂
连云港市东海云林卫生用品厂
艾馨(南京)婴儿用品有限公司
江苏有爱科技有限责任公司
金佰利(南京)个人卫生用品有限公司
南京安琪尔卫生用品有限公司
南京宝船卫生用品制造有限公司
南京草清坊日用品有限公司

南京能恩医疗科技有限公司
江苏邦业护理用品有限公司
江苏唯氏生态日用品有限公司
龙帛生物科技有限公司
苏州蚕姿润日用品科技有限公司
张家港市宏亿纸业有限公司
张家港市亿晟卫生用品有限公司
江苏豪悦实业有限公司
泰州远东纸业有限公司
江苏棉次方科技有限公司
江苏淑洁卫生用品有限公司
江苏无锡侨悦卫生用品有限公司
无锡乔纳森医疗卫生用品有限公司
无锡市爱得华商贸有限公司
无锡新中瑞婴儿用品有限公司
必康新医药产业综合体投资有限公司
江苏嘉萱智慧健康品有限公司
江苏丝芙生物科技有限公司
徐州市舒润日用品有限公司
滨海昌正企业管理有限公司
江苏唯佳卫生用品有限公司
心悦卫生用品有限公司
江苏三笑集团有限公司
尤妮佳生活用品(江苏)有限公司
江苏金晶卫生用品有限公司

● 浙江 Zhejiang

东方洁昕(杭州)卫生用品有限公司
杭州比因美特孕婴童用品有限公司
杭州豪悦护理用品股份有限公司
杭州可悦卫生用品有限公司
杭州快乐女孩卫生用品有限公司
杭州施俞儿实业有限公司
杭州市慕尚护理用品有限公司
杭州淑洁卫生用品有限公司
杭州滕野生物科技有限公司
杭州小姐妹卫生用品有限公司
杭州新翔工贸有限公司
杭州茵初母婴日用品有限公司
杭州余宏卫生用品有限公司
杭州珍琦卫生用品有限公司
浙江晶岛实业有限公司
浙江诗妮护理用品科技有限公司
浙江珍琦护理用品有限公司
浙江紫佰诺卫生用品有限公司
比芭(浙江)护理用品有限公司
川田卫生用品(浙江)有限公司
湖州丝之物语蚕丝科技有限公司
浙江好时加卫生用品有限公司
浙江千柔凡护理用品有限公司
浙江天晴制造科技集团有限公司
浙江优全护理用品科技有限公司
海宁雷宝卫生用品有限公司
金华市爱的日化有限公司
金华市韵宸卫生用品有限公司
义乌市安柔卫生用品有限公司
义乌市奥顿纸业有限公司
浙江辰玮日化科技有限公司
浙江红雨医药用品有限公司
浙江惠好日用品有限公司
浙江锦芳卫生用品有限公司
浙江中美日化有限公司
宁波菲特医疗器械有限公司
绍兴唯尔福妇幼用品有限公司
新昌县舒洁美卫生用品有限公司
临海市满爽卫生用品有限公司
台州市易美卫生用品有限公司
浙江省温岭市创新纸业有限公司
温州市芳柔卫生用品有限公司
浙江易乐护理用品有限公司

● 安徽 Anhui

安徽井中集团梦幻樱花卫生用品有限公司
美心(安徽)卫生用品有限公司
安徽依依妇幼用品有限公司
恒安(合肥)生活用品有限公司
恒安(芜湖)纸业有限公司

● 福建 Fujian

爹地宝贝股份有限公司
福建朵朵云日用品有限公司
福清恩达卫生用品有限公司
益兴堂卫生制品有限公司
福建省媖洁日用品有限公司
天乐卫生用品有限公司
福建莆田佳通纸制品有限公司
福建省荔城纸业有限公司
福建新亿发集团有限公司
艾美(福建)纸业科技发展有限公司
百川卫生用品有限公司
创佳(福建)卫生用品科技有限公司
福建安琪儿卫生用品有限公司
福建蓓乐纸业有限公司
福建凤新纸业有限公司
福建惠安县和成日用品有限公司
福建晋江凤竹纸品实业有限公司
福建蓝蜻蜓护理用品股份有限公司
福建全英纸品有限公司
福建泉州梦丽雅纸业有限公司
福建省晋江市圣安娜妇幼用品有限公司
福建省南安明乐卫生用品有限公司
福建省南安市恒丰纸品有限公司

福建省南安市天天妇幼用品有限公司
福建省南安市悦达纸品有限公司
福建省泉州恒康妇幼卫生用品有限公司
福建省泉州市汇丰妇幼用品有限公司
福建省时代天和实业有限公司
福建省腾凯卫生用品有限公司
福建省夏宇卫生用品有限公司
恒安国际集团有限公司
恒金妇幼用品有限公司
恒意卫生用品有限公司
晋江安婷妇幼用品有限公司
晋江市安雅卫生用品有限公司
晋江市凤源卫生用品有限公司
晋江市恒乐卫生用品有限公司
晋江市金安纸业用品有限公司
晋江市美特妇幼用品有限公司
晋江市清利卫生用品有限公司
晋江市荣鑫妇幼用品有限公司
晋江市万成达妇幼卫生用品有限公司
美丽岛(福建)生活用品有限公司
南安市恒源妇幼用品有限公司
南安市熊猫传奇日用品科技有限责任公司
南安市远大卫生用品厂
泉州贝佳妇幼卫生用品有限公司
泉州丰华卫生用品有限公司
泉州恒通纸业有限公司
泉州锦源妇幼用品有限公司
泉州聚美纸业有限公司
泉州康丽卫生用品有限公司
泉州来亚丝卫生用品有限公司
泉州联合纸业有限公司
泉州洛江兴利卫生用品有限公司
泉州派力莎护理用品有限公司
泉州雀儿喜生活用品有限公司
泉州市爱丽诗卫生用品有限公司
泉州市宾力卫生材料有限公司
泉州市采尔纸业有限公司
泉州市彩丰行卫生用品有限公司
泉州市创利卫生用品有限公司
泉州市大自然卫生用品有限公司
泉州市恒发妇幼用品有限公司
泉州市恒亿卫生用品有限公司
泉州市恒毅卫生用品有限公司
泉州市华利卫生用品有限公司
泉州市华龙纸品实业有限公司
泉州市嘉华卫生用品有限公司
泉州市金多利卫生用品有限公司
泉州市玖安卫生用品有限公司
泉州市立华生活用品有限公司
泉州市洛江金利达卫生用品厂
泉州市洛江区南方卫生用品有限公司
泉州市千业卫生用品有限公司
泉州市盛峰卫生用品有限公司
泉州市盛鸿达卫生用品有限公司
泉州市婷爽卫生用品有限公司
泉州市祥禾卫生用品有限公司
泉州市霄鹏卫生用品有限公司
泉州市新丰纸业用品有限公司
泉州市新联卫生用品有限公司
泉州市新世纪卫生用品有限公司
泉州市中恒卫生用品有限公司
泉州天娇妇幼卫生用品有限公司
泉州卓悦纸业有限公司
盛鑫卫生用品有限公司
石狮市绿色空间卫生用品有限公司
舒月妇幼卫生用品有限公司
顺源妇幼用品有限公司
祥发(福建)卫生用品有限公司
怡佳(福建)卫生用品有限公司
益佰堂(泉州)卫生用品有限公司
中天(中国)工业有限公司
福建省三明市宏源卫生用品有限公司
厦门东洛卫生用品有限公司
厦门亚隆日用品有限公司
凤竹(漳州)纸业有限公司
福建诚信纸品有限公司
福建妙雅卫生用品有限公司
福建省天之然卫生用品有限公司
福建省漳州市智光纸业有限公司
漳州市富强卫生用品有限公司
漳州市芗城晓莉卫生用品有限公司

● 江西 Jiangxi

赣州港都卫生制品有限公司
江西省嘉利发纸品有限公司
江西优禾科技有限公司
九江白洁实业有限公司
南昌康妮保健品厂
江西黛安娜卫生用品有限公司
江西康裕医疗科技有限公司
江西省清宝日用品有限公司
仁和药业有限公司

● 山东 Shandong

山东依派卫生用品有限公司
山东胜安卫生用品有限公司
济南蓝秀卫生用品有限公司
济南月舒宝纸业有限责任公司
山东昊星洁士新材料科技有限公司
山东永芳卫生用品有限公司
山东婷好卫生制品有限公司
冠县竹雨纸制品有限公司

山东韶韵本色纸业有限公司
山东省恒发卫生用品有限公司
临沂得莱雅卫生用品有限公司
临沂合发商贸有限公司
鲁南康之恋妇幼用品有限公司
山东安洁卫生用品有限公司
山东临沂梦之兰纸品有限公司
山东省郯城县康丽尔卫生用品厂
山东顺霸有限公司
山东欣洁月舒宝纸品有限公司
郯城县玉洁卫生用品厂
郯城银洁卫生用品厂
纳可生活用品(青岛)有限公司
青岛美西南科技发展有限公司
青岛诺琪生物工程有限公司
青岛优佳卫生科技有限公司
沃恩(青岛)医疗卫生用品有限公司
东方洁昕卫生用品有限公司
泰安双赢新天地卫生用品有限公司
山东华汶实业股份有限公司
山东云豪卫生用品股份有限公司
潍坊含羞草护理科技股份有限公司
山东莱州市益康卫生用品厂
烟台市洪昇卫生用品有限公司
滕州华宝卫生制品有限公司
山东赛特新材料股份有限公司
山东益母妇女用品有限公司

● 河南 Henan

安阳市汇丰卫生用品有限责任公司
河南省林泰卫生用品有限公司
开封市美誉实业有限公司
瑞帮(开封)卫生材料有限公司
河南丝绸之宝卫生用品有限公司
河南芯依卫生用品有限公司
恒安(河南)卫生用品有限公司
漯河临颍恒祥卫生用品有限公司
三门峡市蓝雪卫生用品有限公司
河南省永城市好理想卫生用品有限公司
新乡市康鑫卫生用品有限公司
新乡市长生卫生用品有限公司
河南舒莱卫生用品有限公司
河南雨菲纸业有限公司
河南省易丰达纸制品有限公司
河南省优坊纸业有限公司
新郑恒鑫卫生用品厂
郑州市二七永洁卫生用品厂
郑州星原卫生用品有限公司
河南恒宝纸业有限公司
河南五彩卫生用品有限公司
河南省百蓓佳卫生用品有限公司

● 湖北 Hubei

湖北省武穴市恒美实业有限公司
湖北省武穴市疏朗朗卫生用品有限公司
稳健医疗集团有限公司黄冈卫生用品厂
荆门市蓝晶纸品有限公司
湖北华樾卫生用品有限公司
湖北极俪生物医药科技有限公司
湖北青山青实业有限公司
湖北丝宝股份有限公司
武汉倪初护理用品有限公司
武汉圣洁卫生用品有限公司
武汉市美雅卫生用品有限公司
武汉中森医疗用品有限公司
湖北佰斯特卫生用品有限公司
武汉市川田卫生用品有限公司
湖北保鹤堂医药有限公司
湖北九朵护理用品有限公司
湖北爱尼可医疗科技有限公司
湖北省襄阳市盈乐卫生用品有限公司
老河口杨三宏福纸业有限公司
襄阳仁德堂日用品有限公司
湖北舒欣卫生护理用品实业有限公司
维达护理用品(中国)有限公司
宜昌弘洋集团纸业有限公司

● 湖南 Hunan

湖南花香实业有限公司
湖南省倍茵卫生用品有限公司
湖南东顺纸业有限公司
湖南信孚贸易有限公司
湖南福爱卫生用品有限公司
湖南省家乐福纸业有限公司
湖南由由通医疗用品有限公司
湖南诚品质造科技有限公司
湖南乐适日用品有限公司
湖南舒比奇生活用品有限公司
湖南湘雅制药有限公司
湖南千金卫生用品股份有限公司

● 广东 Guangdong

东莞嘉米敦婴儿护理用品有限公司
东莞市白天鹅纸业有限公司
东莞市宝盈妇幼用品有限公司
东莞市天正纸业有限公司
东莞市为民日用品有限公司
东莞市雅酷妇幼用品有限公司
广东茵茵股份有限公司
金保利卫生用品有限公司
佛山爱佳护理用品有限公司
佛山康德利护理用品有限公司
佛山市安倍爽卫生用品有限公司

佛山市百诺卫生用品有限公司
佛山市宝爱卫生用品有限公司
佛山市超爽纸品有限公司
佛山市高伟卫生用品有限公司
佛山市浩伶卫生用品有限公司
佛山市嘉博卫生用品科技有限公司
佛山市洁邦卫生用品有限公司
佛山市金妇康卫生用品有限公司
佛山市南海吉爽卫生用品有限公司
佛山市南海区佳朗卫生用品有限公司
佛山市南海区倩而宝卫生用品有限公司
佛山市佩安婷卫生用品实业有限公司
佛山市啟盛卫生用品有限公司
佛山市三邦纸制品有限公司
佛山市莎莉卫生用品科技有限公司
佛山市顺德区康儿健母婴用品有限公司
佛山市顺德区舒乐卫生用品有限公司
佛山市顺德区爽洁贸易有限公司
佛山市怡爽卫生用品有限公司
佛山市亿越日用品有限公司
佛山市优美尔婴儿日用品有限公司
佛山市誉润卫生用品有限公司
佛山市志达实业有限公司
佛山市中道纸业有限公司
佛山顺德区荟晟贸易有限公司
佛山太美纸品有限公司
佛山中欣卫生用品有限公司
广东艾丽格丝健康科技有限公司
广东妇健企业有限公司
广东惠生科技有限公司
广东嘉美诗卫生用品有限公司
广东景兴健康护理实业股份有限公司
广东康怡卫生用品有限公司
广东美洁卫生用品有限公司
耐思得卫生用品有限公司
顺德乐从其乐卫生用品有限公司
新感觉卫生用品有限公司
宝洁(广州)日用品有限公司
广东邦洁日用品有限公司
广州艾妮丝日用品有限公司
广州宝洁有限公司
广州比优母婴用品有限公司
广州粉丝万岁生物科技有限公司
广州恒朗日用品有限公司
广州护立婷科技有限公司
广州汇朵卫生用品有限公司
广州健朗医用科技有限公司
广州聚臣贸易有限公司
广州开丽科技有限公司
广州培茵贸易有限公司
广州全护卫生用品有限公司
广州市汉氏卫生用品有限公司
广州市欧朵日用品有限公司
广州市樱格生物科技有限公司
广州托玛琳生物科技有限公司
广州樱姿纸业有限公司
广州中嘉进出口贸易有限公司
德升纸业(惠州)有限公司
惠州市宝尔洁卫生用品有限公司
惠州市汇德宝护理用品有限公司
惠州泰美纸业有限公司
富乐保洁用品厂
广东德鑫制药有限公司
广东群达卫生用品有限公司
江门康而健纸业保洁用品厂
江门市互信纸业有限公司
江门市汇盈生物科技有限公司
江门市江海区信盈纸业保洁用品厂
江门市强的卫生用品有限公司
江门市新会区恒爱纸业有限公司
江门市新会区凯乐纸品有限公司
江门市逸安洁卫生用品有限公司
开平新宝卫生用品有限公司
广东凯迪服饰有限公司
广东利信科技股份有限公司
广东伊美洁生物科技有限公司
汕头市金龙日化实业有限公司
汕头市通达保健用品厂
广东娜菲实业股份有限公司
奥美医疗用品股份有限公司
广东冰冰护理用品有限公司
快宝婴儿用品(深圳)有限公司
深圳佳牌商业控股有限公司
深圳洁妃卫生护理科技有限公司
深圳全棉时代科技有限公司
深圳市洁邦日用品有限公司
深圳市巾帼丽人卫生用品有限公司
深圳市金顺来实业有限公司
深圳市莱蒙婴童用品有限公司
深圳市丽的日用品有限公司
深圳市美丰源日用品有限公司
深圳天意宝科技有限公司
稳健医疗用品股份有限公司
源之初生物科技(深圳)有限公司
肇庆爱康妇婴用品科技有限公司
肇庆市锦晟纸业有限公司
广东川田卫生用品有限公司
广东龙发卫生护理用品有限公司

中山佳健生活用品有限公司
中山市傲辉卫生用品有限公司
中山市恒升卫生用品有限公司
中山市宜姿卫生制品有限公司
广东佳牌秋花卫生用品有限公司
广东珠海市金能纸品有限公司
珠海市健朗生活用品有限公司

● 广西 Guangxi

桂林洁伶工业有限公司
桂林市独秀纸品有限公司
柳州惠好卫生用品有限公司
广西舒雅护理用品有限公司
广西新佳士卫生用品有限公司
南宁洁伶卫生用品有限公司
南宁市爱新卫生用品厂
梧州市佳牌卫生用品有限公司

● 重庆 Chongqing

重庆百亚卫生用品股份有限公司
重庆草清坊日用品有限责任公司

● 四川 Sichuan

成都安舒实业有限公司
成都红娇妇幼卫生用品有限公司
成都金香城纸业有限公司
恒安(四川)家庭用品有限公司
四川康启生物科技有限公司
四川迪邦卫生用品有限公司
四川省龙野日用品有限公司
四川佑盾优品医疗科技有限公司

● 贵州 Guizhou

贵阳彩华恒丰纸业有限公司

● 云南 Yunnan

云南白药清逸堂实业有限公司
昆明美丽好妇幼卫生用品有限公司
云南舒婷护理用品有限公司

● 陕西 Shaanxi

陕西维妮康健卫生用品有限公司

● 青海 Qinghai

青海友润贸易有限公司

婴儿纸尿裤/片
Baby diapers/diaper pads

● 北京 Beijing
北京倍舒特科技发展有限公司
北京纯粹主义科技有限公司
伊恩(北京)生物科技有限公司
北京圣元国际商贸有限公司
金佰利(中国)有限公司
北京舒洋恒达卫生用品有限公司
北京太和儿医坊科技有限公司
北京宝洁技术有限公司
北京舒尔雅妇婴卫生用品有限公司

● 天津 Tianjin
利发卫生用品(天津)有限公司
天津骏发森达卫生用品有限公司
天津康康纸业有限公司
天津市安琪尔纸业有限公司
天津市洁雅妇女卫生保健制品有限公司
天津市舒爽卫生制品有限公司
金佰利(天津)护理用品有限公司
沃德(天津)营养保健品有限公司
天津市美商卫生用品有限公司
天津迅腾恒业生物科技有限公司
天津市汇鑫森潮国际贸易有限公司
天津德莱适咨询服务有限公司
天津宝洁工业有限公司
天津洁尔卫生用品有限公司
天津市逸飞卫生用品有限公司

● 河北 Hebei
保定市和晟卫生用品有限公司
保定市炫昊母婴用品制造有限公司
河北布依斑卫生用品有限公司
河北义厚成日用品有限公司
河北永亮纺织品有限公司
沧州市德发妇幼卫生用品有限责任公司
河北棉品科技有限公司
邯郸市洁雅卫生用品有限公司
河北邯郸天宇卫生用品厂
河北乾旭卫生用品有限公司
河北宏达卫生用品有限公司
廊坊恒洁纸制品有限公司
秦皇岛舒康卫生用品有限公司
河北宝诗乐科技有限公司
河北荣晨卫生用品有限公司
晋州市三合利卫生用品厂
石家庄宝洁卫生用品有限公司
石家庄市德康卫生用品厂
石家庄市嘉赐福卫生用品有限公司
石家庄市贻成卫生用品有限公司
石家庄市裕华区爱佳卫生用品厂
石家庄小布头儿纸业有限公司
石家庄娅丽洁纸业有限公司
恩邦生活用品有限公司
唐山市宏阔科技有限公司
河北绿洁纸业有限公司
邢台市好美时卫生用品有限公司

● 辽宁 Liaoning
大连善德来生活用品有限公司
瓦房店市同创卫生用品制造厂
锦州市维珍护理用品有限公司
沈阳市奇美卫生用品有限公司

● 黑龙江 Heilongjiang
哈尔滨贝贝凯尔科技发展有限公司
肇东东顺纸业有限公司

● 上海 Shanghai
金佰利(中国)有限公司上海办事处
上海秋欣实业有限公司
上海申欧企业发展有限公司
上海百桀国际贸易有限公司
上海鲁旺日用品有限公司
上海芈艾母婴用品有限公司
上海舒晓实业有限公司
花王(中国)研究开发中心有限公司
上海爱朵品牌管理集团
上海绿洲智健智能科技有限公司
桦川(上海)商贸有限公司
上海卡布国际贸易有限公司
上海潜展卫生用品有限公司
上海升帆信息技术有限公司
上海舒而爽卫生用品有限公司
上海喜康盈母婴用品有限公司
安旭冠实业(上海)有限公司
上海护理佳实业有限公司
上海马拉宝商贸有限公司
上海唯尔福集团股份有限公司
上海亚日工贸有限公司
比芭(浙江)护理用品有限公司上海公司

花王(上海)产品服务有限公司
浙江英凯莫卫生用品有限公司上海公司
上海白玉兰卫生洁品有限公司
上海柏钢实业有限公司
上海菲伶卫生用品有限公司
上海美馨卫生用品有限公司
上海帅芯科技有限公司
上海叶思蔓卫生用品有限公司
上海亿维实业有限公司
上海益母妇女用品有限公司
贝亲母婴用品(上海)有限公司
强释实业(上海)有限公司
上海迎佳佰葳贸易有限公司
上海同杰良生物材料有限公司
阿蓓纳(上海)贸易有限公司
大王(南通)生活用品有限公司上海分公司
尤妮佳生活用品(中国)有限公司

● 江苏 Jiangsu

贝亲母婴用品(常州)有限公司
常州德利斯护理用品有限公司
常州护佳卫生用品有限公司
常州华纳非织造布有限公司
常州市梦爽卫生用品有限公司
江苏宝姿实业有限公司
江苏德邦卫生用品有限公司
艾馨(南京)婴儿用品有限公司
安泰隆(南京)医疗用品有限公司
江苏大美健康科技股份有限公司
江苏米咔婴童用品有限公司
金佰利(南京)护理用品有限公司
南京安琪尔卫生用品有限公司
南京宝泽百货有限公司
南京母婴坊婴童用品有限公司
南京能恩医疗科技有限公司
大王(南通)生活用品有限公司
好孩子百瑞康卫生用品有限公司
江苏邦业护理用品有限公司
昆山聚美新科技复合面料有限公司
龙帛生物科技有限公司
欣期日(上海)电子商务发展有限公司昆山办
张家港市宏亿纸业有限公司
江苏豪悦实业有限公司
泰州市金驰卫生用品有限公司
必康新医药产业综合体投资有限公司
江苏嘉萱智慧健康品有限公司
江苏桓华婴儿用品有限公司
江苏汇永生物科技有限公司
江苏天宝卫生用品有限公司
江苏智秀纸业科技有限公司
心悦卫生用品有限公司
江苏三笑集团有限公司
尤妮佳生活用品(江苏)有限公司

● 浙江 Zhejiang

嗨宝贝科技有限公司
杭州贝豪实业有限公司
杭州贝咖实业有限公司
杭州贝思母婴用品科技有限公司
杭州比因美特孕婴童用品有限公司
杭州成宏卫生用品有限公司
杭州豪悦护理用品股份有限公司
杭州辉煌卫生用品有限公司
杭州嘉杰实业有限公司
杭州可艾个人护理用品有限公司
杭州可靠护理用品股份有限公司
杭州临安咔咔玛科技有限公司
杭州千芝雅卫生用品有限公司
杭州柔玫嘉生物科技有限公司
杭州盛恩卫生用品有限公司
杭州市慕尚护理用品有限公司
杭州淑洁卫生用品有限公司
杭州舒泰卫生用品有限公司
杭州滕野生物科技有限公司
杭州欣每欣生物科技有限公司
杭州新翔工贸有限公司
杭州珍琦卫生用品有限公司
蜜芽集团
亲宝优品(杭州)科技有限公司
浙江英凯莫实业有限公司
浙江珍琦护理用品有限公司
比芭(浙江)护理用品有限公司
浙江优可思护理用品有限公司
浙江优全护理用品科技有限公司
美鑫卫生用品有限公司
金华市爱的日化有限公司
金华市韵宸卫生用品有限公司
上海婴秀婴儿用品有限公司
义乌市安柔卫生用品有限公司
义乌市奥顿纸业有限公司
义乌市铭星日用品有限公司
浙江辰玮日化科技有限公司
浙江代喜卫生用品有限公司
浙江合凯生物科技有限公司
浙江惠好日用品有限公司
浙江锦芳卫生用品有限公司
浙江中美日化有限公司
宁波贝斯特清洁护理用品有限公司

浙江可好卫生用品有限公司
绍兴市荣晅卫生用品有限公司
绍兴唯尔福妇幼用品有限公司
临海市满爽卫生用品有限公司
台州市易美卫生用品有限公司

● 安徽 Anhui

安徽瑞贝达卫生用品有限公司
滁州爸爸的选择科技有限公司
婴舒宝(滁州)婴童用品有限公司
安徽舒源妇幼用品有限公司
安徽依依妇幼用品有限公司
安徽亚龙母婴用品科技有限公司
合肥悦尚儿童用品有限公司
恒安(合肥)生活用品有限公司
花王(合肥)有限公司

● 福建 Fujian

爹地宝贝股份有限公司
福清恩达卫生用品有限公司
厦门蓓护护理用品有限公司
益兴堂卫生制品有限公司
法国实尚国际控股集团有限公司
福建省娭洁日用品有限公司
天乐卫生用品有限公司
福建莆田佳通纸制品有限公司
福建省荔城纸业有限公司
福建新亿发集团有限公司
乐澄(中国)生活用品有限公司
百川卫生用品有限公司
百嘉润纸品有限公司
百润(中国)有限公司
超乐(泉州)生活用品有限公司
德茂纸品实业有限公司
法国爱一贝姿国际集团有限公司
福建艾佳纸制品有限责任公司
福建安琪儿卫生用品有限公司
福建蓓乐纸业有限公司
福建大山纸业有限公司
福建凤新纸业有限公司
福建恒利集团有限公司
福建惠安县和成日用品有限公司
福建金宏昌卫生用品有限公司
福建晋江凤竹纸品实业有限公司
福建巨森卫生用品有限公司
福建兰斯贝儿卫生用品有限公司
福建蓝蜻蜓护理用品股份有限公司
福建利澳纸业有限公司
福建美可纸业有限公司
福建南安市泉发纸品有限公司
福建泉州梦丽雅纸业有限公司
福建柔酷纸业有限公司
福建如绮雅卫生用品有限公司
福建省百顺卫生用品有限公司
福建省邦洁卫生用品有限公司
福建省乖巧母婴用品有限公司
福建省汉和护理用品有限公司
福建省金凯利生活用品有限公司
福建省晋江市圣洁卫生用品有限公司
福建省晋江市盛华纸品有限公司
福建省南安市恒丰纸品有限公司
福建省南安市天天妇幼用品有限公司
福建省南安市悦达纸品有限公司
福建省诺美护理用品有限公司
福建省亲亲宝贝股份有限公司
福建省全佳生活用品有限公司
福建省泉州恒康妇幼卫生用品有限公司
福建省泉州市汇丰妇幼用品有限公司
福建省时代天和实业有限公司
福建省天润生活用品有限公司
福建省信合纸业有限公司
福建盛大纸业有限公司
福建婴博纸业有限公司
福建育才宝贝婴童用品有限公司
福建中润纸业有限公司
好乐(福建)卫生用品有限公司
恒安国际集团有限公司
恒金妇幼用品有限公司
恒烨(福建)卫生用品有限公司
惠尔康纸业(福建)有限公司
晋江安婷妇幼用品有限公司
晋江市皇允卫生用品有限公司
晋江市美特妇幼用品有限公司
晋江市荣鑫妇幼用品有限公司
晋江市实选纸制品有限责任公司
美佳爽(中国)有限公司
美力艾佳(中国)生活用纸有限公司
美丽岛(福建)生活用品有限公司
南安市远大卫生用品厂
泉州丰华卫生用品有限公司
泉州聚美纸业有限公司
泉州来亚丝卫生用品有限公司
泉州联合纸业有限公司
泉州雀儿喜生活用品有限公司
泉州市爱乐卫生用品有限公司
泉州市宝利来卫生用品有限公司
泉州市蓓宝纸业有限公司
泉州市创利卫生用品有限公司

泉州市多瑞宝卫生用品有限公司
泉州市恒亿卫生用品有限公司
泉州市恒毅卫生用品有限公司
泉州市华利卫生用品有限公司
泉州市华龙纸品实业有限公司
泉州市佳悦卫生用品有限公司
泉州市嘉华卫生用品有限公司
泉州市金多利卫生用品有限公司
泉州市玖安卫生用品有限公司
泉州市立华生活用品有限公司
泉州市利友实业有限公司
泉州市美奇宝卫生用品有限公司
泉州市千业卫生用品有限公司
泉州市群英妇幼用品有限公司
泉州市盛峰卫生用品有限公司
泉州市盛鸿达卫生用品有限公司
泉州市婷爽卫生用品有限公司
泉州市现代卫生用品有限公司
泉州市祥禾卫生用品有限公司
泉州市新联卫生用品有限公司
泉州市新世纪卫生用品有限公司
泉州市怡爽卫生用品有限公司
泉州市优联卫生用品有限公司
泉州市中恒卫生用品有限公司
泉州天娇妇幼卫生用品有限公司
泉州鑫邦纸业有限公司
泉州稚茁日用品有限公司
泉州卓悦纸业有限公司
雀氏(福建)实业发展有限公司
石狮市绿色空间卫生用品有限公司
舒月妇幼卫生用品有限公司
希斯顿国际专营有限责任公司中国代表处
祥发(福建)卫生用品有限公司
怡佳(福建)卫生用品有限公司
婴氏(福建)纸业有限公司
婴舒宝(中国)有限公司
婴之花(福建)健康科技有限公司
优儿舒(福建)卫生用品有限公司
元龙(福建)日用品有限公司
中天(中国)工业有限公司
福建省三明市宏源卫生用品有限公司
厦门爱萌日用品有限公司
厦门安奇儿日用品有限公司
厦门帝尔特企业有限公司
厦门东洛卫生用品有限公司
厦门亚隆日用品有限公司
福建诚信纸品有限公司
福建妙雅卫生用品有限公司
福建省梦娇兰日用化学品有限公司
福建省天之然卫生用品有限公司
福建省漳州市智光纸业有限公司
青蛙王子(中国)日化有限公司
协丰(福建)卫生用品有限公司
漳州市富强卫生用品有限公司
漳州市奇力纸品有限公司
漳州市芗城晓莉卫生用品有限公司

● 江西 Jiangxi

江西省美满生活用品有限公司
江西美恒卫生用品有限公司
江西睡怡日化有限公司
江西一个苹果实业有限责任公司
九江全棉华达科技有限公司
江西哈尼小象实业有限公司
江西绿园卫生用品有限公司
南昌爱乐科技发展有限公司
南昌市喜婴卫生用品有限公司
江西黛安娜卫生用品有限公司
江西欣旺卫生用品有限公司
江西康裕医疗科技有限公司
江西明婴实业有限公司
江西省安秀实业发展有限公司
江西省清宝日用品有限公司

● 山东 Shandong

山东依派卫生用品有限公司
菏泽奇雪纸业有限公司
山东优可卫生用品有限公司
济南好娃娃母婴用品有限公司
济南蓝秀卫生用品有限公司
济南米贝日用品有限公司
山东永芳卫生用品有限公司
山东省恒发卫生用品有限公司
临沂昱东卫生用品有限公司
山东顺霸有限公司
山东欣洁月舒宝纸品有限公司
青岛美西南科技发展有限公司
东方洁昕卫生用品有限公司
潍坊福山纸业有限公司
烟台市洪昇卫生用品有限公司
爱拉森医用品有限公司
滕州华宝卫生制品有限公司

● 河南 Henan

河南美伴卫生用品有限公司
恒安(河南)卫生用品有限公司
漯河春晓医疗器械有限公司
漯河临颍恒祥卫生用品有限公司

漯河银鸽生活纸产有限公司
河南恒舒卫生用品有限公司
河南省永城市好理想卫生用品有限公司
河南百乐适卫生用品有限公司
河南亨嘉怡美卫生用品有限公司
河南逸祥卫生科技有限公司
郑州爱安适科技有限公司
河南恒宝纸业有限公司
河南省百蓓佳卫生用品有限公司
河南圣洁生活用品实业有限公司

● 湖北 Hubei

湖北省武穴市恒美实业有限公司
湖北省武穴市疏朗朗卫生用品有限公司
稳健医疗集团有限公司黄冈卫生用品厂
湖北宝灿卫生用品有限公司
湖北华樾卫生用品有限公司
湖北辉荣新材料科技有限公司
湖北马应龙护理品有限公司
武汉康儿乐婴儿用品有限公司
武汉市美雅卫生用品有限公司
武汉永怡纸业有限公司
湖北佰斯特卫生用品有限公司
湖北润坊卫生用品有限公司
湖北爱尼可医疗科技有限公司
湖北省襄阳市盈乐卫生用品有限公司
维达护理用品(中国)有限公司

● 湖南 Hunan

湖南吉泰卫生用品有限公司
湖南花香实业有限公司
湖南省倍茵卫生用品有限公司
湖南省九宜日用品有限公司
湖南省迈宝乐卫生用品有限公司
可可环球实业有限公司
湖南东顺纸业有限公司
湖南小贝婴童用品制造有限公司
湖南鑫豪宇卫生用品有限公司
湖南艾依依卫生用品有限公司
湖南贝恩叮当猫婴童用品有限公司
湖南贝友科技发展有限公司
湖南宏鼎卫生用品有限公司
湖南洁韵生活用品有限公司
湖南康氏卫生用品有限公司
湖南乐适日用品有限公司
湖南省安迪尔卫生用品有限公司
湖南省金广源科技股份有限公司
湖南舒比奇生活用品有限公司
湖南舒恋卫生用品有限公司
湖南爽洁卫生用品有限公司
湖南索菲卫生用品有限公司
湖南先华生活用品有限公司
湖南一喜生活用品有限公司
优布时代生活用品(湖南)有限公司
长沙创一日用品有限公司
长沙康威日用品有限公司
长沙蕾康日用品有限公司
长沙市康臣日用品有限公司
长沙市我是小时代日用品有限公司
长沙优婴婴儿用品有限公司
湖南蓓乐生活用品有限公司

● 广东 Guangdong

东莞嘉米敦婴儿护理用品有限公司
东莞瑞麒婴儿用品有限公司
东莞市白天鹅纸业有限公司
东莞市宝适卫生用品有限公司
东莞市宝盈妇幼用品有限公司
东莞市博都护理卫生用品有限公司
东莞市常兴纸业有限公司
东莞市天正纸业有限公司
东莞市为民日用品有限公司
东莞市雅酷妇幼用品有限公司
东莞苏氏卫生用品有限公司
广东茵茵股份有限公司
佛山爱佳护理用品有限公司
佛山巴利卫生用品有限公司
佛山合润卫生用品有限公司
佛山汇康纸业有限公司
佛山锦龙医药用品实业有限公司
佛山纳尼凯尔卫生用品有限公司
佛山欧班卫生用品有限公司
佛山欧品佳卫生用品有限公司
佛山市艾利丹尼贸易有限公司
佛山市宝爱卫生用品有限公司
佛山市贝比小宝贝卫生用品有限公司
佛山市贝奇妇婴用品有限公司
佛山市贝盈母婴用品有限公司
佛山市博亿达进出口有限公司
佛山市超爽纸品有限公司
佛山市德莎生物科技有限公司
佛山市朵爱日用品有限公司
佛山市高明怡健卫生用品有限公司
佛山市豪利家卫生用品有限公司
佛山市浩伶卫生用品有限公司
佛山市合生卫生用品有限公司
佛山市惠婴乐卫生用品有限公司
佛山市嘉博卫生用品科技有限公司

佛山市嘉清爽护理用品有限公司
佛山市久驰卫生用品有限公司
佛山市康得卫生用品有限公司
佛山市康诺尔妇婴用品有限公司
佛山市乐臣卫生用品有限公司
佛山市绿之洲日用品有限公司
佛山市南海百洁卫生用品有限公司
佛山市南海吉爽卫生用品有限公司
佛山市南海洁达纸业有限公司
佛山市南海康索卫生用品有限公司
佛山市南海区佳尔贝卫生用品有限公司
佛山市南海区佳朗卫生用品有限公司
佛山市南海区倩而宝卫生用品有限公司
佛山市佩安婷卫生用品实业有限公司
佛山市啟盛卫生用品有限公司
佛山市三邦纸制品有限公司
佛山市舒冠贸易有限公司
佛山市顺德区康儿健母婴用品有限公司
佛山市顺德区睿之楠母婴用品有限公司
佛山市顺德区舒乐卫生用品有限公司
佛山市顺德区爽洁贸易有限公司
佛山市硕氏日用品有限公司
佛山市卫婴康卫生用品有限公司
佛山市樱黛妇婴用品有限公司
佛山市优美尔婴儿日用品有限公司
佛山市誉润卫生用品有限公司
佛山市志达实业有限公司
佛山市中道纸业有限公司
佛山顺德区荟晟贸易有限公司
佛山优宝卫生用品科技有限公司
广东嗳酷卫生用品有限公司
广东佰分爱卫生用品有限公司
广东邦宝个人护理用品有限公司
广东贝禧护理用品有限公司
广东妇健企业有限公司
广东嘉美诗卫生用品有限公司
广东康怡卫生用品有限公司
广东美洁卫生用品有限公司
广东欧比个人护理用品有限公司
广东省南海康洁香巾厂
广东童友卫生用品有限公司
广东昱升个人护理用品股份有限公司
嘉豪医疗用品(广东)有限公司
蜡笔小新纸尿裤(中国)运营中心
礼顿卫生用品(佛山)有限公司
顺德乐从其乐卫生用品有限公司
新感觉卫生用品有限公司
盈家母婴卫生用品有限公司
爱得利(广州)婴儿用品有限公司
宝洁(广州)日用品有限公司
滨海昌正企业管理有限公司(广州分公司)
佛山市恒汇卫生用品有限公司
广东宝儿实业有限公司
广东日胜生物科技有限公司
广州艾妮丝日用品有限公司
广州宝洁有限公司
广州蓓爱婴童用品有限公司
广州博润生物科技有限公司
广州护立婷科技有限公司
广州花花卫生用品有限公司
广州灰树熊生物科技有限公司
广州聚臣贸易有限公司
广州康柔卫生用品有限公司
广州漫画岛实业有限公司
广州梦凌母婴用品有限公司
广州名酷实业有限公司
广州市贝乐熊婴幼儿用品有限公司
广州市汉氏卫生用品有限公司
广州市乐贝施贸易有限公司
广州市欧朵日用品有限公司
广州市三荣卫生用品有限公司
广州爽来适卫生用品有限公司
广州穗德日用品有限公司
广州五羊化妆品有限公司
广州壹华护理用品有限公司
广州永泰保健品有限公司
广州中嘉进出口贸易有限公司
露乐健康科技(广州)有限公司
惠州市宝尔洁卫生用品有限公司
惠州市汇德宝护理用品有限公司
江门市互信纸业有限公司
江门市江海区信盈纸业保洁用品厂
江门市新会区凯乐纸品有限公司
开平新宝卫生用品有限公司
广东恒一实业有限公司
广东满满爱纸业有限公司
汕头市集诚妇幼用品厂有限公司
汕头市通达保健用品厂
万邦(汕头)健康科技有限公司
广东娜菲实业股份有限公司
联丰医用卫生材料(始兴)有限公司
百润(中国)有限公司深圳分公司
快宝婴儿用品(深圳)有限公司
深圳爱贝港实业有限公司
深圳市宏灏婴童产业发展有限公司
深圳市洁邦日用品有限公司
深圳市金顺来实业有限公司
深圳市金菀生物科技有限公司

深圳市莱蒙婴童用品有限公司
深圳市丽的日用品有限公司
深圳市露羽安妮日用品有限公司
稳健医疗用品股份有限公司
肇庆爱康妇婴用品科技有限公司
肇庆市锦晟纸业有限公司
广东川田卫生用品有限公司
广东龙发卫生护理用品有限公司
中山瑞德卫生纸品有限公司
中山市创意新科技研发有限公司
中山市恒升卫生用品有限公司
中山市宜姿卫生制品有限公司
中山英格美乐商贸有限公司
广东珠海市金能纸品有限公司
盈家(集团)卫生用品有限公司
珠海市健朗生活用品有限公司

● 广西 Guangxi
桂林吉臣氏卫生用品有限公司
桂林洁伶工业有限公司
桂林市独秀纸品有限公司
广西卡吉氏卫生用品有限责任公司
广西欧比瑞卫生用品有限公司
广西舒雅护理用品有限公司
南宁洁伶卫生用品有限公司
南宁市爱新卫生用品厂
梧州市佳牌卫生用品有限公司

● 重庆 Chongqing
重庆启颖美卫生用品有限公司
重庆抒乐工贸有限公司
重庆百亚卫生用品股份有限公司
重庆艾蓓乐医药科技有限责任公司
重庆草清坊日用品有限责任公司
重庆新冠亚实业有限公司

● 四川 Sichuan
合江金田生活用品有限公司
眉山市聪博卫生用品有限公司
成都安舒实业有限公司
成都红娇妇幼卫生用品有限公司
成都金香城纸业有限公司
恒安(四川)家庭用品有限公司

● 贵州 Guizhou
贵阳彩华恒丰纸业有限公司
贵州卡布国际生物科技有限公司
贵州贝奇乐卫生用品有限公司
贵州骄子纸业有限公司
贵州汇景纸业有限公司
贵州中柔纸业有限公司

● 云南 Yunnan
云南可靠商贸有限公司
云南登康贝比母婴用品有限公司
云南白药清逸堂实业有限公司
云南舒婷护理用品有限公司

● 陕西 Shaanxi
西安中商资源开发有限公司
陕西维妮康健卫生用品有限公司

● 新疆 Xinjiang
霍尔果斯华棉卫生用品有限公司

成人失禁用品
Adult incontinent products

● 北京 Beijing

北京倍舒特科技发展有限公司
金佰利(中国)有限公司
北京百乐天科技发展有限公司
北京舒洋恒达卫生用品有限公司
北京安宜卫生用品有限公司
北京倍舒特妇幼用品有限公司
北京市密云区益康卫生材料厂
北京爱华中兴纸业有限公司
北京舒尔雅妇婴卫生用品有限公司
北京吉力妇幼卫生用品有限公司
北京市通州区利康卫生材料制品厂
北京市通州鑫宝卫生材料厂

● 天津 Tianjin

天津市华信卫生用品有限公司
利发卫生用品(天津)有限公司
天津骏发森达卫生用品有限公司
天津康康纸业有限公司
天津市宝坻区洁维卫生制品有限公司
天津市宝坻区美洁卫生制品有限公司
天津市洁雅妇女卫生保健制品有限公司
天津市舒爽卫生制品有限公司
天津市韩东纸业有限公司
小护士(天津)科技股份有限公司
天津洁伴国际贸易有限公司
天津市唯洁丝科技发展有限公司
天津市美商卫生用品有限公司
天津市展鸿康源医疗器械有限公司
天津市东丽区爱意德卫生用品加工厂
天津迅腾恒业生物科技有限公司
天津和顺达卫生用品有限公司
天津市康怡生纸业有限公司
天津市恒新纸业有限公司
天津市成睿轩卫生用品有限公司
天津市汇鑫森潮国际贸易有限公司
天津市仕诚科技研发中心
天津市康宝妇幼保健卫生制品有限公司
天津市妮娅卫生用品有限公司
天津市实骁伟业纸制品有限公司
天津市虹怡纸业有限公司
天津市康乃馨卫生用品厂
天津市明辉卫生用品有限公司
天津市武清区誉康卫生用品有限公司
天津忘忧草纸制品有限公司
天津洁尔卫生用品有限公司
天津市翔宇卫生用品有限公司
天津市依依卫生用品股份有限公司
天津市逸飞卫生用品有限公司
天津杏林白十字(中日合资)医疗卫生材料用品有限公司

● 河北 Hebei

保定林海纸业有限公司
保定市炫昊母婴用品制造有限公司
河北义厚成日用品有限公司
山东顺康卫生用品有限公司河北公司
唐县京旺卫生用品有限公司
徐水县名人卫生巾厂
沧州市德发妇幼卫生用品有限责任公司
邯郸市洁雅卫生用品有限公司
河北邯郸天宇卫生用品厂
河北宏达卫生用品有限公司
河北金洁卫生科技有限公司
廊坊恒洁纸制品有限公司
廊坊市洁平卫生用品有限公司
秦皇岛舒康卫生用品有限公司
河北宝诗乐科技有限公司
河北嘉弘纸业有限公司
河北美琪宝格科技有限公司
晋州市三合利卫生用品厂
石家庄宝洁卫生用品有限公司
石家庄美洁卫生用品厂
石家庄市德康卫生用品厂
石家庄市宏大卫生用品厂
石家庄市嘉赐福卫生用品有限公司
石家庄市康安医疗器械有限公司
石家庄市顺美生活用纸科技有限公司
石家庄市贻成卫生用品有限公司
石家庄市裕华区爱佳卫生用品厂
石家庄夏兰纸业有限公司
石家庄小布头儿纸业有限公司
石家庄娅丽洁纸业有限公司
石家庄宜尔家卫生用品有限公司
迁安市健润卫生用品有限公司
唐山市宏阔科技有限公司
金利德卫生用品(河北)有限责任公司
邢台市好美时卫生用品有限公司

● 辽宁 Liaoning

大连善德来生活用品有限公司
大连雄伟保健品有限公司
瓦房店市同创卫生用品制造厂
葫芦岛舒康卫生用品有限公司
锦州东方卫生用品有限公司
锦州市维珍护理用品有限公司
辽宁汇英般舟医用材料有限公司
美商实业(沈阳)有限公司
沈阳市宝洁纸业有限责任公司
沈阳市金利达卫生制品厂
辽宁和合卫生用品有限公司

● 吉林 Jilin

山东日康卫生用品长春分公司

● 上海 Shanghai

欧特适卫生用品(上海)有限公司
上海斐庭日用品有限公司
上海奉影医用卫生用品厂
上海乐怡纸业有限公司
金佰利(中国)有限公司办事处
上海自珍贸易有限公司
上海秋欣实业有限公司
上海胜孚美卫生用品有限公司
上海圆昌复合材料科技有限公司
上海护的康卫生用品有限公司
上海洁安实业有限公司
上海舒晓实业有限公司
国适健康科技(上海)有限公司
上海彤琪母婴用品有限公司
上海必有福生活用品有限公司
上海南源永芳纸品有限公司
上海舒而爽卫生用品有限公司
上海护理佳实业有限公司
上海马拉宝商贸有限公司
上海唯尔福集团股份有限公司
山东顺康卫生用品有限公司上海公司
上海白玉兰卫生洁品有限公司
上海菲伶卫生用品有限公司
上海润辉实业有限公司
上海叶思蔓卫生用品有限公司
上海亿维实业有限公司
阿蓓纳(上海)贸易有限公司
尤妮佳生活用品(中国)有限公司

● 江苏 Jiangsu

常州百德林卫生材料有限公司
常州宝云卫生用品有限公司
常州好消息生活用品有限公司
常州家康纸业有限公司
常州柯恒卫生用品有限公司
常州快高儿童卫生用品有限公司
常州市宏泰纸膜有限公司
常州市佳蓓护理用品有限公司
常州市莱洁卫生材料有限公司
常州市梦爽卫生用品有限公司
常州市武进亚星卫生用品有限公司
江苏诺达卫生材料有限公司
江苏赛欧防护用品科技有限公司
江苏宝姿实业有限公司
江苏德邦卫生用品有限公司
江苏凯尔卫生用品有限公司
连云港市东海云林卫生用品厂
艾馨(南京)婴儿用品有限公司
南京安琪尔卫生用品有限公司
江苏南通益民劳护用品有限公司
南通锦晟卫生用品有限公司
南通钧儒卫生用品有限公司
南通开发区豪杰纸业有限公司
南通曼仙妮纺织品有限公司
南通市乐享纸业有限公司
启东市花仙子卫生用品有限公司
启东市天成日用品有限公司
苏州艾美医疗用品有限公司
苏州惠康护理用品有限公司
苏州市苏宁床垫有限公司
苏州市泰升床垫有限公司
苏州维凯医用器材科技有限公司
太仓市宝儿乐卫生用品厂
太仓天茂健康护理用品有限公司
吴江市亿成医疗器械有限公司
张家港市宏亿纸业有限公司
张家港市亿晟卫生用品有限公司
江苏豪悦实业有限公司
江苏省沭阳县协恒卫生用品有限公司
江苏永福康卫生用品科技有限公司
江苏达亿医疗科技发展有限公司
泰州远东纸业有限公司
江苏淑洁卫生用品有限公司
江阴茂华复合材料有限公司
无锡市爱得华商贸有限公司
徐州佳利泰新型科技材料有限公司
徐州市舒润日用品有限公司
滨海昌正企业管理有限公司
江苏柯莱斯克新型医疗用品有限公司
心悦卫生用品有限公司
盐城市天盛卫生用品有限公司

丹阳市永泰纺织有限公司
江苏金晶卫生用品有限公司
江苏鑫佑卫生科技有限公司

● 浙江 Zhejiang
杭州豪悦护理用品股份有限公司
杭州辉煌卫生用品有限公司
杭州可靠护理用品股份有限公司
杭州乐护宜卫生用品有限公司
杭州临安咔咔玛科技有限公司
杭州千芝雅卫生用品有限公司
杭州市慕尚护理用品有限公司
杭州淑洁卫生用品有限公司
杭州舒泰卫生用品有限公司
杭州余宏卫生用品有限公司
杭州跃鼎实业有限公司
杭州珍琦卫生用品有限公司
桐庐美联医疗科技有限公司
威海威高益康护理用品有限公司浙江公司
浙江英凯莫实业有限公司
浙江珍琦护理用品有限公司
浙江荣和医疗科技有限公司
海宁雷宝卫生用品有限公司
桐乡乐侍护理用品有限公司
金华市韵宸卫生用品有限公司
义乌市安柔卫生用品有限公司
义乌市奥顿纸业有限公司
浙江惠好日用品有限公司
浙江锦芳卫生用品有限公司
浙江康源护理用品有限公司
浙江中美日化有限公司
绍兴唯尔福妇幼用品有限公司
浙江易乐护理用品有限公司

● 安徽 Anhui
浙江珍琦护理用品有限公司安徽分公司
安徽舒源妇幼用品有限公司
安徽精诚纸业有限公司
合肥双成非织造布有限公司
芜湖悠派护理用品科技股份有限公司

● 福建 Fujian
爹地宝贝股份有限公司
福清恩达卫生用品有限公司
天乐卫生用品有限公司
福建莆田佳通纸制品有限公司
福建省荔城纸业有限公司
福建新亿发集团有限公司
福建安琪儿卫生用品有限公司
福建蓓乐纸业有限公司
福建恒利集团有限公司
福建惠安县和成日用品有限公司
福建晋江荣安生活用品有限公司
福建蓝蜻蜓护理用品股份有限公司
福建省南安市恒丰纸品有限公司
福建省诺美护理用品有限公司
福建省信合纸业有限公司
福建中润纸业有限公司
恒金妇幼用品有限公司
晋江安婷妇幼用品有限公司
晋江市荣鑫妇幼用品有限公司
美佳爽(中国)有限公司
南安市老有福卫生用品厂
南安市远大卫生用品厂
泉州恒通纸业有限公司
泉州聚美纸业有限公司
泉州联合纸业有限公司
泉州市爱乐卫生用品有限公司
泉州市采尔纸业有限公司
泉州市华利卫生用品有限公司
泉州市佳悦卫生用品有限公司
泉州市金多利卫生用品有限公司
泉州市玖安卫生用品有限公司
泉州市千业卫生用品有限公司
泉州市盛峰卫生用品有限公司
泉州市盛鸿达卫生用品有限公司
泉州市婷爽卫生用品有限公司
泉州市中恒卫生用品有限公司
泉州天娇妇幼卫生用品有限公司
雀氏(福建)实业发展有限公司
希斯顿国际专营有限责任公司中国代表处
怡佳(福建)卫生用品有限公司
中天(中国)工业有限公司
韩顺(厦门)卫生用品有限公司
厦门帝尔特企业有限公司
厦门东洛卫生用品有限公司
厦门亚隆日用品有限公司
福建省天之然卫生用品有限公司
福建省漳州市智光纸业有限公司

● 江西 Jiangxi
江西睡怡日化有限公司
江西优禾科技有限公司

● 山东 Shandong
山东艾丝妮乐卫生用品有限公司
山东日康卫生用品有限公司
山东顺康卫生用品有限公司

菏泽奇雪纸业有限公司
菏泽市和美卫生用品有限公司
山东优可卫生用品有限公司
济南康舜日用品有限公司
济南蓝秀卫生用品有限公司
山东昊星洁士新材料科技有限公司
山东倍恩莱卫生用品有限公司
聊城市铭远卫生用品有限公司
山东宏利卫生用品有限公司
山东康百卫生用品有限公司
山东省恒发卫生用品有限公司
临沂恒顺卫生用品有限公司
临沂诗丽洁卫生用品有限公司
临沂图艾丘护理用品有限公司
山东爱舒乐卫生用品有限责任公司
山东安洁卫生用品有限公司
山东安森护理用品有限公司
山东坤元堂护理用品有限公司
山东临沂福顺德卫生用品有限公司
山东临沂梦之兰纸品有限公司
山东顺霸有限公司
山东欣洁月舒宝纸品有限公司
郯城得伴卫生用品有限公司
青岛丁安卫生用品有限公司
青岛嘉尚卫生用品有限公司
青岛金泰通用医疗器材有限公司
青岛美西南科技发展有限公司
青岛喜爱妇幼用品有限公司
山东上善堂生物工程有限公司
威海威高医用材料有限公司
威海颐和成人护理用品有限公司
杭州可靠护理用品股份有限公司山东办事处
山东盼达卫生用品有限公司
山东叶之梦智能科技有限公司
山东云豪卫生用品股份有限公司
潍坊含羞草护理科技股份有限公司
潍坊鑫鸿达卫生科技有限公司
滕州华宝卫生制品有限公司

● 河南 Henan

安阳市汇丰卫生用品有限责任公司
滑县平安福卫生用品制造有限公司
河南美伴卫生用品有限公司
漯河银鸽生活纸产有限公司
河南省永城市好理想卫生用品有限公司
河南省爱尔康卫生用品有限公司
河南省舒尔健实业有限公司
新乡市好媚卫生用品有限公司
新乡市康鑫卫生用品有限公司
河南省易丰达纸制品有限公司
河南逸祥卫生科技有限公司
郑州利友卫生用品有限公司
郑州啓福卫生用品有限公司

● 湖北 Hubei

湖北省武穴市疏朗朗卫生用品有限公司
湖北华樾卫生用品有限公司
湖北马应龙护理品有限公司
武汉美赫可科技有限公司
武汉倪初护理用品有限公司
武汉市美雅卫生用品有限公司
武汉永怡纸业有限公司
湖北佰斯特卫生用品有限公司
湖北九朵护理用品有限公司
湖北爱尼可医疗科技有限公司
湖北省襄阳市盈乐卫生用品有限公司
襄阳仁德堂日用品有限公司

● 湖南 Hunan

湖南省安迪尔卫生用品有限公司
湖南索菲卫生用品有限公司
长沙市我是小时代日用品有限公司
长沙万美卫生用品有限公司

● 广东 Guangdong

东莞嘉米敦婴儿护理用品有限公司
东莞瑞麒婴儿用品有限公司
东莞市宝适卫生用品有限公司
东莞市常兴纸业有限公司
东莞市天正纸业有限公司
东莞市为民日用品有限公司
东莞苏氏卫生用品有限公司
广东茵茵股份有限公司
杭州可靠护理用品股份有限公司(广东分公司)
佛山锦龙医药用品实业有限公司
佛山康德利护理用品有限公司
佛山市艾利丹尼贸易有限公司
佛山市安倍爽卫生用品有限公司
佛山市宝爱卫生用品有限公司
佛山市超爽纸品有限公司
佛山市浩伶卫生用品有限公司
佛山市洁的护理用品有限公司
佛山市康得卫生用品有限公司
佛山市南海百洁卫生用品有限公司
佛山市南海必得福无纺布有限公司
佛山市南海吉爽卫生用品有限公司
佛山市南海区佳朗卫生用品有限公司
佛山市佩安婷卫生用品实业有限公司

佛山市三水区永宏纸业有限公司
佛山市顺德区爽洁贸易有限公司
佛山市硕氏日用品有限公司
佛山市优美尔婴儿日用品有限公司
佛山市志达实业有限公司
佛山市中道纸业有限公司
佛山顺德区荟晟贸易有限公司
广东嘉美诗卫生用品有限公司
广东康怡卫生用品有限公司
广东昱升个人护理用品股份有限公司
蜡笔小新纸尿裤(中国)运营中心
新感觉卫生用品有限公司
爱得利(广州)婴儿用品有限公司
广州艾妮丝日用品有限公司
广州灰树熊生物科技有限公司
广州健朗医用科技有限公司
广州开丽科技有限公司
广州爽来适卫生用品有限公司
广州樱姿纸业有限公司
广州中嘉进出口贸易有限公司
惠州市宝尔洁卫生用品有限公司
广东互爱健康产业科技有限公司
江门市互信纸业有限公司
江门市新会区凯乐纸品有限公司
江门市新优达卫生用品有限公司
开平新宝卫生用品有限公司
汕头市谷源新材料科技有限公司
汕头市润物护垫制品有限公司
广东娜菲实业股份有限公司
深圳全棉时代科技有限公司
深圳市洁邦日用品有限公司
同高纺织化纤(深圳)有限公司
心丽卫生用品(深圳)有限公司
肇庆爱康妇婴用品科技有限公司
中山市宜姿卫生制品有限公司
珠海市健朗生活用品有限公司

● 广西 Guangxi

桂林吉臣氏卫生用品有限公司

● 重庆 Chongqing

重庆启颖美卫生用品有限公司
重庆抒乐工贸有限公司

● 四川 Sichuan

恒安(四川)家庭用品有限公司
四川康美泰卫生用品有限公司
四川淑洁护理用品有限公司
四川佑盾优品医疗科技有限公司

● 贵州 Guizhou

贵州中柔纸业有限公司
贵州洁氏帮卫生用品有限公司

● 云南 Yunnan

云南可靠商贸有限公司

● 陕西 Shaanxi

西安佳邦无纺布制品有限公司

宠物卫生用品
Hygiene products for pets

● 北京 Beijing
北京百乐天科技发展有限公司

● 天津 Tianjin
天津和顺达卫生用品有限公司
天津市依依卫生用品股份有限公司

● 河北 Hebei
唐县京旺卫生用品有限公司
河北嘉弘纸业有限公司
邢台瞬吸宠物用品有限公司

● 辽宁 Liaoning
大连爱丽思生活用品有限公司
大连善德来生活用品有限公司
锦州市维珍护理用品有限公司

● 上海 Shanghai
上海护的康卫生用品有限公司
上海唯尔福集团股份有限公司
江苏中恒宠物用品股份有限公司上海公司
上海润辉实业有限公司
阿蓓纳(上海)贸易有限公司

● 江苏 Jiangsu
常州德利斯护理用品有限公司
常州柯恒卫生用品有限公司
常州市宏泰纸膜有限公司
常州市武进亚星卫生用品有限公司
常州新瑞卫生用品有限公司
江苏赛欧防护用品科技有限公司
江苏宝姿实业有限公司
江苏凯尔卫生用品有限公司
南通锦程护理垫有限公司
好孩子百瑞康卫生用品有限公司
江苏鸿晟兴生物科技有限公司
苏州艾美医疗用品有限公司
苏州惠康护理用品有限公司
苏州市泰升床垫有限公司
太仓天茂健康护理用品有限公司
张家港市宏亿纸业有限公司
江苏省沭阳县协恒卫生用品有限公司
泰州市金驰卫生用品有限公司
东台远东纸业有限公司
江苏中恒宠物用品股份有限公司
江苏金晶卫生用品有限公司

● 浙江 Zhejiang
杭州豪悦护理用品股份有限公司
杭州辉煌卫生用品有限公司
杭州可靠护理用品股份有限公司
杭州市慕尚护理用品有限公司
杭州新翔工贸有限公司
杭州珍琦卫生用品有限公司
浙江英凯莫实业有限公司
浙江珍琦护理用品有限公司
嘉兴宠盟卫生用品有限公司
义乌市安柔卫生用品有限公司
浙江中美日化有限公司
浙江可好卫生用品有限公司
绍兴唯尔福妇幼用品有限公司
温州市米达力宠物用品有限公司

● 安徽 Anhui
滁州俣之昊工贸有限公司
合肥嘉斯曼无纺布制品有限公司
芜湖悠派护理用品科技股份有限公司

● 江西 Jiangxi
江西百伊宠物用品有限公司

● 山东 Shandong
山东日康卫生用品有限公司
山东爱舒乐卫生用品有限责任公司
青岛德荣卫生用品有限公司
青岛正利纸业有限公司
威海今朝卫生用品有限公司
文登沁源卫生用品有限公司

● 湖北 Hubei
武汉倪初护理用品有限公司

● 广东 Guangdong
汕头市润物护垫制品有限公司
深圳天意宝科技有限公司
广东川田卫生用品有限公司
中山市宜姿卫生制品有限公司
珠海市健朗生活用品有限公司

擦拭巾
Wipes

● 北京 Beijing

北京长伟商贸有限公司
北京派尼尔纸业有限公司
北京北方开来纸品有限公司
北京倍舒特科技发展有限公司
北京纯粹主义科技有限公司
北京想像无限科技有限公司
北京信隆无纺布有限公司
北京爱多洁商贸有限公司
北京博裕隆纸业有限公司
北京创利达纸制品有限公司
北京恒源鸿业贸易有限公司
北京黄村清源无纺布制品厂
北京净尔雅卫生用品有限公司
北京众诚天通商贸有限公司
金佰利(中国)有限公司
北京宝润通科技开发有限责任公司
北京蓝天碧水欣诚国际贸易有限公司
北京永舒生物科技有限公司
北京太和儿医坊科技有限公司
北京一帆清洁用品有限公司
创意欧派(北京)科技有限公司
贝护科技发展(北京)有限公司
北京爱华中兴纸业有限公司
北京鼎鑫航空用品有限公司
北京舒尔雅妇婴卫生用品有限公司
北京舒美卫生用品有限公司
北京下一站酒店用品有限责任公司

● 天津 Tianjin

天津骏发森达卫生用品有限公司
天津市娇柔卫生制品科技有限公司
天津市创亿金惠商贸有限公司
天津市艳胜工贸有限公司
中汇益生(天津)科技发展有限公司
天津信泓达科技有限公司
天津飘洋贸易有限公司
瑞安森(天津)医疗器械有限公司
天津木兰巾纸制品有限公司
天津盛世永业科技发展有限公司
天津市汇鑫森潮国际贸易有限公司
天津泽君国际贸易有限公司
天津宝润通科技开发有限公司
天津金秋丽之雨商贸有限公司
天津科力宏科技发展有限公司
天津兰天碧水科技有限公司
天津舒柔卫生用品有限公司
天津忘忧草纸制品有限公司
天津花王卫生用品有限公司
天津康森生物科技有限公司

● 河北 Hebei

保定川江卫生用品有限公司
保定创佳卫生用品加工有限公司
保定洁中洁卫生用品有限公司
保定林海纸业有限公司
保定欧芙诺新材料科技有限公司
保定神荣卫生用品制造有限公司
保定市奥达卫生用品有限公司
保定市碧柔卫生用品有限公司
保定市东升卫生用品有限公司
保定市港兴纸业有限公司
保定市豪峰纸业有限公司
保定市和晟卫生用品有限公司
保定市蓝猫卫生用品有限公司
保定市满城区依洋纸制品厂
保定市舒雅卫生用品加工有限公司
保定泰洁卫生用品制造有限公司
保定西子纺织品制造有限公司
河北布依斑卫生用品有限公司
河北宏润新型面料有限公司
河北姬洁源洁面巾生产工厂
河北天依杰纺织有限公司
河北义厚成日用品有限公司
河北棉品科技有限公司
河北省河间市洁尔康保健品有限公司
邯郸市凯琳卫生用品有限公司
河北康济药机有限公司
河北曲周新兆源纺织有限公司
故城县元泰医疗器械有限公司
河北省迈特卫生用品有限公司
衡水晨缘卫生用品有限公司
衡水市昌铭纸业有限公司
廊坊洁客达清洁用品有限公司
三河市润迪纸制品有限责任公司
秦皇岛凡南纸业有限公司
北京家婷卫生用品有限公司河北办
河北金凯来卫生用品有限责任公司
河北朴尔靓日用品有限公司
河北荣晨卫生用品有限公司

河北氏氏美卫生用品有限责任公司
河北汀兰心卫生用品有限公司
河北央品生物科技有限公司
河北宇峰瑞达卫生用品有限公司
石家庄东胜纸业有限公司
石家庄和柔卫生用品有限公司
石家庄棉妆无纺布制品有限公司
石家庄市嘉赐福卫生用品有限公司
石家庄市阳光针纺有限公司
石家庄市裕华区爱佳卫生用品厂
石家庄万健生物科技有限公司
石家庄小布头儿纸业有限公司
石家庄宇峰纸制品有限公司
白之韵纸制品厂
恩邦生活用品有限公司
唐山市宏阔科技有限公司
邢台市好美时卫生用品有限公司

● 山西 Shanxi

怀仁市森达医疗器械有限责任公司
山西华达纸业有限公司
山西中德宝力日化有限公司

● 内蒙古 Inner Mongolia

集宁区双宝纸业

● 辽宁 Liaoning

鞍山靓倩卫生用品有限公司
鞍山市德洁卫生用品厂
鞍山市迪奥尼卫生用品有限公司
大连爱洁卫生用品有限公司
大连爱康宁生物科技有限公司
大连邦琪卫生用品有限公司
大连大鑫卫生护理用品有限公司
大连钫铭卫生用品有限公司
大连谷歌卫生用品有限公司
大连吉丽纸业有限公司
大连嘉亨卫生用品有限公司
大连蓝赛斯无纺布制品有限公司
大连欧派科技有限公司
大连桑拓生物新技术有限公司
大连圣耀科技有限公司
大连万利洁生活用品有限公司
大连雄伟保健品有限公司
大连雅洁纸业有限公司
大连宇翔家庭用品有限公司
丹东欣时代生物医药科技有限公司
抚顺市利嘉卫生用品有限公司
百洁源生物科技有限公司
葫芦岛舒康卫生用品有限公司
锦州东方卫生用品有限公司
锦州东洋松蒲卫生用品有限公司
锦州市雨润保健品有限公司
辽阳恒升实业有限公司
辽宁百洋实业有限公司
凌海市展望生物科技有限公司
美信药业(辽宁)有限公司
沈阳达仕卫生用品有限公司
沈阳惠佰利科技有限公司
沈阳纳尔实业有限责任公司
沈阳市腾源纸业加工厂
沈阳义昕卫生用品有限公司
沈阳雨春日用品有限公司
通化沃德卫生用品有限公司
辽宁和合卫生用品有限公司

● 吉林 Jilin

吉林市蕙洁宣卫生用品厂
公主岭市科瑞恩卫生用品有限公司
吉林市贝洁卫生用品有限公司
四平佳尔生活用品有限公司
四平圣雅卫生用品有限公司
通化卉云桐医药生物科技有限公司
吉林省鸿威生物科技有限公司
长春福康医疗保健品有限责任公司
长春华清清洁用品有限责任公司
长春市达驰物资经贸有限公司
长春市二道雪婷纸制品厂
长春市龙洋日用品有限责任公司
长春市茜茜卫生用品厂

● 黑龙江 Heilongjiang

哈尔滨金宵医疗卫生用品有限公司
哈尔滨康安卫生用品有限公司
哈尔滨润恒保洁用品有限公司
哈尔滨市运明实业有限公司
哈尔滨鑫禾纸业有限责任公司
哈药集团制药总厂制剂厂
黑龙江省嘉盛洁卫生用品有限公司
牡丹江富江科技有限公司
肇东市天之和纸制品加工厂

● 上海 Shanghai

上海捷岱贸易有限公司
上海诗美生物科技有限公司
上海纤亿纺织科技有限公司
上海城峰纸业有限公司
上海海拉斯实业有限公司
上海康奇实业有限公司
上海铃兰卫生用品有限公司
上海奇丽纸业有限公司
上海相连实业有限公司

上海斐庭日用品有限公司
上海宜棉环保科技有限公司
上海点韵国际贸易有限公司
金佰利(中国)有限公司办事处
康贝(上海)有限公司
北京爱华中兴纸业有限公司上海分公司
上海爱乐纸业有限公司
上海贝聪婴儿用品有限公司
上海独一实业有限公司
上海秋欣实业有限公司
上海三君生活用品有限公司
上海同高实业有限公司
茗燕生物科技(上海)有限公司
上海东冠集团
上海欣莹卫生用品有限公司
上海御信堂母婴用品有限公司
哥旅思(上海)日用品有限公司
上海嗳呵母婴用品国际贸易有限公司
上海绿洲智健智能科技有限公司
上海强生有限公司
上海优生婴儿用品有限公司
上海科净实业有限公司
上海若云纸业有限公司
上海升帆信息技术有限公司
上海唯爱纸业有限公司
上海雅臣纸业有限公司
银京医疗科技(上海)股份有限公司
康那香企业(上海)有限公司
上海大昭和有限公司
上海唯尔福集团股份有限公司
上海亚日工贸有限公司
上海顶欣纸制品有限公司
上海加东纸业有限公司
上海日曼洁肤用品有限公司
上海上美化妆品股份有限公司
上海泰慈康实业有限公司
上海潼舜日化有限公司
英挚(上海)企业管理有限公司
上海艾顿卫生用品有限公司
上海美馨卫生用品有限公司
上海沐河纸业有限公司
上海香诗伊卫生用品有限公司
上海馨臣家化有限公司
上海曜颖餐饮用品有限公司
上海叶思蔓卫生用品有限公司
贝亲母婴用品(上海)有限公司
上海新领域国际贸易有限公司
上海灿之贸易有限公司
上海洁来利纸业有限公司
创艺卫生用品(苏州)有限公司上海分公司
上海基高贸易有限公司

● 江苏 Jiangsu

贝亲母婴用品(常州)有限公司
常州护佳卫生用品有限公司
常州华纳新材料科技有限公司
常州铃兰卫生用品有限公司
常州茂康医疗用品有限公司
常州市鑫宏阳卫生用品有限公司
常州新瑞卫生用品有限公司
江苏东方洁妮尔水刺无纺布有限公司
江苏省健尔康医用敷料有限公司
江苏童悦母婴用品有限公司
溧阳市天宇纸业有限公司
全棉乐家科技(江苏)有限公司
江苏瑞之康医药科技有限公司
连云港美顺医疗用品有限公司
3M 中国有限公司南京分公司
江苏米咔婴童用品有限公司
江苏有爱科技有限责任公司
南京敖广国际经贸集团有限公司
南京博洁卫生用品厂
南京禾素时代抗菌材料科技有限公司
南京能恩医疗科技有限公司
南京特纳斯生物技术开发有限公司
江苏康吉医疗科技有限公司
江苏丽洋新材料股份有限公司
江苏启宸新材料有限公司
江苏天佑医用科技有限公司
南通市万利纸业有限公司
南通友拓塑胶有限公司
南通中纸纸浆有限公司
创艺卫生用品(苏州)有限公司
格洁无纺布制品(昆山)有限公司
江苏梦达日用品有限公司
昆山华玮净化实业有限公司
昆山洁宏无纺布制品有限公司
昆山丝倍奇纸业有限公司
龙帛生物科技有限公司
奈森克林(苏州)日用品有限公司
苏州安侯医疗科技有限公司
苏州宝丽洁日化有限公司
苏州创佳纸业有限公司
苏州德尔赛电子有限公司
苏州冠洁生活制品有限公司
苏州汲柔纺织科技有限公司
苏州佳和无纺制品有限公司
苏州洁柔医疗用品有限公司
苏州铃兰卫生用品有限公司
苏州欧德无尘材料有限公司
苏州圣菲尔新材料科技有限公司
苏州市相城区黄桥三和金卫生用品厂
苏州泰硕无尘制品有限公司

苏州逸云卫生用品有限公司
苏州贞宝纸业有限公司
苏州珍世源新材料科技有限公司
王子制纸妮飘(苏州)有限公司
张家港市金港镇德积宏亮卫生用品厂
张家港亚太生活用品有限公司
江苏沭阳辰宇无纺布制品厂
宿迁市清茹纸业有限公司
亿茂环境科技股份有限公司
江苏康隆工贸有限公司
江苏铭盛家纺科技有限公司
江苏瑞宇医疗用品有限公司
姜堰市时代卫生用品有限公司
泰州市康平医疗科技有限公司
江苏极棉科技有限公司
江苏熊猫纸业有限公司
江苏优佰利生活科技发展有限公司
江阴健发特种纺织品有限公司
江阴市广银无纺制品有限公司
江阴樱花梦家庭用品有限公司
江阴云智医疗无纺布制品有限公司
无锡棉道无纺科技有限公司
无锡市伙伴日化科技有限公司
无锡市凯源家庭用品有限公司
阳光卫生医疗新材料江阴有限公司
徐州洁仕佳卫生用品有限公司
徐州欧露日用品有限公司
徐州欧尚卫生用品有限公司
徐州市琪兴纸业科技有限公司
徐州市舒润日用品有限公司
徐州威尔乐卫生材料有限公司
徐州耀泰纸业发展有限公司
心悦卫生用品有限公司
盐城市天盛卫生用品有限公司
宝应县富康医疗器械有限公司
扬州倍加洁日化有限公司
扬州绿源叶护理用品有限公司
扬州市鸿润酒店用品厂
扬州市时新旅游用品有限公司
尤妮佳生活用品(江苏)有限公司
江苏康源达生活用品有限公司
句容东发生活用品有限公司
上卫中亚卫生材料江苏有限公司
镇江云彩日用品有限公司

● 浙江 Zhejiang

杭州埃缇森化妆品有限公司
杭州艾德蒙科技有限公司
杭州邦怡日用品科技有限公司
杭州宝湿洁卫生用品有限公司
杭州比因美特孕婴童用品有限公司
杭州宾乐清洁用品有限公司
杭州波一清卫生用品有限公司
杭州春池旅游用品有限公司
杭州大拇指清洁用品有限公司
杭州迪佳日用品有限公司
杭州复生科技有限公司
杭州国光旅游用品有限公司
杭州国臻实业有限公司
杭州海际进出口有限公司
杭州好特路卫生制品有限公司
杭州宏阳医药科技有限公司
杭州嘉杰实业有限公司
杭州康洁无纺制品有限公司
杭州可利尔清洁用品有限公司
杭州蓝帆健康科技有限公司
杭州林柯韦尔日化有限公司
杭州临安百浩无纺制品厂
杭州临安东楷工贸有限公司
杭州临安海元无纺制品有限公司
杭州临安华晟日用品有限公司
杭州临安三鑫清洁用品有限公司
杭州临安诗洁日化有限公司
杭州临安腾美日用品有限公司
杭州临安星澳纺织品有限公司
杭州魅可姿生物科技有限公司
杭州棉柔科技有限公司
杭州棉艺生物科技有限公司
杭州妙洁旅游用品厂
杭州鹏图化纤有限公司
杭州瑞邦医疗用品有限公司
杭州桑洁悦辉生物科技有限公司
杭州申皇无纺布用品有限公司
杭州升博清洁用品有限公司
杭州市慕尚护理用品有限公司
杭州市添熠湿巾加工厂
杭州特艺非织造布有限公司
杭州祥悦卫生用品有限公司
杭州萧山凤凰纺织有限公司
杭州小姐妹卫生用品有限公司
杭州轩阳无纺制品有限公司
杭州雅竹轩无纺科技有限公司
杭州滋肤家日用品有限公司
临安广源无纺制品有限公司
临安家美汇清洁用品有限公司
临安中正无纺制品厂
临安盈丰清洁用品有限公司
浙江杭州禄康日用品有限公司
浙江华顺科技股份有限公司
浙江洁诺新材料有限公司
浙江绿飞诗日用品有限公司
浙江孟氏科技有限公司

浙江逸洁日化有限公司
杭州冰儿无纺布有限公司
湖州爱尚护理用品有限公司
湖州康派卫生用品有限公司
湖州练市益达日用品有限公司
湖州欧宝卫生用品有限公司
长兴富拉芙护理用品有限公司
浙江冰儿无纺布有限公司
浙江蒂斯波斯卫生用品有限公司
浙江凯燕护理用品科技有限公司
浙江天晴制造科技集团有限公司
浙江优贝思日化科技有限公司
浙江优全护理用品科技有限公司
浙江众仁电子科技有限公司
春光明媚湿巾厂
嘉兴嘉丽日用品有限公司
嘉兴沁雅卫生用品有限公司
嘉兴市德里克思医疗用品股份有限公司
嘉兴市秀洲区舒香无纺布湿巾厂
嘉兴市绎新日用品有限公司
南六企业(平湖)有限公司
平湖市瑞恩健康护理卫生用品有限公司
世源科技(嘉兴)医疗电子有限公司
浙江富瑞森水刺无纺布有限公司
浙江恒优卫材科技股份有限公司
浙江弘扬无纺新材料有限公司
浙江启美日用品有限公司
浙江荣鑫纤维股份有限公司
浙江田美科技有限公司
浙江亿羊纯针织有限公司
浙江优旎护理用品科技有限公司
浙江众润新材料科技有限公司
东阳市爱涵日用品厂
金华康维卫生用品有限公司
金华市爱的日化有限公司
金华市嘟贝母婴用品有限公司
金华市辉煌无纺用品有限公司
金华鑫雅蓝无纺布有限公司
浦江县清乐之雅工贸有限公司
义乌市安兰清洁用品厂
义乌市安柔卫生用品有限公司
义乌市奥顿纸业有限公司
义乌市柏妮丝日用品有限公司
义乌市迪岸卫生用品有限公司
义乌市谷印集家居用品有限公司
义乌市联润日用品有限公司
义乌市绿顺日用品厂
义乌市润洁日用品有限公司
义乌鑫园日用品厂
浙江宝加生物科技有限公司
浙江辰玮日化科技有限公司
浙江惠好日用品有限公司
浙江佳燕日用品有限公司
浙江康民卫生用品有限公司
浙江康源护理用品有限公司
浙江美之源化妆品有限公司
浙江棉匠日用品有限公司
浙江舒芙柔清洁用品有限公司
浙江天铂日用品有限公司
浙江星徽生物科技有限公司
浙江长弓清洁用品有限公司
浙江中美日化有限公司
丽水市怡顺纸业有限公司
宁波贝斯特清洁护理用品有限公司
宁波奉化鑫地无纺布制品有限公司
宁波锐为无纺布有限公司
宁波瑞纬日用品有限公司
宁波上德之家家居用品有限公司
宁波市奉化区世洁酒店用品厂
宁波市鄞州艾科日用品有限公司
宁波市鄞州清河家居用品厂
宁波炜业科技有限公司
宁波小木供应链有限公司
宁波英莱日用品有限公司
宁海县唯依日用品厂
浙江麦可洛文化创意有限公司
格劳威健康科技(衢州)有限公司
浙江邦良日用品有限公司
浙江凡言健康科技有限公司
浙江栎树生活用品有限公司
绍兴安纳杰日化科技有限公司
绍兴佰迅卫生用品有限公司
绍兴格美卫生用品有限公司
绍兴海之萱生物科技有限公司
绍兴红与黑贸易有限公司
绍兴乐洁氏生活用品有限公司
绍兴敏涵电子商务有限公司
绍兴欧尔派卫生用品有限公司
绍兴市恒盛新材料技术发展有限公司
绍兴市袍江家洁生活用品厂
绍兴舒诗洁生活用品有限公司
绍兴唯尔福妇幼用品有限公司
浙江艾妍生物科技有限公司
浙江爱健卫生用品科技有限公司
浙江宝仁和中非织造股份有限公司
浙江佳溢家生物科技有限公司
浙江美棉坊卫生有限公司
浙江绍兴民康消毒用品有限公司
浙江舒氏生物科技有限公司
浙江芯柔生物科技有限公司
浙江诸暨造纸厂
台州市常乐卫生用品有限公司

台州市恒好生活用品有限公司
台州羽桃环保科技有限公司
新亚控股集团有限公司
苍南县晟凯包装材料有限公司
平阳舒尔康卫生用品有限公司
平阳县洁芸纸制品加工厂
平阳县善品纸制品厂
温州富宣科技有限公司
温州冠尚纸业有限公司
温州华棉生物科技有限公司
温州亮晶晶卫生用品有限公司
温州录帮新材料科技有限公司
温州市鹿城希伯仑实业公司
温州市罗一纸塑制品有限公司
温州市全棉健康科技有限公司
温州市一佳卫生用品有限公司
温州鑫远日用品有限公司
温州亚杰科技有限公司
温州纸路者纸业有限公司
浙江安又洁新材料有限公司

● 安徽 Anhui

安庆市嘉欣医疗用品科技股份有限公司
安徽泰迪卫生用品有限公司
池州市丽华环保科技有限公司
滁州市恒洁生活用品有限公司
婴舒宝(滁州)婴童用品有限公司
安徽嘉洁雅湿巾有限公司
安徽舒源妇幼用品有限公司
安徽太和鑫星纸业有限公司
阜阳市胜康清洁用品有限公司
阜阳市阳阳卫生科技有限公司
安徽云之雨日化用品有限公司
合肥德易生物科技有限公司
合肥冠群纸制品有限公司
合肥华润非织造布制品厂
合肥洁尔卫生新材料有限公司
合肥立新纸品厂
合肥市美瑞酒店用品有限公司
合肥双成非织造布有限公司
合肥文琦工贸有限责任公司
安徽汉邦医疗用品集团有限公司
安徽洁来利擦拭用品有限公司
安徽腾宇日用品有限公司
铜陵洁雅生物科技股份有限公司
铜陵麟安生物科技有限公司
安徽民辉无纺科技有限公司

● 福建 Fujian

福建朵朵云日用品有限公司
福清恒程纸业有限公司
福州洁乐妇幼卫生用品有限公司
福州市柯妮尔生活用纸有限公司
福州市意洁纸制品有限公司
益兴堂卫生制品有限公司
福鼎市恒润清洁用品有限公司
福建华明洁珊化妆用具有限公司
福建省荔城纸业有限公司
福建新亿发集团有限公司
莆田市维达轻工制品有限公司
百嘉润纸品有限公司
福建安琪儿卫生用品有限公司
福建大山纸业有限公司
福建泉州梦丽雅纸业有限公司
福建省健为医疗用品有限公司
福建省晋江市莲屿纸类制品厂
福建省南安市悦达纸品有限公司
福建省亲亲宝贝股份有限公司
晋江德信纸业有限公司
晋江恒安家庭生活用纸有限公司
晋江市洁语卫生用品有限公司
晋江市绿之乡纸业有限公司
晋江市台洋卫生用品有限公司
美力艾佳(中国)生活用纸有限公司
南安市远大卫生用品厂
泉州聚美纸业有限公司
泉州市宏信伊风纸制品有限公司
泉州市华龙纸品实业有限公司
泉州市千业卫生用品有限公司
泉州市玺耀日用化工品有限公司
泉州鑫邦纸业有限公司
雀氏(福建)实业发展有限公司
石狮市豪友纸品有限公司
婴舒宝(中国)有限公司
花之町(厦门)日用品有限公司
厦门帝尔特企业有限公司
厦门开润工贸有限公司
厦门鑫旺中商贸有限公司
厦门亚隆日用品有限公司
福建诚信纸品有限公司
福建省天之然卫生用品有限公司
青蛙王子(中国)日化有限公司
漳州市康贝卫生用品有限公司
漳州市万思刻电子有限公司
漳州市中南护理用品有限公司

● 江西 Jiangxi

江西亚朵新材料科技有限公司
吉安市三江超纤无纺有限公司
江西百伊宠物用品有限公司
江西生成卫生用品有限公司
江西省康美洁卫生用品有限公司

九江白洁实业有限公司
九江全棉华达科技有限公司
江西孚润佰年实业发展有限公司
南昌科奇高新技术产品实业有限公司
南昌万家洁卫生制品厂
南昌鑫隆达纸业有限公司
南昌媄姐纸业有限公司
上饶市玉丰纸业有限公司
江西康裕医疗科技有限公司
江西安顺堂生物科技有限公司
仁和药业有限公司
宜品纸业有限公司
鹰潭市创一卫生用品有限公司

● 山东 Shandong

东营市舒馨纸业有限公司
菏泽市和美卫生用品有限公司
巨野县舒悦卫生用品有限公司
济南恒安纸业有限公司
济南金明发纸业有限公司
济南锦佳利纸制品有限公司
济南卡尼尔科技有限公司
济南蓝鹿卫生用品有限公司
济南美芙特生物科技有限公司
山东省润荷卫生材料有限公司
山东永芳卫生用品有限公司
济宁广丰纸业有限公司
济宁恒安纸业有限公司
山东太阳生活用纸有限公司
邹城市福满天生活用品有限公司
山东斌洁卫生用品有限公司
山东合丽日用品有限公司
山东聊城超越日用品有限公司
山东信成纸业有限公司
阳谷县童泰日用品有限公司
兰陵县恒达日用品有限公司
临沂高维新材料有限公司
临沂金红叶纸业有限公司
临沂靓倩卫生用品有限公司
临沂清水源纸业有限公司
临沂市澳美林卫生用品有限公司
临沂市超柔生活用纸有限公司
临沂市思普睿卫生用品有限公司
临沂万康卫生用品有限公司
临沂优盛卫生用品有限公司
山东昌诺新材料科技有限公司
山东虎歌纸业有限公司
山东卫嘉新材料科技有限公司
山东卫全生物科技有限公司
山东纤洽生物科技有限公司
山东鑫乐护理用品有限公司
山东雅润生物科技有限公司
山东雅云卫生用品有限公司
山东优乐倍生物科技有限公司
山东优悦卫生用品有限公司
沂水鲁东航空用品有限公司
青岛戴氏伟业工贸有限公司
青岛美西南科技发展有限公司
青岛明宇卫生制品有限公司
青岛雪利川卫生制品有限公司
东方洁昕卫生用品有限公司
威海亿露飞卫生用品有限公司
临朐华美纸制品厂
山东百合卫生用品有限公司
山东佰氏丽卫生用品有限公司
山东腾森纸业有限公司
潍坊贝雅卫生用品有限公司
潍坊福山纸业有限公司
潍坊恒联美林生活用纸有限公司
潍坊乐臣卫生用品有限公司
潍坊马利尔清洁用品有限公司
潍坊市金宵医疗卫生用品有限公司
潍坊雨洁消毒用品有限公司
诸城市鑫旺纸制品加工厂
烟台市恒达纸业有限公司
山东派信纸业有限公司
枣庄市市中区嘉誉纸品厂
山东美盛医疗用品有限公司
山东赛特新材料股份有限公司
淄博恒润航空巾被有限公司
淄博新洁卫生用品厂
淄博旭日纸业有限公司

● 河南 Henan

温县伟帆卫生用品有限公司
尉氏县宝缘纸巾厂
洛阳市涧西华丰纸巾厂
漯河玉帛纸业有限公司
河南宛予卫生用品有限公司
平顶山正植科技有限公司
河南东森生物科技有限公司
河南妙拓医药科技有限公司
河南阳光卫生用品有限公司
濮阳青松纸业有限公司
濮阳县恒鑫卫生用品有限公司
河南恒舒卫生用品有限公司
河南全棉工坊无纺科技有限公司
河南棉健医疗科技有限公司
河南安康卫生用品有限公司
河南普沃特实业有限公司
河南润禾新材料有限公司
河南益佳新材料有限公司

河南昱霖日用品有限公司
新乡市洁士康卫生用品有限公司
新乡市申氏卫生用品有限公司
新乡市尊之尼科技有限公司
许昌丽妃纸业有限公司
许昌市建安区莲洁纸纸制品厂
河南亨嘉怡美卫生用品有限公司
河南洁之净纸业有限公司
河南美诗语卫生用品有限公司
河南沐禾环保科技有限公司
河南三少医药科技有限公司
河南省洁美纸业有限公司
河南逸祥卫生科技有限公司
郑州承启科技有限公司
郑州大拇指日用品有限公司
郑州枫林无纺科技有限公司
郑州洁良纸业有限公司
郑州洁之美无纺新材料有限公司
郑州玖龙纸业有限公司
郑州市恒胜卫生用品有限公司
郑州市永兴纸业有限公司
漯河市丝柔纸业有限公司
驻马店市方舟纸业有限公司

● 湖北 Hubei

湖北洁合卫生用品有限公司
湖北蓝帆护理用品有限公司
湖北省武穴市疏朗朗卫生用品有限公司
维尼健康(深圳)股份有限公司黄冈分公司
湖北滨源无纺布制品有限公司
湖北金江医疗用品有限公司
湖北极俪生物医药科技有限公司
绿家生活科技(湖北)有限公司
湖北高德急救防护用品有限公司
湖北金安格医疗用品有限公司
湖北武汉利发诚品纸业有限公司
武汉贝芙康生物科技有限公司
武汉贝思特纸业有限公司
武汉康儿乐婴儿用品有限公司
武汉黎世生活用品有限责任公司
武汉倪初护理用品有限公司
武汉市百康纸业有限公司
武汉市硚口区布莱特纸品厂
武汉小森环保科技有限公司
武汉新宜人纸业有限公司
武汉兴灿湿巾制品有限公司
武汉优越卫生用品有限公司
武汉裕民贸易有限公司
武汉中森医疗用品有限公司
仙桃百草堂药业有限公司
宝姿日化(湖北)有限公司
湖北怡和亚太卫生用品有限公司
威乐士医疗卫生用品(湖北)有限公司
咸宁仓禾日用品有限公司
老河口杨三宏福纸业有限公司
佰福科技(湖北)有限公司
武汉创新欧派科技有限公司
孝感市峰源纸业有限责任公司
鸿富祥纸业
宜都市雷迪森纸业有限公司

● 湖南 Hunan

湖南恒安纸业有限公司
湖南宙洋卫生用品有限公司
湖南雪松纸制品有限责任公司
湘潭金诚纸业有限公司
湖南东顺纸业有限公司
洁宝日化(湘西)有限责任公司
湘西煦日优洁生物科技有限公司
湖南小贝婴童用品制造有限公司
湖南福爱卫生用品有限公司
湖南福尔康医用卫生材料股份有限公司
岳阳市岳阳楼区金鹰纸业
岳阳双华无纺布有限公司
湖南舒比奇生活用品有限公司
湖南湘雅制药有限公司
湖南一喜生活用品有限公司
长沙丰之裕纸业有限责任公司
长沙冠鹏卫生用品有限公司
长沙科阳工贸有限公司
长沙蕾康日用品有限公司
湖南株洲慧峰纸品厂

● 广东 Guangdong

潮州市航空用品实业有限公司
东莞市宝盈妇幼用品有限公司
东莞市大枫纸业有限公司
东莞市大朗清辉纸制品厂
东莞市大岭山俊业纸制品厂
东莞市东达纸品有限公司
东莞市诺诚达清洁用品有限公司
东莞市涛鸿纸品包装有限公司
东莞市天正纸业有限公司
东莞市星灏日用制品有限公司
利洁时家化(中国)有限公司
佛山爱佳护理用品有限公司
佛山欧班卫生用品有限公司
佛山市朵爱日用品有限公司
佛山市浩伶卫生用品有限公司
佛山市南海区沁柔日用品有限公司
佛山市启胜卫生用品有限公司
佛山市顺德区崇大湿纸巾有限公司

佛山市顺德区大良富利日用品厂
佛山市顺德区康儿健母婴用品有限公司
佛山市顺德区睿之楠母婴用品有限公司
佛山市硕氏日用品有限公司
佛山市亿越日用品有限公司
佛山市优美尔婴儿日用品有限公司
佛山市中道纸业有限公司
广东邦宝个人护理用品有限公司
广东德玛健康用品有限公司
广东景兴健康护理实业股份有限公司
广东欧比个人护理用品有限公司
广东省南海康洁香巾厂
蜡笔小新纸尿裤(中国)运营中心
盈家母婴卫生用品有限公司
爱得利(广州)婴儿用品有限公司
百草堂医药股份有限公司
广东日胜生物科技有限公司
广东泽田纸塑实业有限公司
广州艾妮丝日用品有限公司
广州蓓爱婴童用品有限公司
广州博润生物科技有限公司
广州迪卡罗科技有限公司
广州富海川卫生用品有限公司
广州久神商贸有限公司
广州聚特贸易有限公司
广州开丽科技有限公司
广州品维纸业有限公司
广州前方高能网络科技有限公司
广州市白桦日用品有限公司
广州市番禺区钟信餐具厂
广州市高登保健科技厂
广州市康尔美生活用品有限公司
广州市科纶实业有限公司
广州市欣龙卫生用品有限公司
广州顺风化妆用品有限公司
广州天美联盟生物科技有限公司
广州五羊化妆品有限公司
广州英氏启智科技有限公司
洁宝日化(湘西)责任有限公司(广东分公司)
老棉农医疗用品(广州)有限公司
露安适薄皮肤个人护理用品(广州)有限公司
棉都亚太有限公司
俏美无纺布有限公司
广东皇星婴童用品有限公司
惠州市宝尔洁卫生用品有限公司
惠州市飞速洁清洁用品有限公司
惠州泰美纸业有限公司
润之雅实业有限公司
恩平市稳洁无纺布有限公司
江门市贝丽纸业有限公司
江门市晨采实业有限公司
江门市水滋润卫生用品有限公司
江门市新龙纸业有限公司
茂名张氏科技发展有限公司
广东骏宝实业有限公司
汕头老蜂农化妆品有限公司
汕头市心诺日用品科技有限公司
联丰医用卫生材料(始兴)有限公司
百润(中国)有限公司深圳分公司
金旭环保制品(深圳)有限公司
深圳爱贝港实业有限公司
深圳全棉时代科技有限公司
深圳市广田纸业有限公司
深圳市恒圳实业有限公司
深圳市洁雅丽纸品有限公司
深圳市荆江纸制品有限公司
深圳市康雅实业有限公司
深圳市山维牙科防护用品有限公司
深圳市施尔洁生物工程有限公司
深圳市水润儿婴童用品股份有限公司
深圳市御品坊日用品有限公司
同高纺织化纤(深圳)有限公司
维尼健康(深圳)股份有限公司
稳健医疗用品股份有限公司
心丽卫生用品(深圳)有限公司
新纶新材料股份有限公司
星洲清星纸业(深圳)有限公司
诺斯贝尔化妆品股份有限公司
中山爱护日用品有限公司
中山市标奇家庭用品有限公司
中山市创意新科技研发有限公司
中山市德乐生物科技有限公司
盈家(集团)卫生用品有限公司
珠海市健朗生活用品有限公司
珠海松锦企业发展有限公司

● **广西 Guangxi**

桂林雅湿洁卫生用品有限公司
广西芯飞扬实业有限公司
广西卡吉氏卫生用品有限责任公司
广西南宁甘霖工贸有限责任公司
广西舒雅护理用品有限公司
南宁市好印象纸品厂
南宁市柔润纸业有限公司
广西钦州叶诚纸业有限公司

● **海南 Hainan**

海口秀英万利纸业制品厂
海南欣龙无纺科技制品有限公司

● **重庆 Chongqing**

重庆真妮丝纸业有限公司

重庆市雅洁纸业有限公司
重庆市雅思卫生用品有限公司
重庆龙璟纸业有限公司
重庆百亚卫生用品股份有限公司
重庆妮丫卫生用品有限责任公司
重庆振汉卫生用品有限公司
重庆市海洁消毒卫生用品有限责任公司
重庆雅思纸业有限公司
维尔美纸业(重庆)有限公司
重庆海明卫生用品有限公司
重庆珍爱卫生用品有限责任公司

● 四川 Sichuan

成都彼特福纸品工艺有限公司
成都金香城纸业有限公司
成都市豪盛华达纸业有限公司
四川恒邦远大纸业有限责任公司
四川康启生物科技有限公司
四川蓝漂日用品有限公司
四川清爽纸业有限公司
四川友邦纸业有限公司
四川竹印良品新材料科技有限公司
四川丽雅电子商务有限公司
四川省宜宾惠美线业有限责任公司
宜宾惠美康健生物技术有限公司

● 贵州 Guizhou

贵阳阳光生活用纸厂
贵州凯里经济开发区冠凯纸业有限公司
贵州君兰美业卫生用品有限公司

● 云南 Yunnan

瑞丽市五联康达工贸有限公司
昆明安生工贸有限公司
昆明卡拉丁纸业有限公司
昆明威宝纸制品厂
云南可靠商贸有限公司
云南兴亮实业有限公司

● 西藏 Tibet

西藏坎巴嘎布卫生用品有限公司

● 陕西 Shaanxi

陕西雅润生活用品有限公司
西安福瑞德纸业有限责任公司
西安华源纸业卫生保健用品有限公司
西安亮剑科技有限公司
西安市丰悦纸品厂
西安市洁雅酒店用品有限责任公司
西安雅泉酒店用品有限公司
西安伊乐卫生用品有限责任公司
西安佳邦无纺布制品有限公司

● 青海 Qinghai

青海晨曦纸业有限公司
西宁花梦诗纸业有限公司

● 新疆 Xinjiang

乌鲁木齐三立方纸业有限公司
新疆环峰纸业有限公司

一次性医用非织造布制品
Disposable hygiene medical nonwoven products

● 北京 Beijing
北京联合康力医疗防护用品有限公司
倍尔尊享健康国际集团有限公司
新时代健康产业(集团)有限公司
中驭(北京)生物工程有限公司
北京圣美洁无纺布制品有限公司
北京康必盛科技发展有限公司
北京康宇医疗器材有限公司
北京安宜卫生用品有限公司
北京市密云区益康卫生材料厂
北京创发卫生用品有限公司
北京舒尔雅妇婴卫生用品有限公司
北京市通州区利康卫生材料制品厂
北京市通州鑫宝卫生材料厂

● 天津 Tianjin
天津立发医疗用品有限公司
天津远航医护产品科技有限公司
天津泰达洁净材料有限公司
天津市大明卫生用品厂
天津金衫易德塑料包装有限责任公司
瑞安森(天津)医疗器械有限公司
天津市武清区碧泉餐巾纸厂

● 河北 Hebei
保定爱家塑料纺织制品制造有限公司
保定冀思缘纺织有限公司
保定市清苑区德恩纺织厂
保定银虹裕赫医疗器械制造有限公司
吴桥腾辉医疗器械股份有限公司
邯郸市肥乡区安顺日用品有限公司
邯郸市恒永防护洁净用品有限公司
河北宝诗乐科技有限公司
河北红欣医疗器械科技有限公司
河北迈德斯特医药有限公司
石家庄千汇医用品有限公司
石家庄市康安医疗器械有限公司
金利德卫生用品(河北)有限责任公司
安卓(北京)卫生材料有限公司河北分公司

● 辽宁 Liaoning
大连双迪科技股份有限公司
丹东金洋针织有限公司
丹东市天和纸制品有限公司
辽宁彭晟科技有限公司
辽宁和合卫生用品有限公司

● 上海 Shanghai
枰和卫生用品(上海)有限公司
上海冰清化妆品有限公司
上海康林仁和家庭医疗保健用品有限公司
上海暖友实业有限公司
上海姝馨无纺布有限公司
上海洁安实业有限公司
上海立南商贸有限公司
上海满福纸业包装有限公司
上海英科医疗用品有限公司
艾迈柯思贸易(上海)有限公司
上海舒康实业有限公司
上海亚澳医用保健品有限公司
易护宝(上海)医疗产品有限公司
银京医疗科技(上海)股份有限公司
上海华新医材有限公司
约柏滤材工业(上海)有限公司
东洋铝爱科商贸(苏州)有限公司上海公司
上海汇鸿浆纸有限公司
上海迈仕特国际贸易有限公司
上海米汉科技有限公司
上海棉芙生物科技有限公司
上海蟠龙医用材料有限公司
小林制药(中国)有限公司
伊贝优(上海)卫生用品有限公司
上海好贴卫生用品有限公司
上海骏河日用品有限公司
上海润辉实业有限公司
上海新领域国际贸易有限公司
丽固国际贸易(上海)有限公司
麦迪康医疗用品贸易(上海)有限公司
上海捷英途新材料科技有限公司

● 江苏 Jiangsu
常州爱倍思特卫生用品有限公司
常州好利医用品有限公司
常州凯尔德有限公司
常州美康源医疗科技有限公司
常州美康纸塑制品有限公司
常州市戴溪医疗用品厂
常州市宏泰纸膜有限公司
常州市莱洁卫生材料有限公司
常州市圣康医疗器械有限公司

常州新锐卫生用品有限公司
常州新瑞卫生用品有限公司
常州知相印卫生用品科技有限公司
华联保健敷料有限公司
江苏美舜生物科技有限公司
江苏赛欧防护用品科技有限公司
巾喜(常州)无纺布制品有限公司
溧阳好利医疗用品有限公司
连云港市美顺化妆用品有限公司
郑州迪隆生物技术有限公司
3M 中国有限公司南京分公司
南京大可实业有限公司
南京嘉威医疗器械有限责任公司
南京梦星程生物科技有限公司
南京棉柔宝卫生材料有限公司
南京能恩医疗科技有限公司
南京依朋纺织品实业有限公司
江苏广达医材集团有限公司
南通中纸纸浆有限公司
启东华舟医用材料有限公司
爱丽思(中国)集团
江苏望腾医疗用品有限公司
昆山洁宏无纺布制品有限公司
良基医用卫生新材料(苏州)有限公司
苏州杜康宁医疗用品有限公司
苏州健宇医疗科技有限公司
苏州乐天防护用品有限公司
苏州市奥健医卫用品有限公司
苏州市格瑞美医用材料有限公司
苏州市洁达化工塑料有限公司
苏州维凯医用器材科技有限公司
太仓汉光实业有限公司
吴江市亿成医疗器械有限公司
张家港市东创无纺布制品有限公司
张家港志益医材有限公司
江苏稳德福无纺科技有限公司
亿茂环境科技股份有限公司
江苏爱曼妮卫生用品有限公司
泰州麦瑞杰医用包装有限公司
泰州市华芳医用品有限公司
江苏天章医用卫生新材料股份有限公司
江阴健发特种纺织品有限公司
江阴茂华复合材料有限公司
江阴市广银无纺制品有限公司
无锡市恒通医药卫生用品有限公司
阳光卫生医疗新材料江阴有限公司
江苏恬然环保科技发展有限公司
江苏柯莱斯克新型医疗用品有限公司
盐城市天盛卫生用品有限公司
广陵区杭集飞达旅游用品厂
广陵区旺佳复合材料厂
江苏长城医疗器械有限公司
联合康力(江苏)医疗用品有限公司
扬州市金环医疗器械厂
扬州特尔美化妆品有限公司
江苏金晶卫生用品有限公司
上卫中亚卫生材料江苏有限公司
镇江健而乐牙科器材有限公司

● 浙江 Zhejiang

爱蜜特(杭州)科技发展有限公司
杭州艾妮美无纺制品有限公司
杭州八隆科技有限公司
杭州碧瑞亚医疗科技有限公司
杭州宾乐清洁用品有限公司
杭州潮流缔造科技有限公司
杭州富阳诺威无纺科技有限公司
杭州港宇卫生用品有限公司
杭州禾壹卫品科技有限公司
杭州吉呈新材料科技有限公司
杭州津诚医用纺织有限公司
杭州临安百浩无纺制品厂
杭州临安海元无纺制品有限公司
杭州临安华晟日用品有限公司
杭州临安天福无纺布制品厂
杭州玛姬儿科技有限公司
杭州欧莱塑料有限公司
杭州硕旺新材料有限公司
杭州特艺非织造布有限公司
杭州伟天包装制品有限公司
杭州徐智玲智能科技有限公司
杭州宜格化妆品有限公司
杭州优咔无纺制品有限公司
杭州长亨实业有限公司
宁波洁适康环保科技有限公司
衢州格劳威服装有限公司
安吉远东卫生材料有限公司
湖州欣宇新材料科技有限公司
长兴富拉芙护理用品有限公司
长兴义丰非织造布有限公司
浙江吉静新材料科技有限公司
浙江欧洁科技股份有限公司
浙江逸蓓新材料科技有限公司
嘉兴弘美清洁用品有限公司
嘉兴华严新材料有限公司
嘉兴君泰医用辅料有限公司
全隆实业(嘉兴)有限责任公司
世源科技(嘉兴)医疗电子有限公司
浙江富瑞森水刺无纺布有限公司
浙江弘扬无纺新材料有限公司
浙江嘉鸿非织造布有限公司
浙江龙潇医疗科技有限公司

东阳市康贝嘉卫生用品有限公司
金华市宜宝生物科技有限公司
金华维美日用品有限公司
金华婺江防护用品有限公司
浦江县欣晨婴儿用品有限公司
义乌市棉创日用品有限公司
意森医疗用品浙江有限公司
浙江巅峰实业有限公司
浙江东阳宣得纺织科技有限公司
浙江禾博士无纺布科技有限公司
浙江康护生物科技有限公司
浙江康满家新营销有限公司
浙江优优棉生物科技有限公司
浙江长弓清洁用品有限公司
宁波汉科医疗器械有限公司
宁波华欣医疗器械有限公司
宁波上德之家家居用品有限公司
宁波丝诺化妆棉有限公司
宁波亿圆医疗科技有限公司
绍兴福清卫生用品有限公司
绍兴市恒盛新材料技术发展有限公司
绍兴舒诗洁生活用品有限公司
绍兴易邦医用品有限公司
浙江宝仁和中非织造股份有限公司
浙江宁合生物科技有限公司
浙江众一无纺布科技有限公司
振德医疗用品股份有限公司
诸暨市冬之宝针织有限公司
台州东海翔防护用品有限公司
浙江天天向上无纺布科技有限公司
温州博丰医疗卫生用品有限公司
温州鸿来医疗器械有限公司
温州群康塑业有限公司
温州市康洁纸业有限公司
温州希布仑纺织品科技有限公司
温州雨泽科技有限公司
浙江壹德新材料科技有限公司

● 安徽 Anhui

安徽艾芙特实业有限公司
安徽省安庆市大鹏卫生材料厂
安徽普众康科技有限公司
安徽省康宁实业(集团)有限公司
安徽斯孚瑞医疗用品有限公司
天长市东安防护用品有限公司
天长市康辉防护用品工贸有限公司
天长市康特美防护用品有限公司
安徽安心卫生科技有限公司
安徽兰飞药业有限公司
安徽省守护线药业有限公司
安徽幸业医药科技有限公司
阜阳市捷东塑料制品有限公司
临泉乐飞卫生用品有限公司
安徽国弘工贸有限公司
安徽精诚纸业有限公司
合肥法斯特无纺布制品有限公司
合肥高贝斯无纺布制品有限公司
合肥汉邦希瑞护理用品有限公司
合肥宏明无纺制品有限公司
合肥华润非织造布制品厂
合肥吉姆卫生用品有限公司
合肥洁尔卫生新材料有限公司
合肥洁家卫生材料有限公司
合肥洁诺无纺布制品有限公司
合肥普尔德医疗用品有限公司
合肥特丽洁包装技术有限公司
合肥特丽洁卫生材料有限公司
合肥卫材医疗器械有限公司
安徽勿相忘科技有限公司
安徽圣美日化用品有限公司
安徽格瑞特医疗用品有限公司

● 福建 Fujian

福建绿帆医用新材料股份公司
福建赛诺发贸易有限公司
福州祥和医疗防护用品科技有限公司
莆田市维达轻工制品有限公司
福建富尧贸易有限公司
福建省晋江市圣安娜妇幼用品有限公司
晋江市安宜卫生用品有限公司
鸣宝生活用品(福建)有限公司
南安市老有福卫生用品厂
泉州市奥洁卫生用品有限公司
泉州市鸿华化纤制品有限公司
泉州长晟医药科技有限公司
新源(福建)塑胶有限公司
爱义达(厦门)医护科技有限公司
仟佰盾(厦门)科技有限公司
厦门安思尔微护佳防护用品有限公司
厦门飘安医疗器械有限公司

● 江西 Jiangxi

江西康雅医疗用品有限公司
江西昊瑞工业材料有限公司
江西美宝利医用敷料有限公司
3L 医用制品有限公司
江西艾叶草药业有限责任公司
江西海福特卫生用品有限公司
江西柯尔生物科技有限公司
南昌市九天卫生用品有限公司
南昌卫材医疗器械有限公司
江西康裕医疗科技有限公司

江西省源品卫生用品有限公司

● 山东 Shandong

东营得到新材料有限公司
济南美康医疗卫生用品有限公司
山东昊星洁士新材料科技有限公司
山东永芳卫生用品有限公司
山东卫尔乐卫生用品有限公司
名茜医疗科技(山东)有限公司
山东诺力康医疗科技有限公司
山东荣红生物科技有限公司
青岛宝乐得卫生用品有限公司
青岛嘉尚卫生用品有限公司
青岛金泰通用医疗器材有限公司
青岛市哈尼笑笑护理用品科技有限公司
青岛太阳路卫生防护用品有限公司
青岛信中海国际贸易有限公司
日照三奇医保用品(集团)有限公司
威海鸿宇医疗器械有限公司
威海颐和成人护理用品有限公司
潍坊贝爱卫生用品有限公司
潍坊福山纸业有限公司
潍坊裕泰医用品有限公司
招远市温泉无纺布制品厂
山东淄博光大医疗用品有限公司
兴华医疗科技(山东)有限公司

● 河南 Henan

郑州市国控鸿发无纺布有限公司
河南飘安集团有限公司
河南省红方卫材科技有限公司
河南省华裕医疗器械有限公司
河南省健琪医疗器械有限公司
河南省豫北卫材有限公司
河南亚都实业有限公司
新乡市好媚卫生用品有限公司
新乡市浩神布业有限公司
新乡市华西卫材有限公司
新乡市洁神净化有限公司
新乡市天虹医疗器械有限公司
新乡市中原卫生材料厂有限责任公司
亿信医疗器械股份有限公司
信阳颐和非织布有限责任公司
许昌正德医疗用品有限公司
河南省超亚医药器械有限公司
河南省蓝天医疗器械有限公司
郑州枫林无纺科技有限公司
郑州洁之美无纺新材料有限公司
郑州万神山卫材有限公司
郑州熙洋日用品有限公司

● 湖北 Hubei

湖北君言医疗科技有限公司
黄冈市维科曼医用材料有限责任公司
稳健医疗用品(荆门)有限公司
洪湖市舒盛防护用品有限公司
湖北华樾卫生用品有限公司
湖北健颐卫生用品有限公司
今御龙现代科技(湖北)有限公司
湖北高德急救防护用品有限公司
湖北集品防护用品有限公司
湖北金安格医疗用品有限公司
湖北美德林医疗用品有限公司
湖北纳微防护用品有限公司
湖北省潜江市江赫医用材料有限公司
赛吉特无纺制品(武汉)有限公司
武汉敖宝(文辉)防护用品有限公司
武汉鼎鑫祥防护用品有限公司
武汉海斯康防护用品有限公司
武汉华世达防护用品有限公司
武汉华天创新工贸有限公司
武汉华鑫无纺布有限公司
武汉嘉倍护国际贸易有限公司
武汉江赫医疗器械有限公司
武汉金瑞达医疗用品有限公司
武汉兰园防护用品有限公司
武汉美赫可科技有限公司
武汉尚美莱贸易有限公司
武汉稳健医疗有限公司
武汉晓行天下商贸有限公司
武汉裕民贸易有限公司
武汉中森医疗用品有限公司
仙桃市富实防护用品有限公司
仙桃市瑞锋卫生防护用品有限公司
德盈防护材料有限公司
湖北海腾无纺布制品有限公司
湖北宏宇医用制品有限公司
湖北康成非织造布股份有限公司
湖北琪福防护用品股份有限公司
湖北荣发卫生用品股份有限公司
湖北万里防护用品有限公司
湖北吾众健康科技有限公司
湖北欣意无纺布特种制品有限公司
湖北亿美达实业有限公司
湖北裕民防护用品有限公司
湖北真诚无纺布制品有限公司
湖北卓美卫生防护用品有限公司
联赛医用产品(湖北)有限公司
武汉鸿福鑫无纺布制品有限公司
仙桃晨光防护用品有限公司
仙桃瑞鑫防护用品有限公司
仙桃盛美工贸有限公司

仙桃市德明卫生用品有限公司
仙桃市鼎成无纺布制品有限公司
仙桃市航发防护用品有限公司
仙桃市恒生制衣有限公司
仙桃市剑锋防护用品有限公司
仙桃市隽雅防护用品有限公司
仙桃市科诺尔防护用品有限公司
仙桃市利军无纺布制品有限公司
仙桃市三智医疗科技有限公司
仙桃市通达无纺布制品有限公司
仙桃市卫洁防护用品有限公司
仙桃市鑫日防护用品有限公司
仙桃市兴荣防护制品有限公司
仙桃市依娅防护用品有限公司
仙桃市誉诚无纺布制品有限公司
仙桃特斯威防护用品有限公司
仙桃永利医疗用品有限公司
赤壁市宇洋无纺布制品有限公司
湖北五湖医疗器械有限公司
湖北中健医疗用品有限公司
稳健医疗(嘉鱼)有限公司
咸宁爱科医疗用品有限公司
咸宁仓禾日用品有限公司
咸宁市金宏城吸塑包装有限公司
咸宁兆舒美防护用品有限公司
汉川市复膜塑料有限责任公司
枝江奥美医疗用品有限公司

● 湖南 Hunan

湖南省洁雅无纺布制品有限公司
湖南鑫豪宇卫生用品有限公司
湖南豌豆医疗用品有限公司
湖南正业必成有限公司
可孚科技股份有限公司
薇伊(湖南)医疗科技有限公司
醴陵润蕾康卫生用品有限公司

● 广东 Guangdong

东莞市大伟卫生用品有限公司
东莞市海纳森非织造科技有限公司
东莞市特利丰无纺布有限公司
美亚无纺布科技(东莞)有限公司
佛山市南海必得福无纺布有限公司
佛山市南海康得福医疗用品有限公司
佛山市兆唐复合材料有限公司
佛山新宝科技有限公司
佛山众一塑胶科技有限公司
广东宝卓卫生用品有限公司
广东贝嘉美卫生用品有限公司
3M 材料技术(广州)有限公司
广东康尔医疗科技有限公司
广州福泽龙卫生材料有限责任公司
广州富海川卫生用品有限公司
广州健朗医用科技有限公司
广州珂萃医疗器械有限公司
广州美啦无纺布制品有限公司
广州森岩屹医疗器械有限公司
广州市白云区人和绿芳洲纺织制品厂
广州市金浪星非织造布有限公司
广州市仕璟诚无纺布制品有限公司
广州市雪蕾化妆品有限公司
广州天美联盟生物科技有限公司
广州新英姿日化用品有限公司
广州雪贝儿美妆用品有限公司
广州赞誉化妆品有限公司
广州醉美医疗科技有限公司
金佰利(中国)有限公司广州办事处
恩平市倍丽无纺布制品有限公司
恩平市中柔上品日用品有限公司
汕头市润物护垫制品有限公司
奥美医疗用品股份有限公司
国桥实业(深圳)有限公司
麦瑞科林科技有限公司
深圳美雅卫生科技有限公司
深圳市护家生物科技有限公司
深圳天意宝科技有限公司
同高纺织化纤(深圳)有限公司
稳健医疗集团有限公司
心丽卫生用品(深圳)有限公司
新纶新材料股份有限公司
珠海洁新无纺布有限公司

● 海南 Hainan

海南欣龙无纺科技制品有限公司

● 四川 Sichuan

成都明森医疗器械有限责任公司
四川友邦纸业有限公司

● 云南 Yunnan

昆明宝利康医疗卫生用品有限公司
云南滇凯术源生物科技有限公司

● 西藏 Tibet

西藏坎巴嘎布卫生用品有限公司

● 陕西 Shaanxi

陕西必康制药集团控股有限公司
陕西润之宸实业有限公司
西安华健医疗器械有限公司
西安五环非织造材料有限公司
西安佳邦无纺布制品有限公司

生活用纸相关企业名录

（原辅材料及设备器材采购指南）

（按产品类别分列）

DIRECTORY OF SUPPLIERS RELATED TO TISSUE PAPER & DISPOSABLE PRODUCTS INDUSTRY

(The purchasing guide of equipment and raw/auxiliary materials for tissue paper & disposable products industry)

(sorted by product category)

[5]

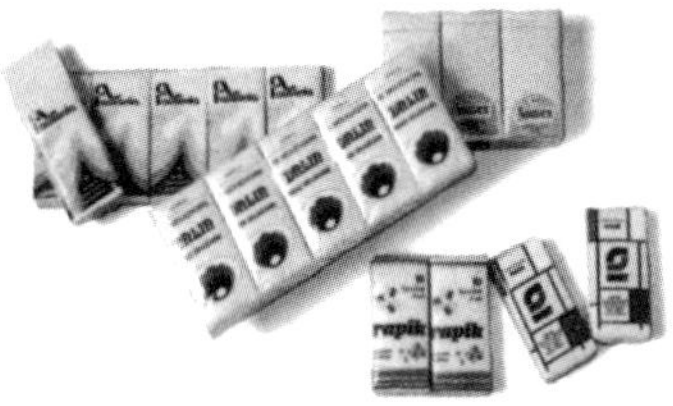

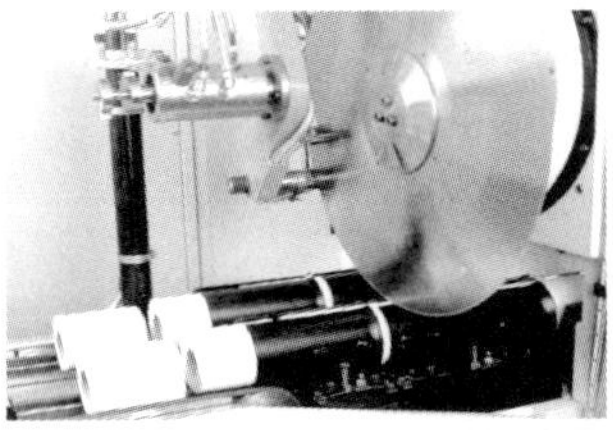

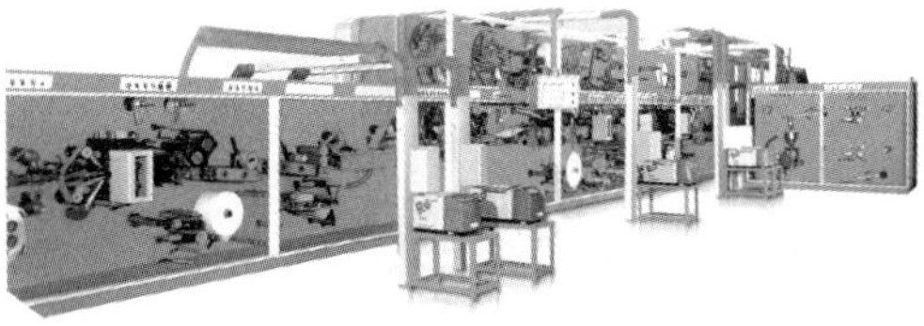

原辅材料生产或供应

Manufacturers and suppliers of raw/auxiliary materials

● 纸浆 Pulp

奥地利维汉集团北京代表处
北京国际浆纸交易中心有限公司
北京嘉阳创业经贸有限公司
加拿大北缘浆纸公司北京代表处
加拿大天柏浆纸公司北京代表处
加拿大中加浆纸有限公司北京代表处
思智浆纸贸易(北京)有限公司
丸红(北京)商业贸易有限公司
中国纸张纸浆进出口有限公司
中轻物产公司
北京科拉博贸易有限公司
北京瑞文华信贸易有限公司
北京汤丽纸业贸易有限责任公司
北京五洲林海贸易有限公司
北京中基明星贸易有限公司
北京中基亚太贸易有限公司
北京嘉丰益经贸有限公司
中普科贸有限责任公司
北京韶能本色科技有限公司
瑞典艾克曼中国公司北京联络处
中国纸业投资有限公司
北纤纸浆(天津)国际贸易有限公司
天津市中澳纸业有限公司
新月(天津)纸业有限公司
天津建发纸业有限公司
天津亚东林海国际贸易有限公司
天津港保税区曼特国际贸易有限公司
天津楠华伟业商贸有限公司
天津市芳羽纸浆贸易有限公司
金风车(天津)国际贸易有限公司
河北文轩贸易有限公司
山西融林生态纸业有限公司
襄汾县宏峰林纸有限公司
青岛润声浆纸有限公司
山西众聚通贸易有限公司
锦州金日纸业有限责任公司
沈阳建发纸业有限公司
黑龙江三都国际贸易有限公司
黑龙江云莱纸浆贸易有限公司
绥芬河市三都纸业有限责任公司
牡丹江恒丰纸业股份有限公司
上海东轻纸业有限公司
中基亚太上海办事处
港利南天(上海)经贸有限公司
上海楚霖贸易有限公司
巴西金鱼浆纸公司上海代表处
瑞典伊洛夫·汉森公司上海代表处
上海道来国际贸易有限公司
上海汇鸿浆纸有限公司
上海凯昌国际贸易有限公司
上海召锋国际贸易有限公司
书赞桉诺(上海)贸易有限公司
丸红(上海)有限公司
上海银斯纸浆有限公司
上海永结贸易有限公司
柱兴(上海)贸易有限公司
东方集团物产进出口有限公司
芬兰芬宝有限公司上海代表处
三井物产(上海)贸易有限公司
上海峰联浆纸有限公司
上海汉伦特种纤维材料有限公司
上海建发纸业有限公司
上海明阳佳木国际贸易有限公司
上海谦逊贸易有限公司
上海誉衡商贸有限公司
上海置敦国际贸易有限公司
上海中茂纸业有限公司
中煤金石(上海)能源有限公司
金光纸业(中国)投资有限公司
日奔纸张纸浆商贸(上海)有限公司
上海怡括贸易有限公司
渤萱(上海)实业有限公司
赛尔玛国际贸易(上海)有限公司
上海彼肯贸易有限公司
上海加木国际贸易有限公司
上海浆纸集团有限公司
上海纤歌浆纸有限公司
上海鹰立科技有限责任公司
GP 纤维亚洲香港有限公司上海代表处
美国维博森国际公司上海代表处
上海森鑫浆纸有限公司
上海中轻纸业有限公司

思智浆纸贸易(上海)有限公司
英特奈国际纸业投资(上海)有限公司
欧洲港口亚洲有限公司
瑞典赛尔玛有限公司上海代表处
王子制纸国际贸易(上海)有限公司
江苏千禧纸业有限公司
彩虹纸浆有限公司
江苏凤凰文化贸易集团有限公司-纸浆分公司
江苏汇鸿国际集团中天控股有限公司
江苏金利达纸业有限公司
亚太森博(南京)浆纸有限公司
南通化工轻工股份有限公司
芬欧汇川(中国)有限公司
苏州艾森纸业有限公司
苏州国信集团丰源进出口有限公司
亚曼浆纸(苏州)有限公司
张家港(保税区)金亨惠进出口有限公司
金东纸业(江苏)股份有限公司
镇江市金纸物资有限公司
杭州华锦进出口有限公司
杭州兆鑫贸易有限公司
浙江东方纸业有限公司
浙江景诚实业有限公司
浙江启阳贸易有限公司
浙江省化工进出口有限公司
浙江省轻纺供销有限公司
浙江省再生资源集团有限公司
浙江泰信物产有限公司
浙江万邦浆纸集团有限公司
浙江浙期实业有限公司
浙江中森进出口有限公司
浙江中易纸业有限公司
中国诚通国际贸易有限公司
嘉兴京杭浆纸有限公司
浙江莱仕浆纸有限公司
金华市奥凯进出口有限公司
义乌市顺天纸浆有限公司
宁波泓瑞进出口有限公司
中哲农产品有限公司
天洁集团有限公司
温州飒德纸业有限公司
浙江恒优贸易发展有限公司
池州池职纸制品贸易有限公司
安徽森茂进出口发展有限公司
安徽中文森贸易有限公司
安徽安联浆纸有限公司
金诺纸业(福建)有限公司
福建省南纸股份有限公司
福建晋江木浆棉有限公司
福建省泉州瑞雀纸业有限公司
泉州金铗纸业有限公司
厦门荣安集团有限公司
厦门象屿速传供应链发展股份有限公司
厦门祯荣贸易有限公司
厦门国贸集团股份有限公司
赣州市华亿纸品有限公司
江西泰盛纸业有限公司
九江钱村新材料科技有限公司
山东王子实业有限公司
济南弘安纸业有限公司
济南润林浆纸有限公司
山东八方成纸业有限公司
山东鼎维浆纸国际贸易有限公司
山东东昊纸业有限公司
山东枫叶国际贸易发展有限公司
山东加林国际贸易发展有限公司
山东莱仕浆纸有限公司
山东省轻工业供销有限公司
山东顺诚达浆纸国际贸易有限公司
山东星光木棉纸浆再生资源有限公司
上海齐岳浆纸有限公司
国投国际贸易青岛有限公司
青岛百草新材料股份有限公司
青岛东方龙浆纸有限公司
青岛港纸浆物流有限公司
青岛沐久茂国际贸易有限公司
青岛青华宝枫经贸有限公司
青岛源茂纸业有限公司
青岛正则浆纸贸易有限公司
青岛中易国际贸易有限公司
中林青港供应链有限公司
亚太森博(山东)浆纸有限公司
烟台市供销合作社对外经济贸易有限公司
中津纸业(山东)有限公司
青岛旭林国际贸易有限公司
远通纸业(山东)有限公司
焦作瑞丰纸业有限公司
洛阳市强胜实业有限公司
山东新明星纸业有限公司
河南省兆嵘纸业有限公司
河南天维纸业有限公司
河南欣豫国际浆纸有限公司
郑州广润纸浆有限公司
郑州青云商贸有限公司
武汉卫多多新材料科技有限公司
赤壁晨力纸业有限公司

韶能集团耒阳蔡伦纸品有限公司
岳阳林纸股份有限公司
湖南林诺工贸发展有限公司
东莞市东建浆纸有限公司
东莞市天高纸业有限公司
东莞市渊俊贸易有限公司
东莞腾冀翔纸业有限公司
源丰(广州)贸易有限公司
德国宇森浆纸有限公司广州代表处
广东中轻糖业集团有限公司
广州鼎盛工贸有限公司
广州建发纸业有限公司
广州瑞盈浆纸有限公司
广州市齐航浆纸有限公司
广州市永沛贸易有限公司
厦门建发纸业有限公司
亚太森博(广东)纸业有限公司
韶能集团广东绿洲生态科技有限公司韶能本色分公司
韶能集团韶关南雄珠玑纸业有限公司
深圳市瑞洲实业股份有限公司
中山市天高商贸有限公司
贺州市中盛浆纸有限公司
广西农垦集团华垦纸业有限公司
广西联拓贸易有限公司
广西东糖投资有限责任公司
广西桂海林浆纸有限公司
广西宏瑞泰纸浆有限公司
广西洋浦南华糖业集团股份有限公司
华劲集团股份有限公司
海南金海浆纸业有限公司
重庆倍宜贸易有限公司
成都建发纸业有限公司
成都清雅纸业有限公司
成都永丰纸业有限公司
贵州赤天化纸业股份有限公司
四川凤生纸业科技股份有限公司
四川省广利贸易有限公司
四川天海中能煤炭能源有限公司
夹江汇丰纸业有限公司
四川永丰浆纸股份有限公司
四川西龙生物质材料科技有限公司
四川天竹竹资源开发公司
宜宾纸业股份有限公司
昆明睡美人纸业有限公司
云南云景林纸股份有限公司
陕西亦素亦珊商贸有限公司
吴忠市兴安商贸有限公司
石河子市国力源环保制浆有限公司
灯塔亚洲有限公司
国际纸业(香港)有限公司

● 绒毛浆 Fluff pulp

英特奈国际纸业投资(北京)有限公司
北京科拉博贸易有限公司
中化塑料有限公司
金风车(天津)国际贸易有限公司
天津市中澳纸业有限公司
天津港保税区曼特国际贸易有限公司
斯道拉恩索中国销售部上海办事处
美国瑞安先进材料中国有限公司上海代表处
瑞典伊洛夫・汉森公司上海代表处
上海凯昌国际贸易有限公司
丸红(上海)有限公司
乔治亚太平洋吉平(上海)贸易有限公司
英特奈国际纸业投资(上海)有限公司
上海建发纸业有限公司
瑞典赛尔玛有限公司上海代表处
泰盛浆纸集团有限公司
南通亨惠棉品有限公司
杭州翰永物资有限公司
杭州临安玛姬儿商贸有限公司
杭州至正纸业有限公司
浙江晶岛实业有限公司
浙江省化工进出口有限公司
浙江省轻纺供销有限公司
浙江中包浆纸进出口有限公司
福建通港贸易有限公司
福建腾荣达制浆有限公司
厦门祯荣贸易有限公司
江西泰盛纸业有限公司
一诺商贸进出口有限公司
青岛星桥实业有限公司
青岛中易国际贸易有限公司
湖南翱天进出口有限公司
佛山市飒富安贸易有限公司
广东中粤进出口有限公司
广州诚科贸易有限公司
广州建发纸业有限公司
杭州经安实业投资有限公司
成都建发纸业有限公司
灯塔亚洲有限公司

● 非织造布 Nonwovens

——热轧、热风、纺粘
Thermalbond，airthrough，spunbonded

湖北金龙非织造布有限公司
北京健翔嘉业日用品有限责任公司
埃克森美孚(中国)投资有限公司北京分公司
北京信隆无纺布有限公司
柯恩纤维(德国)北京办事处
北京康必盛科技发展有限公司
中国纺织科学技术有限公司
北京苏纳可科技有限公司
北京燕山石化高科技术有限责任公司
北京清河三羊毛纺织集团有限公司
北京大源非织造股份有限公司
北京京兰非织造布有限公司
北京兰海汇丰科技有限责任公司
北京创发卫生用品有限公司
天津友泰无纺布有限公司
天津市泰和无纺布有限公司
天津市荣唐科技发展有限公司
善野商贸(天津)有限公司
天津瀚博国际贸易有限公司
天津昊唐新材料科技有限公司
稳德福无纺布(天津)有限公司
天津齐邦新材料有限公司
保定冀思缘纺织有限公司
保定欧芙诺新材料科技有限公司
保定市瑞祥科技有限公司
保定天鹅新型纤维制造有限公司
河北安国中建无纺布有限公司
河北三伟纺织有限公司
河北天依杰纺织有限公司
河北威廉无纺制品有限公司
沧州三和无纺布有限公司
沧州市银尚非织造布有限公司
邯郸纺织(集团)有限公司
曲周县秀源服饰新材料有限公司
廊坊中纺新元无纺材料有限公司
香河华鑫非织造布有限公司
香河瑞兆丰无纺布厂
河北百草园无纺布制品有限公司
河北华睿无纺布有限公司
河北吉藁化纤有限责任公司
河北乐道生物科技有限公司
河北瑞洽贸易有限公司
河北省纺织品进出口股份有限公司
河北省维利亚无纺布有限公司
河北维嘉无纺布有限公司
辛集市奥特发纺织纤维有限公司
新乐邦昇无纺制品有限公司
唐山三友集团兴达化纤有限公司
河北创发无纺布有限公司
河北天康卫生材料有限公司
邢台华邦非织造布有限公司
大连德冠非织造布有限公司
大连富源纤维制品有限公司
大连汇力宝新材料科技有限公司
锦州利好实业有限公司
辽宁森林木纸业有限公司
辽宁省盘锦禹王无纺布有限责任公司
沈阳北江麻业发展有限公司
沈阳天荣电缆材料有限公司
辽宁亿盛峰新材料科技股份有限公司
上海希丝无纺布制品有限公司
上海欣颢进出口贸易有限公司
上海仙集新材料有限公司
上海意东无纺布制造有限公司
兰精纤维(上海)有限公司
上海昶乐塑料科技有限公司
上海丰格无纺布有限公司
上海日阳实业有限公司
上海德福伦化纤有限公司
上海枫围服装辅料有限公司
上海洁丝纺织科技有限公司
上海精发实业股份有限公司
上海盈兹无纺布有限公司
上海增清非织造布有限公司
美国棉花公司上海办事处
黄星贸易(上海)有限公司
上海佳突尔贸易有限公司
上海剑良无纺布制品有限公司
上海丝瑞丁工贸有限公司
佰黎(上海)薄膜有限公司
塞拉尼斯(中国)投资有限公司
赛得利(上海)有限公司
上海伊士通新材料发展有限公司
远纺工业(上海)有限公司
博优国际集团纤维事业部
上海紫通无纺布有限公司
康那香企业(上海)有限公司
上海即索实业有限公司
上海洁润丝新材料股份有限公司
上海美坚无纺布有限公司

上海清雅无纺布有限公司
布鲁哈纺织技术(上海)有限公司
复纳新材料科技(上海)有限公司
坤恩新材料(上海)有限公司
默吉利无纺布有限责任公司
三昌纺织有限公司
上海奥领纺织新材料有限公司
上海非织实业有限公司
上海嘉洁无纺材料有限公司
上海举业环保科技有限公司
上海姆特歌新材料科技有限公司
上海效邦环保科技有限公司
上海逊凡纤维新材料有限公司
上海正纤纺织品有限公司
上海志范服装有限公司
太邦纺织科技(上海)有限公司
希肤科技(上海)有限公司
艺爱丝维顺贸易(上海)有限公司
画美实业(上海)有限公司
上海林洁无纺布制品有限公司
可乐丽贸易(上海)有限公司
帝人商事(上海)有限公司
蝶理(中国)商业有限公司
东艾科贸易(上海)有限公司
东洋纺管理(上海)有限公司
韩国汇维仕(株)上海代表处
捷恩智纤维贸易(上海)有限公司
日本长安贸易株式会社上海代表处
上海官奇纺织品有限公司
上海远景胶粘材料有限公司
胜特龙无纺布(上海)有限公司
伊藤忠纤维贸易(中国)有限公司
尤尼吉可(上海)贸易有限公司
北自所(常州)科技发展有限公司
常州安井复合材料有限公司
常州海蓝无纺科技有限公司
常州汉科无纺布有限公司
常州亨利无纺布有限公司
常州汇盛卫生材料有限公司
常州锦欣达纤维新材料有限公司
常州凯尔德有限公司
常州铭然特种纤维有限公司
常州群达纺织原料有限公司
常州市畅远无纺布制品有限公司
常州市富邦无纺布有限公司
常州市光耀无纺布有限公司
常州市化工轻工材料总公司
常州市汇利卫生材料有限公司
常州市佳敏护理材料有限公司
常州市洁润无纺布厂
常州市乾顺包装新材料有限公司
常州市三邦卫生材料有限公司
常州市盛维无纺布制品有限公司
常州市盈瀚无纺布有限公司
常州市友恒无纺布有限公司
常州市正杨非织造布有限公司
常州欣希尔涞贸易有限公司
常州新安无纺布有限公司
常州鑫昇隆无纺科技有限公司
常州益朗国际贸易有限公司
常州樱静无纺布有限公司
黛思(常州)无纺布有限公司
江苏常州汇盛卫生材料有限公司
江苏超月无纺布有限公司
江苏诺达卫生材料有限公司
江苏维盛无纺布有限公司
江苏华龙无纺布有限公司
连云港柏德实业有限公司
江苏锦琪昶新材料有限公司
兰精(南京)纤维有限公司
南京海容包装制品有限公司
南京和兴不织布制品有限公司
南京久盛纸业有限公司
南京申瑞琳新材料科技有限公司
南京云诺纺织有限公司
中化石油江苏有限公司
东丽高新聚化(南通)有限公司
江苏宝达纺织有限公司
江苏丽洋新材料股份有限公司
金轮针布(江苏)有限公司
南通汇优洁医用材料有限公司
南通江潮纤维制品有限公司
南通金威复合材料有限公司
南通康盛无纺布有限公司
南通奇威非织造布有限公司
南通荣荟新材料科技有限公司
南通申达新材料科技有限公司
南通通州江华纺织有限公司
南通威尔非织造新材料有限公司
南通金丝楠膜材料有限公司
启东启雅复合材料有限公司
如东县易德植物纤维有限公司
贝里国际集团
常熟市何市星晨纱厂(无纺)
常熟市金丽源无纺材料有限公司
常熟市乐织进出口有限公司

常熟市立新无纺布织造有限公司
常熟市良恒无纺制品有限公司
常熟市依威无纺布制品有限公司
恒天长江生物材料有限公司
汇维新材料(昆山)有限公司
江苏江南高纤股份有限公司
江苏盛纺纳米材料科技股份有限公司
捷恩智无纺材料(常熟)有限公司
昆山建全防水透气材料有限公司
昆山胜昱无纺布有限公司
昆山市利兴无纺制品有限公司
昆山市三羊无纺布有限公司
昆山纬安丰合成新材料有限公司
昆山真善诚无纺布制品厂有限公司
苏州多球新材料科技有限公司
苏州合利汇无纺布有限公司
苏州龙邦贸易有限公司
苏州铭辰无纺布有限公司
苏州市江南国际置业有限公司
苏州市相城区江南化纤集团有限公司
苏州庭美卫材有限公司
苏州新诺斯新材料科技有限公司
苏州鑫达旺滤材有限公司
苏州鑫茂无纺材料有限公司
苏州依朋衬布织造有限公司
苏州羽桐卫生用品有限公司
苏州长晟无纺科技有限公司
苏州正邦化纤有限公司
苏州智立洁医疗器械有限公司
苏州兹安材料科技有限公司
太仓富鋆化纤有限公司
维顺(中国)无纺制品有限公司
沃德斯达实业(苏州)有限公司
吴江前恒新纤维科技有限公司
吴江市昱葆纺织品有限公司
宜宾丝丽雅集团
张家港保税区紫汇国际贸易有限公司
张家港骏马无纺布有限公司
张家港荣运进出口贸易有限公司
张家港市东奇非织造布有限公司
张家港市广茂化纤有限公司
张家港市新正源特种纤维有限公司
张家港市优洁无纺布有限公司
江苏稳德福无纺科技有限公司
江苏爱琪艺国际贸易有限公司
江苏贝阴市海月无纺布业有限公司
江苏朵拉无纺科技有限公司
江苏华西村股份有限公司特种化纤厂
江苏惠康特种纤维有限公司
江阴恒和无纺布制品有限公司
江阴健发特种纺织品有限公司
江阴金凤特种纺织品有限公司
江阴开源非织造布制品有限公司
江阴利中纺织品有限公司
江阴联航科技有限公司
江阴市朝阳布业有限公司
江阴市红卫青山纺织有限公司
江阴市联盛卫生材料有限公司
江阴市鑫茂无纺布有限公司
江阴市雅立服装衬布有限公司
江阴市中兴无纺布有限公司
江阴天佳无纺布制品有限公司
江阴向阳无纺布科技有限公司
江阴雪钰织带有限公司
俊富非织造材料(无锡)有限公司
无锡市亿益针纺织品有限公司
无锡市正龙无纺布有限公司
无锡易特马科技有限公司
无锡优佳无纺科技有限公司
阳光卫生医疗科技江阴有限公司
江苏树林无纺布有限公司
江苏中石纤维股份有限公司
盐城鼎棉非织造材料有限公司
盐城恒天无纺布科技有限公司
盐城美然无纺布有限公司
盐城申安无纺布工贸有限公司
江苏奥特隆新材料有限公司
江苏菲霖纤维科技有限公司
南京汇信化纤有限公司
扬州东泰毛纺织有限公司
扬州富威尔复合材料有限公司
扬州高融新材料有限公司
扬州吉欧派克实业有限公司
扬州荣伟无纺布有限公司
扬州石化有限责任公司
仪征化纤股份有限公司
仪征维杰化纤有限公司
丹阳市恒辉纤维材料有限公司
江苏恒神股份有限公司
江苏埣恒复合材料有限公司
午和(江苏)差别化纤维有限公司
博拉经纬纤维有限公司
德沃尔无纺布(杭州)有限公司
杭州奥荣科技有限公司
杭州邦良日化有限公司
杭州保舒康无纺布有限公司

杭州辰阳无纺布有限公司
杭州宸达新材料有限公司
杭州缔星纤维科技有限公司
杭州丰厚纺织有限公司
杭州富阳祥盛无纺布有限公司
杭州韩熙无纺制品有限公司
杭州翰斯通无纺材料科技有限公司
杭州航耀无纺布有限公司
杭州弘润无纺布有限公司
杭州惠正智能科技有限公司
杭州杰美无纺制品有限公司
杭州今元纺织科技有限公司
杭州金百合非织造布有限公司
杭州金亚纺织品有限公司
杭州柯隆纺织品有限公司
杭州科里恩无纺布有限公司
杭州临安东楷工贸有限公司
杭州临安华宏无纺布纸品有限公司
杭州临安立诚无纺制品有限公司
杭州临安欣顺无纺制品有限公司
杭州临安星澳纺织品有限公司
杭州欧德无纺布有限公司
杭州奇丰科技有限公司
杭州荣达纺织科技有限公司
杭州森润无纺布科技有限公司
杭州升博清洁用品有限公司
杭州万峰纺织原料有限公司
杭州威帕无纺布有限公司
杭州翔蔚贸易有限公司
杭州萧山航民非织造布有限公司
杭州新丽纤维制品有限公司
杭州易东纸制品有限公司
金富春集团有限公司
临安新佳纺织材料有限公司
荣达纺织科技有限公司
赛得利(中国)纤维有限公司
威斯顿新材料有限公司
浙江安顺化纤有限公司
浙江恒逸石化有限公司
浙江宏丰纺织科技有限公司
浙江金亿乐无纺布科技有限公司
浙江赛弘纺织科技有限公司
浙江三元纺织有限公司
浙江万鹏实业有限公司
浙江中采实业有限责任公司
杭州华晨非织造布有限公司
湖州艾斯古德新材料科技有限公司
湖州吉豪非织造布有限公司
湖州嘉丝新材料科技有限公司
湖州欧丽卫生材料有限公司
湖州市优玥供应链有限公司
湖州唯可新材料科技有限公司
长兴昊达无纺布有限公司
长兴恒月新材料股份有限公司
长兴环达玻璃纤维制造有限公司
长兴金科进出口有限公司
长兴润兴无纺布厂
长兴天川非织造布有限公司
长兴义丰非织造布有限公司
浙江冰儿无纺布有限公司
浙江彩蝶实业有限公司
浙江德康环保科技有限公司
浙江冠晟新材料科技有限公司
浙江吉和卫生材料有限公司
浙江金三发非织造布有限公司
浙江津禾欣纺织有限公司
浙江利鑫无纺布有限公司
浙江通源新材料有限公司
浙江旭沣新材料科技有限公司
浙江优全卫生材料有限公司
浙江长兴弘德纺织科技有限公司
搏乐(嘉兴)非织造科技有限公司
海宁市富豪达经编有限公司
海宁市美迪康非织造新材料有限公司
海宁新能纺织有限公司
宏昌生物医疗科技有限公司
嘉善亿安非织造布有限公司
嘉兴华严新材料有限公司
嘉兴嘉丽日用品有限公司
嘉兴金旭医用科技有限公司
嘉兴七色狼科技发展股份有限公司
嘉兴市晟龙无纺布有限公司
嘉兴市德里克思医疗用品股份有限公司
嘉兴市富星无纺布厂
嘉兴市宏景无纺面料有限公司
嘉兴市惠丰化纤厂
嘉兴市申新无纺布股份有限公司
嘉兴市天翼科技有限责任公司
嘉兴市兔兔无纺布科技有限公司
嘉兴市新丰特种纤维有限公司
嘉兴市雅盛莱无纺布有限公司
嘉兴市颖颖塑料化纤有限公司
嘉兴纤思无纺科技有限公司
嘉兴中意喷织有限公司
南六企业(平湖)有限公司
浙江富立邦无纺科技有限公司

浙江海利得新材料股份有限公司
浙江华泰非织造布有限公司
浙江嘉鸿非织造布有限公司
浙江聚优非织造材料科技有限公司
浙江麦普拉科技股份有限公司
浙江诺莱博新材料科技有限公司
浙江威灵顿新材料股份有限公司
浙江新维狮合纤股份有限公司
浙江永光无纺衬业有限公司
金华市博康日用品有限公司
金华市金帆合纤科技有限公司
金华市隆发无纺布有限公司
兰溪市华塑无纺布有限公司
浦江鑫泰无纺布有限公司
沃芬非织造材料(浙江)有限公司
义乌市鸿晟无纺布有限公司
浙江东阳市三星实业有限公司
浙江广鸿无纺布有限公司
浙江恒耀新材料有限公司
浙江宏光卫浴设备有限公司
浙江景程无纺布有限公司
浙江浦江雅芙无纺布有限公司
浙江三象新材料科技有限公司
浙江姿洁无纺布有限公司
慈溪金轮复合纤维有限公司
慈溪市逸红无纺布有限公司
恒天生物基材料工程技术(宁波)有限公司
宁波大发化纤有限公司
宁波东誉无纺布有限公司
宁波华垒织造有限公司
宁波锦菲无纺布有限公司
宁波市菲斯特化纤有限公司
宁波拓普集团股份有限公司
宁波天诚化纤有限公司
浙江冠诚科技有限公司
浙江可景新材料有限公司
浙江龙游上博无纺科技有限公司
浙江民兴新材料有限公司
浙江远帆无纺布有限公司
绍兴汇朋无纺布有限公司
绍兴聚能新材料科技有限公司
绍兴柯桥苏雅斯纺织科技有限公司
绍兴柯桥庄洁无纺材料有限公司
绍兴市耀龙纺粘科技有限公司
浙江汉升环保科技有限公司
浙江吉麻良丝新材料股份有限公司
浙江佳宝新纤维集团有限公司
浙江康洁丝新材料科技有限公司
浙江乐芙技术纺织品有限公司
浙江耐特过滤技术有限公司
浙江庆隆非织造布有限公司
浙江众一无纺布科技有限公司
台州宏晟防护用品有限公司
天台海风滤材有限公司
华昊无纺布有限公司
温州超诚无纺科技有限公司
温州海柔进出口有限公司
温州宏欣非织布科技有限公司
温州烈骏无纺科技有限公司
温州市诚亿化纤有限公司
温州市瓯海合利塑纸厂
温州天瑞化纤有限公司
温州永宏化纤有限公司
浙江朝隆纺织机械有限公司
浙江恒心新材料科技有限公司
浙江开杰无纺布有限公司
浙江润江新材料科技有限公司
安徽华茂纺织股份有限公司
安徽康弘医疗器械股份有限公司
安庆市嘉欣医疗用品科技股份有限公司
安徽丰原生物纤维股份有限公司
蚌埠瑞金纺织品有限公司
江苏三得利无纺制品有限公司
安徽翰联色纺股份有限公司
利辛健之源生物科技有限公司
滁州辉煌无纺科技有限公司
天鼎丰控股有限公司
天长市永福化纤贸易有限公司
安徽省界首市圣通无纺布有限公司
安徽谊和无纺布有限公司
阜阳市益泰生物科技有限公司
合肥恩乔新材料科技有限公司
合肥高贝斯无纺布制品有限公司
合肥华润非织造布制品厂
合肥华为无纺科技有限公司
合肥双成非织造布有限公司
合肥永恒包装材料有限公司
安徽盛华纺织有限责任公司
马鞍山同杰良生物材料有限公司
安徽鱼羊科技有限公司
安徽剑锋实业有限公司
福建经纬集团有限公司
福清市鸿祥棉制品有限公司
裕丰源(福建)实业发展有限公司
福建福能南纺卫生材料有限公司
福建雷尔新材料有限公司

福建闽瑞新合纤股份有限公司
兆华实业(福建)有限公司
安奈纤科技(泉州)有限公司
福建百宏聚纤科技实业有限公司
福建冠泓工业有限公司
福建恒利集团有限公司
福建聚华非织造科技有限公司
福建莱晋德供应链管理有限公司
福建省百凯经编实业有限公司
福建省创美无纺布制品有限公司
福建省福地化纤科技有限公司
福建省美杰新型材料有限公司
福建省妙奇企业管理有限公司
福建省南安市恒丰纸品有限公司
福建省奇胤环保科技有限公司
福建省乔东新型材料有限公司
福建省泉州慧利新材料科技有限公司
福建省泉州市三七化纤有限公司
福建省腾邦纸业有限公司
福建石狮市坚创塑胶制造有限公司
福建通港贸易有限公司
福建鑫华股份有限公司
广州霞美化纤有限公司
晋江恒利达无纺布有限公司
晋江市百丝达无纺布有限公司
晋江市欣源无纺制品有限公司
晋江市兴顺卫生材料用品有限公司
晋江市兴泰无纺制品有限公司
晋江市兴源无纺制品有限公司
晋江市中亚无纺布制品有限公司
晋江万景新材料科技有限公司
晋江育灯纺织有限公司
绿锦(晋江)无纺布科技有限公司
亲宁(福建)卫生科技有限公司
泉州东杰进出口贸易有限公司
泉州飞鸿无纺布制品有限公司
泉州华诺无纺布有限责任公司
泉州金东无纺布有限公司
泉州立硕贸易有限公司
泉州洛奇卫生用品有限公司
泉州铭丰新材料科技有限公司
泉州妮彩卫生材料科技有限公司
泉州市成意纺织科技有限公司
泉州市共赢进出口有限责任公司
泉州市汉卓卫生材料科技有限责任公司
泉州市鸿华化纤制品有限公司
泉州市佳盛卫生材料有限公司
泉州市金博信无纺布科技发展有限公司
泉州市景拓新材料有限公司
泉州市纽百司进出口有限公司
泉州市霞美纤维制品有限公司
泉州市长江无纺布有限责任公司
泉州鑫迪晟新材料科技有限公司
泉州怡鑫新材料科技有限公司
泉州兆兴无纺布科技有限公司
石狮市新祥华染整发展有限公司
威利达(福建)轻纺发展有限公司
福建新盈彩铝有限公司
福绵(厦门)无纺布制品有限公司
金粒(厦门)新材料科技有限公司
厦门创业人环保科技有限公司
厦门东屿行进出口有限公司
厦门港之龙商贸有限公司
厦门恒大工业有限公司
厦门美润无纺布股份有限公司
厦门市纳丝达无纺布有限公司
厦门双键贸易有限公司
厦门象屿上扬贸易有限公司
厦门象屿兴泓科技发展有限公司
厦门欣纶化纤科技有限公司
厦门燕达斯工贸有限公司
厦门悠派无纺布制品有限公司
福建金坛实业有限公司
福建绿阳新材料科技有限公司
江西美润环保制品有限公司
吉安市三江超纤无纺有限公司
江西五越卫生医疗科技有限公司
江西东钜实业有限公司
江西昊瑞工业材料有限公司
江西和旺新材料科技有限公司
江西华琛实业有限公司
江西国桥实业有限公司
进贤益成实业有限公司
江西好洁复合材料科技有限公司
山东金信无纺布有限公司
山东淄博远翔纺织有限公司
山东邹平华强无纺布有限公司
东营得到新材料有限公司
东营海容新材料有限公司
东营俊富净化科技有限公司
东营市隆丰源无纺布有限公司
东营市神州非织造材料有限公司
山东海威卫生新材料有限公司
山东金圣达化工设备有限公司
山东俊富无纺布有限公司
山东荣泰新材料科技有限公司

济南永信新材料科技有限公司
山东康洁非织造布有限公司
山东星地新材料股份有限公司
山东冠星纺织集团总公司
山东金号家纺集团有限公司
山东临清市邦航再生资源有限公司
达利源卫生材料用品有限公司
海德(山东)无纺布有限公司
临沂春熙非织造布有限公司
临沂瑞鑫无纺布有限公司
临沂市丰凯无纺布有限公司
临沂市鲁霖科技发展有限公司
临沂信达非织造布有限公司
山东和悦非织造材料有限公司
山东惠程无纺制品有限公司
山东晶鑫无纺布制品有限公司
山东诺力康医疗科技有限公司
山东柔富雅生物科技有限公司
山东思维特无纺布科技有限公司
山东卫嘉新材料科技有限公司
山东宇航无纺布有限公司
山东正宇新材料科技有限公司
郯城县永利无纺布厂
博优化纤(威海)有限公司
青岛不漂不色健康纺织品有限公司
青岛昌隆材料科技有限公司
青岛广宇纤维有限公司
青岛国恩熔喷产业有限公司
青岛海富通无纺布有限公司
青岛惠润包装有限公司
青岛即发新材料有限公司
青岛锦源弘业商贸有限公司
青岛科伟瑞国际贸易有限公司
青岛千维新材料有限公司
青岛瑞福昌纺织品有限公司
青岛盛盈新纺织品有限公司
青岛市凯美特化工科技有限公司
青岛吾尚纺织品有限公司
青岛信义元工贸有限公司
青岛颐和无纺布有限公司
日本蝶理株式会社青岛代表处
日照晨旭新材料有限公司
日照三银纺织有限公司无纺布厂
海斯摩尔生物科技有限公司
山东泰鹏环保材料股份有限公司
泰安天阔卫生材料有限公司
山东新高工业有限公司
威海市翰迪新材料有限公司
威海市茂盛卫生材料厂
昌邑市龙信棉花加工有限公司
高密荣晟复合材料有限公司
俊富非织造材料有限公司
山东万虹无纺布有限公司
山东潍坊杰高长纤维制品科技有限公司
山东亿彩护理用品有限公司
山东英科医疗制品有限公司
寿光金汇昇无纺布有限公司
潍坊德润新材料科技有限公司
潍坊东泽纺织科技有限公司
潍坊杰高长纤维制品科技有限公司
潍坊金科卫生材料科技有限公司
潍坊临朐德源商贸公司
潍坊荣尊堂生物科技有限公司
潍坊瑞元纺织科技有限公司
潍坊世纪非织造材料有限公司
潍坊市海王新型防水材料有限公司
潍坊欣荣无纺布制品有限公司
潍坊盈珂海洋生物材料有限公司
潍坊志和无纺布有限公司
中优(山东)无纺布有限公司
山东道恩斯维特科技有限公司
山东汇志无纺布有限公司
滕州永喜无纺布有限公司
山东华业无纺布有限公司
山东久和无纺布有限公司
山东莱芬无纺布有限公司
山东希瑞新材料有限公司
山东邹平福地无纺布有限公司
淄博百纳新材料科技有限公司
淄博美思邦工贸有限公司
淄博瑞泽非织造布有限公司
淄博鑫峰纤维材料有限公司
河南创隆卫生材料有限公司
洛阳白马集团有限责任公司
邓州龙奕机械设备有限公司
邓州市丰益股份有限公司
邓州市国控鸿发无纺布有限公司
邓州市龙泰无纺布科技有限公司
郑州美兰达卫生制品有限公司
平顶山市昌茂纺织有限责任公司
河南三友医用材料有限公司
濮阳市龙大无纺布有限公司
河南恒天华商非织造布有限公司
商丘市汇丰棉业有限公司
河南安润布业有限公司
河南飘安集团有限公司

河南四邦无纺材料有限公司
河南亚都实业有限公司
新乡市强盛医疗器械有限公司
长垣虎泰无纺布有限公司
光山县嘉洁无纺材料科技有限责任公司
信阳颐和非织布有限责任公司
周口市远天棉业有限公司
河南恒天华商无纺布有限公司
河南永利无纺布有限公司
郑州纺机工程技术有限公司
郑州佳润无纺制品有限公司
郑州九如非织造有限公司
郑州美兰达卫生用品有限公司
郑州铭新科达新材料有限公司
郑州永利无纺布厂
郑州友邦无纺布有限公司
郑州豫力新材料科技有限公司
周口市旭旺无纺布有限责任公司
河南正欣卫材科技有限公司
湖北蓝帆护理用品有限公司
湖北博韬合纤有限公司
荆州市平云卫生用品有限公司
广水和益无纺布有限公司
湖北世吉无纺布有限公司
湖北辉荣新材料科技有限公司
武汉市柏兴万国投资发展有限公司
湖北鸿名塑料科技有限公司
湖北利安康防护用品有限责任公司
武汉嘉倍护国际贸易有限公司
武汉盛彩源科技有限公司
武汉协卓卫生用品有限公司
武汉盈纤嘉新材料有限公司
武汉永强化纤有限公司
武汉远纺新材料有限公司
仙桃瑞锋卫生防护用品有限公司
恒天嘉华非织造有限公司
湖北佰斯特卫生用品有限公司
湖北光大新材料股份有限公司
湖北康成非织造布股份有限公司
湖北迈尔特新材料有限公司
湖北荣发卫生用品股份有限公司
湖北永灿新材料有限公司
武汉鸿福鑫无纺布制品有限公司
仙桃锦泰科技有限公司
仙桃瑞鑫防护用品有限公司
仙桃市德兴塑料制品有限公司
仙桃市辉煌非织造布有限公司
仙桃市鑫日防护用品有限公司
仙桃市誉诚无纺布制品有限公司
仙桃市远界无纺制品有限公司
湖北鑫宝利无纺布有限公司
湖北海晟新材料有限公司
泉州裕如新材料科技有限公司
宜昌市欣龙熔纺新材料有限公司
宜昌市欣龙卫生材料有限公司
湖南品六生物科技有限公司
湖南欣龙非织造材料有限公司
湖南洁妮朵新材料科技有限公司
湖南盛锦新材料有限公司
湖南长进石油化工有限公司
湖南博弘卫生材料有限公司
湖南超科新材料有限公司
湖南五鑫新材料有限公司
湖南鑫昇利无纺布有限公司
湖南益宏达新材料有限责任公司
湖南兆鸿新材料科技有限公司
厦门新材料有限公司
长沙建益新材料有限公司
长沙市丰润卫生用品有限公司
东莞市多利无纺布有限公司
东莞市恒达布业有限公司
东莞市吉立卫生材料有限公司
东莞市锦晨无纺布厂
东莞市康晟纺织有限公司
东莞市科环机械设备有限公司
东莞市铭裕新材料有限公司
东莞市威骏不织布有限公司
东莞市信诺无纺布科技有限公司
东莞市信远无纺布有限公司
美亚无纺布科技(东莞)有限公司
深圳市九润福实业发展有限公司
东丽高新聚化(佛山)有限公司
佛山柏杰无纺布有限公司
佛山德顺区福慈鑫无纺布有限公司
佛山和至无纺布有限公司
佛山金百川科技有限公司
佛山联控新材料有限公司
佛山市安可瑞纸制品有限公司
佛山市创洁无纺科技有限公司
佛山市创联贸易有限公司
佛山市冠料科技有限公司
佛山市厚海复合材料有限公司
佛山市佳纬无纺布有限公司
佛山市景淇商贸有限公司
佛山市南海必得福无纺布有限公司
佛山市南海昌伟非织造材料有限公司

佛山市南海福莱轩无纺布厂
佛山市南海凯缎无纺布有限公司
佛山市南海凯旭无纺布科技有限公司
佛山市南海康利卫生材料有限公司
佛山市瑞信无纺布有限公司
佛山市飒富安贸易有限公司
佛山市三水恒丰盛无纺布制品有限公司
佛山市三水区恒昌纺丝棉有限公司
佛山市三水通兴无纺布有限公司
佛山市顺德品维源无纺布有限公司
佛山市顺德区龙江镇锦宏棉业制造厂
佛山市拓盈无纺布有限公司
佛山市天骅科技有限公司
佛山市新普瑞化纤织造有限公司
佛山市英集科技有限公司
佛山市裕丰无纺布有限公司
佛山维盛新材料有限公司
佛山依唯乐卫生材料有限公司
广东宝泓新材料股份有限公司
广东格菲林卫材科技有限公司
广东金三发科技有限公司
广东景慕无纺布科技有限公司
广东美泰纺新材料有限公司
广东强的卫材科技有限公司
广东赛凌贸易集团有限公司
南海南新无纺布有限公司
SAAF 无纺布公司广州代表处
埃克森美孚(中国)投资有限公司广州分公司
广东贝皙妮无纺布科技有限公司
广东杉特无纺科技有限公司
广东一洲新材料科技有限公司
广州常明拓展贸易有限公司
广州创纤新材料科技有限公司
广州斐莱世材料有限公司
广州富海川卫生用品有限公司
广州海鑫无纺布实业有限公司
广州华昊无纺布有限公司
广州华洁无纺布制品有限公司
广州慧名纤维制品有限公司
广州劲昇科技有限公司
广州俊麒无纺布企业有限公司
广州龙塔化纤有限公司
广州诺胜无纺制品有限公司
广州培羽无纺制品有限公司
广州全永不织布有限公司
广州荣纺无纺布科技有限公司
广州诗婕无纺制品有限公司
广州市白云区人和绿芳洲纺织制品厂
广州市白云区石井汀兰无纺布制品厂
广州市金春海无纺布有限公司
广州市金浪星非织造布有限公司
广州市锦汉无纺布有限公司
广州市锦盛辉煌无纺布实业有限公司
广州市荔湾区科迪洁净用品厂
广州市仕璟城无纺布制品有限公司
广州市新辉联无纺布有限公司
广州泰纶纺织品有限公司
广州泰瑞无纺布有限公司
广州艺爱丝纤维有限公司
广州逸朗生物科技有限公司
广州裕康无纺科技有限公司
韩国大林公司广州办事处
四川汇维仕化纤有限公司
中海壳牌石油化工有限公司
惠州市金豪成无纺布有限公司
广东恒通无纺布有限公司
江门市多美无纺布有限公司
江门市科盈无纺布有限公司
江门市迈德非织造材料有限公司
江门市蓬江区纺兴无纺布厂
江门市永晋源无纺布有限公司
江门市月盛无纺布有限公司
江门市智德美无纺布高科技发展有限公司
江苏骏扬无纺布制品有限公司
广东秋盛资源股份有限公司
广东添华无纺布实业有限公司
汕头市科龙达无纺布有限公司
汕头市迷歌织造实业有限公司
奥美医疗用品股份有限公司
德立(深圳)专业技术有限公司
杜邦中国集团有限公司
国桥实业(深圳)有限公司
金旭环保制品(深圳)有限公司
深圳市彩虹无纺布有限公司
深圳市东纺无纺布有限公司
深圳市明桥无纺布制品有限公司
深圳市新中洁无纺布有限公司
深圳市宜丽环保科技股份有限公司
深圳市志润达实业有限公司
同高纺织化纤(深圳)有限公司
稳健医疗用品股份有限公司
信友宏业贸易(深圳)有限公司
广东奈宝新材料科技有限公司
俊富非织造材料(肇庆)有限公司
肇庆市特纺化纤科技有限公司
德伦无纺布科技有限公司

中山市德伦无纺布科技有限公司
中山市润和高分子材料制造有限公司
中山市鑫威织造有限公司
珠海市华纶无纺布有限公司
珠海子杨化纤有限公司
广西玖玖新材料有限公司
南宁同厚贸易有限责任公司
欣龙控股(集团)股份有限公司
重庆健翔嘉业日用品有限公司
成都铂昊新材料科技有限公司
成都昊达卫生材料有限公司
成都鑫昇利无纺布有限公司
成都益华塑料包装有限公司
四川雅卫新材料有限公司
四川力王无纺制品科技有限公司
四川省宜宾惠美线业有限责任公司
宜宾丝丽雅股份有限公司
陕西鑫普丰包装有限公司
西安嘉元非织新材料科技有限公司
陕西众成康达无纺布有限公司
上登实业有限公司
南六企业股份有限公司
富登股份有限公司
康那香企业股份有限公司
礼德实业国际有限公司
艺爱丝维顺香港有限公司
益成无纺布有限公司
默吉利无纺布有限公司

——水刺 Spunlaced

北京健翔嘉业日用品有限责任公司
北京信隆无纺布有限公司
北京苏纳可科技有限公司
北京大源非织造股份有限公司
贝护科技发展(北京)有限公司
天津市荣唐科技发展有限公司
善野商贸(天津)有限公司
吴桥县腾辉医疗器械有限公司
东纶科技实业有限公司
河北金友新材料科技有限公司
河北巨荣无纺科技有限公司
大连瑞光非织造布集团有限公司
宜昌欣龙卫生材料有限公司
天虹(中国)投资有限公司
上海意东无纺布制造有限公司
上海棉芙生物科技有限公司
上海日阳实业有限公司
上海增清非织造布有限公司
上海赤马拓道实业有限公司
上海易迈纤维有限公司
上海紫通无纺布有限公司
上海晶犇新材料有限公司
上海理迈高分子技术有限公司
上海欣龙联合营销有限公司
上海越达无纺制品有限公司
厅九新材料科技(上海)有限公司
上海德雁无纺布有限公司
伊藤忠纤维贸易(中国)有限公司
尤尼吉可(上海)贸易有限公司
常州亨利无纺布有限公司
常州华纳新材料科技有限公司
常州欧美亚无纺布有限公司
常州盛维无纺布制品有限公司
常州市乾顺包装新材料有限公司
常州天虹伟业纺织有限公司
江苏东方洁妮尔水刺无纺布有限公司
江苏维盛无纺布有限公司
全棉乐家科技(江苏)有限公司
江苏金三发卫生材料科技有限公司
江苏丽洋新材料股份有限公司
江苏启宸新材料有限公司
南通康吉无纺布有限公司
南通康盛无纺布有限公司
南通通州江华纺织有限公司
南通正德医疗科技有限公司
希肤新材料发展(南通)有限公司
常熟森拓非织造布有限公司
常熟市百利弗无纺制品有限公司
常熟市恒运无纺制品有限公司
常熟市金兔无纺制品有限公司
常熟市良恒无纺制品有限公司
常熟市亿美达无纺科技有限公司
常熟市永得利水刺无纺布有限公司
常熟市振泰不织布有限公司
常熟优富纺织科技有限公司
江苏福慧非织造科技有限公司
江苏江南化纤集团有限公司
江苏蓝丝雨生物科技有限公司
昆山丝倍奇纸业有限公司
昆山真善诚无纺布制品厂有限公司
龙帛生物科技有限公司
森拓非织造布科技有限公司
苏州艾美医疗用品有限公司
苏州九一高科无纺设备有限公司
苏州美森无纺科技有限公司

苏州圣菲尔新材料科技有限公司
苏州市相城区黄桥三和金卫生用品厂
苏州舜杰水刺复合新材料有限公司
苏州先蚕丝绸生物科技有限公司
台新纤维制品(苏州)有限公司
江苏索富达无纺布有限公司
江苏瑞宇医疗用品有限公司
江苏贝护新材料科技有限公司
江阴昶森无纺科技有限公司
江阴市广银无纺制品有限公司
江阴市海月无纺布业有限公司
江阴市茂康商贸有限公司
江阴市双源非织造布有限公司
江阴市顺联纺织有限公司
江阴顺浩针纺织有限公司
江苏金荣泰新材料科技有限公司
徐州金龙桥无纺有限公司
江苏弘正扬瑞新材料有限公司
中国石化仪征化纤股份有限责任公司
戴乐无纺新材料有限公司
杭州诚品实业有限公司
杭州创蓝无纺布有限公司
杭州旦洋无纺科技股份有限公司
杭州富阳何杰无纺制品有限公司
杭州国臻实业有限公司
杭州杭纺科技有限公司
杭州恒邦实业有限公司
杭州惠正智能科技有限公司
杭州吉祥水刺无纺布有限公司
杭州景森科技有限公司
杭州科美非织造布有限公司
杭州可丽恩无纺布有限公司
杭州朗至纺织有限公司
杭州临安天福无纺布制品厂
杭州路先非织造股份有限公司
杭州诺邦无纺股份有限公司
杭州鹏图化纤有限公司
杭州润通无纺科技有限公司
杭州森润无纺布科技有限公司
杭州升博清洁用品有限公司
杭州盛欣纺织有限公司
杭州顺龙无纺科技有限公司
杭州思进无纺布有限公司
杭州四茂无纺布有限公司
杭州苏纳可卫生用品有限公司
杭州萧山凤凰纺织有限公司
杭州萧山航民非织造布有限公司
杭州新福华无纺布有限公司
杭州兴农纺织有限公司
杭州叙力无纺布制品有限公司
杭州优标纺织有限公司
杭州优纺新材料有限公司
杭州余杭三马纺织有限公司
杭州余杭丝绸制造有限公司
浙江华顺科技股份有限公司
杭州冰儿无纺布有限公司
湖州欧丽卫生材料有限公司
长兴金科进出口有限公司
浙江巴来腾科技有限公司
浙江百联无纺科技有限责任公司
浙江贝思德纺织有限公司
浙江洁呈非织造布有限公司
浙江金三发非织造布有限公司
浙江天晴制造科技集团有限公司
浙江王金非织造布有限公司
搏乐(嘉兴)非织造科技有限公司
海宁市美迪康非织造新材料有限公司
河南优沃特实业有限公司
嘉兴飞翔医用新材料科技有限公司
嘉兴金旭医用科技有限公司
嘉兴南华无纺材料有限公司
嘉兴市新美达无纺布有限公司
嘉兴市秀虹织业有限公司
嘉兴市中意喷织有限公司
结力(浙江)纺织股份有限公司
南六企业(平湖)有限公司
浙江博翔非织造科技有限公司
浙江德西瑞新能源科技有限公司
浙江富瑞森水刺无纺布有限公司
浙江弘扬无纺新材料有限公司
浙江互生非织造布有限公司
浙江聚优非织造材料科技有限公司
恒昌集团有限公司
兰溪市华塑无纺布有限公司
浙江格润卫普无纺材料有限公司
浙江好材好非织造布有限公司
浙江浩川卫生用品有限公司
浙江真邦实业有限公司
宁波拓普集团股份有限公司
宁波炜业科技有限公司
绍兴柯桥爱超纺织品有限公司
绍兴柯桥云为纺织有限公司
绍兴柯桥庄洁无纺材料有限公司
绍兴市爱健卫生用品有限公司
绍兴市恒盛新材料技术发展有限公司
绍兴舒洁雅无纺材料有限公司

绍兴万皇美无纺布有限公司
惜程纺织品有限公司
新昌县广进无纺布有限公司
浙江宝仁和中非织造股份有限公司
浙江乐芙技术纺织品有限公司
台州市玫瑰纸业股份有限公司
羽桃环保科技有限公司
温州市鹿城希伯仑实业公司
温州新宇无纺布有限公司
温州智城无纺布有限公司
浙江本源水刺布有限公司
浙江天纶超纤有限公司
安徽澳森水刺非织布有限公司
安庆华维产业用布科技有限公司
安庆华欣产业用布有限公司
安庆市景皇护理用品有限公司
安徽泰迪卫生用品有限公司
安徽金春无纺布股份有限公司
滁州辉煌无纺科技有限公司
合肥普尔德医疗用品有限公司
合肥睿森无纺布制品有限公司
合肥双成非织造布有限公司
合肥欣诺无纺制品有限公司
安徽柯林医疗用品科技股份有限公司
马鞍山同杰良生物材料有限公司
安徽民辉无纺科技有限公司
福建源嘉轻纺有限公司
福建南纺有限责任公司
福建省美杰新型材料有限公司
晋江市百丝达无纺布有限公司
晋江市兴泰无纺制品有限公司
泉州东杰进出口贸易有限公司
泉州市优加新型材料有限公司
福建省三明纺织股份有限公司
领先(中国)生物科技有限公司
吉安市三江超纤无纺有限公司
江西康雅医疗用品有限公司
江西东钜实业有限公司
江西昊瑞工业材料有限公司
山东德润新材料科技有限公司
山东棉润医疗科技有限公司
山东永信非织造材料有限公司
山东申东泉顺卫生材料有限公司
临沂惠通无纺布有限公司
临沂凯航无纺新材料科技有限公司
山东昌诺新材料科技有限公司
山东冠骏清洁材料科技有限公司
山东和悦非织造材料有限公司
山东卫嘉新材料科技有限公司
山东新光股份有限公司
百事基材料(青岛)股份有限公司
青州东鑫纸业有限公司
山东贝护纺织科技有限公司
山东恒天春地新织造有限公司
寿光金汇昇无纺布有限公司
潍坊德润新材料科技有限公司
潍坊广富非织造材料有限公司
潍坊恒锦无纺材料有限公司
潍坊泓博无纺布材料有限公司
潍坊三维非织造材料有限公司
潍坊鑫丰纺织有限公司
山东锦腾弘达水刺无纺布有限责任公司
滕州市宏拓工贸有限公司
杭州蓝帆健康科技有限公司
齐峰新材料股份有限公司
山东华强无纺布有限公司
河南立新非织造新材料科技有限公司
河南立新工业装备有限公司
华美医疗科技(河南)有限公司
河南科润康非织造布有限公司
河南飘康吉安卫材有限公司
河南蒲宁新材料有限公司
河南荣晟无纺制品有限公司
河南省润玉无纺布有限公司
河南省盛玉洁卫生用品商贸有限公司
河南省盈博生物科技有限公司
河南益佳新材料有限公司
新乡市启迪无纺材料有限公司
长垣虎泰无纺布有限公司
信阳颐和非织布有限责任公司
郑州枫林无纺科技有限公司
郑州润龙无纺布有限公司
郑州三浦机械制造有限公司
太康县正邦水刺无纺布有限公司
济源市小浪底无纺布有限公司
湖北滨源无纺布制品有限公司
威斯顿(武汉)新材料有限公司
武汉杰怡工贸有限公司
赤壁恒瑞非织造材料有限公司
崇阳海月无纺科技有限公司
佰福科技(湖北)有限公司
湖北欣柔卫生用品股份有限公司
福建省健为医疗用品有限公司
湖北水柔无纺布有限公司
湖北源美无纺布有限公司
宜昌市欣龙熔纺新材料有限公司

安乡锦云天水刺无纺布有限公司
湖南欣龙非织造材料有限公司
湘西煦日优洁生物科技有限公司
湖南福尔康医用卫生材料股份有限公司
岳阳福华水刺无纺布股份有限公司
东莞市多利无纺布有限公司
东莞市海纳森非织造科技有限公司
东莞市恒达布业有限公司
东莞市威骏不织布有限公司
东莞市章达化纤纺织品有限公司
深圳市九润福实业发展有限公司
佛山市南海塔吉美纸业有限公司
佛山市飒富安贸易有限公司
佛山市三水通兴无纺布有限公司
广东金三发科技有限公司
广州合众无纺化妆品有限公司
广州荣力无纺布有限公司
广州市白云区人和绿芳洲纺织制品厂
广州市白云区石井汀兰无纺布制品厂
广州市康尔美生活用品有限公司
广州市科纶实业有限公司
广州市水针无纺布制品有限公司
仟美生物科技(广州)有限公司
中科量子(广州)新材料有限公司
惠州宝佳丽环保科技有限公司
鹤山市舒柏雅实业有限公司
汕头思美龄化妆品有限公司
稳健医疗集团有限公司
海南欣龙无纺股份有限公司
欣龙控股(集团)股份有限公司
重庆康美无纺布有限公司
成都丽雅纤维股份有限公司
成都益华塑料包装有限公司
宝鸡嘉鑫滤材科技有限公司
西安五环非织造材料有限公司
浙江省金华市利晟利非织造有限公司
新疆库尔勒市康乃馨卫生材料厂
新疆盛泰纺织有限公司
南六企业股份有限公司

——干法纸 Airlaid

圣路律通(北京)科技有限公司
博爱(中国)膨化芯材有限公司
天津德安纸业有限公司
天津海丽达卫生材料有限公司
廊坊本色芯材制品有限公司
上海奇丽纸业有限公司
上海协润贸易有限公司
中丝(上海)新材料科技有限公司
上海凯昌国际贸易有限公司
上海通贝吸水材料有限公司
上海武涔实业销售有限公司
王子奇能纸业上海有限公司
上海森绒纸业有限公司
亿利德纸业(上海)有限公司
苏州欧薇清洁用品有限公司
旭耀新材料(淮安)科技有限公司
江苏好健康新材料有限公司
南通通州江华纺织有限公司
南通中纸纸浆有限公司
嘉斐特贸易(苏州)有限公司
昆山加值净化科技有限公司
昆山一尘洁净材料有限公司
苏州创佳纸业有限公司
苏州明惠缘科技有限公司
苏州欧德无尘材料有限公司
苏州苏宇无尘科技有限公司
江阴联航科技有限公司
杭州大森纸业有限公司
浙江省普瑞科技有限公司
浙江振宇吸水材料有限公司
浙江王金非织造布有限公司
嘉兴超悦卫材有限责任公司
嘉兴市诚家辉纸业有限公司
嘉兴市申新无纺布股份有限公司
慈溪市逸红无纺布有限公司
宁波东誉无纺布有限公司
浙江晶鑫特种纸业有限公司
博源纸制品有限公司
福建晋江木浆棉有限公司
福建省洁诚卫生用品有限公司
恒信纸品卫生材料经销部
南安市洁道电子材料有限公司
南安市万成纸业公司
泉州恒润纸业有限公司
泉州立硕贸易有限公司
泉州长荣纸品有限公司
领先(中国)生物科技有限公司
江西昊瑞工业材料有限公司
江西好洁复合材料科技有限公司
鄱阳县奋玛工贸有限公司
鄱阳县申丰无尘纸有限公司
济南华奥无纺科技有限公司
茌平信商无纺布制品有限公司
山东信成纸业有限公司

郯城县银河吸水材料有限公司
威海精诚进出口有限公司
平顶山市乾丰纸制品有限公司
湖南省宁乡县博源纸业有限公司
东莞市佰捷电子科技有限公司
东莞市普林思顿净化用品有限公司
东莞市润佳无纺布制品厂
东莞市渊俊贸易有限公司
佛山华亨卫生材料有限公司
佛山市金昕新材料有限公司
佛山市南海塔吉美纸业有限公司
佛山市飒富安贸易有限公司
佛山市益贝达卫生材料有限公司
广东格菲林卫材科技有限公司
惠州泰美纸业有限公司
广东润丰卫材科技有限公司
广东洁新卫生材料有限公司
深圳市康业科技有限公司
深圳市美芳雅无纺布有限公司
深圳市一电通实业有限公司
南宁侨虹新材料股份有限公司
重庆陶氏纸业有限公司

● 打孔膜及打孔非织造布
Apertured film and apertured nonwovens

北京创发卫生用品有限公司
天津和顺达塑料制品有限公司
河北百鼎橡塑科技有限公司
河北精诚新材料科技有限公司
上海精允实业有限公司
佰黎(上海)薄膜有限公司
上海锦盛卫生材料发展有限公司
伊藤忠纤维贸易(中国)有限公司
常州市美蝶薄膜有限公司
常州市中阳塑料制品厂
常州新安无纺布有限公司
杰翔塑胶工业(苏州)有限公司
苏州荷洛裴塑胶制品有限公司
苏州鑫茂无纺材料有限公司
江苏豪悦实业有限公司
无锡优佳无纺科技有限公司
盐城申安无纺布工贸有限公司
杭州丰正新材料科技有限公司
杭州全兴塑业有限公司
杭州唯可卫生材料有限公司
浙江欣富无纺布科技有限公司
长兴润兴无纺布厂
浙江海利得新材料股份有限公司
金华市韵宸卫生用品有限公司
温州市瓯海合利塑纸厂
福建恒安卫生材料有限公司
福建省进东新材料科技有限公司
福建省奇胤环保科技有限公司
福建省泉州慧利新材料科技有限公司
福建石狮市坚创塑胶制造有限公司
恒泰卫生用品有限公司
晋江市兴顺卫生材料用品有限公司
晋江源美塑料制品科技有限公司
晋江佳友塑料有限公司
南安市欢益塑胶制品有限公司
泉州耳东纸业有限公司
泉州龙昂贸易有限公司
泉州妮彩卫生材料科技有限公司
泉州市创新卫生用品有限公司
泉州市露泉卫生用品有限公司
泉州市润成卫生材料有限公司
泉州市源兴卫生用品有限公司
厦门玖州工贸有限公司
厦门上实新材料有限公司
厦门新旺新材料科技有限公司
厦门延江新材料股份有限公司
山东恒鹏卫生用品有限公司
达利源卫生材料用品有限公司
山东宝利卫生用品厂
郯城县宏达流延膜厂
焦作艾德嘉工贸有限公司
东莞市赛璞实业有限公司
东莞市永惠卫生材料科技有限公司
佛山市华秦卫生材料有限公司
佛山市嘉海科技有限公司
佛山市南海必得福无纺布有限公司
佛山市南海凯旭无纺布科技有限公司
佛山市南海康利卫生材料有限公司
佛山市飒富安贸易有限公司
佛山市顺德区北滘森丰源纸品厂
佛山市拓盈无纺布有限公司
广东强的卫材科技有限公司
广东腾华越杭卫材科技有限公司
广东一洲新材料科技有限公司
江门市迈德非织造材料有限公司
江门市瑞兴无纺布有限公司
江门市新天洋科技有限公司

开平市众盈无纺布科技有限公司
深圳市金顺来实业有限公司
德伦无纺布科技有限公司
中山市利宏包装印刷有限公司
中山市小榄镇中南塑料皮件厂
广西越旺进出口贸易有限公司
重庆怡洁科技发展有限公司
重庆和泰润佳股份有限公司
琉晟科技股份有限公司

● 导流层材料 Acquisition distribution layer (ADL)

上海丰格无纺布有限公司
上海方驰新材料科技有限公司
上海博锐斯新材料股份有限公司
苏州新诺斯新材料科技有限公司
苏州鑫茂无纺材料有限公司
江苏优舒科技有限公司
德沃尔无纺布(杭州)有限公司
杭州唯可卫生材料有限公司
浙江欣富无纺布科技有限公司
宁波东誉无纺布有限公司
宁波格创无纺科技有限公司
绍兴棉芯新材料有限公司
福建冠泓工业有限公司
晋江恒利达无纺布有限公司
南安市欢益塑胶制品有限公司
泉州市优创卫生材料有限公司
厦门掀科商贸有限公司
福建金坛实业有限公司
潍坊杰高长纤维制品科技有限公司
东莞市国创抗菌材料有限公司
东莞市吉立卫生材料有限公司
佛山德顺区福慈鑫无纺布有限公司
佛山市飒富安贸易有限公司
江门市永晋源无纺布有限公司
汕头市科龙达无纺布有限公司
深圳市前海州福科技有限公司
成都鑫昇利无纺布有限公司

● 流延膜及塑料母粒 PE film and plastic masterbatch

北京众信鼎诚科技有限公司
杜邦中国集团有限公司北京分公司
北京康必盛科技发展有限公司
北京大正伟业塑料助剂有限公司
北京燕山和成橡塑新材料有限公司
北京燕山石化高科技术有限责任公司
亚孚广源国际贸易(北京)有限公司
北京创发卫生用品有限公司
北京世纪新飞卫生材料有限公司
赢创(中国)投资有限公司
天津登峰卫生用品材料有限公司
天津市利好卫生材料有限公司
天津市尚好卫生材料有限公司
天津友泰无纺布有限公司
天津和顺达塑料制品有限公司
天津市德利塑料制品有限公司
天津华韩卫生材料有限公司
天津金发新材料有限公司
天津集虹塑料科技有限公司
保定爱家塑料纺织制品制造有限公司
河北百鼎橡塑科技有限公司
河北省雄县东升塑业有限公司
徐州望嵩化工科技有限公司
沧州市泰昌流延膜有限责任公司
沧州市亚泰塑胶有限公司
沧州兆鑫塑业有限公司
河北海德塑业有限公司
河北凯跃塑胶有限公司
新乐华宝塑料薄膜有限公司
大连金州鑫林工贸有限公司
沈阳市东星塑料制品有限公司
大庆中亿电缆材料有限公司
上海联立塑料制品有限公司
上海尚瑞格塑胶有限公司
上海嘉澜科贸有限公司
上海金住色母料有限公司
上海卢啸新材料科技有限公司
上海鲁聚聚合物技术有限公司
上海慕色新材料科技有限公司
上海亭春实业有限公司
上海葳易化工科技有限公司
上海维纳尔塑胶母粒有限公司
上海羽迪新材料科技有限公司
埃克森美孚化工商务(上海)有限公司
埃克森美孚亚太研发有限公司
巴斯夫(中国)有限公司
上海紫华企业有限公司
沙特基础工业公司
上海凌顶贸易有限公司
上海永邦科盛贸易有限公司

三井塑料贸易(上海)有限公司
上海德山塑料有限公司
上海金发科技发展有限公司
上海颜专塑料贸易有限公司
上海优珀斯材料科技有限公司
奥升德功能材料(上海)有限公司
捷隆上海环保科技有限公司
金丝楠膜公司
上海备素新材料科技发展有限公司
上海彩艳实业有限公司
上海晶彩化工有限公司
上海科川贸易有限公司
上海腾世达贸易有限公司
上海中萱实业有限公司
佑琨国际贸易(上海)有限公司
可乐丽贸易(上海)有限公司
三菱化学高新材料(上海)有限公司
上海博锐斯新材料股份有限公司
上海同杰良生物材料有限公司
韩国大林有限公司上海代表处
韩华化学(上海)有限公司
上海德天企业有限公司
上海迪爱生贸易有限公司
上海四合贸易有限公司
元祯化工贸易(上海)有限公司
中兴化成贸易(上海)有限公司
常州美孚森贸易有限公司
常州盖亚材料科技有限公司
常州高创塑业有限公司
常州化工轻工材料总公司
常州凯尔德有限公司
常州木子高分子材料有限公司
常州圣雅塑母粒有限公司
常州市恒惠纸业有限公司
常州市宏泰纸膜有限公司
常州市佳敏护理材料有限公司
常州市洁润无纺布厂
常州市精创塑料科技有限公司
常州市美蝶薄膜有限公司
常州市欧诺塑业有限公司
常州市戚墅堰宏发五金塑料厂
常州市润洁塑料制品有限公司
常州市润舒塑料制品有限公司
常州市双成塑母料有限公司
常州市腾亿塑料制品厂
常州市天王塑业有限公司
常州市同和塑料制品有限公司
常州市万美植绒饰品有限公司
常州市西牛塑料实业有限公司
常州市中天塑母粒有限公司
常州市中阳塑料制品厂
常州唯尔福卫生用品有限公司
常州新达力塑料机械有限公司
常州玄战环保材料有限公司
常州一诺塑料科技有限公司
常州永成色母料有限公司
常州振扬塑料制品有限公司
加洲塑料制品(常州)有限公司
江苏常州汇盛卫生材料有限公司
江苏诺达卫生材料有限公司
江苏普莱克红梅色母料股份有限公司
连云港凯宇新材料有限公司
浙江庄生新材料科技有限公司
比澳格(南京)环保材料有限公司
南京锦天塑胶有限公司
南京聚陵化工有限公司
南京普莱克贸易有限公司
南京三华纸业有限公司
南京硕德石化有限公司
南京天赐卫生材料有限公司
南京旺福包装制品实业有限公司
南京宇宝新材料有限公司
华通联合(南通)塑胶工业有限公司
巨奇塑胶江苏有限公司
南通金威复合材料有限公司
南通棉盛家用纺织品有限公司
南通万叠塑胶有限公司
南通西田环保科技有限公司
南通玉忠塑料制品有限公司
舒悦卫生材料制品厂
住化佳良精细材料(南通)有限公司
安庆市兴中包装有限公司
大盈塑料(苏州工业园区)有限公司
江苏惠红环保科技有限公司
杰翔塑胶工业(苏州)有限公司
昆山建全防水透气材料有限公司
昆山市鑫万彩塑胶有限公司
茂康材料科技(常熟)有限公司
顺昶塑胶(昆山)有限公司
斯坦德瑞琪色彩(苏州)有限公司
苏州汉成包装科技有限公司
苏州豪诺塑胶制品有限公司
苏州荷洛裴塑胶制品有限公司
苏州龙邦贸易有限公司
苏州铭辰无纺布有限公司
苏州瑞泰包装材料有限公司

苏州森源塑料制品有限公司
苏州市格瑞美医用材料有限公司
苏州市集虹新材料科技有限公司
苏州竹本贸易有限公司
吴江市诚石塑料包装厂
张家港市九洲塑料母粒制造有限公司
张家港市昕光塑胶制品有限公司
江苏允友成生物环保材料有限公司
江苏兰金科技发展有限公司
江苏向东塑料科技有限公司
泰兴市申泰塑业有限公司
江苏精良高分子材料有限公司
江阴市得宝新材料科技有限公司
江阴市凯凯纸塑制品有限公司
江阴天畅塑料科技有限公司
无锡市昌怡塑料制品厂
张家港特美芯科技有限公司
大丰汉士高分子材料有限公司
江苏宇东塑业有限公司
盐城昌源塑料制品厂
盐城恒源卫生材料有限公司
盐城瑞泽色母粒有限公司
盐城悦源塑料制品厂
江苏宜合日用品有限公司
江苏永彩新材料科技有限公司
丹阳市金达流延膜厂
江苏大度塑材有限公司
江苏云锋机械有限公司
泾县中瑞塑胶材料有限公司
富阳天玮塑胶有限公司
杭州奥风科技有限公司
杭州彩源材料科技有限公司
杭州鼎越化工有限公司
杭州富阳天纬塑胶有限公司
杭州集成复合材料有限公司
杭州集能新材料科技有限公司
杭州理康塑料薄膜有限公司
杭州全兴塑业有限公司
杭州新光塑料有限公司
杭州玉杰化工有限公司
汇善控股有限公司
浙江金淳高分子材料有限公司
浙江德清金乾新材料有限公司
浙江科立达高新科技有限公司
嘉兴市惠丰化纤厂
浙江戴乐新材料有限公司
浙江麦普拉科技股份有限公司
金华市百洁日用品有限公司
金华市沃龙科技有限公司
金华市星火塑料制品有限公司
金华市韵宸卫生用品有限公司
义乌市铭科新材料有限公司
义乌市勤帆无纺布有限公司
浙江百浩工贸有限公司
浙江恒耀新材料有限公司
浙江环龙新材料科技有限公司
浙江三象新材料科技有限公司
龙泉鸿业塑料有限公司
宁波杭州湾新区领顺国际贸易有限公司
浙江沪盛能源有限公司
绍兴泽楷卫生用品有限公司
浙江汉升环保科技有限公司
台州市黄岩俊雄机械商行
台州市明大卫生材料有限公司
诚德科技股份有限公司
龙港市圣光包装有限公司
瑞安市昊辉塑料制品有限公司
温州弘达塑料制品有限公司
温州巨翔塑业有限公司
温州市瓯海合利塑纸厂
温州市欣荣塑料有限公司
浙江银佳降解新材料有限公司
中国金田集团
安徽缤飞塑胶科技有限公司
金田高新材料股份有限公司
桐城市嘉宝旺塑业有限公司
滁州致为薄膜科技有限公司
安徽安庆塑业有限公司
安徽省技术进出口股份有限公司
合肥开宇塑料制品有限公司
合肥美邦新材料科技有限公司
淮北市昊发新材料科技有限公司
永新股份(黄山)包装有限公司
六安青松色母粒有限公司
马鞍山市康洁流延膜有限公司
陈叶枝塑料厂
安徽双津实业有限公司
泾县亚美新材料有限公司
福建惠亿美环保材料科技有限公司
福达利彩印有限公司
福建翱翔工贸有限公司
福建冠中科技有限公司
福建宏科新材料科技有限公司
福建佳惟斯新材料科技有限公司
福建南安实达塑料色母有限公司
福建琦峰科技有限公司

福建省立晟环保科技有限公司
福建省新奇卫生材料有限公司
福建石狮市坚创塑胶制造有限公司
格林特维(泉州)薄膜科技有限公司
恒嘉透气膜有限公司
恒强卫生用品材料有限公司
恒信纸品卫生材料经销部
晋江恒新纸业有限公司
晋江市恒联塑料制品有限公司
晋江市环驰进出口贸易有限公司
晋江市精诚塑胶制品有限公司
晋江市石达塑胶精细有限公司
晋江市亿跃机械科技有限公司
晋江市月光塑料制品有限公司
晋江鑫泰塑料有限公司
晋江兆和塑胶有限公司
南安市玉和塑胶有限公司
南安长利塑胶有限公司
泉州爱丽卡新材料科技有限公司
泉州彩虹塑胶有限公司
泉州豪昌塑料制品科技有限公司
泉州恒嘉塑料有限公司
泉州环球塑胶有限公司
泉州晋福塑料制品有限公司
泉州立硕贸易有限公司
泉州联盛新材料科技有限公司
泉州世纪新飞卫生材料有限公司
泉州市晟瑞卫生用品有限公司
泉州市共赢进出口有限责任公司
泉州市汉卓卫生材料科技有限责任公司
泉州市恒扬塑料制品有限公司
泉州市宏昌顺卫生用品有限公司
泉州市华乐塑胶科技有限公司
泉州市佳盛卫生材料有限公司
泉州市金顺盛胶片科技有限公司
泉州市露泉卫生用品有限公司
泉州市洛江闽旺塑料有限公司
泉州市纽百司进出口有限公司
泉州市三维塑胶发展有限公司
泉州市腾强塑料科技有限公司
泉州兴远供应链管理有限公司
泉州怡鑫新材料科技有限公司
石狮市炎英塑胶制品有限公司
福建省三明市永安市三源丰水溶膜有限公司
金旸(厦门)新材料科技有限公司
厦门百强科技有限公司
厦门德惠丰工贸有限公司
厦门冠颜塑化科技有限公司
厦门海牧进出口有限公司
厦门海源亿鑫投资有限公司
厦门汉润工程塑料有限公司
厦门辉风进出口有限公司
厦门玖州工贸有限公司
厦门聚富塑胶制品有限公司
厦门上登进出口有限公司
厦门市馥荣塑料制品有限公司
厦门市兴辉洋进出口有限公司
厦门塑化贸易有限公司
厦门塑友化工科技有限公司
厦门太润商贸有限公司
厦门鑫万彩塑胶染料工贸有限公司
厦门燕达斯工贸有限公司
厦门毅兴行塑料原料有限公司
厦门元泓工贸有限公司
厦门正锋实业有限公司
厦门正林化工进出口有限公司
厦门中纺大化纤材料有限公司
江西广源新材料有限公司
江西省萍乡市轩品塑胶制品有限公司
山东天风新材料有限公司
东营市博美薄膜有限公司
山东恒鹏卫生用品有限公司
山东恒源新材料有限公司
山东成武易信环保科技有限公司
济宁得亚利聚合体有限公司
山东联众包装科技有限公司
达利源卫生材料用品有限公司
临沂益兴纸品有限公司
山东宝利卫生用品厂
山东诺诚包装科技有限公司
山东郯城新东风塑料包装制品有限公司
山东维康卫生用品有限公司
郯城杰泰卫生材料有限公司
郯城县达利源卫生材料有限公司
郯城县宏达流延膜厂
青岛贝里塑料有限公司
青岛天塑石化有限公司
威海德翔新材料科技有限公司
山东道恩高分子材料股份有限公司
烟台亮彩塑料科技有限公司
山东枣庄华宝卫生材料制品厂
山东中塑新材料有限公司
枣庄华宝卫生制品厂
淄博德坤薄膜有限公司
焦作艾德嘉工贸有限公司
开封市华天塑料制品有限公司

许昌嘉立包装材料有限公司
郑州金东远科技有限公司
郑州裕德兴新材料有限公司
湖北辉煌环保科技有限公司
湖北江与河新材料有限公司
荆门市三旺塑业有限公司
湖北艾斯特防护用品有限公司
湖北永泰塑胶有限公司
明日控股(武汉)有限公司
上海同越再生资源回收有限公司
武汉奥邦化工有限公司
武汉东周化工有限公司
武汉华天成塑业有限责任公司
武汉嘉倍护国际贸易有限公司
武汉金发科技有限公司
武汉晶鸿兴石化有限公司
武汉领航塑胶有限公司
武汉南方天马化工有限公司
武汉普莱克红梅色母料有限公司
武汉盛彩源科技有限公司
武汉市国升塑化实业有限公司
武汉欣联创塑化有限公司
武汉新中德塑机股份有限公司
武汉一新中大塑业有限公司
武汉长济科技有限公司
武汉卓凡中天包装材料有限公司
广东仕诚塑料机械有限公司
湖北华菲新材料有限公司
湖北慧狮塑业股份有限公司
湖北三羊塑料制品有限责任公司
湖北拓盈新材料有限公司
仙桃市德兴塑料制品有限公司
仙桃市誉诚无纺布制品有限公司
安徽紫金新材料科技股份有限公司
湖南省升阳新材料有限公司
聚石化学(长沙)有限公司
长沙合兴卫生用品材料有限公司
长沙泽阳贸易有限公司
东莞巨正源科技有限公司
东莞瑞安高分子树脂有限公司
东莞市创一塑化有限公司
东莞市淳政化工原料有限公司
东莞市高源塑胶有限公司
东莞市恒彩塑胶颜料有限公司
东莞市虎门联友包装印刷有限公司
东莞市华宏创薄膜制品有限公司
东莞市建龙新材料有限公司
东莞市荣晟颜料有限公司
东莞市赛美塑胶制品有限公司
东莞市耀众贸易有限公司
东莞市永轩塑胶材料有限公司
东莞市智汇化工有限公司
东莞毅兴塑胶原料有限公司
利安德巴赛尔工程塑料(东莞)有限公司
雅科薄膜(东莞)有限公司
佛山华韩卫生材料有限公司
佛山市保乐进出口贸易有限公司
佛山市冠料科技有限公司
佛山市浩的塑料有限公司
佛山市厚海复合材料有限公司
佛山市华瑞塑料材料有限公司
佛山市兰笛胶粘材料有限公司
佛山市联塑万嘉新卫材有限公司
佛山市亮航五金塑料有限公司
佛山市美诺卫生材料科技有限公司
佛山市南海区承欣塑料助剂有限公司
佛山市南海区科思瑞迪材料科技有限公司
佛山市南海区运通晨塑料助剂有限公司
佛山市瑞亨卫生材料有限公司
佛山市飒富安贸易有限公司
佛山市顺德区焯滦塑料制品有限公司
佛山市顺德区恒达美塑料制品有限公司
佛山市顺德区乐从镇基联五金塑料厂
佛山市顺德区禄兴贸易有限公司
佛山市顺德区梅林化工有限公司
佛山市顺德区奇毅龙塑料制品有限公司
佛山市塑兴母料有限公司
佛山市天骅科技有限公司
佛山市新飞卫生材料有限公司
佛山市新三合塑料薄膜制造有限公司
佛山市益昌塑胶实业有限公司
佛山市宇柏塑胶贸易有限公司
佛山市兆唐复合材料有限公司
佛山信合高新科技材料有限责任公司
佛山允迪薄膜材料有限公司
广东德冠薄膜新材料股份有限公司
广东东立新材料科技有限公司
广东昊薪新材料科技有限公司
广东普赛夫聚合物有限公司
广东腾华越杭卫材科技有限公司
广东一龙新材料科技有限公司
信合高薪科技有限公司
埃万特(中国)有限公司
广州爱科琪盛塑料有限公司
广州合诚实业有限公司
广州熵能英创新材料有限公司

广州市科迩曼塑料科技有限公司
广州市启鸿新材料科技有限公司
广州市新博利塑料制品有限公司
广州银顺环保塑料实业有限公司
广州卓标塑料技术有限公司
金发科技股份有限公司
中海壳牌石油化工有限公司
惠州德昉高分子膜材料有限公司
惠州南璋颜料有限公司
广东花坪卫生材料工业有限公司
江门普立菲新材料有限公司
江门市飞马塑业有限公司
江门市蓬江区华龙包装材料有限公司
蓬江区元茂塑料制品厂
广东翔龙科技股份有限公司
阳山荣达粉体有限公司
广东美联新材料股份有限公司
汕头市德福包装材料有限公司
汕头市谷源新材料科技有限公司
汕头市江宏包装材料有限公司
海丰县同翔纸制品有限公司
汕尾市新旭卫生材料有限公司
峰盟塑胶(深圳)有限公司
深圳建彩科技发展有限公司
深圳市富利豪科技有限公司
深圳市捷科特塑胶颜料有限公司
深圳市金顺来实业有限公司
深圳市锦上嘉科技有限公司
深圳市易希欧科技有限公司
深圳市致新包装有限公司
深圳中兴新材技术股份有限公司
广东奈宝新材料科技有限公司
肇庆市高要区业成塑料有限公司
中山能合环保包装科技有限公司
中山市和浩新材料有限公司
中山市辉丰塑胶科技有限公司
中山市通美塑胶制品有限公司
中山市真彩塑料色母有限公司
重庆壮大包装材料有限公司
重庆工友塑料有限公司
重庆和泰润佳股份有限公司
成都川绿塑胶有限公司
成都菲斯特新材料有限公司
成都市郫都区彩虹缘纸品厂
成都市迅驰塑料包装有限公司
成都益华塑料包装有限公司
四川金发科技发展有限公司
启华工业股份有限公司
台湾塑料工业股份有限公司
琉晟科技股份有限公司

● 高吸收性树脂 Super absorbent polymer (SAP)

北京华瑞祥科技有限公司
伊藤忠(中国)集团有限公司
乐金化学(中国)投资有限公司
北京科拉博贸易有限公司
北京希涛技术开发有限公司
上海和氏璧化工有限公司北京代表处
中化塑料有限公司
丰田通商(天津)有限公司
中化塑料有限公司(天津办)
天津市中澳纸业有限公司
天津环亚吸水材料有限公司
河北海明生态科技有限公司
河北金丰新材料科技有限公司
任丘市泉兴化工有限公司
唐山博亚树脂有限公司
大连闻达化工股份有限公司
上海协润贸易有限公司
上海欣颢进出口贸易有限公司
上海华谊新材料有限公司
阿科玛(中国)化学有限公司
丰田通商(上海)有限公司
上海凯昌国际贸易有限公司
上海召锋国际贸易有限公司
上海索保新材料有限公司
巴斯夫(中国)有限公司
沙多玛(广州)化学有限公司
上海百色源树脂有限公司
上海华谊丙烯酸有限公司
上海伊藤忠商事有限公司
西陇科学股份有限公司
帝斯曼(中国)有限公司
上海金昌工程塑料有限公司
上海朗跃国际贸易有限公司
上海志轩新材料有限公司
上海方田粘合剂技术有限公司
仁通实业有限公司(上海代表处)
一艾日本有限公司上海代表处
住友精化(中国)投资有限公司
江苏虹创新材料有限公司
江苏斯尔邦石化有限公司
江苏中汇进出口有限公司

南京东正化轻有限公司
南京和会源国际贸易有限公司
南京赛普高分子材料有限公司
南京盈丰高分子科技有限公司
上海伊藤忠商事有限公司南京分公司
扬子石化-巴斯夫有限责任公司
三大雅精细化学品(南通)有限公司
昆山石梅精细化工有限公司
礼德滤材科技(苏州)有限责任公司
美源南通化学有限公司
日触化工(张家港)有限公司
苏州科化聚慧新材料有限公司
苏州新纶超净技术有限公司
太仓欣鸿化工科技有限公司
张家港东亚迪爱生化学有限公司
竹本油脂株式会社
阿科玛(中国)投资有限公司上海分公司
江苏裕廊化工有限公司
无锡市恒懋科贸有限公司
无锡市联合恒洲化工有限公司
无锡苏普橡塑制品有限公司
宜兴丹森科技有限公司
宜兴汇诚化工科技有限公司
扬州长安高分子材料有限公司
杭州东皇化工有限公司
浙江振宇吸水材料有限公司
浙江卫星新材料科技有限公司
宁波润腾石化有限公司
台塑工业(宁波)有限公司
安徽朗腾进出口有限公司
合肥聚合辐化技术有限公司
合肥绿然高分子材料有限公司
邦丽达(福建)新材料股份有限公司
福建晋江木浆棉有限公司
福建鑫邦精细化工有限公司
泉州博今卫生材料有限公司
泉州东杰进出口贸易有限公司
泉州市助力新材料科技有限公司
厦门翰尔思贸易有限公司
厦门汇富源贸易有限公司
厦门聚优化学品有限公司
厦门祯荣贸易有限公司
福建天昱新型材料有限公司
德州市新亚高分子材料有限公司
山东环兴化工有限公司
山东诺尔生物科技有限公司
山东中科博源新材料科技有限公司
山东恒泰荣新材料科技有限公司
济南扬惠贸易有限公司
山东昊月新材料股份有限公司
山东圣泉新材料股份有限公司
山东星光木棉纸浆再生资源有限公司
山东泽宇新材料科技有限公司
郯城县银河吸水材料有限公司
一诺商贸进出口有限公司
青岛道勤生物科技有限公司
青岛华特隆化工有限公司
青岛圣阿纳进出口有限公司
青岛首科新材料有限公司
万华化学集团股份有限公司
烟台坤合新材料有限公司
山东顺为新昊高分子材料科技有限公司
平顶山创杰新材料科技有限公司
武汉拓旭化工有限公司
湖北乾峰新材料科技有限公司
湖南翱天进出口有限公司
湖南博弘卫生材料有限公司
长沙水能量新材料有限公司
东莞市赛璞实业有限公司
东莞市统硕进出口贸易有限公司
东莞市智汇化工有限公司
同舟化工有限公司
佛山市春满贸易有限公司
佛山市合正新型材料有限公司
佛山市飒富安贸易有限公司
丰田通商(广州)有限公司
广东科茂林产化工股份有限公司
广州诚科贸易有限公司
广州凯阳商贸有限公司
广州鹿山功能材料有限公司
广州市嘉玥贸易有限公司
广州市仁辉贸易发展有限公司
广州市西陇化工有限公司
广州伊藤忠商事有限公司
广州银森企业有限公司
合诚技术股份有限公司
广东艾伯森聚合物技术有限公司
惠州织信实业发展有限公司
深圳市鸿华威科技有限公司
深圳市华申创达科技有限公司
深圳市华苏科技发展有限公司
深圳市棉芯科技有限公司
中山市恒广源吸水材料有限公司
珠海得米新材料有限公司
南宁同厚贸易有限责任公司
伊藤忠(重庆)贸易有限公司
台湾塑料工业股份有限公司

● 吸水衬纸及复合吸水纸 Liner tissue and laminated absorbent paper

天津市利好卫生材料有限公司
天津市尚好卫生材料有限公司
天津市中科健新材料技术有限公司
天津万马高分子吸水材料有限公司
天津海丽达卫生材料有限公司
辽宁森林木纸业有限公司
上海协润贸易有限公司
三井物产(上海)贸易有限公司
上海衡元高分子材料有限公司
上海特林纸制品有限公司
上海通贝吸水材料有限公司
上海美芬娜卫生用品有限公司
上海方田粘合剂技术有限公司
伊藤忠纤维贸易(中国)有限公司
泰兴市吉祥卫生材料厂
盐城申安无纺布工贸有限公司
杭州博家五金机械有限公司
杭州润佳吸水材料有限公司
杭州相宜纸业有限公司
浙江振宇吸水材料有限公司
嘉善庆华卫特种纸有限公司
嘉兴福鑫纸业有限公司
宁波东誉无纺布有限公司
宁波市鄞州钝化化工有限公司
浙江唯尔福纸业有限公司
福鼎市南阳纸业有限公司
福建省洁诚卫生用品有限公司
福建省奇邦新型材料有限公司
福建省乔东新型材料有限公司
泉州博今卫生材料有限公司
泉州耳东纸业有限公司
泉州恒润纸业有限公司
泉州锦盛新材料科技有限公司
泉州久恒卫材有限公司
泉州立硕贸易有限公司
泉州稳健实业有限公司
泉州鑫邦纸业有限公司
泉州长荣纸品有限公司
厦门曦泰工贸有限公司
凤竹(漳州)纸业有限公司
领先(中国)生物科技有限公司
江西好洁复合材料科技有限公司
鄱阳县申丰无尘纸有限公司
博兴县正达吸水材料有限公司
山东绿月卫生用品有限公司
郯城县银河吸水材料有限公司
潍坊恒联美林生活用纸有限公司
漯河舒尔莱纸品有限公司
平顶山市乾丰纸制品有限公司
加宝复合材料(武汉)有限公司
东莞市永惠卫生材料科技有限公司
宝卓卫生用品有限公司
佛山市达观贸易有限公司
佛山市合正新型材料有限公司
佛山市嘉邦纸品有限公司
佛山市金昕新材料有限公司
佛山市康竣沣卫生用品有限公司
佛山市三邦纸制品有限公司
佛山市顺德区勒流镇龙盈纸类制品厂
佛山市顺德区洛诚纸品有限公司
佛山市顺德区颜盈纸类制品有限公司
广东格菲林卫材科技有限公司
广东美登新材料科技有限公司
广州诚科贸易有限公司
广州洁露华生物科技有限公司
恩平市稳洁无纺布有限公司
中山市卫邦新型材料科技有限公司
珠海市益宝生活用品有限公司

● 离型纸、离型膜 Release paper and release film

圣路律通(北京)科技有限公司
北京世纪新飞卫生材料有限公司
天津市尚好卫生材料有限公司
天津膜天膜科技股份有限公司
天津宁河雨花纸业有限公司
天津栢利恒胶粘制品有限公司
金风车(天津)国际贸易有限公司
沧州市亚泰塑胶有限公司
河北凯跃塑胶有限公司
大连九龙包装材料有限公司
艾离澳纸业(上海)有限公司
耐恒(广州)纸品有限公司
上海顶点实业有限公司
上海远景胶粘材料有限公司
江苏陶氏纸业有限公司
南京奥环包装制品有限公司
南京宝龙纸业有限公司

南京恒易纸业有限公司
南京华松纸业有限公司
南京久盛纸业有限公司
南京朗克纸业有限公司
南京森和纸业有限公司
南京顺天纸业有限公司
南京硕翔新材料科技有限公司
南京斯克尔卫生制品有限公司
南京源顺纸业有限公司
江苏福泰涂布科技有限公司
昆山华满仓离型材料有限公司
昆山仁合兴光电材料有限公司
昆山中大天宝辅料有限公司
盟迪(中国)薄膜科技有限公司
上海吉翔宝实业有限公司
顺安涂布科技(昆山)有限公司
顺昶塑胶(昆山)有限公司
松本图层科技(昆山)有限公司
杭州亿升化工有限公司
浙江明日农资塑料有限公司
嘉兴市民和工贸有限公司
嘉兴兆弘科技有限公司
浙江池河科技有限公司
宁波齐鑫化工贸易有限公司
浙江凯丰新材料股份有限公司
浙江新亚伦纸业有限公司
绍兴市上虞区特力纸业有限公司
瑞安市宇通薄膜有限公司
温州迈达新材料科技有限公司
温州新丰复合材料有限公司
温州新意特种纸业有限公司
安徽荣泽科技有限公司
福建省三维利新材料科技有限公司
恒信纸品卫生材料经销部
晋江安海协和兴纸品有限公司
晋江市华联卫生材料有限公司
晋江市顺丰纸品有限公司
泉州东杰进出口贸易有限公司
泉州世纪新飞卫生材料有限公司
泉州市锦昌卫生用品有限公司
泉州市新天卫生材料有限公司
永安市嘉泰包装材料有限公司
建亚保达(厦门)卫生器材有限公司
科思达(厦门)卫生制品有限公司
厦门瑞同工贸有限公司
厦门新旺新材料科技有限公司
厦门长天企业有限公司
达利源卫生材料用品有限公司
临沂益兴纸品有限公司
山东宝利卫生用品厂
寿光市金正纸业有限公司
烟台隆祥纸业有限公司
河南江河纸业股份有限公司
东莞市旺力胶贴科技有限公司
佛山市兰笛胶粘材料有限公司
佛山市圣锦兰纸业有限公司
佛山市新飞卫生材料有限公司
广州九恒条码有限公司
海丰县同翔纸制品有限公司
重庆陶氏纸业有限公司

● 热熔胶 Hot melt adhesive

北京光辉世纪工贸有限公司
盛铭博通科技(北京)有限公司
北京鼎钧科技有限公司
天津登峰卫生用品材料有限公司
天津中鼎国际贸易有限公司
天津莫莱斯柯科技有限公司
保定富美制胶有限公司
镇江市丹徒区粘德孚胶业有限公司
恒华胶业(大连)有限公司
抚顺群诚塑胶有限公司
牡丹江富江科技有限公司
康达新材料(集团)股份有限公司
上海富江科技有限公司
飞赛提(中国)聚合物有限公司
上海嘉好热熔胶有限公司
上海久庆实业有限公司
上海润度实业有限公司
华威粘结材料(上海)股份有限公司
上海希森材料科技有限公司
波士胶(上海)管理有限公司
上海汉司实业有限公司
上海良基化工有限公司
富乐胶投资管理(上海)有限公司
汉高(中国)投资有限公司
科腾聚合物贸易(上海)有限公司
塞拉尼斯(中国)投资有限公司
上海诺森粘合材料有限公司
上海盛茗热熔胶有限公司
上海正野热熔胶有限公司
伊士曼(中国)投资管理有限公司

上海北岗实业有限公司
上海路嘉胶粘剂有限公司
上海十盛科技有限公司
上海和和热熔胶有限公司
上海天洋热熔粘接材料股份有限公司
上海威涂胶粘科技有限公司
上海维凯光电有限公司
上海永冠众诚新材料科技(集团)有限公司
岩琛贸易发展(上海)有限公司
浙江固特粘合材料有限公司
瑞翁贸易(上海)有限公司
上海远景胶粘材料有限公司
常州都铂高分子有限公司
常州益朗国际贸易有限公司
南京磬海商贸有限公司
南京双优医用材料有限公司
南京天诗新材料科技有限公司
南京扬子伊士曼化工有限公司
高鼎精细化工(昆山)有限公司
昆山达程热熔胶有限公司
昆山久庆新材料科技有限公司
深圳市同德新材料科技有限公司
苏州百得宝塑胶有限公司
苏州华柱名胶有限公司
苏州韵泰新材料科技有限公司
江苏斯迪克新材料科技股份有限公司
宿迁市华腾新材料科技有限公司
泰兴天马化工有限公司
泰州洁利康进出口有限公司
日邦树脂(无锡)有限公司
松川工业材料(无锡)有限公司
松川化学贸易无锡有限公司
无锡德渊国际贸易有限公司
无锡市恒懋科贸有限公司
无锡市联合恒洲化工有限公司
无锡市万力粘合材料股份有限公司
江苏盐城腾达胶粘剂有限公司
广州德渊精细化工有限公司
杭州邦林粘合科技有限公司
杭州聚合胶粘科技有限公司
杭州天创新材料有限公司
杭州威朗热熔胶有限公司
浙江精华科技有限公司
浙江鑫松树脂有限公司
嘉兴正野新材料有限公司
平湖展鹏热熔胶膜有限公司
金华市冠大胶粘制品有限公司
兰溪市包润昌粘合剂有限公司
义乌市顶盛胶粘剂有限公司
恒河材料科技股份有限公司
宁波金海晨光化学股份有限公司
宁波聚云化工材料有限公司
宁波力华胶粘制品有限公司
浙江前程石化股份有限公司
衢州市富星和宝黏胶工业有限公司
瑞安市联大热熔胶有限公司
安徽成效胶粘剂有限公司
安徽聚研应用科技有限公司
安徽唯宝印刷科技有限公司
安徽同心新材料科技有限公司
福清南宝树脂有限公司
福建嘉德新材料科技有限公司
福建省昌德胶业科技有限公司
福建省南安市鸿鑫胶业有限公司
晋江柏粘纺织科技有限公司
晋江市聚邦胶粘剂有限责任公司
泉州东杰进出口贸易有限公司
泉州联邦科技有限公司
泉州市共赢进出口有限责任公司
长城崛起(福建)新材料科技股份公司
厦门祺星新材料有限公司
山东富尔康新材料科技有限公司
山东聚圣科技有限公司
山东圣光化工集团有限公司
山东诺森粘合材料有限公司
达利源卫生材料用品有限公司
临沂益兴纸品有限公司
青岛贝特化工有限公司
青岛道勤生物科技有限公司
青岛森泰国际商贸有限公司
青岛鑫富海新材料技术有限公司
中国石化化工销售有限公司华北分公司
海阳方田新材料有限公司
淄博鲁华泓锦新材料集团股份有限公司
商丘海克胶业有限公司
湖北英赛力新材料科技有限责任公司
上海路嘉胶粘剂有限公司武汉分公司
武汉晨矽新材料有限公司
武汉迪诚粘合剂有限公司
武汉市华林粘合剂有限公司
湖北汉达新材料有限公司
湖南博弘卫生材料有限公司
湖南鑫湘环保胶业科技有限公司
东莞市成铭胶粘剂有限公司

东莞市成泰化工有限公司
东莞市昕桦热熔胶有限公司
东莞市易得邦塑胶原料有限公司
东莞市友信塑料有限公司
东莞市众森环保包装材料有限公司
巴德富实业有限公司
佛山联控新材料有限公司
佛山南宝高盛高新材料有限公司
佛山市富立纸业科技有限公司
佛山市南海友晟粘合剂有限公司
佛山市顺德区北滘森丰源纸品厂
广东凯林科技股份有限公司
广东荣嘉新材料科技有限公司
广东欣涛新材料科技股份有限公司
广东银洋环保新材料有限公司
广东聚胶粘合剂有限公司
广州艾科普新材料有限公司
广州颁德化工科技有限公司
广州市番禺大兴热熔胶有限公司
广州市豪特粘接材料有限公司
广州市嘉雁粘合剂有限公司
广州市科邦达塑胶有限公司
广州市勒斯胶粘技术有限公司
广州市珅亚贸易有限公司
广州市永特耐化工有限公司
广州市增城施瑞包装材料厂
广州天开化工有限公司
广州旭川合成材料有限公司
广州易嘉粘合剂有限公司
广州市合诚化学有限公司
聚胶新材料股份有限公司
旭川新材料(广东)股份有限公司
正邦(广州)新材料有限公司
中海壳牌石油化工有限公司
广东能辉新材料科技有限公司
深圳金皇尚热熔胶喷涂设备有限公司
深圳市同德热熔胶制品有限公司
广东省中山市广升粘合材料有限公司
中山诚泰化工科技有限公司
中山市东朋化工有限公司
梧州市飞卓林产品实业有限公司
海南欣涛实业投资管理有限公司
成都川绿塑胶有限公司
成都新源久科技有限公司
成都优力赛新材料科技有限公司
李长荣化学工业股份有限公司
台湾日邦树脂股份有限公司

● 胶带、胶贴、魔术贴、标签
Adhesive tape，adhesive label，magic tape，label

北京英格条码技术发展有限公司
北京凯迅惠商防伪技术有限责任公司
凯斯特(天津)胶粘材料有限公司
天津市安德诺德印刷有限公司
天津市臣功印刷有限公司
天津爱德威胶粘纸业有限公司
沧州宏伟商标印刷有限公司
沧州中天包装印刷股份有限公司
山西臣功印刷包装有限公司
大连远通机械制造有限公司
上海知捷印刷有限公司
上海雷柏印刷有限公司
上海昶乐塑料科技有限公司
上海晶悟包装有限公司
上海沛龙特种胶粘材料有限公司
上海三天印刷有限公司
嫒贝新材料科技(上海)有限公司
上海丝瑞丁工贸有限公司
上海缘源印刷有限公司
上海紫泉标签有限公司
上海珩强工贸有限公司
上海亿龙涂布有限公司
上海明利包装印刷有限公司
雅柏利(上海)粘扣带有限公司
上海晟岚实业有限公司
上海及聘实业有限公司
上海吉田拉链有限公司
上海杰驰标识设备有限公司
上海驷昀贸易有限公司
上海漪丰纸制品有限公司
伟迪捷上海标识技术有限公司
上海比利迦环保粘胶制品有限公司
上海铂克曼印刷有限公司
上海多吉胶粘制品有限公司
上海和辉包装材料有限公司
上海久力不干胶有限公司
上海市松江印刷厂有限公司
上海以琳印务有限公司
上海倚灵塑胶科技有限公司
艾利丹尼森
3M 中国有限公司

日东电工(中国)投资有限公司
常州市恒成达印刷有限公司
常州市中天卫生材料有限公司
常州源来胶粘制品有限公司
溧阳金利宝胶粘制品有限公司
宾德粘扣带(南京)有限公司
南京菲司达标识有限公司
南京格润标签印刷有限公司
南京培宇包装有限公司
南京苏新印务有限公司
南通恒益标签有限公司
南通立恒包装印刷有限公司
南通市福瑞达包装有限公司
南通宇鑫纸业有限公司
艾利(昆山)有限公司
常熟市新华化工有限公司
德莎胶带(上海)有限公司
芬欧蓝泰标签(中国)有限公司
盟迪(中国)薄膜科技有限公司
上海紫锦印刷材料有限公司
苏州工业园区汇统科技有限公司
苏州君宝成高分子材料有限公司
苏州乐锴霖新材料科技有限公司
苏州启航印刷有限公司
苏州市伲可罗塑胶材料有限公司
苏州婴爱宝胶粘材料科技有限公司
苏州韵泰新材料科技有限公司
苏州振宇材料科技有限公司
杜拉克胶带(江苏)销售有限公司
江苏省欧普特条码标签有限公司
常州丽圆不干胶制品有限公司
无锡市万海包装材料有限公司
杭州南方尼龙粘扣有限公司
嘉善彩华包装厂
浙江冠豪新材料有限公司
浙江永和胶粘制品股份有限公司
金华市海洋包装有限公司
宁波明和特种印刷有限公司
宁波宁辰粘胶有限公司
佰和控股有限公司
龙港市万泰印业有限公司
瑞安市华升塑料织带有限公司
温州高德复合材料有限公司
温州润瀚工艺品有限公司
温州市宏科印业有限公司
温州市瓯海合利塑纸厂
温州伟宇印业有限公司
温州新丰复合材料有限公司
温州新美印业有限公司
浙江而立胶粘新材料科技有限公司
浙江天霸包装科技有限公司
安徽嘉美包装有限公司
安徽荣泽科技有限公司
东绿达胶粘制品有限公司
恒达信胶粘制品有限公司
晋江市恒友胶粘制品有限公司
晋江市精诚塑胶制品有限公司
晋江市瑞德胶粘制品有限公司
泉州鸿诺新材料科技有限公司
泉州立硕贸易有限公司
泉州品卫卫生材料科技有限公司
泉州市富邦包装用品有限公司
泉州市鸿涛轻纺织造有限公司
泉州市天龙卫生用品有限公司
泉州五千纸制品印刷有限公司
泉州新威达粘胶制品有限公司
泉州兴裕新材料科技有限公司
泉州优美加新材料科技有限公司
建亚保达(厦门)卫生器材有限公司
厦门安德立科技有限公司
厦门大予工贸有限公司
厦门福雅工贸有限公司
厦门高发工贸有限公司
厦门合高工贸有限公司
厦门和洁无纺布制品有限公司
厦门貂科商贸有限公司
厦门美润合悦卫生材料有限公司
厦门上实新材料有限公司
厦门世洁卫生材料有限公司
厦门市恒顺欣塑料包装有限公司
厦门欣丽图标饰有限公司
厦门长天企业有限公司
江西彭彩新材料科技有限公司
江西百得标签印刷有限公司
济南嘉印标签有限公司
山东省阳谷县景阳岗卫生材料厂
临沂润旺复合材料有限公司
青岛富瑞沃新材料有限公司
青岛瑞发包装有限公司
青岛市泓仕彩印有限公司
青岛英邦达高分子材料有限公司
威海德翔新材料科技有限公司
南阳晨星技术有限公司
信阳邦泰包装材料有限公司
湖北汇宇机械设备有限公司
舒氏集团有限公司

东莞百宏实业有限公司
东莞市百合粘扣带制品有限公司
东莞市京宏笙印刷科技有限公司
东莞市景明胶粘材料有限公司
东莞市旺力胶贴科技有限公司
东莞市智力胶袋有限公司
广东汉特包装材料有限公司
佛山艾美印刷有限公司
佛山联控新材料有限公司
佛山市艾利丹尼贸易有限公司
佛山市迪雅塑胶有限公司
佛山市景淇商贸有限公司
佛山市科派克印刷有限公司
佛山市陆光科技有限公司
佛山市瑞鑫塑胶制品有限公司
佛山市顺德区津信标签制品有限公司
佛山市顺德区思信纸类制品有限公司
佛山市顺德区优美印刷有限公司
佛山市烨信胶贴有限公司
佛山市运豪印刷有限公司
艾利(广州)有限公司
广州广彩标签有限公司
广州九恒条码有限公司
广州市金万正印刷材料有限公司
广州市立研田电子科技有限公司
广州市美贴利胶带贸易有限公司
广州市宇翰印刷包装有限公司
耐恒(广州)纸品有限公司
广东新时代新材料科技有限公司
江门市瑞兴无纺布有限公司
江门市腾晖胶粘制品有限公司
普宁市润源新材料有限公司
广东利农印刷包装有限公司
深圳爱尔科技实业有限公司
深圳市缔成特材料科技有限公司
深圳市华阳微电子股份有限公司
深圳市健力纺织品有限公司
深圳市金宏生印刷有限公司
深圳市康业科技有限公司
深圳市申峰盛世科技有限公司
深圳市秀顺不干胶制品有限公司
中山绿云复合材料有限公司
中山市冠昌胶粘包装制品有限公司
中山市华丽宝纸塑制品有限公司
中山市利宏包装印刷有限公司
重庆智威纸容器有限公司
成都市瑞玛自动标贴印制有限公司
邦泰远东股份有限公司
冠杰胶带实业有限公司
台湾百和工业股份有限公司
六和化工股份有限公司
全程兴业股份有限公司
雅柏利香港有限公司

● 弹性非织造布材料、松紧带
Elastic nonwovens, elastic band

大连吉田拉链(北京)有限公司
天津市紫峰卫生用品有限公司
丰田通商(天津)有限公司
大连华纶无纺设备工程有限公司
上海帕郑国际贸易有限公司
英威达纺织品经营服务(上海)有限公司
英威达管理(上海)有限公司
上海碧嘉实业有限公司
上海锦盛卫生材料发展有限公司
上海集溪纺织原料销售中心
上海吉田拉链有限公司
上海井上高分子制品有限公司
连云港杜钟新奥神氨纶有限公司
江苏新翰磊进出口有限公司
盟迪(中国)薄膜科技有限公司
泰光化纤(常熟)有限公司
江苏双良氨纶有限公司
江阴昶森无纺科技有限公司
杭州丛迪纤维有限公司
杭州舒尔姿氨纶有限公司
杭州唯可卫生材料有限公司
杭州旭化成氨纶有限公司
杭州益邦氨纶有限公司
浙江欣富无纺布科技有限公司
晓星国际贸易(嘉兴)有限公司
浙江威灵顿新材料股份有限公司
浙江艾妍生物科技有限公司
浙江汉升环保科技有限公司
华峰化学股份有限公司
温州市特康弹力科技股份有限公司
永裕针纺(福建)有限公司
莆田市中康中泰商贸有限公司
泉州市创美贸易有限公司
泉州市德纶卫生材料有限公司
泉州市鸿瑞卫生材料有限公司
泉州市聚利华卫生材料有限公司
泉州市泰迪新材料科技有限公司
泉州市优加化学材料有限公司

泉州市正合卫生材料有限公司
泉州新鸿扬商贸有限公司
柔怡美(厦门)卫生材料有限公司
厦门骏利德贸易有限公司
厦门力隆氨纶有限公司
厦门盛朗贸易有限公司
厦门市福尔德科技有限公司
厦门笋语工贸有限公司
厦门象屿上扬贸易有限公司
厦门燕达斯工贸有限公司
济宁如意高新纤维材料有限公司
青岛海枫之源工贸有限公司
烟台泰和新材料股份有限公司
新乡化纤股份有限公司
新乡市同德商贸有限公司
郑州中远氨纶工程技术有限公司
湖北兴邦氨纶有限公司
东莞市优卓新材料科技有限公司
佛山市景淇商贸有限公司
佛山市普惠纺织有限公司
佛山市顺德区祈泽贸易有限公司
丰田通商(广州)有限公司
广州市斐莱世材料科技有限公司
吉田拉链(深圳)有限公司
广东狮特龙实业有限公司
广东新时代新材料科技有限公司
江门市华程化工材料有限公司
江门市新天洋科技有限公司
深圳市鸿华威科技有限公司
中山市小榄镇中南塑料皮件厂
丽茂股份有限公司
全程兴业股份有限公司

● 造纸化学品 Paper chemical

北京天弘天达医药科技股份有限公司
河北国控物产有限公司
华熙生物科技股份有限公司
中国林产工业有限公司
北京恒泰宏昌科技有限公司
北京华瑞祥科技有限公司
北京探二三科技有限公司
德国希纶赛勒赫公司北京代表处
希比希(北京)商贸有限公司
北京精博雅科技发展有限公司
北京希涛技术开发有限公司
北京天擎京源环保技术有限公司
诺维信(中国)投资有限公司
北京天擎化工有限公司
北京施澳德瑞科技有限公司
罗盖特管理(北京)有限公司
天津泰伦特化学有限公司
天津市英赛特商贸有限公司
新月(天津)纸业有限公司
天津市合成材料工业研究所有限公司
天津亚东隆兴国际贸易有限公司
保定市阳光精细化工有限公司
华汇科技有限公司
上海德润宝特种润滑剂有限公司
廊坊市盛源化工有限责任公司
廊坊宜运化工有限公司
石家庄市通力化学品有限公司
天津科维津宏环保科技有限公司
山西三水银河科技有限公司
辽宁辽化奇达化工有限责任公司
沈阳感光化工研究院有限公司
沈阳卓能生物科技有限公司
营口康如科技有限公司
吉化集团吉林市星云化工有限公司
吉林坤刚化学有限公司
吉林省环球精细化工有限公司
布伦泰格(上海)企业管理有限公司
上海天坛助剂有限公司
上海元晖生物科技有限公司
禾大化学品(上海)有限公司
浪速包装(上海)有限公司
日本明成化学工业株式会社上海代表处
上海出光化学有限公司
三博生化科技(上海)有限公司
上海赫达富实业有限公司
上海鑫逵工贸有限公司
上海鑫鹏塑料制品有限公司
上海衍迪科技有限公司
上海赢时化工有限公司
旭莲助剂(上海)有限公司
上海豪胜化工科技有限公司
上海先拓精细化工有限公司
阿科玛(中国)化学有限公司
德国司马化学(香港)有限公司上海代表处
诺力昂化学品有限公司
上海共聚化工有限公司
上海固德化工有限公司
星悦精细化工商贸(上海)有限公司
埃肯有机硅(上海)有限公司
凯米拉(上海)管理有限公司

上海亨安化工有限公司
上海宏度精细化工有限公司
上海慧鸣化工有限公司
上海尚擎实业有限公司
上海索理思特种化学品有限公司
上海望界贸易有限公司
上海潇雷国际贸易有限公司
远拓化工国际贸易(上海)有限公司
北京伊藤忠华糖综合加工有限公司
比利时特胺有限公司上海代表处
杜邦中国集团有限公司上海分公司
欧米亚(上海)投资有限公司
品创浆纸(上海)有限公司
三菱商事(上海)有限公司
上海衡元高分子材料有限公司
上海汇友精密化学品有限公司
上海吉臣化工有限公司
上海吉腾化工有限公司
上海聚源造纸技术有限公司
上海康地恩生物科技有限公司
上海联胜化工有限公司
上海马中国际贸易有限公司
上海宇昂水性新材料科技股份有限公司
太平洋化学品有限公司
陶氏化学(中国)投资有限公司
伊士曼(中国)投资管理有限公司
纳尔科(中国)环保技术服务有限公司
有料信息科技(上海)有限公司
巴克曼实验室化工(上海)有限公司
罗门哈斯国际贸易(中国)有限公司
上海颜钛实业有限公司
爱森(中国)絮凝剂有限公司
丰益油脂科技有限公司
上海畅帆生物科技有限公司
上海高鹰科技有限公司
上海合诚精细化工有限公司
上海嘉荣贸易有限公司
上海江震化工科技有限公司
上海金枢嘉化工产品有限公司
上海久谦化工有限公司
上海君宜化工销售中心
上海开士达化工新材料有限公司
上海力伟德化工有限公司
上海南德纺织科技有限公司
上海三美化工有限公司
上海威春工贸有限公司
上海伟研工业技术
上海怡创化工有限公司
上海运霄化工有限公司
上海真略环保科技有限公司
上海智华公司
索理思(上海)化工有限公司
万纳普(上海)新材料科技有限公司
烨元化工科技(上海)有限公司
易便世(上海)贸易有限公司
德谦(上海)化学有限公司
利兹化工(上海)有限公司
卡马斯化工(上海)有限公司
罗盖特管理(上海)有限公司
名远化工贸易(上海)有限公司
欧诺法功能化学品贸易(上海)有限公司
邱博投资(中国)有限公司
上海巴迪实业有限公司
上海东升新材料有限公司
上海国峥贸易有限公司
上海世展环保新材料科技有限公司
上海兖华新材料科技有限公司
上海湛和实业有限公司
瓦克化学(中国)有限公司
信越有机硅国际贸易(上海)有限公司
亚什兰特种材料(上海)有限公司
昂高化工(中国)有限公司
东邦化学工业株式会社上海代表处
化联精聚化学(上海)有限公司
明答克商贸(上海)有限公司
上海聚渊化工有限公司
上海凯霖国际贸易有限公司
上海益南新材料科技有限公司
上海叶心材料科技有限公司
益瑞石(上海)投资管理有限公司
常州市武进运波化工有限公司
深圳市永联丰化工科技有限公司
江苏正晟生化有限公司
江苏南天农科化工有限公司
江苏四新科技应用研究所股份有限公司
南京佰星联新材料科技有限公司
南京诚纳化工有限公司
南京德盛有机硅材料有限公司
南京东正化轻有限公司
南京高和化工有限公司
南京浩伦国际贸易有限公司
南京赛普高分子材料有限公司
南京四诺精细化学品有限公司
南京腾鸣胶粘制品有限责任公司
南京尊航贸易有限公司
常熟市锦铂贸易有限公司

九洲生物技术(苏州)有限公司
聚益(苏州)精细化工有限公司
欧米亚中国区造纸业务部
苏州宝时凯门精细化工有限公司
苏州凯莱德化学品有限公司
苏州市恒康造纸助剂技术有限公司
苏州市绿微康生物科技有限公司
天禾化学品(苏州)有限公司
无锡绿建科技有限公司
无锡市联合恒洲化工有限公司
广州昌正集团
东部湾(扬州)生物新材料有限公司
江苏群鑫粉体科技股份有限公司
扬州科宇化工有限公司
扬州元力聚合物科技有限公司
威灵施(镇江)精细化工有限公司
杭州奥通化工有限公司
杭州高扬实业有限公司
杭州杭化哈利玛化工有限公司
杭州绿兴环保材料有限公司
杭州神恩化工有限公司
杭州市化工研究院有限公司
杭州卓氏科技有限公司
建德市新裕塑胶材料(杭州)有限公司
浙江辉凯新材料科技有限公司
湖州明隆新材料有限公司
浙江优诺新材料科技有限公司
嘉兴卓盛生物科技有限公司
宁波贝阳化工有限公司
浙江鑫甬生物化工股份有限公司
蚌埠市蚌山区瑞能化工产品经营部
滁州日兴进出口有限公司
安徽省裕泰环保科技有限公司
安徽广适塑料制品有限公司
安徽启威生物科技有限公司
合肥新万成环保科技有限公司
英格瓷(芜湖)有限公司
吉云化工贸易有限公司
福建翱翔工贸有限公司
福建华赢化工有限公司
晋江市银响精细化工科技开发有限公司
厦门联创鑫化工科技有限公司
厦门聚优化学品有限公司
江西威科油脂化学有限公司
江西赣劲化工有限公司
山东德莱雅环保材料有限公司
山东长信化学科技股份有限公司
禹城市圣淚锌新型材料有限公司
东营高拉特进出口有限公司
青岛恒泉通国际贸易有限公司
山东环发科技开发有限公司
济宁明升新材料有限公司
临沂福德精细化工有限公司
青岛芭碧雍国际贸易有限公司
青岛立洲化工有限公司
泰安市海岳助剂厂
泰安市泰山区鑫泉造纸助剂厂
山东东方宏业化工有限公司
山东苏柯汉生物工程股份有限公司
山东万豪集团临朐纸业化工有限公司
山东星美新材料科技有限公司
山东旭峰化工有限公司
道恩集团有限公司
远通纸业(山东)有限公司
淄博高维生物技术有限公司
淄博均益智达环保科技有限公司
安阳市金盛化工有限责任公司
洛阳市太学染化有限公司
创杰材料有限公司
巩义市新奇化工厂
河南省道纯化工技术有限公司
河南省郑州市丽洁聚乙烯丙纶防水材料厂
郑州造纸有限公司
利川市点石化工科技有限公司
湖北雅达公司
荆门市鸿昌有限公司
湖北冠禾工业科技有限公司
倍益化学(武汉)有限公司
武汉汇曼联合科技有限公司
武汉晶海琪科技有限公司
武汉市勤力宇化工有限公司
武汉市山青化工有限公司
武汉新大地环保材料股份有限公司
湖北嘉韵化工科技有限公司
湖北中之天科技股份有限公司
云梦嘉邦斯新型材料有限公司
东莞市嘉宏有机硅科技有限公司
东莞市聚益新型材料有限公司
东莞市领会进出口有限公司
东莞市欧保化工科技有限公司
东莞市粤星纸业助染有限公司
同舟化工有限公司
佛山市骏能造纸材料厂
佛山市南海今佳贸易有限公司
佛山市顺德区梅林化工有限公司
佛山市雄耀塑料制品有限公司

广东金天擎化工科技有限公司
广东省造纸研究所有限公司
广东新华粤树脂科技广州有限公司
广州邦葳新材料有限公司
广州梵泰新材料科技有限公司
广州合润贸易有限公司
广州亨安精细化工有限公司
广州宏协贸易有限公司
广州洁露华生物科技有限公司
广州丽利新材料有限公司
广州明日化工有限公司
广州奇磊贸易有限公司
广州融大化工有限公司
广州瑞之友有限公司
广州赛锐化工有限公司
广州市合诚化学有限公司
广州市睿漫化工有限公司
广州市同航贸易有限公司
广州伟道商贸有限公司
广州宇洁化工有限公司
华凯科技(广州)有限公司
健合集团
美原(广州)化学有限公司
拓思为技术(广州)有限公司
英创科技(广州)有限公司
惠州新蓝日用品有限公司
安德宝特种润滑剂有限公司
江门市江海区利丰化工科技有限公司
江门市南化实业有限公司
广东良仕工业材料有限公司
连州东南新材料有限公司
南雄市松林树脂有限公司
恩希艾生物化学(深圳)有限公司
深圳市华苏科技发展有限公司
深圳市康达特科技发展有限公司
深圳市普利凯新材料股份有限公司
深圳市全新好股份有限公司
新好科技信息咨询(深圳)有限公司
广西河池华泰新材料科技有限公司
广西南宁恒利万丰科技有限公司
广西南宁市振欣化工科技有限公司
广西和美新材料科技有限公司
南宁飞日润滑科技股份有限公司
南宁五丰化工科技有限公司
海南威珑工业科技有限公司
成都高材化工技术有限公司
成都宏科新材料有限公司
成都锦竹科技发展有限公司
成都万瑞德科技有限公司
成都鑫蓝卡科技有限公司
成都云耀环保科技有限公司
成都作用力科技有限公司
四川蜀捷科技有限公司
四川天鸿科技发展有限公司
德阳市双江塑料厂
昆明南滇工贸有限责任公司
陕西邦希化工有限公司
西安吉利电子新材料股份有限公司
西安三业精细化工有限责任公司
石河子市惠尔美纸业有限公司
亚马逊化工有限公司

● 香精、表面处理剂及添加剂 Balm，surfactant，additive

鼎吉星生物科技(北京)有限公司
北京桑普生物化学技术有限公司
威来惠南集团(中国)有限公司
北京杰华泰和科技有限责任公司
同铭佳业(北京)经贸有限公司
北京洁尔爽高科技有限公司
北京神舟晟华技贸有限公司
北京天擎化工有限公司
北京美科兴业生物科技有限公司
威尔芬(北京)科技发展有限公司
北京雄鹰彩虹油墨有限公司
天津市中科健新材料技术有限公司
天津一商化工贸易有限公司
天津美商捷美科技有限公司
天津市双马香精香料新技术有限公司
天津中澳嘉喜诺生物科技有限公司
天津唐朝食品工业有限公司
雄县鑫广源包装材料有限公司
石家庄市恒日化工有限公司
盘锦佳合晟世医药科技有限公司
吉林云飞医药有限公司
上海黛龙生物工程科技有限公司
上海锴铠科贸易有限公司
上海林帕香料有限公司
上海乐塑化工有限公司
上海申伦科技发展有限公司
禾大化学品(上海)有限公司
上海方登化工有限公司
三博生化科技(上海)有限公司
上海坤晟贸易有限公司

上海衍迪科技有限公司
阿科玛(中国)化学有限公司
爱普香料集团股份有限公司
日光化学贸易(上海)有限公司
上海艾高日化有限公司
阿索泰珂干燥剂(上海)有限公司
富林特(上海)油墨有限公司
哥旅思(上海)日用品有限公司
古沙贸易(上海)有限公司
上海 DIC 油墨有限公司
上海高聚生物科技有限公司
上海冠沙新材料有限公司
上海宏度精细化工有限公司
上海品卉国际贸易有限公司
赢创特种化学(上海)有限公司
阿泽雷斯国际贸易(上海)有限公司
德之馨(上海)有限公司
帝化国际贸易(上海)有限公司
科腾聚合物贸易(上海)有限公司
奇华顿日用香精香料(上海)有限公司
上海彩帮包装材料有限公司
上海佳森科技有限公司
上海朗枫香料有限公司
维沙思(上海)香精有限公司
上海松亚化工有限公司
阪田油墨(上海)有限公司
上海江炎化工有限公司
上海隆琦生物科技有限公司
圭煜化学品(上海)有限公司
美乐家(中国)日用品有限公司
上海贝雷油脂贸易有限公司
上海常茂生物化学工程有限公司
上海德坛化工科技开发有限公司
上海孚美生物工程有限公司
上海花王化学有限公司
上海睿骋实业有限公司
上海赛福化工发展有限公司
夏盛(上海)生物科技有限公司
优尔稀聚合物(中国)有限公司
长谷川香料(上海)有限公司
海客迈斯生物科技(上海)有限公司
上海东洋油墨制造有限公司
上海沙恩生物科技有限公司
上海意安实业有限公司
谊展(上海)化学品有限公司
卡马斯化工(上海)有限公司
上海乾一化学品有限公司
上海轻工业研究所有限公司
上海世展环保新材料科技有限公司
亚什兰(中国)投资有限公司
龙沙(中国)投资有限公司
上海润中化工有限公司
常州德谦化工有限公司
常州科立尔化工有限公司
常州市灵达化学品有限公司
江苏海企长城股份有限公司
江苏和创化学有限公司
南京古田化工有限公司
南京聚塑新材料科技有限公司
南京欧亚香精香料有限公司
南京天诗蓝盾生物科技有限公司
南京新化原化学有限公司
南京远东香精香料有限公司
南通博大生化有限公司
南通东柔工贸有限公司
开贝纳米科技(苏州)有限公司
昆山润阳化工有限公司
昆山市华新日用化学品有限公司
昆山市双友日用化工有限公司
昆山威胜干燥剂研发中心有限公司
苏州宝时凯门精细化工有限公司
苏州市必拓化工科技有限公司
苏州市恒康造纸助剂技术有限公司
苏州市绿微康生物科技有限公司
苏州维明化学工业有限公司
太仓市丽源化工有限公司
太仓市荣德生物技术研究所
兴化市祥昀高分子材料有限公司
江阴市兴隆特种油墨有限公司
无锡科盟化工有限公司
宜兴市华青润滑材料科技有限公司
江苏康世源药业有限公司
富坤新材料扬州有限公司
托尔专用化学品(镇江)有限公司
传化智联股份有限公司
范县科诺新材料有限公司
广东传化富联精细化工有限公司
杭州崇耀科技发展有限公司
杭州高琦香精化妆品有限公司
杭州佳影香精有限公司
杭州希安达抗菌技术研究所有限公司
杭州屹达科技有限公司
杭州优米化工有限公司
杭州油脂化工有限公司
浙江传化华洋化工有限公司
浙江传化化学集团

浙江乐塑化工有限公司
浙江新远实业有限公司
湖州佳美生物化学制品有限公司
湖州施美日用化工厂
湖州远邦新材料有限公司
浙江鹿达科技有限公司
海宁中联化学有限公司
洋紫荆油墨股份有限公司
浙江天宝利新材料有限公司
金华贝尔油墨有限公司
义乌市圣普日化有限公司
浙江丽芙秀化妆品有限公司
浙江玉智德新材料科技有限公司
宁波曼尼可生物科技有限公司
宁波市鄞州钝化化工有限公司
浙江圣效化学品有限公司
浙江新和成股份有限公司
浙江明伟油墨有限公司
温州国仕邦高分子材料有限公司
安徽骉犇食品科技有限公司
安徽蓝歆家庭用品有限公司
安徽安心卫生科技有限公司
安徽风鹏生物科技发展有限公司
东方美捷分子材料技术有限公司
合肥天帆医药科技有限公司
安徽普乐化工有限责任公司
福建圣德实业有限公司
广州西克化工有限公司
晋江艾彤日化有限公司
晋江市老君日化有限责任公司
晋江市智越化工材料有限公司
南安市嘉盛香精香料有限公司
泉州市金泉油墨有限责任公司
泉州市正浩化学助剂有限公司
福建省格林春天科技有限公司
晋大纳米科技(厦门)有限公司
厦门琥珀日化科技股份有限公司
厦门华强达生物科技有限公司
厦门金帝龙香精香料有限公司
厦门金泰生物科技有限公司
厦门牡丹香化实业有限公司
厦门市庆霖香精香料有限公司
厦门舒菲娅化妆品有限公司
厦门馨米兰香精香料有限公司
厦门优玛捷实业有限公司
中怡国际集团有限公司
亚化(福建)油墨科技有限公司
南丰县大信科技有限公司
江西福达香料化工有限公司
江西威科油脂化学有限公司
南昌市龙然实业有限公司
山东滨州中裕酒精有限公司
山东康贝健消毒科技有限公司
山东利尔康医疗科技股份有限公司
山东万福康医疗科技有限公司
菏泽润鑫生物科技有限公司
济南圣泉集团股份有限公司
济南尤爱生物技术有限公司
济宁南天农科化工有限公司
临沂高维新材料有限公司
青岛东丽塑业有限公司
青岛方达化工有限公司
山东德创精化科技有限公司
烟台新秀化学科技股份有限公司
枣庄富瑞迪化工有限公司
淄博高维生物技术有限公司
武汉瓴本科技有限公司
武汉市帝科化工有限公司
武汉中科光谷绿色生物技术有限公司
武汉英科水墨有限公司
武汉市威特油墨制造有限公司
安美科技股份有限公司
东莞澳达环保新材料有限公司
东莞市辰宇环保科技有限公司
东莞市成泰化工有限公司
东莞市浩彩油墨科技有限公司
东莞市嘉宏有机硅科技有限公司
东莞市锐达涂料有限公司
东莞市润丽华实业有限公司
东莞市源丰印刷材料科技有限公司
广东佳景科技股份有限公司
广东英科集团
佛山澳依隆香精香料有限公司
佛山市昌晴新材料科技有限公司
佛山市杰尔进新材料科技有限公司
佛山市南海区运通晨塑料助剂有限公司
佛山市天恩造纸材料有限公司
迪爱生(广州)油墨有限公司
富林特(广州)油墨有限公司
广州枫灵生物技术有限公司
广州幻木科技有限公司
广州申悦贸易有限公司
广州市宏义丰环保科技有限公司
广州市华驰化工有限公司
广州市奇晟贸易有限公司
广州市三国新材料有限公司

广州市桑格喷涂设备有限公司
广州市拓瑞科技有限公司
广州市雪蕾化妆品有限公司
广州市志贺化工有限公司
广州塑宝材料科技有限公司
广州西克化工技术有限公司
广州绣黛生物科技有限公司
广州逸朗生物科技有限公司
广州中大药物开发有限公司
禾大中国广州分公司
金发科技股份有限公司
上海特偌伊生物科技有限公司
博罗县竣成涂料有限公司
博罗县上禾水墨有限公司
博罗新欣和油墨涂料有限公司
惠州织信实业发展有限公司
江门市安德宝特种润滑剂有限公司
江门市蓬江区天铭油墨有限公司
广东锦龙源印刷材料有限公司
清远市美若科新材料有限公司
英德市捷成化工有限公司
汕头市泰安化工科技有限公司
贝壳派创新科技(深圳)有限公司
杜邦中国集团有限公司
深圳波顿香料有限公司
深圳市飞扬特化新材料有限公司
世合化工(深圳)有限公司
广东天龙油墨有限公司
佛山美嘉油墨新材料有限公司
洋紫荆油墨(中山)有限公司
中山创美涂料有限公司
中山市东朋化工有限公司
中山市辉荣化工有限公司
珠海市希友达油墨涂料有限公司
珠海东洋色材有限公司
海南南洋芦荟生物工程(美国)有限公司
LG 化学(中国)投资有限公司
成都川绿塑胶有限公司
成都托展新材料股份有限公司
贵州金彩包装制品有限公司
云内滇凯术原生物科技
陕西华润实业公司
陕西省石油化工研究设计院
西安吉利电子新材料股份有限公司
西安康旺抗菌科技股份有限公司
西安亮剑科技有限公司
西安三业精细化工有限责任公司
陕西中美天顺药业有限公司
亚马逊化工有限公司

● 包装及印刷　Packing and printing

北京宝爷科技有限公司
北京雄鹰彩虹油墨有限公司
天津市尚好卫生材料有限公司
天津鲲鹏包装材料有限公司
天津市华恒包装材料有限公司
天津天行远恒精密材料包装科技有限公司
天津市奉佳塑胶印业有限公司
天津倍优诺塑料制品科技有限公司
盛德威(天津)印刷科技有限公司
顺康纸业有限公司
天津佰煜印刷有限公司
天津利好卫生包装材料有限公司
天津市福晟鑫纸制品有限公司
宏观世纪科技股份有限公司
天津安顺工贸有限公司
天津恒和包装印刷有限公司
天津市侨阳印刷有限公司
安新县佳泰包装材料有限公司
保定宝理塑研塑料有限公司
保定金泰彩印有限公司
保定琳悦彩印有限公司
保定容祥彩印有限公司
保定市奥达制版有限公司
保定市保运制版有限公司
保定市诚信彩印有限公司
保定市富泰彩印有限公司
保定市恒远塑料印刷厂
保定市宏信彩印有限公司
保定市华恒彩印有限公司
保定市惠淋纸制品有限公司
保定市嘉轩彩印有限公司
保定市建美彩印有限公司
保定市蓝图彩印包装有限公司
保定市龙跃彩印有限公司
保定市鹏达彩印有限公司
保定市旗洋彩印有限公司
保定市泰达彩印有限公司
保定市旺拓包装材料有限公司
保定市祥永彩印有限公司
保定市炫宇彩印有限公司
保定万军彩印有限公司

河北保定蒙恩彩印有限公司
河北领成包装材料科技有限公司
河北龙翔彩印有限公司
河北全利塑胶科技有限公司
河北同益包装制品有限公司
河北雄县朗丰塑料制品有限公司
河北益诺森水墨有限公司
河北志腾彩印有限公司
金华彩印
鹏飞彩印
盛源塑印制品
雄县华飞塑业有限公司
雄县华旭纸塑包装制品有限公司
雄县聚聚升纸塑包装制品有限公司
雄县凯宇塑料包装有限公司
雄县利峰塑业有限公司
雄县孟氏制版有限公司
雄县铭润塑料包装厂
雄县鹏程彩印有限公司
雄县全利纸塑包装有限公司
雄县双龙塑业包装有限公司
雄县旺达塑料包装制品有限公司
雄县向阳制版有限公司
雄县新亚包装材料有限公司
雄县鑫广源包装材料有限公司
雄县旭日纸塑包装有限公司
雄县永生塑料制品有限公司
沧县力给力塑料制品有限公司
沧县鹏龙塑料制品有限公司
沧州沧盛塑业有限公司
沧州鑫诚源包装制品有限公司
沧州亚宏塑业有限公司
沧州永超塑料包装有限公司
沧州中天塑料制品有限公司
东光县佳禾塑料厂
河北沧县恒信塑料包装材料厂
华冠薄膜有限公司
鹏龙塑料制品厂
河北福美达包装制品有限公司
河北嘉煜隆塑胶科技有限公司
恒正包装材料有限公司
衡水林明数码彩印有限公司
深州骏邦包装材料科技有限公司
霸州市兴基元包装有限公司
三河市开来包装有限公司
河北瑞达包装制品有限公司
石家庄宸美包装设计有限公司
石家庄华纳塑料包装有限公司
石家庄市恒日化工有限公司
河北名平包装制品有限公司
河北宁晋富达包装材料有限公司
邢台北人印刷有限公司
夏县晋昌塑料制品有限公司
大连黑马塑料彩印包装有限公司
大连建峰印业有限公司
大连金州鑫林工贸有限公司
大连九龙包装材料有限公司
大连骏懿柔板科技有限公司
大连品冠环保包装科技有限公司
大连荣华彩印包装有限公司
大连盛诺包装制品有限公司
大连业茂塑料制品有限公司
凤城市众合纸业有限公司
锦州金日纸业有限责任公司
凤城市众合纸业有限公司(沈阳办事处)
辽宁省开原市北方塑料制品厂
哈尔滨博泰包装有限公司
黑龙江瀚图印刷有限公司
华彩印务有限公司
伟迪捷(上海)标识技术有限公司
得水(上海)印刷科技发展有限公司
美迪科(上海)包装材料有限公司
上海创众包装有限公司
上海华悦包装制品有限公司
上海辉帆包装材料有限公司
上海众美包装有限公司
福瑞森图像技术(上海)有限公司
山西运城制版集团股份有限公司
上海坤晟贸易有限公司
上海诺玖包装材料有限公司
上海五条特殊纸业有限公司
上海永明印务有限公司
上海福助工业有限公司
上海劲光无纺布制品有限公司
上海凯建实业有限公司
富林特(上海)油墨有限公司
上海 DIC 油墨有限公司
上海吉周实业有限公司
上海欧晟包装材料有限公司
上海品卉国际贸易有限公司
上海溢俐印刷材料有限公司
上海英耀激光数字制版有限公司
上海中浩激光制版有限公司
上海紫丹印务有限公司
上海紫江企业集团股份有限公司
上海紫泉标签有限公司

柯达(中国)投资有限公司
上海臻胜包装材料有限公司
知为(上海)实业有限公司
阪田油墨(上海)有限公司
东欢实业(上海)有限公司
上海合和纸业管理有限公司
上海奕博包装材料有限公司
上海英联商标印刷有限公司
大黑工业株式会社
广东锦龙源印刷材料有限公司上海分公司
巨圆纸业(上海)有限公司
上海彩硕数码科技有限公司
上海乘鹰实业有限公司
上海春旺印刷有限公司
上海大昭和有限公司
上海迪凯标识科技有限公司
上海凤凰常青树数码印艺有限公司
上海高邦印刷材料有限公司
上海国峥贸易有限公司
上海豪云印务有限公司
上海合峻包装印刷有限公司
上海回天新材料有限公司
上海汇越印刷包装技术有限公司
上海锦阔智能科技有限公司
上海聚仪包装制品有限公司
上海嘉和包装制品有限公司
上海康霆生活用品有限公司
上海鸣谦印刷器材有限公司
上海迁川制版模具有限公司
上海饰涔实业有限公司
上海舒晓实业有限公司
上海思高印刷科技有限公司
上海先科化工有限公司
上海欣洲包装材料有限公司
上海迎美印刷技术有限公司
上海赢发医用古核材料有限公司
上海永纳包装材料有限公司
上海柚驰材料科技有限公司
上海誉森纸业有限公司
上海正悦数字科技有限公司
昇昌(上海)新材料科技有限公司
盛威科(上海)油墨有限公司
熹龙材料科技(上海)有限公司
澳科利印刷机械有限公司
上海二陆印刷包装科技有限公司
上海芳辉印刷有限公司
上海灏砺包装制品有限公司
上海宏旺印务科技有限公司
上海灵博塑料包装有限公司
上海莘茂激光科技有限公司
上海市松江印刷厂有限公司
上海思广包装材料有限公司
上海秀乐化工科技有限公司
上海杨氏纸业有限公司
上海以琳印务有限公司
上海毅勤包装材料有限公司
信华柔印科技国际有限公司
优尼孚斯包装设计(上海)有限公司
济丰包装(上海)有限公司
住化塑料化工贸易(上海)有限公司
上海铁路印刷有限公司
安徽可爽贸易有限公司
常州豪润包装材料股份有限公司
常州市南天电子印刷系统工程有限公司
常州优尼克包装有限公司
淮安市励志包装材料有限公司
江苏华龙无纺布有限公司
金湖县昱荣塑业有限公司
盱眙洁风纸制品有限公司
昆山汇邦复合包装材料有限公司
安徽新隆泰包装股份有限公司
比澳格(南京)环保材料有限公司
高淳华丰塑料有限公司
江苏森湖彩化科技有限公司
南京翱轩包装材料有限公司
南京邦诚科技有限公司
南京博众包装材料有限公司
南京晟博新材料科技有限公司
南京海容包装制品有限公司
南京鸿裕久精密模具有限公司
南京君子风包装制品有限公司
南京旺福包装制品实业有限公司
南京运城制版有限公司
南京长祥包装材料有限公司
信安细川(南京)包装有限公司
江苏广达医材集团有限公司
南通宏亿包装材料有限公司
南通华瑞纸业有限公司
南通嘉丰包装印务有限公司
南通市崇川区传浩塑料制品商行
南通市富发纸业有限公司
南通市现代印务有限责任公司
常熟富士包装有限公司
常熟市依威无纺布制品有限公司
江苏彩华包装集团有限公司
江苏福泰涂布科技有限公司

昆山好奇胜包装制品有限公司
昆山华满仓离型材料有限公司
昆山晶世通纸业有限公司
昆山晶悟包装(科技)有限公司
昆山科世茂包装材料有限公司
上海壮硕印刷科技有限公司
圣琼斯包装(昆山)有限公司
苏州朝露新材料科技有限公司
苏州诚旺包装科技有限公司
苏州德莱美包装材料有限公司
苏州工业园区汇统科技有限公司
苏州宏昌包装材料有限公司
苏州吉仕达塑胶制品有限公司
苏州金治胜包装材料有限公司
苏州龙轩包装有限公司
苏州全邦新材料有限公司
苏州三瑞医用材料有限公司
苏州雅利印刷有限公司
苏州意博包装材料有限公司
苏州源欐包装有限公司
苏州志成印刷包装有限公司
苏州众和软包装技术有限公司
东洋铝爱科商贸(苏州)有限公司
通源塑胶工业(苏州)有限公司
唯可达包装科技(昆山)有限公司
吴江市诚石塑料包装厂
吴江市天城包装印刷有限公司
张家港宏科包装材料有限公司
张家港市华升塑胶有限公司
张家港市利民服饰塑料包装有限公司
张家港市兴达包装印刷厂
宿迁市金田塑业有限公司
江苏金宇彩印包装有限公司
泰州海达塑胶包装有限公司
江苏利特尔绿色包装股份有限公司
江阴宝柏包装有限公司
江阴宫元塑料有限公司
江阴利邦印刷有限公司
江阴润新印刷包装有限公司
无锡海江印染有限公司
无锡海之源彩印包装有限公司
无锡联合包装有限公司
无锡市好伴侣纸塑有限公司
无锡市宏信茂源纸业有限公司
无锡市金广顺包装有限公司
无锡市通和包装材料有限公司
无锡市通源塑胶制品有限公司
无锡中江彩印包装有限公司
徐州市万兴塑料包装有限公司
江苏中大包装材料有限公司
巨鑫(江苏)新材料包装有限公司
扬州聚志塑业有限公司
扬州市浩越塑料包装彩印有限公司
扬州市华裕包装有限公司
丹阳富丽彩印包装有限公司
丹阳市春晓塑业有限公司
江苏灿虹印刷器材科技有限公司
江苏大亚印务有限公司
江苏中彩印务有限公司
苍南精诚印业有限公司
杭州晟晖包装材料有限公司
杭州凤强电脑绣花厂
杭州嘉林包装有限公司
杭州玖义制版有限公司
杭州蓝景包装技术开发有限公司
杭州力源塑业有限公司
杭州临安宏宇印刷纸业有限公司
杭州临安美文彩印包装有限公司
杭州米乐宣禾喷码有限公司
杭州嵩阳印刷实业有限公司
杭州桐庐伟炜塑料制品有限公司
杭州维营包装材料有限公司
杭州新光塑料有限公司
杭州新约包装科技有限公司
杭州粤盛包装有限公司
杭州哲涛印刷有限公司
俐特尔(杭州)包装材料有限公司
临安达令包装材料有限公司
桐庐伟炜塑料制品有限公司
浙江大胜达包装股份有限公司
浙江杭州彩岚包装有限公司
浙江明日控股集团股份有限公司
湖州精运制版有限公司
湖州刻强制版有限公司
湖州立丰纸业有限公司
湖州众恒包装有限公司
长兴中和包装有限公司
浙江钧圣能源科技有限公司
浙江奇虹颜料科技有限公司
浙江拓丰包装材料有限公司
保禄翊腾(浙江)包装新材料有限公司
海宁市鑫盛包装有限责任公司
海宁运城制版有限公司
嘉善康弘激光制版有限公司
嘉兴美瑞珂激光科技股份有限公司
嘉兴莘茂激光科技有限公司

嘉兴市彩虹印刷有限公司
嘉兴市富达化学纤维厂
嘉兴市旺盛印业有限公司
嘉兴市月河纸业有限公司
嘉兴市正圆包装责任有限公司
桐乡恩特包装有限公司
桐乡允泽包装印刷有限公司
洋紫荆油墨股份有限公司
长兴添辰模具有限公司
浙江创博包装有限公司
浙江戴乐新材料有限公司
浙江广泉包装有限公司
浙江山鹰纸业有限公司
浙江天润包装印刷有限公司
浙江新合发联宾包装科技有限责任公司
浙江新长海新材料股份有限公司
浙江长海包装集团有限公司
东阳市百塑包装制品有限公司
恒星包装金华市联宾塑料制品有限公司
金华市彩之源包装材料有限公司
金华市海洋包装有限公司
金华市色派新材料科技有限公司
金华市伸华包装材料有限公司
金华市新天地塑料包装有限公司
金华忠信环保科技股份有限公司
兰溪市合创塑业有限公司
兰溪市嘉华塑业有限公司
龙游运申制版有限公司
义乌金博彩印包装有限公司
义乌润安印刷有限公司
义乌市福涛卷筒标签彩印有限公司
义乌市刻丽儿包装材料有限公司
义乌市莉静彩印厂
义乌市铭悦包装有限公司
义乌市七彩塑料包装有限公司
义乌市润安印刷有限公司
义乌市神星塑料制品有限公司
义乌市杨华包装有限公司
义乌市义南纸业有限公司
义乌市佐佑包装材料有限公司
义乌文帅塑料制品有限公司
浙江虎跃包装材料有限公司
浙江华川实业集团有限公司
浙江美丽华印刷材料科技有限公司
浙江浦江永进工贸有限公司
浙江荣夫包装科技有限公司
浙江省兰溪市美丽华科技有限公司
浙江诚远包装印刷有限公司
浙江禾川股份有限公司
宁波海纳印业有限公司
宁波弘泰包装新材料科技有限公司
宁波鸿雁包装材料有限公司
宁波华丰包装有限公司
宁波全成包装有限公司
宁波瑞成包装材料有限公司
宁波思达克斯机械科技有限公司
宁波伊东包装彩印有限公司
宁海久业包装材料有限公司
浙江一封包装有限公司
龙游天顺纸业有限公司
浙江佳尔彩包装有限公司
浙江金旷包装制品有限公司
浙江金龙再生资源科技股份有限公司
浙江夏王纸业有限公司
浙江仙鹿新材料有限公司
大连骏懿柔版科技有限公司
绍兴柯桥华泰印刷有限公司
绍兴市华富彩印厂
绍兴添彩纸业有限公司
绍兴万印新材料科技有限公司
浙江汇华包装有限公司
浙江元金印刷有限公司
浙江中塑包装印务有限公司
台州市路桥富达彩印包装厂
温岭市石塘华雅塑料包装厂
浙江科库塑业有限公司
浙江明伟油墨有限公司
苍南县鼎信制袋厂
苍南县永新制版厂
超运控股有限公司
龙港市圣光包装有限公司
龙港市万泰印业有限公司
温州东田制版有限公司
温州福特印刷有限公司
温州富嘉包装有限公司
温州华康印务有限公司
温州华南印业有限公司
温州加峰彩印有限公司
温州佳洋印业有限公司
温州敏成塑业有限公司
温州深蓝印刷有限公司
温州市邦革科技有限公司
温州市宏科印业有限公司
温州腾彩包装有限公司
温州新彩无纺布制品有限公司
温州新美印业有限公司

温州亚庆印业有限公司
温州永信印业有限公司
浙江安又洁新材料科技有限公司
浙江金石包装有限公司
浙江远大塑胶有限公司
浙江正鹏包装有限公司
安徽繁荣包装有限公司
安徽飞梵包装有限公司
安徽国泰印务有限公司
安徽嘉美包装有限公司
安徽金科印务有限责任公司
安徽凯瑞包装有限公司
安徽松泰包装材料有限公司
安徽桐城市天鹏塑胶有限公司
安徽兴达集团有限公司
安徽宜人医用包装有限公司
安庆市宜人纸塑包装材料有限公司
怀宁润之嘉纸塑包装有限公司
桐城市润通包装有限公司
安徽省力领包装有限公司
蚌埠天成包装科技股份有限公司
安徽九润纸塑包装有限公司
安徽比利包装新材料有限公司
来安县金晨包装实业有限公司
天长市嘉瑞医用材料有限公司
天长市天良工贸有限责任公司
安徽晟天印刷包装有限公司
阜阳市民汇印刷有限责任公司
爱博斯塑料(合肥)有限公司
安徽博美浆纸有限公司
安徽科雅印刷有限公司
安徽轻工国际贸易有限公司
安徽天龙超彩包装有限公司
合肥佳州印刷包装有限公司
合肥市皖梦塑料制品有限公司
合肥永恒包装材料有限公司
丝艾(合肥)包装材料有限公司
黄山徽冠包装材料有限公司
黄山精工凹印制版有限公司
安徽亿科包装材料有限公司
安徽和县伟玲塑业有限公司
池州市新辰包装科技有限公司
铜陵力辰智能装备有限公司
铜陵尚美新材料包装有限公司
芜湖市国俊塑业有限公司
芜湖市惠强包装有限公司
广德鸿毓印务包装有限公司
福建省兴春包装印刷有限公司
福州冠辉塑料包装有限公司
福州香拉里包装印刷有限公司
福州新发隆针织印染有限公司
长乐市九洲包装有限公司
莆田市涵兴区兴源塑料制品有限公司
福达利彩印有限公司
福建宏泰塑胶有限公司
福建凯达集团有限公司
福建满山红新材料科技有限公司
福建省凯安包装科技有限公司
福建省满利红包装彩印有限公司
福建省南安市玉和塑胶有限公司
福建省南盛彩印有限公司
福建省优源包装用品有限公司
恒信塑料彩印有限公司
宏冠印务包装有限公司
华荣塑料印刷有限公司
金光彩印
晋江安达纸业有限公司
晋江豪兴彩印有限公司
晋江和嘉彩印有限公司
晋江市华荣塑料印刷有限公司
晋江市环驰进出口贸易有限公司
晋江市绿色印业有限公司
晋江市明强彩印有限公司
晋江市贤德印刷有限公司
晋江市新合发塑胶印刷有限公司
晋江市新容塑料制品有限公司
晋江市月光塑料制品有限公司
晋江市兆安科技有限公司
晋江住友塑料有限公司
晋江宗源彩印有限公司
南安市俊红纸塑包装有限公司
南安市满山红纸塑彩印有限公司
南安市南洋纸塑彩印有限公司
南安市霞美镇仙海纸塑彩印厂
泉州煌祺彩印有限公司
泉州市富邦包装用品有限公司
泉州市豪创包装用品有限公司
泉州市红美包装有限责任公司
泉州市晖达彩印有限公司
泉州市金泉油墨有限责任公司
泉州市隆满印刷材料有限公司
泉州市洛江嘉利鑫纸品有限公司
泉州市七彩虹塑料彩印有限公司
泉州市泉港区植护新材料科技有限公司
泉州市玮鹏包装制品有限公司
泉州市哲鑫彩色包装用品工贸有限公司

泉州喜印包装有限公司
泉州运城制版有限公司
泉州红美包装有限责任公司
塘塑软包装有限公司
怡和(石狮)化纤织造有限公司
彩匠(厦门)印刷科技有限公司
德彦纸业(厦门)有限公司
东莞市润丽华实业有限公司
福建省格林春天科技有限公司
瀚铖包装器械(厦门)有限公司
厦门德开欣包装有限公司
厦门东锋新型包装材料有限公司
厦门高发工贸有限公司
厦门吉宏包装科技股份有限公司
厦门金德威包装有限公司
厦门金田闽包装材料有限公司
厦门三印彩色印刷有限公司
厦门申达塑料彩印包装有限公司
厦门市晋元包装彩印有限公司
厦门市新江峰包装有限公司
厦门市杏林意美包装有限公司
厦门顺峰包装材料有限公司
厦门天俊工贸有限公司
厦门鑫华冠塑胶科技有限公司
厦门优玛捷实业有限公司
福建恒源包装材料有限公司
福建明禾新材料科技有限公司
龙海市明发塑料制品有限公司
龙海市侨发彩印包装有限公司
漳州市铭晟精密制造有限公司
江西彭彩新材料科技有限公司
江西永华塑业有限公司
赣州慧雅纸制品包装有限公司
江西昊瑞工业材料有限公司
江西昌和特种票证有限公司
江西汇明塑料彩印包装有限公司
江西金海环保包装有限公司
南昌诚鑫包装有限公司
南昌康宏彩印包装有限公司
南昌蓝域包装有限公司
南昌市辉达塑料彩印厂
南昌市天祥印务有限公司
南昌托顺印务有限公司
南昌雅维包装有限公司
江西沁柔包装材料有限公司
山东邹平豪泽包装有限公司
广饶县正泰复合包装彩印公司
山东承相印刷有限公司
山东省印刷物资有限公司
山东华业包装科技有限公司
山东新达包装科技有限公司
山东益诚塑料包装制品有限公司
山东融汇包装印务有限公司
临沂邦和包装制品有限公司
临沂帝晨彩印包装有限公司
临沂格润包装制品有限公司
临沂佳诚雕刻有限公司
临沂骏达包装制品有限公司
临沂明正彩印有限公司
临沂千源包装制品有限公司
临沂市罗庄区罗西塑料制品厂
临沂市正宇包装有限公司
临沂顺华包装有限公司
临沂沂发环保科技有限公司
临沂永祥塑料包装有限公司
山东临沂帝晨彩印包装有限公司
山东铭源包装科技有限公司
山东诺诚包装科技有限公司
郯城开元塑料包装厂
郯城鹏程印务有限公司
郯城县金鑫复合彩印厂
郯城县益民包装有限责任公司
青岛宝乐得卫生用品有限公司
青岛德音进出口有限公司
青岛浩宇包装有限公司
青岛恒泰新材料科技有限公司
青岛红金星包装印刷有限公司
青岛惠润包装有限公司
青岛美宝纸塑有限公司
青岛美亚包装有限公司
青岛南荣包装印刷有限公司
青岛欧亚包装有限公司
青岛瑞发包装有限公司
青岛市贤俊龙彩印有限公司
青岛信盛塑料彩印有限公司
青岛勇盛佳包装制品有限公司
日照八方纸业有限公司
日照润泰塑胶有限公司
肥城市鸿泰纸塑包装有限公司
肥城腾宇包装有限公司
安丘市安顺包装制品有限公司
安丘市翔宇包装彩印有限公司
合力包装科技(青州)有限公司
青州博睿包装印务有限公司
青州市合力包装有限公司
青州市旭旺工贸有限公司

青州沃森纸业有限公司
山东德创精化科技有限公司
山东多利达印务有限公司
山东力美喷墨科技有限公司
山东铭达包装制品股份有限公司
山东润佳包装新材料有限公司
山东省青州市鑫盛塑料制品加工厂
山东省青州市旭旺科技工贸有限公司
山东顺杰包装制品有限公司
山东天虹包装彩印有限公司
山东永祥彩印包装有限公司
潍坊圣堃塑胶科技有限公司
潍坊市天辰彩印有限公司
潍坊玉泉铝塑包装有限公司
诸城现代包装有限公司
深圳市裕同包装科技股份有限公司
山东恒达品牌包装股份有限公司
山东联华印刷包装有限公司
安阳市普惠包装有限公司
河南龙飞彩印有限公司
河南天玉泡沫包装有限公司
孟津县夏华塑料彩色印刷厂
漯河市瑞博塑胶有限公司
南阳市宛美彩印包装有限公司
西峡县春风实业有限责任公司印刷分厂
新野县浩达塑料彩印有限公司
创杰新材料科技有限公司
彩印花包布公司
河南星凯包装材料有限公司
鹏阳印刷集团有限公司
新乡市欧凯彩印包装有限公司
新乡市新贝尔信息材料有限公司
新乡县杰泰纸业有限责任公司
新县兴竹生活纸包装制品厂
许昌博信通塑料包装
许昌隆兴塑料制品有限公司
许昌裕同印刷包装有限公司
河南海宁彩印有限公司
河南鹏阳印刷包装集团有限公司
河南省国光印刷物资有限公司
河南庭欣包装科技有限公司
鹏达塑业有限公司
新郑益群塑料制品有限公司
郑州美佳彩印包装有限公司
河南华丽纸业包装股份有限公司
周口市福利五一纸箱彩印包装厂
周口祥丰纸业科技有限公司
驻马店市圣源包装有限公司
湖北巴楚风印务有限公司
湖北中雅新材料股份有限公司
湖北安腾软包装股份有限公司
荆州荣成环保科技有限公司
荆州市恒昌塑料有限公司
十堰申达塑料制品有限公司
湖北省随州市中信印务有限责任公司
随州运城制版科技有限公司
湖北帝业塑业有限公司
湖北彩虹纸制品有限公司
湖北仙福纸业有限公司
湖北银河包装供应链管理有限公司
琦玉包装
盛达纸业制品有限公司
武汉奥辉包装印刷有限公司
武汉奔阳新材料科技有限公司
武汉大业印刷有限公司
武汉东劲捷包装科技有限公司
武汉恒大四方彩印有限公司
武汉红然包装有限责任公司
武汉华丽生物股份有限公司
武汉华印新材料有限公司
武汉辉盈包装材料有限公司
武汉金宝鸿纸业有限公司
武汉千艺塑料包装有限公司
武汉盛世曙光纸业有限公司
武汉市建桥印务有限公司
武汉市九益包装制品有限责任公司
武汉市康佳顺瓦楞杯有限公司
武汉市天虹纸塑彩印有限公司
武汉斯德隆科技发展股份有限公司
武汉天璇商贸有限公司
武汉小月科技有限公司
武汉鑫天地印务有限公司
武汉雅都包装印刷有限公司
武汉一新中大塑业有限公司
武汉亿旭包装彩印有限公司
武汉印刷厂
武汉友发包装科技有限公司
武汉粤盛达纸业有限公司
阳光印刷(武汉)有限公司
湖北立拓印刷有限公司
武汉英科水墨有限公司
崇阳利丰塑业有限公司
湖北浩和智能包装科技有限公司
立胜兴印务(赤壁)有限公司
武汉市伟特化工有限公司
襄阳南洁高分子新型材料有限公司

汉川市复膜塑料有限责任公司
湖北德威包装科技有限公司
湖北飞翔包装材料有限公司
湖北富思特材料科技集团有限公司
湖北合兴包装印刷有限公司
湖北恒德贾隆塑业有限公司
湖北恒鑫纸制品股份有限公司
湖北金德包装有限公司
湖北新合发印刷包装有限公司
武汉环泰包装印务有限公司
孝感市豪顺包装有限公司
湖北宏裕新型包材股份有限公司
湖北省枝江市江南塑料厂
宜昌成技工贸有限公司
岳阳楼区九一塑料制品厂
湖南媲美印刷有限公司
长沙华茂彩印包装有限公司
长沙市湘粤盛包装有限公司
长沙市新蓝图彩印
长沙银腾塑印包装有限公司
潮安县庵埠兴隆纸塑包装厂
潮安县丰辉印务有限公司
潮州市朝安区庵埠镇森大新包装材料厂
广东潮州晨风纸塑彩印
广东光阳制版科技股份有限公司
广东铭丰包装材料有限公司
鑫盛彩印
兴隆纸塑包装厂
东莞风尚手袋有限公司
东莞市润丽华实业有限公司
东莞市佰源包装有限公司
东莞市酬勤包装制品有限公司
东莞市海丰塑料包装有限公司
东莞市浩彩油墨科技有限公司
东莞市虎门富恒胶袋制品厂
东莞市虎门联友包装印刷有限公司
东莞市嘉得盛包装制品有限公司
东莞市金安包装科技有限公司
东莞市金色包装制品有限公司
东莞市科艺塑料制品厂
东莞市莉莹胶袋有限公司
东莞市隆皇纸品有限公司
东莞市绿彩软包装有限公司
东莞市铭业包装制品有限公司
东莞市欧克华迪铝塑制品有限公司
东莞市锐达涂料有限公司
东莞市双龙塑胶制品有限公司
东莞市拓鑫包装制品厂
东莞市涛鸿纸品包装有限公司
东莞市旺勇包装材料厂
东莞市晓铭实业有限公司
东莞市泳星塑胶包装材料有限公司
东莞市优品森业纸制品有限公司
东莞市源丰印刷材料科技有限公司
东莞市致利包装印刷有限公司
东莞市智盈包装制品有限公司
东莞友嘉印刷有限公司
广东汉特包装材料有限公司
广东佳景科技股份有限公司
广东名顺环保包装科技有限公司
广东天元实业集团股份有限公司
广东英科集团
广东天龙油墨有限公司
广州博瑞医药包装印刷有限公司
越鑫包装制品有限公司
佛山艾美印刷有限公司
佛山联控新材料有限公司
佛山市彩一杰印务有限公司
佛山市创明鸿机械厂
佛山市东茂模具版有限公司
佛山市高明大昌环保材料有限公司
佛山市冠贤彩印有限公司
佛山市南方包装有限公司
佛山市南海秉盈包装材料有限公司
佛山市南海港明彩印有限公司
佛山市南海恒晋彩印有限公司
佛山市南海区九江上西信诚塑料印刷厂
佛山市南海区科能达包装彩印有限公司
佛山市南海区星格彩印包装厂
佛山市南海区燕山印务有限公司
佛山市南海中彩制版有限公司
佛山市三水长丰塑胶有限公司
佛山市顺德区奥达尼包装印刷有限公司
佛山市展诺科技有限公司
佛山市正道中印包装印刷有限公司
冠发印刷包装有限公司
广东金威达彩印有限公司
广东顺德锦美智能识别科技股份有限公司
广东万象包装有限公司
广州德昌化工科技有限公司
顺德金粤盛塑胶彩印有限公司
迪爱生(广州)油墨有限公司
富林特(广州)油墨有限公司
广东标印印务科技有限公司
广东多田印务有限公司
广州爱科琪盛塑料有限公司

广州奥奇无纺布有限公司
广州八途包装材料有限公司
广州滴丽日用品有限公司
广州奇川包装制品有限公司
广州市和基包装材料有限公司
广州市华驰化工有限公司
广州市三国新材料有限公司
广州市世赞防伪技术开发有限公司
广州市友嘉印刷包装有限公司
广州市粤盛工贸有限公司
广州天工锐点科技有限公司
广州新文塑料有限公司
博罗县竣成涂料有限公司
博罗县上禾水墨有限公司
博罗新欣和油墨涂料有限公司
惠阳区洪发胶袋彩印有限公司
惠州宝柏包装有限公司
惠州华渊印刷有限公司
惠州市中之星色彩科技有限公司
广东基顺隆新型药用包装材料有限公司
江门市广威胶袋印制企业有限公司
江门市华威塑印有限公司
江门市景辉包装有限公司
江门市景隆橡塑有限公司
江门市蓬江区天铭油墨有限公司
江门市新会区精美彩塑料包装厂
江门市新会三江塑料包装有限公司
江门市致新包装材料有限公司
台山市仕东包装制品有限公司
广东锦龙源印刷材料有限公司
揭阳市榕城区梅云雄发塑料薄膜印刷厂
普宁市中印实业有限公司
清远市美若科新材料有限公司
广东利农印刷包装有限公司
汕头市博彩塑料薄膜印刷厂
汕头市广成信污染化工有限公司
汕头市金平区义华塑料包装厂
汕头市蓬丰纸品包装有限公司
汕头市志成塑料有限公司
汕尾市菲翔包装制品有限公司
超然塑胶包装制品(深圳)有限公司
东莞市天姿彩印刷有限公司
鸿兴印刷(中国)有限公司
深圳爱尔科技实业有限公司
深圳豪艺塑料有限公司
深圳科宏健科技有限公司
深圳市奥丽彩包装制品厂
深圳市彩缤纷印刷包装有限公司
深圳市迪莱特实业有限公司
深圳市富彩包装有限公司
深圳市佳润隆印刷有限公司
深圳市嘉丰印刷包装有限公司
深圳市康尼塑胶有限公司
深圳市明艺达塑胶制品有限公司
深圳市润基包装制品有限公司
深圳市森广源实业发展有限公司
深圳市思孚纸品包装有限公司
深圳市天际伟业包装制品有限公司
深圳市微微数码有限公司
深圳市英杰激光数字制版有限公司
深圳市咏胜印刷有限公司
深圳市众力恒塑胶有限公司
深圳友邦塑料印刷包装有限公司
世合化工(深圳)有限公司
广东罗定市华圣塑料包装有限公司
安姆科软包装(中山)有限公司
佛山美嘉油墨新材料有限公司
洋紫荆油墨(中山)有限公司
中山创美涂料有限公司
中山华明泰科技股份有限公司
中山市辉荣化工有限公司
中山市朗科包装有限公司
中山市小榄镇洲恒塑料五金制品厂
中山市永宁包装印刷有限公司
珠海市柏洋塑料包装印刷厂
珠海市宝轩印刷有限公司
珠海市嘉德强包装有限公司
珠海市希友达油墨涂料有限公司
桂林德和彩印包装有限公司
广西品田包装有限公司
柳州欧业印务有限公司
宾阳县富丽塑料彩印厂
广西乐达包装有限公司
广西南宁金木瓜纸业有限公司
广西南宁强康塑料彩印包装有限公司
广西正华包装有限公司
南宁市金彩桐木瓜纸业有限公司
南宁市长城印务有限公司
广西风采印业有限公司
容县宇光彩色印刷厂
玉林市玉州区美印通印刷包装制品厂
海口炫通彩印有限公司
海南瑞铭实业有限公司
重庆市华安包装装潢印务有限公司
重庆市维华包装印务有限公司
重庆市金非凡塑料包装有限公司

重庆四平塑料包装股份有限公司
重庆嘉峰彩印有限公司
重庆龙胜包装制品有限公司
成都川欧科技有限公司
成都东顺塑胶有限公司
成都光阳凹版有限公司
成都红紫荆包装印务有限公司
成都九云制版有限公司
成都市先平包装印务有限公司
成都市星海峰包装有限公司
成都市迅驰塑料包装有限公司
成都市越骐印务有限责任公司
成都托展新材料股份有限公司
成都五牛壮达新材料有限公司
成都迅驰塑料包装有限公司
四川零一激光制版有限公司
四川省成都市雄州彩印有限责任公司
四川源亨印刷包装有限公司
四川永盛印务有限公司
四川欣华盛包装印务有限公司
贵州永吉印务股份有限公司
贵州金马包装材料有限公司
贵州金彩包装制品有限公司
昆明华安印务有限公司
昆明金津塑料包装印刷有限公司
云南嘉泰实业有限公司
云南泰誉实业有限公司
西安兰韵印务有限公司
三原恒昌纸管有限公司
陕西省咸阳市印刷物资公司
甘肃省交通印刷厂有限公司
兰州万鑫彩印有限公司
中盐宁夏金科达印务有限公司
宁夏紫荆花腾飞塑料包装印刷有限公司
库尔勒东昇塑料彩印包装厂
大翰翔企业股份有限公司
永太和印刷(集团)实业有限公司

设备器材生产或供应
Manufacturers and suppliers of equipment

● 卫生纸机 Tissue machine

安德里茨(中国)有限公司
维美德(中国)有限公司
天津天轻造纸机械有限公司
保定市昌达造纸机械有限公司
保定市晨光造纸机械有限公司
保定市创新造纸机械有限公司
保定市维拓造纸机械有限公司
满城县恒通造纸机械有限公司
丹东市龙山造纸设备厂
丹东正益机械制造有限公司
辽阳慧丰造纸技术研究所
辽阳造纸机械股份有限公司
沈阳春光造纸机械有限公司
白城福佳科技有限公司
黑龙江鑫源达国际贸易有限公司
兼松(中国)有限公司
维美德造纸机械技术(中国)有限公司
切利(上海)机械设备有限公司
上海守谷国际贸易有限公司
盖康贸易(上海)有限公司
拓斯克造纸机械(上海)有限公司
上海轻良实业有限公司
福伊特国际贸易(上海)有限公司
艾博(常州)机械科技有限公司
采稀智能装备(苏州)有限公司
福伊特造纸(中国)有限公司
江苏华东造纸机械有限公司
欧米特(苏州)机械有限公司
江阴市鼎昌造纸机械有限公司
徐州市东杰造纸机械有限公司
盐城市金本机械设备有限公司
金顺重机(江苏)有限公司
杭州大路装备有限公司
杭州肖风机械科技有限公司
浙江华章科技有限公司
川之江造纸机械(嘉兴)有限公司
义乌市久业机械设备有限公司
邹平县北方造纸机械厂
济南瑞联造纸技术有限公司
山东金拓亨机械有限公司
山东伊斯泰造纸机械有限公司
聊城市正和造纸机械有限公司
山东福华造纸装备有限公司
山东华林机械有限公司
山东欧佩德昌华华林造纸机械有限公司
山东信和造纸工程股份有限公司
青岛运卓国际贸易有限公司
青州永正造纸机械有限公司
山东方源众和机械有限公司
山东福佳大正机械科技有限公司
山东富卷机械有限公司
山东汉通奥特机械有限公司
山东凯信重机有限公司
潍坊立言机械有限公司
潍坊明阳造纸装备有限公司
诸城市大正机械有限公司
诸城市明大机械有限公司
诸城市新日东机械厂
诸城市亿升机械有限公司
诸城市永利达机械有限公司
山东鲁台造纸机械集团有限公司
滕州市华扬机械有限公司
山东海天造纸机械有限公司
淄博国信轻工机械股份有限公司
淄博全通造纸机械有限公司
沁阳市第一造纸机械有限公司
沁阳市顺合机械制造厂
郑州市光茂机械制造有限公司
东莞美捷造纸技术有限公司
佛山市宝索机械制造有限公司
佛山市南海区宝拓造纸设备有限公司
佛山市欧伟仕机械设备有限公司
佛山市胜工智造科技有限公司
广东宝进科技有限公司
广州市番禺金晖造纸机械设备厂
江门欧佩德晶华轻工机械有限公司
江门市新会区睦洲机械有限公司
和耀企业有限公司
乐山飞鸿机械有限责任公司
四川省井研轻工机械厂
中国联合装备集团宜宾机械有限公司

贵州恒瑞辰科技股份有限公司
贵州盛泰源精工装备有限责任公司
陕西炳智机械有限公司
清来机械有限公司
东莞市神点纳米喷涂科技有限公司
东莞市中堂亨利飞造纸机械厂
江门市新会区睦洲机械有限公司
廉江市莲达机械设备厂

● 废纸脱墨设备　Deinking machine

安德里茨(中国)有限公司
奇雅检测科技(上海)有限公司
宁波市联成机械有限责任公司
福建省轻工机械设备有限公司
青岛美光机械有限公司
普瑞特机械制造股份有限公司
山东方源众和机械有限公司
山东惠祥专利造纸机械有限公司
诸城市大正机械有限公司
诸城市利丰机械有限公司
诸城市明大机械有限公司
诸城市新日东机械厂
诸城市永利达机械有限公司
诸城市增益环保设备有限公司
郑州运达造纸设备有限公司
广州市番禺金晖造纸机械设备厂

● 造纸烘缸、网笼 Cylinder and wire mould

安德里茨(中国)有限公司
保定市金福机械有限公司
丹东烘缸制造厂
丹东市盛兴造纸机械有限公司
丹东新兴造纸机械有限公司
拓斯克造纸机械(上海)有限公司
溧阳市江南烘缸制造有限公司
溧阳市兴达机械有限公司
福伊特造纸(中国)有限公司
江苏华东造纸机械有限公司
苏州远界工业技术服务有限公司
无锡求和不锈钢有限公司
金顺重机(江苏)有限公司
济南东昇造纸机械有限公司
济南市长清区育才机械厂
山东信和造纸工程股份有限公司
山东鲁台造纸机械集团有限公司
山东恒星股份有限公司

● 造纸毛毯、造纸网 Felt and wire cloth

饶阳县亨利网厂
河北饶阳县亨利网厂
日本辉尔康株式会社上海代表处
上海新台硕金属网有限公司
维美德织物(中国)有限公司
上海弘纶工业用呢有限公司
上海金熊造纸网毯有限公司
上海博格工业用布有限公司
日惠得造纸器材(上海)贸易有限公司
海门市工业用呢厂
江苏金呢工程织物股份有限公司
南通市加目思铜网有限公司
阿斯顿强生技纺(苏州)有限公司
苏州嫦娥造纸网毯有限公司
吴江凯富纺织工业有限公司
恒天中纤纺化无锡有限公司
徐州工业用呢厂
徐州三环工业用呢科技有限责任公司
江都新风网业有限公司
浙江华顶网业有限公司
安徽省华瑞网业有限公司
安徽太平洋特种网业有限公司
太和县华晟网业有限公司
太和县天都网业有限公司
安徽荣辉造纸网有限公司
安徽华辰造纸网股份有限公司
江西双环造纸网毯实业有限公司
聊城经纬工业网毯有限公司
山东新丝路工贸股份有限公司
乳山市中泰机械制造有限公司
山东鑫祥网毯织造有限公司
潍坊市银龙工业用呢有限公司
潍坊振兴天马工业用呢有限公司
博爱县博瑞特钢制品有限公司
河南省双龙网毯有限公司
新乡市新利净化技术有限公司
郑州非尔特网毯有限公司
河南沈丘县汇丰网业有限公司

河南省一恒网业有限公司
河南万邦网业有限公司
河南鑫泰网业有限公司
沈丘县天宏丝网有限公司
沈丘县鑫泰网业有限公司
湖北省仙桃市隆昌造纸网有限公司
仙桃市永兴造纸网有限公司
东莞市道滘经纬不锈钢网厂
东莞市业兴网毯有限公司
揭阳市揭东区荣立工业用呢厂
重庆倍宜贸易有限公司
四川环龙技术织物有限公司
四川省乐山市金福呢业有限公司
四川邦尼德织物有限公司
西安祺沣网业股份有限公司
西安兴晟生态环境有限公司

● 生活用纸加工设备 Converting ma-chinery for tissue products

凯鑫纸业设备有限公司
乐泉设备有限公司
北京京和资材商贸有限公司
保定市昌达造纸机械有限公司
保定市晨光造纸机械有限公司
保定市华光机械有限公司
保定市江泰机械制造有限公司
保定市金福纸品机械有限公司
保定市满城区全新机械厂
保定市润达机械制造有限公司
保定市三莱特纸品机械有限公司
保定市优创纸品机械科技有限公司
保定卓润造纸机械厂
华信造纸机械厂
长和纸品机械销售部
泊头市联瑞机械设备制造有限公司
河北格润思机械制造有限公司
石家庄物曼科技有限公司
大连明珠机械有限公司
丹东市龙山造纸设备厂
长春市兴利达机械制造有限公司
特艺佳贸易(上海)有限公司
上海匡斧实业有限公司
上海佳竞机械有限公司
法比奥百利怡机械设备(上海)有限公司
上海萝辐国际贸易有限公司
上海宝昱精工机械有限公司
斯伊利商贸(上海)有限公司
常州奥普托机械制造有限公司
常州东骏胶辊制造有限公司
常州市宁晨机械制辊有限公司
常州永盛新材料装备股份有限公司
一重集团常州华冶轧辊股份有限公司
连云港佳盟机械有限公司
连云港铭而盛机械有限公司
连云港鹏程机械有限公司
连云港市向阳机械有限公司
连云港市新浦区新星纸品加工设备厂
广州斯普莱技术有限公司
南京库伯瑞机电有限公司
苏州工业园区汇统科技有限公司
苏州尼克拉斯机电有限公司
苏州诺亨机械有限公司
江阴市飞盛机械有限公司
江阴市科盛机械有限公司
江阴市磊森机械有限公司
江阴市苏宏辊业有限公司
无锡市嘉瑞丰科技有限公司
盐城市金本机械设备有限公司
金顺重机(江苏)有限公司
杭州汉海纸业有限公司
嘉兴铂嘉机械科技有限公司
嘉兴绿信机械设备有限公司
义乌市久业机械设备有限公司
瑞安市天成包装机械有限公司
瑞安市毅美机械有限公司
温州国宏机械有限公司
舟山中邦节能科技有限公司
创大机械(福建)有限公司
福建海创智能装备股份有限公司
福建省鑫运机械发展有限公司
福建通美信机械制造有限公司
晋江市齐瑞机械制造有限公司
泉州固德机械有限公司
泉州恒新纸品机械制造有限公司
泉州市华讯机械制造有限公司
泉州鑫达机械有限公司
泉州长洲机械制造有限公司
厦门晋罡机械制造有限公司
厦门市北霖机械有限公司
厦门湘镒机械设备有限公司
欧克科技股份有限公司
新余市屹鑫机械制造有限公司
青岛金创利机械有限公司

青岛三安国际贸易有限公司
青岛真诺机械有限公司
山东精诺机械股份有限公司
山东旭日东机械有限公司
潍坊精盛机械有限公司
潍坊升阳机械科技有限公司
潍坊中顺机械科技有限公司
诸城市德润机械加工厂
诸城市亿升机械有限公司
淄博大进造纸设备有限公司
淄博泰鼎造纸机械有限公司
河南大指造纸装备集成工程有限公司
河南省德凯隆纸品机械有限公司
许昌恒源纸品机械有限公司
许昌兄弟机械制造有限公司
郑州科宇机械设备有限公司
郑州易之安机械设备有限公司
东莞安其机械有限公司
东莞市鸿创造纸机械有限公司
东莞市佳溢丰机械制造有限公司
东莞市双驰机械设备有限公司
东莞市万江德宝机械厂
东莞市维和科技有限公司
东莞市新易恒机械有限公司
东莞市志鸿机械制造有限公司
佛山恒劲机械设备有限公司
佛山市邦贝机械制造有限公司
佛山市宝索机械制造有限公司
佛山市川科创机械设备有限公司
佛山市嘉和机械制造有限公司
佛山市金穗昌机械设备有限公司
佛山市精拓机械设备有限公司
佛山市科牛机械有限公司
佛山市南海美璟机械制造有限公司
佛山市南海铭阳机械制造有限公司
佛山市南海区贝泰机械制造有限公司
佛山市南海区德昌誉机械制造有限公司
佛山市南海区弘睿兴机械制造有限公司
佛山市南海区益邦机械厂
佛山市南海毅创设备有限公司
佛山市南海置恩机械制造有限公司
佛山市欧创源机械制造有限公司
佛山市鹏轩机械制造有限公司
佛山市盛图科技有限公司
佛山市协合成机械设备有限公司
佛山市鑫志成科技有限公司
佛山市兆广机械制造有限公司
佛山众典智能机械科技有限公司
广东同帮科技有限公司
实宜机械设备(佛山)有限公司
广州探索技术有限公司
惠州市惠润特实业有限公司
江门市蓬江区杜阮栢延五金机械厂
汕头市德宝利机械制造有限公司
汕头市金平区红福机械厂
深圳市元隆德科技有限公司
柳州市世华机械设备有限公司
柳州市维特印刷机械制造有限公司
四川精虹机电设备有限公司
百弘机械有限公司
侨邦机械有限公司
全利机械股份有限公司
恒克企业有限公司
捷贸企业有限公司
钜研精密机械有限公司
和耀企业有限公司
特艺佳国际有限公司

● 卫生纸机和加工设备的其他相关器材配件
Other related apparatus and fittings of tissue machine and converting machinery

北京双易盛科技发展有限公司
北京威瑞亚太科技有限公司
杰为造纸技术服务(北京)有限公司
莱克勒(天津)国际贸易有限公司
北京圣德安信科技发展有限公司
依博罗阀门(北京)有限公司
北京万丰力技术有限公司
北京远美来机械设备有限公司
北京恒捷科技有限公司
北京欧华金桥科技发展有限公司
北京优派特科技发展有限公司
北京高中压阀门有限责任公司
天津市邦特斯激光制辊有限公司
天津市博业工贸有限公司
天津市兆川机电制造厂
保定市昌达造纸机械有限公司
保定市晨光造纸机械有限公司
保定市诚信纸品机械有限公司
保定市创新造纸机械有限公司
保定市广润机械制造有限公司

保定市赫达造纸机械制造有限公司
保定市宏联机械制辊有限公司
保定市江泰机械制造有限公司
保定市杰德机械设备制造有限公司
保定市满城区全新机械厂
保定市满城区信达制辊厂
保定市中通泵业有限公司
保定卓润造纸机械厂
河北鸿达泵业有限公司
河北赛高波特流体控制有限公司
河北三兴制辊有限公司
河北省满城鑫光造纸机械厂
华信造纸机械厂
满城县恒通造纸机械有限公司
沧州市通用造纸机械有限责任公司
河北亚圣实业有限公司
河北枣强鼎好玻璃钢有限公司
固安安腾精密筛分设备制造有限公司
石家庄诚信中轻机械设备有限公司
大连光扬轴承制造有限公司
大连明珠机械有限公司
大连苏尔寿泵及压缩机有限公司
杜博林(大连)精密旋接器有限公司
丹东新兴造纸机械有限公司
丹东鸭绿江磨片有限公司
沈阳春光造纸机械有限公司
沈阳市永达有色铸造厂
白城福佳科技有限公司
吉林市诚信实业有限责任公司
美睿(上海)工程制品有限公司
上海圣智机械设备有限公司
上海舒友橡胶制辊有限公司
布鲁奇维尔(上海)通风技术有限责任公司
上海大晃泵业有限公司
上海洛泽机电设备有限公司
上海洗霸科技股份有限公司
德旁亭(上海)贸易有限公司
上海金旋旋转接头制造有限公司
上海迁川制版模具有限公司
上海荣毅华表面热喷涂工程有限公司
维美德造纸机械技术(中国)有限公司
优泰克智能设备(上海)有限公司
友聚(上海)精工机具有限公司
上海村田激光技术有限公司
上海众邦制版科技有限公司
上海联净电子科技有限公司
上海纳维加特机电科技有限公司
上海全风机电设备有限公司
上海森明工业设备有限公司
友瑜有限公司
芬澜造纸技术(上海)有限公司
库沃真空科技(上海)有限公司
麦格思维特(上海)流体工程有限公司
诺德美克(上海)机械有限公司
Mtorres(上海)有限公司
上海诺川泵业有限公司
展东国际贸易(上海)有限公司
上海力林造纸真空机械有限公司
椿本链条(上海)有限公司
菲帕(上海)科技有限公司
上海亳航轴承有限公司
上海青润机械设备有限公司
上海运安制版有限公司
上海中浩激光制版有限公司
拜玛机械制造(上海)有限公司
好利旺机械(上海)有限公司
上海戴嵘科技有限公司
上海恩策机械设备有限公司
上海斐卓喷雾净化设备有限公司
上海茂控机电设备有限公司
斯普瑞喷雾系统(上海)有限公司
西尔伍德机械贸易(上海)有限公司
泽积(上海)实业有限公司
康拓国际贸易(上海)有限公司
美国 J&L 制浆服务有限公司上海代表处
上海国峥贸易有限公司
上海基越工业设备有限公司
上海瑞治贸易有限公司
上海思百吉仪器系统有限公司
上海冬慧辊筒机械有限公司
上海擎邦机电设备有限公司
上海旭欧轴承有限公司
博路威(上海)机械科技股份有限公司
菲锐西(上海)贸易有限公司
兼松开吉开商贸(上海)有限公司
日惠得造纸器材(上海)贸易有限公司
山洋电气(上海)贸易有限公司
安德里茨胶辊(常州)有限公司
常州东骏胶辊制造有限公司
常州高普拉斯特胶辊有限公司
常州航林人造板机械制造有限公司
常州卡瑞斯特花辊机械有限公司
常州龙驰花辊机械有限公司
常州耐立德机械有限公司
常州市高娟机械有限公司
常州市坚力橡胶有限公司

常州市宁晨机械制辊有限公司
常州市荣誉制辊有限公司
常州市盛高制辊机械有限公司
常州市泰亚机械有限公司
常州市同友机械科技有限公司
常州市武进第二法兰锻造有限公司
常州市武进广宇花辊机械有限公司
常州市武进海力制辊有限公司
常州市延政制辊厂
常州市颛顼精密机械有限公司
常州淞杰电机电器有限公司
常州泰田机械有限公司
常州裕东制辊有限公司
常州涢盛机电设备有限公司
瀚德力茨胶辊科技(南京)有限公司
江苏保龙机电制造有限公司
江苏周氏精密胶辊有限公司
溧阳市江南烘缸制造有限公司
一重集团常州华冶轧辊股份有限公司
淮安鸣鸿精密机械有限公司
连云港华露机械有限公司
生态环境部南京环境科学研究所
南京安森机电设备有限公司
南京犇达机电科技有限公司
南京华洋机械刀具有限公司
南京金牌机械制造有限公司
南京肯力机械刀具有限公司
南京敏硕机械配件有限公司
南京奈研新材料有限公司
南京乾锋机械设备有限公司
南京欣沃机械设备有限公司
春鼎机械工业股份有限公司
海门维拓斯液压阀业有限公司
南通普瑞特透平科技有限公司
南通荣恒环保设备有限公司
南通市华德机泵有限公司
南通市巨龙流体机械有限公司
南通通灵液压设备有限公司
启东春鼎机械有限公司
上鼓透平风机启东有限公司
奥胜制造(太仓)有限公司
常熟市奥欣复合材料有限公司
恩拓博智能装备(江苏)有限公司
江苏绿叶净化科技有限公司
昆山阿姆达精密刀具有限公司
昆山合力众泰机械设备有限公司
昆山科麦德智能科技有限公司
昆山龙腾跃达机械设备有限公司
昆山陆联力华胶辊有限公司
昆山盛晖机械科技有限公司
昆山市永丰水处理流体机械有限公司
昆山韦尔沃机电设备有限公司
昆山鑫帝科胶辊有限公司
昆山亚欧梭耶机械设备有限公司
昆山亚培德造纸技术设备有限公司
昆山优之嘉模具开发有限公司
劳士领机械制造(昆山)有限公司
劳斯造纸技术(昆山)有限公司
模德模具(苏州工业园区)有限公司
欧陆风机技术(太仓)有限公司
全风机电设备(昆山)有限公司
三浦工业(中国)有限公司
苏州嘉研橡胶工业科技有限公司
苏州杰威尔精密机械有限公司
苏州凯米沃辛流体设备技术有限公司
苏州静冈刀具有限公司
苏州力华米泰克斯胶辊制造有限公司
苏州曼卡尔机械工程有限公司
太仓布莱德刀锯有限公司
太仓市兴良造纸制浆成套设备有限公司
太仓龙铁机械有限公司
威世兰(太仓)工业科技有限公司
吴江思翔胶辊制品厂
张家港市新精工轴承机电有限公司
张家港市新龙机械配件厂
江苏飞跃机泵集团有限公司
江苏金利马重工机械制造有限公司
江苏美达天竺机械刀片有限公司
江苏仕宁机械有限公司
江苏鑫瑞特造纸机械有限公司
兴化市迈达机械有限公司
博路威机械(江苏)有限公司
大明国际控股有限公司
江苏杰尔科技股份有限公司
江苏腾旋科技股份有限公司
江阴市百合机械有限公司
江阴市利伟轧辊印染机械有限公司
江阴市申龙制版有限公司
江阴市苏宏辊业有限公司
江阴市旭剑辊业科技有限公司
江阴市正阳机械有限公司
江阴市纸粕纺织机械有限公司
凯登约翰逊(无锡)技术有限公司
维美德造纸机械技术(无锡)有限公司
无锡爱德旺斯科技有限公司
无锡奥克特轴承有限公司

无锡鸿华造纸机械有限公司
无锡沪东麦斯特环境科技股份有限公司
无锡京阳辊业有限公司
无锡尚川机械有限公司
无锡市海燕高压泵阀厂
无锡市俊宝华蓝科技有限公司
无锡市万邦机械制造厂
无锡市永昇轴承有限公司
无锡维科通风机械有限公司
无锡西尔武德机械有限公司
无锡正杨造纸机械有限公司
宜兴坤纬胶辊科技有限公司
宜兴申联机械制造有限公司
徐州光环皮带机托辊有限公司
徐州三象机械有限公司
徐州市东杰造纸机械有限公司
徐州市世安制辊模具厂
徐州亚特花辊制造有限公司
江苏贝斯特数控机械有限公司
恩斯克投资有限公司
江苏腾飞数控机械有限公司
江苏信诺轨道科技有限公司
江苏易程机械有限公司
江苏正伟机械有限公司
盐城市顺驰机械科技有限公司
江苏麒浩精密机械股份有限公司
尚宝罗(江苏)节能科技股份有限公司
江苏大唐机械有限公司
江苏海德利热能设备制造有限公司
江苏宏强电气集团有限公司
西恩德(镇江)复合材料技术有限责任公司
镇江市丹徒区德龙花辊厂
镇江市天地通造纸设备有限公司
镇江中森科技有限公司
杭州奥荣科技有限公司
杭州宝星辊轮有限公司
杭州大路装备有限公司
杭州东能机电设备有限公司
杭州华加造纸机械技术有限公司
杭州玖点轻工机械有限公司
杭州俊雄机械制造有限公司
杭州美辰纸业技术有限公司
杭州锐斯刀具有限公司
杭州顺隆胶辊有限公司
杭州天创环境科技股份有限公司
杭州天朗金属科技有限公司
杭州萧山美特轻工机械有限公司
杭州神龙工业泵制造有限公司
安吉美伦纸业设备有限公司
湖州精运制版有限公司
湖州刻强制版有限公司
浙江升祥辊业制造有限公司
浙江峥嵘瑞达辊业有限公司
川之江造纸机械(嘉兴)有限公司
慈溪天翼碳纤维科技有限公司
海宁於氏龙电雕制版有限公司
嘉善晋信自润滑轴承有限公司
嘉兴埃富得机械有限公司
嘉兴泰恩弹簧有限公司
东阳市莱驰环保科技有限公司
金华市顺钧辊业制造有限公司
浙江杰能环保科技设备有限公司
川源(中国)机械有限公司
宁波市联成机械有限责任公司
益非亚(宁波)风机分级机科技有限公司
华越压纹系统有限公司
浙江省绍兴市诸暨市中太造纸机械有限公司
瑞晶机电有限公司
台州大铭机械有限公司
台州兴达隆润滑设备有限公司
金斯顿喷淋机械有限公司
瑞安市德信机械厂
瑞安市登峰喷淋技术有限公司
温州铭昌激光技术有限公司
温州诺盟科技有限公司
温州市华威机械有限公司
温州市利普自控设备有限公司
温州市天铭印刷机械有限公司
浙江海盾特种阀门有限公司
浙江金砖机械科技有限公司
浙江力诺流体控制科技股份有限公司
浙江省瑞萌控制阀有限公司
舟山市华方机械有限公司
亚德客(中国)有限公司
安徽大地机械科技有限公司
安徽省神冲锻压机床科技有限公司
久利刀具(马鞍山)有限公司
马鞍山市东信机械刀片厂
马鞍山市利豪机械刀片有限公司
马鞍山市上丰机械刀片厂
铜陵德路易机械制造有限公司
芜湖拓飞机电设备销售有限公司
晋江市昊强机电科技有限公司
晋江市宏创机械制造有限公司
晋江顺应机电有限公司
泉州市聚实力科技有限公司

泉州鑫达机械有限公司
泉州优特机电设备有限公司
瑞硕(厦门)商贸有限公司
厦门广业轴承有限公司
厦门厦迪亚斯环保过滤技术有限公司
厦门市艾迪姆机械有限公司
江西洪都精工机械有限公司
江西三机机电设备有限公司
滨州东瑞机械有限公司
山东滨瑞精密机械有限公司
山东杰锋机械制造有限公司
山东顺通科技有限公司
山东金信空调集团股份有限公司
济南奥凯机械制造有限公司
济南恒塔实业有限公司
济南华章实业有限公司
济南诺恩机械有限公司
济南瑞联造纸技术有限公司
济南赢创动力机械有限公司
济南优派特造纸技术有限公司
山东华东风机有限公司
山东三牛机械集团股份有限公司
山东省章丘鼓风机股份有限公司
山东新港环保科技有限公司
山东章丘市大星造纸机械有限公司
济宁华隆机械制造有限公司
山东华屹重工有限公司
山东丰信通风设备有限公司
山东福华造纸装备有限公司
青岛恩斯凯精工轴承有限公司
青岛栗林机械设备有限公司
青岛蒙特恩机械设备有限公司
青岛鑫裕弘压花模具有限公司
青岛永创精密机械有限公司
青岛运卓国际贸易有限公司
普瑞特机械制造股份有限公司
山东山矿泵业有限公司
山东方源众和机械有限公司
山东汉通奥特机械有限公司
山东盛泰源机械制造有限公司
山东鑫汇机械有限公司
山东旭日东机械有限公司
潍坊富源增压器有限公司
潍坊科创浆纸工程有限公司
潍坊艺珂机械科技有限公司
汶瑞机械(山东)有限公司
诸城市大正机械有限公司
诸城市金隆机械制造有限责任公司
诸城市利丰机械有限公司
诸城市明大机械有限公司
诸城市天工造纸机械有限公司
诸城市新日东机械厂
诸城市亿升机械有限公司
诸城市永利达机械有限公司
诸城宇丰工贸有限公司
诸城泽亿机械有限公司
烟台华日造纸机械有限公司
山东德源美斯特胶辊有限公司
山东中力高压阀门股份有限公司
滕州力华米泰克斯胶辊有限公司
滕州市德源高新辊业有限公司
山东晨钟机械股份有限公司
山东精工泵业有限公司
淄博昌平机械有限公司
淄博水环真空泵厂有限公司
河南大指造纸装备集成工程有限公司
河南省德沁高新辊业有限公司
焦作市中联轻工机械厂
温县欣悦刀具厂
鼎诚纸品机械有限公司
南阳周氏精密科技有限公司
巩义市曙光两相流泵厂
郑州磊展科技造纸机械有限公司
郑州永锐利制刀有限公司
郑州运达造纸设备有限公司
河南锦弘网业有限公司
河南晶鑫科技股份有限公司
湖北广力轧辊有限公司
湖北艾维橡塑科技有限公司
湖北博英精工科技股份有限公司
湖北金亚制刀有限公司
湖北京阳橡胶制品有限公司
湖北省风机厂有限公司
贝尔喷雾系统(武汉)有限公司
武汉法科瑞系统技术有限公司
武汉赛迪特机电科技有限公司
襄阳市誉达利精密机械有限公司
湖南晟明环保科技有限公司
湖南省亿旺机电制造有限公司
航天凯天环保科技股份有限公司
湖南三匠人科技有限公司
湖南维杰环保科技有限公司
湖南正达纤科机械制造有限公司
湖南正大轻科机械有限公司
湖南正鼎环境保护工程有限责任公司
长沙鼎联热能科技有限公司

东莞市宏昌荣机械有限公司
东莞市鸿创造纸机械有限公司
东莞市华星胶辊有限公司
东莞市惠得机械制造有限公司
东莞市科顺机电设备有限公司
东莞市绿慧环保设备有限公司
东莞市全风环保设备有限公司
东莞市凌圣五金机电有限公司
东莞市三峰刀具有限公司
东莞市沙田宏丰机电厂
东莞市万江科能保温技术服务部
东莞市新易恒机械有限公司
东莞市一新刀锯有限公司
东莞市云峰机电科技有限公司
东莞市中堂亨利飞造纸机械厂
广东周氏胶辊有限公司
昆山大风机械有限公司
佛山连冠科技有限公司
佛山市禅城区真达轮同步带轮厂
佛山市鼎天保护膜有限公司
佛山市富恒造纸技术服务有限公司
佛山市柯锐机械制造有限公司
佛山市南海成鑫五金机械厂
佛山市南海里水连冠金属塑料制品有限公司
佛山市南海区洪昌聚发机电阀门有限公司
佛山市南海区键铧风机有限公司
佛山市南海区里水京阳胶辊制造有限公司
佛山市南海区志胜激光制辊有限公司
佛山市南海银水鱼机械有限公司
佛山市顺德区北滘贝格尔制版厂
佛山市顺德区伟泓机械有限公司
佛山市腾立科技有限公司
佛山市鑫美卓创制辊有限公司
佛山市星河制版有限公司
佛山市壹行机电有限公司
佛山市悦民节能科技有限公司
佛山市珠江风机有限公司
佛山运城压纹制版有限公司
广东大华轴承有限公司
广东金德海制辊有限公司
广东志德胜科技有限公司
新方圆木工机械厂
广东光泰激光科技有限公司
广东贝乐机电科技有限公司
广州嘉琦印刷器材有限公司
广州科毅工艺有限公司
广州龙铁机械有限公司
广州市泓智机械有限公司
广州市金炜通塑料制品有限公司
广州市凯和科技有限公司
广州市琅刻制版科技有限公司
广州市南沙区兆丰制辊有限公司
广州市盛豪纸业有限公司
广州粤有研材料表面工程有限公司
迈德乐喷雾系统广州有限公司
斯凯孚(中国)销售有限公司
广东创源节能环保有限公司
江门市安德宝特种润滑剂有限公司
江门市恒通橡塑制品有限公司
江门市宏轩环保工程有限公司
江门市双辉科技有限公司
江门市新会区坚润网带厂有限公司
江门市新会区园达工具有限公司
开平市水口镇宏兴造纸机械配件厂
深圳圣运激光制版有限公司
深圳市德伦金科技有限公司
深圳市哈德胜精密科技股份有限公司
深圳市瑞广劲科技有限公司
深圳市威马机械装备有限公司
中山市东成制辊有限公司
中山市黄圃镇建业机械铸造厂
柳州德夫里国际贸易有限公司
柳州市立安联合刀片有限公司
三菱电机产品重庆技术服务中心
四川弗莱戈机械设备制造有限公司
都江堰华西轻工机械有限责任公司
都江堰市智德机械厂
南方泵业股份有限公司
德阳市双江塑料厂
乐山飞鸿机械有限责任公司
四川三台剑门泵业有限公司
贵州恒瑞辰科技股份有限公司
昆明弗格圣普科技有限公司
陕西欧润造纸机械有限公司
上海力顺燃机科技有限公司
西安芬润造纸设备有限公司
西安吉天机械制造有限公司
西安迈拓机械制造有限公司
西安蓬勃橡胶有限公司
西安市临潼区英隆超硬材料厂
西安市漳浒造纸机械有限公司
西安维亚造纸机械有限公司
西安亿帆动力科技有限公司
安佳康实业有限公司
百虹机械有限公司
九鸣实业有限公司

捷贸企业有限公司
和耀企业有限公司
维星生技有限公司
仁通实业有限公司
德保国际贸易有限公司

● 吸收性卫生用品生产设备 Machinery for absorbent hygiene products

保定格润工贸有限公司
丹东北方机械有限公司
黑龙江鑫源达国际贸易有限公司
瑞光(上海)电气设备有限公司
特艺佳贸易(上海)有限公司
上海守谷国际贸易有限公司
法麦凯尼柯机械(上海)有限公司
上海智联精工机械有限公司
江苏金华纸尿裤设备有限公司
江苏金卫机械设备有限公司
江苏平安医疗器械有限公司
金湖宏达卫生用品设备有限公司
金湖三木机械制造实业有限公司
金湖中卫机械有限公司
张家港市阿莱特机械有限公司
张家港市久屹机械制造有限公司
杭州东巨实业有限公司
杭州海纳机械有限公司
杭州军锋机械有限公司
杭州铭瑞佳机械科技有限公司
杭州同创实业有限公司
浙江新余宏智能装备有限公司
温州维顾德机械有限公司
金华市东巨机械设备有限公司
义乌市久业机械设备有限公司
瑞安市瑞乐卫生巾设备有限公司
浙江省瑞安市瑞丰机械厂
安庆市恒昌机械制造有限责任公司
安徽瑞程机械设备有限公司
黄山富田精工智造股份有限公司
福建溢泰科技有限公司
创大机械(福建)有限公司
福建佳一机械制造实业有限公司
福建明辉机械有限公司
福建培新机械制造实业有限公司
福建省龙腾机械制造有限公司
福建省泉州市智高机械制造有限公司
福建省三联精工机械有限公司
海纳智能装备国际控股有限公司
汉伟集团有限公司
晋江锐杰源科技有限公司
晋江市顺昌机械制造有限公司
晋江市顺盛机械制造有限公司
晋江市五里古月机械厂
聚宝科技机械有限公司
泉州创达实业有限公司
泉州佳一机械制造实业有限公司
泉州军威机械设备有限公司
泉州市汉威机械制造有限公司
泉州市华讯机械制造有限公司
泉州市汇达机械设备有限公司
泉州市明工机械制造有限公司
泉州市兴远机械制造有限公司
泉州市玉峰机械制造有限公司
泉州鑫达机械有限公司
泉州智造者机械设备有限公司
松嘉(泉州)机械有限公司
河南省邦恩机械制造有限公司
东莞市新盛机械设备有限公司
佛山市冠基精工机械有限公司
佛山市南海安隆机械设备有限公司
佛山市顺德区智敏自动化设备有限公司
广东中科鑫雁科技有限公司
广州市兴世机械制造有限公司
广州天续机械设备有限公司
江门汇科机械设备有限公司
中山市建通机械有限公司
亘信机械有限公司
仁通实业有限公司

● 热熔胶机 Hot melt adhesive machine

北京三土伟业科技发展有限公司
北京市信义惠达机电设备有限公司
凯越(天津)机械设备有限公司
善持乐喷涂设备(上海)有限公司
上海国堂机械设备有限公司
诺信(中国)有限公司
上海协熔科技有限公司
美国阀科集团中国销售服务中心
上海华迪机械有限公司
法远建机械设备(上海)有限公司
上海善实机械有限公司

常州永盛新材料装备股份有限公司
金湖县赫尔顿热熔胶设备有限公司
金湖中卫机械有限公司
昆山达成热熔胶设备有限公司
苏州博伦热熔胶机械有限公司
苏州欧仕达热熔胶机械设备有限公司
依工玳纳特胶粘设备(苏州)有限公司
无锡冉信热熔胶机械设备有限公司
无锡市浩帆涂布设备有限公司
无锡市吉睦泰克机械厂
杭州朗奇科技有限公司
杭州亿赫科技开发有限公司
瑞安市佳源机械有限公司
瑞安市俊鼎达机械有限公司
浙江华安机械有限公司
福建省精泰设备制造有限公司
泉州德宏鑫热熔胶设备有限公司
泉州市贝特机械制造有限公司
泉州市新威喷涂设备有限公司
泉州市永泰机械设备有限公司
泉州万鸿机械制造有限公司
泉州新日成热熔胶设备有限公司
东莞皇尚实业有限公司
东莞市久骥热熔胶喷涂科技有限公司
东莞市立乐热熔胶机械有限公司
东莞市诺达商贸有限公司
佛山市诺成机械有限公司
佛山市盛图科技有限公司
广州市乐佰得喷涂设备有限公司
广州市瑞双明自动化科技有限公司
惠州市众鑫氟塑工业有限公司
江门跨海工贸有限公司
江门市维立奥流体机械设备有限公司
深圳市腾科系统技术有限公司
深圳博天浩业技术有限公司
深圳金皇尚热熔胶喷涂设备有限公司
深圳诺胜技术发展有限公司
深圳市爱普克流体技术有限公司
深圳市柏顿堤科技有限公司
深圳市班驰机械设备有限公司
深圳市诚信欣精密五金有限公司
深圳市锋骏机械设备有限公司
深圳市皇信精密机械有限公司
深圳市佳德力流体控制设备有限公司
深圳市嘉美高科系统技术有限公司
深圳市嘉美斯科技股份有限公司
深圳市迈拓精工有限公司
深圳市鑫冠臣机电有限公司
深圳市鑫煌尚自动化科技有限公司
深圳市伊诺威机电有限公司
轩泰机械设备有限公司
中山晶诚机电设备有限公司
皇尚企业股份有限公司

● 配套刀具 Blade

北京金彩精机科技发展有限责任公司
北京伟伯康科技发展有限公司
北京华恩表面工程技术有限公司
迪能科技(北京)有限公司
保定格芮艾特新材料科技有限公司
天龙制锯(中国)有限公司
丹东博威磨片有限公司
上海晓国刀片有限公司
上海永信模具材料有限公司
友聚(上海)精工机具有限公司
上海恩悌三义实业发展有限公司
上海弘道五金机械制造有限公司
上海镭茂精密机械设备有限公司
上海天竺机械刀片有限公司
沪尖机械设备(上海)有限公司
上海皇耀机械刀片模具有限公司
博乐特殊钢(上海)有限公司
上海瑞治贸易有限公司
常州(美孚森)贸易有限公司
常州精密达刀具有限公司
常州市岚钨合金有限公司
江苏金湖华丰模具厂
江苏戈莱德机械科技有限公司
南京贝恒精密刀具有限公司
南京德森特精密刀具有限公司
南京华洋机械刀具有限公司
南京技锋刀具有限公司
南京金牌机械制造有限公司
南京精博刀具有限公司
南京雷德机械有限公司
南京溧水拓丰机械制造有限公司
南京乾锋机械设备有限公司
南京锐鸿捷精密刀具有限公司
南京松林刮刀锯有限公司
南京鑫亚机械有限公司
南通华严磨片有限公司
南通市海门国峰刀片有限公司
坂崎雕刻模具(昆山)有限公司
江苏吉尔吉智能机械有限公司

昆山阿姆达精密刀具有限公司
昆山德凯盛刃模有限公司
昆山华崎创为精密机械有限公司
昆山科麦德智能科技有限公司
昆山隆新弘精密模具有限公司
昆山耐富利工业器材有限公司
昆山新锐利制刀有限公司
昆山鑫陆达精密模具科技有限公司
昆山凯德盛刀具有限公司
苏州静冈刀具有限公司
苏州力刀精密机械制造有限公司
苏州市代尔蒙特刀具厂
中创佑恒机械(苏州)有限公司
江苏美达天竺机械刀片有限公司
靖江洛克威尔机械制造有限公司
海博锐材料科技(无锡)有限公司
无锡恒裕盛机械设备有限公司
无锡市嘉瑞丰科技有限公司
江苏麒浩精密机械股份有限公司
扬州裕龙砂轮有限公司
丹阳优玛机械设备有限公司
镇江中福马机械有限公司
镇江中森科技有限公司
杭州博家五金机械有限公司
杭州锐斯刀具有限公司
杭州天朗金属科技有限公司
杭州同创实业有限公司
杭州萧山皓和科技有限公司
浙江嘉兴金耘特殊金属有限公司
缙云县晋辉钢材销售有限公司
浙江精瑞工模具有限公司
安徽瑞强精密机械股份有限公司
安徽大地机械科技有限公司
安徽锋利锐刀片制造有限公司
安徽恒锐机械制造有限公司
安徽华天机械股份有限公司
安徽嘉龙锋钢刀具有限公司
安徽金凯机械刃模具制造有限公司
安徽宁汉重工机械制造有限公司
安徽长江机床制造(集团)有限公司
技锋精密刀具(马鞍山)有限公司
马鞍山奥斯创机械科技有限公司
马鞍山冠航机械科技有限公司
马鞍山海锻机械科技有限公司
马鞍山宏特机械刃模有限公司
马鞍山洪涛机械科技有限公司
马鞍山杰远机械制造有限公司
马鞍山俊强精密机械设备有限公司
马鞍山骏飞机械科技有限公司
马鞍山市兵锋机械刀片有限公司
马鞍山市东信机械刀片厂
马鞍山市飞华机械模具刀片有限公司
马鞍山市飞凯机械科技有限公司
马鞍山市飞鹰刀片有限公司
马鞍山市锋尔利机械刀片科技有限公司
马鞍山市锋特利机械刃模具有限公司
马鞍山市富源机械制造有限公司
马鞍山市国锋机械刀片厂
马鞍山市海格曼机械设备有限公司
马鞍山市寒刃天刀模制造有限公司
马鞍山市杭氏精密机械刀模有限公司
马鞍山市恒利达机械刀片有限公司
马鞍山市弘泰机械刀片厂
马鞍山市宏骏机械刀具科技有限公司
马鞍山市沪云机械刀片有限公司
马鞍山市华创机械刀具有限公司
马鞍山市华美机械刀片有限公司
马鞍山市华洋机械刃具有限公司
马鞍山市金彩机械厂
马鞍山市靖玉机械刀具厂
马鞍山市铠莱锐机械设备有限公司
马鞍山市莱恩机械科技有限公司
马鞍山市利成刀片制造厂
马鞍山市利豪机械刀片有限公司
马鞍山市连杰机械刀片销售有限公司
马鞍山市秦洋刀具制造有限公司
马鞍山市三峰机械制造有限公司
马鞍山市上丰机械刀片厂
马鞍山市天元机械制造有限公司
马鞍山市万鼎冶金机械刀片厂
马鞍山市新兴数控刃模有限公司
马鞍山市雄晟机械制造有限公司
马鞍山市旭光精密模具制造有限公司
马鞍山市杨氏机械科技有限公司
马鞍山市一诺机械刀具有限公司
马鞍山市裕新机械刀具厂
马鞍山市源锦机械设备有限公司
马鞍山市正吉机械科技有限公司
马鞍山市智新纳米材料有限公司
马鞍山市中亨机械有限公司
马鞍山市中捷锻压机床有限公司
马鞍山玮佳机械有限公司
马鞍山远洲工业刀片制造有限公司
马鞍山运源特精密机械科技有限公司
南京靖立机械刀片有限公司
南京市溧水区高忠辉五金店

威马机械设备有限责任公司
铜陵德路易机械制造有限公司
福建晋江特锐模具有限公司
福建勤晖机械有限公司
恒超机械制造有限公司
晋江市安海镇斯达五金商行
晋江市恒超机械制造有限公司
晋江市明海精工机械有限公司
晋江市荣超机械制造有限公司
南安市龙山轻工机械有限公司
泉州恒锐机械制造有限公司
泉州翔锐机械有限公司
三明市宏立机械制造有限公司
三明市普诺维机械有限公司
三明市锐格模切科技有限公司
赣州恩创科技有限公司
江西金力永磁科技股份有限公司
青岛大青精工有限公司
潍坊沪森精工设备有限公司
温县欣悦刀锯厂
郑州永锐利制刀有限公司
湖北金亚制刀有限公司
武汉鲁班带钢有限公司
武汉五岳科技发展有限公司
湖北华鑫科技股份有限公司
湖北三盛刀锯有限公司
襄阳市誉达利精密机械有限公司
黑旋风锯业股份有限公司
东莞桦桠刀具有限公司
东莞世腾模具机械有限公司
东莞市茶山捷锐模具加工厂
东莞市祺中五金机械有限公司
东莞市三峰刀具有限公司
东莞市神点纳米喷涂科技有限公司
东莞市腾瑞刀模有限公司
东莞市一新刀锯有限公司
东莞市钰恒精密模具有限公司
东莞市长盛刀锯有限公司
希普思数控刀具有限公司
佛山市禅城区青山精密模具厂
佛山市奉航金属科技有限公司
佛山市工必利刀片有限公司
佛山市嘉明工业设备有限公司
佛山市一元机电有限公司
佛山市粤桥精密刀具有限公司
广州高克尔科技有限公司
江门市金欣科技有限公司
江门市新会区园达工具有限公司
汕头市金平区广汕模具厂
坂崎雕刻模具(深圳)有限公司
广州市哥哈德贸易有限公司
深圳市德伦金科技有限公司
深圳市哈德胜精密科技股份有限公司
深圳市威马机械装备有限公司
中山市全鑫达机械模具有限公司
柳州市恒丰利刀具有限公司
柳州市立安联合刀片有限公司
重庆斯凯力科技有限公司
成都德润源刀锯有限公司
成都惠凯达科技有限公司
成都鲁川科技有限公司
成都新利精密刀具有限公司
叡亿机械股份有限公司
漳州润泰制刀有限公司

● 吸收性卫生用品生产设备的其他配件
Other fittings of machinery for absorbent hygiene products

北京京和资材商贸有限公司
新乐华宝塑料机械有限公司
河北际华玄德智能科技股份有限公司
武汉逸飞激光股份有限公司
好乐紫外技术贸易(上海)有限公司
上海杰伟机械制造有限公司
上海凌盛商贸有限公司
上海罗利格莱实业有限公司
饭德精密机械(上海)有限公司
上海罗欧贸易有限公司
上海帅芯科技有限公司
埃维恩(上海)机械有限公司
上海戴嵘科技有限公司
常州澳顿花辊机械有限公司
常州恒泓升机械有限公司
常州市达力塑料机械有限公司
常州市东风卫生机械设备制造厂
常州市红忠机械厂
常州万超机械有限公司
常州益朗国际贸易有限公司
常州云峰信达机械有限公司
杜肯超声波(常州)有限公司
江苏戴纳米克机械科技有限公司
江苏昇瑞机械制造有限公司
金湖中卫机械有限公司

连云港华露机械有限公司
江苏艾溥工业技术有限公司
恩斯克投资有限公司
南京安顺自动化装备有限公司
南京敏硕机械配件有限公司
南京奈研新材料有限公司
南京永腾化工装备有限公司
意大利友宁机械制造股份公司南京办事处
南通图海机械有限公司
博星印刷器材(苏州)有限公司
常熟卓世橡胶制品有限公司
海尔曼超声波技术(太仓)有限公司
昆山斯亚德精密模具有限公司
睿弗(苏州)机械工程有限公司
苏州金纬机械制造有限公司
苏州木易精密模具有限公司
太仓市广盛机械有限公司
吴江思翔胶辊制品厂
张家港市飞江塑料包装机械有限公司
张家港市锦冠机械有限公司
张家港市新龙机械配件厂
博路威机械(江苏)有限公司
江阴市科盛机械有限公司
江阴市明达胶辊有限公司
江阴市腾宇金属制品有限公司
无锡尼可超声波设备有限公司
无锡市吉睦泰克机械厂
无锡市金澳硅氟橡胶厂
无锡新诺超声科技有限公司
无锡新欣真空设备有限公司
宜兴申联机械制造有限公司
徐州光环皮带机托辊有限公司
徐州亚特花辊制造有限公司
扬州市宏厦通用机械有限公司
杭州博奕金拓机械有限公司
杭州卫品科技有限公司
杭州新恒诺机械有限公司
安吉美伦纸业设备有限公司
德清创智科技股份有限公司
湖州东日环保科技有限公司
金纬机械(海宁)有限公司
浙江新越精密材料有限公司
金华市东巨机械设备有限公司
金华市顺钧辊业制造有限公司
宁波汤浅系道纺织化纤技术有限公司
台州大铭机械有限公司
台州精岳模具机械有限公司
浙江精诚模具机械有限公司
浙江正信机械有限公司
舟山市华方机械有限公司
安徽瑞程机械设备有限公司
安徽零壹机电轴承有限公司
马鞍山市沪马机械设备有限责任公司
大途(泉州)科技有限公司
福建盼达机械科技有限公司
福建玮晟机械有限公司
福兴塑胶机械制造厂
恒超机械制造有限公司
晋江市德豪机械有限公司
晋江市恒荣碳纤制品有限公司
晋江市明海精工机械有限公司
晋江市启力机械配件有限公司
晋江市荣超机械制造有限公司
晋江市长楷机械制造有限公司
泉州创立得智能科技有限公司
泉州久昌自动化设备有限公司
泉州市聚源塑胶机械有限公司
泉州市盛泉机械设备有限公司
泉州市万佳智能科技有限公司
泉州市万象机械制造有限公司
泉州翔锐机械有限公司
泉州银桥机械设备有限责任公司
厦门鑫港鸿五金工业有限公司
厦门希贝克工贸有限公司
济南华奥无纺科技有限公司
山东省压缩机设备总公司
青岛青塑时代机械有限公司
山东侨邦纸业科技有限公司
滕州市润升辊业有限公司
河南古斯特花辊设备有限公司
新乡市金石机械设备有限公司
郑州润迪卫生科技有限公司
河南锦弘网业有限公司
湖北艾维橡塑科技有限公司
湖北博英精工科技股份有限公司
湖北京阳橡胶制品有限公司
武汉法科瑞系统技术有限公司
襄阳市誉达利精密机械有限公司
东莞市青昊空压设备有限公司
东莞卓世橡胶制品有限公司
广东周氏胶辊有限公司
佛山市冠基精工机械有限公司
佛山市南海安隆机械设备有限公司
佛山市南海区胜顺达机械加工厂
佛山市森德智能科技有限公司
佛山市顺德区天润智能机械有限公司

佛山市泰达机械制造有限公司
广东恒辉隆机械有限公司
广东联塑机器制造有限公司
广东腾瀚机械科技有限公司
广州斯普莱技术有限公司
深圳市凯石精密模具有限公司
深圳市琳玺机电科技有限公司
中山市富田机械有限公司
陕西浩普实业有限公司
台湾智琦机械工业股份有限公司

● 包装设备、裹包设备及配件 Packaging and wrapping equipment & supplies

北京大森包装机械有限公司
北京金诺时代科技发展有限公司
北京代邦科技有限公司
北京威瑞亚太科技有限公司
北京赛唯斯特科技有限公司
北京圣德安信科技发展有限公司
北京沃佳玛科技有限公司
科诺华麦修斯电子技术(北京)有限公司
致博希迈工程包装机械(北京)有限公司
北京旭腾达自动化设备有限公司
中建材通用技术有限公司
北京中科汇百标识技术有限公司
天津赛达执信科技有限公司
天津汉林通商科技有限公司
天津惠坤诺信包装设备有限公司
天津市华春机械制造有限公司
冠卓智能科技(天津)有限公司
保定市信爵包装机械有限公司
河北省保定市帅然包装机械制造有限公司
东光县凯达包装机械厂
石家庄索亿泽机械设备有限公司
石家庄衍德包装有限公司
太原福莱瑞达物流设备科技有限公司
大连华胜包装设备有限公司
大连佳林设备制造有限公司
上海谦满包装机械有限公司
得水(上海)印刷科技发展有限公司
上海汇越印刷包装技术有限公司
上海齐诺实业有限公司
上海丰得盛实业有限公司
奥普蒂玛包装机械(上海)有限公司
上海满鑫机械有限公司
马肯依玛士(上海)标识科技有限公司
科尼希鲍尔印刷机械(上海)有限公司
德国布鲁克纳纺织机械技术有限公司上海代表处
上海贸和荣国际贸易有限公司
上海意纳自动化科技有限公司
多米诺标识科技有限公司
荷探自动化系统(上海)有限公司
上海阿仁科机械有限公司
上海迪凯喷码技术有限公司
上海美创力罗特维尔电子机械科技有限公司
上海普睿洋国际贸易有限公司
上海神派机械有限公司
上海万申包装机械有限公司
上海雨丰电子技术有限公司
上海镭德杰喷码技术有限公司
上海美捷伦工业标识科技有限公司
上海栉鸿能源科技有限公司
上海众鹤国际贸易有限公司
岑明包装机械(上海)有限公司
东欢实业(上海)有限公司
上海富永包装科技有限公司
上海丽索机械有限公司
上海全驰机械有限公司
上海适友机械设备有限公司
上海松川峰冠包装自动化有限公司
上海御流包装机械有限公司
澳科利印刷机械有限公司
佩索包装科技(上海)有限公司
上海晟崟智能科技有限公司
上海弘照机械设备有限公司
上海施潘德智能设备有限公司
上海紫泉标签有限公司
太阳机械股份有限公司
包利思特机械(上海)有限公司
纪州喷码技术(上海)有限公司
美国阀科集团中国销售服务中心
上海澳珞拉印刷器材有限公司
上海波峰电子有限公司
上海海立科标识科技有限公司
上海瀚幽传动机械有限公司
上海赫宇印刷有限公司
上海欢盛贸易有限公司
上海会岚包装科技有限公司
上海杰驰标识设备有限公司
上海久印机械有限公司
上海凯全包装材料有限公司
上海理贝包装机械有限公司

上海乾承机械设备有限公司
上海全易电子科技有限公司
上海问多机械有限公司
威猛巴顿菲尔机械设备(上海)有限公司
上海迅腾机械制造有限公司
紫稷实业(上海)有限公司
马肯依玛士(上海)标码科技有限公司
伊马孚达(上海)包装机械有限公司
上海迪凯标识科技有限公司
领新傲科(上海)贸易有限公司
上海祥和印刷技术有限公司
伟迪捷(上海)标识技术有限公司
常州赛瑞克包装机械有限公司
常州市伟宇精密机械有限公司
常州阳诺机械制造有限公司
常州钰锦金属科技有限公司
常州醒目包装机械有限公司
江苏来义包装机械有限公司
江苏汤姆智能装备有限公司
好事特智能机械(淮安)有限公司
连云港天成喷码设备销售有限公司
安徽美鸿科技有限公司
南京成灿科技有限公司
南京恒威标识科技有限公司
南京茂雷标识有限公司
南京全思沃德贸易有限公司
南京飒姿机械科技有限公司
南京威捷标识科技有限公司
南京鑫晖包装有限公司
南京依仕杰电子有限公司
南京卓能机械设备有限公司
江苏旭田环保机械有限公司
奥利安机械工业(常熟)有限公司
常熟市文鑫机械设备有限公司
常熟长友机械有限公司
海州开发区龙达飞纸品包装厂
江苏江鹤包装机械有限公司
昆山海滨机械有限公司
昆山迈格金相机械设备有限公司
昆山朋合机械设备有限公司
昆山尚威包装科技有限公司
欧米特(苏州)机械有限公司
上海黑马机械设备有限公司
上海星旭自动化设备有限公司
苏州超群智能科技有限公司
苏州诚威标识科技有限公司
苏州德迈科电机技术有限公司
苏州帝沃自动化包装机械有限公司
苏州聚盛信自动化设备有限公司
苏州朋鑫机械科技有限公司
苏州荣速机械科技有限公司
苏州圣瑞赛标识科技有限公司
苏州市盛百威包装设备有限公司
苏州研鹏亮智能设备有限公司
苏州英多智能科技股份有限公司
苏州盈熹包装机械设备有限公司
威德霍尔机械(太仓)有限公司
西瑞斯包装机械(苏州)有限公司
新裕恒(苏州)自动化科技有限公司
星路智能包装(昆山)有限公司
星亚(苏州)智能装备制造有限公司
言必行包装设备(昆山)有限公司
研茂智能装备(苏州)有限公司
张家港欧码喷码电子有限公司
张家港市春秋科技发展有限公司
张家港市飞江塑料包装机械有限公司
江阴鼎铭机械科技有限公司
江阴汇特力机械科技有限公司
江阴市宝均精密机械有限公司
江阴市北国包装设备有限公司
江阴市飞江塑料包装机械有限公司
江阴市华丰印刷机械有限公司
江阴市汇昌包装机械有限公司
江阴市汇通印刷包装机械有限公司
江阴市嘉铭印刷包装机械有限公司
江阴市江南轻工机械有限公司
江阴市朗昱机械设备有限公司
江阴市美尔胜包装机械科技有限公司
江阴市普联机械有限公司
江阴市仕旋机械有限公司
江阴市首信印刷包装机械有限公司
江阴市新宏昊自动化设备有限公司
江阴亿霖包装有限公司
无锡鼎茂机械制造有限公司
无锡佳通包装机械厂
无锡市邦信标识科技有限公司
无锡市科乐数码科技有限公司
无锡同联机电工程有限公司
无锡亚中智能装备有限公司
无锡中鼎集成技术有限公司
知锐智能装备无锡有限公司
好百年(盐城)新科技有限公司
江苏群昌智能制造科技有限公司
江苏萨科斯德智能机械科技有限公司
盐城市荣创自动化设备有限公司
扬州市霈哲机械科技有限公司

扬州松德电器科技有限公司
扬州泰瑞包装机械科技有限公司
杭州博奕金拓机械有限公司
杭州富阳惠宝汉威贸易有限公司
杭州光库科技有限公司
杭州珂瑞特机械制造有限公司
杭州杰特电子科技有限公司
杭州捷码标识设备有限公司
杭州铭瑞佳机械科技有限公司
杭州威克达机电设备有限公司
杭州项淮机械科技有限公司
杭州徐智玲智能科技有限公司
杭州永创智能设备股份有限公司
杭州永泉科技有限公司
浙江国自机器人技术有限公司
浙江鼎业机械设备有限公司
浙江昊明科技有限公司
海宁人民机械有限公司
浙江诚信包装材料有限公司
浙江军文机械设备有限公司
浙江武义浩伟机械有限公司
宁波菲仕运动控制技术有限公司
宁波科强标识科技有限公司
宁波欣达印刷机器有限公司
龙游运申制版有限公司
绍兴华华包装机械有限公司
浙江福欣德机械有限公司
瑞安华能机械科技有限公司
瑞安市昶泓印刷机械有限公司
瑞安市鼎益机械有限公司
瑞安市海诚机械有限公司
瑞安市宏泰机械科技有限公司
瑞安市华东包装机械有限公司
瑞安市华源包装机械厂
瑞安市三鑫包装机械有限公司
瑞安市三星包装机械有限公司
瑞安市天成包装机械有限公司
瑞安市长城印刷包装机械有限公司
瑞安市正东包装机械有限公司
温州创先机械科技有限公司
温州大度包装科技有限公司
温州高翔机械有限公司
温州海航机械有限公司
温州凯祥包装机械有限公司
温州启扬机械有限公司
温州市兴达印刷物资有限公司
温州瑞达机械有限公司
温州胜泰机械有限公司
温州市鼎盛包装机械厂
温州市飞煌机械设备有限公司
温州市聚兴智能包装设备有限公司
温州市领翔包装机械有限公司
温州市南华喷码设备有限公司
温州市胜龙包装机械有限公司
温州市伟牌机械有限公司
温州市新达包装机械厂
温州维顾德机械有限公司
温州维新机械有限公司
温州兄弟机械有限公司
温州众望包装机械有限公司
温州庄一机械科技有限公司
浙江鼎业机械设备有限公司
浙江高宝机械有限公司
浙江浩通机械有限公司
浙江省瑞港机械有限公司
浙江王派智能装备有限公司
浙江新新包装机械有限公司
奥克梅包装设备(嘉兴)有限公司
安徽盛远智能科技有限公司
安徽天恒包装机械制造有限公司
安徽正远包装科技有限公司
合肥博玛机械自动化有限公司
合肥哈工龙延智能装备有限公司
合肥沪邦工业标识技术有限公司
合肥市春晖机械制造有限公司
合肥友高包装工程有限公司
黄山精工凹印制版有限公司
黄山三夏精密机械有限公司
安徽海思达机器人有限公司
安徽御流包装机械有限公司
安徽汉浩智能设备有限责任公司
福州达益丰机械制造有限公司
福州迪凯智能科技有限公司
福州华兴喷码自动化设备有限公司
福州迅捷喷码科技有限公司
福建省泉州鑫商达机械有限公司
亘允(厦门)机电科技有限公司
晋江市万晋自动化设备有限公司
泉州红美包装有限责任公司
泉州江闽智能科技有限公司
泉州今越机械科技有限公司
泉州诺铭自动化机械有限公司
泉州奇彩自动化设备有限公司
泉州市科盛包装机械有限公司
泉州市肯能自动化机械有限公司
泉州市四雄机械设备有限公司

泉州市信昌精密机械有限公司
泉州市益达机械制造有限公司
泉州市漳昱机械设备有限公司
德瑞雅喷码科技有限公司
金泰喷码科技(厦门)有限公司
厦门博瑞达机电工程有限公司
厦门海精机械有限公司
厦门汉印电子技术有限公司
厦门恒达锋机械有限公司
厦门华鹭自动化设备有限公司
厦门佳创科技股份有限公司
厦门津龙机械有限公司
厦门涞龙机械有限公司
厦门联泰标识信息科技有限公司
厦门睿恒达方科技有限公司
厦门市神舟包装工贸有限公司
厦门鑫德豪机械有限公司
厦门壹是智能科技有限公司
厦门真鸣科技有限公司
欣旺捷标识设备(厦门)有限公司
福建省南云包装设备有限公司
漳州瑞易博达包装机械有限公司
欧克科技股份有限公司
江西汇明塑料彩印包装有限公司
江西乔闰科技有限公司
南昌标玛设备技术有限公司
新余市屹鑫机械制造有限公司
江西万申机械有限责任公司
邹平县东巨机械制造有限公司
济南恒品机电技术有限公司
山东大宏智能设备股份有限公司
山东金恒达智能设备有限公司
山东深蓝机器股份有限公司
山东深泰智能设备有限公司
山东康利包装机械有限公司
青岛博世达包装机械有限公司
青岛非凡包装机械有限公司
青岛丰业自动化设备有限公司
青岛富士达机器有限公司
青岛恒锐特包装机械有限公司
青岛华创融盛包装机械有限责任公司
青岛佳捷包装标识设备有限公司
青岛金创利机械有限公司
青岛金派克包装机械有限公司
青岛铭腾工贸有限公司
青岛日清食品机械有限公司
青岛锐驰标识设备有限公司
青岛瑞利达机械制造有限公司
青岛赛尔富包装机械有限公司
青岛三维合机械制造有限公司
青岛溯源通标识科技有限公司
青岛拓派包装机械有限公司
青岛欣欣向荣智能设备有限公司
青岛雨田机械有限公司
青岛众和机械制造有限公司
山东鼎泰盛食品工业装备股份有限公司
山东精诺机械股份有限公司
潍城区永顺包装机械经销处
潍坊东航印刷科技股份有限公司
潍坊玉堂铭机械科技有限公司
潍坊中顺机械科技有限公司
诸城华弘机械有限公司
河南省德凯隆纸品机械有限公司
南阳市中创智能设备有限公司
河南奥途自动化设备有限公司
许昌兄弟机械制造有限公司
河南超越机械制造有限公司
郑州诺码科技有限公司
湖北金利兴机械有限公司
湖北领嘉华石科技有限公司
湖北英科力科技有限公司
镭德杰标识科技武汉有限公司
镭诺捷标识科技(武汉)有限公司
武汉科迈捷标识系统有限公司
武汉立德激光有限公司
武汉欧创精控包装设备有限公司
武汉市美奇斯机械设备有限公司
武汉易码包装设备有限公司
武汉翊晖科技有限公司
武汉意洋机械设备有限公司
武汉吉祥码科技公司
湖北普捷励标识技术有限公司
宜昌麦迪科机电设备有限公司
常德金叶机械有限责任公司
湖南信实机械科技有限公司
长沙长泰智能装备有限公司
东莞伯美实业有限公司
东莞市爱力兴机械有限公司
东莞市程富实业有限公司
东莞市鼎胜包装机械有限公司
东莞市惠得机械制造有限公司
东莞市骏马机械有限公司
东莞市李群自动化技术有限公司
东莞市铭业包装制品有限公司
东莞市欧立包装设备有限公司
东莞市千干自动化设备有限公司

东莞市申创自动化机械设备有限公司
东莞市万江德宝机械厂
东莞市万江惠德机械设备厂
东莞市益健包装机械有限公司
东莞市泳亚包装设备有限公司
东莞市长发智能包装科技有限公司
东莞市兆祥机械制造有限公司
东莞市志鸿机械制造有限公司
东莞市智赢智能装备有限公司
东莞市中川欧德美机械制造有限公司
东莞市自成机械设备有限公司
广东阿诺捷喷墨科技有限公司
广东鸿铭智能股份有限公司
广东正艺柔版科技有限公司
佛山佰源智能科技有限公司
佛山创享自动化设备有限公司
佛山市奥崎精密机械制造有限公司
佛山市奥索包装机械有限公司
佛山市宝索机械制造有限公司
佛山同裕包装科技有限公司
佛山市禅城区新科力机械设备厂
佛山市崇邦机械设备有限公司
佛山市大川机械有限公司
佛山市德翔机械有限公司
佛山市广力万丰自动化设备有限公司
佛山市亨博节能设备有限公司
佛山市嘉和机械制造有限公司
佛山市杰视机械有限公司
佛山市捷奥包装机械有限公司
佛山市今飞机械制造有限公司
佛山市金穗昌机械设备有限公司
佛山市精拓机械设备有限公司
佛山市玖州自控技术有限公司
佛山市柯创包装机械设备有限公司
佛山市肯顺智能装备有限公司
佛山市乐九机械制造有限公司
佛山市莫自庄机械有限公司
佛山市南海邦得机械设备有限公司
佛山市南海铭阳机械制造有限公司
佛山市南海区川松机械有限公司
佛山市南海区德利劲包装机械制造有限公司
佛山市南海区德圣鑫包装机械贸易部
佛山市南海区迪凯机械设备有限公司
佛山市南海区弘睿兴机械制造有限公司
佛山市南海区诺德锐机械厂
佛山市南海区威森机械制造有限公司
佛山市全印科技有限公司
佛山市圣永机械设备有限公司
佛山市盛图科技有限公司
佛山市顺德区精卫科技有限公司
佛山市顺德区智敏自动化设备有限公司
佛山市松川机械设备有限公司
佛山市索玛机械有限公司
佛山市泰信达自动化设备有限公司
佛山市特福德自动化科技有限公司
佛山市添威自动化设备有限公司
佛山市托肯印象机械实业有限公司
佛山市协合成机械设备有限公司
佛山市鑫志成科技有限公司
佛山市兴琅机械有限公司
佛山市研合智能机械有限公司
佛山市远发包装机械设备有限公司
佛山伟塔机械装备制造有限公司
佛山易高智能包装机械制造有限公司
佛山市粤广运制版有限公司
广东鑫星机器人科技有限公司
实宜机械设备(佛山)有限公司
广州艾泽尔机械设备有限公司
广州崇普智能科技有限公司
广州荣裕智能机械有限公司
广州瑞润科技有限公司
广州叁立机械设备有限公司
广州尚乘包装设备有限公司
广州市博瑞输送设备有限公司
广州市富尔菱自动化系统有限公司
广州市恒烽自动化设备有限公司
广州市辉泉喷码设备有限公司
广州市科易达机电设备有限公司
广州市力辰工业包装有限公司
广州市伊东机电股份有限公司
广州通泽机械有限公司
广州易靓包装器材有限公司
广州中科智领包装设备有限公司
普乐(广州)包装有限公司
惠州市德钢机械有限公司
惠州市惠润特实业有限公司
江门市合盈彩印包装有限公司
江门市精新机械设备有限公司
广东欧格精机械科技有限公司
汕头市爱美高自动化设备有限公司
汕头市浩普智能设备有限公司
汕头市汇鑫机械有限公司
汕头市金平区红福机械厂
汕头市万邦达科技有限公司
广州市哥哈德贸易有限公司
玛萨标识技术(深圳)有限公司

诺派热封控制有限公司
深圳固尔琦包装机械有限公司
深圳基恩包装科技有限公司
深圳市邦钰机电设备有限公司
深圳市鸿鹭工业设备有限公司
深圳市惠歌包装设备有限公司
深圳市锦盛誉工业设备销售部
深圳市京码标识有限公司
深圳市雷工智能设备有限公司
深圳市启迪东业科技有限公司
深圳市瑞广自动化设备有限公司
深圳市申峰盛世科技有限公司
深圳市深广美实业有限公司
深圳市深诺标识设备有限公司
深圳市胜安包装印刷有限公司
深圳市永佳喷码设备有限公司
深圳晓辉包装技术有限公司
中山市菲力士包装系统有限公司
中山市金力打印机设备有限公司
珠海浩星精密科技有限公司
柳州市维特印刷机械制造有限公司
柳州市卓德机械科技股份有限公司
重庆鑫仕达包装设备有限公司
成都沛洋自动化设备有限公司
成都易捷科技有限公司
成都源码标识技术有限公司
四川省立华信科技有限公司
四川欣睿捷自动化设备有限公司
陕西北人印刷机械有限责任公司
陕西欧泰包装印刷机械股份有限公司
渭南科赛机电设备有限责任公司
渭南臻诚科技有限责任公司
西安海焱机械有限公司
西安航天华阳机电装备有限公司
金泰喷码科技股份有限公司
创宝特殊精密工业有限公司
捷贸企业有限公司
崇曜实业股份有限公司
伍晟机械股份有限公司/侑晟包装机械股份有限公司
嘉铭工业器材有限公司

● 湿巾设备　Wet wipes machine

天津比朗德机械制造有限公司
特艺佳贸易(上海)有限公司
上海田威自动化设备有限公司
欧米特(苏州)机械有限公司
连云港市恒信无纺布湿巾机械有限公司
杭州智玲无纺布机械设备有限公司
嘉兴市峻龙机械设备有限公司
温州瑞润机械有限公司
温州瑞誉机械有限公司
温州市伟牌机械有限公司
浙江企鑫机械有限公司
汉马(福建)机械有限公司
泉州大昌纸品机械制造有限公司
泉州市创达机械制造有限公司
泉州市东工机械制造有限公司
泉州市华扬机械制造有限公司
泉州长洲机械制造有限公司
厦门诺派包装机械制造有限公司
河南宝汇机械设备有限公司
河南弗莱戈智能装备有限公司
陆丰机械(郑州)有限公司
郑州海德晟机械设备有限公司
郑州利之创机械设备有限公司
郑州陆创机械设备有限公司
郑州瑞盛德智能装备有限公司
郑州润华智能设备有限公司
郑州维普斯机械设备有限公司
郑州永益达机械设备有限公司
郑州智联机械设备有限公司
佛山市玖州自控技术有限公司
佛山市南海美璟机械制造有限公司

● 干法纸设备　Airlaid machine

丹东北方机械有限公司
丹东市丰蕴机械厂
上海嘉翰轻工机械有限公司
上海大昭和有限公司
佛山市顺德区天润智能机械有限公司
陕西理工机电科技有限公司

● 非织造布设备　Nonwovens machine

北京威瑞亚太科技有限公司
北京伊藤忠华糖综合加工有限公司
意大利高玛特斯公司北京办事处
中国纺织科学技术有限公司
中国纺织科学研究院有限公司
北京量子金舟无纺技术有限公司
大连华阳新材料科技股份有限公司

上海意迈机械有限公司
苏美达国际技术贸易有限公司
上海田威自动化设备有限公司
上海优恪机械科技有限公司
上海精发实业股份有限公司
特吕茨施勒纺织机械(上海)有限公司
上海纺融机械有限公司
上海依肯机械设备有限公司
安德里茨(上海)贸易有限公司
腾新机械(上海)有限公司
卓郎(上海)纺织机械科技有限公司
常州阿尔丰机械有限公司
常州德众精密机械有限公司
常州广运精密机械有限公司
常州恒泓升机械有限公司
常州惠明精密机械有限公司
常州惠武精密机械有限公司
常州金博兴机械有限公司
常州金浪潮精密机械有限公司
常州聚武机械有限公司
常州科建纺织仪器有限公司
常州莫家精密机械有限公司
常州乔德机械有限公司
常州神通机械制造有限公司
常州升创纺织机械有限公司
常州市晨光机械制造有限公司
常州市达力塑料机械有限公司
常州市豪峰机械有限公司
常州市锦益机械有限公司
常州市老丁机械有限公司
常州市普毅森机械科技有限公司
常州市武进华鹰纺机配件厂
常州市亿宏无纺布机械设备厂
常州市兆新无纺设备有限公司
常州市卓祺机械制造有限公司
常州鑫昇隆无纺科技有限公司
常州优创机械科技有限公司
江苏省常韩海思非织造设备有限公司
亦杰非织造科技(常州)有限公司
连云港恒宇无纺机械有限公司
连云港华露机械有限公司
连云港佳盟机械有限公司
连云港市恒信无纺布湿巾机械有限公司
连云港市盛洁无纺布设备厂
连云港市新浦区新星纸品加工设备厂
南京汉盈纺织有限公司
南京迎丰机械设备有限公司
常熟市力达无纺设备有限公司
常熟市天力无纺设备有限公司
常熟市伟成非织造成套设备有限公司
江苏三羊纺织机械有限公司
江苏迎阳无纺机械有限公司
昆山华炜净化设备有限公司
莱芬豪舍塑料机械(苏州)有限公司
欧米特(苏州)机械有限公司
瑞法诺(苏州)机械科技有限公司
苏州九一高科无纺设备有限公司
张家港嘉恒超声电器有限公司
张家港市阿莱特机械有限公司
奥特发非织造机械科技(无锡)有限公司
格罗茨贝克特针布(无锡)有限公司
无锡市长利机械制造有限公司/无锡市黄梅纺织印染机械厂
宜兴市鸿大高创科技有限公司
江苏坤泰机械有限公司
射阳宏瑞纺织机械制造有限公司
盐城市荣创自动化设备有限公司
盐城市顺驰机械科技有限公司
江苏省仪征市海润纺织机械有限公司
杭州奥荣科技有限公司
杭州湿法无纺设备有限公司
杭州智玲无纺布机械设备有限公司
嘉善辉煌机械设备有限公司
特吕茨施勒纺织机械(嘉兴)有限公司
义乌市久业机械设备有限公司
温州市鑫发机械设备科技有限公司
浙江朝隆纺织机械股份有限公司
浙江艳鹏无纺布机械有限公司
浙江正信机械有限公司
滁州辉煌无纺科技有限公司
泉州唯佳机械制造实业有限公司
厦门泰诚祥业精密机械制造有限公司
宝立阳机电设备工程(山东)有限公司
济南华奥无纺科技有限公司
山东日发纺织机械有限公司
青岛纺织机械股份有限公司
青岛宏大纺织机械有限责任公司
青岛金盟科机械制造有限公司
青岛青锋无纺科技有限公司
青岛润聚祥机械有限公司
邓州市龙奕机械设备有限公司
光山白鲨针布有限公司
河南广锦机械设备有限公司
华丰集团-河南荣信织造有限公司
恒天重工股份有限公司
郑州纺机工程技术有限公司

郑州三浦机械制造有限公司
武汉新港格机械科技有限公司
湖北昌瑞机械设备有限公司
邵阳纺织机械有限责任公司
东莞市爱克斯曼机械有限公司
东莞市豪邦自动化机械有限公司
东莞市信隆无纺布机械设备有限公司
东莞市科环机械设备有限公司
东莞市林威机械设备有限公司
东莞市自成机械设备有限公司
佛山市奥崎精密机械制造有限公司
佛山市南海区联盟精密机械有限公司
佛山市欧创源机械制造有限公司
佛山阳新机械自动化控制技术有限公司
奥伯尼国际(中国)有限责任公司
广州盛鹏纺织业专用设备有限公司
广州市纤维产品检测研究院
广州羽泊机械科技有限公司
信维机械(广州)有限公司
正纺科技(广州)有限公司
江门市蓬江区东洋机械有限公司
汕头市汇鑫机械有限公司
深圳市锦上嘉科技有限公司
深圳市新天地机械设备有限公司
深圳首恩科技有限公司
日惟不织布机械股份有限公司
正纺兴业有限公司
嘉铭工业器材有限公司

● 打孔膜机　Apertured film machine

河北省新乐市三瑞塑胶机械有限公司
常州金纬片板设备制造有限公司
常州科宇塑料机械有限公司
常州市中阳塑料制品厂
常州市铸龙机械有限公司
南通三信塑胶装备科技股份有限公司
江苏穗芽麦生物科技有限公司
昆山华崎创为精密机械有限公司
张家港市阿莱特机械有限公司
张家港先锋自动化机械设备股份有限公司
杭州腾鼎科技有限公司
杭州同创实业有限公司
绍兴博瑞挤出设备有限公司
浙江欧力机械有限公司
舟山市丰潭塑料机械厂
池州夏林新材料装备科技有限公司
福建创为机械有限公司
泉州汉邦自动化设备有限公司
泉州诺达机械有限公司
泉州市东方机械有限公司
泉州市东龙塑胶机械有限公司
泉州市露泉卫生用品有限公司
美迪安有限公司中国事务所
厦门津俊贸易有限公司
东莞市鸿宇塑料机械有限公司
广东仕诚塑料机械有限公司
松德机械股份有限公司

● 自动化及控制系统
Automation and control system

SMC(中国)有限公司
NDC Technologies Inc.
北京机械工业自动化研究所有限公司
北京中油瑞飞科技有限公司
ABB(中国)有限公司
北京北成新控伺服技术有限公司
库伯勒(北京)自动化设备贸易有限公司
西门子(中国)有限公司
钛玛科(北京)工业科技有限公司
北京高威科电气技术有限公司
北京伟伯康科技发展有限公司
北京星科嘉锐自动化技术有限公司
北京优派特科技发展有限公司
凌云光技术集团(北京)有限责任公司
北京佳瑞洋科技有限公司
北京双易盛科技发展有限公司
施耐德电气(中国)有限公司
天津慧斯顿科技有限公司
天津罗升企业有限公司
天津丰昱菱控机电设备有限公司
宜科(天津)电子有限公司
天津沐森机电技术有限公司
万可电子(天津)有限公司
保定万好自动化科技有限公司
保定信捷节能电子设备有限公司
深圳博众机械科技有限公司
太原福莱瑞达物流设备科技有限公司
大连鑫盛荣自动化设备制造有限公司
丹东山河技术有限公司
上海发那科机器人有限公司
费斯托(中国)有限公司
上海凯多机电设备有限公司

上海兰宝传感科技股份有限公司
上海博世力士乐液压及自动化有限公司
三菱电机自动化(中国)有限公司
上海天鸟自动化科技有限公司
上海会通自动化科技发展有限公司
盟立自动化科技(上海)有限公司
安川电机(中国)有限公司
安川通商(上海)实业有限公司
中达电通股份有限公司
道仁(昆山)智能装备有限公司
上海弘赫自动化技术有限公司
上海涟恒精密机械有限公司
上海龙应自动化科技有限公司
上海茂智自动化设备贸易有限公司
上海冠多电气有限公司
上海汇兢智能科技有限公司
上海阔然自动化科技有限公司
日静贸易(上海)有限公司
艾查工业自动化产品(上海)有限公司
比勒(上海)自动化技术有限公司
富耐连自动化系统(上海)有限公司
三菱电机自动化(中国)有限公司
上海安浦鸣志自动化设备有限公司
上海佰希凌电气股份有限公司
上海柄泰信息科技有限公司
上海 ABB 工程有限公司
上海经岚国际贸易有限公司
上海鸣志自动控制设备有限公司
上海松可自动化科技发展有限公司
上海信索电子有限公司
上鹤自动化仪器设备(上海)有限公司
美卓流体控制(上海)有限公司
欧姆龙自动化(中国)有限公司
上海弗伦自动化科技有限公司
上海灵动微电子股份有限公司
上海星昆自动化设备有限公司
上海贝特威自动化科技有限公司
施迈茨(上海)真空科技有限公司
汇术(上海)自动化科技有限公司
上海翼克机器人有限公司
上海缘润自动化设备有限公司
昃奇科技(上海)有限公司
上海菱爵自动化设备有限公司
康拓国际贸易(上海)有限公司
上海羿菱自动化科技有限公司
上海倍菱控制系统有限公司
上海朗测自动化技术有限公司
上海誉年机械设备有限公司
协立电机(上海)有限公司
上海三佑科技发展有限公司
上海赋韩自动化科技有限公司
开异智能技术(上海)有限公司
科大智能技术股份有限公司
上海宝舵自动化设备有限公司
上海宏元电气科技有限公司
上海钧能机电有限公司
上海旭节自动化设备有限公司
上海施迈德自动化系统有限公司
爱电精(上海)商贸有限公司
贝加莱工业自动化(中国)有限公司
罗克韦尔自动化(中国)有限公司
上海爱菱自动化设备有限公司
上海泛彩图像设备有限公司
上海开通数控有限公司
上海日科电子设备有限公司
上海西菱自动化系统有限公司
上海鑫金科贸有限公司
上海颖轩电气有限公司
上海天览机电科技有限公司
上海鑫遂达自动化科技有限公司
瑞史博(上海)贸易有限公司
上海高威科电气技术有限公司
博世力士乐中国
东电化(上海)国际贸易有限公司
东芝三菱电机工业系统(中国)有限公司
菱商电子(上海)有限公司
照业好贸易(上海)有限公司
必能信超声(上海)有限公司
上海鹰旭工业自动化有限公司
罗爱德(上海)贸易有限公司
上海丰得盛实业有限公司
上海常良智能科技有限公司
慧桥电气技术(上海)有限公司
上海石科电器制造有限公司
常州市万事达自动化设备有限公司
常州南鹏机械有限公司
江苏普毅林电气自动化设备有限公司
常州富兴机电有限公司
常州市全能电子科技有限公司
常州市伟通机电制造有限公司
雷勃电气(常州)有限公司
安澜科技(江苏)股份有限公司
江苏堃阳自动化设备有限公司
金湖衡凯控制系统有限公司
江苏中铭电机股份有限公司
南京苏能自动化设备有限公司

南京东友自动化科技有限公司
南京伺服电机有限公司
南京弗格森自动化有限公司
南京工诺科技有限公司
南京和远信息科技有限公司
江苏欧克建设实业有限公司
江苏钛科圈物联网科技有限公司
江苏中馨纺织智能设备有限公司
南京北研科技实业有限公司
南京高精齿轮集团有限公司
南京汇川工业视觉技术开发有限公司
南京龙浩祥自动化设备有限公司
南京斯丹达自动化科技有限公司
南京中海机械制造厂
南京洁诺智能科技有限公司
南京东赛机电设备有限公司
南京邦涵自动化科技有限公司
南京安顺自动化装备有限公司
南京川石梅森自动化有限公司
南京容迈机电设备有限公司
南京拓峰自动化系统有限公司
南京瀚州科技有限公司
南京耀航电气设备有限公司
南京大禹自动化科技有限公司
苏州欧派克自动化科技有限公司
常熟市欧博自动化机械有限公司
菱创智能科技(常熟)有限公司
上海勰睿实业有限公司
苏州鑫达新控自动化设备有限公司
苏州捷控电子科技有限公司
苏州木斗智能科技有限公司
苏州通锦精密工业股份有限公司
库迈拉(中国)有限公司
昆山纳佰川机械科技有限公司
昆山市瑶钢自动化设备有限公司
上海超川电子科技有限公司
苏州厚鼎机械有限公司
苏州三桥新立机械有限公司
帝比艾斯(苏州)机电科技有限公司
帝悦精密科技(苏州)有限公司
山洋自动化设备(苏州)有限公司
苏州自强自动化科技有限公司
太仓克米特自动化设备有限公司
太仓顺拓自动化设备有限公司
辰星(苏州)自动化设备有限公司
浙江禾川科技股份有限公司
苏州汇川技术有限公司
苏州伟创电气科技股份有限公司
苏州富卫骏机械科技有限公司
江苏欧菱自动化系统有限公司
无锡市晨飞自动化设备有限公司
江苏和亿智能科技有限公司
无锡精控光电科技有限公司
无锡三耀自动化设备有限公司
无锡市迅成控制技术有限公司
江苏中大恒天电机有限公司
无锡市璟珀科技有限公司
无锡煜升升自动化工程有限公司
成欣机械(上海)有限公司
无锡美迪科智能装备有限公司
无锡蝶美自动化科技有限公司
上海时叶实业有限公司
无锡康广科技有限公司
无锡磊富自动化科技有限公司
徐州启控电气自动化设备有限公司
扬州市霈哲机械科技有限公司
南京埃斯顿自动化股份有限公司
广东东然科技有限公司
苏州超群智能科技有限公司
江苏兰菱机电科技有限公司
史陶比尔(杭州)精密机械电子有限公司
杭州道盛机电科技有限公司
浙江中控技术股份有限公司
莱默尔(杭州)机电设备有限公司
杭州美川电气科技有限公司
杭州千和精密机械有限公司
杭州和利时自动化有限公司
杭州尊涂科技有限公司
莱默尔(浙江)自动化控制技术有限公司
浙江正泰中自控制工程有限公司
杭州和华电气工程有限公司
杭州佳可自动化工程有限公司
杭州泰旸电气有限公司
欧姆龙自动化系统(杭州)有限公司
浙江东华信息控制技术有限公司
冠卓智能科技(浙江)有限责任公司
浙江海利普电子科技有限公司
浙江国自机器人技术有限公司
杭州萧照科技有限公司
杭州驰宏科技有限公司
杭州力吉智能工程有限公司
威腾斯坦(杭州)实业有限公司
杭州摩恩电机有限公司
湖州高源金科技股份有限公司
长兴波顿智能设备有限公司
英孚康(浙江)工业技术有限公司

东菱技术有限公司
嘉兴博信机器人科技有限公司
日本电产新宝(浙江)有限公司
金华市泽晨自动化设备有限公司
浙江德玛电气有限公司
宁波东泰机械有限公司
宁波市北郊机械变速器厂
浙江三凯机电有限公司
嘉兴市和意自动化控制有限公司
台州市路桥翔宇仪表机床制造厂
温州正业科技有限公司
温州航进自动化科技有限公司
温州恒望电气有限公司
温州泰河电机有限公司
浙江瑞德森机械有限公司
瑞安市汇通机械制造有限公司
温州振鸿科技有限公司
浙江通力重型齿轮股份有限公司
中研技术有限公司
浙江华章科技有限公司
浙江好视智能科技有限公司
宁波菲仕运动控制技术有限公司
金华市立华信息技术有限公司
合肥奥斯特自动化科技有限公司
合肥万匠智能科技有限公司
安徽鸿坚机械自动化有限公司
安徽伍川自动化控制有限公司
合肥中鼎信息科技股份有限公司
安徽省特来德自动化科技有限公司
优泰克智能设备(上海)有限公司
芜湖瑞思机器人有限公司
西门子工厂自动化工程有限公司
科大智能物联技术股份有限公司
合肥宇胜信息科技有限公司
福州华菱机电有限公司
福州科恒自动化设备有限公司
福州运立机电技术有限公司
福建新大陆自动识别技术有限公司
福建华拓自动化技术有限公司
福建省微柏工业机器人研究院有限公司
莆田市海拓科技有限公司
泉州东汇电子科技有限公司
泉州精锐自动化科技有限公司
泉州通捷自动化设备有限公司
泉州鑫世源机械设备有限公司
台鑫机电有限公司
众业达电气(厦门)有限公司
福建象大自动化有限公司
福州瑞控自动化科技有限公司
晋江东业星光机电设备有限公司
泉州市冠多电气科技有限公司
泉州市恒稳自动化科技有限公司
泉州市业新福自动化成套设备有限公司
泉州久昌自动化设备有限公司
泉州斯罗德自动化科技有限公司
厦门中海拓自动化设备有限公司
大途科技(泉州)科技有限公司
泉州合利贸易有限公司
泉州瑞晨自动化设备有限公司
泉州立克电气科技有限公司
泉州沃斯杰自动化设备有限公司
厦门欣起点工控技术有限公司
泉州利永机电有限公司
福建育兴机电有限公司
厦门奥通力工业自动化有限公司
厦门聚锐机电科技有限公司
厦门飞美泰自动化科技有限公司
厦门凯奥特自动化系统有限公司
厦门迈通科技有限公司
厦门诺博视科技有限公司
厦门泰诚祥业精密机械制造有限公司
厦门新路嘉工业自动化有限公司
厦门谊佳自动化科技有限公司
厦门中技创机电技术有限公司
福州福大自动化科技有限公司
厦门领道者科技有限公司
厦门普特电气技术有限公司
厦门森菱自动化设备有限公司
厦门海正自动化科技有限公司
厦门嘉国自动化设备有限公司
厦门宇电自动化科技有限公司
维库(厦门)信息技术有限公司
炎艨(厦门)科技有限公司
厦门加尚机械有限公司
厦门奥托威工贸有限公司
厦门辰信通自动化科技有限公司
厦门市卓欣中贸易有限公司
厦门盛电科技发展有限公司
泉州市茂源石油机械设备制造有限公司
江西科宇机电有限公司
济南鑫捷瑞电气有限公司
济南翼菲自动化科技有限公司
山东金信自动化科技有限公司
潍坊久控电器有限公司
山东飞腾智控自动化有限公司
山东永恒盛智能工业设备有限公司

山东飞腾智控自动化科技有限公司
山东华滋自动化技术股份有限公司
山东深蓝机器股份有限公司
烟台拓达自动化科技有限公司
以太传动电气(烟台)有限公司
淄博翰海电气设备有限公司
淄博迈特汽轮机有限公司
济南世耕贸易有限公司
漯河汇泽自动化工程设备有限公司
河南羿创达智能设备有限公司
河南中汇通用装备有限公司
许昌中锋智能装备有限公司
郑州中启科技有限公司
郑州宏昌电气设备有限公司
郑州津晟邦智能设备有限公司
湖北行星传动设备有限公司
武汉菲仕运动控制系统有限公司
武汉普诺瑞达自动控制有限公司
武汉信轴机电有限公司
武汉意普科技有限责任公司
武汉惠佳精密机械有限公司
湖北铭科达自动化设备有限公司
武汉天畅弘达科技有限公司
武汉欣茂包装自动化技术有限公司
武汉正通传动技术有限公司
武汉得中机电有限公司
武汉凯瑞格机电有限公司
湖北西浦电机科技有限责任公司
武汉杰牌传动科技有限公司
武汉欧凯鑫科机电设备有限公司
武汉天勤瑞普科技有限公司
武汉五色建隆电子有限公司
武汉中大丰源机电设备有限公司
武汉宏诺盛科技有限公司
武汉人天包装自动化技术股份有限公司
武汉瓴本科技有限公司
武汉赛迪特机电科技有限公司
武汉迈伟鑫智能电气有限公司
湖北襄阳诚展机械制造有限公司
湖北英赛力新材料科技有限责任公司
湖南万德机电科技有限公司
长沙启科电子有限公司
长沙贝士德电气科技有限公司
东莞市搏信智能控制技术有限公司
东莞市创丰科技发展有限公司
东莞市东然电气技术有限公司
东莞市健科自动化设备有限公司
东莞市凯洲自动化控制技术有限公司
东莞市科伟自动化设备有限公司
东莞市路尔特机械设备有限公司
东莞市纽格尔行星传动设备有限公司
东莞市天杰传动设备有限公司
东莞市天一精密机电有限公司
东莞市威政机电科技有限公司
东莞市长安都邦机电设备经营部
东莞市兆通机电设备有限公司
东莞市卓蓝自动化设备有限公司
东莞中顺自动化器材有限公司
广东辰宇电气有限公司
广东川铭精工科技有限公司
广东大华创展传动科技有限公司
金和通机电(东莞)有限公司
立顶昌贸易(深圳)有限公司
新洋(台湾)工业股份有限公司广东分公司
东莞市起源自动化科技有限公司
东莞市云帆精密科技有限公司
深圳市华盛控科技有限公司
东莞拓源科技有限公司
深圳市威科达科技有限公司
东莞市宝信科技有限公司
佛山菲标科技有限公司
佛山金禾自控系统技术有限公司
佛山康博联合机电有限公司
佛山市奥迪斯机电设备有限公司
佛山市广力机电成套安装有限公司
佛山市汇能科创自动化科技有限公司
佛山传越自动化设备有限公司
佛山市洛德机械设备有限公司
佛山市蒙特卡传动机械有限公司
佛山市万润自动化设备有限公司
佛山市星光传动机械有限公司
佛山市中德自动化设备有限公司
佛山优码智能科技有限公司
广东宏正自动识别技术有限公司
广东科宝达精密机械有限公司
广东零壹工业技术有限公司
广东西岭科技有限公司
佛山登奇机电技术有限公司
佛山市合盈科技有限公司
佛山市力星机电设备有限公司
佛山市南海区方进自动化设备有限公司
佛山市南海区劲星机电设备有限公司
佛山市智泷机电设备有限公司
佛山市德恩普自动化设备科技有限公司
佛山市顺德东叶机电有限公司
佛山市顺德区天润智能机械有限公司

佛山市西岭机电设备有限公司
佛山市玖州自控技术有限公司
广东康鑫科技有限公司
广东伊莱斯电机有限公司
广东天创同工大数据应用有限公司
广州安亚科技有限公司
广州奥泰斯工业自动化控制设备有限公司
广州市美高工业器材有限公司
广州博途信息科技有限公司
广州市玄武无线科技股份有限公司
广州诠成传动科技有限公司
广州盛原成科技有限公司
广州市贝云科技有限公司
广州高威科电气技术有限公司
广州市德森传动设备有限公司
广州市海珠区中南机电设备供应部
广州市康尼斯自动化有限公司
广州博依特智能信息科技有限公司
广州市衡达机电设备有限公司
广州市海培自动化科技有限公司
广州市兰诺自动化设备有限公司
广州贝晓德智能科技有限公司
广州市圣高测控科技有限公司
广州市西克传感器有限公司
旭辉磁石制造(惠州)有限公司
惠州固尔琦智能设备有限公司
惠州市爱博智控设备有限公司
江门市路思拓电机电器有限公司
江门市蓬江区迪佳电气有限公司
欧佩德伺服电机节能系统有限公司
江门市伟运机电自动化工程有限公司
汕头市晖畅自动化设备有限公司
汕头市金平区新华机电公司
汕头市利华杰机械实业有限公司
汕头市信宏自动化控制设备有限公司
汕头市博锐自动化设备有限公司
汕头市博远自动化电气有限公司
深圳博锐精密机械有限公司
深圳派诺自动化系统工程有限公司
深圳市新天地自动化设备有限公司
深圳市安托山特种机电有限公司
深圳市北机减速机科技有限公司
深圳市大成机电技术有限公司
深圳市东宸机械设备有限公司
深圳市东马机电有限公司
深圳市海科塑胶电子有限公司
深圳市恒瑞通机电有限公司
深圳市恒源机电设备有限公司
深圳市汇川技术股份有限公司
深圳市惠志安机械设备有限公司
深圳市杰美康机电有限公司
深圳市立宜佳自控设备有限公司
深圳市普力源自动化设备有限公司
深圳市美福安科技有限公司
深圳市欧瑞自动化有限公司
深圳市鹏辉科技有限公司
深圳市施迈特电气有限公司
深圳市松幸科技有限公司
深圳市泰格运控科技有限公司
深圳市梯比艾科技有限公司
深圳市威鹏自动化设备有限公司
深圳市伟凯达电气设备有限公司
深圳市兴丰元机电有限公司
深圳市兴兴柯传动设备有限公司
深圳市永坤机电有限公司
深圳市渝鹏科技有限公司
深圳市粤鸿远科技有限公司
深圳市众誉科技有限公司
深圳智慧能源技术有限公司
威茂电子(深圳)有限公司
中领航电机(深圳)有限公司
奥海自动化系统(深圳)有限公司
航天科工深圳(集团)有限公司
深圳市钧诚科技有限公司
深圳市诺达自动化技术有限公司
深圳市森玛特机电设备有限公司
深圳市国方科技有限公司
深圳市华科星电气有限公司
深圳市金洋宏业科技有限公司
深圳市赛远自动化系统有限公司
深圳市迅科自动化设备有限公司
深圳市雅腾电机有限公司
深圳市元隆德科技有限公司
高创传动科技开发(深圳)有限公司
精量电子(深圳)有限公司
深圳市合信自动化技术有限公司
深圳市蓝海华腾技术股份有限公司
深圳市朗驰欣创科技股份有限公司
深圳市雷赛智能控制股份有限公司
深圳市蒲江机电有限公司
深圳市亿如自动化设备有限公司
深圳市英威腾电气股份有限公司
福能东方装备科技股份有限公司
威海麦科电气技术有限公司
中山市莱科自动化设备有限公司
中山乐石自动化设备有限公司

中山市诺仕森机械设备有限公司
美塞斯(珠海)工业自动化设备有限公司
珠海市入江机电设备有限公司
广东苏美达国际贸易有限公司
广州嘉普信息科技有限公司
广州市川信自动化科技有限公司
深圳市迈拓精工有限公司
安德里茨(中国)有限公司
佛山市荟诚贸易有限公司
佛山市嘉明工业设备有限公司
佛山市宝索机械制造有限公司
东莞市沙田宏丰机电厂
广东诺鼎智能科技有限公司
重庆编福科技有限公司
重庆市恩睿斯科技有限责任公司
成都华威隆电气自动化工程有限公司
成都中瑞德贸易有限公司
四川艾尔孚德贸易有限公司
成都倍博特科技有限公司
成都巨力实业有限公司
绵阳同成智能装备股份有限公司
四川高达科技有限公司
绵阳市伟翔科技有限公司
陕西西微测控工程有限公司
陕西盈俊科技发展有限公司
西安得鑫光电科技有限公司
西安力源光电科技有限责任公司
嘉铭工业器材有限公司

● 检测仪器 Detecting instrument

北京澳普乐科技开发有限公司
北京丹贝尔仪器有限公司
凌云光技术集团(北京)有限责任公司
北京佳瑞洋科技有限公司
天津杰科同创科技发展有限公司
天津慧斯顿科技有限公司
佳乐博检测技术服务(大连)有限公司
石家庄诚信中轻机械设备有限公司
河北赛高波特流体控制有限公司
河南大指造纸装备集成工程有限公司
索虔(上海)生物科技有限公司
锐西实业(上海)有限公司
格雷康自动检测控制设备(上海)有限公司
上海索莱坦电子机械设备科技有限公司
奇雅检测科技(上海)有限公司
久贸贸易(上海)有限公司
上海宝丽斯工程有限公司
福瑞森图像技术(上海)有限公司
上海川陆量具有限公司
上海太易宸钺安防技术有限公司
上海微觉视智能设备有限公司
易图视影像设备(上海)有限公司
基恩士(中国)有限公司
康耐视视觉检测系统(上海)有限公司
上海多科电子科技有限公司
上海恒意得信息科技有限公司
上海华测品标检测技术有限公司
伊斯拉视像设备制造(上海)有限公司
上海林纸科学仪器有限公司
德国玛诺有限公司上海代表处
凯多智能科技(上海)有限公司
南德商品检测(上海)有限公司
上海芝研检测技术有限公司
科隆测量仪器(上海)有限公司
上海森屹量具有限公司
普利赛斯国际贸易(上海)有限公司
上海幂泰智能科技有限公司
上海太易检测技术有限公司
上海高晶检测科技股份有限公司
罗爱德(上海)贸易有限公司
优视科(上海)商贸有限公司
上海思百吉仪器系统有限公司
上海守谷国际贸易有限公司
上海贸和荣国际贸易有限公司
上海 ABB 工程有限公司
上海波峰电子有限公司
征图新视(江苏)科技股份有限公司
常州正大通用纺织仪器有限公司
常州市大华电子仪器有限公司
西尼尔(南京)过程控制有限公司
南京科宇仪器设备有限公司
南京亿佰泰科技有限公司
南京新测科技有限责任公司
昆山大途精密机械有限公司
申克博士测试设备有限公司
苏州康孚智能科技有限公司
微觉视检测技术(苏州)有限公司
无锡动视弓元科技有限公司
无锡埃姆维工业控制设备有限公司
无锡精质视觉科技有限公司
无锡赛默斐视科技有限公司
无锡市华典检测技术有限公司
无锡福腾辐照科技有限公司
江苏汉唐国际贸易集团有限公司

杭州纸邦自动化技术有限公司
浙江双元科技开发有限公司
杭州赤霄科技有限公司
谱尼测试集团上海有限公司
杭州品享科技有限公司
宁波纺织仪器厂
中建材轻工业自动化研究所有限公司
杭州研特科技有限公司
浙江好视智能科技有限公司
浙江速田科技有限公司
宁波大禾仪器有限公司
温州市辰龙传感科技有限公司
杭州利珀科技有限公司
杭州惠正智能科技有限公司
合肥通视智能技术有限公司
福建省麦雅数控科技有限公司
泉州市博格森机械科技有限公司
泉州市亚泰斯仪器有限公司
泉州市美邦仪器有限公司
厦门艾希弥欧科技有限公司
厦门赛宝科技有限公司
厦门盛电科技发展有限公司
福建西子金智能软件有限公司
厦门康润科技有限公司
厦门力和行自动化有限公司
厦门微思德视觉科技有限公司
迈维库(厦门)科技有限公司
济南致美实验设备有限公司
济南三泉中石实验仪器有限公司
济南兰光机电技术有限公司
山东德瑞克仪器股份有限公司
青岛市华测检测技术有限公司
青岛安川金检设备有限公司
青岛百精金检技术有限公司
青岛电子检测仪器厂
山东聚亿能智能科技有限公司
济南恒品机电技术有限公司
武汉国量仪器有限公司
东莞市恒科自动化设备有限公司
东莞市均准视觉科技有限公司
东莞市科建检测仪器有限公司
东莞市隆胜金属检测设备有限公司
东莞市勤达仪器有限公司
东莞市太崎检测仪器有限公司
广东奥普特自动化科技股份有限公司
广东立一科技有限公司
广东连之新金属检测设备有限公司
广东诺鼎智能科技有限公司
东莞市力控仪器科技有限公司
广东英斯派克视觉科技有限公司
佛山中纺联检验技术服务有限公司
广州嘉普信息科技有限公司
广州市川信自动化科技有限公司
广州市纤维产品检测研究院
广州鑫思创科技有限公司
广州亚多检测技术有限公司
赛默飞世尔科技(广州)有限公司
广州思肯德电子测量设备有限公司
广州市顶丰自动化设备有限公司
中科检测技术服务(广州)股份有限公司
深圳市佳康捷科技有限公司
深圳市正控科技有限公司
深圳市中钞科信金融科技有限公司
深圳市霍克视觉科技有限公司
深圳市阳光视觉科技有限公司
深圳蓝博检测仪器有限公司
深圳市冠亚水分仪仪器有限公司
华测检测认证集团股份有限公司
中山精量衡器制造有限公司
珠海妙恩精密仪器有限公司
云南赛泰克科技发展有限公司
西安科赛图像科技有限责任公司
西安力源光电科技有限公司
西安研硕仪器设备有限公司
台湾源浩科技(影像检测)股份有限公司

● 工业皮带　Industrial belt

北京雅玛华美贸易有限公司
利莱诺(北京)传动设备有限公司
北京国都亿豪科贸发展有限公司
天津科顺隆传输设备有限公司
福尔波西格林传送系统(中国)有限公司
上海连驰传动设备有限公司
上海怡阳传动设备有限公司
上海潜跃传动科技有限公司
上海欧舟工业皮带有限公司
派克汉尼汾流体传动产品(上海)有限公司
上海新日升传动科技股份有限公司
日志动力传送系统(上海)有限公司
上海伏龙同步带有限公司
上海道仁输送机械有限公司
泫泽工业传动系统(上海)有限公司
上海旺动机械设备有限公司
锋桦传动设备(上海)有限公司

上海钡托传动科技有限公司
上海兆勒传动设备有限公司
上海诺琪斯经贸有限公司
上海荟菩传动设备有限公司
上海美旺机械有限公司
上海锐霓机械器材有限公司
阪东(上海)管理有限公司
西日本贸易(上海)有限公司
汉唐(上海)传动设备有限公司
上海爱贝特工业皮带有限公司
上海东谊工业皮带有限公司
上海睿瑞机电设备有限公司
上海禾川实业有限公司
上海龙之照同步带有限公司
英特乐传送带(上海)有限公司
谷乐传动设备(上海)有限公司
上海爱西奥工业皮带有限公司
上海贝滋工贸有限公司
上海采恩机械科技有限公司
上海晓全机械自动化有限公司
上海永利带业股份有限公司
上海沛洋传动机械有限公司
上海锐尧传动设备有限公司
上海未蓝工业技术有限公司
上海奥佳传动设备股份有限公司
上海永利工业制带有限公司
上海网夫柯传动设备有限公司
上海新标工业皮带有限公司
上海沐畅传动设备有限公司
伦茨(上海)传动系统有限公司
太弗传动科技(上海)有限公司
上海卓大精密减速机有限公司
上海鹏骞传动设备有限公司
上海盛誉传动系统有限公司
上海德鼎传动系统有限公司
哈柏司工业传动设备(上海)有限公司
上海达机皮带有限公司
上海凯耀工业皮带有限公司
上海科达传动系统有限公司
上海亦杰传动机械有限公司
上海振贸机电有限公司
上海佐尔传动设备有限公司
上海旭昕机电有限公司
上海紫象机械设备有限公司
霓达(上海)企业管理有限公司
上海高知尾崎贸易有限公司
博宝乐输送带科技(昆山)有限公司
常州梵高机电有限公司
霓达精密传动(常州)有限公司
常州市重科齿轮箱制造有限公司
南京安力工业皮带有限公司
南京犇达机电科技有限公司
南京康普曼传动机械有限公司
台橡(南通)实业有限公司
南通超力传动系统有限公司
苏州富强科技有限公司
苏州罗盘网络科技股份有限公司
圣坦撒罗齿轮箱(苏州)有限公司
苏州塔莱泰传动科技股份有限公司
苏州梓瑞鑫传动机械有限公司
伊维氏传动系统(苏州)有限公司
澳森传动系统(昆山)有限公司
昆山贝滋皮带有限公司
昆山德企同步带轮制造有限公司
昆山格柏瑞工业器材有限公司
昆山恒立天传动系统有限公司
昆山司毛特工业皮带有限公司
艾玛拉皮带(苏州)有限公司
苏州希贝克工业皮带有限公司
江苏中胜传动科技有限公司
泰州瑞斯特带业制品有限公司
泰州市环球特种绳带厂
泰州市金科带业有限公司
泰州市欧泰带业有限公司
泰州市锐驰工业皮带有限公司
泰州市泰丰胶带有限公司
泰州市天驰机带有限公司
泰州市天力传动带有限公司
泰州市新艺传动带科技有限公司
泰州苏兴传动科技有限公司
无锡久亿鑫传动设备有限公司
无锡康莫拉传动系统有限公司
无锡宏信传动科技有限公司
江阴市斯强传动科技有限公司
江阴天广科技有限公司
铂茨(无锡)传动设备有限公司
江苏润发传动科技有限公司
杭州杰牌传动科技有限公司
杭州中德传动设备有限公司
福尔波西格林传送系统(中国)有限公司
宁波贝递同步带有限公司
宁波伏龙同步带有限公司
宁波凯嘉传动带有限公司
宁波中大力德智能传动股份有限公司
麦高迪亚太传动系统有限公司
余姚市伟业带传动轮有限公司

绍兴凯一同步带有限公司
浙江海途凯胶带有限公司
浙江邦飞利传动设备有限公司
浙江恒齿传动股份有限公司
浙江三维橡胶制品股份有限公司
浙江贝托传动科技有限公司
平阳县泰星传动机械有限公司
合肥市星超工业器材有限公司
无锡威凯特传动设备有限公司
无锡博言传动机械有限公司
泉州市三阪传动设备有限公司
晋江市博尔达商贸有限公司
晋江市国峰皮带工贸有限公司
泉州艾比盖工业皮带有限公司
泉州市明鑫工业皮带有限公司
鑫捷达传动设备有限公司
福建信捷工业传动皮带有限公司
宏信(福建)工业皮带有限责任公司
厦门冠重机械设备有限公司
厦门敏硕机械配件有限公司
厦门希尔顿工业皮带有限公司
厦门星凯驰工贸有限公司
厦门市卓欣中贸易有限公司
厦门希贝克工贸有限公司
江西康琪实业有限公司
济南天齐特种平带有限公司
济南佐鲁机械设备有限公司
山东伟天实业有限公司
青岛必特希胶带有限公司
山东东龙传动设备有限公司
诸城盛峰传动机械有限公司
青岛汉唐传动系统有限公司
青岛艾利特机电设备有限公司
河南中昊机械传动技术有限公司
郑州杰通工业皮带有限公司
湖北科峰智能传动设备股份有限公司
武汉华尔佳传动设备有限公司
武汉巨宝莱传动设备有限公司
武汉科盛工业器材有限公司
长沙市星洋传动机械有限公司
长沙瑞中自动化设备有限公司
东莞市东佶新材料制带科技有限公司
东莞市普荣工业器材有限公司
东莞市司毛特工业皮带有限公司
东莞创利达智能装备有限公司
佛山市艾斯普尔传动设备有限公司
佛山市巴贝利工业器材有限公司
佛山市陈氏文信工业皮带有限公司
佛山市利思达工业皮带有限公司
佛山市山浦名工业皮带有限公司
汉唐(广东)传动设备有限公司
佛山玖阳工业皮带有限公司
佛山市奥柏斯工业皮带有限公司
佛山市百吉工业皮带有限公司
佛山市加德纳机械配件有限公司
佛山艾麦工业皮带有限公司
广州市艾姆特工业皮带有限公司
广州市翔拓工业器材有限公司
广州格仪朗通用设备有限公司
广州力博传动设备有限公司
广州市番禺中南科达机械有限公司
广州沃孚机电设备有限公司
广州市久维工业器材有限公司
广州翊力传动科技有限公司
广州亿信达工业配件有限公司
广州宇泽盟贸易有限公司
铁姆肯(中国)投资有限公司
广州市一晋贸易有限公司
江门猎豹带业有限公司
深圳市捷保顺工业器材有限公司
深圳市瑞阳成科技发展有限公司
深圳市三木传动带有限公司
深圳市星超工业器材有限公司
深圳市华南新海传动机械有限公司
深圳贸通机电有限公司
中山市固莱尔机电设备有限公司
汕头市利华杰机械实业有限公司
爱西贝特传输系统(云南)有限公司
陕西兴元传动系统有限公司
博世力士乐(西安)传送与控制有限公司

● 其他相关设备 Other related equipment

奥地利 SML 兰精机械有限公司北京代表处
北京恒泰宏昌科技有限公司
北京世宏顺达科技有限公司
北京大恒创新技术有限公司
凌云光技术股份有限公司
北京盈宝泰科环保科技股份有限公司
索拉透平(北京)贸易服务有限公司
天津精工华晖制版技术开发有限公司
倍杰特集团股份有限公司
北京中科博联环境工程有限公司
北京耀美医疗器械有限公司
北京金峡超滤设备有限责任公司

北京海格瑞净化设备有限公司
北京起兴机械设备有限公司
亿昇(天津)科技有限公司
昊达戴格(天津)机械有限公司
汇鑫设备有限公司
唯逸(天津)电子科技有限公司
天津嘉晟泰机电设备有限公司
三木普利(天津)有限公司
申克(天津)工业技术有限公司
天津概德科技有限公司
河北蔡伦机械设备有限公司
天龙制锯(中国)有限公司
保定笑宇环境工程有限公司
河北思韵生物科技有限公司
保定市中航轴承销售有限公司
保定飞凌嵌入式技术有限公司
青县兴河机械加工有限公司
唐山天易机电设备制造有限公司
邢台市华兴电器设备有限公司
运城精工胶辊有限公司
运城锐宝制版有限公司
运城市圣炬印刷器材有限公司
苏州盖比环保科技有限公司
辽宁东升宇辰装备制造有限公司
辽宁迈克集团股份有限公司
锦州龙腾科技有限公司
辽宁博联过滤有限公司
沈兴线缆集团有限公司
哈尔滨市龙捷机电设备安装有限公司
上海襄达工业铝型材有限公司
上海可莱特电子有限公司
上海依肯机械设备有限公司
上海阿通裁断机械有限公司
上海精耕机电科技有限公司
上海佩驭机电科技有限公司
斯凯孚(中国)销售有限公司
Uteco Converting S. p. A.
慧桥电气技术(上海)有限公司
道达尔润滑油(中国)有限公司
上海德保工业设备技术有限公司
恩玛机械(上海)有限公司
丰泰过滤系统(上海)有限公司
上海艾克森股份有限公司
利雅路热能设备(上海)有限公司
上海高辉机械设备有限公司
上海善格机电设备有限公司
上海树志机械设备有限公司
上海运城制版有限公司
上海江浪科技股份有限公司
上海派瑞特塑业有限公司
斯普瑞喷雾系统(上海)有限公司
上海勤美自动化设备有限公司
复盛实业(上海)有限公司
卡勒克密封技术(上海)有限公司
上海彩硕数码科技有限公司
上海常良智能科技有限公司
上海翌星电气设备有限公司
上海英乂工贸有限公司
添理仕贸易(上海)有限公司
伊莉莎冈特贸易(上海)有限公司
费斯托(中国)有限公司
栗田工业(大连)有限公司
上海力顺燃机科技有限公司
上海立智粉体设备制造有限公司
上海切沃过滤技术有限公司
上海素德实业有限公司
香港得利捷亚洲有限公司上海代表处
贝卡尔特管理(上海)有限公司
上海协升商贸有限公司
上海申贝泵业制造有限公司
因联(上海)工业服务有限公司
上海辰宸实业有限公司
上海迎幻环保设备有限公司
上海盛拯工贸有限公司
上海修江电器设备制造有限公司
勒盾(上海)精密轴承有限公司
上海威驰过滤系统有限公司
上海米菱电子有限公司
中间工业技术(上海)有限公司
滤顿工业设备(上海)有限公司
上海箔博环保设备有限公司
上海欧雅有限公司
上海祁峪机电设备有限公司
上海达祉机械设备有限公司
申行健企业集团(上海)有限公司
贺尔碧格(上海)有限公司
乐泉机械有限公司
上海信达科技有限公司
登福机械(上海)有限公司
博斯特(上海)有限公司
上海韩东机械科技有限公司
上海家鼎机电科技有限公司
上海永熠进出口有限公司
上海鸣谦印刷器材有限公司
上海西田企业发展有限公司
上海晓乐东潮生物技术开发有限公司

上海沃克通用设备有限公司
上海兹安经贸发展有限公司
艾森博格轴承(上海)有限公司
上海商都贸易有限公司
上海祥和印刷技术有限公司
上海和美传动机械有限公司
黄星贸易(上海)有限公司
必能信超声(上海)有限公司
上海气达自动化设备有限公司
上海鹰旭工业自动化有限公司
溧阳市顺超风机厂
常州市奥兰特机械有限公司
常州固立高端装备创新中心有限公司
常州金奇雕数控机床有限公司
常州快利特机械有限公司
常州市大润机械有限公司
常州市麦兴尼机电有限公司
常州市若特精密模具有限公司
常州市旺能热能设备科技有限公司
常州市鑫普纳智能装备有限公司
常州市誉双精密机械有限公司
常州翌晨精密机械有限公司
常州高领塑料机械有限公司
江苏捷晟科技有限公司
南京宁得柯新材料科技有限公司
星诺大气环境科技(南京)有限公司
江苏海诚工程机械制造有限公司
南京富立科技有限公司
江苏科思机电工程有限公司
南京博锻数控机床有限公司
南京广达化工装备有限公司
南京祜亨机械设备有限公司
南京荣布劳特康普曼紧固技术有限公司
南京月氏机电贸易有限公司
南京卓越挤出装备有限公司
支中环保科技江苏有限公司
南京杰亚挤出装备有限公司
南京卓江机械科技有限公司
南京凯友橡塑机械有限公司
南京艾弗科机械科技有限公司
南京江宇医疗器械有限公司
南京希野机电科技有限公司
南京贝奇尔机械有限公司
南京宸信多环保科技有限责任公司
南京蓝白机电科技有限公司
南京惠捷环境科技有限公司
南京迅率电子科技有限公司
江苏恩诺普科技有限公司
南京阔林科技有限公司
江苏兰菱机电科技有限公司
南通海发水处理工程有限公司
常熟共赢模具有限公司
苏州爱兰科技有限公司
苏州诚知悦机电有限公司
苏州西派格液压科技有限公司
安耐特流体输送科技有限公司
昆山富瑞易精密模具有限公司
昆山凯斯瑞机械有限公司
昆山茂和机械设备有限公司
苏州恒瑞机电工程有限公司
太仓长合机械设备有限公司
苏州苏诺洁净科技有限公司
苏州中迪净化科技有限公司
吴江蓝林空气净化设备有限公司
苏州爱润雪环保科技有限公司
苏州欧码标识科技有限公司
张家港华工机电有限公司
爱派尔精密磨具沭阳有限公司
泰州苏兴环保科技有限公司
江苏博瑞诺环保科技有限公司
泰兴市翔宏环保机械有限公司
无锡瓦扬传动科技有限公司
无锡欧瑞佳科技有限公司
无锡市同康机电有限公司
江苏楷益智能科技有限公司
无锡博力斯机械设备有限公司
无锡金澄印染机械厂
无锡市宸豪科技有限公司
无锡中大橡塑科技有限公司
江苏精亚环境科技有限公司
江苏通利光学材料集团有限公司
江阴市军明药化机械制造有限公司
无锡市先泽机电设备有限公司
无锡亿克米精密机械有限公司
无锡合申机械科技有限公司
无锡安克拉姆电气科技有限公司
无锡市神源环保工程设备有限公司
江苏光阳动力环保设备有限公司
顺雄(宜兴)环保设备有限公司
无锡市沃巴玛机械科技有限公司
宜兴市鸿锦水处理设备有限公司
南京鼎阳机电设备有限公司
勒盾(上海)精密轴承有限公司
徐州尚锦商贸有限公司
建湖博世通机械贸易有限公司
盐城市杰亚达机械有限公司

盐城市巨益机电有限公司
扬州市瀚文精密机械有限公司
扬州市进东弘鑫泵阀有限公司
南京国航数码科技有限公司
南京微盟电子有限公司
卫丝替(上海)工业科技有限公司
南京轻机包装机械有限公司
常州市万事达自动化设备有限公司
库迈拉(中国)有限公司
靖江市凯宇空调设备厂
浙江中源电气有限公司
浙江勃嘉工业自动化有限公司
杭州曼威混凝土机械设备有限公司
浙江龙游大微机电有限公司
杭州品拓电子技术有限公司
杭州大路实业有限公司
杭州金钥匙科技有限公司
杭州创辉机械配件有限公司
恒星科技控股集团有限公司
艾米(杭州)品牌管理有限公司
德清德奥热喷涂有限公司
海宁市明锐电子有限公司
川源(中国)机械有限公司
浙江金顺科技发展有限公司
金华市金顺工具有限公司
丽水市同步轴承有限公司
宁波兴远仪表科技有限公司
宁波得利时泵业有限公司
宁波恒力协作科技有限公司
宁波洛森伯格风机有限公司
宁波仁鑫捷成智能科技有限公司
宁波蓝特塑料机械有限公司
伦博格中国办事处
台州市黄岩宏雷模具有限公司
上海承宇机电设备有限公司
台州瑞晶机电有限公司
浙江颐顿机电有限公司
建德市新丰粉末冶金厂
台州灵隆环保设备科技有限公司
浙江亚鼎电气有限公司
乐清市龟牌电子科技有限公司
台邦电机工业集团有限公司
浙江易煌电气有限公司
温州百得利传感器有限公司
浙江锐步流体控制设备有限公司
浙江省斯普达环保科技有限公司
浙江新德宝机械有限公司
瑞安市瑞庆电器有限公司
温州市亿润机械有限公司
义乌市久业机械设备有限公司
温州市鑫发机械设备科技有限公司
浙江创博机械有限公司
赛亚传动设备(杭州)有限公司
马鞍山市博汇物资有限公司
马鞍山市中捷锻压机床有限公司
马鞍山市庄芝耐磨合金有限公司
马鞍山帅戈科技有限公司
马鞍山松泰重工机械科技有限公司
安徽潜山县胜源刷业有限公司
蚌埠市明达机械有限公司
佛山新宝科技有限公司
广东佛山科创自动化有限公司
合肥市东方美捷分子材料技术有限公司
安徽川鼎水处理设备有限公司
阳光新能源开发有限公司
杰元数控制造有限公司
马鞍山强森有限公司
马鞍山市云贵机械科技有限公司
安徽赛福电子有限公司
芜湖县飞龙医疗科技有限公司
芜湖锋正实业有限公司
郎溪弘盛装备科技有限公司
福州市宝源风机有限公司
晋江华卫模具有限公司
晋江市兰欣新材料科技有限公司
晋江市鑫达精工机械有限公司
泉州泰捷机械有限公司
泉州格莱美自动化有限公司
泉州五百亿精密仪器科技有限公司
泉州市茂源石油机械设备制造有限公司
三尔梯(泉州)电气制造有限公司
泉州高意机械设备有限公司
泉州腾达精铸有限公司
厦门市铂顿温度测控有限公司
厦门高科防静电装备有限公司
厦门佳杏机电设备有限公司
厦门市耀诚工贸有限公司
厦门爱新能源科技有限公司
佰仕德(厦门)机电科技有限公司
厦门环创股份科技有限公司
厦门品行机电设备有限公司
厦门中创环保科技股份有限公司
雷勃动力传动(漳州)有限公司
漳州市耐孚迪机电设备有限公司
江西汇明塑料彩印包装有限公司
山东东巨机械科技有限公司

德州金彩精密机械制造有限公司
通裕重工股份有限公司
山东京美安防装备有限公司
山东成志环境科技有限公司
济南上励智能科技有限公司
济南章力机械有限公司
章丘市奥鼓机械有限公司
山东长青金属表面工程有限公司
山东华珠机械有限公司
山东华屹环境科技工程有限公司
山东晨星金属表面处理有限公司
齐鲁特钢有限公司
临沂优泽机械设备有限公司
青岛天一集团有限公司
青岛维尼斯电气有限公司
青岛柴普仕贸易有限公司
青岛海通胜行智能科技有限公司
青岛环宇科技有限公司
青岛京东电子有限公司
青岛优途科技工程有限公司
山东嘉瑞工业发展有限公司
山东雅德利智能科技有限公司
山东依恩特工业集成科技有限公司
青岛海润科环保有限公司
泰安市岱岳区源丰机床加工厂
潍坊市安中机械制造有限公司
特复拉(潍坊)新材料技术有限公司
山东潍坊精鹰医疗器械有限公司
山东欧马数控科技发展有限公司
诸城稻金精工机械有限公司
诸城市东阳机械有限公司
山东新华莎罗雅生物技术有限公司
河南立新工业装备有限公司
河南乾元过滤设备有限公司
河南众仁机械设备有限公司
新乡市伟良筛分机械有限公司
河南汉鼎辰智能设备有限公司
郑州谦航轴承有限公司
郑州新科机械有限公司
郑州海科熔体泵有限公司
河南省郑州市伟佳钣金制造有限公司
郑州达梦机械制造有限公司
郑州德奥科技有限公司
郑州伟佳钣金制造有限公司
湖北瑞赢智通科贸有限公司
武汉逸飞激光设备有限公司
武汉昌信塑机有限责任公司
湖北神海机械科技有限公司
湖北龙骊机械设备销售有限公司
湖北鑫捷豹机械有限公司
湖北博英精工科技股份有限公司
武汉道生道商贸有限公司
武汉现代精工机械股份有限公司
武汉旭达兴五金机械有限公司
武汉市艺茂机械有限公司
武汉欣力特自动化工程有限公司
湖北迪峰船舶技术有限公司
湖北利茗威尔传动设备有限公司
武汉达盛兴净化设备工程有限公司
武汉东运制版有限公司
武汉思蒙特科技有限公司
武汉凯迈特精密机械有限公司
湖北省仙桃市清园机械有限公司
湖北德盈防护材料有限公司
孝感市精衡机械设备有限公司
宜昌麦迪科机电设备有限公司
武汉法科瑞系统技术有限公司
武汉杰牌传动科技有限公司
武汉中大丰源机电设备有限公司
浙江艾克森传动机械有限公司
湖北襄阳诚展机械制造有限公司
湖北昌瑞机械设备有限公司
湖南贝纳利机电设备有限公司
长沙电机厂集团长瑞有限公司
湖南欧华科技有限公司
深圳市爱普克流体技术有限公司
东莞市鼎盛铜制品有限公司
东莞市佛尔盛智能机电股份有限公司
东莞市华采塑胶五金制品有限公司
东莞市润洋电子有限公司
东莞市三众机械有限公司
东莞市豪邦自动化机械有限公司
东莞市钛格精密五金有限公司
东莞市伟东机电有限公司
东莞市长原科技实业有限公司
宏泰工业股份有限公司广东分部
东莞市美德乐金属探测仪器厂
东莞市弘菲达液压件有限公司
东莞市哈伯精密科技有限公司
深圳市克润力润滑油有限公司
广东省东莞电机有限公司
东莞市远朋机械贸易有限公司
东莞市中川欧德美机械制造有限公司
佛山市泓诠盛机电设备有限公司
佛山市南海东旭液压机械有限公司
佛山市三柯金属制品有限公司

佛山市天乐机械设备有限公司
佛山市正大机电轴承有限公司
广东恒合信管业科技有限公司
佛山市鼎盛达制版有限公司
佛山市爱之选机械设备有限公司
佛山市创壹诚机械有限公司
佛山市众铿金属硬面有限公司
佛山市东茂模具版有限公司
佛山市红星辰电子有限公司
佛山市洪峰机械有限公司
佛山市金正达机床设备有限公司
佛山市进博科技有限公司
佛山市索玛机械有限公司
佛山市心智科技有限公司
佛山市依恳丰机电设备有限公司
佛山市嘉明工业设备有限公司
佛山市源捷鑫机械有限公司
御金(中山)机械科技有限公司
佛山市库卡机械设备有限公司
佛山市顺德区劲源机械设备有限公司
佛山市顺德区精卫科技有限公司
佛山市顺德区勒流润雁机械厂
广东雄峰特殊钢有限公司
广州机械科学研究院有限公司
广州福田澳森空气净化设备有限公司
广州市白云区科茂印务设备厂
广州市腾驰机电设备有限公司
广州宇旋机械设备有限公司
上海江亚动力机械有限公司
广州市易鸿智能装备有限公司
珑鼎机械工业股份有限公司广州公司
广州锦翔标识科技有限公司
广州市桑格喷涂设备有限公司
广州岱洲机械设备有限公司
广州宝米勒电气技术有限公司
广州万润保工业材料有限公司
广州亿立升机械有限公司
江门市创兴工具有限公司
江门市力佳医疗用品有限公司
广东金明精机股份有限公司
深圳市永昌精密五金制品有限公司
深圳市奥德机械有限公司
深圳市超旭电子科技有限公司
深圳市德航智能技术有限公司
深圳市金华成机电科技有限公司
深圳市久阳机械设备有限公司
深圳市莱斯美灵机械有限公司
深圳市三鑫维科技有限公司
深圳市山口轴承机电有限公司
深圳市深杰皓科技有限公司
深圳市塑宝科技有限公司
深圳市鑫鹏展科技有限公司
深州市伟创电气有限公司
深圳市永雄机械有限公司
深圳市兴昊荣五金设备有限公司
深圳市桑泰尼科精密模具有限公司
太鼎精密机械(中山)有限公司
深圳市特利洁环保科技有限公司
深圳市欧利斯仓储设备有限公司
深圳市擎天达科技有限公司
佛山市蒙特卡传动机械有限公司
佛山阳新机械自动化控制技术有限公司
广东仕诚塑料机械有限公司
佛山市添威自动化设备有限公司
佛山市诺成机械有限公司
佛山市顺德区飞友自动化技术有限公司
广东全力达工业自动化有限公司
广东顺力智能物流装备股份有限公司
东莞市卓蓝自动化设备有限公司
东莞市河记机电配机商店
重庆良邦机械成套设备有限公司
重庆鑫仕达包装设备有限公司
四川洁明之晨环保设备有限责任公司
成都市欣瑞达管业有限责任公司
丰实新能源材料成都有限公司
成都大光热喷涂材料有限公司
成都葆德节能科技有限公司
东莞市凌圣五金机电有限公司
云南云拓重型工程机械有限公司
陕西欧泰印刷包装机械股份有限公司
陕西陕通实业股份有限公司
陕西新兴热喷涂技术有限责任公司
和散那有限公司
春鼎机械工业股份有限公司
英贸国际有限公司

进出口情况

IMPORT AND EXPORT

[6]

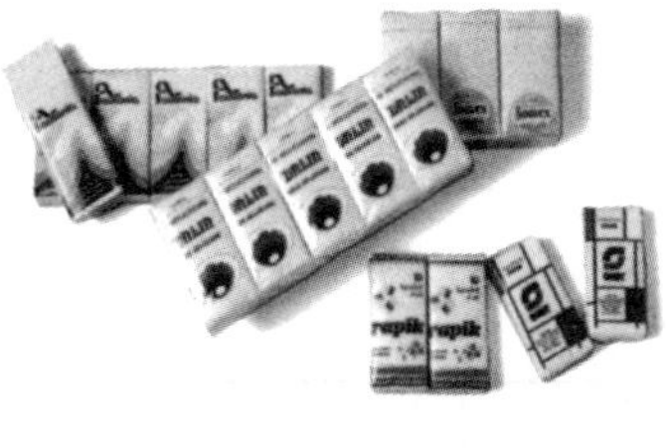

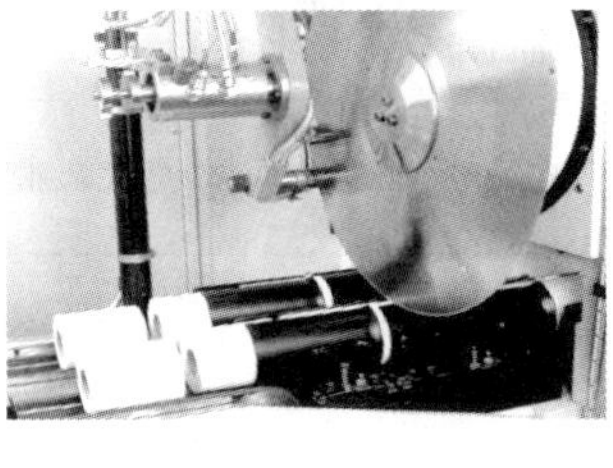

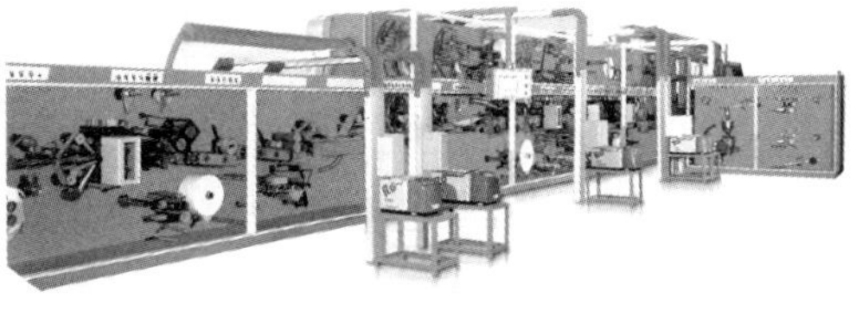

进口设备(2020—2021年)
Import equipment(2020—2021)

一、卫生纸机

1. BF型卫生纸机

地区	企业名称	型号	数量/台	幅宽/mm	车速/(m/min)	投产时间	供应商
广东省	澳威纸业	BF-1000S	1	2850	1100	2021年1月	日本川之江
云南省	云南弘源纸业	BF-1000S	1	2850	1100	2021年1月	日本川之江

2. 新月型卫生纸机

地区	企业名称	型号	数量/台	幅宽/mm	车速/(m/min)	投产时间	供应商
河北	保定雨森	Intelli-Tissue® EcoEc Premium 1600，钢制烘缸	2	3500	1600	2020年10月	维美德(PMP)
上海	安徽泰盛纸业(泰盛集团)	PrimeLineST W8	2	5600	1900	2021年1月、2月	安德里茨
江苏	王子纸业	PrimeLineST W22	2	5600	2000	2020年6月、9月	安德里茨
	金红叶纸业	DCT200，软靴压	2	5600	2000	2021年6月、9月	维美德
	金红叶纸业	Intelli-Tissue® EcoEc 1600 Premium	8	3600	1600	2021年6-11月	维美德(PMP)
山东	广西太阳纸业	PrimeLine W2000	2	5650	2000	2021年10月、12月	安德里茨
广东	中顺洁柔	Intelli-Tissue® EcoEc Premium 1600，钢制烘缸	4	3500	1600	2021年1-7月	维美德(PMP)

二、生活用纸加工设备

地区	项目地点	公司名称	设备名称	型式	型号	数量/台	幅宽/mm	车速/(m/min)	投产时间	供应商
江苏省	江苏南通	金红叶纸业(南通)有限公司	复卷机	高速无轴复卷机	E-WIND T200S	3	5630	1100	2022年初	意大利亚赛利
浙江省	浙江平湖	浙江景兴纸业股份有限公司	复卷机	Reelite	20 HSL	3	5600	1100	2022年上半年	维美德
福建省	福建漳州	联盛浆纸(漳州)有限公司	复卷机	高速无轴复卷机	E-WIND T200S	6	5650	1100	2022年6月	意大利亚赛利
湖北省	湖北孝感	湖北金红叶纸业有限公司	复卷机	高速无轴复卷机	E-WIND T200S	3	5630	1100	2021年8月	
广西	广西北海	广西太阳纸业有限公司	复卷机	高速有轴复卷机	E-WIND T200	1	5650	1800	2021年10月	
				高速无轴复卷机	E-WIND T200S	2	5650	1100	2021年10月	
保密	保密	保密	复卷机	Reelite	20 HSL	3	5600	1100	2020年	维美德

三、卫生用品设备

地区	企业名称	设备名称	数量	投产时间	引进国(地区)及公司
北京	北京倍舒特科技发展有限公司	裤型卫生巾生产线	1	2022 年 6 月	瑞光(上海)
浙江	杭州千芝雅卫生用品有限公司	卫生巾生产线	1	2019 年	
		婴儿拉拉裤生产线	2	2019 年，2021 年	
		婴儿纸尿裤生产线	1	2021 年	
		婴儿纸尿裤堆垛装袋机	1	2020 年	OPTIMA
		拉拉裤堆垛装袋机	1	2020 年	
	杭州珍琦卫生用品有限公司	成人纸尿裤堆垛装袋机	1	2019 年	
		婴儿拉拉裤堆垛装袋机	1	2021 年	
	杭州豪悦护理用品股份有限公司	婴儿拉拉裤堆垛装袋机	5	2019 年-2020 年,2021 年	
		成人拉拉裤堆垛装袋机	2	2019 年-2020 年	
	杭州可靠护理用品股份有限公司	婴儿纸尿裤堆垛装袋机	4	2020 年	
		成人纸尿裤及拉拉裤堆垛装袋机	4	2020 年	
		婴儿及成人纸尿裤堆垛装袋机	6	2020-2021 年	
	杭州可艾个人护理用品有限公司	婴儿纸尿裤及拉拉裤堆垛装袋机	8	2019 年-2020 年	
	比芭(浙江)护理用品有限公司	婴儿纸尿裤及拉拉裤堆垛装袋机	3	2019 年	
		婴儿拉拉裤堆垛装袋机	1	2020 年	
	杭州余宏卫生用品有限公司	婴儿纸尿裤和拉拉裤堆垛装袋机	3	2020-2021 年	
		拉拉裤包装机	6	2022 年 1 月,2 月,4 月	
		经期裤包装机	1	2022 年 4 月	
		纸尿裤裹包机	2	2022 年 5 月	
山东	滕州市华宝卫生制品有限公司	婴儿拉拉裤堆垛装袋机	3	2020 年，2021 年	
	保密	婴儿纸尿裤堆垛装袋机	2	2021 年	
	保密	婴儿拉拉裤堆垛装袋机	2	2021 年	
湖南	湖南爽洁卫生用品有限公司	婴儿拉拉裤生产线	1	2020 年 5 月	瑞光(上海)
	湖南舒比奇生活用品有限公司	婴儿拉拉裤堆垛装袋机	1	2020 年	OPTIMA
广东	保密	卫生巾生产线	2	2019 年 6 月	法麦凯尼柯(上海)
	佛山市啟盛卫生用品有限公司	经期裤生产线	1	2019 年 11 月	瑞光(上海)
	广东昱升个人护理用品股份有限公司	婴儿拉拉裤生产线	3	2019 年 8 月，12 月	
		婴儿纸尿裤生产线	1	2019 年 8 月	
		婴儿纸尿裤及拉拉裤堆垛装袋机	5	2019 年	OPTIMA
		婴儿拉拉裤堆垛装袋机	3	2020 年	
		婴儿拉拉裤生产线	2	2020 年 12 月,2021 年 10 月	瑞光(上海)
	凯儿得乐(深圳)科技发展有限公司(东莞苏氏卫生用品有限公司)	婴儿纸尿裤生产线	3	2019 年 11 月，2020 年 7 月，2021 年 2 月	瑞光(上海)
		婴儿拉拉裤生产线	1	2020 年 1 月	
		婴儿纸尿裤及拉拉裤堆垛装袋机	6	2019 年，2020-2021 年	OPTIMA
	露乐健康科技(广州)有限公司	婴儿拉拉裤堆垛装袋机	2	2019 年-2020 年	OPTIMA
		婴儿纸尿裤堆垛装袋机	3	2019 年-2020 年	
广西	桂林洁伶工业有限公司	婴儿拉拉裤生产线	1	2019 年 2 月	瑞光(上海)
		婴儿纸尿裤生产线	1	2021 年 8 月	

出口设备(2020—2021年)
Export equipment(2020—2021)

一、卫生纸机

2020—2021年签约的出口卫生纸机项目

出口地区	项目地点	企业名称	阶段	规模/(万吨/年)	型式	型号	数量/台	幅宽/mm	车速/(m/min)	签约时间	投产时间	供应商
亚洲	孟加拉			1.8	斜网型		1	3200	800	2020年	2021年2月	保定维拓
	蒙古			1	新月型		1	2850	700	2020年	2021年3月	方源众和
				1	新月型		1	2850	700	2020年	2021年6月	方源众和
	阿富汗		新建	1.75	新月型	BC1300-2850	1	2850	1300	2021年2月	2022年2月	宝拓
	乌兹别克斯坦	ENM INFIN		1	新月型	2000/1900	1	2000	900	2021年10月	2022年7月	山东信和
	亚美尼亚	Grand Master	新增	1	短长网型	2040/300	1	2040	300	2020年9月	2022年	山东信和
	塔吉克斯坦			1	新月型		1	2880	600	2020年1月	2021年	方源众和
总计				8.55			7					

二、生活用纸加工设备

出口大洲	出口国家或地区	设备名称	型号	数量/台	签约时间	投产时间	供应商
亚洲	阿联酋	抽纸单包机	BJ-FS60B	1	2020年11月	2021年1月	宝索
	阿塞拜疆	高速餐巾折叠机	YC-F240	1	2021年4月	2021年7月	
		高速餐巾折叠机	YCF-B300	1	2021年4月	2021年7月	
	巴基斯坦	抽式面巾纸折叠机	YH200-1260	1	2020年11月	2021年1月	
		全伺服平面口罩一体机生产线	KZPL-GL	1	2020年6月	2020年6月	
		全自动复卷机	YD-E1575	1	2020年11月	2021年1月	
	巴勒斯坦	抽式面巾纸折叠机	YH200-1260	1	2021年5月	2021年7月	
		抽纸单包机	TS100	1	2021年5月	2021年7月	
		面巾纸切纸机	FC180-1L	1	2021年5月	2021年7月	
		软抽双头中包包装机	D661	1	2021年5月	2021年7月	
	巴林	抽式面巾纸折叠机	YH210-1260	1	2020年4月	2020年7月	
		抽纸单包机	TS100	1	2020年4月	2020年7月	
		面巾纸切纸机	FC180-1L	1	2020年4月	2020年7月	
		软抽双头中包包装机	D661	1	2020年4月	2020年7月	
	菲律宾	抽纸单包机	TS100	1	2021年7月	2021年8月	
		大回旋切纸机	LS160-2L	1	2021年5月	2021年8月	
		面巾纸切纸机	FC180-1L	1	2021年7月	2021年8月	
		全伺服平面口罩一体机生产线	KZPL-GL	2	2020年4月、5月	2020年4月、5月	
		全自动抽式面巾纸折叠机	YH-FD200-1500	1	2021年7月	2021年8月	
	韩国	面巾纸切纸机	FC180-1L	1	2021年1月	2021年1月	
		全伺服儿童平面口罩一体机生产线	KZPL-CL	2	2020年7月	2020年7月	
		全伺服平面口罩一体机生产线	KZPL-GL	10	2020年6月	2020年6月、7月	
		全自动小盘纸复卷机	YD-CA2600	1	2021年1月	2021年3月	

续表

出口大洲	出口国家或地区	设备名称	型号	数量/台	签约时间	投产时间	供应商
亚洲	柬埔寨	全自动N折擦手纸折叠机	MJ-N-2L210	1	2021年2月	2021年7月	宝索
	黎巴嫩	两用小盘纸复卷机	YD-H2900	1	2021年1月	2021年5月	
		面巾纸切纸机	FC180-1L	1	2021年2月	2021年5月	
	马来西亚	擦手纸装袋机	200V	1	2021年5月	2021年5月	
		全自动小盘纸复卷机	YD-CA2900	1	2021年1月	2021年5月	
	孟加拉国	高速餐巾折叠机	YCF-B250	1	2020年11月	2021年2月	
		高速餐巾折叠机	YZ-AB210	1	2020年11月	2021年2月	
		高速餐巾折叠机	YCF330	1	2020年11月	2021年2月	
		抽式面巾纸折叠机	YH-2L210-540	1	2020年11月	2021年2月	
	尼泊尔	卷纸单包机	BJ-SW220	1	2020年6月	2020年8月	
		卷纸中包机	BJ-RW30	1	2020年6月	2020年8月	
		全自动复卷机	YD-E2200	1	2020年6月	2020年8月	
		大回旋切纸机	LS160-2L	1	2020年6月	2020年8月	
	沙特	抽式面巾纸折叠机	YH180-2000	5	2020年10月,2021年3月、4月	2021年1月、6月	
		抽式面巾纸折叠机	YH190-1260	1	2020年4月	2020年8月	
		抽式面巾纸折叠机	YH190-1500	2	2020年9月,2021年4月	2020年12月,2021年7月	
		抽式面巾纸折叠机	YH190-2000	2	2020年9月,2021年2月	2020年12月,2021年5月	
		抽式面巾纸折叠机	YH210-2000	1	2020年11月	2021年3月	
		抽纸单包机	BJ-FS60	1	2020年4月	2020年8月	
		抽纸单包机	BJ-FS60B	1	2021年3月	2021年6月	
		抽纸单包机	TS100	11	2020年5月、7月、10月,2021年4月、5月	2020年11月,2021年1月、6月、7月、8月	
		抽纸中包机	BJ-FW30B	7	2020年7月、10月,2021年5月	2020年11月,2021年1月、8月	
		抽纸中包机	FW31B	1	2020年5月	2020年11月	
		大回旋切纸机	LS160-2L	1	2020年5月	2020年11月	
		面巾纸切纸机	FC150-2L	2	2020年5月、10月	2020年11月,2021年1月	
		面巾纸切纸机	FC180-1L	10	2020年4月、7月,2021年3月、4月、5月	2020年8月、11月,2021年6月、7月、8月	
		全自动抽式面巾纸折叠机	YH-FD180-2000	3	2020年7月,2021年5月	2020年11月,2021年8月	
		全自动抽式面巾纸折叠机	YH-FD190-1500	1	2020年5月	2020年11月	
		全自动抽式面巾纸折叠机	YH-FD190-2000	3	2020年7月	2020年11月	
		全自动抽式面巾纸折叠机	YH-FD200-1500	1	2020年5月	2020年11月	
		全自动复卷机	YD-EF2900	1	2020年5月	2020年11月	
		全自动卷筒纸/厨房纸包装机	BJ-J25A	1	2020年5月	2020年11月	
		全自动小盘纸复卷机	YD-CA2000	2	2020年5月	2020年11月,2021年8月	

续表

出口大洲	出口国家或地区	设备名称	型号	数量/台	签约时间	投产时间	供应商
亚洲	塞浦路斯	擦手纸包装机	TW15	1	2020 年 9 月	2021 年 7 月	宝索
		面巾纸切纸机	FC180-1L	2	2020 年 9 月	2021 年 7 月	
		全自动抽式面巾纸折叠机	YH-FD210-1500	1	2020 年 9 月	2021 年 7 月	
	斯里兰卡	抽式面巾纸折叠机	YH-2L200-540	1	2020 年 11 月	2021 年 2 月	
		高速餐巾折叠机	YCF230	1	2020 年 11 月	2021 年 2 月	
		高速餐巾折叠机	YCF290	1	2020 年 11 月	2021 年 2 月	
		全伺服平面口罩一体机生产线	KZPL-GL	1	2020 年 6 月	2020 年 7 月	
	斯洛文尼亚	擦手纸包装机	TW15	1	2020 年 3 月	2020 年 6 月	
	泰国	大回旋切纸机	LS160-2L	3	2021 年 5 月	2021 年 8 月	
		高速餐巾折叠机	YCF300	1	2021 年 5 月	2021 年 7 月	
	乌兹别克斯坦	全自动复卷机	YD-E1092	1	2021 年 3 月	2021 年 5 月	
		自动分叠擦手纸折叠机	NJ-PJ210-1450	1	2020 年 7 月	2021 年 1 月	
	亚美尼亚	抽纸单包机	BJ-FS60B	1	2020 年 5 月	2020 年 9 月	
		抽纸单包机	TS100	1	2020 年 5 月	2020 年 9 月	
		高速餐巾折叠机	YCF-B250	1	2020 年 5 月	2020 年 9 月	
		全自动卷筒纸/厨房纸包装机	BJ-J25A	1	2020 年 5 月	2020 年 9 月	
	也门	抽式面巾纸折叠机	YH200-1500	1	2020 年 8 月	2020 年 12 月	
		抽纸单包机	BJ-FS60B	1	2020 年 7 月	2020 年 11 月	
		面巾纸切纸机	FC180-1L	2	2020 年 7 月、10 月	2020 年 11 月、12 月	
		全自动抽式面巾纸折叠机	YH-FD190-1500	2	2020 年 7 月、10 月	2020 年 11 月、12 月	
		手帕纸单包机	BS-201	1	2020 年 5 月	2020 年 9 月	
		手帕纸折叠机	MJ-A	1	2020 年 5 月	2020 年 9 月	
		手帕纸中包包装机	ZB201B	2	2020 年 5 月	2020 年 9 月	
	伊朗	抽式面巾纸折叠机	YH190-1500	2	2020 年 3 月	2020 年 7 月	
		抽式面巾纸折叠机	YH205-1260	2	2020 年 8 月	2020 年 11 月	
	印度	擦手纸装袋机	FB-N-4L	1	2020 年 4 月	2020 年 8 月	
		抽式面巾纸折叠机	YH-2L200-540	1	2020 年 4 月	2020 年 8 月	
		两用小盘纸复卷机	YD-H2900	1	2020 年 7 月	2020 年 11 月	
		全自动 N 折擦手纸折叠机	MJ-N-4L210-920	1	2020 年 4 月	2020 年 8 月	
		全自动复卷机	YD-E1575	1	2020 年 4 月	2020 年 8 月	
	印度尼西亚	抽式面巾纸折叠机	YH190-1500	6	2020 年 4 月，2021 年 1 月、3 月、7 月	2020 年 6 月，2021 年 1 月、4 月、5 月、8 月	
		抽式面巾纸折叠机	YH200-1500	1	2021 年 7 月	2021 年 8 月	
		抽纸单包机	TS100	1	2021 年 1 月	2021 年 5 月	
		抽纸单包机	TS130	1	2021 年 3 月	2021 年 4 月	
		高速餐巾折叠机	YCF-2L290	1	2021 年 1 月	2021 年 5 月	
		面巾纸切纸机	FC180-1L	5	2020 年 6 月，2021 年 1 月、3 月、5 月、7 月	2020 年 7 月，2021 年 4 月、5 月、8 月	
		自动盘纸分切机	PF-A400-3000	1	2021 年 1 月	2021 年 5 月	

续表

出口大洲	出口国家或地区	设备名称	型号	数量/台	签约时间	投产时间	供应商
亚洲	越南	抽式面巾纸折叠机	YH175-2000	1	2020年8月	2021年3月	宝索
		抽式面巾纸折叠机	YH180-1500	1	2020年9月	2020年11月	
		抽式面巾纸折叠机	YH190-1500	2	2020年5月、11月	2020年7月，2021年3月	
		抽纸单包机	BJ-TS100	2	2020年8月	2020年12月，2021年3月	
		抽纸单包机	TS100	3	2020年11月，2021年3月、5月	2021年3月、4月、6月	
		大回旋切纸机	LS160-2L	1	2020年8月	2020年12月	
		高速餐巾折叠机	YC-F320	3	2020年5月、10月，2021年1月	2020年7月，2021年1月、5月	
		高速餐巾折叠机	YCF330	1	2020年12月	2021年3月	
		高速餐巾折叠机	YCF-B240	2	2020年10月，2021年1月	2021年1月、5月	
		卷纸单包机	BJ-SW200	1	2020年8月	2020年12月	
		面巾纸切纸机	FC150-1L	1	2020年11月	2021年3月	
		面巾纸切纸机	FC180-1L	6	2020年4月、5月、8月，2021年3月	2020年7月、8月、12月，2021年3月、4月	
		全伺服平面口罩一体机生产线	KZPL-GL	45	2020年5月、6月、8月	2020年5月、6月、8月	
		全自动N折擦手纸折叠机	MJ-N-3L225	1	2020年9月	2021年1月	
		全自动抽式面巾纸折叠机	YH-FD180-1500	2	2021年3月、4月	2021年4月、7月	
		全自动抽式面巾纸折叠机	YH-FD190-1500	1	2020年8月	2020年12月	
		全自动复卷机	YD-E1575	1	2020年8月	2020年11月	
		全自动复卷机	YD-E2000	8	2020年5月、6月、7月、8月、10月	2020年7月、8月、9月，2021年1月、4月	
		全自动小盘纸复卷机	YD-CA3000	1	2020年8月	2020年12月	
		有芯/无芯集成复卷生产线	YD-PL200C-3000	1	2020年8月	2020年12月	
		圆扁兼容中包机	RW25RS	1	2021年1月	2021年5月	
		折叠口罩一体机	KN95	15	2020年6月	2020年6月	
		自动顶出回转支撑式圆筒缠绕机	BSP3200F-AU	1	2020年3月	2020年4月	
		抽纸单包机	TS100	1	2021年6月	2021年8月	
		抽纸单包机	TS130	1	2021年6月	2021年7月	
		抽纸中包机	FW30C	1	2021年6月	2021年8月	
		高速餐巾折叠机	YCF330	1	2020年6月	2020年7月	
		面巾纸切纸机	FC220-1L	2	2021年6月	2021年7月、8月	
		全自动N折擦手纸折叠机	MJ-N-5L225-1050	1	2021年4月	2021年6月	
		全自动抽式面巾纸折叠机	YH-FD180-1500	1	2021年6月	2021年8月	
		全自动抽式面巾纸折叠机	YH-FD185-1500	1	2021年6月	2021年7月	
		全自动高速盘纸分切机	PF-EB3000	1	2020年7月	2020年11月	
		全自动小盘纸复卷机	YD-CA2900	1	2020年11月	2021年1月	

续表

出口大洲	出口国家或地区	设备名称	型号	数量/台	签约时间	投产时间	供应商
亚洲	中国台湾	一拖二平面口罩生产线	KZPL-2L	1	2020年3月	2020年4月	宝索
亚洲	中国香港	大回旋切纸机	LS160-2L	1	2021年5月	2021年8月	宝索
亚洲	中国香港	高速餐巾折叠机	YCF240	2	2021年1月	2021年3月	宝索
亚洲	中国香港	全伺服平面口罩一体机生产线	KZPL-GL	6	2020年6月、7月、8月	2020年6月、7月、8月	宝索
亚洲	中国香港	全自动复卷机	ULTRA-YD-E	1	2021年5月	2021年8月	宝索
亚洲	中国香港	液压卷管机	YJ-60	1	2021年5月	2021年8月	宝索
亚洲	中国香港	自动盘纸分切机	PF-A3000	1	2021年1月	2021年3月	宝索
亚洲	上述亚洲国家及地区的项目还包括：储纸架、封口机、卷芯机、带锯机等相关配套设备			32	2020—2021年	2020—2021年	宝索
欧洲	阿尔巴尼亚	全自动V折上胶复合擦手纸折叠机	MJ-V-SJ 200-900	1	2021年5月	2021年8月	宝索
欧洲	保加利亚	擦手纸包装机	BJ-TW15	1	2020年12月	2021年2月	宝索
欧洲	保加利亚	面巾纸切纸机	BJ-FC180-1L	1	2020年12月	2021年2月	宝索
欧洲	波兰	擦手纸包装机	BJ-TW15	2	2020年11月，2021年3月	2021年3月、6月	宝索
欧洲	波兰	大回旋切纸机	LS160-2L	1	2020年8月	2020年10月	宝索
欧洲	波兰	卷纸中包机	BJ-RW25RS	1	2021年4月	2021年7月	宝索
欧洲	波兰	卷纸中包机	BJ-RW30	1	2020年7月	2020年10月	宝索
欧洲	波兰	面巾纸切纸机	BJ-FC180-1L	3	2020年11月，2021年1月、3月	2021年3月、6月	宝索
欧洲	波兰	面巾纸切纸机	FC180-1L	1	2020年12月	2021年3月	宝索
欧洲	波兰	全自动N折擦手纸折叠机	MJ-V 230-1260	1	2021年1月	2021年6月	宝索
欧洲	波兰	全自动抽式面巾纸折叠机	YH-FD210-1500	2	2020年11月，2021年3月	2021年3月、6月	宝索
欧洲	波兰	全自动小盘纸复卷机	YD-CA2900	1	2020年12月	2021年5月	宝索
欧洲	波兰	有芯/无芯集成复卷生产线	YD-PL450SE	1	2021年5月	2021年8月	宝索
欧洲	俄罗斯	全自动高速盘纸分切机	PF-EA 2000	1	2021年3月	2021年4月	宝索
欧洲	法国	全伺服儿童平面口罩一体机生产线	KZPL-CL	1	2020年5月	2020年5月	宝索
欧洲	法国	全伺服平面口罩一体机生产线	KZPL-GL	7	2020年4月、5月、8月	2020年4月、5月、8月	宝索
欧洲	法国	折叠口罩一体机	KN95	6	2020年5月	2020年5月	宝索
欧洲	捷克	面巾纸切纸机	BJ-FC180-1L	1	2021年3月	2021年6月	宝索
欧洲	捷克	全自动擦手纸包装机	BJ-TW15	1	2021年3月	2021年6月	宝索
欧洲	捷克	全自动抽式面巾纸折叠机	YH-FD230-2200	1	2021年3月	2021年6月	宝索
欧洲	克罗地亚	全伺服平面口罩一体机生产线	KZPL-GL	1	2020年5月	2020年4月	宝索
欧洲	立陶宛	两用小盘纸复卷机	YD-H 1575	1	2020年8月	2020年12月	宝索
欧洲	塞尔维亚	大回旋切纸机	LS160-2L	1	2012年3月	2020年5月	宝索
欧洲	乌克兰	擦手纸包装机	TW15	1	2020年12月	2021年1月	宝索
欧洲	乌克兰	抽纸单包机	TS100	1	2020年4月	2020年8月	宝索
欧洲	乌克兰	大回旋切纸机	LS160-2L	1	2020年7月	2021年4月	宝索

续表

出口大洲	出口国家或地区	设备名称	型号	数量/台	签约时间	投产时间	供应商
欧洲	乌克兰	覆纸包装机	CR	1	2020年7月	2021年4月	宝索
		面巾纸切纸机	FC200-2L	1	2020年4月	2020年8月	
		全自动抽式面巾纸折叠机	YH-FD200-1500	1	2020年4月	2020年8月	
		全自动小盘纸复卷机	YD-CA2200	1	2020年5月	2020年10月	
		有芯/无芯集成复卷生产线	YD-PL350C-3500	1	2020年7月	2021年4月	
	西班牙	全伺服平面口罩一体机生产线	KZPL-GL	2	2020年4月	2020年4月	
	意大利	全伺服平面口罩一体机生产线	KZPL-GL	1	2020年4月	2020年5月	
	英国	拔轴式全自动复卷机	YD-ZE2600	1	2020年9月	2020年12月	
	上述欧洲国家的项目还包括:储纸架、封口机、卷芯机、带锯机等相关配套设备			15	2020—2021年	2020—2021年	
北美洲	海地	大回旋切纸机	LS160-2L	1	2021年3月	2021年5月	
	美国	抽纸单包机	BJ-TS100	1	2020年2月	2020年8月	
		大回旋切纸机	LS160-4L	1	2020年2月	2020年3月	
		高速餐巾折叠机	YCF330	1	2020年11月	2020年12月	
		全自动小盘纸复卷机	YD-C2900	1	2020年6月	2020年7月	
		有芯/无芯集成复卷生产线	YD-PL400-2900	1	2020年2月	2020年3月	
		折叠口罩一体机	KN95	1	2020年4月	2020年4月	
		储纸架、封口机、卷芯机		3	2020年2月	2020年3月	
	墨西哥	包装机	KFW-323	1	2020年5月	2020年5月	
		全伺服平面口罩一体机生产线	KZPL-GL	2	2020年4月、5月	2020年4月、5月	
南美洲	阿根廷	全伺服平面口罩一体机生产线	KZPL-GL	1	2020年4月	2020年4月	
	巴西	高速餐巾折叠机	YCF-2L(200)	1	2020年8月	2020年10月	
	厄瓜多尔	高速餐巾折叠机	YCF230	1	2021年2月	2021年4月	
		高速餐巾折叠机	YCF-B230	1	2021年2月	2021年4月	
		高速餐巾折叠机	YCF-B-2L240	1	2021年6月	2021年7月	
		全伺服平面口罩一体机生产线	KZPL-GL	1	2020年4月	2020年4月	
		全自动N折擦手纸折叠机	MJ-N-2L225	1	2021年7月	2021年8月	
	秘鲁	全伺服平面口罩一体机生产线	KZPL-GL	1	2020年4月	2020年4月	
	委内瑞拉	大回旋切纸机	LS160-2L	1	2021年4月	2021年7月	
		卷纸单包机	SW220	1	2021年4月	2021年7月	
		全自动复卷机	YD-E2600	1	2021年4月	2021年7月	
	智利	高速餐巾折叠机	YCF-B240	1	2020年8月	2020年9月	
		高速餐巾折叠机	YC-PJ240	1	2021年4月	2021年6月	
		全伺服平面口罩一体机生产线	KZPL-GL	3	2020年4月	2020年4月	
非洲	埃塞俄比亚	餐巾单包机	FS60	1	2020年10月	2021年1月	
		抽纸单包机	TS100	1	2020年10月	2021年1月	
		抽纸中包机	FW30B	1	2020年10月	2021年1月	
		大回旋切纸机	LS160-4L	1	2020年10月	2021年1月	
		高速餐巾生产线	YC-PJ250	1	2020年10月	2021年1月	
		卷筒纸厨房纸两用中包机	BS-J25AL	1	2020年10月	2021年1月	

续表

出口大洲	出口国家或地区	设备名称	型号	数量/台	签约时间	投产时间	供应商
非洲	埃塞俄比亚	卷纸单包机	BJ-SW220	1	2020 年 10 月	2021 年 1 月	宝索
		面巾纸切纸机	FC180-1L	1	2020 年 10 月	2021 年 1 月	
		全自动抽式面巾纸折叠机	YH-FD190-1500	1	2020 年 10 月	2021 年 1 月	
		手帕纸单包机	BS-201	1	2020 年 10 月	2021 年 1 月	
		手帕纸折叠机	MJ-A	1	2020 年 10 月	2021 年 1 月	
		手帕纸中包包装机	ZB201B	1	2020 年 10 月	2021 年 1 月	
		有芯/无芯集成复卷生产线	YD-PL400C-2900	1	2020 年 10 月	2021 年 1 月	
		圆扁兼容中包机	RW25RS	1	2020 年 10 月	2021 年 1 月	
		自动盘纸分切机	PF-A2900	1	2020 年 10 月	2021 年 1 月	
	刚果	半自动餐巾纸包装机	D610BF	1	2021 年 1 月	2021 年 7 月	
		半自动圆卷单头中包机	D682	1	2021 年 1 月	2021 年 7 月	
		抽式面巾纸折叠机	YH200-1500	1	2021 年 1 月	2021 年 7 月	
		高速餐巾折叠机	YCF300	1	2021 年 1 月	2021 年 7 月	
		高速餐巾折叠机	YCF-B-2L-300	1	2020 年 4 月	2020 年 7 月	
		卷纸单包机	BJ-SW220	1	2021 年 1 月	2021 年 7 月	
		面巾纸切纸机	FC180-1L	1	2021 年 1 月	2021 年 7 月	
		全自动复卷机	YD-E2600	1	2021 年 4 月	2021 年 7 月	
		手帕纸单包机	BS-201	1	2021 年 1 月	2021 年 7 月	
		手帕纸折叠机	MJ-A210	1	2021 年 1 月	2021 年 7 月	
		手帕纸中包包装机	ZB201B	1	2021 年 1 月	2021 年 7 月	
	加纳	半自动餐巾纸包装机	D610BF	3	2020 年 5 月、6 月，2021 年 1 月	2020 年 9 月，2021 年 4 月	
		半自动圆卷单头中包机	D682	3	2020 年 5 月、6 月，2021 年 1 月	2020 年 9 月，2021 年 4 月	
		抽式面巾纸折叠机	YH200-1500	1	2020 年 5 月	2020 年 9 月	
		抽式面巾纸折叠机	YH210-1500	1	2021 年 1 月	2021 年 4 月	
		大回旋切纸机	LS160-2L	3	2020 年 5 月、9 月，2021 年 1 月	2020 年 9 月、12 月，2021 年 4 月	
		高速餐巾折叠机	YCF290	1	2020 年 11 月	2021 年 1 月	
		高速餐巾折叠机	YC-F-2L290	3	2020 年 7 月、10 月，2021 年 2 月	2020 年 8 月，2021 年 1 月、4 月	
		高速餐巾折叠机	YCF-B290	2	2020 年 6 月，2021 年 1 月	2021 年 4 月、12 月	
		卷纸单包机	BJ-SW220	2	2020 年 5 月，2021 年 1 月	2020 年 9 月，2021 年 4 月	
		两用小盘纸复卷机	YD-H1575	1	2020 年 10 月	2021 年 4 月	
		两用小盘纸复卷机	YD-H2600	3	2020 年 9 月、12 月，2021 年 1 月	2020 年 12 月，2021 年 4 月、6 月	
		面巾纸切纸机	FC180-1L	2	2020 年 5 月，2021 年 1 月	2020 年 9 月，2021 年 4 月	
		全自动复卷机	YD-E2600	1	2020 年 5 月	2020 年 9 月	
		全自动复卷机	YD-E3000	1	2021 年 6 月	2021 年 8 月	
		小盘纸热收缩封切机	GB-350	1	2021 年 1 月	2021 年 4 月	

续表

出口大洲	出口国家或地区	设备名称	型号	数量/台	签约时间	投产时间	供应商
非洲	科特迪瓦	抽式面巾纸折叠机	YH205-1260	2	2021年2月、6月	2021年5月、7月	宝索
	肯尼亚	两用小盘纸复卷机	YD-H1575	1	2020年5月	2021年4月	
	毛里求斯	高速餐巾折叠机	YC-F 330	1	2020年5月	2020年8月	
	乌干达	半自动餐巾纸包装机	D610BF	2	2021年3月	2021年6月	
		抽式面巾纸折叠机	YH210-900	1	2021年3月	2021年6月	
		高速餐巾折叠机	YCF-B300	1	2021年3月	2021年6月	
	南非	抽式面巾纸折叠机	YH215-540	1	2021年1月	2021年6月	
		大回旋切纸机	LS160-4L	1	2020年12月	2021年6月	
		高速餐巾折叠机	YCF-B400	1	2021年3月	2021年6月	
		全伺服平面口罩一体机生产线	KZPL-GL	2	2020年6月	2020年7月	
		全自动复卷机	YD-E2800	2	2020年12月	2021年6月	
	上述非洲国家的项目还包括：储纸架、封口机、卷芯机、带锯机等相关配套设备			24	2020-2021年	2020-2021年	
亚洲	阿联酋	半自动折叠生产线	CJ-D-2900	1	2021年	2021年	德昌誉
		连续性高速复卷生产线	ZQ-H 350	1	2021年	2021年底或2022年	
	菲律宾	连续性高速复卷生产线	ZQ-H 600	1	2021年	2021年	
	韩国	连续性高速复卷生产线	ZQ-H 450	2	2020年	2020年	
		连续性高速复卷生产线	ZQ-H 350	2	2020年，2021年	2020年，2021年	
		开停式复卷生产线	ZQ-III-D 300	2	2020年	2021年	
	卡塔尔	半自动折叠生产线	CJ-D-2900	1	2021年	2021年	
	马来西亚	自动折叠生产线	CJ-C-A1500	2	2020年，2021年	2020年，2021年	
	孟加拉	连续性高速复卷生产线	ZQ-H 450	1	2020年	2021年	
	日本	自动折叠生产线	CJ-C-A1500	2	2020年，2021年	2020年，2021年	
		高速乳霜涂布机	FC-W-TB	1	2021年	2021年底或2022年	
	沙特	连续性高速复卷生产线	ZQ-H 450	1	2020年	2020年	
		自动折叠生产线	CJ-C-A1500	1	2021年	2021年	
		连续性高速复卷生产线	ZQ-H 350	1	2021年	2021年	
	泰国	自动折叠生产线	CJ-C-A1500	2	2020年	2020年，2021年	
		自动折叠生产线	CJ-C-A1500	1	2021年	2021年底或2022年	
	土耳其	连续性高速复卷生产线	ZQ-H 450	1	2020年	2020年	
		连续性高速复卷生产线	ZQ-H 600	1	2020年	2020年	
		高速分切复卷机	FC-IV	1	2020年	2020年	
		自动折叠生产线	CJ-C-2900	1	2020年	2020年	
		自动折叠生产线	CJ-C-A1500	1	2021年	2021年	
	新加坡	开停式复卷生产线	ZQ-III-D 300	1	2020年	2020年	
	伊朗	连续性高速复卷生产线	ZQ-H 450	1	2020年	2021年	
		自动折叠生产线	CJ-C-2900	2	2020年	2021年	
		半自动折叠生产线	CJ-D-2900	2	2021年	2021年	
		连续性高速复卷生产线	ZQ-H 350	1	2021年	2021年	
		自动折叠生产线	CJ-C-A1500	2	2021年	2021年底或2022年	

续表

出口大洲	出口国家或地区	设备名称	型号	数量/台	签约时间	投产时间	供应商
亚洲	印度尼西亚	自动折叠生产线	CJ-C-2900	1	2020 年	2020 年	德昌誉
		自动折叠生产线	CJ-C-A2050	2	2020 年	2021 年	
		开停式复卷生产线	ZQ-III-D 300	1	2020 年	2021 年	
		半自动折叠生产线	CJ-A-1500	2	2020 年	2020 年	
		自动折叠生产线	CJ-C-A1500	1	2020 年	2021 年	
	越南	开停式复卷生产线	ZQ-III-D 300	3	2020 年	2021 年	
欧洲	波兰	高速分切复卷机	FC-IV	2	2020 年	2020 年,2021 年	
	捷克	开停式复卷生产线	ZQ-III-D 300	1	2021 年	2021 年底或 2022 年	
	塞尔维亚	连续性高速复卷生产线	ZQ-H 450	1	2021 年	2021 年底或 2022 年	
	斯洛文尼亚	半自动折叠生产线	CJ-A-1500	1	2020 年	2020 年	
	匈牙利	开停式复卷生产线	ZQ-III-D 300	1	2020 年	2021 年	
北美洲	加拿大	开停式复卷生产线	ZQ-III-D 300	1	2020 年	2021 年	
	美国	开停式复卷生产线	ZQ-III-D 300	1	2020 年	2020 年	
南美洲	阿根廷	开停式复卷生产线	ZQ-H 350	1	2021 年	2021 年底或 2022 年	
	巴西	自动折叠生产线	CJ-C-A1500	1	2021 年	2021 年	
非洲	阿尔及利亚	连续性高速复卷生产线	ZQ-H 350	1	2021 年	2021 年底或 2022 年	
	埃及	开停式复卷生产线	ZQ-III-D 300	3	2020 年,2021 年	2020 年,2021 年	
	安哥拉	开停式复卷生产线	ZQ-III-D 300	2	2021 年	2021 年	
	多哥	开停式复卷生产线	ZQ-III-D 300	2	2020 年,2021 年	2020 年,2021 年底或 2022 年	
	肯尼亚	开停式复卷生产线	ZQ-III-D 300	3	2020 年,2021 年	2020 年,2021 年	
	利比亚	开停式复卷生产线	ZQ-III-D 300	1	2020 年	2020 年	
	马达加斯加	开停式复卷生产线	ZQ-III-D 300	1	2021 年	2021 年	
	毛里求斯	开停式复卷生产线	ZQ-III-D 300	1	2021 年	2021 年底或 2022 年	
	赞比亚	开停式复卷生产线	ZQ-III-D 300	3	2020 年,2021 年	2020 年,2021 年底或 2022 年	
亚洲	韩国	软抽纸生产线	OK-1400 型	2	2021 年 4 月	2021 年 11 月	欧克
	土耳其	软抽纸生产线	OK-1800 型	2	2019 年 4 月	2020 年 5 月	
		卷纸生产线	OK-600 型	1	2019 年 6 月	2020 年 8 月	
	印度	软抽纸生产线	OK-1400 型	1	2020 年 11 月	2021 年 12 月	
	印度尼西亚	软抽纸生产线	OK-2900 型	3	2019 年 9 月	2021 年 6 月	
		擦手纸生产线	OK-2900 型	2	2019 年 9 月	2021 年 4 月	
		盒抽纸生产线	OK-2900 型	5	2019 年 9 月	2021 年 9 月、10 月	
		软抽纸生产线	OK-3700 型	4	2019 年 9 月	2022 年 6 月	
欧洲	波黑	手帕纸生产线	OK-250 型	1	2021 年 8 月	2022 年 3 月	

续表

出口大洲	出口国家或地区	设备名称	型号	数量/台	签约时间	投产时间	供应商
亚洲	马来西亚	超大包卷纸包装生产线	ZB700S	5	2019年12月	2019年12月	松川企业
		卫生纸膜卷纸生产线	ZB520P	2	2021年5月	2021年5月	
	日本	软抽包装生产线	ZB520R/ZB302A	3	2020年7月	2020年7月	
		枕式面巾纸装箱生产线	SW80E/TD300D/ZX660B	5	2020年11月	2020年11月	
	土耳其	软抽面巾纸包装生产线	ZB300H/TD300BN/ZB700H	4	2020年6月	2020年6月	
	乌兹别克斯坦	擦手纸装箱线	ZB230F	3	2020年4月	2020年4月	
	印度尼西亚	卫生纸膜卷纸生产线	ZB520P	2	2021年1月	2021年1月	
欧洲	荷兰	枕式口罩包装装箱生产线	SZ3000/ZB550/ZX660B	4	2021年1月	2021年1月	
	拉脱维亚	软抽面巾纸包装生产线	ZB300FN/TD300A	2	2020年8月	2020年8月	
南美洲	玻利维亚	纸巾包装生产线	ZB300F/ZB520D/ZB690F	3	2019年8月	2019年8月	
非洲	肯尼亚	卫生卷纸单中包生产线	ZB530/ZB680F	8	2019年4月	2019年4月	
亚洲	巴基斯坦	软抽包装机	TP-T180	1	2021年	2021年	爱美高
	巴勒斯坦	软抽包装机	TP-T180	2	2020年	2020年,2021年	
	马来西亚	卷纸包装线	TP-B30R	4	2020年	2020年	
		软抽包装机	TP-T180	2	2020年	2020年	
	沙特	软抽包装机	TP-T180	9	2020年	2020年	
	中国台湾	软抽包装机	TP-T180	1	2020年	2020年	
	土耳其	软抽包装机	TP-T180	6	2020年	2020年	
		软抽包装机	TP-T200	1	2020年	2020年	
	也门	软抽包装机	TP-T200	2	2020年	2020年,2021年	
	伊拉克	软抽包装机	TP-T180	1	2020年	2020年	
	印度尼西亚	软抽包装机	TP-T200	3	2020年,2021年	2020年,2021年	
		软抽包装机	TP-T180	2	2020年	2020年	
	约旦	软抽包装机	TP-T160	2	2020年	2020年	
欧洲	俄罗斯	软抽包装机	TP-T180	1	2020年	2021年	
北美洲	危地马拉	软抽包装机	TP-T180	2	2020年	2020年	
南美洲	智利	餐巾纸包装机	TP-T180	1	2021年	2021年	
非洲	埃及	软抽包装机	TP-T180	1	2020年	2020年	
	加纳	卷纸包装线	TP-B30R	2	2020年	2020年	
	摩洛哥	餐巾纸包装机	TP-T180	1	2020年	2020年	
	南非	卷纸包装线	TP-B30R	1	2020年	2021年	

续表

出口大洲	出口国家或地区	设备名称	型号	数量/台	签约时间	投产时间	供应商
亚洲	阿联酋	入盒封盒机	OPH-100A	1	2020年	2020年4月	王派
		软抽包装机	OPR-100	2	2020年	2020年4月	
		热收缩机	OPS-350	1	2020年	2020年4月	
		复卷机	OPJL-9011A	1	2020年	2020年4月	
		纸巾包装机	OPAJ830-D	1	2020年	2020年4月	
		纸巾包装机	JLPA830	1	2020年	2020年4月	
		热收缩机	OPS-600	1	2020年	2020年4月	
	巴林	软抽包装机	OPR-100	1	2021年	2021年4月	
		大回旋切纸机	OPQ-1501	1	2021年	2021年4月	
	卡塔尔	入盒封盒机	OPH-100B	1	2020年	2020年3月	
		热收缩机	OPS-600B	1	2020年	2020年3月	
		软抽中包机	OPZ-20	1	2020年	2020年3月	
		半自动纸巾包装机		1	2020年	2020年3月	
	黎巴嫩	高速软抽包装机	OPR-120H	1	2020年	2020年3月	
		大回旋切纸机	OPQ-150II	1	2020年	2020年3月	
		软抽中包机	OPZ-40	1	2020年	2020年3月	
	沙特	折叠机	6T	1	2020年	2020年3月	
		纸巾包装机	C500Z	1	2021年	2021年6月	
		纸巾包装机	DZ23DX	1	2021年	2021年6月	
		装盒机	DZH-190	1	2021年	2021年6月	
		大回旋切纸机	OPQ-150I	9	2020年,2021年	2020年3月、10月、11月、12月,2021年1月、9月	
		大回旋切纸机	OPQ-150II	2	2020年	2020年12月	
		软抽包装机	OPR-100	10	2020年,2021年	2020年11月、12月,2021年6月、9月	
		高速软抽包装机	OPR-120B	1	2021年	2021年1月	
		高速软抽包装机	OPR-120H	1	2020年	2020年3月	
		软抽中包机	OPZ-20	2	2020年	2020年12月	
		纸巾包装机	OTB-400	1	2021年	2021年6月	
		7排折叠机		1	2021年	2021年1月	
	土耳其	软抽包装机	OPR-100	9	2020年	2020年7月、8月	
		软抽中包机	OPZ-500S	4	2020年	2020年7月	
		软抽中包机	OPZ-500	2	2020年	2020年9月	
		餐巾纸包装机	OPC-350	2	2021年	2021年4月	
	叙利亚	软抽包装机	OPR-100	1	2020年	2020年11月	
		大回旋切纸机	OPQ-150II	1	2020年	2020年11月	
	伊拉克	大回旋切纸机	OPQ-150II	2	2021年	2021年1月	
		高速软抽包装机	OPR-120	2	2021年	2021年1月	
	伊朗	软抽包装机	OPR-100	1	2021年	2021年6月	

续表

出口大洲	出口国家或地区	设备名称	型号	数量/台	签约时间	投产时间	供应商
亚洲	以色列	大回旋切纸机	OPQ-150I	2	2020 年	2020 年 7 月	王派
		软抽包装机	OPR-100	2	2020 年	2020 年 7 月	
	印度尼西亚	软抽包装机	OPR-100	2	2020 年	2020 年 11 月	
	约旦	高速入盒封盒机	OPH-120	1	2021 年	2021 年 6 月	
		大回旋切纸机	OPQ-150I	9	2020 年,2021 年	2020 年 7 月、9 月,2021 年 6 月	
		大回旋切纸机	OPQ-150II	3	2020 年,2021 年	2020 年 7 月,2021 年 6 月、9 月	
		软抽包装机	OPR-100	12	2020 年,2021 年	2020 年 7 月、9 月,2021 年 1 月、6 月、9 月	
		高速软抽包装机	OPR-120	3	2020 年,2021 年	2020 年 7 月、9 月,2021 年 6 月	
		软抽中包机		1	2020 年	2020 年 9 月	
	越南	入盒封盒机	OPH-100B	2	2021 年	2021 年 8 月	
	中国台湾	软抽包装机	OPR-100	2	2021 年	2021 年 6 月	
欧洲	波兰	入盒封盒机	OPH-100B	2	2021 年	2021 年 9 月	
	俄罗斯	大回旋切纸机	OPQ-150I	9	2020 年,2021 年	2020 年 4 月、11 月,2021 年 8 月	
		入盒封盒机	OPH-100B	2	2020 年,2021 年	2020 年 11 月,2021 年 8 月	
		全伺服软抽机	OPR-128S	5	2021 年	2021 年 8 月	
	乌克兰	全伺服软抽机	OPR-128S	3	2021 年	2021 年 9 月	
北美洲	美国	软抽包装机	OPR-100	2	2020 年	2020 年 3 月	
		餐巾纸包装机	OPC-350	2	2020 年	2020 年 3 月	
		入盒封盒机	OPH-100B	2	2020 年	2020 年 8 月	
		大回旋切纸机	OPQ-150I	3	2020 年,2021 年	2020 年 8 月,2021 年 3 月	
		高速入盒封盒机	OPH-120	1	2021 年	2021 年 3 月	
非洲	埃及	折叠机	8T/185	1	2020 年	2020 年 12 月	
		入盒封盒机	OPH-100B	2	2020 年	2020 年 7 月	
		大回旋切纸机	OPQ-150I	3	2020 年,2021 年	2020 年 7 月、12 月,2021 年 8 月	
		大回旋切纸机	OPQ-150II	2	2020 年	2020 年 7 月	
		软抽包装机	OPR-100B	1	2021 年	2021 年 8 月	
		高速软抽包装机	OPR-120	10	2020 年	2020 年 3 月、4 月、10 月、12 月	
		软抽中包机	OPZ-500S	2	2020 年	2020 年 10 月	
		自动取纸折叠机		2	2020 年	2020 年 10 月	

续表

出口大洲	出口国家或地区	设备名称	型号	数量/台	签约时间	投产时间	供应商
非洲	摩洛哥	大回旋切纸机	OPQ-150II	3	2021 年	2021 年 8 月	王派
		软抽包装机	OPR-100	5	2021 年	2021 年 8 月、9 月	
		入盒封盒机	OPH-100B	1	2021 年	2021 年 9 月	
	南非	软抽包装机	OPR-100	3	2020 年	2020 年 12 月	

三、卫生用品设备

地区	设备名称	数量	出口时间	设备制造商
亚洲	全伺服护理垫生产线	2	2020 年 5 月	江苏金卫机械设备有限公司
	高速护理垫生产线	2	2020 年 1 月	
	全伺服成人纸尿裤生产线	1	2021 年 6 月	
	全伺服 T 型成人纸尿裤生产线	1	2021 年 4 月	
	全伺服卫生巾生产线	1	2021 年 9 月	
	全伺服成人纸尿片生产线	1	2021 年 5 月	
	全伺服婴儿纸尿裤生产线	3	2021 年 1 月,9 月	
	全伺服卫生巾生产线	3	2021 年 6 月,9 月	
	婴儿纸尿裤生产线	3	2020 年 5 月	安庆市恒昌机械制造有限责任公司
	卫生巾生产线	4	2020 年 4 月,11 月	
	成人纸尿裤生产线	1	2020 年 7 月	
	婴儿训练裤生产线	3	2020 年 9 月,10 月	
	全伺服婴儿纸尿裤生产线	4	2021 年 2 月,4 月	
	全伺服成人纸尿裤生产线	1	2021 年 4 月	
	全伺服婴儿训练裤生产线	5	2021 年 4 月,5 月	
	全伺服护垫生产线	1	2021 年 9 月	
	全伺服卫生巾生产线	1	2021 年 10 月	
	拉拉裤生产线	1	2020 年	黄山富田精工制造有限公司
	成人失禁裤生产线	1	2020 年	泉州市汉威机械制造有限公司
	婴儿纸尿裤生产线	2	2020 年	
	婴儿训练裤生产线	2	2020 年	
	全伺服婴儿拉拉裤生产线	12	2021 年 2 月,5 月,6 月,7 月,9 月,11 月	
	全伺服成人拉拉裤生产线	3	2021 年 1 月,11 月	
	全伺服卫生巾生产线	1	2021 年 9 月	
	全伺服成人纸尿裤生产线	2	2021 年 9 月	
	婴儿拉拉裤生产线	8	2020 年 6 月,12 月,2021 年 6 月	晋江海纳机械股份有限公司
	成人拉拉裤生产线	1	2020 年 6 月	
	全伺服婴儿纸尿裤生产线	1	2021 年 4 月	
	全伺服卫生巾生产线	1	2021 年 10 月	
	全伺服婴儿拉拉裤生产线(兼容)	1	2021 年 8 月	
	卫生巾生产线	6	2020 年 10 月,2021 年 6 月,7 月	晋江市顺昌机械制造有限公司
	婴儿拉拉裤生产线	2	2020 年 8 月	
	婴儿纸尿裤生产线	4	2020 年	
	成人纸尿片生产线	1	2021 年 1 月	
	床垫生产线	1	2021 年 1 月	
	纸尿裤生产线	3	2021 年 5 月	
	拉拉裤生产线	2	2021 年 4 月	
	成人拉拉裤生产线	1	2021 年 5 月	

续表

地区	设备名称	数量	出口时间	设备制造商
亚洲	卫生巾生产线	1	2020年12月	晋江市荣超机械制造有限公司
	环腰纸尿裤生产线	7	2020年	福建省明辉机械制造有限公司
	成人纸尿裤生产线	1	2021年11月	
	成人护理垫生产线	3	2021年4月—8月	泉州市智高机械制造有限公司
	卫生巾生产线	1	2020年1月	广州市兴世机械制造有限公司
	护垫生产线	2	2020年6月,9月	
	卫生巾生产线	2	2021年5月	保密
欧洲	婴儿拉拉裤生产线	1	2020年9月	晋江市顺昌机械制造有限公司
	卫生巾生产线	1	2021年1月	
	护垫生产线	1	2021年8月	
	全伺服卫生巾生产线	1	2021年8月	泉州市汉威机械制造有限公司
	全伺服婴儿纸尿裤生产线	2	2020年7月	江苏金卫机械设备有限公司
	全伺服成人纸尿裤生产线	5	2021年9月,11月	
	全伺服护理垫生产线	1	2021年1月	
美洲	全伺服婴儿纸尿裤生产线	1	2020年5月	江苏金卫机械设备有限公司
	护理垫生产线	2	2020年11月	
	全伺服护理垫生产线	2	2021年8月	
	全伺服成人失禁裤生产线	1	2021年4月	安庆市恒昌机械制造有限责任公司
	全伺服卫生巾生产线	1	2021年9月	
	全伺服卫生巾生产线	1	2021年10月	泉州市汉威机械制造有限公司
	纸尿裤生产线	1	2021年8月	晋江市顺昌机械制造有限公司
	全伺服T型纸尿裤生产线	1	2021年10月	福建省明辉机械制造有限公司
	母乳垫生产线	1	2021年3月	上海智联精工机械有限公司
非洲	全伺服婴儿纸尿裤生产线	3	2020年1月,12月	江苏金卫机械设备有限公司
	卫生巾生产线	1	2020年11月	
	全伺服卫生巾生产线	1	2021年11月	
	全伺服婴儿纸尿裤生产线	2	2021年7月,11月	
	卫生巾生产线	7	2022年4月,5月,7月	浙江新余宏智能装备有限公司
	婴儿训练裤生产线	2	2020年9月	安庆市恒昌机械制造有限责任公司
	卫生巾生产线	1	2020年10月	
	全伺服婴儿纸尿裤生产线	1	2021年1月	
	全伺服婴儿训练裤生产线	1	2021年5月	
	全伺服卫生巾生产线	2	2021年6月,7月	
	婴儿环腰纸尿裤生产线	4	2020年11月	晋江市顺昌机械制造有限公司
	婴儿拉拉裤生产线	1	2021年4月	
	纸尿裤生产线	4	2021年8月,12月	
	纸尿裤/卫生巾生产线	2	2021年11月	
	卫生巾生产线	1	2020年	泉州市汉威机械制造有限公司
	全伺服T型纸尿裤	1	2021年7月	
	全伺服卫生巾生产线	2	2021年3月,10月	
	全伺服婴儿纸尿裤生产线	3	2021年3月,9月,10月	
	全伺服婴儿环腰纸尿裤生产线	7	2021年5月,6月,7月,11月	福建省明辉机械制造有限公司
中东	成裤生产线	1	2021年11月	福建省明辉机械制造有限公司
	全伺服婴儿环腰纸尿裤生产线	2	2021年10月	
未提供	全伺服高速婴儿拉拉裤生产线	1	2021年1月	晋江海纳机械有限公司
	全伺服婴儿纸尿裤生产线	1	2021年3月	

四、湿巾设备

地区	设备名称	数量	出口时间	设备制造商
亚洲	高速大包湿巾生产线	6	2021 年 3—10 月	郑州智联机械设备有限公司
	小包湿巾生产线	3	2021 年 4—7 月,9 月	
	大包湿巾生产线	1	2021 年 11 月	
	80 片湿巾生产线	11	2020 年	泉州创达机械制造有限公司
	5~30 片湿巾生产线	4		
美洲	桶装湿巾生产线	16	2020 年	泉州创达机械制造有限公司
	单片湿巾生产线	13		

五、口罩设备

地区	设备名称	数量	出口时间	设备制造商
亚洲	平面口罩机	6	2020 年 3 月	江苏金卫机械设备有限公司
	口罩机	1	2020 年 6 月	
	口罩机	10	2020 年 5—6 月	浙江新余宏智能装备有限公司
欧洲	口罩机	3	2020 年 3 月,4 月,5 月	江苏金卫机械设备有限公司
	无纺布分切机	1	2020 年 6 月	
	口罩机	23	2020 年 4—8 月,2021 年 9 月,12 月	浙江新余宏智能装备有限公司
美洲	口罩机	2	2020 年 4 月	上海智联精工机械有限公司
	一次性口罩机	3	2020 年 7 月	江苏金卫机械设备有限公司
非洲	口罩机	8	2020 年 4—5 月	浙江新余宏智能装备有限公司

注:本章表格中,集团企业在不同地区有生产厂的,该集团的所有生产厂列在总部所在省份。

历年中国生活用纸进口数据(1990—2021年)

Import of tissue paper in China over the years(1990—2021)

年份(年)	金额/万美元	数量/万t	金额/万美元	数量/万t	金额/万美元	数量/万t	金额/万美元	数量/万t	金额/万美元	数量/万t
	生活用纸合计		48030000(原纸)		48181000(卫生纸)		48182000(手帕纸、面巾纸)		48183000(纸台布、纸餐巾)	
2021	6157.06	5.018	4235.58	4.331	843.50	0.309	868.21	0.288	209.78	0.090
2020	4647.05	2.773	2720.20	2.064	694.98	0.241	962.81	0.367	269.06	0.101
2019	5522.57	3.175	3169.16	2.241	656.80	0.285	1371.57	0.534	325.05	0.114
2018	7654.92	5.043	5103.15	3.969	913.51	0.478	1244.29	0.455	393.96	0.142
2017	6034.29	3.541	3595.97	2.475	980.20	0.514	1117.78	0.426	340.35	0.126
2016	5115.54	2.809	2997.44	1.878	865.93	0.440	923.76	0.370	328.41	0.121
2015	5416.16	2.795	3411.23	1.951	921.13	0.413	766.13	0.318	317.68	0.113
2014	6526.15	3.580	4604.72	2.797	891.21	0.358	577.57	0.252	452.65	0.174
2013	5768.37	3.355	4249.40	2.692	652.18	0.290	489.16	0.212	377.63	0.161
2012	6046.42	3.595	4693.75	3.074	695.15	0.245	406.10	0.167	251.43	0.108
2011	6228.51	4.242	4680.02	3.661	1049.17	0.392	312.72	0.124	186.60	0.065
2010	4284.61	2.794	2709.83	2.161	1024.96	0.434	377.45	0.139	172.37	0.060
2009	3640.89	2.281	2268.81	1.768	766.56	0.350	433.15	0.115	172.36	0.048
2008	3456.72	2.170	2057.48	1.705	661.39	0.262	611.79	0.162	126.06	0.041
2007	3326.86	2.255	2149.24	1.838	394.44	0.164	658.45	0.193	124.73	0.061
2006	3458.28	2.881	2366.23	2.367	304.79	0.179	693.44	0.280	93.82	0.055
2005	3976.35	3.265	2960.68	2.737	287.09	0.200	652.81	0.286	75.78	0.042
2004	3488.38	3.576	2658.96	3.181	224.10	0.131	537.15	0.226	68.17	0.039
2003	2455.48	2.559	1919.83	2.299	145.65	0.092	344.29	0.136	45.70	0.033
2002	2145.00	2.349	1895.34	2.215	48.42	0.031	181.20	0.090	20.04	0.013
2001	2003.01	2.188	1821.88	2.078	33.37	0.026	129.06	0.071	18.70	0.012
2000	2194.91	2.674	1700.69	2.067	374.29	0.540	104.66	0.057	15.27	0.011
1999	2413.69	2.860	2103.35	2.575	115.34	0.181	151.68	0.061	43.33	0.043
1998	2454.10	2.870	2289.13	2.672	75.56	0.118	63.48	0.055	25.93	0.024
1997	1557.26	1.666	1387.35	1.500	48.10	0.055	99.19	0.085	22.62	0.026
1996	1552.32	1.675	1250.78	1.319	122.29	0.214	138.37	0.115	40.88	0.027
1995	1510.60	1.388	1191.90	1.068	88.90	0.096	180.40	0.179	49.40	0.045
1994	1083.90	0.927	820.60	0.729	62.10	0.048	171.70	0.136	29.50	0.014
1993	748.40	0.722	506.90	0.473	81.10	0.104	130.60	0.127	29.80	0.019
1992	712.65	0.651	476.34	0.466	42.96	0.039	168.38	0.132	24.97	0.014

年份(年)	生活用纸合计		家用或盥洗用皱纹纸(64172)		切成形的卫生纸(64243)		纸制手帕、床单及类似品;纸内衣(64284)			
1991	135.00		13.00	96.92(t)	22.00		100.00			
1990	113.87		0.33	0.894(t)	9.06		104.48			

历年中国生活用纸出口数据(1990—2021 年)

Export of tissue paper in China over the years(1990—2021)

年份(年)	金额/万美元	数量/万 t	金额/万美元	数量/万 t	金额/万美元	数量/万 t	金额/万美元	数量/万 t	金额/万美元	数量/万 t
	生活用纸合计		48030000(原纸)		48181000(卫生纸)		48182000(手帕纸、面巾纸)		48183000(纸台布、纸餐巾)	
2021	146722.50	63.937	18419.26	11.343	52458.06	24.005	58575.16	22.929	17270.02	5.659
2020	225566.95	86.570	39052.71	23.268	92117.94	33.347	76256.42	24.688	18139.88	5.267
2019	260156.30	77.909	31545.40	19.463	104856.34	27.241	95975.18	25.305	27779.38	5.899
2018	206357.73	73.781	28710.68	19.844	81696.28	25.694	74822.06	22.699	21128.71	5.545
2017	173511.62	73.961	27452.18	19.578	62804.64	26.327	67733.19	23.154	15521.62	4.904
2016	165913.61	69.225	24256.71	16.896	65784.35	27.150	61305.38	20.870	14567.18	4.309
2015	209203.99	71.220	29016.07	18.664	86225.51	27.245	78009.70	20.853	15952.72	4.458
2014	179957.10	74.701	34284.43	22.310	76429.99	28.300	57196.87	20.081	12045.80	4.010
2013	125638.32	63.517	28446.84	19.600	49013.07	24.266	38439.12	16.154	9739.29	3.496
2012	75408.75	52.814	15035.36	14.041	30168.32	22.640	22354.15	12.454	7850.92	3.679
2011	67077.72	46.185	9496.11	8.357	29698.09	22.973	20776.91	11.561	7106.60	3.294
2010	58630.38	46.526	7742.69	7.656	27586.45	24.992	17074.06	10.268	6227.18	3.610
2009	53149.03	44.497	11178.98	12.326	24292.03	21.530	12983.32	8.167	4694.70	2.474
2008	51163.24	41.234	11125.58	10.422	24288.46	21.185	11291.86	7.225	4457.34	2.402
2007	42501.47	38.863	6420.52	6.725	22769.94	23.136	10004.75	6.966	3306.26	2.036
2006	32011.93	30.857	4373.16	4.745	18231.32	19.456	7282.38	5.248	2125.07	1.409
2005	25862.61	25.980	5010.61	5.284	13249.45	15.105	5643.78	4.239	1958.76	1.352
2004	20690.90	22.794	3753.74	4.620	10535.33	12.985	5159.52	4.154	1242.32	1.035
2003	16845.46	19.177	5829.04	6.882	6696.45	8.632	3666.74	3.140	653.23	0.523
2002	12587.19	13.898	4649.95	5.505	4429.80	5.449	3060.41	2.506	447.04	0.437
2001	10503.87	11.094	3428.75	3.877	3828.80	4.581	2898.82	2.242	347.51	0.394
2000	8003.06	8.724	2270.01	2.600	3372.90	4.125	1983.38	1.535	376.76	0.465
1999	5855.37	6.639	1201.52	1.427	2694.21	3.431	1555.77	1.274	403.87	0.508
1998	5291.64	5.232	1241.78	1.378	1989.94	2.193	1515.45	1.232	544.46	0.430
1997	5457.91	4.759	1454.08	1.387	1918.94	1.800	1659.86	1.211	425.03	0.361
1996	4964.99	4.011	1600.41	1.328	1536.45	1.413	1581.53	1.051	246.59	0.218
1995	4952.90	3.822	1819.40	1.414	1730.20	1.493	1343.80	0.856	59.50	0.060
1994	3836.50	3.248	975.20	0.830	2027.60	1.839	781.60	0.525	52.10	0.054
1993	4069.60	3.697	821.10	0.837	2503.30	2.381	730.60	0.468	14.60	0.011
1992	3959.17	3.578	427.19	0.395	2921.43	2.729	582.82	0.416	27.73	0.038
年份(年)	生活用纸合计		家用或盥洗用皱纹纸(64172)		切成形的卫生纸(64243)		纸制手帕、床单及类似品;纸内衣(64284)			
1991	3841.00		6.00	65.63(t)	3611.00		224.00			
1990	4562.25		1.11	8.22(t)	4283.07		278.07			

历年中国卫生用品进口数据(1990—2021年)

Import of disposable products in China over the years(1990—2021)

年份(年)	纸浆、纸等制的其他家庭、卫生或医院用品(48189000)		供婴儿使用的尿裤及尿布,任何材料制(96190011)		其他任何材料制的尿裤及尿布(96190019)		任何材料制的卫生巾(护垫)及止血塞(96190020)		任何材料制的尿布衬里及本品目所列货品的类似品(96190090)		湿巾(34011990)		消毒湿巾(38089400)	
	金额/万美元	数量/万 t	金额/万美元	数量/万 t	金额/万美元	数量/万 t	金额/万美元	数量/万 t	金额/万美元	数量/万 t	金额/万美元	数量/万 t	金额/万美元	数量/万 t
2021	2582. 66	0. 601	45533. 73	8. 1746	474. 54	0. 0868	17072. 41	1. 177	196. 55	0. 0356	1671. 32	0. 523	24818. 12	4. 205
2020	2222. 39	0. 606	62147. 51	11. 649	432. 59	0. 0867	17521. 67	1. 232	280. 91	0. 0698	2221. 79	0. 881		
2019	1772. 00	0. 471	88547. 42	16. 929	314. 53	0. 099	16667. 38	1. 254	735. 73	0. 119	1918. 26	0. 794		
2018	1369. 08	0. 414	108601. 17	19. 406	500. 84	0. 282	14690. 77	1. 014	674. 54	0. 113	1757. 15	0. 835		
2017	1266. 92	0. 373	129648. 57	23. 801	459. 86	0. 301	11523. 04	0. 907	628. 24	0. 104	1905. 70	1. 152		

年份(年)	纸浆、纸等制的其他家庭、卫生或医院用品(48189000)		任何材料制的尿裤及尿布(96190010)		任何材料制的卫生巾(护垫)及止血塞(96190020)		任何材料制的尿布衬里及本品目所列货品的类似品(96190090)		湿巾(34011990)	
	金额/万美元	数量/万 t	金额/万美元	数量/万 t	金额/万美元	数量/万 t	金额/万美元	数量/万 t	金额/万美元	数量/万 t
2016	1583. 55	0. 468	118589. 04	21. 691	9448. 49	0. 818	652. 66	0. 110	1710. 79	1. 129
2015	1342. 97	0. 382	128326. 92	20. 895	7610. 57	0. 581	415. 30	0. 077	1977. 50	1. 202
2014	1894. 76	0. 537	73417. 78	12. 563	2642. 19	0. 231	405. 65	0. 124	2371. 45	1. 575
2013	1387. 32	0. 405	47741. 49	9. 422	1047. 79	0. 104	329. 77	0. 096	1662. 17	1. 056
2012	1214. 18	0. 385	28683. 57	6. 271	1012. 44	0. 116	666. 17	0. 173	1362. 54	0. 882

年份(年)	卫生巾及止血塞、婴儿纸尿布、尿布衬里等(4818400000)		纸浆、纸、纤维素絮纸等的纸衣服及衣着附件(4818500000)		纸浆、纸等制的其他家庭、卫生或医院用品(4818900000)		棉絮胎制卫生巾,止血塞等(5601100010)		棉胎制卫生巾,止血塞等(5601100090)		湿巾(34011990)	
	金额/万美元	数量/万 t	金额/万美元	数量/万 t	金额/万美元	数量/万 t	金额/万美元	数量/万 t	金额/万美元	数量/万 t	金额/万美元	数量/万 t
2011	18291. 47	4. 402	32. 25	0. 006	980. 55	0. 334	358. 43	0. 031	186. 82	0. 120	964. 99	0. 545
2010	15703. 62	4. 789	430. 69	0. 140	876. 32	0. 370	334. 54	0. 037	177. 22	0. 094	1157. 70	0. 663
2009	9672. 82	3. 101	31. 53	0. 008	558. 74	0. 207					973. 89	0. 592

续表

年份（年）	卫生巾及止血塞、婴儿纸尿布、尿布衬里等(48184000)		纸浆、纸、纤维素絮纸等的纸衣服及衣着附件(48185000)		纸浆、纸等制的其他家庭、卫生或医院用品(48189000)	
	金额/万美元	数量/万 t	金额/万美元	数量/万 t	金额/万美元	数量/万 t
2008	8527. 05	2. 734	28. 56	0. 007	892. 22	0. 361
2007	4948. 80	1. 864	40. 36	0. 013	794. 32	0. 328
2006	4563. 43	1. 625	34. 92	0. 010	653. 71	0. 252
2005	4755. 78	1. 809	75. 52	0. 019	486. 63	0. 144
2004	2210. 56	1. 450	85. 10	0. 025	520. 42	0. 144
2003	1529. 74	1. 077	110. 54	0. 023	698. 27	0. 160
2002	1224. 83	0. 736	90. 89	0. 032	781. 60	0. 233
2001	1238. 99	0. 698	113. 04	0. 035	287. 67	0. 062
2000	791. 95	0. 533	157. 92	0. 045	470. 40	0. 117
1999	1149. 28	0. 723	179. 58	0. 048	266. 33	0. 107
1998	777. 54	0. 405	174. 79	0. 047	112. 48	0. 058
1997	221. 77	0. 229	209. 83	0. 050	52. 24	0. 014
1996	224. 73	0. 286	199. 33	0. 049	112. 08	0. 049
1995	137. 40	0. 130	288. 90	0. 092	150. 70	0. 535
1994	110. 60	0. 080	358. 50	0. 134	83. 40	0. 035
1993	206. 70	0. 110	300. 40	0. 132	50. 90	0. 026
1992	217. 60	0. 081	240. 78	5. 707	60. 90	0. 072

年份（年）	纸或纤维素絮纸制的卫生巾及尿布(64285)	
	金额/万美元	数量/万 t
1991	359. 00	
1990	142. 35	

历年中国卫生用品出口数据(1990—2021年)

Export of disposable products in China over the years(1990—2021)

年份(年)	纸浆、纸等制的其他家庭、卫生或医院用品(48189000)		供婴儿使用的尿裤及尿布,任何材料制(96190011)		其他任何材料制的尿裤及尿布(96190019)		任何材料制的卫生巾(护垫)及止血塞(96190020)		任何材料制的尿布衬里及本品目所列货品的类似品(96190090)		湿巾(34011990)		消毒湿巾(38089400)	
	金额/万美元	数量/万 t	金额/万美元	数量/万 t	金额/万美元	数量/万 t	金额/万美元	数量/万 t	金额/万美元	数量/万 t	金额/万美元	数量/万 t	金额/万美元	数量/万 t
2021	51966.08	25.703	123347.14	36.621	34751.50	14.791	59502.42	12.094	34463.30	13.878	62864.84	37.435	52984.06	26.113
2020	43338.84	22.227	108748.43	33.355	35840.91	15.809	52131.28	10.906	29802.59	12.491	97943.08	57.329		
2019	40963.45	20.457	101226.03	30.861	34882.00	15.764	46643.62	10.580	25835.48	10.317	39886.09	24.773		
2018	37396.90	18.473	84886.25	25.485	28104.90	12.438	44395.48	10.029	22426.50	8.870	31386.93	20.111		
2017	30172.24	15.633	73886.48	21.989	23835.19	10.455	42881.30	9.738	20109.57	7.878	26046.71	16.069		

年份(年)	纸浆、纸等制的其他家庭、卫生或医院用品(48189000)		任何材料制的尿裤及尿布(96190010)		任何材料制的卫生巾(护垫)及止血塞(96190020)		任何材料制的尿布衬里及本品目所列货品的类似品(96190090)		湿巾(34011990)	
	金额/万美元	数量/万 t	金额/万美元	数量/万 t	金额/万美元	数量/万 t	金额/万美元	数量/万 t	金额/万美元	数量/万 t
2016	26170.99	13.653	95540.37	29.551	42441.02	8.641	16127.64	6.396	22800.43	13.548
2015	25213.95	11.846	102072.78	28.998	41746.65	7.968	15360.30	5.682	22178.79	12.378
2014	25248.22	11.570	100275.24	27.686	41092.69	7.419	11196.75	4.042	23263.94	12.438
2013	21748.69	10.057	74591.68	22.600	34232.80	6.552	9025.00	3.345	26482.30	13.309
2012	13273.88	6.089	61180.64	19.061	32703.71	6.582	7152.50	2.472	22630.67	11.884

年份(年)	卫生巾及止血塞、婴儿纸尿布、尿布衬里等(4818400000)		纸浆、纸、纤维素絮纸等的纸衣服及衣着附件(4818500000)		纸浆、纸等制的其他家庭、卫生或医院用品(4818900000)		棉絮胎制卫生巾,止血塞等(5601100010)		棉胎制卫生巾,止血塞等(5601100090)		湿巾(34011990)	
	金额/万美元	数量/万 t	金额/万美元	数量/万 t	金额/万美元	数量/万 t	金额/万美元	数量/万 t	金额/万美元	数量/万 t	金额/万美元	数量/万 t
2011	67341.05	19.113	240.95	0.089	6333.12	3.307	6615.20	1.816	17226.97	6.363	16806.27	9.774
2010	45219.92	14.180	225.02	0.078	6638.85	3.977	6775.67	2.055	15855.01	6.036	12019.97	7.200
2009	36254.39	11.589	189.41	0.057	4499.69	2.855					7803.34	4.921

续表

年份（年）	卫生巾及止血塞、婴儿纸尿布、尿布衬里等(48184000)		纸浆、纸、纤维素絮纸等的纸衣服及衣着附件(48185000)		纸浆、纸等制的其他家庭、卫生或医院用品(48189000)	
	金额/万美元	数量/万 t	金额/万美元	数量/万 t	金额/万美元	数量/万 t
2008	34732. 04	11. 190	536. 06	0. 182	6031. 77	3. 459
2007	27247. 08	9. 295	587. 14	0. 327	5474. 84	3. 650
2006	20267. 14	7. 232	494. 89	0. 204	4124. 26	3. 005
2005	14611. 53	5. 400	409. 24	0. 170	2426. 10	1. 685
2004	13119. 80	4. 790	246. 42	0. 112	2328. 17	1. 567
2003	9842. 36	3. 799	259. 65	0. 121	747. 45	0. 345
2002	5711. 86	1. 980	324. 68	0. 095	325. 84	0. 130
2001	3278. 64	1. 103	579. 09	0. 167	342. 04	0. 117
2000	2338. 15	0. 727	598. 95	0. 163	480. 25	0. 148
1999	1216. 55	0. 431	265. 68	0. 071	635. 80	0. 171
1998	941. 24	0. 356	279. 71	0. 099	595. 64	0. 162
1997	1314. 57	0. 550	229. 46	0. 069	551. 01	0. 137
1996	1538. 24	0. 615	238. 62	0. 070	539. 87	0. 156
1995	1055. 30	0. 477	419. 00	0. 112	565. 50	0. 204
1994	655. 20	0. 352	514. 00	0. 145	299. 50	0. 124
1993	1004. 10	0. 317	514. 70	0. 121	247. 80	0. 103
1992	127. 35	0. 035	466. 10	0. 108	174. 62	0. 116

年份（年）	纸或纤维素絮纸制的卫生巾及尿布(64285)	
	金额/万美元	数量/万 t
1991	41. 00	
1990	59. 49	

行业标准
INDUSTRY STANDARDS

[7]

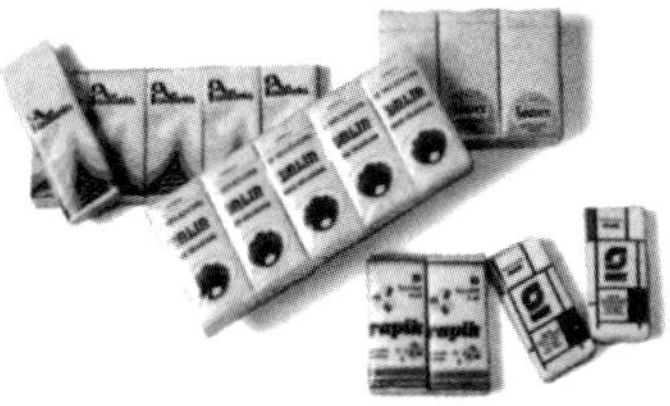

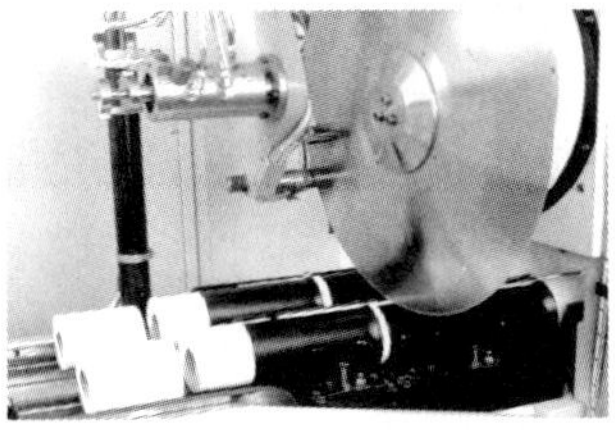

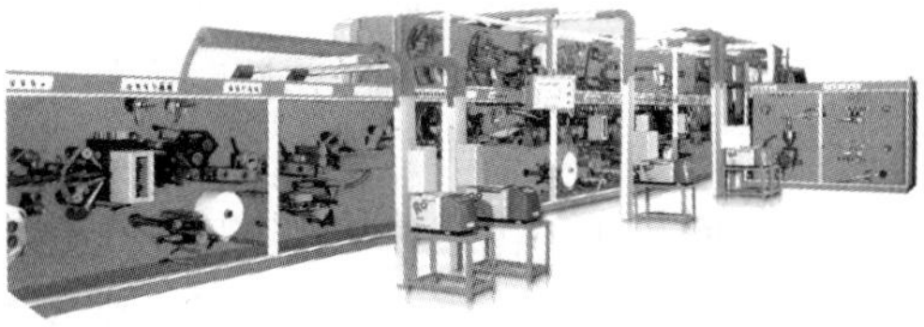

生活用纸和卫生用品行业相关标准情况汇总
Related standards in tissue paper and disposable hygiene products industry

标准对提升产品质量、保障产品安全、规范企业生产和运营，推动行业良性、健康发展具有重要的指导作用。随着中国生活用纸和卫生用品行业的发展，以及生产技术和装备水平不断提升，相关配套标准也在不断完善。为了更好地满足市场和创新需要，行业也推出了一系列团体标准。

本卷年鉴汇总了现行的生活用纸和卫生用品相关重要标准(产品标准、卫生和管理标准)，并列出了相关测定方法标准、团体标准、医疗防护用品(口罩、防护服、手术衣)标准的目录，供读者参考。另外，《湿巾》《干湿两用纸巾》《一次性卫生用品用面层》《卫生棉条》《纸巾》《厨房纸巾》《擦手纸》《本色浆》等标准正在起草或修订中，读者可关注标准发布情况，以最新发布的版本为准。

一、产品及相关原材料标准

1. 生活用纸

- 卫生纸(含卫生纸原纸)(GB/T 20810—2018)
- 纸巾纸(GB/T 20808—2011)
- 本色生活用纸(QB/T 4509—2013)
- 擦手纸(GB/T 24455—2009)
- 厨房纸巾(GB/T 26174—2010)

2. 卫生用品

- 卫生巾(护垫)(GB/T 8939—2018)
- 女性卫生裤(GB/T 39391—2020)，2020 年 11 月 19 日发布，2021 年 6 月 1 日实施。
- 纸尿裤　第 1 部分：婴儿纸尿裤(GB/T 28004.1—2021)，部分代替 GB/T 28004—2011，2021 年 4 月 13 日发布，2022 年 5 月 1 日实施。

与 GB/T 28004—2011 相比，主要变化如下：

——修改了标准范围；

——更新了规范性引用文件中的部分引用文件；

——删除了滑渗量的定义，增加了吸收速度、面层附着物和杂质的定义；

——增加了按穿戴方式的分类；

——删除了全长偏差和全宽偏差，调整了 pH 值指标，用吸收速度代替滑渗量指标；

——增加了面层附着物、防侧漏性能、杂质指标；

——增加了重金属、可迁移性荧光物质、甲醛、丙烯酰胺、邻苯二甲酸酯和可分解致癌芳香胺染料指标；

——增加了适用体重和适用腰围最大值的要求；

——删除了全长偏差、全宽偏差和滑渗量的测定方法；

——修改了回渗量和渗漏量的测定方法，并增加了吸收速度的测定方法；

——调整了婴儿纸尿垫(护理垫)渗透性能测定时的加液量；

——修改了 pH 值的测定方法；

——增加了杂质、可迁移性荧光物质的测定方法以及可分解致癌芳香胺染料清单。

- 纸尿裤　第 2 部分：成人纸尿裤(GB/T 28004.2—2021)，部分代替 GB/T 28004—2011，2021 年 3 月 9 日发布，2022 年 4 月 1 日实施。

与 GB/T 28004—2011 相比，主要变化如下：

——修改了标准范围；

——更新了规范性引用文件中的部分引用文件；
——删除了滑渗量的定义，增加了吸收速度、面层附着物和杂质的定义；
——增加了按失禁程度和穿戴方式的分类；
——删除了全长偏差和全宽偏差，用吸收速度代替滑渗量指标；
——增加了面层附着物、杂质、吸收倍率、饱和吸收量、甲醛含量、可迁移性荧光物质指标；
——增加了适用臀围和适用腰围最大值的要求；
——修改了回渗量和渗漏量的测定方法，并增加了吸收速度的测定方法；
——修改了 pH 的测定方法；
——增加了杂质和可迁移性荧光物质的测定方法。

- 乳垫(QB/T 5049—2017)
- 绒毛浆(GB/T 21331—2021)，代替 GB/T 21331—2008，2021 年 3 月 9 日发布，2022 年 4 月 1 日实施。

与 GB/T 21331—2008 相比，主要变化如下：
——删除引用 GB/T 7979，增加引用 GB/T 22804、GB/T 22902、GB/T 24991、GB/T 24992、GB/T 24997、GB/T 27741—2018、GB/T 34845；
——删除了产品等级；
——修改了 D65 亮度、紧度、耐破度、干蓬松度、吸水时间、吸水量、尘埃度要求；
——在表 1 中增加了脚注，对绒毛浆 D65 亮度和耐破度指标的要求进行补充说明；
——将二氯甲烷抽出物指标修改为丙酮抽出物，并相应修改了要求和测试方法；
——增加了可迁移性荧光物质、可吸附有机卤素(AOX)、铅(Pb)、砷(As)、镉(Cd)、汞(Hg)含量的要求及相应的测定方法；
——将“卫生指标”修改为“微生物指标”；
——检验规则中的接受质量限(AQL)依据第 5 章中修改的指标作出相应修改；
——增加了绒毛浆浆板分散方法中的注；
——修改了干蓬松度、吸水时间和吸水量测试方法。

- 卫生用品用无尘纸(GB/T 24292—2009)
- 纸尿裤和卫生巾用高吸收性树脂(GB/T 22875—2018)
- 卫生巾用面层通用技术规范(GB/T 31033—2013)
- 卫生用品用离型纸(GB/T 27731—2011)
- 卫生用品用吸水衬纸(QB/T 4508—2013)

3. 擦拭巾

- 湿巾(GB/T 27728—2011)
- 擦拭纸巾(QB/T 5296—2018)
- 卫生湿巾卫生要求(WS 575—2017)
- 柔巾(GB/T 40276—2021)，2021 年 5 月 21 日发布，2021 年 12 月 1 日实施。

二、卫生、管理相关标准及规范

- 制浆造纸工业水污染排放标准(GB 3544—2008)
- 工业用水定额：造纸
- 一次性使用卫生用品卫生标准(GB 15979—2002)
- 消毒产品标签说明书通用要求(GB 38598—2020)
- 一次性生活用纸生产加工企业监督整治规定(国质检执〔2003〕289 号附件 1)
- 生活用纸和纸制品　化学品及原料安全评价管理体系(GB/T 36420—2018)

- 绿色产品评价　纸和纸制品(GB/T 35613—2017)
- 进出口一次性使用纸制品卫生用品的检验规程(SN/T 2148—2008)
- 纸尿裤规格与尺寸(GB/T 33280—2016)
- 生活用纸　生产过程质量安全状态监测与评价指南(GB/T 40274—2021)
- 吸收性卫生用纸制品　生产过程质量安全状态监测与评价指南(GB/T 40269—2021)

三、相关测定方法标准目录

标准编号	标准名称	发布日期	实施日期	发布单位
GB/T 34448—2017	生活用纸及纸制品　甲醛含量的测定	2017-10-14	2018-05-01	国家市场监督管理总局、国家标准化管理委员会
GB/T 39951—2021	一次性纸制品降解性能评价方法	2021-03-09	2021-10-01	
GB/T 34845—2017	生活用纸　可吸附有机卤素(AOX)的测定	2017-11-01	2018-05-01	
GB/T 37859—2019	纸、纸板和纸制品　丙烯酰胺的测定	2019-08-30	2020-03-01	
GB/T 37860—2019	纸、纸板和纸制品　邻苯二甲酸酯的测定	2019-08-30	2020-03-01	
GB/T 33277—2016	生活用纸　可迁移性铅、砷含量的测定	2016-12-13	2017-07-01	
GB/T 27741—2018	纸和纸板　可迁移性荧光增白剂的测定	2018-12-28	2019-07-01	
GB/T 24328. 1—2020	卫生纸及其制品　第 1 部分：术语导则	2020-07-21	2021-02-01	
GB/T 24328. 2—2020	卫生纸及其制品　第 2 部分：厚度、层积厚度、表观层积紧度和松厚度的测定	2020-07-21	2021-02-01	
GB/T 24328. 3—2020	卫生纸及其制品　第 3 部分：抗张强度、最大力值时伸长率和抗张能量吸收的测定	2020-07-21	2021-02-01	
GB/T 24328. 4—2020	卫生纸及其制品　第 4 部分：湿抗张强度的测定	2020-07-21	2021-02-01	
GB/T 24328. 5—2009	卫生纸及其制品　第 5 部分：定量的测定	2009-09-30	2010-02-01	
GB/T 24328. 6—2020	卫生纸及其制品　第 6 部分：吸水时间和吸水能力的测定篮筐浸没法	2020-07-21	2021-02-01	
GB/T 24328. 7—2020	卫生纸及其制品　第 7 部分：球形耐破度的测定	2020-07-21	2021-02-01	
GB/T 24328. 8—2020	卫生纸及其制品　第 8 部分：光学性能的测定　亮度和颜色的测定　D65/10°(室外日光条件)	2020-07-21	2021-02-01	
GB/T 24328. 9—2020	卫生纸及其制品　第 9 部分：湿球形耐破度的测定	2020-07-21	2021-02-01	
GB/T 24328. 10—2020	卫生纸及其制品　第 10 部分：打孔线抗张强度的测定及打孔效率的计算	2020-07-21	2021-02-01	
GB/T 24328. 11-2020	卫生纸及其制品　第 11 部分：光学性能的测定　亮度和颜色的测定　C/2°(室内日光条件)	2020-07-21	2021-02-01	
GB/T 24328. 12—2020	卫生纸及其制品　第 12 部分：光学性能的测定　不透明度的测定　漫反射法	2020-07-21	2021-02-01	
GB/T 40181—2021	一次性卫生用非织造材料的可冲散性试验方法及评价	2021-05-21	2021-12-01	

四、相关团体标准目录

序号	标准编号	标准名称	发布日期	实施日期	发布单位
1	T/CTAPI 002—2022	匠心产品　生活用纸	2022-04	2022-04	中国造纸学会
2	T/CTAPI 003—2022	匠心产品　卫生用品	2022-04	2022-04	
3	T/SCSZX 001—2019	本色竹浆	2020-03-10	2020-04-10	四川省造纸行业协会
4	T/SCSZX 002—2021	竹浆生活用纸	2021-02-05	2021-03-01	
5	T/CAB 0020—2017	绿色设计产品评价技术规范　生活用纸	2017-08-28	2017-08-28	中国产学研合作促进会
6	T/CAB 0052—2019	绿色设计产品评价技术规范　婴幼儿湿巾	2019-12-20	2019-12-20	
7	T/NAIA 027—2021	餐饮用定制包装纸巾纸	2021-02-03	2021-02-15	宁夏化学分析测试协会
8	T/NAHIEM 001—2017	医护级婴幼儿纸尿裤(片)	2017-10-18	2017-10-18	全国卫生产业企业管理协会
9	T/NAHIEM 002—2017	医护级成人纸尿裤(片、垫)	2017-10-18	2017-10-18	
10	T/NAHIEM 11—2019	抗菌卫生巾(护垫)抗菌及卫生安全技术要求	2019-08-23	2019-08-23	
11	T/NAHIEM 12—2019	卫生巾(护垫)用原材料　卫生安全技术要求	2019-08-23	2019-08-23	
12	T/NAHIEM 13—2019	医护级湿巾	2019-08-23	2019-08-23	
13	T/NAHIEM 29—2021	可接触食品用生活用纸	2021-03-29	2021-03-30	
14	T/NAHIEM 30—2021	医护级纸巾纸(含医护级纸巾纸原纸)	2021-03-29	2021-03-30	
15	T/NAHIEM 37—2021	医护级卫生巾(护垫)	2021-09-24	2021-09-24	
16	T/NAHIEM 39—2021	抑菌除臭成人纸尿裤(片、垫)	2021-09-24	2021-09-24	
17	T/ZZB 0357—2018	湿巾用水刺非织造布	2018-05-25	2018-06-29	浙江省品牌建设联合会
18	T/ZZB 0609—2018	婴儿纸尿裤	2018-10-12	2018-10-31	
19	T/ZZB 0645—2018	成人纸尿裤	2018-10-19	2018-11-01	
20	T/ZZB 0744—2018	裤型卫生巾	2018-11-09	2018-11-30	
21	T/ZZB 1438—2019	条型卫生巾	2019-12-18	2019-12-31	
22	T/CIAA 008—2020	抑菌卫生巾(护垫)	2020-07-31	2020-08-01	中关村汇智抗菌新材料产业技术创新联盟
23	T/SZZX 003—2019	卫生巾(护垫、裤型卫生巾)	2019-03-06	2019-03-15	深圳市质量协会
24	T/CNITA 09102—2018	卫生棉条	2018-12-20	2019-01-01	中国产业用纺织品行业协会
25	T/CNITA 23101—2021	水刺非织造布及制品生物降解性能评价	2021-05-08	2021-05-08	中国产业用纺织品行业协会
26	T/QZZN 002—2018	纸尿裤智能生产系统	2018-12-15	2018-12-25	泉州智能装备产业协会

五、医疗防护用品(口罩、防护服、手术衣)相关标准目录

序号	标准编号	标准名称	发布日期	实施日期	发布单位
1	GB 2626—2019	呼吸防护　自吸过滤式防颗粒物呼吸器	2019-12-31	2021-07-01	国家市场监督管理总局、国家标准化管理委员会
2	GB/T 38880—2020	儿童口罩技术规范	2020-05-06	2020-05-06	
3	GB/T 32610—2016	日常防护型口罩技术规范	2016-04-25	2016-11-01	
4	GB 19083—2010	医用防护口罩技术要求	2010-09-02	2011-08-01	
5	YY　0469—2011	医用外科口罩	2011-12-31	2013-06-01	国家食品药品监督管理总局
6	YY/T 0969—2013	一次性使用医用口罩	2013-10-21	2014-10-01	
7	AQ 1114—2014	煤矿用自吸过滤式防尘口罩	2014-02-20	2014-06-01	国家安全生产监督管理总局和国家煤矿安全监察局
8	FZ/T 73049—2014	针织口罩	2014-10-14	2015-04-01	工业和信息化部
9	GB/T 22927—2008	口罩纸	2008-12-30	2009-09-01	国家市场监督管理总局、国家标准化管理委员会
10	FZ/T 64078—2019	熔喷法非织造布	2019-12-24	2020-07-01	工业和信息化部
11	GB/T 30923—2014	塑料　聚丙烯(PP)熔喷专用料	2014-07-08	2014-12-01	国家市场监督管理总局、国家标准化管理委员会
12	FZ/T 64033—2014	纺粘热轧法非织造布	2014-12-24	2015-06-01	工业和信息化部
13	GB 19082—2009	医用一次性防护服技术要求	2009-05-06	2010-03-01	国家市场监督管理总局、国家标准化管理委员会
14	GB/T 20097—2006	防护服　一般要求	2006-01-12	2006-09-01	
15	YY/T 1498—2016	医用防护服的选用评估指南	2016-07-29	2017-06-01	国家食品药品监督管理总局
16	YY/T 1499—2016	医用防护服的液体阻隔性能和分级	2016-07-29	2017-06-01	
17	YY/T 0506. 1—2005	病人、医护人员和器械用手术单、手术衣和洁净服　第1部分：制衣厂、处理厂和产品的通用要求	2005-04-06	2006-01-01	
18	YY/T 0506. 2—2016	病人、医护人员和器械用手术单、手术衣和洁净服　第2部分：性能要求和试验方法	2016-01-26	2017-01-01	

续表

序号	标准编号	标准名称	发布日期	实施日期	发布单位
19	YY/T 0506.8—2019	病人、医护人员和器械用手术单、手术衣和洁净服　第8部分：产品专用要求	2019-07-24	2020-08-01	国家药品监督管理局
20	GB/T 38014—2019	纺织品　手术防护用非织造布	2019-08-30	2020-03-01	国家市场监督管理总局、国家标准化管理委员会
21	GB/T 38462—2020	纺织品　隔离衣用非织造布	2020-03-06	2020-10-01	

产品及相关原材料标准
Standards for finished products and related raw materials
生活用纸 Tissue paper

卫生纸(含卫生纸原纸)(GB/T 20810—2018)

代替 GB/T 20810—2006，2019-07-01 实施

1 范围

本标准规定了卫生纸(含卫生纸原纸)的术语和定义、分类、要求、试验方法、检验规则、标志、包装、运输和贮存。

本标准适用于人们日常生活用的厕用卫生纸，也适用于对外销售的用于加工厕用卫生纸的卫生纸原纸。

2 规范性引用文件

下列文件对于本文件的应用是必不可少的。凡是注日期的引用文件，仅注日期的版本适用于本文件。凡是不注日期的引用文件，其最新版本(包括所有的修改单)适用于本文件。

GB/T 450 纸和纸板 试样的采取及试样纵横向、正反面的测定

GB/T 451.1 纸和纸板尺寸及偏斜度的测定

GB/T 461.1 纸和纸板毛细吸液高度的测定(克列姆法)

GB/T 462 纸、纸板和纸浆 分析试样水分的测定

GB/T 742 造纸原料、纸浆、纸和纸板灰分的测定

GB/T 1541 纸和纸板 尘埃度的测定

GB/T 2828.1 计数抽样检验程序 第1部分：按接收质量限(AQL)检索的逐批检验抽样计划

GB/T 7974 纸、纸板和纸浆 蓝光漫反射因数 D65 亮度的测定(漫射/垂直法，室外日光条件)

GB/T 8942 纸 柔软度的测定

GB/T 10739 纸、纸板和纸浆试样处理和试验的标准大气条件

GB/T 24328.3 卫生纸及其制品 第3部分：抗张强度、断裂时伸长率和抗张能量吸收的测定

GB/T 24328.5 卫生纸及其制品 第5部分：定量的测定

GB/T 24328.7 卫生纸及其制品 第7部分：球形耐破度的测定

GB/T 24991 纸、纸板和纸浆 铅含量的测定 石墨炉原子吸收法

GB/T 24992 纸、纸板和纸浆 砷含量的测定

GB/T 27741—2011 纸和纸板 可迁移性荧光增白剂的测定

GB/T 36420 生活用纸和纸制品 化学品及原料安全评价管理体系

JJF 1070—2005 定量包装商品净含量计量检验规则

一次性生活用纸生产加工企业监督整治规定(国质检执[2003]289号)

3 术语和定义

下列术语和定义适用于本文件。

3.1 原生浆(纤维)卫生纸和卫生纸原纸 toilet tissue (base) paper made from virgin fiber

纤维原料为100%原生浆(纤维)的卫生纸和卫生纸原纸。

3.2 原生木浆(纤维)卫生纸和卫生纸原纸 toilet tissue(base) paper made from virgin wood fiber

纤维原料为100%原生木浆(纤维)的卫生纸和卫生纸原纸。

3.3 原生非木浆(纤维)卫生纸和卫生纸原纸 toilet tissue(base) paper made from virgin non-wood fiber

纤维原料为100%原生非木浆(纤维)的卫生纸和卫生纸原纸。

3.4 原生混合浆(纤维)卫生纸和卫生纸原纸 toilet tissue(base) paper made from virgin wood fiber and virgin non-wood fiber

由原生木浆(纤维)和原生非木浆(纤维)混合生产的卫生纸和卫生纸原纸。

3.5 回用浆(纤维)卫生纸和卫生纸原纸 toilet tissue(base) paper made from recycled fiber

纤维原料中含有回用浆(纤维)的卫生纸和卫生纸原纸。

4 分类

4.1 卫生纸和卫生纸原纸按纤维原料分为原生浆(纤维)和回用浆(纤维)两大类，其中原生浆(纤维)又分为原生木浆(纤维)、原生非木浆(纤维)和原生混合浆(纤维)三种，原生浆(纤维)卫生纸和卫生纸原纸按质量不同又分为优等品、一等品和合格品三个等级。

4.2 卫生纸按包装形式分为卷筒卫生纸、盘式卫生纸、平切卫生纸和抽取卫生纸等。

4.3 卫生纸和卫生纸原纸按层数分为单层、双层或多层。

5 要求

5.1 原生浆(纤维)卫生纸和卫生纸原纸技术指标应符合表1的规定。

表 1

指标名称		单位	规定					
			优等品		一等品		合格品	
			卫生纸	卫生纸原纸	卫生纸	卫生纸原纸	卫生纸	卫生纸原纸
定量[a]		g/m²	12.0±1.0 14.0±1.0 16.0±1.0 18.0±1.0 20.0±1.0 22.0±1.0 24.0±2.0 28.0±2.0 33.0±3.0 39.0±3.0 45.0±3.0					
D65 亮度[b]		%	≤90.0					
横向吸液高度(成品层)		mm/100s	≥40		≥30		≥20	
抗张指数	纵向	N·m/g	≥4.50	≥5.00	≥3.50	≥4.00	≥2.30	≥2.80
	横向		≥2.00	≥2.50	≥1.80	≥2.30	≥1.30	≥1.80
柔软度(成品层纵横平均)		mN	≤200	≤170	≤250	≤220	≤450	≤420
可迁移性荧光物质		—	无					
灰分	原生木浆(纤维)	%	≤1.0					
	原生非木浆(纤维)		≤6.0					
	原生混合浆(纤维)		≤4.0					
球形耐破度(成品层)		N	≥1.50					
可分散性[c]		—	合格					
掉粉率[d]		%	≤0.5					
洞眼	总数	个/m²	≤6		≤20		≤40	
	2mm~5mm		≤6		≤20		≤40	
	>5mm~8mm		≤2		≤2		≤4	
	>8mm		不应有					
尘埃度	总数	个/m²	≤20		≤50		≤100	
	0.2mm²~1.0mm²		≤20		≤50		≤100	
	>1.0mm²~2.0mm²		≤4		≤10		≤20	
	>2.0mm²		不应有					
交货水分		%	≤10.0					

[a]可生产其他定量的卫生纸和卫生纸原纸。

[b]印花、染色的卫生纸和卫生纸原纸不考核 D65 亮度。

[c]可分散性为参考指标，不作为合格与否的判定依据。

[d]卫生纸原纸不考核掉粉率。

5.2　回用浆(纤维)卫生纸和卫生纸原纸技术指标应符合表2的规定。

表2

指标名称		单　位	规　　定	
			卫生纸	卫生纸原纸
定量[a]		g/m^2	16.0±1.0　18.0±1.0　20.0±1.0　22.0±1.0　24.0±2.0　28.0±2.0　33.0±3.0　39.0±3.0　45.0±3.0　52.0±4.0　60.0±4.0	
D65亮度[b]		%	≤83.0	
横向吸液高度(成品层)		mm/100s	≥15	
抗张指数	纵向	N·m/g	≥2.30	≥2.80
	横向		≥1.30	≥1.80
柔软度(成品层纵横平均)		mN	≤800	
灰分		%	≤20.0	
重金属含量	铅	mg/kg	≤10.0	
	砷		≤5.0	
球形耐破度(成品层)		N	≥1.50	
可分散性[c]		—	合格	
掉粉率[d]		%	≤0.5	
洞眼	总数	个/ m^2	≤40	
	2mm~5mm		≤40	
	>5mm~8mm		≤4	
	>8mm		不应有	
尘埃度	总数	个/ m^2	≤400	
	0.5mm²~1.0mm²		≤400	
	>1.0mm²~2.0mm²		≤200	
	>2.0mm²		≤20	
交货水分		%	≤10.0	

[a] 可生产其他定量的卫生纸和卫生纸原纸。
[b] 印花、染色的卫生纸和卫生纸原纸不考核D65亮度。
[c] 可分散性为参考指标，不作为合格与否的判定依据。
[d] 卫生纸原纸不考核掉粉率。

5.3　卫生纸和卫生纸原纸微生物指标应符合表3规定。

表3

指标名称		单　位	规　　定	
			卫生纸	卫生纸原纸
微生物	细菌菌落总数	CFU/g	≤600	≤500
	大肠菌群	—	不得检出	
	金黄色葡萄球菌	—	不得检出	
	溶血性链球菌	—	不得检出	

5.4　卫生纸原纸的卷筒宽度，卷筒卫生纸和盘式卫生纸的宽度，平切卫生纸、抽取卫生纸的长、宽，应符合合同或明示要求。卫生纸原纸、卷筒卫生纸、盘式卫生纸的宽度偏差应不超过±3mm，偏斜度应不超过3mm，卷筒卫生纸、盘式卫生纸的节距偏差应不超过±5mm。平切卫生纸和抽取卫生纸的长宽

尺寸偏差应不超过±5mm，偏斜度应不超过 3mm。

5.5 卫生纸原纸的卷重，卷筒卫生纸和盘式卫生纸的卷重(或节数)，平切卫生纸的包装质量(或张数)，抽取卫生纸的抽数应符合合同或明示要求。卫生纸原纸、卷筒卫生纸、盘式卫生纸的卷重，平切卫生纸的包装质量均为去皮、去芯后净重。卫生纸原纸的卷重、卷筒卫生纸和盘式卫生纸的卷重(或节数)、平切卫生纸的包装质量(或张数)和抽取卫生纸的抽数允许短缺量应符合 JJF 1070—2005 中表 3 计数定量包装商品标注净含量的规定。

5.6 卫生纸打孔应均匀，节与节之间容易撕开。

5.7 卫生纸可压花、印花或染色，同批产品色泽应基本一致。染色卫生纸应不易脱色。

5.8 卫生纸和卫生纸原纸皱纹应均匀，纸面应洁净，不应有异味和异物，不应有明显的残缺、破损、硬质块、生草筋、浆团等纸病和杂质。

5.9 卫生纸原纸生产过程中化学品的添加应符合 GB/T 36420 相关规定。

5.10 卫生纸和卫生纸原纸原料按《一次性生活用纸生产加工企业监督整治规定》监督执行。

6 试验方法

6.1 试样的采取和处理

试样的采取按 GB/T 450 进行，定量、D65 亮度、横向吸液高度、抗张指数、柔软度、球形耐破度、洞眼、偏斜度、偏差测定时，试样的处理和试验的标准大气条件按 GB/T 10739 规定进行。

6.2 定量

定量按 GB/T 24328.5 测定，以单层表示测定结果。

6.3 D65 亮度

D65 亮度按 GB/T 7974 测定。

6.4 横向吸液高度

横向吸液高度按 GB/T 461.1 测定，测定时间为 100s，按成品层进行测定。

6.5 抗张指数

抗张指数按 GB/T 24328.3 测定。试样宽度为 15mm，夹距为 50mm，按成品层进行测定，然后换算成单层测定值。

6.6 柔软度

柔软度按 GB/T 8942 测定。狭缝宽度为 5mm，试样尺寸为 100mm×100mm，如果试样尺寸未达到 100mm，应换算成 100mm 报出结果。卫生纸应按成品层进行测定，无论是压花或未压花的试样，都应揭开分层后再重叠进行测定，取样和测试时应尽量避开压花或已折叠部位，并且凹凸花纹各 3 张朝上进行测试，以纵横向平均值报出测试结果。

注 1：如果试样尺寸未达到 100mm，则柔软度换算方法如下：

a) 纵向柔软度 = 实测纵向柔软度×100mm/试样横向尺寸；

b) 横向柔软度 = 实测横向柔软度×100mm/试样纵向尺寸。

注 2：纵向柔软度测定时，试样的纵向和狭缝的方向垂直；横向柔软度测定时，试样的纵向与狭缝的方向平行。

注 3：如果试样不能完整揭开分层，则不分层直接测试，需在报告中注明。

6.7 可迁移性荧光物质

将试样置于紫外灯下，在波长 254nm 和 365nm 的紫外光下检查是否有荧光现象。若试样在紫外灯下无荧光现象，则判定无可迁移性荧光物质。若试样有荧光现象，则按 GB/T 27741—2011 中第 5 章进行可迁移性荧光物质测定。

6.8 灰分

灰分按 GB/T 742 测定，灼烧温度为 575℃。

6.9 球形耐破度

球形耐破度按 GB/T 24328.7 测定，按成品层数进行测定。

6.10 可分散性

可分散性按附录 A 测定。

6.11 洞眼

取上下表层纸样分别迎光观测，从 2mm 的洞眼开始计数，小于 4mm 的半透明洞眼(洞眼间有纤维连接)不予计数，上下表层试样的试验面积合计应不少于 $0.5m^2$(当有大于 5mm 的洞眼时，试验面积合计应不少于 $1m^2$)，测试结果取整数，如果个位数后有数字，均应进 1。

6.12 尘埃度

尘埃度按 GB/T 1541 测定，双层或多层试样只测上下表层朝外的一面，每个样品的测试面积(上下表层面积合计)应不少于 0.5㎡；单层试样正反面均测，一张试样的测试面积按单面面积计，每个样品的测试面积应不少于 $0.5m^2$。

6.13 交货水分

交货水分按 GB/T 462 测定。

6.14 重金属含量

重金属铅含量按 GB/T 24991 测定，砷含量按 GB/T 24992 测定。

6.15 掉粉率

掉粉率按附录 B 测定。

6.16 微生物指标

微生物指标按附录 C 测定。

6.17 偏斜度

偏斜度按 GB/T 451.1 测定。

6.18 偏差

6.18.1 允许短缺量

卫生纸原纸的卷重、卷筒卫生纸和盘式卫生纸的卷重(或节数)、平切卫生纸的包装质量(或张数)和抽取卫生纸的抽数允许短缺量的测定：每个样品取 3 个完整试样，去除外包装和卷芯，用感量为 0.1g 的天平(卫生纸)或感量为 1kg 的秤(卫生纸原纸)分别称量试样的质量，用每个试样的质量减去标称值，以最大短缺量表示结果，结果修约至整数位。节数按 JJF 1070—2005 中附录 G 中 G.4 进行测定，每个样品测试 3 个完整包装，以最大短缺量表示结果，结果修约至整数位。

6.18.2 尺寸偏差

6.18.2.1 平切卫生纸和抽取卫生纸尺寸偏差的测量：从任一包装中取 10 张试样，用分度值为 1mm 的钢直尺测量每张试样的长度和宽度，并分别计算平均值，以平均值减去标称值来表示尺寸偏差，结果修约至整数位。

6.18.2.2 卷筒卫生纸、盘式卫生纸和卫生纸原纸宽度偏差的测量：每个样品取 3 个完整试样，用分度值为 1mm 的钢直尺或钢卷尺测量每个试样的宽度，以 3 个试样的平均宽度值减去标称值来表示宽度偏差，结果修约至整数位。

6.18.2.3 卷筒卫生纸和盘式卫生纸节距偏差的测量：任取 1 卷(盘)卫生纸，去除前 15 节后，连续取 10 节，用分度值为 1mm 的钢直尺分别测量 10 节中每节的长度，计算平均值，用平均值减去标称值来表示该试样节距偏差，结果修约至整数位。

6.19 外观质量

外观质量采用目测检验。对于卫生纸的残缺、破损、硬质块、生草筋、浆团等纸病和杂质等外观纸病的检测，应任选一整卷(盘、包)纸，完全打开，目测检验。

7 检验规则

7.1 生产企业应保证所生产的卫生纸和卫生纸原纸符合本标准或合同规定，以同一原料、同一规格，一次交货数量为一批，每批产品应附有产品合格证明。

7.2 批卫生纸和卫生纸原纸的微生物指标或原料不合格，则判定该批是不可接收的。

7.3 计数抽样检验程序按 GB/T 2828.1 规定进行。卫生纸和卫生纸原纸样本单位为件。接收质量限（AQL）：横向吸液高度、抗张指数、柔软度、灰分、可迁移性荧光物质、重金属含量 AQL＝4.0，定量、D65 亮度、球形耐破度、洞眼、尘埃度、交货水分、掉粉率、偏斜度、偏差、外观质量 AQL＝6.5。抽样方案采用正常检验二次抽样方案，检查水平为特殊检查水平 S-3，见表 4。

表 4

批量/件	样本量	AQL＝4.0		AQL＝6.5	
		Ac	Re	Ac	Re
2～50	2	—	—	0	1
	3	0	1	—	—
51～150	3	0	1	—	—
	5 5(10)	— —	— —	0 1	2 2
151～500	5 5(10)	— —	— —	0 1	2 2
	8 8(16)	0 1	2 2	— —	— —
501～3200	8 8(16)	0 1	2 2	0 3	3 4
3201～35000	13 13(26)	0 3	3 4	1 4	3 5

7.4 可接收性的确定：第一次检验的样品数量应等于该方案给出的第一样本量。如果第一样本中发现的不合格品数小于或等于第一接收数，应认为该批是可接收的；如果第一样本中发现的不合格品数大于或等于第一拒收数，应认为该批是不可接收的。如果第一样本中发现的不合格品数介于第一接收数与第一拒收数之间，应检验由方案给出样本量的第二样本并累计在第一样本和第二样本中发现的不合格品数。如果不合格品累计数小于或等于第二接收数，则判定该批是可接收的；如果不合格品累计数大于或等于第二拒收数，则判定该批是不可接收的。

7.5 需方若对产品质量持有异议，可在到货后三个月内通知供方共同复验或委托共同商定的检验部门进行复验。复验结果若不符合本标准的规定，则判定为该批是不可接收的，由供方负责处理；若符合本标准的规定，则判定为批可接收的，由需方负责处理。

8 标志、包装、运输和贮存

8.1 销售标志及包装

8.1.1 产品的销售包装上应标明以下内容：

a）产品名称（含卫生纸或卫生原纸字样）；

b）执行标准编号；

c）主要原料：应标注“原生木浆（纤维）或原生非木（草或竹或苇或蔗渣等）浆（纤维）或原生混合浆（纤维）或回用浆（纤维）”；

d）生产日期和保质期，或生产批号和限用日期；

e）产品规格：卷筒卫生纸和盘式卫生纸应标注宽度、节距、层数，平切卫生纸和抽取卫生纸应标注长和宽、层数；卫生纸原纸应标注卷筒宽度；

f) 产品数量：卷筒卫生纸和盘式卫生纸应标注卷重或节(段)数，平切卫生纸应标注包装质量或张数，抽取卫生纸应标注抽数，卫生纸原纸应标注卷重；

g) 产品质量等级和产品合格标志；

h) 生产单位或责任单位名称、地址、联系方式；

i) 卫生纸应标注“厕用”字样；

j) 其他需要标注的事项。

8.1.2 产品的销售包装应能保证产品不受污染，销售包装上的各种标志信息应清晰且不易褪去，产品标志使用的汉字、数字和字母，其字体高度应不小于 1.8mm。

8.2 运输贮存

8.2.1 卫生纸和卫生纸原纸的运输应采用洁净的运输工具，防止产品污染，搬运时不应将纸件从高处扔下，以避免损坏外包装。

8.2.2 卫生纸和卫生纸原纸应存放在干燥、通风、洁净的地方并妥善保管，防止雨、雪及潮气浸入产品，影响质量。

8.2.3 卫生纸和卫生纸原纸因运输、保管不妥善造成产品损坏或变质的，应由造成损失的一方赔偿损失，变质的卫生纸和卫生纸原纸不应出售。

附录 A
(规范性附录)
可分散性的测定

A.1 仪器

A.1.1 仪器结构

可分散性测定仪主要有梅花筒、转子、电机、气体流量计组成，示意图如图 A.1 所示。

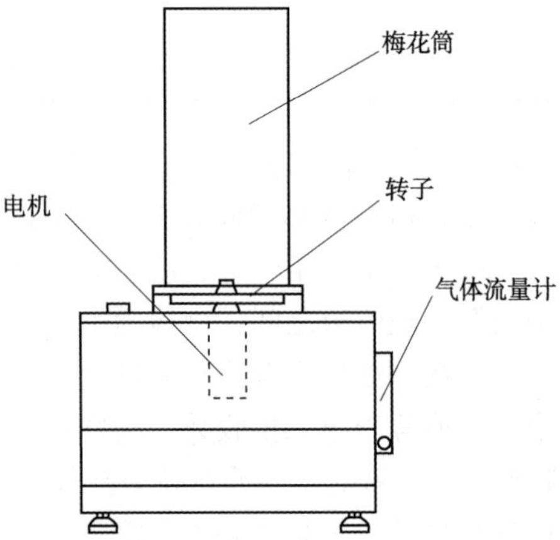

图 A.1 可分散性测定仪示意图

A.1.2 梅花筒

筒壁横截面为梅花状。可盛装 5L 水，并保证转子以额定转速旋转时，不应有水溢出。筒底有 8 个气孔，压缩空气通过气孔进入筒内。

A.1.3 转子

转子由圆盘、圆台、三棱体和叶片组成。圆盘上表面中心位置固定一个刻有凹槽的圆台，6 个三棱体均匀镶嵌在圆盘的上表面，8 个叶片均匀镶嵌在圆盘的圆周面上。

A.2 试样的采取

任取一卷(包或盘)卫生纸，裁取 100mm×100mm 的试样两张(成品层)，所取试样应具有代表性。如果试样的宽度小于 100mm，则取面积为 0.01m^2的试样。

A.3 试验步骤

A.3.1 调整仪器水平，检查仪器，确保仪器正常运行。

A.3.2 向梅花筒内充入自来水，使筒内水量达到 5L。打开压缩空气，设置压力为 0.4MPa、气流量为 10L/min，使气泡均匀从气孔通入筒内水中。启动转子，设置转子的转速为 350r/min，筒内旋涡稳定后，水面到旋涡底部的高度大约为筒内水面总高度的三分之一。设置测试时间为 40s，将试样放入筒内旋涡中心位置，放置时确保纸面与水平面垂直，同时开始计时。40s 后关闭电机，并停止通气。观察筒内试样是否分散，出现一片或一片以上碎片即判为该试样可分散性合格，否则判为不合格。

注：如果试验过程中试样下沉到筒底部时，试样被底部转子打碎，则此次试验无效，需重新进行试验。如果两次试验均无效，则可适当增大气体流量或降低转子转速，以防止试样下沉至圆筒底部，此种情况下需在报告中注明。

A.3.3 试验完成后，启动排水按钮，电机高速运转将筒内试样完全打碎；10s 后电机自动停止旋转并将放水阀打开，使筒内水和试样碎屑全部排出；再次充入适当水清洗筒壁和转子，将水排出，准备下一次试验。

注：如果清洗一次后碎屑不能完全排出，可考虑多次清洗。

A.3.4 每个样品测试两个试样。

A.4 结果的表示

如果两个试样的测试结果均为合格，则判为该样品合格；如果两个试样中有一个测定结果为不合格，则重新选取两个试样进行试验，如果重新选取的两个试样测定结果为合格，则判为该样品合格，否则判定为不合格。

附录 B

（规范性附录）

掉粉率的测定

B.1 仪器和设备

B.1.1 掉粉率测定仪：往返摆动次数：(180±10)次/min，摆动距离：(100±5)mm，掉粉率测定仪示意图如图 B.1 所示。

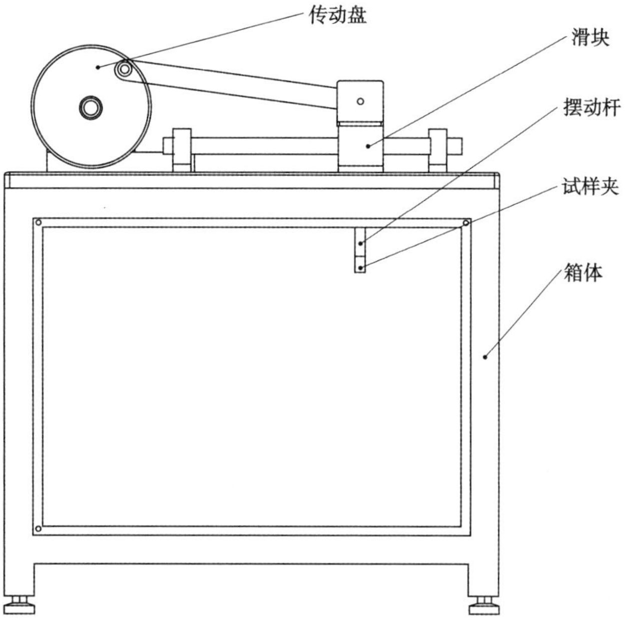

图 B.1 掉粉率测定仪示意图

B.1.2 天平：感量为 0.001g。

B.1.3 秒表。

B.2 试验步骤

B.2.1 取样和试验均应在 GB/T 10739 规定的标准大气条件下进行。

注：掉粉率试验时，试样不需要进行恒温恒湿处理。

B.2.2 任取一卷(盘或包)卫生纸，去除外包装，按下列方法进行取样：

a）卷筒卫生纸：称取去除外包装后卫生纸的质量计为 m_1，将卫生纸折叠成长度约 200mm 的试样，折叠时长边方向保持平齐，为方便测试，质量较大的卷筒卫生纸可分成多沓试样；

b）平板卫生纸或抽取卫生纸：将每张卫生纸展开叠放，叠放时长边方向保持平齐，取约 150g 试样，称其质量计为 m_1，不足 150g 的平板卫生纸和抽取卫生纸，取整包作为试样测试；

c）盘式卫生纸：将卫生纸折叠成长度约 200mm 的试样，折叠时长边方向保持平齐，取约 150g 试样，称其质量计为 m_1。

B.2.3 将取好的试样长边一端固定在试样夹上，固定时应使试样的表面垂直于摆动方向，并确保测定过程中试样不应与箱体内壁接触。

B.2.4 试验过程中应戴手套，试样应轻拿轻放，以避免影响测试结果。

B.2.5 启动仪器，并开始计时，让试样在箱体内摆动 2min。

B.2.6 试验结束后，关闭仪器，取下试样，称量试样质量（如果是带卷芯的卷筒卫生纸，连同卷芯一起称量），计为 m_2，质量较大的卷筒卫生纸以多次测定后的试样质量之和计为 m_2（含卷芯质量）。

B.2.7 试样打开外包装后，应立即进行试验，并在 1h 内完成测试。

B.3 结果的表示

试样的掉粉率按式（B.1）测定。

$$X = \frac{m_1 - m_2}{m_1} \times 100 \qquad \text{(B.1)}$$

式中 X——试样的掉粉率，单位为百分数（%）；

m_1——试样处理前的质量，单位为克（g）；

m_2——试样处理后的质量，单位为克（g）。

每个样品测试两个试样，以两次测定值的算术平均值表示结果，结果修约至小数点后一位。

附录 C

（规范性附录）

微生物指标的测定

C.1 培养基与试剂的制备

C.1.1 营养琼脂培养基

制法：称取 33g 营养琼脂，溶于 1L 蒸馏水中，加热煮沸至完全溶解，分装，经过 121℃高压灭菌 15min 后备用。

C.1.2 乳糖胆盐发酵管

制法：称取 35g 乳糖胆盐发酵培养基，溶于 1L 蒸馏水中，待完全溶解后分装每管 50mL，并放入一个倒管，115℃高压灭菌 15min 即得。

注：制双料乳糖胆盐发酵管时，除蒸馏水外，其他成分加倍。

C.1.3 伊红美蓝琼脂培养基

制法：称取 36g 伊红美蓝琼脂培养基，溶于 1L 蒸馏水中，浸泡 15min，加热煮至完全溶解后，经 115℃高压灭菌 15min，冷却至 50℃～60℃，振摇培养基倾注灭菌平皿备用。

C.1.4 乳糖发酵管

制法：称取 25.3g 乳糖发酵培养基，溶于 1L 蒸馏水中，浸泡 5min，加热至完全溶解后，分装于有倒管的试管内，115℃高压灭菌 15min 即得。

C.1.5 血琼脂培养基

制法：将灭菌后的营养琼脂加热溶化，待凉至约 50℃，即在无菌操作下按营养琼脂：脱纤维血为 10：1 的比例加入脱纤维血，摇匀，倒入灭菌平皿，置冰箱备用。

C. 1. 6　兔血浆

制法：取灭菌 3. 8%柠檬酸钠 1 份，加兔全血 4 份摇匀静置，3000r/min 离心 5min，取上清液，弃血球。

C. 1. 7　革兰氏染色液

结晶紫染色液：

结晶紫	1g
95%酒精	20mL
1%草酸胺水溶液	80mL

将结晶紫溶解于酒精中，然后与草酸胺溶液混合。

革兰氏碘液：

碘	1g
碘化钾	2g
蒸馏水	300mL

将碘与碘化钾混合，加入蒸馏水少许充分振摇，待完全溶解后再加蒸馏水至 300mL。

沙黄复染液：

沙黄	0. 25g
95%酒精	10mL
蒸馏水	90mL

将沙黄溶解于酒精之中，然后用蒸馏水稀释。

C. 1. 8　甘露醇发酵培养基

制法：称取 30g 甘露醇发酵培养基溶于 1L 蒸馏水中，加热煮沸至完全溶解，分装，115℃高压灭菌 20min 备用。

C. 1. 9　7. 5%氯化钠肉汤培养基

制法：称取 88g7. 5%氯化钠肉汤培养基溶于 1L 蒸馏水中，加热煮沸至完全溶解，分装后于 121℃高压灭菌 15min 备用。

C. 1. 10　葡萄糖肉浸液肉汤

制法：称取 30g 葡萄糖肉浸液肉汤培养基溶于 1L 蒸馏水中，分装后于 121℃高压灭菌 30min 备用。

C. 1. 11　草酸钾血浆

制法：在 5mL 兔血浆中加入 0. 01g 草酸钾，充分混合摇匀，经离心沉淀，吸取上清液，即得。

注：以上各培养基均为成品，采用量可依据产品的说明书而定。

C. 2　产品采集与样品处理

C. 2. 1　于同一批号的三个大包装中至少随机抽取 12 个最小销售包装样品。四分之一样品用于测试，四分之一样品留样，另外二分之一样品(可就地封存)必要时用于复验。样品最小销售包装不得有破损，检测前不得开启。

C. 2. 2　在超净工作台上用无菌方法开启至少 3 个最小销售包装，从中称量样品 10g±1g，剪碎后加入到 200mL 灭菌生理盐水中，充分混匀，得到一个生理盐水样液。

C. 3　细菌菌落总数的检测

C. 3. 1　操作步骤

待上述样液自然沉降后取上清液做菌落计数。共接种 5 个平皿，每个平皿中加入 1mL 样液，然后用冷却至 45℃左右熔化的营养琼脂 15mL～20mL，倒入平皿内，充分混匀。待琼脂凝固后翻转平皿，置 35℃±2℃培养 48h，然后计算平板上的细菌数(当平板上菌落数超过 200 时应稀释后再计数)。

C. 3. 2　结果报告

菌落呈片状生长的平板不宜采用，计数符合要求的平板上的菌落，按式(C. 1)计算结果：

$$X = A \times K/5 \qquad (C.1)$$

式中　X——细菌菌落总数，单位为菌落形成单位每克(CFU/g)；

A——5块营养琼脂培养基平板上的细菌菌落总数，单位为菌落形成单位每克(CFU/g)；

K——稀释倍数。

当计算结果小于稀释倍数时，按“<20 CFU/g”报告结果；当计算结果大于或等于稀释倍数时，采用两位有效数字报告结果。

如果样品菌落总数超过本标准的规定，按C. 3. 3进行复验和结果报告。

C. 3. 3　复验

将保存的复验样品依前法复测两次，两次结果平均值都达到标准的规定，则判定被检样品合格，其中有任何一次结果平均值超过标准规定，则判被检样品不合格。以复验样品两次测试中较大一组数据进行报告。

C. 4　大肠菌群的检测

C. 4. 1　操作步骤

取样液5mL接种于50mL乳糖胆盐发酵管，置35℃±2℃培养24h，如不产酸也不产气，则报告为大肠菌落阴性。如果产酸产气，则划线接种伊红美蓝琼脂平板，置35℃±2℃培养18h~24h，观察平板上菌落形态典型的大肠菌落为黑紫色或红紫色，圆形，边缘整齐，表面光滑湿润，常具有金属光泽，也有的呈紫黑色，不带或略带金属光泽，或粉红色，中心较深的菌落。挑取疑似菌落1个~2个作为革兰氏染色镜检，同时接种乳糖发酵管，置35℃±2℃培养24h，观察产气情况。

C. 4. 2　结果报告

凡乳糖胆盐发酵管产酸产气，乳糖发酵管产气，在伊红美蓝平板上有典型大肠菌落，革兰氏染色为阴性无芽胞杆菌，可报告被检样品检出大肠杆菌。

C. 5　金黄色葡萄球菌的检测

C. 5. 1　操作步骤

取样液5mL加入到50mL7. 5%氯化钠肉汤培养液中，充分混匀，35℃±2℃培养24h。自上述增菌液中取1~2接种环，划线接种在血琼脂培养基上35℃±2℃培养24h~48h。在血琼脂平板上该菌落呈金黄色，大而突起，圆形，表面光滑，周围有溶血圈。挑取典型菌落，涂片作革兰氏染色镜检，如见排列成葡萄状，无芽胞与荚膜。应进行下列试验。

a）甘露醇发酵管试验。取上述菌落接种到甘露醇培养基中，置35℃±2℃培养24h，发酵甘露醇产酸者为阳性。

b）血浆凝固酶试验。玻片法：取清洁干燥载玻片→于两端分别滴加1滴生理盐水、1滴兔血浆→挑取菌落分别与两者混合5min。如两者均无凝固则为阴性；如血浆内出现团块或颗粒状凝固，而生理盐水仍呈均匀浑浊无凝固，则为阳性。凡两者均有凝固现象，再进行试管凝固酶试验。试管法：吸取1：4新鲜血浆0. 5mL，置灭菌小试管中→加入等量待检菌24h，肉汤培养物0. 5mL，混匀→置35℃±2℃温箱或水浴中→每0. 5h观察一次→24h之内呈现凝块即为阳性。同时以已知血浆凝固酶阳性和阴性菌株肉汤培养物各0. 5mL作阳性和阴性对照。

C. 5. 2　结果报告

凡在琼脂平板上有可疑菌落生长，镜检为革兰氏阳性葡萄球菌，并能发酵甘露醇产酸、血浆凝固酶阳性者，可报告被检样品检出金黄色葡萄球菌。

C.6 溶血性链球菌的检测

C.6.1 操作步骤

取样液 5mL 加入到 50mL 葡萄糖肉浸液肉汤中，35℃±2℃培养 24h。将培养物划线接种血琼脂平板，置 35℃±2℃中培养 24h，观察菌落特征。溶血性链球菌在血平板上为灰白色，半透明或不透明，针尖状突起，表面光滑，边缘整齐，周围有无色透明溶血圈。取典型菌落作涂片革兰氏染色镜检，应为革兰氏阳性，呈链状排列的球菌。镜检符合上述情况，应进行链激酶和杆菌肽敏感试验。

a）链激酶试验。吸取草酸钾血浆 0.2mL→加入 0.8mL 灭菌生理盐水混匀→加入待检菌 24h 肉汤培养物 0.5mL 和 0.25%氯化钙溶液 0.25mL 混匀→置 35℃±2℃水浴中，2min 查看一次（一般 10min 内可凝固）→待血浆凝固后继续观察并记录溶化时间→如 2h 内不溶化，继续放置 24h，观察。如果凝块全部溶化为阳性，24h 仍不溶化为阴性。

b）杆菌肽敏感试验。将被检菌菌液涂于血平板上→用灭菌镊子取每片含 0.04 单位杆菌肽的纸片放在平板上，同时以已知阳性菌株作对照→置 35℃±2℃下放置 18h~24h→有抑菌带者为阳性。

C.6.2 结果报告

镜检革兰氏阳性链状排列球菌，血平板上呈现溶血圈，链激酶和杆菌肽试验阳性，可报告被检样品检出溶血性链球菌。

纸巾纸（GB/T 20808—2011）

2012-07-01 实施

1 范围

本标准规定了纸巾纸的分类、要求、试验方法、检验规则、标志、包装、运输和贮存。

本标准适用于日常生活所用的各种纸面巾、纸餐巾、纸手帕等，不适用于湿巾、擦手纸、厨房纸巾。

2 规范性引用文件

下列文件对于本文件的应用是必不可少的。凡是注日期的引用文件，仅注日期的版本适用于本文件。凡是不注日期的引用文件，其最新版本（包括所有的修改单）适用于本文件。

GB/T 450 纸和纸板 试样的采取及试样纵横向、正反面的测定

GB/T 451.1 纸和纸板尺寸及偏斜度的测定

GB/T 461.1 纸和纸板毛细吸液高度的测定（克列姆法）

GB/T 462 纸、纸板和纸浆 分析试样水分的测定

GB/T 465.2 纸和纸板 浸水后抗张强度的测定

GB/T 742 造纸原料、纸浆、纸和纸板 灰分的测定

GB/T 1541—1989 纸和纸板尘埃度的测定法

GB/T 2828.1 计数抽样检验程序 第 1 部分：按接收质量限（AQL）检索的逐批检验抽样计划

GB/T 7974 纸、纸板和纸浆亮度（白度）测定 漫射/垂直法

GB/T 8942 纸柔软度的测定

GB/T 10739 纸、纸板和纸浆试样处理和试验的标准大气条件

GB/T 12914—2008 纸和纸板 抗张强度的测定

GB 15979 一次性使用卫生用品卫生标准

GB/T 24328.5 卫生纸及其制品 第 5 部分：定量的测定

GB/T 27741—2011 纸和纸板 可迁移性荧光增白剂的测定

JJF 1070—2005 定量包装商品净含量计量检验规则

3 分类

3.1 纸巾纸分为纸面巾、纸餐巾、纸手帕等。

3.2 纸巾纸按质量分为优等品和合格品两个等级。

3.3 纸巾纸可分为超柔型、普通型。

3.4 纸巾纸可为单层、双层或多层。

4 要求

4.1 纸巾纸技术指标应符合表 1 或合同规定。

表 1

指标名称		单位	规定 优等品 超柔型	规定 优等品 普通型	规定 合格品
定量		g/m^2	10.0±1.0 12.0±1.0 14.0±1.0 16.0±1.0 18.0±1.0 20.0±1.0 23.0±2.0 27.0±2.0 31.0±2.0		
亮度(白度)[a] ≤		%	90.0		
可迁移性荧光增白剂		—	无		
灰分 ≤	木纤维	%	1.0		
	含非木纤维		4.0		
横向吸液高度 ≥	单层	mm/100s	20		15
	双层或多层		40		30
横向抗张指数 ≥		N·m/g	1.00	2.10	1.50
纵向湿抗张强度 ≥		N/m	10.0	14.0	10.0
柔软度[b]纵横向平均 ≤	单层或双层	mN	40	85	160
	多层		80	150	220
洞眼	总数 ≤	个/m^2	6		40
	2mm~5mm ≤		6		40
	>5mm，≤8mm ≤		不应有		2
	>8mm		不应有		
尘埃度	总数 ≤	个/m^2	20		50
	0.2mm^2~1.0mm^2 ≤		20		50
	>1.0mm^2，≤2.0mm^2 ≤		1		4
	>2.0mm^2		不应有		
交货水分 ≤		%	9.0		

[a] 印花、彩色和本色纸巾纸不考核亮度(白度)。

[b] 纸餐巾不考核柔软度。

4.2 纸巾纸内装量应符合 JJF 1070—2005 中表 3 计数定量包装商品标注净含量的规定。当内装量 Q_n 小于等于 50 时，不允许出现短缺量；当 Q_n 大于 50 时，短缺量应小于 Q_n×1%，结果取整数，如果出现小数，就将该小数进位到下一紧邻的整数。

4.3 纸巾纸一般为平板或平切折叠。其规格应符合合同规定，规格尺寸偏差应不超过标称值 ±5mm，偏斜度应不超过 3mm，或符合合同规定。

4.4 纸巾纸可压花、印花，也可生产各种颜色的纸巾纸，但不应使用有害染料。

4.5 纸巾纸应洁净，皱纹应均匀细腻。不应有明显的死褶、残缺、破损、沙子、硬质块、生浆团等纸病。

4.6 纸巾纸不应有掉粉、掉毛现象，彩色纸巾纸浸水后不应有脱色现象。

4.7 纸巾纸不得使用有毒有害原料。纸巾纸应使用木材、草类、竹子等原生纤维原料，不得使用任何回收纸、纸张印刷品、纸制品及其他回收纤维状物质作原料，不得使用脱墨剂。

4.8 纸巾纸卫生指标应符合 GB 15979 的规定。

5 试验方法

5.1 试样的采取和处理

试样的采取按 GB/T 450 进行，试样的处理和试验的标准大气条件按 GB/T 10739 进行。

5.2 定量

定量按 GB/T 24328.5 测定，以单层表示结果。

5.3 亮度(白度)

亮度(白度)按 GB/T 7974 测定。

5.4 可迁移性荧光增白剂

将试样置于紫外灯下，在波长 254nm 和 365nm 的紫外光下检测是否有荧光现象。若试样在紫外灯下无荧光现象，则判定无可迁移性荧光增白剂。若试样有荧光现象，则按 GB/T 27741—2011 中第 5 章进行可迁移性荧光增白剂测定。

5.5 灰分

灰分按 GB/T 742 测定，灼烧温度为 575℃。

5.6 横向吸液高度

横向吸液高度按 GB/T 461.1 测定，测定时间为 100s，按成品层数测定。

5.7 横向抗张指数

横向抗张指数按 GB/T 12914—2008 中恒速拉伸法测定。试样宽度为 15mm，夹距为 100mm，单层、双层或多层试样按成品层数测定，然后换算成单层测定值。

5.8 纵向湿抗张强度

纵向湿抗张强度按 GB/T 12914—2008 中恒速拉伸法和 GB/T 465.2 测定。试样宽度为 15mm，夹距为 100mm，按成品层数测定。测定前应先进行预处理，将试样放在(105±2)℃烘箱中烘 15min，取出后在 GB/T 10739 规定的大气条件下平衡至少 1h 再进行测定。测定时将试样夹于卧式拉力机上，使试样保持伸直但不受力。用胶头滴管向试样中心位置连续滴加两滴水(约 0.1mL)，胶头滴管的出水口与试样垂直距离约 1cm，滴水的同时开始计时，5s 后用三层 102 型-中速定性滤纸(单层试样应使用四层定性滤纸)轻触试样下方 3s~4s，以吸除试样表面多余水分，定性滤纸不可重复使用。吸干后立即启动拉力机，整个操作(滴水至拉伸试验结束)宜在 35s(其中拉伸时间应不少于 5s)内完成。取 10 个有效测定值，计算其平均值，结果以单层测定值表示。

5.9 柔软度

柔软度按 GB/T 8942 测定，狭缝宽 5mm，试样裁切成 100mm×100mm，如果试样尺寸未达到 100mm，应换算成 100mm 报出结果。纸巾纸应按成品层进行测定，无论是压花或未压花的试样，都应揭开分层后再重叠进行测定，同一样品纵横向各测定至少 6 个试样，以纵横向平均值报出测定结果。对于压花或折叠的样品，切样及测定时应尽量避开压花或已折叠部位，但如果保证试样尺寸和避开压花或折痕两者存在冲突时，应优先考虑保证试样尺寸。

注 1： 如果试样尺寸未达到 100mm，则柔软度换算方法如下：

纵向柔软度 = 实测纵向柔软度×100mm/试样横向尺寸；

横向柔软度 = 实测横向柔软度×100mm/试样纵向尺寸。

注 2： 纵向柔软度测定时试样的纵向与狭缝的方向垂直，横向柔软度测定时试样的纵向与狭缝的方向平行。

5.10 洞眼

用双手拿住单层试样的两角迎光观测，数取规定范围内的洞眼个数，双层或多层试样每层均测。每个试样的测定面积应不少于 0.5m^2，然后换算成每平方米的洞眼数。如果出现大于 5mm 的洞眼，测定面积应不小于 1m^2。

5.11 尘埃度

尘埃度按 GB/T 1541—1989 测定，只测上下表面层朝外的一面。

5.12 交货水分

交货水分按 GB/T 462 测定。

5.13 内装量

内装量按 JJF 1070—2005 附录 G 中 G.4 进行测定。测定时应去除外包装，目测计数。

5.14 尺寸及偏斜度

尺寸及偏斜度按 GB/T 451.1。

5.15 外观质量

外观质量采用目测。

5.16 卫生指标

卫生指标按 GB 15979 测定。

6 检验规则

6.1 生产厂应保证所生产的产品符合本标准或合同规定，相同原料、相同工艺、相同规格的同类产品一次交货数量为一批，每批产品应附产品合格证。

6.2 卫生指标不合格，则判定该批是不可接收的。

6.3 计数抽样检验程序按 GB/T 2828.1 规定进行。纸巾纸样本单位为箱或件。接收质量限(AQL)：可迁移性荧光增白剂、灰分、横向吸液高度、横向抗张指数、纵向湿抗张强度、柔软度 AQL=4.0，定量、亮度(白度)、洞眼、尘埃度、交货水分、内装量、尺寸及偏斜度、外观质量 AQL=6.5。抽样方案采用正常检验二次抽样方案，检查水平为特殊检查水平 S-3，见表 2。

表 2

批量/箱或件	正常检验二次抽样方案　特殊检查水平 S-3				
	样本量	AQL=4.0		AQL=6.5	
		Ac	Re	Ac	Re
2~50	2	—	—	0	1
	3	0	1	—	—
51~150	3	0	1	—	—
	5	—	—	0	2
	5(10)	—	—	1	2
151~500	5	—	—	0	2
	5(10)	—	—	1	2
	8	0	2	—	—
	8(16)	1	2	—	—
501~3 200	8	0	2	0	3
	8(16)	1	2	3	4
3 201~35 000	13	0	3	1	3
	13(26)	3	4	4	5

6.4 可接收性的确定：第一次检验的样品数量应等于该方案给出的第一样本量。如果第一样本中发现的不合格品数小于或等于第一接收数，应认为该批是可接收的；如果第一样本中发现的不合格品数大于或等于第一拒收数，应认为该批是不可接收的。如果第一样本中发现的不合格品数介于第一接收数与第一拒收数之间，应检验由方案给出样本量的第二样本并累计在第一样本和第二样本中发现的不合格品数。如果不合格品累计数小于或等于第二接收数，则判定该批是可接收的；如果不合格品累计数大于或等于第二拒收数，则判定该批是不可接收的。

6.5 需方若对产品质量持有异议，应在到货后三个月内通知供方共同复验，或委托共同商定的检验机构进行复验。复验结果若不符合本标准或合同的规定，则判为该批不可接收，由供方负责处理；若符合本标准或合同的规定，则判为该批可接收，由需方负责处理。

7 标志、包装

7.1 产品销售包装标识

产品标识至少应包括以下内容：

——产品名称、商标；

——产品标准编号；

——产品主要原料；

——生产日期(或编号)和保质期，或生产批号和限用日期；

——超柔型产品应标明产品类型，普通型产品可不标明产品类型；

——产品规格；

——产品数量(片数或组数或抽数或张数)；

——产品质量等级和产品合格标识；

——生产企业(或产品责任单位)名称、详细地址等。

7.2 产品运输包装标识

运输包装标识应至少包括以下内容：

——产品名称、商标；

——生产企业(或产品责任单位)名称、地址等；

——产品数量；

——包装储运图形标志。

7.3 包装

7.3.1 纸巾纸包装应防尘、防潮和防霉等。

7.3.2 直接与产品接触的包装材料应无毒、无害、清洁。产品包装应完好，包装材料应具有足够的密封性和牢固性，以达到保证产品在正常的运输与贮存条件下不受污染的目的。

8 运输和贮存

8.1 运输时应采用洁净的运输工具，防止成品污染。

8.2 应存放于干燥、通风、洁净的地方妥善保管，防止雨、雪及潮湿侵入产品，影响质量。

8.3 搬运时应注意包装完整，不应从高处抛下，以防损坏外包装。

8.4 凡出厂的产品因运输、保管不妥造成产品损坏或变质的，应由责任方负责。损坏或变质的纸巾纸不应出售。

本色生活用纸(QB/T 4509—2013)

2013-12-01 实施

1 范围

本标准规定了本色生活用纸的术语和定义、分类、要求、试验方法、检验规则和标志、包装、运输、贮存。

本标准适用于日常生活所用的由100%本色原生纤维浆生产的各种生活用纸，如本色卫生纸、本色纸巾纸、本色擦手纸等。

2 规范性引用文件

下列文件对于本文件的应用是必不可少的。凡是注日期的引用文件，仅注日期的版本适用于本文件。凡是不注日期的引用文件，其最新版本(包括所有的修改单)适用于本文件。

GB/T 450 纸和纸板 试样的采取及试样纵横向、正反面的测定(GB/T 450—2008，ISO 186：2002，MOD)

GB/T 451.1 纸和纸板尺寸及偏斜度的测定

GB/T 461.1 纸和纸板毛细吸液高度的测定(克列姆法)(GB/T 461.1—2002，ISO 8787：1989，IDT)

GB/T 462 纸、纸板和纸浆 分析试样水分的测定(GB/T 462—2008，ISO 287：1985，ISO 683：1987，MOD)

GB/T 465.2 纸和纸板 浸水后抗张强度的测定(GB/T 465.2—2008，ISO 3781：1983，MOD)

GB/T 742 造纸原料、纸浆、纸和纸板 灰分的测定(GB/T 742—2008，ISO 2144：1997，MOD)

GB/T 1541—2007 纸和纸板尘埃度的测定法

GB/T 2828.1 计数抽样检验程序 第1部分：按接收质量限(AQL)检索的逐批检验抽样计划(GB/T 2828.1—2012，ISO 2859-1：1999，IDT)

GB/T 7974 纸、纸板和纸浆亮度(白度)测定 漫射/垂直法

GB/T 8942 纸柔软度的测定

GB/T 10739 纸、纸板和纸浆试样处理和试验的标准大气条件

GB/T 12914—2008 纸和纸板 抗张强度的测定(ISO 1924-1：1992，ISO 1924-2：1994，MOD)

GB 15979 一次性使用卫生用品卫生标准

GB 20810 卫生纸(含卫生纸原纸)

GB/T 24328.5 卫生纸及其制品 第5部分：定量的测定(GB/T 24328.5—2009，ISO 12625-6：2005，MOD)

GB/T 24455 擦手纸

JJF 1070—2005 定量包装商品净含量计量检验规则

3 术语和定义

下列术语和定义适用于本文件。

3.1 本色原生纤维浆 natural color native fiber pulp

由100%植物原生纤维作原料，通过制浆过程生产出来的本色纸浆。

3.2 本色生活用纸 natural color tissue paper

由100%本色原生纤维浆生产的日常生活所用的各种生活用纸。

4 分类

4.1 本色生活用纸分为本色卫生纸、本色纸巾纸、本色擦手纸等。

4.2 本色生活用纸可为卷纸、盘纸、平板纸、平切折叠或抽取式本色生活用纸。

4.3 本色生活用纸可为单层、双层或多层。

5 要求

5.1 技术指标

本色卫生纸、本色纸巾纸、本色擦手纸的技术指标应符合表1或合同规定。

表1

指标		单位	要求		
			本色卫生纸	本色纸巾纸	本色擦手纸
定量		g/m²	12.0±1.0 14.0±1.0 16.0±1.0 18.0±1.0 20.0±1.0 22.0±1.0 24.0±2.0 28.0±2.0 33.0±3.0 39.0±3.0 45.0±3.0	10.0±1.0 12.0±1.0 14.0±1.0 16.0±1.0 18.0±1.0 20.0±1.0 23.0±2.0 27.0±2.0 31.0±2.0	16.0±1.0 18.0±1.0 22.0±2.0 26.0±2.0 30.0±2.0 35.0±3.0 41.0±3.0 47.0±3.0 53.0±3.0
亮度 ≤		%	55.0		
荧光性物质		—	合格		
灰分 ≤		%	6.0		
横向吸液高度 ≥	单层	mm/100s	20	15	
	双层或多层		30		
抗张指数 ≥	纵向	N·m/g	4.50	—	—
	横向	N·m/g	2.00	1.50	3.00
纵向湿抗张强度 ≥		N/m	—	10.0	60.0
柔软度(纵横向平均/成品层) ≤		mN	450	220	—
洞眼	总数 ≤	个/m²	20	20	10
	2mm~5mm ≤		20	20	10
	5mm~8mm ≤		2	2	1
	>8mm		不应有		
尘埃度	总数 ≤	个/m²	100	50	100
	0.2mm²~1.0mm² ≤		100	50	100
	1.0mm²~2.0mm² ≤		20	4	2
	>2.0mm²		不应有		
交货水分 ≤		%	9.0		

5.2 规格

5.2.1 卷纸和盘纸的宽度、卷重(或节数),平板纸、平切折叠纸的长、宽、包装质量(或张数),抽取式本色生活用纸的规格尺寸、抽数应按合同要求生产或符合明示要求。

5.2.2 卷纸和盘纸的宽度偏差应不超过±3mm,节距尺寸偏差不应超过±5mm,偏斜度不应超过3mm;平切纸、平切折叠纸和抽取式纸的规格尺寸偏差不应超过±5mm,偏斜度不应超过3mm。

5.2.3 以质量定量包装的产品,允许短缺量应符合JJF 1070—2005中表3质量或体积定量包装商品标注净含量的规定。

5.2.4 以计数定量包装的产品，允许短缺量应符合 JJF 1070—2005 中表 3 计数定量包装商品标注净含量的规定。

5.3 外观

本色生活用纸纸面应洁净，皱纹应均匀。不应有明显的死褶、残缺、破损、沙子、硬质块、生浆团等纸病。不应有明显掉粉、掉毛现象。同批本色生活用纸色泽应基本一致，不应有明显色差。

5.4 原材料

本色生活用纸应 100%使用本色原生纤维浆，生产过程不应添加染料、颜料，不应使用有毒有害原料。

5.5 卫生指标

本色纸巾纸卫生指标应符合 GB 15979 的相关规定；本色卫生纸微生物指标应符合 GB 20810 相关规定；本色擦手纸微生物指标应符合 GB/T 24455 相关规定。

6 试验方法

6.1 试样的采取和处理

试样的采取按 GB/T 450 进行，试样的处理和试验的标准大气条件按 GB/T 10739 进行。

6.2 定量

定量按 GB/T 24328.5 进行测定，以单层表示结果。

6.3 亮度

亮度按 GB/T 7974 进行测定。

6.4 荧光性物质

任取一叠试样，置于波长 365nm 和 254nm 紫外灯下，观察试样表面是否有荧光现象。若试样无荧光现象，则判为荧光性物质合格，否则判为不合格。

注 1：从不同部位取样，保证所取试样具有代表性。

注 2：孤立、单个荧光点不作为判定依据。

6.5 灰分

灰分按 GB/T 742 进行测定，灼烧温度为 575℃。

6.6 横向吸液高度

横向吸液高度按 GB/T 461.1 进行测定，测定时间为 100s，按成品层数测定。

6.7 纵、横向抗张指数

纵、横向抗张指数按 GB/T 12914—2008 中恒速拉伸法进行测定。试样宽度为 15mm，夹距为 50mm（本色卫生纸）或 100mm（本色纸巾纸、本色擦手纸），单层、双层或多层试样按成品层数测定，然后换算成单层测定值。

6.8 纵向湿抗张强度

纵向湿抗张强度按 GB/T 12914—2008 中恒速拉伸法和 GB/T 465.2 进行测定。试样宽度为 15mm，夹距为 100mm，按成品层数测定。测定前应先进行预处理，将试样放在(105±2)℃烘箱中烘 15min，取出后在 GB/T 10739 规定的大气条件下平衡至少 1h 再进行测定。测定时将试样夹于卧式拉力机上，使试样保持伸直但不受力。用胶头滴管向试样中心位置连续滴加两滴水(约 0.1mL)，胶头滴管的出水口与试样垂直距离约 1cm，滴水的同时开始计时，5s 后用三层 102 型-中速定性滤纸(单层试样应使用 4 层定性滤纸)轻触试样下方 3s~4s，以吸除试样表面多余水分，定性滤纸不可重复使用。吸干后立即启动拉力机，整个操作(滴水至拉伸试验结束)宜在 35s(其中拉伸时间应不少于 5s)内完成。取 10 个有效测定值，计算其平均值，结果以单层测定值表示。

6.9 柔软度

柔软度按 GB/T 8942 进行测定，狭缝宽 5mm，试样裁切成 100mm×100mm，如果试样尺寸未达到 100mm，应换算成 100mm 报出结果。本色生活用纸应按成品层进行测定，无论是压花或未压花的试样，都应揭开分层后再重叠进行测定，同一样品纵横向各测定至少 6 个试样，以纵横向平均值报出测定结果。对于压花或折叠的样品，切样及测定时应尽量避开压花或已折叠部位，但如果保证试样尺寸和避开压花或折痕两者存在冲突，本色纸巾纸优先考虑保证试样尺寸，本色卫生纸优先考虑避开压花或折痕。

注 1： 如果试样尺寸未达到 100mm，则柔软度换算方法如下：

纵向柔软度 = 实测纵向柔软度×100mm/试样横向尺寸；

横向柔软度 = 实测横向柔软度×100mm/试样纵向尺寸。

注 2： 纵向柔软度测定时试样的纵向与狭缝的方向垂直，横向柔软度测定时试样的纵向与狭缝的方向平行。

6.10 洞眼

用双手拿住单层试样的两角迎光观测，数取规定范围内的洞眼个数，对于双层或多层试样，本色卫生纸只测上下表层，本色纸巾纸和本色擦手纸每层均测。每个试样的测定面积不应少于 0.5m^2，然后换算成每平方米的洞眼数。如果出现大于 5mm 的洞眼，测定面积不应小于 1m^2。

6.11 尘埃度

尘埃度的测定按 GB/T 1541—2007 进行，双层或多层的只测上下表层朝外的一面，每个样品的测试面积不应少于 0.5m^2。纤维性杂质不作为尘埃计数。

6.12 交货水分

交货水分按 GB/T 462 进行测定。

6.13 净含量

以质量单位标注净含量的产品按 JJF 1070—2005 附录 C 中 C.1 进行测定，测定时去皮、去芯；以计数标注净含量的产品按 JJF 1070—2005 附录 G 中 G.4 进行测定，测定时去除外包装，目测计数。

6.14 尺寸偏差及偏斜度

6.14.1 尺寸偏差

6.14.1.1 平切纸和抽取式纸尺寸偏差的计算：从任一包装中取 10 张试样，测量每张试样的长度和宽度，并分别计算平均值，以平均值减去标称值来表示尺寸偏差，结果修约至整数。

6.14.1.2 卷纸和盘纸宽度偏差的计算：每个样品取 3 个试样测定，以 3 个试样的平均宽度值减去标称值来表示宽度偏差，结果修约至整数。

6.14.1.3 卷纸和盘纸节距偏差的计算：任取 1 卷(盘)试样，去除前 15 节后，连续取 10 节，测定每节的尺寸，用 10 节的平均值减去标称值来表示该试样节距偏差，结果修约至整数。

6.14.2 偏斜度

偏斜度按 GB/T 451.1 进行测定。

6.15 外观质量

外观质量采用目测检查。

6.16 卫生指标

本色纸巾纸卫生指标按 GB 15979 进行测定；本色卫生纸微生物指标按 GB 20810 相关方法进行测定；本色擦手纸微生物指标按 GB/T 24455 相关方法进行测定。

7 检验规则

7.1 生产厂应保证所生产的产品符合本标准或合同规定，相同原料、相同工艺、相同规格的同类产品一次交货数量为一批，每批产品应附产品合格证。

7.2 卫生指标不合格，则判定该批是不可接收的。

7.3 计数抽样检验程序按 GB/T 2828.1 的规定进行。本色生活用纸样本单位为箱或件。接收质量限(AQL)：荧光性物质、亮度、灰分、横向吸液高度、纵横向抗张指数、纵向湿抗张强度、柔软度的 AQL 为 4.0，定量、洞眼、尘埃度、交货水分、规格、尺寸及偏斜度、外观质量 AQL 为 6.5。抽样方案采用正常检验二次抽样方案，检验水平为特殊检验水平 S-3。见表 2。

表 2

批量/(箱或件)	抽样方案				
	正常检验二次抽样方案　特殊检验水平 S-3				
	样本量	AQL=4.0		AQL=6.5	
		Ac	Re	Ac	Re
2~50	2	—	—	0	1
	3	0	1	—	—
51~150	3	0	1	—	—
	5 5(10)	— —	— —	0 1	2 2
151~500	5 5(10)	— —	— —	0 1	2 2
	8 8(16)	0 1	2 2	— —	— —
501~3 200	8 8(16)	0 1	2 2	0 3	3 4
3 201~35 000	13 13(26)	0 3	3 4	1 4	3 5

7.4　可接收性的确定：第一次检验的样品数量应等于该方案给出的第一样本量。如果第一样本中发现的不合格品数小于或等于第一接收数，应认为该批是可接收的；如果第一样本中发现的不合格品数大于或等于第一拒收数，应认为该批是不可接收的。如果第一样本中发现的不合格品数介于第一接收数与第一拒收数之间，应检验由方案给出样本量的第二样本并累计在第一样本和第二样本中发现的不合格品数。如果不合格品累计数小于或等于第二接收数，则判定批是可接收的；如果不合格品累计数大于或等于第二拒收数，则判定该批是不可接收的。

7.5　需方若对产品质量持有异议，应在到货后 3 个月内通知供方共同复验，或委托共同商定的检验机构进行复验。复验结果若不符合本标准或合同的规定，则判为该批不可接收，由供方负责处理；若符合本标准或合同的规定，则判为该批可接收，由需方负责处理。

8　标志、包装、运输、贮存

8.1　标志

8.1.1　产品运输包装标志

至少应包括以下内容：

——产品名称、商标；

——生产企业(或产品责任单位)名称、地址等；

——产品数量；

——包装储运图形标志。

8.1.2　产品销售包装标志

至少应包括以下内容：

——产品名称、商标；

——产品标准编号；

——产品主要原料；

——生产日期(或编号)和保质期，或生产批号和限用日期；
——产品规格；
——产品数(质)量；
——产品合格标识；
——生产企业(或产品责任单位)名称、详细地址等。

8.3 包装

8.3.1 本色生活用纸包装应防尘、防潮和防霉等。

8.3.2 直接与产品接触的包装材料应无毒、无害、清洁。产品包装应完好，包装材料应具有足够的密封性和牢固性，以达到保证产品在正常的运输与贮存条件下不受污染的目的。

8.4 运输

8.4.1 搬运时应注意包装完整，不应从高处抛下，以防损坏外包装。

8.4.2 运输时应采用洁净的运输工具，防止成品污染。

8.5 贮存

8.5.1 应存放于干燥、通风、洁净的地方，妥善保管，防止雨、雪及潮湿侵入产品，影响质量。

8.5.2 凡出厂的产品因运输、保管不妥造成产品损坏或变质的，应由责任方负责。损坏或变质的本色生活用纸不应出售。

擦手纸(GB/T 24455—2009)

2010-03-01 实施

1 范围

本标准规定了擦手纸的产品分类、技术要求、试验方法、检验规则及标志、包装、运输、贮存。

本标准适用于人们日常生活使用的擦手纸。

2 规范性引用文件

下列文件中的条款通过本标准的引用而成为本标准的条款。凡是注日期的引用文件，其随后所有的修改单(不包括勘误的内容)或修订版均不适用于本标准，然而，鼓励根据本标准达成协议的各方研究是否可使用这些文件的最新版本。凡是不注日期的引用文件，其最新版本适用于本标准。

GB/T 450 纸和纸板 试样的采取及试样纵横向、正反面的测定(GB/T 450—2008，ISO 186：2002，MOD)

GB/T 451.2 纸和纸板定量的测定(GB/T 451.2—2002，eqv ISO 536：1995)

GB/T 461.1 纸和纸板毛细吸液高度的测定(克列姆法)(GB/T 461.1—2002，idt ISO 8787：1986)

GB/T 462 纸、纸板和纸浆 分析试样水分的测定 (GB/T 462—2008；ISO 287：1985，MOD；ISO 638：1978，MOD)

GB/T 465.2 纸和纸板 浸水后抗张强度的测定(GB/T 465.2—2008，ISO 3781：1983，MOD)

GB/T 1541 纸和纸板 尘埃度的测定

GB/T 2828.1 计数抽样检验程序 第1部分：按接收质量限(AQL)检索的逐批检验抽样计划(GB/T 2828.1—2003，ISO 2859-1：1999，IDT)

GB/T 7974 纸、纸板和纸浆亮度(白度)的测定 漫射/垂直法 (GB/T 7974—2002，neq ISO 2470：1999)

GB/T 10739　纸、纸板和纸浆试样处理和试验的标准大气条件（GB/T 10739—2002，eqv ISO 187：1990）

GB/T 12914　纸和纸板　抗张强度的测定（GB/T 12914—2008，ISO 1924-1：1992，MOD；ISO 1924-2：1992，MOD）

3　产品分类

3.1　擦手纸可分为卷纸、盘纸、平切纸和抽取纸。

3.2　擦手纸可分为压花、印花、不压花、不印花。

3.3　擦手纸可分为单层、双层或多层。

4　技术要求

4.1　擦手纸技术指标应符合表1或订货合同的规定。

表1　擦手纸技术指标

指标名称		单位	规　定
定量		g/m^2	22.0±2.0　26.0±2.0　30.0±2.0　35.0±3.0　41.0±3.0　47.0±3.0　53.0±3.0
亮度（白度）　≤		%	88.0
横向吸液高度（成品层）　≥		mm/100s	15/单层，30/双层或多层
横向抗张指数　≥	≤40.0g/m^2	N·m/g	3.0
	>40.0g/m^2		5.0
纵向湿抗张指数　≥	≤40.0g/m^2	N·m/g	1.5
	>40.0g/m^2		3.0
洞眼	总数　≤	个/m^2	10
	2mm~5mm　≤		10
	>5mm，≤8mm　≤		1
	>8mm		不应有
尘埃度	总数　≤	个/m^2	100
	0.2mm^2~1.0mm^2　≤		100
	>1.0mm^2，≤2.0mm^2　≤		2
	>2.0mm^2		不应有
交货水分　≤		%	10.0

注：印花擦手纸不考核亮度指标。

4.2　擦手纸微生物指标应符合表2的规定。

表2　擦手纸微生物指标

指标名称	单　位	规　定
细菌菌落总数	CFU/g	≤600
大肠菌群	—	不得检出
金黄色葡萄球菌	—	不得检出
溶血性链球菌	—	不得检出

4.3　擦手纸的卷纸和盘纸的宽度、节距、卷重（长度或节数），平切纸的长、宽、包装质量（或张数），抽取纸的规格尺寸、抽数等应按合同规定生产。卷纸和盘纸的宽度、节距尺寸偏差应不超过±5mm；平切纸和抽取纸的规格尺寸偏差应不超过±5mm，偏斜度应不超过3mm；卷纸、盘纸、平切纸、抽取纸

的包装数量(长度、节数、张数或抽数)偏差应不小于-2.0%。

4.4 擦手纸起皱后的皱纹应均匀，纸面应洁净，不应有明显的死褶、残缺、破损、沙子、硬质块、生浆团等纸病。

4.5 擦手纸不应含有毒有害物质。

4.6 擦手纸不应有掉粉、掉毛现象，印花擦手纸浸水后不应有掉色现象。

5 试验方法

5.1 试样的采取和处理

试样的采取和处理按 GB/T 450 和 GB/T 10739 的规定进行。

5.2 定量

定量按 GB/T 451.2 测定，以单层表示结果。

5.3 亮度(白度)

亮度(白度)按 GB/T 7974 测定。

5.4 横向吸液高度

横向吸液高度按 GB/T 461.1 测定，按成品层数测定。

5.5 横向抗张指数

横向抗张指数按 GB/T 12914 测定，仲裁时按恒速拉伸法测定。夹距为 100mm，双层或多层试样，按成品层数测定，然后换算成单层的测定值。

5.6 湿抗张强度

纵向湿抗张强度按 GB/T 12914 和 GB/T 465.2 测定，仲裁时按 GB/T 12914 中恒速拉伸法和 GB/T 465.2 测定。夹距为 100mm，按成品层数测定，测定前应先进行预处理，将试样放在(105±2)℃烘箱中烘 15min。测定时将处理过的试样平放在滤纸上，用滴管在试样中间部位滴一滴水，水滴应扩散到试样的全宽，然后立即进行测定，以实测值换算成单层的测定值，取 10 个有效测定值，以纵向湿抗张强度的平均值表示结果。

5.7 洞眼

用双手持单层试样的两角，用肉眼迎光观测，按标准规定数出洞眼个数。双层或多层试样应每层都测，每个样品的测定面积应不少于 0.5m^2，然后换算成每平方米的洞眼数。如果出现大于 5mm 的洞眼，则应至少测定 1m^2 的试样。

5.8 尘埃度

尘埃度按 GB/T 1541 测定，双层或多层试样只测定上下表面层朝外的一面。

5.9 交货水分

交货水分按 GB/T 462 测定。

5.10 内装量偏差

取 1 个完整包装样品，数其实际数量，以实际数量与包装标志的数量之差占包装标志数量的百分比表示。同规格样品分别测定 3 个完整包装，以实际数量的最小值计算结果，准确至 0.1%。计算方法见式(1)。

$$\text{内装量偏差}=\frac{\text{实际数量}-\text{包装标志的数量}}{\text{包装标志的数量}}\times100\% \qquad (1)$$

5.11 微生物指标

微生物指标按附录 A 测定。

5.12 外观

外观采用目测。

6 检验规则

6.1 擦手纸以一次交货的同一规格为一批，样本单位为箱。

6.2 擦手纸微生物指标不合格，则判定该批是不可接收的。

6.3 计数抽样检验程序按 GB/T 2828.1 规定进行。接收质量限(AQL)：横向吸液高度、横向抗张指数、纵向湿抗张强度为 4.0，定量、亮度(白度)、洞眼、尘埃度、交货水分、尺寸及偏斜度、外观为 6.5。采用正常检验二次抽样，检验水平为特殊检验水平 S-3，其抽样方案见表 3。

表 3 抽样方案

批量/箱	正常检验二次抽样方案 特殊检查水平 S-3				
	样本量	AQL=4.0		AQL=6.5	
		Ac	Re	Ac	Re
2~50	2	—	—	0	1
	3	0	1	—	—
51~150	3	0	1	—	—
	5	—	—	0	2
	5(10)	—	—	1	2
151~500	8	0	2	—	—
	8(16)	1	2	—	—
	5	—	—	0	2
	5(10)	—	—	1	2
501~3 200	8	0	2	0	3
	8(16)	1	2	3	4

6.4 可接收性的确定：第一次检验的样品数量应等于该方案给出的第一样本量。如果第一样本中发现的不合格品数小于或等于第一接收数，应认为该批是可接收的；如果第一样本中发现的不合格品数大于或等于第一拒收数，应认为该批是不可接收的。如果第一样本中发现的不合格品数介于第一接收数与第一拒收数之间，应检验由方案给出样本量的第二样本并累计在第一样本和第二样本中发现的不合格品数。如果不合格品累计数小于或等于第二接收数，则判定批是可接收的；如果不合格品累计数大于或等于第二拒收数，则判定该批是不可接收的。

6.5 需方若对产品质量持有异议，应在到货后三个月内通知供方共同复验，或委托共同商定的检验部门进行复验。复验结果若不符合本标准或订货合同的规定，则判为该批不可接收，由供方负责处理；若符合本标准或订货合同的规定，则判为该批可接收，由需方负责处理。

7 标志、包装

7.1 产品销售包装标志

产品销售包装标志至少应包括以下内容：

——产品名称、商标；

——产品标准编号；

——生产日期和保质期，或生产批号和限用日期；

——产品的规格；

——产品数量(平切纸应标注包装质量或张数，抽取纸应标注张数或抽数，卷纸、盘纸应标注卷重或节数或长度)；

——产品合格标志(进口产品除外)；

——生产企业(或产品责任单位)名称、详细地址等。

7.2 产品运输包装标志

运输包装标志至少应包括以下内容:

——产品名称、商标;

——生产企业(或产品责任单位)名称、地址等;

——产品数量;

——包装储运图形标志。

7.3 包装

直接与产品接触的包装材料应无毒、无害、清洁。产品包装应完好,包装材料应具有足够的密封性以保证产品在正常的运输与贮存条件下不受污染。

8 运输、贮存

8.1 擦手纸运输时应采用洁净的运输工具,以防止产品受到污染。

8.2 擦手纸应存放于干燥、通风、洁净的地方并妥善保管,防止雨、雪及潮气侵入产品,影响质量。

8.3 搬运时应注意包装完整,不应将纸件从高处扔下,以防损坏外包装。

8.4 凡出厂的产品因运输、保管不善造成产品损坏或变质的,应由造成损失的一方赔偿损失,变质的擦手纸不应出售。

厨房纸巾(GB/T 26174—2010)

2011-06-01 实施

1 范围

本标准规定了厨房纸巾的产品分类、技术要求、试验方法、检验规则及标志和包装、运输和贮存。

本标准适用于清洁用的厨房纸巾。

2 规范性引用文件

下列文件中的条款通过本标准的引用而成为本标准的条款。凡是注日期的引用文件,其随后所有的修改单(不包括勘误的内容)或修订版均不适用于本标准,然而,鼓励根据本标准达成协议的各方研究是否可使用这些文件的最新版本。凡是不注日期的引用文件,其最新版本适用于本标准。

GB/T 450 纸和纸板 试样的采取及试样纵横向、正反面的测定(GB/T 450—2008, ISO 186:2002, MOD)

GB/T 451.1 纸和纸板尺寸及偏斜度的测定

GB/T 451.2 纸和纸板定量的测定(GB/T 451.2—2002, eqv ISO 536:1995)

GB/T 461.1 纸和纸板毛细吸液高度的测定(克列姆法)(GB/T 461.1—2002, idt ISO 8787:1986)

GB/T 462 纸、纸板和纸浆 分析试样水分的测定(GB/T 462—2008; ISO 287:1985, MOD; ISO 638:1978, MOD)

GB/T 465.2 纸和纸板 浸水后抗张强度的测定(GB/T 465.2—2008, ISO 3781:1983, MOD)

GB/T 1541 纸和纸板 尘埃度的测定

GB/T 2828.1 计数抽样检验程序 第1部分:按接收质量限(AQL)检索的逐批检验抽样计划

(GB/T 2828.1—2003，ISO 2859-1：1999，IDT)

GB/T 7974　纸、纸板和纸浆亮度(白度)的测定　漫射/垂直法(GB/T 7974—2002，neq ISO 2470：1999)

GB/T 8942　纸柔软度的测定

GB/T 10739　纸、纸板和纸浆试样处理和试验的标准大气条件(GB/T 10739—2002，eqv ISO 187：1990)

GB/T 12914　纸和纸板　抗张强度的测定(GB/T 12914—2008；ISO 1924-1：1992，MOD；ISO 1924-2：1994，MOD)

3　产品分类

3.1　厨房纸巾可分为卷纸、盘纸、平切纸和抽取纸。

3.2　厨房纸巾可分为压花、印花、不压花、不印花。

3.3　厨房纸巾可分为单层、双层或多层。

4　技术要求

4.1　厨房纸巾的技术指标应符合表1或订货合同的规定。

表1　厨房纸巾技术指标

指标名称		单位	规定
定量		g/m^2	16.0±1.0　18.0±1.0　20.0±1.0　23.0±2.0　27.0±2.0 31.0±2.0　35.0±2.0　39.0±2.0　44.0±3.0　50.0±3.0
亮度(白度)		%	80.0~90.0
横向吸液高度　≥	单层产品	mm/100s	15
	双层、多层产品		20
横向抗张指数　≥	≤40.0g/m^2	N·m/g	2.5
	>40.0g/m^2		3.0
纵向湿抗张指数　≥	≤40.0g/m^2	N·m/g	1.5
	>40.0g/m^2		2.0
洞眼	总数　≤	个/m^2	6
	2mm~5mm　≤		6
	>5mm		不应有
尘埃度	总数　≤	个/m^2	20
	0.2mm^2~1.0mm^2　≤		20
	大于1.0mm^2~2.0mm^2　≤		1
	大于2.0mm^2		不应有
交货水分　≤		%	10.0

注：印花和本色浆厨房纸巾不考核亮度指标。

4.2　厨房纸巾的微生物指标应符合表2的规定。

表2　厨房纸巾微生物指标

指标名称	单位	规定
细菌菌落总数	CFU/g	≤200
大肠菌群	—	不得检出

续表

指标名称		单　位	规　定
致病性化脓菌	绿脓杆菌	—	不得检出
	金黄色葡萄球菌	—	不得检出
	溶血性链球菌	—	不得检出
真菌菌落总数		CFU/g	≤100

4.3 厨房纸巾的卷纸和盘纸的宽度、节距、卷重(或长度、节数)，平切纸的长、宽、包装质量(或张数)，抽取纸的规格尺寸、抽数等应按合同规定生产。卷纸和盘纸的宽度、节距尺寸偏差应不超过±5mm；平切纸和抽取纸的规格尺寸偏差应不超过±5mm，偏斜度应不超过 3mm；厨房纸巾数量(长度、节数、张数或抽数)偏差应不小于-2.0%，质量(卷重)偏差应不小于-4.5%。

注：根据标志内容，数量偏差和质量偏差两者选择其一即可。

4.4 厨房纸巾起皱后的皱纹应均匀，纸面应洁净，不应有明显的死褶、残缺、破损、沙子、硬质块、生浆团等纸病。

4.5 厨房纸巾不应有掉粉、掉毛现象。

4.6 厨房纸巾不应使用任何回收纸、纸张印刷品、纸制品及其他回收纤维状物质作原料。

5 试验方法

5.1 试样的采取和处理

试样的采取和处理按 GB/T 450 和 GB/T 10739 的规定进行。

5.2 定量

定量按 GB/T 451.2 测定，以单层表示结果。

5.3 亮度(白度)

亮度(白度)按 GB/T 7974 测定。

5.4 横向吸液高度

横向吸液高度按 GB/T 461.1 测定，按成品层数测定。

5.5 横向抗张指数

横向抗张指数按 GB/T 12914 测定，仲裁时按 GB/T 12914 中恒速拉伸法测定。夹距为 100mm，双层或多层试样按成品层数测定，然后换算成单层的测定值。

5.6 湿抗张强度

纵向湿抗张强度按 GB/T 465.2 和 GB/T 12914 测定，仲裁时按 GB/T 12914 中恒速拉伸法和 GB/T 465.2 测定。夹距为 100mm，按成品层数测定。测定时，按纵向切样。测定前应先进行预处理，将试样放在(105±2)℃烘箱中烘 15min，测定时将处理过的试样平放在滤纸上，用滴管在试样的中间部位滴一滴水，水滴应扩散到试样的全宽，然后立即进行测定，以实测值换算成单层的测定值，取 10 个有效测定值，以纵向湿抗张强度的平均值表示结果。

5.7 洞眼

用双手持单层试样的两角，用肉眼迎光观测，按标准规定数出洞眼个数。双层或多层试样应每层都测，每个样品的测定面积应不少于 0.5m^2，然后换算成每平方米的洞眼数，如果出现大于 5mm 的洞眼，则应至少测定 1m^2 的试样。

5.8 尘埃度

尘埃度按 GB/T 1541 测定，双层或多层试样只测定上下表面层朝外的一面。

5.9 交货水分

交货水分按 GB/T 462 测定。

5.10 数量(或质量)偏差

取1个完整包装，数其实际数量(长度、节数、张数、抽数)或称取质量(卷重)，以实际数量(或质量)与包装标志的数量(或质量)之差占包装标志数量(或质量)的百分比表示。同规格样品分别测定3个完整包装，以实际数量(质量)的最小值计算结果，准确至0.1%。计算方法见式(1)。

$$\text{数量(或质量)偏差}=\frac{\text{实际数量(或质量)}-\text{包装标志的数量(或质量)}}{\text{包装标志的数量(或质量)}}\times 100\% \quad\cdots\cdots\cdots\quad(1)$$

5.11 微生物指标

微生物指标按附录A测定。

5.12 外观

外观采用目测。

6 检验规则

6.1 生产厂应保证所生产的厨房纸巾符合本标准或订货合同的规定，以一次交货数量为一批，每批产品应附产品合格证。

6.2 厨房纸巾的微生物指标不合格，则判定该批是不可接收的。

6.3 计数抽样检验程序按GB/T 2828.1规定进行，样本单位为箱。接收质量限(AQL)：横向吸液高度、横向抗张指数、纵向湿抗张指数为4.0，定量、亮度(白度)、洞眼、尘埃度、交货水分、尺寸及偏斜度、外观、数量(或质量)偏差为6.5。抽样方案采用正常检验二次抽样方案，检验水平为特殊检验水平S-3。其抽样方案见表3。

表3 抽样方案

批量/箱	正常检验二次抽样方案 特殊检查水平S-3				
	样本量	AQL=4.0		AQL=6.5	
		Ac	Re	Ac	Re
2~50	3	0	1	—	—
	2	—	—	0	1
51~150	3	0	1	—	—
	5	—	—	0	2
	5(10)	—	—	1	2
151~500	8	0	2	—	—
	8(16)	1	2	—	—
	5	—	—	0	2
	5(10)	—	—	1	2
501~3 200	8	0	2	0	3
	8(16)	1	2	3	4

6.4 可接收性的确定：第一次检验的样品数量应等于该方案给出的第一样本量。如果第一样本中发现的不合格品数小于或等于第一接收数，应认为该批是可接收的；如果第一样本中发现的不合格品数大于或等于第一拒收数，应认为该批是不可接收的。如果第一样本中发现的不合格品数介于第一接收数与第一拒收数之间，应检验由方案给出样本量的第二样本并累计在第一样本和第二样本中发现的不合格品数。如果不合格品累计数小于或等于第二接收数，则判定该批是可接收的；如果不合格品累计数大于或等于第二拒收数，则判定该批是不可接收的。

6.5 需方若对产品质量持有异议，应在到货后三个月内通知供方共同复验，或委托共同商定的检验部门进行复验。复验结果若不符合本标准或订货合同的规定，则判为该批不可接收，由供方负责处理；若符合本标准或订货合同的规定，则判为该批可接收，由需方负责处理。

7 标志和包装

7.1 产品销售包装标志

产品销售包装标志至少应包括以下内容：

——产品名称、商标；

——产品标准编号；

——生产日期和保质期，或生产批号和限用日期；

——产品的规格；

——产品数量(平切纸应标注包装质量或张数，抽取纸应标注张数或抽数，卷纸、盘纸应标注卷重或节数或长度)；

——产品合格标志(进口产品除外)；

——生产企业(或产品责任单位)名称、详细地址等。

7.2 产品运输包装标志

运输包装标志至少应包括以下内容：

——产品名称、商标；

——生产企业(或产品责任单位)名称、地址等；

——产品数量；

——包装储运图形标志。

7.3 包装

直接与产品接触的包装材料应无毒、无害、清洁。产品包装应完好，包装材料应具有足够的密封性，以保证产品在正常的运输与贮存条件下不受污染。

8 运输和贮存

8.1 厨房纸巾运输时应采用洁净的运输工具，防止产品受到污染。

8.2 厨房纸巾应存放于干燥、通风、洁净的地方，并妥善保管。应防止雨、雪及潮气侵入产品，影响质量。

8.3 搬运时应注意包装完整，不应将纸件从高处扔下，以防损坏外包装。

8.4 凡出厂的产品因运输、保管不善造成产品损坏或变质的，应由造成损失的一方赔偿损失，变质的厨房纸巾不应出售。

卫生用品 Disposable hygiene products

卫生巾(护垫)(GB/T 8939—2018)

代替 GB/T 8939—2008，2019-07-01 实施

1 范围

本标准规定了卫生巾(护垫)的要求、试验方法、检验规则及标志、包装、运输、贮存。

本标准适用于由面层、内吸收层(含绒毛浆和/或高吸收性树脂)、防渗底膜等组成，经专用机械加工成型，供女性使用的卫生巾和卫生护垫。

2 规范性引用文件

下列文件对于本文件的应用是必不可少的。凡是注日期的引用文件，仅注日期的版本适用于本文

件。凡是不注日期的引用文件，其最新版本(包括所有的修改单)适用于本文件。

GB/T 462　纸、纸板和纸浆　分析试样水分的测定

GB/T 6682　分析实验室用水规格和试验方法

GB/T 10739　纸、纸板和纸浆试样处理和试验的标准大气条件

GB 15979　一次性使用卫生用品卫生标准

GB/T 21331　绒毛浆

GB/T 22875　卫生巾高吸收性树脂

GB/T 24292　卫生用品用无尘纸

GB/T 27731　卫生用品用离型纸

GB/T 30133　卫生巾用面层通用技术规范

GB/T 34448—2017　生活用纸及纸制品　甲醛含量的测定

QB/T 4508　卫生用品用吸水衬纸

3　要求

3.1　卫生巾技术指标应符合表1的规定。

表1　卫生巾技术指标

指标名称	单　位	规　定
全长偏差	%	±4
条质量偏差	%	±12
吸水倍率	倍	≥7.0
吸收速度	s	≤60
pH	—	4.0~9.0
甲醛含量[a]	mg/kg	≤75
可迁移性荧光物质[a]	—	合格
交货水分[b]	%	≤10.0
背胶剥离强度	mN	100~800

[a] 甲醛含量和可迁移性荧光物质作为型式检验项目。

[b] 交货水分仅作为出厂时的检验项目，不作为其他形式的检验项目。

3.2　卫生护垫技术指标应符合表2的规定。

表2　卫生护垫技术指标

指标名称	单　位	规　定
全长偏差	%	±4
吸水倍率	倍	≥2.0
pH	—	4.0~9.0
甲醛含量[a]	mg/kg	≤75
可迁移性荧光物质[a]	—	合格
交货水分[b]	%	≤10.0
背胶剥离强度	mN	100~800

[a] 甲醛含量和可迁移性荧光物质作为型式检验项目。

[b] 交货水分仅作为出厂时的检验项目，不作为其他形式的检验项目。

3.3　卫生巾(护垫)卫生要求执行GB 15979的规定。

3.4　卫生巾(护垫)不应使用废弃回用的原材料，产品应洁净，无污物，无破损，产品内不应有异物。

卫生巾(护垫)所使用原料：绒毛浆应符合 GB/T 21331 的规定，高吸收性树脂应符合 GB/T 22875 的规定，离型纸应符合 GB/T 27731 的规定，吸水衬纸应符合 QB/T 4508 的规定，无尘纸应符合 GB/T 24292 的规定，面层材料应符合 GB/T 30133 的规定。

3.5 卫生巾(护垫)应采用每片独立包装，直接接触产品的包装材料不应使用废弃回用的原材料。

3.6 卫生巾(护垫)两端封口应牢固，在使用过程中不应破裂。

3.7 卫生巾(护垫)产品在常规使用时应不产生位移，与内衣剥离时不应损伤衣物，且不应有明显残留。

3.8 卫生巾离型纸不应自行脱落，并能自然完整撕下。

4 试验方法

4.1 试样处理和试验条件

全长偏差、条质量偏差、吸水倍率、吸收速度、背胶剥离强度测定时，试样应在 GB/T 10739 规定的标准大气条件下至少处理 4h 以上，并在此条件下进行试验。

4.2 全长偏差

用直尺测量试样的全长(从试样最长处量取)，准确至 1mm，每种同规格样品测量 6 片试样，6 片试样至少来自两个销售包装，每包至少取两片。取 6 片试样的平均值，按式(1)计算全长偏差，结果修约至整数位。

$$全长偏差(\%)=\frac{平均值-标称值}{标称值}\times 100 \qquad (1)$$

注：若销售包装为单片装，则取 6 包测试。

4.3 条质量偏差

用感量为 0.01g 的天平分别称量同规格 6 片试样的净重(含离型纸)，6 片试样至少来自两个销售包装，每包至少取两片。取 6 片试样中测量的最大值、最小值和平均值，按式(2)、式(3)计算条质量偏差，结果修约至整数位。

$$上偏差(\%)=\frac{最大值-平均值}{平均值}\times 100 \qquad (2)$$

$$下偏差(\%)=\frac{最小值-平均值}{平均值}\times 100 \qquad (3)$$

注：若销售包装为单片装，则取 6 包测试。

4.4 吸水倍率

取一片试样，撕去离型纸，适当剪去护翼，用感量为 0.01g 的天平称其质量(吸前质量)。用夹子夹住样品的一端，并使夹子夹口与试样纵向处于垂直状态，不应夹住内置吸收层。将试样连同夹子浸入 (23±1)℃的蒸馏水或去离子水中，试样的使用面朝上。轻轻压住试样，使其完全浸没 60s，然后提起夹子，使试样完全离开水面，垂直悬挂 90s 后，去除夹子，称取吸水后试样的质量(吸后质量)，按式(4)计算吸水倍率。按同样方法测试 5 片试样，取 5 片试样的平均值作为测定结果，修约至小数点后一位。

$$吸水倍率=\frac{吸后质量-吸前质量}{吸前质量} \qquad (4)$$

4.5 吸收速度

吸收速度按附录 A 测定，吸收速度测定用标准合成试液的配方见附录 B。

4.6 pH

pH 按附录 C 测定。

4.7 交货水分

交货水分按 GB/T 462 测定。取样方法：取 2 包样品，从每包样品中各取 1 片试样。去除背胶、底膜及离型纸部分后，从两片试样的中间位置各取 2g 试料。将试料剪成块状，混匀后分成两组试样进行平行试验，两次测定值间的绝对误差应不超过 1.0%，取其算术平均值表示测定结果，修约至小数点后一位。

注：尽量缩短取样时间，一般不超过 2min，若单片试样质量不足 2g，可从多片上进行取样。

4.8 甲醛含量

甲醛含量按 GB/T 34448—2017 中乙酰丙酮-可见分光光度法测定，取样时去除单片卫生巾(护垫)的外包装和离型纸，从两端和中间位置剪取试样，试样应包含各层材料。

4.9 可迁移性荧光物质

可迁移性荧光物质按附录 D 测定。

4.10 背胶剥离强度

背胶剥离强度按附录 E 测定。

4.11 卫生指标

卫生指标按 GB 15979 测定。

5 检验规则

5.1 检验批的规定

以一次交货为一批，检验样本单位为箱，每批不超过 5000 箱。

5.2 抽样方法

从一批产品中，随机抽取 3 箱。从每箱中抽取 5 包样品，其中 3 包用于微生物检验，6 包用于微生物检验复验，3 包用于存样，3 包(按每包 10 片计)用于其他性能检验。

5.3 判定规则

当检验产品符合本标准第 3 章全部要求时，则判为批合格；当这些检验项目中任一项出现不合格时，则判为批不合格。

5.4 质量保证

生产厂应保证产品质量符合本标准的要求，产品经检验合格并附质量合格标志方可出厂。

6 标志、包装、运输、贮存

6.1 产品销售标志及包装

6.1.1 产品销售包装上应标明以下内容：

a) 产品名称(含卫生巾或卫生护垫字样)；
b) 执行标准编号；
c) 主要原料；
d) 生产日期和保质期，或生产批号和限用日期；
e) 长度、内装数量；
f) 产品合格标志；
g) 生产单位或责任单位名称、地址、联系方式；
h) 其他需要标注的事项。

6.1.2 产品的销售包装应能保证产品不受污染，销售包装上的各种标志信息应清晰且不易褪去，产品标志使用的汉字、数字和字母，其字体高度应不小于 1.8mm。

6.2 产品运输贮存

6.2.1 已有销售包装的成品放于包装箱中。包装箱上应标明产品名称、企业(或经销商)名称和地址、内装数量等。包装箱上应标明运输及贮存条件。

6.2.2 产品在运输过程中应使用具有防护措施的洁净的工具，防止重压、尖物碰撞及日晒雨淋。

6.2.3 产品应保存在干燥通风，不受阳光直接照射的室内，防止雨雪淋袭和地面湿气的影响，不应与有污染或有毒化学品共存。
6.2.4 卫生巾(护垫)保质期一般不超过三年。

附录A
(规范性附录)
吸收速度的测定

A.1 概述

卫生巾粘贴在吸收速度测试仪的弧形试样座上，标准测试模块置于样品表面吸收区域，自动加液装置将一定体积的标准合成试液加入标准测试模块中，计时器记录卫生巾完全吸收标准合成试液的时间，表示其吸收速度。

A.2 仪器设备与材料

A.2.1 吸收速度测试仪：由标准测试模块、弧形试样座、自动加液装置和自动计时器等组成，各部件具体参数如下：

a) 标准测试模块：尺寸为(76±1)mm×(80±1)mm，质量为(127.0±2.5)g，示意图见图A.1；
b) 弧形试样座：长为(230±1)mm，宽为(80±1)mm ，示意图见图A.1；
c) 自动加液装置：加液量为(5.0±0.1)mL，放液速度小于等于3s；
d) 自动计时器：分辨力为0.01s。

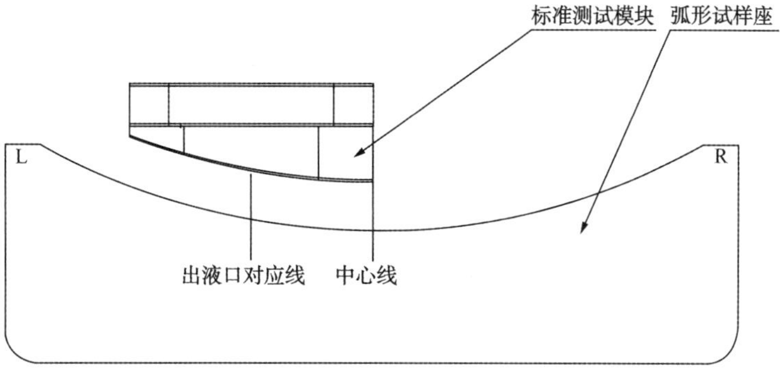

图A.1 弧形试样座和标准测试模块示意图

A.2.2 标准合成试液：配方见附录B。
A.2.3 蒸馏水或去离子水。

A.3 试样采取

每个样品取5片试样，所取试样至少来自两个销售包装。

A.4 试验步骤

A.4.1 将吸收速度测试仪(A.2.1)放于水平位置，向储液罐中倒入足够标准合成试液(A.2.2)，启动仪器，点击润洗按钮，润洗两次。按仪器说明书规定校准自动加液装置的加液体积。
A.4.2 将吸收速度测试仪上的弧形试样座取下放在水平桌面上，取一片试样，撕去底部离型纸，轻轻地粘贴在弧形试样座的弧形测试区域内，粘贴时试样的前端在弧形试样座的左(L)侧，后端在弧形试样座的右(R)侧，且护翼的中心线(垂直于巾身)与底座上出液口对应线对齐，将护翼贴于弧形试样座的两侧，然后将贴有试样的弧形试样座放到吸收速度测试仪的固定位置。

A.4.3　进入吸收速度测试仪的测试界面，设置试样厚度，以确保标准测试模块可自由落至试样表面。点击测试，自动加液装置向标准测试模块内加入(5.0±0.1)mL 标准合成试液，计时器自动开始计时，直到吸收区最低点处液面消失时自动停止计时。

A.4.4　测试完毕后，用洁净的纸巾纸将标准测试模块底部擦拭干净，取下弧形试样座，撕下测试完的试样，准备下一次试验。

A.4.5　每个样品至少测得 5 个有效数据。

A.4.6　完成所有测试后，用蒸馏水或去离子水清洗吸收速度测试仪及标准测试模块。

A.5　结果表示

以 5 片试样测试值的算术平均值表示结果，单位为秒(s)，结果修约至整数位。

附 录 B
(规范性附录)
标准合成试液的配方

B.1　原理

该标准合成试液根据人体经血的主要物理性能配制，具有与其相似的流动性及吸收特性。

B.2　配方

a) 蒸馏水或去离子水：860mL；
b) 氯化钠：10.00g，化学纯；
c) 碳酸钠：40.00g，化学纯；
d) 丙三醇(甘油)：140mL，化学纯；
e) 苯甲酸钠：1.00g，化学纯；
f) 颜色(食用色素)：适量，化学纯；
g) 羧甲基纤维素钠：约 5g，化学纯；
h) 标准媒剂：1%(体积比)。

B.3　标准合成试液的物理性能

在(23±1)℃时，标准合成试液的物理性能应满足以下要求：

a) 密度：(1.05±0.05)g/cm^3；
b) 黏度：(11.9±0.7)s(用 4 号涂料杯测)；
c) 表面张力：(36±4)mN/m。

附 录 C
(规范性附录)
pH 的测定

C.1　试剂和材料

除非另有规定，仅使用分析纯试剂。

C.1.1　水：GB/T 6682，三级。

C.1.2　生理盐水，浓度 0.9%。称量 9.00g(精确至 0.01g)氯化钠于 1000mL 容量瓶中，溶解后加水至刻度并摇匀。

C.1.3 标准缓冲溶液：25℃时 pH 为 4.00、6.86、9.18。

C.2 仪器

C.2.1 pH 计：精度为 0.01。
C.2.2 天平：最大量程 500g，感量为 0.01g。
C.2.3 温度计：量程 0~100℃，分度值为 1.0℃。
C.2.4 烧杯：容量为 100mL。
C.2.5 量筒：容量为 50mL 和 100mL。
C.2.6 容量瓶：1000mL。
C.2.7 不锈钢剪刀。
C.2.8 G1 玻璃砂芯漏斗。
C.2.9 秒表。

C.3 试验步骤

在常温下，取一片试样，剪去离型纸、背胶和底膜，从试样中间位置剪取(1.0±0.1)g 试样，置于 100mL 烧杯(C.2.4)内，加入生理盐水(卫生巾试样加入 100mL，卫生护垫试样加入 50mL)并开始计时，先用玻璃棒搅拌使试样与生理盐水充分混合，然后静置，10min 时再次搅拌并用 G1 玻璃砂芯漏斗(C.2.8)过滤，将 pH 计(C.2.1)测试电极放入滤液中测试并读取 pH。

C.4 试验结果的计算

每种样品测试两份试样(取自两个销售包装)，取其算术平均值作为测定结果，结果修约至小数点后一位。

C.5 注意事项

每次使用 pH 计前均应使用标准缓冲溶液按仪器说明书对仪器进行校准。每个试样测试完毕后，应立即用水洗净电极。

附 录 D
(规范性附录)
可迁移性荧光物质的测定

D.1 试剂和材料

除非另有规定，仅使用分析纯试剂。
D.1.1 水：GB/T 6682，三级。
D.1.2 纱布：纯棉材质，尺寸约 5cm×5cm。
D.1.3 氨水：0.1%。
D.1.4 盐酸溶液：10%。
D.1.5 萃取溶液：用 0.1%氨水(D.1.3)调节过的 pH 为 7.5~ 9.0 的水。
D.1.6 荧光标准样：荧光均匀，荧光亮度为 0.40%~ 0.60%。

注：除荧光标准样外，所用试剂和材料在紫外灯下无荧光现象。

D.2 仪器

D.2.1 天平：感量为 0.001g。

D. 2. 2　三角烧瓶：250mL。
D. 2. 3　G1 玻璃砂芯漏斗。
D. 2. 4　玻璃表面皿。
D. 2. 5　紫外灯：波长为 254nm 和 365nm，具有保护眼睛的装置。
D. 2. 6　pH 计：精度为 0. 01。
D. 2. 7　恒温水浴：控温精度为(40±2)℃。

D. 3　试验步骤和结果判定

D. 3. 1　从样品中随机取一片试样，去除外包装，将试样(含离型纸)与荧光标准样(D. 1. 6)一同置于紫外灯(D. 2. 5)下约 20cm 处，对比观察试样两面与荧光标准样的荧光现象。如果试样的荧光现象弱于荧光标准样，则判定该样品可迁移性荧光物质合格且试验终止；如果试样的荧光现象强于荧光标准样，则继续按照 D. 3. 2~D. 3. 9 进行试验并判定。
D. 3. 2　将试样荧光现象明显的部位裁下，剪成约 5mm×5mm 的小块，准确称取 2. 0g 试样，置于三角烧瓶(D. 2. 2)中。

注：如果一片试样的荧光明显部位质量不足 2. 0g，则从多片试样上取样。

D. 3. 3　在烧瓶中加入 100mL 萃取溶液(D. 1. 5)。在室温条件下缓慢摇晃烧瓶，萃取 10min，然后用玻璃漏斗(D. 2. 3)过滤。
D. 3. 4　用盐酸溶液(D. 1. 4)将滤液的 pH 调节到 3. 0~5. 0。将纱布(D. 1. 2)浸入滤液中，并在温度为(40±2)℃的恒温水浴(D. 2. 7)中放置 30min。
D. 3. 5　用镊子取出纱布，然后挤出滤液并对称折成四层，放在玻璃表面皿(D. 2. 4)上。
D. 3. 6　重复 D. 3. 3 至 D. 3. 5 步骤，进行空白试验。
D. 3. 7　每个样品进行两次平行测定。
D. 3. 8　将放置试样纱布(D. 3. 5)及空白试验纱布(D. 3. 6)的玻璃表面皿置于紫外灯下约 20cm 处，观察纱布荧光现象。
D. 3. 9　若两个平行试验的试样纱布与空白试验纱布比较，均没有明显荧光现象，则判该样品可迁移性荧光物质合格；若两个试样纱布均有明显荧光现象，则判该样品可迁移性荧光物质不合格；若两个试样纱布中有一个比空白试验纱布的荧光现象明显，则重新进行试验，若重新试验后的试样纱布与空白试验纱布比较，均没有明显荧光现象，则判该样品可迁移性荧光物质合格；否则判为不合格。

附 录 E

(规范性附录)

背胶剥离强度的测定

E. 1　原理

将标准汗布贴于卫生巾(护垫)背胶上，在规定条件下处理一定时间后，将卫生巾(护垫)与标准汗布进行 180°剥离，计算规定剥离位移内剥离力的平均值，以剥离力的平均值表示卫生巾(护垫)的背胶剥离强度。

E. 2　仪器与设备

E. 2. 1　背胶剥离强度测试仪：夹头宽度为(80±1)mm，量程为 0~30N，试验时每秒至少可获取 20 个有效剥离力值。
E. 2. 2　配重砣：长(80±1)mm，宽(62±1)mm，质量为(500±5)g，不锈钢或其他材料。
E. 2. 3　烘箱：可保持温度(37±2)℃。
E. 2. 4　标准汗布：未漂染色精纺，无后处理，定量为(120~140)g/m^2，长度为(120±1)mm，宽度为

(65±1)mm，长度方向断裂伸长率小于等于 25.0%。

E.2.5　平板：玻璃或金属材料，方形，大小根据测试样和恒温箱尺寸选择。

E.3　试样采取与试验前处理

每个样品至少取 5 片卫生巾(护垫)，所取卫生巾(护垫)至少来自两个销售包装。制样前，待测卫生巾、标准汗布应在温度为(23±1)℃，相对湿度为(50±2)%条件下放置 4h 以上。

E.4　测试步骤

E.4.1　取一片卫生巾(护垫)，撕去外包装膜。

E.4.2　在卫生巾(护垫)背胶部分的中间部位沿卫生巾(护垫)的长边方向裁剪一个 120mm 长的试样条，在试样条的中间位置划一条垂直于长边的直线。从试样条的一端将离型纸揭开至直线位置(测试部分尽量避开试样折痕)。

E.4.3　将标准汗布(E.2.4)(反面朝下)平铺于试样条的背胶上，如图 E.1 所示，确保 60mm 长度的标准汗布贴于暴露的背胶上，另外 60mm 长度的标准汗布保持自由状态，形成测试样。然后将测试样放在平板(E.2.5)上。

注 1：制样时不要触碰试样条测试区域，以免影响测试数据。

注 2：如果卫生巾(护垫)的背胶总长度不足 120mm，确保粘贴标准汗布的长度达到 60mm 即可。

注 3：对于只有外包装膜，没有离型纸的卫生巾(护垫)，试样条需带外包装膜。

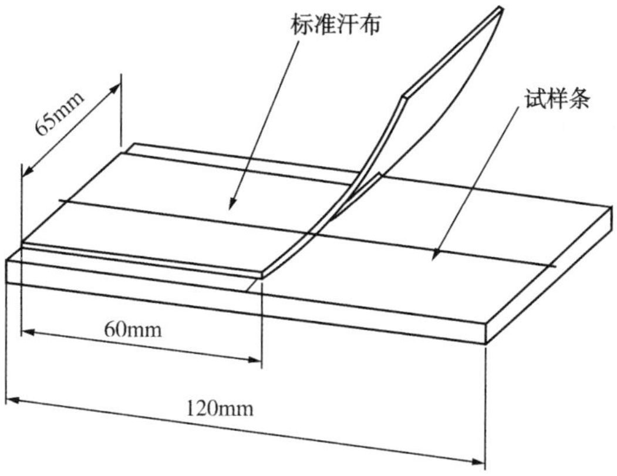

图 E.1　测试样示意图

E.4.4　将放有测试样的平板移入烘箱(E.2.3)，然后将配重砣(E.2.2)轻轻置于标准汗布上。放置时不施加任何其他外力，并确保配重砣的长边方向与标准汗布的长边方向垂直。

E.4.5　启动烘箱，待箱内温度达到(37±2)℃时开始计时，1h 后取出放有测试样的平板，放于温度为(23±1)℃，相对湿度为(50±2)%的标准大气条件下冷却 20min 后，取下配重砣进行剥离试验。

E.4.6　在进行剥离试验前，先设定背胶剥离强度测试仪(E.2.1)两夹头间初始距离为 80mm，拉伸速度为(400±10)mm/min，夹头位移为 120mm，数值取值范围为 20mm~100mm。

E.4.7　将未粘贴标准汗布的测试样一端夹于背胶剥离强度测试仪上夹头内，标准汗布的自由端夹于下夹头内。

E.4.8　启动仪器，仪器自动去除试样自重后对测试样进行 180°剥离，夹头位移至 120mm 时停止剥离，仪器显示位移-剥离力曲线，并自动计算夹头位移在 20mm~100mm 间剥离力的平均值。

E.5　结果表示

每个样品测试 5 片试样，以 5 片试样测试值的算术平均值作为背胶剥离强度的测试结果，以 mN 表示，结果修约至整数位。

女性卫生裤(GB/T 39391—2020)

2021-06-01 实施

1 范围

本标准规定了女性卫生裤的产品分类、要求、试验方法、检验规则及标志、包装、运输、贮存。

本标准适用于由外包覆材料、内置吸收层、防漏底膜等组成，通过专用包装机成型的供女性经期使用的卫生裤。

2 规范性引用文件

下列文件对于本文件的应用是必不可少的。凡是注日期的引用文件，仅注日期的版本适用于本文件。凡是不注日期的引用文件，其最新版本(包括所有的修改单)适用于本文件。

GB/T 462 纸、纸板和纸浆 分析试样水分的测定

GB/T 1723 涂料黏度测定法

GB/T 6682 分析实验室用水规格和试验方法

GB/T 10739 纸、纸板和纸浆试样处理和试验的标准大气条件

GB/T 21331 绒毛浆

GB/T 22875—2018 纸尿裤和卫生巾用高吸收性树脂

GB/T 24292 卫生用品用无尘纸

GB/T 30133 卫生巾用面层通用技术规范

GB/T 33280—2016 纸尿裤规格与尺寸

GB/T 34448—2017 生活用纸及纸制品 甲醛含量的测定

QB/T 4508 卫生用品用吸水衬纸

3 产品分类

女性卫生裤按尺寸分为小号(S)、中号(M)、大号(L)、加大号(XL)等不同型号。

4 要求

4.1 女性卫生裤技术指标应符合表1的规定。

表1

指标名称	指　　标	指标名称	指　　标
吸收速度/s	≤60	可迁移性荧光物质[a]	无
pH	4.0~9.0	交货水分[b]/%	≤10.0
甲醛含量[a]/(mg/kg)	≤75.0		

[a] 甲醛含量和可迁移性荧光物质作为型式检验项目。

[b] 交货水分仅作为出厂时的检验项目，不作为其他形式的检验项目。

4.2 女性卫生裤不应使用废弃回用的原材料，产品应洁净，不掉色，防漏底膜应完好，无硬质块、无破损等，封口牢固，松紧带粘合均匀。女性卫生裤所使用原料：绒毛浆应符合 GB/T 21331 的规定，高吸收性树脂应符合 GB/T 22875—2018 中卫生巾(护垫)用高吸收性树脂的规定，吸水衬纸应符合 QB/T 4508 的规定，无尘纸应符合 GB/T 24292 的规定，面层材料应符合 GB/T 30133 的规定。

4.3 对于每包包装数量为5片及以上的女性卫生裤，每片应采用独立包装。

4.4 女性卫生裤适用臀围和适用腰围最大值应符合表2或合同规定。

表2

规格	小号(S)	中号(M)	大号(L)	加大号(XL)
适用臀围/cm	60~90	80~95	85~105	90~115
适用腰围最大值/cm	≥90	≥95	≥105	≥115

注1：产品如同时符合表2中相邻两个或多个规格的要求，也可标称为这几个规格的组合。

示例：产品规格标注“S-M”，则产品适用臀围标注为60cm~95cm，适用腰围最大值符合大于等于95cm的规定。

注2：其他特殊规格的女性卫生裤的适用臀围和适用腰围最大值可在满足使用的情况下自行规定。

5 试验方法

5.1 试样处理和试验条件

吸收速度测定时，试样应在GB/T 10739规定的标准大气条件下至少处理4h以上，并在此条件下进行试验。

5.2 吸收速度

吸收速度按附录A进行测定，测定用标准合成试液的配制和物理性能要求见附录B。

5.3 pH

pH按附录C进行测定。

5.4 甲醛含量

甲醛含量按GB/T 34448—2017中高效液相色谱法测定，取样时去除单片女性卫生裤的外包装，从两端和中间位置剪取试样，试样应包含各层材料。

5.5 可迁移性荧光物质

可迁移性荧光物质按附录D进行测定。

5.6 交货水分

交货水分按GB/T 462测定。取样方法为：取2包样品，从每包样品中各取1条试样，剪去试样的边部松紧带，再从每条中间部位取2g试料。将试料剪成块状，混匀后分成两组试样进行平行试验，两次测定值间的绝对误差应不超过1.0%，取其算术平均值表示测定结果，修约至小数点后一位。

注：尽量缩短取样时间，一般不超过2min。

5.7 适用臀围的判定

检查产品外包装所标注的规格与所对应的适用臀围范围是否与表2的规格对应的适用臀围范围一致，如果一致，则判为合格，否则判为不合格。

5.8 适用腰围最大值的测量

适用腰围最大值按附录E进行测量。

6 检验规则

6.1 检验分类

6.1.1 出厂检验

产品出厂前应有生产企业的检验人员按本标准的要求逐批进行检验，符合标准方可出厂。

6.1.2 型式检验

相同原料、相同工艺的同类产品每两年内应进行不少于1次型式检验，有下列情况之一时，也应进行型式检验：

a）当原料、工艺发生重大改变时；

b）产品首次投产或停产6个月以上后恢复生产时；

c）生产场所改变时；

d）出厂检验结果与上次型式检验有较大差异时；

e）国家质量监督机构提出进行型式检验要求时。

6.2 检验项目

出厂检验项目为常规检验项目，型式检验项目为除交货水分外所有检验项目，具体见表3。

表3

序号	检验项目	出厂检验	型式检验	要求的章、条号	检验方法的章、条号
1	吸收速度	●	●	4.1	5.2
2	pH	●	●	4.1	5.3
3	甲醛含量	—	●	4.1	5.4
4	可迁移性荧光物质	—	●	4.1	5.5
5	交货水分	●	—	4.1	5.6
6	适用腰围最大值	●	●	4.4	5.8

注："●"表示需要检验项目，"—"表示不需要检验项目。

6.3 检验批的规定

以相同原料、相同工艺、相同规格的同类产品一次交货数量为一批，交收检验样本单位为件，每批不超过10000件。

6.4 抽样方法

从一批产品中，随机抽取3件产品，从每件中抽取5包(每包2片计，不足2片的需换算成相应包装数)样品，共计15包样品。

6.5 判定规则

当检验产品符合本标准第4章全部技术要求时，则判为批合格；当这些检验项目中任一项出现不合格时，则判为批不合格。

6.6 质量保证

生产厂应保证产品质量符合本标准要求，产品经检验合格并附质量合格标志方可出厂。

7 标志、包装、运输、贮存

7.1 产品销售包装标识

7.1.1 产品销售包装上应标明以下内容：

——产品名称(含"女性卫生裤"字样)；

——本标准编号；

——生产单位或责任单位名称、地址、联系方式；

——产品规格，内装数量；

——适用臀围；

——生产日期和保质期，或生产批号和限期使用日期；

——主要原料；

——产品合格标志。

7.1.2 7.1.1规定的产品销售包装标识中内装数量数字的高度应不小于2mm，除内装数量外的其他产品标识使用的汉字、数字高度应不小于1.8mm(或7号字)，英文最矮字母的高度应不小于1.5mm。

7.1.3 产品的销售包装应能保证产品不受污染，销售包装上的各种标识信息应清晰且不易褪去。

7.2 产品运输包装标识

运输包装标识应至少包括以下内容：

——产品名称；

——生产单位或责任单位名称、地址、联系方式；
——产品数量；
——包装储运图形标志。

7.3 包装

7.3.1 女性卫生裤包装应防尘、防潮和防霉等。

7.3.2 直接与产品接触的包装材料应无毒、无害、清洁，不应使用含有聚氯乙烯的包装材料。产品包装应完好，包装材料应具有足够的牢固性，以达到保证产品在正常的运输与贮存条件下不受污染的目的。

7.4 产品运输和贮存

7.4.1 运输时应采用洁净的运输工具，防止成品污染。

7.4.2 产品在运输过程中应使用具有防护措施的洁净的工具，防止重压、尖物碰撞及日晒雨淋。

7.4.3 搬运时应确保包装完整，以防损坏外包装。

7.4.4 成品应贮存在干燥通风、不受阳光直接照射的室内，防止雨雪淋袭和地面湿气的影响，不应与有污染或有毒化学品共存。

7.4.5 女性卫生裤保质期一般不超过 3 年。

附 录 A

（规范性附录）

吸收速度的测定

A.1 概述

女性卫生裤放置在吸收速度测试仪的弧形试样座上，标准测试模块置于样品表面吸收区域，自动加液装置将一定体积的标准合成试液加入标准测试模块中，计时器记录女性卫生裤完全吸收标准合成试液的时间，表示其吸收速度。

A.2 仪器设备与材料

A.2.1 吸收速度测试仪：由标准测试模块、带魔术贴的弧形试样座、自动加液装置和自动计时器等组成，各部件具体参数如下：

a）标准测试模块：长为(76±1)mm，宽为(80±1)mm，质量(127.0±2.5)g，示意图见图 A.1；

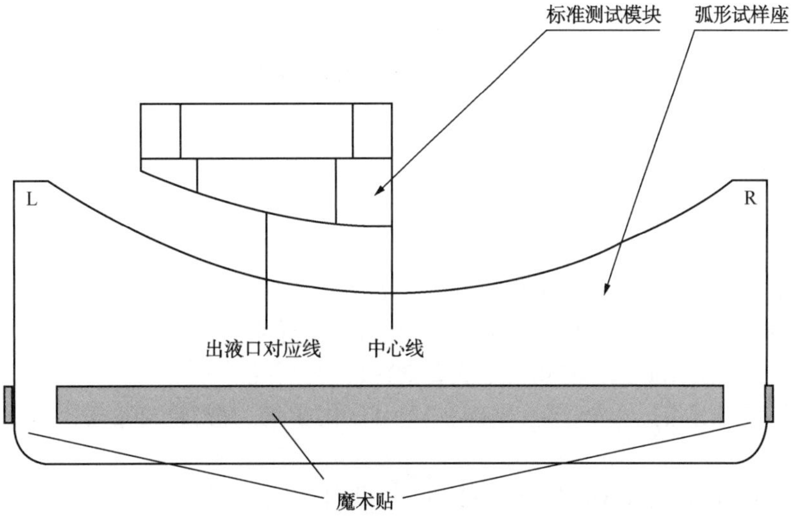

图 A.1 弧形试样座和标准测试模块示意图

b）弧形试样座：长为(230±1)mm，宽为(80±1)mm ，示意图见图 A. 1；

c）魔术贴：4 条，分别粘贴在弧形试样座四个侧面距底部约 2cm 处。魔术贴应能够与试样底部材料粘合，在正常测试时保证试样不发生移动；

d）自动加液装置：加液量为(5. 0±0. 1)mL，放液速度小于或等于 3s；

e）自动计时器：分辨力为 0. 01s。

A. 2. 2　标准合成试液：标准合成试液的配制和物理性能要求见附录 B。

A. 2. 3　蒸馏水或去离子水。

A. 3　试样采取与试样前处理

每个样品取 5 条试样，所取试样至少来自两个销售包装。

A. 4　试验步骤

A. 4. 1　将吸收速度测试仪(A. 2. 1)放于水平位置，向储液罐中倒入足够标准合成试液(A. 2. 2)，启动仪器，点击润洗按钮，润洗两次。按仪器说明书规定校准自动加液装置的加液体积。

A. 4. 2　将吸收速度测试仪上的弧形试样座取下放在水平桌面上，取一条试样，将试样腰围两侧缝合处剪开，试样展开，自然状态下中部折叠位置置于与弧形试样座中心线处，试样前端在弧形试样座左(L)侧(见图 A. 1)，后端在弧形试样座右(R)侧，放置后将试样前后左右折余部分贴在魔术贴上(如试样太大，可适当对试样进行裁剪)。调整女性卫生裤前后粘贴部分，使吸收区域没有褶皱，最后将试样及弧形试样座放到吸收速度测试仪的固定位置。

A. 4. 3　进入吸收速度测试仪的测试界面，设置试样厚度，以确保标准测试模块可自由落至试样表面。点击测试。自动加液装置向标准测试模块内加入(5. 0±0. 1)mL 标准合成试液，计时器自动开始计时，直到吸收区最低点处液面消失时停止计时，此时间为吸收速度。

A. 4. 4　测试完毕后，用洁净纸巾将测试模块底部擦拭干净，取下弧形试样座，撕下测试完的试样，准备下一次试验。每个样品至少测试 5 个有效数据。

A. 4. 5　完成所有测试后，用蒸馏水或去离子水清洗吸收速度测试仪及标准测试模块。

A. 5　结果表示

以 5 条试样测试值的算术平均值表示结果，单位为秒(s)，结果修约至整数位。

附 录 B

（规范性附录）

标准合成试液的配制和物理性能要求

B. 1　标准合成试液的配制

B. 1. 1　试剂

B. 1. 1. 1　水，GB/T 6682，三级。

B. 1. 1. 2　氯化钠(NaCl)，CAS 号：7647-14-5，分析纯。

B. 1. 1. 3　无水碳酸钠(Na_2CO_3)，CAS 号：497-19-8，分析纯。

B. 1. 1. 4　苯甲酸钠($C_7H_5NaO_2$)，CAS 号：532-32-1，分析纯。

B. 1. 1. 5　羧甲基纤维素钠，CAS 号：9004-32-4，化学纯，黏度(20g/L，水溶液)300mPa · s～800mPa · s。

B. 1. 1. 6　丙三醇($C_3H_8O_3$)，CAS 号：56-81-5，分析纯。

B. 1. 1. 7　食用色素，蓝色或红色。

B.1.1.8 三聚磷酸钠($Na_5P_3O_{10}$)，CAS 号：7758-29-4，含量(以 P_2O_5 计)为 56.0%~60.0%，分析纯。

B.1.1.9 十二烷基苯磺酸钠($C_{18}H_{29}NaO_3S$)，CAS 号：25155-30-0，含量≥88.0%，分析纯。

B.1.1.10 脂肪醇聚氧乙烯醚(JFCS)，结构式：$R-O-(C_2H_4O)_n-H$，R 为 $C_{7\sim9}H_{15\sim19}$，n 为 5±0.5，渗透力为渗透剂 JFC 标准品的 100%~110%，pH(10g/L 水溶液)为 5.5~7.5，浊点(5g/L 水溶液)为 38℃~42℃。

B.1.2 仪器

B.1.2.1 电子天平，感量 0.0001g。

B.1.2.2 表面张力仪，分辨力 0.01mN/m。

B.1.2.3 温度计，分辨力 0.1℃。

B.1.2.4 高速搅拌器，转速不低于 14000r/min。

B.1.2.5 4 号涂料杯，符合 GB/T 1723 的规定，涂料杯容量为 100^{+1}_{0}mL，漏嘴长(4±0.02)mm，嘴孔内径 $4^{+0.002}_{0}$mm。

B.1.2.6 秒表。

B.1.2.7 磁力搅拌器。

B.1.2.8 滤网，200 目，尼龙或其他满足要求的材质。

B.1.2.9 实验室常用玻璃器皿。

B.1.2.10 密度计，分度值为 0.001g/cm^3。

B.1.3 配制步骤

B.1.3.1 用电子天平(B.1.2.1)准确称取 10.00g 氯化钠(B.1.1.2)、40.00g 无水碳酸钠(B.1.1.3)、1.00g 苯甲酸钠(B.1.1.4)置于高速搅拌器(B.1.2.4)中，然后量取 860mL 水(B.1.1.1)加入，启动高速搅拌器搅拌约 90s 至完全溶解。将溶液倒入 1L 烧杯中，得到溶液 A。

B.1.3.2 用电子天平称取 3g~5g 羧甲基纤维素钠(B.1.1.5)至 200mL 烧杯中，量取 140mL 丙三醇(B.1.1.6)倒入烧杯中，用玻璃棒搅拌使羧甲基纤维素钠充分分散，得到混合物 B。

注：羧甲基纤维素钠的加入量根据标准合成试液的黏度进行调整。

B.1.3.3 将混合物 B 倒入高速搅拌器中，用溶液 A 清洗烧杯和量筒，将清洗液和溶液全部倒入高速搅拌器中，搅拌 2min 后，静置 5min，再重复以上操作 2 次。加入 0.1g 食用色素(B.1.1.7)，搅拌 1min 后，用滤网(B.1.2.8)过滤，得到滤液 C。

B.1.3.4 用电子天平准确称取 2.105g 三聚磷酸钠(B.1.1.8)，0.253g 十二烷基苯磺酸钠(B.1.1.9)，加入到 500mL 烧杯中，准确量取 300mL 水倒入烧杯中，放入搅拌棒，打开磁力搅拌器(B.1.2.7)，搅拌 2h，配制得透明溶液 D。

B.1.3.5 用 50mL 烧杯作容器，用电子天平准确称取 JFCS(B.1.1.10)0.253g，准确量取 200mL 水用于溶解 JFCS 和清洗烧杯，将全部溶液转移至溶液 D 中。用磁力搅拌器搅拌 10h~12h，在室温下放置 24h，得到溶液 E。

B.1.3.6 在滤液 C 中加入体积比约 1%的溶液 E，搅拌 10min 后，放置至少 24h，即得标准合成试液。

注：溶液 E 的加入量根据标准合成试液的表面张力进行调整。

B.2 标准合成试液物理性能要求

在(23±1)℃时，标准合成试液的物理性能应满足以下要求：

a) 密度：(1.05±0.05)g/cm^3。用密度计(B.1.2.10)测定密度，进行两次平行测试，结果以两次测试值的平均值表示，结果修约到小数点后两位。

b) 黏度：(11.9±0.3)s。用 4 号涂料杯(B.1.2.5)和秒表(B.1.2.6)测定黏度，进行两次平行测试，结果以两次测试值的平均值表示，结果修约到小数点后一位。

c）表面张力：(36±4)mN/m。用表面张力仪(B.1.2.2)采用平板法测定表面张力，进行两次平行测试，结果以两次测试值的平均值表示，结果修约到整数位。

附录C
(规范性附录)
pH的测定

C.1 仪器和试剂

C.1.1 仪器

C.1.1.1 pH计：精度为0.01。

C.1.1.2 天平：感量为0.01g。

C.1.1.3 温度计：量程0℃~100℃，分度值为1.0℃。

C.1.1.4 烧杯：100mL。

C.1.1.5 量筒：容量为50mL和100mL。

C.1.1.6 容量瓶：1000mL。

C.1.1.7 不锈钢剪刀。

C.1.1.8 G1玻璃砂芯漏斗。

C.1.1.9 秒表。

C.1.2 试剂

除非另有规定，仅使用分析纯试剂。

C.1.2.1 水：GB/T 6682，三级。

C.1.2.2 生理盐水：0.9%氯化钠溶液。

C.1.2.3 标准缓冲溶液：25℃时pH为4.00、6.86、9.18。

C.2 试验步骤

取1条试样，从试样中间部位剪取(1.0±0.1)g试样，置于烧杯(C.1.1.4)内，加入生理盐水100mL，并开始计时，用玻璃棒搅拌至样品与生理盐水混合均匀后静置，10min时再次搅拌并用G1玻璃砂芯漏斗(C.1.1.8)过滤，将pH计(C.1.1.1)测试电极放入滤液中测试并读取pH。

C.3 试验结果的计算

每种样品测试两条试样(取自两个销售包装)，取其算术平均值作为测定结果，修约至小数点后1位。

C.4 注意事项

每次使用pH计前应按仪器使用说明书用标准缓冲溶液(C.1.2.3)对仪器进行校准。每条试样测试完毕后应立即用水冲洗电极。

附录D
(规范性附录)
可迁移性荧光物质的测定

D.1 试剂和材料

除非另有规定，仅使用分析纯试剂。

D.1.1　水：GB/T 6682，三级。

D.1.2　纱布：纯棉材质，尺寸约 5cm×5cm。

D.1.3　氨水：0.1%。

D.1.4　盐酸溶液：10%。

D.1.5　萃取溶液：用 0.1%氨水(D.1.3)调节过的 pH 为 7.5~9.0 的水。

D.1.6　荧光标准样：荧光均匀，荧光亮度为 0.40%~0.60%。

注：除荧光标准样外，所用试剂和材料在紫外灯下无荧光现象。

D.2　仪器

D.2.1　天平：感量为 0.001g。

D.2.2　三角烧瓶，250mL。

D.2.3　G1 玻璃砂芯漏斗。

D.2.4　玻璃表面皿。

D.2.5　紫外灯，波长为 254nm 和 365nm，具有保护眼睛的装置。

D.2.6　pH 计：精度为 0.01。

D.2.7　恒温水浴：控温精度为(40±2)℃。

D.3　试验步骤和结果判定

D.3.1　从样品中随机取一条试样与荧光标准样一同置于紫外灯(D.2.5)下约 20cm 处，对比观察试样两面与荧光标准样(D.1.6)的荧光现象。如果试样的荧光现象弱于荧光标准样，则判该样品无可迁移性荧光物质且试验终止；如果试样的荧光现象强于荧光标准样，则继续按照 D.3.2~D.3.9 进行试验并判定。

D.3.2　将试样荧光现象明显部位裁下，剪成约 5mm×5mm 的小块，共准确称取 2.0g 试样，置于三角烧瓶(D.2.2)中。

注：如果一片试样的荧光明显部位质量不足 2.0g，则从多片试样上取样。

D.3.3　在烧瓶中加入 100mL 萃取溶液(D.1.5)。在室温条件下缓慢摇晃烧瓶，萃取 10min，然后用 G1 玻璃砂芯漏斗(D.2.3)过滤。

D.3.4　用盐酸溶液(D.1.4)将滤液的 pH 调节到 3.0~5.0。将纱布(D.1.2)浸入滤液中，并在温度为(40±2)℃的水浴中放置 30min。

D.3.5　用镊子取出纱布，然后挤干滤液并对称折成四层，放在玻璃表面皿上(D.2.4)。

D.3.6　重复 D.3.3 至 D.3.5 步骤，进行空白试验。

D.3.7　每个样品进行两次平行测定。

D.3.8　将放置试样纱布(D.3.5)及空白试验纱布(D.3.6)的玻璃表面皿置于紫外灯下约 20cm 处，观察纱布荧光现象。

D.3.9　若两个平行试验的试样纱布与空白试验纱布比较，均没有明显荧光现象，则判该样品无可迁移性荧光物质；若两个试样纱布均有明显荧光现象，则判该样品有可迁移性荧光物质；若两个试样纱布中有一个比空白试验纱布的荧光现象明显，则重新进行试验，若重新试验后的试样纱布与空白试验纱布比较，均没有明显荧光现象，则判该样品无可迁移性荧光物质，否则判该样品有可迁移性荧光物质。

附录E

（规范性附录）

适用腰围最大值的测量

E.1 概述

女性卫生裤适用腰围最大值是指卫生裤整个腰部承受一定拉力所达到的长度。本方法使用了GB/T 33280—2016中裤型纸尿裤适用腰围最大值的测量方法。

E.2 试验装置

E.2.1 钢直尺或卷尺：分度值0.1cm。

E.2.2 上试样钩：1个，一端设计应确保可悬挂于一固定水平横杆上，另一端悬挂时应保持水平，水平长度为175mm，直径8mm，结构示意图见图E.1。

E.2.3 下试样钩：1个，一端水平长度为175mm，另一端可配重砝码，使其总质量达到2500g，直径8mm，结构示意图见图E.1。

单位为毫米

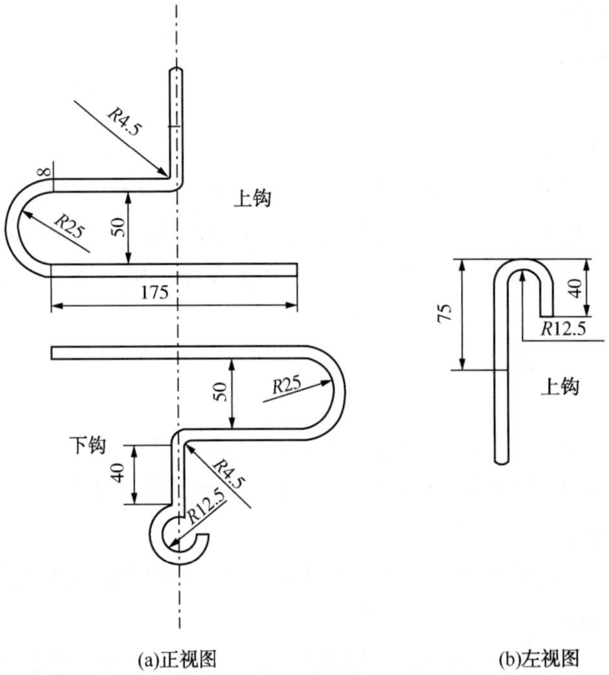

图E.1 试样钩结构示意图

E.3 测量步骤

E.3.1 测量方法

用上试样钩(E.2.2)的水平端勾住女性卫生裤腰部的一端，上试样钩的挂钩端挂在一固定水平横杆上。下试样钩(E.2.3)的水平端勾住女性卫生裤腰部的另一端，下试样钩的挂钩端挂上砝码，测量时确保下试样钩与砝码总质量达到2500g。当女性卫生裤腰部拉伸到最大距离且保持60s后，用钢直尺或卷尺测量女性卫生裤腰部两端缝制线(或两端边缘处)之间的长度K。测量示意图见图E.2。

E.3.2 结果表示

按式(E.1)计算女性卫生裤适用腰围最大值：

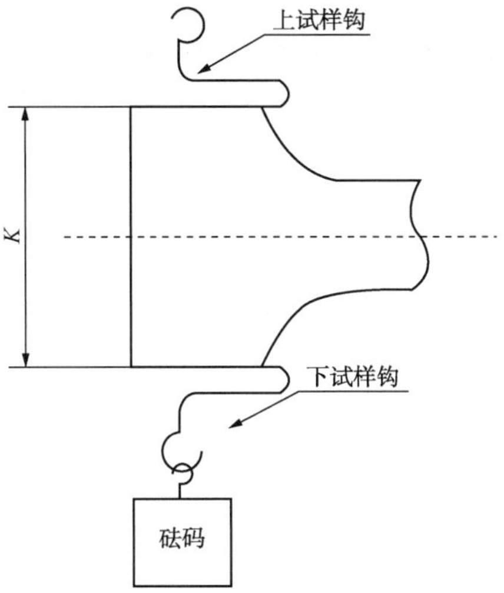

图 E.2　女性卫生裤适用腰围最大值测量示意图

$$K_{max} = 2K \quad \cdots\cdots \quad (E.1)$$

每个样品测量 3 条女性卫生裤，3 条女性卫生裤应来自 3 个不同包装，以 3 条卫生裤适用腰围最大值的平均值表示结果，结果修约至整数位。

纸尿裤　第 1 部分：婴儿纸尿裤(GB/T 28004.1—2021)

2022-05-01 实施

1　范围

GB/T 28004 的本部分规定了婴儿用纸尿裤、纸尿片、纸尿垫(护理垫)的产品分类、技术要求、试验方法、检验规则及标志、包装、运输、贮存。

本部分适用于由外包覆材料、内置吸收层、防漏底膜等制成一次性使用的婴儿纸尿裤、纸尿片和纸尿垫(护理垫)。本部分也适用于婴儿游泳用纸尿裤、低出生体重儿用纸尿裤以及具有特殊功能(如训练如厕等)的婴儿纸尿裤。

2　规范性引用文件

下列文件对于本文件的应用是必不可少的。凡是注日期的引用文件，仅注日期的版本适用于本文件。凡是不注日期的引用文件，其最新版本(包括所有的修改单)适用于本文件。

GB/T 462　纸、纸板和纸浆　分析试样水分的测定

GB/T 6682　分析实验室用水规格和试验方法

GB/T 10739　纸、纸板和纸浆试样处理和试验的标准大气条件

GB 15979　一次性使用卫生用品卫生标准

GB/T 17592　纺织品　禁用偶氮染料的测定

GB/T 21331　绒毛浆

GB/T 22875　纸尿裤和卫生巾用高吸收性树脂

GB/T 23344　纺织品　4-氨基偶氮苯的测定

GB/T 24218.6　纺织品　非织造布试验方法　第 6 部分：吸收性的测定

GB/T 24292　卫生用品用无尘纸

GB/T 33280—2016　纸尿裤规格与尺寸
GB/T 34448—2017　生活用纸及纸制品　甲醛含量的测定
GB/T 36420　生活用纸和纸制品　化学品及原料安全评价管理体系
GB/T 37859　纸、纸板和纸制品　丙烯酰胺的测定
GB/T 37860　纸、纸板和纸制品　邻苯二甲酸酯的测定
QB/T 4508　卫生用品用吸水衬纸
化妆品安全技术规范(2015 年版)(国家食品药品监督管理总局 2015 年第 268 号公告)

3　术语和定义

下列术语和定义适用于本文件。

3.1　吸收速度　absorption speed

试样吸收一定量的测试溶液需要的时间。

3.2　回渗量　rewet

试样吸收一定量的测试溶液后，在一定压力下，返回面层的测试溶液质量。

3.3　渗漏量　leakage

试样吸收一定量的测试溶液后，在一定压力下，透过防漏底膜的测试溶液质量。

3.4　面层附着物　top sheet SAP residual

附着在试样面层的高吸收性树脂。

3.5　杂质　foreign material

纸尿裤、纸尿片、纸尿垫(护理垫)正常组分及形态以外的物质。

4　产品分类

4.1　按产品结构分为婴儿纸尿裤、婴儿纸尿片和婴儿纸尿垫(护理垫)。

4.2　婴儿纸尿裤按穿戴方式分为腰贴型纸尿裤和裤型纸尿裤。

4.3　婴儿纸尿裤和婴儿纸尿片按产品规格可分为初生儿(NB)、小号(S)、中号(M)、大号(L)、加大号(XL)、特大号(XXL)等不同型号。

注：低出生体重儿用纸尿裤的产品规格可以自行规定。

5　技术要求

5.1　婴儿纸尿裤、婴儿纸尿片和婴儿纸尿垫(护理垫)的技术指标应符合表 1 要求。

表 1

<table>
<tr><th colspan="3" rowspan="2">指标名称</th><th rowspan="2">单位</th><th colspan="3">要求</th></tr>
<tr><th>婴儿纸尿裤</th><th>婴儿纸尿片</th><th>婴儿纸尿垫(护理垫)</th></tr>
<tr><td colspan="3">条质量偏差</td><td>%</td><td colspan="3">±10</td></tr>
<tr><td rowspan="4">渗透性能[a]</td><td rowspan="2">吸收速度　≤</td><td>第一次吸收速度</td><td rowspan="2">s</td><td colspan="2">50</td><td rowspan="4">无渗出，无渗漏</td></tr>
<tr><td>第二次吸收速度</td><td colspan="2">100</td></tr>
<tr><td colspan="2">回渗量　≤</td><td>g</td><td colspan="2">15.0</td></tr>
<tr><td colspan="2">渗漏量　≤</td><td>g</td><td>1.0</td><td>—</td></tr>
<tr><td colspan="3">面层附着物　≤</td><td>颗/片</td><td colspan="3">5</td></tr>
<tr><td colspan="3">pH 值</td><td>—</td><td colspan="3">4.0~7.5</td></tr>
<tr><td rowspan="2">杂质　≤</td><td colspan="2">$3.0\text{mm}^2 \sim 5.0\text{mm}^2$</td><td rowspan="2">个/片</td><td colspan="3">2</td></tr>
<tr><td colspan="2">$>5.0\text{mm}^2$</td><td colspan="3">不应有</td></tr>
</table>

续表

指标名称	单位	要求		
		婴儿纸尿裤	婴儿纸尿片	婴儿纸尿垫(护理垫)
防侧漏性能[b]	—	无侧漏	—	—
交货水分[c] ≤	%	10.0		

[a]婴儿游泳用纸尿裤、低出生体重儿用纸尿裤以及标称训练如厕或类似用途的产品不考核渗透性能。
[b]低出生体重儿用纸尿裤不考核防侧漏性能。
[c]交货水分仅作为出厂检验和型式检验的项目。

5.2 婴儿纸尿裤、婴儿纸尿片和婴儿纸尿垫(护理垫)的安全指标应符合表2要求。

表2

指标名称		单位	要求
重金属含量 ≤	铅	mg/kg	10
	砷		2
	镉		5
	汞		1
可迁移性荧光物质		—	无
丙烯酰胺含量 ≤		mg/kg	0.1
甲醛含量 ≤		mg/kg	6
邻苯二甲酸酯含量 ≤	邻苯二甲酸二丁酯(DBP)、邻苯二甲酸丁苄酯(BBP)和邻苯二甲酸二(2-乙基)己酯(DEHP)	%	0.1
可分解致癌芳香胺染料[a] ≤		mg/kg	20

[a]仅印刷或染色的产品考核。

5.3 婴儿纸尿裤、婴儿纸尿片和婴儿纸尿垫(护理垫)的卫生指标执行GB 15979的规定。

5.4 婴儿纸尿裤的适用体重和适用腰围最大值应符合GB/T 33280—2016中婴儿纸尿裤要求。

5.5 婴儿纸尿裤、婴儿纸尿片和婴儿纸尿垫(护理垫)外观应洁净，不掉色，防漏底膜完好，无破损，封口牢固；松紧带粘合均匀，固定贴位置应符合使用要求。

6 原材料要求

6.1 婴儿纸尿裤、婴儿纸尿片和婴儿纸尿垫(护理垫)所使用原料中，绒毛浆应符合GB/T 21331的规定，高吸收性树脂应符合GB/T 22875的规定，无尘纸应符合GB/T 24292的规定，吸水衬纸应符合QB/T 4508的规定。

注：鼓励企业采用可降解材料生产婴儿纸尿裤、婴儿纸尿片和婴儿纸尿垫(护理垫)，采用可降解材料的婴儿纸尿裤、婴儿纸尿片和婴儿纸尿垫(护理垫)及其原材料可按照GB/T 39951进行相关试验。

6.2 婴儿纸尿裤、婴儿纸尿片和婴儿纸尿垫(护理垫)生产企业化学品及原料的管理控制应符合GB/T 36420相关规定。

7 试验方法

7.1 试样的处理

条质量偏差、渗透性能、面层附着物、防侧漏性能测定时，试样应在GB/T 10739规定的温湿条件下至少处理4h，并在此条件下进行试验。

7.2 条质量偏差

用感量为0.1g的天平分别称量6片同规格试样的净重，6片试样至少来自两个最小销售包装，每包至少取两片。计算6片试样质量的平均值，按式(1)和式(2)计算条质量偏差，精确至1%。

$$S_1 = + \frac{G_{max} - G}{G} \times 100\% \quad (1)$$

$$S_2 = - \frac{G - G_{min}}{G} \times 100\% \quad (2)$$

式中 S_1——上偏差,%；

S_2——下偏差,%；

G_{max}——试样质量的最大值，单位为克(g)；

G_{min}——试样质量的最小值，单位为克(g)；

G——试样质量的平均值，单位为克(g)。

7.3 渗透性能

渗透性能按附录A进行测定。

7.4 面层附着物

警示——硫酸铜有毒，使用时应小心。

任取两片试样(来自两个最小销售包装)，剪开松紧带(裤型纸尿裤)，用夹板或胶带将试样固定在平板上，水平放置在试验台上，用喷壶将0.5%硫酸铜溶液均匀喷洒在试样的面层(试样面层稍微润湿即可)，2min后迎光观察面层是否有蓝色颗粒物质出现。若有蓝色颗粒物质出现，用0.5%硫酸铜溶液继续喷洒至蓝色颗粒物质饱和为止，5min后通过对比标准杂质图片(C.2.3)观测其尺寸大小。若试样面层上蓝色颗粒面积大于5.0mm^2，则开始计数。以两片试样的算术平均值作为测定结果，结果修约至整数位。

7.5 pH值

pH值按附录B进行测定。

7.6 杂质

杂质按附录C进行测定。

7.7 防侧漏性能

任取两片试样(来自两个最小销售包装)，剪开腰部松紧带(裤型纸尿裤)，用夹板或魔术贴将试样固定在长方形平板上，试样长度方向应与平板长边方向平行。将平板倾斜，与水平面呈45°，轻轻拨开纸尿裤中部下方的防漏隔边，以5mL/s的速度向防漏隔边中间位置接缝处加入10mL生理盐水(不应倒在吸收层上)，观察其侧漏情况。加液时，加液方向应与纸尿裤表面垂直。测试完成后，将平板翻转过来，继续测试另一侧防漏隔边的防侧漏性能。防侧漏性能测试示意图见图1。

若两片试样的防漏隔边任意一侧有液体流出，则判该试样侧漏；若两片试样中有一片试样的防漏隔边有液体流出，则重新测定两片试样，重新测定后，若两片试样均无液体流出，则判该试样无侧漏，否则判为侧漏。

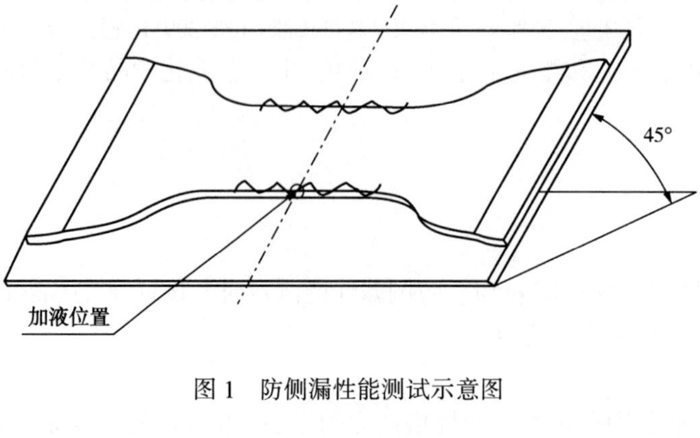

图1 防侧漏性能测试示意图

7.8 交货水分

交货水分按 GB/T 462 进行测定。取样方法为：取两包样品，从每包样品中各取 1 片试样，剪开试样的边部松紧带，从两片试样的中间位置各取 2g 试料。将试料剪成块状，混合均匀后分成两组试样进行平行试验，两次测定值间的绝对误差应不超过 1.0%，取其算术平均值表示测定结果，修约至小数点后一位。

注：试样放入容器时，避免防漏底膜接触容器壁，以防遇高温后粘连。

7.9 重金属含量

重金属铅、砷、镉、汞含量按《化妆品安全技术规范》(2015 年版)第四章中 1.6 进行测定，样品处理采用微波消解法。

7.10 可迁移性荧光物质

可迁移性荧光物质按附录 D 进行测定。

7.11 丙烯酰胺含量

丙烯酰胺含量按 GB/T 37859 进行测定。

7.12 甲醛含量

甲醛含量按 GB/T 34448—2017 中高效液相色谱法进行测定。

7.13 邻苯二甲酸酯含量

邻苯二甲酸酯含量按 GB/T 37860 进行测定。

7.14 可分解致癌芳香胺染料

可分解致癌芳香胺染料按 GB/T 17592 和 GB/T 23344 进行测定，可分解致癌芳香胺染料清单见附录 E。测试时应尽量在印刷或染色较深的部位取样。

注：先按 GB/T 17592 检测，当检出苯胺和/或 1，4-苯二胺时，再按 GB/T 23344 检测。

7.15 卫生指标

卫生指标按 GB 15979 进行测定。

7.16 纸尿裤适用腰围最大值

纸尿裤适用腰围最大值按照 GB/T 33280—2016 中附录 A 进行测定。

7.17 外观质量

外观质量采用目测。

8 检验规则

8.1 出厂检验

产品出厂前应按本部分的要求逐批进行检验，符合标准方可出厂。

8.2 型式检验

相同原料、相同工艺的同类产品每两年内应进行不少于 1 次的型式检验。有下列情况之一时，也应进行型式检验：

a）当原料、工艺发生重大改变时；

b）当产品首次投产或停产 6 个月以上后恢复生产时；

c）当生产场所改变时；

d）当国家质量监督机构提出进行型式检验要求时。

8.3 检验项目

出厂检验项目为常规检验项目，型式检验项目包括所有检验项目，具体见表 3。

8.4 检验批的规定

以相同原料、相同工艺、相同规格的同类产品一次交货数量为一批，交收检验样本单位为件，每批不超过 20000 件。

表 3

序号	检验项目	出厂检验	型式检验	要求的章条号	检验方法的章条号
1	条质量偏差	●	●	5.1	7.2
2	渗透性能	●	●	5.1	7.3
3	面层附着物	●	●	5.1	7.4
4	pH 值	●	●	5.1	7.5
5	杂质	●	●	5.1	7.6
6	防侧漏性能	●	●	5.1	7.7
7	交货水分	●	●	5.1	7.8
8	重金属含量	—	●	5.2	7.9
9	可迁移性荧光物质	—	●	5.2	7.10
10	丙烯酰胺含量	—	●	5.2	7.11
11	甲醛含量	—	●	5.2	7.12
12	邻苯二甲酸酯含量	—	●	5.2	7.13
13	可分解致癌芳香胺染料	—	●	5.2	7.14
14	纸尿裤适用腰围最大值	●	●	5.4	7.16
15	外观质量	●	●	5.5	7.17

8.5 抽样方法

8.5.1 出厂检验

从一批产品中，随机抽取 3 件产品，从每件中抽取 2 包(每包按 20 片计)样品，共计 6 包样品。其中 4 包用于检验，2 包用于复验。每包不足 20 片的，按 120 片换算成相应的最小包装单位。

8.5.2 型式检验

从一批产品中，随机抽取 3 件产品，从每件中抽取 3 包(每包按 20 片计)样品，共计 9 包样品。其中 6 包用于检验，3 包用于复验。每包不足 20 片的，按 180 片换算成相应的最小包装单位。

8.6 判定规则

8.6.1 出厂检验

当检验产品符合表 3 中出厂检验全部技术要求时，则判为批合格；当这些检验项目中任一项出现不合格时，则判为批不合格。

8.6.2 型式检验

当检验产品符合表 3 中型式检验全部技术要求时，则判为批合格；当这些检验项目中任一项出现不合格时，则判为批不合格。

8.7 质量保证

产品经检验合格并附质量合格标识方可出厂。

9 标志、包装、运输、贮存

9.1 产品销售标识及包装

9.1.1 产品销售包装上应标明以下内容：

a) 产品名称(含婴儿纸尿裤、婴儿纸尿片、婴儿纸尿垫或婴儿护理垫等字样)；

b) 本部分编号；

c) 主要原料名称；

d) 婴儿纸尿裤和婴儿纸尿片应标注产品规格，婴儿纸尿垫应标注长宽尺寸；

e）婴儿纸尿裤和婴儿纸尿片应标注适用体重；

f）婴儿游泳用纸尿裤和婴儿训练用纸尿裤应标注使用用途（游泳裤应含“游泳”字样，训练裤应注明训练如厕或类似用语）；

g）产品合格标志；

h）其他标注内容应符合国家相关法律、法规、标准的要求。

9.1.2　产品的销售包装应能保证产品不受污染，销售包装上的各种标识信息应清晰且不易褪去。

9.2　产品运输贮存

9.2.1　产品在运输过程中应使用具有防护措施的洁净的工具，防止重压、尖物碰撞及日晒雨淋。

9.2.2　成品应保存在干燥通风，不受阳光直接照射的室内，防止雨雪淋袭和地面湿气的影响，不得与有污染或有毒化学品共存。

9.2.3　婴儿纸尿裤、婴儿纸尿片、婴儿纸尿垫（护理垫）的保质期一般不超过3年。

附 录 A

（规范性附录）

渗透性能的测定方法

A.1　概述

将试样套在样品支架上，放入衬有吸水纸的U型试样底座内，标准测试加液模块置于试样表面吸收区域，试样在一定压力下，加液装置将一定体积的生理盐水注入标准测试加液模块中，自动计时装置记录从加液开始到试样完全吸收生理盐水的时间。每个试样加液两次，分别以两次吸收时间表示试样的吸收速度。待第二次加液完成后，取出标准测试加液模块，在试样上面放置一定层数的吸水纸后，再放入标准测试加压模块，在一定的压力下加压规定的时间，以试样上面吸水纸的质量增加量表示试样的回渗量，以试样底部吸水纸的质量增加量表示试样的渗漏量。

A.2　仪器设备与材料

A.2.1　纸尿裤吸收性能测试仪

A.2.1.1　仪器构成

纸尿裤吸收性能测试仪由U型试样底座、样品支架、标准测试模块、移动加压装置、储液装置及自动加液装置、自动计时装置等组成。

A.2.1.2　U型试样底座

U型试样底座在测试过程中用于放置吸水纸、套有试样的样品支架及标准测试模块，按规格不同分为B1、B2、B3三种型号，示意图如图A.1。

A.2.1.3　样品支架

样品支架主要用于固定试样，按规格不同分为T1、T2、T3三种型号，外观如图A.2。

A.2.1.4　标准测试模块

标准测试模块分为标准测试加液模块和标准测试加压模块两种，标准测试加液模块按规格不同分为M1、M2、M3三种型号，标准测试加压模块按规格不同分为Y1、Y2、Y3三种型号。标准测试加液模块示意图如图A.3所示，标准测试加压模块示意图如图A.4所示。标准测试加液模块底部设置有计时单元，计时单元距离标准测试加液模块最底部为（4.0±0.2）mm，在模块的前段设置有一个弧形内凹的吸收区域，在吸收区域内的下部有一个出液口，出液口距离标准测试加液模块弧形最底部的直线距离为（35.5±0.5）mm，在测试加液模块的底部中间有一个宽度渐变的沟槽，沟槽最大宽度尺寸为（8.0±0.2）mm，同时与吸收区域连通，在沟槽的两侧有凸起结构。

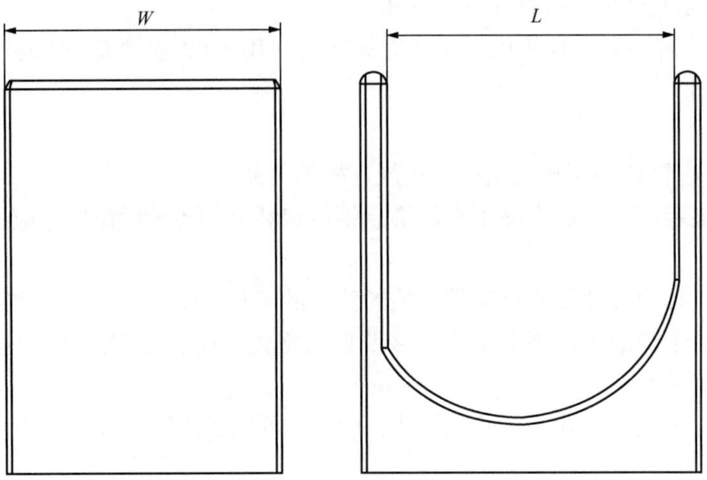

(a)主视图　　(b)右视图

说明：

L——(125±1)mm(B1)、(136±1)mm(B2)、(154±1)mm(B3)；

W——(122±1)mm(B1)、(135±1)mm(B2)、(152±1)mm(B3)。

图 A.1　U 型试样底座示意图

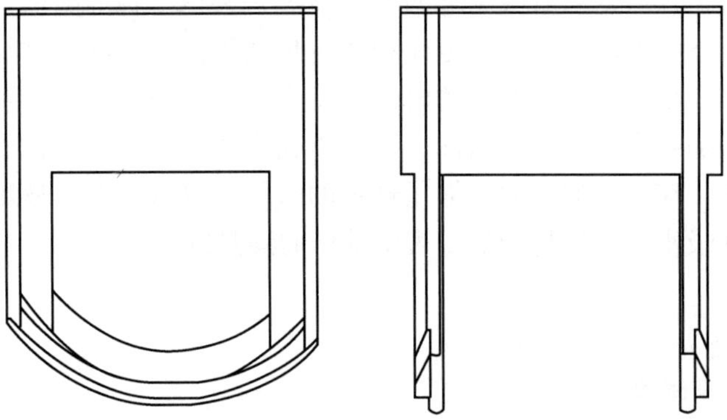

(a)左视图　　(b)主视图

图 A.2　样品支架外观示意图

单位为毫米

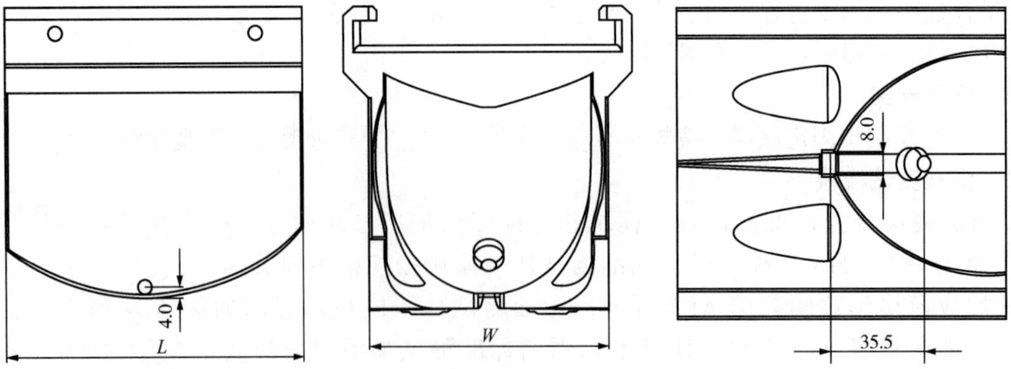

(a)主视图　　(b)右视图　　(c)仰视图

说明：

W——(80±1)mm(M1)、(85±1)mm(M2)、(95±1)mm(M3)；

L——(100±1)mm(M1)、(108±1)mm(M2)、(125±1)mm(M3)。

图 A.3　标准测试加液模块示意图

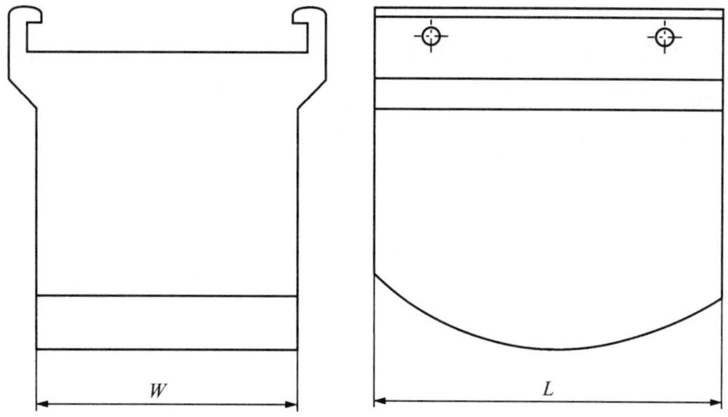

(a)左视图　　(b)主视图

说明：

W——(80±1)mm(Y1)、(85±1)mm(Y2)、(95±1)mm(Y3)；

L——(100±1)mm(Y1)、(108±1)mm(Y2)、(125±1)mm(Y3)。

图 A.4　标准测试加压模块示意图

A.2.1.5　移动加压装置

移动加压装置可提供(2.0±0.2)kPa、(4.0±0.2)kPa 的恒定压力。

A.2.1.6　储液装置及自动加液装置

储液装置用于存储测试溶液，自动加液装置加液量偏差为±2mL，加液流速为(480±10)mL/min。

A.2.1.7　自动计时装置

自动计时装置由计时单元、计时控制部分等组成，用于自动记录测试时间，分辨力为 0.01s。

A.2.2　水

GB/T 6682，三级。

A.2.3　生理盐水

称取 9.00g 氯化钠(分析纯)于 1000mL 容量瓶中，加入少量食用色素，溶解后加水(A.2.2)至刻度并摇匀。

A.2.4　吸水纸

定量为(145±5)g/m^2，吸水量不小于 480%，吸水量按 GB/T 24218.6 测定。

A.2.5　电子天平

感量为 0.01g。

A.3　试样采取

每个样品取 5 片试样，所取试样至少来自两个销售包装。在试验过程中，不应用手接触试样的测试区域。

A.4　吸收速度和回渗量的测定

A.4.1　测试步骤

A.4.1.1　将纸尿裤吸收性能测试仪(A.2.1)放于水平位置，向储液装置中倒入足够量的加了食用色素的生理盐水(A.2.3)，启动仪器，点击润洗按钮，润洗两次。按仪器说明书规定校准自动加液装置的加液体积，生理盐水需加热至(36±1)℃。

A.4.1.2　根据所测试样的规格，按表 A.1 规定选择对应型号的 U 型试样底座(A.2.1.2)、样品支架(A.2.1.3)、标准测试加液模块、标准测试加压模块。取一片试样，将试样套在样品支架上，试样的防漏隔边应在样品支架以外，试样表面应尽可能平整，不应有明显的死褶。将 U 型试样底座放在水平桌面上，在 U 型测试区域内放入若干层已知质量的吸水纸(A. 2. 4)，吸水纸的长度为 200mm，宽度尺寸以与 U 型试样底座宽度相近为宜，放置时吸水纸的中心与 U 型试样底座的中心重合。将套好试样的样品支架轻轻地放置在放有吸水纸的 U 型试样底座的 U 型测试区域内，放置时试样的前端在 U 型试样底座的左(L)侧，后端在 U 型试样底座的右(R)侧，然后将套有试样的 U 型试样底座放到渗透性能测试仪的固定位置。

表 A. 1

试样规格	U 型试样底座	样品支架	标准测试加液模块	标准测试加压模块
初生儿(NB)、小号(S)	B1	T1	M1	Y1
中号(M)、大号(L)	B2	T2	M2	Y2
加大号(XL)及以上	B3	T3	M3	Y3

A. 4. 1. 3　进入纸尿裤渗透性能测试仪的测试界面，设置测试压力，点击测试，使试样表面承受(2. 0 ±0. 2) kPa 的压力，同时自动加液装置向与试样对应型号的标准测试模块内加入生理盐水(A. 2. 3)，加液体积按表 A. 2 规定选取。加液的同时自动计时单元自动开始计时，直到吸收区最低点处液面消失时记录吸收时间，加压 1min 后，取出标准测试加液模块(若吸收速度大于 1min，待吸收完成后取出标准测试加液模块)，完成第一次吸收试验。

表 A. 2　　单位为毫升

试样类别	吸收速度和回渗量试验每次取液量		
	小号(S)及以下	中号(M)	大号(L)及以上
婴儿纸尿裤	40	60	80
婴儿纸尿片	30	40	50

A. 4. 1. 4　第一次吸收试验结束后，用洁净的纸巾将标准测试模块底部擦拭干净。从第一次加液开始算起，8min 时重复 A. 4. 1. 3 操作，仪器自动计时装置自动记录第二次吸收时间，完成第二次吸收试验，分别以两次吸收时间作为试样的吸收速度。

A. 4. 1. 5　从第一次加液开始算起，15min 时，迅速将已知质量的 10 层吸水纸放至试样表面(吸水纸尺寸见表 A. 3)，放置时吸水纸的中心与标准测试加压模块弧面的中心重合。16min 时，启动渗透性能测试仪，将对应的标准测试加压模块压在吸水纸上(吸水纸应被加压模块完全压住，且不应暴露在加压模块以外)，并施加(4. 0±0. 2)kPa 压力，加压 1min 时将标准测试加压模块移去，取出吸水纸，用天平称量吸水纸的质量，以吸水纸试验前后的质量差表示试样的回渗量。

表 A. 3

试样规格	吸水纸尺寸
初生儿(NB)、小号(S)	100mm×70mm
中号(M)、大号(L)	110mm×70mm
加大号(XL)及以上	120mm×80mm

注：吸水纸长边方向为纵向。

A. 4. 1. 6　测试完毕后，用洁净的纸巾将标准测试加压模块底部擦拭干净，移出 U 型试样底座，取下测试完的试样，准备下一次试验。

A. 4. 1. 7　对于吸收速度测试异常的数据，在排除样品的原因后应进行剔除。每个样品至少测得 5 个有效数据。

A. 4. 1. 8　完成所有测试后，用蒸馏水或去离子水清洗渗透性能测试仪及标准测试模块。

A. 4. 1. 9　为了提高测试效率，可以采用多个试样自动连续测试的装置完成以上测试步骤。

A.4.2 结果表示

试样的吸收速度以 5 片试样测试值的算术平均值表示结果，单位为秒(s)，第一次吸收时间、第二次吸收时间均须计算，结果修约至整数位。

试样的回渗量以试样表面吸水纸试验前后的质量差来表示，按式(A.1)计算：

$$G = G_1 - G_2 \quad \cdots\cdots (A.1)$$

式中 G——回渗量，单位为克(g)；

G_1——试样表面吸水纸吸液后的质量，单位为克(g)；

G_2——试样表面吸水纸吸液前的质量，单位为克(g)。

取 5 片试样实验结果的算术平均值作为测试结果，精确至 0.1g。

A.5 渗漏量的测定

如上所述，待测完回渗量后，移去试样，迅速称量放于试样底部吸水纸的质量。试样的渗漏量以试样底部吸水纸试验前后的质量差来表示。以 5 片试样的算术平均值作为最终测试结果，精确至 0.1g。

A.6 婴儿纸尿垫(护理垫)渗透性能的测定

打开试样，平铺在水平台面上。用量筒量取 80mL 生理盐水(A.2.3)，调节量筒高度，使其出液口距试样表面 5mm~10mm，在 5s 内匀速倒入试样中心位置。5min 后观察试样四周有无液体渗出及试样底部有无液体渗漏。随机抽取 3 片试样，任一试样均不应有渗出或渗漏现象。

附 录 B
(规范性附录)
pH 值的测定

B.1 仪器和试剂

B.1.1 仪器

B.1.1.1 pH 计：精度为 0.01。

B.1.1.2 天平：感量为 0.01g。

B.1.1.3 水银温度计：量程为 0℃~100℃，精度为 1.0℃。

B.1.1.4 烧杯：400mL。

B.1.1.5 容量瓶：1000mL。

B.1.1.6 不锈钢剪刀。

B.1.1.7 G1 玻璃砂芯漏斗。

B.1.1.8 秒表：分辨力为 0.1s。

B.1.2 试剂

除非另有规定，仅使用分析纯试剂。

B.1.2.1 水：GB/T 6682，三级。

B.1.2.2 生理盐水：0.9%氯化钠溶液。称取 9.00g 氯化钠于 1000mL 容量瓶中，溶解后加水至刻度并摇匀。

B.1.2.3 标准缓冲溶液：25℃时 pH 值为 4.01、6.86、9.18。

B.2 实验步骤

任取 1 片试样，去除底膜，从中间部位剪取(1.0±0.1)g 置于烧杯(B.1.1.4)。所取试样应保证从面层到底层全部包括。加入 200mL 生理盐水(B.1.2.2)并开始计时，用玻璃棒搅拌使试样与生理盐水充分混合，然后静置，10min 时再次搅拌并用 G1 玻璃砂芯漏斗(B. 1. 1. 7)过滤，将 pH 计(B. 1. 1. 1)放入滤液中测试并读取 pH 值。

B. 3 测试结果的计算

每种样品测试两份试样(取自两个销售包装)，取其算术平均值作为测定结果，结果修约至小数点后一位。

B. 4 注意事项

每次使用 pH 计前应使用标准缓冲溶液(B. 1. 2. 3)对仪器进行校准，详见仪器使用说明书。每个试样测试完毕后应立即用水(B. 1. 2. 1)冲洗电极，并用滤纸将电极上的水吸干后准备测试下一试样用。

附录 C
(规范性附录)
杂质的测定

C. 1 概述

将试样固定在照明装置工作台表面，在一定条件的透射光下检验试样，标记出不同面积的杂质，通过对比标准杂质图片鉴定纸尿裤上杂质的面积大小。

典型的杂质包括边缘尖锐物(金属、陶瓷、玻璃、砂砾、硬质塑料片等)、昆虫以及破碎的塑料片、薄膜、无纺布片等。纸尿裤组成部分的物质不计为杂质，例如有颜色的高吸收性树脂、无纺布的粗丝、绒毛浆中的纤维束、热熔胶点、棉纤维中残留的棉壳、纸尿裤上未分离的无纺布切边等。但是，被污染的绒毛浆、面层上的硬质胶块、沾有油污的材料均属于杂质。

C. 2 仪器

C. 2. 1 照明装置：适合工作人员在透射光下检验试样，装置内有照度可调的 LED 灯，照度范围 0 lx~8000 lx。工作台表面是乳白色的聚乙烯板或玻璃，光线应均匀。测试过程中应避开日光或任何外部光源的直接照射。

C. 2. 2 不锈钢剪刀。

C. 2. 3 标准杂质图片：在一张透明膜上印有不同面积和形状的杂质系列，左半区为同一横行排列着面积相同但形状不同的杂质；右半区为同一纵列排列着面积相同但形状不同的杂质，具体见图 C. 1。

C. 3 实验步骤

C. 3. 1 任取 2 片试样(来自两个最小销售包装)，将一片试样平铺在照明装置(C. 2. 1)工作台表面，四角用夹子或魔术贴固定好，在透射光下检查试样面层、芯层和背面可见的杂质，眼睛观察时的明视距离为 250mm~300mm。可根据试样厚度调整 LED 灯的照度。

C. 3. 2 对于芯层中的杂质，用不锈钢剪刀(C. 2. 2)剪开试样面层后，通过对比标准杂质图片鉴定杂质的大小。用不同标记圈出不同面积的杂质，通过对比标准杂质图片(C. 2. 3)鉴定试样上杂质的面积大小，也可采用按不同面积的大小，分别记录同一面积的杂质个数。

C. 3. 3 对于成团的杂质，例如塑料膜、无纺布碎片等，应将其展开后再通过标准杂质图片鉴定杂质的面积大小。

C. 4 结果表示

任意一片纸尿裤(片、垫)中不应有大于 5.0mm^2的杂质。对于 3.0mm^2~5.0mm^2的杂质，以两片试样测试值的平均值作为测定结果，结果修约至整数位。

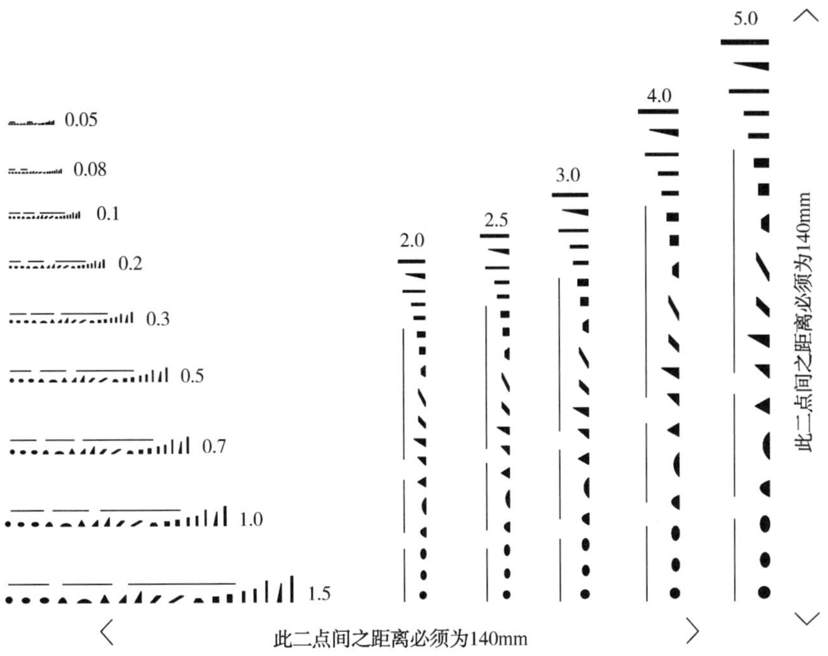

图 C.1 标准杂质图片

若测定结果超出标准要求，则重新测定两片试样，重新测定后，若测定结果合格，则判该项目合格，否则判为不合格。对于大于 5.0mm^{2}的可能划伤婴儿皮肤的边缘尖锐物(金属、陶瓷、玻璃、砂砾、硬质塑料片等)，不进行复测。

附 录 D
(规范性附录)
可迁移性荧光物质的测定

D.1 试剂和材料

除非另有规定，仅使用分析纯试剂。

D.1.1 水：GB/T 6682，三级。

D.1.2 纱布：纯棉材质，尺寸约 5cm×5cm。

D.1.3 氨水：0.1%。

D.1.4 盐酸溶液：10%。

D.1.5 萃取溶液：用 0.1%氨水(D.1.3)调节过的 pH 值为 7.5~ 9.0 的水。

D.1.6 荧光标准样：荧光均匀，荧光亮度为 0.40%~ 0.60%。

注：除荧光标准样外，所用试剂和材料在紫外灯下无荧光现象。

D.2 仪器

D.2.1 天平：感量为 0.001g。

D.2.2 三角烧瓶：250mL。

D.2.3 G1 玻璃砂芯漏斗。

D.2.4 玻璃表面皿。

D.2.5 紫外灯：波长为254nm和365nm，具有保护眼睛的装置。

D.2.6 pH计：精度为0.01。

D.2.7 恒温水浴：控温精度为(40±2)℃。

D.3 试验步骤和结果判定

D.3.1 从样品中随机取一片试样，将试样与荧光标准样(D.1.6)一同置于紫外灯(D.2.5)下约20cm处，对比观察试样两面与荧光标准样的荧光现象。如果试样的荧光现象弱于荧光标准样，则判定该样品无可迁移性荧光物质且试验终止；如果试样的荧光现象强于荧光标准样，则继续按照D.3.2~D.3.9进行试验并判定。

D.3.2 将试样荧光现象明显的部位裁下，剪成约5mm×5mm的小块，准确称取2.0g试样，置于三角烧瓶(D.2.2)中。

注：如果一片试样的荧光明显部位质量不足2.0g，则从多片试样上取样。

D.3.3 在烧瓶中加入100mL萃取溶液(D.1.5)。在室温条件下缓慢摇晃烧瓶，萃取10min，然后用G1玻璃砂芯漏斗(D.2.3)过滤。

D.3.4 用盐酸溶液(D.1.4)将滤液的pH值调节到3.0~5.0。将纱布(D.1.2)浸入滤液中，并在温度为(40±2)℃的恒温水浴(D.2.7)中放置30min。

D.3.5 用镊子取出纱布，然后挤出滤液并对称折成四层，放在玻璃表面皿(D.2.4)上。

D.3.6 重复D.3.3至D.3.5步骤，进行空白试验。

D.3.7 每个样品进行两次平行测定。

D.3.8 将放置试样纱布(D.3.5)及空白试验纱布(D.3.6)的玻璃表面皿置于紫外灯下约20cm处，观察纱布荧光现象。

D.3.9 若两个平行试验的试样纱布与空白试验纱布比较，均没有明显荧光现象，则判该样品无可迁移性荧光物质；若两个试样纱布均有明显荧光现象，则判该样品有可迁移性荧光物质；若两个试样纱布中有一个比空白试验纱布的荧光现象明显，则重新进行试验，若重新试验后的试样纱布与空白试验纱布比较，均没有明显荧光现象，则判该样品无可迁移性荧光物质；否则判该样品有可迁移性荧光物质。

附录E

(规范性附录)

可分解致癌芳香胺染料清单

表E.1给出了可分解致癌芳香胺染料清单。

表E.1

序号	化学品名	CAS编号
1	4-氨基联苯(4-aminobiphenyl)	92-67-1
2	联苯胺(benzidine)	92-87-5
3	4-氯-邻甲苯胺(4-chloro-*o*-toluidine)	95-69-2
4	2-萘胺(2-naphthylamine)	91-59-8
5	邻氨基偶氮甲苯(*o*-aminoazotoluene)	97-56-3
6	5-硝基-邻甲苯胺(5-nitro-*o*-toluidine)	99-55-8
7	对氯苯胺(*p*-chloroaniline)	106-47-8
8	2,4-二氨基苯甲醚(2,4-diaminoanisole)	615-05-4
9	4,4′-二氨基二苯甲烷(4,4′-diaminobiphenymethane)	101-77-9

续表

序号	化学品名	CAS 编号
10	3,3′-二氯联苯胺(3,3′-dichlorobenzidine)	91-94-1
11	3,3′-二甲氧基联苯胺(3,3′-dimethoxybenzidine)	119-90-4
12	3,3′-二甲基联苯胺(3,3′-dimethylbenzidine)	119-93-7
13	3,3′-二甲基-4,4′-二氨基二苯甲烷(3,3′-dimethy1-4,4′-diaminobiphenylmthane)	838-88-0
14	2-甲氧基-5-甲基苯胺(*p*-cresidine)	120-71-8
15	4,4′-亚甲基-二-(2-氯苯胺)(4,4′-methylene-bis-(2-chloroaniline))	101-14-4
16	4,4′-二氨基二苯醚(4,4′-oxydianiline)	101-80-4
17	4,4′-二氨基二苯硫醚(4,4′-thiodianiline)	139-65-1
18	邻甲苯胺(*o*-toluidine)	95-53-4
19	2,4-二氨基甲苯(2,4-toluylendiamine)	95-80-7
20	2,4,5-三甲基苯胺(2,4,5-trimethylaniline)	137-17-7
21	邻氨基苯甲醚(*o*-anisidine)	90-04-0
22	4-氨基偶氮苯(4-aminoazobenzene)	60-09-3
23	2,4-二甲基苯胺(2,4-xylidine)	95-68-1
24	2,6-二甲基苯胺(2,6-xylidine)	87-62-7

纸尿裤　第 2 部分：成人纸尿裤(GB/T 28004.2—2021)

2022-04-01 实施

1　范围

GB/T 28004 的本部分规定了成人用纸尿裤、纸尿片、纸尿垫(护理垫)的产品分类、技术要求、试验方法、检验规则及标志、包装、运输、贮存。

本部分适用于由外包覆材料、内置吸收层、防漏底膜等制成一次性使用的成人纸尿裤、纸尿片和纸尿垫(护理垫)。

2　规范性引用文件

下列文件对于本文件的应用是必不可少的。凡是注日期的引用文件，仅注日期的版本适用于本文件。凡是不注日期的引用文件，其最新版本(包括所有的修改单)适用于本文件。

GB/T 462　纸、纸板和纸浆　分析试样水分的测定

GB/T 6682　分析实验室用水规格和试验方法

GB/T 10739　纸、纸板和纸浆试样处理和试验的标准大气条件

GB 15979　一次性使用卫生用品卫生标准

GB/T 21331　绒毛浆

GB/T 22875　纸尿裤和卫生巾用高吸收性树脂

GB/T 24218.6　纺织品　非织造布试验方法　第 6 部分：吸收性的测定

GB/T 24292　卫生用品用无尘纸

GB/T 33280—2016　纸尿裤规格与尺寸

GB/T 34448—2017　生活用纸及纸制品　甲醛含量的测定

QB/T 4508　卫生用品用吸水衬纸

3 术语和定义

下列术语和定义适用于本文件。

3.1 吸收速度 absorption speed

试样吸收一定量的测试溶液需要的时间。

3.2 回渗量 rewet

试样吸收一定量的测试溶液后，在一定压力下，返回面层的测试溶液质量。

3.3 渗漏量 leakage

试样吸收一定量的测试溶液后，在一定压力下，透过防漏底膜的测试溶液质量。

3.4 面层附着物 top sheet SAP residual

附着在试样面层的高吸收性树脂。

3.5 杂质 foreign material

纸尿裤、纸尿片、纸尿垫(护理垫)正常组分及形态以外的物质。

4 产品分类

4.1 按产品结构分为成人纸尿裤、成人纸尿片和成人纸尿垫(护理垫)。

4.2 按使用者失禁程度分为轻度失禁产品、中度失禁产品和重度失禁产品。

4.3 成人纸尿裤按穿戴方式分为腰贴型纸尿裤和裤型纸尿裤。

4.4 成人纸尿裤和成人纸尿片按产品规格可分为小号(S)、中号(M)、大号(L)、加大号(XL)等不同型号。

注：轻度失禁用成人纸尿片的产品规格可以自行规定。

5 技术要求

5.1 轻度失禁用成人纸尿裤、成人纸尿片的技术指标应符合表1要求。

表1

指标名称			单位	要求
条质量偏差			%	±10
面层附着物		≤	颗/片	5
pH			—	4.0~8.0
杂质 ≤	$3.0mm^2$~$5.0mm^2$		个/片	2
	$>5mm^2$			不应有
吸收倍率		≥	倍	7.0
甲醛含量		≤	mg/kg	75
可迁移性荧光物质			—	无
交货水分[a]		≤	%	10.0

[a]交货水分仅作为出厂检验和型式检验的项目。

5.2 中度和重度失禁用成人纸尿裤、成人纸尿片和成人纸尿垫(护理垫)的技术指标应符合表2要求。

5.3 对于标称适用于多种失禁程度的产品，应分别满足标注所对应失禁产品的要求。

5.4 成人纸尿裤、成人纸尿片和成人纸尿垫(护理垫)的卫生指标执行GB 15979的规定。

5.5 成人纸尿裤、成人纸尿片和成人纸尿垫(护理垫)所使用原料：绒毛浆应符合GB/T 21331的规定，高吸收性树脂应符合GB/T 22875的规定，无尘纸应符合GB/T 24292的规定，吸水衬纸应符合QB/T 4508的要求。

注：鼓励企业采用可降解材料生产成人纸尿裤、成人纸尿片和成人纸尿垫(护理垫)，采用可降解材料的成人纸尿裤、成人纸尿片和成人纸尿垫(护理垫)及其原材料可按照 GB/T 39951 进行相关试验。

5.6　成人纸尿裤的适用臀围和适用腰围最大值应符合 GB/T 33280—2016 中成人纸尿裤要求。

5.7　成人纸尿裤、成人纸尿片和成人纸尿垫(护理垫)外观应洁净，不掉色，防漏底膜完好，无破损，封口牢固等；松紧带粘合均匀，固定贴位置符合使用要求。

表 2

<table>
<tr><th colspan="3" rowspan="2">指标名称</th><th rowspan="2">单位</th><th colspan="3">要求</th></tr>
<tr><th>成人纸尿裤</th><th>成人纸尿片</th><th>成人纸尿垫(护理垫)</th></tr>
<tr><td colspan="3">条质量偏差</td><td>%</td><td colspan="3">±10</td></tr>
<tr><td rowspan="5">渗透性能</td><td rowspan="2">吸收速度 ≤</td><td>第一次吸收速度</td><td rowspan="2">s</td><td colspan="2">50</td><td rowspan="5">无渗出，无渗漏</td></tr>
<tr><td>第二次吸收速度</td><td colspan="2">100</td></tr>
<tr><td rowspan="2">回渗量 ≤</td><td>中度失禁产品</td><td rowspan="2">g</td><td colspan="2">30.0</td></tr>
<tr><td>重度失禁产品</td><td colspan="2">40.0</td></tr>
<tr><td colspan="2">渗漏量 ≤</td><td>g</td><td>1.0</td><td>—</td></tr>
<tr><td colspan="3">面层附着物 ≤</td><td>颗/片</td><td colspan="3">10</td></tr>
<tr><td colspan="3">pH</td><td>—</td><td colspan="3">4.0~8.0</td></tr>
<tr><td rowspan="2">杂质 ≤</td><td colspan="2">3.0mm^2~5.0mm^2</td><td rowspan="2">个/片</td><td colspan="3">2</td></tr>
<tr><td colspan="2">$>5mm^2$</td><td colspan="3">不应有</td></tr>
<tr><td rowspan="2">饱和吸收量</td><td colspan="2">中度失禁产品 ≥</td><td>g</td><td>300</td><td>200</td><td>—</td></tr>
<tr><td colspan="2">重度失禁产品 ≥</td><td>g</td><td>600</td><td>400</td><td>—</td></tr>
<tr><td colspan="3">甲醛含量 ≤</td><td>mg/kg</td><td colspan="3">75</td></tr>
<tr><td colspan="3">可迁移性荧光物质</td><td>—</td><td colspan="3">无</td></tr>
<tr><td colspan="3">交货水分[a] ≤</td><td>%</td><td colspan="3">10.0</td></tr>
<tr><td colspan="7">[a]交货水分仅作为出厂检验和型式检验的项目。</td></tr>
</table>

6 试验方法

6.1 试样的处理

条质量偏差、渗透性能、面层附着物、吸收倍率测定时，试样应在 GB/T 10739 规定的温湿条件下处理至少 4h，并在此条件下进行试验。

6.2 条质量偏差

用感量为 0.01g 的天平分别称量 6 条同规格试样的净重，6 条试样至少来自两个最小销售包装，每包至少取两条。分别计算 6 条试样质量的最大值、最小值与平均值，按式(1)和式(2)计算条质量偏差，精确至 1%。

$$S_1 = + \frac{G_{max} - G}{G} \times 100\% \quad (1)$$

$$S_2 = - \frac{G - G_{min}}{G} \times 100\% \quad (2)$$

式中　S_1——上偏差；

S_2——下偏差；

G_{max}——试样质量的最大值，单位为克(g)；

G_{min}——试样质量的最小值，单位为克(g)；

G——试样质量的平均值，单位为克(g)。

6.3 渗透性能

渗透性能按附录 A 进行测定。

6.4 面层附着物

警示——硫酸铜有毒，使用时应小心。

任取两条试样(来自两个最小销售包装)，剪开松紧带(裤型纸尿裤)，用夹板或胶带将试样固定在平板上，水平放置在试验台上，用喷壶将 0.5%硫酸铜溶液均匀喷洒在试样的面层(试样面层稍微润湿即可)，2min 后迎光观察面层是否有蓝色颗粒物质出现。若有蓝色颗粒物质出现，用 0.5%硫酸铜溶液继续喷洒至蓝色颗粒物质饱和为止，5min 后通过对比标准杂质图片(C.2.3)观测其尺寸大小。若试样面层上蓝色颗粒面积大于 5.0mm^2，则开始计数。以两条试样的算术平均值作为测定结果，结果修约至整数位。

6.5 pH

pH 按附录 B 进行测定。

6.6 杂质

杂质按附录 C 进行测定。

6.7 甲醛含量

甲醛含量按 GB/T 34448—2017 中高效液相色谱法进行测定。

6.8 可迁移性荧光物质

可迁移性荧光物质按附录 D 进行测定。

6.9 吸收倍率

取一片试样，撕去离型纸，适当剪去护翼(裤型纸尿裤需剪开腰部松紧带)，用感量为 0.01g 的天平称其质量(吸前质量)。用夹子夹住试样的一端，并使夹子夹口与试样纵向处于垂直状态，不应夹住内置吸收层。将试样连同夹子浸入约 10cm 深的(23±1)℃生理盐水中，试样的使用面朝下。轻轻压住试样，使其完全浸没 60s，然后提起夹子，使试样完全离开水面，垂直悬挂 90s 后，去除夹子，称取吸水后试样的质量(吸后质量)，按式(3)计算吸收量。按同样方法测试 5 片试样，取 5 片试样的平均值作为测定结果，修约至小数点后一位。

$$t = \frac{m_1 - m_0}{m_0} \quad \cdots\cdots (3)$$

式中 t——吸收倍率；

m_1——吸后质量，单位为克(g)；

m_0——吸前质量，单位为克(g)。

6.10 饱和吸收量

取一片试样，用感量为 0.1g 的天平称其质量(吸前质量)，剪开腰部松紧带(裤型纸尿裤)。将试样浸入液体深度不小于 10cm 的 20.0℃~28.0℃生理盐水中，试样的使用面朝下。在浸泡时轻轻按压试样，以去除空气。轻轻压住试样，使其完全浸没 30min，然后双手托起试样，使试样完全离开水面，将试样使用面朝下搭在一根水平横杆上，试样长度方向与横杆垂直，横杆的直径为(20±3)mm。悬挂 5min 后，称取吸水后试样的质量(吸后质量)，按式(4)计算吸收量。按同样方法测试 5 片试样，取 5 片试样的平均值作为测定结果，修约至整数位。

$$M = m_1 - m_0 \quad \cdots\cdots (4)$$

式中 M——饱和吸收量，单位为克(g)；

m_1——吸后质量，单位为克(g)；

m_0——吸前质量，单位为克(g)。

6.11 交货水分

交货水分按 GB/T 462 进行测定。取样方法为：取两包样品，从每包样品中各取 1 片试样，剪开试样的边部松紧带，从两片试样的中间位置各取2g试料。将试料剪成块状，混合均匀后分成两组试样进行平行试验，两次测定值间的绝对误差应不超过1.0%，取其算术平均值表示测定结果，修约至小数点后一位。

注：试样放入容器时，避免将防漏底膜接触容器壁，以防遇高温后粘连。

6.12 卫生指标

卫生指标按GB 15979进行测定。

6.13 纸尿裤适用腰围最大值

成人纸尿裤适用腰围最大值按照GB/T 33280—2016中附录A进行测定。

6.14 外观质量

外观质量采用目测。

7 检验规则

7.1 出厂检验

产品出厂前应按本标准的要求逐批进行检验，符合标准方可出厂。

7.2 型式检验

相同原料、相同工艺的同类产品每两年内应进行不少于1次的型式检验。有下列情况之一时，也应进行型式检验：

a）当原料、工艺发生重大改变时；

b）当产品首次投产或停产6个月以上后恢复生产时；

c）当生产场所改变时；

d）当国家质量监督机构提出进行型式检验要求时。

7.3 检验项目

出厂检验项目为常规检验项目，型式检验项目包括所有检验项目，具体见表3。

表3

序号	检验项目	出厂检验	型式检验	要求的章条号	检验方法的章条号
1	条质量偏差	●	●	5.1、5.2	6.2
2	渗透性能	●	●	5.2	6.3
3	面层附着物	●	●	5.1、5.2	6.4
4	pH	●	●	5.1、5.2	6.5
5	杂质	●	●	5.1、5.2	6.6
6	甲醛含量	—	●	5.1、5.2	6.7
7	可迁移性荧光物质	—	●	5.1、5.2	6.8
8	吸收倍率	●	●	5.1	6.9
9	饱和吸收量	●	●	5.2	6.10
10	交货水分	●	●	5.1、5.2	6.11
11	纸尿裤适用腰围最大值	●	●	5.6	6.13
12	外观质量	●	●	5.7	6.14

7.4 检验批的规定

以相同原料、相同工艺、相同规格的同类产品一次交货数量为一批，交收检验样本单位为件，每批不超过20000件。

7.5 抽样方法

7.5.1 出厂检验

从一批产品中，随机抽取3件产品，从每件中抽取2包(每包按10片计)样品，共计6包样品。其中 4 包用于检验，2 包用于复验。

7.5.2 型式检验

从一批产品中，随机抽取 3 件产品，从每件中抽取 2 包(每包按 10 片计)样品，共计 6 包样品。其中 4 包用于检验，2 包用于复验。

7.6 判定规则

7.6.1 出厂检验

当检验产品符合表 3 中出厂检验全部技术要求时，则判为批合格；当这些检验项目中任一项出现不合格时，则判为批不合格。

7.6.2 型式检验

当检验产品符合表 3 中型式检验全部技术要求时，则判为批合格；当这些检验项目中任一项出现不合格时，则判为批不合格。

7.7 质量保证

产品经检验合格并附质量合格标识方可出厂。

8 标志、包装、运输、贮存

8.1 产品销售标识及包装

8.1.1 产品销售包装上应标明以下内容：

a) 产品名称(含成人纸尿裤、成人纸尿片、成人纸尿垫或护理垫字样)；

b) 本标准编号；

c) 主要原料名称；

d) 成人纸尿裤和成人纸尿片应标注产品规格，成人纸尿垫(护理垫)应标注长宽尺寸；

e) 成人纸尿裤应标注适用臀围；

f) 成人纸尿裤和成人纸尿片应注明适用人群(含轻度失禁、中度失禁、重度失禁、轻中度失禁或中重度失禁等字样)；

g) 产品合格标志；

h) 其他标注内容应符合国家相关法律、法规、标准的要求。

8.1.2 产品的销售包装应能保证产品不受污染，销售包装上的各种标识信息应清晰且不易褪去。

8.2 产品运输贮存

8.2.1 产品在运输过程中应使用具有防护措施的洁净的工具，防止重压、尖物碰撞及日晒雨淋。

8.2.2 成品应保存在干燥通风，不受阳光直接照射的室内，防止雨雪淋袭和地面湿气的影响，不得与有污染或有毒化学品共存。

8.2.3 成人纸尿裤、成人纸尿片、成人纸尿垫(护理垫)的保质期一般不超过 3 年。

附录 A
(规范性附录)
渗透性能的测定方法

A.1 概述

将试样置于衬有吸水纸的弧形试样底座上，标准测试加液模块置于试样表面吸收区域，试样在一定压力下，加液装置将一定体积的生理盐水注入标准测试加液模块中，自动计时装置记录从加液开始到试样完全吸收生理盐水的时间。每个试样加液两次，分别以两次吸收时间表示试样的吸收速度。待第二次加液完成后，取出标准测试加液模块，在试样表面放置一定层数的吸水纸后，再放入标准测试加压模块，在一定压力下加压规定的时间，以试样上面吸水纸的质量增加量表示试样的回渗量，以试样底部吸水纸的质量增加量表示试样的渗漏量。

A. 2 仪器设备与材料

A. 2. 1 纸尿裤吸收性能测试仪

A. 2. 1. 1 仪器构成

纸尿裤吸收性能测试仪由弧形试样底座、样品支架、标准测试模块、移动加压装置、储液装置及自动加液装置、自动计时装置等组成。

A. 2. 1. 2 弧形试样底座

弧形试样底座在测试过程中用于放置吸水纸、样品支架、试样及标准测试模块，示意图如图 A. 1。

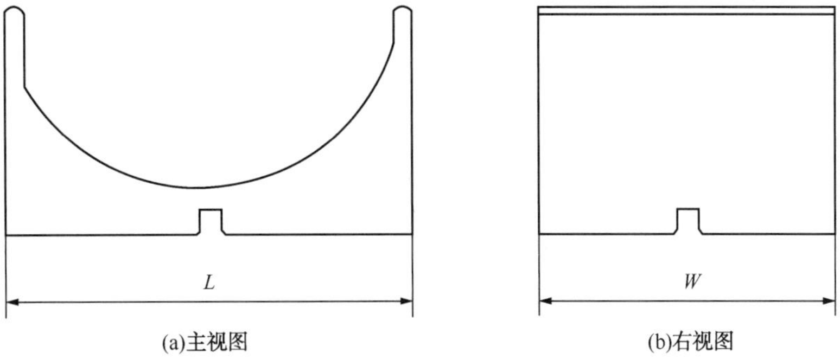

说明：

L——319mm；

W——200mm。

图 A. 1 弧形试样底座示意图

A. 2. 1. 3 标准测试模块

标准测试模块分为标准测试加液模块和标准测试加压模块两种，标准测试加液模块按规格不同分为 M1、M2 两种型号，标准测试加压模块按规格不同分为 Y1、Y2 两种型号。标准测试加液模块示意图如图 A. 2 所示，标准测试加压模块示意图如图 A. 3 所示。标准测试加液模块底部设置有计时单元，计时单元距离标准测试加液模块最底部为(4. 2±0. 2)mm，在模块的前段设置有一个弧形内凹的吸收区域，在吸收区域内的下部有一个出液口，出液口距离标准测试加液模块弧形最底部的直线距离为(58. 0±0. 5)mm，在测试加液模块的底部中间有一个宽度渐变的沟槽，沟槽最大宽度尺寸为(8. 0±0. 2)mm，同时与吸收区域连通，在沟槽的两侧有凸起结构。

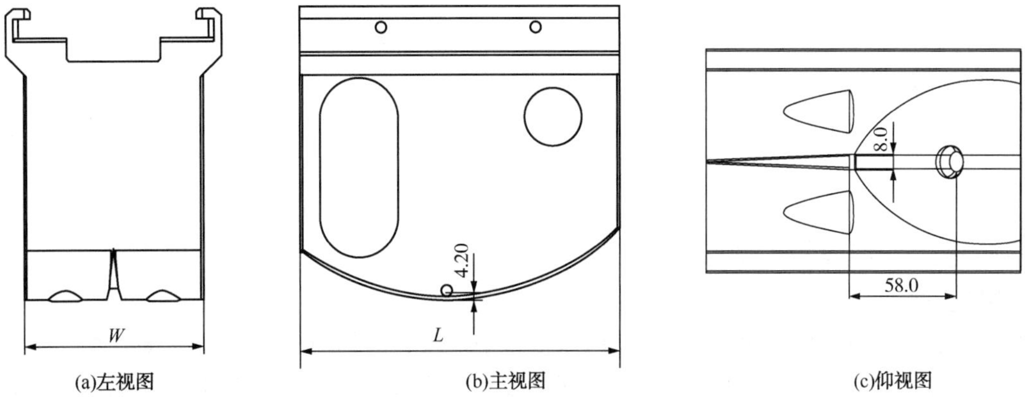

说明：

W——(70±1)mm(M1)、(95±1)mm(M2)；

L——(170±1)mm(M1)、(170±1)mm(M2)。

图 A. 2 标准测试加液模块示意图

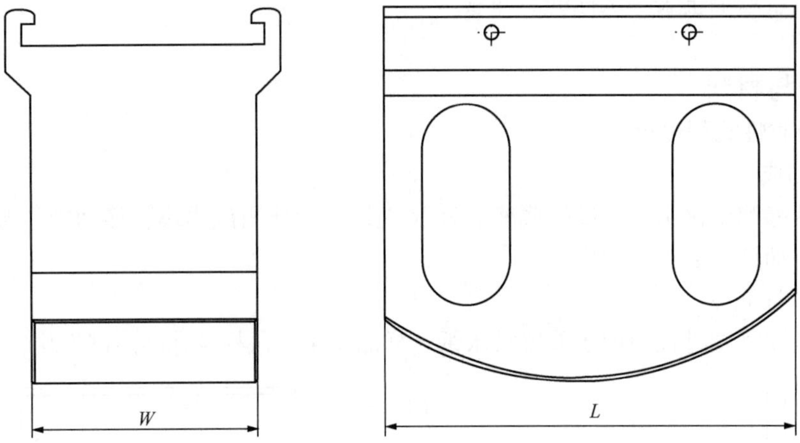

说明：

W——(70±1)mm(Y1)、(95±1)mm(Y2)；

L——(170±1)mm(Y1)、(170±1)mm(Y2)。

图 A.3　标准测试加压模块示意图

A.2.1.4　移动加压装置

移动加压装置可提供(2.0±0.2)kPa、(4.0±0.2)kPa 的恒定压力。

A.2.1.5　储液装置及自动加液装置

储液装置用于存储测试溶液，自动加液装置加液量偏差为±2mL，加液流速为(720±15)mL/min。

A.2.1.6　自动计时装置

自动计时装置由计时单元、计时控制部分等组成，用于自动记录测试时间，分辨力为 0.01s。

A.2.2　生理盐水

0.9% NaCl 溶液，(36±1)℃。

A.2.3 吸水纸

定量(145±5)g/m^2，吸水量大于 480%，吸水量按 GB/T 24218.6 测定。

A.2.4　食用色素

少量。

A.2.5　电子天平

感量为 0.01g。

A.3　试样采取

每个样品取 5 片试样，所取试样至少来自两个销售包装。在试验过程中，不应用手接触试样的测试区域。

A.4　吸收速度和回渗量的测定

A.4.1　测试步骤

A.4.1.1　将纸尿裤吸收性能测试仪(A.2.1)放于水平位置，向储液罐中倒入足够生理盐水(A.2.2)，加入少量食用色素(A.2.4)，启动仪器，点击润洗按钮，润洗两次。按仪器说明书规定校准自动加液装置的加液体积，生理盐水需加热至(36±1)℃.

A.4.1.2　根据所测试样的类型，按表 A.1 规定选择对应型号的标准测试加液模块、标准测试加压模块。取一片试样(裤型纸尿裤需剪开松紧带)，取下弧形试样底座，将已知质量的吸水纸(A.2.3)若干层放在弧形试样底座的测试区域内，吸水纸的长度为 250mm，其中心与弧形试样底座的中心重合。将试样铺在弧形试样底座上，放置时试样的前端在弧形试样底座的左(L)侧，后端在弧形试样底座的右(R)侧，且试样的中心与出液口对应线对齐，然后将放有试样的弧形试样底座放到渗透性能测试仪的固定位置。必要时可以用样品支架固定试样，试样表面应尽可能平整，不应有明显的死褶。

表 A.1

试样类别	标准测试加液模块	标准测试加压模块
中度失禁产品(成人纸尿裤、成人纸尿片)	M1	Y1
重度失禁产品(成人纸尿裤、成人纸尿片)	M2	Y2

A.4.1.3　进入吸收性能测试仪的测试界面，设置测试压力，点击测试，使试样表面承受的压力为(2.0±0.2)kPa 的压力，同时自动加液装置向标准测试加液模块内加入生理盐水(A.2.2)，加液体积根据表 A.2 规定选择。加液的同时自动计时单元自动开始计时，直到吸收区最低点处液面消失时记录吸收时间，从加液开始 1min 内一直保持加压，1min 后取出标准测试加液模块(若吸收速度大于 1min，待吸收完成后取出加液模块)，完成第一次吸收试验。

表 A.2　　单位为毫升

试样类别	吸收速度和回渗试验取液量
中度失禁产品(成人纸尿裤)	100
中度失禁产品(成人纸尿片)	70
重度失禁产品(成人纸尿裤)	150
重度失禁产品(成人纸尿片)	100

A.4.1.4　第一次吸收试验结束后，用洁净的纸巾将标准测试模块底部擦拭干净。自加液开始 8min 时重复 A.4.1.3 操作，进行第二次吸收试验，此次的吸收时间即为试样第二次吸收速度。

A.4.1.5　从第一次加液开始起 15min 时，迅速将已知质量的 15 层吸水纸(吸水纸尺寸见表 A.3)放于试样表面，放置时吸水纸的中心与标准加压模块的中心重合。16min 时，启动渗透性能测试仪，将标准测试加压模块压在吸水纸上(吸水纸应被加压模块完全压住，且不应暴露在加压模块以外)，并施加(4.0±0.2)kPa 的压力，加压 1min 时将标准测试加压模块移去，取出吸水纸，用天平称量吸水纸的质量，以吸水纸试验前后的质量差表示试样的回渗量。

表 A.3

试样类型	吸水纸尺寸
中度失禁产品(成人纸尿裤、成人纸尿片)	170mm×60mm
重度失禁产品(成人纸尿裤、成人纸尿片)	170mm×80mm
注：吸水纸长边方向为纵向。	

A.4.1.6　测试完毕后，用洁净的纸巾将标准测试加压模块底部擦拭干净，取下弧形试样底座，取下测试完的试样，准备下一次试验。

A.4.1.7　对于吸收速度测试异常的数据，在排除样品的原因后应进行剔除。每个样品至少测得 5 个有效数据。

A.4.1.8　完成所有测试后，用蒸馏水或去离子水清洗渗透性能测试仪及标准测试模块。

A.4.1.9　为了提高测试效率，可以采用多个试样自动连续测试的装置完成以上测试步骤。

A.4.2　结果表示

试样的吸收速度以 5 片试样测试值的算术平均值表示结果，单位为秒(s)，第一次吸收时间、第二次吸收时间均须计算，结果修约至整数位。

试样的回渗量以试样表面吸水纸试验前后的质量差来表示，按式(A.1)计算：

$$G = G_1 - G_2 \quad \cdots\cdots (A.1)$$

式中　G——回渗量，单位为克(g)；

G_1——试样表面吸水纸吸液后的质量，单位为克(g)；

G_2——试样表面吸水纸吸液前的质量，单位为克(g)。

取5片试样实验结果的算术平均值作为测试结果，精确至0.1g。

A.4.3 渗漏量的测定

如上所述，待测完回渗量后，移去试样，迅速称量放于试样底部吸水纸的质量。试样的渗漏量以试样底部吸水纸试验前后的质量差来表示。以5片试样的算术平均值作为最终测试结果，精确至0.1g。

A.5 成人纸尿垫(护理垫)渗透性能的测定

打开试样，平铺在水平台面上。用量筒量取150mL测试溶液，调节量筒高度，使其出液口距试样表面5mm~10mm，在5s内匀速倒入试样中心位置。5min后观察试样四周有无液体渗出及试样底部有无液体渗漏。随机抽取3片试样，任一试样均不应有渗出或渗漏现象。

附录B
(规范性附录)
pH的测定

B.1 仪器和试剂

B.1.1 仪器

B.1.1.1 pH计：1台，精度为0.01。

B.1.1.2 天平：1台，感量为0.01g。

B.1.1.3 水银温度计：1支，量程为0℃~100℃。

B.1.1.4 烧杯：400mL，2个。

B.1.1.5 容量瓶：1000mL，1个。

B.1.1.6 不锈钢剪刀：1把。

B.1.1.7 G1玻璃砂芯漏斗。

B.1.1.8 秒表：分辨力为0.1s。

B.1.2 试剂

B.1.2.1 水：GB/T 6682，三级。

B.1.2.2 生理盐水：0.9%氯化钠溶液。称量9.00g(精确至0.01g)氯化钠于1000mL容量瓶中，溶解后加水至刻度并摇匀。

B.1.2.3 标准缓冲溶液：25℃时pH为4.01、6.86、9.18。

B.2 实验步骤

任取1条试样，去除底膜，从中间部位剪取(1.0±0.1)g置于烧杯(B.1.1.4)。所取试样应保证从面层到底层全部包括。加入200mL生理盐水(B.1.2.2)并开始计时，用玻璃棒搅拌使试样与生理盐水充分混合，然后静置，10min时再次搅拌并用G1玻璃砂芯漏斗(B.1.1.7)过滤，将pH计(B.1.1.1)放入滤液中测试并读取pH值。

B.3 测试结果的计算

每种样品测试两份试样(取自两个销售包装)，取其算术平均值作为测定结果，结果修约至小数点后一位。

B.4 注意事项

每次使用pH计前应使用标准缓冲溶液(B.1.2.3)对仪器进行校准，详见仪器使用说明书。每个试样测试完毕后应立即用水(B. 1. 2. 1)冲洗电极，并用滤纸将电极上的水吸干后准备测试下一试样用。

附 录 C
(规范性附录)
杂质的测定

C. 1 概述

将试样固定在照明装置工作台表面，在一定条件的透射光下检验试样，标记出不同面积的杂质，用标准杂质图片鉴定纸尿裤上杂质的面积大小。

典型的杂质包括边缘尖锐物(金属、陶瓷、玻璃、砂砾、硬质塑料片等)、昆虫以及破碎的塑料片、薄膜、无纺布片等。纸尿裤组成部分的物质不计为杂质，例如有颜色的高吸收性树脂、无纺布的粗丝、绒毛浆中的纤维束、热熔胶点、棉纤维中残留的棉壳、纸尿裤上未分离的无纺布切边等。但是，被污染的绒毛浆、面层上的硬质胶块、沾有油污的材料均属于杂质。

C. 2 仪器和材料

C. 2. 1 照明装置：适合工作人员在透射光下检验试样，装置内有照度可调的 LED 灯，照度范围 0 lx ~8000 lx。工作台表面是乳白色的聚乙烯板或玻璃，光线应均匀。测试过程中应避开日光或任何外部光源的直接照射。

C. 2. 2 不锈钢剪刀。

C. 2. 3 标准杂质图片：在一透明膜上印有不同面积和形状的杂质系列，左半区为同一横行排列着面积相同但形状不同的杂质；右半区为同一纵列排列着面积相同但形状不同的杂质，具体见图 C. 1。

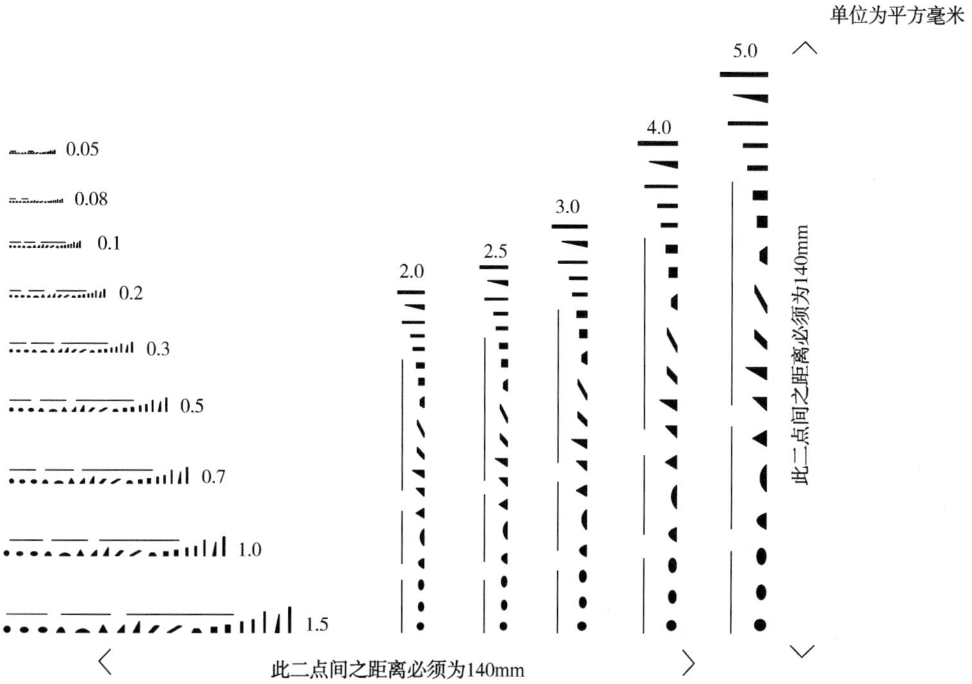

图 C. 1 标准杂质图

C.3 实验步骤

C.3.1 任取2片试样(来自两个最小销售包装)，将一片试样平铺在照明装置(C.2.1)工作台表面，四角用夹子或魔术贴固定好，在透射光下检查试样面层、芯层和背面可见的杂质，眼睛观察时的明视距离为250 mm~300 mm。可根据试样厚度调整LED灯的照度。

C.3.2 对于芯层中的杂质，用不锈钢剪刀(C.2.2)剪开试样面层后，再用标准杂质图片进行鉴定杂质的大小。用不同标记圈出不同面积的杂质，通过对比标准杂质图片(C.2.3)鉴定试样上杂质的面积大小，也可采用按不同面积的大小，分别记录同一面积的杂质个数。

C.3.3 对于成团的杂质，例如塑料膜、无纺布碎片等，应将其展开后再通过标准杂质图片鉴定杂质的面积大小。

C.4 结果表示

任意一片纸尿裤(片、垫)中不应有大于5.0mm^2的杂质。对于3.0mm^2~5.0mm^2的杂质，以两条试样测试值的平均值作为测定结果，结果修约至整数位。

若测定结果超出标准要求，则重新测定两条试样，重新测定后，若测定结果合格，则判该项目合格，否则判为不合格。对于大于5.0mm^2的可能划伤人体皮肤的边缘尖锐物(金属、陶瓷、玻璃、砂砾、硬质塑料片等)，不进行复测。

附 录 D
(规范性附录)
可迁移性荧光物质的测定

D.1 试剂和材料

除非另有规定，仅使用分析纯试剂。

D.1.1 水：GB/T 6682，三级。

D.1.2 纱布：纯棉材质，尺寸约5cm×5cm。

D.1.3 氨水：0.1%。

D.1.4 盐酸溶液：10%。

D.1.5 萃取溶液：用0.1%氨水(D.1.3)调节过的pH为7.5~9.0的水。

D.1.6 荧光标准样：荧光均匀，荧光亮度为0.40%~0.60%。

注：除荧光标准样外，所用试剂和材料在紫外灯下无荧光现象。

D.2 仪器

D.2.1 天平：感量为0.001g。

D.2.2 三角烧瓶：250mL。

D.2.3 G1玻璃砂芯漏斗。

D.2.4 玻璃表面皿。

D.2.5 紫外灯：波长为254nm和365nm，具有保护眼睛的装置。

D.2.6 pH计：精度为0.01。

D.2.7 恒温水浴：控温精度为(40±2)℃。

D.3 试验步骤和结果判定

D.3.1 从样品中随机取一片试样，去除外包装，将试样与荧光标准样(D.1.6)一同置于紫外灯(D.2.5)下约20cm处，对比观察试样两面与荧光标准样的荧光现象。如果试样的荧光现象弱于荧光标准样，则判定该样品无可迁移性荧光物质且试验终止；如果试样的荧光现象强于荧光标准样，则继续按照 D. 3. 2~D. 3. 9 进行试验并判定。

D. 3. 2　将试样荧光现象明显的部位裁下，剪成约 5mm×5mm 的小块，准确称取 2. 0g 试样，置于三角烧瓶（D. 2. 2）中。

注：如果一片试样的荧光明显部位质量不足 2. 0g，则从多片试样上取样。

D. 3. 3　在烧瓶中加入 100mL 萃取溶液（D. 1. 5）。在室温条件下缓慢摇晃烧瓶，萃取 10min，然后用 G1 玻璃砂芯漏斗（D. 2. 3）过滤。

D. 3. 4　用盐酸溶液（D. 1. 4）将滤液的 pH 调节到 3. 0~5. 0。将纱布（D. 1. 2）浸入滤液中，并在温度为（40±2）℃的恒温水浴（D. 2. 7）中放置 30min。

D. 3. 5　用镊子取出纱布，然后挤出滤液并对称折成四层，放在玻璃表面皿（D. 2. 4）上。

D. 3. 6　重复 B. 3. 3 至 B. 3. 5 步骤，进行空白试验。

D. 3. 7　每个样品进行两次平行测定。

D. 3. 8　将放置试样纱布（D. 3. 5）及空白试验纱布（D. 3. 6）的玻璃表面皿置于紫外灯下约 20cm 处，观察纱布荧光现象。

D. 3. 9　若两个平行试验的试样纱布与空白试验纱布比较，均没有明显荧光现象，则判该样品无可迁移性荧光物质；若两个试样纱布均有明显荧光现象，则判该样品有可迁移性荧光物质；若两个试样纱布中有一个比空白试验纱布的荧光现象明显，则重新进行试验，若重新试验后的试样纱布与空白试验纱布比较，均没有明显荧光现象，则判该样品无可迁移性荧光物质；否则判该样品有可迁移性荧光物质。

乳垫（QB/T 5049—2017）

2017-07-01 实施

1　范围

本标准规定了乳垫的要求、试验方法、检验规则、标志、包装、运输和贮存。

本标准适用于由面层、内吸收层、防漏底膜组成，专为哺乳期女性设计的，用于防止乳液溢出的一次性卫生用品。

2　规范性引用文件

下列文件对于本文件的应用是必不可少的。凡是注日期的引用文件，仅注日期的版本适用于本文件。凡是不注日期的引用文件，其最新版本（包括所有的修改单）适用于本文件。

GB/T 462　纸、纸板和纸浆　分析试样水分的测定

GB/T 1914　化学分析滤纸

GB/T 2828. 1　计数抽样检验程序　第 1 部分：按接收质量限（AQL）检索的逐批检验抽样计划

GB/T 10739　纸、纸板和纸浆试样处理和试验的标准大气条件

GB 15979　一次性使用卫生用品卫生标准

GB/T 22903　纸浆物理试验用标准水

3　要求

3. 1　乳垫的技术指标应符合表 1 或合同规定。

表 1

项目		单位	指标
质量偏差		%	±12
甲醛含量	≤	mg/kg	20
可迁移性荧光物质		—	合格
吸水倍率	≥	倍	7.0
回渗量	≤	g	1.0
pH		—	4.0~9.0
交货水分	≤	%	10.0

3.2 乳垫卫生指标按 GB 15979 的规定执行。

3.3 乳垫不应使用废弃回用的原材料，不应有异物，产品外观应洁净、无污物和无破损。

3.4 乳垫封口应牢固，在使用时不应破裂。

3.5 乳垫的背胶黏度应适中，在正常使用时不应产生位移，与内衣剥离时不应损伤衣物，且不应有明显残留。离型纸不应自行脱落，并能被自然完整地撕下。

4 试验方法

4.1 试样的预处理

试样试验的标准大气条件按 GB/T 10739 进行。

4.2 质量偏差

用感量为 0.01g 的天平分别称量同规格 6 片试样的净重(含离型纸)，采用 6 片试样中测量的最大值、最小值以及 6 片试样的平均值，按公式(1)(2)计算条质量偏差，结果精确至 1%。

$$上偏差(\%)=\frac{最大值-平均值}{平均值}\times 100 \quad (1)$$

$$下偏差(\%)=\frac{最小值-平均值}{平均值}\times 100 \quad (2)$$

4.3 甲醛含量

甲醛含量按照附录 A 的规定进行测定。

4.4 可迁移性荧光物质

可迁移性荧光物质按附录 B 的规定进行测定。

4.5 吸水倍率

取一片试样，撕去离型纸，用感量为 0.01g 的天平称其质量(吸前质量)。用夹子夹住样品的一端封口，但不夹住内置吸收层。将试样连同夹子浸入约 10cm 深，温度为 (23±1)℃的符合 GB/T 22903 要求的试验用标准水中，试样的使用面朝上。轻轻压住试样，使其完全浸没 60s，然后提起夹子，使试样完全离开水面，垂直悬挂 90s 后，称其质量(吸后质量)，按公式(3)计算吸水倍率。共测试 5 片试样，取 5 片试样的平均值作为测定结果，精确至 1 位小数。

$$吸水倍率=\frac{吸后质量-吸前质量}{吸前质量} \quad (3)$$

4.6 回渗量

回渗量按照附录 C 的规定进行测定。

4.7 pH

pH 按照附录 D 的规定进行测定。

4.8 交货水分

交货水分按照 GB/T 462 的规定进行测定。取样方法：从 2 个包装中各取 2 片样品，在每片样品上各取约 1g 试样（不应含有背胶及离型纸部分），将试样剪成块状，并充分混匀后分成两组进行平行试验。两次测定值间的绝对误差不应超过 1.0%，取其算术平均值表示测定结果。应尽量缩短取样时间，一般不应超过 2min。

4.9 外观质量

外观指标采用目测。

4.10 卫生指标

卫生指标按照 GB 15979 的规定进行测定。

5 检验规则

5.1 检验批的规定

以一次交货为一批，检验样本单位为箱，每批不超过 5000 箱。

5.2 抽样方法

从一批产品中，随机抽取 3 箱，然后从每箱中抽取 5 包(按每包 10 片计)样品，其中 3 包用于微生物检验，6 包用于微生物检验复查，3 包用于存样，3 包用于其他性能检验。

5.3 判定规则

当检验产品符合本标准第 3 章全部技术要求时，则判为批合格；当这些检验项目中任一项出现不合格时，则判为批不合格。

5.4 质量保证

生产厂应保证产品质量符合本标准的要求，产品经检验合格并附质量合格标识方可出厂。

6 标志、包装

6.1 产品销售包装标志

至少应包括以下内容：

——产品名称、商标；

——产品标准编号；

——产品主要原料；

——生产日期和保质期，或生产批号和限用日期；

——产品数量；

——产品合格标识；

——生产企业(或产品责任单位)名称、详细地址等。

6.2 产品运输包装标志

至少应包括以下内容：

——产品名称、商标；

——生产企业(或产品责任单位)名称、地址等；

——产品数量；

——包装储运图形标志。

6.3 包装

6.3.1 乳垫包装应防尘、防潮和防霉等。

6.3.2 直接与产品接触的包装材料应无毒、无害、清洁。产品包装应完好，包装材料应具有足够的密封性和牢固性，以达到保证产品在正常的运输与贮存条件下不受污染的目的。

7 运输和贮存

7.1 运输时应采用洁净的运输工具，防止成品污染。

7.2 产品应存放于干燥、通风、洁净的地方妥善保管，防止雨、雪及潮湿侵入产品，影响质量。

7.3 搬运时应注意包装完整，不应从高处抛下，以防损坏外包装。

7.4 凡出厂的产品因运输、保管不妥造成产品损坏或变质的，应由责任方负责。损坏或变质的乳垫不应出售。

附录A

（规范性附录）

甲醛含量的测定 乙酰丙酮-可见分光光度法

A.1 原理

试样经水萃取一定时间后，试样中游离甲醛和水解甲醛转移到萃取液中。萃取液经乙酰丙酮反应生成黄色化合物，冷却后在412nm波长下测定溶液的吸光度。对照标准甲醛工作曲线，计算出试样中甲醛的含量。

A.2 试剂或材料

除非另有规定，仅使用分析纯试剂。

A.2.1 水，GB/T 6682，三级。

A.2.2 甲醛溶液，浓度约37%（质量分数）。

A.2.3 乙酰丙酮试剂，在1000mL容量瓶中加入150g乙酸铵，用800mL水（A.2.1）溶解，然后加3mL冰乙酸和2mL乙酰丙酮，用水稀释至刻度，用棕色瓶贮存。

因试剂贮存的前12h溶液颜色会逐渐变深，因此使用前应贮存12h。试剂在6周内有效，由于长时间贮存后其灵敏度可能会有所改变，故每周应作1次标准工作曲线。

A.2.4 双甲酮溶液，1g双甲酮（二甲基-二羟基-间苯二酚或5,5-二甲基-环己二酮）用乙醇溶解后稀释至100mL。该溶液应现用现配。

A.2.5 生理盐水，0.9%的氯化钠溶液。

A.3 仪器设备

A.3.1 250mL具塞三角烧瓶。

A.3.2 1mL、5mL、10mL和25mL单标移液管及5mL分刻度移液管。

注：可使用与手工移液管同样精确的自动吸液系统。

A.3.3 分光光度计，波长412nm。

A.3.4 25mL具塞试管及试管架。

A.3.5 恒温振荡水浴。

A.3.6 0.45μm滤膜。

A.3.7 天平，感量为0.1mg。

A.4 取样和试验溶液的制备

A.4.1 从样品中取出试样，将试样剪成5mm×5mm的小块试料并混合。同时从样品中另取试样按要求测水分含量。

A.4.2 对不含有高吸收性树脂的乳垫，称取2.5g试料（精确至0.1mg）放入250mL具塞三角烧瓶中，加入100 mL水后盖上瓶盖。对于含有高吸收性树脂的乳垫，称取2.0g试料（精确至0.1mg）放入

250mL具塞三角烧瓶中，加入100 mL生理盐水(A.2.5)后盖上瓶盖，如果无游离水出现可以适当增加生理盐水的加入量。

A.4.3 将三角烧瓶放入(40±2)℃恒温水浴中振荡萃取(60±5)min。萃取完成后，用0.45μm滤膜(A.3.6)过滤萃取溶液，保留滤液供测试使用。

A.4.4 平行制备两份试样溶液。除不放入试样外，其余操作均按照A.4.2和A.4.3制备空白溶液。

样品测试前需放入聚乙烯袋或铝箔袋中密封保存。

A.5 试验步骤

A.5.1 甲醛标准溶液的制备

取28mL甲醛溶液(A.2.2)，用水稀释至1000mL，用碘量法或亚硫酸钠法测定甲醛溶液的准确浓度。根据测定的浓度，计算含有10g甲醛的甲醛溶液的体积，用移液管移取该体积数到1L容量瓶中，并用蒸馏水稀释到刻度，配制成10mg/mL甲醛标准溶液。也可以购买符合规定的甲醛标准溶液。

A.5.2 甲醛标准工作溶液的制备

吸取1mL甲醛标准溶液(A.5.1)于1L的容量瓶中，用水稀释至刻度，配制成10μg/mL的甲醛标准工作溶液。

A.5.3 标准工作曲线的绘制

分别准确移取0mL、5.0mL、10.0mL、15.0mL、20.0mL和25.0mL的甲醛标准工作溶液(A.5.2)至100mL容量瓶中，用蒸馏水稀释到刻度。然后分别取出5.0mL溶液于25mL具塞试管中，各加入5.0mL乙酰丙酮试剂(A.2.3)，在(40±2)℃的恒温振荡水浴中显色(30±5)min，常温下避光静置冷却30min后，用10mm比色皿在分光光度计412nm波长处测定吸光度。以甲醛浓度为横坐标，吸光度为纵坐标，绘制标准工作曲线。

A.5.4 甲醛含量的测定

移取试样溶液(A.4.4)5.0mL于25mL具塞试管中，加入5.0mL乙酰丙酮试剂，在(40±2)℃的恒温振荡水浴中显色(30±5)min，常温下避光静置冷却30min后，用10mm的比色皿在分光光度计412nm波长处测定吸光度。在相同条件下作空白试验，空白试验的吸光度应小于0.01，否则应重新配制乙酰丙酮试剂。

A.5.5 双甲酮确认试验

A.5.5.1 如果怀疑吸光度是由于试样溶液自身颜色等干扰产生时，可按A.5.5.2进行双甲酮试验确认。

A.5.5.2 移取试样溶液(A.4.4)5.0mL于25mL具塞试管中，加入1.0mL双甲酮溶液(A.2.4)，在(40±2)℃的恒温振荡水浴中显色(10±1)min后，加入5.0mL乙酰丙酮试剂，再放入(40±2)℃的恒温振荡水浴中显色(30±5)min，常温下避光静置冷却30min后，用10mm比色皿在分光光度计412nm波长处测定吸光度。在相同条件下作空白试验。来自甲醛在412nm的吸光度将消失。

A.6 结果计算

A.6.1 试样的校正吸光度按公式(A.1)计算：

$$A = A_c - A_0 - A_d \qquad (A.1)$$

式中 A——试样的校正吸光度；

A_c——试样溶液的吸光度；

A_0——空白溶液的吸光度；

A_d——试样空白溶液的吸光度(仅适用于试样溶液变色等情况下)。

用校正后的吸光度值，通过校正曲线计算试样溶液中甲醛的浓度c，单位为微克每毫升(μg/mL)。

A.6.2 甲醛含量按公式(A.2)计算：

$$E=\frac{cV}{m} \quad \cdots\cdots (A.2)$$

式中 E——试样中的甲醛含量，单位为毫克每千克(mg/kg)；

c——试样溶液中甲醛的浓度，单位为微克每毫升(μg/mL)；

V——萃取液的体积，单位为毫升(mL)；

m——试样的绝干质量，单位为克(g)。

取两次检测结果的平均值作为测试结果，计算结果修约至整数位。若测试结果小于 10 mg/kg，则试验结果报告写“未检出”。

附录B
（规范性附录）
可迁移性荧光物质的测定

B.1 试剂和材料

除非另有规定，仅使用分析纯试剂。

B.1.1 水：GB/T 6682，三级。

B.1.2 纱布：尺寸约 5cm×5cm。

B.1.3 氨水：0.1%。

B.1.4 盐酸溶液：10%。

B.1.5 萃取溶液：用 0.1%氨水(B.1.2)调节过的 pH 为 7.5~ 9.0 的水(B.1.1)。

B.1.6 荧光标准样。

注：所用试剂和材料在紫外灯下无荧光现象。

B.2 仪器

B.2.1 常规实验室仪器。

B.2.2 三角烧瓶：250mL。

B.2.3 玻璃漏斗：1G1 玻璃砂芯漏斗。

B.2.4 玻璃表面皿。

B.2.5 紫外灯：波长为 254nm 和 365nm，具有保护眼睛的装置。

B.2.6 pH 计：读数准确至 0.01。

B.3 试验步骤和结果判定

B.3.1 从样品中随机取一片乳垫试样，去除外包装，将试样与荧光标准样一同置于紫外灯(B.2.5)下约 20cm 处，对比观察试样两面与荧光标准样(B.1.6)的荧光现象。如果试样的荧光现象弱于荧光标准样，则判定该样品可迁移性荧光物质合格且试验终止；如果试样的荧光现象强于荧光标准样，则继续按照 B.3.2~B.3.9 进行试验并判定。

B.3.2 将试样荧光现象明显部位裁下，剪成约 5mm×5mm 的小块，共准确称取 2.0g 试样，置于三角烧瓶(B.2.2)中。

注：如果一片乳垫的荧光明显部位不足 2.0g，则从多片乳垫上取样。

B.3.3 在烧瓶中加入 100mL 萃取溶液(B.1.5)。在室温条件下缓慢摇晃烧瓶，萃取 10min，然后用玻璃漏斗(B.2.3)过滤。

B.3.4 用盐酸溶液(B.1.4)将滤液的 pH 调节到 3.0~5.0。将纱布(B.1.2)浸入滤液中，并在温度为

(40±2)℃的水浴中放置30min。

B.3.5 用镊子取出纱布，然后挤干滤液并对称折成4层，放在玻璃表面皿上(B.2.4)。

B.3.6 重复B.3.3至B.3.5步骤，进行空白试验。

B.3.7 每个样品进行2次平行测定。

B.3.8 将放置试样纱布(B.3.5)及空白试验纱布(B.3.6)的玻璃表面皿置于紫外灯下约20cm处，观察纱布荧光现象。

B.3.9 若两个平行试验的试样纱布与空白试验纱布比较，均没有明显荧光现象，则判该样品可迁移性荧光物质合格；若两个试样纱布均有明显荧光现象，则判该样品可迁移性荧光物质不合格；若两个试样纱布中有1个比空白试验纱布的荧光现象明显，则重新进行试验，若重新试验后的试样纱布与空白试验纱布比较，均没有明显荧光现象，则判该样品可迁移性荧光物质合格；否则判为不合格。

附录C
(规范性附录)
回渗量的测定

C.1 仪器与测试溶液

C.1.1 天平：感量为0.01g。

C.1.2 标准放液漏斗(以下简称漏斗)：60mL。

C.1.3 移液管：10mL。

C.1.4 中速化学定性分析滤纸：符合GB/T 1914要求，以下简称“滤纸”。

C.1.5 标准压块：500g，Φ100mm的圆形压块。

C.1.6 秒表：精确度0.01s。

C.2 试验步骤

C.2.1 将适量的蒸馏水(去离子水)倒入漏斗(C.1.2)中，使漏斗润湿，并用蒸馏水洗漏斗两遍。

C.2.2 取待测试样一片，将其展开呈自然状态平放于试验台上，用移液管(C.1.3)移取5mL蒸馏水注入漏斗中，并置于试样的上方，使漏斗下口中心点距试样表面中心点的垂直距离为5mm~10mm，漏斗下口开口面向操作者，然后迅速打开漏斗节门至最大，使蒸馏水自由地流到试样的表面上，并同时用秒表(C.1.6)开始计时，待5min时，再次用上述漏斗注入5mL蒸馏水，待10min时，迅速将Φ110mm已知质量(G_1)的若干层滤纸(C.1.4)(以最上层滤纸无吸液为止)放到试样的表面上，同时将标准压块(C.1.5)压于滤纸上，重新开始计时，加压1min后将标准压块移去，用天平(C.1.1)称量滤纸的质量(G_2)。

C.3 试验结果的计算

试样的回渗量以经试样吸收后回渗到滤纸上的液体的质量(g)来表示，每个样品测5片试样，分别按式(C.1)计算每片试样的回渗量(G)。

$$G = G_2 - G_1 \qquad (C.1)$$

式中 G——回渗量，单位为克(g)；

G_2——滤纸吸液后的质量，单位为克(g)；

G_1——滤纸吸液前的质量，单位为克(g)。

取5片试样的算术平均值作为其最终测试结果，精确至0.1g。

附 录 D
（规范性附录）
pH 的测定

D.1 仪器和试剂

D.1.1 仪器

测试用仪器如下：

a）带复合电极的 pH 计：精度为 0.01；

b）天平：最大量程 500g，感量为 0.01g；

c）温度计：分度为 0.1℃；

d）烧杯：容量为 150mL；

e）量筒：容量为 100mL；

f）容量瓶：1000mL。

D.1.2 试剂

D.1.2.1 生理盐水，0.9%的氯化钠溶液。

D.1.2.2 标准缓冲溶液：25℃时 pH 为 4.01、6.86、9.18 的标准缓冲溶液。

D.2 试验步骤

在常温下，抽取一片试样，去掉离型纸后从其中部剪取(1.0±0.1)g 试样，置于一个 150mL 烧杯内，加入 100mL 生理盐水，用玻璃棒搅拌，然后放置 10min，再次搅拌后将复合电极放入烧杯中测试并读取 pH。

D.3 试验结果的计算

每种样品测试两份试样(取自两个包装)，取其算术平均值作为测定结果，结果保留 1 位小数。

D.4 注意事项

每次使用 pH 计前应使用标准缓冲溶液按仪器使用说明书对仪器进行校准。每个试样测试完毕后，应立即用去离子水(或蒸馏水)洗净电极。

绒毛浆(GB/T 21331—2021)

2022-04-01 实施

1 范围

本文件规定了绒毛浆的术语和定义、产品分类、技术要求、试验方法、检验规则及标志、包装、运输、贮存。

本文件适用于生产一次性使用卫生用品的原料绒毛浆。

2 规范性引用文件

下列文件中的内容通过文中的规范性引用而构成本文件必不可少的条款。其中，注日期的引用文件，仅该日期对应的版本适用于本文件；不注日期的引用文件，其最新版本(包括所有的修改单)适用于本文件。

GB/T 451.2　纸和纸板定量的测定

GB/T 451.3　纸和纸板厚度的测定

GB/T 462　纸、纸板和纸浆　分析试样水分的测定

GB/T 740　纸浆　试样的采取

GB/T 1539　纸板　耐破度的测定

GB/T 2828.1　计数抽样检验程序　第1部分：按接收质量限(AQL)检索的逐批检验抽样计划

GB/T 7974　纸、纸板和纸浆　蓝光漫反射因数D65亮度的测定(漫射/垂直法，室外日光条件)

GB/T 10739　纸、纸板和纸浆试样处理和试验的标准大气条件

GB/T 10740　纸浆尘埃和纤维束的测定

GB 15979　一次性使用卫生用品卫生标准

GB/T 22804　纸浆、纸和纸板　汞含量的测定

GB/T 22902　纸浆　丙酮可溶物的测定

GB/T 24991　纸、纸板和纸浆　铅含量的测定　石墨炉原子吸收法

GB/T 24992　纸、纸板和纸浆　砷含量的测定

GB/T 24997　纸、纸板和纸浆　镉含量的测定　原子吸收光谱法

GB/T 27741—2018　纸和纸板　可迁移性荧光增白剂的测定

GB/T 34845　生活用纸　可吸附有机卤素(AOX)的测定

3　术语和定义

下列术语和定义适用于本文件。

3.1　处理浆 treated fluff pulp

经化学方法处理，耐破度显著降低的绒毛浆。

3.2　未处理浆 untreated pulp

未经化学方法处理的绒毛浆。

4　产品分类

绒毛浆按是否经化学处理分为处理浆和未处理浆。

5　技术要求

5.1　绒毛浆的理化性能指标应符合表1的要求。

表1

指标名称		单位	要求	
			处理浆	未处理浆
定量偏差[a]		%	±5.0	
紧度[a]	≤	g/cm^3	0.65	
耐破度[a,b]	≤	kPa	800	1500
D65亮度[a](正反面平均)	≤	%	90.0	
干蓬松度	≥	cm^3/g	17.0	15.0
吸水时间	≤	s	8.0	5.0
吸水量	≥	g/g	8	
可迁移性荧光物质		—	无	

续表

指标名称			单位	要求	
				处理浆	未处理浆
丙酮抽出物		≤	%	0.35	0.05
可吸附有机卤素(AOX)		≤	mg/kg	5.0	
重金属	铅(Pb)	≤	mg/kg	10	
	砷(As)	≤	mg/kg	2	
	镉(Cd)	≤	mg/kg	5	
	汞(Hg)	≤	mg/kg	1	
尘埃度	0.4mm^2~1.0mm^2	≤	mm^2/500g	25	
	>1.0 mm^2~5.0mm^2	≤		10	
	>5.0mm^2			不应有	
交货水分			%	6.0~10.0	

[a]检验对象为绒毛浆浆板；
[b]也可按订货合同生产其他耐破度规格的绒毛浆。

5.2　绒毛浆微生物指标执行 GB 15979 的规定。

5.3　绒毛浆浆板不应有肉眼可见的金属杂质、沙粒等异物，无明显的纤维束。

6　试验方法

6.1　试样的采取

试样的采取按 GB/T 740 进行。

6.2　试样的处理和试验条件

测定定量偏差、紧度、耐破度、干蓬松度、吸水时间、吸水量时，试样应在 GB/T 10739 规定的标准大气条件下达到平衡，并在此条件下进行试验。

6.3　定量偏差

定量偏差按 GB/T 451.2 测定。

6.4　紧度

紧度按 GB/T 451.3 测定。

6.5　耐破度

耐破度按 GB/T 1539 测定。

6.6　D65 亮度

D65 亮度按 GB/T 7974 测定。

6.7　干蓬松度

干蓬松度按附录 B 测定。其中，绒毛浆浆板的分散按附录 A 进行。

6.8　吸水时间

吸水时间按附录 B 测定。

6.9　吸水量

吸水量按附录 B 测定。

6.10　可迁移性荧光物质

可迁移性荧光物质按 GB/T 27741—2018 中第 5 章给出的方法进行定性测定。

6.11　丙酮抽出物

丙酮抽出物按 GB/T 22902 测定。

6.12 可吸附有机卤素(AOX)

AOX 按 GB/T 34845 测定。

6.13 重金属

重金属铅(Pb)的含量按 GB/T 24991 测定，重金属砷(As)含量按 GB/T 24992 测定，重金属镉(Cd)含量按 GB/T 24997 测定，重金属汞(Hg)含量按 GB/T 22804 测定。

6.14 尘埃度

尘埃度按 GB/T 10740 测定，实验室纸页测定法和浆板测定法中任一方法的测定结果合格则判定结果合格。

6.15 交货水分

交货水分按 GB/T 462 测定。

6.16 微生物指标

微生物指标按 GB 15979 测定。

6.17 外观质量

外观质量采用目测。

7 检验规则

7.1 生产企业应保证所生产的绒毛浆符合本标准或订货合同的规定，以同一原料、同一类型、一次交货数量为一批，每批产品交货时应附有产品合格证明。

7.2 微生物指标或原料不合格，则判定该批不合格。

7.3 产品交收检验抽样应按 GB/T 2828.1 的规定进行，样本单位为卷或件。接收质量限(AQL)：干蓬松度、吸水时间、吸水量、可迁移性荧光物质、可吸附有机卤素(AOX)、重金属(铅、砷、镉、汞)为 4.0；定量偏差、紧度、丙酮抽出物、尘埃度、耐破度、交货水分、D65 亮度、外观质量为 6.5。抽样方案采用正常检验二次抽样方案，检查水平为特殊检查水平 S-2，见表 2。

表 2

批量/卷(件)	正常检验二次抽样方案　特殊检查水平 S-2				
	样本量	AQL=4.0		AQL=6.5	
		Ac	Re	Ac	Re
2~150	3	0	1	—	—
	2	—	—	0	1
151~500	3	0	1	—	—
	5	—	—	0	2
	5(10)	—	—	1	2

7.4 在抽样时，应先检查样本外部包装情况，然后从中采取试样进行检验。

7.5 可接收性的确定：第一次检验的样品数量应等于该方案给出的第一样本量。如果第一样本中发现的不合格品数量小于或等于第一接收数，应认为该批是可接收的；如果第一样本中发现的不合格品数大于或等于第一拒收数，应认为该批是不可接收的。如果第一样本中发现的不合格品数介于第一接收数与第一拒收数之间，应检验由方案给出的样本量的第二样本并累计在第一样本和第二样本中发现的不合格品数。如果不合格品数累计数小于或等于第二接收数，则判定该批是可接收的；如果不合格品累计数大于或等于第二拒收数，则判定该批是不可接收的。

7.6 需方若对产品质量有异议，应将该批产品封存并在到货后三个月内(或按合同规定)通知供方，由供需双方共同对该批产品进行抽样检验。如不符合本标准规定，则判批不合格，由供方负责处理；如符合本标准规定，则判为批合格，由需方负责处理。

8 标志、包装、运输和贮存

8.1 每批绒毛浆应标明产品名称、执行标准编号、生产日期、批号、生产企业名称、生产企业地址、产品规格、产品类型等信息，并贴上产品合格证。

8.2 每卷(件)产品应用塑料膜包紧。

8.3 产品运输时，应使用具有防护措施的洁净的运输工具，不应与有污染性的物质共同运输。

8.4 产品在搬运过程中，应注意轻放，防雨、防潮，不应抛扔。

8.5 产品应妥善贮存于干燥、清洁、无毒、无异味、无污染的仓库内。

附 录 A
(规范性)
绒毛浆浆板的分散方法

A.1 仪器

A.1.1 切纸刀；

A.1.2 实验室绒毛浆浆板分散器：示意图如图 A.1 所示，钉型分散器的中间是一个直径为 150 mm、外表镶有约 500 只钉子的金属鼓，由转速为 6000r/min ~ 8000r/min 的电动马达驱动。鼓的外部有保护机壳，机壳上有喂料辊[速度可恒定在(4±1)cm/s 范围内]和出料口。

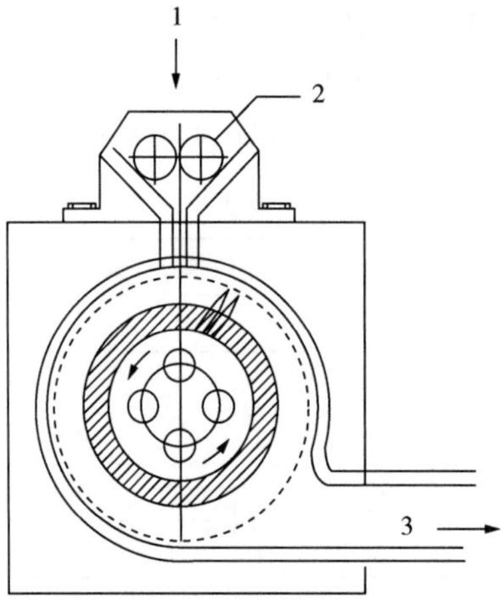

图 A.1 实验室绒毛浆浆板分散器结构示意图

1—绒毛浆浆板；2—喂料辊；3—出料口

A.2 取样方法

除去绒毛浆浆板外层的 2 层浆板后，进行取样，用切纸刀裁成宽约 30mm、长不小于 100mm 的条状绒毛浆浆板样品。

A.3 分散方法

启动分散器电源，待电机达到额定转数后，将条状绒毛浆浆板样品插入两喂料辊之间，分散后的绒毛浆用负压从出料口收集。

注 1： 为防止条状绒毛浆浆板样品尾端进入分散器后随金属鼓转动而无法被有效分散，舍弃尾端 1cm ~ 2cm 部分的样品。

注 2： 为防止设备长期工作发热影响样品性能，设备连续工作不超过 15min。

注 3： 如分散后的绒毛浆样品堵塞在分散器中，舍弃这部分样品。

附录B

（规范性）

绒毛浆干蓬松度、吸水时间和吸水量的测定

B.1 仪器设备

B.1.1 试样成型器

试样成型器由锥形分散管道、直径为(50±0.5)mm 的塑料成型管、带有 80 目金属滤网的金属框架及真空系统组成，各部分之间应紧密连接，形成良好气密性，确保试样成型过程中真空表的读数为(10±5)kPa。示意图见图 B.1。

B.1.2 干蓬松度及吸水性能测定仪

干蓬松度及吸水性能测定仪由质量为(500±5.0)g 的压块、直径为(50±0.5)mm 的塑料成型管、带有 80 目金属滤网的金属框架、泵水系统、精度为 0.01s 的计时器组成。压块内置电极，电极通过导线与计时器连接。塑料成型管内表面刻有最小分度为 1mm 的高度尺。示意图见图 B.2。

注：带有 80 目金属滤网的金属框架经过防锈处理。

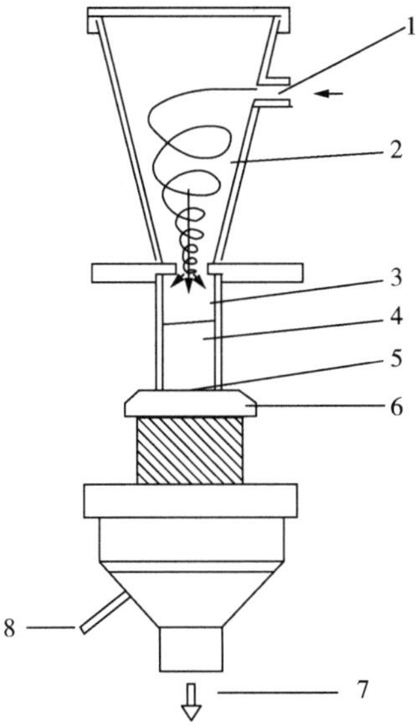

图 B.1 试样成型器结构示意图

1—分散后绒毛浆样品进口；2—锥型分散管道；
3—塑料成型管；4—试样；5—80 目金属滤网；
6—框架；7—真空系统接口；8—真空表接口

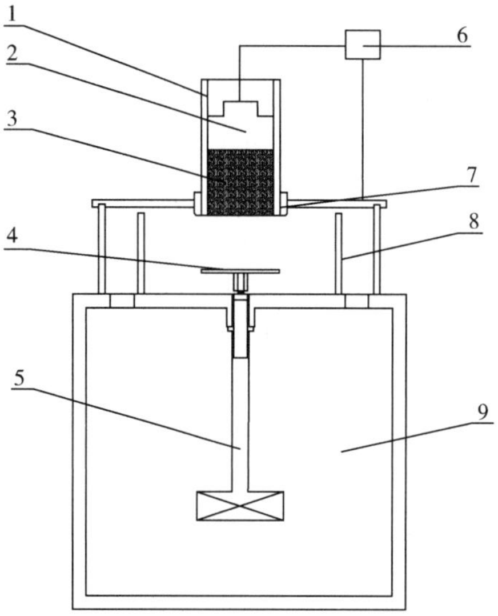

图 B.2 干蓬松度及吸水性能测定仪结构示意图

1—成型管；2—压块；3—试样；
4—分水模块；5—泵水系统；6—计时器；
7—框架及 80 目金属滤网；8—围堰；9—储水箱

B.1.3 电子天平

感量为 0.01g。

B.2 原理

B.2.1 试样成型

真空系统启动后，分散后的绒毛浆样品从进口被吸入，在锥型分散管以螺旋形轨迹分散下降，最终收集在塑料成型管中，形成用于测定干蓬松度、吸水时间和吸水量的块状试样。

B.2.2 干蓬松度、吸水时间和吸水量的测定

将测试模块(塑料成型管+带有 80 目金属滤网的金属框架)连同制成的绒毛浆试样放置于干蓬松度及吸水性能测定仪上，经压块加压 30s 后，测量试样的蓬松高度，计算干蓬松度。启动泵水系统，试

样吸收生理盐水，当生理盐水浸透试样后，计时器记录吸水时间。待试样完全吸水并加压排水后，称量绒毛浆湿试样的质量，计算其吸水量。

B.3 试样的处理

按照 GB/T 10739 对分散后的绒毛浆样品进行温湿处理，试样的测试应在同样的大气条件下进行。

B.4 试验步骤

B.4.1 试样成型

B.4.1.1 用天平(B.1.3)称量干燥的测试模块，记为干空重 m_0。

B.4.1.2 称取约 3.05g 完全分散并在标准大气条件下达到平衡的绒毛浆样品，用镊子分数次放入绒毛浆进口，使其吸入塑料成型管中成型，成型后的块状绒毛浆试样保留在测试模块中。用天平称量测试模块和试样的总质量，记为干重 $m_{干}$。

注：如成型试样上端不平整，可用拨针或尖头镊子小心地调整使其大致水平，然后再称量干重。

B.4.2 干蓬松度及吸水性能测定

B.4.2.1 将测试模块连同试样放置在绒毛浆干蓬松度及吸水性能测定仪(B.1.2)上，在试样顶端轻轻放上质量为(500±5)g 的压块，30s 后通过塑料成型管内表面的高度尺读出试样的蓬松高度 h。

B.4.2.2 启动泵水系统，将(23.0±1.0)°C 的生理盐水注入绒毛浆干蓬松度及吸水性能测定仪中，当生理盐水液面接触 80 目金属滤网时，计时器启动，生理盐水完全浸透试样后，压块内置电极被导通，计时器停止计时，此时计时器读数即为试样的吸水时间。

B.4.2.3 吸水时间测定结束后，泵水系统继续泵水 30s，随后水泵关闭，水位降低，生理盐水液面降低至 80 目金属滤网以下后，湿试样在压块的作用下开始排水。湿试样排水 30s 后，移走压块，用天平称量测试模块和湿试样的总质量，记为湿重 $m_{湿}$。

注：若移走压块后，压块底端沾有绒毛浆，本次试验无效。

B.4.2.4 另取一套干燥的测试模块，重复 B.4.2.2 和 B.4.2.3 进行空白试验，用天平称量空白试验结束后测试模块的湿空重 m'_0。

B.4.2.5 至少进行 3 次平行试验，分别计算干蓬松度、吸水时间及吸水量的平均值。

B.5 结果计算

B.5.1 绒毛浆干蓬松度 X 按式(B.1)和式(B.2)计算，精确至 0.5cm³/g。

$$X = \frac{S \cdot h}{10\,m_1} \quad \cdots\cdots\cdots\cdots (B.1)$$

$$m_1 = m_{干} - m_0 \quad \cdots\cdots\cdots\cdots (B.2)$$

式中 S——试样的底面积，单位为平方厘米(cm^2)(底面直径为 50 mm 时，S=19.64 cm^2)；

h——试样的蓬松高度，单位为毫米(mm)；

m_1——标准大气条件下试样的质量，单位为克(g)；

$m_{干}$——标准大气条件下测试模块和成型试样吸水前的质量，单位为克(g)；

m_0——标准大气条件下干燥测试模块的质量，单位为克(g)。

B.5.2 绒毛浆吸水量 Y 按式(B.3)和式(B.4)计算，结果取至小数点后第一位。

$$Y = (m_2 - m_1) / m_1 \quad \cdots\cdots\cdots\cdots (B.3)$$

$$m_2 = m_{湿} - m'_0 \quad \cdots\cdots\cdots\cdots (B.4)$$

式中 m_2——吸水后试样的质量，单位为克(g)。

$m_{湿}$——标准大气条件下测试模块和成型试样吸水后的质量，单位为克(g)；

m'_0——标准大气条件下测试模块空白试验的质量，单位为克(g)。

卫生用品用无尘纸(GB/T 24292—2009)

2010-03-01 实施

1 范围

本标准规定了卫生用品用无尘纸(以下简称“无尘纸”)的分类、技术要求、试验方法、检验规则及标志、包装、运输和贮存的要求。

本标准适用于加工一次性使用卫生用品的无尘纸，包括含有高吸收性树脂的合成无尘纸和不含高吸收性树脂的普通无尘纸，不包括由无纺布、PE膜等材料复合而成的复合无尘纸。

2 规范性引用文件

下列文件中的条款通过本标准的引用而成为本标准的条款。凡是注日期的引用文件，其随后所有的修改单(不包括勘误的内容)或修订版均不适用于本标准，然而，鼓励根据本标准达成协议的各方研究是否可使用这些文件的最新版本。凡是不注明日期的引用文件，其最新版本适用于本标准。

GB/T 450 纸和纸板 试样的采取及试样纵横向、正反面的测定(GB/T 450—2008，ISO 186：2002，MOD)

GB/T 451.2 纸和纸板定量的测定(GB/T 451.2—2002，eqv ISO 536：1995)

GB/T 462 纸、纸板和纸浆 分析试样水分的测定(GB/T 462—2008；ISO 287：1985，MOD；ISO 638：1978，MOD)

GB/T 1541 纸和纸板尘埃度的测定

GB/T 7974 纸、纸板和纸浆亮度(白度)的测定 漫射/垂直法(GB/T 7974—2002，neq ISO 2470：1999)

GB/T 10739 纸、纸板和纸浆试样处理和试验的标准大气条件(GB/T 10739—2002，eqv ISO 187：1990)

GB/T 12914 纸和纸板 抗张强度的测定(GB/T 12914—2008；ISO 1924-1：1992，MOD；ISO 1924-2:1994，MOD)

GB 15979—2002 一次性使用卫生用品卫生标准

3 分类

3.1 无尘纸按规格分为盘纸、方包纸(平切纸)。

3.2 无尘纸按品种分为普通无尘纸和合成无尘纸。

4 技术要求

4.1 无尘纸技术指标应符合表1或合同的规定。

表1 无尘纸技术指标

指标名称		单位	规定
定量偏差		%	±10
宽度偏差		mm	±3
厚度偏差		mm	±0.4
纵向抗张指数	≥	N·m/g	1.5
亮度(白度)		%	75.0~90.0

续表

指标名称		单位	规定
吸水倍率 ≥		倍	2.0
pH		—	4.0~9.0
交货水分 ≤		%	10
尘埃度	总数 ≤	个/m^2	20
	0.2mm^2~1.0mm^2 ≤		20
	1.0mm^2~2.0mm^2 ≤		1
	大于2.0mm^2		不应有
直径允许偏差		mm	+50 −100
接头 ≤	盘纸	个/盘	2
	方包纸(平切纸)	个/包	14

注：含高分子吸收树脂的合成无尘纸不考核吸水倍率。
方包纸(平切纸)不考核直径偏差。

4.2 按合同要求可生产各种规格的无尘纸。

4.3 无尘纸的卫生指标应符合 GB 15979—2002 中的妇女经期卫生用品要求。

4.4 无尘纸分切端面应平整，不应有明显死折、残缺、破损、透明点、污染物、硬质块、浆团等纸病和杂质。

4.5 无尘纸应无任何异味、无毒、无害。

4.6 无尘纸盘纸单盘水平提起轴芯时，端面变形应不大于 3mm。

4.7 无尘纸盘纸的纸芯应无破损、无变形。

4.8 无尘纸的纸面接头应使用与纸面宽度相同、有明显标记、便于识别的胶带进行有效连接。

4.9 废弃的卫生用品不应作为无尘纸的原材料或其半成品。

5 试验方法

5.1 试样的采取和处理

试样的采取按 GB/T 450 进行，试样的处理和测定按 GB/T 10739 进行。

5.2 定量偏差

定量按 GB/T 451.2 测定，定量偏差按式(1)计算，结果修约至 1%。

$$\text{定量偏差} = \frac{\text{实际定量} - \text{标称定量}}{\text{标称定量}} \times 100\% \quad \cdots\cdots (1)$$

5.3 宽度偏差

测量实际宽度，根据标称宽度计算宽度偏差，准确至整数。计算方法见式(2)。

$$\text{宽度偏差} = \text{实际宽度} - \text{标称宽度} \quad \cdots\cdots (2)$$

5.4 厚度偏差

厚度偏差按附录 A 测定，计算方法见式(3)。

$$\text{厚度偏差} = \text{实际厚度} - \text{标称厚度} \quad \cdots\cdots (3)$$

5.5 纵向抗张指数

纵向抗张指数按 GB/T 12914 测定，仲裁时按 GB/T 12914 中恒速拉伸法测定。结果保留至三位有效数字。

5.6 亮度(白度)

亮度(白度)按 GB/T 7974 测定。

5.7 吸水倍率

取一条试样，称其质量约 5g(吸前质量)。用夹子垂直夹住试样的一端(≤2mm)。将试样连同夹子完全浸入约 10cm 深的(23±1)℃蒸馏水中，轻轻压住试样，使其完全浸没 60s，然后提起夹子，使试样完全离开水面。垂直悬挂 90s 后，称其质量(吸后质量)，按式(4)计算吸水倍率。按同样方法测定 5 个试样，取 5 个试样的平均值作为测定结果，准确至一位小数。

$$\text{吸水倍率} = \frac{\text{吸后质量} - \text{吸前质量}}{\text{吸前质量}} \qquad (4)$$

5.8 pH

pH 按附录 B 测定。

5.9 交货水分

交货水分按 GB/T 462 测定。

5.10 尘埃度

尘埃度按 GB/T 1541 测定。

5.11 直径允许偏差

测量实际盘纸直径，计算方法见式(5)。

$$\text{直径允许偏差} = \text{实际直径} - \text{标称直径} \qquad (5)$$

5.12 卫生指标

卫生指标按 GB 15979—2002 中的 7.1.3 测定。

6 检验规则

6.1 生产企业应保证所生产的无尘纸符合本标准或合同的规定，以一次交货数量为一批，每批产品应附有产品合格证。

6.2 如果无尘纸的微生物指标不合格，则判定该批是不可接收的。

6.3 计数抽样检验程序按 GB/T 2828.1 规定进行。无尘纸样本单位为卷或件。接收质量限(AQL)：厚度偏差、抗张指数、pH、吸水倍率 AQL 为 4.0，定量偏差、宽度偏差、亮度、交货水分、尘埃度、直径允许偏差、接头、端面变形、外观 AQL 为 6.5。采用正常检验二次抽样，检验水平为特殊检验水平 S-3。其抽样方案见表 2。

表 2 抽 样 方 案

批量/卷(件)	正常检验二次抽样方案 特殊检验水平 S-3				
	样本量	AQL 值为 4.0		AQL 值为 6.5	
		Ac	Re	Ac	Re
2~50	2	—	—	0	1
	3	0	1	—	—
51~150	3	0	1	—	—
	5	—	—	0	2
	5(10)	—	—	1	2
151~500	5	—	—	0	2
	5(10)	—	—	1	2
	8	0	2	—	—
	8(16)	1	2	—	—
501~3200	8	0	2	0	3
	8(16)	1	2	3	4

6.4 可接收性的确定：第一次检验的样品数量应等于该方案给出的第一样本量。如果第一样本中发现的不合格品数小于或等于第一接收数，应认为该批是可接收的；如果第一样本中发现的不合格品数大于或等于第一拒收数，应认为该批是不可接收的。如果第一样本中发现的不合格品数介于第一接收数与第一拒收数之间，应检验由方案给出样本量的第二样本并累计在第一样本和第二样本中发现的不合格品数。如果不合格品累计数小于或等于第二接收数，则判定该批是可接收的；如果不合格品累计数大于或等于第二拒收数，则判定该批是不可接收的。

6.5 需方若对产品质量持有异议，可在到货后三个月内通知供方共同复验或委托共同商定的检验部门进行复验。复验结果若不符合本标准或合同的规定，则判定为批不可接收，由供方负责处理；若符合本标准的规定，则判定为批可接收，由需方负责处理。

7 标志、包装、运输和贮存

7.1 产品标志及包装

7.1.1 产品包装上应标明以下内容：

a）产品名称；

b）企业名称、地址、联系方式；

c）定量、规格、数量、净重；

d）生产日期和保质期或生产批号和限期使用日期。

7.1.2 与无尘纸直接接触的包装材料应清洁、无毒、无害。无尘纸不应裸露，以保证产品不受污染。

7.1.3 每批无尘纸应附产品质量检验报告和合格证。

7.2 产品运输及贮存

7.2.1 包装上应标明运输及贮存条件。

7.2.2 无尘纸在运输过程中应使用具有防护措施的工具，防止重压、尖物碰撞及日晒雨淋。

7.2.3 无尘纸应保存在干燥通风、不受阳光直接照射的室内，防止雨雪淋袭和地面湿气的影响，不应与有污染或有毒化学品一起贮存。

7.2.4 超过保质期的无尘纸，经重新检验合格后方可限期使用。

附录A
（规范性附录）
厚度偏差的测定

A.1 厚度仪器

仪器的技术参数如下：

a）测量范围：0~9mm；

b）显示分辨率：0.01mm；

c）测量准确度：0.01mm；

d）测量头下降速度：<3mm/s；

e）接触压力：0.25kPa~0.50kPa；

f）接触面积：（20±0.2）cm^2；

g）测量面平面度误差：≤0.005mm；

h）两测量面间平行度误差：≤0.01mm。

A. 2 试验步骤

将测量块置于测量头下方的中间位置，使测量头的触点位于测量块的中心点上，将厚度仪回零。将试样放在测量块下方的居中位置，并将试样和测量块置于测量头下方，使测量头触点位于测量块的中心点上，待 3s 后立即读数。

A. 3 测定

测量实际厚度，每条试样测定三点数据，取其算术平均值作为测定结果。根据标称厚度计算厚度偏差，精确至 0. 01mm。

附 录 B

（规范性附录）

pH 的测定

B. 1 仪器和试剂

B. 1. 1 仪器

B. 1. 1. 1 带复合电极的 pH 计。

B. 1. 1. 2 天平，最大量程 500g，感量 0. 1g。

B. 1. 1. 3 温度计，精确度为±0. 1℃。

B. 1. 1. 4 烧杯，100mL。

B. 1. 1. 5 量筒，100mL 和 50mL。

B. 1. 1. 6 容量瓶，1000mL。

B. 1. 1. 7 不锈钢剪刀。

B. 1. 2 试剂

B. 1. 2. 1 蒸馏水或去离子水，pH 为 6. 5~7. 2。

B. 1. 2. 2 标准缓冲溶液：25℃时 pH 为 6. 86 的缓冲溶液（磷酸二氢钾和磷酸氢二钠混合液）。所用试剂应为分析纯，缓冲溶液至少一个月重新配制一次。

配制方法：称取磷酸二氢钾（KH_2PO_4）3. 39g 和磷酸氢二钠（Na_2HPO_4）3. 54g，置于 1000mL 容量瓶中，用蒸馏水（或去离子水）刻度，摇匀备用。

B. 2 试验步骤

在常温下，称取 1g 试样，置于 100mL 烧杯内。加入蒸馏水（或去离子水）50mL，用玻璃棒搅拌，10min 后将复合电极放入烧杯中读取 pH 数值。

B. 3 试验结果的计算

每种样品测定两个试样，取其算术平均值作为测定结果，准确至 0. 1pH 单位。

B. 4 注意事项

每次使用 pH 计前应用标准缓冲溶液（B. 1. 2. 2）进行校准，校准方法详见仪器使用说明书。每个试样测定完毕后，应立即用蒸馏水（或去离子水）洗净电极。

纸尿裤和卫生巾用高吸收性树脂（GB/T 22875—2018）

代替 GB/T 22875—2008，GB/T 22905—2008，2019-01-01 实施

1 范围

本标准规定了纸尿裤和卫生巾用聚丙烯酸盐类高吸收性树脂的产品分类、要求、试验方法、检验规则及标志、包装、运输和贮存。

本标准适用于各类纸尿裤（片、垫）和卫生巾（护垫）用聚丙烯酸盐类高吸收性树脂，其他一次性卫生用品用高吸收性树脂可参考本标准。

2 规范性引用文件

下列文件对于本文件的应用是必不可少的。凡是注日期的引用文件，仅注日期的版本适用于本文件。凡是不注日期的引用文件，其最新版本（包括所有的修改单）适用于本文件。

GB/T 6682 分析实验室用水规格和试验方法

GB/T 7974 纸、纸板和纸浆 蓝光漫反射因素 D65 亮度的测定（漫射/垂直法，室外日光条件）

3 产品分类

高吸收性树脂按产品用途分为纸尿裤（片、垫）用高吸收性树脂和卫生巾（护垫）用高吸收性树脂等。纸尿裤（片、垫）用高吸收性树脂按使用对象分为婴儿纸尿裤（片、垫）用高吸收性树脂和成人纸尿裤（片、垫）用高吸收性树脂。

4 要求

纸尿裤（片、垫）和卫生巾（护垫）用高吸收性树脂的技术指标应符合表 1 的规定。

表 1

指标名称			单位	规定		
				婴儿纸尿裤（片、垫）用高吸收性树脂	成人纸尿裤（片、垫）用高吸收性树脂	卫生巾（护垫）用高吸收性树脂
残留单体（丙烯酸）		≤	mg/kg	800	1000	1000
挥发物含量		≤	%	10.0		
pH			—	4.0~8.0		
粒度分布	<106μm	≤	%	10.0		
	其中<45μm	≤		1.0		
密度			g/cm^3	0.3~0.9		
返黄值[a]		≤	%	40.0		
吸收速度		≤	s	—		150
吸收量	合成液	≥	g/g	—		20.0
	生理盐水	≥		40.0		—
保水量		≥	g/g	20.0		—

续表

指标名称		单位	规　　定		
			婴儿纸尿裤（片、垫）用高吸收性树脂	成人纸尿裤（片、垫）用高吸收性树脂	卫生巾（护垫）用高吸收性树脂
加压吸收量	≥	g/g	10.0		—
可萃取物含量	≤	%	25.0		
外观		—	色泽均一		

[a] 返黄值为参考指标，不作为合格与否的判定依据。

5　试验方法

5.1　取样

取样前应先摇晃盛装样品的容器 3 次~5 次，使样品混合均匀，然后放置 5min，再打开包装取出样品，所取样品应具有代表性。

注：取样和试验推荐在温度（23±2）℃、相对湿度（50±10）%的条件下进行，如果在其他温湿度条件下取样和试验，需在报告中注明。

5.2　残留单体（丙烯酸）

残留单体（丙烯酸）按附录 A 测定。

5.3　挥发物含量

挥发物含量按附录 B 测定。

5.4　pH

pH 按附录 C 测定。

5.5　粒度分布

粒度分布按附录 D 测定。

5.6　密度

密度按附录 E 测定。

5.7　返黄值

返黄值按附录 F 测定。

5.8　吸收速度

吸收速度按附录 G 测定。

5.9　吸收量、保水量

吸收量、保水量按附录 H 测定。

5.10　加压吸收量

加压吸收量按附录 I 测定。

5.11　可萃取物含量

可萃取物含量按附录 J 测定。

5.12　外观

将试样置于正常光线下目测检验。

6　检验规则

6.1　检验批的规定

以同一原料、同一工艺和同一时间段生产的产品为一批，每批不超过 500t。

6.2　抽样方法

从同一批次且不少于 3 个包装袋中均匀取样，取样量应为 1kg。

6.3 判定规则

当检验产品符合本标准或合同要求时，则判为批合格；当检验项目中任一项出现不合格时，则判为批不合格。

6.4 质量保证

生产厂应保证产品质量符合本标准或合同要求，产品经检验合格并附质量合格标识方可出厂。

7 标志、包装、运输、贮存

7.1 销售标志及包装

7.1.1 产品销售包装上应标明以下内容：

a）产品名称、执行标准编号、商标、产品种类；

b）企业名称、地址、联系方式；

c）生产日期和保质期或生产批号和限期使用日期；

d）主要生产原料；

e）运输及贮存条件。

7.1.2 产品应使用带有内衬塑料薄膜的包装袋进行包装，包装袋应具有足够的强度，保证使用时不会发生断裂、脱落等。销售包装上的各种标识信息应清晰且不易褪去。

7.2 运输和贮存

7.2.1 产品运输时应使用防雨、防潮、洁净的运输工具，不应与有污染的物质共同运输。

7.2.2 产品在搬运过程中不应从高处扔下或就地翻滚移动。

7.2.3 产品应保存在干燥通风，不受阳光直接照射的室内，防止雨雪淋袭和地面湿气的影响，不应与有污染或有毒化学品共存。

7.2.4 产品保质期一般不超过3年。

附录A
（规范性附录）
残留单体（丙烯酸）的测定

A.1 原理

用生理盐水萃取样品，样品中残留的丙烯酸单钠盐和丙烯酸转移到溶液中，1h后过滤溶液，取滤液用高效液相色谱仪测试丙烯酸的含量，结果以丙烯酸含量计。

A.2 试剂和材料

除非另有规定，仅使用色谱纯试剂。

A.2.1 水，GB/T 6682，一级。

A.2.2 生理盐水，浓度0.9%。称量9.00g（精确至0.01g）氯化钠（分析纯）于烧杯中，溶解后转移到1L的容量瓶中，用水稀释至刻度并摇匀。

A.2.3 浓磷酸，c（H_3PO_4）= 85%（质量比），色谱级或更高。

A.2.4 磷酸水溶液，c（H_3PO_4）=0.1%（质量比）。称取1.0g浓磷酸于1L的容量瓶中，用水稀释至刻度并摇匀。

A.2.5 乙腈，色谱级或更高。

A.2.6 丙烯酸，纯度大于99.5%。

A.2.7 丙烯酸标准贮备溶液（1000mg/L）：称取0.1000g丙烯酸（A.2.6），精确到0.0001g，放入100mL的容量瓶中，用水定容至100mL。

A.2.8 丙烯酸标准中间溶液（100mg/L）：用移液管移取10mL丙烯酸标准贮备溶液（A.2.7）于

100mL 容量瓶中，用水定容至 100mL。

A.3 仪器设备

A.3.1 高效液相色谱仪。

A.3.2 紫外检测器，检测器波长为 210nm。

A.3.3 天平，感量为 0.0001g。

A.3.4 烧杯，容量 250mL。

A.3.5 磁力搅拌器及搅拌棒。

A.3.6 滤膜过滤器，滤膜孔径为 0.45μm。

A.3.7 C_{18}色谱柱，5μm ，4.6mm×150mm 或相当的色谱柱，适用于保护柱。

A.3.8 C_{18}保护柱，5μm ，4.6mm×10mm 或相当的保护柱。

A.4 测定步骤

A.4.1 残留单体（丙烯酸）的抽出

称取 1.000g±0.005g 的试样，倒入烧杯中。然后加入 200mL 生理盐水（A.2.2），放入搅拌棒（A.3.5）并用表面皿或石蜡膜盖上烧杯。将烧杯放置到磁力搅拌器（A.3.5）上用 250r/min±50r/min 速度搅拌 1h，然后用滤膜过滤器（A.3.6）过滤溶液，保存滤液作为测试溶液。

A.4.2 测定

A.4.2.1 液相色谱分析条件

由于测试结果取决于所使用的仪器，因此不能给出色谱分析的普遍参数，下列参数已被证明对测试是合适的。

测试条件：

a）流动相：乙腈：磷酸水溶液=10：90；

b）流量：1.0mL/min；

c）进样量：20μL；

d）检测器：波长 210nm。

A.4.2.2 标准工作溶液

用移液管准确移取丙烯酸标准中间溶液（A.2.8）0.5mL、1.0mL、2.0mL、3.0mL、4.0mL 于 100mL 容量瓶中，用水定容。得到丙烯酸浓度为 0.5mg/L、1.0mg/L、2.0mg/L、3.0mg/L、4.0mg/L 的标准工作溶液。

A.4.2.3 绘制工作曲线

按 A.4.2.1 的条件，测定标准工作溶液（A.4.2.2）的峰面积，以丙烯酸浓度为横坐标，峰面积为纵坐标，绘制标准曲线。

A.4.2.4 样品的测定

将测试溶液（A.4.1）注入到高效液相色谱仪（A.3.1）中进行测试，并计算出峰面积。同时进行两次平行测试。

A.5 结果计算

根据测试溶液的峰面积及标准工作曲线，计算样品溶液中丙烯酸的浓度。按式（A.1）计算试样中残留单体（丙烯酸）含量：

$$A = \frac{c}{m} \times 200 \qquad (A.1)$$

式中 A——残留单体（丙烯酸）含量，单位为毫克每千克（mg/kg）；

c——样品溶液中丙烯酸的浓度，单位为毫克每升（mg/L）；

m——所称取试样的质量，单位为克（g）。

取两次检测结果的算术平均值作为测试结果，结果修约至整数位。

附 录 B
（规范性附录）
挥发物含量的测定

B.1 仪器设备

B.1.1 烘箱，能使温度保持在105℃±2℃。

B.1.2 天平，感量为0.001g。

B.1.3 干燥器，带有活性干燥剂（如：硅胶）。

B.1.4 试样容器，用于试样的转移和称量。该容器由能防水蒸气，且在实验条件下不易发生变化的轻质材料制成，容器内直径为55mm±5mm。

B.2 测定步骤

称取约4.0g试样，精确至0.001g，装入已恒重的试样容器（B.1.4）中。将装有试样的容器放入温度为105℃的烘箱（B.1.1），打开容器盖，烘干3h。3h后打开烘箱，在烘箱内盖上容器盖，然后将容器放入干燥器（B.1.3）内冷却30min后称取容器及试样的质量。同时进行两次平行测定。

B.3 结果计算

挥发物含量按式（B.1）计算：

$$M = \frac{m_1 - m_2}{m_1} \times 100 \quad \cdots\cdots (B.1)$$

式中 M——试样的挥发物含量，单位为百分数（%）；

m_1——烘干前试样的质量，单位为克（g）；

m_2——烘干后试样的质量，单位为克（g）。

取两次测定结果的算术平均值作为结果，结果修约至小数点后一位。两次测定结果的绝对误差应不超过0.4%。

附 录 C
（规范性附录）
pH 的测定

C.1 试剂和材料

除非另有规定，仅使用分析纯试剂。

C.1.1 水

GB/T 6682，三级。

C.1.2 生理盐水

浓度为0.9%：称量9.000g（精确至0.001g）氯化钠于1L容量瓶中，溶解后加水至刻度并摇匀。

C.1.3 标准缓冲溶液

C.1.3.1 0.05mol/L的邻苯二甲酸氢钾（$KHC_8H_4O_4$）溶液，pH（25℃）为4.00。

C.1.3.2 磷酸二氢钾（KH_2PO_4）和磷酸氢二钠（Na_2HPO_4）溶液，pH（25℃）为6.86。

C.1.3.3 0.01mol/L的四硼酸钠（$Na_2B_4O_7$）溶液，pH（25℃）为9.18。

C.2 仪器设备

C.2.1 天平，感量为0.001g。

C.2.2 烧杯，容量150mL。

C.2.3 磁力搅拌器及搅拌棒。

C.2.4 量筒，100mL。

C.2.5 pH计，准确至0.01。

C.3 测定步骤

C.3.1 用量筒（C.2.4）准确量取生理盐水（C.1.2）100mL，倒入150mL烧杯中，加入搅拌棒（C.2.3）后将烧杯放置到磁力搅拌器（C.2.3）上，用小于150r/min的速度搅拌，在搅拌时应确保溶液中不能有气泡产生。

C.3.2 用天平（C.2.1）称取0.500g（精确至0.001g）试样，然后将称好的试样缓缓加入到烧杯中，搅拌10min后从磁力搅拌器上取下烧杯。

C.3.3 静置烧杯中的溶液10min，使试样沉淀到溶液的底部，然后将电极放入溶液上部的清液中。1min后读取并记录pH计的数值。

C.4 结果计算

每种样品测定两份试样，取其算术平均值作为测定结果，结果修约至小数点后一位。

C.5 注意事项

每次使用pH计前应按仪器使用说明书使用标准缓冲溶液对仪器进行校准。为了防止电极污染，测试过程中电极不应接触到试样。每个试样测试完毕后，应立即用水洗净电极。

附 录 D

（规范性附录）

粒度分布的测定

D.1 仪器设备

D.1.1 天平，感量为0.01g。

D.1.2 筛网振动器，振幅1mm，频率1400r/min。

D.1.3 筛网，直径为200mm，网孔为45μm和106μm的标准筛网。

D.1.4 接收底盘及盖子。

D.1.5 刷子。

D.2 测定步骤

D.2.1 每次使用前应先清洁筛网（D.1.3），在光源下检查筛网的整个表面，检查每个筛网的损坏情况。如果发现任何破裂或破洞，则丢弃该破损筛网并用新筛网代替。如果筛网不干净，则需清洗。

D.2.2 将筛网叠放在筛网振动器（D.1.2）上，底部放置接收底盘（D.1.4），将筛子按106μm至45μm的顺序自上而下叠放。用250 mL的玻璃烧杯称取100g试样，准确至0.01 g。将试样轻轻倒入顶部的筛子，加盖盖子（D.1.4）并开动筛网振动器振动10min。然后将筛网小心地取出，分别称量45μm筛网和接收底盘上试样的质量。测定过程中应避免通风气流。用刷子（D.1.5）将筛下部分收集到废物皿中，并清洁筛网。

D.3 结果计算

粒度分布按式（D.1）和式（D.2）计算：

$$S_1 = \frac{m_2 + m_3}{m_1} \times 100 \quad \cdots\cdots (D.1)$$

$$S_2 = \frac{m_3}{m_1} \times 100 \quad \cdots\cdots (D.2)$$

式中 S_1——试样中粒度小于106μm的含量，%；

S_2——试样中粒度小于45μm的含量，%；

m_1——试样的总质量，单位为克（g）；

m_2——45μm筛网上试样的质量，单位为克（g）；

m_3——接收底盘上的试样质量，单位为克（g）。

同时进行两次测定，取其算术平均值作为测定结果，结果修约至小数点后一位。

附录E
（规范性附录）
密度的测定

E.1 仪器设备

E.1.1 天平，感量为0.01g。

E.1.2 密度测试装置。

E.1.3 漏斗，容量大于120mL，且带有孔式节流阻尼或挡板，孔口内径10.00mm ±0.01mm。

E.1.4 密度杯，杯筒容量100cm^3±0.5cm^3。

E.2 测定步骤

E.2.1 将密度测试装置（E.1.2）放在平台上，调节三个脚上的螺丝，使其保持水平。将洗净烘干的漏斗（E.1.3）垂直放置在密度杯（E.1.4）中心上方40mm ±1mm高度处，确保漏斗水平。

E.2.2 称取空密度杯的质量，精确至0.01g，并将其质量记作m_1。然后将已称重的空密度杯放在漏斗的正下方。

E.2.3 准确称取100g（精确至0.01g）试样，轻轻加入漏斗中，漏斗下方的孔式节流阻尼或挡板处于关闭状态。

E.2.4 快速打开漏斗下方的孔式节流阻尼或挡板，让漏斗内的试样全部自然落下。

E.2.5 用玻璃棒刮掉密度杯顶部多余的试样，不应拍打或震动密度杯。

E.2.6 称取装有试样的密度杯的质量，精确至0.01g，并将该质量记作m_2。

E.3 结果计算

试样的密度按式（E.1）计算：

$$\rho = \frac{m_2 - m_1}{V} \quad \cdots\cdots (E.1)$$

式中 ρ——试样的密度，单位为克每立方厘米（g/cm^3）；

m_1——空密度杯的质量，单位为克（g）；

m_2——装有试样的密度杯质量，单位为克（g）；

V——密度杯的体积，单位为立方厘米（cm^3）。

同时进行两次测定，取其算术平均值作为测定结果，结果修约至小数点后一位。

附 录 F
（规范性附录）
返黄值的测定

F.1 原理

试样在规定的温湿度条件下处理一定时间后颜色发生变化，以试样处理后的D65亮度差值与试样处理前的D65亮度值的比值表示返黄值。

F.2 仪器设备

F.2.1 天平，感量为0.01g。

F.2.2 恒温恒湿箱，能使温度保持在50℃±2℃，相对湿度保持在90%±2%。

F.2.3 测试容器，玻璃或不锈钢材质，圆柱形，底面直径为35mm±5mm，高为10mm±2mm。

F.2.4 反射光度计，符合GB/T 7974的规定。

F.3 测定步骤

F.3.1 取足够量的试样，放入并填满测试容器（F.2.3），确保试样表面平整，且与测试容器上边缘持平。

F.3.2 将装有试样的测试容器小心放置在反射光度计（F.2.4）的测试区，测定试样的D65亮度R_1。

F.3.3 设置恒温恒湿箱（F.2.2）温度为50℃，相对湿度为90%，启动恒温恒湿箱，待达到设定的温湿度后，再将装有试样的测试容器放置到恒温恒湿箱中进行处理。

F.3.4 28天后，将装有试样的测试容器取出，用玻璃平板压平试样表面，使试样表面与测试容器上边缘持平，再次将装有试样的测试容器小心放置在反射光度计的测试区，测定试样的D65亮度R_2，测定时应确保前后两次测定的位置相同。

F.4 结果计算

返黄值按式（F.1）计算：

$$Y = \frac{R_1 - R_2}{R_1} \times 100 \quad \text{(F.1)}$$

式中 Y——试样的返黄值，%；

R_1——试样处理前的D65亮度，%；

R_2——试样处理后的D65亮度，%。

同时进行两次测定，取其算术平均值作为测定结果，结果修约至小数点后一位。

附 录 G
（规范性附录）
吸收速度的测定

G.1 试剂和材料

标准合成试液：见附录K。

G.2 仪器设备

G.2.1 天平，感量为0.001g。

G.2.2 烧杯，容量100mL。

G.2.3 量筒，10mL。

G.2.4 秒表。

G.3 测定步骤

G.3.1 用天平称取1.000g试样，精确至0.001g，然后倒入100mL的烧杯中。摇动烧杯使试样均匀分散在烧杯底部。

G.3.2 用量筒量取5.0mL23℃的标准合成试液，快速倒入盛有试样的烧杯中并快速摇动烧杯让试样分散均匀。倒入标准合成试液，同时开始计时，待烧杯内液体镜面消失瞬间，停止计时并记录时间。

注：摇动时避免试样粘附在烧杯壁上。

G.3.3 每个样品测定两次。

G.4 结果计算

取两次测定的算术平均值作为测定结果，吸收速度用秒（s）表示，结果修约至整数位。

附录H

（规范性附录）

吸收量和保水量的测定

H.1 试剂和材料

除非另有规定，仅使用分析纯试剂。

H.1.1 水，GB/T 6682，三级。

H.1.2 生理盐水，浓度0.9%。称量9.00g（精确至0.01g）氯化钠于烧杯中，溶解后转移到1L的容量瓶中，用水稀释至刻度并摇匀。

H.1.3 标准合成试液：见附录K。

H.2 仪器设备

H.2.1 天平，感量为0.001g。

H.2.2 纸质茶袋，尺寸为60mm×85mm，透气性为（230±50）L/（min·100cm^2）（压差124Pa）。

H.2.3 夹子，固定茶袋用。

H.2.4 离心机，直径200mm，转速1500r/min（可产生约250g的离心力）。

H.3 测定步骤

H.3.1 吸收量的测定

H.3.1.1 称取0.200g试样，准确至0.001g，并将该质量记作m，将该试样全部倒入茶袋（H.2.2）底部，附着在茶袋内侧的试样也应全部倒入茶袋底部，将茶袋封口。

H.3.1.2 纸尿裤（片、垫）用高吸收性树脂选择生理盐水为试验溶液，卫生巾（护垫）用高吸收性树脂选择标准合成试液为试验溶液。将装有试样的茶袋浸泡至装有足够量试验溶液的烧杯中，浸泡时间为30min。

H.3.1.3 轻轻地将装有试样的茶袋拎出，用夹子悬挂起来，静止状态下滴液10min后称量装有试样的茶袋质量m_1。多个茶袋同时悬挂时，注意茶袋之间不应接触。

H.3.1.4 使用未装试样的茶袋同时进行空白试验，称取空白试验茶袋的质量，并将该质量记作m_2。

H.3.2 保水量的测定

H.3.2.1 将测定完吸收量的装有试样的茶袋用离心机（H.2.4）在250g离心力条件下脱水3min。

H.3.2.2 脱水结束后，称量装有试样的茶袋质量，并将该质量记作m_3。

H.3.2.3 使用未装试样的茶袋同时进行空白试验，称取空白试验茶袋的质量并将该质量记作m_4。

H.4 结果计算

吸收量和保水量按式（H.1）和式（H.2）计算：

$$X = \frac{m_1 - m_2 - m}{m} \qquad \text{(H.1)}$$

$$R = \frac{m_3 - m_4 - m}{m} \qquad \text{(H.2)}$$

式中 X——试样的吸收量，单位为克每克（g/g）；

R——试样的保水量，单位为克每克（g/g）；

m——试样的质量，单位为克（g）；

m_1——装有试样的茶袋吸收液体后的质量，单位为克（g）；

m_2——空白试验茶袋的质量，单位为克（g）；

m_3——装有试样的茶袋脱水后的质量，单位为克（g）；

m_4——空白试验茶袋脱水后的质量，单位为克（g）。

同时进行两次测定，并取其算术平均值作为测定结果，结果修约至小数点后一位。

附 录 I

（规范性附录）

加压吸收量的测定

I.1 试剂和材料

除非另有规定，仅使用分析纯试剂。

I.1.1 水，GB/T 6682，三级。

I.1.2 生理盐水，浓度0.9%。称量9.00g（精确至0.01g）氯化钠于烧杯中，溶解后转移到1L的容量瓶中，用水稀释至刻度并摇匀。

I.2 仪器设备

I.2.1 塑料圆桶，内径为60.0mm±0.2mm、高为50.0mm±0.5mm，且底面粘有36μm尼龙网，如图I.1所示。

I.2.2 活塞（2068Pa），圆桶型，外径60mm，能与I.2.1中塑料圆桶紧密连接，且能上下自如活动。活塞为塑料圆筒和金属砝码组合，如图I.2所示。

I.2.3 电子天平，感量为0.001g。

I.2.4 浅底盘，内径为85mm、高为20mm，且粘有两条直径为2mm的金属线，如图I.3所示。

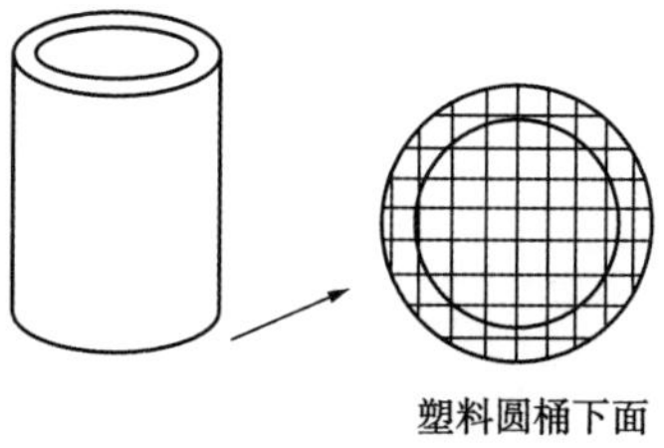

图I.1 塑料圆桶

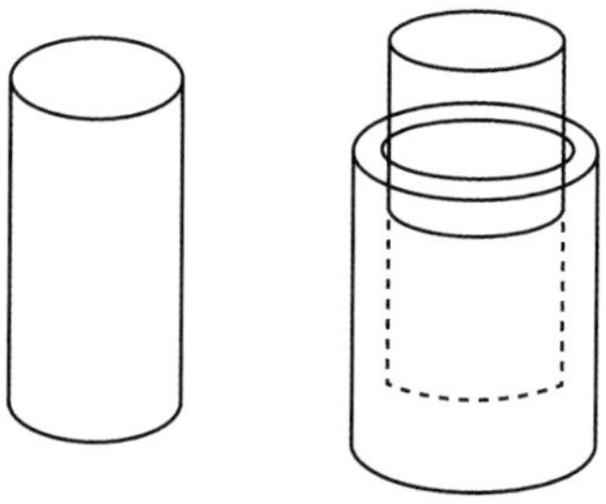

图I.2 砝码和塑料圆筒

图I.3 浅底盘

I.3 测定步骤

I.3.1 将浅底盘（I.2.4）放在平台上，加入生理盐水（I.1.2）至液面刚好超过浅底盘金属线。

I.3.2　称取 0.900g 试样 m，准确至 0.001g，装入塑料圆桶（I.2.1）中，使其均匀分布。

I.3.3　将活塞（I.2.2）的塑料圆筒装入已经装好测试试样的塑料圆桶（I.2.1）中，称量吸收液体前圆桶的质量 m_1。

I.3.4　将活塞（I.2.2）的金属砝码放置到塑料圆筒上，然后将整套装置置于浅底盘的中心位置。

I.3.5　60min 后，将塑料圆桶从浅底盘中提出，移除活塞的金属砝码，称量吸收液体后圆桶的质量 m_2。

I.4　结果计算

加压吸收量按式（I.1）计算：

$$P = \frac{m_2 - m_1}{m} \quad \cdots\cdots \quad (I.1)$$

式中　P——试样的加压吸收量，单位为克每克（g/g）；

m——称取试样的质量，单位为克（g）；

m_1——吸收液体前圆桶的质量，单位为克（g）；

m_2——吸收液体后圆桶的质量，单位为克（g）；

同时进行两次测定，并取其算术平均值作为测定结果，结果修约至小数点后一位。

附 录 J

（规范性附录）

可萃取物含量测试

J.1　试剂和材料

除非另有规定，仅使用分析纯试剂。

J.1.1　水，GB/T 6682，三级。

J.1.2　氢氧化钠溶液，c（NaOH）= 0.1 mol/L。

J.1.3　盐酸溶液，c（HCl）= 0.1 mol/L。

J.1.4　生理盐水，浓度 0.9%。称量 9.00g（精确至 0.01g）氯化钠于烧杯中，溶解后转移到 1L 的容量瓶中，用水稀释至刻度并摇匀。

J.1.5　标准缓冲溶液，在 25℃时 pH 为 4.00、6.86、9.18。

J.2　仪器设备

J.2.1　天平，感量为 0.0001g。

J.2.2　pH 计。

J.2.3　烧杯，容量 250mL。

J.2.4　石蜡膜。

J.2.5　磁力搅拌器及搅拌棒。

J.2.6　真空过滤瓶和布氏漏斗。

J.2.7　滤纸，定量滤纸。

J.2.8　真空泵。

J.2.9　滴定管，10mL 或者 20mL，可读取的精度为 0.01mL。

J.3　测定步骤

J.3.1　用量筒准确量取 200mL 生理盐水倒入 250mL 的烧杯中，加入搅拌棒。

J.3.2　称取 1.000g 样品，精确到 0.001g，然后全部倒入烧杯中，用石蜡膜封住烧杯口。打开磁力搅拌器（J. 2. 5）并调节转速到500r/min，搅拌16h。

J. 3. 3 16h后停止搅拌，并使凝胶沉积，然后用带滤纸的布氏漏斗滤出上清液，并收集不少于50mL的液体，保留待测。

J. 3. 4 按pH计仪器说明书校准仪器。

J. 3. 5 取50mL测试液，用标准氢氧化钠溶液（J. 1. 2）滴定，pH计测量，滴定到pH为10. 0。记录消耗氢氧化钠溶液的体积。

J. 3. 6 然后用盐酸溶液（J. 1. 3）滴定到pH为2. 7。记录消耗盐酸溶液的体积。

J. 3. 7 同时进行空白试验。

J. 4 结果计算

J. 4. 1 滤液中羧酸总量（如聚羧酸等）按式（J. 1）计算：

$$n_{COOH} = (V_{NaOH,\ s} - V_{NaOH,\ b})c_{NaOH} \quad \cdots\cdots (J.1)$$

式中 n_{COOH}——滤液中羧酸的总量，单位为摩尔（mol）；

$V_{NaOH,s}$——用氢氧化钠溶液将滤出的样品上清液滴定到pH为10. 0时需要的体积，单位为毫升（mL）；

$V_{NaOH,b}$——用氢氧化钠溶液将滤出的空白液滴定到pH为10. 0时需要的体积，单位为毫升（mL）；

c_{NaOH}——氢氧化钠溶液浓度，单位为摩尔每升（mol/L）。

J. 4. 2 滤液中羧酸盐（酯）的总量按式（J. 2）计算：

$$n_{tot} = (V_{HCl,\ s} - V_{HCl,\ b})c_{HCl} \quad \cdots\cdots (J.2)$$

式中 n_{tot}——滤液中羧酸盐（酯）的总量，单位为摩尔（mol）；

$V_{HCl,s}$——用盐酸溶液将滤出的样品上清液滴定到pH为2. 7时需要的体积，单位为毫升（mL）；

$V_{HCl,b}$——用盐酸溶液将滤出的空白液滴定到pH为2. 7时需要的体积，单位为毫升（mL）；

c_{HCl}——盐酸溶液浓度，单位为摩尔每升（mol/L）。

J. 4. 3 滤液中和掉的羧酸总量按式（J. 3）计算：

$$n_{COONa} = n_{tot} - n_{COOH} \quad \cdots\cdots (J.3)$$

式中 n_{COONa}——滤液中和掉的羧酸总量，单位为摩尔（moL）；

J. 4. 4 羧酸和羧酸盐的相对质量按式（J. 4）式和（J. 5）计算：

$$m_{COOH} = n_{COOH} \times M_{COOH} \times F_{dil} \quad \cdots\cdots (J.4)$$

$$m_{COONa} = n_{COONa} \times M_{COONa} \times F_{dil} \quad \cdots\cdots (J.5)$$

式中 m_{COOH}——丙烯酸的相对质量，单位为克（g）；

m_{COONa}——丙烯酸钠的相对质量，单位为克（g）；

M_{COOH}——丙烯酸的摩尔质量，单位为克每摩尔（g/moL）（$M_{COOH}=72.0$）；

M_{COONa}——丙烯酸钠的摩尔质量，单位为克每摩尔（g/moL）（$M_{COONa}=94.0$）；

F_{dil}——稀释因子，为200/50=4。

J. 4. 5 高吸收性树脂中可萃取物含量按式（J. 6）计算：

$$W = \frac{m_{COOH} + m_{COONa}}{m_s} \times 100 \quad \cdots\cdots (J.6)$$

式中 W——试样中可萃取物含量，单位为百分数（%）；

m_s——测试样品的质量，单位为克（g）。

同时进行两次测定，并取其算术平均值作为测定结果，结果修约至小数点后一位。

附录K
（规范性附录）
标准合成试液的配方和物理性能

K.1 配方

以下试剂均为化学纯。

K.1.1 蒸馏水或去离子水：860mL。

K.1.2 氯化钠：10.00g。

K.1.3 碳酸钠：40.00g。

K.1.4 丙三醇（甘油）：140mL。

K.1.5 苯甲酸钠：1.00g。

K.1.6 食用色素：适量。

K.1.7 羧甲基纤维素钠：5.00g。

K.1.8 标准媒剂：1%（体积分数）。

K.2 标准合成试液的物理性能

在（23±1）℃时，标准合成试液的物理性能应满足以下要求：

a）密度：（1.05±0.05）g/cm^3；

b）黏度：（11.9±0.7）s（用4号涂料杯测）；

c）表面张力：（36±4）mN/m。

卫生巾用面层通用技术规范（GB/T 30133—2013）

2014-12-01 实施

1 范围

本标准规定了卫生巾用面层产品的术语和定义、分类、要求、试验方法、检验规则和标志、包装、运输、贮存。

本标准适用于卫生巾和卫生护垫用面层产品的生产和销售。

2 规范性引用文件

下列文件对于本文件的应用是必不可少的。凡是注日期的引用文件，仅注日期的版本适用于本文件。凡是不注日期的引用文件，其最新版本（包括所有的修改单）适用于本文件。

GB/T 450 纸和纸板 试样的采取及试样纵横向、正反面的测定

GB/T 451.1 纸和纸板尺寸及偏斜度的测定

GB/T 451.2 纸和纸板定量的测定

GB/T 462 纸、纸板和纸浆 分析试样水分的测定

GB/T 1545—2008 纸、纸板和纸浆 水抽提液酸度或碱度的测定

GB/T 1914 化学分析滤纸

GB/T 2828.1 计数抽样检验程序 第1部分：按接收质量限（AQL）检索的逐批检验抽样计划

GB/T 10739 纸、纸板和纸浆试样处理和试验的标准大气条件

GB/T 12914 纸和纸板 抗张强度的测定

GB 15979 一次性使用卫生用品卫生标准

GB/T 27741—2011　纸和纸板　可迁移性荧光增白剂的测定

3 术语和定义

下列术语和定义适用于本文件。

3.1　复合膜 composite membrane

由无纺布和打孔膜两种材料复合加工，用于卫生巾和卫生护垫面层的材料。

4　分类

卫生巾用面层产品分为无纺布、打孔膜、复合膜等。

5　要求

5.1　技术要求

卫生巾用面层产品技术指标应符合表1或订货合同的规定。

表1

指标名称			单位	规定		
				无纺布	打孔膜	复合膜
定量偏差			%	±10		
抗张强度	≥	纵向	N/m	400	200	300
伸长率	≥	纵向	%	20	90	25
可迁移性荧光增白剂			—	无		
渗入量	≥		g	1.5		
回渗量	≤		g	2.5	0.5	2.5
透气率	≥		mm/s	1200		
pH			—	4.0~8.5		
交货水分	≤		%	8.0		

5.2　卫生要求

卫生巾用面层产品卫生指标应符合 GB 15979 的规定。

5.3　规格

卫生巾用面层产品一般以盘为单位，每盘宽度偏差应不超过±3mm，盘面缠绕应松紧适度、凹陷凸起部分应不大于5mm。

5.4　外观

5.4.1　卫生巾用面层产品表面应洁净、无污物，无死褶、破损，无掉毛、硬质块，无明显条状、云斑；无纺布表层不应有硬丝；打孔材料打孔应饱满、规则，打孔膜盲孔数2m内应不超过6个，且不应有大于等于1mm^{2}的盲孔。

5.4.2　卫生巾用面层产品色泽应均匀，同批材料不应有明显色差，无纺布面层不应出现颜色变化的现象。

5.4.3　卫生巾用面层产品切边应整齐。

5.4.4　卫生巾用面层产品应无明显异味。

5.5　原材料

卫生巾用面层产品生产时不得使用有毒有害原材料，不得使用回收原材料。

6 试验方法

6.1 试样的采取按 GB/T 450 规定进行，试样试验前温湿处理按 GB/T 10739 规定进行。

6.2 尺寸偏差按 GB/T 451.1 测定。

6.3 定量偏差按 GB/T 451.2 测定。

6.4 抗张强度、伸长率按 GB/T 12914 测定，采用 50mm 试验夹距，仲裁时采用恒速拉伸法。

6.5 可迁移性荧光增白剂：将试样置于紫外灯下，在波长 254nm 和 365nm 的紫外光下检测是否有荧光现象。若试样在紫外灯下无荧光现象，则判定无可迁移性荧光增白剂。若试样有荧光现象，则按 GB/T 27741—2011 中第 5 章进行可迁移性荧光增白剂测定。

6.6 渗入量按附录 A 进行测定。

6.7 回渗量按附录 B 进行测定。

6.8 透气率按附录 C 进行测定。

6.9 pH 的测定按 GB/T 1545—2008 中 pH 计法进行测定，采用冷抽提。在抽提过程中，装有试样的锥形瓶需在振荡器（振荡速率为往复式 60 次/min，旋转式 30 周/min）上振荡 1h。

6.10 交货水分按 GB/T 462 测定。

6.11 卫生指标按 GB 15979 测定。

6.12 外观质量采用目测检验。

7 检验规则

7.1 以一次交货为一批，但每批应不超过 500 件。

7.2 生产厂应保证所生产的产品符合本标准或订货合同要求。

7.3 产品的卫生指标不合格，则判定该批是不可接收的。

7.4 计数抽样检验程序按 GB/T 2828.1 规定进行，样本单位为件。接收质量限（AQL）：pH、可迁移性荧光增白剂、渗入量、回渗量为 4.0，定量偏差、抗张强度、伸长率、透气率、交货水分、尺寸偏差、外观质量为 6.5。抽样方案采用正常检验二次抽样方案，检查水平为一般检查水平 I。见表 2。

表 2

批量/件	正常检验二次抽样方案　一般检验水平 I				
	样本量	AQL=4.0		AQL=6.5	
		Ac	Re	Ac	Re
2~25	2	—	—	0	1
	3	0	1	—	—
26~90	3	0	1	—	—
	5	—	—	0	2
	5（10）	—	—	1	2
91~150	5	—	—	0	2
	5（10）	—	—	1	2
	8	0	2	—	—
	8（16）	1	2	—	—
151~280	8	0	2	0	3
	8（16）	1	2	3	4
281~500	13	0	3	1	3
	13（26）	3	4	4	5

7.5 可接收性的确定：第一次检验的样品数量应等于该方案给出的第一样本量。如果第一样本中发现

的不合格品数小于或等于第一接收数，应认为该批是可接收的；如果第一样本中发现的不合格品数大于或等于第一拒收数，应认为该批是不可接收的。如果第一样本中发现的不合格品数介于第一接收数与第一拒收数之间，应检验由方案给出样本量的第二样本并累计在第一样本和第二样本中发现的不合格品数。如果不合格品累计数小于或等于第二接收数，则判定该批是可接收的；如果不合格品累计数大于或等于第二拒收数，则判定该批是不可接收的。

7.6 需方有权按本标准或订货合同进行验收，如对该批产品质量有异议，应在到货后三个月内通知供方共同取样进行复验。如符合本标准或订货合同要求，则判为该批可接收，由需方负责处理。如不符合本标准或订货合同要求，则判为该批不可接收，由供方负责处理。

8 标志、包装、运输和贮存

8.1 产品标志及包装

8.1.1 产品包装上应标明以下内容：

a) 产品名称；

b) 企业名称、地址、联系方式；

c) 定量、规格、数量、净重；

d) 生产日期和保质期或生产批号和限期使用日期。

8.1.2 与卫生巾面层直接接触的包装材料应清洁、无毒、无害。卫生巾面层不应裸露，以保证产品不受污染。

8.1.3 每件卫生巾面层应附一份产品质量合格证。

8.2 产品运输及贮存

8.2.1 包装上应标明运输及贮存条件。

8.2.2 卫生巾面层在运输过程中应使用具有防护措施的工具，防止重压、尖物碰撞及日晒雨淋。

8.2.3 卫生巾面层应保存在干燥通风、不受阳光直接照射的室内，防止雨雪淋袭和地面湿气的影响，不应与有污染或有毒化学品仪器贮存。

8.2.4 超过保质期的卫生巾面层，经重新检验合格后方可限期使用。

附 录 A
（规范性附录）
渗入量的测定

A.1 仪器与测试溶液

A.1.1 仪器与材料

A.1.1.1 天平：感量0.01g；

A.1.1.2 渗透性能测试仪（以下简称测试仪，见图A.1）；

A.1.1.3 放液漏斗：60mL（以下简称漏斗）；

A.1.1.4 移液管：10mL；

A.1.1.5 烧杯；

A.1.1.6 钢板直尺；

A.1.1.7 化学定性分析滤纸：符合GB/T 1914要求的中速化学定性分析滤纸若干张（以下简称“滤纸”），滤纸长（纵）200mm，宽（横）150mm。

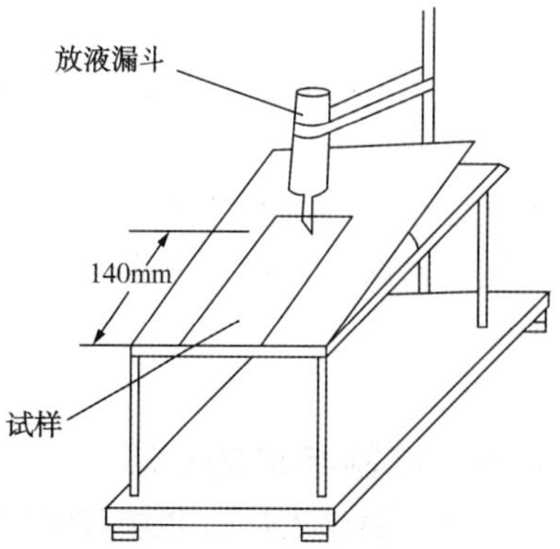

图A.1 渗透性能测试仪示意图

A.1.2 测试溶液

A.1.2.1 概述

测试溶液是渗透性能测试专用的标准合成试液，配方见 A. 1. 2. 2，测试时测试溶液的温度应保持在（23±1）℃。仲裁检验时应在标准大气条件，即（23±1）℃、（50±2）%相对湿度下处理试样及进行测试。

A. 1. 2. 2 测试溶液配方

蒸馏水或去离子水：860mL；

氯化钠：10. 00g；

碳酸钠：40. 00g；

丙三醇（甘油）：140mL；

苯甲酸钠：1. 00g；

食用色素：适量；

羧甲基纤维素钠：约 5g；

标准媒剂：1%（体积分数）。

以上试剂均为分析纯。

A. 1. 2. 3 测试溶液的物理性能

在（23±1）℃时：

密度：（1. 05±0. 05）g/cm^3；

黏度：（11. 9±0. 7）s（用 4 号涂料杯测）；

表面张力：（36±4）mN/m。

A. 2 试样采取

切取长（纵向）200mm，宽（横向）100mm 的卫生巾用面层试样至少 5 张，宽度不足 100mm 的以实际尺寸测试，但应在试验报告中注明。

A. 3 试验步骤

A. 3. 1 先将测试仪（A. 1. 1. 2）放于水平位置，调节上面板与下面板之间的角度为 10°，再调节放液漏斗（A. 1. 1. 3）的下口，使其中心点的投影距测试仪斜面板的下边缘为（140±2）mm；漏斗下口开口面向操作者。将适量的测试溶液（A. 1. 2）倒入漏斗中，使漏斗润湿，并用该溶液润洗漏斗两遍，然后放掉漏斗中的溶液。

A. 3. 2 取足够层数的滤纸（A. 1. 1. 7），滤纸的层数以测试液不透过为宜，称其质量，记为 m_0。然后取待测试样一张，置于已称好的滤纸上，滤纸的粗糙面朝上，试样正面朝上，试验时应确保试样的长边与滤纸的长边平行，且试样与滤纸上下边缘对齐。将滤纸与试样平整地置于斜面板中心位置，确保滤纸下边缘与斜面板的下边缘对齐，将试样与滤纸固定在斜面板上。调节漏斗高度，使其下口的最下端距试样表面（5~10）mm，然后在测试仪斜面板的下方放一个烧杯（A. 1. 1. 5），接经试样渗透后流下的溶液。

A. 3. 3 用移液管（A. 1. 1. 4）准确移取测试溶液 5mL 于调节好的漏斗中，然后迅速打开漏斗节门至最大，使溶液自由地流到试样的表面上，并沿着斜面往下流动；溶液流完后，将漏斗节门关闭，然后将试样移开，将滤纸再次放在天平（A. 1. 1. 1）上称量，计为 m_1。若试液从试样侧面流走，则该试样作废，另取一张重新测试。若同种样品有 2 个以上试样出现此现象时，其结果可以保留，但应在报告中注明。

A. 4 试验结果的计算

试样的渗入量 m 以吸收测试溶液的质量来表示，单位为克（g），按式（A. 1）计算每张试样的渗入量。

$$m = m_1 - m_0 \quad (A.1)$$

每个样品测5张试样，以5张试样测量的算术平均值作为其最终测试结果，精确至0.1g。

附录B
(规范性附录)
回渗量的测定

B.1 器材与测试溶液

B.1.1 试验器材

B.1.1.1 天平：感量0.01g；

B.1.1.2 移液管：10mL；

B.1.1.3 化学定性分析滤纸：符合GB/T 1914要求的中速化学定性分析滤纸若干张（以下简称“滤纸”），滤纸长150mm，宽150mm。

B.1.1.4 标准压块，ϕ100mm，质量为（1.2±0.002）kg（能够产生1.5kPa的压强）。

B.1.2 测试溶液

同A.1.2。

B.2 试样采取

切取长（纵向）100mm，宽（横向）100mm的卫生巾用面层试样至少5张，宽度不足100mm的以实际尺寸测试，但应在试验报告中注明。

B.3 试验步骤

取待测试样一张，将其正面朝上平铺于150mm×150mm的若干层滤纸（B.1.1.3）上，滤纸的层数以测试溶液不透过为宜，试样的中心点与滤纸的中心点重合，且试样的纵向与滤纸的横向平行放置。用移液管（B.1.1.2）准确移取测试溶液（B.1.2）5mL，在移液管下口中心点距试样表面中心点的垂直距离为5mm~10mm处，使溶液自由地流到试样的表面上，并同时开始计时，5min时，迅速将150mm×150mm已知质量（G_1）的若干层滤纸（B.1.1.3）（以最上层滤纸无吸液为宜）放到试样的表面上，同时将标准压块压（B.1.1.4）于滤纸上，重新开始计时，加压1min时将标准压块移去，用天平（B.1.1.1）称量试样上面滤纸的质量（G_2）。

B.4 试验结果的计算

试样的回渗量（G）以经试样吸收后回渗到滤纸上的液体的质量来表示，单位为克（g），按式（B.1）计算。

$$G = G_2 - G_1 \quad (B.1)$$

每个样品测5张试样，取5张试样的算术平均值作为其最终测试结果，精确至0.1g。

附录C
(规范性附录)
透气率的测定

C.1 原理

在规定的压差条件下，测定一定时间内垂直通过试样给定面积的气流流量，计算出透气率。气流流量可直接测出，也可通过测定流量孔径两面的压差换算而得。

C.2 仪器

C.2.1 试样圆台：具有试验面积为 $5cm^2$、$20cm^2$、$50cm^2$或 $100cm^2$的圆形通气孔，试验面积误差应不超过±0.5%。对于较大试验面积的通气孔应有适当的试样支撑网。

C.2.2 夹具：应能平整地固定试样，并保证试样边缘不漏气。

C.2.3 橡胶垫圈：用以防止漏气，与夹具（C.2.2）吻合。

C.2.4 压力计或压力表：连接于试验箱，能指示试样两侧的压降为 50Pa、100Pa、200Pa 或 500Pa，精度至少为 2%。

C.2.5 气流平稳吸入装置（风机）：能使具有标准温度的空气进入试样圆台，并可使透过试样的气流产生（50~500）Pa 的压降。

C.2.6 流量计、容量计或测量孔径：能显示气流的流量，单位为 dm^3/min（L/min），精度不超过±2%：

注 1：只要流量计、容量计能满足精度±2%的要求，所测量的气流流量也可用 cm^3/s 或其他适当的单位表示。

注 2：使用压差流量计的仪器，核对所测量的透气量与校正板所标定的透气量是否相差在 2%以内。

C.3 试验条件

试验条件：试验面积 $20cm^2$，压降 50 Pa。

C.4 试样准备

切取足够卫生巾用面层试样，试样宽度至少 100mm，总长不低于 500mm，作为被测试样，所取试样应具代表性。

C.5 试验步骤

C.5.1 将试样夹持在试样圆台（C.2.1）上，测试点应避开破损处，夹样时采用足够的张力使试样平整且不变形，为防止漏气在试样的低压一侧（即试样圆台一侧）应垫上橡胶垫圈（C.2.3）。

C.5.2 启动吸风机或其他装置（C.2.5）使空气通过试样，调节流量，使压力降逐渐接近 50Pa，约 1min 后或达到稳定时，记录气流流量。

注：如使用容量计，为达到所需精度需测定容积约 $10dm^3$以上。

使用压差流量计的仪器，应选择适宜的孔径，记录该孔径两侧的压差。

C.5.3 在同样条件下，每个试样正反面各测 3 次，同一样品共测定 6 次。

C.6 结果计算和表示

C.6.1 计算测定值的算术平均值 q_v。

C.6.2 按式（C.1）计算透气率 R，以 mm/s 表示，结果保留三位有效数字。

$$R = \frac{q_v}{A} \times 167 \qquad \text{(C.1)}$$

式中 q_v——平均气流量，dm^3/min（L/min）；

A——试样面积，cm^2；

167——由 $dm^3/min \times cm^2$换算成 mm/s 的换算系数。

卫生用品用离型纸（GB/T 27731—2011）

2012-07-01 实施

1 范围

本标准规定了卫生用品用离型纸的产品分类、技术要求、试验方法、检验规则及标志、包装、运输、贮存。

本标准适用于卫生巾、纸尿片等一次性卫生用品用离型纸。

2 规范性引用文件

下列文件对于本文件的应用是必不可少的。凡是注日期的引用文件，仅注日期的版本适用于本文件。凡是不注日期的引用文件，其最新版本（包括所有的修改单）适用于本文件。

GB/T 450 纸和纸板 试样的采取及试样纵横向、正反面的测定

GB/T 451.1 纸和纸板尺寸及偏斜度的测定

GB/T 451.2 纸和纸板定量的测定

GB/T 451.3 纸和纸板厚度的测定

GB/T 455 纸和纸板撕裂度的测定

GB/T 462 纸、纸板和纸浆 分析试样水分的测定

GB/T 742 造纸原料、纸浆、纸和纸板 灰分的测定

GB/T 1541—1989 纸和纸板尘埃度的测定法

GB/T 2828.1 计数抽样检验程序 第1部分：接收质量限（AQL）检索的逐批检验抽样计划

GB/T 7974 纸、纸板和纸浆亮度（白度）的测定 漫射/垂直法

GB/T 10342 纸张的包装和标志

GB/T 10739 纸、纸板和纸浆试样处理和试验的标准大气条件

GB/T12914 纸和纸板 抗张强度的测定

GB 15979 一次性使用卫生用品卫生标准

3 产品分类

3.1 卫生用品用离型纸一般为卷筒纸。

3.2 卫生用品用离型纸一般为白色，也可按订货合同生产其他颜色的卫生用品用离型纸。

4 技术要求

4.1 卫生用品用离型纸的技术指标应符合表1或订货合同的规定。

4.2 卫生用品用离型纸不应有洞眼、裂口、褶子、污点等。

4.3 硅油面硅油涂布应均匀连续、无孔隙、划痕、磨损，内芯无松脱，且不应有异味，非硅油面光滑程度应符合订货合同规定。

表1

指标名称		单位	规定
定量		g/m^2	29.0、35.0、37.0、40.0、42.0、44.0
定量偏差		g/m^2	±2.0
紧度	≥	g/cm^3	0.80

续表

指标名称			单位	规定
抗张强度（纵向）		≥	kN/m	2.75
撕裂指数（纵横向平均）		≥	mN·m^2/g	5.00
剥离力			N/25mm	0.05~0.20
残余粘着率		≥	%	80.0
亮度（白度）[a]			%	80.0~85.0
灰分		≤	%	4.0
尘埃度	总数	≤	个/m^2	20
	0.2mm~1.0mm	≤		20
	1.0mm~2.0mm	≤		5
	>2.0mm			不应有
交货水分			%	5.0~8.0

[a]印刷离型纸不考核亮度（白度）指标。

4.4 卷纸盘面应缠绕松紧一致，端面平整，纸内不应卷入碎纸或纸条等异物。硅油面应朝里缠绕。

4.5 卷纸带接头的产品上应明显标记接头的个数。断纸处应用胶带粘合，且不应粘上纸的另一层，接头处应有明显标识。接头个数应符合双方订货合同规定。

4.6 宽度及厚度应符合订货合同规定，宽度偏差应不超过±1.0 mm，厚度偏差应不超过±10μm。

4.7 卷径和内芯直径应符合订货合同规定。

4.8 微生物指标应符合 GB 15979 规定。

5 试验方法

5.1 试样的采取按 GB/T 450 进行。

5.2 试样的处理和试验的标准大气条件按 GB/T 10739 进行。

5.3 定量及定量偏差按 GB/T 451.2 测定。若卫生用品用离型纸已被裁切，尺寸不满足 GB/T 451.2 要求，可将纸样裁切成适当的尺寸进行测量，然后换算成每平方米的质量。

5.4 宽度偏差按 GB/T 451.1 测定。

5.5 厚度偏差、紧度按 GB/T 451.3 测定。

5.6 抗张强度按 GB/T 12914 测定，仲裁时采用恒速拉伸法测定。

5.7 撕裂指数按 GB/T 455 测定。

5.8 剥离力按附录 A 测定。

5.9 残余粘着率按附录 B 测定。

5.10 亮度（白度）按 GB/T 7974 测定。

5.11 灰分按 GB/T 742 测定。

5.12 尘埃度按 GB/T 1541—1989 测定。

5.13 交货水分按 GB/T 462 测定。

5.14 微生物指标按 GB 15979 测定。

5.15 外观质量采用目测检验。

6 检验规则

6.1 以一次交货的数量为一批，每批应不多于 10t。

6.2 微生物指标具有单独的否决权，即只要某批产品的微生物指标不合格，则判定整批产品为不合格。

6.3 计数抽样检验程序应按 GB/T 2828.1 规定进行。接收质量限（AQL）：抗张强度、撕裂指数、剥离力、残余粘着率、亮度（白度）、灰分、交货水分 AQL 为 4.0；定量、定量偏差、紧度、尘埃度、宽度偏差、厚度偏差、外观质量 AQL 为 6.5。抽样方案采用正常检验二次抽样方案，检查水平为特殊检查水平 S-2，见表 2。

6.4 第一次检验的样品数量应等于该方案给出的第一样本量。如果第一样本中发现的不合格品数小于或等于第一接收数，应认为该批是可接收的；如果第一样本中发现的不合格品数大于或等于第一拒收数，应认为该批是不可接收的。如果第一样本中发现的不合格品数介于第一接收数与第一拒收数之间，应检验由方案给出样本量的第二样本并累计在第一样本和第二样本中发现的不合格品数。如果不合格品累计数小于或等于第二接收数，则判定该批是可接收的；如果不合格品累计数大于或等于第二拒收数，则判定该批是不可接收的。

表 2

批量/件或卷	正常检验二次抽样方案 特殊检查水平 S-2				
	样本量	AQL=4.0		AQL=6.5	
		Ac	Re	Ac	Re
2~150	3	0	1	—	—
	2	—	—	0	1
151~1200	3	0	1	—	—
	5	—	—	0	2
	5（10）	—	—	1	2

7 标志、包装、运输、贮存

7.1 卫生用品用离型纸的包装和标志应符合 GB/T 10342 规定，或符合订货合同规定。

7.2 卫生用品用离型纸运输时应使用有篷而洁净的运输工具，不应将纸件从高处扔下。

7.3 卫生用品用离型纸应妥善贮存和保管，并防止雨雪和地面湿气的影响。

附录 A
（规范性附录）
剥离力的测定

A.1 原理

在规定条件下，以标准胶带剥离宽 25mm、长 100mm 试样所用力的平均值来评价卫生用品用离型纸的剥离水平，单位为牛顿每 25 毫米（N/25mm）。

A.2 仪器设备

A.2.1 不锈钢板：尺寸约为 180mm×40mm。

A.2.2 压辊：

压辊质量：（2.00±0.05）kg；

压辊材质和尺寸：ϕ（84×45）mm 钢辊外包约 6mm 厚橡胶，结构如图 A.1 所示。橡胶类型为邵尔 A 型，IRHD（国际橡胶硬度）为 80±5。

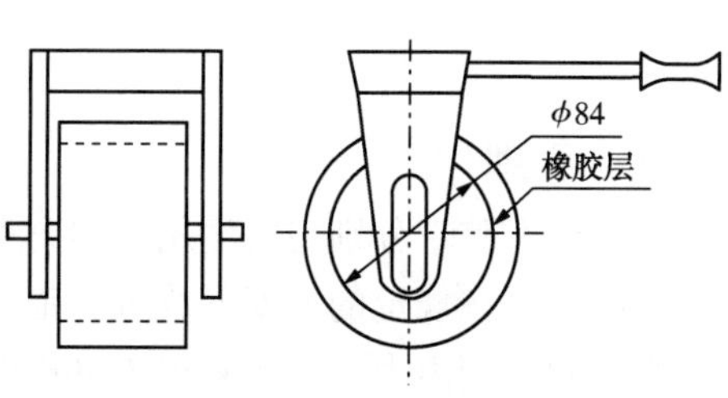

图 A.1 压辊示意图

A.2.3 标准胶带：宽度为 25 mm，粘着力应在 10 N/cm~16 N/cm。

A. 2. 4　拉力试验机：应使试样的破坏负载在满荷负载的 15%～85%。力值示值误差应不大于 1%。

A. 2. 5　双面胶带：宽度应不小于 25 mm。

A. 3　试样的采取和制备

A. 3. 1　去掉纸卷外面的三层，然后沿纸幅横向切取纵向长度约 200 mm、横向宽度大于 25 mm 的试样不少于 6 条。取样时手不应接触试样的测试区域。

A. 3. 2　将试样未涂硅油的一面朝下，放置在平整干燥的平面上。从标准胶带（A. 2. 3）上剪下与待测试样相同长度的胶带，去掉保护层，将胶带的一端和试样的一端对齐粘贴在试样涂硅油的一面上，中间不应夹有气泡，另一端留出约 20 mm 长的胶带不粘贴试样，并向上折起。胶带的长边应与试样的长边相互平行，并剪掉试样宽于胶带的部分。用压辊（A. 2. 2）在不施加外力的自身重力下匀速往返辊压试样 3 次。标准胶带折起部分应粘贴上宽 25 mm 的其他无粘性材料（此材料的抗张强度应大于所测离型纸的剥离力，长度应足够使其被夹于上夹头）。

A. 3. 3　将双面胶带（A. 2. 5）粘贴在不锈钢板（A. 2. 1）上。将 A. 3. 2 制备好的试样未涂硅油的一面粘贴在不锈钢板上的双面胶带上。粘贴时应使试样的一端与不锈钢板的一端平齐，试样的长边与不锈钢板的长边平行。

A. 4　试验步骤

设定拉力试验机（A. 2. 4）的参数如下：

去尾长度：25 mm；

拉伸速度：300 mm/min；

预拉伸距离：25 mm；

测量距离：100 mm。

将不锈钢板（含双面胶带及离型纸试样）固定于拉伸试验机的下夹头，保持不锈钢板竖直放置。将无粘性材料的一端固定于上夹头。

开始试验直至拉力机停止，记录剥离所需要的力。

测试 6 个试样，以 6 个试样有效测试值的平均值作为测试结果，单位为牛顿每 25 毫米（N/25mm），精确至小数点后一位。

注： 由于试样的有效剥离宽度为 25mm，若试样的宽度不足 25mm，其测试结果应换算成相当于 25mm 宽度的值。公式如下：

$$F = X \cdot 25/L$$

式中 F——25 mm 宽度的剥离力；

X——拉力试验机的测试值；

L——测试时的试样宽度。

附录 B

（规范性附录）

残余粘着力的测定

B. 1　原理

将标准胶带分别与卫生用品用离型纸和聚四氟乙烯薄膜粘合后，前者施加一定压力，后者不施加任何压力。在规定的温度下放置一定时间，然后将标准胶带剥离并分别贴于钢板上，分别测定胶带与钢板之间的剥离力。二者剥离力之比即为残余粘着率，以%表示。

B.2 设备

B.2.1 不锈钢板 A：尺寸约为 170mm×50mm，表面光滑无划痕。
B.2.2 不锈钢板 B：尺寸约为 180mm×40mm。
B.2.3 压辊：同 A.2.2。
B.2.4 钢质重物：尺寸约为长 180mm×宽 40mm×高 40mm，质量约 2kg。
B.2.5 热风循环干燥箱。
B.2.6 标准胶带：同 A.2.3。
B.2.7 拉力试验机：同 A.2.4。
B.2.8 聚四氟乙烯薄膜。
B.2.9 双面胶带：同 A.2.5。

B.3 试样的制备

B.3.1 去掉纸卷外面的三层，然后沿纸幅横向切取纵向长度约 200mm、横向宽度大于 25mm 的试样不少于 6 条。取样时手不应接触试样的测试区域。
B.3.2 将试样未涂硅油的一面朝下放置在一个平整而干燥的平面上，将标准胶带（B.2.6）沿试样纵向贴在试样涂有硅油的一面上，手不应与粘合长度内的胶带接触，粘合时不应产生皱痕和气泡，用压辊（B.2.3）在不施加外力的自身重力下匀速往返辊压 3 次。剪掉试样宽于标准胶带的部分，并裁剪成约 180mm 长度作为试样Ⅰ。
B.3.3 将试样Ⅰ放在钢板 A（B.2.1）上，再把不锈钢板 B（B.2.2）放在试样Ⅰ上。注意使两块钢板平行，用双面胶带（B.2.9）粘住两块钢板使之固定。将钢质重物（B.2.4）放在夹有试样Ⅰ的两块不锈钢板之上，将试样连同钢质重物及不锈钢板一起放入设定为 70℃的热风循环干燥箱（B.2.5），静置 20 h。对其他 5 条试样进行同样的操作。
B.3.4 将标准胶带贴在聚四氟乙烯薄膜（B.2.8）上，粘合时不应产生皱痕和气泡，用压辊在不施加外力的自身重力下匀速往返辊压 3 次。剪掉试样宽于标准胶带的部分，并裁剪成长约 180mm 长度作为试样Ⅱ。将试样Ⅱ放在设定为 70℃的热风循环干燥箱内，静置 20h。
B.3.5 不锈钢板 A 的处理：用有机溶剂清洗干净，清洗后的不锈钢板晾干备用。若该钢板有严重划痕或破损，应及时更换。

B.4 试验步骤

B.4.1 设定拉力试验机（B.2.7）的参数如下：
　　去尾长度：25mm；
　　拉伸速度：300mm/min；
　　预拉伸距离：25mm；
　　测量距离：100mm。
B.4.2 将试样Ⅰ连同钢质重物及不锈钢板一起从热风循环干燥箱中取出，在室温条件下放置 1 h（冷却至室温）。将标准胶带与试样Ⅰ中的离型纸剥离（注意不应触碰标准胶带的有效部位并保持胶带的平整）后，将剥离下来的标准胶带沿纵向粘贴在一块按 B.3.5 处理后的不锈钢板 A 上，保持标准胶带与钢板间的平行，用压辊在自身重力下匀速往返辊压 3 次，在室温条件下放置 4 h。然后在试验拉力机（B.2.7）上以 300mm/min 的速度进行 180°剥离，得出标准胶带与钢板之间的剥离力，计为 F_1，单位为牛顿（N）。
B.4.3 将试样Ⅱ从热风干燥箱中取出，在室温条件下放置 1h（冷却至室温）。将标准胶带与聚四氟乙烯薄膜剥离（注意不应触碰标准胶带的有效部位并保持胶带的平整）后，将剥离下来的标准胶带沿纵向粘贴在另一块按 B.3.5 处理后的不锈钢板 A 上，保持标准胶带与不锈钢板间的平行，用压辊在不施加外力的自身重力下匀速往返辊压 3 次，在室温条件下放置 4h。然后在试验拉力机上以 300mm/min 的速度进行 180°剥离，得出标准胶带与钢板之间的剥离力，计为 F_2，单位为牛顿（N）。

B.4.4 残余粘着率 X 按式（B.1）计算。

$$X = F_1/F_2 \times 100\% \qquad (B.1)$$

式中 X——残余粘着率,%；

F_1——试样Ⅰ中剥离下来的标准胶带与钢板之间的剥离力，单位为牛顿（N）；

F_2——试样Ⅱ中剥离下来的标准胶带与钢板之间的剥离力，单位为牛顿（N）。

卫生用品用吸水衬纸（QB/T 4508—2013）

2013-12-01 实施

1 范围

本标准规定了卫生用品用吸水衬纸的要求、试验方法、检验规则和标志、包装、运输、贮存。

本标准适用于包覆卫生巾、卫生护垫、纸尿裤、纸尿片等卫生用品中绒毛浆和高分子吸水树脂用的吸水衬纸。

2 规范性引用文件

下列文件对于本文件的应用是必不可少的。凡是注日期的引用文件，仅注日期的版本适用于本文件。凡是不注日期的引用文件，其最新版本（包括所有的修改单）适用于本文件。

GB/T 450 纸和纸板 试样的采取及试样纵横向、正反面的测定（GB/T 450—2008，ISO 186：2002，MOD）

GB/T 451.1 纸和纸板尺寸及偏斜度的测定

GB/T 461.1 纸和纸板毛细吸液高度的测定（克列姆法）（GB/T 461.1—2002，ISO 8787：1989，IDT）

GB/T 462 纸、纸板和纸浆 分析试样水分的测定（GB/T 462—2008，ISO 287：1985，ISO 683：1987，MOD）

GB/T 465.2 纸和纸板 浸水后抗张强度的测定（GB/T 465.2—2008，ISO 3781：1983，MOD）

GB/T 1541—1989 纸和纸板尘埃度的测定

GB/T 1545—2008 纸、纸板和纸浆 水抽提液酸度或碱度的测定

GB/T 2828.1 计数抽样检验程序 第 1 部分：按接收质量限（AQL）检索的逐批检验抽样计划（GB/T 2828.1—2012，ISO 2859-1：1999，IDT）

GB/T 7974 纸、纸板和纸浆亮度（白度）测定 漫射/垂直法

GB/T 10342 纸张的包装和标志

GB/T 10739 纸、纸板和纸浆试样处理和试验的标准大气条件

GB/T 12914—2008 纸和纸板 抗张强度的测定

GB 15979 一次性使用卫生用品卫生标准

GB/T 24328.5 卫生纸及其制品 第 5 部分：定量的测定（GB/T 24328.5—2009，ISO 12625-6：2005，MOD）

3 要求

3.1 卫生用品用吸水衬纸技术指标应符合表 1 或合同规定。

表 1

指标			单位	要求
定量			g/m^2	10. 0±1. 0　12. 0±1. 0　14. 0±1. 0　16. 0±1. 0　18. 0±1. 0　20. 0±1. 0
亮度（白度）		≤	%	90. 0
横向吸液高度		≥	mm/100s	20
抗张指数 ≥	纵向		N · m/g	12. 0
	横向			3. 00
纵向湿抗张强度		≥	N/m	25. 0
纵向伸长率		≥	%	20. 0
洞眼	总数	≤	个/m^2	4
	1mm～2mm	≤		4
	>2mm			不应有
尘埃度	总数	≤	个/m^2	4
	0. 2mm^2～1. 0mm^2	≤		4
	>1. 0mm^2			不应有
pH			—	4. 0～8. 0
交货水分		≤	%	9. 0

3. 2　卫生用品用吸水衬纸的微生物指标应符合 GB 15979 的规定。

3. 3　卫生用品用吸水衬纸为卷筒纸。卷筒纸的宽度应符合订货合同的规定，宽度偏差不应超过±2mm。

3. 4　卫生用品用吸水衬纸应洁净，皱纹应均匀。不应有明显的死褶、残缺、破损、沙子、硬质块、生浆团等纸病。

3. 5　卫生用品用吸水衬纸不应使用任何回收纸、纸张印刷品、纸制品及其他回收纤维状物质作原料。

4　试验方法

4. 1　试样的采取和处理

试样的采取按 GB/T 450 进行，试样的处理和试验的标准大气条件按 GB/T 10739 进行。

4. 2　尺寸偏差

尺寸偏差按 GB/T 451. 1 进行测定。

4. 3　定量

定量按 GB/T 24328. 5 进行测定。

4. 4　亮度（白度）

亮度（白度）按 GB/T 7974 进行测定。

4. 5　横向吸液高度

横向吸液高度按 GB/T 461. 1 进行测定，测定时间为 100s。

4. 6　抗张指数

抗张指数按 GB/T 12914—2008 中恒速拉伸法进行测定，试样宽度为 15mm，夹距为 100mm。

4. 7　纵向湿抗张强度

纵向湿抗张强度按 GB/T 12914—2008 中恒速拉伸法和 GB/T 465. 2 进行测定，试样宽度为 15mm，夹距为 100mm。测定前应先进行预处理，将试样放在（105±2）℃烘箱中烘 15min，取出后在 GB/T 10739 规定的大气条件下平衡至少 1h 再进行测定。测定时将试样夹于卧式拉力机上，使试样保持伸直但不受力。

用胶头滴管向试样中心位置滴加1滴水（约0.05mL），胶头滴管的出水口与试样垂直距离约1cm，滴水的同时开始计时，5s后用3层102型-中速定性滤纸（单层试样应使用4层定性滤纸）轻触试样下方3s~4s，以吸除试样表面多余水分，定性滤纸不可重复使用。吸干后立即启动拉力机，整个操作（滴水至拉伸试验结束）宜在35s（其中拉伸时间应不少于5s）内完成。取10个有效测定值，计算其平均值。

4.8 纵向伸长率

纵向伸长率按GB/T 12914—2008中恒速拉伸法进行测定，试样宽度为15mm，夹距为100mm。

4.9 洞眼

用双手拿住试样的两角迎光观测，数取规定范围内的洞眼个数。每个试样的测定面积不应少于$0.5m^2$，然后换算成每平方米的洞眼数。

4.10 尘埃度

尘埃度按GB/T 1541—1989进行测定，每个试样的测定面积不应少于$0.5m^2$，然后换算成每平方米的尘埃数。

4.11 pH

pH按GB/T 1545—2008中pH计法进行测定，采用冷水抽提。

4.12 交货水分

交货水分按GB/T 462进行测定。

4.13 外观质量

外观质量采用目测。

4.14 微生物指标

微生物指标按GB 15979进行测定。

5 检验规则

5.1 生产厂应保证所生产的产品符合本标准或合同规定，相同原料、相同工艺、相同规格的同类产品一次交货数量为一批，每批产品应附产品合格证。

5.2 微生物指标不合格，则判定该批是不可接收的。

5.3 计数抽样检验程序按GB/T 2828.1规定进行。卫生用品用吸水衬纸样本单位为卷。接收质量限(AQL)：横向吸液高度、抗张指数、纵向伸长率、纵向湿抗张强度、pH的AQL为4.0，定量、亮度(白度)、洞眼、尘埃度、交货水分、尺寸偏差、外观质量的AQL为6.5。抽样方案采用正常检验二次抽样方案，检验水平为特殊检验水平S-2。见表2。

表2

批 量/卷	正常检验二次抽样方案　特殊检验水平S-2				
	样本量	AQL=4.0		AQL=6.5	
		Ac	Re	Ac	Re
2~150	3	0	1	—	—
	2	—	—	0	1
151~500	3	0	1	—	—
	5	—	—	0	2
	5（10）	—	—	1	2

5.4 可接收性的确定：第一次检验的样品数量应等于该方案给出的第一样本量。如果第一样本中发现的不合格品数小于或等于第一接收数，应认为该批是可接收的；如果第一样本中发现的不合格品数大于或等于第一拒收数，应认为该批是不可接收的。如果第一样本中发现的不合格品数介于第一接收数与第一拒收数之间，应检验由方案给出样本量的第二样本并累计在第一样本和第二样本中发现的不合

格品数。如果不合格品累计数小于或等于第二接收数，则判定该批是可接收的；如果不合格品累计数大于或等于第二拒收数，则判定该批是不可接收的。

5.5 需方若对产品质量持有异议，应在到货后3个月内通知供方共同复验，或委托共同商定的检验机构进行复验。复验结果若不符合本标准或合同的规定，则判为该批不可接收，由供方负责处理；若符合本标准或合同的规定，则判为该批可接收，由需方负责处理。

6 标志、包装、运输、贮存

6.1 产品的标志和包装按GB/T 10342或订货合同的规定进行。

6.2 产品运输时，应使用具有防护措施的洁净的运输工具，不应与有污染性的物质共同运输。

6.3 产品在搬运过程中，应注意轻放，防雨、防潮，不应抛扔。

6.4 产品应妥善贮存于干燥、清洁、无毒、无异味、无污染的仓库内。

擦拭巾 Wipes

湿巾（GB/T 27728—2011）

2012-07-01实施

1 范围

本标准规定了湿巾的分类、要求、试验方法、检验规则、标识和包装、运输和贮存等。

本标准适用于日常生活所用的由非织造布、无尘纸或其他原料制造的各种湿巾。

2 规范性引用文件

下列文件对于本文件的应用是必不可少的。凡是注日期的引用文件，仅注日期的版本适用于本文件。凡是不注日期的引用文件，其最新版本（包括所有的修改单）适用于本文件。

GB/T 1541—1989 纸和纸板尘埃度的测定法

GB/T 1545—2008 纸、纸板和纸浆 水抽提液酸度或碱度的测定

GB/T 2828.1 计数抽样检验程序 第1部分：按接收质量限（AQL）检索的逐批检验抽样计划

GB/T 4100—2006 陶瓷砖

GB/T 10739 纸、纸板和纸浆试样处理和试验的标准大气条件

GB/T 12914—2008 纸和纸板 抗张强度的测定

GB/T 15171 软包装件密封性能试验方法

GB 15979 一次性使用卫生用品卫生标准

JJF 1070—2005 定量包装商品净含量计量检验规则

3 术语和定义

下列术语和定义适用于本文件。

3.1 厨具用湿巾 wet wipes for kitchen

用于清洁厨房物体（如燃气灶、油烟机等）的湿巾。

3.2 卫具用湿巾 wet wipes for toilet

用于清洁卫生间物体（如洗手盆、马桶、浴缸等）的湿巾。

4 分类

湿巾分为人体用湿巾和物体用湿巾两大类。人体用湿巾包括普通湿巾和卫生湿巾；物体用湿巾包括厨具用湿巾、卫具用湿巾及其他用途湿巾。

5 要求

5.1 人体用湿巾、厨具用湿巾、卫具用湿巾的技术指标应符合表1或合同规定。

表1

<table>
<tr><th colspan="3" rowspan="2">指标名称</th><th rowspan="2">单位</th><th colspan="3">规定</th></tr>
<tr><th>人体用湿巾</th><th>厨具用湿巾</th><th>卫具用湿巾</th></tr>
<tr><td rowspan="2">偏差</td><td>长度</td><td>≥</td><td rowspan="2">%</td><td colspan="3">-10</td></tr>
<tr><td>宽度</td><td>≥</td><td colspan="3">-10</td></tr>
<tr><td colspan="2">含液量[a]</td><td>≥</td><td>倍</td><td colspan="3">1.7</td></tr>
<tr><td colspan="2">横向抗张强度[b]</td><td>≥</td><td>N/m</td><td colspan="3">8.0</td></tr>
<tr><td colspan="3">包装密封性能[c]</td><td>—</td><td colspan="3">合格</td></tr>
<tr><td colspan="3">pH</td><td>—</td><td>3.5~8.5</td><td>—</td><td>—</td></tr>
<tr><td colspan="3">去污力</td><td>—</td><td>—</td><td>合格</td><td>—</td></tr>
<tr><td rowspan="2">腐蚀性</td><td colspan="2">金属腐蚀性</td><td>—</td><td>—</td><td>合格</td><td>—</td></tr>
<tr><td colspan="2">陶瓷腐蚀性</td><td>—</td><td>—</td><td>—</td><td>合格</td></tr>
<tr><td colspan="3">可迁移性荧光增白剂</td><td>—</td><td>无</td><td colspan="2">—</td></tr>
<tr><td>尘埃度[b]</td><td>总数</td><td>≤</td><td rowspan="4">个/m²</td><td colspan="3">20</td></tr>
<tr><td rowspan="3">其中：</td><td>0.2mm²~1.0mm²</td><td>≤</td><td colspan="3">20</td></tr>
<tr><td>>1.0mm²，≤2.0mm²</td><td>≤</td><td colspan="3">1</td></tr>
<tr><td>>2.0mm²</td><td></td><td colspan="3">不应有</td></tr>
</table>

[a] 仅非织造布生产的湿巾考核含液量；
[b] 非织造布生产的湿巾不考核横向抗张强度和尘埃度；
[c] 仅软包装考核包装密封性。

5.2 湿巾内装量应符合 JJF 1070—2005 中表3计数定量包装商品标注净含量的规定。当内装量 Q_n 小于等于50时，不允许出现短缺量；当 Q_n 大于50时，短缺量应小于 $Q_n \times 1\%$，结果取整数，如果出现小数，就将该小数进位到下一紧邻的整数。

5.3 人体用湿巾卫生指标应符合 GB 15979 的规定，物体用湿巾微生物指标应符合 GB 15979 的规定。

5.4 湿巾不应有掉毛、掉屑现象。

5.5 湿巾不得使用有毒有害原料。人体用湿巾只可用原生纤维作原料，不得使用任何回收纤维状物质作原料。

6 试验方法

6.1 试样的处理

试样的处理按 GB/T 10739 进行。

6.2 长度、宽度偏差

6.2.1 长度偏差

将湿巾外包装从端口剪开，去除外包装，在无变形状态下连续取出湿巾，自然平放在玻璃板上，用直尺量取试样的长度，每种同规格的样品量6片，量准至1mm，计算6片试样的平均值与标称值之差与其标称值的百分比，即为该种样品长度偏差的测定结果，精确至 1%。

6.2.2 宽度偏差

将湿巾外包装从端口剪开，去除外包装，在无变形状态下连续取出湿巾，自然平放在玻璃板上，用直尺量取试样的宽度，每种同规格的样品量 6 片，量准至 1mm，计算 6 片试样的平均值与标称值之差与其标称值的百分比，即为该种样品宽度偏差的测定结果，精确至 1%。

6.2.3 长度、宽度偏差的计算

湿巾的长度、宽度的偏差按式（1）计算：

$$偏差 = \frac{平均值 - 标称值}{标称值} \times 100\% \quad (1)$$

6.3 含液量

用镊子从一个完整湿巾包装的上、中、下 3 个位置分别取 1 片湿巾组成一个试样（单包内装量小于 3 片的样品，以单包实际片数抽取），取样后立即以感量 0.01g 的天平称量。然后将试样用蒸馏水或去离子水漂洗至无泡沫后，将其置于（85±2）℃的烘箱内（烘试样时，不应使试样接触烘箱四壁），烘 4h 取出，再次进行称量，两次称量值之差除以烘后的质量，即为该试样的含液量，以倍表示，计算方法按式（2），结果修约保留至一位小数。

$$含液量 = \frac{烘前质量 - 烘后质量}{烘后质量} \quad (2)$$

每个样品做 3 个试样，3 个试样应分别来自不同的完整包装，以 3 个试样含液量的算术平均值作为该样品的含液量。

6.4 横向抗张强度

湿巾横向抗张强度按 GB/T 12914—2008 中恒速拉伸法测定，夹距为 50mm，切样时应切取未受切刀压过的试样部分，切好试样后应立刻进行测定，取 10 个有效测定值，以单层横向抗张强度的平均值表示结果。

6.5 包装密封性能

包装密封性能按附录 A 测定。

6.6 pH

pH 按 GB/T 1545—2008 中 pH 计法测定。测试液制备方法：戴着干净的塑料手套，将多片试样中的液体挤至 50mL 玻璃烧杯中，保证测试液体浸润测试电极。

6.7 去污力

去污力按附录 B 测定。

6.8 腐蚀性

腐蚀性按附录 C 测定。

6.9 可迁移性荧光增白剂

可迁移性荧光增白剂按附录 D 测定。

6.10 尘埃度

尘埃度按 GB/T 1541—1989 测定。

6.11 内装量

内装量按 JJF 1070—2005 附录 G 中 G.4 测定。测定时应去除外包装，目测计数。

6.12 外观质量

外观质量采用目测。

6.13 卫生指标

卫生指标按 GB 15979 测定。

7 检验规则

7.1 生产厂应保证所生产的产品符合本标准或合同的规定，以相同原料、相同工艺、相同规格的同类产品一次交货数量为一批，每批产品应附产品合格证。

7.2 卫生指标不合格，则判定该批是不可接收的。

7.3 计数抽样检验程序按 GB/T 2828.1 规定进行。湿巾样本单位为箱。接收质量限（AQL）：pH、可迁移性荧光增白剂 AQL=4.0，偏差（长度、宽度）、含液量、横向抗张强度、包装密封性能、去污力、腐蚀性、尘埃度、内装量、外观质量 AQL=6.5。抽样方案采用正常检验二次抽样方案，检查水平为特殊检查水平 S-3。见表 2。

表 2

批量/箱	正常检验二次抽样方案　特殊检查水平 S-3				
	样本量	AQL=4.0		AQL=6.5	
		Ac	Re	Ac	Re
2~50	2	—	—	0	1
	3	0	1	—	—
51~150	3	0	1	—	—
	5	—	—	0	2
	5（10）	—	—	1	2
151~500	5	—	—	0	2
	5（10）	—	—	1	2
	8	0	2	—	—
	8（16）	1	2	—	—
501~3 200	8	0	2	0	3
	8（16）	1	2	3	4
3 201~35 000	13	0	3	1	3
	13（26）	3	4	4	5

7.4 可接收性的确定：第一次检验的样品数量应等于该方案给出的第一样本量。如果第一样本中发现的不合格品数小于或等于第一接收数，应认为该批是可接收的；如果第一样本中发现的不合格品数大于或等于第一拒收数，应认为该批是不可接收的。如果第一样本中发现的不合格品数介于第一接收数与第一拒收数之间，应检验由方案给出样本量的第二样本并累计在第一样本和第二样本中发现的不合格品数。如果不合格品累计数小于或等于第二接收数，则判定批是可接收的；如果不合格品累计数大于或等于第二拒收数，则判定该批是不可接收的。

7.5 需方若对产品质量持有异议，应在到货后三个月内通知供方共同复验，或委托共同商定的检验机构进行复验。复验结果若不符合本标准或合同的规定，则判为该批不可接收，由供方负责处理；若符合本标准或合同的规定，则判为该批可接收，由需方负责处理。

8 标识和包装

8.1 产品销售包装标识

产品标识至少应包括以下内容：

——产品名称、商标；

——产品标准编号；

——主要成分；

——生产日期和保质期，或生产批号和限用日期；

——产品规格；

——产品数量（片数）；
——产品合格标识；
——生产企业（或产品责任单位）名称、详细地址等。

8.2 产品运输包装标识

运输包装标识应至少包括以下内容：
——产品名称、商标；
——生产企业（或产品责任单位）名称、地址等；
——产品数量；
——包装储运图形标志。

8.3 包装

8.3.1 湿巾包装应防尘、防潮和防霉等。

8.3.2 直接与产品接触的包装材料应无毒、无害、清洁。产品包装应完好，包装材料应具有足够的密封性和牢固性，以达到保证产品在正常的运输与贮存条件下不受污染的目的。

9 运输和贮存

9.1 运输时应采用洁净的运输工具，防止成品污染。

9.2 应存放于干燥、通风、洁净的地方并妥善保管，防止雨、雪及潮湿侵入产品，影响质量。

9.3 搬运时应注意包装完整，不应从高处扔下，以防损坏外包装。

9.4 凡出厂的产品因运输、保管不妥造成产品损坏或变质的，应由责任方负责。损坏或变质的湿巾不应出售。

附录A
（规范性附录）
包装密封性能的测定

A.1 原理

通过对真空室抽真空，使浸在水中的试样产生内外压差，观测试样内气体外逸或水向内渗入情况，以此判定试样的包装密封性能。

A.2 试验装置

A.2.1 密封试验仪：符合GB/T 15171规定，带一真空罐（见图A.1），真空度可控制在0kPa~90kPa之间，真空精度为1级，真空保持时间在0.1min~60min之内。

A.2.2 压缩机：提供正压空气，气源压力应小于等于0.7MPa。

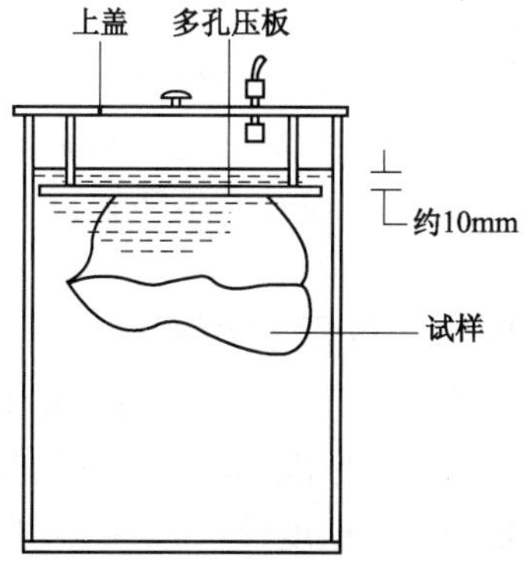

图A.1

A.3 试验样品

A.3.1 试样应是具有代表性的装有实际内装物或其模拟物的软包装件。

A.3.2 同一批（次）试验的样品应不少于3包。

A.4 试验步骤

A.4.1 打开真空罐，注入适量清水，注入量以放入试样扣妥上盖后，罐内水位高于多孔压板上侧10mm左右为宜。

A.4.2 打开压缩机和密封试验仪，接通正压空气，设置密封试验仪的试验参数：试验真空度为10kPa±1kPa，真空保持时间为30s。

A.4.3 将试样放入真空罐，盖妥真空罐上盖后进行试验。

A.4.4 观测抽真空时和真空保持期间试样的泄漏情况，有无连续的气泡产生。单个孤立气泡不视为试样泄漏，外包装附属部件在试验过程中产生的气泡不视为泄漏。

注：只要能保证在试验期间可观察到所有试样的各个部位的泄漏情况，一次可测定2个或更多的试样。

A.4.5 试验停止后，打开密封盖，取出试样，将其表面的水擦净，开封检查试样内部是否有试验用水渗入。

A.4.6 重复A.4.3～A.4.5步骤，每个样品测定3个试样。

A.5 试验结果评定

3个试样在抽真空和真空保持期间均无连续的气泡产生及开封检查时均无水渗入，则判该项目合格；若3个试样中有2个以上不合格，则判该项目不合格；若3个试样中有1个不合格，则重新测定3个试样，重新测定后，若3个试样均合格，则判该项目合格，否则判为不合格。

附 录 B
（规范性附录）
去污力的测定

B.1 原理

将标准人工油污均匀附着于不锈钢金属试片上，分别放入湿巾溶液和标准溶液中，在规定条件下进行摆洗试验，测定湿巾溶液的去油率与标准溶液的去油率，然后将两者的去油率进行比较，以判定其去污力。

B.2 试剂和材料

B.2.1 单硬脂酸甘油酯（40%）。

B.2.2 牛油。

B.2.3 猪油。

B.2.4 精制植物油。

B.2.5 盐酸溶液：1+6。

B.2.6 氢氧化钠溶液：50g/L。

B.2.7 丙酮：分析纯。

B.2.8 无水乙醇：分析纯。

B.2.9 尿素：分析纯。

B.2.10 乙氧基化烷基硫酸钠（C_{12}～C_{15}）70型。

B.2.11 烷基苯磺酸钠，所用烷基苯磺酸应为脱氢法烷基苯经三氧化硫磺化之单体。

B.3 仪器和设备

B.3.1 分析天平，感量0.1mg。

B.3.2 标准摆洗机：摆动频率（40±2）次/min，摆动距离（50±2）mm。

B.3.3 温度计：0℃～100℃，0℃～200℃。

B.3.4 镊子。

B.3.5 金属试片：1Cr18Ni9Ti不锈钢，50mm×25mm×3mm～5mm，具小孔。

B. 3. 6 烧杯：500mL。
B. 3. 7 S形挂钩，用细的不锈钢丝弯制。
B. 3. 8 恒温水浴。
B. 3. 9 秒表。
B. 3. 10 磁力搅拌器。
B. 3. 11 恒温干燥箱：保持温度（40±2）℃。
B. 3. 12 试片架。
B. 3. 13 砂纸（布）：200#。
B. 3. 14 脱脂棉。
B. 3. 15 干燥器。
B. 3. 16 电热板。
B. 3. 17 容量瓶：500mL。

B. 4 试验步骤

B. 4. 1 金属试片的打磨和清洗

用200#砂纸（布）（B. 3. 13）将6个金属试片（B. 3. 5）打磨光亮，打磨方向如图B. 1所示，同时将试片的四边、角和孔打磨光亮。打磨好的试片先用脱脂棉（B. 3. 14）擦净，再用镊子（B. 3. 4）夹取脱脂棉将试片依次在丙酮（B. 2. 7）→无水乙醇（B. 2. 8）→热无水乙醇（50℃～60℃）中擦洗干净，热风吹干，放在干燥器（B. 3. 15）中保存待用。

B. 4. 2 人工油污的制备

以牛油（B. 2. 2）：猪油（B. 2. 3）：精制植物油（B. 2. 4）= 0. 5 ：0. 5 ：1的比例配制，并加入其总质量10%的单硬脂酸甘油酯（B. 2. 1），此即为人工油污（置于冰箱冷藏室中，可保质6个月）。将装有人工油污的烧杯放在电热板（B. 3. 16）上加热至180℃，在此温度下搅拌均匀后，移至磁力搅拌器（B. 3. 10）上搅拌，自然冷却至所需浸油温度（80±2）℃备用。

单位为毫米

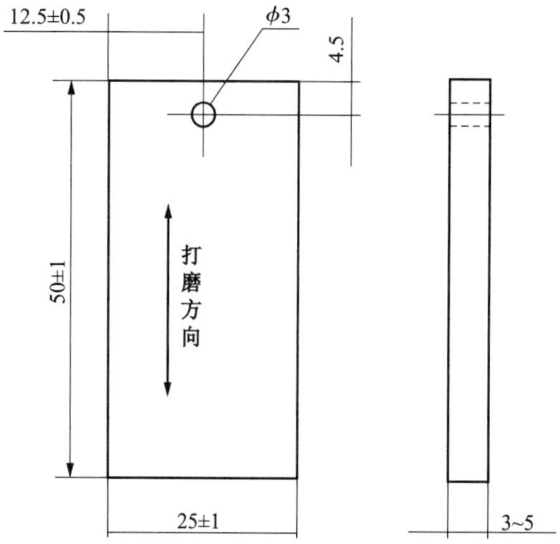

图 B. 1

B. 4. 3 试片的制备

将6个打磨清洗好的金属试片（B. 4. 1）用S形挂钩（B. 3. 7）挂好，挂在试片架（B. 3. 12）上，连同试片架一起置于（40±2）℃恒温干燥箱中30min。分别用分析天平（B. 3. 1）称量（准确至0. 1mg），计为m_0。待人工油污（B. 4. 2）温度为（80±2）℃时，戴上洁净的手套，逐一将金属试片连同S形挂钩从试片架上取下，手持S形挂钩将金属试片浸入油污中约60s，试片上端约10mm的部分不浸油污。然后缓缓取出，待油污下滴速度变慢后，挂回原试片架上30min。待油污凝固后，将试片取下，然后用脱脂棉将试片底端多余的油污擦掉。再将试片连同S形挂钩一起用分析天平精确称量，计为m_1。此时每组金属试片上油污量应确保为0. 05g～0. 20g。

注：金属试片浸油时，会导致油温下降，为保证浸油温度，采取保温措施。

B. 4. 4 标准溶液的配制

称取烷基苯磺酸钠（B. 2. 11）14份（以100%计），乙氧基化烷基硫酸钠（B. 2. 10）1份（以100%计），无水乙醇（B. 2. 8）5份，尿素（B. 2. 9）5份，加水至100份，混匀，用盐酸溶液（B. 2. 5）或氢氧化钠溶液（B. 2. 6）调节pH为7～8。吸取1mL溶液到500mL容量瓶（B. 3. 17）中，用蒸馏水定容到刻度，备用。

B. 4. 5 试验溶液的准备

取足够数量的湿巾样品，揭去外包装，戴上洁净的 PE（聚乙烯）薄膜手套，将湿巾中的溶液挤入 500mL 的烧杯（B. 3. 6）中待用，溶液量约为 400mL。

B. 4. 6 试验步骤

B. 4. 6. 1 将盛有 400mL 试验溶液（B. 4. 5）的烧杯（B. 3. 6）放置于（30±2）℃恒温水浴（B. 3. 8）中，使溶液温度保持在（30±2）℃。将涂油污的金属试片（B. 4. 3）夹持在标准摆洗机（B. 3. 2）的摆架上，使试片表面垂直于摆动方向，试片涂油污部分应全部浸在溶液中，但不可接触烧杯底和壁。在溶液中浸泡 3min 后，立即开动摆洗机摆洗 3min。然后在（30±2）℃的 400mL 蒸馏水中摆洗 30s。摆洗结束后，取出金属试片，连同原 S 形挂钩挂于试片架上。将试片架放入（40±2）℃的恒温干燥箱（B. 3. 11）中，烘 30min，烘干后冷却至室温，连同原 S 形挂钩称重为 m_2。

B. 4. 6. 2 取 400mL 标准溶液（B. 4. 4）放入烧杯（B. 3. 6）中，将烧杯置于（30±2）℃恒温水浴中，按 B. 4. 6. 1 进行标准溶液的去污力试验。

B. 4. 6. 3 试验溶液和标准溶液分别测定 3 片金属试片，按式（B. 1）分别计算试验溶液和标准溶液的去油率。

B. 5 计算与结果判定

B. 5. 1 结果计算

去油率 X，以%表示，按式（B. 1）计算：

$$X=\frac{m_1-m_2}{m_1-m_0}\times 100\% \quad \cdots\cdots \text{(B. 1)}$$

式中 m_0——涂污前金属试片的质量，单位为克（g）；

m_1——涂污后金属试片的质量，单位为克（g）；

m_2——洗涤后金属试片的质量，单位为克（g）。

以 3 个试片去油率的平均值表示结果。在 3 个试片的平行试验所得去油率值中，应至少有两个数值之差不超过 3%，否则应重新测定。

B. 5. 2 结果评定

若试验溶液的去油率大于等于标准溶液的去油率，则判该试样的去污力合格，否则判为不合格。

附 录 C
（规范性附录）
腐蚀性的测定

C. 1 金属腐蚀性的测定

C. 1. 1 原理

将金属试片完全浸于一定温度的厨具用湿巾溶液中，以金属试片的质量变化和表面颜色的变化来评定厨具用湿巾对金属的腐蚀性。

C. 1. 2 主要仪器及材料

C. 1. 2. 1 分析天平，感量 0. 1mg。

C. 1. 2. 2 恒温干燥箱：保持温度（40±2）℃。

C. 1. 2. 3 金属试片：45 号钢，50mm×25mm×3mm～5mm，具小孔。

C. 1. 2. 4 烧杯，100mL。

C. 1. 2. 5 细尼龙丝，可吊挂金属试片。

C.1.2.6 丙酮：分析纯。

C.1.2.7 无水乙醇：分析纯。

C.1.2.8 广口瓶（带盖），100mL。

C.1.2.9 砂纸（布）：200[#]。

C.1.2.10 脱脂棉。

C.1.2.11 镊子。

C.1.2.12 干燥器。

C.1.3 试验步骤

C.1.3.1 试片的打磨和清洗

用200[#]砂纸（布）（C.1.2.9）将4个金属试片（C.1.2.3）打磨光亮，打磨方向如图C.1所示，同时将试样的四边、角和孔打磨光亮。打磨好的试片先用脱脂棉（C.1.2.10）擦净，再用镊子（C.1.2.11）夹取脱脂棉将试片依次在丙酮（C.1.2.6）→无水乙醇（C.1.2.7）→热无水乙醇（50℃~60℃）中擦洗干净，热风吹干，放在干燥器（C.1.2.12）中保存待用。

C.1.3.2 试验溶液的制备

取足够数量的湿巾样品，揭去外包装，戴上洁净的PE（聚乙烯）薄膜手套，将湿巾中的溶液挤入100mL的烧杯（C.1.2.4）中待用，溶液量约为80mL。

单位为毫米

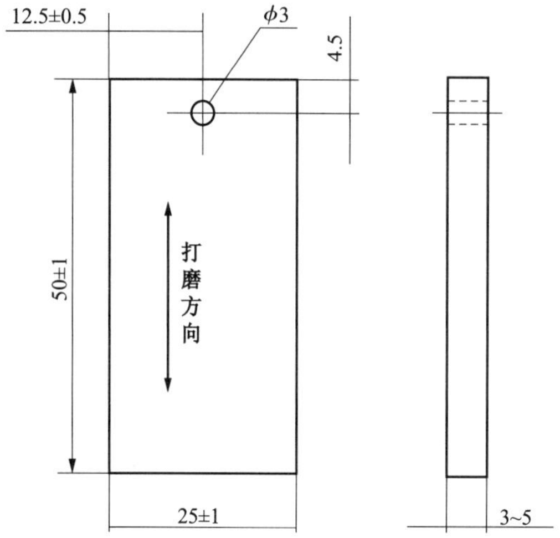

图C.1

C.1.3.3 金属腐蚀性试验

C.1.3.3.1 将4个新打磨清洗好的金属试片（C.1.3.1）中的3个分别在分析天平（C.1.2.1）上称重，计为m_1（准确至0.1mg），然后用细尼龙丝（C.1.2.5）扎牢，吊挂于广口瓶（C.1.2.8）中，试片不应互相接触。

C.1.3.3.2 将试样溶液（C.1.3.2）倒入广口瓶中，并保持溶液高于试片顶端约10mm，盖紧瓶口后置于（40±2）℃恒温干燥箱（C.1.2.2）中放置4h。

C.1.3.3.3 试验完成后，取出试片先用蒸馏水漂洗2次，再用无水乙醇清洗2次，立即热风吹干。与另1个打磨清洗好的金属试片（C.1.3.1）对比检查外观，去掉尼龙丝后再次称重，计为m_2。

C.1.4 结果评定

C.1.4.1 金属试片试验前后的质量变化Δm，单位为毫克（mg），按式（C.1）计算：

$$\Delta m = |m_1 - m_2| \qquad (C.1)$$

式中 m_1——金属腐蚀性试验前金属试片的质量，单位为毫克（mg）；

m_2——金属腐蚀性试验后金属试片的质量，单位为毫克（mg）。

C.1.4.2 若试验前后金属试片的质量变化不大于2.0mg，且试片表面无腐蚀点、无明显变色，则判该试片合格，否则判该试片不合格。

C.1.4.3 若3个试片中有2个以上不合格，则判该项目不合格；若有1片不合格，则重新测定3个试片，重新测定后，若3个试片均合格，则判该项目合格，否则判为不合格。

C.2 陶瓷腐蚀性的测定

C.2.1 原理

将陶瓷试片完全浸于卫具用湿巾溶液中，经一定时间后，观察并确定其受腐蚀的程度。

C.2.2 主要仪器及材料

C.2.2.1 白布：由棉纤维或亚麻纤维纺织而成。

C.2.2.2 铅笔，硬度为HB（或同等硬度）的铅笔。

C.2.2.3 烧杯：100mL。

C.2.2.4 陶瓷试片：应由符合GB/T 4100—2006附录L规定的瓷制成，50mm×25mm×3mm~5mm。

C.2.2.5 陶瓷洗涤剂。

C.2.3 试验步骤

C.2.3.1 陶瓷试片的制备

将3个陶瓷试片（C.2.2.4）用陶瓷洗涤剂（C.2.2.5）清洗干净，风干。

C.2.3.2 试验溶液的制备

取足够数量的湿巾样品，揭去外包装，戴上洁净的PE（聚乙烯）薄膜手套，将湿巾中的溶液挤入100mL的烧杯（C.2.2.3）中待用，溶液量约为80mL。

C.2.3.3 陶瓷腐蚀性试验

C.2.3.3.1 将3个清洗好的陶瓷试片（C.2.3.1）放入盛有试验溶液（C.2.3.2）的100mL的烧杯中，浸泡4h。

C.2.3.3.2 观察试片表面及试验溶液的变色情况。

C.2.3.3.3 用铅笔（C.2.2.2）在试片表面划痕，再用湿白布（C.2.2.1）擦去划痕。

C.2.4 结果评定

C.2.4.1 若无变色情况出现，且划痕可擦去，则判定该试片合格；否则判该试片不合格。

C.2.4.2 若3个试片中有2片以上不合格，则判该项目不合格；若有1片不合格，则重新测定3个试片，重新测定后，若3个试片均合格，则判该项目合格，否则判为不合格。

附录D
（规范性附录）
可迁移性荧光增白剂的测定

D.1 原理

将试样置于波长254nm和365nm紫外灯下观察荧光现象及可迁移性荧光增白剂试验，定性测定试样中是否有可迁移性荧光增白剂。

D.2 试剂及材料

所用仪器和材料在紫外灯下应无荧光现象。

D.2.1 蒸馏水或去离子水。

D.2.2 纱布：100mm×100mm。

D.3 仪器和设备

D.3.1 紫外灯：波长254nm和365nm，具有保护眼睛的装置。

D.3.2 平底重物：质量约1.0kg，底面积约0.01m^2。

D.3.3 玻璃表面皿。

D.3.4 玻璃板：表面平滑，150mm×150mm。

D.4 试验步骤及结果判定

D.4.1 将试样置于紫外灯（D.3.1）下检查是否有荧光现象。若试样在紫外灯下无荧光现象，则判该试样无可迁移性荧光增白剂。若试样有荧光现象，则按 D. 4. 2 进行可迁移性荧光增白剂试验。

D. 4. 2 从任一包装中抽取 2 片湿巾（单片包装可从两个包装中抽取），重叠平铺于玻璃板（D. 3. 4）上，将一块纱布（D. 2. 2）置于湿巾上方中心位置，再抽取 2 片湿巾依次盖在纱布上方，确保纱布全部被覆盖即可，然后在湿巾的上方依次放置一块玻璃板（D. 3. 4）和一个平底重物（D. 3. 2），加压 5min 后，取出纱布，将纱布平均折成四层放在玻璃表面皿（D. 3. 3）上。每个试样进行两次平行试验。

D. 4. 3 按 D. 4. 2 进行空白试验，湿巾用 4 块经蒸馏水（D. 2. 1）完全润湿的纱布代替。

D. 4. 4 将放置试样纱布（D. 4. 2）和空白试验纱布（D. 4. 3）的玻璃表面皿置于紫外灯下约 20cm 处，以空白试验纱布为参照，观察试样纱布的荧光现象，若两个试样纱布没有明显荧光现象，则判该试样无可迁移性荧光增白剂；若均有明显荧光现象，则判该试样有可迁移性荧光增白剂；若只有一个试样纱布有明显荧光现象，则重新进行试验；若两个重新试验的试样纱布均没有明显荧光现象，则判该试样无可迁移性荧光增白剂，否则判该试样有可迁移性荧光增白剂。

擦拭纸巾（QB/T 5296—2018）

2019-04-01 实施

1 范围

本标准规定了擦拭纸巾的产品分类、要求、试验方法、检验规则及标志、包装、运输、贮存。

本标准适用于以纸浆（纸）和化学纤维等为原料，经水刺工艺结合，主要用于人体、物体清洁擦拭的纸巾。

2 规范性引用文件

下列文件对于本文件的应用是必不可少的。凡是注日期的引用文件，仅注日期的版本适用于本文件。凡是不注日期的引用文件，其最新版本（包括所有的修改单）适用于本文件。

GB/T 450 纸和纸板 试样的采取及试样纵横向、正反面的测定
GB/T 451. 1 纸和纸板尺寸及偏斜度的测定
GB/T 461. 1 纸和纸板毛细吸液高度的测定（克列姆法）
GB/T 462 纸、纸板和纸浆 分析试样水分的测定
GB/T 465. 2 纸和纸板 浸水后抗张强度的测定
GB/T 1541 纸和纸板 尘埃度的测定
GB/T 2828. 1 计数抽样检验程序 第 1 部分：按接收质量限（AQL）检索的逐批检验抽样计划
GB 4806. 8—2016 食品安全国家标准 食品接触用纸和纸板材料及制品
GB/T 7974 纸、纸板和纸浆 蓝光漫反射因数 D65 亮度的测定（漫射/垂直法，室外日光条件）
GB/T 10739 纸、纸板和纸浆试样处理和试验的标准大气条件
GB/T 12914 纸和纸板 抗张强度的测定 恒速拉伸法（20mm/min）
GB/T 24328. 5 卫生纸及其制品 第 5 部分：定量的测定
GB/T 27741—2011 纸和纸板 可迁移性荧光增白剂的测定
JJF 1070—2005 定量包装商品净含量计量检验规则

3 产品分类

3. 1 擦拭纸巾分为人体用擦拭纸巾和物体用擦拭纸巾，物体用擦拭纸巾又可分为餐具清洁用擦拭纸

巾和普通物体（家具、地板、汽车等）清洁用擦拭纸巾。

3.2 擦拭纸巾分为卷纸、平切纸和抽取纸。

3.3 擦拭纸巾分为单层、双层或多层。

4 要求

4.1 擦拭纸巾的技术指标应符合表1的规定。

表1

指标名称			单位	规　定
定量			g/m^2	35.0　40.0　45.0　50.0　55.0
定量偏差			%	±6.0
D65亮度[a]		≤	%	90.0
横向吸液高度（成品层）		≥	mm/100s	20
横向抗张指数		≥	N·m/g	5.0
纵向湿抗张指数		≥	N·m/g	45.0
可迁移性荧光物质			—	不应有
洞眼	总数	≤	个/m^2	6
	2mm~5mm	≤		6
	>5mm			不应有
尘埃度	总数	≤	个/m^2	20
	$0.2mm^2$~$1.0mm^2$	≤		20
	>$1.0mm^2$~$2.0mm^2$	≤		1
	>$2.0mm^2$			不应有
交货水分		≤	%	10.0

[a]印花和彩色擦拭纸巾不考核D65亮度指标。

4.2 人体用擦拭纸巾微生物指标应符合表2规定。

表2

指标名称			单　位	规定
细菌菌落总数		≤	CFU/g	200
大肠菌群			—	不应检出
致病性化脓菌	绿脓杆菌		—	不应检出
	金黄色葡萄球菌		—	不应检出
	溶血性链球菌		—	不应检出
真菌菌落总数		≤	CFU/g	100

4.3 餐具清洁用擦拭纸巾微生物指标应符合GB 4806.8—2016中表5的规定。

4.4 人体用擦拭纸巾、餐具清洁用擦拭纸巾不应有异常气味。

4.5 擦拭纸巾的卷纸宽度、节距、卷重（长度或节数），平切纸的长、宽、包装质量（或张数），抽取纸的规格尺寸、抽数等应按合同规定生产。卷纸的宽度、节距尺寸偏差应不超过±5mm；平切纸和抽取纸的规格尺寸偏差应不超过±5mm，偏斜度应不超过3mm；卷纸的卷重偏差，平切纸的包装质量或张数偏差，抽取纸的包装数量（张数或抽数）偏差，即包装数量允许短缺量应符合JJF 1070—2005中表3的规定。

注：卷纸的卷重，平切纸的包装质量均为去皮、去芯后净重。

4.6 擦拭纸巾起皱后的皱纹应均匀，纸面应洁净，不应有明显的死褶、残缺、破损、沙子、硬质块、生浆团等纸病。

4.7 擦拭纸巾可压花、印花，也可生产各种颜色的擦拭纸巾，但不应使用有害染料。

4.8 擦拭纸巾不应有掉粉、掉毛现象，印花和彩色擦拭纸巾浸水后不应有脱色现象。

4.9 人体用擦拭纸巾和餐具清洁用擦拭纸巾不应使用有毒有害原料，且不应使用任何回收纸、纸张印刷品、纸制品及其他回收纤维状物质作原料。

5 试验方法

5.1 试样的采取和处理

试样的采取和处理按 GB/T 450 和 GB/T 10739 的规定进行。

5.2 定量及定量偏差

定量及定量偏差按 GB/T 24328.5 测定，以单层表示结果。

5.3 D65 亮度

D65 亮度按 GB/T 7974 测定。

5.4 横向吸液高度

横向吸液高度按 GB/T 461.1 测定，按成品层数测定。

5.5 横向抗张指数

横向抗张指数按 GB/T 12914 测定，夹距为 100mm，双层或多层试样，按成品层数测定，然后换算成单层的测定值。

5.6 纵向湿抗张指数

纵向湿抗张指数按 GB/T 465.2 和 GB/T 12914 测定。试样宽度为 15mm，夹距为 100mm，按成品层数测定。测定前应先将试样放在（105±2）℃烘箱中烘 15min，取出后在 GB/T 10739 规定的大气条件下平衡至少 1h 再进行测定。测定时将试样夹于卧式拉力机上，使试样保持伸直但不受力，用滴管在试样的中间部位滴一滴水，水滴应扩散到试样的全宽，然后立即进行测定。取 10 个有效测定值，计算其平均值，以单层测定值表示结果。

5.7 可迁移性荧光物质

任取一叠试样，将试样置于紫外灯下，在波长 254nm 和 365nm 的紫外光下检查是否有荧光现象。若试样在紫外灯下无荧光现象，则判定无可迁移性荧光物质。若试样有荧光现象，则按 GB/T 27741—2011 中第 5 章进行可迁移性荧光物质测定。

5.8 洞眼

用双手持单层试样的两角，用肉眼迎光观测，数取标准规定范围内的洞眼个数。双层或多层试样应每层都测，每个样品的测定面积应不少于 0.5m^2，然后换算成每平方米的洞眼数，如果出现大于 5mm 的洞眼，则应至少测定 1m^2的试样。

5.9 尘埃度

尘埃度按 GB/T 1541 测定，只测定上下表面层朝外的一面。

5.10 交货水分

交货水分按 GB/T 462 测定。

5.11 微生物指标

人体用擦拭纸巾微生物指标按附录 A 测定，餐具清洁用擦拭纸巾微生物指标按 GB 4806.8—2016 规定的检测方法测定。

5.12 尺寸及偏斜度

尺寸及偏斜度按 GB/T 451.1。

5.13 净含量允许短缺量

卷纸的卷重、平切纸的包装质量允许短缺量按 JJF 1070—2005 附录 C 中 C.1 进行测定；平切纸的张数、抽取纸的包装数量允许短缺量按 JJF 1070—2005 附录 G 中 G.4 进行测定，测定时应去除外包装，目测计数。每个样品测试 3 个完整包装，以最大短缺量表示结果。

5.14 外观质量

外观质量采用目测。

6 检验规则

6.1 生产厂应保证所生产的擦拭纸巾符合本标准或订货合同的规定，以一次交货数量为一批，每批产品应附产品合格证。

6.2 擦拭纸巾的微生物指标不合格，则判定该批是不可接收的。

6.3 计数抽样检验程序按 GB/T 2828.1 规定进行，样本单位为箱。接收质量限（AQL）：横向吸液高度、横向抗张指数、纵向湿抗张指数、可迁移性荧光物质为 4.0，定量、定量偏差、D65 亮度、洞眼、尘埃度、交货水分、尺寸及偏斜度、净含量允许短缺量、外观质量为 6.5。抽样方案采用正常检验二次抽样方案，检查水平为特殊检查水平 S-3。其抽样方案见表 3。

表 3

批量/箱	正常检验二次抽样方案　特殊检查水平 S-3				
	样本量	AQL=4.0		AQL=6.5	
		Ac	Re	Ac	Re
2~50	3	0	1	—	—
	2	—	—	0	1
51~150	3	0	1	—	—
	5 5（10）	— —	— —	0 1	2 2
151~500	8 8（16）	0 1	2 2	— —	— —
	5 5（10）	— —	— —	0 1	2 2
501~3200	8 8（16）	0 1	2 2	0 3	3 4

6.4 可接收性的确定：第一次检验的样品数量应等于该方案给出的第一样本量。如果第一样本中发现的不合格品数小于或等于第一接收数，应认为该批是可接收的；如果第一样本中发现的不合格品数大于或等于第一拒收数，应认为该批是不可接收的。如果第一样本中发现的不合格品数介于第一接收数与第一拒收数之间，应检验由方案给出样本量的第二样本并累计在第一样本和第二样本中发现的不合格品数。如果不合格品累计数小于或等于第二接收数，则判定该批是可接收的；如果不合格品累计数大于或等于第二拒收数，则判定该批是不可接收的。

6.5 需方若对产品质量持有异议，应在到货后三个月内通知供方共同复验，或委托共同商定的检验部门进行复验。复验结果若不符合本标准的规定，则判为该批不可接收，由供方负责处理；若符合本标准的规定，则判为该批可接收，由需方负责处理。

7 标志和包装

7.1 产品销售包装标志

产品销售包装标志至少应包括以下内容：

——产品名称；

——产品标准编号；

——生产日期和保质期，或生产批号和限用日期；

——产品的规格；

——产品数量（平切纸应标注包装质量或张数，抽取纸应标注张数或抽数，卷纸应标注卷重或节数或长度）；

——产品合格标志（进口产品除外）；

——生产企业（或产品责任单位）名称、详细地址等。

7.2 产品运输包装标志

运输包装标志至少应包括以下内容：

——产品名称；

——生产企业（或产品责任单位）名称、地址等；

——产品数量；

——包装储运图形标志。

7.3 包装

直接与产品接触的包装材料应无毒、无害、清洁。产品包装应完好，包装材料应具有足够的密封性，以保证产品在正常的运输与贮存条件下不受污染。

8 运输和贮存

8.1 擦拭纸巾运输时应采用洁净的运输工具，防止产品受到污染。

8.2 擦拭纸巾应存放于干燥、通风、洁净的地方，并妥善保管。应防止雨、雪及潮气侵入产品，影响质量。

8.3 搬运时应注意包装完整，不应将纸件从高处扔下，以防损坏外包装。

8.4 凡出厂的产品因运输、保管不善造成产品损坏或变质的，应由造成损失的一方赔偿损失，变质的擦拭纸巾不应出售。

附 录 A

（规范性附录）

人体用擦拭纸巾微生物的测定

A.1 产品采集与样品处理

A.1.1 于同一批号的三个运输包装中随机抽取至少 12 个最小销售包装样品，1/4 样品用于检测，1/4 样品用于留样，另 1/2 样品（可就地封存）必要时用于复检。抽样的最小销售包装不应有破损，检验前不得开启。

A.1.2 在 100 级净化条件下用无菌方法打开用于检测的至少 3 个包装，从每个包装中取样，准确称取 10 g±1g 样品，剪碎后加入到 200mL 灭菌生理盐水中，充分混匀，得到一个生理盐水样液。

A.2 细菌菌落总数的检测

A.2.1 操作步骤

待上述生理盐水样液自然沉降后取上清液作菌落计数。共接种 5 个平皿，每个平皿中加入 1mL 样液，然后将冷却至45℃左右的溶化的营养琼脂培养基15mL~20mL倒入每个平皿内混合均匀。待琼脂凝固后翻转平皿置（35±2）℃ 培养48h后，计算平板上的菌落数。

A. 2. 2 结果报告

菌落呈片状生长的平板不宜采用；计数符合要求的平板上的菌落，按式（A. 1）计算结果：

$$X_1 = A \times \frac{K}{5} \quad \text{(A. 1)}$$

式中 X_1——细菌菌落总数，CFU/g 或 CFU/mL；

A——5块营养琼脂培养基平板上的细菌菌落总数；

K——稀释度。

当菌落数在100以内时，按实有数报告，大于100时采用两位有效数字。

如果样品菌落总数超过本标准规定时，按A. 2. 3进行复检和结果报告。

A. 2. 3 复检方法

将留存的复检样品依前法复测2次，2次结果平均值都达到本标准的规定，则判定被检样品合格；其中有任何1次结果平均值超过本标准规定，则判定被检样品不合格。

A. 3 大肠菌群的检测

A. 3. 1 操作步骤

取样液5mL接种于50mL乳糖胆盐发酵管，置（35±2）℃ 培养24h，如不产酸也不产气，则报告为大肠菌群未检出。如产酸产气，则划线接种伊红美蓝琼脂平板，置（35±2）℃培养18h~24h，观察平板上菌落形态。典型的大肠菌落为黑紫色或红紫色，圆形，边缘整齐，表面光滑湿润，常具有金属光泽，也有的呈紫黑色，不带或略带金属光泽，或粉红色，中心较深的菌落。取疑似大肠菌落1~2个做革兰氏染色镜检，同时接种乳糖发酵管，置（35±2）℃培养24h，观察产气情况。

A. 3. 2 结果报告

凡乳糖胆盐发酵管产酸产气，乳糖发酵管产酸产气，在伊红美蓝平板上有典型大肠菌落，革兰氏染色为阴性无芽胞杆菌，可报告被检样品检出大肠杆菌。

A. 4 绿脓杆菌检测方法

A. 4. 1 操作步骤

取样液5mL，加入到SCDLP培养液50mL中，充分混匀，置（35±2）℃培养18h~24h。如有绿脓杆菌生长，培养液表面呈现一层薄菌膜，培养液常呈黄绿色或蓝绿色。从培养液的薄菌膜处挑取培养物，划线接种十六烷三甲基溴化铵琼脂平板，置（35±2）℃培养18h~24h，观察菌落特征。绿脓杆菌在此培养基上生长良好，菌落扁平，边缘不整，菌落周围培养基略带粉红色，其他菌不长。取可疑菌落涂片做革兰氏染色，镜检为革兰氏阴性菌者应进行下列试验：

a）氧化酶试验：取一小块洁净的白色滤纸片放在灭菌平皿内，用无菌玻棒挑取可疑菌落涂在滤纸片上，然后在其上滴加一滴新配制的1%二甲基对苯二胺试液，30s内出现粉红色或紫红色，为氧化酶试验阳性，不变色者为阴性；

b）绿脓菌素试验：取2个~3个可疑菌落，分别接种在绿脓菌素测定用培养基斜面，置于（35±2）℃培养24h，加入三氯甲烷3mL~5mL，充分振荡使培养物中可能存在的绿脓菌素溶解，待三氯甲烷呈蓝色时，用吸管移到另一试管中并加入1mol/L的盐酸1mL，振荡后静置片刻。如上层出现粉红色或紫红色即为阳性，表示有绿脓菌素存在；

c）硝酸盐还原产气试验：挑取被检菌纯培养物接种在硝酸盐胨水培养基中，置于（35±2）℃培养24h，培养基小倒管中有气者即为阳性；

d）明胶液化试验：取可疑菌落纯培养物，穿刺接种在明胶培养基内，置于（35±2）℃培养 24h，取出放于4℃～10℃，如仍呈液态为阳性，凝固者为阴性；

e）42℃生长试验：挑取可疑培养物，接种在普通琼脂斜面培养基上，置于42℃培养 24h～48h，有绿脓杆菌生长为阳性。

A.4.2 结果报告

被检样品经增菌分离培养后，证实为革兰氏阴性杆菌，氧化酶及绿脓菌素试验均为阳性者，即可报告被检样品中检出绿脓杆菌。如绿脓菌素试验阴性而液化明胶、硝酸盐还原产气和42℃生长试验三者皆为阳性时，仍可报告被检样品中检出绿脓杆菌。

A.5 金黄色葡萄球菌检测方法

A.5.1 操作步骤

取样液 5mL，加入到 SCDLP 培养液 50mL 中，充分混匀，置于（35±2）℃培养 24h。自上述增菌液中取 1 个～2 个接种环，划线接种在血琼脂培养基上，置于（35±2）℃培养 24h～48h。在血琼脂平板上该菌菌落呈金黄色，大而突起，圆形，不透明，表面光滑，周围有溶血圈。挑取典型菌落，涂片作革兰氏染色镜检，金黄色葡萄球菌为革兰氏阳性球菌，排列成葡萄状，无芽胞与荚膜。镜检符合上述情况，应进行下列试验：

a）甘露醇发酵试验：取上述菌落接种甘露醇培养液，置于（35±2）℃培养 24h，发酵甘露醇产酸者为阳性；

b）血浆凝固酶试验：玻片法：取清洁干燥载玻片，一端滴加一滴生理盐水，另一端滴加一滴兔血浆，挑取菌落分别与生理盐水和血浆混合，5min 如血浆内出现团块或颗粒状凝块，而盐水滴仍呈均匀混浊无凝固则为阳性，如两者均无凝固则为阴性。凡盐水滴与血浆滴均有凝固现象，再进行试管凝固酶试验；试管法：吸取 1：4 新鲜血浆 0.5mL，放灭菌小试管中，加入等量待检菌 24h 肉汤培养物 0.5mL。混匀，置于（35±2）℃温箱或水浴中，每半小时观察一次，24h 之内呈现凝块即为阳性。同时以已知血浆凝固酶阳性和阴性菌株肉汤培养物各 0.5mL 作阳性与阴性对照。

A.5.2 结果报告

凡在琼脂平板上有可疑菌落生长，镜检为革兰氏阳性葡萄球菌，并能发酵甘露醇产酸，血浆凝固酶试验阳性者，可报告被检样品检出金黄色葡萄球菌。

A.6 溶血性链球菌检测方法

A.6.1 操作步骤

取样液 5mL 加入到 50mL 葡萄糖肉汤，置于（35±2）℃培养 24h。将培养物划线接种血琼脂平板，置于（35±2）℃培养 24h 观察菌落特征。溶血性链球菌在血平板上为灰白色，半透明或不透明，针尖状突起，表面光滑，边缘整齐，周围有无色透明溶血圈。挑取典型菌落作涂片革兰氏染色镜检，应为革兰氏阳性，呈链状排列的球菌。镜检符合上述情况，应进行下列试验：

a）链激酶试验：吸取草酸钾血浆 0.2mL（0.01 g 草酸钾加 5mL 兔血浆混匀，经离心沉淀，吸取上清液），加入 0.8mL 灭菌生理盐水，混匀后再加入待检菌 24h 肉汤培养物 0.5mL 和 0.25%氯化钙 0.25mL，混匀，置于（35±2）℃水浴中，2min 观察一次（一般 10min 内可凝固），待血浆凝固后继续观察并记录溶化时间。如 2h 内不溶化，继续放置 24h 观察，如凝块全部溶化为阳性，24h 仍不溶化为阴性。

b）杆菌肽敏感试验：将被检菌菌液涂于血平板上，用灭菌镊子取每片含 0.04 单位杆菌肽的纸片放在平板表面上，同时以已知阳性菌株作对照，在（35±2）℃下放置 18h～24h，有抑菌带者为阳性。

A.6.2 结果报告

镜检革兰氏阳性链状排列球菌，血平板上呈现溶血圈，链激酶和杆菌肽试验阳性，可报告被检样品检出溶血性链球菌。

A.7 真菌菌落总数检测

A.7.1 操作步骤

待上述生理盐水样液自然沉降后取上清液做真菌计数，共接种 5 个平皿，每一个平皿中加入 1mL 样液，然后用冷却至 45℃左右的熔化的沙氏琼脂培养基 15mL~25mL 倒入每个平皿内混合均匀，琼脂凝固后翻转平皿置于（25±2）℃培养 7d，分别于第 3d、5d、7d 观察，计算平板上菌落数，如果发现菌落蔓延，以前一次的菌落计数为准。

A.7.2 结果报告

菌落呈片状生产的平板不宜采用；计数符合要求的平板上的菌落，按公式（A.2）计算结果：

$$X_2 = B \times \frac{K}{5} \qquad \text{(A.2)}$$

式中 X_2——真菌菌落总数，CFU/g 或 CFU/mL；

B——5 块沙氏琼脂培养基平板上的真菌菌落总数；

K——稀释度。

当菌落数在 100 以内，按实有数报告，大于 100 时采用二位有效数字。如果样品菌落总数超过本标准的规定，按 A.7.3 进行复检和结果报告。

A.7.3 复检方法

将留存的复检样品依前法复测 2 次，2 次结果都达到本标准的规定，则判定被检样品合格，其中有任何 1 次结果超过本标准规定，则判定被检样品不合格。

卫生湿巾卫生要求（WS 575—2017）

2018-03-01 实施

本标准由中华人民共和国国家卫生和计划生育委员会发布，标准中的 4.4、8.1、9.1、10.1、10.3、第 12 章为推荐性条款，其余为强制性条款。

1 范围

本标准规定了卫生湿巾的原材料要求、技术要求、检验方法、应用范围、使用方法、标志和包装、运输和贮存、标签和说明书及注意事项。

本标准适用于卫生湿巾的生产、销售和使用。

2 规范性引用文件

下列文件对于本文件的应用是必不可少的。凡是注日期的引用文件，仅注日期的版本适用于本文件。凡是不注日期的引用文件，其最新版本（包括所有的修改单）适用于本文件。

GB/T 191 包装储运图示标志

GB/T 27728—2011 湿巾

GB 15979—2002 一次性使用卫生用品卫生标准

GB/T 26369—2010 季铵盐类消毒剂卫生标准

GB/T 27947—2011 酚类消毒剂卫生标准

中华人民共和国药典（2015 年版）

消毒产品标签说明书管理规范（2005年版） 卫生部
消毒技术规范（2002年版） 卫生部

3 术语和定义

《消毒技术规范》（2002年版）中界定的以及下列术语和定义适用于本文件。

3.1 清洁 cleaning

去除被处理对象上污物的过程。

3.2 卫生湿巾 hygiene wet wipes

以非织造布、织物、木浆复合布、木浆纸等为载体，适量添加生产用水和消毒液等原材料，对处理对象（如手、皮肤、黏膜及普通物体表面）具有清洁杀菌作用的湿巾。

3.3 生产用液 production liquid

生产过程中直接加至载体上的浸泡液或喷淋液。

4 原材料要求

4.1 非织造布、织物或其他原料应清洁、无毒，符合国家相关规定，不应使用回收、废弃的物料，不应含有可迁移性荧光增白剂等禁用成分。

4.2 手、皮肤、黏膜用卫生湿巾的杀菌有效成分（含有清洗作用的杀菌有效成分）应使用非工业级原料（无非工业级除外），急性经口毒性应为实际无毒级或低毒级，无致突变性，重金属铅含量<40mg/L、汞含量<1mg/L、砷含量<10mg/L。所使用的防腐剂应符合《中华人民共和国药典》或食品、化妆品原料要求，所使用的香精、护肤剂等辅料应符合食品或化妆品原料要求。

4.3 不应添加列入《中华人民共和国药典》二部中（消毒防腐类清单、纯化水除外）的成分及其同名原料和国家卫生计生行政部门规定的其他禁止使用的物质。

4.4 生产用水电导率宜≤5.1μS/cm（25℃）。

4.5 直接与产品接触的包装材料应无毒无害、清洁，应具有足够的牢固性。

5 技术要求

5.1 感官性状

外观应整洁，不应有掉毛、掉屑现象；不应有异常气味与异物。

5.2 含液量

卫生湿巾中的液体与载体的重量比值应≥1.7。

注：载体为木浆复合布及木浆纸类的卫生湿巾除外。

5.3 有效成分含量

有效成分含量应符合产品标签说明书标注的含量。其中用于手、皮肤、黏膜的卫生湿巾的挤出液限用物质应符合表1的要求。

表1 用于手、皮肤、黏膜的卫生湿巾有效成分限量要求

使用对象	葡萄糖酸氯己定、醋酸氯己定（g/L）	2,4,4′-三氯-2′-羟基二苯醚（g/L）	苯扎溴铵、苯扎氯铵（g/L）	国家规定的其他限用物质
手、皮肤	≤45.0	≤20.0	≤5.0	符合
黏膜	≤5.0	≤3.5	≤2.0	符合

5.4 pH值

用于手、皮肤、黏膜的卫生湿巾挤出液pH值为3.5~8.5。

5.5 稳定性

有效期≥1年。

5.6 包装密封性

包装应密封，不应有漏液、漏气和破损。

5.7 金属腐蚀性指标

用于金属物体表面的卫生湿巾生产用液对金属应基本无腐蚀性。

5.8 微生物学指标

卫生湿巾细菌菌落总数≤20CFU/g，大肠菌群、致病性化脓菌（包括铜绿假单胞菌、金黄色葡萄球菌与溶血性链球菌）、真菌菌落总数不得检出。

5.9 杀灭微生物指标

卫生湿巾对大肠杆菌和金黄色葡萄球菌的杀灭率应≥90%，如标明对真菌有杀菌作用的，应对白色念珠菌的杀灭率≥90%；如标明对其他微生物有杀灭作用的，应对相应微生物杀灭率≥90%。

5.10 毒理安全性指标

用于手、皮肤、黏膜的卫生湿巾首次上市时，应进行相应的毒理学试验，其结果应符合表2的要求。

表2 毒理安全性指标要求

使用对象	多次完整皮肤刺激试验	阴道黏膜刺激试验[a]	急性眼刺激试验[b]	皮肤变态反应试验[c]
手、皮肤	无刺激或轻度刺激	—	—	未见或极轻度
黏膜	无刺激或轻度刺激	无刺激或极轻刺激	无刺激或轻刺激	未见或极轻度

注：“—”表示不需要做试验。

a 用于阴道黏膜的卫生湿巾，偶尔使用或间隔数日使用的进行一次阴道黏膜刺激试验，连续使用的进行多次阴道黏膜刺激试验。

b 用于除阴道黏膜外其他黏膜的卫生湿巾。

c 用于婴儿的卫生湿巾。

6 检验方法

6.1 感官性状

采用目测、鼻嗅的方法进行测定。

6.2 含液量

按照GB/T 27728—2011中6.3的方法进行。

6.3 有效成分含量

取足够量的卫生湿巾样品，打开外包装，戴无菌手套，将卫生湿巾中的液体挤至玻璃容器中，挤出液的量应满足相关实验要求（有吸附作用的杀菌因子，可用生产用液）。2,4,4-三氯-2′-羟基二苯醚按照GB/T 27947—2011附录D规定的试验方法进行测定；苯扎溴铵、苯扎氯铵按照GB/T 26369—2010中附录A中规定的试验方法进行测定；其他有效成分含量按照《消毒技术规范》及相关标准中规定的试验方法进行测定，无法使用化学测定法的不测定。

6.4 pH值

按照6.3方法制备测试液，按照《消毒技术规范》(2002年版)的方法进行。

6.5 稳定性

根据产品标签说明书中标注的有效期，按照《消毒技术规范》(2002年版)中消毒产品稳定性测定的方法或相关标准的方法测定贮存前后含液量、有效成分含量或杀灭微生物效果。其中含液量按照6.2方法测定，卫生湿巾中液体与载体的重量比值应≥1.7；有效成分含量按照6.3方法测定；若无法使用化学测定法，应按6.9方法测定杀灭微生物效果。

6.6 包装密封性

按照GB/T 27728—2011中附录A的方法进行。

6.7 金属腐蚀性

用于金属物体表面的卫生湿巾生产用液按照《消毒技术规范》（2002 年版）中消毒剂对金属腐蚀性的测定方法或相关标准进行。

6.8 微生物学指标

在 100 级净化条件下用无菌方法打开用于检测的至少 2 个包装，从每个包装中取样，准确称取 10g ±1g 样品。剪碎后加入到含相应中和剂的灭菌生理盐水中，充分混匀，得到一个生理盐水样液。无相应中和剂则选用薄膜过滤法去除样品中杀菌成分对微生物生长的影响。试验方法按照 GB 15979—2002 中附录 B 的方法进行。

6.9 杀灭微生物指标

按照 GB 15979—2002 中附录 C 的方法或《消毒技术规范》（2002 年版）中细菌定量杀灭试验的方法进行。

6.10 毒理安全性

急性眼刺激试验采用卫生湿巾挤出液，按照《消毒技术规范》（2002 年版）中急性眼刺激试验规定的方法进行测定。其中卫生湿巾挤出液的制备方法见 6.3；多次完整皮肤刺激试验、阴道黏膜刺激试验和皮肤变态反应试验采用卫生湿巾产品，按照《消毒技术规范》（2002 年版）中多次完整皮肤刺激试验、阴道黏膜刺激试验和皮肤变态反应试验规定的方法进行测定。

7 应用范围

卫生湿巾适用于手、皮肤、黏膜及普通物体表面的清洁杀菌。

8 使用方法

8.1 按产品说明书规定的方法打开包装，取出卫生湿巾进行擦拭，使用后丢弃，其中多片包装打开后及时封口。

8.2 用于手的作用时间≤1min，用于完整皮肤、黏膜的作用时间≤5min，用于普通物体表面的作用时间≤30min。

9 标志和包装

9.1 包装宜防尘、防潮、密封。

9.2 包装标识应符合《消毒产品标签说明书管理规定》（2005 年版）的规定，包装储运图示标志应符合 GB/T191 的规定。

10 运输和贮存

10.1 可用一般运输工具运输。

10.2 运输车辆应干燥、整洁，不应与污染物品、有毒有害物质混装；运输应防止日晒、雨淋、受潮，搬运时不得抛扔，以免损害外包装。

10.3 宜贮存于阴凉、通风、干燥、清洁的室内。

10.4 不应与污染物品、有毒有害物质混贮。

11 标签和说明书

应符合《消毒产品标签说明书管理规定》（2005 年版）的有关规定，其中挤出液中有效成分含量无法使用化学测定法的标注其投加量。

12 注意事项

12.1 置于婴幼儿不易触及处。

12.2 手、皮肤、黏膜用卫生湿巾过敏者慎用。

12.3 对使用对象产生不良影响的，停止使用或用清水擦拭。

12.4 多片包装宜标注开启后的保质期。

柔巾（GB/T 40276—2021）

2021-12-01 实施

1 范围

本文件规定了柔巾的要求、试验方法、检验规则、标识和包装、运输和贮存。

本文件适用于以纺织纤维为原料，经非织造工艺加工而成的清洁人体皮肤用干态擦拭巾。

2 规范性引用文件

下列文件中的内容通过文中的规范性引用而构成本文件必不可少的条款。其中，注日期的引用文件，仅该日期对应的版本适用于本文件；不注日期的引用文件，其最新版本（包括所有的修改单）适用于本文件。

GB/T 2828.1 计数抽样检验程序 第1部分：按接收质量限（AQL）检索的逐批检验抽样计划

GB/T 2910（所有部分） 纺织品 定量化学分析

GB/T 2912.1 纺织品 甲醛的测定 第1部分：游离和水解的甲醛（水萃取法）

GB/T 3920 纺织品 色牢度试验 耐摩擦色牢度

GB/T 3922 纺织品 色牢度试验 耐汗渍色牢度

GB/T 5713 纺织品 色牢度试验 耐水色牢度

GB/T 6529 纺织品 调湿和试验用标准大气

GB/T 7573 纺织品 水萃取液 pH 值的测定

GB 15979 一次性使用卫生用品卫生标准

GB/T 17592 纺织品 禁用偶氮染料的测定

GB/T 18318.1 纺织品 弯曲性能的测定 第1部分：斜面法

GB 18401—2010 国家纺织产品基本安全技术规范

GB/T 18412（所有部分） 纺织品 农药残留量的测定

GB/T 18886 纺织品 色牢度试验 耐唾液色牢度

GB/T 24218.1 纺织品 非织造布试验方法 第1部分：单位面积质量的测定

GB/T 24218.3 纺织品 非织造布试验方法 第3部分：断裂强力和断裂伸长率的测定（条样法）

GB/T 24218.6 纺织品 非织造布试验方法 第6部分：吸收性的测定

GB/T 24218.10 纺织品 非织造布试验方法 第10部分：干态落絮的测定

GB/T 29862 纺织品 纤维含量的标识

GB/T 30157 纺织品 总铅和总镉含量的测定

FZ/T 01057（所有部分） 纺织纤维鉴别试验方法

FZ/T 01101 纺织品 纤维含量的测定 物理法

FZ/T 01137—2016 纺织品 荧光增白剂的测定

FZ/T 50014 纤维素化学纤维残硫量测定方法 直接碘量法

化妆品安全技术规范（2015 年版）
化妆品成分国际命名（INCI）中文译名

3 术语和定义

本文件没有需要界定的术语和定义。

4 要求

4.1 基本要求

4.1.1 柔巾不应使用任何回收原料，不应使用有毒有害原料。

4.1.2 柔巾中添加剂应满足《化妆品安全技术规范》（2015 年版）中第二章、第三章的要求。

4.2 内在质量

内在质量要求见表 1。

表 1 内在质量要求

项目			要求
纤维含量允差			符合 GB/T 29862 规定
单位面积质量变异系数（CV 值）/%			≤10
甲醛含量/（mg/kg）			≤20
pH 值			4.0~7.5
异味			无
重金属[a]/（mg/kg）	铅		≤90
	镉		≤100
可分解致癌芳香胺染料[b]/（mg/kg）			禁用
染色牢度[b]/级	耐水（变色、沾色）		≥4
	耐汗渍（变色、沾色）		
	耐干摩擦		
	耐湿摩擦		
	耐唾液（变色、沾色）		
柔软性	纵横向弯曲长度/（cm）	M≤70	≤4.0
		M>70	≤4.5
落絮系数			≤4.5
吸水性	吸水时间/s		≤5.0
	液体吸收量/%		≥500
荧光增白剂			不得检出
纵、横向断裂强力/N	干态		≥15.0
	湿态		≥12.0
农药残留量[c]/（mg/kg）			≤0.5（总计）
残硫量[d]/（mg/100g）			≤10

注： M 为柔巾产品实测单位面积质量，单位为 g/m^2。

[a] 仅考核含有涂料印染的产品，指标为铅、镉总量占涂料质量的比值。

[b] 仅考核染色或印花部分，本色及漂白产品不要求。致癌芳香胺清单见 GB 18401—2010 附录 C，限量值≤20mg/kg。

[c] 仅考核含棉的产品。

[d] 仅考核含粘胶纤维的产品。

4.3 微生物

微生物指标要求见表2。

表2 微生物指标要求

项目	要求
细菌菌落总数/（CFU/g）	≤200
真菌菌落总数/（CFU/g）	≤100
大肠菌群	不得检出
致病性化脓菌[a]	不得检出

[a]致病性化脓菌指绿脓杆菌、金黄色葡萄球菌、溶血性链球菌。

4.4 外观质量

外观质量要求见表3。

表3 外观质量要求

项目		要求
规格尺寸偏差率/%		≥-5.0
内装量的短缺量/张（片或抽）	$Q\leq50$	0
	$Q>50$	≤Qx1%[a]
外观疵点		应洁净，不应有异物、破损、污渍等疵点
网孔或表面压花[b]		应均匀

注1： Q是指最小销售包装单元中标称的柔巾数量，单位为张、片或抽。

[a]Qx1%的计算结果取整数，如果出现小数，则将该整数位加1作为结果。

[b]仅考核含有网孔或表面压花设计的柔巾。

5 试验方法

5.1 纤维含量允差的测定

纤维含量允差按GB/T 2910（所有部分）、FZ/T 01057（所有部分）和FZ/T 01101规定执行。

5.2 单位面积质量变异系数（CV值）的测定

按GB/T 24218.1规定执行，其中剪取圆形或方形的试样10块，每块试样面积为100 cm^2。测试并记录每块试样的质量，精确至0.001g，计算单位面积质量变异系数（CV值），结果保留一位小数。

5.3 甲醛含量的测定

按GB/T 2912.1规定执行。

5.4 pH值的测定

按GB/T 7573规定执行，采用0.1mol/L氯化钾溶液萃取。

5.5 异味的测定

按GB 18401—2010中6.7规定执行。

5.6 重金属的测定

按GB/T 30157规定执行。

5.7 可分解致癌芳香胺染料的测定

按GB/T 17592规定执行。

5.8 耐水色牢度的测定

按GB/T 5713规定执行。

5.9 耐汗渍色牢度的测定

按GB/T 3922规定执行。

5.10 耐干湿摩擦色牢度的测定

按 GB/T 3920 规定执行。

5.11 耐唾液色牢度的测定

按 GB/T 18886 规定执行。

5.12 柔软性的测定

按 GB/T 18318.1 规定执行。

5.13 落絮系数的测定

按 GB/T 24218.10 规定执行，以 3μm~25μm 的粒径范围计算试验结果。如果柔巾尺寸无法满足测试要求，可使用双面胶对柔巾试样进行拼接处理，其中拼接部位宽度应不超过 10mm。

5.14 吸水性的测定

按 GB/T 24218.6 规定执行。

5.15 荧光增白剂的测定

将试样置于波长 254nm 和 365nm 的紫外灯下观察，若无任何荧光现象直接判断未检出；若有可见明显荧光现象或有异议，则按 FZ/T 01137—2016 规定进一步测试，检测结果低于 FZ/T 01137—2016 中附录 B 的检测低限则判定为未检出，否则判定为检出。

5.16 干湿态断裂强力的测定

按 GB/T 24218.3 规定执行，其中名义夹持距离为 50mm。

5.17 农药残留量的测定

按 GB/T 18412（所有部分）规定执行。

5.18 残硫量的测定

按 FZ/T 50014 规定执行。

5.19 微生物的测定

按 GB 15979 规定执行。

5.20 规格尺寸偏差率的测定

将柔巾外包装从端口剪开并去除，在无变形状态下取出柔巾，在 GB/T 6529 规定的标准大气中调湿至平衡并测试。随机抽取 6 片试样，将每片试样在无张力状态下自然展开平摊在平整的桌面上，在约中心位置处用直尺量取试样长度和宽度，记录测量结果，精确至 1mm。分别以 6 片试样长度和宽度的平均值作为样品长度和宽度的实测值，结果取整数。按照公式（1）计算样品规格尺寸偏差率，结果保留一位小数。

$$R = \frac{L_1 - L_0}{L_0} \times 100\% \quad \cdots\cdots (1)$$

式中 R——长度或宽度偏差率；

L_1——长度或宽度实测值，单位为毫米（mm）；

L_0——长度或宽度标称值，单位为毫米（mm）。

5.21 内装量短缺量的测定

用目测计数法进行测试。随机抽取 3 包作为试样，以 3 包中的最大短缺量作为试验结果。

5.22 外观疵点、网孔或表面压花的测定

采用目光检验法进行测试，检测应在自然北光或日光灯下进行，检验台表面照度不低于 600lx，检测人员目光与台面距离 60cm 左右。

6 检验规则

6.1 检验分类

6.1.1 出厂检验

产品出厂前应由生产企业的检验人员按本文件的要求逐批进行检验，符合文件要求可出厂。

6.1.2 型式检验

相同原料、相同工艺的同类产品每24个月内应进行不少于1次的型式检验。有下列情况之一时，也应进行型式检验：

a）当原料、工艺发生重大改变时；

b）产品首次投产或停产6个月以上后恢复生产时；

c）生产场所改变时；

d）国家质量监督机构提出进行型式检验要求时。

6.2 检验项目

出厂检验项目为常规检验项目，型式检验项目包括所有检验项目，具体见表4。

表4 检验项目

序号	检验项目	出厂检验	型式检验	要求的章、条号	检验方法的章、条号
1	纤维含量允差	—	•	4.2	5.1
2	单位面积质量变异系数（CV值）	•	•	4.2	5.2
3	甲醛含量	—	•	4.2	5.3
4	pH值	•	•	4.2	5.4
5	异味	•	•	4.2	5.5
6	重金属	—	•	4.2	5.6
7	可分解致癌芳香胺染料	—	•	4.2	5.7
8	染色牢度	•	•	4.2	5.8、5.9、5.10、5.11
9	柔软性	•	•	4.2	5.12
10	落絮系数	—	•	4.2	5.13
11	吸水性	•	•	4.2	5.14
12	荧光增白剂	—	•	4.2	5.15
13	干湿态纵横向断裂强力	•	•	4.2	5.16
14	农药残留量	—	•	4.2	5.17
15	残硫量	—	•	4.2	5.18
16	微生物	•	•	4.3	5.19
17	规格尺寸偏差率	•	•	4.4	5.20
18	内装量短缺量	•	•	4.4	5.21
19	外观疵点	•	•	4.4	5.22
20	网孔或表面压花	•	•	4.4	5.22

6.3 组批规则

以相同原料、相同工艺、相同规格的同类产品一次交货数量为一批。

6.4 抽样方案

6.4.1 内在质量

依据GB/T 2828.1的正常检验一次抽样进行，按特殊检查水平S-1，接收质量限为AQL=4。内在质量的抽样检验方案见表5。

表 5　内在质量抽样方案　　单位：箱/件

批量 N	样本量 n	接收数 Ac	拒收数 Re
≤500	3	0	1
501～35000	5	0	1
≥35001	8	1	2

6.4.2　微生物

从检验批中随机抽取足够数量用于各项指标检验和留样的样品，抽样的最小销售包装不应有破损，测试前不得开启。

6.4.3　外观质量

依据 GB/T 2828.1 的正常检验一次抽样进行，按特殊检查水平 S-3，接收质量限为 AQL=6.5。外观质量的抽样检验方案见表 6。

表 6　外观质量抽样方案　　单位：箱/件

批量 N	样本量 n	接收数 Ac	拒收数 Re
≤15	2	0	1
16～50	3	0	1
51～500	8	1	2
501～3200	13	2	3
3201～35000	20	3	4
≥35001	32	5	6

6.5　判定规则

6.5.1　内在质量的判定

出厂检验和型式检验检测项目按照 6.2 的规定，根据 4.2 对批样的每个样本进行内在质量评定，符合 4.2 要求，则判定为内在质量合格，否则为不合格。如果所有样本的内在质量合格，或不合格样本数不超过表 5 的接收数 Ac，则该批产品内在质量合格。如果不合格样本数达到了表 5 的拒收数 Re，则该批产品质量不合格。

6.5.2　微生物的判定

按 4.3 对样本进行微生物评定，符合 4.3 要求，则判定为微生物合格，否则为不合格。

6.5.3　外观质量的判定

按 4.4 对批样的每个样本进行外观质量评定，符合 4.4 要求，则为外观质量合格，否则为不合格。如果所有样本的外观质量合格，或不合格样本数不超过表 6 的接收数 Ac，则该批产品外观质量合格。如果不合格样本数达到了表 6 的拒收数 Re，则从该批产品中按 6.4.3 规定重新取样进行复验。如果复验结果仍有不合格样本时，则判该批产品外观质量不合格。

6.5.4　结果判定

按 6.5.1、6.5.2 和 6.5.3 判定均为合格，则判定该批产品合格，否则判定该批产品不合格。

7　标识和包装

7.1　标识

产品标识至少应包括以下内容：

——产品名称（含“柔巾”字样）；

——本文件编号；

——产品纤维成分及含量；

——生产日期和保质期，或生产批号和限用日期；

——产品规格（以长度×宽度表示）；

——内装量（片数或张数或抽数）；
——产品合格标识；
——生产企业（或产品责任单位）名称、详细地址、联系电话等；
——如有添加剂，添加剂的所有成分名称：应采用《化妆品成分国际命名（INCI）中文译名》中的成分名称，对于未被《化妆品成分国际命名（INCI）中文译名》覆盖的名称，可依次采用《中华人民共和国药典》的名称、化学名称或植物学名称。

7.2 包装

7.2.1 柔巾包装应防尘、防潮和防霉等。

7.2.2 直接与产品接触的包装材料应无毒、无害、清洁。产品包装应完好，包装材料应具有足够的密封性和牢固性，以达到保证产品在正常的运输与贮存条件下不受污染的目的。

7.2.3 产品的销售包装应能保证产品不受污染，销售包装上的各种标志信息应清晰且不易褪去，产品标志使用的汉字、数字和字母，其字体高度应不小于 1.8mm 或使用小 7 号以上字号。

8 运输和贮存

8.1 运输时应采用洁净的运输工具，防止产品污染。

8.2 搬运时应注意包装完整，不应从高处扔下，以防损坏外包装。

8.3 应存放于干燥、通风、洁净的地方并妥善保管，注意防潮、防霉。

卫生、管理相关标准及规范

Hygiene and management related standards and rules

制浆造纸工业水污染物排放标准（GB 3544—2008）

2008-08-01 实施

1 适用范围

本标准规定了制浆造纸企业或生产设施水污染物排放限值。

本标准适用于现有制浆造纸企业或生产设施的水污染物排放管理。

本标准适用于对制浆造纸工业建设项目的环境影响评价、环境保护设施设计、竣工环境保护验收及其投产后的水污染物排放管理。

本标准适用于法律允许的污染物排放行为。新设立污染源的选址和特殊保护区域内现有污染源的管理，按照《中华人民共和国大气污染防治法》、《中华人民共和国水污染防治法》、《中华人民共和国海洋环境保护法》、《中华人民共和国固体废物污染环境防治法》、《中华人民共和国放射性污染防治法》、《中华人民共和国环境影响评价法》等法律、法规、规章的相关规定执行。

本标准规定的水污染物排放控制要求适用于企业向环境水体的排放行为。

企业向设置污水处理厂的城镇排水系统排放废水时，有毒污染物可吸附有机卤素（AOX）、二噁英在本标准规定的监控位置执行相应的排放限值；其他污染物的排放控制要求由企业与城镇污水处理厂根据其污水处理能力商定或执行相关标准，并报当地环境保护主管部门备案；城镇污水处理厂应保证排放污染物达到相关排放标准要求。

建设项目拟向设置污水处理厂的城镇排水系统排放废水时，由建设单位和城镇污水处理厂按前款的规定执行。

2 规范性引用文件

本标准内容引用了下列文件或其中的条款。

GB/T 6920—1986　水质　pH 值的测定　玻璃电极法
GB/T 7478—1987　水质　铵的测定　蒸馏和滴定法
GB/T 7479—1987　水质　铵的测定　纳氏试剂比色法
GB/T 7481—1987　水质　铵的测定　水杨酸分光光度法
GB/T 7488—1987　水质　五日生化需氧量（BOD_5）的测定　稀释与接种法
GB/T 11893—1989　水质　总磷的测定　钼酸铵分光光度法
GB/T 11894—1989　水质　总氮的测定　碱性过硫酸钾消解紫外分光光度法
GB/T 11901—1989　水质　悬浮物的测定　重量法
GB/T 11903—1989　水质　色度的测定　稀释倍数法
GB/T 11914—1989　水质　化学需氧量的测定　重铬酸盐法
GB/T 15959—1995　水质　可吸附有机卤素（AOX）的测定　微库仑法
HJ/T 77—2001　水质　多氯代二苯并二噁英和多氯代二苯并呋喃的测定　同位素稀释高分辨毛细管气相色谱/高分辨质谱法
HJ/T 83—2001　水质　可吸附有机卤素（AOX）的测定　离子色谱法
HJ/T 195—2005　水质　氨氮的测定　气相分子吸收光谱法
HJ/T 199—2005　水质　总氮的测定　气相分子吸收光谱法
《污染源自动监控管理办法》(国家环境保护总局令第 28 号)
《环境监测管理办法》(国家环境保护总局令第 39 号)

3　术语和定义

下列术语和定义适用于本标准。

3.1　制浆造纸企业

指以植物(木材、其他植物)或废纸等为原料生产纸浆，及(或)以纸浆为原料生产纸张、纸板等产品的企业或生产设施。

3.2　现有企业

指本标准实施之日前已建成投产或环境影响评价文件已通过审批的制浆造纸企业。

3.3　新建企业

指本标准实施之日起环境影响文件通过审批的新建、改建和扩建制浆造纸建设项目。

3.4　制浆企业

指单纯进行制浆生产的企业，以及纸浆产量大于纸张产量，且销售纸浆量占总制浆量 80%及以上的制浆造纸企业。

3.5　造纸企业

指单纯进行造纸生产的企业，以及自产纸浆量占纸浆总用量 20%及以下的制浆造纸企业。

3.6　制浆和造纸联合生产企业

指除制浆企业和造纸企业以外、同时进行制浆和造纸生产的制浆造纸企业。

3.7　废纸制浆和造纸企业

指自产废纸浆量占纸浆总用量 80%及以上的制浆造纸企业。

3.8　排水量

指生产设施或企业向企业法定边界以外排放的废水的量，包括与生产有直接或间接关系的各种外排废水(如厂区生活污水、冷却废水、厂区锅炉和电站排水等)。

3.9　单位产品基准排水量

指用于核定水污染物排放浓度而规定的生产单位纸浆、纸张(板)产品的废水排放量上限值。

4 水污染物排放控制要求

4.1 自2009年5月1日起至2011年6月30日现有制浆造纸企业执行表1规定的水污染物排放限值。

表1 现有企业水污染物排放限值

企业生产类型			制浆企业	制浆和造纸联合生产企业		造纸企业	污染物排放监控位置
				废纸制浆和造纸企业	其他制浆和造纸企业		
排放限值	1	pH值	6~9	6~9	6~9	6~9	企业废水总排放口
	2	色度（稀释倍数）	80	50	50	50	企业废水总排放口
	3	悬浮物（mg/L）	70	50	50	50	企业废水总排放口
	4	五日生化需氧量（BOD_5，mg/L）	50	30	30	30	企业废水总排放口
	5	化学需氧量（COD_{Cr}，mg/L）	200	120	150	100	企业废水总排放口
	6	氨氮（mg/L）	15	10	10	10	企业废水总排放口
	7	总氮（mg/L）	18	15	15	15	企业废水总排放口
	8	总磷（mg/L）	1.0	1.0	1.0	1.0	企业废水总排放口
	9	可吸附有机卤素（AOX，mg/L）	15	15	15	15	车间或生产设施废水排放口
单位产品基准排水量，吨/吨（浆）			80	20	60	20	排水量计量位置与污染物排放监控位置一致

说明：

1. 可吸附有机卤素(AOX)指标适用于采用含氯漂白工艺的情况。
2. 纸浆量以绝干浆计。
3. 核定制浆和造纸联合生产企业单位产品实际排水量，以企业纸浆产量与外购商品浆数量的总和为依据。
4. 企业漂白非木浆产量占企业纸浆总用量的比重大于60%的，单位产品基准排水量为80吨/吨（浆）。

4.2 自2011年7月1日起，现有制浆造纸企业执行表2规定的水污染物排放限值。

4.3 自2008年8月1日起，新建制浆造纸企业执行表2规定的水污染物排放限值。

表2 新建企业水污染物排放限值

企业生产类型			制浆企业	制浆和造纸联合生产企业	造纸企业	污染物排放监控位置
排放限值	1	pH值	6~9	6~9	6~9	企业废水总排放口
	2	色度（稀释倍数）	50	50	50	企业废水总排放口
	3	悬浮物（mg/L）	50	30	30	企业废水总排放口
	4	五日生化需氧量（BOD_5，mg/L）	20	20	20	企业废水总排放口
	5	化学需氧量（COD_{Cr}，mg/L）	100	90	80	企业废水总排放口
	6	氨氮（mg/L）	12	8	8	企业废水总排放口
	7	总氮（mg/L）	15	12	12	企业废水总排放口
	8	总磷（mg/L）	0.8	0.8	0.8	企业废水总排放口
	9	可吸附有机卤素（AOX，mg/L）	12	12	12	车间或生产设施废水排放口
	10	二噁英（pgTEQ/L）	30	30	30	车间或生产设施废水排放口
单位产品基准排水量，吨/吨（浆）			50	40	20	排水量计量位置与污染物排放监控位置一致

说明：

1. 可吸附有机卤素(AOX)和二噁英指标适用于采用含氯漂白工艺的情况。
2. 纸浆量以绝干浆计。
3. 核定制浆和造纸联合生产企业单位产品实际排水量，以企业纸浆产量与外购商品浆数量的总和为依据。
4. 企业自产废纸浆量占企业纸浆总用量的比重大于80%的，单位产品基准排水量为20吨/吨（浆）。
5. 企业漂白非木浆产量占企业纸浆总用量的比重大于60%的，单位产品基准排水量为60吨/吨（浆）。

4.4　根据环境保护工作的要求，在国土开发密度较高、环境承载能力开始减弱，或水环境容量较小、生态环境脆弱，容易发生严重水环境污染问题而需要采取特别保护措施的地区，应严格控制企业的污染物排放行为，在上述地区的企业执行表 3 规定的水污染物特别排放限值。

执行水污染物特别排放限值的地域范围、时间，由国务院环境保护行政主管部门或省级人民政府规定。

表 3　水污染物特别排放限值

企业生产类型			制浆企业	制浆和造纸联合生产企业	造纸企业	污染物排放监控位置
排放限值	1	pH 值	6~9	6~9	6~9	企业废水总排放口
	2	色度（稀释倍数）	50	50	50	企业废水总排放口
	3	悬浮物（mg/L）	20	10	10	企业废水总排放口
	4	五日生化需氧量（BOD_5，mg/L）	10	10	10	企业废水总排放口
	5	化学需氧量（COD_{Cr}，mg/L）	80	60	50	企业废水总排放口
	6	氨氮（mg/L）	5	5	5	企业废水总排放口
	7	总氮（mg/L）	10	10	10	企业废水总排放口
	8	总磷（mg/L）	0.5	0.5	0.5	企业废水总排放口
	9	可吸附有机卤素（AOX，mg/L）	8	8	8	车间或生产设施废水排放口
	10	二噁英（pgTEQ/L）	30	30	30	车间或生产设施废水排放口
单位产品基准排水量，吨/吨（浆）			30	25	10	排水量计量位置与污染物排放监控位置一致

说明：

1. 可吸附有机卤素（AOX）和二噁英指标适用于采用含氯漂白工艺的情况。
2. 纸浆量以绝干浆计。
3. 核定制浆和造纸联合生产企业单位产品实际排水量，以企业纸浆产量与外购商品浆数量的总和为依据。
4. 企业自产废纸浆量占企业纸浆总用量的比重大于 80%的，单位产品基准排水量为 15 吨/吨（浆）。

4.5　水污染物排放浓度限值适用于单位产品实际排水量不高于单位产品基准排水量的情况。若单位产品实际排水量超过单位产品基准排水量，须按公式（1）将实测水污染物浓度换算为水污染物基准水量排放浓度，并以水污染物基准水量排放浓度作为判定排放是否达标的依据。产品产量和排水量统计周期为一个工作日。

在企业的生产设施同时生产两种以上产品、可适用不同排放控制要求或不同行业国家污染物排放标准，且生产设施产生的污水混合处理排放的情况下，应执行排放标准中规定的最严格的浓度限值，并按公式（1）换算水污染物基准水量排放浓度：

$$C_{基} = \frac{Q_{总}}{\sum Y_i Q_{i基}} \times C_{实} \qquad (1)$$

式中　$C_{基}$——水污染物基准水量排放浓度，mg/L；

$Q_{总}$——排水总量，吨；

Y_i——第 i 种产品产量，吨；

$Q_{i基}$——第 i 种产品的单位产品基准排水量，吨/吨；

$C_{实}$——实测水污染物浓度，mg/L。

若 $Q_{总}$ 与 $\sum Y_i Q_{i基}$ 的比值小于 1，则以水污染物实测浓度作为判定排放是否达标的依据。

5　水污染物监测要求

5.1　对企业排放废水采样应根据监测污染物的种类，在规定的污染物排放监控位置进行，有废水处理设施的，应在该设施后监控。在污染物排放监控位置须设置永久性排污口标志。

5.2　新建企业应按照《污染源自动监控管理办法》的规定，安装污染物排放自动监控设备，并与环境保护主管部门的监控设备联网，并保证设备正常运行。各地现有企业安装污染物排放自动监控设备的要求由省级环境保护行政主管部门规定。

5.3　对企业污染物排放情况进行监测的频次、采样时间等要求，按国家有关污染源监测技术规范的规定执行。

二噁英指标每年监测一次。

5.4　企业产品产量的核定，以法定报表为依据。

5.5　对企业排放水污染物浓度的测定采用表4所列的方法标准。

表4　水污染物浓度测定方法标准

序号	污染物项目	方法标准名称	方法标准编号
1	pH值	水质　pH值的测定　玻璃电极法	GB/T 6920—1986
2	色度	水质　色度的测定　稀释倍数法	GB/T 11903—1989
3	悬浮物	水质　悬浮物的测定　重量法	GB/T 11901—1989
4	五日生化需氧量	水质　五日生化需氧量（BOD_5）的测定　稀释与接种法	GB/T 7488—1987
5	化学需氧量	水质　化学需氧量的测定　重铬酸盐法	GB/T 11914—1989
6	氨氮	水质　铵的测定　蒸馏和滴定法	GB/T 7478—1987
		水质　铵的测定　纳氏试剂比色法	GB/T 7479—1987
		水质　铵的测定　水杨酸分光光度法	GB/T 7481—1987
		水质　氨氮的测定　气相分子吸收光谱法	HJ/T 195—2005
7	总氮	水质　总氮的测定　碱性过硫酸钾消解紫外分光光度法	GB/T 11894—1989
		水质　总氮的测定　气相分子吸收光谱法	HJ/T 199—2005
8	总磷	水质　总磷的测定　钼酸铵分光光度法	GB/T 11893—1989
9	可吸附有机卤素（AOX）	水质　可吸附有机卤素（AOX）的测定　微库仑法	GB/T 15959—1995
		水质　可吸附有机卤素（AOX）的测定　离子色谱法	HJ/T 83—2001
10	二噁英	水质　多氯代二苯并二噁英和多氯代二苯并呋喃的测定　同位素稀释高分辨毛细管气相色谱/高分辨质谱法	HJ/T 77—2001

5.6　企业须按照有关法律和《环境监测管理办法》的规定，对排污状况进行监测，并保存原始监测记录。

6　实施与监督

6.1　本标准由县级以上人民政府环境保护行政主管部门负责监督实施。

6.2　在任何情况下，企业均应遵守本标准的水污染物排放控制要求，采取必要措施保证污染防治设施正常运行。各级环保部门在对企业进行监督性检查时，可以现场即时采样或监测的结果，作为判定排污行为是否符合排放标准以及实施相关环境保护管理措施的依据。在发现企业耗水或排水量有异常变化的情况下，应核定企业的实际产品产量和排水量，按本标准的规定，换算水污染物基准水量排放浓度。

工业用水定额：造纸

说明：为深入推进节约用水工作，水利部联合工业和信息化部制定了《工业用水定额：造纸》文件，2021年3月1日起施行，以下是文件详细内容。

一、适用范围

本定额适用于现有造纸企业计划用水、节约用水监督考核等相关节约用水管理工作，以及新建（改建、扩建）造纸企业的水资源论证、取水许可审批和节水评价等工作，也用于指导地方用水定额标准制定和修订。

二、词语解释

1. 造纸产品包括纸浆、纸和纸板三大类。其中，纸浆是指由植物原料通过不同方法制得的纤维状物质；纸是指从悬浮液中将适当处理过（如打浆）的植物纤维、矿物纤维、动物纤维、化学纤维或这些纤维的混合物沉积到适当的成形设备上，经干燥制成的一页均匀的薄片（不包括纸板）；纸板是指刚性相对较高的一些纸种。

2. 单位造纸产品用水量是指在一定时期内（年），生产每吨造纸产品取自任何常规水源并被其第一次利用的水量总和。

3. 造纸用水定额是指在一定时期，不同节约用水条件下，按照产品数量核算的单位造纸产品用水量。

三、用水定额

造纸用水定额见下表。

表　造纸用水定额　　　　单位：m^3/t

产品名称		先进值	通用值
纸浆	漂白化学木浆	60	75
	漂白化学竹浆	65	85
	漂白化学非木（麦草、芦苇、甘蔗渣等）浆	90	110
	脱墨废纸浆	20	25
	未脱墨废纸浆	15	20
	化学机械木浆	25	30
纸	新闻纸	15	16
	未涂布印刷书写纸	24	32
	生活用纸	25	30
	包装用纸	20	25
纸板	白纸板	24	30
	箱纸板	18	24
	瓦楞原纸	15	22

注：1. 先进值用于新建（改建、扩建）企业的水资源论证、取水许可审批和节水评价；通用值用于现有企业的日常用水管理和节水考核。

2. 生产溶解级木竹浆时，允许在本定额的基础上增加 $10m^3/t$；生产本色化学浆时，应在本定额的基础上减少 $10m^3/t$。

3. 经抄浆机生产浆板时，允许在本定额的基础上增加 $10m^3/t$；生产漂白脱墨废纸浆时，允许在本定额的基础上增加 $10m^3/t$；生产涂布类纸及纸板时，允许在本定额的基础上增加 $10m^3/t$。

4. 纸浆的计量单位为吨风干浆（含水 10%）。

5. 高得率半化学本色木浆及半化学草浆按本色化学木浆执行；机械木浆按化学机械木浆执行。

6. 本标准不包括特殊浆种、薄页纸及特种纸的用水定额。

四、计算方法

生产企业在单位时间内，按照产品数量核算的单位造纸产品用水量按式（1）计算：

$$V_{ui} = \frac{V_i}{Q} \quad \cdots\cdots (1)$$

式中　V_{ui} ——单位造纸产品用水量，单位为 m^3/t；

V_i ——在一定的计量时间内（年），生产过程中用水量总和（包括原料准备至成品浆（液态或风干），化学浆、木竹溶解级纸浆生产过程、碱回收、制浆化学品药液制备、黑（红）液副产品（粘合剂）生产，浆料预处理、打浆、抄纸、完成以及涂料、辅料制备等主要生产用水；机修、锅炉、空压站、污水处理站、检验、化验、运输等辅助生产用水；办公、绿化、厂内食堂和浴室、卫生间等附属生产用水），单位为 m^3；

Q ——在一定的计量时间内（年），造纸产品的总量，单位为 t。

一次性使用卫生用品卫生标准（GB 15979—2002）

2002-09-01 实施

1 范围

本标准规定了一次性使用卫生用品的产品和生产环境卫生标准、消毒效果生物监测评价标准和相应检验方法，以及原材料与产品生产、消毒、贮存、运输过程卫生要求和产品标识要求。

在本标准中，一次性使用卫生用品是指：

本标准适用于国内从事一次性使用卫生用品的生产与销售的部门、单位或个人，也适用于经销进口一次性使用卫生用品的部门、单位或个人。

2 引用标准

下列标准所包含的条文，通过在本标准中引用而构成为本标准的条文。本标准出版时，所示版本均为有效。所有标准都会被修订，使用本标准的各方应探讨使用下列标准最新版本的可能性。

GB 15981—1995　消毒与灭菌效果的评价方法与标准

3 定义

本标准采用下列定义。

一次性使用卫生用品

使用一次后即丢弃的、与人体直接或间接接触的，并为达到人体生理卫生或卫生保健（抗菌或抑菌）目的而使用的各种日常生活用品，产品性状可以是固体也可以是液体。例如，一次性使用手套或指套（不包括医用手套或指套）、纸巾、湿巾、卫生湿巾、电话膜、帽子、口罩、内裤、妇女经期卫生用品（包括卫生护垫）、尿布等排泄物卫生用品（不包括皱纹卫生纸等厕所用纸）、避孕套等，在本标准中统称为“卫生用品”。

4 产品卫生指标

4.1　外观必须整洁，符合该卫生用品固有性状，不得有异常气味与异物。

4.2　不得对皮肤与黏膜产生不良刺激与过敏反应及其他损害作用。

4.3　产品须符合表 1 中微生物学指标。

表 1

产品种类	微生物指标				
	初始污染菌[1)] cfu/g	细菌菌落总数 cfu/g 或 cfu/mL	大肠菌群	致病性化脓菌[2)]	真菌菌落总数 cfu/g 或 cfu/mL
手套或指套、纸巾、湿巾、帽子、内裤、电话膜		≤200	不得检出	不得检出	≤100
抗菌（或抑菌）液体产品		≤200	不得检出	不得检出	≤100

续表

产品种类	微生物指标				
	初始污染菌[1)] cfu/g	细菌菌落总数 cfu/g 或 cfu/mL	大肠菌群	致病性化脓菌[2)]	真菌菌落总数 cfu/g 或 cfu/mL
卫生湿巾		≤20	不得检出	不得检出	不得检出
口罩					
普通级		≤200	不得检出	不得检出	≤100
消毒级	≤10 000	≤20	不得检出	不得检出	不得检出
妇女经期卫生用品					
普通级		≤200	不得检出	不得检出	≤100
消毒级	≤10 000	≤20	不得检出	不得检出	不得检出
尿布等排泄物卫生用品					
普通级		≤200	不得检出	不得检出	≤100
消毒级	≤10 000	≤20	不得检出	不得检出	不得检出
避孕套		≤20	不得检出	不得检出	不得检出

1）如初始污染菌超过表内数值，应相应提高杀灭指数，使达到本标准规定的细菌与真菌限值。

2）致病性化脓菌指绿脓杆菌、金黄色葡萄球菌与溶血性链球菌。

4.4 卫生湿巾除必须达到表 1 中的微生物学标准外，对大肠杆菌和金黄色葡萄球菌的杀灭率须≥90%，如需标明对真菌的作用，还须对白色念珠菌的杀灭率≥90%，其杀菌作用在室温下至少须保持1 年。

4.5 抗菌（或抑菌）产品除必须达到表 1 中的同类同级产品微生物学标准外，对大肠杆菌和金黄色葡萄球菌的抑菌率须≥50%（溶出性）或>26%（非溶出性），如需标明对真菌的作用，还须白色念珠菌的抑菌率≥50%（溶出性）或>26%（非溶出性），其抑菌作用在室温下至少须保持 1 年。

4.6 任何经环氧乙烷消毒的卫生用品出厂时，环氧乙烷残留量必须≤250μg/g。

5 生产环境卫生指标

5.1 装配与包装车间空气中细菌菌落总数应≤2 500 cfu/m^3。

5.2 工作台表面细菌菌落总数应≤20 cfu/cm^2。

5.3 工人手表面细菌菌落总数应≤300 cfu/只手，并不得检出致病菌。

6 消毒效果生物监测评价

6.1 环氧乙烷消毒：对枯草杆菌黑色变种芽胞（ATCC 9372）的杀灭指数应≥10^3。

6.2 电离辐射消毒：对短小杆菌芽胞 E6d（ATCC 27142）的杀灭指数应≥10^3。

6.3 压力蒸汽消毒：对嗜热脂肪杆菌芽胞（ATCC 7953）的杀灭指数应≥10^3。

7 测试方法

7.1 产品测试方法

7.1.1 产品外观：目测，应符合本标准 3.1 的规定。

7.1.2 产品毒理学测试方法：见附录 A。

7.1.3 产品微生物检测方法：见附录 B。

7.1.4 产品杀菌性能、抑菌性能与稳定性测试方法：见附录 C。

7.1.5 产品环氧乙烷残留量测试方法：见附录 D。

7.2 生产环境采样与测试方法：见附录 E。

7.3 消毒效果生物监测评价方法：见附录 F。

8 原材料卫生要求

8.1 原材料应无毒、无害、无污染；原材料包装应清洁，清楚标明内含物的名称、生产单位、生产日期或生产批号；影响卫生质量的原材料应不裸露；有特殊要求的原材料应标明保存条件和保质期。

8.2 对影响产品卫生质量的原材料应有相应检验报告或证明材料，必要时需进行微生物监控和采取相应措施。

8.3 禁止使用废弃的卫生用品作原材料或半成品。

9 生产环境与过程卫生要求

9.1 生产区周围环境应整洁，无垃圾，无蚊、蝇等害虫孳生地。

9.2 生产区应有足够空间满足生产需要，布局必须符合生产工艺要求，分隔合理，人、物分流，产品流程中无逆向与交叉。原料进入与成品出去应有防污染措施和严格的操作规程，减少生产环境微生物污染。

9.3 生产区内应配置有效的防尘、防虫、防鼠设施，地面、墙面、工作台面应平整、光滑、不起尘、便于除尘与清洗消毒，有充足的照明与空气消毒或净化措施，以保证生产环境满足本标准第5章的规定。

9.4 配置必需的生产和质检设备，有完整的生产和质检记录，切实保证产品卫生质量。

9.5 生产过程中使用易燃、易爆物品或产生有害物质的，必须具备相应安全防护措施，符合国家有关标准或规定。

9.6 原材料和成品应分开堆放，待检、合格、不合格原材料和成品应严格分开堆放并设明显标志。仓库内应干燥、清洁、通风，设防虫、防鼠设施与垫仓板，符合产品保存条件。

9.7 进入生产区要换工作衣和工作鞋，戴工作帽，直接接触裸装产品的人员需戴口罩，清洗和消毒双手或戴手套；生产区前应相应设有更衣室、洗手池、消毒池与缓冲区。

9.8 从事卫生用品生产的人员应保持个人卫生，不得留指甲，工作时不得戴手饰，长发应卷在工作帽内。痢疾、伤寒、病毒性肝炎、活动性肺结核、尖锐湿疣、淋病及化脓性或渗出性皮肤病患者或病原携带者不得参与直接与产品接触的生产活动。

9.9 从事卫生用品生产的人员应在上岗前及定期（每年一次）进行健康检查与卫生知识（包括生产卫生、个人卫生、有关标准与规范）培训，合格者方可上岗。

10 消毒过程要求

10.1 消毒级产品最终消毒必须采用环氧乙烷、电离辐射或压力蒸汽等有效消毒方法。所用消毒设备必须符合有关卫生标准。

10.2 根据产品卫生标准、初始污染菌与消毒效果生物监测评价标准制定消毒程序、技术参数、工作制度，经验证后严格按照既定的消毒工艺操作。该消毒程序、技术参数或影响消毒效果的原材料或生产工艺发生变化后应重新验证确定消毒工艺。

10.3 每次消毒过程必须进行相应的工艺（物理）和化学指示剂监测，每月用相应的生物指示剂监测，只有当工艺监测、化学监测、生物监测达到规定要求时，被消毒物品才能出厂。

10.4 产品经消毒处理后，外观与性能应与消毒处理前无明显可见的差异。

11 包装、运输与贮存要求

11.1 执行卫生用品运输或贮存的单位或个人，应严格按照生产者提供的运输与贮存要求进行运输或贮存。

11.2 直接与产品接触的包装材料必须无毒、无害、清洁，产品的所有包装材料必须具有足够的密封性和牢固性以达到保证产品在正常的运输与贮存条件下不受污染的目的。

12 产品标识要求

12.1 产品标识应符合《中华人民共和国产品质量法》的规定，并在产品包装上标明执行的卫生标准号以及生产日期和保质期（有效期）或生产批号和限定使用日期。

12.2 消毒级产品还应在销售包装上注明“消毒级”字样以及消毒日期和有效期或消毒批号和限定使用日期，在运输包装上标明“消毒级”字样以及消毒单位与地址、消毒方法、消毒日期和有效期或消毒批号和限定使用日期。

附录A

（标准的附录）

产品毒理学测试方法

A1 各类产品毒理学测试指标

当原材料、生产工艺等发生变化可能影响产品毒性时，应按表A1根据不同产品种类提供有效的（经政府认定的第三方）成品毒理学测试报告。

表A1

产品种类	皮肤刺激试验	阴道粘膜刺激试验	皮肤变态反应试验
手套或指套、内裤	√		√
抗菌（或抑菌）液体产品	√	根据用途选择1)	√
湿巾、卫生湿巾	√	根据用途选择1)	根据材料选择
口罩	√		
妇女经期卫生用品		√	√
尿布等排泄物卫生用品	√		√
避孕套		√	√

1）用于阴道粘膜的产品须做阴道粘膜刺激试验，但无须做皮肤刺激试验。

A2 试验方法

皮肤刺激试验、阴道粘膜刺激试验和皮肤变态反应试验方法按卫生部《消毒技术规范》（第三版）第一分册《实验技术规范》（1999）中的“消毒剂毒理学实验技术”中相应的试验方法进行。

固体产品的样品制备方法按照A3进行。

注1： 用于皮肤刺激试验中的空白对照应为：生理盐水和斑贴纸。

注2： 在皮肤变态反应中，致敏处理和激发处理所用的剂量保持一致。

A3 样品制备

A3.1 皮肤刺激试验和皮肤变态反应试验

以横断方式剪一块斑贴大小的产品。对于干的产品，如尿布、妇女经期卫生用品，用生理盐水润湿后贴到皮肤上，再用斑贴纸覆盖。湿的产品，如湿巾，则可以按要求裁剪合适的面积，直接贴到皮肤上，再用斑贴纸覆盖。

A3.2 阴道黏膜刺激试验

A3.2.1 干的产品（如妇女经期卫生用品）

以横断方式剪取足够量的产品，按1g/10mL的比例加入灭菌生理盐水，密封于萃取容器中搅拌后置于37℃±1℃下放置24h。冷却到室温，搅拌后析取样液备检。

A3.2.2 湿的产品（如卫生湿巾）

在进行阴道黏膜刺激试验的当天，挤出湿巾里的添加液作为试样。

A4 判定标准

以卫生部《消毒技术规范》（第三版）第一分册《实验技术规范》（1999）中“毒理学试验结果的最终判定”的相应部分作为试验结果判定原则。

附录 B

（标准的附录）

产品微生物检测方法

B1 产品采集与样品处理

于同一批号的三个运输包装中至少抽取 12 个最小销售包装样品，1/4 样品用于检测，1/4 样品用于留样，另 1/2 样品（可就地封存）必要时用于复检。抽样的最小销售包装不应有破裂，检验前不得启开。

在 100 级净化条件下用无菌方法打开用于检测的至少 3 个包装，从每个包装中取样，准确称取 10g±1g样品，剪碎后加入到 200mL 灭菌生理盐水中，充分混匀，得到一个生理盐水样液。液体产品用原液直接做样液。

如被检样品含有大量吸水树脂材料而导致不能吸出足够样液时，稀释液量可按每次 50mL 递增，直至能吸出足够测试用样液。在计算细菌菌落总数与真菌菌落总数时应调整稀释度。

B2 细菌菌落总数与初始污染菌检测方法

本方法适用于产品初始污染菌与细菌菌落总数（以下统称为细菌菌落总数）检测。

B2.1 操作步骤

待上述生理盐水样液自然沉降后取上清液作菌落计数。共接种 5 个平皿，每个平皿中加入 1mL 样液，然后用冷却至 45℃左右的熔化的营养琼脂培养基 15～20mL 倒入每个平皿内混合均匀。待琼脂凝固后翻转平皿置 35℃±2℃ 培养 48h 后，计算平板上的菌落数。

B2.2 结果报告

菌落呈片状生长的平板不宜采用；计数符合要求的平板上的菌落，按式（B1）计算结果：

$$X_1 = A \times \frac{K}{5} \quad \cdots\cdots\cdots\cdots \text{(B1)}$$

式中 X_1——细菌菌落总数，cfu/g 或 cfu/mL；

A——5 块营养琼脂培养基平板上的细菌菌落总数；

K——稀释度。

当菌落数在 100 以内，按实有数报告，大于 100 时采用二位有效数字。

如果样品菌落总数超过本标准的规定，按 B2.3 进行复检和结果报告。

B2.3 复检方法

将留存的复检样品依前法复测 2 次，2 次结果平均值都达到本标准的规定，则判定被检样品合格；其中有任何 1 次结果平均值超过本标准规定，则判定被检样品不合格。

B3 大肠菌群检测方法

B3.1 操作步骤

取样液 5mL 接种 50mL 乳糖胆盐发酵管，置 35℃±2℃ 培养 24h，如不产酸也不产气，则报告为大肠菌群阴性。

如产酸产气，则划线接种伊红美蓝琼脂平板，置35℃±2℃培养18~24h，观察平板上菌落形态。典型的大肠菌落为黑紫色或红紫色，圆形，边缘整齐，表面光滑湿润，常具有金属光泽，也有的呈紫黑色，不带或略带金属光泽，或粉红色，中心较深的菌落。

取疑似菌落1~2个作革兰氏染色镜检，同时接种乳糖发酵管，置35℃±2℃培养24h，观察产气情况。

B3.2 结果报告

凡乳糖胆盐发酵管产酸产气，乳糖发酵管产酸产气，在伊红美蓝平板上有典型大肠菌落，革兰氏染色为阴性无芽胞杆菌，可报告被检样品检出大肠杆菌。

B4 绿脓杆菌检测方法

B4.1 操作步骤

取样液5mL，加入到50mL SCDLP培养液中，充分混匀，置35℃±2℃培养18~24h。如有绿脓杆菌生长，培养液表面呈现一层薄菌膜，培养液常呈黄绿色或蓝绿色。从培养液的薄菌膜处挑取培养物，划线接种十六烷三甲基溴化铵琼脂平板，置35℃±2℃培养18~24h，观察菌落特征。绿脓杆菌在此培养基上生长良好，菌落扁平，边缘不整，菌落周围培养基略带粉红色，其他菌不长。

取可疑菌落涂片作革兰氏染色，镜检为革兰氏阴性菌者应进行下列试验：

氧化酶试验：取一小块洁净的白色滤纸片放在灭菌平皿内，用无菌玻棒挑取可疑菌落涂在滤纸片上，然后在其上滴加一滴新配制的1%二甲基对苯二胺试液，30s内出现粉红色或紫红色，为氧化酶试验阳性，不变色者为阴性。

绿脓菌素试验：取2~3个可疑菌落，分别接种在绿脓菌素测定用培养基斜面，35℃±2℃培养24h，加入三氯甲烷3~5mL，充分振荡使培养物中可能存在的绿脓菌素溶解，待三氯甲烷呈蓝色时，用吸管移到另一试管中并加入1mol/L的盐酸1mL，振荡后静置片刻。如上层出现粉红色或紫红色即为阳性，表示有绿脓菌素存在。

硝酸盐还原产气试验：挑取被检菌落纯培养物接种在硝酸盐胨水培养基中，置35℃±2℃培养24h，培养基小倒管中有气者即为阳性。

明胶液化试验：取可疑菌落纯培养物，穿刺接种在明胶培养基内，置35℃±2℃培养24h，取出放于4~10℃，如仍呈液态为阳性，凝固者为阴性。

42℃生长试验：取可疑培养物，接种在普通琼脂斜面培养基上，置42℃培养24~48h，有绿脓杆菌生长为阳性。

B4.2 结果报告

被检样品经增菌分离培养后，证实为革兰氏阴性杆菌，氧化酶及绿脓杆菌试验均为阳性者，即可报告被检样品中检出绿脓杆菌。如绿脓菌素试验阴性而液化明胶、硝酸盐还原产气和42℃生长试验三者皆为阳性时，仍可报告被检样品中检出绿脓杆菌。

B5 金黄色葡萄球菌检测方法

B5.1 操作步骤

取样液5mL，加入到50mL SCDLP培养液中，充分混匀，置35℃±2℃培养24h。

自上述增菌液中取1~2接种环，划线接种在血琼脂培养基上，置35℃±2℃培养24~48h。在血琼脂平板上该菌菌落呈金黄色，大而突起，圆形，不透明，表面光滑，周围有溶血圈。

挑取典型菌落，涂片作革兰氏染色镜检，金黄色葡萄球菌为革兰氏阳性球菌，排列成葡萄状，无芽胞与荚膜。镜检符合上述情况，应进行下列试验：

甘露醇发酵试验：取上述菌落接种甘露醇培养液，置35℃±2℃培养24h，发酵甘露醇产酸者为阳性。

血浆凝固酶试验：玻片法：取清洁干燥载玻片，一端滴加一滴生理盐水，另一端滴加一滴兔血浆，挑取菌落分别与生理盐水和血浆混合，5min 如血浆内出现团块或颗粒状凝块，而盐水滴仍呈均匀混浊无凝固则为阳性，如两者均无凝固则为阴性。凡盐水滴与血浆滴均有凝固现象，再进行试管凝固酶试验；试管法：吸取 1∶4 新鲜血浆 0.5mL，放灭菌小试管中，加入等量待检菌 24h 肉汤培养物 0.5mL。混匀，放 35℃±2℃温箱或水浴中，每半小时观察一次，24h 之内呈现凝块即为阳性。同时以已知血浆凝固酶阳性和阴性菌株肉汤培养物各 0.5mL 作阳性与阴性对照。

B5.2 结果报告

凡在琼脂平板上有可疑菌落生长，镜检为革兰氏阳性葡萄球菌，并能发酵甘露醇产酸，血浆凝固酶试验阳性者，可报告被检样品检出金黄色葡萄球菌。

B6 溶血性链球菌检测方法

B6.1 操作步骤

取样液 5mL 加入到 50mL 葡萄糖肉汤，35℃±2℃培养 24h。

将培养物划线接种血琼脂平板，35℃±2℃培养 24h 观察菌落特征。溶血性链球菌在血平板上为灰白色，半透明或不透明，针尖状突起，表面光滑，边缘整齐，周围有无色透明溶血圈。

挑取典型菌落作涂片革兰氏染色镜检，应为革兰氏阳性，呈链状排列的球菌。镜检符合上述情况，应进行下列试验：

链激酶试验：吸取草酸钾血浆 0.2mL（0.01g 草酸钾加 5mL 兔血浆混匀，经离心沉淀，吸取上清液），加入 0.8mL 灭菌生理盐水，混匀后再加入待检菌 24h 肉汤培养物 0.5mL 和 0.25%氯化钙0.25mL，混匀，放 35℃±2℃水浴中，2min 观察一次（一般 10min 内可凝固），待血浆凝固后继续观察并记录溶化时间。如 2h 内不溶化，继续放置 24h 观察，如凝块全部溶化为阳性，24h 仍不溶化为阴性。

杆菌肽敏感试验：将被检菌菌液涂于血平板上，用灭菌镊子取每片含 0.04 单位杆菌肽的纸片放在平板表面上，同时以已知阳性菌株作对照，在 35℃±2℃下放置 18~24h，有抑菌带者为阳性。

B6.2 结果报告

镜检革兰氏阳性链状排列球菌，血平板上呈现溶血圈，链激酶和杆菌肽试验阳性，可报告被检样品检出溶血性链球菌。

B7 真菌菌落总数检测方法

B7.1 操作步骤

待上述生理盐水样液自然沉降后取上清液作真菌计数，共接种 5 个平皿，每一个平皿中加入 1mL 样液，然后用冷却至 45℃左右的熔化的沙氏琼脂培养基 15~25mL 倒入每个平皿内混合均匀，琼脂凝固后翻转平皿置 25℃±2℃培养 7 天，分别于 3、5、7 天观察，计算平板上的菌落数，如果发现菌落蔓延，以前一次的菌落计数为准。

B7.2 结果报告

菌落呈片状生长的平板不宜采用；计数符合要求的平板上的菌落，按式（B2）计算结果：

$$X_2 = B \times \frac{K}{5} \qquad \text{(B2)}$$

式中 X_2——真菌菌落总数，cfu/g 或 cfu/mL；

B——5 块沙氏琼脂培养基平板上的真菌菌落总数；

K——稀释度。

当菌落数在 100 以内，按实有数报告，大于 100 时采用二位有效数字。

如果样品菌落总数超过本标准的规定，按 B7.3 进行复检和结果报告。

B7.3 复检方法

将留存的复检样品依前法复测 2 次，2 次结果都达到本标准的规定，则判定被检样品合格，其中有任何 1 次结果超过本标准规定，则判定被检样品不合格。

B8 真菌定性检测方法

B8.1 操作步骤

取样液 5mL 加入到 50mL 沙氏培养基中，25℃±2℃培养 7 天，逐日观察有无真菌生长。

B8.2 结果报告

培养管混浊应转种沙氏琼脂培养基，证实有真菌生长，可报告被检样品检出真菌。

附录 C

（标准的附录）

产品杀菌性能、抑菌性能与稳定性测试方法

C1 样品采集

为使样品具有良好的代表性，应于同一批号三个运输包装中至少随机抽取 20 件最小销售包装样品，其中 5 件留样，5 件做抑菌或杀菌性能测试，10 件做稳定性测试。

C2 试验菌与菌液制备

C2.1 试验菌

C2.1.1 细菌：金黄色葡萄球菌（ATCC 6538），大肠杆菌（8099 或 ATCC 25922）。

C2.1.2 酵母菌：白色念珠菌（ATCC 10231）。

菌液制备：取菌株第 3~14 代的营养琼脂培养基斜面新鲜培养物（18~24h），用 5mL 0.03mol/L 磷酸盐缓冲液（以下简称 PBS）洗下菌苔，使菌悬浮均匀后用上述 PBS 稀释至所需浓度。

C3 杀菌性能试验方法

该试验取样部位，根据被试产品生产者的说明而确定。

C3.1 中和剂鉴定试验

进行杀菌性能测试必须通过以下中和剂鉴定试验。

C3.1.1 试验分组

1）染菌样片+5mL PBS。

2）染菌样片+5mL 中和剂。

3）染菌对照片+5mL 中和剂。

4）样片+5mL 中和剂+染菌对照片。

5）染菌对照片+5mL PBS。

6）同批次 PBS。

7）同批次中和剂。

8）同批次培养基。

C3.1.2 评价规定

1）第 1 组无试验菌，或仅有极少数试验菌菌落生长。

2）第 2 组有较第 1 组为多，但较第 3、4、5 组为少的试验菌落生长，并符合要求。

3）第 3、4、5 组有相似量试验菌生长，并在 $1\times10^4 \sim 9\times10^4$ cfu/片之间，其组间菌落数误差率应不超过 15%。

4）第 6~8 组无菌生长。

5）连续 3 次试验取得合格评价。

C3.2 杀菌试验

C3.2.1 操作步骤

将试验菌 24h 斜面培养物用 PBS 洗下，制成菌悬液（要求的浓度为：用 100μL 滴于对照样片上，回收菌数为 $1\times10^4\sim9\times10^4$cfu/片）。

取被试样片（2.0cm×3.0cm）和对照样片（与试样同质材料，同等大小，但不含抗菌材料，且经灭菌处理）各 4 片，分成 4 组置于 4 个灭菌平皿内。

取上述菌悬液，分别在每个被试样片和对照样片上滴加 100μL，均匀涂布，开始计时，作用 2、5、10、20min，用无菌镊分别将样片投入含 5mL 相应中和剂的试管内，充分混匀，作适当稀释，然后取其中 2~3 个稀释度，分别吸取 0.5mL，置于两个平皿，用凉至 40~45℃的营养琼脂培养基（细菌）或沙氏琼脂培养基（酵母菌）15mL 作倾注，转动平皿，使其充分均匀，琼脂凝固后翻转平板，35℃±2℃培养 48h（细菌）或 72h（酵母菌），作活菌菌落计数。

试验重复 3 次，按式（C1）计算杀菌率：

$$X_3 = (A - B)/A \times 100\% \qquad \text{(C1)}$$

式中 X_3——杀菌率，%；

A——对照样品平均菌落数；

B——被试样品平均菌落数。

C3.2.2 评价标准

杀菌率≥90%，产品有杀菌作用。

C4 溶出性抗（抑）菌产品抑菌性能试验方法

C4.1 操作步骤

将试验菌 24h 斜面培养物用 PBS 洗下，制成菌悬液（要求的浓度为：用 100μL 滴于对照样片上或 5mL 样液内，回收菌数为 $1\times10^4\sim9\times10^4$cfu/片或 mL）。

取被试样片（2.0cm×3.0cm）或样液（5mL）和对照样片或样液（与试样同质材料，同等大小，但不含抗菌材料，且经灭菌处理）各 4 片（置于灭菌平皿内）或 4 管。

取上述菌悬液，分别在每个被试样片或样液和对照样片或样液上或内滴加 100μL，均匀涂布/混合，开始计时，作用 2min、5min、10min、20min，用无菌镊分别将样片或样液（0.5mL）投入含 5mL PBS 的试管内，充分混匀，作适当稀释，然后取其中 2~3 个稀释度，分别吸取 0.5mL，置于两个平皿，用凉至40~45℃的营养琼脂培养基（细菌）或沙氏琼脂培养基（酵母菌）15mL 作倾注，转动平皿，使其充分均匀，琼脂凝固后翻转平板，35℃±2℃培养 48h（细菌）或 72h（酵母菌），作活菌菌落计数。

试验重复 3 次，按式（C2）计算抑菌率：

$$X_4 = (A - B)/A \times 100\% \qquad \text{(C2)}$$

式中 X_4——抑菌率，%；

A——对照样品平均菌落数；

B——被试样品平均菌落数。

C4.2 评价标准

抑菌率≥50%~90%，产品有抑菌作用，抑菌率≥90%，产品有较强抑菌作用。

C5 非溶出性抗（抑）菌产品抑菌性能试验方法

C5.1 操作步骤

称取被试样片（剪成 1.0cm×1.0cm 大小）0.75g 分装包好。

将 0.75g 重样片放入一个 250mL 的三角烧瓶中，分别加入 70mL PBS 和 5mL 菌悬液，使菌悬液在 PBS 中的浓度为 $1\times10^4\sim9\times10^4$cfu/mL。

将三角烧瓶固定于振荡摇床上，以 300r/min 振摇 1h。

取 0.5mL 振摇后的样液，或用 PBS 做适当稀释后的样液，以琼脂倾注法接种平皿，进行菌落计数。

同时设对照样片组和不加样片组，对照样片组的对照样片与被试样片同样大小，但不含抗菌成分，其他操作程序均与被试样片组相同，不加样片组分别取 5mL 菌悬液和 70mL PBS 加入一个 250mL 三角烧瓶中，混匀，分别于 0 时间和振荡 1h 后，各取 0.5mL 菌悬液与 PBS 的混合液做适当稀释，然后进行菌落计数。

试验重复 3 次，按式（C3）计算抑菌率：

$$X_5 = (A - B)/A \times 100\% \qquad (C3)$$

式中 X_5——抑菌率,%；

A——被试样品振荡前平均菌落数；

B——被试样品振荡后平均菌落数。

C5.2 评价标准

不加样片组的菌落数在 $1\times10^4\sim9\times10^4$cfu/mL 之间，且样品振荡前后平均菌落数差值在 10%以内，试验有效；被试样片组抑菌率与对照样片组抑菌率的差值>26%，产品具有抗菌作用。

C6 稳定性测试方法

C6.1 测试条件

C6.1.1 自然留样：将原包装样品置室温下至少 1 年，每半年进行抑菌或杀菌性能测试。

C6.1.2 加速试验：将原包装样品置 54~57℃恒温箱内 14 天或 37~40℃恒温箱内 3 个月，保持相对湿度>75%，进行抑菌或杀菌性能测试。

C6.2 评价标准

产品经自然留样，其杀菌率或抑菌率达到附录 C3 或附录 C4、附录 C5 中规定的标准值，产品的杀菌或抑菌作用在室温下的保持时间即为自然留样时间。

产品经 54℃加速试验，其杀菌率或抑菌率达到附录 C3 或附录 C4、附录 C5 中规定的标准值，产品的杀菌或抑菌作用在室温下至少保持一年。

产品经 37℃加速试验，其杀菌率或抑菌率达到附录 C3 或附录 C4、附录 C5 中规定的标准值，产品的杀菌或抑菌作用在室温下至少保持二年。

附 录 D

（标准的附录）

产品环氧乙烷残留量测试方法

D1 测试目的

确定产品消毒后启用时间，当新产品或原材料、消毒工艺改变可能影响产品理化性能时应予测试。

D2 样品采集

环氧乙烷消毒后，立即从同一消毒批号的三个大包装中随机抽取一定量小包装样品，采样量至少应满足规定所需测定次数的量（留一定量在必要时进行复测用）。

分别于环氧乙烷消毒后 24h 及以后每隔数天进行残留量测定，直至残留量降至本标准 4.6 所规定的标准值以下。

D3 仪器与操作条件

仪器：气相色谱仪，氢焰检测器（FID）。

柱：Chromosorb 101 HP60~80 目；玻璃柱长 2m，ϕ3mm。柱温：120℃。

检测器：150℃。

气化器：150℃。

载气量：氮气：35mL/min。

氢气：35mL/min。

空气：350mL/min。

柱前压约为 108kPa。

D4 操作步骤

D4.1 标准配制

用 100mL 玻璃针筒从纯环氧乙烷小钢瓶中抽取环氧乙烷标准气（重复放空二次，以排除原有空气），塞上橡皮头，用 10mL 针筒抽取上述 100mL 针筒中纯环氧乙烷标准气 10mL，用氮气稀释到 100mL（可将 10mL 标准气注入到已有 90mL 氮气的带橡皮塞头的针筒中来完成）。用同样的方法根据需要再逐级稀释 2~3 次（稀释 1000~10000 倍），作三个浓度的标准气体。按环氧乙烷小钢瓶中环氧乙烷的纯度、稀释倍数和室温计算出最后标准气中的环氧乙烷浓度。

计算公式如下：

$$c=\frac{44\times10^{6}}{22.4\times10^{3}\times k}\times\frac{273}{273+t} \quad \cdots\cdots (D1)$$

式中 c——标准气体浓度，μg/mL；

k——稀释倍数；

t——室温，℃。

D4.2 样品处理

至少取 2 个最小包装产品，将其剪碎，随机精确称取 2g，放入萃取容器中，加入 5mL 去离子水，充分摇匀，放置 4h 或振荡 30min 待用。如被检样品为吸水树脂材料产品，可适当增加去离子水量，以确保至少可吸出 2mL 样液。

D4.3 分析

待仪器稳定后，在同样条件下，环氧乙烷标准气体各进样 1.0mL，待分析样品（水溶液）各进样 2μL，每一样液平行作 2 次测定。

根据保留时间定性，根据峰面积（或峰高）进行定量计算，取平均值。

D4.4 计算

以所进环氧乙烷标准气的微克（μg）数对所得峰面积（或峰高）作环氧乙烷工作曲线。

以样品中环氧乙烷所对应的峰面积（或峰高）在工作曲线上求得环氧乙烷的量 A（μg），并以式（D2）求得产品中环氧乙烷的残留量。

$$X=\frac{A}{\frac{m}{V_{(萃)}}\times V_{(进)}} \quad \cdots\cdots (D2)$$

式中 X——产品中环氧乙烷残留量，μg/g；

A——从工作曲线中所查得环氧乙烷量，μg；

m——所取样品量，g；

$V_{(萃)}$——萃取液体积，mL；
$V_{(进)}$——进样量，mL。

附 录 E

（标准的附录）

生产环境采样与测试方法

E1 空气采样与测试方法

E1.1 样品采集

在动态下进行。

室内面积不超过 $30m^2$，在对角线上设里、中、外三点，里、外点位置距墙 1m；室内面积超过 $30m^2$，设东、西、南、北、中 5 点，周围 4 点距墙 1m。

采样时，将含营养琼脂培养基的平板（直径 9cm）置采样点（约桌面高度），打开平皿盖，使平板在空气中暴露 5min。

E1.2 细菌培养

在采样前将准备好的营养琼脂培养基置 35℃±2℃培养 24h，取出检查有无污染，将污染培养基剔除。

将已采集的培养基在 6h 内送实验室，于 35℃±2℃培养 48h 观察结果，计数平板上细菌菌落数。

E1.3 菌落计算

$$y_1 = \frac{A \times 50000}{S_1 \times t} \quad \cdots\cdots (E1)$$

式中 y_1——空气中细菌菌落总数，cfu/m^3；
A——平板上平均细菌菌落数；
S_1——平板面积，cm^2；
t——暴露时间，min。

E2 工作台表面与工人手表面采样与测试方法

E2.1 样品采集

工作台：将经灭菌的内径为 5cm×5cm 的灭菌规格板放在被检物体表面，用一浸有灭菌生理盐水的棉签在其内涂抹 10 次，然后剪去手接触部分棉棒，将棉签放入含 10mL 灭菌生理盐水的采样管内送检。

工人手：被检人五指并拢，用一浸湿生理盐水的棉签在右手指曲面，从指尖到指端来回涂擦 10 次，然后剪去手接触部分棉棒，将棉签放入含 10mL 灭菌生理盐水的采样管内送检。

E2.2 细菌菌落总数检测

将已采集的样品在 6h 内送实验室，每支采样管充分混匀后取 1mL 样液，放入灭菌平皿内，倾注营养琼脂培养基，每个样品平行接种两块平皿，置 35℃±2℃培养 48h，计数平板上细菌菌落数。

$$y_2 = \frac{A}{S_2} \times 10 \quad \cdots\cdots (E2)$$

$$y_3 = A \times 10 \quad \cdots\cdots (E3)$$

式中 y_2——工作台表面细菌菌落总数，cfu/cm^2；
A——平板上平均细菌菌落数；
S_2——采样面积，cm^2；
y_3——工人手表面细菌菌落总数，cfu/只手。

E2.3　致病菌检测

按本标准附录B进行。

附录F
（标准的附录）
消毒效果生物监测评价方法

F1　环氧乙烷消毒

F1.1　环氧乙烷消毒效果评价用生物指示菌为枯草杆菌黑色变种芽胞（ATCC 9372）。在菌量为 $5\times10^5\sim5\times10^6$cfu/片，环氧乙烷浓度为600mg/L±30mg/L，作用温度为54℃±2℃，相对湿度为60%±10%条件下，其杀灭90%微生物所需时间D值应为2.5~5.8min，存活时间≥7.5min，杀灭时间≤58min。

F1.2　每次测试至少布放10片生物指示剂，放于最难杀灭处。消毒完毕，取出指示菌片接种营养肉汤培养液作定性检测或接种营养琼脂培养基作定量检测，将未处理阳性对照菌片作相同接种，两者均置35℃±2℃培养。阳性对照应在24h内有菌生长。定性培养样品如连续观察7天全部无菌生长，可报告生物指示剂培养阴性，消毒合格。定量培养样品与阳性对照相比灭活指数达到 10^3 也可报告消毒合格。

F2　电离辐射消毒

F2.1　电离辐射消毒效果评价用生物指示菌为短小杆菌芽胞E601（ATCC 27142），在菌量为 $5\times10^5\sim5\times10^6$cfu/片时，其杀灭90%微生物所需剂量 D_{10} 值应为1.7kGy。

F2.2　每次测试至少选5箱，每箱产品布放3片生物指示剂，置最小剂量处。消毒完毕，取出指示菌片接种营养肉汤培养液作定性检测或接种营养琼脂培养基作定量检测，将未处理阳性对照菌片作相同接种，两者均置35℃±2℃培养。阳性对照应在24h内有菌生长。定性培养样品如连续观察7天全部无菌生长，可报告生物指示剂培养阴性，消毒合格。定量培养样品与阳性对照相比灭活指数达到 10^3 也可报告消毒合格。

F3　压力蒸汽消毒

参照GB 15981—1995规定执行。

附录G
（标准的附录）
培养基与试剂制备

G1　营养琼脂培养基

成分：

蛋白胨	10g
牛肉膏	3g
氯化钠	5g
琼脂	15~20g
蒸馏水	1000mL

制法：除琼脂外其他成分溶解于蒸馏水中，调pH至7.2~7.4，加入琼脂，加热溶解，分装试管，

121℃灭菌15min后备用。

G2 乳糖胆盐发酵管

成分：

蛋白胨	20g
猪胆盐（或牛、羊胆盐）	5g
乳糖	10g
0.04%溴甲酚紫水溶液	25mL
蒸馏水	加至1000mL

制法：将蛋白胨、胆盐及乳糖溶于水中，校正pH至7.4，加入指示剂，分装每管50mL，并放入一个小倒管，115℃灭菌15min，即得。

G3 乳糖发酵管

成分：

蛋白胨	20g
乳糖	10g
0.04%溴甲酚紫水溶液	25mL
蒸馏水	加至1000mL

制法：将蛋白胨及乳糖溶于水中，校正pH至7.4，加入指示剂，分装每管10mL，并放入一个小倒管，115℃灭菌15min，即得。

G4 伊红美蓝琼脂（EMB）

成分：

蛋白胨	10g
乳糖	10g
磷酸氢二钾	2g
琼脂	17g
2%伊红Y溶液	20mL
0.65%美蓝溶液	10mL
蒸馏水	加至1000mL

制法：将蛋白胨、磷酸盐和琼脂溶解于蒸馏水中，校正pH至7.1，分装于烧瓶内，121℃灭菌15min备用，临用时加入乳糖并加热溶化琼脂，冷至55℃，加入伊红和美蓝溶液摇匀，倾注平板。

G5 SCDLP液体培养基

成分：

酪蛋白胨	17g
大豆蛋白胨	3g
氯化钠	5g
磷酸氢二钾	2.5g
葡萄糖	2.5g
卵磷脂	1g
吐温80	7g
蒸馏水	1000mL

制法：将各种成分混合（如无酪蛋白胨和大豆蛋白胨可用日本多价胨代替），加热溶解，调 pH 至 7.2~7.3，分装，121℃灭菌 20min，摇匀，避免吐温 80 沉于底部，冷至 25℃后使用。

G6 十六烷三甲基溴化铵培养液

成分：

牛肉膏	3g
蛋白胨	10g
氯化钠	5g
十六烷三甲基溴铵	0.3g
琼脂	20g
蒸馏水	1000mL

制法：除琼脂外，上述各成分混合加热溶解，调 pH 至 7.4~7.6，然后加入琼脂，115℃灭菌 20min，冷至 55℃左右，倾注平皿。

G7 绿脓菌素测定用培养基斜面

成分：

蛋白胨	20g
氯化镁	1.4g
硫酸钾	10g
琼脂	18g
甘油（化学纯）	10g
蒸馏水	加至 1000mL

制法：将蛋白胨、氯化镁和硫酸钾加到蒸馏水中，加热溶解，调 pH 至 7.4，加入琼脂和甘油，加热溶解，分装试管，115℃灭菌 20min，制成斜面备用。

G8 明胶培养基

成分：

牛肉膏	3g
蛋白胨	5g
明胶	120g
蒸馏水	1000mL

制法：各成分加入蒸馏水中浸泡 20min，加热搅拌溶解，调 pH 至 7.4，5mL 分装于试管中，115℃灭菌 20min，直立制成高层备用。

G9 硝酸盐蛋白胨水培养基

成分：

蛋白胨	10g
酵母浸膏	3g
硝酸钾	2g
亚硝酸钠	0.5g
蒸馏水	1000mL

制法：将蛋白胨与酵母浸膏加到蒸馏水中，加热溶解，调 pH 至 7.2，煮沸过滤后补足液量，加入硝酸钾和亚硝酸钠溶解均匀，分装到加有小倒管的试管中，115℃灭菌 20min 备用。

G10 血琼脂培养基

成分：

营养琼脂	100mL
脱纤维羊血（或兔血）	10mL

制法：将灭菌后的营养琼脂加热溶化，凉至55℃左右，用无菌方法将10mL脱纤维血加入后摇匀，倾注平皿置冰箱备用。

G11 甘露醇发酵培养基

成分：

蛋白胨	10g
牛肉膏	5g
氯化钠	5g
甘露醇	10g
0.2%溴麝香草酚蓝溶液	12mL
蒸馏水	1000mL

制法：将蛋白胨、氯化钠、牛肉膏加到蒸馏水中，加热溶解，调pH至7.4，加入甘露醇和溴麝香草酚蓝混匀后，分装试管，115℃灭菌20min备用。

G12 葡萄糖肉汤

成分：

蛋白胨	10g
牛肉膏	5g
氯化钠	5g
葡萄糖	10g
蒸馏水	1000mL

制法：上述成分溶于蒸馏水中，调pH至7.2～7.4，加热溶解，分装试管，121℃灭菌15min后备用。

G13 兔血浆

制法：取灭菌3.8%柠檬酸钠1份，兔全血4份，混匀静置，3000r/min离心5min，取上清，弃血球。

G14 沙氏琼脂培养基

蛋白胨	10g
葡萄糖	40g
琼脂	20g
蒸馏水	1000mL

用700mL蒸馏水将琼脂溶解，300mL蒸馏水将葡萄糖与蛋白胨溶解，混合上述两部分，摇匀后分装，115℃灭菌15min，即得。使用前，用过滤除菌方法加入0.1g/L的氯霉素或者0.03g/L的链霉素。

定性试验采用沙氏培养液，除不加琼脂外其他成分与制法同上。

G15 营养肉汤培养液

蛋白胨	10g

氯化钠	5g
牛肉膏	3g
蒸馏水	1000mL

调节 pH 使灭菌后为 7.2~7.4，分装，115℃灭菌 30min，即得。

G16 溴甲酚紫葡萄糖蛋白胨水培养基

蛋白胨	10g
葡萄糖	5g
蒸馏水	1000mL

调节 pH 至 7.0~7.2，加 2%溴甲酚紫酒精溶液 0.6mL，115℃灭菌 30min，即得。

G17 革兰氏染色液

结晶紫染色液：

结晶紫	1g
95%乙醇	20mL
1%草酸铵水溶液	80mL

将结晶紫溶解于乙醇中，然后与草酸铵溶液混合。

革兰氏碘液：

碘	1g
碘化钾	2g
蒸馏水	300mL

脱色剂

95%乙醇

复染液：

(1) 沙黄复染液：

沙黄	0.25g
95%乙醇	10mL
蒸馏水	90mL

将沙黄溶解于乙醇中，然后用蒸馏水稀释。

(2) 稀石炭酸复红液：

称取碱性复红 10g，研细，加 95%乙醇 100mL，放置过夜，滤纸过滤。取该液 10mL，加 5%石炭酸水溶液 90mL 混合，即为石炭酸复红液。再取此液 10mL，加水 90mL，即为稀石炭酸复红液。

G18 0.03mol/L 磷酸盐缓冲液（PBS，pH 7.2）

成分：

磷酸氢二钠	2.83g
磷酸二氢钾	1.36g
蒸馏水	1000mL

消毒产品标签说明书通用要求（GB 38598—2020）

2021-12-01 实施

1 范围

本标准规定了消毒剂、消毒器械、指示物、卫生用品的标签、说明书通用要求和各项指标标注要求。

本标准适用于中华人民共和国境内生产、销售和使用的消毒产品。

本标准不适用于不在国内销售和使用的出口消毒产品。

2 规范性引用文件

下列文件对于本文件的应用是必不可少的。凡是注日期的引用文件，仅注日期的版本适用于本文件。凡是不注日期的引用文件，其最新版本（包括所有的修改单）适用于本文件。

GB 190 危险货物包装标志

GB/T 191 包装储运图示标志

GB 15979 一次性使用卫生用品卫生标准

消毒技术规范（2002 年版）（中华人民共和国卫生部）

健康相关产品命名规定（卫法监发〔2001〕109 号）

定量包装商品计量监督管理办法（国家质量监督检验检疫总局令〔2005〕第 75 号）

危险化学品目录（国家安全生产监督管理总局第 10 部门公告 2015 年第 5 号）

3 术语和定义

下列术语和定义适用于本文件。

3.1 消毒产品 disinfection products

纳入消毒产品生产类别分类目录的消毒剂、消毒器械、指示物和卫生用品等与人体健康相关的产品。

注 1： 指示物包括生物指示物、化学指示物和灭菌物品包装物。

注 2： 卫生用品包括抗菌制剂、抑菌制剂、隐形眼镜护理用品（含隐形眼镜护理液、隐形眼镜保存液、隐形眼镜清洁剂）、湿巾、卫生湿巾和其他卫生用品。

3.2 新消毒产品 new disinfection products

利用新材料、新工艺技术和新杀菌原理生产的消毒剂和消毒器械。

3.3 消毒剂 disinfectant

用于杀灭传播媒介上的微生物使其达到消毒或灭菌要求的制剂。

3.4 消毒器械 disinfection apparatus

用于杀灭传播媒介上的微生物使其达到消毒或灭菌要求的装置或设备，不包括指示物。

注： 指示物包括生物指示物、化学指示物和灭菌物品包装物。

3.5 生物指示物 biological indicator

对规定的灭菌过程有特定的抗力、含有活微生物的测试系统。

3.6 化学指示物 chemical indicator

根据暴露于某一灭菌过程所产生的化学或物理变化，显现一个或多个预定过程变量变化的测试系统。

3.7 灭菌物品包装物 sterilization packaging material

带有灭菌标识的最终灭菌医疗器械包装材料。

3.8 抗菌制剂 antibacterial agent

直接接触人体完整皮肤或黏膜的，具有一定杀菌作用的制剂。

3.9 抑菌制剂 bacteriostat

直接接触人体完整皮肤或黏膜的，具有一定抑菌作用的制剂。

3.10 湿巾 wet wipe

以非织造布、织物、木浆复合物、木浆纸等为载体，适量添加生产用水、防腐剂或其他辅助成分等原材料，对处理对象（如手、皮肤、黏膜及普通物体表面）具有清洁作用的产品。

3.11 卫生湿巾 hygiene wet wipe

以非织造布、织物、木浆复合物、木浆纸等为载体，适量添加生产用水和消毒液等原材料，对处理对象（如手、皮肤、黏膜及普通物体表面）具有清洁杀菌作用的湿巾。

3.12 其他卫生用品 other sanitary product

使用后即丢弃的、与人体直接接触的、并为达到人体生理卫生或卫生保健（抗菌或抑菌）目的而使用的各种日常生活用品。

注：包括卫生巾、卫生护垫、卫生栓（内置棉条）、尿裤、尿布（垫、纸）、隔尿垫、纸巾（纸）、卫生棉（棒、签、球）、化妆棉（纸、巾）、手（指）套、纸质餐饮具等。其中纸巾（纸）包括面巾纸、餐巾纸、手帕纸、擦手纸、卫生纸（厕用卫生纸除外）等。

3.13 消毒级卫生用品 disinfection sanitary product

经环氧乙烷、电离辐射、压力蒸汽或其他有效消毒方法处理并达到 GB 15979 规定消毒级要求的卫生用品。

3.14 最小销售包装 minimum sales packaging

生产企业以市场销售为目的，与内装消毒产品一起交付给消费者的最小销售单元的包装。

3.15 标签 label

粘贴、连接或印在消毒产品包装上的文字、数字、符号、图案及其他说明的载体。

3.16 铭牌 nameplate

固定或粘贴在具有消毒或灭菌功能的消毒器械上，需要向使用者提供识别、铭记、使用指导等信息的标牌。

注：包括文字、数字、符号、图案及其他说明，用以记载生产企业及产品额定工作条件下的有关技术参数。

3.17 说明书 instruction book

应用文字、数字、符号、图案、表格等方式，对某一产品性能、使用范围、使用方法、注意事项等内容的具体介绍。

3.18 展示面 display surface

消毒产品在陈列时，除底面外能被消费者看到的任何面。

3.19 可视面 visible surface

消毒产品在销售包装完好的情况下，消费者能够看到的任何面。

3.20 净含量 net mass

除去包装容器和其他包装材料后内装消毒产品的质量、体积、长度、面积、计数标注。

3.21 产品规格 product specification

对消毒产品的特定性状的描述，可以重量、数量、大小（包括长度、宽度或高度）等表示。

3.22 包装规格 package specification

产品运输包装的产品数量。

3.23 有效期 valid period

消毒产品在规定的贮藏条件下，产品稳定性能够符合规定要求的期限。

3.24 保质期 shelf life

在消毒产品标准和标签规定的条件下，保持消毒产品品质的期限。

注：在此期限内，消毒产品应符合产品标准和标签中所规定的品质。

3.25 整机使用寿命 machine service life

消毒器械从正常使用到功能丧失的工作时间。

注：以年为单位。

3.26 主要元器件使用寿命 main component service life

消毒器械的主要元器件从正常使用到主要杀菌因子或主要技术参数降低到额定值下限的累计工作时间。

注：以小时或月、年为单位。

3.27 产品责任单位 responsibility unit

依法承担因产品缺陷而致他人人身伤害或财产损失的赔偿责任的法人单位。

注：委托生产时，产品责任单位特指委托方；同一集团下属无独立法人资格的分（子）公司、同一生产企业下属无独立法人资格的分厂或生产车间生产时，产品责任单位特指集团、生产企业。

3.28 在华责任单位 responsibility unit in China

进口产品在中国境内依法登记注册的唯一的责任单位。

4 消毒剂要求

4.1 最小销售包装标签应标注以下内容：

a）产品名称；

b）新消毒产品卫生许可批件号；

c）净含量；

d）产品规格（片剂）；

e）主要有效成分及其含量；

f）使用范围（用于黏膜的消毒剂还应标注“仅限医疗卫生机构诊疗用”内容）；

g）生产日期及有效期或生产批号及限期使用日期；

h）生产企业名称、地址、联系方式；

i）国产产品生产企业卫生许可证号；

j）进口产品原产国或地区名称；

k）贮存条件。

4.2 运输包装标签应标注以下内容：

a）产品名称；

b）包装规格；

c）生产日期及有效期或生产批号及限期使用日期；

d）生产企业名称、地址、联系方式；

e）国产产品生产企业卫生许可证号；

f）进口产品原产国或地区名称；

g）贮存、运输注意事项。

4.3 说明书应标注以下内容：

a）产品名称；

b）新消毒产品卫生许可批件号；

c）产品规格（片剂）；

d）主要有效成分及其含量；

e）杀灭微生物类别；

f）使用范围（用于黏膜的消毒剂还应标注“仅限医疗卫生机构诊疗用”内容）；

g）使用方法；

h）注意事项；
i）有效期；
j）执行标准编号；
k）生产企业名称、地址、联系方式；
l）国产产品生产企业卫生许可证号；
m）进口产品原产国或地区名称。

4.4 标签、说明书不应标注以下内容：
a）抗炎、消炎、治疗疾病、减轻或缓解疾病临床症状、描述或解释疾病症状、预防性病、杀精子、避孕；
b）专用于人体足部、眼睛、指甲、腋部、头皮、头发、鼻黏膜、肛肠部位；
c）×天为一疗程，或遵医嘱；防止复发；有利于伤口愈合；辅助配合药物治疗。

5 消毒器械要求

5.1 铭牌应标注以下内容：
a）产品名称；
b）新消毒产品卫生许可批件号；
c）主要技术参数；
d）主要杀菌因子及其强度（无检测方法的不标注强度）；
e）作用时间、使用面积或体积；
f）生产批号、生产日期、整机使用寿命或主要元器件使用寿命；
g）生产企业名称、地址；
h）国产产品生产企业卫生许可证号；
i）进口产品原产国或地区名称。

5.2 运输包装标签应标注以下内容：
a）产品名称；
b）包装规格；
c）生产日期；
d）生产企业名称、地址；
e）国产产品生产企业卫生许可证号；
f）进口产品原产国或地区名称；
g）贮存、运输注意事项。

5.3 说明书应标注以下内容：
a）产品名称；
b）新消毒产品卫生许可批件号；
c）产品型号；
d）作用机理；
e）主要杀菌因子及其强度（无检测方法的不标注强度）；
f）杀灭微生物类别；
g）使用范围；
h）使用方法；
i）注意事项；
j）整机使用寿命或主要元器件使用寿命；
k）执行标准编号；

l) 生产企业名称、地址、联系方式；
m) 国产产品生产企业卫生许可证号；
n) 进口产品原产国或地区名称；
o) 产品安装、调试方法及各功能键示意图。

5.4 标签、说明书不应标注以下内容：
a) 治疗疾病、减轻或缓解疾病症状；
b) 辅助配合药物治疗。

6 指示物要求

6.1 最小销售包装标签应标注以下内容：
a) 产品名称；
b) 新消毒产品卫生许可批件号；
c) 净含量；
d) 含菌量（生物指示物）；
e) 使用范围；
f) 生产日期及有效期或生产批号及限期使用日期；
g) 生产企业名称、地址、联系方式；
h) 国产产品生产企业卫生许可证号；
i) 进口产品原产国或地区名称；
j) 贮存条件。

6.2 运输包装标签应标注以下内容：
a) 产品名称；
b) 包装规格；
c) 生产日期及有效期或生产批号及限期使用日期；
d) 生产企业名称、地址；
e) 国产产品生产企业卫生许可证号；
f) 进口产品原产国或地区名称；
g) 贮存、运输注意事项。

6.3 说明书应标注以下内容：
a) 产品名称；
b) 新消毒产品卫生许可批件号；
c) 产品规格；
d) 变色说明（化学指示物、灭菌物品包装物）；
e) 含菌量（生物指示物）；
f) 使用范围；
g) 使用方法；
h) 注意事项；
i) 有效期；
j) 执行标准编号；
k) 生产企业名称、地址、联系方式；
l) 国产产品生产企业卫生许可证号；
m) 进口产品原产国或地区名称。

7 卫生用品要求

7.1 最小销售包装标签应标注以下内容：

a）产品名称；

b）净含量；

c）生产企业名称、地址、联系方式；

d）国产产品生产企业卫生许可证号；

e）进口产品原产国或地区名称；

f）生产日期及有效期（湿巾、无消毒功能的隐形眼镜护理用品和其他卫生用品标注保质期）或生产批号及限期使用日期；

g）贮存条件（其他卫生用品必要时）；

h）抗（抑）菌制剂还应标注有效成分及其含量、使用范围（用于阴部黏膜的应标注“不应用于性生活中对性病的预防”）；

i）隐形眼镜护理用品还应标注主要有效成分及其含量（有消毒作用的）、使用范围；

j）湿巾还应标注产品规格、主要原料名称、执行标准编号；

k）卫生湿巾还应标注产品规格、主要原料名称、执行标准编号、卫生湿巾挤出液（有吸附作用的杀菌因子为生产用液）中的主要有效成分及其含量、杀灭微生物类别、使用范围；

l）其他卫生用品还应标注杀灭微生物类别［抗菌卫生巾（护垫、纸）］、抑制微生物类别［抑菌卫生巾（护垫、纸）］、产品规格、主要原料名称、执行标准编号，消毒级产品还应标注“消毒级”字样、消毒方法和消毒日期。

7.2 运输包装标签应标注以下内容：

a）产品名称；

b）包装规格；

c）生产企业名称、地址、联系方式；

d）国产产品生产企业卫生许可证号；

e）进口产品原产国或地区名称；

f）贮存、运输注意事项；

g）抗（抑）菌制剂、隐形眼镜护理用品、湿巾、卫生湿巾还应标注生产日期及有效期（湿巾、无消毒功能的隐形眼镜护理用品和其他卫生用品标注保质期）或生产批号及限期使用日期；

h）其他卫生用品还应标注生产日期及有效期或生产批号及限期使用日期，消毒级的卫生用品还应标注“消毒级”字样。

7.3 说明书［抗（抑）菌制剂、隐形眼镜护理用品］应标注以下内容：

a）产品名称；

b）主要有效成分及其含量［抗（抑）菌制剂、有消毒功能的隐形眼镜护理用品］；

c）使用方法；

d）注意事项；

e）有效期［抗（抑）菌制剂、有消毒功能的隐形眼镜护理用品］；

f）执行标准编号；

g）生产企业名称、地址、联系方式；

h）国产产品生产企业卫生许可证号；

i）进口产品原产国或地区名称；

j）使用范围［用于阴部黏膜的抗（抑）菌制剂还应标注“不得用于性生活中对性病的预防”］；

k）抗（抑）菌制剂的片剂还应标注产品规格；

l）抗菌制剂还应标注杀灭微生物类别，抑菌制剂还应标注抑制微生物类别；

m）有消毒功能的隐形眼镜护理用品还应标注杀灭微生物类别。

7.4　抗（抑）菌制剂、隐形眼镜护理用品、湿巾、卫生湿巾等的标签、说明书不应标注如下内容。

7.4.1　抗（抑）菌制剂标签、说明书不应标注以下内容：

a）抗炎、消炎、治疗疾病、减轻或缓解疾病症状、描述或解释疾病症状、预防性病；

b）适用于破损皮肤、破损黏膜、伤口等；

c）高效、消毒、灭菌、除菌、杀精子、避孕；

d）用于人体足部、眼睛、指甲、腋部、头皮、头发、鼻黏膜、肛肠部位；

e）×天为一疗程，或遵医嘱；防止复发；有利于伤口愈合；辅助配合药物治疗。

7.4.2　隐形眼镜护理用品标签、说明书不应标注以下内容：

a）全功能、高效、灭菌、除菌；

b）治疗疾病、减轻或缓解疾病症状、辅助配合药物治疗。

7.4.3　湿巾的标签不应标注灭菌、消毒、抗菌、抑菌、杀菌、除菌、药物、高效、预防性病、治疗疾病、减轻或缓解疾病症状、抗炎、消炎。

7.4.4　卫生湿巾的标签不应标注灭菌、消毒、抑菌、除菌、药物、高效、预防性病、治疗疾病、减轻或缓解疾病症状、抗炎、消炎；产品名称不应标注“抗菌”字样。

7.4.5　其他卫生用品标签不应标注的内容：

a）卫生巾、卫生护垫、卫生纸、尿布（垫、纸）、隔尿垫、尿裤等卫生用品的标签不应标注消毒、灭菌、除菌、止带、除湿、润燥、抗炎、消炎、杀精子、避孕。

b）产品名称不应标注“药物”字样。

8　各项指标标注要求

8.1　标签、说明书中文标识应为规范汉字（注册商标除外），并符合以下要求：

a）所有文字、数字、符号、图案、表格和其他说明应清晰、牢固、易于识别，不应涂改，并标注在展示面或可视面显著位置。可同时使用汉语拼音、少数民族文字或外文，并应拼写正确，汉语拼音、外文标识的字体应小于相应中文（注册商标除外）。

b）汉字、少数民族文字、数字和字母其字体高度应大于1.8mm。

8.2　标签、说明书标注的内容应真实，不应标注明示或暗示对疾病的治疗作用、疾病临床症状和疾病名称（疾病名称作为微生物名称一部分的除外）、抗生素名称、激素名称、抗真菌药物等国家卫生健康行政部门禁止添加的物质名称。

8.3　产品名称应符合以下要求：

a）应标注在最小销售包装的展示面或可视面的显著位置，字体大小一致，清晰易辨；应反映消毒产品的真实属性；

b）应符合《健康相关产品命名规定》，名称顺序应为商品名或品牌名、型号（消毒器械）、通用名、属性名，其中有多种用途或多种有效成分的消毒剂、抗菌制剂或抑菌制剂，产品名称应包括商标名（或品牌名）和属性名；

c）品牌名应为“××牌”，商标的使用应符合国家有关规定，不应使用有夸大功能或误导消费者的商标；

d）同一个消毒产品的标签、说明书应标注一个产品名称；

e）产品名称中不应包含以下内容：虚假、夸大和绝对化的词语，外文字母、汉语拼音、符号等（表示型号的除外），如为注册商标或应使用外文字母、符号的，应在标签、说明书中用中文说明或在产品名称中用中文表示。

8.4　产品卫生许可信息应符合以下要求：

a）国产产品应标注实际生产企业有效的生产企业卫生许可证号；

b）新消毒产品应标注有效的产品卫生许可批件号。

8.5　产品规格、净含量应符合以下要求：

a）产品规格应符合产品特性；

b）净含量应准确反映其实际含量，净含量允差应符合《定量包装商品计量监督管理办法》的规定；同一最小销售包装内含有多件同种定量包装产品的，应标注单件定量包装产品的净含量和总件数。

注：净含量的标注应包括“净含量”（中文）、数字和法定计量单位（或者用中文表示的计数单位）。

8.6　主要有效成分及其含量、主要杀菌因子及其强度或主要原料名称及其加入量标注应符合以下要求：

a）在最小销售包装的可视面上应标注主要有效成分的名称及其含量、主要杀菌因子及其强度或主要原料名称及其加入量；

b）主要有效成分为化学成分的，应标注规范的化学名称及其含量；其中液体化学消毒剂有效成分含量应以 mg/L、g/L 或%（质量分数或体积分数）表示，固体化学消毒剂应以 mg/片、g/片或mg/kg、g/kg 或%（质量分数）表示；

c）主要有效成分为植物成分的，应标注植物中文学名及其在单位体积中的加入量；以植物提取物为原料的，应标注植物中文学名并注明为提取液；

d）主要有效成分为化学和植物复合成分的，应标注规范的化学名称及其含量、植物中文学名及其在单位体积中的加入量；

e）主要有效成分为生物活性物质的，生物活性成分含量应以 U/L、mg/L 或 g/L 表示；

f）有效成分含量应标注其含量的范围，其中稳定的，范围应为中心值的±10%；不稳定的，范围应为中心值的±15%；

g）消毒器械应标注主要杀菌因子及其强度；

h）生物指示物应标注指示菌的名称及其含菌量；

i）新消毒产品的主要有效成分及其含量、主要杀菌因子及其强度或主要原料名称及其加入量应与该产品卫生许可批件相符，其他消毒产品应符合该产品执行标准的规定。

8.7　杀灭或抑制微生物类别应符合以下要求：

a）消毒剂、消毒器械杀灭微生物类别应按照《消毒技术规范》（2002 年版）中试验微生物或其代表的微生物进行表述；

b）新消毒产品杀灭微生物类别应与该产品卫生许可批件相符；

c）不需要审批的消毒产品，其杀灭或抑制微生物类别应与该产品卫生安全评价报告或检验报告相符，其中检验报告应符合国家有关规定。

8.8　使用范围应符合以下要求：

a）使用对象应明确、具体；

b）新消毒产品使用对象应与该产品卫生许可批件相符；

c）需要进行卫生安全评价的消毒产品，使用对象应与该产品卫生安全评价报告相符；

d）其他消毒产品的使用对象应符合相关标准的规定。

8.9　使用方法应符合以下要求：

a）使用方法应明确、具体，可用文字或图表表示，两种以上使用方法应分别列出每种使用方法的具体要求。

b）消毒剂使用方法应包括使用对象、配制方法（包括稀释用水名称、稀释比例等，原液使用的产品除外。多元包装的消毒剂配制方法应包括各包装的加入量、混合时间、配制后使用液的储存条件和最长使用时间）、使用浓度［用有效（活性）成分含量表示，植物成分除外］、作用时间、使用方式；使用对象有特殊要求的消毒剂，使用方法还应包括消毒或灭菌后的去除残留方法。

c）抗菌制剂或抑菌制剂、隐形眼镜护理用品使用方法应包括配制方法（原液使用的产品除外）、使用浓度（用有效成分含量表示，植物成分除外）、作用时间（以抑菌环试验为检验方法的可不标

注）、使用方式。

d）消毒器械使用方法应包括使用对象、使用方式、作用时间、使用条件（其中用于空气消毒的还应标注使用面积或体积，其他消毒器械还应标注装载要求），通过消毒剂产生杀菌作用的，还应标注消毒剂的使用浓度；使用对象对杀菌因子残留有特殊要求的消毒器械，使用方法还应包括消毒或灭菌后的去除残留方法。

e）新消毒产品使用方法应与该产品卫生许可批件相符。

f）需要进行卫生安全评价的消毒产品，使用方法应与该产品卫生安全评价报告相符。

g）其他消毒产品的使用方法应符合相关标准的规定。

8.10 注意事项应符合以下要求：

a）运输包装图示标识应符合 GB/T 191 的规定，纳入《危险化学品目录》的消毒产品，运输包装图示标识还应符合 GB 190 的规定；

b）对于使用中可能危及人体健康和人身、财产安全的产品，应在产品可视面的显著位置标注警示标志、中文警示说明；

c）有可预见的错误使用和贮存方法出现危险的产品，应有警示内容；

d）有可预见的不良影响的产品，应有使用防护或警示内容；

e）应标注产品贮存条件，需要稀释的消毒剂还应标注其稀释后使用液的储存条件；若对储存、运输条件安全性等有特殊要求的，还应在产品标签、说明书中明确标注；

f）消毒器械还应标注使用维护、保养、主要元器件更换时间。

8.11 有效期（保质期）、整机使用寿命或主要元器件使用寿命应符合以下要求：

a）新消毒产品有效期、整机使用寿命或主要元器件使用寿命应与该产品卫生许可批件相符；

b）需要进行卫生安全评价的消毒产品，有效期、整机使用寿命或主要元器件使用寿命应与该产品卫生安全评价报告相符；

c）其他消毒产品的有效期或保质期应符合相关标准的规定；

d）连续多次使用的消毒剂还应标注连续多次使用的有效期。

8.12 生产日期、生产批号、限期使用日期应符合以下要求：

a）应标注在最小销售包装的可视面，清晰易辨；

b）生产日期、限期使用日期应标注年月日；

c）生产批号标注形式由生产企业自行制定，其中消毒器械生产批号可与产品编号或出厂编号一致。

8.13 消毒产品执行标准应为相关产品的国家标准或在国家企业标准信息公共服务平台自我申明公开的企业标准。产品执行标准编号可不标注年代号。企业标准应符合国家相关法规、标准和规范的要求。

8.14 国产产品生产企业名称、地址和联系方式应符合以下要求：

a）国产产品生产企业名称、注册地址、实际生产地址应与生产企业卫生许可证的一致；

b）委托生产的消毒产品，应同时标注产品责任单位（委托方）及其名称、地址和联系方式以及实际生产企业（被委托方）及其名称和地址；

c）同一集团下属无独立法人资格的分（子）公司、同一生产企业下属无独立法人资格的分厂或生产车间生产的消毒产品，应分别标注产品责任单位和实际生产者的名称和地址；

d）联系方式应标注生产企业联系电话等。

8.15 进口产品生产企业名称、地址和联系方式应符合以下要求：

a）应标注原产国或地区（包括中国香港、中国澳门、中国台湾）生产企业的名称和地址；

b）应标注在华责任单位的名称和地址，并与工商营业执照一致；

c）联系方式应标注在华责任单位联系电话等；

d）委托生产加工的，还应标注实际生产企业的名称和地址。

8.16　消毒剂、消毒器械、指示物、抗菌制剂、抑菌制剂、隐形眼镜护理用品应在最小销售包装内附说明书，其中产品标签内容已包含说明书内容的，可不附说明书。

8.17　标签和说明书中所标注的内容参见附录A。

8.18　消毒产品标签、说明书标注的其他信息应真实。

附录A
（资料性附录）
消毒产品标签、说明书书写示例

A.1　产品名称

A.1.1　消毒剂

A.1.1.1　单一用途或单一有效杀菌成分消毒剂的产品名称，如："××®皮肤黏膜消毒液""××™戊二醛消毒液""××牌三氯异氰尿酸消毒片""××®碘伏消毒液"等。

A.1.1.2　多用途或多种有效杀菌成分的消毒剂名称，如："××牌消毒液"。

A.1.1.3　不符合本标准的产品名称，如："××牌第×代消毒剂""尖锐湿疣外用消毒杀菌剂"。

A.1.2　消毒器械

A.1.2.1　消毒器械的产品名称，如："××™ CGC-5g　型臭氧发生器""××® AEOW-1000型酸性氧化电位水生成器""××牌Y-1000型紫外线空气消毒器""××牌CPF-100型二氧化氯发生器"等。

A.1.2.2　多用途或多种有效杀菌因子的消毒器械名称为："××牌YKX-2000型消毒机（器）"。

A.1.3　指示物

A.1.3.1　化学指示物产品名称，如："××®132℃压力蒸汽灭菌化学指示卡""××™戊二醛消毒剂浓度化学指示卡""××牌紫外线辐照强度指示卡"等。

A.1.3.2　生物指示物产品名称，如："××®环氧乙烷灭菌效果生物指示物"。

A.1.3.3　带有灭菌标识的灭菌物品包装物产品名称，如："××®带有灭菌标识的等离子体灭菌物品包装袋""××牌带有灭菌标识的压力蒸汽灭菌物品包装袋和卷"等。

A.1.4　卫生用品

A.1.4.1　抗菌制剂、抑菌制剂产品名称，如："××®口腔抑菌喷剂""××™妇女用抗菌洗液""××牌抗菌洗手液"等。

A.1.4.2　隐形眼镜护理用品产品名称，如："××®隐形眼镜护理液""××™隐形眼镜保存液""××牌隐形眼镜清洁剂"等。

A.1.4.3　其他卫生用品产品名称，如："××™卫生巾""××™纸尿裤""××™餐巾纸""××牌面巾纸""××（英文）××®（中文）纸尿片""××牌纸餐盒""××®纸手帕""××®卫生湿巾"等。

A.1.4.4　不符合本标准的产品名称，如："××牌药物卫生巾""××抗菌卫生湿巾""××白斑净""××灰甲灵""××鼻康宁""××除菌洗手液""全能多功能护理液""××全功能保养液"和"××高效杀菌全护理液""××滴眼露""××润眼液""××眼部护理液"。

A.2　型号、规格、净含量

A.2.1　型号

消毒器械型号，如：循环风量为600m³/h的壁挂式紫外线空气消毒器的型号为"B-600型"。

A.2.2　产品规格

A.2.2.1　消毒片，如：产品规格　1g/片或有效氯含量500mg/片。

A.2.2.2　消毒器械，如：产品规格　长×宽×高，1000mm×400mm×500mm。

A.2.2.3　卫生巾，如：产品规格　240mm。

A. 2. 2. 4　面巾纸，如：产品规格　206mm×195mm 或 206mm×195mm（2 层）。
A. 2. 2. 5　纸尿裤，如：产品规格　NB、S、M、L 号。

A. 2. 3　包装规格

A. 2. 3. 1　消毒片，如：包装规格　每瓶 100 片。
A. 2. 3. 2　化学指示卡，如：包装规格　每盒 20 片。
A. 2. 3. 3　空气消毒器，如：包装规格　1 台。

A. 2. 4　净含量

A. 2. 4. 1　消毒液，如：净含量 100mL。
A. 2. 4. 2　卫生巾，如：净含量 20 片。
A. 2. 4. 3　面巾纸，如：净含量 10 抽。

A. 3　主要有效成分含量、主要杀菌因子强度

A. 3. 1　主要有效成分含量，如：有效氯含量为 18. 0%~22. 0%（质量分数），也可用 180g/L~220g/L 表示。
A. 3. 2　主要杀菌因子强度，如：臭氧浓度为 16. 0mg/m^3~20. 0mg/m^3（无检测方法的，不标注）。
A. 3. 3　植物成分单位体积中原料加入量，如：以金银花植物提取物为原料，加入量为 2%。
A. 3. 4　抗菌洗手液主要有效成分含量，如：洗必泰含量为 0. 18%~0. 22%（质量分数），也可表示为 1. 8 g/L~2. 2g/L。
A. 3. 5　隐形眼镜护理用品主要有效成分含量，如：聚六亚基双胍 1. 6×10^{-3}mg/L~2. 0×10^{-3}mg/L。
A. 3. 6　卫生湿巾挤出液中的主要有效成分含量，如：醋酸洗必泰含量为 0. 24%~0. 28%（质量分数），也可表示为 2. 4g/L~2. 8g/L。

A. 4　产品卫生许可信息

A. 4. 1　生产企业卫生许可证号，如：（省、自治区、直辖市简称）卫消证字（年份）第××××号。
A. 4. 2　新消毒产品卫生许可批件，如：卫消新准字（年份）第××××号。

A. 5　杀灭或抑制微生物类别（按检测内容确定相应微生物类别）

A. 5. 1　消毒剂杀灭微生物类别，如：可杀灭化脓性球菌、肠道致病菌、致病性酵母菌和医院感染常见细菌，并能灭活病毒；或可杀灭金黄色葡萄球菌、大肠杆菌、白色念珠菌、铜绿假单胞菌，并能灭活脊髓灰质炎病毒。
A. 5. 2　空气消毒器械杀灭微生物类别，如：可杀灭空气中常见的细菌，或可杀灭白色葡萄球菌。
A. 5. 3　抗菌制剂杀灭微生物类别，如：可杀灭化脓性球菌、肠道致病菌、致病性酵母菌，或对金黄色葡萄球菌、大肠杆菌、白色念珠菌有杀灭作用。
A. 5. 4　抑菌制剂抑制微生物类别，如：可抑制化脓性球菌、肠道致病菌的生长繁殖，或对金黄色葡萄球菌、大肠杆菌有抑制作用。
A. 5. 5　卫生湿巾杀灭微生物类别，如：可杀灭化脓性球菌、肠道致病菌，或对金黄色葡萄球菌、大肠杆菌有杀灭作用。
A. 5. 6　有消毒作用的隐形眼镜护理用品杀灭微生物类别，如：对大肠杆菌、金黄色葡萄球菌、绿脓杆菌、白色念珠菌有杀灭作用。

A. 6　使用范围

A. 6. 1　消毒剂使用范围，如：适用于外科手、手术部位皮肤、创面、黏膜的消毒（黏膜消毒仅限于医疗卫生机构诊疗前后使用），一般物体表面消毒；医疗器械消毒、灭菌。

A. 6. 2 空气消毒器使用范围，如：适用于 $45m^3$ 以下有人环境的室内空气消毒，或适用于 $15m^2$ 以下空间的室内空气消毒，如医院、居室、食品加工企业生产车间等场所的室内空气消毒。
A. 6. 3 生物指示物使用范围，如：适用于 121℃ 压力蒸汽灭菌器灭菌效果监测。
A. 6. 4 抗菌制剂使用范围，如：本品可用于外生殖器、阴道黏膜、皮肤的清洗、杀菌或抗菌。抑菌制剂使用范围，如：本品可用于外生殖器、黏膜、皮肤的清洗、抑菌。
A. 6. 5 卫生湿巾使用范围，如：本品可用于手、皮肤黏膜、普通物体表面的清洁、杀菌。
A. 6. 6 隐形眼镜护理用品使用范围，如：适用于软性隐形眼镜的冲洗、清洁、润滑、保湿、消毒杀菌、去除蛋白（蛋白清除率≥6%）、浸泡和贮存。

A. 7 使用方法

A. 7. 1 消毒剂使用方法示例

见表 A. 1。

表 A. 1 消毒剂使用方法

使用对象	每 1L 水中 加入量/片	使用浓度 （以有效氯计）/（mg/L）	作用时间/min	使用方式
环境表面、一般物体表面	1	500	30	擦拭、喷洒

配制方法：使用时，将本品 1 片加入 1L 生活饮用水中，充分溶解后方可使用。

消毒或灭菌后的处理方法（使用对象有特殊要求的）：将配制好的消毒液喷洒物体表面，作用 5min~10min，然后用清水冲净，去除残留的消毒剂。

A. 7. 2 空气消毒器使用方法示例

技术参数：额定电压 220V±22V、额定功率 100W±10W、额定功率 50Hz±1Hz、额定风量 $800m^3/h$。

使用条件：工作环境温度-5℃~40℃，相对湿度≤80%。

作用时间：90min。

使用方式：使用 1 台××牌空气消毒器，在 $60m^3$ 空间中，风速在高速挡，开机 90min 可达到消毒要求。

消毒或灭菌后的处理方法（使用对象对杀菌因子残留有特殊要求的）：杀菌因子为臭氧，关机 30min 后，人员方可进入室内。

A. 7. 3 妇女抗菌液使用方法示例

见表 A. 2。

表 A. 2 妇女抗菌液使用方法

使用对象	配制方法	使用浓度/%	作用时间/min	使用方式
阴道黏膜、 会阴部皮肤	用纯化水或 温开水稀释 5 倍	醋酸氯己定 0. 2%， 苯扎溴铵盐 0. 1%	3~5	冲洗、擦拭

A. 7. 4 隐形眼镜护理液使用方法示例

为避免混淆左右镜片，请养成固定的护理程序，清洁和消毒隐形眼镜镜片，按以下步骤操作：

第一步：操作前，应彻底洗净双手，以免污染镜片。

第二步：将镜片置于掌心，滴 3~5 滴护理液于镜片表面，用指腹轻轻搓揉镜片正反面各 15s，可获得更好的清洁效果。

第三步：请垂直倾倒新鲜的隐形眼镜护理液，彻底冲洗镜片的正反面各 5s，以去除镜片表面残存物。

第四步：将清洁过的镜片区别左右眼分别置于干净的镜盒中，注入新鲜的隐形眼镜护理液（以 2/

3为宜)，浸泡至少6h或过夜。

第五步：从镜盒中取出镜片，按镜片配戴手册的要求配戴镜片，丢弃镜盒中残液，使用新鲜的护理液冲洗镜盒，自然风干以备用。

如镜片长期不使用，应将镜片浸泡在含有护理液的镜盒中，最长30d，如超过30d，应更换镜盒中的护理液。

A.8 注意事项

含氯消毒剂注意事项示例：

a）本品为外用消毒剂、不得内服，应置于儿童不易触及处；

b）不可与其他化学物质混合使用，以免影响效果；

c）本品对皮肤有刺激，使用时注意戴手套防护；接触黏膜后应立刻冲洗，必要时就医；

d）对棉、麻和丝等织物有漂白作用；

e）本品对金属有腐蚀作用，慎用；

f）现用现配；

g）阴凉、干燥、通风处保存，不可与酸、有机物、易燃物共存。

A.9 生产日期/有效期（保质期）、生产批号/限期使用日期

A.9.1 生产日期为2017年5月3日的产品，标注为“2017年5月3日”或“20170503”。

A.9.2 有效期（保质期）为2年的产品，标注为“2年”或“24个月”。

A.9.3 以生产日期为批号的产品，如，2017年5月2日的产品，标注为“20170502”或“20170502+识别码”。

A.9.4 限期使用日期为2017年4月1日的产品，标注为“限用日期20170331”。

A.10 整机使用寿命或主要元器件使用寿命

A.10.1 整机使用寿命可标注为“×年”。

A.10.2 主要元器件使用寿命可按“××月”或“××h”等方式表示。

A.11 执行标准编号

卫生湿巾执行标准编号：“WS 575”。

A.12 生产企业名称、地址

A.12.1 国产产品

A.12.1.1 生产企业名称与生产企业卫生许可证生产地址一致。

A.12.1.2 生产企业注册地址、生产地址与生产企业卫生许可证生产地址一致。

A.12.1.3 联系方式，如：电话、传真、网址等。

A.12.2 国产产品委托生产产品

A.12.2.1 产品责任单位名称、地址与工商营业执照一致。

A.12.2.2 实际生产企业注册地址、生产地址与生产企业卫生许可证一致。

A.12.2.3 联系方式，如：电话、传真、网址等。

A.12.3 进口产品

A.12.3.1 原产国或地区生产企业名称、地址与在华责任单位授权书一致。

A.12.3.2 委托生产产品的实际生产企业名称、地址与在华责任单位授权书一致。

A.12.3.3 在华责任单位名称、地址与工商营业执照一致。

一次性生活用纸生产加工企业监督整治规定
（国质检执〔2003〕289号附件1）

第一条 为加强对一次性生活用纸生产、加工企业的监督管理，规范企业的生产、加工行为，提高产品质量，保护消费者的合法权益和安全健康，依据国家有关法律法规制定本规定。

第二条 本规定中的一次性生活用纸是指纸巾纸（含面巾纸、餐巾纸、手帕纸等）、湿巾、皱纹卫生纸。

第三条 纸巾纸、湿巾、卫生纸应符合一次性使用卫生用品卫生标准（GB 15979）和一次性生活用纸产品标准等规定要求。

第四条 一次性生活用纸生产、加工企业的生产加工区不得露天生产操作；纸巾纸、湿巾的生产流程做到人、物分流，不得逆向交叉；在生产加工区与非生产加工区之间，必须设置缓冲区。

第五条 生产纸巾纸、湿巾的缓冲区必须配备流动水洗手池，操作人员在每次操作之前，必须清洗、消毒双手。

第六条 生产纸巾纸、湿巾的加工区必须配备更衣室，直接接触裸装产品的操作人员必须穿戴清洁卫生或经消毒的工作衣、工作帽及工作鞋，并配戴口罩方可生产。

第七条 生产纸巾纸、湿巾的加工区应当配备能够满足需要消毒场所所需数量的紫外灯等设施，必须按规定用紫外灯等空气消毒装置定时消毒，并定期对地面、墙面、顶面及工作台面进行清洁和消毒。

第八条 成品仓库必须具有通风、防尘、防鼠、防蝇、防虫等设施，成品的存放必须保持干燥、清洁和整齐。

第九条 生产纸巾纸，只可以使用木材、草类、竹子等原生纤维作原料，不得使用任何回收纸、纸张印刷品、纸制品及其他回收纤维状物质作原料。

生产湿巾，可以使用干法纸、非织造布作原料，不得使用任何回收纸、回收湿巾及其他回收纤维状物质作原料。

第十条 生产卫生纸可以使用原生纤维、回收的纸张印刷品、印刷白纸边作原料。不得使用废弃的生活用纸、医疗用纸、包装用纸作原料。使用回收纸张印刷作原料的，必须对回收纸张印刷品进行脱墨处理。

第十一条 与一次性生活用纸产品直接接触的包装材料，必须无毒、无害、无污染。包装的密封性和牢固性必须确保在正常运输和贮存时，产品不受污染。

第十二条 一次性生活用纸产品的销售包装标识不得违反国家有关标注规定的要求。

销售用于生产加工一次性生活用纸产品的原纸须标明用于加工纸巾纸或用于加工卫生纸等用途。

第十三条 一次性生活用纸生产、加工企业应确保不购进不合格原材料加工生产，不出厂销售不合格产品。不具备按照第三条所列标准要求项目对购进原料和出厂产品质量检验能力的，应将本企业对购进原料和出厂产品的质量检验责任委托具备该种原料或产品质量检验能力的法定质检机构负责。

受委托质检机构应按标准规定和有关要求对委托企业的购进原料和出厂产品进行抽样检验，不得接受委托企业的送样实施检验。

第十四条 违反本规定第三条要求的，依照产品质量法第49条规定处理；产品质量不符合本规定第三条要求，且违反本规定第四条至第八条及第十三条第一款之任一条要求的，依照产品质量法第49条规定的上限处理，并责令停产，整改不符合本规定的，不得恢复生产。

第十五条 违反本规定第九条或第十条要求的，依照产品质量法第50条规定的上限处理，并责令停产，整改不符合本规定的，不得恢复生产。

第十六条 违反本规定第十二条要求的，依照产品质量法第54条处理。

第十七条 受委托质检机构违反本规定第十三条第二款要求的，视为伪造检验结果或出具虚假证明，由此造成被委托企业产品质量不合格并造成企业损失的，依照产品质量法第57条处理。

第十八条 对依法必须取得卫生许可证和营业执照等许可证明而未取得，擅自生产加工一次性生活用纸产品不符合本规定第三条、第九条、第十条之任一规定的，依照产品质量法第60条处理。

生活用纸和纸制品　化学品及原料安全评价管理体系（GB/T 36420—2018）

2019-01-01 实施

1　范围

本标准规定了生活用纸和纸制品的化学品及原料安全评价管理体系建立的原则及相关要求。

本标准适用于生活用纸和纸制品生产企业化学品及原料的管理控制。

2　术语和定义

下列术语和定义适用于本文件。

2.1　安全评价 Safety assessment

以实现产品健康安全为目的，对生活用纸和纸制品企业所使用的化学品及原料可能对消费者造成的影响进行评估。

3　要求

3.1　化学品及原料的供应商评价

3.1.1　基本要求

3.1.1.1　生活用纸和纸制品化学品供应商应满足以下要求：

——应提供化学品的质量合格证明资料；

——应提供化学品安全数据说明书（MSDS），如供应商无法提供MSDS，则应提供化学品成分清单及安全证明，清单中应有确认化学品成分的信息，例如化学品名称、CAS号等。

3.1.1.2　生活用纸和纸制品原料供应商应满足以下要求：

——提供原料的质量合格证明资料；

——提供原料的安全证明。

3.1.2　综合评价

企业应从产品质量、交货能力、技术水平、产品合格率等方面定期对供应商进行综合评价，对于评价不合格的供应商，应采取淘汰或改进机制，对于评价合格的供应商，应列入合格供应商名单。

3.2　化学品及原料的安全评价

3.2.1　组织建立安全评价小组

企业应组织建立安全评价小组，小组应由企业中高层管理者以及相关技术人员组成，评价小组成员应熟知安全管理体系的内容，了解化学品的安全风险，熟悉企业生产流程。

3.2.2　安全评价

3.2.2.1　化学品安全评价

3.2.2.1.1　企业应使用安全风险低、在可预见范围内不会对人体健康造成伤害的化学品。安全评价小组应对生活用纸和纸制品所用的每种化学品实施安全评价。

3.2.2.1.2　安全评价小组可参考附录A的A.1、A.2和附录B的B.1对化学品实施安全评价，并形成评价报告。

3.2.2.1.3　凡经过安全评价可用于生产的化学品，应制定化学品使用清单及化学品使用工艺文件。

3.2.2.1.4　安全评价小组可参考 A.3 和 B.2 制定产品质量规范。

3.2.2.2　原料安全评价

3.2.2.2.1　企业不应使用有毒有害原料生产生活用纸和纸制品，纸巾纸、厨房纸巾、卫生巾（护垫）、纸尿裤（片、垫）和湿巾不应使用回用原料。卫生纸、擦手纸可使用回用纤维原料，但不应使用废弃的生活用纸、医疗用纸及包装用纸，对于回用的纸张印刷品应进行脱墨处理。

3.2.2.2.2　安全评价小组应对生活用纸和纸制品所用的原材料实施安全评价，并形成评价报告。凡经过安全评价可用于生产的原材料，应制定相应的原料使用工艺文件。

3.3　化学品及原料的采购和验收

3.3.1　企业应从符合 3.1 要求的合格供应商名单中选择供应商，按照 3.2 的要求采购化学品或原料，并形成采购文件。

3.3.2　化学品或原料应按照以下要求进行验收：

a）企业应按照采购文件验收化学品或原料，查看有无合格证、规格、数量、标识（生产厂商、品名、型号、地址、生产日期、有效期及特定保管方法等），并查看有无符合资质要求的检测报告，经核对无误后，对化学品或原料进行登记。企业可参考附录 C 检查化学品或原料的检测报告。

b）企业应对所采购的化学品或原料进行抽样检验，并对检验结果进行记录。

3.4　化学品及原料的储存

3.4.1　化学品及原料应经验收登记，检查无误后方可办理入库手续。

3.4.2　库管人员应明确化学品的存放条件，并按相应要求存放化学品。化学品应有明显标识，贮存期间应定期检查标识的完整性，以防误领。

3.4.3　原料的存放地应干燥、通风、防火、防水，远离液体或固体污染源，避免交叉污染。

3.5　化学品及原料的领取

3.5.1　化学品及原料领取时应提交申请表，该申请表应经相关负责人审批，申请表中应包含化学品及原料的产品名称、生产批号、型号、用量等信息。

3.5.2　库管人员应按照申请表的要求发放化学品及原料，并将相应化学品及原料的产品名称、生产批号、型号、发放量等信息进行登记。

3.6　化学品及原料的使用

3.6.1　化学品的使用

每一种化学品均应有相应的使用工艺文件（3.2.2.1.3），工作人员应熟知这些文件并严格按照文件的要求进行使用，并根据生产情况对每一批次产品所使用化学品的用量等情况及时进行记录。

3.6.2　原料的使用

原料的使用应根据 3.2.2.2.2 的评价结果，使用安全的原料。

3.7　产品检验

企业应每年对产品至少进行一次检验，确保产品符合产品质量规范（3.2.2.1.4）。

3.8　可追溯性

企业应建立化学品及原料使用过程的审核程序和溯源机制，保证产品所使用的化学品及原料从采购、使用到产品具有可追溯性。

4　监督检查

安全评价小组组长应每年对涉及安全评价的相关部门进行考核，并对化学品及原料的采购、验收、贮存、使用以及产品检验等记录进行审核，形成评审报告。

5 纠正措施及问题处理

企业应建立产品的安全追踪处置程序，如果出现化学品及原料安全问题，应重新进行安全评价，采取相应纠正措施并保存相关记录。

附录A
（资料性附录）
生活用纸中化学品建议清单

A.1 禁止添加的化学品

A.1.1 属于致癌、致突变、或具有生殖毒性以及被归类为“有毒（T）”危险组R45、R46、R49、R60、R62、R63、R64的物质和配置品。

A.1.2 被归类和标识为“剧毒（T′）”或“有毒（T）”危险组R23、R24、R25、R26、R27、R28、R39、R48的物质和配置品。

A.1.3 可分解致癌芳香胺染料。

A.1.4 清洁剂、脱墨化学品、泡沫抑制剂、分散剂或涂料中不得添加烷基酚聚氧乙烯醚或其他烷基酚衍生物。

A.2 限制添加的化学品

生活用纸中限制添加的化学品见表A.1。

表A.1

名　　称	要　求
二氨基芪二磺酸衍生物	用量≤0.3%
二氨基芪四磺酸衍生物	用量≤0.3%
二氨基芪六磺酸衍生物	用量≤0.3%
联苯乙烯二苯基衍生物	用量≤0.3%
硫代丁二酸1,4-二（2-乙基己基）酯钠盐	用量<0.8mg/dm^2
双酯基季铵盐	用量<0.1%
乙二胺四乙酸（EDTA）/二乙基三胺五乙酸（DTPA）	用量≤2.5kg/t
环氧氯丙烷（ECH），1,3-二氯-2-丙醇（DCP）和甲基环戊二烯（MCPD）	用量≤0.7%（三者用量之和与总湿强剂用量之比）
聚丙烯酰胺	丙烯酰胺单体含量<0.1%
聚乙二醇	单乙二醇的含量<0.2%

A.3 生活用纸中限制含量的化学物质

生活用纸中限制含量的化学物质见表A.2。

表A.2

名　称	要　求	名　称	要　求
丙烯酰胺	≤0.5mg/kg	甲醛	≤1mg/dm^2
五氯苯酚	≤0.15mg/kg	多氯联苯	≤2mg/kg
铅	≤0.003mg/dm^2	乙二醛	≤1.5mg/dm^2
镉	≤0.002mg/dm^2	可吸附有机卤素（AOX）	≤5.0mg/kg

附录B
（资料性附录）
生活用纸制品中有关化学品建议清单

B.1 禁止添加的化学品

B.1.1 属于致癌、致突变、或具有生殖毒性以及被归类为“有毒（T）”危险组 R45、R46、R49、R60、R62、R63、R64 的物质和配置品。

B.1.2 被归类和标识为“剧毒（T′）”或“有毒（T）”危险组 R23、R24、R25、R26、R27、R28、R39、R48 的物质和配置品。

B.1.3 可分解致癌芳香胺染料。

B.1.4 甲基异噻唑啉酮、甲基氯异噻唑啉酮及其共混物。

B.2 限制含量的化学物质

B.2.1 湿巾中限制含量的化学物质见表 B.1。

表 B.1

名　称		要　求
丙烯酰胺		≤0.1mg/kg
有机化合物	甲醇	≤20mg/kg
	苯	≤20mg/kg
	甲苯	≤20mg/kg
	二甲苯	≤20mg/kg
铅		≤10mg/kg
砷		≤2mg/kg
镉		≤5mg/kg
汞		≤1mg/kg
二噁烷		≤30mg/kg
甲醛		≤20mg/kg
苯扎氯铵、苯扎溴铵、苯扎糖精铵		总量≤0.1%（以苯扎氯铵计）
苄索氯铵		≤0.1%
苯氧乙醇		≤1.0%
碘丙炔醇丁基氨甲酸酯		≤0.01%，且不得用于婴儿湿巾
聚氨丙基双胍		≤0.3%
氯己定及其二葡萄糖酸盐、二醋酸盐和二盐酸盐		总量≤0.3%（以氯己定计）

B.2.2 纸尿裤（片、垫）和卫生巾（护垫）中限制含量的化学物质见表 B.2。

表 B.2

名　称	要求	
	婴儿纸尿裤（片、垫）	成人纸尿裤（片、垫）和卫生巾（护垫）
铅	≤10mg/kg	—
砷	≤2mg/kg	—
镉	≤5mg/kg	—
汞	≤1mg/kg	—

续表

名　称	要求	
	婴儿纸尿裤（片、垫）	成人纸尿裤（片、垫）和卫生巾（护垫）
邻苯二甲酸酯（DBP、BBP、DEHP）	总量≤0.1%	—
可迁移性荧光物质	无	
甲醛	≤20mg/kg	≤75mg/kg
五氯苯酚	≤0.5mg/kg	
二辛基锡化合物	≤0.1%（以锡计）	
可吸附有机卤素（AOX）	≤5.0mg/kg	

附 录 C
（资料性附录）
化学品或原料需符合的产品标准建议

化学品或原料需符合的产品标准见表 C.1。

表 C.1

标准编号	标　准　名　称	标准编号	标　准　名　称
GB/T 21331—2008	绒毛浆	GB/T 24322—2009	漂白硫酸盐竹浆
GB/T 22875—2008	卫生巾高吸收性树脂	GB/T 26188—2010	漂白碱法麦草浆
GB/T 22905—2008	纸尿裤高吸收性树脂	QB/T 1678—2017	漂白硫酸盐木浆
GB/T 30133—2013	卫生巾用面层通用技术规范	QB/T 4508—2013	卫生用品用吸水衬纸
GB/T 27731—2011	卫生用品用离型纸	QB/T 4760—2014	阔叶木碱性过氧化氢机械浆
GB/T 24321—2009	未漂白硫酸盐针叶木浆		

绿色产品评价　纸和纸制品（GB/T 35613—2017）

2018-07-01 实施

1　范围

本标准规定了纸和纸制品的绿色产品评价要求和评价方法。

本标准适用于企业自主生产的生活用纸、生活用纸制品及装饰用纸的绿色产品评价，不适用于企业委托加工生产的生活用纸、生活用纸制品及装饰用纸的绿色产品评价。

注：集团公司与其子公司之间委托除外。

2　规范性引用文件

下列文件对于本文件的应用是必不可少的。凡是注日期的引用文件，仅注日期的版本适用于本文件。凡是不注日期的引用文件，其最新版本（包括所有的修改单）适用于本文件。

GB/T 462　纸、纸板和纸浆　分析试样水分的测定

GB/T 742　造纸原料、纸浆、纸和纸板　灰分的测定

GB/T 1541　纸和纸板　尘埃度的测定

GB/T 4615 聚氯乙烯 残留氯乙烯单体的测定 气相色谱法
GB/T 6682 分析实验室用水规格和试验方法
GB/T 7974 纸、纸板和纸浆 蓝光漫反射因数 D65 亮度的测定（漫射/垂直法，室外日光条件）
GB/T 8939 卫生巾（含卫生护垫）
GB 15979 一次性使用卫生用品卫生标准
GB 17167 用能单位能源计量器具配备和管理通则
GB/T 17592 纺织品 禁用偶氮染料的测定
GB 18585 室内装饰装修材料 壁纸中有害物质限量
GB 18597 危险废物贮存污染控制标准
GB/T 18916.5 取水定额 第 5 部分：造纸产品
GB/T 19001 质量管理体系 要求
GB/T 20808 纸巾纸
GB/T 20810 卫生纸（含卫生纸原纸）
GB/T 21331 绒毛浆
GB/T 22875 卫生巾高吸收性树脂
GB/T 22905 纸尿裤高吸收性树脂
GB/T 23344 纺织品 4-氨基偶氮苯的测定
GB/T 24001 环境管理体系 要求及使用指南
GB/T 24999 纸和纸板 亮度（白度）最高限量
GB/T 25001 纸、纸板和纸浆 7 种多氯联苯（PCBs）含量的测定
GB/T 25002 纸、纸板和纸浆 水抽提液中五氯苯酚的测定
GB/T 26517 化妆品中二十四种防腐剂的测定 高效液相色谱法
GB/T 27728 湿巾
GB/T 27741 纸和纸板 可迁移性荧光增白剂的测定
GB/T 28001 职业健康安全管理体系 要求
GB/T 28004 纸尿裤（片、垫）
GB 31604.49—2016 食品安全国家标准 食品接触材料及制品 砷、镉、铬、铅的测定和砷、镉、铬、镍、铅、锑、锌迁移量的测定
GB 31825 制浆造纸单位产品能源消耗限额
GB/T 34448 生活用纸和纸制品 甲醛含量的测定
QB/T 4034 壁纸
QB/T 4508 卫生用品用吸水衬纸
SN/T 4389 生活用纸中乙二醛含量的测定 分光光度法
YC/T 207 烟用纸张中溶剂残留的测定 顶空-气相色谱/质谱联用法
ISO 11423-1 水质 苯及其衍生物的测定 第 1 部分：顶空气相色谱法（Water quality——Determination of benzene and some derivatives Part 1：Head-space gas chromatograhic method）
EN 1541 食品接触用纸和纸板 水萃取物中甲醛的测定（Paper and board intended to come into contact with foodstuffs——Determination of formaldehyde in an aqueous extract）
化妆品安全技术规范（2015 年版）（食品药品监督管理总局 公告 2015 年第 268 号）
制浆造纸行业清洁生产评价指标体系（发展改革委 环保部 工信部 公告 2015 年第 9 号）

3 产品类别

3.1 生活用纸包括纸巾纸、卫生纸等。

3.2 生活用纸制品包括纸尿裤、卫生巾和人体用湿巾（以下简称“湿巾”）等。
3.3 装饰用纸包括壁纸等。

4 评价要求

4.1 基本要求

4.1.1 生产企业污染物排放应符合相关环境保护法律法规，达到国家或地方污染物排放标准的要求，近三年无重大安全事故和重大环境污染事件。
4.1.2 生产企业的污染物总量控制，应达到国家和地方污染物排放总量控制指标。
4.1.3 生产企业应采用国家鼓励的先进技术工艺，不应使用国家或有关部门发布的淘汰或禁止的技术、工艺、装备及相关物质。
4.1.4 制浆造纸生产企业应达到《制浆造纸行业清洁生产评价指标体系》中Ⅱ级以上（含Ⅱ级）水平要求。
4.1.5 湿巾产品的生产需在10万级空气洁净度以上（含10万级）的净化车间进行。
4.1.6 生产企业应遵守《中华人民共和国固体废物污染环境防治法》，产生的固体废物的收集、贮存、处置应符合相关规定。危险废物的贮存应符合GB 18597的相关规定，并依法处置。
4.1.7 生产企业应按照GB/T 24001、GB/T 19001和GB/T 28001分别建立并运行环境管理体系、质量管理体系和职业健康安全管理体系。
4.1.8 生产企业应按照GB 17167配备能源计量器具，并根据环保法律法规和标准要求配备污染物检测和在线监控设备。
4.1.9 产品质量水平应满足相关产品标准要求，卫生纸应符合GB/T 20810优等品要求，纸巾纸应符合GB/T 20808优等品要求，纸尿裤应符合GB/T 28004要求，卫生巾应符合GB/T 8939要求，湿巾应符合GB/T 27728要求，壁纸应符合QB/T 4034和GB 18585要求。
4.1.10 生活用纸生产企业或集团需同时具备原纸生产和后加工生产能力。

4.2 评价指标要求

指标体系由一级指标和二级指标组成。一级指标包括资源属性指标、能源属性和品质属性指标。生活用纸的评价指标要求见表1，生活用纸制品的评价指标要求见表2，装饰用纸的评价指标要求见表3。

表1 生活用纸评价指标

一级指标	二级指标		单位	基准值	判定依据
资源属性	纤维原料		—	所使用的木浆纤维原料应来自于可持续森林；不得使用回收纤维原料	提供采购清单及证明材料
	包装材料		—	不应使用含有聚氯乙烯的包装材料；直接接触产品的包材不应使用回收原料	提供采购清单及证明材料
	化学品		—	所使用化学品需经安全评价	提供采购清单及证明材料
	单位产品取水量	纸浆	m^3/t	小于等于GB/T 18916.5中新建企业取水量定额值的50%	依据GB/T 18916.5进行测算并提供证明材料
		生活用纸		≤6	
能源属性	单位产品能耗	纸浆	kgce/t	小于等于GB 31825中先进值的90%	依据GB 31825进行测算并提供证明材料
		生活用纸			

续表

<table>
<tr><th>一级指标</th><th colspan="3">二级指标</th><th>单位</th><th>基准值</th><th>判定依据</th></tr>
<tr><td rowspan="25">品质属性</td><td rowspan="4">尘埃度</td><td colspan="2">总数</td><td rowspan="4">个/m²</td><td>≤20</td><td rowspan="4">依据 GB/T 1541 进行检测并提供证明材料</td></tr>
<tr><td colspan="2">0.2mm²~1.0mm²</td><td>≤20</td></tr>
<tr><td colspan="2">>1.0mm²~2.0mm²</td><td>≤1</td></tr>
<tr><td colspan="2">>2.0mm²</td><td>不应有</td></tr>
<tr><td rowspan="3">灰分</td><td colspan="2">原生木浆（纤维）</td><td rowspan="3">%</td><td>≤1.0</td><td rowspan="3">依据 GB/T 742 进行检测并提供证明材料</td></tr>
<tr><td colspan="2">原生非木浆（纤维）</td><td>≤4.0</td></tr>
<tr><td colspan="2">原生混合浆（纤维）</td><td>≤3.0</td></tr>
<tr><td colspan="3">D65 亮度</td><td>%</td><td>≤88.0</td><td>依据 GB/T 7974 进行检测并提供证明材料</td></tr>
<tr><td colspan="3">可迁移性荧光物质</td><td>—</td><td>无</td><td>依据 GB/T 22741 进行检测并提供证明材料</td></tr>
<tr><td colspan="3">丙烯酰胺</td><td>mg/kg</td><td>≤0.1</td><td>依据 A.17 进行检测并提供证明材料</td></tr>
<tr><td colspan="3">五氯苯酚</td><td>mg/kg</td><td>≤0.15</td><td>依据 A.8 进行检测并提供证明材料</td></tr>
<tr><td rowspan="2">重金属</td><td colspan="2">铅</td><td>mg/dm²</td><td>≤0.003</td><td rowspan="2">依据 A.9 进行检测并提供证明材料</td></tr>
<tr><td colspan="2">镉</td><td>mg/dm²</td><td>≤0.002</td></tr>
<tr><td colspan="3">甲醛</td><td>mg/dm²</td><td>≤1.0</td><td>依据 EN 1541 进行检测并提供证明材料</td></tr>
<tr><td colspan="3">可分解致癌芳香胺染料[a]</td><td>mg/kg</td><td>不得检出</td><td>依据 GB/T 17592 和 GB/T 23344 进行检测并提供证明材料</td></tr>
<tr><td colspan="3">可吸附有机卤素（AOX）</td><td>mg/kg</td><td>≤5.0</td><td>依据 A.13 进行检测并提供证明材料</td></tr>
<tr><td colspan="3">多氯联苯</td><td>mg/kg</td><td>≤2.0</td><td>依据 GB/T 25001 进行检测并提供证明材料</td></tr>
<tr><td colspan="3">乙二醛</td><td>mg/dm²</td><td>≤1.5</td><td>依据 SN/T 4389 进行检测并提供证明材料</td></tr>
<tr><td rowspan="6">微生物指标</td><td colspan="2">细菌菌落总数</td><td>CFU/g</td><td>≤20</td><td rowspan="7">依据 GB 15979 进行检测并提供证明材料</td></tr>
<tr><td colspan="2">大肠菌群</td><td>—</td><td>不得检出</td></tr>
<tr><td rowspan="3">致病性化脓菌</td><td>绿脓杆菌</td><td>—</td><td>不得检出</td></tr>
<tr><td>金黄色葡萄球菌</td><td>—</td><td>不得检出</td></tr>
<tr><td>溶血性链球菌</td><td>—</td><td>不得检出</td></tr>
<tr><td colspan="2">真菌菌落总数</td><td>CFU/g</td><td>不得检出</td></tr>
<tr><td>毒理学指标</td><td colspan="2">皮肤刺激试验</td><td>—</td><td>无刺激性</td></tr>
</table>

[a] 仅经印刷和染色的产品考核。

表 2　生活用纸制品评价指标

一级指标	二级指标	单　位	基准值		判定依据
			纸尿裤和卫生巾	湿巾	
资源属性	无纺布	—	不应使用回收原料	不应使用回收原料	提供采购清单及证明材料
	木浆水刺非织造布或干法纸	—	—	所使用的木材原料应来自于可持续森林；应符合相应产品标准要求；不应使用回收原料；AOX≤5.0mg/kg	提供采购清单及证明材料；依据附录 A.13 进行检测并提供证明材料
	PE 膜	—	不应使用回收原料	—	提供采购清单及证明材料
	吸水衬纸	—	不应使用回收原料；应符合 QB/T 4508 要求；吸水衬纸中 AOX≤5.0mg/kg	—	提供采购清单及证明材料；依据 QB/T 4508 和附录 A.13 进行检测并提供证明材料
	绒毛浆	—	所使用的木材原料应来自于可持续森林；应符合 GB/T 21331 要求；不应使用回收原料；绒毛浆中 AOX≤5.0mg/kg	—	提供采购清单及证明材料；依据 GB/T 21331 和附录 A.13 进行检测并提供证明材料
	高吸收性树脂	—	高吸收性树脂的丙烯酸残留单体的含量应≤800mg/kg，其他指标应符合 GB/T 22875 或 GB/T 22905 要求	—	依据 GB/T 22875 或 GB/T 22905 进行检测并提供证明材料
	胶黏剂	—	不应添加 CAS 号为 8050-09-7、8052-10-6 和 73138-82-6 的松香树脂、邻苯二甲酸二异丁酯（DIBP）、邻苯二甲酸二异壬酯（DINP）和甲醛	—	提供采购清单及证明材料
	底膜	—	不应使用含有聚氯乙烯的材料；不应使用回收原料	—	提供采购清单及证明材料
	包装材料	—	不应使用含有聚氯乙烯的包装材料；直接接触产品的包材不应使用回收原料	不应使用含有聚氯乙烯的包装材料；直接接触产品的包材不应使用回收原料	提供采购清单及证明材料
	化学品	—	所使用化学品需经安全评价	所使用化学品需经安全评价	提供采购清单及证明材料

续表

<table>
<tr><th rowspan="2">一级指标</th><th rowspan="2" colspan="2">二级指标</th><th rowspan="2">单 位</th><th colspan="4">基准值</th><th rowspan="2">判定依据</th></tr>
<tr><th colspan="2">纸尿裤和卫生巾</th><th colspan="2">湿巾</th></tr>
<tr><td rowspan="20">品质属性</td><td rowspan="2" colspan="2">回渗量</td><td rowspan="2">g</td><td>纸尿裤</td><td>1.0</td><td rowspan="2" colspan="2">—</td><td rowspan="2">依据 A.19 进行检测并提供证明材料</td></tr>
<tr><td>卫生巾</td><td>—</td></tr>
<tr><td rowspan="2" colspan="2">吸收速度</td><td rowspan="2">s</td><td>纸尿裤</td><td>—</td><td rowspan="2" colspan="2">—</td><td rowspan="2">依据 A.20 进行检测并提供证明材料</td></tr>
<tr><td>卫生巾</td><td>20</td></tr>
<tr><td colspan="2">可迁移性荧光物质</td><td>—</td><td colspan="2">无</td><td colspan="2">无</td><td>依据 A.7 进行检测并提供证明材料</td></tr>
<tr><td rowspan="2" colspan="2">丙烯酰胺</td><td rowspan="2">mg/kg</td><td>婴儿纸尿裤</td><td>≤0.1</td><td rowspan="2" colspan="2">≤0.1</td><td rowspan="2">依据 A.17 进行检测并提供证明材料</td></tr>
<tr><td>成人纸尿裤和卫生巾</td><td>—</td></tr>
<tr><td colspan="2">五氯苯酚</td><td>mg/kg</td><td colspan="2">≤0.15</td><td colspan="2">≤0.15</td><td>依据 A.8 进行检测并提供证明材料</td></tr>
<tr><td rowspan="8">重金属</td><td rowspan="2">铅</td><td rowspan="2">mg/kg</td><td>婴儿纸尿裤</td><td>≤10</td><td rowspan="2" colspan="2">≤10</td><td rowspan="8">依据 A.9 进行检测并提供证明材料</td></tr>
<tr><td>成人纸尿裤和卫生巾</td><td>—</td></tr>
<tr><td rowspan="2">砷</td><td rowspan="2">mg/kg</td><td>婴儿纸尿裤</td><td>≤2</td><td rowspan="2" colspan="2">≤2</td></tr>
<tr><td>成人纸尿裤和卫生巾</td><td>—</td></tr>
<tr><td rowspan="2">镉</td><td rowspan="2">mg/kg</td><td>婴儿纸尿裤</td><td>≤5</td><td rowspan="2" colspan="2">≤5</td></tr>
<tr><td>成人纸尿裤和卫生巾</td><td>—</td></tr>
<tr><td rowspan="2">汞</td><td rowspan="2">mg/kg</td><td>婴儿纸尿裤</td><td>≤1</td><td rowspan="2" colspan="2">≤1</td></tr>
<tr><td>成人纸尿裤和卫生巾</td><td>—</td></tr>
<tr><td rowspan="2" colspan="2">甲醛</td><td rowspan="2">mg/kg</td><td>婴儿纸尿裤</td><td>不得检出</td><td>婴儿湿巾</td><td>不得检出</td><td rowspan="2">依据 A.10 进行检测并提供证明材料</td></tr>
<tr><td>成人纸尿裤和卫生巾</td><td>≤75</td><td>其他湿巾</td><td>≤75</td></tr>
<tr><td colspan="2">可分解致癌芳香胺染料[a]</td><td>mg/kg</td><td colspan="2">不得检出</td><td colspan="2">不得检出</td><td>依据 GB/T 17592 和 GB/T 23344 进行检测并提供证明材料</td></tr>
<tr><td colspan="2">可吸附有机卤素（AOX）</td><td>mg/kg</td><td colspan="2">≤5.0</td><td colspan="2">—</td><td>依据 A.13 进行检测并提供证明材料</td></tr>
</table>

续表

<table>
<tr><th rowspan="2">一级指标</th><th rowspan="2" colspan="3">二级指标</th><th rowspan="2">单 位</th><th colspan="2">基准值</th><th rowspan="2">判定依据</th></tr>
<tr><th colspan="2">纸尿裤和卫生巾</th><th>湿巾</th></tr>
<tr><td rowspan="22">品质属性</td><td rowspan="4">有机化合物</td><td colspan="2">甲醇</td><td>mg/kg</td><td colspan="2">—</td><td>≤20</td><td rowspan="4">依据 ISO 11423-1 进行检测并提供证明材料</td></tr>
<tr><td colspan="2">苯</td><td>mg/kg</td><td colspan="2">—</td><td>≤20</td></tr>
<tr><td colspan="2">甲苯</td><td>mg/kg</td><td colspan="2">—</td><td>≤20</td></tr>
<tr><td colspan="2">二甲苯</td><td>mg/kg</td><td colspan="2">—</td><td>≤20</td></tr>
<tr><td rowspan="2">防腐剂[b]</td><td colspan="2">甲基异噻唑啉酮</td><td>%</td><td colspan="2">—</td><td>不得检出</td><td rowspan="2">依据 GB/T 26517 进行检测并提供证明材料</td></tr>
<tr><td colspan="2">甲基氯异噻唑啉酮和甲基异噻唑啉酮与氯化镁及硝酸镁的混合物</td><td>%</td><td colspan="2">—</td><td>不得检出</td></tr>
<tr><td rowspan="3">邻苯二甲酸酯</td><td colspan="2">邻苯二甲酸二丁酯（DBP）</td><td rowspan="3">%</td><td rowspan="3" colspan="2">总量≤0.1</td><td rowspan="3">不得检出</td><td rowspan="3">依据 A.18 进行检测并提供证明材料</td></tr>
<tr><td colspan="2">邻苯二甲酸丁苄酯（BBP）</td></tr>
<tr><td colspan="2">邻苯二甲酸二（2-乙基）己酯（DEHP）</td></tr>
<tr><td rowspan="6">微生物指标</td><td colspan="2">细菌菌落总数</td><td>CFU/g</td><td colspan="2">≤20</td><td>≤20</td><td rowspan="13">依据 GB 15979 进行检测并提供证明材料</td></tr>
<tr><td colspan="2">大肠菌群</td><td>—</td><td colspan="2">不得检出</td><td>不得检出</td></tr>
<tr><td rowspan="3">致病性化脓菌</td><td>绿脓杆菌</td><td>—</td><td colspan="2">不得检出</td><td>不得检出</td></tr>
<tr><td>金黄色葡萄球菌</td><td>—</td><td colspan="2">不得检出</td><td>不得检出</td></tr>
<tr><td>溶血性链球菌</td><td>—</td><td colspan="2">不得检出</td><td>不得检出</td></tr>
<tr><td colspan="2">真菌菌落总数</td><td>CFU/g</td><td colspan="2">不得检出</td><td>不得检出</td></tr>
<tr><td rowspan="6">毒理学指标</td><td rowspan="2" colspan="2">皮肤刺激试验</td><td rowspan="2">—</td><td>纸尿裤</td><td>无刺激性</td><td rowspan="2">无刺激性[c]</td></tr>
<tr><td>卫生巾</td><td>—</td></tr>
<tr><td rowspan="2" colspan="2">皮肤变态反应试验</td><td rowspan="2">—</td><td>纸尿裤</td><td>致敏强度为极轻度</td><td rowspan="2">致敏强度为极轻度</td></tr>
<tr><td>卫生巾</td><td>致敏强度为极轻度</td></tr>
<tr><td rowspan="2" colspan="2">阴道黏膜刺激试验</td><td rowspan="2">—</td><td>纸尿裤</td><td>—</td><td rowspan="2">刺激反应强度为无[c]</td></tr>
<tr><td>卫生巾</td><td>刺激反应强度为无</td></tr>
</table>

[a] 仅经印刷和染色的产品考核。
[b] 其他防腐剂的添加需符合《化妆品安全技术规范》（2015 年版）要求。
[c] 用于阴道黏膜的湿巾须做阴道黏膜刺激试验但无须做皮肤刺激试验，其他湿巾应做皮肤刺激试验但无须做阴道黏膜试验。

表 3 装饰用纸评价指标

<table>
<tr><th>一级指标</th><th>二级指标</th><th>单位</th><th>基准值</th><th>判定依据</th></tr>
<tr><td rowspan="2">资源属性</td><td>基材</td><td>—</td><td>纸基材的木材原料应来自于可持续森林；基材中 AOX ≤5.0mg/kg</td><td>提供采购清单及证明材料；依据 A.13 进行检测并提供证明材料</td></tr>
<tr><td>胶黏剂</td><td>—</td><td>不应使用溶剂型胶黏剂；胶黏剂中游离甲醛应≤100mg/kg，苯应≤100mg/kg，甲苯+二甲苯应≤500mg/kg，卤代烃应≤500mg/kg，总挥发性有机物应≤50g/L</td><td>提供采购清单及证明材料</td></tr>
</table>

续表

一级指标	二级指标		单位	基准值	判定依据
资源属性	油墨		—	应使用水基油墨，油墨中甲醇含量应≤0.3%，氨及其化合物含量应≤3%，VOC含量应≤10%，铅含量应≤90mg/kg，镉含量应≤75mg/kg，六价铬含量应≤60mg/kg，汞含量应≤60mg/kg，4种重金属的总量应≤100mg/kg	提供采购清单及证明材料
	上光油		—	不应使用溶剂型上光油	提供采购清单及证明材料
	清洗剂		—	不应使用煤油或汽油作为清洗剂	提供采购清单及证明材料
品质属性	可迁移性荧光物质		—	无	依据GB/T 27741进行检测并提供证明材料
	甲醛释放量		mg/kg	≤10	依据GB 18585进行检测并提供证明材料
	可分解致癌芳香胺染料[a]		mg/kg	不得检出	依据GB/T 17592和GB/T 23344进行检测并提供证明材料
	可吸附有机卤素（AOX）		mg/kg	≤5.0	依据A.13进行检测并提供证明材料
	邻苯二甲酸酯	邻苯二甲酸二异壬酯（DINP）、邻苯二甲酸二异癸酯（DIDP）、邻苯二甲酸二正辛酯（DNOP）	%	≤0.1	依据A.18进行检测并提供证明材料
		邻苯二甲酸二丁酯（DBP）、邻苯二甲酸丁苄酯（BBP）、邻苯二甲酸二（2-乙基）己酯（DEHP）		≤0.1	
	苯		mg/m^2	≤0.01	依据YC/T 207进行检测并提供证明材料
	甲苯		mg/m^2	≤0.5	
	二甲苯		mg/m^2	≤0.25	
	总挥发性有机化合物（TVOC）		mg/m^3	≤0.50	依据A.16进行检测并提供证明材料
	钡		mg/kg	≤500	依据GB 18585进行检测并提供证明材料
	氯乙烯单体		mg/kg	≤0.2	依据GB/T 4615进行检测并提供证明材料

[a] 仅经印刷和染色的产品考核。

4.3 指标计算方法及检验方法

指标计算方法及检验方法见附录A、附录B、附录C、附录D、附录E、附录F、附录G、附录H。

5 评价方法

同时满足基本要求和评价指标要求的纸和纸制品，可称之为绿色产品。

附 录 A
（规范性附录）
指标计算方法及检验方法

A. 1 单位产品取水量

按 GB/T 18916. 5 计算。

A. 2 单位产品能耗

按 GB 31825 计算。

A. 3 产品质量

按相应产品标准进行检验。

A. 4 尘埃度

按 GB/T 1541 进行检验，双层或多层试样只测上下表层朝外的一面，每个样品的测试面积（上下表层面积合计）应不少于 0. 5m^2；单层试样正反面均测，一张试样的测试面积按单面面积计，每个样品的测试面积应不少于 0. 5m^2。

A. 5 灰分

按 GB/T 742 进行检验，灼烧温度为 575℃。

A. 6 D65 亮度

按 GB/T 7974 进行检验。

A. 7 可迁移性荧光物质

生活用纸和装饰用纸的可迁移性荧光物质按 GB/T 27741 进行检验，湿巾的可迁移性荧光物质按 GB/T 27728 进行检验，纸尿裤和卫生巾的可迁移性荧光物质按附录 B 进行检验。

A. 8 五氯苯酚

按 GB/T 25002 进行检验，在试样制备及提取过程中，采用浓度为 0. 9%的生理盐水代替蒸馏水，在 23℃±2℃的条件下放置处理。

A. 9 重金属

生活用纸中的铅含量、镉含量按 GB 31604. 49—2016 中第一部分进行检验，并测定样品的定量，将结果换算为 mg/dm^2；生活用纸制品的重金属含量按《化妆品安全技术规范》（2015 年版）中第四章 1. 6 进行测定，样品处理采用微波消解法。

A. 10 甲醛

生活用纸的甲醛按 EN 1541 进行检验，采用冷水萃取；生活用纸制品的甲醛按 GB/T 34448 中乙酰丙酮-可见分光光度法进行检验，壁纸中甲醛释放量按 GB 18585 进行检验。

A. 11 多氯联苯

按 GB/T 25001 进行检验。

A. 12 乙二醛

按 SN/T 4389 进行检验。

A. 13 可吸附有机卤素（AOX）

按附录 C 进行检验。

A. 14 甲醇、苯、甲苯和二甲苯

湿巾中甲醇、苯、甲苯和二甲苯按 ISO 11423-1 进行检验，壁纸中苯、甲苯和二甲苯按 YC/T 207 进行检验。

A. 15 防腐剂

按 GB/T 26517 进行检验。

A. 16 总挥发性有机化合物（TVOC）

按附录 D 进行检验。

A. 17 丙烯酰胺

按附录 E 进行检验。

A. 18 邻苯二甲酸酯

按附录 F 进行检验。

A. 19 回渗量

按 GB/T 28004 进行检验，检验时需将试样展开成“U 形”状态。

A. 20 吸收速度

按附录 G 进行检验。

A. 21 可分解致癌芳香胺染料

按 GB/T 17592 和 GB/T 23344 进行检验，致癌芳香胺清单见附录 H。

A. 22 钡

按 GB 18585 进行检验。

A. 23 氯乙烯单体

按 GB/T 4615 进行检验。

A. 24 微生物指标和毒理学指标

按照 GB 15979 进行检验。

附 录 B

（规范性附录）

可迁移性荧光物质的测定

B.1 试剂和材料

除非另有规定，仅使用分析纯试剂。

B.1.1 水：GB/T 6682，三级。

B.1.2 纱布：纯棉材质，尺寸约5cm×5cm。

B.1.3 氨水：0.1%。

B.1.4 盐酸溶液：10%。

B.1.5 萃取溶液：用0.1%氨水（B.1.3）调节过的pH为7.5~9.0的水。

B.1.6 荧光标准样：荧光均匀，荧光亮度为0.40%~0.60%。

注：除荧光标准样外，所用试剂和材料在紫外灯下无荧光现象。

B.2 仪器

B.2.1 天平：感量为0.001g。

B.2.2 三角烧瓶：250mL。

B.2.3 G1玻璃砂芯漏斗。

B.2.4 玻璃表面皿。

B.2.5 紫外灯：波长为254nm和365nm，具有保护眼睛的装置。

B.2.6 pH计：精度为0.01。

B.2.7 恒温水浴：控温精度为（40±2）℃。

B.3 试验步骤和结果判定

B.3.1 从样品中随机取一片试样，去除外包装，将试样与荧光标准样（B.1.6）一同置于紫外灯（B.2.5）下约20cm处，对比观察试样两面与荧光标准样的荧光现象。如果试样的荧光现象弱于荧光标准样，则判定该样品无可迁移性荧光物质且试验终止；如果试样的荧光现象强于荧光标准样，则继续按照B.3.2~B.3.9进行试验并判定。

B.3.2 将试样荧光现象明显的部位裁下，剪成约5mm×5mm的小块，准确称取2.0g试样，置于三角烧瓶（B.2.2）中。

注：如果一片试样的荧光明显部位质量不足2.0g，则从多片试样上取样。

B.3.3 在烧瓶中加入100mL萃取溶液（B.1.5）。在室温条件下缓慢摇晃烧瓶，萃取10min，然后用玻璃漏斗（B.2.3）过滤。

B.3.4 用盐酸溶液（B.1.4）将滤液的pH调节到3.0~5.0。将纱布（B.1.2）浸入滤液中，并在温度为40℃±2℃的恒温水浴（B.2.7）中放置30min。

B.3.5 用镊子取出纱布，然后挤出滤液并对称折成四层，放在玻璃表面皿（B.2.4）上。

B.3.6 重复B.3.3~B.3.5步骤，进行空白试验。

B.3.7 每个样品进行两次平行测定。

B.3.8 将放置试样纱布（B.3.5）及空白试验纱布（B.3.6）的玻璃表面皿置于紫外灯下约20cm处，观察纱布荧光现象。

B.3.9 若两个平行试验的试样纱布与空白试验纱布比较，均没有明显荧光现象，则判该样品无可迁移性荧光物质；若两个试样纱布均有明显荧光现象，则判该样品有可迁移性荧光物质；若两个试样纱布中有一个比空白试验纱布的荧光现象明显，则重新进行试验，若重新试验后的试样纱布与空白试验纱布比较，均没有明显荧光现象，则判该样品无可迁移性荧光物质；否则判该样品有可迁移性荧光物质。

附录C

(规范性附录)

可吸附有机卤素（AOX）的测定

C.1 仪器和设备

C.1.1 卤素测定仪：由燃烧仪、微库仑计、石英杯等部分组成，其中石英杯带有滤孔，可用于过滤。

C.1.2 振荡器：往返150次/min~250次/min，振幅6cm~10cm，其搅拌力度应可调，在保持搅拌试样的同时，应确保试样不会溢出。

C.1.3 过滤装置：下端开口尺寸与石英杯尺寸相匹配，可装入石英杯进行过滤，并且可采用氮气进行加压过滤及吹脱。

C.1.4 G3玻璃砂芯漏斗及抽滤装置。

C.1.5 锥形瓶：250mL，带有标准磨口玻璃塞或内衬聚四氟乙烯的螺旋帽。

C.2 试剂和材料

除非另有说明，在试验中应使用确认为分析纯的试剂，试验用水为蒸馏水或去离子水或相当纯度的水。

C.2.1 硝酸钠贮备溶液：称取17g硝酸钠溶于水中，加入1.4mL密度为1.40g/mL的硝酸，再加水定容至1L。

C.2.2 硝酸钠工作溶液：量取50mL硝酸钠贮备溶液，加水定容至1L。

C.2.3 硫酸：1.84g/mL。

C.2.4 活性炭：AOX检测专用。

C.2.5 电解液：量取98%冰乙酸75mL，加水定容至100mL。

C.2.6 盐酸溶液：0.010mol/L，量取0.307mol/L盐酸（密度为1.19 g/mL）32.57mL，加水定容到1L。

C.2.7 对氯苯酚贮备溶液：200μgCl/L，称取72.5mg对氯苯酚，加水定容至100mL。

C.2.8 压缩气体：燃烧时需要用惰性气体稀释氧气来控制燃烧。试验中用到的所有气体都不应含有任何形态的氯和溴。

C.3 取样及处理

C.3.1 试样水分的测定：按照GB/T 462的规定测试生活用纸和壁纸样品的水分，按照GB/T 28004的规定测试纸尿裤样品的水分，按照GB/T 8939的规定测试卫生巾样品的水分。

C.3.2 试样的制备：用镊子或剪刀将样品撕或剪成小片。试样采取和制备过程中应戴防护手套，防止试样受污染。

C.4 试验步骤

C.4.1 称取0.4g~0.6g（精确至1mg）试样，放入250mL锥形瓶（C.1.5）中，加入100mL硝酸钠工作溶液（C.2.2），盖紧瓶塞并用力振摇锥形瓶，使试样充分湿润，然后置于振荡器（C.1.2）上，以往返150次/min的速度振荡处理1h。

C.4.2 振荡完后，使用已装入干净石英杯的过滤装置（C.1.3）或G3漏斗（C.1.4）过滤锥形瓶中内容物，用25mL硝酸钠工作溶液漂洗锥形瓶和过滤器内壁，将所有滤液收集在一个干净的锥形瓶中，保留滤液A待用。

C.4.3 在滤液A中加入50mg活性炭（C.2.4），盖紧瓶塞，然后置于振荡器上，以往返150次/min的速度振荡处理1h。

C.4.4 使用过滤装置，将锥形瓶中内容物过滤到另一个干净的石英杯上，用25mL硝酸钠工作溶液漂洗锥形瓶和过滤器内壁，最后用少量水洗涤，用氮气吹脱，去除试样中多余的液体。

C.4.5 用镊子将石英杯从过滤装置上取出，然后放入卤素测定仪（C.1.1）中，送入燃烧仪进行燃烧测试。

注：如果燃烧仪的后部发现有烟，说明燃烧不完全，测试数据作废。

C.4.6 燃烧产生的卤化氢气体进入电解液中并被吸收，微库仑计对电解液进行滴定测试，仪器自动计算出试样中AOX的测定值。

C.4.7 每个样品做两个平行试验，并同时做两个空白试验。

C.5 结果计算

样品中AOX含量以毫克每千克（mg/kg）表示，按式（C.1）计算：

$$c = \frac{c_1 - c_0}{M} \qquad \text{(C.1)}$$

式中 c——样品中AOX含量，单位为毫克每千克（mg/kg）；

c_0——空白试验AOX测定值，单位为微克（μg）；

c_1——试样中AOX测定值，单位为微克（μg）；

M——试样的绝干质量，单位为克（g）。

取两次平行测定值的平均值作为测试结果，结果保留两位有效数字。每次测定值与平均值的偏差应不大于10%。

C.6 其他

方法检出限为2mg/kg。

附 录 D

（规范性附录）

总挥发性有机化合物（TVOC）的测定

D.1 原理

将试样放入采气袋中，在一定温度和时间条件处理后，试样中的挥发性有机化合物释放出来，混合到袋内的氮气中。用采样管采集袋内气体，再用热解吸仪处理后用气相色谱质谱测试。根据测试结果，计算总挥发性有机化合物（TVOC）含量。

D.2 试剂和材料

D.2.1 典型的挥发性有机化合物标样

典型的挥发性有机化合物标样如下：

（1）苯，CAS编号：71-43-2

（2）甲苯，CAS编号：108-88-3

（3）乙苯，CAS编号：100-41-4

（4）间-二甲苯，CAS编号：108-38-3

（5）对-二甲苯，CAS 编号：106-42-3
（6）邻-二甲苯，CAS 编号：95-47-6
（7）苯乙烯，CAS 编号：100-42-5
（8）1,1-二氯乙烯，CAS 编号：75-35-4
（9）1,1,2-三氯-1,2,2-三氟乙烷，CAS 编号：76-13-1
（10）氯丙烯，CAS 编号：107-05-1
（11）二氯甲烷，CAS 编号：75-09-2
（12）1,1 二氯乙烷，CAS 编号：75-34-3
（13）顺式-1,2-二氯乙烯，CAS 编号：156-59-2
（14）三氯甲烷，CAS 编号：67-66-3
（15）1,1,1-三氯乙烷，CAS 编号：71-55-6
（16）四氯化碳，CAS 编号：56-23-5
（17）1,2-二氯乙烷，CAS 编号：107-06-2
（18）三氯乙烯，CAS 编号：79-01-6
（19）1,2-二氯丙烷，CAS 编号：78-87-5
（20）顺式-1,3-二氯丙烯，CAS 编号：10061-01-5
（21）反式-1,3-二氯丙烯，CAS 编号：10061-02-6
（22）1,1,2-三氯乙烷，CAS 编号：79-00-5
（23）四氯乙烯，CAS 编号：127-18-4
（24）1,2-二溴乙烷，CAS 编号：106-93-4
（25）氯苯，CAS 编号：108-90-7
（26）1,1,1,2-四氯乙烷，CAS 编号：630-20-6
（27）4-乙基甲苯，CAS 编号：622-96-8
（28）1,3,5-三甲基苯，CAS 编号：108-67-8
（29）1,2,4-三甲基苯，CAS 编号：95-63-6
（30）1,3-二氯苯，CAS 编号：541-73-1
（31）1,4-二氯苯，CAS 编号：106-46-7
（32）苄基氯，CAS 编号：100-44-7
（33）1,2-二氯苯，CAS 编号：95-50-1
（34）1,2,4-三氯苯，CAS 编号：120-82-1
（35）六氯丁二烯，CAS 编号：87-68-3
（36）正丁醇，CAS 编号：71-36-3
（37）4-甲基-2-戊酮，CAS 编号：108-10-1
（38）丁酮，CAS 编号：78-93-3
（39）环己酮，CAS 编号：108-94-1
（40）乙酸乙酯，CAS 编号：141-78-6
（41）乙酸正丙酯，CAS 编号：109-60-4
（42）乙酸正丁酯，CAS 编号：123-86-4
（43）乙酸异丙酯，CAS 编号：108-21-4
（44）2-乙氧基乙基乙酸酯，CAS 编号：111-15-9
（45）1-甲氧基-2-丙醇，CAS 编号：107-98-2
（46）1-乙氧基-2-丙醇，CAS 编号：1569-02-4
（47）2-乙氧基乙醇，CAS 编号：110-80-5

（48）丁二酸二甲酯，CAS 编号：106-65-0

（49）戊二酸二甲酯，CAS 编号：1119-40-0

（50）己二酸二甲酯，CAS 编号：627-93-0

（51）正己烷，CAS 编号：110-54-3

除特殊要求外，应使用分析纯或以上试剂。

D.2.2 其他挥发性有机化合物

由样品的定性分析结果来确定。

D.3 仪器和设备

D.3.1 气相色谱仪

色谱部分具有分流/不分流进样口，可程序升温。配备质谱部分具有 70eV 的电子轰击（EI）电离源，每个色谱峰至少有 6 次扫描，推荐为 7 次～10 次扫描，具有质谱图库、手动/自动调谐、数据采集、定量分析及谱库检索等功能。

D.3.2 毛细管柱

配用色谱柱为非极性（极性指数小于 10）二甲基硅氧烷石英毛细管柱，长 60m，内径 0.25mm～0.32mm，管壁膜厚 0.25μm～0.33μm。也可使用其他等效的毛细管柱。

D.3.3 热解析仪

能对吸附管进行二级热解析，并将解析气用惰性气体载带进入气相色谱仪，解析温度、时间和载气流速可调，冷阱可将解析样品进行浓缩。

D.3.4 吸附管

D.3.4.1 吸附管要求

采用内壁抛光的不锈钢管或玻璃管，管的大小与热解吸仪相匹配。吸附管的采样入口一端应有标记，吸附管预先装填有 200mg～1000mg 的 TenaxTA 吸附剂。

D.3.4.2 吸附管的处理

吸附管使用前需要老化处理。处理后的峰面积不大于待测化合物的典型峰面积的 10%即可。不满足此条件，需再次对吸附管进行处理，重复处理仍不能满足要求的吸附管不能用于测试。

D.3.4.3 处理后取样前吸附管的储存

应使用密封帽将吸附管管口封闭，并用锡纸或铝箔将管包严，储存于室温下密封容器内，并于 4 周内使用，超过 4 周未用需重新处理。

D.3.5 注射器

10μL 液体注射器或者其他规格。

D.3.6 液体标准系列制备装置

常规气相色谱进样口，可以在线使用也可以独立装配，保留进样口载气连线，进样口下端可与吸附管相连。

D.3.7 采气袋

采用低吸附性能的聚氟乙烯材料制造的采气袋，体积为 10L，密封性良好。采气袋使用前需要进行净化处理，保证袋内无特测试化合物干扰，空白气体的总挥发性有机化合物小于 0.05μg/L。

D.3.8 流量计

测量范围为 0.1L/min～1.0 L/min。

D.3.9 恒温箱

能够控制 23℃±1℃的温度。

D.3.10 分析天平

感量为 0.1mg。

D.3.11 气体采样器

能够准确控制100mL/min~200mL/min范围内的流速。

D.3.12 载气，氦气

氦气纯度99.999%。

D.4 试样处理

D.4.1 试样的存放

每个测试样品应单独密封保存并且存放在阴凉干燥的避光环境中。

D.4.2 试样的制备

D.4.2.1 从样品中取面积为90cm^{2}试样，将试样放入采气袋并密封袋口，填充6L高纯氮气，然后用气体采样器抽空，再重复充气抽空两次，最后填充6L高纯氮气到采气袋，关闭采样袋阀门，再将采气袋放入23℃的恒温箱中处理24h±5min。

D.4.2.2 每个样品进行两次平行测试。

D.4.2.3 除不加样品外，按D.4.2.1进行空白试验。

注：可根据需要选择其他更大体积的采气袋和试样面积，但需要进行验证并在报告中注明采气袋体积和试样面积。

D.4.3 气体的采样

组装好采样管，在试样处理完成后，将吸附管连接到采气袋采样口。使用流量计调节流速到100mL/min~200mL/min范围，开启气体采样器，观察并记录流速，总采气量为3L时，关闭气体采样器停止采样。从气体采样器上取下吸附管，使用密封帽将吸附管管口封闭，并用锡纸或铝箔将管包严。

D.5 试验步骤

D.5.1 试样的解析和浓缩

将吸附管安装在热解析仪上，气流方向与采样时方向相反。加热使挥发性组分从吸附剂上解析，由载气带入冷阱，进行预浓缩；然后，二次热解析，经传输线进入毛细管气相色谱仪。传输线温度接近解析温度，防止待测组分凝结。选择合适的解析时间和气体流速，以保证正十六烷的解析效率好于95%。典型的解析条件如下：

解析温度：260℃~300℃

a）解析时间：5min ~15min

b）气体流速：30mL/min~50mL/min

c）冷阱最高温度：280℃

d）冷阱最低温度：-30℃

e）冷阱中的吸附剂：Tenax TA，40mg~100mg

f）传输线温度：220℃

g）分流比：样品管和二级冷阱之间以及二级冷阱和色谱柱之间的分流比按气体浓度来选择。

D.5.2 气相色谱分析参考条件

分析沸点和极性差异大的混合物需设置柱温程序，以在最短时间内获得最好效果。如采用长60m，内径0.25mm，管壁0.32μm的二甲基硅氧烷毛细管柱，柱操作条件为程序升温，初始温度50℃保持10min，以5℃/min的速率程序升温至250℃，保持10min。

D.5.3 质谱分析参考条件

仪器条件如下：

a）辅助接口温度：220℃；

b）电离方式：电子轰击源（EI）；

c）离子源温度：230℃；

d）电离能量：70 eV；

e）四极杆温度：150℃；

f）全扫描监测模式，扫描范围 29 u～350 u；

D.5.4 标准曲线的绘制

D.5.4.1 校准工作溶液

D.5.4.1.1 取典型挥发性有机化合物（D.2.1）和其他挥发性有机化合物（D.2.2）配制混合校准溶液，溶剂为甲醇，每种挥发性有机化合物的浓度推荐为 1000mg/L。可自行配制或购买有证的混合校准溶液。

D.5.4.1.2 逐级稀释混合校准溶液（D.5.4.1.1）配制 10mg/L、40 mg/L、100 mg/L、200 mg/L、400 mg/L 的校准工作溶液。

D.5.4.2 校准工作曲线采样管的制备

利用进样装置，取 1μL 校准工作溶液（D.5.4.1.2）注入吸附管，同时用 100mL/min 的惰性气体通过吸附管，5min 后取下吸附管密封。配制含有 0.01μg、0.04μg、0.10μg、0.20μg、0.40μg 挥发性有机化合物组分的标准系列管。可以根据测试样品的含量，调整标准系列管含量。

D.5.4.3 绘制校准工作曲线

用热解析气相色谱法分析吸附管标准系列，以扣除空白后峰面积为纵坐标，以待测物质量为横坐标，建立标准工作曲线。工作曲线线性相关系数 $R^2 \geqslant 0.995$。

D.5.5 试样分析

每支样品吸附管按绘制标准曲线的操作步骤（即相同的解析和浓缩条件及色谱分析条件）进行分析，用质谱定性，峰面积定量。

D.6 结果计算

D.6.1 各挥发性有机化合物浓度计算

D.6.1.1 浓度计算

按式（D.1）计算各挥发性有机化合物的浓度：

$$c_m = \frac{m_f - m_b}{V_1} \quad \cdots\cdots (D.1)$$

式中 c_m——试样中挥发性有机化合物的浓度，单位为毫克每立方米（mg/m^3）；

m_f——采样管所采集到的挥发性有机化合物的质量，单位为微克（μg）；

m_b——空白管中挥发性有机化合物的质量，单位为微克（μg）；

V_1——采样体积，单位为升（L）；

D.6.1.2 标准状态下的浓度计算

按式（D.2）将 D.6.1.1 的浓度换算成标准状态下的浓度：

$$c_d = c_t \times \frac{T_0}{T} \times \frac{p}{p_0} \quad \cdots\cdots (D.2)$$

式中 c_d——标准状态下试样中挥发性有机化合物的浓度，单位为毫克每立方米（mg/m^3）；

T_0——标准状态的绝对温度，273K；

T——采样时采样点现场的温度（t）与标准状态的绝对温度之和，（t+273）K；

p_0——标准状态下的大气压力，101.3kPa；

p——采样时采样地点的大气压力，单位为千帕（kPa）。

D.6.2 挥发性有机化合物浓度计算的要求

应对保留时间在正己烷和正十六烷之间的浓度大于 5μg/m^3的各挥发性有机化合物进行分析，需尽可能对所有挥发性有机化合物进行定性，并选用该挥发性有机化合物的单一标准曲线进行定量。若要计算没有单一校正曲线或未能定性的挥发性有机化合物的定量，应选用甲苯的响应系数来计算。

D.6.3 总挥发性有机化合物浓度计算

D.6.3.1 计算由 D.6.1 得到的各挥发性有机化合物标准状态下的浓度之和，作为总挥发性有机化合物浓度。

D.6.3.2 取两次测定结果的算术平均值作为测试结果，结果修约至 0.01mg/m^3。

D.7 精密度

在重复性条件下获得的两次独立测定结果的绝对差值不得超过算术平均值的 20%。

D.8 质量保证和质量控制

D.8.1 样品处理前应对采气袋进行空白试验，保证空白的含量符合要求，对于不符合要求的采气袋应进行老化处理以保证符合要求。另外需要对采气袋密封性进行测试以保证密封完好。对于空白和密封性达不到要求的采气袋应弃用。

D.8.2 气体采集时，应控制流速到 100mL/min~200mL/min 范围，保证采气量的准确性。采气袋和采样管之间连接管的长度要尽可能短。

附 录 E

（规范性附录）

丙烯酰胺的测定

E.1 原理

本标准应用稳定性同位素稀释技术，在试样中加入$^{13}C_3$或氘标记（2，3，3-D_3）的丙烯酰胺内标溶液。粉碎样品后，用水或甲醇萃取，测定萃取液中的丙烯酰胺含量。以 LC-MS/MS 的多反应离子监测（MRM）进行检测，内标法定量。

E.2 试剂

如无特别说明，所用试剂均为分析纯；水为符合 GB/T 6682 规定的一级水。

E.2.1 甲醇（CH_3OH）：色谱纯。

E.2.2 0.1%甲酸（HCOOH）：使用色谱纯甲酸稀释配制。

E.2.3 标准物质：丙烯酰胺（$CH_2=CHCONH_2$）标准品（纯度>99%）。

E.2.4 内标：$^{13}C_3$-丙烯酰胺标准品（纯度>98%）或氘代丙烯酰胺（2，3，3-D_3）标准品（纯度>98%）。

E.2.5 标准溶液的配置如下：

a）丙烯酰胺标准储备溶液（1000mg/L）：准确称取 10.0mg（精确到 0.01mg）丙烯酰胺标准品（E.2.3），用甲醇（E.2.1）溶解并定容至 10mL，置-18℃下冰箱中保存。

b）丙烯酰胺内标储备溶液（1000mg/L）：准确称取 10.0mg（精确到 0.01mg）$^{13}C_3$-丙烯酰胺标准品或氘代丙烯酰胺标准品（E.2.4），用甲醇（E.2.1）溶解并定容至 10mL，置-18℃下冰箱中保存。

c）丙烯酰胺标准工作溶液（500μg/L）：吸取适量丙烯酰胺标准储备溶液（a），用水定容，配制成浓度为 500μg/L 的标准工作溶液，临用时配制。

d）丙烯酰胺内标工作溶液（10mg/L）：吸取适量丙烯酰胺内标储备溶液（b），用水定容，配制成浓度为 10mg/L 的内标工作溶液，临用时配制。

e）标准曲线工作溶液：分别移取 0.1mL、0.5mL、1.0mL、5.0mL、10.0mL 和 20.0mL 丙烯酰胺标准工作溶液（c）于 6 个 50mL 容量瓶中，在每个容量瓶中加入 0.5mL 丙烯酰胺内标工作溶液（d），用水定容。标准曲线工作溶液中丙烯酰胺的浓度分别为 1.00ng/mL、5.00ng/mL、10.0ng/mL、50.0ng/mL、100.0ng/mL 和 200.0ng/mL，内标浓度为 100.0ng/mL，临用时配制。

E.3 仪器设备

E.3.1 液相色谱-质谱/质谱联用仪：配有电喷雾离子源（ESI）。
E.3.2 分析天平：感量为 0.0001g 和 0.00001g。
E.3.3 超声波恒温水浴锅。
E.3.4 恒温干燥箱。
E.3.5 高速粉碎机（转速 8000r/min~10000r/min）。
E.3.6 孔径 0.22μm 的微孔滤膜（或滤器），避免使用尼龙材质，以防引入丙烯酰胺污染。
E.3.7 常规实验室玻璃仪器。

E.4 分析步骤

E.4.1 样品制备

E.4.1.1 样品处理

E.4.1.1.1 对于生活用纸，取至少 10g 样品，将样品剪成 1cm×1cm 左右的小块，混匀。

E.4.1.1.2 对于湿巾样品，为确保取样均匀，分别从两包湿巾的上中下部各取 1 片，准确称量 6 片湿巾的总质量 m_1（精确至 0.0001g），放置在干净的铝盒或表面皿上，将盛有样品的容器放入能使温度保持在 50℃ 的烘箱中烘干 3h。为确保样品尽快烘干，可将同一样品放置于多个容器中，且样品尽量避免堆叠放置。准确称量烘干后样品的总质量 m_2（精确至 0.0001g），将样品剪成 1cm×1cm 左右的小块，混匀。

E.4.1.1.3 其他样品整体取样，卫生巾和纸尿裤样品至少取一个完整试样，将样品剪成 1cm×1cm 左右的小块，然后使用高速粉碎机（E.3.5）将样品粉碎至絮状或小于 2mm，取样质量不得低于 10g。

E.4.1.2 浸泡提取

E.4.1.2.1 对于卫生巾和纸尿裤等样品，准确称取样品 1.0g（精确至 0.0001g），置于 50mL 离心管中，加 25mL 甲醇（E.2.1），同时加入 0.25mL 浓度为 10mg/L 的内标工作溶液（E.2.5d），使样品被完全浸透。40℃ 超声提取 30min，摇匀，取 2mL 氮吹至近干，加入 2mL 水复溶，过 0.22μm 微孔滤膜，待测。

E.4.1.2.2 对于卫生巾和纸尿裤之外的样品，准确称取样品 1.0g（精确至 0.0001g），置于 50mL 离心管中，加 25mL 水，同时加入 0.25mL 浓度为 10mg/L 的内标工作溶液（E.2.5d），使样品被完全浸透。40℃ 超声提取 30min，摇匀，取约 1mL 过 0.22μm 微孔滤膜，待测。

E.4.1.3 空白试验

除不加试样外，均按上述步骤进行。

E.4.1.4 平行试验

按以上步骤，对同一试样进行平行试验测定。

E.4.2 仪器参考条件

E.4.2.1 液相色谱参考条件如下：

a）色谱柱：SB-AQ 柱（3.5μm、2.1mm×50mm）或等效柱；
b）流动相：0.1%甲酸/甲醇，梯度见表 E.1；
c）流速：0.3mL/min；
d）柱温：40℃；
c）进样量：5μL。

表 E.1 流动相梯度洗脱条件

时间/min	0.1%甲酸/%	甲醇/%
0	98	2
2	98	2
2.5	5	95
4	5	95
4.1	98	2
6	98	2

E.4.2.2 质谱/质谱参考条件如下：

a）电离方式：阳离子电喷雾电离源（ESI+）；

b）检测方式：多反应离子监测（MRM）；

c）锥孔电压：40V；

d）离子碰撞能量：12eV；

e）碰撞气：氮气；

f）丙烯酰胺：母离子 m/z 72、子离子 m/z 55、子离子 m/z 44、子离子 m/z 27（在实际检测中可以根据实际情况选择 m/z 44 或 m/z 27 作为定性离子）；

g）内标：母离子 m/z 75、子离子 m/z 58；

h）定量离子：丙烯酰胺为 m/z 55，内标为 m/z 58 。

E.4.3 标准曲线的绘制

将标准曲线工作溶液（E.2.5 e）分别注入液相色谱-质谱/质谱联用仪，测定相应的丙烯酰胺及其内标的峰面积，以各标准曲线工作溶液的丙烯酰胺浓度（ng/mL）为横坐标，以丙烯酰胺（m/z 55）和丙烯酰胺内标（m/z 58）的峰面积比为纵坐标，绘制标准曲线。

E.4.4 试样溶液的测定

将试样溶液注入液相色谱-质谱/质谱联用仪中，测得丙烯酰胺（m/z 55）和丙烯酰胺内标（m/z 58）的峰面积比，根据标准曲线得到待测液中丙烯酰胺的浓度（ng/mL）。

E.4.5 质谱分析

分别将试样和标准曲线工作溶液注入液相色谱-质谱/质谱联用仪中，记录总离子流图和质谱图及丙烯酰胺和内标的峰面积，以保留时间及碎片离子的丰度定性，要求所检测的丙烯酰胺色谱峰信噪比（S/N）大于3，被测试样中目标化合物的保留时间与标准溶液中目标化合物的保留时间一致，同时被测试样中目标化合物的相应监测离子丰度比与标准溶液中目标化合物的色谱峰丰度比一致，允许的偏差见表 E.2。

表 E.2 定性测定时相对离子丰度的最大允许偏差

相对离子丰度（基线峰的%）	>50%	>20%~50%	>10%~20%	≤10%
允许的相对偏差（RSD）	±20%	±25%	±30%	±50%

E.4.6 结果计算

E.4.6.1 湿巾样品中丙烯酰胺含量的计算

按式（E.1）计算试样中丙烯酰胺的含量：

$$X = \frac{A \times V \times m_2}{1000 \times M \times m_1} \quad \text{(E.1)}$$

式中 X——试样中丙烯酰胺含量，单位为毫克每千克（mg/kg）；

A——试样中丙烯酰胺（m/z 55）和丙烯酰胺内标（m/z 58）的峰面积比值在标准曲线中对应的丙烯酰胺的浓度，单位为纳克每毫升（ng/mL）；

V——萃取液的体积，单位为毫升（mL）；

M——样品取样量，单位为克（g）；

m_1——6 片湿巾试样的总质量，单位为克（g）；

m_2——烘干后 6 片湿巾试样的总质量，单位为克（g）；

1000——单位换算系数；

计算结果以重复性条件下获得的两次独立测定结果的算术平均值表示，结果保留三位有效数字。

E. 4. 6. 2 其他样品中丙烯酰胺含量的计算

按式（E. 2）计算试样中丙烯酰胺的含量：

$$X = \frac{A \times V}{1000 \times M} \qquad (E.2)$$

式中 X——试样中丙烯酰胺含量，单位为毫克每千克（mg/kg）；

A——试样中丙烯酰胺（m/z 55）和丙烯酰胺内标（m/z 58）的峰面积比值在标准曲线中对应的丙烯酰胺的浓度，单位为纳克每毫升（ng/mL）；

V——萃取液的体积，单位为毫升（mL）；

M——样品取样量，单位为克（g）；

1000——单位换算系数；

计算结果以重复性条件下获得的两次独立测定结果的算术平均值表示。

E. 5 精密度

在重复性条件下获得两次独立测定结果的绝对差值不得超过算术平均值的 20%。

E. 6 其他

方法定量限为 0. 02mg/kg。

附 录 F
（规范性附录）
邻苯二甲酸酯的测定

F. 1 原理

试样经正己烷提取后采用气相色谱-质谱联用仪进行测定。采用特征选择离子监测扫描模式（SIM），以碎片丰度比定性，标准样品定量离子外标法定量。

F. 2 试剂和材料

除非另有规定，仅使用色谱纯试剂。

F. 2. 1 水，GB/T 6682，一级。

F. 2. 2 正己烷。

F. 2. 3 有机相微孔滤膜：0. 45μm。

F. 2. 4 载气：氦气，纯度为 99. 999%。

F. 2. 5 邻苯二甲酸酯标准品：纯度>95. 0%。

F.2.6 邻苯二甲酸酯标准储备液（1000mg/L）：称取上述各标准品（精确至0.1mg）用正己烷（F.2.2）配制成1000mg/L的标准储备液，置于4℃冰箱中避光保存。

F.2.7 标准工作液：DIDP、DINP浓度为2mg/L~50mg/L，其他4种邻苯二甲酸酯浓度为0.1mg/L~10mg/L，之间至少各含5个标准工作溶液。此系列标准工作液应现用现配。

F.3 仪器

F.3.1 实验室常用玻璃器皿。

F.3.2 气相色谱-质谱联用仪（GC-MS）。

F.3.3 分析天平：感量0.1mg。

F.3.4 超声波发生器。

注：所用刻度玻璃器皿洗净后，用水（F.2.1）淋洗三次，丙酮浸泡1h，正己烷淋洗，在200℃下烘烤2h，冷却至室温备用。邻苯二甲酸酯是一种常见污染物，建议避免使用任何可能对分析造成污染的塑料仪器。

F.3.5 高速粉碎机：转速8000 r/min~10000r/min。

F.3.6 恒温干燥箱。

F.4 分析步骤

F.4.1 试样处理

F.4.1.1 取样

F.4.1.1.1 对于湿巾样品，为确保取样均匀，分别从两包湿巾的上中下部各取1片，准确称量6片湿巾的总质量m_1（精确至0.0001g），放置在干净的铝盒或表面皿上，将盛有样品的容器放入能使温度保持在50℃±2℃的恒温干燥箱（F.3.6）中烘3h，记录6张烘干后湿巾的总质量m_2（精确至0.0001g）。将烘干后的样品剪成1cm×1cm左右的小块，混匀。

F.4.1.1.2 对于卫生巾、纸尿裤及用剪刀不易剪碎的样品使用高速粉碎机（F.3.5）粉碎后混匀，粉碎后样品应为絮状或小于2mm的颗粒状；对于容易剪碎的纸、纸板及制品，将样品剪成1cm×1cm左右的小块，混匀；最终取样质量不得低于10g。

F.4.1.2 提取

准确称取粉碎或剪碎后的试样1.0g（取样量应精确至0.0001g）于50mL具塞三角瓶中，加入20mL正己烷，40℃超声提取30min，用有机相微孔滤膜（F.2.3）过滤后，取滤液进行分析。每个样品取两份试样进行平行测定。

注：若无法获得1.0g试样或已知试样中邻苯二甲酸酯含量特别高时，可适当减少称样量，但最少称样量应不少于0.1g。

F.4.2 空白试验

除不加试样外，试验中使用的试剂按F.4.1处理，进行GC-MS分析。

F.4.3 仪器参考条件

F.4.3.1 气相色谱参考条件如下：

a）色谱柱：HP-5MS石英毛细管柱［30m×0.25mm（内径）×0.25μm］或相当型号色谱柱；

b）进样口温度：260℃；

c）程序升温；初始温度60℃，保持1min，以20℃/min升温至220℃，保持1min，再以5℃/min升温至250℃，保持1min，再以20℃/min升温至290℃保持7.5min；

d）载气：氦气，纯度≥99.999%；流速1mL/min；

e）进样方式：不分流进样；

f）进样量：1μL。

F.4.3.2 质谱条件如下：

a）色谱与质谱接口温度：280℃；

b）电离方式：电子轰击源（EI）；

c）检测方式：全扫描模式（TIC）定性，选择离子监测（SIM）定量；

d）溶剂延迟：7min。

注：由于测试结果取决于所使用的仪器，因此无法给出分析的通用参数。设定的参数应保证色谱测定被测组分与其他组分能够得到有效的分离，以上参数仅供参考。

F.4.4 定性分析

通过比对试样和标准工作溶液中目标物的保留时间和特征离子的相对丰度来进行定性分析。在测定条件下，试样待测液和标准品的选择离子色谱峰在相同保留时间处（±0.5%）或±1min 范围内出现，并且对应质谱碎片离子的质荷比与标准品一致，其丰度与标准品相比应符合：相对丰度>50%时，允许±10%偏差；相对丰度 20%~50%时，允许±15%偏差；相对丰度 10%~20%时，允许±20%偏差；相对丰度<10%时，允许±50%偏差时，可定性判定样品中是否含有相应的邻苯二甲酸酯。

F.4.5 定量分析

采用外标校准曲线法定量，以各邻苯二甲酸酯的标准溶液浓度为横坐标，各自的定量离子的峰面积为纵坐标，建立标准工作曲线，以试样的峰面积与标准曲线比较定量。

F.5 结果计算

F.5.1 湿巾样品中特定邻苯二甲酸酯含量的计算

样品中特定邻苯二甲酸酯的含量按式（F.1）计算

$$X = (c - c_0) \times V \times D \times m_2/(m \times m_1) \quad \text{(F.1)}$$

式中 X——试样中特定邻苯二甲酸酯的含量，单位为毫克每千克（mg/kg）；

c——测得的试样浓度，单位为毫克每升（mg/L）；

c_0——测得的空白浓度，单位为毫克每升（mg/L）；

V——萃取液的体积，单位为毫升（mL）；

m——萃取用试样质量，单位为克（g）；

D——稀释倍率；

m_1——6 片湿巾试样的总质量，单位为克（g）；

m_2——烘干后 6 片湿巾试样的总质量，单位为克（g）。

F.5.2 其他样品中特定邻苯二甲酸酯含量的计算

样品中特定邻苯二甲酸酯的含量按式（F.2）计算：

$$X = (c - c_0) \times V \times D/m \quad \text{(F.2)}$$

式中 X——试样中特定邻苯二甲酸酯的含量，单位为毫克每千克（mg/kg）；

c——测得的试样浓度，单位为毫克每升（mg/L）；

c_0——测得的空白浓度，单位为毫克每升（mg/L）；

V——萃取液的体积，单位为毫升（mL）；

m——萃取用试样质量，单位为克（g）；

D——稀释倍率。

以两次测定的平均值作为测试结果。

F.6 精密度

在重复性条件下获得的两次独立测定结果的绝对值不得超过算术平均值的 15%。

F.7 其他

DBP 的方法定量限为 2.0mg/kg，DIDP、DINP 的方法定量限为 50.0mg/kg，BBP、DEHP、DNOP 的方法定量限为 5.0mg/kg。

附 录 G
（规范性附录）
吸收速度的测定

G.1 概述

卫生巾粘贴在吸收速度测试仪的弧形试样座上，标准测试模块置于样品表面吸收区域，自动加液装置将一定体积的标准合成试液加入标准测试模块中，计时器记录卫生巾完全吸收标准合成试液的时间，表示其吸收速度。

G.2 仪器设备与材料

G.2.1 吸收速度测试仪：由标准测试模块、弧形试样座、自动加液装置和自动计时器等组成，各部件具体参数如下：

a）标准测试模块：尺寸为（76 mm±1mm）×（80 mm±1mm），质量为 127.0 g±2.5g，示意图见图 G.1；

b）弧形试样座：长为（230 mm±1mm），宽为（80 mm±1mm），示意图见图 G.1；

c）自动加液装置：加液量为 5.0 mL±0.1mL，放液速度小于等于 3s；

d）自动计时器：分辨力为 0.01s。

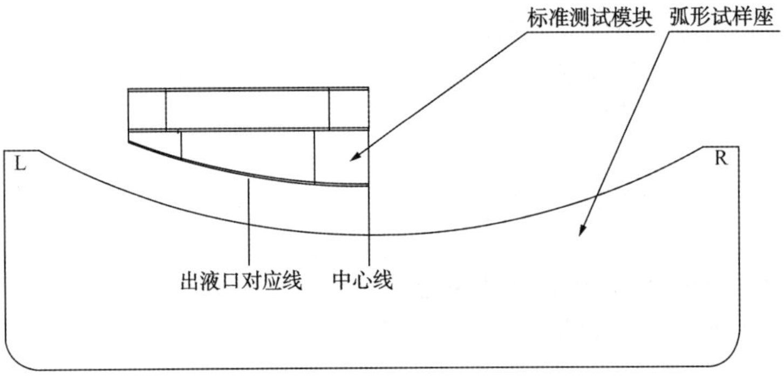

图 G.1

G.2.2 标准合成试液：见 GB/T 8939。

G.2.3 蒸馏水或去离子水。

G.3 试样采取

每个样品取 5 片试样，所取试样至少来自两个销售包装。

G.4 试验步骤

G.4.1 将吸收速度测试仪（G.2.1）放于水平位置，向储液罐中倒入足够标准合成试液（G.2.2），启动仪器，点击润洗按钮，润洗两次。按仪器说明书规定校准自动加液装置的加液体积。

G.4.2 将吸收速度测试仪上的弧形试样座取下放在水平桌面上，取一片试样，撕去底部离型纸，轻轻地粘贴在弧形试样座的弧形测试区域内，粘贴时试样的前端在弧形试样座的左（L）侧，后端在弧形试样座的右（R）侧，且护翼的中心线（垂直于巾身）与底座上出液口对应线对齐，将护翼贴于弧形试样座的两侧，然后将贴有试样的弧形试样座放到吸收速度测试仪的固定位置。

G.4.3 进入吸收速度测试仪的测试界面，设置试样厚度，以确保标准测试模块可自由落至试样表面。

点击测试，自动加液装置向标准测试模块内加入 5.0mL±0.1mL 标准合成试液，计时器自动开始计时，直到吸收区最低点处液面消失时自动停止计时。

G.4.4 测试完毕后，用洁净的纸巾纸将标准测试模块底部擦拭干净，取下弧形试样座，撕下测试完的试样，准备下一次试验。

G.4.5 每个样品至少测得 5 个有效数据。

G.4.6 完成所有测试后，用蒸馏水或去离子水清洗吸收速度测试仪及标准测试模块。

G.5 结果表示

以 5 片试样测试值的算术平均值表示结果，单位为秒（s），结果修约至整数位。

附 录 H
（规范性附录）
致癌芳香胺清单

表 H.1 给出了致癌芳香胺清单。

表 H.1 致癌芳香胺清单

序号	化学品名	CAS 编号
1	4-氨基联苯（4-aminobiphenyl）	92-67-1
2	联苯胺（benzidine）	92-87-5
3	4-氯-邻甲苯胺（4-chloro-*o*-toluidine）	95-69-2
4	2-萘胺（2-naphthylamine）	91-59-8
5	邻氨基偶氮甲苯（*o*-aminoazotoluene）	97-56-3
6	5-硝基-邻甲苯胺（5-nitro-*o*-toluidine）	99-55-8
7	对氯苯胺（*p*-chloroaniline）	106-47-8
8	2,4-二氨基苯甲醚（2,4-diaminoanisole）	615-05-4
9	4,4′-二氨基二苯甲烷（4,4′-diaminobiphenymethane）	101-77-9
10	3,3′-二氯联苯胺（3,3′-dichlorobenzidine）	91-94-1
11	3,3′-二甲氧基联苯胺（3,3′-dimethoxybenzidine）	119-90-4
12	3,3′-二甲基联苯胺（3,3′-dimethylbenzidine）	119-93-7
13	3,3′-二甲基-4,4′-二氨基二苯甲烷（3,3′-dimethy1-4,4′-diaminobiphenylmthane）	838-88-0
14	2-甲氧基-5-甲基苯胺（*p*-cresidine）	120-71-8
15	4,4′-亚甲基-二-（2-氯苯胺）[4,4′-methylene-bis-（2-chloroaniline）]	101-14-4
16	4,4′-二氨基二苯醚（4,4′-oxydianiline）	101-80-4
17	4,4′-二氨基二苯硫醚（4,4′-thiodianiline）	139-65-1
18	邻甲苯胺（*o*-toluidine）	95-53-4
19	2,4-二氨基甲苯（2,4-toluylendiamine）	95-80-7
20	2,4,5-三甲基苯胺（2,4,5-trimethylaniline）	137-17-7
21	邻氨基苯甲醚（*o*-anisidine）	90-04-0
22	4-氨基偶氮苯（4-aminoazobenzene）	60-09-3
23	2,4-二甲基苯胺（2,4-xylidine）	95-68-1
24	2,6-二甲基苯胺（2,6-xylidine）	87-62-7

进出口一次性使用纸制卫生用品检验规程（SN/T 2148—2008）

2009-03-16 实施

1 范围

本标准规定了进出口一次性使用纸制卫生用品的抽样要求，卫生和毒理学试验要求，包装和产品标识的要求，产品试验方法及检验结果的判定。

本标准适用于一次性使用纸制卫生用品的进出口检验。

2 规范性引用文件

下列文件中的条款通过本标准的引用而成为本标准的条款。凡是注日期的引用文件，其随后所有的修改单（不包括勘误的内容）或修订版均不适用于本标准，然而，鼓励根据本标准达成协议的各方研究是否可使用这些文件的最新版本。凡是不注日期的引用文件，其最新版本适用于本标准。

GB/T 5009.78　食品包装用原纸卫生标准的分析方法

GB 15979—2002　一次性使用卫生用品卫生标准

GB 20810—2006　卫生纸（含卫生纸原纸）

3 术语和定义

下列术语和定义适用于本标准。

3.1 一次性使用纸制卫生用品 disposable sanitary paper products

使用一次后即丢弃的、与人体直接或间接接触的，并为达到人体生理卫生或卫生保健（抗菌或抑菌）目的而使用的各种日常生活用纸制品。例如：纸面巾、纸餐巾、纸手帕、纸湿巾和卫生湿巾、纸台布、纸卫生巾（卫生护垫）、纸尿布（裤）、卫生纸、卫生纸原纸、纸制的衣服和衣着用品、纸制的床单、口罩及其他家庭、卫生和医院用品等。

3.2 检验批 inspection lot

检验检疫报检单所列同一种商品为一检验批。

4 抽样和要求

从同一检验批的三个运输包装中至少抽取 12 个最小销售包装样品，四分之一样品用于检测，四分之一样品用于留样，另两分之一样品封存留在抽样部门必要时用于复验。抽样的最小销售包装不应有破裂，检验前不得开启。

对于无销售包装的产品抽样，从同一检验批的三个运输包装中至少抽取 12 份样品，每份样品量应不少于 150g，四分之一样品用于检测，四分之一样品用于留样，另两分之一样品封存留在抽样部门必要时用于复验。抽样工具和存样容器应预先进行灭菌处理，应保证抽样过程不会对样品造成污染。

5 产品的卫生检验和要求

5.1 产品外观应整洁，符合该卫生用品固有性状，不得有异常气味与异物。

5.2 产品的微生物学指标应符合表 1。

5.3 纸面巾、纸餐巾、纸手帕、纸湿巾等产品应当进行荧光检查，任何一份 $100cm^2$ 样品荧光面积不得大于 $5cm^2$。

表 1 产品的微生物学指标

<table>
<tr><th rowspan="2">产 品 种 类</th><th colspan="5">微 生 物 指 标</th></tr>
<tr><th>初始污染菌[a]/(CFU/g)</th><th>细菌菌落总数/(CFU/g 或 CFU/mL)</th><th>大肠菌群</th><th>致病性化脓菌[b]</th><th>真菌菌落总数/(CFU/g 或 CFU/mL)</th></tr>
<tr><td>纸面巾、纸餐巾、纸手帕、纸湿巾、纸台布、纸制的床单、纸制的衣服和衣着用品、其他家庭、卫生和医院用品</td><td>—</td><td>≤200</td><td>不得检出</td><td>不得检出</td><td>≤100</td></tr>
<tr><td>卫生湿巾</td><td>—</td><td>≤20</td><td>不得检出</td><td>不得检出</td><td>不得检出</td></tr>
<tr><td colspan="6">口罩</td></tr>
<tr><td>普通级</td><td>—</td><td>≤200</td><td>不得检出</td><td>不得检出</td><td>≤100</td></tr>
<tr><td>消毒级</td><td>≤10000</td><td>≤20</td><td>不得检出</td><td>不得检出</td><td>不得检出</td></tr>
<tr><td colspan="6">纸卫生巾（卫生护垫）</td></tr>
<tr><td>普通级</td><td>—</td><td>≤200</td><td>不得检出</td><td>不得检出</td><td>≤100</td></tr>
<tr><td>消毒级</td><td>≤10000</td><td>≤20</td><td>不得检出</td><td>不得检出</td><td>不得检出</td></tr>
<tr><td colspan="6">纸尿布（纸尿裤）</td></tr>
<tr><td>普通级</td><td>—</td><td>≤200</td><td>不得检出</td><td>不得检出</td><td>≤100</td></tr>
<tr><td>消毒级</td><td>≤10000</td><td>≤20</td><td>不得检出</td><td>不得检出</td><td>不得检出</td></tr>
<tr><td>卫生纸</td><td>—</td><td>≤600</td><td rowspan="2">不得检出</td><td rowspan="2">不得检出[c]</td><td rowspan="2">—</td></tr>
<tr><td>卫生纸原纸</td><td>—</td><td>≤500</td></tr>
</table>

[a] 如初始污染菌超过表内数值，应相应提高杀灭指数，使达到本标准规定的细菌与真菌限值。

[b] 致病性化脓菌指绿脓杆菌、金黄色葡萄球菌与溶血性链球菌。

[c] 卫生纸和卫生原纸的致病性化脓菌指金黄色葡萄球菌与溶血性链球菌。

6 产品的毒理学试验要求

6.1 对于初次检验的进出口一次性使用纸制卫生用品，应按表 2 的要求提供有法律效力的产品毒理学测试报告，产品毒理学测试报告应包括测试样品的品名、品牌、规格、测试结果有效期等内容。试验项目按表 2 进行。

表 2 产品毒理学试验项目

产品种类	皮肤刺激试验	阴道黏膜刺激试验	皮肤变态反应试验
纸制的内衣、内裤	✓		✓
纸湿巾、卫生湿巾	✓		
口罩	✓		
纸卫生巾（卫生护垫）		✓	✓
纸尿布（纸尿裤）	✓	✓[a]	✓

[a]产品如标有男用标识可不进行该试验。

6.2 未列入表 2 的进出口一次性使用纸制卫生用品可不进行产品毒理学试验。

7 半成品或原材料的卫生要求

7.1 一次性使用纸制卫生用品的半成品应按照本标准对于成品的要求进行微生物项目检验和毒理学试验。

7.2 生产一次性使用纸制卫生用品的原材料应无毒、无害、无污染，重要的原材料应进行微生物检测，检测的项目应与产品需检测的微生物项目相同。

7.3 禁止将使用过的卫生用品作原材料或半成品。

8 产品包装和产品标识的要求

8.1 直接与产品接触的包装材料应无毒、无害、清洁，产品的所有包装材料应具有足够的密封性和牢固性，以保证产品在正常的运输与储存条件下不受污染。

8.2 产品包装应标明产品名称、生产单位、生产日期、生产批号和保质期（使用有效期）等内容。

9 产品试验方法

9.1 产品外观：在抽取样品时进行目视检验，应符合 5.1 的规定。

9.2 产品（不包括卫生纸和卫生原纸）微生物指标按 GB 15979—2002 中的附录 B 进行测定。

9.3 卫生纸和卫生原纸微生物指标按 GB 20810—2006 中的附录 A 进行测定。

9.4 产品毒理学试验按 GB 15979—2002 中的附录 A 进行测定。

9.5 荧光检查按 GB/T 5009.78 规定方法进行测定。

10 检验结果的判定

以上各检验项目均为合格时，该检验批为合格，有一项不合格则判该检验批不合格。

11 不合格的处置

对不合格检验批，进口产品不许销售使用，出口产品不许出口。

纸尿裤规格与尺寸（GB/T 33280—2016）

2017-07-01 实施

1 范围

本标准规定了纸尿裤的分类、规格与尺寸要求、试验方法、检验规则和标识。

本标准适用于各种婴儿纸尿裤和成人纸尿裤，不适用于纸尿片、纸尿垫和护理垫。

2 分类

2.1 纸尿裤按使用对象分为婴儿纸尿裤和成人纸尿裤。

2.2 纸尿裤按穿戴方式分为腰贴型纸尿裤和裤型纸尿裤。

3 规格与尺寸要求

3.1 婴儿纸尿裤

3.1.1 腰贴型婴儿纸尿裤不同规格所对应的适用体重和适用腰围最大值应符合表 1 的规定。

3.1.2 裤型婴儿纸尿裤不同规格所对应的适用体重和适用腰围最大值应符合表 2 的规定。

表 1

规　格	适用体重/kg	适用腰围最大值/cm
初生儿（NB）	≤5	≥42
小号（S）	4~8	≥45

续表

规　格	适用体重/kg	适用腰围最大值/cm
中号（M）	6~11	≥48
大号（L）	9~14	≥51
加大号（XL）	12~17	≥54
特大号（XXL）	≥15	≥57

表 2

规　格	适用体重/kg	适用腰围最大值/cm
中号（M）	6~11	≥50
大号（L）	9~14	≥53
加大号（XL）	12~17	≥56
特大号（XXL）	≥15	≥59

3.1.3　其他特殊规格的婴儿纸尿裤的适用体重和适用腰围最大值可在满足使用的情况下自行规定。

3.2　成人纸尿裤

3.2.1　腰贴型成人纸尿裤、裤型成人纸尿裤不同规格所对应的适用臀围和适用腰围最大值应符合表 3 的规定。

表 3

规　　格	适用臀围/cm	适用腰围最大值/cm
小号（S）	≤90	≥90
中号（M）	80~105	≥105
大号（L）	95~120	≥120
加大号（XL）	≥110	≥135

3.2.2　其他特殊规格的成人纸尿裤的适用臀围和适用腰围最大值可在满足使用的情况下自行规定。

4　试验方法

4.1　婴儿纸尿裤

4.1.1　适用体重的判定

检查产品外包装所标注的规格与所对应的适用体重与表 1 或表 2 的规定是否一致，如果一致，则判为合格，否则判为不合格。

4.1.2　适用腰围最大值的测量

婴儿纸尿裤适用腰围最大值按附录 A 进行测量。

4.2　成人纸尿裤

4.2.1　适用臀围的判定

检查产品外包装所标注的规格与所对应的适用臀围与表 3 的规定是否一致，如果一致，则判为合格，否则判为不合格。

4.2.2　适用腰围最大值的测量

成人纸尿裤的适用腰围最大值按附录 A 进行测量。

5　检验规则

5.1 检验批的规定

以相同原料、相同工艺、相同规格的同类产品一次交货数量为一批，交收检验样本单位为件，每批不超过5000件。

5.2 抽样方法

从一批产品中，随机抽取3件产品，从每件产品中抽取1包，共计3包，组成一个样本。

5.3 判定规则

当检验样本符合第3章全部检验项目要求时，则判为批合格；否则判为批不合格。

6 标识

婴儿纸尿裤的销售包装应标注产品规格、适用体重，成人纸尿裤的销售包装应标注产品规格、适用臀围。

附录A
（规范性附录）
适用腰围最大值的测量

A.1 概述

适用腰围最大值分为腰贴型纸尿裤适用腰围最大值和裤型纸尿裤适用腰围最大值。腰贴型纸尿裤适用腰围最大值是指纸尿裤后端部承受一定拉力所达到的长度与前腰贴长度之和。裤型纸尿裤适用腰围最大值是指纸尿裤整个腰部承受一定拉力所达到的长度。

A.2 试验装置

A.2.1 钢直尺或卷尺：分度值0.1cm。

A.2.2 上试样夹：1个，能悬挂于一固定水平横杆上，夹缝平齐。

A.2.3 下试样夹：1个，可配重砝码使其总质量达到750g，夹缝平齐。

A.2.4 上试样钩：1个，一端设计应确保可悬挂于一固定水平横杆上，另一端悬挂时应保持水平，水平长度为17.5cm，直径8mm，结构示意图见图A.1。

A.2.5 下试样钩：1个，一端水平长度为17.5cm，另一端可配重砝码，使其总质量达到1500g或2500g，直径8mm，结构示意图见图A.1。

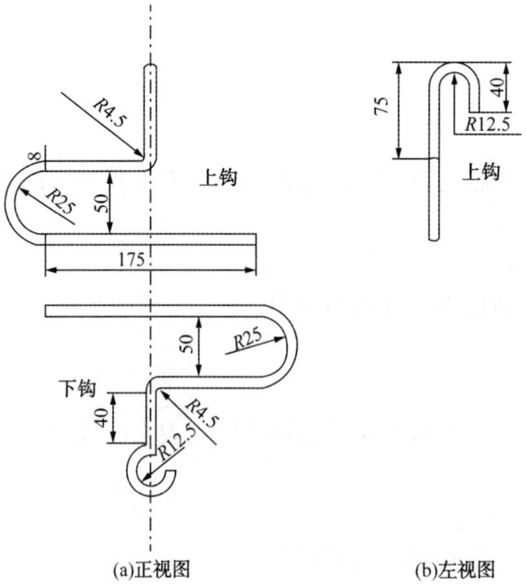

图A.1 试样钩结构示意图（单位：mm）

A.3 测量步骤

A.3.1 腰贴型纸尿裤测量方法

A.3.1.1 取一条纸尿裤，将纸尿裤展开后平铺在水平桌面上（使用面朝下），用钢直尺或卷尺（A.2.1）量取尿裤前腰贴的总长度 L_1，准确至 0.1cm。如果前腰贴由两片或多片组成，测量左侧腰贴最左端至右侧腰贴最右端的距离作为 L_1。测量示意图见图 A.2。

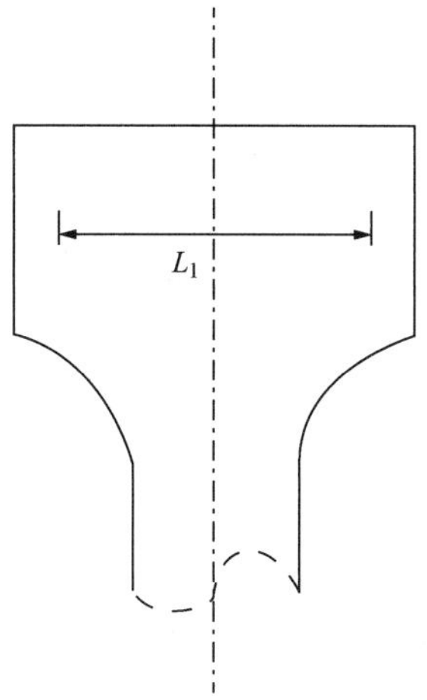

图 A.2 前腰贴测量示意图

A.3.1.2 将纸尿裤的两个耳贴打开，用上试样夹（A.2.2）夹住其中一个耳贴，挂在一固定水平横杆上，然后将带配重砝码的下试样夹（A.2.3）夹住另一个耳贴。待纸尿裤后端部拉伸到最大距离且保持平稳后，用钢直尺或卷尺量取两个耳贴粘钩内侧边线之间的长度 L_2，准确至 0.1cm。测量时，配重砝码与下试样夹总质量为 750g。测量示意图见图 A.3。

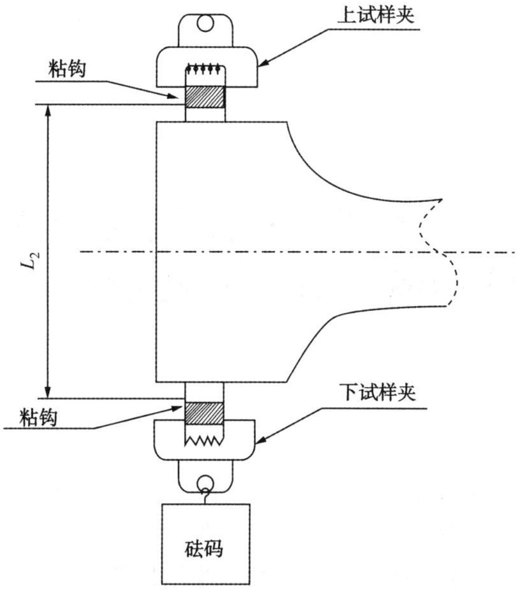

图 A.3 腰贴型纸尿裤适用腰围最大值测量示意图

A.3.2 裤型纸尿裤测量方法

用上试样钩（A.2.4）的水平端勾住裤型纸尿裤腰部的一端，上试样钩的挂钩端挂在一固定水平横杆上。下试样钩（A.2.5）的水平端勾住裤型纸尿裤腰部的另一端，下试样钩的挂钩端挂上砝码，测量时确保下试样钩与砝码总质量达到 1500g 或 2500g（测量婴儿用裤型纸尿裤选择 1500g，测量成人用裤型纸尿裤选择 2500g）。当裤型纸尿裤腰部拉伸到最大距离且保持平稳后，用钢直尺或卷尺测量裤型纸尿裤腰部两端缝制线（或两端边缘处）之间的长度 K。测量示意图见图 A. 4。

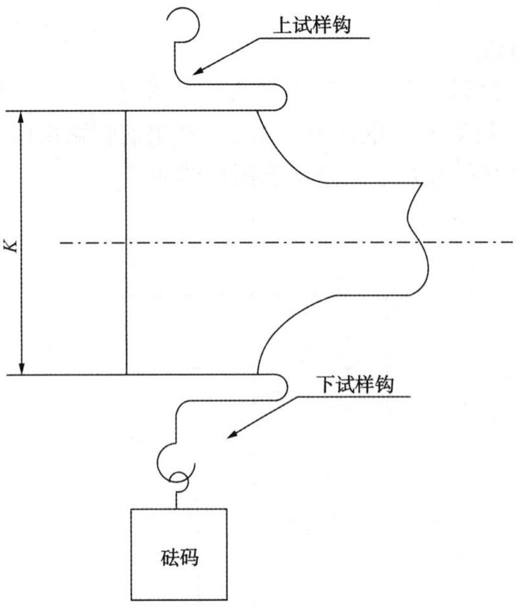

图 A. 4　裤型纸尿裤适用腰围最大值测量示意图

A. 4　结果表示

A. 4. 1　腰贴型纸尿裤适用腰围最大值 L_{max} 按式（A. 1）计算。

$$L_{max} = L_1 + L_2 \quad\quad (A.1)$$

A. 4. 2　裤型纸尿裤适用腰围最大值 K_{max} 按式（A. 2）计算。

$$K_{max} = 2K \quad\quad (A.2)$$

A. 4. 3　每个样品测量 3 条纸尿裤，3 条纸尿裤应来自 3 个不同包装，以 3 条纸尿裤适用腰围最大值的平均值表示结果，结果修约至整数位。

生活用纸　生产过程质量安全状态监测与评价指南（GB/T 40274—2021）

2021-12-01 实施

1　范围

本标准确立了生活用纸生产过程质量安全因子控制的原则，描述了产品生产过程中质量安全因子的识别方法，提供了在生产过程质量安全因子的评估和控制指南。

本标准适用于纸巾、卫生纸、擦手纸、厨房纸巾等生活用纸生产过程质量安全因子的评估和控制。

2　规范性引用文件

下列文件对于本文件的应用是必不可少的。凡是注日期的引用文件，仅注日期的版本适用于本文件。凡是不注日期的引用文件，其最新版本（包括所有的修改单）适用于本文件。

GB/T 22760—2020　消费品安全　风险评估导则

GB/T 36420　生活用纸和纸制品　化学品及原料安全评价管理体系

消毒产品生产企业卫生规范（2009 年版）

3 术语和定义

下列术语和定义适用于本文件。

3.1 消费品 consumer product

主要但不限于为个人使用而设计、生产的产品，包括产品的组件、零部件、附件、使用说明和包装。

[GB/T 22760—2020，定义 2.1]

3.2 伤害 harm

对人体健康的损害或损伤，对财产或环境的损害。

[GB/T 20002.4—2015，定义 3.1]

3.3 危害（源） hazard

可能导致伤害的潜在根源。

[GB/T 28803—2012，定义 3.2]

3.4 风险 risk

伤害发生概率和伤害严重程度的组合。

[GB/T 20002.4—2015，定义 3.9]

3.5 <消费品>质量安全 <consumer product> quality safety

消费品质量在预期使用和可预见的误用情况下符合安全的要求。

[GB/T 28216—2011，定义 2.10]

3.6 <消费品>质量安全因子 <consumer product> quality safety factor

可能导致消费品质量安全风险的产品的固有因素。

[GB/T 28216—2011，定义 2.11]

4 总则

4.1 关注消费者健康安全

生活用纸质量安全因子评估和控制以消费者健康安全为关注焦点。在符合适用法律、法规和相关标准等规范性要求的基础上，鼓励相关方评估未知和潜在的生活用纸安全风险并实施有效控制，为消费者提供安全的产品。

4.2 覆盖生活用纸生产全过程

生活用纸质量安全因子评估和控制在生活用纸的设计、采购、制造、储运等生产全过程内各阶段系统展开，根据质量安全因子评估结果，综合考虑可靠性、有效性和经济性等相关要求，确定生活用纸质量安全因子控制的关键环节，以提高生活用纸质量安全因子评估和控制的效率和效果。

4.3 基于质量安全因子识别和控制

生活用纸质量安全因子具有导致产品质量安全事故的倾向性，是引发产品质量安全事故的本质原因。在未采取必要的控制措施或某些触发条件下，质量安全因子可能形成产品危害（源）；在特定的伤害情景下，危害（源）可能导致产品质量安全事故，造成消费者人身伤害。为确保生活用纸的质量安全，对生活用纸生产过程质量安全因子进行识别、分析、评价并采用控制措施是非常必要的。

5 生活用纸质量安全因子评估

5.1 质量安全信息获取

5.1.1 生活用纸与安全相关的特性判定

5.1.1.1 对生产过程质量安全相关的特征判定，宜考虑生活用纸的基本功能及其他可能影响产品安全的性能特征，主要包括以下方面：

a）预期功能与可能用途；

b）与安全性相关的基本性能；

c）与安全性相关的结果、材料等特征。

5.1.1.2 识别生活用纸的目标用户及可能接触人群的相关特征，包括性别、年龄等。

5.1.1.3 考虑生活用纸的预期使用和可预见误用等，宜包括以下方面：

a）消费者可能的使用方式（包括正常使用和非预期使用）；

b）正常使用和非预期使用情况下，使用频次、数量和单次使用时间；

c）与使用时间相关的产品安全性能。

5.1.2 外部质量安全信息收集

对生活用纸生产过程质量安全的评价，还宜收集有关生产原材料以及产品相关的外部信息，并确保所获信息的全面、可靠、及时，包括以下内容：

a）相关法规、标准和其他适用文件；

b）历史事件和相关数据；

c）科学技术资料和相关经验；

d）利益相关方（消费者、政府、企业等）的诉求；

e）确定目标消费品的预期用途、使用环境、使用行为、使用寿命、使用人群、使用频率、使用数量等。

5.2 质量安全因子识别

5.2.1 总则

5.2.1.1 通过对生活用纸的生产全过程进行监测与分析，识别安全风险源。

5.2.1.2 识别出安全风险源后，宜进一步对风险源产生的潜在和本质原因进行分析，在充分考虑生产过程、环境以及原材料影响的基础上，查找质量安全因子。

5.2.1.3 对识别出的质量安全因子，宜进行归类、梳理和统一列表，列示每一因子的名称、类别及其相关危险源，形成初步的生产过程质量安全因子信息列表。

5.2.2 质量安全因子识别途径

生活用纸质量安全因子识别的途径一般包括以下方面：

a）消费者投诉；

b）消费者伤害事件媒体报道；

c）相关数据库信息，如召回通报等；

d）相关法律法规、标准；

e）生活用纸安全性能检测；

f）行业专家、科研人员的研究报告；

g）其他途径。

5.2.3 质量安全因子分类

根据生活用纸产品的特点，质量安全因子可分为物理类、化学类和生物类三个类别，附录A给出了质量安全因子分类示例。附录B给出了生活用纸质量安全因子、危害（源）、伤害情景示例。附录C给出了质量安全因子信息列表的示例。

5.3 质量安全因子分析

5.3.1 质量安全因子识别后，宜对质量安全因子可能导致的每种伤害情景进行风险分析。由于产品危害（源）的产生可能存在于产品设计、采购、制造、储运、使用等任一阶段，因此对每个识别出的质量安全因子，对其展开致害过程分析，明确质量安全因子导致伤害的路径及触发条件，以便于进一步在生产过程实施质量安全因子控制。

5.3.2 由质量安全因子导致的伤害情景的相关风险取决于以下要素：

a）伤害的严重程度；

b）伤害发生的可能性。

5.3.3 一般情况下，对质量安全因子致害过程的分析可采用定性分析方法，描述和揭示产品质量安全因子的致害路径、触发条件、因子相互关系等。必要时可采用定量分析方法，考察质量安全因子状态与其导致的伤害程度的定量关系。

5.4 质量安全因子评价

5.4.1 估算质量安全因子可能导致的安全风险等级，并依据可容许风险准则，确定是否需要采取控制措施来降低风险。如需采取必要控制措施，则还需检查剩余风险是否可以接受，或是否引入了新的风险。

5.4.2 任何风险评价工具，无论是定性的还是定量的，至少涉及代表两个风险要素的参数：伤害的严重程度和伤害发生的可能性。宜根据 GB/T 22760-2020 中附录 E 给出的风险矩阵法进行风险评价的示例。

5.4.3 依据质量安全因子的安全风险等级进行排序，还可获得质量安全因子的重要性水平，由此确定生产过程中关键质量安全因子，进行重点的质量安全控制。

6 生活用纸质量安全因子控制

6.1 总则

根据质量安全因子评价结果，选择并实施适当的控制措施，确保将生产过程的质量安全风险降低到可容许的程度。

6.2 质量安全因子控制措施

6.2.1 生产企业厂区选址、环境与布局

6.2.1.1 生产企业的厂区选址宜远离可能污染产品的有害场所，厂区环境应整洁、布局合理。消毒产品的厂区环境与布局宜符合《消毒产品生产企业卫生规范》（2009 年版）要求，以保证产品卫生安全。

6.2.1.2 生产区各功能区宜合理布局，避免交叉污染，并配置卫生设施。生产消毒产品的生产区卫生宜符合《消毒产品生产企业卫生规范》（2009 年版）要求。

6.2.2 生产设施

6.2.2.1 生产流程宜布局合理，避免原料、半成品、成品和废弃物流程交叉。

6.2.2.2 生产线设计宜考虑各工艺环节的连贯性，不易存留、吸附物料，易于清扫、消毒，以保证产品生产过程卫生、安全为首要原则。

6.2.2.3 生产线宜适当配置在线监控设备对质量安全因子进行监控，以满足对生产过程质量安全因子持续监控的需要。

6.2.2.4 生产线宜配置通风、除尘、清洁、回收等设施，以消除或降低产品风险。

6.2.3 工艺及产品设计

6.2.3.1 在进行工艺及产品设计时，除了满足产品的功能和性能要求，保证产品的卫生、安全为首要的原则。

6.2.3.2 在进行工艺设计时，在满足产品性能的同时，宜采取措施消除或降低产品的风险：

a）不宜使用相关标准禁用的原材料；

b）使用通过安全评估的原材料；

c）有限量使用要求的原材料遵循减量化使用原则；

d）有关法规和标准未限定使用的化学品，需分析其质量安全因子，采用风险评估的方法评估其安全性；

e）使用安全的包装材料，并有效对产品进行防护。

6.2.3.3　产品设计完成后，宜对设计结果进行评审，确认预期产品是否能达到卫生、安全要求。如果设计的产品存在安全风险，宜对产品设计进行修改直至通过评审。

6.2.4　原材料

6.2.4.1　生活用纸的原材料包括但不限于以下：

a）纤维原料，如纸浆、回用纤维浆等；

b）造纸化学品，如分散剂、增强剂、树脂控制剂、染料、柔软剂、粘缸剂、剥缸剂、毛毯清洗剂、絮凝剂、杀菌剂等；

c）包装物。

6.2.4.2　生产企业除使用符合 GB/T 36420 及其他相应的质量标准要求的原材料外，还宜对原材料质量安全因子进行识别，附录 A 给出了常用原材料质量安全因子示例。附录 C 给出了质量安全因子信息列表的示例。

6.2.4.3　根据原材料质量安全因子对产品的风险等级制定原材料验收准则，以评价合格供方。

6.2.4.4　依据原材料验收准则，对所有原材料进行检验或验收，确保原材料质量安全因子得到有效控制。

6.2.5　产品生产

6.2.5.1　生产企业宜制定生产工艺文件，生产人员宜熟知工艺并严格按照工艺文件开展生产活动。生产工艺文件宜明确关键工艺，并对关键工艺进行质量安全监测与控制。

6.2.5.2　生产企业宜制定环境管理规章制度，明确环境质量安全因子控制要求，对环境实施监测和控制，确保生产环境符合规定。

6.2.5.3　生产企业宜制定卫生管理规章制度，明确卫生质量安全因子控制要求，并实施监测和控制，确保卫生安全。

6.2.5.4　采用统计技术分析评价生产过程能力，保证产品的一致性和符合性。

6.2.5.5　监测发现质量安全因子控制不符合要求时，宜实施规避风险、降低风险的控制措施。

6.2.5.6　采取适当的措施处置不合格品、残次品和废弃物，防止误用或流入生活用纸消费市场。

6.2.6　包装和储运

6.2.6.1　选用合适的包装材料，保证产品在贮存、运输和使用过程中得到有效防护。

6.2.6.2　不宜使用含有可能迁移到产品、导致产品质量安全风险的包装材料。

6.2.6.3　产品储运时宜进行有效的安全防护，避免引入新的质量安全因子。

6.3　实施控制措施

在质量安全因子控制措施的实施过程中，需基于可靠、有效和经济的原则，合理确定关键控制点，设定合理的质量安全要求，在产品生产的不同阶段通过采取适当措施对各类质量安全因子进行全面、系统和有效的控制。质量安全因子控制措施在实施过程中无效，或产生新的风险，导致其剩余风险不可接受，需重新进行评估，并采取进一步的质量安全因子控制措施。

7　控制效果评价及控制结果

7.1　控制效果评价

为保证生活用纸质量安全因子控制持续有效，需监测内部和外部环境信息的变化，定期对质量安全因子评估信息进行评审，记录质量安全因子控制活动的运行情况，定期或不定期对产品质量安全因子控制措施的有效性进行评审和检查。

7.2　控制结果

生活用纸质量安全因子控制的输出结果宜至少包括：

a）质量安全因子的控制措施清单；

b）过程关键控制点和控制要求；

c）监测要求；

d）评审要求；

e）规章制度、程序、文件、记录表格等文件，及其所做任何的更改。

附 录 A
（资料性附录）
生活用纸质量安全因子分类示例

A.1 生活用纸质量安全因子

依据生活用纸质量安全因子可能导致的危险类型如物理危害、化学危害和生物危害等，生活用纸质量安全因子可分为物理类、化学类和生物类质量安全因子，具体为：

a）物理类质量安全因子，可导致直接物理性伤害，如擦伤等。质量安全因子包括柔软性、异物、粉尘等。

b）化学类质量安全因子，一般导致累积性伤害，如铅中毒；也可能导致急性伤害，如过敏等。质量安全因子包括但不限于：

——添加的化学助剂，如分散剂、增强剂、树脂控制剂、染料、柔软剂、粘缸剂、剥缸剂、毛毯清洗剂、絮凝剂、杀菌剂等；

——残留的有害化学物质，如荧光增白剂、重金属（铅、砷、镉、汞等）、五氯苯酚、甲醛、乙二醛、可吸附有机卤素（AOX）、丙烯酰胺、烷基酚聚氧乙烯醚（APEO）、1，3-二氯-2-丙醇（DCP）、3-氯-1，2-丙二醇（CPD）、环氧氯丙烷、二硬脂基二甲基氯化铵（DADMAC）、多环芳烃、稠环芳烃、矿物油（MOAH、MOSH）、二噁烷、石棉、抗菌剂、增塑剂、光引发剂、致癌芳香胺、异味等。

c）生物类质量安全因子，其致病机理与使用环境、使用者个体特征有较大关系，可能导致消费者微生物感染等疾病。质量安全因子包括细菌、真菌、致病菌（大肠菌群、溶血性链球菌、金黄色葡萄球菌）等。

A.2 各类因子造成的伤害类型示例

各类因子造成的伤害类型示例参见表 A.1。

表 A.1 各类因子造成的伤害类型示例

大类	中类	小类	组
1. 物理危害	1.1 机械危害	1.1.1 形状和表面性能危害	1.1.1.1 粗糙表面 1.1.1.2 异物 1.1.1.3 其他
	1.2 其他	—	—
2. 化学危害	2.1 无机毒物危害	2.1.1 有毒重金属及其化合物危害	2.1.1.1 砷及其化合物 2.1.1.2 镉及其化合物 2.1.1.3 汞及其化合物 2.1.1.4 铅及其化合物 2.1.1.5 其他
	2.2 有机毒物危害	2.2.1 有毒醛类化合物	2.2.1.1 甲醛 2.2.1.2 乙二醛 2.2.1.3 其他
		2.2.2 有毒有机卤化物	2.2.2.1 有机氯化物 2.2.2.2 有机溴化物 2.2.2.3 其他
	2.3 其他	—	—

续表

大类	中类	小类	组
3. 生物危害	3.1 致病微生物危害	3.1.1 原核细胞微生物危害	3.1.1.1 大肠杆菌 3.1.1.2 沙门氏菌 3.1.1.3 溶血性链球菌 3.1.1.4 金黄色葡萄球菌 3.1.1.5 其他
		3.1.2 真核细胞微生物危害	3.1.2.1 皮肤癣真菌 3.1.2.2 霉菌 3.1.2.3 酵母菌 3.1.2.4 白色念珠菌 3.1.2.5 其他
	3.2 其他	—	—

附 录 B
（资料性附录）
质量安全因子、危害（源）、伤害情景示例

本附录给出了质量安全因子、危害（源）、伤害情景的示例。目的是阐明这些概念，帮助使用者全面、系统地识别并评估生活用纸质量安全因子。

表 B.1 质量安全因子、危害（源）、伤害情景示例

序号	质量安全因子类别	质量安全因子名称	可能形成的危害（源）	典型伤害情景描述	可能的伤害
1	物理类	异物	原料或生产过程混入异物	使用时与皮肤摩擦，导致皮肤擦伤或划伤	擦伤、划伤
2	化学类	异味	腐浆产生异味	吸入异味气体，引起嗅觉不适	嗅觉不适
3	化学类	灰分	原料带入或人为添加填料	沾染皮肤，形成皮肤刺激	刺激皮肤
4	生物类、化学类、物理类	垃圾废纸	含有病原性微生物、有毒有害物质及杂质	病原性微生物导致感染，有毒有害物质迁移到人体，杂质形成物理伤害	微生物感染、过敏、毒性、擦伤、划伤
5	化学类	废纸浆	含有杂质、化学污染物	杂质导致皮肤擦伤或划伤。化学污染物迁移到人体	物理伤害、毒性
6	化学类	二噁烷	氧化乙烯聚合为聚氧乙烯的同时，伴随有二噁烷的生成，生产中添加，导致生活用纸中残留	动物致癌物，很可能是人类致癌物。刺激眼睛和呼吸道。可能对中枢神经系统、肝和肾有影响	致癌、刺激性
7	化学类	1,3-二氯-2-丙醇（DCP）和3-氯-1,2-丙二醇（CPD）以及少量残留的环氧氯丙烷	湿强剂中未反应的环氧氯丙烷水解或酸解生成的1,3-二氯-2-丙醇（DCP）和3-氯-1,2-丙二醇（CPD）以及少量残留的环氧氯丙烷	已知的可能致癌物质、神经毒性、免疫毒性、遗传毒性和生殖毒性	致癌、神经毒性、免疫毒性、遗传毒性和生殖毒性
8	化学类	甲醛	原料或化学品中带入	人类致癌物，严重刺激眼睛，刺激呼吸道，吸入可能引起肺水肿	致癌、刺激性

续表

序号	质量安全因子类别	质量安全因子名称	可能形成的危害（源）	典型伤害情景描述	可能的伤害
9	化学类	五氯苯酚（PCP）	五氯苯酚用作木材的防腐、纸张的防霉，若用这些木材或纸张作为纸浆原料，用于生产生活用纸，导致残留五氯苯酚	动物致癌物，可能是人类致癌物。可能造成人类生殖或发育毒性。刺激眼睛、皮肤和呼吸道。可能对心血管系统有影响，导致心脏病和心脏衰竭	致癌、刺激性、毒性
10	化学类	多氯联苯（PCB）	使用含有无碳复写纸的废纸为原料，无碳复写纸可能含有多氯联苯（PCB）	一类致癌物，反复或长期与皮肤接触可能引起皮炎，可能对肝有影响，可能对人类生殖造成毒性影响	致癌、刺激性、毒性
11	化学类	荧光增白剂	纸浆、生活用纸、包装物含有荧光增白剂	轻度刺激眼睛	刺激性
12	化学类	可吸附有机卤素（AOX）	纸浆或化学品中含有 AOX	对人身、生态环境产生毒性	毒性
13	化学类	丙烯酰胺	生产过程添加的聚丙烯酰胺中残留单体	二类致癌物。可能引起人类可继承的遗传损伤。可能对神经系统有影响，导致末梢神经损害。刺激眼睛、皮肤和呼吸道	致癌、刺激性
14	化学类	壬基酚聚氧乙烯醚（NPEO）和辛基酚聚氧乙烯醚（OPEO）	作为消泡剂、柔软剂残留或添加到产品中	具有一定的刺激性，会降解成更具持久性、毒性更强的代谢物，该代谢物属于环境激素化学物质，可以通过各种途径侵入人体，具有类似雌性激素的作用，危害人体正常激素	刺激性、毒性、干扰人体正常激素
15	化学类	双十八烷基二甲基氯化铵	作为柔软剂添加到产品中	严重刺激眼睛，刺激皮肤	刺激性
16	化学类	多环芳烃、稠环芳烃、铅和砷等有害物质	乳化石蜡作为柔软剂添加到产品中，其中含有多环芳烃、稠环芳烃、铅和砷等有害物质	可能是人类致癌物	致癌
17	化学类	烷基取代的芳香烃、多环芳烃以及含硫、含氮化合物	矿物油作为剥缸剂、消泡剂、柔软剂残留或添加到产品中	矿物油刺激皮肤，长期或反复与皮肤接触可能引起皮炎。未经处理或轻度处理矿物油为一类致癌物，高精炼矿物油为三类致癌物	致癌
18	化学类	二甘醇	聚乙二醇作为消泡剂添加到生产系统中，其中的二甘醇残留在产品中	刺激眼睛、皮肤和呼吸道。可能对中枢神经系统、肝和肾有影响	刺激性、毒性
19	化学类	石棉	滑石粉作为填料、树脂控制剂添加生产系统中，残留在产品中。工业级滑石粉可能含有石棉	滑石粉为三类致癌物，滑石粉（会阴使用）为二类致癌物，石棉为一类致癌物	致癌
20	化学类	不易降解的季铵盐	作为柔软剂添加到产品中	严重刺激眼睛，刺激皮肤。不易降解的季铵盐对生态环境有干扰作用	刺激性、环境干扰

续表

序号	质量安全因子类别	质量安全因子名称	可能形成的危害（源）	典型伤害情景描述	可能的伤害
21	化学类	乙二醛	作为增强剂添加到产品中	刺激眼睛和皮肤，反复或长期接触可能引起皮肤过敏	刺激性、致敏性
22	化学类	胺基化合物	偶氮染料添加到产品中	禁用偶氮染料可分解出致癌芳香胺	致癌性
23	化学类	重金属	原材料中含有重金属	重金属具有蓄积作用，造成人类生殖或发育毒性	毒性
24	生物类	生产线设计	生产线设计不规范，导致人流、物流交叉，原材料、成品混放等	导致微生物交叉污染等情况发生	微生物污染
25	生物类、化学类、物理类	工艺设计	工艺设计未考虑质量安全因子的控制	产品存在安全风险	产品存在安全风险
26	生物类、化学类、物理类	原材料	使用不安全、禁用或过量使用有限量使用要求的原材料	产品存在安全风险	产品存在安全风险
27	生物类、化学类、物理类	生产过程控制	生产过程未严格执行工艺文件和规章制度	产品存在安全风险	产品存在安全风险
28	生物类	生产环境	生产区周围有虫、蚊等孳生地，导致虫、蚊等进入生产区	导致微生物污染及混入异物	微生物感染
29	生物类	生产区布局	生产线布局不规范，导致人流、物流交叉，原材料、成品混放等	导致微生物污染，物料、不合格品误用	微生物污染、问题产品无法追溯
30	生物类	卫生设施	未配置卫生设施	导致微生物污染	微生物污染
31	生物类	防护设施	未配置防护设施，防护设施不完善	导致微生物污染	微生物污染
32	生物类	人员卫生	未按操作规范清洁、消毒，穿戴防护用具，着装不规范。未定期监测人员手表面菌落	导致微生物污染	微生物污染
33	生物类	车间空气卫生	未对车间定期消毒，消毒效果不达标，未定期监测空气菌落	导致微生物污染	微生物污染
34	生物类	工作台卫生	未对工作台或设备定期消毒，消毒效果不达标，未定期监测工作台或设备菌落	导致微生物污染	微生物污染
35	生物类、化学类、物理类	标识	产品缺少标识或标识不完整，导致产品质量问题无可追溯性	导致产品误用，不合格品流出	不合格品失控
36	生物类、化学类、物理类	可追溯性	未建立产品可追溯性系统，未按规定进行标识	有问题产品无法追回和溯源	有问题产品无法追回

附录C
（资料性附录）
质量安全因子信息列表的示例

质量安全因子示例见表C.1。

表C.1　质量安全因子信息列表

序号	质量安全因子	国家或地区	标准与技术法规	要求
1	回用原料	中国	GB/T 20808—2011《纸巾纸》	不得使用任何回收原料
		中国	GB 15979—2002《一次性使用卫生用品卫生标准》	禁止使用废弃的卫生用品作原材料或半成品
		欧盟	欧洲理事会公共健康委员会《关于薄页厨用纸巾和餐巾纸的政策综述》	不使用来自医院的、受到污染的废纸和纸板、混有垃圾因而被分拣出来的回收纸和纸板、曾装过化学品和食品之类物品而被玷污的旧纸袋、遮盖材料如在维修或油漆时用来遮盖家具的纸张、主要由无碳复写纸组成的纸料、来自家庭的含有用过的卫生用纸的废纸、来自图书馆及办公室等场所的含有多氯联苯（PCB）的旧档案
2	可迁移性荧光增白剂	中国	GB/T 20808—2011《纸巾纸》	无可迁移性荧光增白剂
		中国	GB/T 35613—2017《绿色产品评价　纸和纸制品》	无可迁移性荧光增白剂
3	可迁移性荧光物质	韩国	KS M7099—2004《面巾纸》	不得含有可迁移性荧光物质
4	荧光增白剂	中国	GB/T 36420—2018《生活用纸和纸制品化学品及原料安全评价管理体系》	用量≤0.3%
		欧盟	2009/568/EC《生活用纸生态标签指令》	不得迁移
5	乙二胺四乙酸（EDTA）	中国	GB/T 36420—2018《生活用纸和纸制品化学品及原料安全评价管理体系》	用量≤2.5kg/t
6	二乙基三胺五乙酸（DTPA）	中国	GB/T 36420—2018《生活用纸和纸制品化学品及原料安全评价管理体系》	用量≤2.5kg/t
7	可分解致癌芳香胺染料	中国	GB/T 35613—2017《绿色产品评价　纸和纸制品》	不得检出
8	多氯联苯	中国	GB/T 36420—2018《生活用纸和纸制品化学品及原料安全评价管理体系》	≤2mg/kg
9	可吸附有机卤素（AOX）	中国	GB/T 36420—2018《生活用纸和纸制品化学品及原料安全评价管理体系》	≤5.0mg/kg
10	氯	美国	绿色徽章 GS-9	不得含有氯
		美国	联邦标准 FED A-A-696B—1999《纸巾纸》	不得含有氯（包括氯、二氧化氯、有机氯等）
11	二噁烷	中国	《化妆品安全技术规范》（2015年版）	二噁烷为禁用成分，限量30mg/kg
12	烷基酚聚氧乙烯醚（APEO）	欧盟	2009/568/EC《生活用纸生态标签指令》	生活用纸产品中不应使用APEO
		新西兰	EC-01-08《手洗洗涤剂》	禁用APEO及衍生物酚醚
13	不易降解的季铵盐	新西兰	EC-01-08《手洗洗涤剂》	禁用不易降解的季铵盐

续表

序号	质量安全因子	国家或地区	标准与技术法规	要求
14	双酯基季铵盐	中国	GB/T 36420—2018《生活用纸和纸制品化学品及原料安全评价管理体系》	用量<0.1%
		欧盟	欧洲理事会公共健康委员会《关于薄页厨用纸巾和餐巾纸的政策综述》	<0.1%
15	乙二醛	中国	GB/T 36420—2018《生活用纸和纸制品化学品及原料安全评价管理体系》	≤1.5mg/dm^2
		欧盟	2009/568/EC《生活用纸生态标签指令》	≤1.5mg/dm^2
		美国	联邦标准 FED A-A-696B—1999《纸巾纸》	≤1.5mg/dm^2
16	甲醛	中国	GB/T 36420—2018《生活用纸和纸制品化学品及原料安全评价管理体系》	≤1mg/dm^2
		欧盟	2009/568/EC《生活用纸生态标签指令》	≤1mg/dm^2
		欧盟	欧洲理事会公共健康委员会《关于薄页厨用纸巾和餐巾纸的政策综述》	使用废纸为原料时，甲醛≤1mg/dm^2
		美国	联邦标准 FED A-A-696B—1999《纸巾纸》	≤1mg/dm^2
17	五氯苯酚（PCP）	中国	GB/T 36420—2018《生活用纸和纸制品化学品及原料安全评价管理体系》	≤0.15mg/kg
		中国	GB/T 35613—2017《绿色产品评价 纸和纸制品》	≤0.15mg/kg
		欧盟	2009/568/EC《生活用纸生态标签指令》	不大于 2mg/kg
		欧盟	欧洲理事会公共健康委员会《关于薄页厨用纸巾和餐巾纸的政策综述》	≤0.15mg/kg
		美国	联邦标准 FED A-A-696B—1999《纸巾纸》	≤2.0mg/dm^2
18	二硬化牛油烷基二甲基氯化铵（DHTDMAC）	欧盟	Eco - Label 2002/371/EC 与 Oeko - Tex Standard 100《生态纺织品》	禁止使用 DHTDMAC
19	有害物质	美国	绿色徽章 GS-9	不得添加染料、涂料、油墨等
		欧盟	欧洲理事会公共健康委员会《关于薄页厨用纸巾和餐巾纸的政策综述》	使用废纸为原料时，成品中二异丙基萘（DIPN）应保持尽可能低的水平
20	胺基化合物	欧盟	2009/568/EC《生活用纸生态标签指令》	24 种胺基化合物≤39mg/kg
21	重金属	中国	GB/T 36420—2018《生活用纸和纸制品化学品及原料安全评价管理体系》	铅≤0.003mg/dm^2、镉≤0.002mg/dm^2
		欧盟	2009/568/EC《生活用纸生态标签指令》	卫生纸的染料和油墨不得含有镉和锰
		美国	联邦标准 FED A-A-696B—1999《纸巾纸》	不得含有重金属
		美国	绿色徽章 GS-9	重金属（Pb、Cd、Hg、Cr^{6+}）总量小于 100mg/kg
22	抗菌剂	美国	联邦标准 FED A-A-696B—1999《纸巾纸》	不得检出
		欧盟	欧洲理事会公共健康委员会《关于薄页厨用纸巾和餐巾纸的政策综述》	厨用纸巾和餐巾不应释放对食品具有抗菌效应的物质
23	异味	美国	联邦标准 FED A-A-696B—1999《纸巾纸》	不得存在异味
		中国	GB 15979—2002《一次性使用卫生用品卫生标准》	不得有异常气味

续表

序号	质量安全因子	国家或地区	标准与技术法规	要求
24	聚丙烯酰胺	中国	GB/T 36420—2018《生活用纸和纸制品化学品及原料安全评价管理体系》	丙烯酰胺单体含量<0.1%
25	丙烯酰胺	中国	GB/T 35613—2017《绿色产品评价 纸和纸制品》	≤0.1mg/kg
		中国	GB/T 36420—2018《生活用纸和纸制品化学品及原料安全评价管理体系》	≤0.5mg/kg
26	乙醛酸聚丙烯酰胺	欧盟	欧洲理事会公共健康委员会《关于薄页厨用纸巾和餐巾纸的政策综述》	产品中可萃取的乙二醛<1.5mg/dm^2
27	丙烯酸和丙烯酰胺共聚物	欧盟	欧洲理事会公共健康委员会《关于薄页厨用纸巾和餐巾纸的政策综述》	丙烯酰胺单体<0.1%
28	用DADMAC和其他阳离子基团改性的或未改性的聚丙烯酰胺	欧盟	欧洲理事会公共健康委员会《关于薄页厨用纸巾和餐巾纸的政策综述》	丙烯酰胺单体<0.1%
29	胺、酰胺和甲醛缩合产物的溶液	欧盟	欧洲理事会公共健康委员会《关于薄页厨用纸巾和餐巾纸的政策综述》	成品纸中甲醛<1 mg/dm^2
30	阳离子甲基酰胺	欧盟	欧洲理事会公共健康委员会《关于薄页厨用纸巾和餐巾纸的政策综述》	成品纸中甲醛<1 mg/dm^2
31	阳离子脂肪族多胺	欧盟	欧洲理事会公共健康委员会《关于薄页厨用纸巾和餐巾纸的政策综述》	<0.4g/dm^2
32	乙烯/丙烯酸共聚物	欧盟	欧洲理事会公共健康委员会《关于薄页厨用纸巾和餐巾纸的政策综述》	成品共聚物中由丙烯酸衍生物的聚合物单元不超过25%，残留丙烯酰胺单体<0.35%
33	聚乙二醇（PEG）	中国	GB/T 36420—2018《生活用纸和纸制品化学品及原料安全评价管理体系》	单乙二醇的含量<0.2%
		欧盟	欧洲理事会公共健康委员会《关于薄页厨用纸巾和餐巾纸的政策综述》	纸中含量<0.7%，且PEG中单乙二醇<0.2%
34	聚氨酯	欧盟	欧洲理事会公共健康委员会《关于薄页厨用纸巾和餐巾纸的政策综述》	成品纸中<0.1%
35	阳离子直接染料	欧盟	欧洲理事会公共健康委员会《关于薄页厨用纸巾和餐巾纸的政策综述》	符合2001/405/EC指令规定的限量且符合EN646（4级）
36	阴离子直接染料	欧盟	欧洲理事会公共健康委员会《关于薄页厨用纸巾和餐巾纸的政策综述》	符合2001/405/EC指令规定的限量且符合EN646（4级）
37	聚酰胺环氧氯丙烷树脂（PAE）	中国	GB/T 36420—2018《生活用纸和纸制品化学品及原料安全评价管理体系》	环氧氯丙烷（ECH），1,3-二氯-2-丙醇（DCP）和甲基环戊二烯（MCPD）用量≤0.7%
		欧盟	欧洲理事会公共健康委员会《关于薄页厨用纸巾和餐巾纸的政策综述》	3-MCPD<12μg/L，水萃取物中DCP<2μg/L
38	白矿物油	欧盟	欧洲理事会公共健康委员会《关于薄页厨用纸巾和餐巾纸的政策综述》	食品级或医药级
39	季酰胺类	欧盟	欧洲理事会公共健康委员会《关于薄页厨用纸巾和餐巾纸的政策综述》	每千克食品中特定迁移量低于0.5μg
40	脂肪酸酰胺	欧盟	欧洲理事会公共健康委员会《关于薄页厨用纸巾和餐巾纸的政策综述》	每千克食品中特定迁移量低于0.5μg

续表

序号	质量安全因子	国家或地区	标准与技术法规	要求
41	硫代丁二酸1,4-二(2-乙基己基)酯钠盐	中国	GB/T 36420—2018《生活用纸和纸制品化学品及原料安全评价管理体系》	用量<0.8mg/dm^2
		欧盟	欧洲理事会公共健康委员会《关于薄页厨用纸巾和餐巾纸的政策综述》	<0.8mg/dm^2
42	非离子表面活性剂	欧盟	欧洲理事会公共健康委员会《关于薄页厨用纸巾和餐巾纸的政策综述》	每千克食品中特定迁移量低于0.5μg
43	油墨	欧盟	欧洲理事会公共健康委员会《关于薄页厨用纸巾和餐巾纸的政策综述》	锑<0.05%，砷<0.01%，镉<0.01%，铬（6价）<0.10%，铅<0.01%，汞<0.005%，硒<0.01%，钡特定迁移量(SML) 1mg/kg；多氯联苯≤25mg/kg
44	生产环境卫生	中国	GB 15979—2002《一次性使用卫生用品卫生标准》	应整洁，无垃圾，无蚊、蝇等害虫孳生地
45	生产区布局	中国	GB 15979—2002《一次性使用卫生用品卫生标准》	应有足够空间满足生产需要，布局必须符合生产工艺要求、分隔合理，人、物流，产品流程中无逆向与交叉。原料进入与成品出去应有污染措施和严格的操作规程，减少生产环境微生物污染
46	生产区卫生设施	中国	GB 15979—2002《一次性使用卫生用品卫生标准》	配置有效的防尘、防虫、防鼠设施，地面、墙面、工作台面应平整、光滑、不起尘、便于除尘与清洗消毒，有充足的照明与空气消毒或净化措施
47	安全防护措施	中国	GB 15979—2002《一次性使用卫生用品卫生标准》	进入生产区需换工作衣和工作鞋、戴工作帽，直接接触裸装产品的人员需戴口罩，清洗和消毒双手或戴手套
48	仓库卫生及管理	中国	GB 15979—2002《一次性使用卫生用品卫生标准》	应干燥、清洁、通风，设防虫、防鼠设施与垫仓板。原材料与成品应分开堆放，待检、合格、不合格原材料和成品应严格分开堆放并设明显标志
49	卫生设施	中国	GB 15979—2002《一次性使用卫生用品卫生标准》	生产区前应相应设有更衣室、洗手池、消毒池与缓冲区
50	人员卫生	中国	GB 15979—2002《一次性使用卫生用品卫生标准》	人员细菌菌落总数≤300cfu/只手
51	车间空气卫生	中国	GB 15979—2002《一次性使用卫生用品卫生标准》	空气细菌菌落总数≤2500cfu/m^3
52	工作台卫生	中国	GB 15979—2002《一次性使用卫生用品卫生标准》	工作台细菌菌落总数≤20cfu/cm^2
53	操作	中国	GB 15979—2002《一次性使用卫生用品卫生标准》	操作人员应保持个人卫生，皮肤病患者或病原携带者不得参与直接与产品接触的生产活动
54	可追溯性	中国	GB 15979—2002《一次性使用卫生用品卫生标准》	成品标识应可追溯其生产过程的相关数据
55	包装	中国	GB 15979—2002《一次性使用卫生用品卫生标准》	直接与产品接触的包装材料必须无毒、无害、清洁。包装应有足够的密封和牢固性保证产品不受污染
56	标识	中国	GB 15979—2002《一次性使用卫生用品卫生标准》	应按相关规定进行标识，必要时标注警示标识

吸收性卫生用纸制品　生产过程质量安全状态监测与评价指南（GB/T 40269—2021）

2021-12-01 实施

1　范围

本标准确立了吸收性卫生用纸制品生产过程质量安全因子控制的原则，描述了产品制造过程中质量安全因子识别方法，提供了在各阶段质量安全因子的控制和评价指南。

本标准适用于纸尿裤（片、垫）、卫生巾（护垫）等吸收性卫生用纸制品生产过程质量安全因子评估和控制。

2　规范性引用文件

下列文件对于本文件的应用是必不可少的。凡是注日期的引用文件，仅注日期的版本适用于本文件。凡是不注日期的引用文件，其最新版本（包括所有的修改单）适用于本文件。

GB/T 22760—2020　消费品安全　风险评估导则

GB/T 36420　生活用纸和纸制品　化学品及原料安全评价管理体系

消毒产品生产企业卫生规范（2009 年版）

3　术语和定义

下列术语和定义适用于本文件。

3.1　消费品　consumer product

主要但不限于为个人使用而设计、生产的产品，包括产品的组件、零部件、附件、使用说明和包装。

[GB/T 22760—2020，定义 2.1]

3.2　伤害　harm

对人体健康的损害或损伤，对财产或环境的损害。

[GB/T 20002.4—2015，定义 3.1]

3.3　危害（源）　hazard

可能导致伤害的潜在根源。

[GB/T 28803—2012，定义 3.2]

3.4　风险　risk

伤害发生概率和伤害严重程度的组合。

[GB/T 20002.4—2015，定义 3.9]

3.5　<消费品>质量安全　<consumer product> quality safety

消费品质量在预期使用和可预见的误用情况下符合安全的要求。

[GB/T 28216—2011，定义 2.10]

3.6　<消费品>质量安全因子　<consumer product> quality safety factor

可能导致消费品质量安全风险的产品的固有因素。

[GB/T 28216—2011，定义 2.11]

4 总则

4.1 关注消费者健康安全

吸收性卫生用纸制品质量安全因子评估和控制以消费者健康安全为关注焦点。在符合适用法律、法规和相关标准等规范性要求的基础上，鼓励相关方评估未知和潜在的吸收性卫生用纸制品安全风险并实施有效控制，为消费者提供安全的产品。

4.2 覆盖吸收性卫生用纸制品生产全过程

吸收性卫生用纸制品质量安全因子评估和控制在吸收性卫生用纸制品的设计、采购、制造、储运等生产全过程内各阶段系统展开，根据质量安全因子评估结果，综合考虑可靠性、有效性和经济性等相关要求，确定质量安全因子控制的关键环节，以提高质量安全因子评估和控制的效率和效果。

4.3 基于质量安全因子识别和控制

吸收性卫生用纸制品质量安全因子具有导致产品质量安全事故的倾向性，是引发产品质量安全事故的本质原因。在未采取必要的控制措施或某些触发条件下，质量安全因子可能形成产品危害（源）；在特定的伤害情景下，危害（源）可能导致产品质量安全事故，造成消费者人身伤害。为确保吸收性卫生用纸制品的质量安全，对吸收性卫生用纸制品生产过程质量安全因子进行识别、分析、评价并采用控制措施是非常必要的。

5 质量安全因子评估

5.1 质量安全信息获取

5.1.1 吸收性卫生用纸制品与安全相关的特性判定

5.1.1.1 对生产过程质量安全相关的特征判定，宜考虑吸收性卫生用纸制品的基本功能及其他可能影响产品安全的性能特征，包括以下方面：

a）预期功能与可能用途；

b）与安全性相关的基本性能；

c）与安全性相关的结果、材料等特征。

5.1.1.2 识别吸收性卫生用纸制品的目标用户及可能接触人群的相关特征，包括性别、年龄等。

5.1.1.3 考虑吸收性卫生用纸制品的预期使用和可预见误用等，宜包括以下方面：

a）消费者可能的使用方式（包括正常使用和非预期使用）；

b）正常使用和非预期使用情况下，使用频次、数量和单次使用时间；

c）与使用时间相关的产品安全性能。

5.1.2 外部质量安全信息收集

对吸收性卫生用纸制品生产过程质量安全的评价，还宜收集有关生产原材料以及产品相关的外部信息，并确保所获信息的全面、可靠、及时，包括以下内容：

a）相关法规、标准和其他适用文件；

b）历史事件和相关数据；

c）科学技术资料和相关经验；

d）利益相关方（消费者、政府、企业等）的诉求；

e）确定目标消费品的预期用途、使用环境、使用行为、使用寿命、使用人群、使用频率、使用数量等。

5.2 质量安全因子识别

5.2.1 总则

5.2.1.1 通过对吸收性卫生用纸制品生产全过程进行监测与分析，识别安全风险源。

5.2.1.2 通过识别出安全风险源后，宜进一步对风险源产生的潜在和本质原因进行分析，在充分考虑生产过程、环境以及原材料影响的基础上，查找质量安全因子。

5.2.1.3 对识别出的质量安全因子，宜进行归类、梳理和统一列表，列示每一因子的名称、类别及其相关危害源，形成初步的生产过程质量安全因子信息列表。

5.2.2 质量安全因子识别途径

吸收性卫生用纸制品质量安全因子识别的途径一般包括但不限于以下方面：

a）消费者投诉；

b）消费者伤害事件媒体报道；

c）相关数据库信息，如召回通报等；

d）相关法律法规、标准；

e）吸收性卫生用纸制品安全性能检测；

f）行业专家、科研人员的研究报告；

g）其他途径。

5.2.3 质量安全因子分类

根据吸收性卫生用纸制品的特点，质量安全因子可分为物理类、化学类和生物类三个类别，附录A给出了质量安全因子分类示例。附录B给出了质量安全因子、危害（源）、伤害情景示例。附录C给出了质量安全因子信息列表的示例。

5.3 质量安全因子分析

5.3.1 质量安全因子识别后，宜对质量安全因子可能导致的每种伤害情景进行风险分析。由于产品危害（源）的产生可能存在于产品设计、采购、制造、储运、销售、使用、回收及处置的任一阶段，因此对每个识别出的质量安全因子，在产品全生命周期内对其展开致害过程分析，明确质量安全因子导致伤害的路径及触发条件，以便于进一步在生产过程实施质量安全因子控制。

5.3.2 由质量安全因子导致的伤害情景的相关风险取决于以下要素：

a）伤害的严重程度；

b）伤害发生的可能性。

5.3.3 一般情况下，对质量安全因子致害过程的分析可采用定性分析方法，描述和揭示产品质量安全因子的致害路径、触发条件、因子相互关系等。必要时可采用定量分析方法，考察质量安全因子状态与其导致的伤害程度的定量关系。

5.4 质量安全因子评价

5.4.1 估算质量安全因子可能导致的安全风险等级，并依据可容许风险准则，确定是否需要采取控制措施来降低风险。如需采取必要控制措施，则还需检查剩余风险是否可以接受，或是否引入了新的风险。

5.4.2 任何风险评价工具，无论是定性的还是定量的，至少涉及代表两个风险要素的参数：伤害的严重程度和伤害发生的可能性。宜根据GB/T 22760—2020中附录E给出的风险矩阵法进行风险评价的示例。

5.4.3 依据质量安全因子的安全风险等级进行排序，还可获得质量安全因子的重要性水平，由此确定生产过程中关键质量安全因子，进行重点的质量安全控制。

6 质量安全因子控制

6.1 总则

根据质量安全因子评价结果，选择并实施适当的控制措施，确保将生产过程的安全风险降低到可容许的程度。

6.2 质量安全因子控制措施

6.2.1 生产企业厂区选址、环境与布局

6.2.1.1 生产企业的厂区选址宜远离可能污染产品的有害场所，厂区环境应整洁、布局合理，消毒产品的厂区环境与布局宜符合《消毒产品生产企业卫生规范》（2009年版）要求，以保证产品卫生安全。

6.2.1.2 生产区各功能区宜合理布局，避免交叉污染，并配置卫生设施。生产消毒产品的生产区卫生宜符合《消毒产品生产企业卫生规范》（2009 年版）要求。

6.2.2 生产设施

6.2.2.1 生产流程宜布局合理，避免原料、半成品、成品、废弃物流程交叉。

6.2.2.2 生产线设计宜考虑各工艺环节的连贯性，不易存留、吸附物料，易于清扫、消毒，保证产品生产过程卫生、安全为首要原则。

6.2.2.3 生产线宜适当配置在线监控设备对质量安全因子进行监控，以满足对生产过程质量安全因子持续监控的需要。

6.2.2.4 生产线宜配置通风、除尘、清洁、回收等设施，以消除或降低产品风险。

6.2.3 工艺及产品设计

6.2.3.1 在进行工艺及产品设计时，除了满足产品的功能和性能要求，保证产品的卫生、安全为首要的原则。

6.2.3.2 在进行工艺设计时，在满足产品性能的同时，宜采取措施消除或降低产品的风险：

a）不宜使用相关标准禁用的原材料；

b）使用通过安全评估的原材料；

c）有限量使用要求的原材料遵循减量化使用原则；

d）有关法规和标准未限定使用的化学品，需分析其质量安全因子，采用风险评估的方法评估其安全性；

e）使用安全的包装材料，并有效对产品进行防护。

6.2.3.3 产品设计完成后，宜对设计结果进行评审，确认预期产品是否能达到卫生、安全要求。如果设计的产品存在安全风险，宜对产品设计进行修改直至通过评审。

6.2.4 原材料

6.2.4.1 吸收性卫生用纸制品原材料包括但不限于以下：

a）高吸收性树脂；

b）绒毛浆；

c）吸水衬纸；

d）非织造布；

e）PE 膜；

f）热熔胶；

g）化学品；

h）包装材料。

6.2.4.2 生产企业除使用符合 GB/T 36420 及其他相应的质量标准要求的原材料外，还宜对原材料质量安全因子进行识别，附录 A 给出了常用原材料质量安全因子示例。附录 C 给出了质量安全因子信息列表的示例。

6.2.4.3 根据原材料质量安全因子对产品的风险等级制定原材料验收准则，以评价合格供方。

6.2.4.4 依据原材料验收准则，对所有原材料进行检验或验收，确保原材料安全因子得到有效控制。

6.2.5 产品生产

6.2.5.1 生产企业宜制定生产工艺文件，生产人员宜熟知工艺并严格按照工艺文件开展生产活动。生产工艺文件宜明确关键工艺，并对关键工艺进行质量监测与控制。

6.2.5.2 生产企业宜制定环境管理规章制度，明确环境质量安全因子控制要求，对环境实施监测和控制，确保生产环境符合规定。

6.2.5.3 生产企业宜制定卫生管理规章制度，明确卫生质量安全因子控制要求，并实施监测和控制，确保卫生安全。

6.2.5.4　采用统计技术分析评价生产过程能力，保证产品的一致性和符合性。

6.2.5.5　监测发现质量安全因子控制不符合要求时，宜实施规避风险、降低风险的控制措施。

6.2.5.6　采取适当的措施处置不合格品、残次品和废弃物，防止误用或流入吸收性卫生用纸制品消费市场。

6.2.6　包装和储运

6.2.6.1　选用合适的包装材料，保证产品在贮存、运输和使用过程中得到有效防护。

6.2.6.2　不宜使用含有可能迁移到产品，导致产品安全风险的包装材料。

6.2.6.3　产品储运时宜进行有效的安全防护，避免引入新的质量安全因子。

6.3　实施控制措施

在质量安全因子控制措施的实施过程中，需基于可靠、有效和经济的原则，合理确定关键控制点，设定合理的质量安全要求，在产品生产的不同阶段通过采取适当措施对各类质量安全因子进行全面、系统和有效的控制。质量安全因子控制措施在实施过程中无效，或产生新的风险，导致其剩余风险不可接受，需重复进行评估，并采取进一步的质量安全因子控制措施。

7　控制效果评价及控制结果

7.1　控制效果评价

为保证吸收性卫生用纸制品质量安全因子控制持续有效，需监测内部和外部环境信息的变化，定期对质量安全因子评估信息进行评审，记录质量安全因子控制活动的运行情况，定期或不定期对产品质量安全因子控制措施的有效性进行评审和检查。

7.2　控制结果

吸收性卫生用纸制品质量安全因子控制的输出结果宜至少包括：

a）质量安全因子的控制措施清单；

b）过程关键控制点和控制要求；

c）监测要求；

d）评审要求；

e）规章制度、程序、文件、记录表格等文件，及其所做任何的更改。

附 录 A

（资料性附录）

吸收性卫生用纸制品质量安全因子分类示例

A.1　吸收性卫生用纸制品质量安全因子

依据吸收性卫生用纸制品质量安全因子可能导致的危害类型如物理危害、化学危害和生物危害等，吸收性卫生用纸制品质量安全因子可分为物理类、化学类和生物类质量安全因子，具体为：

a）物理类质量安全因子，可导致直接物理性伤害，如擦伤、刮伤等。质量安全因子包括柔软度、异物等。

b）化学类质量安全因子，一般导致累积性伤害，如铅中毒；也可能导致急性伤害，如过敏等。质量安全因子包括但不限于：

——添加的化学助剂，如着色剂、胶黏剂、湿强剂、芳香剂、遮臭剂等；

——残留的有害化学物质，如丙烯酸单体、松香树脂、荧光增白剂、重金属（铅、镉、汞等）、五氯苯酚、四氯苯酚、甲醇、甲醛、环氧乙烷、可吸附性有机卤素、丙烯酰胺、烷基酚聚氧乙烯醚（APEO）、多环芳烃、可分解致癌芳香胺、抗菌剂、杀虫剂、增塑剂、有机锡化合物、总挥发性有机化合物、致敏原物质等。

c）生物类质量安全因子，其致病机理与使用环境、使用者个体特征有较大关系，可能导致消费者微生物感染等疾病。质量安全因子包括细菌、真菌、致病菌（大肠菌群、溶血性链球菌、金黄色葡萄球菌）等。

A.2 各类因子造成的伤害类型示例

各类因子造成的伤害类型参见表A.1。

表A.1 各类因子造成的伤害类型

<table>
<tr><th>大类</th><th>中类</th><th>小类</th><th>组</th></tr>
<tr><td rowspan="2">1. 物理危害</td><td>1.1 机械危害</td><td>1.1.1 形状和表面性能危害</td><td>1.1.1.1 粗糙表面
1.1.1.2 异物（金属、虫类、木屑等）
1.1.1.3 其他</td></tr>
<tr><td>1.2 其他</td><td>—</td><td>—</td></tr>
<tr><td rowspan="4">2. 化学危害</td><td>2.1 无机毒物危害</td><td>2.1.1 有毒重金属及其化合物危害</td><td>2.1.1.1 镉及其化合物
2.1.1.2 汞及其化合物
2.1.1.3 铅及其化合物
2.1.1.4 其他</td></tr>
<tr><td rowspan="2">2.2 有机毒物危害</td><td>2.2.1 有毒含氯酚化合物</td><td>2.2.1.1 五氯苯酚
2.2.1.2 四氯苯酚
2.2.1.3 其他</td></tr>
<tr><td>2.2.2 有毒有机卤化物</td><td>2.2.2.1 有机氯化物
2.2.2.2 有机溴化物
2.2.2.3 其他</td></tr>
<tr><td>2.3 其他</td><td>—</td><td>—</td></tr>
<tr><td rowspan="3">3. 生物危害</td><td rowspan="2">3.1 致病微生物危害</td><td>3.1.1 原核细胞微生物危害</td><td>3.1.1.1 大肠杆菌
3.1.1.2 沙门氏菌
3.1.1.3 溶血性链球菌
3.1.1.4 金黄色葡萄球菌
3.1.1.5 其他</td></tr>
<tr><td>3.1.2 真核细胞微生物危害</td><td>3.1.2.1 皮肤癣真菌
3.1.2.2 霉菌
3.1.2.3 酵母菌
3.1.2.4 白色念珠菌
3.1.2.5 其他</td></tr>
<tr><td>3.2 其他</td><td>—</td><td>—</td></tr>
</table>

附录B

（资料性附录）

质量安全因子、危害（源）、伤害情景示例

本附录给出了质量安全因子、危害（源）、伤害情景的示例。目的是阐明这些概念，帮助使用者全面、系统地识别并评估吸收性卫生用纸制品的质量安全因子。

表 B.1 质量安全因子、危害（源）、伤害情景的示例

序号	质量安全因子类别	质量安全因子名称	可能形成的危害（源）	典型伤害情景描述	可能的伤害
1	物理类	金属、木刺等异物	原材料混入（原料、生产过程、仓储运输等环节混入）；生产线混入（零部件、设备磨损物等）；附属物品混入（栈板、维修辅助物品）；违规带入物混入（别针、耳钉等）	与皮肤摩擦，导致皮肤擦伤、刺伤或划伤	擦伤、刺伤划伤
		棉尘、热熔胶块、边角料等异物	原材料混入（原料、生产过程混入）；生产线混入（生产线异物防护设计无、生产线清扫无等）；生产线附带设备故障	消费者心理伤害；微生物感染	微生物感染
2	化学类	丙烯酸单体	原材料高分子吸收树脂生产过程中的残留单体	可通过吸入、经皮肤到人体内，具有腐蚀性，可腐蚀眼睛、皮肤和呼吸道，吸入可能引起肺水肿	腐蚀性
		可吸附有机卤素（AOX）	绒毛浆、非织造布等原材料漂白过程中残留产物	对人身、生态环境产生毒性	毒性
		邻苯二甲酸酯	膜等原材料带入	可能对人类生殖或发育造成毒性影响	生殖毒性
		甲醛	原料或化学品中带入	人类致癌物，严重刺激眼睛，刺激呼吸道，吸入可能引起肺水肿	致癌、刺激性
		重金属	原材料带入	重金属具有蓄积作用，造成人类生殖或发育毒性	毒性
		胺基化合物	作为染料添加到产品中	禁用偶氮染料可分解出致癌芳香胺	致癌性
		有机锡化合物	原材料带入	对皮肤、呼吸道、角膜有刺激作用，可能对人类生殖或发育造成毒性影响	刺激性，生殖毒性
		乙二醛	作为增强剂添加到产品中	刺激眼睛和皮肤，反复或长期接触可能引起皮肤过敏	刺激性、致敏性
		壬基酚聚氧乙烯醚（NPEO）和辛基酚聚氧乙烯醚（OPEO）	作为消泡剂、柔软剂添加到产品中	具有一定的刺激性，会降解成更具持久性、毒性更强的代谢物，该代谢物属于环境激素化学物质，可以通过各种途径侵入人体，具有类似雌性激素的作用，危害人体正常激素	刺激性、毒性、干扰人体正常激素
		丙烯酰胺	添加的湿强剂聚丙烯酰胺中的残留单体	二类致癌物。可能引起人类可继承的遗传损伤。可能对神经系统有影响，导致末梢神经损害。刺激眼睛、皮肤和呼吸道	致癌、刺激性

续表

序号	质量安全因子类别	质量安全因子名称	可能形成的危害（源）	典型伤害情景描述	可能的伤害
2	化学类	五氯苯酚	五氯苯酚用作木材的防腐剂，若用这些木材作为绒毛浆原料，则采用这些绒毛浆生产的产品可能会残留五氯苯酚	动物致癌物，可能是人类致癌物。可能造成人类生殖或发育毒性。刺激眼睛、皮肤和呼吸道。可能对心血管系统有影响，导致心脏病和心脏衰竭	致癌、刺激性、毒性
		荧光增白剂	原材料、包装物含有荧光增白剂	轻度刺激眼睛	刺激性
3	生物类	皮肤刺激、黏膜刺激、皮肤变态反应	原材料含有不安全成分	皮肤刺激、黏膜刺激、过敏反应	毒性、刺激性
		细菌、真菌、大肠菌群、铜绿假单胞菌、金黄色葡萄球菌、溶血性链球菌及其他致病微生物超标	原材料本体污染（原材料生产、储存运输过程污染）	微生物污染发生	微生物感染
			生产企业仓储污染		
			生产环境污染		
			生产布局不合理交叉污染		
			违反操作规程的污染		
			人员接触污染		
		虫害	原材料混入（原料、生产过程、仓储运输等环节混入）	消费者心理伤害、微生物感染	微生物感染
			厂区建筑物选址不当		
			生产厂区及车间虫害防护管理不健全		

附录C
（资料性附录）
质量安全因子信息列表的示例

质量安全因子示例见表C.1。

表C.1　质量安全因子信息列表

序号	质量安全因子	国家或地区	标准与技术法规	要求
1	丙烯酸单体	中国	GB/T 22875—2018《纸尿裤和卫生巾用高吸收性树脂》	婴儿纸尿裤用SAP≤800mg/kg，其他产品用SAP≤1000mg/kg
		欧盟	2014/763/EU《吸收性卫生制品生态标签要求》	≤1000mg/kg
		北欧	白天鹅环境标志标准《卫生用品》	≤1000mg/kg
		韩国	婴儿纸尿裤生态标签标准	≤1000mg/kg
2	回收原料	中国	GB/T 35613—2017《绿色产品评价　纸和纸制品》	膜、无纺布、吸水衬纸、绒毛浆中不得使用
		北欧	白天鹅环境标志标准《卫生用品》	卫生巾、纸尿裤用棉、纸和绒毛浆中禁止使用

续表

序号	质量安全因子	国家或地区	标准与技术法规	要求
3	松香树脂	中国	GB/T 35613—2017《绿色产品评价　纸和纸制品》	不应添加 CAS 号为 8050-09-7、8052-10-6 和 73138-82-6 的松香树脂
		欧盟	2014/763/EU《吸收性卫生制品生态标签要求》	不应添加 CAS 号为 8050-09-7、8052-10-6 和 73138-82-6 的松香树脂
4	氯气	欧盟	2014/763/EU《吸收性卫生制品生态标签要求》	不允许使用氯气进行漂白
		韩国	婴儿纸尿裤生态标签标准	禁用
		北欧	白天鹅环境标志标准《卫生用品》	不得使用
5	染色剂	欧盟	2014/763/EU《吸收性卫生制品生态标签要求》	不应添加
		北欧	白天鹅环境标志标准《卫生用品》	接触人体的部分禁止使用
6	颜料	韩国	婴儿纸尿裤生态标签标准	禁用铅、砷、镉和六价铬总量≥100mg/kg 的颜料
7	偶氮染料	韩国	《自律安全确认安全基准　附属书 41 纸尿裤》	≤30mg/kg（每种）
8	可分解致癌芳香胺	中国	GB/T 35613—2017《绿色产品评价　纸和纸制品》	不得检出
9	增白剂	欧盟	2014/763/EU《吸收性卫生制品生态标签要求》	不应添加
10	可迁移性荧光物质	中国	GB/T 35613—2017《绿色产品评价　纸和纸制品》	无
11	荧光增白剂	韩国	《自律安全确认安全基准　附属书 41 纸尿裤》	不得溶出
		北欧	白天鹅环境标志标准《卫生用品》	不得使用
12	邻苯二甲酸酯	美国	《消费品安全改进法（2008）》	DBP、BBP、DEHP ≤ 0.1%，DINP、DIDP、DNOP≤0.1%
		欧盟	REACH 法规	DBP、BBP、DEHP ≤ 0.1%，DINP、DIDP、DNOP≤0.1%
		韩国	婴儿纸尿裤生态标签标准	DBP、BBP、DEHP 均≤1000mg/kg
		中国	GB/T 35613—2017《绿色产品评价　纸和纸制品》	DBP、BBP 和 DEHP 总量≤0.1%
		北欧	白天鹅环境标志标准《卫生用品》	禁止使用
13	铅	美国	《消费品安全改进法（2008）》	≤100mg/kg
		中国	GB/T 35613—2017《绿色产品评价　纸和纸制品》	≤10mg/kg
14	铅、镉、六价铬、汞重金属杂质	北欧	白天鹅环境标志标准《卫生用品》	染料中总量不得超过 100mg/kg
15	砷	中国	GB/T 35613—2017《绿色产品评价　纸和纸制品》	≤2mg/kg
16	镉	中国	GB/T 35613—2017《绿色产品评价　纸和纸制品》	≤5mg/kg

续表

序号	质量安全因子	国家或地区	标准与技术法规	要求
17	汞	中国	GB/T 35613—2017《绿色产品评价　纸和纸制品》	≤1mg/kg
18	二辛基锡化合物	欧盟	REACH 法规	≤0.1%（以锡当量计的质量分数）
19	有机锡化合物	北欧	白天鹅环境标志标准《卫生用品》	禁止使用
20	丙烯酰胺	中国	GB/T 35613—2017《绿色产品评价　纸和纸制品》	≤0.1mg/kg
21	五氯苯酚	中国	GB/T 35613—2017《绿色产品评价　纸和纸制品》	0.15mg/kg
		韩国	《自律安全确认安全基准　附属书 41 纸尿裤》	≤0.5mg/kg
22	四氯苯酚	韩国	《自律安全确认安全基准　附属书 41 纸尿裤》	≤0.5mg/kg
23	甲醛	中国	GB/T 35613—2017《绿色产品评价　纸和纸制品》	不得检出
		韩国	《自律安全确认安全基准　附属书 41 纸尿裤》	婴儿用：不得检出；成人用：≤75mg/kg
24	可吸附有机卤素（AOX）	中国	GB/T 35613—2017《绿色产品评价　纸和纸制品》	≤5.0mg/kg
25	有机卤化物	北欧	白天鹅环境标志标准《卫生用品》	禁止使用
26	残留杀虫剂	韩国	婴儿纸尿裤生态标签标准	总量应≤0.5mg/kg
27	烷基酚聚氧乙烯醚（APEO）	北欧	白天鹅环境标志标准《卫生用品》	禁止使用
28	阻燃剂	北欧	白天鹅环境标志标准《卫生用品》	禁止使用
29	高关注度物质	北欧	白天鹅环境标志标准《卫生用品》	禁止使用
30	聚对苯二甲酸丁二醇酯（PBT）	北欧	白天鹅环境标志标准《卫生用品》	禁止使用
31	高持久性、生物累积性物质（vPvB）	北欧	白天鹅环境标志标准《卫生用品》	禁止使用
32	内分泌（激素）干扰物质	北欧	白天鹅环境标志标准《卫生用品》	禁止使用
33	抗菌药剂（如纳米银、三氯生）	北欧	白天鹅环境标志标准《卫生用品》	禁止使用
34	芳香剂	北欧	白天鹅环境标志标准《卫生用品》	禁止使用
35	氟化物	北欧	白天鹅环境标志标准《卫生用品》	不得使用
36	多溴联苯	北欧	白天鹅环境标志标准《卫生用品》	再生塑料原材料中不得使用
37	多溴联苯醚	北欧	白天鹅环境标志标准《卫生用品》	再生塑料原材料中不得使用
38	生产环境卫生	中国	GB 15979—2002《一次性使用卫生用品卫生要求》	应整洁，无垃圾，无蚊、蝇等害虫孳生地
39	生产区布局	中国	GB 15979—2002《一次性使用卫生用品卫生要求》	应有足够空间满足生产需要，布局必须符合生产工艺要求、分隔合理，人、物流，产品流程中无逆向与交叉。原料进入与成品出去应有防污染措施和严格的操作规程，减少生产环境微生物污染

续表

序号	质量安全因子	国家或地区	标准与技术法规	要求
40	生产区卫生设施	中国	GB 15979—2002《一次性使用卫生用品卫生要求》	配置有效的防尘、防虫、防鼠设施，地面、墙面、工作台面应平整、光滑、不起尘、便于除尘与清洗消毒，有充足的照明与空气消毒或净化措施
41	安全防护措施	中国	GB 15979—2002《一次性使用卫生用品卫生要求》	进入生产区需换工作衣和工作鞋、戴工作帽，直接接触裸装产品的人员需戴口罩，清洗和消毒双手或戴手套
42	仓库卫生及管理	中国	GB 15979—2002《一次性使用卫生用品卫生要求》	应干燥、清洁、通风，设防虫、防鼠设施与垫仓板。原材料与成品应分开堆放，待检、合格、不合格原材料和成品应严格分开堆放并设明显标志
43	卫生设施	中国	GB 15979—2002《一次性使用卫生用品卫生要求》	生产区前应相应设有更衣室、洗手池、消毒池与缓冲区
44	人员卫生	中国	GB 15979—2002《一次性使用卫生用品卫生要求》	人员手表面细菌菌落总数≤300cfu/只手，并不得检出致病菌
45	车间空气卫生	中国	GB 15979—2002《一次性使用卫生用品卫生要求》	空气细菌菌落总数≤2500cfu/m^3
46	工作台卫生	中国	GB 15979—2002《一次性使用卫生用品卫生要求》	工作台表面细菌菌落总数≤20cfu/cm^2
47	操作	中国	GB 15979—2002《一次性使用卫生用品卫生要求》	操作人员应保持个人卫生，皮肤病患者或病原携带者不得参与直接与产品接触的生产活动
48	可追溯性	中国	GB 15979—2002《一次性使用卫生用品卫生要求》	成品标识应可追溯其生产过程的相关数据
49	包装	中国	GB 15979—2002《一次性使用卫生用品卫生要求》	直接与产品接触的包装材料必须无毒、无害、清洁。包装应有足够的密封和牢固性保证产品不受污染
50	标识	中国	GB 15979—2002《一次性使用卫生用品卫生要求》	应按相关规定进行标识，必要时标注警示标识

附　　录

APPENDIX

［8］

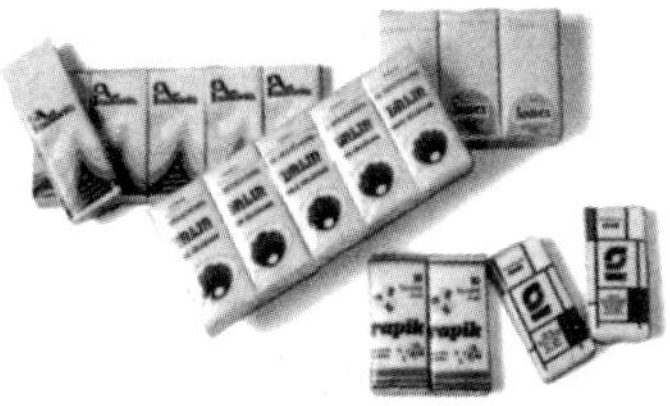

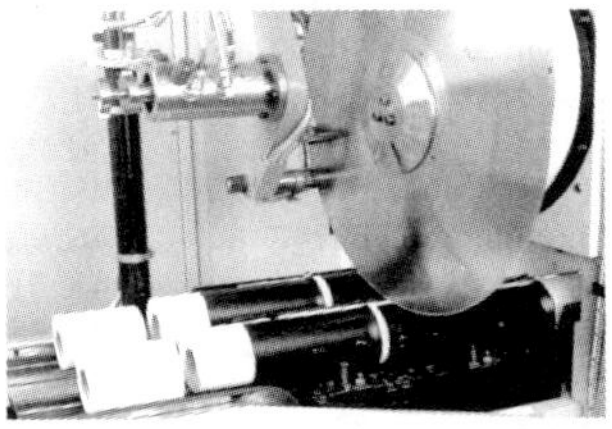

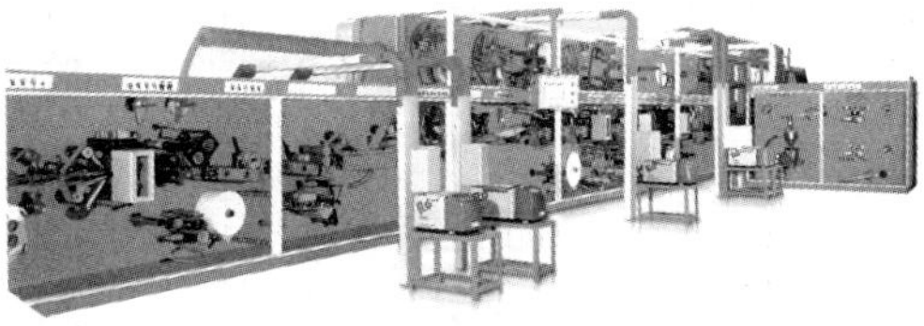

人口数及构成
Population and its composition

单位:万人(10 000 persons)

年份 Year	总人口(年末) Total Population (year-end)	按性别分 By Gender				按城乡分 By Residence			
		男 Male		女 Female		城镇 Urban		乡村 Rural	
		人口数 Population	比重(%) Proportion	人口数 Population	比重(%) Proportion	人口数 Population	比重(%) Proportion	人口数 Population	比重(%) Proportion
1949	54167	28145	51.96	26022	48.04	5765	10.64	48402	89.36
1950	55196	28669	51.94	26527	48.06	6169	11.18	49027	88.82
1951	56300	29231	51.92	27069	48.08	6632	11.78	49668	88.22
1955	61465	31809	51.75	29656	48.25	8285	13.48	53180	86.52
1960	66207	34283	51.78	31924	48.22	13073	19.75	53134	80.25
1965	72538	37128	51.18	35410	48.82	13045	17.98	59493	82.02
1970	82992	42686	51.43	40306	48.57	14424	17.38	68568	82.62
1975	92420	47564	51.47	44856	48.53	16030	17.34	76390	82.66
1976	93717	48257	51.49	45460	48.51	16341	17.44	77376	82.56
1977	94974	48908	51.50	46066	48.50	16669	17.55	78305	82.45
1978	96259	49567	51.49	46692	48.51	17245	17.92	79014	82.08
1979	97542	50192	51.46	47350	48.54	18495	18.96	79047	81.04
1980	98705	50785	51.45	47920	48.55	19140	19.39	79565	80.61
1981	100072	51519	51.48	48553	48.52	20171	20.16	79901	79.84
1982	101654	52352	51.50	49302	48.50	21480	21.13	80174	78.87
1983	103008	53152	51.60	49856	48.40	22274	21.62	80734	78.38
1984	104357	53848	51.60	50509	48.40	24017	23.01	80340	76.99
1985	105851	54725	51.70	51126	48.30	25094	23.71	80757	76.29
1986	107507	55581	51.70	51926	48.30	26366	24.52	81141	75.48
1987	109300	56290	51.50	53010	48.50	27674	25.32	81626	74.68
1988	111026	57201	51.52	53825	48.48	28661	25.81	82365	74.19
1989	112704	58099	51.55	54605	48.45	29540	26.21	83164	73.79
1990	114333	58904	51.52	55429	48.48	30195	26.41	84138	73.59
1991	115823	59466	51.34	56357	48.66	31203	26.94	84620	73.06
1992	117171	59811	51.05	57360	48.95	32175	27.46	84996	72.54
1993	118517	60472	51.02	58045	48.98	33173	27.99	85344	72.01
1994	119850	61246	51.10	58604	48.90	34169	28.51	85681	71.49
1995	121121	61808	51.03	59313	48.97	35174	29.04	85947	70.96
1996	122389	62200	50.82	60189	49.18	37304	30.48	85085	69.52
1997	123626	63131	51.07	60495	48.93	39449	31.91	84177	68.09
1998	124761	63940	51.25	60821	48.75	41608	33.35	83153	66.65
1999	125786	64692	51.43	61094	48.57	43748	34.78	82038	65.22
2000	126743	65437	51.63	61306	48.37	45906	36.22	80837	63.78
2001	127627	65672	51.46	61955	48.54	48064	37.66	79563	62.34
2002	128453	66115	51.47	62338	48.53	50212	39.09	78241	60.91
2003	129227	66556	51.50	62671	48.50	52376	40.53	76851	59.47
2004	129988	66976	51.52	63012	48.48	54283	41.76	75705	58.24
2005	130756	67375	51.53	63381	48.47	56212	42.99	74544	57.01
2006	131448	67728	51.52	63720	48.48	58288	44.34	73160	55.66
2007	132129	68048	51.50	64081	48.50	60633	45.89	71496	54.11
2008	132802	68357	51.47	64445	48.53	62403	46.99	70399	53.01
2009	133450	68647	51.44	64803	48.56	64512	48.34	68938	51.66
2010	134091	68748	51.27	65343	48.73	66978	49.95	67113	50.05
2011	134916	69161	51.26	65755	48.74	69927	51.83	64989	48.17
2012	135922	69660	51.25	66262	48.75	72175	53.10	63747	46.90
2013	136726	70063	51.24	66663	48.76	74502	54.49	62224	45.51
2014	137646	70522	51.23	67124	48.77	76738	55.75	60908	44.25
2015	138326	70857	51.22	67469	48.78	79302	57.33	59024	42.67
2016	139232	71307	51.21	67925	48.79	81924	58.84	57308	41.16
2017	140011	71650	51.17	68361	48.83	84343	60.24	55668	39.76
2018	140541	71864	51.13	68677	48.87	86433	61.50	54108	38.50
2019	141008	72039	51.09	68969	48.91	88426	62.71	52582	37.29
2020	141212	72357	51.24	68855	48.76	90220	63.89	50992	36.11

注：1. 1981年及以前数据为户籍统计数；1982、1990、2000、2010、2020年数据为当年人口普查数据推算数；其余年份数据为年度人口抽样调查推算数据。

2. 总人口和按性别分人口中包括现役军人，按城乡分人口中现役军人计入城镇人口。

a) Figures before and of 1981 are from household registrations; for years of 1982, 1990, 2000, 2010 and 2020 are the census year estimates; and figures for the rest of years are estimated on the basis of the annual national sample survey of population.

b) Total population and population by gender include the servicemen of the Chinese People's Liberation Army, who are classified as urban population in population by residence.

《中国统计年鉴2021》

人口出生率、死亡率和自然增长率

Birth rate, death rate and natural growth rate of population

单位:‰

年 份 Year	出生率 Birth Rate	死亡率 Death Rate	自然增长率 Natural Growth Rate
1978	18. 25	6. 25	12. 00
1980	18. 21	6. 34	11. 87
1981	20. 91	6. 36	14. 55
1982	22. 28	6. 60	15. 68
1983	20. 19	6. 90	13. 29
1984	19. 90	6. 82	13. 08
1985	21. 04	6. 78	14. 26
1986	22. 43	6. 86	15. 57
1987	23. 33	6. 72	16. 61
1988	22. 37	6. 64	15. 73
1989	21. 58	6. 54	15. 04
1990	21. 06	6. 67	14. 39
1991	19. 68	6. 70	12. 98
1992	18. 24	6. 64	11. 60
1993	18. 09	6. 64	11. 45
1994	17. 70	6. 49	11. 21
1995	17. 12	6. 57	10. 55
1996	16. 98	6. 56	10. 42
1997	16. 57	6. 51	10. 06
1998	15. 64	6. 50	9. 14
1999	14. 64	6. 46	8. 18
2000	14. 03	6. 45	7. 58
2001	13. 38	6. 43	6. 95
2002	12. 86	6. 41	6. 45
2003	12. 41	6. 40	6. 01
2004	12. 29	6. 42	5. 87
2005	12. 40	6. 51	5. 89
2006	12. 09	6. 81	5. 28
2007	12. 10	6. 93	5. 17
2008	12. 14	7. 06	5. 08
2009	11. 95	7. 08	4. 87
2010	11. 90	7. 11	4. 79
2011	13. 27	7. 14	6. 13
2012	14. 57	7. 13	7. 43
2013	13. 03	7. 13	5. 90
2014	13. 83	7. 12	6. 71
2015	11. 99	7. 07	4. 93
2016	13. 57	7. 04	6. 53
2017	12. 64	7. 06	5. 58
2018	10. 86	7. 08	3. 78
2019	10. 41	7. 09	3. 32
2020	8. 52	7. 07	1. 45

《中国统计年鉴 2021》

按年龄和性别分人口数（2020 年）
Population by age and gender（2020）

年 龄 Age	人口数（人）Population（person）	男 Male	女 Female	比重（%）Proportion（%）	男 Male	女 Female	性别比（女=100）Sex Ratio（Female=100）
总计 Total	**1409778724**	**721416394**	**688362330**	**100.00**	**51.24**	**48.76**	**104.80**
0—4	77883888	40969331	36914557	5.52	2.91	2.62	110.98
5—9	90244056	48017458	42226598	6.40	3.41	3.00	113.71
10—14	85255994	45606790	39649204	6.05	3.24	2.81	115.03
15—19	72684140	39053343	33630797	5.16	2.77	2.39	116.12
20—24	74941675	39675995	35265680	5.32	2.81	2.50	112.51
25—29	91847332	48162270	43685062	6.52	3.42	3.10	110.25
30—34	124145190	63871808	60273382	8.81	4.53	4.28	105.97
35—39	99012932	50932037	48080895	7.02	3.61	3.41	105.93
40—44	92955330	47632694	45322636	6.59	3.38	3.21	105.10
45—49	114224887	58191686	56033201	8.10	4.13	3.97	103.85
50—54	121164296	61105470	60058826	8.59	4.33	4.26	101.74
55—59	101400786	50816026	50584760	7.19	3.60	3.59	100.46
60—64	73382938	36871125	36511813	5.21	2.62	2.59	100.98
65—69	74005560	36337923	37667637	5.25	2.58	2.67	96.47
70—74	49590036	24162733	25427303	3.52	1.71	1.80	95.03
75—79	31238849	14752433	16486416	2.22	1.05	1.17	89.48
80+	35800835	15257272	20543563	2.54	1.08	1.46	74.27

《中国统计年鉴 2021》

分地区户数、人口数、性别比和户规模（2020 年）
Household, population, sex ratio and household size by region (2020)

地区	Region	户数（户） Number of Households (household)	家庭户 Family Household	集体户 Collective Household	人口数（人） Population (person)	男 Male	女 Female	性别比（女=100） Sex Ratio (Female=100)	家庭户人口数（人） Family Household Population (person)	男 Male	女 Female	集体户人口数（人） Collective Household Population (person)	男 Male	女 Female	平均家庭户规模（人/户） Average Family Size (person/household)
全　国	**National Total**	**522689264**	**494157423**	**28531841**	**1409778724**	**721416394**	**688362330**	**104. 80**	**1292809300**	**654052851**	**638756449**	**116969424**	**67363543**	**49605881**	**2. 62**
北　京	Beijing	9137928	8230792	907136	21893095	11195390	10697705	104. 65	19014338	9436296	9578042	2878757	1759094	1119663	2. 31
天　津	Tianjin	5464620	4867116	597504	13866009	7144949	6721060	106. 31	11668540	5829455	5839085	2197469	1315494	881975	2. 40
河　北	Hebei	26355634	25429609	926025	74610235	37679003	36931232	102. 02	69871266	35078326	34792940	4738969	2600677	2138292	2. 75
山　西	Shanxi	13384751	12746142	638609	34915616	17805148	17110468	104. 06	32138952	16184258	15954694	2776664	1620890	1155774	2. 52
内蒙古	Inner Mongolia	9974153	9483957	490196	24049155	12275274	11773881	104. 26	22296184	11229242	11066942	1752971	1046032	706939	2. 35
辽　宁	Liaoning	18168393	17467111	701282	42591407	21263529	21327878	99. 70	39914651	19800387	20114264	2676756	1463142	1213614	2. 29
吉　林	Jilin	9961655	9426822	534833	24073453	12018319	12055134	99. 69	22103381	10995039	11108342	1970072	1023280	946792	2. 34
黑龙江	Heilongjiang	13707216	13024687	682529	31850088	15952468	15897620	100. 35	28934500	14424561	14509939	2915588	1527907	1387681	2. 22
上　海	Shanghai	10466847	9644628	822219	24870895	12875211	11995684	107. 33	22347586	11244075	11103511	2523309	1631136	892173	2. 32
江　苏	Jiangsu	31922656	29910849	2011807	84748016	43031586	41716430	103. 15	77644026	38754626	38889400	7103990	4276960	2827030	2. 60
浙　江	Zhejiang	26880850	25008606	1872244	64567588	33680008	30887580	109. 04	58830838	30143079	28687759	5736750	3536929	2199821	2. 35
安　徽	Anhui	22888078	21910377	977701	61027171	31103394	29923777	103. 94	57272157	28929853	28342304	3755014	2173541	1581473	2. 61
福　建	Fujian	15306514	14371078	935436	41540086	21466757	20073329	106. 94	38462277	19624877	18837400	3077809	1841880	1235929	2. 68
江　西	Jiangxi	14791970	14072847	719123	45188635	23318533	21870102	106. 62	41329294	21164113	20165181	3859341	2154420	1704921	2. 94
山　东	Shandong	37045463	35184241	1861222	101527453	51432931	50094522	102. 67	94868062	47675937	47192125	6659391	3756994	2902397	2. 70
河　南	Henan	33224985	31782693	1442292	99365519	49832349	49533170	100. 60	90744073	45213105	45530968	8621446	4619244	4002202	2. 86
湖　北	Hubei	21019329	19931045	1088284	57752557	29694718	28057839	105. 83	52773775	26844608	25929167	4978782	2850110	2128672	2. 65
湖　南	Hunan	23892020	22878336	1013684	66444864	33995673	32449191	104. 77	61121055	31103853	30017202	5323809	2891820	2431989	2. 67
广　东	Guangdong	46691647	42469178	4222469	126012510	66873646	59138864	113. 08	111671837	58021641	53650196	14340673	8852005	5488668	2. 63
广　西	Guangxi	16865333	16215014	650319	50126804	25916169	24210635	107. 04	46498718	23974087	22524631	3628086	1942082	1686004	2. 87
海　南	Hainan	3200027	2961646	238381	10081232	5345081	4736151	112. 86	9060930	4759294	4301636	1020302	585787	434515	3. 06
重　庆	Chongqing	12627668	12040234	587434	32054159	16202133	15852026	102. 21	29477069	14744701	14732368	2577090	1457432	1119658	2. 45
四　川	Sichuan	32205094	30756120	1448974	83674866	42289718	41385148	102. 19	77093057	38672981	38420076	6581809	3616737	2965072	2. 51
贵　州	Guizhou	13265872	12696585	569287	38562148	19705293	18856855	104. 50	35719520	18195997	17523523	2842628	1509296	1333332	2. 81
云　南	Yunnan	15861557	15146831	714726	47209277	24420924	22788353	107. 16	43695762	22435081	21260681	3513515	1985843	1527672	2. 88
西　藏	Tibet	1089496	1014090	75406	3648100	1913588	1734512	110. 32	3237287	1660644	1576643	410813	252944	157869	3. 19
陕　西	Shaanxi	14975672	14211344	764328	39528999	20226490	19302509	104. 79	35975425	18199386	17776039	3553574	2027104	1526470	2. 53
甘　肃	Gansu	8769671	8422836	346835	25019831	12700948	12318883	103. 10	23345176	11746896	11598280	1674655	954052	720603	2. 77
青　海	Qinghai	2079275	1965893	113382	5923957	3033846	2890111	104. 97	5493942	2777444	2716498	430015	256402	173613	2. 79
宁　夏	Ningxia	2661882	2535074	126808	7202654	3668938	3533716	103. 83	6709343	3381503	3327840	493311	287435	205876	2. 65
新　疆	Xinjiang	8803008	8351642	451366	25852345	13354380	12497965	106. 85	23496279	11807506	11688773	2356066	1546874	809192	2. 81

注：本表数据为 2020 年第七次全国人口普查时点数，不包括中国人民解放军现役军人。

Data of this table are from reference time of the Seventh National Population Census, excluding the servicemen of the Chinese People's Liberation Army.

《中国统计年鉴 2021》

国民经济和社会发展总量与速度指标
Aggregate indicators on national economic and social development and growth rates

指　　标	Item	总量指标 Aggregate Data				指数(%) Index (%)(2020 为以下各年)(2020 as Percentage of the Following Years)			平均增长速度(%) Average Annual Growth Rate (%)	
		1978	2000	2019	2020	1978	2000	2019	1979—2020	2001—2020
人口(万人)	**Population (10 000 persons)**									
总人口(年末)	Total Population (year-end)	96259	126743	141008	141212	146.7	111.4	100.1	0.9	0.5
城镇人口	Urban Population	17245	45906	88426	90220	523.2	196.5	102.0	4.0	3.4
乡村人口	Rural Population	79014	80837	52582	50992	64.5	63.1	97.0	-1.0	-2.3
就业(万人)	**Employment (10 000 persons)**									
就业人员	Number of Employed Persons	40152	72085	75447	75064	186.9	104.1	99.5	1.5	0.2
第一产业	Primary Industry	28318	36043	18652	17715	62.6	49.2	95.0	-1.1	-3.5
第二产业	Secondary Industry	6945	16219	21234	21543	310.2	132.8	101.5	2.7	1.4
第三产业	Tertiary Industry	4890	19823	35561	35806	732.2	180.6	100.7	4.9	3.0
城镇登记失业人员	Number of Registered Unemployed Persons in Urban Areas	530	595	945	1160	218.9	195.0	122.8	1.9	3.4
国民经济核算	**National Accounts**									
国民总收入(亿元)	Gross National Income (GNI)(100 million yuan)	3678.7	99066.1	983751.2	1008782.5	3987.0	530.9	101.9	9.2	8.7
国内生产总值(亿元)	Gross Domestic Product (GDP)(100 million yuan)	3678.7	100280.1	986515.2	1015986.2	4015.4	528.2	102.3	9.2	8.7
第一产业	Primary Industry	1018.5	14717.4	70473.6	77754.1	590.2	214.3	103.0	4.3	3.9
第二产业	Secondary Industry	1755.1	45663.7	380670.6	384255.3	6009.5	560.3	102.6	10.2	9.0
第三产业	Tertiary Industry	905.1	39899.1	535371.0	553976.8	5810.7	606.1	102.1	10.2	9.4
人均国民总收入(元)	Per Capita GNI (yuan)	384.7	7845.9	70131.2	71489.1	2701.6	475.0	101.3	8.2	8.1
人均国内生产总值(元)	Per Capita GDP (yuan)	384.7	7942.1	70328.2	71999.6	2720.9	472.6	101.7	8.2	8.1
人民生活	**People's Livelihoods**									
全国居民人均可支配收入(元)	Per Capita Disposable Income of Households (yuan)	171	3721	30733	32189	2737.3	546.7	102.1	8.2	8.9
城镇居民人均可支配收入(元)	Per Capita Disposable Income of Urban Households (yuan)	343	6256	42359	43834	1728.4	452.1	101.2	7.0	7.8
农村居民人均可支配收入(元)	Per Capita Disposable Income of Rural Households (yuan)	134	2282	16021	17131	2144.2	438.0	103.8	7.6	7.7
财政(亿元)	**Government Finance(100 million yuan)**									
一般公共预算收入	General Public Budget Revenue	1132.3	13395.2	190390.1	182913.9	15600.7	1318.6	96.1	12.8	13.8

续表Continued

指标	Item	总量指标 Aggregate Data				指数(%) Index (%) (2020为以下各年)(2020 as Percentage of the Following Years)			平均增长速度(%) Average Annual Growth Rate (%)	
		1978	2000	2019	2020	1978	2000	2019	1979—2020	2001—2020
一般公共预算支出	General Public Budget Expenditure	1122. 1	15886. 5	238858. 4	245679. 0	21142. 8	1497. 5	102. 9	13. 6	14. 5
能源（万吨标准煤）	**Energy (10 000 tce)**									
一次能源生产总量	Total Primary Energy Production	62770. 0	138569. 7	397317. 2	408000. 0	650. 7	294. 8	102. 8	4. 6	5. 6
能源消费总量	Total Energy Consumption	57144. 0	146964. 0	487487. 9	498000. 0	871. 9	339. 0	102. 2	5. 3	6. 3
固定资产投资	**Investment in Fixed Assets**									
全社会固定资产投资（亿元）	Total Investment in Fixed Assets (100 million yuan)		32917. 7	513608. 3	527270. 3			102. 7		17. 1
#房地产开发	Real Estate Development		4984. 1	132194. 3	141442. 9		2837. 9	107. 0		20. 8
对外经济贸易	**International Trade**									
货物进出口总额（亿元）	Total Value of Imports and Exports (100 million yuan)	355. 0	39273. 3	315627. 3	322215. 2	90754. 6	820. 4	102. 1	17. 6	11. 1
出口额	Exports	167. 7	20634. 4	172373. 6	179278. 8	106936. 4	868. 8	104. 0	18. 1	11. 4
进口额	Imports	187. 4	18638. 8	143253. 7	142936. 4	76277. 5	766. 9	99. 8	17. 1	10. 7
外商直接投资（亿美元）	Foreign Direct Investment (100 million USD)		407. 2	1381. 3	1443. 7		354. 6	104. 5		6. 5
农业	**Agriculture**									
农林牧渔业总产值（亿元）	Gross Output Value of Agriculture, Forestry, Animal Husbandry and Fishery (100 million yuan)	1397. 0	24915. 8	123967. 9	137782. 2	934. 4	238. 7	103. 4	5. 5	4. 4
主要农产品产量（万吨）	Output of Major Farm Products (10 000 tons)									
谷　物	Cereals		40522. 4	61369. 7	61674. 3		152. 2	100. 5		2. 1
棉　花	Cotton	216. 7	441. 7	588. 9	591. 0	272. 8	133. 8	100. 4	2. 4	1. 5
油　料	Oil-bearing Crops	521. 8	2954. 8	3493. 0	3586. 4	687. 3	121. 4	102. 7	4. 7	1. 0
肉　类	Meat	943. 0	6013. 9	7758. 8	7748. 4	821. 7	128. 8	99. 9	5. 1	1. 3
水产品	Aquatic Products	465. 4	3706. 2	6480. 4	6549. 0	1407. 3	176. 7	101. 1	6. 5	2. 9
工业	**Industry**									
主要工业产量	Output of Major Industrial Products									
原　煤（亿吨）	Coal (100 million tons)	6. 2	13. 8	38. 5	39. 0	631. 4	281. 9	101. 5	4. 5	5. 3
天然气（亿立方米）	Natural Gas (100 million cu. m)	137. 3	272. 0	1753. 6	1925. 0	1402. 0	707. 7	109. 8	6. 5	10. 3
水　泥（万吨）	Cement (10 000 tons)	6524. 0	59700. 0	234430. 6	239470. 8	3670. 6	401. 1	102. 1	9. 0	7. 2

续表Continued

指　　标	Item	总量指标 Aggregate Data				指数(%) Index (%) (2020 为以下各年) (2020 as Percentage of the Following Years)			平均增长速度(%) Average Annual Growth Rate (%)	
		1978	2000	2019	2020	1978	2000	2019	1979—2020	2001—2020
粗　钢（万吨）	Crude Steel (10 000 tons)	3178. 0	12850. 0	99541. 9	106476. 7	3350. 4	828. 6	107. 0	8. 7	11. 2
钢　材（万吨）	Rolled Steel (10 000 tons)	2208. 0	13146. 0	120456. 9	132489. 2	6000. 4	1007. 8	110. 0	10. 2	12. 2
金属切削机床（万台）	Metal-cutting Machine Tools (10 000 units)	18. 3	17. 7	42. 1	43. 9	239. 6	248. 6	104. 3	2. 1	4. 7
汽　车（万辆）	Motor Vehicles (10 000 units)	14. 9	207. 0	2567. 7	2532. 5	16985. 2	1223. 4	98. 6	13. 0	13. 3
发电机组（万千瓦）	Power Generation Equipment (10 000 kW)	483. 8	1249. 0	9073. 7	13384. 5	2766. 5	1071. 6	147. 5	8. 2	12. 6
发电量（亿千瓦小时）	Electricity (100 million kWh)	2565. 5	13556. 0	75034. 3	77790. 6	3032. 2	573. 8	103. 7	8. 5	9. 1
规模以上工业企业主要指标（亿元）	Principal Indicators of Industrial Enterprises above Designated Size (100 million yuan)									
资产总计	Total Assets		126211	1205869	1303499					
营业收入	Business Revenue		84152	1067397	1083658					
利润总额	Total Profits		4393	65799	68465					
建筑业	**Construction**									
建筑业总产值（亿元）	Gross Output Value of Construction (100 million yuan)		12498	248443	263947		2111. 9	106. 2		16. 5
房地产业	**Real Estate**									
房地产企业房屋施工面积（万平方米）	Floor Space of Buildings under Construction (10 000 sq. m)		65897	893821	926759		1406. 4	103. 7		14. 1
房地产企业房屋竣工面积（万平方米）	Floor Space of Buildings Completed (10 000 sq. m)		25105	95942	91218		363. 3	95. 1		6. 7
房地产企业商品房销售面积(万平方米)	Floor Space of Commercial Buildings Sold (10 000 sq. m)		18637	171558	176086		944. 8	102. 6		11. 9
#住宅	Residential Buildings		16570	150144	154878		934. 7	103. 2		11. 8
房地产企业商品房销售额（亿元）	Value of Sale of Commercial Buildings (100 million yuan)		3935	159725	173613		4411. 5	108. 7		20. 8
#住宅	Residential Buildings		3229	139440	154567		4787. 4	110. 8		21. 3
批发、零售和旅游业	**Wholesale, Retail Sales and Tourism**									
社会消费品零售总额（亿元）	Total Retail Sales of Consumer Goods (100 million yuan)	1558. 6	38447. 1	408017. 2	391980. 6	25149. 5	1019. 5	96. 1	14. 1	12. 3
入境旅客（万人次）	Number of Oversea Tourists (10 000 person-times)	180. 9	8344. 4	14530. 8						

续表Continued

指标	Item	总量指标 Aggregate Data 1978	2000	2019	2020	指数(%) Index (%) (2020 为以下各年) (2020 as Percentage of the Following Years) 1978	2000	2019	平均增长速度(%) Average Annual Growth Rate (%) 1979—2020	2001—2020
#外国人(万人次)	Foreigners (10 000 person-times)	23. 0	1016. 0	3188. 3						
国内旅客(百万人次)	Number of Domestic Tourists (million person-times)		744. 0	6006. 0	2879. 0		387. 0	47. 9		7. 0
国内旅游总花费(亿元)	Earnings from Domestic Tourism (100 million yuan)		3175. 5	57250. 9	22286. 3		701. 8	38. 9		10. 2
交通运输业	**Transport**									
客运量(万人)	Passenger Traffic (10 000 persons)	253993. 0	1478572. 5	1760435. 7	966539. 7	380. 5	65. 4	54. 9	3. 2	-2. 1
铁　路	Railways	81491. 0	105072. 5	366002. 3	220349. 9	270. 4	209. 7	60. 2	2. 4	3. 8
公　路	Highways	149229. 0	1347392. 0	1301172. 9	689425. 0	462. 0	51. 2	53. 0	3. 7	-3. 3
水　路	Waterways	23042. 0	19386. 0	27267. 1	14987. 0	65. 0	77. 3	55. 0	-1. 0	-1. 3
民　航	Civil Aviation	231. 0	6721. 7	65993. 4	41777. 8	18085. 6	621. 5	63. 3	13. 2	9. 6
货运量(万吨)	Freight Traffic (10 000 tons)	319431. 4	1358681. 7	4713624. 4	4729579. 0	1480. 6	348. 1	100. 3	6. 6	6. 4
铁　路	Railways	110119. 0	178581. 0	438904. 4	455236. 2	413. 4	254. 9	103. 7	3. 4	4. 8
公　路	Highways	151602. 0	1038813. 0	3435480. 0	3426413. 0	2260. 1	329. 8	99. 7	7. 7	6. 1
水　路	Waterways	47357. 0	122391. 0	747225. 5	761630. 0	1608. 3	622. 3	101. 9	6. 8	9. 6
民　航	Civil Aviation	6. 4	196. 7	753. 1	676. 6	10572. 0	344. 0	89. 8	11. 7	6. 4
管　道	Pipelines	10347. 0	18700. 0	91261. 4	85623. 2	827. 5	457. 9	93. 8	5. 2	7. 9
沿海规模以上港口货物吞吐量(万吨)	Volume of Freight Handled at Coastal Ports above Designated Size (10 000 tons)		125603. 0	918773. 8	948002. 2		754. 8	103. 2		10. 6
民用汽车拥有量(万辆)	Possession of Civil Motor Vehicles (10 000 sets)	135. 8	1608. 9	25376. 4	27340. 9	20127. 3	1699. 3	107. 7	13. 5	15. 2
#私人汽车	Private Vehicles		625. 3	22509. 0	24291. 2		3884. 5	107. 9		20. 1
邮政、电信和信息软件业	**Postal, Telecommunication & Information Services**									
邮政业务总量(亿元)	Business Volume of Postal Services (100 million yuan)	14. 9	232. 8	16229. 6	21053. 2					
电信业务总量(亿元)	Business Volume of Telecommunication Services (100 million yuan)	19. 2	4559. 9	106810. 7	136763. 3					
移动电话年末用户(万户)	Number of Mobile Phone Subscribers at Year-end (10 000 subscribers)		8453. 3	160134. 5	159407. 0		1885. 7	99. 5		15. 8
固定电话年末用户(万户)	Number of Fixed Telephone Subscribers at Year-end (10 000 subscribers)	192. 5	14482. 9	19103. 3	18190. 8	9447. 6	125. 6	95. 2	11. 4	1. 1
互联网宽带接入用户(万户)	Broadband Subscribers of Internet (10 000 subscribers)			44927. 9	48355. 0			107. 6		
软件业务收入(亿元)	Revenue from Software Service (100 million yuan)			72071. 9	81585. 9			113. 2		

续表Continued

指　标	Item	总量指标 Aggregate Data				指数(%) Index (%) (2020 为以下各年) (2020 as Percentage of the Following Years)			平均增长速度(%) Average Annual Growth Rate (%)	
		1978	2000	2019	2020	1978	2000	2019	1979—2020	2001—2020
金融业	**Financial Intermediation**									
社会融资规模存量(万亿元)	Aggregate Financing to the Real Economy (Stock) (trillion yuan)			251. 4	284. 8			113. 3		
货币和准货币(M_2)(万亿元)	Money and Quasi-Money (M_2) (trillion yuan)		13. 5	198. 6	218. 7		1549. 4	110. 1		14. 7
货币(M_1)(万亿元)	Money (M_1) (trillion yuan)		5. 3	57. 6	62. 6		1157. 4	108. 6		13. 0
流通中现金(M_0)(万亿元)	Currency in Circulation (M_0) (trillion yuan)		1. 5	7. 7	8. 4		575. 9	109. 2		9. 1
金融机构人民币各项存款余额(万亿元)	Deposits of Financial Institutions (trillion yuan)	0. 1	12. 4	192. 9	212. 6	173843. 2	1631. 1	110. 2	19. 4	15. 0
金融机构人民币各项贷款余额(万亿元)	Loans of Financial Institutions (trillion yuan)	0. 2	9. 9	153. 1	172. 7	112782. 0	1866. 1	112. 8	18. 2	15. 8
境内股票发行金额(亿元)	Proceeds Raised in Domestic Stock Market (100 million yuan)		1515. 8	12538. 8	14221. 6		938. 2	113. 4		11. 8
保险公司保费金额(亿元)	Insurance Premium of Insurance Companies (100 million yuan)		1598. 0	42644. 8	45257. 3		2832. 1	106. 1		18. 2
保险公司赔款及给付金额(亿元)	Claim and Payment of Insurance Companies (100 million yuan)		526. 0	12893. 9	13907. 1		2643. 9	107. 9		17. 8
科学技术	**Science and Technology**									
研究与试验发展经费支出(亿元)	Expenditure on R&D (100 million yuan)		896. 0	22143. 6	24393. 1		2722. 4	110. 2		18. 0
发明专利申请授权数(件)	Number of Invention Patent Grants (pieces)		12683. 0	452804. 0	530127. 0		4179. 8	117. 1		20. 5
技术市场成交额(亿元)	Transaction Value in Technical Markets (100 million yuan)		651. 0	22398. 4	28251. 5		4339. 7	126. 1		20. 7
教育	**Education**									
专任教师数(万人)	Full-time Teachers (10 000 persons)									
#普通高等学校	Regular Higher Education Institutions	20. 6	46. 3	174. 0	183. 3	889. 8	395. 9	105. 3	5. 3	7. 1
普通高中	Regular Senior Secondary Schools	74. 1	75. 7	185. 9	193. 3	260. 9	255. 4	104. 0	2. 3	4. 8
初中	Junior Secondary Schools	244. 1	328. 7	374. 7	386. 1	158. 2	117. 5	103. 0	1. 1	0. 8
普通小学	Regular Primary Schools	522. 6	586. 0	626. 9	643. 4	123. 1	109. 8	102. 6	0. 5	0. 5
在校学生数(万人)	Total Enrollment (10 000 persons)									
#普通本专科	Undergraduates with Normal or Short-cycle Courses	85. 6	556. 1	3031. 5	3285. 3	3838. 0	590. 8	108. 4	9. 1	9. 3
普通高中	Regular Senior Secondary Schools	1553. 1	1201. 3	2414. 3	2494. 5	160. 6	207. 6	103. 3	1. 1	3. 7
初中	Junior Secondary Schools	4995. 2	6256. 3	4827. 1	4914. 1	98. 4	78. 5	101. 8	0. 0	-1. 2

续表Continued

指标	Item	总量指标 Aggregate Data				指数(%) Index (%) (2020 为以下各年) (2020 as Percentage of the Following Years)			平均增长速度(%) Average Annual Growth Rate (%)	
		1978	2000	2019	2020	1978	2000	2019	1979—2020	2001—2020
普通小学	Regular Primary Schools	14624. 0	13013. 3	10561. 2	10725. 4	73. 3	82. 4	101. 6	-0. 7	-1. 0
教育经费支出(亿元)	Government Expenditure on Education(100 million yuan)		3849. 1	50178. 1						
卫生	**Public Health**									
医院(个)	Hospitals(unit)	9293. 0	16318. 0	34354. 0	35394. 0	380. 9	216. 9	103. 0	3. 2	3. 9
执业(助理)医师(万人)	Licensed (Assistant) Physicians (10 000 persons)	97. 8	207. 6	386. 7	408. 6	417. 7	196. 8	105. 7	3. 5	3. 4
医院床位数(万张)	Number of Hospital Beds (10 000 units)	110. 0	216. 7	686. 7	713. 1	648. 3	329. 1	103. 9	4. 6	6. 1
卫生总费用(亿元)	Total Health Expenditure (100 million yuan)	110. 2	4586. 6	65841. 4	72175. 0	65488. 6	1573. 6	109. 6	16. 7	14. 8
文化体育	**Culture**									
图书出版总印数(亿册、亿张)	Number of Books Published(100 million copies)	37. 7	62. 7	106. 0	103. 7	275. 1	165. 4	97. 9	2. 4	2. 5
电视节目制作时间(万小时)	Time for TV Programs Production (10 000 hours)		58. 5	345. 6	328. 2		561. 1	95. 0		9. 0
故事影片产量(部)	Production of Feature Films (film)	46. 0	91. 0	850. 0	531. 0	1154. 3	583. 5	62. 5	6. 0	9. 2
社会保险	**Welfare and Social Insurance**									
社会保险基金收入(亿元)	Revenue of Social Insurance Fund (100 million yuan)		2644. 9	83550. 4	75512. 5		2855. 0	90. 4		18. 2
社会保险基金支出(亿元)	Expenses of Social Insurance Fund (100 million yuan)		2385. 6	75346. 6	78611. 8		3295. 3	104. 3		19. 1
参加基本养老保险人数(万人)	Participants in Basic Endowment Insurance (10 000 persons)		13617. 4	96753. 9	99864. 9		733. 4	103. 2		10. 5
参加失业保险人数(万人)	Participants in Unemployment Insurance (10 000 persons)		10408. 4	20542. 7	21689. 5		208. 4	105. 6		3. 7
参加基本医疗保险人数(万人)	Participants in Basic Medical Insurance (10 000 persons)		3786. 9	135407. 4	136131. 1		3594. 7	100. 5		19. 6

注：1. 2020 年能源数据为初步核算数。

2. 本表速度指标中，国民总收入、国内生产总值及三次产业增加值、城乡居民收入、财政收支、货币供应量等指标均按可比价格计算；固定资产投资类指标平均增长速度按累计法计算；其他指标按绝对数计算。

a) Energy data of 2020 are preliminary accounting figures.

b) Indices and growth rates of the follow indicators are calculated at comparable prices: gross national income, gross domestic product, value added of the primary, secondary and tertiary industries, income of urban and rural residents, government finance, money supply, etc. The average annual growth rate of total investment in fixed assets is calculated at the accumulate method. Growth rates of other indicators are calculated with their values.

《中国统计年鉴 2021》

地区生产总值（2020 年）
Gross regional product（2020）

本表绝对数按当年价格计算，指数按不变价格计算。

Data on value in this table are calculated at current prices while indices are at constant prices.

单位：亿元(100 million yuan)

地　区	Region	地区生产总值 Gross Regional Product	人均地区生产总值(元) Per Capita Gross Regional Product (yuan)	指　数（上年=100） Indices (preceding year=100)	
				地区生产总值 Gross Regional Product	人均地区生产总值 Per Capita Gross Regional Product
北　京	Beijing	36102. 55	164889	101. 2	101. 2
天　津	Tianjin	14083. 73	101614	101. 5	101. 3
河　北	Hebei	36206. 89	48564	103. 9	103. 6
山　西	Shanxi	17651. 93	50528	103. 6	103. 7
内蒙古	Inner Mongolia	17359. 82	72062	100. 2	100. 5
辽　宁	Liaoning	25114. 96	58872	100. 6	101. 1
吉　林	Jilin	12311. 32	50800	102. 4	104. 1
黑龙江	Heilongjiang	13698. 50	42635	101. 0	103. 4
上　海	Shanghai	38700. 58	155768	101. 7	101. 4
江　苏	Jiangsu	102718. 98	121231	103. 7	103. 5
浙　江	Zhejiang	64613. 34	100620	103. 6	102. 0
安　徽	Anhui	38680. 63	63426	103. 9	103. 6
福　建	Fujian	43903. 89	105818	103. 3	102. 5
江　西	Jiangxi	25691. 50	56871	103. 8	103. 8
山　东	Shandong	73129. 00	72151	103. 6	103. 1
河　南	Henan	54997. 07	55435	101. 3	100. 9
湖　北	Hubei	43443. 46	74440	95. 0	96. 4
湖　南	Hunan	41781. 49	62900	103. 8	103. 7
广　东	Guangdong	110760. 94	88210	102. 3	101. 1
广　西	Guangxi	22156. 69	44309	103. 7	102. 9
海　南	Hainan	5532. 39	55131	103. 5	102. 0
重　庆	Chongqing	25002. 79	78170	103. 9	103. 1
四　川	Sichuan	48598. 76	58126	103. 8	103. 4
贵　州	Guizhou	17826. 56	46267	104. 5	104. 0
云　南	Yunnan	24521. 90	51975	104. 0	103. 7
西　藏	Tibet	1902. 74	52345	107. 8	106. 1
陕　西	Shaanxi	26181. 86	66292	102. 2	101. 9
甘　肃	Gansu	9016. 70	35995	103. 9	104. 2
青　海	Qinghai	3005. 92	50819	101. 5	101. 0
宁　夏	Ningxia	3920. 55	54528	103. 9	103. 1
新　疆	Xinjiang	13797. 58	53593	103. 4	102. 0

注：表中数据为初步核算数。

Data in this table are preliminary data.

《中国统计年鉴 2021》

居民消费水平
Household consumption expenditure

本表绝对数按当年价格计算，指数按不变价格计算。

Data on value in this table are calculated at current prices, while indices are calculated at constant prices.

年 份 Year	绝对数(元) Level(yuan)			城乡消费水平对比(农村居民=1) Urban/Rural Consumption Ratio(Rural Household=1)	指数(上年=100) Index(Preceding Year=100)			指数(1978=100) Index(1978=100)		
	全体居民 All Households	城镇居民 Urban Households	农村居民 Rural Households		全体居民 All Households	城镇居民 Urban Households	农村居民 Rural Households	全体居民 All Households	城镇居民 Urban Households	农村居民 Rural Households
1978	184	393	139	2.8	104.1	102.9	104.4	100.0	100.0	100.0
1980	238	490	178	2.7	109.1	107.3	108.6	116.8	113.8	115.0
1985	440	750	346	2.2	112.7	107.4	114.4	181.3	141.6	191.3
1990	831	1404	627	2.2	102.8	101.4	103.4	227.5	168.6	238.8
1995	2329	4767	1345	3.5	108.3	109.5	105.0	339.7	294.2	286.9
2000	3712	6972	1917	3.6	110.5	109.6	106.6	491.9	393.0	375.2
2001	3968	7272	2032	3.6	105.9	103.4	104.6	520.7	406.5	392.7
2002	4270	7662	2157	3.6	108.1	105.9	106.6	563.1	430.6	418.5
2003	4555	7977	2292	3.5	105.4	103.0	104.6	593.4	443.4	437.7
2004	5071	8718	2521	3.5	106.6	105.2	103.9	632.7	466.6	454.9
2005	5688	9637	2784	3.5	109.5	108.3	106.8	693.0	505.4	485.8
2006	6319	10516	3066	3.4	108.0	105.9	107.3	748.3	535.4	521.4
2007	7454	12217	3538	3.5	112.4	111.2	108.7	841.4	595.5	566.8
2008	8505	13722	3981	3.4	107.5	106.2	104.8	904.2	632.2	593.8
2009	9249	14687	4295	3.4	110.5	108.6	110.1	999.4	686.6	654.0
2010	10575	16570	4782	3.5	107.5	105.9	105.4	1074.7	726.9	689.2
2011	12668	19219	5880	3.3	109.8	106.8	110.8	1179.7	776.3	764.0
2012	14074	20869	6573	3.2	109.1	107.1	108.1	1286.9	831.0	826.1
2013	15586	22620	7397	3.1	107.9	105.7	109.4	1388.9	878.2	903.9
2014	17220	24430	8365	2.9	108.4	105.9	110.9	1505.1	930.3	1002.3
2015	18857	26119	9409	2.8	109.5	106.9	112.7	1648.4	994.3	1129.1
2016	20801	28154	10609	2.7	108.2	105.6	110.8	1783.2	1050.4	1251.4
2017	22969	30323	12145	2.5	106.6	104.0	110.8	1901.7	1092.0	1386.6
2018	25245	32483	13985	2.3	107.4	104.7	112.4	2041.9	1143.0	1558.8
2019	27504	34900	15382	2.3	106.1	104.6	107.0	2166.0	1195.9	1668.2
2020	27438	34033	16063	2.1	97.8	95.5	102.7	2118.0	1142.1	1712.9

注：1. 城乡消费水平对比没有剔除城乡价格不可比的因素。
2. 居民消费水平指按年中常住人口计算的人均居民消费支出。
a) The effect of price differentials between urban and rural areas has not been removed in the calculation of the urban/rural consumption ratio.
b) Household consumption level refers to per capita household consumption expenditure on the basis of mid-year resident population.

《中国统计年鉴 2021》

全国居民人均收支情况
Nationwide per capita income and consumption expenditure

单位：元(yuan)

指　标	Item	2014	2015	2016	2017	2018	2019	2020
全国居民人均收入	**Nationwide Per Capita Income**							
可支配收入	Disposable Income	20167.1	21966.2	23821.0	25973.8	28228.0	30732.8	32188.8
1. 工资性收入	1. Income from Wages and Salaries	11420.6	12459.0	13455.2	14620.3	15829.0	17186.2	17917.4
2. 经营净收入	2. Net Business Income	3732.0	3955.6	4217.7	4501.8	4852.4	5247.3	5306.8
3. 财产净收入	3. Net Income from Properties	1587.8	1739.6	1889.0	2107.4	2378.5	2619.1	2791.5
4. 转移净收入	4. Net Income from Transfer	3426.8	3811.9	4259.1	4744.3	5168.1	5680.3	6173.2
现金可支配收入	Disposable Income in Cash	18747.4	20424.3	22204.5	24201.9	26291.4	28612.1	29918.7
1. 工资性收入	1. Income of Wages and Salaries	11352.7	12386.2	13379.0	14537.8	15746.4	17096.9	17817.6
2. 经营净收入	2. Net Business Income	3571.5	3782.7	4111.4	4424.1	4880.3	5269.7	5307.1
3. 财产净收入	3. Net Income from Property	621.8	689.5	739.8	811.5	877.8	1001.5	1067.5
4. 转移净收入	4. Net Income from Transfer	3201.3	3565.9	3974.3	4428.6	4786.9	5244.0	5726.4
全国居民人均支出	**Nationwide Per Capita Expenditure**							
消费支出	Consumption Expenditure	14491.4	15712.4	17110.7	18322.1	19853.1	21558.9	21209.9
#服务性消费	Consumption Expenditure on Services	5842.1	6459.7	7156.6	7802.6	8780.8	9886.0	9037.3
1. 食品烟酒	1. Food, Tobacco and Liquor	4493.9	4814.0	5151.0	5373.6	5631.1	6084.2	6397.3
2. 衣着	2. Clothing and Footwear	1099.3	1164.1	1202.7	1237.6	1288.9	1338.1	1238.4
3. 居住	3. Housing	3200.5	3419.2	3746.4	4106.9	4646.6	5054.8	5215.3
4. 生活用品及服务	4. Household Equipments, Furnishings and Services	889.7	951.4	1043.7	1120.7	1222.7	1280.9	1259.5
5. 交通通信	5. Transport and Communications	1869.3	2086.9	2337.8	2498.9	2675.4	2861.6	2761.8
6. 教育文化娱乐	6. Education, Culture and Recreation	1535.9	1723.1	1915.3	2086.2	2225.7	2513.1	2032.2
7. 医疗保健	7. Health Care and Medical Services	1044.8	1164.5	1307.5	1451.2	1685.2	1902.3	1843.1
8. 其他用品及服务	8. Miscellaneous Goods and Services	358.0	389.2	406.3	447.0	477.5	524.0	462.2
现金消费支出	Consumption Expenditure in Cash	11975.7	12988.7	14142.0	15122.3	16174.8	17526.0	16994.7
1. 食品烟酒	1. Food, Tobacco and Liquor	4185.6	4505.0	4846.7	5073.0	5366.2	5798.1	6068.0
2. 衣着	2. Clothing	1098.6	1163.5	1202.2	1237.0	1288.3	1337.6	1237.9
3. 居住	3. Housing	1215.7	1251.9	1359.8	1519.0	1615.1	1755.7	1774.3
4. 生活用品及服务	4. Household Equipments, Furnishings and Services	882.6	943.8	1036.1	1110.8	1211.0	1266.9	1245.8
5. 交通通信	5. Transport and Communications	1866.2	2083.7	2332.9	2495.3	2669.1	2857.4	2758.2
6. 教育文化娱乐	6. Education, Culture and Recreation	1534.9	1722.0	1914.3	2085.3	2224.1	2511.7	2031.5
7. 医疗保健	7. Health Care and Medical Services	838.3	933.3	1048.5	1160.7	1332.6	1482.4	1426.0
8. 其他用品及服务	8. Miscellaneous Goods and Services	353.8	385.6	401.5	441.2	468.4	516.2	452.9

《中国统计年鉴 2021》

居民人均可支配收入和指数
Per capita disposable income of households and index

年 份 Year	全国居民人均可支配收入 Nationwide Per Capita Disposable Income of Households		城镇居民人均可支配收入 Per Capita Disposable Income of Urban Households		农村居民人均可支配收入 Per Capita Disposable Income of Rural Households	
	绝对数（元） Value（yuan）	指数（1978=100） Index(1978=100)	绝对数（元） Value（yuan）	指数（1978=100） Index(1978=100)	绝对数（元） Value（yuan）	指数（1978=100） Index(1978=100)
1978	171. 2	100. 0	343. 4	100. 0	133. 6	100. 0
1980	246. 8	131. 6	477. 6	127. 0	191. 3	139. 0
1985	478. 6	213. 2	739. 1	160. 4	397. 6	268. 9
1990	903. 9	243. 8	1510. 2	198. 1	686. 3	311. 2
1995	2363. 3	347. 6	4283. 0	290. 3	1577. 7	383. 6
2000	3721. 3	500. 7	6255. 7	382. 3	2282. 1	489. 6
2001	4070. 4	543. 8	6824. 0	414. 1	2406. 9	512. 3
2002	4531. 6	610. 4	7652. 4	469. 1	2528. 9	539. 2
2003	5006. 7	666. 3	8405. 5	510. 6	2690. 3	564. 9
2004	5660. 9	725. 1	9334. 8	549. 0	3026. 6	606. 1
2005	6384. 7	803. 4	10382. 3	600. 9	3370. 2	646. 6
2006	7228. 8	896. 2	11619. 7	662. 5	3731. 0	697. 6
2007	8583. 5	1015. 4	13602. 5	742. 2	4327. 0	767. 7
2008	9956. 5	1112. 2	15549. 4	803. 5	4998. 8	833. 1
2009	10977. 5	1234. 8	16900. 5	881. 0	5435. 1	908. 3
2010	12519. 5	1363. 3	18779. 1	948. 5	6272. 4	1012. 1
2011	14550. 7	1503. 3	21426. 9	1028. 1	7393. 9	1127. 4
2012	16509. 5	1662. 5	24126. 7	1126. 8	8389. 3	1248. 1
2013	18310. 8	1797. 1	26467. 0	1205. 4	9429. 6	1364. 5
2014	20167. 1	1940. 5	28843. 9	1287. 1	10488. 9	1490. 5
2015	21966. 2	2084. 4	31194. 8	1371. 5	11421. 7	1602. 3
2016	23821. 0	2216. 1	33616. 2	1448. 0	12363. 4	1702. 1
2017	25973. 8	2378. 4	36396. 2	1541. 6	13432. 4	1825. 5
2018	28228. 0	2532. 1	39250. 8	1627. 6	14617. 0	1945. 3
2019	30732. 8	2679. 7	42358. 8	1708. 4	16020. 7	2066. 0
2020	32188. 8	2737. 3	43833. 8	1728. 4	17131. 5	2144. 2

注：1. 本表2013—2020年人均可支配收入来源于住户收支与生活状况调查，1978—2012年数据是根据历史数据按住户收支与生活状况调查可比口径推算获得。可支配收入绝对数按当年价计算，指数按可比价计算。

2. 全国居民人均收入是根据全国十几万户抽样调查基础数据，依据每个样本户所代表的户数加权汇总而成。由于受城镇化和人口迁移等因素影响，各时期的分城乡、分地区人口构成发生变化，有时会导致全国居民收入增速超出分城乡居民收入增速区间的现象发生。全国居民收入增速快于分城乡居民收入增速的原因主要是在城镇化过程中，一部分在农村收入较高的人口进入城镇地区，但在城镇属于较低收入人群，他们的迁移对城乡居民收入均有拉低作用；但无论在城镇还是农村，其收入增长效应都会体现在全体居民收入增长中。

a) Data of 2013-2020 are compiled on the basis of the household survey on income and expenditure and living conditions, data of 1978-2012 are estimated based on Historical data at comparable coverage by the household survey on income and expenditure and living conditions. The absolute amounts of disposable income are calculated at current prices, the indices are calculated at comparable prices.

b) The nationwide per capita disposable income of households is based on the sample survey of more than 100 000 households and is aggregated according to the weight of each household in the sample. Due to the factors such as urbanization and migration, the population composition of different cities and regions has changed in different periods, the growth rate of household income nationwide sometimes outpaces the growth rate in urban and rural areas. The reason of this phenomenon is that, in urbanization process, some population with higher income in rural areas move to cities and fall into lower income group in urban areas. Their migration brings down the income of both urban and rural households. However, the effect of income growth, whether in urban or rural areas, is reflected in the national income growth.

《中国统计年鉴2021》

分地区居民人均可支配收入
Per capita disposable income of households by region

单位：元(yuan)

地　区	Region	2014	2015	2016	2017	2018	2019	2020
全　国	**National Average**	**20167. 1**	**21966. 2**	**23821. 0**	**25973. 8**	**28228. 0**	**30732. 8**	**32188. 8**
北　京	Beijing	44488. 6	48458. 0	52530. 4	57229. 8	62361. 2	67755. 9	69433. 5
天　津	Tianjin	28832. 3	31291. 4	34074. 5	37022. 3	39506. 1	42404. 1	43854. 1
河　北	Hebei	16647. 4	18118. 1	19725. 4	21484. 1	23445. 7	25664. 7	27135. 9
山　西	Shanxi	16538. 3	17853. 7	19048. 9	20420. 0	21990. 1	23828. 5	25213. 7
内蒙古	Inner Mongolia	20559. 3	22310. 1	24126. 6	26212. 2	28375. 7	30555. 0	31497. 3
辽　宁	Liaoning	22820. 2	24575. 6	26039. 7	27835. 4	29701. 4	31819. 7	32738. 3
吉　林	Jilin	17520. 4	18683. 7	19967. 0	21368. 3	22798. 4	24562. 9	25751. 0
黑龙江	Heilongjiang	17404. 4	18592. 7	19838. 5	21205. 8	22725. 8	24253. 6	24902. 0
上　海	Shanghai	45965. 8	49867. 2	54305. 3	58988. 0	64182. 6	69441. 6	72232. 4
江　苏	Jiangsu	27172. 8	29538. 9	32070. 1	35024. 1	38095. 8	41399. 7	43390. 4
浙　江	Zhejiang	32657. 6	35537. 1	38529. 0	42045. 7	45839. 8	49898. 8	52397. 4
安　徽	Anhui	16795. 5	18362. 6	19998. 1	21863. 3	23983. 6	26415. 1	28103. 2
福　建	Fujian	23330. 9	25404. 4	27607. 9	30047. 7	32643. 9	35616. 1	37202. 4
江　西	Jiangxi	16734. 2	18437. 1	20109. 6	22031. 4	24079. 7	26262. 4	28016. 5
山　东	Shandong	20864. 2	22703. 2	24685. 3	26929. 9	29204. 6	31597. 0	32885. 7
河　南	Henan	15695. 2	17124. 8	18443. 1	20170. 0	21963. 5	23902. 7	24810. 1
湖　北	Hubei	18283. 2	20025. 6	21786. 6	23757. 2	25814. 5	28319. 5	27880. 6
湖　南	Hunan	17621. 7	19317. 5	21114. 8	23102. 7	25240. 7	27679. 7	29379. 9
广　东	Guangdong	25685. 0	27858. 9	30295. 8	33003. 3	35809. 9	39014. 3	41028. 6
广　西	Guangxi	15557. 1	16873. 4	18305. 1	19904. 8	21485. 0	23328. 2	24562. 3
海　南	Hainan	17476. 5	18979. 0	20653. 4	22553. 2	24579. 0	26679. 5	27904. 1
重　庆	Chongqing	18351. 9	20110. 1	22034. 1	24153. 0	26385. 8	28920. 4	30823. 9
四　川	Sichuan	15749. 0	17221. 0	18808. 3	20579. 8	22460. 6	24703. 1	26522. 1
贵　州	Guizhou	12371. 1	13696. 6	15121. 1	16703. 6	18430. 2	20397. 4	21795. 4
云　南	Yunnan	13772. 2	15222. 6	16719. 9	18348. 3	20084. 2	22082. 4	23294. 9
西　藏	Tibet	10730. 2	12254. 3	13639. 2	15457. 3	17286. 1	19501. 3	21744. 1
陕　西	Shaanxi	15836. 7	17395. 0	18873. 7	20635. 2	22528. 3	24666. 3	26226. 0
甘　肃	Gansu	12184. 7	13466. 6	14670. 3	16011. 0	17488. 4	19139. 0	20335. 1
青　海	Qinghai	14374. 0	15812. 7	17301. 8	19001. 0	20757. 3	22617. 7	24037. 4
宁　夏	Ningxia	15906. 8	17329. 1	18832. 3	20561. 7	22400. 4	24411. 9	25734. 9
新　疆	Xinjiang	15096. 6	16859. 1	18354. 7	19975. 1	21500. 2	23103. 4	23844. 7

《中国统计年鉴 2021》

分地区居民人均消费支出

Per capita consumption expenditure of households by region

单位：元(yuan)

地 区	Region	2014	2015	2016	2017	2018	2019	2020
全 国	**National Average**	**14491.4**	**15712.4**	**17110.7**	**18322.1**	**19853.1**	**21558.9**	**21209.9**
北 京	Beijing	31102.9	33802.8	35415.7	37425.3	39842.7	43038.3	38903.3
天 津	Tianjin	22343.0	24162.5	26129.3	27841.4	29902.9	31853.6	28461.4
河 北	Hebei	11931.5	13030.7	14247.5	15437.0	16722.0	17987.2	18037.0
山 西	Shanxi	10863.8	11729.1	12682.9	13664.4	14810.1	15862.6	15732.7
内蒙古	Inner Mongolia	16258.1	17178.5	18072.3	18945.5	19665.2	20743.4	19794.5
辽 宁	Liaoning	16068.0	17199.8	19852.8	20463.4	21398.3	22202.8	20672.1
吉 林	Jilin	13026.0	13763.9	14772.6	15631.9	17200.4	18075.4	17317.7
黑龙江	Heilongjiang	12768.8	13402.5	14445.8	15577.5	16994.0	18111.5	17056.4
上 海	Shanghai	33064.8	34783.6	37458.3	39791.9	43351.3	45605.1	42536.3
江 苏	Jiangsu	19163.6	20555.6	22129.9	23468.6	25007.4	26697.3	26225.1
浙 江	Zhejiang	22552.0	24116.9	25526.6	27079.1	29470.7	32025.8	31294.7
安 徽	Anhui	11727.0	12840.1	14711.5	15751.7	17044.6	19137.4	18877.3
福 建	Fujian	17644.5	18850.2	20167.5	21249.3	22996.0	25314.3	25125.8
江 西	Jiangxi	11088.9	12403.4	13258.6	14459.0	15792.0	17650.5	17955.3
山 东	Shandong	13328.9	14578.4	15926.4	17280.7	18779.8	20427.5	20940.1
河 南	Henan	11000.4	11835.1	12712.3	13729.6	15168.5	16331.8	16142.6
湖 北	Hubei	12928.3	14316.5	15888.7	16937.6	19537.8	21567.0	19245.9
湖 南	Hunan	13288.7	14267.3	15750.5	17160.4	18807.9	20478.9	20997.6
广 东	Guangdong	19205.5	20975.7	23448.4	24819.6	26054.0	28994.7	28491.9
广 西	Guangxi	10274.3	11401.0	12295.2	13423.7	14934.8	16418.3	16356.8
海 南	Hainan	12470.6	13575.0	14275.4	15402.7	17528.4	19554.9	18971.6
重 庆	Chongqing	13810.6	15139.5	16384.8	17898.1	19248.5	20773.9	21678.1
四 川	Sichuan	12368.4	13632.1	14838.5	16179.9	17663.6	19338.3	19783.4
贵 州	Guizhou	9303.4	10413.8	11931.6	12969.6	13798.1	14780.0	14873.8
云 南	Yunnan	9869.5	11005.4	11768.8	12658.1	14249.9	15779.8	16792.4
西 藏	Tibet	7317.0	8245.8	9318.7	10320.1	11520.2	13029.2	13224.8
陕 西	Shaanxi	12203.6	13087.2	13943.0	14899.7	16159.7	17464.9	17417.6
甘 肃	Gansu	9874.6	10950.8	12254.2	13120.1	14624.0	15879.1	16174.9
青 海	Qinghai	12604.8	13611.3	14774.7	15503.1	16557.2	17544.8	18284.2
宁 夏	Ningxia	12484.5	13815.6	14965.4	15350.3	16715.1	18296.8	17505.8
新 疆	Xinjiang	11903.7	12867.4	14066.5	15087.3	16189.1	17396.6	16512.1

《中国统计年鉴 2021》

分地区居民人均可支配收入来源（2020 年）
Per capita disposable income of households by source and region（2020）

单位：元(yuan)

地 区	Region	可支配收入 Disposable Income	工资性收入 Income from Wages and Salaries	经营净收入 Net Business Income	财产净收入 Net Income from Properties	转移净收入 Net Income from Transfers
全 国	**National Average**	**32188.8**	**17917.4**	**5306.8**	**2791.5**	**6173.2**
北 京	Beijing	69433.5	41439.1	810.8	11789.4	15394.3
天 津	Tianjin	43854.1	27339.3	2796.7	4240.1	9478.0
河 北	Hebei	27135.9	16287.5	4150.7	1931.9	4765.9
山 西	Shanxi	25213.7	13853.8	3250.2	1386.2	6723.5
内蒙古	Inner Mongolia	31497.3	16325.2	8146.7	1623.6	5401.8
辽 宁	Liaoning	32738.3	17374.2	5068.6	1529.2	8766.3
吉 林	Jilin	25751.0	13503.6	5702.1	1056.6	5488.7
黑龙江	Heilongjiang	24902.0	11561.3	5122.1	1126.0	7092.6
上 海	Shanghai	72232.4	41500.3	2051.4	9904.3	18776.4
江 苏	Jiangsu	43390.4	24656.6	5703.4	4736.6	8293.8
浙 江	Zhejiang	52397.4	30059.4	8313.3	6136.5	7888.1
安 徽	Anhui	28103.2	14793.3	6205.7	1929.4	5174.8
福 建	Fujian	37202.4	21651.4	6567.4	4011.4	4972.3
江 西	Jiangxi	28016.5	16001.0	4445.6	1870.7	5699.2
山 东	Shandong	32885.7	18716.1	6964.4	2357.2	4848.0
河 南	Henan	24810.1	12439.7	5142.4	1563.3	5664.7
湖 北	Hubei	27880.6	13668.9	5600.9	2061.7	6549.2
湖 南	Hunan	29379.9	14664.5	6033.9	2226.1	6455.4
广 东	Guangdong	41028.6	27824.4	5037.4	5339.1	2827.7
广 西	Guangxi	24562.3	11865.2	5639.7	1679.3	5378.2
海 南	Hainan	27904.1	16175.1	4687.6	2097.7	4943.7
重 庆	Chongqing	30823.9	16513.5	4901.6	1907.2	7501.6
四 川	Sichuan	26522.1	13031.6	5289.3	1719.6	6481.6
贵 州	Guizhou	21795.4	11320.0	4426.0	1460.5	4588.8
云 南	Yunnan	23294.9	11444.4	5543.7	2116.9	4189.8
西 藏	Tibet	21744.1	11757.4	5376.2	1341.8	3268.7
陕 西	Shaanxi	26226.0	14044.0	3459.2	1607.5	7115.2
甘 肃	Gansu	20335.1	11461.8	3730.7	1195.8	3946.8
青 海	Qinghai	24037.4	13871.8	3781.5	1046.8	5337.3
宁 夏	Ningxia	25734.9	15526.3	4418.4	881.7	4908.5
新 疆	Xinjiang	23844.7	12683.2	4859.6	873.5	5428.5

《中国统计年鉴 2021》

分地区居民人均消费支出构成（2020年）
Per capita consumption expenditure of households by composition and region（2020）

单位：元(yuan)

地区	Region	消费支出 Consumption Expenditure	食品烟酒 Food, Tobacco and Liquor	衣着 Clothing and Footwear	居住 Housing	生活用品及服务 Household Equipments, Furnishings and Services	交通通信 Transport and Communications	教育文化娱乐 Education, Culture and Recreation	医疗保健 Health Care and Medical Services	其他用品及服务 Miscellaneous Goods and Services
全国	**National Average**	**21209.9**	**6397.3**	**1238.4**	**5215.3**	**1259.5**	**2761.8**	**2032.2**	**1843.1**	**462.2**
北京	Beijing	38903.3	8373.9	1803.5	15710.5	2145.8	3789.5	2766.0	3513.3	800.7
天津	Tianjin	28461.4	8516.0	1711.8	7035.3	1669.4	3778.7	2253.7	2646.0	850.5
河北	Hebei	18037.0	4992.5	1249.7	4394.5	1171.2	2356.9	1799.1	1692.0	381.2
山西	Shanxi	15732.7	4362.4	1235.8	3460.4	863.9	1980.9	1608.4	1854.0	366.9
内蒙古	Inner Mongolia	19794.5	5686.1	1568.3	4148.6	1119.2	3099.2	1835.9	1891.5	445.8
辽宁	Liaoning	20672.1	6110.1	1378.2	4473.8	1091.8	2660.0	1950.8	2303.2	704.1
吉林	Jilin	17317.7	5021.6	1293.9	3448.2	906.7	2386.0	1742.0	2031.2	488.1
黑龙江	Heilongjiang	17056.4	5287.2	1300.6	3450.7	895.4	2122.2	1602.9	2023.2	374.4
上海	Shanghai	42536.3	11224.7	1694.0	15247.3	2091.2	4557.5	3662.9	3033.4	1025.3
江苏	Jiangsu	26225.1	7258.4	1450.5	7505.9	1523.0	3588.8	2298.2	2018.6	581.8
浙江	Zhejiang	31294.7	8922.1	1703.2	9009.1	1789.3	4301.2	2889.4	1955.9	724.4
安徽	Anhui	18877.3	6280.4	1210.4	4375.9	1108.4	2172.1	1855.3	1548.0	326.8
福建	Fujian	25125.8	8385.1	1182.4	7304.8	1274.8	2972.0	1895.9	1583.2	527.5
江西	Jiangxi	17955.3	5780.6	987.2	4454.9	966.5	2146.4	1879.0	1437.3	303.3
山东	Shandong	20940.1	5757.3	1438.0	4437.0	1571.0	3004.1	2373.7	1914.0	444.8
河南	Henan	16142.6	4417.9	1221.8	3807.6	1077.6	1917.2	1685.4	1621.9	393.2
湖北	Hubei	19245.9	5897.7	1173.0	4659.6	1088.9	2559.5	1755.9	1764.9	346.4
湖南	Hunan	20997.6	6251.7	1236.9	4436.2	1289.0	2745.5	2587.3	2034.7	416.3
广东	Guangdong	28491.9	9629.3	1044.5	7733.0	1560.6	3808.7	2442.9	1677.9	595.1
广西	Guangxi	16356.8	5591.5	595.0	3579.0	929.1	2107.9	1766.2	1540.7	247.3
海南	Hainan	18971.6	7514.0	660.6	4168.0	890.0	2118.9	1880.5	1407.3	332.3
重庆	Chongqing	21678.1	7284.6	1459.1	4062.1	1517.4	2630.9	2120.9	2101.5	501.6
四川	Sichuan	19783.4	7026.4	1190.4	3855.7	1234.8	2465.1	1650.5	1908.0	452.4
贵州	Guizhou	14873.8	4606.9	944.6	2998.2	901.1	2218.0	1636.7	1269.6	298.7
云南	Yunnan	16792.4	5092.1	868.3	3469.8	958.5	2709.4	1835.8	1547.4	311.0
西藏	Tibet	13224.8	4786.6	1137.2	2970.5	838.6	1987.5	550.9	589.9	363.6
陕西	Shaanxi	17417.6	4819.5	1156.6	3857.6	1179.3	2194.0	1756.6	2078.4	375.6
甘肃	Gansu	16174.9	4768.8	1140.6	3557.3	1045.5	2020.4	1728.6	1544.7	369.1
青海	Qinghai	18284.2	5224.5	1301.4	3618.5	1073.4	3121.0	1521.3	1975.7	448.5
宁夏	Ningxia	17505.8	4816.3	1263.9	3348.8	1037.2	2922.0	1760.6	1906.3	450.7
新疆	Xinjiang	16512.1	5225.9	1138.9	3304.7	1031.0	2318.9	1488.4	1611.7	392.7

《中国统计年鉴2021》

[illegible]居民人均[illegible]支出[illegible]

Per capita consumption expenditure of [illegible] by composition and region (2020)

[illegible]